国家出版基金项目
NATIONAL PUBLICATION FOUNDATION

FINE METALLURGY

# 精细冶金

唐谟堂　杨建广

等著

中南大学出版社
www.csupress.com.cn

**图书在版编目（ＣＩＰ）数据**

精细冶金／唐谟堂，杨建广等著． －－长沙：中南大学出版社，
2017.9

ISBN 978 － 7 － 5487 － 2958 － 7

Ⅰ.①精… Ⅱ.①唐… ②杨… Ⅲ.①冶金学 Ⅳ.①TF

中国版本图书馆 CIP 数据核字（2017）第 242237 号

## 精细冶金
### JINGXI YEJIN

唐谟堂　杨建广　等著

| | | |
|---|---|---|
| □责任编辑 | 史海燕 | |
| □责任印制 | 易红卫 | |
| □出版发行 | 中南大学出版社 | |
| | 社址：长沙市麓山南路 | 邮编：410083 |
| | 发行科电话：0731 － 88876770 | 传真：0731 － 88710482 |
| □印　　装 | 长沙超峰印刷有限公司 | |

| | | |
|---|---|---|
| □开　　本 | 720×1000　1/16　□印张 45.25　□字数 910 千字 | |
| □版　　次 | 2017 年 9 月第 1 版　□2017 年 9 月第 1 次印刷 | |
| □书　　号 | ISBN 978 － 7 － 5487 － 2958 － 7 | |
| □定　　价 | 195.00 元 | |

图书出现印装问题，请与经销商调换

# 前言
## Preface

20 世纪 80 年代中叶，作者针对传统方法制取有色金属高值精细产品需经过金属阶段不足的问题，将精细冶金概念从特种钢冶炼领域引入到有色金属精细材料产品制备领域，并赋予其全新的内涵，直接由矿物原料或再生资源制取高值精细产品，从而达到短流程、低消耗、高效益的目的。编写《精细冶金》专著是作者几十年来的夙愿，目的在于总结作者及其合作者 30 多年来在精细冶金学科方向上的学术成就和研究成果，向世人介绍"精细冶金"的新思想，发展精细冶金新技术，对金属资源的高效利用和精细材料制备将发挥重要作用。

全书分为六篇。第一篇精细冶金过程，介绍制取纯金属离子液继而制取精细无机材料的基本理论和工艺方法。第二篇化工材料冶金，重点介绍铜、镍、钴、铅、锌、锡、锑、铋、汞等重金属化工产品直接制取的工艺和理论。第三篇高纯材料冶金，重点介绍直接制取高纯锌、高纯锑品、高纯钽醇盐的工艺和理论。第四篇超细、纳米材料冶金，重点介绍制取纳米 $Sb_2O_3$、纳米 $Sb_2O_3 - Sb_2O_5$ 和纳米 $SnO_2 - Sb_2O_3$ 复合粉体、胶态 $Sb_2O_5$、纳米 $Bi_2O_5$、纳米超细 $Ta_2O_5$ 以及纳米超细铜粉、金粉、银粉和钴粉的工艺和理论。第五篇功能材料冶金，重点介绍直接制取钼-铋催化剂、氯氧化锑阻燃剂、锰锌软磁铁氧体材料、锂离子正极材料、四针状氧化锌晶须、高强耐磨导电材料、粉体导电材料的工艺和理论。第六篇多元材料冶金，在系统叙述多元材料冶金的原理和依据的同时，重点介绍直接法制取软磁共沉淀粉、无铁渣湿法炼锌、钛白粉废酸利用、二元软磁粉体制取的工艺和理论。

本书涵盖了全部重金属、金、银及钽的精细冶金新领域，内容全面、丰富、系统，创新性强，反映了作者及其合作者 30 多年来在精细冶金学科方向上的学术成就和研究成果。所介绍的新技术与研究成果有的已实现产业化，有的正在建示范性生产厂，有的是实验室研究成果。这些都证明精细冶金技术正在快速发展，其学术地位和重要作用日益显现。

本书在以作者团队学术成就和研究成果的内容为主体的前提下，还收集整理了成熟的、有工业应用前景的其他研究者在精细冶金方面的研究成果，比如，氧化铜矿碳酸氨法制取氧化铜，由矿物原料或二次物料直接制取镍盐、钴盐、锡酸钠、氧化亚锡、四氯化锡以及共沉淀法制取高磁导率软磁材料等。

全书由唐谟堂策划，确定编著范围和结构，收集整理入编材料，然后分工编写初稿。具体情况是：唐谟堂编绪论，各篇绪言及参考文献，第一篇，第二篇第 1 章(1.1.2 小节除外)、第 2 章 2.2.3 小节、第 3 章(3.1.3 小节、3.2 节及 3.3.2 小节除外)，第三篇第 2 章，第四篇第 1 章(1.4 节除外)、第 2 章、第 3 章，第六篇第 1 章、第 2 章(2.4 节及 2.5 节除外)；习小明编第五篇第 4 章；阳卫军编第五篇第 2 章；何静编第六篇第 2 章 2.4 节；金胜明编第四篇第 4 章、第五篇第 1 章；杨声海编第二篇第 2 章 2.2 节(2.2.3 小节除外)，第三篇第 1 章，第四篇第 5 章、第 7 章，第五篇第 3 章 3.1 节、3.2 节；唐朝波编第二篇第 2 章 2.1 节、第 3 章 3.2 节，第六篇第 2 章 2.5 节；彭长宏编第五篇第 3 章 3.4 节；陈艺锋编第五篇第 5 章；张保平编第五篇第 3 章 3.3 节；杨建广编第二篇第 3 章 3.1.3 小节，第四篇第 1 章 1.4 节、第 6 章，第五篇第 6 章 6.2 节；陈永明编第二篇第 3 章 3.3.2 小节、第五篇第 3 章 3.5 节；莫思国编第五篇第 6 章(6.2 节除外)；刘维编第二篇第 1 章 1.1.2 小节；杨海平编第三篇第 3 章。之后由唐谟堂统一对初稿进行整理、修改和初步定稿，再由杨建广对全书详细校阅和格式化处理，最后由唐谟堂审阅定稿。

从作者学术团队离休的建校元老汪键，退休的老教师鲁君乐、袁延胜、晏德生、贺青蒲、姚维义对本书的问世做出了重要贡献，对此作者深表谢意。

赵天从教授的博士研究生殷群生、段学臣和郑国渠，张文海院士的博士研究生王瑞祥，本书作者的博士研究生习小明、阳卫军、金胜明、杨声海、彭长宏、陈艺锋、张保平、李仕庆、杨建广、夏纪勇、陈永明、莫思国、刘维和杨海平等，硕士研究生唐明成、欧阳民、黄小忠、陈进中、王玲、程华月、夏志华、李诚国、夏志美、陈萃、郑时路、王亦男、周存、张家靓、吴胜男和蒋叶等的学位论文研究成果为本书编写提供了全面、充足的实质性素材。对他们的贡献表示谢意，并以此书缅怀我们最崇敬的赵天从老师。

值得指出的是，有多家合作单位参与了本书部分研究成果的中试、工试和试生产，这些单位是：广西华锡集团股份有限公司及其旗下柳州冶炼厂和金城江冶炼厂、广西宜山锑品厂、水口山有色金属集团有限公司、会泽铅锌矿、重庆超思信息材料股份有限公司、湖南南县经济开发区管委会、湖南柿竹园有色金属有限责任公司、湖南广义科技有限公司。对上述单位关心和支持合作研究的领导及具体参与现场试验、试产的所有人员的付出与贡献表示衷心感谢。

另外，本书还引用了以下作者及其合作者(或导师)已公开发表的有关论文的内容，他们是宋志鹏、陈国民、严忠床、侬健夫、潘宝头、莫家祉、徐鑫坤、张光平、张毓、吴正芬、石玉霞、丁秀芳、吴修贵、谢勤等；廖新仁为第六篇第2章2.5节提供编写素材；唐朝浪完成第二篇大部分电子版的录入。对他们的贡献表示衷心感谢。

该书可作为冶金、化工、材料类硕士生的教材，也可供冶金、化工、材料科研和生产的有关人员以及相关专业的大专院校师生参考。

由于本书作者学识水平有限，书中错误在所难免，敬请各位同行和读者批评指正，以便在本书再版时修正。对本书存在的问题和建议请发邮箱 tmtang@126.com，作者将不胜感谢。

# 目 录
## Contents

## 第一篇 精细冶金过程

# 第二篇　化工材料冶金

# 第四篇 超细、纳米材料冶金

# 第五篇　功能材料冶金

# 第六篇　多元材料冶金

# 绪　　论

## 1　定义

　　精细冶金学是研究将金属矿产或再生资源直接制取精细冶金产品、精细化工产品及精细材料产品的工艺及理论的一门边缘科学，它是由冶金学、化工工艺学、粉体工艺学和材料工艺学相互交叉而形成的前沿学科。

　　精细冶金也可以称为材料冶金，本书包括精细冶金过程，化工材料冶金，高纯材料冶金，超细、纳米材料冶金，功能材料冶金及多元材料冶金等六部分，其中大部分内容是作者及其合作者三十多年来的科研成果的总结。

## 2　形成背景

　　人类从矿产资源或再生资源中提取金属的最终目的是为了制成能够适应各种需要的金属产品。金属产品多种多样，从价态上可分为金属或合金和化合物；从形态上可分为有形产品(块、板、管、条、棒、丝等)和无形产品(粉体、溶液等)；从价值上可分为低值初级产品和高值精细产品；从材料性能上可分为结构材料产品和功能材料产品。随着科学技术的不断发展，金属以化合物形态及高值精细产品被使用的比例越来越高(表0－1)，其中尤以锑、铋、汞的变化最大，它们已经成为名副其实的化学金属。

　　按传统方法，高值精细产品的制取需经过两个阶段，即先用提取冶金手段制得纯金属锭，然后再用精细化工手段或粉体、材料工艺制取高值精细产品。这种工艺路线流程长、消耗大、成本高。而采用精细冶金方法，可不经过纯金属的制取阶段，直接由矿物原料或再生资源制取高值精细产品，从而达到短流程、低消耗、高效益的目的，特别是在处理多金属复杂矿及低品位矿物原料时更显出其优越性。

表 0－1　有色金属化学品占总产品的比例/%

| Cu | Ni | Co | Pb | Zn | Cd | Sn | Sb | Hg | Ti | Bi | Al |
|---|---|---|---|---|---|---|---|---|---|---|---|
| 3～5 | >17.5 | 20～25 | 20～30 | 10～20 | >35 | 10～15 | 80～90 | >70 | 约90 | >50 | 约10 |

## 3 所处地位

精细冶金是现代冶金的一部分，现代冶金已远不是传统的提取冶金，它的范围要广得多，包括以下六个方面：①金属原料与自然资源；②冶金过程基础；③提取冶金；④再生金属冶金；⑤精细冶金；⑥冶金环保。

其中精细冶金是新近发展起来的现代冶金的重要分支，是冶金学向化工工艺学、粉体工艺学及材料工艺学渗透的必然结果。精细冶金的理论与工艺方法与上述学科相比既有相同之处，又有其独特性，它扬其所长，避其所短，在现代冶金中处于十分重要的地位。

## 4 任务和意义

传统冶金（提取冶金）正面临资源、能源、环保及产品增值四大问题：①易处理的高品位的单一矿金属资源越来越少，取而代之的将是低品位多金属复杂矿、尾矿、再生金属资源等传统冶金方法无法处理的或即使能够处理在经济上也不合算的金属资源；②传统冶金方法能源消耗大；③传统冶金方法对"三废"的治理无能为力，特别是二氧化硫烟害和砷害的治理问题尤为突出；④传统冶金产品大多是价值低、市场销售不畅的粗产品，工厂经济效益差。

值得庆幸的是，精细冶金及再生金属冶金的出现和发展可圆满地解决上述四大问题：精细冶金的处理对象主要是多金属复杂矿及再生金属资源，根据综合利用的原则尽可能地将有价元素（其中包括有毒元素）回收，并直接将其深度加工成适应市场需要的高价值的精细产品，有些甚至是高科技产品，并且顺便解决"三废"污染问题。因此，发展精细冶金学科的意义是非常重大的。

# 第一篇　精细冶金过程

# 绪　言

从过程分，精细冶金可分为一步法、两步法和三步法。一步法即只需一个过程就可由不纯的原料制得精细产品，如由热镀锌渣制取四针状氧化锌晶须即为一步法的典型实例。两步法需两个过程：提取→提纯→精细产品，如氯化-干馏法制取纯 $SbCl_3$ 及 $BiCl_3$。三步法包括三个过程：提取→提纯→产品制备→精细产品。三步法是常用的精细冶金方法。精细冶金又可分为火法精细冶金和湿法精细冶金，火法精细冶金主要用于特种钢的生产，而湿法精细冶金主要用于有色金属精细产品的制备。下文将介绍湿法精细冶金单元过程。

湿法精细冶金单元过程与湿法提取冶金一样，由原料预处理、在水溶液中浸出金属矿物原料或从再生原料中提取有价金属、含有价金属的水溶液的净化除杂和其中有价金属的相互分离、从纯金属盐水溶液中析出金属或金属化合物或制备无机材料等基本过程组成。金属提取及其离子液提纯的基本内容在湿法提取冶金中已述及，在此仅简介之，下面重点介绍由纯金属离子液或固态纯金属化合物直接制取精细无机材料的工艺方法。

# 第1章 金属离子粗液制取

## 1.1 概述

以酸、碱、盐的水溶液为浸出剂，在一定的条件(温度、压力、电位、碱度、物料浓度及粒径、混合或搅拌情况等)下将有价金属从矿物原料、再生原料或单质原料中提取出来，使金属以离子或配合物的形态进入浸出液中。然后采用浓密、澄清、过滤等方法进行液固分离，即可得到一种含有价金属离子的浸出液。这种浸出液是不纯净的，因此称之为粗液。

在粗液的制取过程中，会产生一系列的物理化学反应，其中包括氧化物及盐类的溶解反应、中和反应、氧化还原反应等。这些反应属液固或气液固非均相反应，扩散往往成为控制步骤。提高温度和压力不仅能改变热力学性质，使某些反应易于实现，而且也可使反应物在固相内的扩散显著加快，从而降低或消除扩散动力学影响，显著提高浸出速度和浸出率。由于温度和压力的提高，使传统的湿法冶金工艺发展成高压湿法冶金工艺。在溶剂方面，也可以用氨或碱性溶液借助高压空气氧化硫化物完成浸出反应。人们在槽浸工艺的基础上开发了堆浸和就地浸出工艺。堆浸就是将低品位矿石或尾矿堆成浸堆，然后向浸堆上均匀地喷淋浸出剂，浸出有价金属的浸液渗过堆层，汇集到浸液接收槽内。就地浸出是根据矿区的地质条件，设置浸出剂分配供送系统和浸出液收集系统，然后连续提供浸矿剂，经过一定时间后，就可连续不断地收集浸出液。堆浸和就地浸出投资少、成本低，是采选冶交叉发展的重要学科方向，特别适合低品位矿和尾矿资源的开发利用。

粗液制取过程包括氧化浸出、还原浸出、非氧化还原浸出、火法预处理－水浸出四大类，下面分别介绍。

## 1.2 氧化浸出

原料中的有用组分须先被氧化才能被溶剂浸入溶液的浸出过程称为氧化浸出。该过程既要加入浸出剂，又要加入氧化剂；既发生一般的溶解过程，又发生氧化反应。氧化浸出还包括细菌浸出，是以空气为氧化剂、细菌为氧化媒介的慢性浸出过程。硫化矿物原料或硫化物以及金属或合金态的中间物料等的浸出过程都是氧化浸出。常用的氧化剂有空气、氧气、氯气、硝酸、硝酸盐、浓硫酸、三价铁离子、二价铜离子、五价锑离子、氯酸盐、次氯酸盐、过硫酸盐、软锰矿等。

# 1.3　还原浸出

原料中的有用组分须先被还原才能被溶剂浸入溶液的浸出过程称为还原浸出。该过程既要加入浸出剂，又要加入还原剂；既发生一般的溶解过程，又发生还原反应。一些氧化矿及氧化物二次原料的浸出过程即属还原浸出，例如软锰矿（$MnO_2$）的酸性浸出必须在还原剂存在的情况下才能进行：

$$3MnO_2 + S + 4H^+ \Longrightarrow 3Mn^{2+} + SO_4^{2-} + 2H_2O \qquad (1-1)$$

$$4MnO_2 + MeS + 8H^+ \Longrightarrow 4Mn^{2+} + SO_4^{2-} + Me^{2+} + 4H_2O \qquad (1-2)$$

研究者对于云锡高砷锡烟尘及广西大厂高砷锑多金属复杂锡烟尘的浸出过程研究很多，但由于没有采用还原浸出，效果均不佳。主要原因是这些锡烟尘中存在大量高价砷和高价锑的含氧酸盐及氧化物。因此，我们研究了这类锡烟尘的还原浸出，砷与锑的浸出率分别大于97%与95%，效果非常好。该过程的基本反应如下：

$$Me_3(AsO_4)_2 + 2ZnS + 16HCl \Longrightarrow 2AsCl_3 + 3MeCl_2 + 2ZnCl_2 + 2S + 8H_2O$$
$$(1-3)$$

$$Me_3(SbO_4)_2 + 2ZnS + 16HCl \Longrightarrow 2SbCl_3 + 3MeCl_2 + 2ZnCl_2 + 2S + 8H_2O$$
$$(1-4)$$

$$Sb_2O_4 + ZnS + 8HCl \Longrightarrow 2SbCl_3 + ZnCl_2 + S + 4H_2O \qquad (1-5)$$

选择还原剂是非常重要的，这种还原剂的还原能力不能太强，否则会生成有剧毒的 $H_3As$ 和 $H_3Sb$；也不能较强，否则会生成金属砷和锑，其不能溶解；还不能很弱，否则还原效果差。最理想的还原剂是某种金属硫化物精矿，例如闪锌矿精矿。

# 1.4　非氧化还原浸出

不发生氧化、还原反应的浸出过程称为非氧化还原浸出。这种浸出过程包括中和浸出、配合浸出、交换浸出及一般的溶解浸出四种。

## 1.4.1　中和浸出

产生中和反应的浸出过程称为中和浸出。金属碱性氧化物或盐类被酸浸出及金属酸性氧化物或盐类被碱浸出都是中和浸出。中和浸出应用最广泛，例如锌焙砂的硫酸浸出、铝土矿的氢氧化钠浸出都是大规模工业应用中和浸出的实例。此外，各种氧化物烟尘的酸浸出及钨酸盐、锡酸盐的碱浸出等也都在工业上得到应用。在处理复杂低品位矿物方面，复杂贫锡精矿的炼前盐酸浸出，对于除去铁、铋、砷及锑等有害杂质和提高精矿品位具有特效。

### 1.4.2　配合浸出

浸出剂与金属矿物或再生原料作用形成金属配合物而被溶出的浸出过程称为配合浸出。配合浸出应用非常广泛，是贵金属提取冶金中的唯一浸出形式。氰化物的配合浸出简称氰化法，是应用最广泛的金银提取方法。配合浸出研究火热，是很有发展前景的浸出方法。所用配合剂多种多样，常用配合剂有 $NH_3$、$CN^-$、$Cl^-$、$F^-$、$S^{2-}$、$CO_3^{2-}$、$SO_3^{2-}$、$S_2O_3^{2-}$、硫脲等。贵金属湿法冶金的主要配合剂是氰化物、氯化物、硫代硫酸盐和硫脲等，用于银的配合剂主要是氨和亚硫酸盐。氯配合浸出除了用于贵金属提取外，还用于铅和一价铜的浸出。氨配合浸出已大规模用于铜、镍、钴、银、钯的湿法冶金中，如红土矿还原焙砂，铜 - 镍锍化精矿、铜 - 镍 - 钴硫化精矿以及阳极泥中有价金属的选择性浸出。氨配合浸出可避免大量酸溶性杂质进入浸出液，减少净化负担，产品质量高，因此氨配合浸出已开始用于湿法炼锌领域，例如中南大学已成功开发氨法处理氧化锌烟灰、氧化锌矿、锌焙砂制高纯锌新工艺。硫化钠配合浸出对锑、锡、砷及汞具有很高的选择性，早已用于碱性湿法炼锑，在国外用于单一硫化锑矿生产金属锑，在我国用于脆硫锑铅矿精矿生产焦锑酸钠。硫化钠的配合浸出也用于 As、Sb、Sn、Hg 及其他有色金属硫化物的分离。

### 1.4.3　交换浸出

浸出剂与被浸固体物产生离子或原子交换的浸出过程称为交换浸出，交换过程又称为复分解过程。例如，人们根据

$$NiS(s) + CuSO_4(1) \Longrightarrow NiSO_4(1) + CuS(s) \qquad (1-6)$$

提出用硫酸铜溶液分离硫化矿中的铜和镍。也有人根据

$$As_2S_3(s) + 3CuSO_4(1) + 6H_2O(1) \Longrightarrow 2H_3AsO_3(1) + 3CuS(s) + 3H_2SO_4(1)$$

$$(1-7)$$

用以溶解硫化砷渣，全湿法制取砷白。

交换浸出的典型例子莫过于花岗斑岩风化壳离子吸附型稀土矿的浸出过程。我国南方离子吸附型稀土矿分布非常广泛，但品位低，混合稀土氧化物含量为万分之几到千分之几，因此，从离子吸附型稀土矿提取和富集稀土是开采这类矿产资源的关键。这种矿床中，稀土离子被吸附在变质硅岩风化壳上，容易被阳离子交换下来，因此，采用氯化铵或氯化钠水溶液为浸出剂，对离子吸附型稀土矿进行交换浸出可取得满意效果，浸出液经草酸沉淀、灼烧，可产出 $RE_2O_3$ 含量大于

90%的混合稀土氧化物。该浸出方法已在工业上应用30多年。

被铜、镍等金属离子饱和的褐煤或活性炭的金属离子的洗脱与再生过程也属于交换浸出。

# 1.5　火法预处理 – 水浸出

一些矿石或中间物料可以通过焙烧、烧结、碱熔等火法处理，使有价元素转化成水溶性化合物，然后用水直接浸出。常用的预处理方法有硫酸化焙烧 – 水浸出、氯化焙烧 – 水浸出、碱熔融 – 水浸出及苏打烧结 – 水浸出四种。

## 1.5.1　硫酸化焙烧 – 水浸出

硫酸化焙烧指在一定的焙烧条件下，使有色金属硫化物或其他化合物借助硫化剂转化为有色金属硫酸盐的过程。其反应为：

$$MeS + 2O_2 \Longrightarrow MeSO_4 \tag{1-8}$$

硫酸化焙烧已在铜、镍、锌等有色金属的湿法冶金中广泛应用，其热力学和动力学机理以及工艺技术条件等均已在有色冶金原理和有色冶金学中详细述及，这里不再叙述。硫酸盐易溶于水，可用于直接浸出。

## 1.5.2　氯化焙烧 – 水浸出

氯化焙烧指借助氯化剂作用的焙烧，使物料中的某些组分转化为相应的氯化物挥发，或者水浸焙烧产物，使有价金属和其他组分分离或富集的过程。

根据焙烧温度的不同，氯化焙烧可分为中温氯化焙烧和高温氯化焙烧两类，后者属于高温氯化挥发法。这里要讨论的是前者，因为焙烧温度不高，生成的金属氯化物基本上呈固态存留在焙砂中，随后需要浸出作业，使氯化物溶出与焙砂残渣分离，因而称为氯化焙烧 – 水浸出。

根据焙烧过程是否加入还原剂，氯化焙烧又可分为还原氯化焙烧和氧化氯化焙烧。还原氯化焙烧通常用于处理难氯化的金属氧化矿。

氯化焙烧 – 水浸出是应用最早和最广泛的一种氯化冶金方法，如黄铁矿烧渣的综合利用。黄铁矿烧渣除含大量铁外，还含有一定量的铜、铅、锌、金、银、硫、硅等元素，是综合利用的好原料。中温氯化焙烧 – 水浸出是已实现工业应用的综合利用程度较高的处理黄铁矿烧渣的较好方法，其主要过程是：先加入适量的食盐作氯化剂，与烧渣均匀混合后在500～600℃条件下焙烧，然后水浸焙砂，从浸出液中回收有色金属，浸出渣烧结造块后作为高炉炼铁原料。

德国杜伊斯堡炼铜厂采用中温氯化焙烧 – 水浸出年处理黄铁矿烧渣2000 kt，主要金属回收率为：Cu 80%，Zn 75%，Ag 45%，Co 50%。南京钢铁厂曾引进日本光和法处理含钴黄铁矿烧渣,采用了较高的焙烧温度和低氯化剂用量的焙烧机制,取得了较高的金属回收率,但设备腐蚀问题严重。

### 1.5.3　碱熔融 – 水浸出

碱熔融 – 水浸出指在氢氧化钠熔体中,使物料中的有用组分转化为相应的含氧酸钠盐,然后用水浸出的过程。如石英砂通过碱熔融转化为硅酸钠:

$$SiO_2 + 2NaOH =\!\!=\!\!= Na_2SiO_3 + H_2O \qquad (1-9)$$

经水浸出后可获得用来制备水玻璃或白炭黑的硅酸钠溶液。

### 1.5.4　苏打烧结 – 水浸出

苏打烧结 – 水浸出指将苏打和物料在一定温度下烧结,使物料中的有用组分转化为相应的含氧酸钠盐,然后用水浸出的过程。如黑钨精矿通过苏打烧结转化为钨酸钠:

$$FeWO_4 + Na_2CO_3 =\!\!=\!\!= Na_2WO_4 + CO_2\uparrow + FeO \qquad (1-10)$$
$$4FeWO_4 + 4Na_2CO_3 + O_2 =\!\!=\!\!= 4Na_2WO_4 + 4CO_2\uparrow + 2Fe_2O_3 \qquad (1-11)$$

经水浸出后可获得用来制备钨氧化物或重钨酸铵的钨酸钠溶液。

# 第 2 章　离子液提纯

分离提纯金属离子溶液的基本方法有蒸馏法、化合物沉淀法、金属沉淀法、溶剂萃取法、离子交换法(含吸附法)和结晶法等。

## 2.1　蒸馏法

### 2.1.1　概述

蒸馏是将具有不同沸点的两种或两种以上混合成分的溶液,利用挥发性较高的成分在气相中的浓度高于在液相中的浓度的原理,通过加热与冷凝等作业,使之增浓或提纯,甚至可以将各成分分离的操作。根据分离程度、液体性质,蒸馏法可分为平衡蒸馏、微分蒸馏、逐批蒸馏、精馏等数种,其中以精馏最为重要。

精馏法是有机化学工业特别是石油产业中应用最广泛的分离和提纯方法。在金属盐类的提纯方面,基于某些金属氯化物的易挥发性,精馏法广泛用于 $GeCl_4$、$TiCl_4$、$SiHCl_3$、$AsCl_3$ 及 $SbCl_3$ 的提纯,从而制备高纯材料。

### 2.1.2　平衡蒸馏

平衡蒸馏是溶液经加热后在汽化室中突沸而产生的气体与液体平衡的气液分离方法,故又称为突沸蒸馏或闪蒸。设沸点较低组分在料液、平衡气相、平衡液相中的浓度为 $x_F$、$y$、$x$,料液中成为气体而冷凝的液体的分数为 $f$,则由质量平衡可得:

$$y = x(f-1)/f + x_F/f \qquad (1-12)$$

### 2.1.3　微分蒸馏

在间歇蒸馏过程中,气相与液相的组成随时呈微分变化,故称为微分蒸馏。化学实验室蒸馏瓶蒸馏,即属微分蒸馏。这种蒸馏因装置简单又称为简单蒸馏。设某组分为 $x$ 的 $n$ 分子液体蒸馏时,有 $dn$ 分子以 $y$ 的组成气化逸出,则残液量为 $(n-dn)$ 分子,其组成亦将变成 $(x-dx)$,根据质量平衡可得:

$$\ln(n/n_0) = \int_{x_0}^{x} dx/(y-x) \qquad (1-13)$$

### 2.1.4 逐批蒸馏

逐批蒸馏是微分蒸馏的混合液注入加热器加热使其沸腾而汽化的蒸馏方法。与微分蒸馏的不同之处在于馏出的气体不直接冷凝，而是经蒸馏塔在液体的回流下气液接触，提高蒸馏液中易挥发组分的浓度，以达到蒸馏目的。加热器内残液中易挥发组分的浓度不断降低直至达到某一组成时，方可自加热器中卸出，重新加料，再进行下一批的蒸馏。

设 $R$ 为回流比，即回流液流量与蒸馏液流量之比，$x_D$ 为馏出液中易挥发组分的组成，则由质量平衡可得：

$$Y = Rx/(R+1) + x_D/(R+1) \tag{1-14}$$

### 2.1.5 精馏

精馏是利用精馏塔将物料自塔中段适当位置加入，在塔中溶液和蒸气逆流接触，连续蒸馏以获得自塔顶连续产出的塔顶产品与自塔底连续产出的塔底产品的蒸馏方法。精馏装置除了精馏塔以外，还有与塔顶连接的冷凝器和与塔底连接的重沸器，精馏塔的加料板上部称为提浓段，而加料板下部称为汽提段。

精馏法是有机化学工业特别是石油产业中应用最广泛的分离和提纯方法。冶金工业上也用精馏法来精炼锌、镉和汞以及制取高纯金属，由于有色金属氯化物的易挥发性，在氯化氢硅、四氯化锗、三氯化砷、三氯化锑和三氯化铋等的提纯上应用非常广泛。高纯材料如半导体材料中的单晶硅和多晶硅、单晶锗、高纯砷化镓及高纯锑等大都采用精馏法深度提纯制取。

## 2.2 化合物沉淀法

化合物沉淀法是通过控制溶液的酸碱度、沉淀剂浓度、氧化还原电位使有价金属离子或杂质元素离子形成难溶的化合物沉淀析出，从而达到分离提纯之目的的方法。根据沉淀析出原理，化合物沉淀法可分为水解沉淀法、硫化沉淀法和难溶盐沉淀法。

### 2.2.1 水解沉淀法

水解沉淀就是调节溶液的酸碱度使金属离子以氢氧化物或碱式盐形式析出的过程。水解又可分为中和水解、冲稀水解及氧化－还原水解三种形式。

**1. 中和水解**

向酸性金属离子溶液加入碱或向碱性金属离子溶液加入酸，使其产生水解的过程称为中和水解，其化学反应通式为：

$$\mathrm{Me(OH)}_n + n\mathrm{H}^+ \Longrightarrow \mathrm{Me}^{n+} + n\mathrm{H_2O} \qquad (1-15)$$

当 25℃时,

$$\mathrm{pH}_1 = -\Delta G_1^0/(1364n) - 1/n\lg[\mathrm{Me}^{n+}] = \mathrm{pH}_1^0 - 1/n\lg[\mathrm{Me}^{n+}] \qquad (1-16)$$

$\mathrm{pH}_1^0 = -\Delta G_1^0/(1364n)$ 为溶液中金属离子浓度为 1 mol/L 时的平衡 pH,也可以称为标准 $\mathrm{pH}_1^0$,但是大多数 $\mathrm{Me(OH)}_n$ 都表现为某种程度的两性化合物性质,即 $\mathrm{Me(OH)}_n$ 可写成 $\mathrm{H}_n\mathrm{MeO}_n$,后者离解生成 $\mathrm{H}_{n-2}\mathrm{MeO}_n^{2-}$ 等一系列的金属氧阴配合离子,这时固体 $\mathrm{Me(OH)}_n$ 将与 $\mathrm{H}_{n-2}\mathrm{MeO}_n^{2-}$ 形成如下平衡:

$$\mathrm{H}_{n-2}\mathrm{MeO}^{2-} + 2\mathrm{H}^+ \Longrightarrow \mathrm{Me(OH)}_n \qquad (1-17)$$

当 25℃时,

$$\mathrm{pH}_2 = -\Delta G_2^0/2.1364 + 1/2\lg[\mathrm{H}_{n-2}\mathrm{MeO}^{2-}] = \mathrm{pH}_2^0 + 1/2\lg[\mathrm{H}_{n-2}\mathrm{MeO}^{2-}]$$

$$(1-18)$$

$\mathrm{pH}_2^0 = -\Delta G_2^0/2.1364$ 为溶液中金属氧阴配离子浓度为 1 mol/L 时的平衡 pH,也可以称为标准 $\mathrm{pH}_2^0$。

从上述可以看出,当溶液中 $\mathrm{pH} > \mathrm{pH}_1^0$ 时,溶液中平衡金属离子浓度 $[\mathrm{Me}^{n+}] < 1$ mol/L,即金属离子水解成 $\mathrm{Me(OH)}_n$。当溶液中 $\mathrm{pH} > \mathrm{pH}_2^0$ 时,溶液中平衡金属氧阴配离子浓度 $[\mathrm{H}_{n-2}\mathrm{MeO}^{2-}] > 1$ mol/L,即 $\mathrm{Me(OH)}_n$ 碱溶生成 $\mathrm{H}_{n-2}\mathrm{MeO}^{2-}$。

以上原理适于一般金属离子中和水解的理论分析,但以配合阴离子存在且在较高酸度下就能水解,水解产物又是碱式盐的金属离子的水解要更复杂些,下面简介之。

### 2. 冲稀水解

向金属离子溶液中加水冲稀使之水解的过程称为冲稀水解。冲稀水解只限于在较高酸度下水解的金属配合离子,例如 $\mathrm{SbCl}_i^{3-i}$、$\mathrm{BiCl}_i^{3-i}$ 等。本书第二篇有关章节对 $\mathrm{SbCl}_i^{3-i}$、$\mathrm{BiCl}_i^{3-i}$ 的水解有更详细、更深入的理论分析,并求出了水解过程中的总金属离子浓度与总氯浓度的数模关系,利用这些数模关系可有效控制水解过程。

### 3. 氧化-还原水解

当溶液中的酸碱度适于某种价态的金属离子水解,而这种金属却以另一种不产生水解的价态存在,只有用氧化还原方法使这种金属离子的价态转化从而发生水解的方法叫氧化-还原水解。但氧化-还原水解过程要消耗中和剂,以中和水解时产生的酸或碱维持水解过程的 pH,保证水解过程的持续进行。这方面最典型的例子是氧化除铁。$\mathrm{Fe}^{2+}$ 水解的 pH 较高,与 $\mathrm{Cu}^{2+}$、$\mathrm{Zn}^{2+}$ 接近,而 $\mathrm{Fe}^{3+}$ 水解的 pH 较低,为 2 左右。因此,常常将 $\mathrm{Fe}^{2+}$ 氧化成 $\mathrm{Fe}^{3+}$ 水解除铁,除铁效果好,有价金属损失小。该过程的基本原理为:

$$\mathrm{Fe}^{2+} \Longrightarrow \mathrm{Fe}^{3+} + \mathrm{e}^-$$

$$Fe^{3+} + 3H_2O \!=\!\!=\!\! Fe(OH)_3 \downarrow + 3H^+$$

$$3OH^- + 3H^+ \!=\!\!=\!\! 3H_2O$$

总反应式：    $Fe^{2+} + 3OH^- \!=\!\!=\!\! Fe(OH)_3 \downarrow + e^-$    (1-19)

有色金属离子溶液的除锰过程也与此类似。

### 2.2.2 硫化沉淀法

利用铜、铅等金属的硫化物在酸性或碱性溶液中难溶的特点，向金属离子溶液中加入硫化剂，使这些金属离子生成硫化物沉淀，从而提取或除去这些金属离子，这种方法称为硫化沉淀法。文献对硫化沉淀法的热力学进行了详细研究，推导了硫化沉淀最佳 pH 即 $pH_e$，确定了硫化沉淀的最低离子浓度 $a$ 即 $a_e$，以及 $p_{H_2S}$ 对 $pH_e$ 和 $a_e$ 的影响。其中把金属离子分成六类：① $Cd^{2+}$、$Ni^{2+}$、$Fe^{2+}$、$Co^{2+}$、$Pb^{2+}$、$Mn^{2+}$、$Sn^{2+}$；② $Zn^{2+}$、$Cu^{2+}$；③ $As^{3+}$；④ $Bi^{3+}$；⑤ $Ag^+$；⑥ $Hg^{2+}$。分别进行热力学平衡计算，计算结果见表 1-1、表 1-2。

表 1-1  金属离子硫化沉淀 $pH_1^0$、$pH_e$ 和 $\lg a_e$

| $Me^{n+}$ | $pH_1^0$ | $p_{H_2S} = 101325 \ Pa$ | | $p_{H_2S} = 1.01325 \ Pa$ | |
|---|---|---|---|---|---|
| | | $pH_e$ | $\lg a_e$ | $pH_e$ | $\lg a_e$ |
| $Bi^{3+}$ | -20.383 | 无 | 无 | 无 | 无 |
| $As^{3+}$ | -16.116 | 4.2 | -15.78 | 4.2 | -6.78 |
| $Hg^{2+}$ | -15.82 | -2.199 | -26.94 | 0.8015 | -26.94 |
| $Ag^+$ | -14.145 | 11.642 | -25.486 | 11.642 | -22.468 |
| $Cu^{2+}$ | -7.089 | 9.003 | -31.684 | 9.003 | -25.684 |
| $Pb^{2+}$ | -3.097 | 9.433 | -24.719 | 9.433 | -18.719 |
| $Ni^{2+}$ | -2.888 | 9.984 | -25.267 | 9.984 | -19.267 |
| $Cd^{2+}$ | -2.613 | 11.210 | -27.168 | 11.21 | -21.168 |
| $Sn^{2+}$ | -2.028 | 5.393 | -14.364 | 5.393 | -8.364 |
| $Zn^{2+}$ | -1.585 | 9.305 | -21.301 | 9.305 | -15.301 |
| $Co^{2+}$ | 0.326 | 10.659 | -19.854 | 10.659 | -13.854 |
| $Fe^{2+}$ | 1.286 | 6.622 | -16.615 | 10.622 | -10.615 |
| $Mn^{2+}$ | 3.329 | 11.557 | -15.90 | 10.72 | -8.33 |

表 1-2 pH = 0 及 $p_{H_2S} = 101325$ Pa 时金属离子的 lg$a$

| Hg$^{2+}$ | As$^{3+}$ | Bi$^{3+}$ | Cu$^{2+}$ | Ag$^+$ | Pb$^{2+}$ | Ni$^{2+}$ |
|---|---|---|---|---|---|---|
| -22.846 | -15.65 | -14.984 | -14.178 | -14.145 | -6.194 | -5.776 |
| Cd$^{2+}$ | Sn$^{2+}$ | Zn$^{2+}$ | Co$^{2+}$ | Fe$^{2+}$ | Mn$^{2+}$ | |
| -5.226 | -4.056 | -3.17 | 0.652 | 3.572 | 6.592 | |

一般来说，pH$_1^0$ 是硫化沉淀难易程度的一个指标，pH$_1^0$ 越负，硫化沉淀越容易。在酸性介质中金属离子完全硫化沉淀程度的顺序是 Hg$^{2+}$，As$^{3+}$，Bi$^{3+}$，Cu$^{2+}$，Ag$^+$，Pb$^{2+}$，Ni$^{2+}$，Cd$^{2+}$，Sn$^{2+}$，Zn$^{2+}$，Co$^{2+}$，Fe$^{2+}$，Mn$^{2+}$。

pH$_e$ 是衡量在该 pH 下金属离子能否进行深度沉淀的尺度，pH$_e$ 越大，就可以将 pH 尽量提高到 pH$_e$，使溶液中金属离子浓度不断下降，达到最低限度的 $a_e$ 值。在高 pH 即碱性条件下，这个顺序发生了一些变化，即 Cu$^{2+}$，Bi$^{3+}$，Ni$^{2+}$，Cd$^{2+}$，Pb$^{2+}$，Ag$^+$，Co$^{2+}$，Zn$^{2+}$，Fe$^{2+}$，As$^{3+}$，Mn$^{2+}$，Sn$^{2+}$，Hg$^{2+}$。Hg$^{2+}$ 的硫化沉淀 $p_{H_2S}$ 不影响 $a_e$ 值，但降低 $p_{H_2S}$，pH$_e$ 增大，$a_e$ 值降低。因此，在酸性介质中保持低的 $p_{H_2S}$ 有利于汞的沉淀。高 $p_{H_2S}$ 有利于溶液中砷的沉淀，溶液中的残砷量在较宽的 pH 范围内几乎不随 pH 的变化而变化，这两点是非常重要的。

硫化沉淀常用的硫化剂有 H$_2$S、NaHS、Na$_2$S、(NH$_4$)$_2$S 以及相应的易溶金属硫化物。硫化沉淀法已广泛地用于废水处理，对于除去铜、铅及砷等有毒金属离子是非常有效的。此外，其还用于从低浓度溶液中富集金属进行砷酸分离等。

### 2.2.3 难溶盐沉淀法

在一定条件下，使金属离子生成某种难溶盐沉淀析出，从而达到分离提纯的目的，这种方法称为难溶盐沉淀法。金属难溶盐较多，主要有碳酸盐、硫酸盐、磷酸盐、草酸盐、砷酸盐、锑酸盐和卤化物。硫化物是一个特例，上文已专门述及。

#### 1. 碳酸盐沉淀

在中性水溶液中有色金属都能生成碳酸盐或碱式碳酸盐沉淀：

$$2Me^{n+} + nCO_3^{2-} \longrightarrow Me_2(CO_3)_n \downarrow \qquad (1-20)$$

$$2Me^{n+} + (n-m)CO_3^{2-} + 2mOH^- \longrightarrow Me_2(OH)_{2m}(CO_3)_{n-m} \downarrow \qquad (1-21)$$

式中：Me 代表铜、镉、钴、镍、锑、砷、铅等金属。

碳酸盐沉淀法没有选择性。它广泛用于由纯金属溶液沉淀和富集有色金属而制取的包括碳酸盐在内的多种化工产品。值得指出的是，某些有色金属，如钙、镁、锌、铀能与碳酸根形成可溶性配合物，这是沉淀这些金属时必须考虑的。

## 2. 硫酸盐沉淀

$Pb^{2+}$、$Ca^{2+}$、$Ba^{2+}$、$Sr^{2+}$ 等能形成难溶硫酸盐：

$$Me^{2+} + SO_4^{2-} =\!=\!=\!= MeSO_4 \downarrow \qquad (1-22)$$

因此，可以用硫酸盐沉淀法从金属离子溶液中除去这些杂质金属离子，也可以从铅溶液中富集、回收铅，制取三盐基硫酸铅和黄丹等铅的化工产品。由于硫酸钡的溶解度最小，在深度除铅时，往往加入钡离子，以形成两种金属硫酸盐共沉淀，使硫酸铅的溶解度大为降低。值得指出的是，$Fe^{3+}$、$Re^{3+}$ 及 $Al^{3+}$ 等三价离子易与 $Me^+$ 一起形成难溶硫酸盐复盐：

$$2m Re^{3+} + 2n Me^+ + (3m+n) SO_4^{2-} =\!=\!=\!= m Re_2(SO_4)_3 \cdot n Me_2 SO_4 \downarrow \ (1-23)$$

例如稀土金属离子与 $Na^+$ 形成硫酸盐复盐，而 $Sc^{3+}$ 与 $K^+$ 形成溶解度更低的硫酸钾钪复盐。因此，最初人们用复盐沉淀法从稀土离子溶液中分离和富集稀土金属。湿法炼锌中的铁矾法除铁的原理是 $Fe^{3+}$ 与 $NH_4^+$ 或 $Na^+$ 或 $K^+$ 形成难溶的硫酸铁铵（钠、钾）复盐，这种复盐习惯被称为铁矾。pH 为 2 左右时，$NH_4^+$ 与 $Zn^{2+}$、$Fe^{2+}$、$Mn^{2+}$ 生成硫酸锌（铁、锰）铵复盐，这正是 $Zn^{2+}$、$Fe^{2+}$、$Mn^{2+}$ 共同净化，制取高品质锰锌铁氧体软磁粉料的依据，有关内容在第五篇第三章中有详细介绍。

## 3. 卤化物沉淀

难溶卤化物的溶解度见表 1-3。

表 1-3　难溶卤化物在 100 g 水中溶解的质量

| $CeF_3 \cdot 4H_2O$ | $PdF_2$ | $SmF_3 \cdot 1/2H_2O$ | $YF_3 \cdot 1/2H_2O$ | $NiF_2$ | $PbF_2$ | $UF_4$ |
| --- | --- | --- | --- | --- | --- | --- |
| 不溶 | 不溶 | 不溶 | 不溶 | 不溶 | 0.064 | 不溶 |

| $CaF_2$ | $AgCl$ | $Cu_2Cl_2$ | $Hg_2Cl_2$ | $PbCl_2$ | $AgI$ |
| --- | --- | --- | --- | --- | --- |
| 0.0016 | 0.000089 | 1.12 | 0.0001 | 0.673 | $3 \times 10^{-7}$ |

从表 1-3 可以看出，稀土及铀、镍和钯的氟化物是不溶的，氟化钙微溶。因此，可用氟化物沉淀法从溶液中沉淀和富集稀土元素和除去废水中的氟离子。难溶氯化物也不多，主要是 $AgCl$、$Hg_2Cl_2$、$Cu_2Cl_2$、$PbCl_2$ 等。除了生成难溶 $Hg_2Cl_2$ 的 $Hg_2^{2+}$ 不形成氯配合物外，$Ag^+$、$Hg^{2+}$、$Cu^+$ 及 $Pb^{2+}$ 都能与 $Cl^-$ 形成多种氯配合物。因此，上述金属离子形成的难溶氯化物的溶解度随溶液中总氯离子浓度 $[Cl^-]_T$ 的变化而变化。有人用微分法研究了 $Ag^+$、$Hg^{2+}$、$Cu^+$ 及 $Pb^{2+}$ 的氯配合平衡，精确计算了溶液中金属离子总浓度 $[Me^{n+}]_T$ 与总氯离子浓度 $[Cl^-]_T$ 及游离氯离子浓度 $[Cl^-]$ 的平衡关系，确定难溶氯化物沉淀的最优条件（即要求控制得最

适当的总氯离子浓度$[Cl^-]_T$)及求得金属离子残留于溶液中的最低极限浓度。在氯配合平衡中，铜和汞的歧化反应是另一个值得注意的问题，为了在氯化沉淀时充分利用歧化反应的有利条件，控制产生歧化反应的电位是非常重要的。

氯化物沉淀法已广泛用于银、铜的富集和回收以及 $Cu_2Cl_2$、$CuO$ 等铜化工产品的制取，另外还用于溶液除氯，废水除汞、除铜等。

难溶碘化物首推碘化银，碘化银沉淀法是从含银氯化物溶液中选择性沉淀银的最好方法，这种方法已被用于从湿法炼铅的三氯化铁浸出液中回收银。

#### 4. 磷酸盐沉淀

磷酸盐沉淀法主要用于铀、钍及稀土金属的提取和分离。当酸浸出溶液中含有一定量的磷酸根时，习惯上以磷酸盐形式回收有价金属，只要调节溶液的酸碱度至该金属磷酸盐沉淀的 pH 便可以实现。表 1 - 4 列出了从 0.02 mol/L 金属磷酸盐溶液中沉淀磷酸盐的 pH，由此可确定从独居石浸出液中沉淀钍、铀及稀土磷酸盐沉淀的酸碱度条件。控制溶液酸碱度的方法有稀释法和中和法，前者效果不如后者。

表 1 - 4　从 0.02 mol/L 金属磷酸盐溶液中沉淀磷酸盐的 pH

| $Mg_3(PO_4)_2$ | $Ca_3(PO_4)_2$ | $Mn_3(PO_4)_2$ | $Zn_3(PO_4)_2$ |
|---|---|---|---|
| 9.76 | 7.00 | 5.76 | 5.66 |
| $AlPO_4$ | $Be_3PO_4$ | $Th_3(PO_4)_4$ | $Zr_3(PO_4)_4$ |
| 3.79 | 3.41 | 2.71 | 1.57 |

#### 5. 草酸盐沉淀

草酸盐沉淀法是富集和制取稀土氧化物的通用方法。稀土草酸盐的溶解度见表 1 - 5。

表 1 - 5　稀土草酸盐在 100 g 水中溶解的质量/g

| $La_2(C_2O_4)_3 \cdot 9H_2O$ | $Ce_2(C_2O_4)_3 \cdot 9H_2O$ | $Pr_2(C_2O_4)_3 \cdot 10H_2O$ | $Gd_2(C_2O_4)_3 \cdot 10H_2O$ |
|---|---|---|---|
| 0.00008 | 0.053 | 0.098 | 0.11 |
| $Y_2(C_2O_4)_3 \cdot 10H_2O$ | $Dy_2(C_2O_4)_3 \cdot 10H_2O$ | $Yb_2(C_2O_4)_3 \cdot 10H_2O$ | $PbC_2O_4$ |
| 0.00013 | 不溶 | 0.000583 | 0.00016 |

表 1 - 5 说明，稀土草酸盐的溶解度很小。因此，从弱酸性溶液中沉淀草酸稀土，可以除去 $Fe^{3+}$、$Ca^{2+}$ 等大量杂质。例如，从氯化钠溶液交换浸出离子吸附型

稀土矿的浸出液中沉淀的草酸稀土经灼烧后混合稀土氧化物含量大于90%。另外，草酸盐沉淀法也用于制备软磁用铁锰锌共沉淀粉、氧化钴和超细氧化锌等。

### 6.砷酸盐沉淀

难溶砷酸盐的溶解度见表1-6。

表1-6　砷酸盐在100g水中溶解的质量/g

| $FeAsO_4 \cdot 4H_2O$ | $Cu_3(AsO_4)_2 \cdot 4H_2O$ | $Ca_3(AsO_4)_2$ | $Mn_3(AsO_4)_2$ |
|---|---|---|---|
| 不溶 | 不溶 | 不溶 | 不溶 |
| $Mn_2HAsO_4 \cdot H_2O$ | $PbHAsO_4$ | $Zn_3(AsO_4)_2 \cdot 8H_2O$ | $SrHAsO_4 \cdot H_2O$ |
| 0.013 | 不溶 | 不溶 | 0.284 |

表1-6说明，铁、钙等金属的砷酸盐不溶于水。因此，砷酸盐沉淀法在含砷废水的处理上有重要意义。该法还用于由砷溶液制取砷的化工产品，如木材防腐剂砷酸钙的制取。

## 2.3　金属沉淀法

降低溶液的氧化还原电位，使金属离子还原成金属态析出的方法称为金属沉淀法，也称为金属沉积法。根据降低还原电位的方法，金属沉淀法可分为还原沉淀法、置换沉淀法和电解沉积法。它们在热力学原理上都是一样的：

$$Me^{n+} + ne^- \longrightarrow Me \downarrow \qquad (1-24)$$

但在动力学原理上却大不一样。

### 2.3.1　还原沉淀法

用一种非金属形态的还原剂还原溶液中的金属离子使之呈金属沉淀的方法称为还原沉淀法。还原沉淀法往往只适用于一些氧化-还原电位较高的贵金属配合离子，常用的还原剂有$SO_2$、水合肼、葡萄糖、甲醛等。较正电性的$Cu^{2+}$、$Ni^{2+}$、$Co^{2+}$等贱金属离子，通常用较便宜的$SO_2$、$H_2$、$CO$等气体作还原剂。为了使还原过程顺利进行，还原过程往往在高压下完成，以高压氢还原的研究比较多。

①高压氢还原热力学分析：由反应

$$Me^{n+} + n/2H_2 \Longrightarrow Me + nH^+ \qquad (1-25)$$

可以得出：

$$\lg a_{Me^{n+}} = -npH - (\lg K + \lg p_{H_2}) \qquad (1-26)$$

式（1-26）表示在恒氢压及恒温下进行还原达到平衡时，$\lg a_{Me^{n+}}$与溶液的pH

呈线性关系,有人以 $NiSO_4$ 溶液还原沉淀镍的结果证明此基线的斜率为2。还可以明显看出,如果氢离子一旦生成便立即除去,可使更多的金属沉淀。例如,向溶液中添加硫酸铵及氨时,金属沉淀率提高 10% ~ 50% 。

②高压氢还原动力学分析:溶液中的氨影响还原沉淀速度,当 $[NH_3]/[Co^{2+}] = 2$ 时,钴的还原沉淀速度达到最大值;对于铜亦有类似报道。从反应活化能可以看出,反应在低温时受化学反应控制,而在高温时受扩散控制。有充分的证据说明,氢仅与溶液中的金属离子反应,而不与溶液中可能出现的如碱式盐一类的固相反应。高压氢还原反应按均相或多相任一种方式进行。

从溶液中沉淀金属粉末的高压氢还原方法已在铜、钴、镍粉末的工业生产中获得应用。世界上已建成生产 10 kt/a 规模的工厂,这些工厂在生产金属粉末的同时,还进行双金属离子的分离,例如镍 - 钴及铜 - 锌分离等。

二氧化硫是另一种重要的气体还原剂,若在 100℃ 、 $3.4 \times 10^5$ Pa 下将 $SO_2$ 通入 $CuSO_4$ 溶液,则有金属铜析出:

$$2H_2O + Cu^{2+} + SO_2 \longrightarrow Cu\downarrow + H_2SO_4 + 2H^+ \tag{1-27}$$

二氧化硫多用来从亚硒酸溶液中还原沉淀硒:

$$H_2SeO_3 + H_2O + 2SO_2 =\!=\!= Se\downarrow + 2H_2SO_4 \tag{1-28}$$

亚硒酸溶液中还常含有碲,但在存在硫酸的情况下,硒还原沉淀是有选择性的。

### 2.3.2 置换沉淀法

用一种金属将另一种较正电性的金属从其盐溶液中沉淀析出的方法叫置换沉淀法。按照置换金属的形态,又可分为粉末置换和板块置换。根据被置换金属结晶的疏松或致密状况,被置换金属脱离或包覆置换金属表面。如果是致密状况,则置换过程受扩散控制,提高温度、加强搅拌可缓解这种动力学限制。

人们对置换过程动力学机理研究较早、较全面,1876 年就有人导出了置换动力学方程:

$$K = -V/A \cdot 1/t\ln(c_2/c_1) \tag{1-29}$$

式中:$K$ 为速度常数;$A$ 为置换金属与溶液接触的表面积;$V$ 为反应溶液的体积;$c_1$ 为较正电性的金属的初始浓度;$c_2$ 为时间 $t$ 后较正电性的金属的浓度。

置换沉淀过程可以是扩散控制,也可以是化学控制。产生疏松沉淀物的置换过程属化学控制;反之,产生致密沉淀物的置换过程属扩散控制。被置换金属的浓度对置换过程动力学影响很大,例如,用铁粉从三氯化锑溶液中置换锑:

$$2Sb^{3+} + 3Fe =\!=\!= 2Sb + 3Fe^{2+} \tag{1-30}$$

当溶液中初始 $[Sb^{3+}] \geqslant 15$ g/L 时,过程即受扩散控制,铁粉被钝化,无论置换多久,也难以将溶液中的 $Sb^{3+}$ 置换干净。而溶液中初始 $[Sb^{3+}] < 15$ g/L 时,置

换速度很快，两三分钟内即可置换完全。被置换金属浓度大，初始置换速度很快，因而沉积的金属颗粒很细，通常形成黏附膜，包裹置换金属颗粒。由于被置换金属离子必须扩散穿过包裹膜才能到达置换金属表面，因而该过程受扩散控制，有时产生钝化现象。高温也是促使反应速度提高的因素之一，例如，升高温度可使下列反应由化学控制转变为扩散控制：

$$Cu^{2+} + Ni = Cu + Ni^{2+} \tag{1-31}$$

置换过程中有时形成合金，例如将铜加入到二氯化锡溶液中，得到化学式为 $Cu_3Sn$ 的合金沉淀。置换过程太长时被置换金属产生的重溶现象，是有待解决的难题之一。

置换沉淀法被广泛地用于从溶液中分离和富集各种有色金属及贵金属，特别适于从稀溶液中富集和提取有价金属。常用的置换剂是铁、锌及铝等较负电性又较便宜易得的金属，最好是它们的废旧物料。

### 2.3.3　电解沉积法

金属离子溶液通入直流电，控制阴极电位和电流，使金属离子在阴极放电析出的过程称为电解沉积。电解沉积过程已在有色冶金工业上广泛应用，有关工艺技术和基础理论已在"有色冶金学"中述及，在此不重复介绍。

## 2.4　溶剂萃取法

### 2.4.1　概述

溶剂萃取包括萃取和反萃两个步骤。萃取是将有效组分的水溶液与不相混溶的有机溶剂充分搅拌、接触，将水相中的有效组分（如有价金属离子）萃入有机相，两相分离后，保留荷载有机相，弃去或再循环利用水相。反萃是以少量适当的溶液与荷载有机相搅拌、接触，回收其中的有价金属。经反萃的溶剂可循环使用。

溶剂萃取过程与相比、温度、有机相（包括萃取剂和稀释剂）及水相性质、萃取级数、萃取方式（逆流或顺流）等因素有关。要获得好的萃取效果和技术经济指标，必须综合考虑、全面对比，最好是通过实验优化和验证。

溶剂萃取法适于多元素的提取与分离，而且分离效果好、过程简单、金属回收率高、可连续化作业、成本低。

溶剂萃取法最早用于铀的提取，后来普遍用于有机化工提纯有机化学药品，经过几十年的发展，它已成为放射性元素、稀土元素、稀散金属、高熔点金属分离和提取的主要手段，在铜、镍、钴等金属冶炼中也已获得大规模的工业应用。

## 2.4.2　萃取

金属离子从水相转移到有机相的程度是以分配系数(也称萃取系数)$D$来衡量的,$D$的定义为:

$$D = \frac{金属离子在有机相中的浓度}{金属离子在水相中的浓度} \qquad (1-32)$$

平衡时$D$愈大,则金属离子的可萃性愈好。

溶剂萃取可以是物理过程,也可以是化学过程。物理过程通常服从能斯特分配定律,但属于这一类过程的却很少。在大多数情况下,溶剂萃取是一个化学过程,因而不遵从能斯特分配定律。在萃取过程中水相中的金属离子或化合物通过以下方式之一与萃取剂反应形成溶于有机相的化合物:

①离子对转移。即电中性的分子与萃取剂相互作用形成加成化合物。氧原子具有独对电子的化合物便成为适合此类反应的萃取剂,如醚、醇及中性磷酸酯等。

②离子交换。即金属以简单的离子从水相转移到有机相,与此同时,萃取剂中的离子按化学计量转入水相。阳离子交换的萃取剂一般是一种酸或皂,如烷基磷酸(皂)、羧酸(皂)、环烷酸(皂)及脂肪酸(皂)等。而阴离子交换的萃取剂则是一种碱,如胺等。

③螯合萃取。形成不溶于水相而易溶于有机相的金属螯合物,如烯醇或乙酰丙酮萃取铍等。

## 2.4.3　反萃

反萃可达到回收有机相中的金属和再生有机相、循环使用两个目的。同样地,金属离子从有机相转移到水相的程度也可以反萃系数$D'$来衡量,其定义为:

$$D' = \frac{金属离子在水相中的浓度}{金属离子在有机相中的浓度} \qquad (1-33)$$

平衡时$D'$越大,则金属离子向水相转移的趋势也越大,可见反萃系数是萃取系数的倒数。一般根据萃取机理来选择反萃剂,例如,负载金属的醚与磷酸三丁酯之类的中性有机磷化合物都易被水反萃,而酸性有机磷化合物却易被酸或碱反萃。

反萃方式有:①反洗有机相;②直接从有机相中沉淀有价金属;③选择性反萃,即逐次从有机相中反萃两种或两种以上的有价金属。

## 2.4.4　萃取等温线

当两相平衡时,以水相金属离子浓度对有机相金属离子浓度所作的曲线称为萃取等温线。这是一条很有用的曲线，因为曲线上每一个点都直接表示金属离子在两相中的浓度，从而可以计算分配系数，再添加上一条根据两相体积比得到的操作线，便构成了对逆流萃取系数进行分段分析的马克开勃 - 齐利(McCabe - Thiele)图解法。

萃取等温线还表明，随着水相中金属离子浓度的提高，有机相中金属离子浓度逐渐达到极限浓度。通常在饱和时萃取剂的摩尔数与金属离子摩尔数之间有一简单的关系，该关系决定于反应的化学计算量和有机相中被萃物的性质。

### 2.4.5　萃取工艺

#### 1.技术术语

1）萃取率

萃入有机相的金属量占未萃取前水相中金属量的百分率称为萃取率。

$$萃取率 = (W - w_1)/W = D/(D + V_a/V_o) \tag{1 - 34}$$

式中：$W$ 为水相中的初始金属量；$w_1$ 为萃取后水相中的金属量；$V_a$ 为水相体积；$V_o$ 为有机相体积；$D$ 为分配系数。

2）相比

两相的体积比称为相比。

$$相比 = V_a/V_o \tag{1 - 35}$$

3）分离系数

当用一种有机溶剂从一水相中萃取两种金属时，这两种金属的分离系数定义为：

$$\beta_{1-2} = D_1/D_2 = C_{1o}C_{2a}/(C_{1a}C_{2o}) \tag{1 - 36}$$

因此，只有 $\beta_{1-2}$ 不等于 1 时，才有可能使这两种金属分离。

#### 2.多级萃取

多次用非饱和有机相对同一水相进行萃取的方法称为多级萃取。可以推导出经 $n$ 次萃取后水相中被萃金属浓度 $C_n$ 的公式：

$$C_n = C_1 \{1/[1 + D(V_o/V_a)]\}^n \tag{1 - 37}$$

式中：$C_1$ 为水相中被萃金属的初始浓度。

由此可见，增加萃取次数，可以使得水相中被萃金属几乎完全被萃取，同时又可保持较小的 $V_o$ 值。

#### 3.逆流萃取

水相的流向与有机相的流向相反的多级萃取过程称为逆流萃取。因为在逆流萃取过程中非负载有机相与被萃金属几乎被萃完的上一级萃余液接触，而接近饱和的有机相又与新加入的水相接触，所以，用多级逆流萃取可以达到用限定量的萃取剂完全回收金属的目的。

如以 $A$ 表示水相流量，而对应的有机相流量为 $O$，可萃金属在水相及有机相中的浓度分别为 $x$ 和 $y$，则经 $n$ 级萃取后离开第一级的有机相中金属浓度 $y_1$ 与离开第 $n$ 级的水相中金属浓度 $x_n$ 呈线性关系，其斜率为 $A/O$：

$$y_1 = A/O(x_0 - x_n) + y_{n+1} \qquad (1-38)$$

而逆流接触前水相和有机相中金属浓度 $x_0$ 和 $y_{n+1}$ 均为常数。此直线即为马克开勃 – 齐利图解中的工作线（图 1 – 1）。马克开勃 – 齐利图解应用于溶剂萃取系统中，以估算获得指定结果所需的理论萃取级数。工作线以物料平衡为基础，线上各点的坐标即是进入任一级水相中金属浓度及离开该级的有机相中金属浓度。工作线是直线，可用任意两点来确定。用"阶梯"作图法即可求得理论萃取级数。

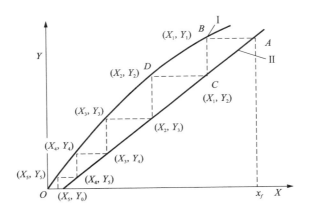

图 1 – 1　马克开勃 – 齐利图解曲线

**4. 影响萃取过程的因素**

影响溶剂萃取的主要因素是有机相的组成和性质以及水相组成，尤其是水相金属离子浓度和 pH。

1）有机相

有机相是由萃取剂和稀释剂组成的，其物理化学性能对萃取过程影响重大。

（1）溶剂载荷。

一定量的某种萃取剂从溶液中萃取某种金属离子的最大容量称为溶剂载荷，也称为萃取剂的饱和容量。各种萃取剂的饱和容量的差别很大。随着金属离子载荷的增加，有机相的黏度增大，从而影响分相，因此，萃取常在远小于萃取剂的饱和容量的条件下进行。

（2）萃取剂的聚合。

在极性碳氢化合物稀释剂中，有些胺容易发生缔合而处于稳定的胶体悬浮状态。例如二烷基磷酸与二烷基次磷酸在有机稀释剂中，可能由于氢键结合而常常呈二聚物。由于这些聚合物的氢原子不能自由参加反应,所以聚合作用便直接影响阳离子交换。

(3)稀释剂的作用。

稀释剂本身不能从水相中萃取金属离子,但稀释剂可与萃取剂发生相互作用,有的稀释剂能促进萃取剂的聚合,因此对溶剂的萃取性能有很大的影响。

(4)萃取剂浓度的影响。

分配系数随有机相中萃取剂浓度的升高而增大,而且 $\lg D$ 与萃取剂浓度的对数呈线性关系。

(5)协同效应。

当两种萃取剂联合使用时的萃取能力超过萃取剂单独使用时的萃取能力的总和,这种现象称为协同效应。同类萃取剂的协同效应由它们之间的相互作用引起,这种作用使拉乌尔定律产生正偏差,与协同效应相吻合。但不同类型的萃取剂,例如酸性的比非酸性萃取剂协同效应的情况要复杂得多。协同效应也与稀释剂的性能有关。

(6)形成第三相。

有些萃取剂,特别是胺类萃取剂,当与酸性溶液接触时生成不溶于有机相的盐,于是在萃取时形成液体或固体的第三相。另外,当溶液中含有固体悬浮物时,也会出现第三相。第三相的形成也与稀释剂的性能有关。向萃取剂中加入3%左右的长链醇(如癸醇),可以防止第三相的形成。

2)水相

水相的金属离子浓度、pH 及添加非萃金属离子、配合物、水合离子均会对萃取过程产生影响。

(1)金属离子浓度的影响。

设初始水相金属浓度为 $y_0$,萃取过程为:

$$Me_{(水)} + nx \Longrightarrow Me \cdot nx_{(有)} \qquad (1-39)$$

则平衡常数为:

$$K = [Me \cdot nx_{(有)}]/([Me_{(水)}][x]^n)$$

有机相中萃合物浓度 $[Me \cdot nx_{(有)}]$ 与其金属浓度相当且均为 $y$ 时,水相中金属浓度为 $y_0 - y$,于是:

$$k = y/((y_0 - y) \cdot [x]^n)$$

而

$$D = y/(y_0 - y)$$

所以

$$D = k[x]^n \qquad (1-40)$$

式中:$[x]$ 为平衡时游离萃取剂浓度。对于 $[x]$,有

$$[x] = [s] - [\mathrm{Me} \cdot nx_{(有)}] \tag{1-41}$$

式中：$[s]$ 是萃取剂总浓度。萃合物浓度 $[\mathrm{Me} \cdot nx_{(有)}]$ 就是与被萃金属结合的萃取剂浓度，该浓度随水相金属离子初始浓度的升高而增加，但 $[x]$ 及 $D$ 随水相初始金属离子浓度的升高而减少。

（2）添加不萃金属离子的影响。

在萃取过程中若向水相中加入不被萃取的电解质，可使金属的萃取大为加强，这些电解质称为盐析剂，其作用是抑制可萃取物的离解。然而在离子交换机理的萃取过程中，加入盐析剂却会产生相反的效果。此时，溶液中的外来离子势必争夺萃取剂中的可交换的离子，从而降低金属的分配比。

（3）形成配合物的影响。

水相中形成的金属配合物如果是电中性的，则有利于离子对转移的萃取，如果是带电的配合离子，则有利于交换机理下的萃取。因此，常在水相中加入 EDTA 或 $\mathrm{NH_4SCN}$ 之类的配合剂，以促进金属离子的萃取或分离。

（4）pH 的影响。

在阳离子溶剂萃取中 $\mathrm{H^+}$ 也参与反应，所以水相 pH 对萃取有很大影响，升高 pH 有利于萃取的进行。

（5）离子水合的影响。

离子强烈的水合作用使离子的可萃性降低，但也有与此相反的特殊情况。

# 2.5　离子交换法

## 2.5.1　基本原理与应用

离子交换包括吸着和淋洗两个步骤。含有价金属的溶液通过树脂床，从水相进入树脂相的过程称为吸着。用少量的、适当的溶液将全部金属离子从树脂上洗脱的过程称为淋洗。离子交换操作完成后，可得到纯金属离子的富集液，树脂经洗涤再生后重新使用。当一定体积的溶液与一定质量的树脂接触，平衡后金属离子被树脂吸收的程度可用分配系数 $D$ 表示：

$$D = \frac{金属离子在树脂中的浓度}{金属离子在水相中的浓度} \tag{1-42}$$

$D$ 愈大，树脂对该金属离子的亲和力就愈大。

离子交换剂是指带正电或负电的格构或矩阵被反号电荷离子即所谓平衡离子所补偿。平衡离子在格构或矩阵内自由移动，并可被其他同号离子所取代，而固定离子是不活动的。当格构或矩阵带正电离子时，平衡离子与阴离子交换的，称为阴离子交换剂；同理，平衡离子与阳离子交换的，称为阳离子交换剂。

离子交换法常用于制取高纯金属化合物及分离性质相似的金属，如铌和钽、稀土元素、锆与铪、钴与镍、贵金属以及稀散金属等。通过选择吸着、淋洗及色层淋洗等方法达到分离提纯的目的。

## 2.5.2　离子交换剂材料

离子交换剂材料可分为无机交换剂和有机交换剂两大类，每一类都包括天然和人工合成两种。天然的无机交换剂有方沸石（$Na[SiAlO_6]_2 \cdot H_2O$）、菱沸石（$(Ca \cdot Na)[Si_2AlO_6]_2 \cdot 6H_2O$）和蒙脱石（$Al_2[Si_4O_{10}(OH)_2] \cdot nH_2O$），以上三种属阳离子交换剂。属阴离子交换剂的有高岭石氟磷灰石（$[Ca_2(PO_4)_2 \cdot Ca_2]F$）和羟基磷灰石（$[Ca_2(PO_4)_2 \cdot Ca_2]OH$）。人工合成的无机交换剂主要是铝硅酸盐。

天然的有机交换剂如磺化煤、褐煤等已被人工合成树脂所取代。有四种类型的合成有机交换剂：①含—COOH 的弱酸性阳离子交换剂；②含—$SO_3H$ 的强酸性阳离子交换剂；③含胺基的弱碱性阴离子交换剂；④强碱性阴离子交换剂。

另外，有一种合成离子交换膜。当离子交换膜与电解液接触时，平衡离子很容易从一侧溶液通过交换膜交换到另一侧溶液中。相反，同号离子则被阻拦不能通过。

## 2.5.3　离子交换剂的性能与影响交换的因素

离子交换剂的性能如交换容量、溶胀、选择性等严重影响离子交换过程。此外，离子化基团的电离与缔合、水相中金属离子及配合剂的种类和浓度、树脂淋洗与再生状况、树脂中毒、交换体系的温度等亦是影响交换过程的重要因素。

### 1. 交换容量

树脂的最大交换容量是 1 g 没有吸附溶液或溶剂的树脂具有的离子化基团的数目，而树脂的有效交换容量为单位质量树脂中含有可交换的平衡离子的数目。对强酸和强碱性树脂，有效交换容量与最大交换容量相等，但对于弱酸和弱碱性树脂则有效交换容量较低，它受外部溶液 pH 及溶质浓度的影响较大。

### 2. 溶胀

干燥的离子交换树脂浸在水中时，便吸收大量的水，使树脂产生溶胀。溶胀对于柱式操作特别重要，因为在树脂床内溶胀通常发展成高压，除非特别注意，否则交换柱会胀裂，或床层移动产生沟流。

### 3. 选择性

由于以下物理化学原因，离子交换剂将其平衡离子与溶液中另一种离子进行选择性交换：①因高电荷离子被强烈吸引，故优先选择高电荷的平衡离子。②对电荷相同的离子，溶剂化体积较小的将被优先选择性吸附。③与矩阵相关性较强，如形成键或静电引力的，平衡离子具有选择性。④降低外部溶液的浓度及增加交换级数，均可使选择性提高。

### 4. 离子化基团的电离与缔合

由于平衡离子及固定离子基团间发生相互作用，因此强酸和强碱性树脂完全电离，而弱酸和弱碱性树脂则不然。后两类树脂的电离取决于外部溶液 pH，弱酸性基团在低 pH 时不电离，即产生缔合现象，弱碱性基团在高 pH 时不电离，因此在离子化基团缔合的情况下，交换能力大幅降低。

### 5. 水相中配合剂的影响

大多数金属离子的分配系数 $D$ 随平衡溶液的酸度变化很大。这是由于存在两种可以彼此增强或减弱的效应引起的：一是树脂在稀酸中的溶胀较在浓酸中大；二是随酸度升高而产生配合作用，故稀酸中的离子交换增强。

### 6. 树脂淋洗与再生

树脂吸着某种离子时，要具有选择性，但在淋洗与再生树脂时，一定要求不能具有选择性，否则，平衡离子淋洗不下，树脂再生不好。在柱式操作中，采用逆流淋洗效果较好。

### 7. 树脂中毒

在离子交换过程中，有时会出现树脂中毒现象，使树脂容量下降，选择性差。因此，需采取有效措施处理树脂，为树脂解毒，恢复树脂功能。

# 第 3 章　材料制备

　　由纯金属离子液制备材料的方法包括离子沉积、化合物热分解、化合物水解、表面改性、掺杂复合等过程。离子沉积包括结晶、沉淀与电沉积，可直接获得材料产品，也可获得化合物前驱体中间产品。水解沉淀是最重要的沉淀方法，将重点介绍。

## 3.1　离子沉积与材料制备

### 3.1.1　结晶

　　结晶是指改变溶液的物理化学条件，使溶质过饱和而析出晶体的过程。结晶作为一种分离提纯的方法在材料制备中应用广泛。有时为深度净化化工产品或金属材料的中间产品，往往利用目的产物和杂质在溶液中的溶解度之差，进行重结晶操作，从而达到提纯的目的，如在湿法钨冶金过程中，为得到高品质的仲钨酸铵，溶液用蒸发法除去游离氨，使 pH 降低至 7 左右，从而使仲钨酸铵成结晶析出，而 Mo、P、As 等大部分杂质仍留在溶液中并得以除去。

　　溶液中的结晶过程是一个溶解和析出的动态过程，溶质的溶解和结晶的关系，与饱和蒸汽的凝聚过程极其相似，因而其过程遵循 Kelvin 公式，即：

$$\ln(C/C^0) = 2\sigma M/(r\rho RT) \tag{1-43}$$

式中：$C$ 是粒径为 $r$ 的微细颗粒的溶解度；$C^0$ 为大颗粒的溶解度；$\sigma$，$\rho$，$M$ 分别为物质的表面张力、密度和摩尔质量。

　　从式(1-43)中可知，随着颗粒半径的减小，溶解度增加，考虑到溶质从其饱和溶液中结晶时，在没有外来晶粒存在的条件下，有一个自动的晶核形成过程。因此，在工业生产中，为使结晶过程能顺利进行，溶液中的实际浓度 $c$ 应大于溶解 $C^0$，即应在一个过饱和体系中进行。常用过饱和度来表征一种溶液的过饱和状态。过饱和度分为绝对过饱和度和相对过饱和度：溶液的绝对过饱和度($\alpha$)为溶液中溶质的浓度与其溶解度之差，即 $\alpha = C - C^0$；相对过饱和度($\gamma$)为绝对过饱和度与溶解度之比，即 $\gamma = (C - C^0)/C^0$。而在实际应用中常把 $C/C^0$ 称为过饱和率 $\beta$，因此有 $\gamma = \beta - 1 = \alpha/C^0$。对应自动成核的过饱和率称为临界过饱和率，以 $\beta_0$ 表示。

　　在一个过饱和率 $\beta > \beta_0$ 的溶液体系中，共结晶过程为：

$$离子态 \xrightarrow{晶核形成} 晶核 \xrightarrow{定向生长} 结晶型沉淀 \xrightarrow{聚集} 多晶集合体$$

在晶核形成阶段，晶核形成速度与浓度的关系为：

$$\frac{\mathrm{d}N}{\mathrm{d}\tau} = kC^n \quad (n > 1) \tag{1-44}$$

式中：$k$ 为常数，与温度和结晶产物的性质有关；$n$ 为一个大于 1 的指数，因物质不同而不同。从式（1-44）可得出影响成核速率的两个因素分别为溶质浓度及温度。

晶体的生长速率和生长形态的影响是多方面的，但溶液过饱和度、溶液 pH、环境相成分和杂质等对晶体的生长速率和生长形态起着决定性作用。

（1）溶液过饱和度的影响。

一般来说，晶体的生长速率随着溶液过饱和度的增加而变大，但随着过饱和度的增加，要维持整个晶面具有相同的过饱和度是困难的，同时当过饱和度增大时，杂质易于进入晶体，导致晶体的均匀性被破坏，结果被破坏晶面的生长速率总是大于光滑晶面的生长速率，从而发生了相对生长速率的改变，这样就影响到晶体的生长形态。实验证明，当溶液的过饱和度超过某一临界值时，晶体形态就会发生变化。

（2）溶液 pH 的影响。

晶体在水溶液中生长的一个显著特点，就是 pH 的变化对晶体形态的影响，控制 pH 也是培育优质完整单晶的一个重要条件。当溶液的 pH 改变时，不仅影响到溶液中各种离子的平衡、生长基元的组态与数目，还影响到晶体的生长过程，因此其造成晶体形态的改变。

（3）环境相成分的影响。

当晶体由不同种类的原子组成，或者当晶体含有阳离子和阴离子时，环境流体相的成分可影响到晶体的生长速率和生长形态。

（4）杂质的影响。

当环境相中存在杂质时，有的杂质对晶体生长极为敏感，杂质原子进入到晶体后，不仅直接影响到晶体的物理性能，而且使晶体在生长过程中改变形态，同时杂质引入晶体内的二维结构缺陷，间接地对晶体的物理性能产生影响。

## 3.1.2　沉淀

在单组分或多组分离子溶液的沉淀过程中，一般要加入沉淀剂或改变溶液中离子对的氧化还原电位，使其中的某些组分形成难溶化合物或单质析出。根据沉淀过程中金属离子化合价的变化情况，沉淀分为等价沉淀、氧化沉淀和还原沉淀三大类，其中还原沉淀包括化学还原沉积法和电沉积法两种。

（1）等价沉淀。

等价沉淀是指在沉淀过程中，金属离子的化合价并不发生改变。等价沉淀的原理是难溶物质的溶度积原理，即对于难溶物质在水中的溶解达到平衡后，阴阳离子浓度积在一定温度下为一常数：

$$K_{sp} = \left[ M^{n+} \right]^m \left[ A^{m-} \right]^n \qquad (1-45)$$

当溶液中的离子积大于 $K_{sp}$ 时，溶液状态处于一种过饱和状态，此时溶液将析出固体沉淀直至溶液中的 $\left[ M^{n+} \right]^m \left[ A^{m-} \right]^n = K_{sp}$ 为止。通常的水解沉淀、硫化物沉淀及弱酸沉淀法均为等价沉淀。如 $Fe^{3+}$ 在 $pH > 2.2$ 时，沉淀为 $Fe(OH)_3$ 或 $FeOOH$，后者是制取磁性材料的好原料。再如 $SbCl_3$ 溶液水解成氯氧化锑，然后制成高纯氧化锑。

（2）氧化沉淀。

氧化沉淀过程中金属离子的价数增加，例如 $Mn^{2+}$ 离子的氧化沉淀：

$$3Mn^{2+} + 2O_2 + 6e^- \longrightarrow Mn_3O_4 \downarrow \qquad (1-46)$$

该反应是制备磁性材料四氧化三锰的基础。

（3）还原沉淀。

还原沉淀涉及金属离子的还原过程，包括化学还原沉积法和电沉积法。

①化学还原沉积法又分为置换沉淀法、气体还原法和有机试剂还原法。有机试剂还原法利用还原性强的有机试剂在一定的酸碱度条件下，将金属离子从溶液中还原出来。常用的有三种试剂：联胺、甲醛、草酸。联胺在还原过程中被氧化成 $N_2$，甲醛和草酸均被氧化成 $CO_2$。此外还有甲酸、乙酸、葡萄糖、乙二醇、抗坏血酸等有机还原剂。金、银等贵金属及镍、钴等重金属的超细粉末一般采用有机物还原法制取。

②电沉积法在金属材料制备中具有很高的地位，仅次于化学还原沉积法，居第二位，几乎所有的金属材料均可由该法制备。电沉积的基本原理是在溶液中通直流电，金属化合物水溶液分解，金属离子在阴极上还原成单质：

$$Me^{n+} + ne^- =\!=\!=\!= Me$$

电沉积过程中的阳离子由电解液或阳极溶解提供，向阴极移动是依靠扩散、对流和离子迁移来实现的，这个过程和温度、电解质种类、溶液黏度、离子半径、电场的强弱等因素有关。在电沉积过程中，电流密度决定着阴极产物的形态，其形态大致有三种：脆硬沉积物、海绵状沉积物和松散沉积物。析出脆硬沉积物的极限电流密度和电解质中的金属离子浓度的关系如下：

$$i = 0.2kc \qquad (1-47)$$

式中：$i$ 为极限电流密度，$A/m^2$；$c$ 为电解质的质量浓度，$mol/L$；$k$ 为常数，随盐类不同，其值在 $0.5 \times 10^{-4}$ 至 $0.9 \times 10^{-4}$ 之间波动。

当 $i \geqslant kc$ 时，形成松散沉积物。松散沉积物可以不经任何加工就得到 $0.01 \sim 1 \mu m$ 的金属粉末。电沉积不但在制取金属材料中有所应用，还在制取合金材料及多元镀膜中应用广泛。除了水溶液电解制备金属粉末外，还在熔盐体系中用电解法生产难熔金属及合金材料。

## 3.2 化合物热分解与材料制备

许多金属含氧酸盐在受热时是不稳定的。例如铵盐、硝酸盐、碳酸盐、草酸盐及金属有机盐等受热时皆容易发生分解反应，生成金属氧化物或复合氧化物。

热分解反应在一定的热力学条件下才能发生。开始发生分解的最低温度，简称为分解温度。分解温度可以从实验中测得，也可以用热力学方法计算求得，实验上常用 DTA 和 TG 方法测分解温度。

### 3.2.1 碳酸盐热分解

碱金属的碳酸盐（$Me_2CO_3$）是离子晶体，不易分解，高价金属（$Fe^{3+}$，$Al^{3+}$，$Cr^{3+}$）的碳酸盐不易制得。$Me(Ⅱ)$碳酸盐热分解是常见的，其热分解反应式如下：

$$MeCO_3 = MeO + CO_2 \uparrow \tag{1-48}$$

式中：$MeCO_3$主要是指 s 区、p 区、d 区、ds 区元素的低价碳酸盐。

碳酸盐的分解是一个 $\Delta H > 0$、$\Delta S > 0$ 的反应，从热力学分析，高温有利于反应向氧化物方向转化。其分解速率和程度将随温度的升高和 $CO_2$ 气体分压的减小而增大。

从离子极化观点分析，离子极化作用较强的金属碳酸盐容易分解。碳酸盐分解温度由高至低的顺序为：

$$T_{Na_2CO_3}, T_{BaCO_3}, T_{CaCO_3}, T_{MgCO_3}, T_{ZnCO_3}, T_{PbCO_3}, T_{FeCO_3}, T_{BeCO_3} \tag{1-49}$$

碳酸盐的分解原理可以看作是成核与生长的过程。晶体的分解首先在表面开始成核，然后往内部发展。整个过程可以分为四个阶段：①已分解的 Me 和 O 处于热分解前的 Me 和 $CO_3$ 的晶格点位置上；②已分解的 Me 和 O 从晶格点上移动形成新的 MeO 的结晶核，晶体形成一个多孔隙的具有 $MeCO_3$ 残余骨架的结构；③MeO 核逐渐吸引已分解的 Me 和 O，MeO 晶核长大，体积收缩；④热分解完成，MeO 的结晶变成紧密的结构，成为稳定的状态。在上述四个阶段中，中间两个状态 MeO 的活性最大。后期由于结晶成长，MeO 变得稳定了。在加热过程中，比表面最大的温度就是活化温度，这个温度低于分解完成的温度。此分解原理对于氢氧化物和含结晶水的盐类脱水反应也是适用的。

### 3.2.2 草酸盐热分解

和碳酸盐一样，大多数草酸盐在加热时易分解，因此在材料制备上可通过沉淀或共沉淀的方法制备金属草酸盐前驱体,再热解草酸盐得氧化物或复合氧化物的纳米粉体,同时产生 CO 或 $CO_2$ 气体,如:$ZnC_2O_4 \rightarrow ZnO$;$NiC_2O_4 \rightarrow NiO$;$RE_2(C_2O_4)_3 \rightarrow RE_2O_3$ 等。贵金属草酸盐热分解时伴有自还原作用,即正价态金属被草酸根还原成金属粉末,例如草酸银热分解可制得超细银粉,反应剧烈,甚至会产生爆炸:

$$Ag_2C_2O_4 \longrightarrow 2Ag + 2CO_2 \uparrow \qquad (1-50)$$

### 3.2.3　铵盐热分解

铵盐皆不稳定,只有高价金属的含氧酸铵盐(V,Mo,W,Cr 等)能用来制备金属氧化物,同时产生氨和水蒸气,如:$(NH_4)_2Cr_2O_7 \rightarrow Cr_2O_3$;$2NH_4VO_3 \rightarrow V_2O_5$;$(NH_4)_2WO_4 \rightarrow WO_3$。

这是高熔点粉体材料制备的重要步骤。

### 3.2.4　氢氧化物和含氧酸热分解

绝大多数的金属含氧酸或氢氧化物都可通过热分解法制得金属氧化物。若氢氧化物和含氧酸盐系湿法合成制得,则可制得纳米材料,同时产生水蒸气,如:$2Al(OH)_3 \longrightarrow Al_2O_3$;$H_2SnO_3 \longrightarrow SnO_2$;$Zn(OH)_2 \longrightarrow ZnO$;$H_2WO_4 \longrightarrow WO_3$;$2RE_2(OH)_3 \longrightarrow RE_2O_3$ 等。

### 3.2.5　柠檬酸盐热分解

此法是将金属盐类或新制的氢氧化物配制成浓度尽可能大的、按材料计量比组成的柠檬酸盐配合物溶液(pH = 5~6),然后将溶液雾化并分散在酒精中,使之脱水,共沉淀析出柠檬酸盐,分离母液后 90℃ 真空干燥。所得无水柠檬酸盐在氮气和空气的混合气体气氛中慢慢升温热分解,即得性能优异的粉体材料。此法特别适于制备立方或斜方的钙钛矿型材料或掺杂材料,如 $CaTiO_3$、$BaTiO_3$、$CaWO_4$、$ZnNb_2O_6$、$CoAl_2O_4$、$ZnFe_2O_4$、$CaO-ZrO_2$ 等。

## 3.3　化合物水解与材料制备

水解法可分为无机盐水解法、醇盐水解法,又可分为常温水解法和高温强制水解法。高温强制水解法又称为水热法。

### 3.3.1　水解反应的理论基础与影响因素

金属阳离子的水解反应的通式如下:

$$M^{n+}(aq) + nH_2O(l) \longrightarrow M(OH)_n(s) + nH^+(aq) \qquad (1-51)$$

$$M(OH)_n(s) \longrightarrow MO_{0.5n}(s) + 0.5nH_2O(g) \qquad (1-52)$$

影响水解反应的因素主要有以下几个方面：

（1）金属离子本性。

大多数金属离子形成的强酸弱碱盐都能在水溶液中发生水解反应，不同的金属离子水解程度不同。水解程度主要取决于金属离子电荷、半径及电子构型，或者说是取决于金属离子的极化力。金属离子的电荷越高，半径越小，极化力越强，水解程度越大；此外，非8e构型的金属离子容易水解，如p区、d区、f区、ds区元素离子。高价金属离子的盐类如 $SnCl_4$、$TiCl_4$、$SbCl_5$、$Bi(NO_3)_3$ 等可直接水解制取氧化物。

（2）溶液的温度。

水解反应为中和反应的逆反应，是吸热反应，因此，升高温度，水解常数增大，水解度也增大，有利于水解反应完全。通常一些在常温下不能水解或部分水解的金属盐类，可通过升高温度的方法来制备金属氧化物，如 $FeCl_3$ 溶液由于部分水解而呈黄色，升温到60℃以上即可使 $Fe^{3+}$ 水解成橙红色的 $FeOOH$ 或 $Fe_2O_3$ 溶胶或沉淀。

（3）溶液的酸度。

金属离子水解后，溶液的酸度增大。为使水解反应进行完全，可通过向溶液中加入碱，降低酸度促进水解反应完全。如 $MgCl_2$ 溶液即使升温也较难水解，但若加入 $NaOH$ 或 $NH_3 \cdot H_2O$，则很容易发生水解而生成 $Mg(OH)_2$，煅烧后得到 $MgO$。

### 3.3.2　无机盐直接水解制备氧化物微粒

高价金属离子及离子极化作用较强的盐类，用水稀释时会生成氧化物、氢氧化物（或含氧酸）或碱式盐沉淀，适当控制溶液的pH或加热反应物可制得超细高纯的氧化物微粒，如：$SnCl_4 \longrightarrow H_2SnO_3 \longrightarrow SnO_2$；$TiCl_4 \longrightarrow H_2TiO_3 \longrightarrow TiO_2$；$Hg(NO_3)_2 \longrightarrow HgO$；$FeCl_3 \longrightarrow Fe(OH)_3 \longrightarrow Fe_2O_3$；$SnCl_2 \longrightarrow Sn(OH)Cl \longrightarrow Sn(OH)_2 \longrightarrow SnO$ 等。

### 3.3.3　强制水解制备无机材料

盐类的强制水解一般是指在酸性条件下，提高温度使金属盐水解。无碱存在的阳离子水溶液的水热强制水解比常温更为显著，而且，水解反应会导致盐溶液中直接生成纯度更高的氧化物粉体，如：$FeCl_3 \longrightarrow \alpha-Fe_2O_3$；$SnCl_4 \longrightarrow SnO_2$；$NiSO_4 \longrightarrow Ni(OH)_2$ 等。

控制强制水解反应的要点是低的阳离子浓度，以避免爆发成核。这样可以获得均匀的溶胶状多晶材料，颗粒尺寸为小于20nm。若要提高金属离子的浓度以增大产物量,可通过加入配位剂降低金属离子浓度的方法实现,随着水解反应的进行,配合物逐步释放出金属离子,可使产物量增加;添加其他无机盐、有机溶剂或不同的配位剂可获得不同晶体外形的材料,以满足各方面的应用要求。

### 3.3.4　金属醇盐水解制备氧化物纳米材料

金属醇盐是具有 M—O—C 键的有机金属化合物的一种,它的通式为 $M(OR)_n$,其中 M 是金属,R 是烷基或丙烯基。它的合成受金属电负性影响较大,其水解反应通式为:

$$Me(OR)_n + nH_2O \Longrightarrow Me(OH)_n + nHOR \qquad (1-53)$$

金属醇盐极易水解,产生相应的氧化物、氢氧化物或水合物的沉淀。产物经处理可制得纳米粉末。在金属醇盐水解反应过程中,其他离子作为杂质被导入的可能性很小,可以制得高纯度的纳米粉体,且因水解条件不同而产物形态各异。例如,一方面 Fe(Ⅱ)醇盐由于存在微量氧而被氧化为 Fe(Ⅲ)醇盐,水解产生 $Fe(OH)_3$ 沉淀,经煅烧成为 $Fe_2O_3$;另一方面 Fe(Ⅱ)醇盐水解生成 $Fe(OH)_2$,对这种沉淀进行氧化,则变成 $Fe_3O_4$。醇盐水解反应比较复杂,水含量、pH 和温度等都对反应产物有影响。在低 pH 下,水解产生凝胶,煅烧后得氧化物;而在高 pH 条件下,可从溶液中直接水解成核,制得氧化物粉体。

含有两种金属元素的陶瓷微粉的合成,可以利用两种金属醇盐溶液混合后同时水解;也可利用溶于醇的其他金属有机羧酸盐,如乙酸盐、柠檬酸盐等与另一种金属的醇盐溶液混合后共同水解得到混合氧化物,煅烧后制得复合氧化物。用这种方法制得的复合氧化物化学计量比可精确控制,烧成温度低,颗粒均匀,可达纳米级,是现代高性能粉体合成的先进技术之一。

金属醇盐的合成有两类,一类为金属直接和醇反应,如碱金属、碱土金属、稀土金属可与有机醇直接发生化学反应生成醇盐和氢气:

$$Me + nROH \longrightarrow Me(OR)_n + \frac{n}{2}H_2 \uparrow \qquad (1-54)$$

Mg、Be、Al 等金属与醇反应需要 $HgCl_2$ 等催化剂。

不能与有机醇直接反应的金属可利用金属卤化物尤其是氯化物来代替金属合成醇盐。在反应中氯离子与醇盐负离子置换受金属离子的电负性影响很大。为了使反应完全,氨、吡啶、三烷基胺和钠醇盐之类的碱的存在是必不可少的:

$$TiCl_4 + 4ROH + 4NH_3 \longrightarrow Ti(OR)_4 + 4NH_4Cl \qquad (1-55)$$

## 3.4　粉体材料表面改性

粉体材料表面改性是通过物理或化学的方法,对粉体材料颗粒表面进行处理，以获得特殊表面性能的粉体材料。粉体材料表面改性主要包括化学反应沉积、表面化学气相沉积（CVD）、表面涂覆、润湿与浸渍、改性剂处理等。

通过改性剂在粉体材料颗粒表面的作用，使粉体材料颗粒表面具备与有机基体亲和力强的能力，改善复合材料性能。常用的改性剂有各种偶联剂、表面活性剂、有机硅、聚烯烃低聚合物等。研究表明，改性剂与粉体材料表面的作用以化学键合为主，氢键作用、物理吸附也有报道。为了解释粉体材料与有机基体之间界面结合的力学形态，提出了可变形理论和约束层理论。

## 3.5　功能材料的掺杂复合

掺杂复合始终是功能材料研究中的重要课题，当一种新材料成为研究热点，就会出现大量的关于该材料掺杂改性方面的掺杂剂选择、掺杂方法的实验、合理的掺杂剂含量确定等实验和理论上的研究。关于掺杂复合，在理论方面，人们往往应用量子力学理论计算杂质能级、点缺陷形成能和掺杂引起的能带结构的变化，应用量子化学理论计算杂质的键价与材料结构的关系等。掺杂复合过程不仅仅是单纯的物理、化学过程，还有晶体结构的变化，涉及固体物理、结构化学、表面化学等诸多学科。功能材料颗粒直接添加或在化学处理过程中通过掺杂（加入掺杂剂）可改变结构，实现电、磁、光等性能。常用的掺杂方式主要有直接添加、反应（如共沉淀）掺杂、高能辐照掺杂等。掺杂剂的设计、最佳掺杂量的计算和材料应用性能的开发是其研究重点。

# 参考文献

[1] 师昌绪.材料科学与工程手册[M].北京：化学工业出版社，2002

[2] 陈家镛.湿法冶金手册[M].北京：冶金工业出版社，2005

[3] 陈家镛，杨守志，柯家骏，等.湿法冶金的研究与发展[M].北京：冶金工业出版社，1998

[4] 赵天从.锑[M].北京：冶金工业出版社，1987

[5] 黄培云.粉末冶金原理[M].北京：冶金工业出版社，1997

[6] 李洪桂.湿法冶金学[M].长沙：中南大学出版社，2002

[7] 马荣骏.湿法冶金原理[M].北京：冶金工业出版社，2007

[8] 熊加林，贡长生，张克立.无机精细化学品的制备与应用[M].北京：化学工业出版社，1999

[9] 唐谟堂，杨天足.配合物冶金理论与技术[M].长沙：中南大学出版社，2011

[10] 宁延生.无机盐工艺学[M].北京：化学工业出版社，2013

[11] 中南矿冶学院冶金研究室.氯化冶金[M].北京：冶金工业出版社，1976

# 第二篇　化工材料冶金

# 绪　言

　　化工材料可分为无机和有机两大类，无机化工材料又分为酸、碱、盐三类，金属化工产品属于无机盐化工材料。

　　化工材料冶金主要研究由金属矿产或再生资源直接制取金属化工产品的理论和工艺。金属化工产品占金属总产量的比例相当大，有的超过50%，但传统的金属化工产品生产方法大都以纯金属或化合物为原料进行生产，因此，生产过程长、消耗大、成本高、经济效益差、环境污染严重。化工材料冶金不但能较好地解决上述问题，而且能全面综合利用金属资源中各有价组分，减少环境污染，实现可持续发展。化工材料冶金篇共三章，其内容包括铜、镍、钴、铅、锌、锡、锑、铋、汞等金属的化工产品的直接制取工艺和理论。其中铅、锌、锑、铋、汞等金属的化工产品及硫酸铜、氯锡酸铵的直接制取工艺和理论系作者学术团队及其合作者三十多年来的学术成就和研究成果。

　　这些研究成果中有多项已实现产业化应用。20世纪80年代初"氯化－水解法"制取锑白新工艺曾获得广泛应用，取得了良好的社会效益和经济效益；1000 t/a规模的"新氯化－水解法"处理脆硫锑铅矿精矿制取高纯氧化锑的示范生产线1998年试产成功，在此基础上，2005年辰州矿业集团公司建成2000 t/a规模的生产厂，该厂一直正常生产，能够满足国民经济发展对高纯氧化锑的需求。在碳酸铵法直接制取氧化锌研究成果的基础上，20世纪90年代末，碳酸铵法制取活性氧化锌实现了产业化和广泛应用。"低温氧化法"制取氧化铋及深加工专利技术应用于2010年组建的公司——长沙金堂铋业公司，目前已形成300 t/a的生产能力，发展前景广阔。

# 第1章　铜镍钴化工材料冶金

## 1.1　铜化工产品的直接制取

工业中用量最大的铜化合物是硫酸铜。另外，氧化亚铜、氯化亚铜、碱式碳酸铜、甲酸铜及硬脂酸铜也是重要的铜化工产品。

### 1.1.1　硫酸铜的制取

精细冶金方法制取硫酸铜的原料多种多样，可以是单一的氧化铜矿、硫化铜矿或复杂铜矿，也可以是铜冶炼的中间物料及各种含铜废料。下面以铜锌银复杂矿和铜铋渣做原料介绍制取硫酸铜的精细冶金工艺。

**1. 铜锌银复杂矿直接制取硫酸铜**

我国拥有丰富的铜锌银精矿资源。由于矿石中铜、锌、铁、铅的质量分数都比较高，用火法根本无法处理，而采用湿法则需要解决铜－锌有效分离及使银富集的问题。本研究提出的湿法处理工艺对铜、锌、铅的综合利用较好，流程短，银的回收率高，并实现了铜和锌的有效分离，可以产出适应市场需求的化工产品。

1）原料与工艺流程

以广西河池地区产的铜锌银精矿为原料，其成分见表 2-1；其原则工艺流程如图 2-1 所示。

表 2-1　铜锌银精矿化学成分/%

| Cu | Zn | Ag | S | Fe | Bi | Sn | Pb |
|-------|-------|-------|-------|-------|------|------|------|
| 17.60 | 18.30 | 0.146 | 33.15 | 18.17 | 0.42 | 0.90 | 7.85 |

2）基本原理

在焙烧过程中，主要发生如下氧化及硫酸化反应：

$$2FeS_2 + 11/2O_2 =\!=\!= Fe_2O_3 + 4SO_2 \tag{2-1}$$

$$FeS_2 + 5/2O_2 =\!=\!= FeO + 2SO_2 \tag{2-2}$$

$$3FeS_2 + 8O_2 =\!=\!= Fe_3O_4 + 6SO_2 \tag{2-3}$$

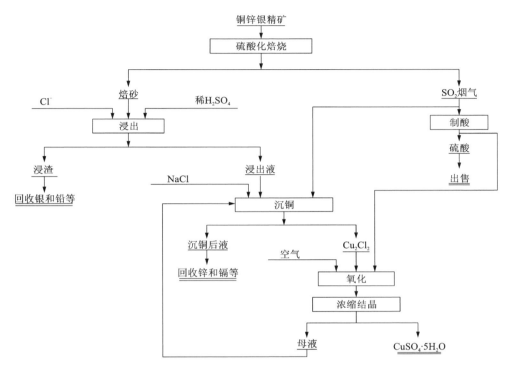

**图 2-1　铜锌银精矿湿法处理制取硫酸铜原则工艺流程图**

$$ZnS + 2O_2 =\!=\!= ZnSO_4 \qquad\qquad (2-4)$$

$$CuFeS_2 + 7/2O_2 =\!=\!= CuSO_4 + FeO + SO_2 \qquad\qquad (2-5)$$

$$CuFeS_2 + 3O_2 =\!=\!= CuO + FeO + 2SO_2 \qquad\qquad (2-6)$$

$$MeS + 2O_2 =\!=\!= MeSO_4 \qquad\qquad (2-7)$$

$$MeS + 3/2O_2 =\!=\!= MeO + SO_2 \qquad\qquad (2-8)$$

在稀硫酸浸出过程中，铜、锌等金属的硫酸盐及氧化物溶解进入溶液。在浸出条件下，铁很少溶解。添加少量氯离子时，银全部进入浸出渣：

$$MeO + H_2SO_4 =\!=\!= MeSO_4 + H_2O \qquad\qquad (2-9)$$

$$Ag^+ + Cl^- =\!=\!= AgCl \downarrow \qquad\qquad (2-10)$$

沉铜过程的原理是 $Cu^{2+}$ 被还原成 $Cu^+$，$Cu^+$ 再与 $Cl^-$ 结合生成溶解度很低的 $Cu_2Cl_2$。反应如下：

$$2Cu^{2+} + SO_3^{2-} + 2Cl^- + H_2O =\!=\!= Cu_2Cl_2 \downarrow + SO_4^{2-} + 2H^+ \qquad\qquad (2-11)$$

硫酸铜制备过程中，首先是 $Cu_2Cl_2$ 被氧化，然后 50% 的铜与硫酸生成硫酸铜：

$$Cu_2Cl_2 + H_2SO_4 + 1/2O_2 \rightleftharpoons CuSO_4 + CuCl_2 + H_2O \quad\quad (2-12)$$

用高浓度的 $NH_4Cl$ 溶液浸出银时，银形成配合离子而溶解：

$$Ag_2O + 2xCl^- + 2H^+ \rightleftharpoons 2AgCl_x^{1-x} + H_2O \quad\quad (2-13)$$

$$AgCl^+ + (x-1)Cl^- \rightleftharpoons AgCl_x^{2-x} \quad\quad (2-14)$$

$$Ag_2SO_4 + 2xCl^- \rightleftharpoons 2AgCl_x^{1-x} + SO_4^{2-} \quad\quad (2-15)$$

3）工艺条件与技术经济指标

（1）硫酸化焙烧。

硫酸化焙烧的条件为：精矿磨细至 -80 目。取精矿 200 g，先在 400℃下点火，自燃 10 min 后，再在 650℃下焙烧 140 min，然后在 650℃下再焙烧 100 min。粉碎焙砂，过 80 目筛。水溶性实验结果表明：锌和铜的酸化率分别为78.89% 和46.84%。

（2）浸出过程。

在温度 80℃，液固比为 4:1，时间 2 h，硫酸用量为理论量的 1.3 倍，盐酸的加入量为理论量的 0.5 倍的优化条件下进行浸出扩大实验，结果见表 2-2。

表 2-2　浸出扩大实验结果/%

| 样号 | 铜浸出率 | 锌浸出率 | 银入渣率 | 渣率 |
|------|----------|----------|----------|--------|
| 1 | 90.84 | 86.85 | 约 100 | 40.45 |
| 2 | 86.64 | 86.22 | 约 100 | 40.40 |
| 3 | 90.31 | 86.27 | 约 100 | 40.27 |
| 平均 | 89.26 | 86.45 | 约 100 | 40.37 |

表 2-2 数据说明，在优化条件下进行的浸出扩大实验取得了较好的结果，银入渣率约100%，铜、锌浸出率分别为89.26%和86.45%。

（3）沉铜过程。

在 $Na_2SO_3$ 用量为理论量的 3.5 倍，$Cl^-$ 用量为理论量的 1.75 倍，反应时间60 min，反应温度 80℃的优化条件下，进行沉铜扩大实验，结果见表 2-3。

表 2 - 3　沉铜扩大实验结果/%

| 样号 | 沉铜率 | 锌回收率 | $Cu_2Cl_2$ | | | 沉铜后液浓度/$(g \cdot L^{-1})$ | | |
|---|---|---|---|---|---|---|---|---|
| | | | Cu | Zn | Fe | Cu | Zn | Fe |
| 1 | 92.50 | 99.98 | 48.70 | 0.02 | 0.014 | 2.20 | 6.86 | — |
| 2 | 94.70 | 99.99 | 51.25 | 0.012 | 0.008 | 1.68 | 9.32 | — |
| 3 | 94.93 | 99.89 | 46.33 | 0.088 | 0.027 | 1.60 | 8.50 | 7.58 |
| 4 | 94.55 | 99.98 | 47.43 | 0.015 | 0.014 | 1.64 | 9.69 | 7.76 |
| 平均 | 94.17 | 99.96 | 48.43 | 0.034 | 0.016 | 1.78 | 8.59 | 7.67 |

表 2 - 3 数据计算可得,在优化条件下,铜沉淀效果良好,沉铜率在 94% 以上,锌回收率大于 99%,产出的 $Cu_2Cl_2$ 较纯,杂质元素的含量低。

(4)硫酸铜制取。

以 $Cu_2Cl_2$(其中 Cu、Zn、Fe、As 的质量分数分别为 50.105%、0.017%、0.0273%、0.0022%)为原料,在常温下,以空气作氧化剂(鼓入空气直到 $Cu_2Cl_2$ 全部溶解为止),对 $Cu^{2+}$ 质量浓度及硫酸用量进行优化实验。实验发现,硫酸过量 40% 较好,考虑到实际操作方便等问题,$\rho(Cu^{2+})$ 选择 100 g/L 为宜。最后在优化条件下进行综合实验,规模为每次加入 $Cu_2Cl_2$ 30 g,结果见表 2 - 4。

综合实验结果表明,制取的硫酸铜的平均品位为 96.72%,超过 GB 437—80 一级品要求(96%)。如果按 50% 的铜结合成 $CuSO_4$ 计算,结晶率高达 90.80%。

表 2 - 4　制取硫酸铜综合实验结果

| 样号 | 母液中 $\rho(Cu^{2+})$ /$(g \cdot L^{-1})$ | $CuSO_4 \cdot 5H_2O$/% | | | |
|---|---|---|---|---|---|
| | | $m$/g | 结晶率 | $w(Cu)$ | $w(CuSO_4 \cdot 5H_2O)$ |
| 1 | 115.79 | 27.65 | 46.84 | 24.70 | 97.00 |
| 2 | 100.00 | 24.50 | 41.51 | 24.69 | 96.96 |
| 3 | 110.03 | 28.25 | 47.86 | 24.50 | 96.21 |
| 平均 | 108.61 | 26.80 | 45.40 | 24.63 | 96.72 |

## 2. 铜铋锑物料制取硫酸铜

用 AC 法处理高锑低银类铅阳极泥所产干馏渣水浸液,富集了铅阳极泥中 92.62% 的铜和 89.18% 的铋,这种水浸液经置换富集,硫酸浸铜分离铜和铋,浸液直接结晶硫酸铜。

1)原料与工艺流程

以干馏渣混合水浸液为原料,成分见表2-5。

**表2-5 干馏渣混合水浸液成分/(g·L⁻¹)**

| Cu | Bi | Sb | Cl⁻ |
|---|---|---|---|
| 5.47 | 2.12 | 3.25 | 60.45 |

实验采用的原则工艺流程如图2-2所示。

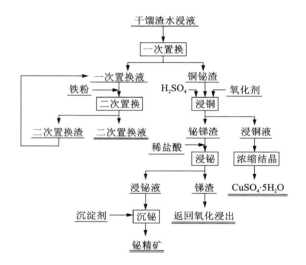

**图2-2 铜铋锑物料制取硫酸铜原则工艺流程图**

2)基本原理

铜、铋、锑均是正电性较强的金属,它们均能被铁完全置换。利用硫酸铋、硫酸锑溶解度很小的特点,实现铜的优先浸出,从而与铋、锑分离。最后利用 $BiCl_3$ 比 $SbCl_3$ 难以水解的特性,用稀盐酸浸铋,实现铋、锑分离。

3)工艺条件与技术经济指标

(1)置换过程。

当铁粉量超过理论量的1.6倍时,置换后液中铜、铋质量浓度分别低于 0.01 g/L和0.013 g/L,铜和铋置换率都高于99%,但锑沉淀得较少;当铁粉量为理论量的3.5倍时,锑完全沉淀,这种铜铋渣含铁55.87%。为了降低含铁量,采用两段逆流置换沉淀,其条件为:第1段,铁粉用量为理论量的1.6倍,在常温下置换1 h;第2段,采用第1段置换渣作置换剂,在常温下置换1 h。结果较理想,即使在降低铁粉用量的情况下，两段置换也可将铜、铋、锑置换完全，液计置换率分别为99.75%、96.74%、99.45%；大幅度降低铜铋渣中铁的含量，使铜和铋的品位分别提高到53.73%和20.79%。

（2）浸铜及硫酸铜制取。

用3号铜铋渣为原料，硫酸用量为理论量的1.3倍，按浸液中Cu的质量浓度为50 g/L确定液固比为11∶1。浸铜实验结果见表2-6。

表2-6　硫酸氧化浸铜实验结果/%

| 浸渣样品号 | Cu | Bi | Sb |
|---|---|---|---|
| 9 | 95.17(99.02) | 0.65(1.28) | 0.27(0) |
| 10 | 90.59(92.77) | 8.79(0) | 0.77(0) |
| 11 | 95.99(93.40) | 2.15(0) | 0.40(0) |
| 平均 | 93.92(95.06) | 3.86(0.43) | 0.48(0) |

注：括号内数据为渣计浸出率，括号外数据为液计浸出率。

由表2-6可见，在此条件下浸铜效果良好，浸铜率按液计和渣计分别为93.92%和95.06%；铜和铋、锑得到有效分离，铋和锑的浸出率均小于3%，铋在浸铜渣中含量达56.85%。硫酸铜浸液中Fe的质量浓度约为6.6 g/L，将这种浸液直接浓缩、结晶获得的 $CuSO_4 \cdot 5H_2O$ 含Cu 23.87%～24.50%，品位为93.74%～96.21%，含Fe 1.13%～1.47%。从干馏渣水浸液到硫酸铜，铜的总回收率达93.33%。

（3）铋回收。

用10号及11号浸渣作为回收铋的原料，用3 mol/L的盐酸在液固比为5∶1，温度为80℃的条件下优先浸铋2 h，结果见表2-7。

表2-7　稀盐酸浸铋实验结果/%

| 浸渣样品号 | Bi | Sb |
|---|---|---|
| 3 | 93.65(94.61) | 9.39(4.03) |
| 4 | 约100(94.51) | 7.23(0.10) |
| 平均 | 约96.83(94.56) | 8.31(2.07) |

注：括号内数据为渣计浸出率，括号外数据为液计浸出率。

从表2-7可以看出，浸铋率按渣计和液计分别为94.56%和96.83%，锑、铋分离较彻底；锑被富集到浸铋渣中，含量达36.21%，这种残渣可返回氯化浸出过程。

## 1.1.2    氧化铜的制取

氧化铜的冶金化工制取方法包括酸法和氨法。酸法先制成硫酸铜溶液，经铁置换得纯铜粉或沉淀碱式碳酸铜，最后经氧化焙烧或煅烧产出氧化铜。现详细介绍以氧化铜矿为原料碳酸氨法制取氧化铜的情况。

### 1. 原料与工艺流程

原料为非洲刚果（金）氧化铜矿粉，粒径小于0.300 mm（−50目），氧化铜矿元素分析及物相分析结果分别见表2−8、表2−9。其原则工艺流程如图2−3所示。

表2−8    刚果（金）氧化铜矿元素分析/%

| 元素 | Cu | S | Zn | Fe | Ni | Co | SiO₂ | MgO | CaO |
|---|---|---|---|---|---|---|---|---|---|
| 含量 | 10.36 | 0.070 | 0.011 | 5.51 | 0.0089 | 0.051 | 38.77 | 13.64 | 6.40 |

表2−9    刚果（金）氧化铜矿物相分析/%

| 物相 | 游离氧化铜 | 硅孔雀石 | 结合氧化铜 | 次生硫化铜 | 原生硫化铜 | 总量 |
|---|---|---|---|---|---|---|
| 含量 | 9.48 | 0.56 | 0.17 | 0.15 | 0.001 | 10.361 |

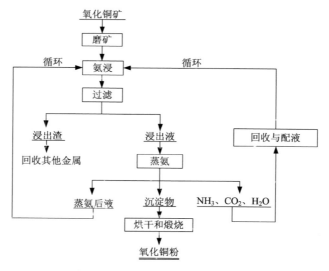

图2−3    刚果（金）氧化铜矿湿法冶金处理原则工艺流程图

## 2. 基本原理

以各种碳酸盐和简单氧化物为主要成分的氧化铜矿的氨浸出过程没有价态变化。同时由于含铜矿物主要存在于颗粒表面或以单体矿物出现，其浸出过程容易实现，其主要反应如下。

氨配合反应：

$$CuO + H_2O + iNH_3 \Longrightarrow Cu(NH_3)_i^{2+} + 2OH^- \qquad (2-16)$$

$$Cu_2(OH)_2CO_3 + 2iNH_3 \Longrightarrow 2Cu(NH_3)_i^{2+} + 2OH^- + CO_3^{2-} \qquad (2-17)$$

$$CuSiO_3 \cdot H_2O + iNH_3 \Longrightarrow Cu(NH_3)_i^{2+} + 2OH^- + SiO_2 \qquad (2-18)$$

羟基配合反应：

$$CuO + H_2O + (i-2)OH^- \Longrightarrow Cu(OH)_i^{2-i} \qquad (2-19)$$

$$Cu_2(OH)_2CO_3 + (2i-2)OH^- \Longrightarrow 2Cu(OH)_i^{2-i} + CO_3^{2-} \qquad (2-20)$$

$$CuSiO_3 \cdot H_2O + (i-2)OH^- \Longrightarrow Cu(OH)_i^{2-i} + SiO_2 \qquad (2-21)$$

溶液中的铜离子还可以跟氨和羟基形成混合配体配合物。

$$Cu^{2+} + NH_3 + OH^- \Longrightarrow CuNH_3(OH)^+ \qquad (2-22)$$

$$Cu^{2+} + NH_3 + 3OH^- \Longrightarrow CuNH_3(OH)_3^- \qquad (2-23)$$

$$Cu^{2+} + 2NH_3 + 2OH^- \Longrightarrow Cu(NH_3)_2(OH)_2 \qquad (2-24)$$

## 3. 浸出条件实验

进行浸出条件实验，考察了矿石平均粒径、碳酸铵浓度、反应温度、液固比、搅拌速度、浸出时间及洗涤方式等对浸出效果的影响。

1）矿石平均粒径的影响

在碳酸铵浓度为 1.55 mol/L、反应温度为 60℃、液固比为 4∶1、搅拌速度为 300 r/min、浸出时间为 2 h、冷水洗涤的条件下实验，矿石粒径对浸出效果的影响如图 2-4 所示。

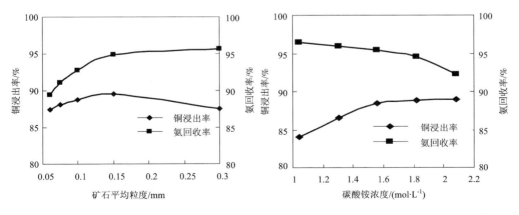

图 2-4　矿石平均粒径对浸出效果的影响　　图 2-5　碳酸铵浓度对浸出效果的影响

图 2-4 说明,当矿石粒径为 0.060~0.300 mm 时,铜浸出率有最佳值;而氨回收率随矿石粒径增大,由 89.4% 上升至 95.7%。综合考虑铜浸出率和氨回收率两方面因素,矿石粒径选择 0.150 mm 比较合适。

2) 碳酸铵浓度的影响

在矿石平均粒径为 0.150 mm、反应温度为 60℃、液固比为 4:1、搅拌速度为 300 r/min、浸出时间为 2 h、冷水洗涤的条件下实验,碳酸铵浓度对浸出效果的影响如图 2-5 所示。

图 2-5 说明,铜浸出率随碳酸铵浓度增大而增加,氨回收率随碳酸铵浓度增大而减小。综合考虑浸出率和氨回收率,认为碳酸铵浓度不宜过高,达到 1.55 mol/L 即可。

3) 反应温度的影响

在矿石平均粒径为 0.150 mm、碳酸铵浓度为 1.55 mol/L、液固比为 4:1、搅拌速度为 300 r/min、浸出时间为 2 h、冷水洗涤的条件下实验,反应温度对浸出效果的影响如图 2-6 所示。

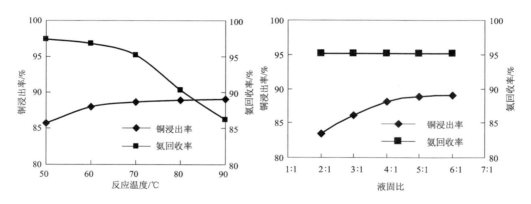

图 2-6　反应温度对浸出效果的影响　　图 2-7　液固比对浸出效果的影响

图 2-6 说明,铜浸出率和氨回收率都随反应温度升高而增大,温度高于 60℃ 时,铜浸出率增长幅度变缓。综合考虑铜浸出率和氨回收率两方面因素,反应温度选择 60℃ 较合适。

4) 液固比的影响

在矿石平均粒径为 0.150 mm、碳酸铵浓度为 1.55 mol/L、反应温度为 60℃、搅拌速度为 300 r/min、浸出时间为 2 h、冷水洗涤的条件下实验,液固比对浸出效果的影响如图 2-7 所示。

图 2-7 说明,随着液固比的增加,铜浸出率逐渐增加。当液固比由 2:1 增至 4:1 时,铜浸出率增长尤为显著,由 83.3% 增加至 88.3%。氨回收率受液固比的

影响较小，基本保持在95%左右。综合考虑，液固比选择4∶1比较合适。

5）搅拌速度的影响

在矿石平均粒径为0.150 mm、碳酸铵浓度为1.55 mol/L、反应温度为60℃、液固比为4∶1、浸出时间为2 h、冷水洗涤的条件下实验，搅拌速度对浸出效果的影响如图2－8所示。

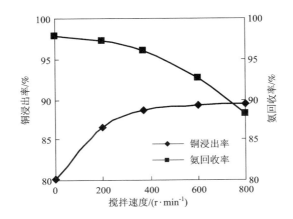

**图2－8　搅拌速度对浸出效果的影响**

图2－8说明，随着搅拌速度的增大，铜浸出率有比较明显的提高，但当搅拌速度大于350 r/min时，搅拌速度对铜浸出率的影响变小。同时，搅拌速度增大会加快溶液中氨的挥发，氨回收率随之不断降低。结合工业生产的可操作性，搅拌速度选择350 r/min比较合适。

6）浸出时间的影响

在矿石平均粒径为0.150 mm、碳酸铵浓度为1.55 mol/L、反应温度为60℃、液固比为4∶1、搅拌速度为300 r/min、冷水洗涤的条件下实验，浸出时间对浸出效果的影响如图2－9所示。

图2－9说明，反应前期，铜浸出率随着时间的延长有比较明显的提高，在浸出时间为2 h时，铜浸出率达到88.6%，再增加反应时间对铜浸出率影响不大。浸出时间过长会增大氨的损失，导致氨回收率降低，并使投资费用和运行成本增加。因此，浸出时间选择2 h比较合适。

7）洗涤方式的影响

在矿石平均粒径为0.150 mm、碳酸铵浓度为1.55 mol/L、反应温度为60℃、液固比为4∶1、搅拌速度为300 r/min、浸出时间为2 h的条件下实验，洗涤方式对浸出效果的影响见表2－10。

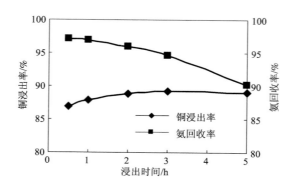

图 2-9　浸出时间对浸出效果的影响

表 2-10　洗涤方式对浸出效果的影响

| 洗涤方式 | 铜浸出率/% | 氨回收率/% | 备注 |
|---|---|---|---|
| 冷水洗涤 | 88.9 | 94.8 | 冷水温度为室温 |
| 热水洗涤 | 89.8 | 95.7 | 热水温度为60℃ |
| 冷氨液洗涤 | 91.0 | 94.6 | 氨液为氨水、碳酸铵等的稀溶液,温度为室温 |
| 热氨液洗涤 | 91.6 | 95.5 | 氨液为氨水、碳酸铵等的稀溶液,温度为60℃ |

　　对比发现:各种洗液加热后再用于洗涤,可使铜浸出率和氨回收率都略有提高;氨液洗涤效果明显优于纯水洗涤,铜浸出率由此升高2%左右,且对氨回收率影响较小。氨液洗涤既洗去了浸出渣中夹杂的铜氨配合离子,使之进入浸出液得以回收,又能提供 $NH_3$ 与铜渣中的铜继续进行配合反应,从而进一步提高铜浸出率。因此,滤渣可采用稀氨液直接洗涤,并不对其温度做特殊要求。

　　8)最佳浸出条件的确定

　　条件实验确定刚果(金)氧化铜矿的最佳浸出条件为:矿石平均粒径0.150 mm、碳酸铵浓度1.55 mol/L、反应温度60℃、液固比4:1、搅拌速度350 r/min、浸出时间2 h、滤渣采用稀氨液洗涤。在最佳条件下,取得了理想的浸出效果,铜浸出率达到92.4%,氨回收率达到95.5%。

　　**4.浸出工序中氨损失**

　　根据浸出工序中氨的流向,具体研究了碳酸铵溶解配液过程、浸出反应过程及浸出液静置过程中氨的损失情况。

　　1)碳酸铵溶解配液过程中氨损失

　　碳酸铵溶解配液过程中,影响氨损失的主要因素是温度。对于1.55 mol/L的碳酸铵溶解配液，研究了固定时间 30 min 内温度对氨挥发率的影响，结果如图 2 - 10 所示。

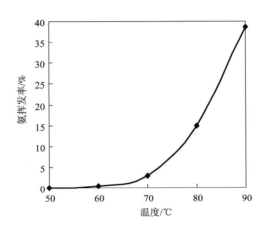

**图 2 - 10　配液过程温度对氨损失的影响**

从图 2 - 10 可以看出，碳酸铵在敞口环境中溶解配液时，温度对氨挥发率有较大影响。在 60℃之前氨挥发率几乎为 0，但在温度由 60℃升至 90℃过程中，氨挥发率由 0.5% 快速增加到 38.7%，这和碳酸铵理论分解规律是一致的。所以为减少配液过程的氨损失，要选择较低的配液温度，在 60℃以下为宜。

2）浸出反应过程中氨损失

浸出过程中各因素对氨损失的影响已在前文详细介绍，在兼顾铜浸出率的情况下，矿石平均粒径为 0.150 mm、碳酸铵浓度为 1.55 mol/L、液固比为 4∶1、反应温度为 60℃、搅拌速度为 350 r/min、浸出时间为 2 h 时氨损失率最低。

3）浸出液静置过程中氨损失

常温下，浸出液在静置过程中，影响氨损失的主要因素是时间。静置时间延长，氨损失情况如图 2 - 11 所示。

从图 2 - 11 可以看出，浸出液在敞口环境中放置时间越久，氨的挥发损失越严重，放置 10 h 时，氨挥发率已达到 10% 以上；放置 70 h 后氨挥发率竟达到 40%。所以浸出液要尽可能减少存放时间，最好做密封储存。

**5. 浸出液蒸氨**

蒸氨是指在加热作用下，氨和二氧化碳从浸出液中挥发出来并被吸收液收集重新生成碳酸铵的过程。在这个过程中铜从溶液中沉淀析出生成碱式碳酸铜，通常采用负压操作。该过程相对于常压操作具有操作温度低、蒸汽单耗量较少的优点。

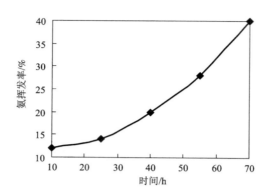

**图 2-11　浸出液静置时间对氨损失的影响**

影响铜沉淀、氨挥发效果的因素主要包括：温度、真空度、浸出液铜浓度及氨吸收。

1）温度的影响

取浸出液 300 mL，其中铜质量浓度 10.0 g/L，在真空度为 -0.010 MPa 条件下温度对蒸氨效果的影响见表 2-11。

**表 2-11　温度对蒸氨效果的影响**

| 温度/℃ | 85 | 88 | 92 | 95 | 98 |
|---|---|---|---|---|---|
| 氨挥发率/% | 90.1 | 92.4 | 95.6 | 99.5 | 100 |
| 铜沉淀率/% | 94.5 | 95.1 | 97.8 | 99.9 | 100 |
| 蒸氨时间/min | 90 | 70 | 55 | 40 | 30 |

注：在溶液蓝色完全消失后停止蒸氨。

铜沉淀率和氨挥发率都随蒸氨温度升高而增加。在 95℃ 下蒸氨 40 min，蒸氨过程即已完成。

2）真空度的影响

取 300 mL 含铜 10.0 g/L 的浸出液，考察 95℃ 时真空度对蒸氨效果的影响。见表 2-12。

表 2 – 12　真空度对蒸氨效果的影响

| 真空度/MPa | 0（即常压） | – 0.010 | – 0.060 |
|---|---|---|---|
| 氨挥发率/% | 99.0 | 99.6 | 99.9 |
| 铜沉淀率/% | 100 | 100 | 100 |
| 蒸氨时间/min | 60 | 40 | 35 |

注：在溶液蓝色完全消失后停止蒸氨。

负压蒸氨有利于铜氨配合物的充分分解，但当达到 – 0.060 MPa 的超负压时，对蒸氨设备要求很高，产业化难度增大， – 0.010 MPa 的微负压即可满足蒸氨的需要。

3）浸出液铜浓度的影响

不同浓度浸出液的蒸氨效果见表 2 – 13。

表 2 – 13　浸出液铜浓度对蒸氨效果的影响

| 浸出液铜浓度/（g·L$^{-1}$） | 6.67 | 10.0 | 20.0 |
|---|---|---|---|
| 氨挥发率/% | 99.1 | 99.3 | 99.7 |
| 铜沉淀率/% | 99.8 | 99.8 | 99.9 |
| 蒸氨时间/min | 38 | 40 | 45 |

注：在溶液蓝色完全消失后停止蒸氨。

蒸氨时间随着铜浓度的升高有所延长，但变化不大。

4）氨吸收

采用与浸出液体积比为 1∶1 的水 4 级吸收蒸氨产生的气体，并对吸收液降温使其维持在 30～60℃，即可将 98.0% 以上的氨充分吸收。

**6. 碱式碳酸铜分解**

蒸氨过滤后得到的滤饼，主要为碱式碳酸铜，经过烘干和煅烧工序，可得到高纯度的黑色氧化铜粉末。

蒸氨所得碱式碳酸铜渣含铜 71% 左右，其热重曲线如图 2 – 12 所示。

可以看出，碱式碳酸铜热分解分为两个阶段：低于 492.5℃ 时主要为水合氧化物或碱式盐的分解，释放出水和二氧化碳，生成氧化铜粉，失重率约 6.07%；高于 492.5℃ 时主要为氧化铜的分解，释放出氧气，生成氧化亚铜，失重率约 9.98%，与氧化铜分解的化学反应相对应（理论失重：10.0%）。为保证铜的水合氧化物或碱式盐充分分解为氧化铜，并避免氧化铜进一步分解生成氧化亚铜，确定煅烧最高温度为 492.5℃。经过煅烧后，得到的黑色氧化铜粉末，铜含量高于

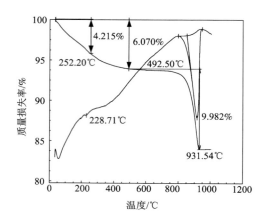

图 2 - 12　碱式碳酸铜渣热重曲线

78.50%，纯度高于98.5%，杂质含量很低，可直接作为氧化铜产品出售。其化学成分见表 2 - 14。

表 2 - 14　氧化铜的化学成分/%

| Cu | As | Zn | Sb | Bi | Ni | Fe | Pb | Sn |
|---|---|---|---|---|---|---|---|---|
| ≥78.50 | ≤0.0015 | ≤0.002 | ≤0.0015 | ≤0.0006 | ≤0.02 | ≤0.015 | ≤0.006 | ≤0.001 |

可以看出，常压氨浸对于处理浸出性能较好、自由氧化铜含量较高且铜含量较高的氧化矿是非常有优势的，易于实现氨的再生与循环，但对处理我国大量存在的高结合率矿石存在浸出率偏低的缺点，需要采用加压来强化浸出过程。

## 1.2　镍化工产品的直接制取

镍化合物在化学工业和陶瓷工业特别是能源材料上有着广泛的用途。最重要的镍化合物是硫酸镍、氧化亚镍，其次是氯化镍、甲酸镍、氢氧化镍和硝酸镍。下面举例说明硫酸镍等镍盐的直接制取情况。

### 1.2.1　由镍电解净化液制取镍盐

#### 1. 原料与工艺流程

以我国某厂的镍电解新液为制取镍盐的原料，其化学成分见表 2 - 15。

表 2 - 15　镍电解新液的化学成分/(g·L⁻¹)

| Ni | Cu | Fe | Co | Zn | Na⁺ | Pb | Cl⁻ |
|---|---|---|---|---|---|---|---|
| 55 ~ 60 | 0.003 | 0.004 | 0.01 | 0.00035 | < 50 | 0.0003 | 40 ~ 50 |

由表 2 - 15 可见,这种镍溶液是比较纯净的。

由镍电解新液制取镍盐的原则工艺流程如图 2 - 13 所示。

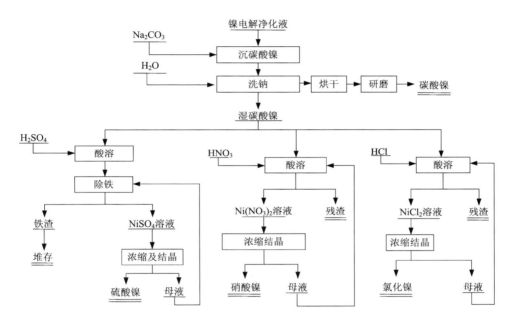

图 2 - 13　由镍电解新液制取镍盐原则工艺流程图

由图 2 - 13 可以看出,该工艺流程简单,产品众多,可生产硫酸镍、碳酸镍、硝酸镍及氯化镍等产品。

**2. 生产硫酸镍**

1)制取碳酸镍

(1)沉碳酸镍。

以浓度为 130 g/L 的碳酸钠水溶液为沉淀剂,沉淀温度为 60 ~ 70℃,最终 pH = 7.5 ~ 8.0。其反应为:

$$H_2SO_4 + 2NaOH \longrightarrow Na_2SO_4 + 2H_2O \qquad (2-25)$$

$$NiSO_4 + Na_2CO_3 \longrightarrow NiCO_3 + Na_2SO_4 \qquad (2-26)$$

当溶液上清无绿色时停止加碱液。

（2）洗钠。

水温为 35~40℃，洗涤 3 次以上。

2）制取硫酸镍

（1）溶解。

终点 pH≥5，溶液透明无绿渣为止，其他杂质 Fe、Cu、Co、Zn 等都进入溶液。

（2）除铁。

用双氧水作氧化剂，$Fe^{2+}$ 优先氧化成 $Fe^{3+}$，pH≥2 时，三价铁离子水解沉淀：

$$2FeSO_4 + H_2O_2 + H_2SO_4 =\!=\!= Fe_2(SO_4)_3 + 2H_2O \qquad (2-27)$$

$$Fe_2(SO_4)_3 + 6H_2O =\!=\!= 2Fe(OH)_3 + 3H_2SO_4 \qquad (2-28)$$

除铁液中含铁≤0.001 g/L 为合格，铁渣含镍 15% 左右，待处理。

（3）浓缩结晶。

将合格硫酸镍溶液加入浓缩槽，用蒸汽间接加热蒸发浓缩，待溶液相对体积质量为 1.5~1.55 时，将浓缩液放入结晶槽结晶，结晶过程中要不断搅拌。结晶温度控制在 31.5℃ 以上时产品为六水硫酸镍。

3）技术经济指标

镍的直接回收率：硫酸镍 92%，硝酸镍 94%。

## 1.2.2　由废镍铬刨花制取硫酸镍

### 1.原料与工艺流程

废镍铬刨花的成分为：Ni 70%，Cr 15%~25%，Fe 5%~10%，Cu<0.005%，Pb<0.005%，Zn<0.005%。原料中杂质含量高，溶解提纯困难，渣量大。一般采取以下两种工艺：①在盐酸中电溶解得到氯化物溶液，经净化提纯，再用纯碱沉淀碳酸镍，并用大量水洗去钠离子后用硫酸溶解制成硫酸镍。②采用硫酸、盐酸及硝酸的混合酸在近沸点的条件下直接溶解镍铬刨花，经净化除杂后制成硫酸镍。第一种工艺流程长、质量不稳定、消耗大、成本高。第二种工艺"三废"污染严重。针对以上问题，拟定了处理镍铬刨花制取硫酸镍的新工艺（图 2-14），该工艺具有流程短、消耗少、成本低、"三废"少等优点。

### 2.原理与工艺技术条件

1）电溶解造液

阳极反应：

$$Ni - 2e^- =\!=\!= Ni^{2+} \qquad (2-29)$$

$$2OH^- - 2e^- =\!=\!= H_2O + 1/2O_2 \qquad (2-30)$$

阴极反应：

$$Ni^{2+} + 2e^- =\!=\!= Ni \qquad (2-31)$$

$$2H^+ + 2e^- =\!=\!= H_2 \qquad (2-32)$$

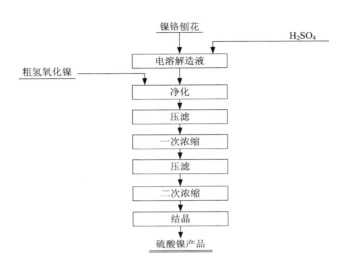

**图 2 - 14 由废镍铬刨花制取硫酸镍原则工艺流程图**

式(2 - 29)及式(2 - 31)的标准电位为 - 0.23 V，式(2 - 30)的标准电位为 0.41 V。为了使阳极不析氧、只溶解镍、阴极不析镍只析氢，控制 $[Ni^{2+}]$ 为 100 g/L，$H_2SO_4$ 质量浓度为 20 g/L，同时适当控制槽电压和电流密度，就能在硫酸介质中使镍电溶进入溶液，但 Cr、Fe、Cu、Pb、Zn 等杂质元素也同时进入溶液。

2）净化与提纯

电溶液的成分为：Ni 100 g/L，Cr 10 ~ 20 g/L，Fe 5 ~ 10 g/L，$H_2SO_4$ 20 g/L。一种净化方法是：先用粗氢氧化镍中和游离酸，然后用氯气将 $Fe^{2+}$ 氧化成 $Fe^{3+}$，最后用 $BaCO_3$ 或 $CaCO_3$ 调 pH 至 4 ~ 5，这样 $Cr^{3+}$、$Fe^{3+}$、$Cu^{2+}$ 等都能形成氢氧化物或碱式碳酸盐沉淀。另一种净化方法是氧化还原除铬法，即滴加次氯酸钠溶液到 pH = 3.8 ~ 4.2 的含铬溶液中，将部分 $Cr^{3+}$ 氧化为 $Cr_2O_7^{2-}$：

$$2Cr^{3+} + 3ClO^- + 8OH^- \rightleftharpoons Cr_2O_7^{2-} + 3Cl^- + 4H_2O \tag{2 - 33}$$

氧化过程耗碱正好由 NaClO 溶液中游离碱供给，因比，溶液 pH 几乎不变。再用亚硫酸钠还原：

$$Cr_2O_7^{2-} + 3SO_3^{2-} + 8H^+ \rightleftharpoons 2Cr^{3+} + 3SO_4^{2-} + 4H_2O \tag{2 - 34}$$

还原过程中消耗 $H^+$，致使 $Cr^{3+}$ 水解沉淀：

$$2Cr^{3+} + 6H_2O \rightleftharpoons 2Cr(OH)_3 + 6H^+ \tag{2 - 35}$$

由于还原过程中消耗的 $H^+$ 比水解过程产生的多，所以未被氧化的 $Cr^{3+}$ 也会水解沉淀：

$$Cr(OH)_n^{3-n} + (3-n)OH^- \Longrightarrow Cr(OH)_3 \quad (n=0,1,2,3) \quad (2-36)$$

由于还原过程中 $Cr_2O_7^{2-}$ 逐渐减少，脱铬近于终点时，还原区域就不会"过碱"。从镍溶液中原有的 $Cr^{3+}$ 的存在形态看，当 pH 渐渐接近终点时，$Cr^{3+}$ 逐步以 $Cr(OH)_2^+$ 形式存在，用纯碱中和时耗碱少：

$$Cr(OH)_2^+ + OH^- \Longrightarrow Cr(OH)_3 \quad (2-37)$$

但当溶液中 $Cr_2O_7^{2-}$ 还原生成的 $Cr^{3+}$ 未与 $OH^-$ 结合时耗碱多：

$$Cr^{3+} + 3OH^- \Longrightarrow Cr(OH)_3 \quad (2-38)$$

氧化还原除铬法从两方面降低了局部反应区域的 pH，从而从根本上解决了纯碱中和脱铬工艺因局部过碱而造成的共沉淀镍损失。经过净化后的硫酸镍溶液可直接结晶出硫酸镍产品。

**3. 技术经济指标**

1）产品质量

硫酸镍产品质量符合 YB 750—70 标准，镍及杂质含量见表 2-16。

表 2-16  硫酸镍溶液浓度及结晶产品质量

| 元素 | Ni | Fe | Cu | Pb | Zn | Cr |
|---|---|---|---|---|---|---|
| 浓度/$(g \cdot L^{-1})$ | ≥70 | ≤0.008 | ≤0.005 | ≤0.005 | ≤0.005 | ≤0.05 |
| 结晶率/% | ≥20.8 | ≤0.003 | ≤0.002 | ≤0.002 | ≤0.004 | |

2）生产成本

经生产证明，以 $BaCO_3$ 为中和剂时，生产成本降低 43.5%，而用 $CaCO_3$ 为中和剂时，生产成本又比用 $BaCO_3$ 降低 26%。可见本工艺经济效益显著，但与中和剂种类关系较大。

# 1.3  钴化工产品的直接制取

重要的钴化工产品有氧化钴（包括一氧化钴、三氧化二钴及四氧化三钴）、醋酸钴、硫酸钴、氯化钴、碳酸钴、氢氧化钴及环烷酸钴。

## 1.3.1  由钴硫精矿制取多种钴盐

我国含钴硫铁矿资源丰富，综合利用价值较大，下面举例说明采用冶金化工方法处理钴硫精矿的重要意义。

**1. 原料成分与特点**

钴硫精矿的化学成分见表 2-17。

表 2 – 17　钴硫精矿的化学成分/%

| 产地 | Co | Ni | Cu | Fe | Zn | S | MgO | CaO | SiO$_2$ |
|------|------|------|------|------|------|------|------|------|------|
| 淄博 | 0.3 ~ 0.45 | 0.15 ~ 0.2 | 0.4 ~ 0.5 | 35 ~ 37 | 0.035 | 27 ~ 30 | 3.4 | 3.5 | 7 ~ 10 |
| 中条山 | 0.22 ~ 0.34 | 0.09 ~ 0.10 | 0.4 ~ 2.5 | 33 ~ 35 | 0.03 | 25 ~ 31 | | | |
| 大冶 | 0.22 ~ 0.31 | 0.09 | 0.4 ~ 0.5 | 33 ~ 35 | 0.03 ~ 0.17 | 38 ~ 41 | 1.0 | 2.0 | 4 ~ 5 |
| 莱芜 | 0.24 ~ 0.27 | | 4 ~ 5 | | | | | | |

　　建成了一家以钴硫精矿、硫铁矿、煤为原料，生产多种钴盐、镍盐、硫酸、铁红、合成氨等多产品的综合性冶金化工厂，取得了良好的经济效益和社会效益。这些原料及中间物料互利互用，最后全部以产品出售，几乎无"三废"污染。几个车间的相互关系如图 2 – 15 所示。

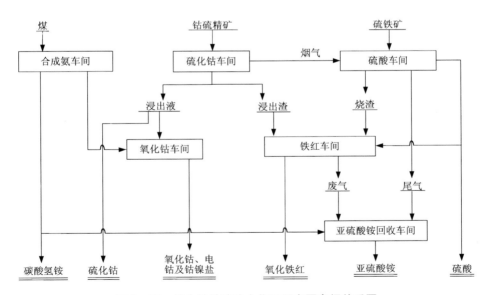

图 2 – 15　综合性钴硫冶金化工厂主要车间关系图

　　由图 2 – 15 可以看出，这是一个以生产含钴产品为主，废气制酸，综合利用各有价元素的不可分割的生产实体，值得借鉴。

## 2. 工艺流程

处理钴硫精矿的冶金化工处理原则工艺流程如图 2-16 所示。

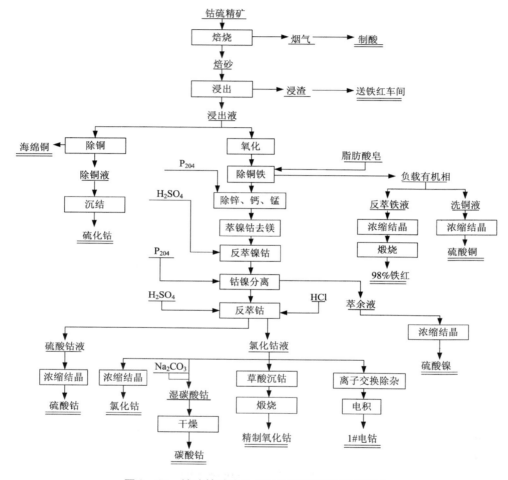

**图 2-16　钴硫精矿冶金化工处理原则工艺流程图**

由图 2-16 可以看出，该工艺流程的最大特点是能够生产多种钴的化工产品，并以化工产品的形式综合回收硫、铜、镍、铁等有价元素，将"三废"减少到最低限度。

### 3. 产品质量与技术经济指标

1）产品质量

硫化钴、氧化钴、硫酸钴的产品质量分别见表 2-18~表 2-20。这些产品及电解钴、硫酸铜、硫酸镍的产品质量均可达到部颁标准。

表 2 – 18　硫化钴的产品质量/%

| Co | Cu | Ni | Fe | S | H$_2$O |
|---|---|---|---|---|---|
| 16 ~ 26 | 2 ~ 4 | 1 ~ 2 | 10 ~ 20 | 20 ~ 25 | 60 ~ 70 |

表 2 – 19　氧化钴的产品质量/%

| Co + Ni | Ni | CaO | Na | Fe | Mn |
|---|---|---|---|---|---|
| ≥70 | 1.0 | ≤0.01 | ≤0.018 | ≤0.06 | ≤0.09 |

表 2 – 20　硫酸钴的产品质量/%

| Co | Ni | Fe | Zn | 水不溶物 |
|---|---|---|---|---|
| ≥20 | ≤0.1 | ≤0.01 | ≤0.02 | ≤0.05 |

2）技术经济指标

硫化钴生产的技术经济指标为，钴回收率 66.24% ~ 69.26%，原材料消耗（t·t$^{-1}$）：钴硫精矿 412.5 ~ 431.31，硫化钠 4.17 ~ 5.60，硫酸 0.762 ~ 0.945，标煤 3.03 ~ 11.64，电耗 40225 ~ 44943 kW·h/t。

## 1.3.2　由钴镍混合硫化物制取多种钴盐和镍盐

### 1. 原料成分与特点

钴镍混合硫化物的化学成分波动范围较大，大致为：Co 15% ~ 20%，Ni 3% ~ 4%，Cu 1% ~ 5%，Zn 1% ~ 5%，Fe 8% ~ 10%，Mn 0.1% ~ 0.3%，As 0.05% ~ 0.5%，S 18% ~ 25%，Ca 0.1% ~ 0.5%，Mg 0.1% ~ 1%。钴镍混合硫化物颗粒很细，粒径组成大致是：+ 200 目 25%，– 200 目至 + 400 目 10%，– 400 目 65%。物相分析表明，物料由硫化钴、硫化镍、硫化铜、硫化锌、硫化铁、元素硫和元素铁组成，元素硫沉积在硫化物周围。

### 2. 工艺流程

由钴镍混合硫化物制取多种钴盐和镍盐的冶金化工处理原则工艺流程如图 2 – 17 所示。该工艺流程具有技术适应性强、流程简短、设备简易、作业稳定、产品多样易变、质量优良、无"三废"、劳动条件好和消耗低等优点。

### 3. 工艺过程与技术条件

1）常压氧化酸溶

根据热力学分析，在适当的酸度和电位下，常压下即可将钴镍混合硫化物顺利溶解。可供工业应用的氧化剂很多，但选用氯酸钠较好，其氧化溶解反应为：

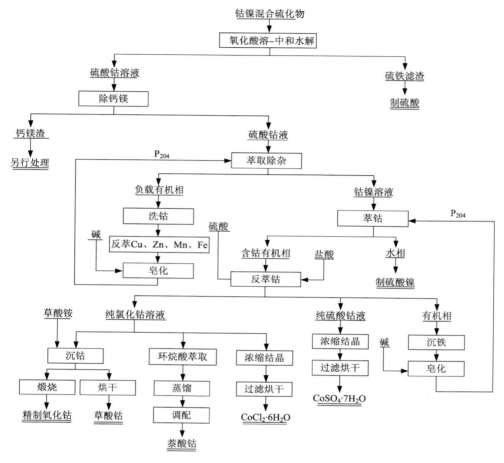

**图 2-17　由钴镍混合硫化物制取多种钴盐和镍盐的冶金化工处理原则工艺流程图**

$$3(Co, Ni)S + 3H_2SO_4 + NaClO_3 = 3(Co, Ni)SO_4 + NaCl + 3H_2O + 3S \quad (2-39)$$

　　硫化铜、硫化锌、硫化铁等在酸溶过程中亦同时生成相应的硫酸盐而进入溶液。氧化溶解的技术条件是：液固比为 $(2\sim3):1$，料浆 pH = $1\sim1.5$，氯酸钠的用量为理论量的 $1.3\sim1.9$ 倍（取决于物料的钴硫比），温度 $95\sim100℃$，机械搅拌 4 h。在该条件下钴镍浸出率均可达到 $98.5\%\sim99\%$，而铁溶解 $10\%\sim20\%$。浸出结束时，须使 $Fe^{2+}$ 氧化成 $Fe^{3+}$，并以 100 g/L 的碳酸钠溶液中和至终点 pH = $3.5\sim4$，使铁水解沉淀。制得的硫酸钴溶液的成分（g/L）如下：Co $25\sim30$，Ni $4\sim6$，Cu $1\sim5$，Zn $2\sim15$，Fe$\leqslant0.005$，Mn 约 0.1，As$\leqslant0.001$，Ca $0.3\sim0.4$，Mg $0.7\sim1$。

2）氟化除钙镁

由于钙镁等杂质萃入有机相，用硫酸反萃形成沉淀使萃取作业困难，故在钴液中加入适量 NaF 除去钙镁：

$$(Ca, Mg)SO_4 + 2NaF \Longrightarrow (Ca, Mg)F_2 + Na_2SO_4 \qquad (2-40)$$

除钙镁工艺条件为：温度 90~95℃，pH = 4.5~5，加入按钙镁含量计 1.5~2 倍理论量的 NaF，反应 1 h。这样即可获得 Co/Ca ≥ 3000 和 Co/Mg ≥ 1000 的钴液。

3）$P_{204}$ 萃取

可以认为 $P_{204}$ 萃取是阳离子交换过程，即水溶液中金属离子进入有机相，$P_{204}$ 中的氢离子进入水相。由于萃取过程中不断析出 $H^+$，随着金属离子的萃取，水相酸度不断提高。因比，为了保持最佳萃取率所需的 pH 范围，首先须将 $P_{204}$ 皂化制成钠皂。$P_{204}$ 萃取硫酸钴溶液中各金属离子的顺序为：$Fe^{3+}$，$Zn^{2+}$，$Cu^{2+}$，$Fe^{2+}$，$Mn^{2+}$，$Co^{2+}$，$Ni^{2+}$。$As^{5+}$ 不被萃取，但 $As^{3+}$ 被定量萃取。

（1）萃取除杂。

①萃杂。萃取杂质的条件是：$P_{204}$ 浓度 15%（以煤油为稀释剂），相比 O/A = 1:(1~2)，混合时间 5~8 min，搅拌速度 600~650 r/min，萃取级数 8 级。杂质萃取率为：Cu > 99.5%，Zn > 99.9%，Mn > 98%。钴的直收率为 80%~88%。萃取杂质后的硫酸钴溶液的成分为：Co 18~23 g/L，Ni 3~5 g/L，Cu < 0.002 g/L，Zn < 0.002 g/L，Fe < 0.002 g/L，Mn < 0.005 g/L，Ca < 0.003 g/L，Mg < 0.01 g/L，Pb < 0.001 g/L，$Cl^-$ 10~15 g/L，$F^-$ 1~2 g/L。该溶液作为钴镍萃取分离的料液。

②洗钴。萃杂负载有机相含 Co 4~7 g/L，采用 3%~5% 的硫酸溶液在室温及相比 O/A = (3~3.5):1 的条件下进行 3 级逆流洗钴。检查洗钴终点的方法是洗钴后的有机相呈浅绿色（含 Co 0.05~0.1 g/L）和洗液的 pH = 3~3.5。此时，洗钴率为 99%~99.5%；而杂质的洗出率为：Cu 约 30%，Zn 约 5%，Mn 40%~50%。洗钴液调整酸度后返回再用，直到钴富集到 30~40 g/L 时，再与原始钴液一起萃杂。

③反萃铜锌锰。采用 5%~8% 的硫酸溶液作反萃剂，在室温及相比 O/A = (3~4):1 的条件下进行 3 级逆流反萃，反萃液调整酸度后返回再用。当其中杂质达到如下含量时，从萃取系统排出，另行处理，回收铜、锌等有价金属：Co ≤ 2 g/L，Cu 10~20 g/L，Zn 为 80~100 g/L，Mn 为 5~10 g/L。

④反萃铁。以浓度为 6 mol/L 的工业盐酸溶液作反萃剂，在室温及相比 O/A = (3~4):1 的条件下进行 3 级逆流反萃，铁的反萃率 > 97%。盐酸循环使用，当含铁 > 1 g/L 时，用仲辛醇交换脱铁和调整酸度再用。

⑤皂化。负载有机相洗钴、反萃除杂后恢复本色，置于皂化槽中，加入相应量的烧碱溶液中和制皂，最后返回萃取过程。

（2）钴镍分离。

①萃钴。以 $P_{204}25\%+75\%$ 煤油（体积比）组成的萃取剂和 500 g/L 的工业氢氧化钠溶液制皂，皂化率为 80%～85%。在 35～45℃，相比 O/A = 1∶1，水相初始 pH = 4～4.5 及终点 pH = 5～5.5，混合时间 5～6 min，搅拌转数 600～650 r/min 的条件下，进行 15 级逆流萃取，将钴镍分离。萃取平衡后，负钴有机相中的 Co∶Ni = (200～400)∶1，萃余液的 Ni/Co 可达(200～400)∶1。经酸化钴溶液两级洗镍后，负钴有机相中的 Co/Ni 可提高到(1000～2000)∶1。

②反萃钴。以 3 mol/L 的脱铁工业盐酸作反萃剂，用 717 型树脂交换脱除工业盐酸中的铁至小于 0.002 g/L，在室温及相比 O/A = (4.5～5)∶1 的条件下对洗镍后的负钴有机相进行 5 级逆流反萃，即可得纯净的氯化钴溶液，其成分为：Co 90～100 g/L，Ni 0.05～0.1 g/L，Cu < 0.005 g/L，Zn < 0.003 g/L，Fe < 0.005 g/L，As < 0.001 g/L，Ca 0.01～0.02 g/L，Mg 0.05～0.1 g/L，Pb 0.002 g/L，Na 0.1～0.2 g/L，pH 4～5。

**4. 产品种类与质量**

1）草酸钴

调整纯氯化钴溶液中钴浓度至 60～65 g/L，pH ≤ 0.5，在 35～40℃ 不断搅拌下加入相应量的草酸铵溶液，即可生成草酸钴沉淀。

$$CoCl_2 + (NH_4)_2C_2O_4 \longrightarrow CoC_2O_4 + 2NH_4Cl \qquad (2-41)$$

该沉淀经过滤、洗涤、烘干、粉碎和筛分作业，得到粉红色草酸钴（$CoC_2O_4 \cdot 2H_2O$）产品，化学成分为：Co 31%～32%，Ni 0.03%～0.035%，Cu < 0.003%，Mn < 0.003%，Fe < 0.004%，As < 0.001%，Ca ≤ 0.0025%，Na ≤ 0.0025%。物理性能：松装密度 0.3～0.35 g/cm³，粒径 –40 目，游离水 0.3%～0.6%。

2）氧化钴

将草酸钴在 400～450℃ 下煅烧，即可分解成黑色的精制氧化钴。其化学成分为：Co 73%～74%，Ni < 0.1%，Cu < 0.005%，Mn < 0.005%，Fe 0.015%～0.02%，As < 0.005%，Ca 0.006%～0.007%，Na < 0.006%，$H_2O$ 0.05%～0.1%。物理性能：松装密度 0.5～0.6 g/cm³，粒径 –60 目。

3）氯化钴（$CoCl_2 \cdot 6H_2O$）

将纯氯化钴溶液蒸发浓缩至 50～55 Be[①] 时，放入结晶槽内搅拌冷却结晶，过滤母液，再将结晶物在 30～40℃ 下烘干游离水分，即得红色结晶六水氯化钴产品。其化学成分为：Co 24%～24.3%，Ni 0.02%～0.04%，Cu < 0.002%，Zn 0.002%～0.004%，Mn < 0.002%，Fe 0.001%～0.002%，$SO_4^{2-}$ 0.015%～0.02%，水不溶物 0.02%～0.03%，碱及碱土金属小于 0.02%。

---

① 波美与相对密度的换算公式为：$d = 144.3/(144.3 - n)$。

4）硫酸钴（$CoSO_4 \cdot 7H_2O$）

用硫酸反萃负钴有机相，即得硫酸钴溶液，将这种溶液进行蒸发浓缩、冷却结晶、过滤烘干，即可制出玫瑰色的硫酸钴产品。其化学成分为：Co 20% ~ 20.5%，Ni < 0.05%，Cu < 0.005%，Zn < 0.05%，Mn < 0.01%，Fe < 0.005%，$Cl^-$ < 0.025%，$NO_3^-$ < 0.05%，水不溶物 < 0.01%，碱及碱土金属小于 0.1%。

5）萘酸钴

纯氯化钴溶液用环烷酸和脂肪酸钠皂萃取，然后洗尽水相，蒸馏脱油，再调配成萘酸钴产品。其技术规格为：外观呈紫红色黏稠液体，含钴 8.0% ±0.5%；溶解性实验满足 1 份催干剂加入 3 份 200# 煤油全溶，不浑浊；催干性实验满足 11 份催干剂加入 19 份精亚麻油，在 25℃ 及相对湿度 65% ±5% 时，表干时间小于 4 h。

6）特级硫酸镍

钴镍分离产出的萃余液是较纯的硫酸镍溶液，其成分为：Ni 4 ~ 6 g/L，Co 0.01 ~ 0.02 g/L，Cu、Zn、Mn、Fe 等杂质均小于 0.002 g/L，含大量的硫酸钠和氯化钠。采用石灰沉镍→硫酸重新溶解→硫化氢沉淀除重金属→氧化中和除铁→浓缩除钙镁→再浓缩结晶硫酸镍的工艺流程，可产出特级硫酸镍产品。其化学成分为：Ni 21.3% ~22%，Cu < 0.002%，Zn < 0.003%，Fe 0.002% ~0.003%，水不溶物 0.01% ~0.02%。

**5. 技术经济指标**

1）钴冶炼回收率

钴冶炼回收率为 86.5% ~87%。

2）化工材料消耗

湿法制取草酸钴的化工材料消耗见表 2 –21。

表 2 – 21　湿法制取草酸钴的化工材料消耗/（t · t⁻¹）

| 工业硫酸 | 工业纯碱 | 工业氯酸钠 | 工业氯酸钙 | 工业氟化钠 | 工业烧碱 | 工业盐酸 | 工业草酸 | 工业液氨 | 工业 $P_{204}$ | 工业煤油 |
|---|---|---|---|---|---|---|---|---|---|---|
| 1.3 ~ 1.35 | 0.57 ~ 0.60 | 0.78 ~ 0.80 | 0.035 ~ 0.04 | 0.12 ~ 0.14 | 0.7 ~ 0.75 | 1.65 ~ 1.70 | 0.80 ~ 0.85 | 0.2 ~ 0.22 | 0.003 ~ 0.005 | 0.04 ~ 0.05 |

# 1.3.3　由钴渣废料制取环烷酸钴

**1. 原料与工艺流程**

生产环烷酸钴的原料是由镍系统综合回收的钴渣和碳酸钴，其成分见表 2 –22。

表 2-22 钴渣和碳酸钴的成分/%

| 名称 | Co | Ni | Fe | Cu | $H_2O$ |
|------|------|------|---------|---------|--------|
| 钴渣 | 30~35 | 6~10 | 0.1~0.5 | 0.1~0.5 | 50~60 |
| 碳酸钴 | 20~25 | 3~5 | 1~2 | 1~1.5 | 50~60 |

由表 2-22 可知，钴渣和碳酸钴中含有大量的镍、铁及少量铜等杂质元素，必须进行净化提纯，使钴液中钴与杂质元素之比达到 2# 电钴中钴与相应杂质元素之比。生产环烷酸钴的原则工艺流程如图 2-18 所示。

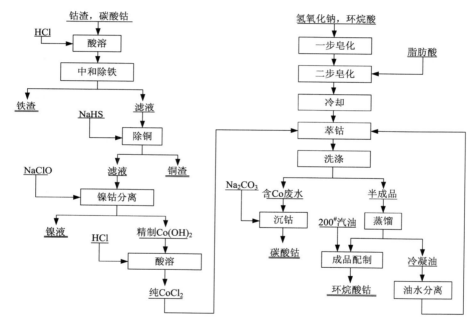

图 2-18 由钴渣废料生产环烷酸钴的原则工艺流程图

## 2.工艺过程与技术条件

1）净化提纯

（1）钴料溶解及除铁。

$Co(OH)_3$ 渣用盐酸溶解：

$$2Co(OH)_3 + 6HCl \Longrightarrow 2CoCl_3 + 6H_2O \qquad (2-42)$$

溶液中过量酸用碳酸钴中和，但碳酸钴引入铁，放出的氯气能使二价铁氧化，有利于除铁过程。反应温度 60~70℃，溶解终点要求溶液透明，无黑渣，pH

为 $0.5 \sim 1$。除铁过程的 pH 为 4.5 左右，$Fe^{3+}$ 完全水解的同时，$Cu^{2+}$ 也部分水解，而 $Ni^{2+}$、$Co^{2+}$ 则留在溶液中，除铁液含 $Fe \leqslant 0.005$ g/L，Co/Fe > 10000。

（2）硫化除铜。

调整除铁钴液 pH = $1.5 \sim 2.0$ 后加入硫化钠，则铜以硫化铜沉淀除去：

$$CuCl_2 + Na_2S =\!=\!= CuS + 2NaCl \qquad (2-43)$$

除铜终点 pH 为 $2 \sim 2.2$，反应温度 $60 \sim 65℃$，除铜液含 $Cu$ $0.003 \sim 0.005$ g/L，Co/Cu $\geqslant 10000$。

（3）钴镍分离。

比较下列电对的标准电位：$E^{\ominus}_{Co^{3+}/Co^{2+}} = 1.84$ V，$E^{\ominus}_{ClO^-/Cl^-} = 1.49$ V。可知，在标准状态下，次氯酸钠不可能氧化 $Co^{2+}$ 成 $Co^{3+}$，但在非标准状态下，当浓度比 $Co^{3+}/Co^{2+}$ 趋近于零时 $E_{ClO^-/Cl^-} > E_{Co^{3+}/Co^{2+}}$。因此，氧化反应可以进行。只要控制溶液 pH 在 $Co^{3+}$ 水解沉淀范围内，则氧化生成的 $Co^{3+}$ 会立即水解沉淀，生成溶度积极小的 $Co(OH)_3$，溶液中始终保持很低的 $Co^{3+}$ 浓度，使氧化过程持续进行。$E^{\ominus}_{Ni^{3+}/Ni^{2+}} = 1.95$ V，与 $E^{\ominus}_{Co^{3+}/Co^{2+}}$ 很接近，当溶液中 $Co^{3+}$ 浓度很低时，$Ni^{2+}$ 也会被氧化沉淀。因此，保留适量的 $Co^{2+}$ 可与 $Ni(OH)_3$ 沉淀中的 Ni 发生置换反应，以降低钴渣镍含量。沉钴反应和置换反应如下：

$$2CoCl_2 + NaClO + 2Na_2CO_3 + 3H_2O =\!=\!= 2Co(OH)_3 + 5NaCl + 2CO_2\uparrow \qquad (2-44)$$

$$Co^{2+} + Ni(OH)_3 =\!=\!= Co(OH)_3 + Ni^{2+} \qquad (2-45)$$

沉钴温度为 $30 \sim 40℃$，pH 为 $2 \sim 2.5$，沉钴后液含钴 $\leqslant 0.4$ g/L。沉钴后，要鼓风搅拌，以赶走余氯。用清水漂洗钴渣，至洗水中不含 $Ni^{2+}$ 为合格，这种钴渣称为精制钴渣，其中 Co/Ni $\geqslant 200$。

2）精制钴渣溶解

精制钴渣用盐酸溶解，澄清后再用碳酸钴调整 pH 为 $3.3 \sim 4$，制得纯氯化钴溶液，供生产环烷酸钴用。合格氯化钴溶液的成分见表 2－23。

**表 2－23　合格氯化钴溶液的成分/$(g \cdot L^{-1})$**

| Co | Ni | Fe | Cu | pH |
|---|---|---|---|---|
| 60 ~ 70 | 0.15 ~ 0.25 | 0.003 ~ 0.005 | 0.003 ~ 0.005 | 3.5 ~ 4 |

3）环烷酸钴制取

环烷酸钴是环烷酸钠皂与纯氯化钴溶液交换萃取产生的萃合物。用环烷酸生产环烷酸钴，钴含量一般只有 6% 左右。为了生产含 Co > 8% 的环烷酸钴，必须选择一种适当的添加剂，以提高产品的钴含量，异辛酸是添加剂之一。

环烷酸在酸性溶液中萃取金属离子的顺序为：$Fe^{3+}$，$Cu^{2+}$，$Zn^{2+}$，$Ni^{2+}$，

$Co^{2+}$，$Ca^{2+}$，$Na^{+}$。为了防止 $Fe^{3+}$、$Cu^{2+}$、$Zn^{2+}$、$Ni^{2+}$ 等萃入有机相，这些离子的含量应控制在很低的浓度范围内。pH 应控制在 6~6.5，为了稳定 pH，环烷酸预先制成钠皂。

研究表明，环烷酸及环烷酸钴能与 120# 汽油混溶，但其在 120# 汽油中的溶解度却很小。因此，生产中采用先将环烷酸和异辛酸在 95~100℃ 下皂化，冷至 60~65℃ 后加入 120# 汽油及氯化钴溶液萃钴的工艺。此工艺具有皂化速度快、皂化率高、120# 汽油损失少、有机相的黏度低、流动性好、易于分相和洗涤等优点。

实际生产中采用两步皂化法，即先用 10% 的碱液将环烷酸皂化，碱液用量为混合酸量的 85%~90%，待皂化完全后，加入脂肪酸皂化至近中性(pH = 6.5~7)，环烷酸与脂肪酸的用量比为 1:(0.7~0.8)，120# 汽油加入量为成品量的 70%~80%，钴液含 Co 60~70 g/L，pH = 3.5~4，钴液加入量以萃余水相呈微红色为准。

分去水相后，有机相再用成品总量 50% 的水洗涤 3~4 次。水洗合格的环烷酸钴约含有 40% 的 120# 汽油，需蒸馏回收。蒸馏终点温度 125℃，蒸出的 120# 汽油冷凝回收。蒸馏好的环烷酸钴含 Co 一般为 8.3%~8.8%，需加入 200# 溶剂汽油稀释，产品含量稳定、失重小、易于保存。

# 第 2 章　铅锌化工材料冶金

## 2.1　铅化工产品的直接制取

　　铅以金属形态使用为主，但也有若干重要的化工产品，包括黄丹、红丹、三盐基硫酸铅、铅白、硝酸铅、醋酸铅、铬酸铅、磷酸铅、铝酸铅及硼酸铅等。据2015 年统计，我国化工产品的铅消耗约占总铅消耗的 12%，其中又以黄丹及三盐基硫酸铅的用量最大。特别是近二十多年来，我国汽车工业快速发展使得铅酸蓄电池需要的黄丹量快速增加。过去，汽油添加剂四乙基铅是铅的第一大化工产品，但由于环保标准的日益严格，四乙基铅的用量已越来越少，最终将不会再使用。本书系统介绍以氧化铅物料、硫酸铅物料及氯化铅渣直接制取铅化工产品的理论与工艺。

### 2.1.1　氧化铅物料制取铅品

　　氧化铅物料系铅、锌冶炼过程中产生的中间物料，如氧化铅烟尘等。氧化铅矿及氧化铅物料制取铅品比较简单，原料不需要转化过程，直接酸浸、除杂、沉淀或结晶，即可加工成铅盐。下面详细介绍铅鼓风炉烟灰直接制铅品的情况。至于氧化铅矿制铅品将在氧化矿制锡品章节中介绍。

#### 1. 原料特点

　　所用原料为氧化铅矿团块鼓风炉炼铅烟尘，成分见表 2 – 24。

表 2 – 24　铅鼓风炉烟尘成分/%

| Pb | Zn | Cd | Sn | As | In | S | Fe |
|---|---|---|---|---|---|---|---|
| 41.6 ~ 52.3 | 3.6 ~ 13.41 | 0.68 ~ 1.02 | 4.06 ~ 7.63 | 7.27 ~ 21.81 | 0.18 ~ 0.28 | 6.44 ~ 10.14 | 0.45 ~ 4.01 |

　　表 2 –24 中数据说明，这种烟尘的特点是含砷高，有价金属多，如铅、锌、锡、铟、镉等都有回收价值。有价金属以氧化物、硫化物及少量含氧酸盐形态存在。因此，拟定合理的流程是十分重要的。

#### 2. 工艺流程

　　处理铅鼓风炉高砷烟尘的原则工艺流程如图 2 – 19 所示。

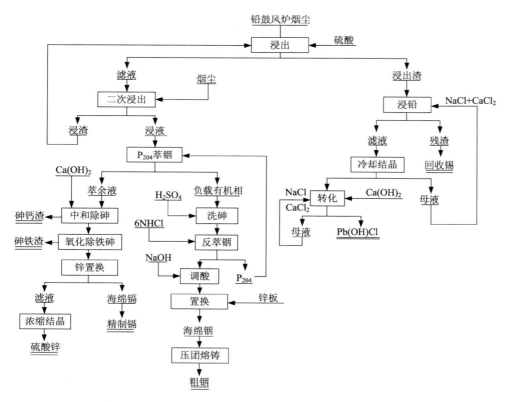

**图 2-19　处理铅鼓风炉高砷烟尘的原则工艺流程图**

　　该流程综合回收效率好，能处理高砷物料，可产出硫酸锌、精镉、粗铟、电铅或铅盐及氯化铵等冶金化工产品，主流程不产生废水，试剂来源广，价格低廉，设备简单，操作方便，还避免了在盐酸浸出过程中萃铟有机相被锡胶体严重乳化的问题。当然，该流程尚存在砷没有被利用及浸出率不太高等问题。

**3. 工艺过程与技术条件**

**1）硫酸浸出**

先用工业浓硫酸浸泡烟尘半小时，再补加水或循环浸出液升温浸出：

$$MeO + H_2SO_4 \Longrightarrow MeSO_4 + H_2O \qquad (2-46)$$

$$MeS + 4H_2SO_4 \Longrightarrow MeSO_4 + 4SO_2 + 4H_2O \qquad (2-47)$$

$$MeS + H_2SO_4 \Longrightarrow MeSO_4 + H_2S \qquad (2-48)$$

最佳浸出条件为：温度 85℃ 以上，液固比 4:1，保温时间 3 h，始酸浓度 180 g/L。除了铅和锡外，其他金属都进入浸出液，为了富集浸出液中的铟等，要进行 3~4 次循环浸出，此时溶液中 In > 1 g/L，Cd > 5 g/L，Zn 20~30 g/L，但随着循环次数的增多，砷含量越来越低。烟尘含硫高时会降低金属浸出率。

2）铟的提取

当循环浸出液中的酸度降到 15~20 g/L 后，用 $P_{204}$ 进行 2~3 次错流萃取，萃取率可达 98%。为避免二价铁的氧化，造成 $P_{204}$ 萃 $Fe^{3+}$ 而中毒，浸出液不宜久放。萃铟条件为：$P_{204}$∶煤油 = 1∶(4~5)，相比 O/A = 1∶(2~3)。单级萃取时间较长，多级萃取时，萃余液中的铟可降至 0.9 mg/L，萃取反应为：

$$6RH + In_2(SO_4)_3 \Longrightarrow 2R_3In + 3H_2SO_4 \qquad (2-49)$$

分去水相后，先用 100 g/L 的 $H_2SO_4$ 溶液洗负载有机相中的砷及夹带的萃余液。洗砷相比 O/A = 10∶1，时间 5 min，2 级反萃，反萃率为 98%~99%，反萃液含铟 30~55 g/L。最后用碱将反萃液酸度调至 1 mol/L，再用锌板置换铟。置换作业应在抽风设备中进行，以免砷化氢中毒。海绵铟用清水洗净，立即压团并在烧碱保护下熔铸成粗铟锭，熔铸过程中铟的直接回收率约为 97%。

3）高砷溶液除铁砷

脱砷分两步进行。第一步用石灰乳中和至 pH = 4.8，砷以砷酸钙形式沉淀：

$$2H_3AsO_4 + 3Ca(OH)_2 \Longrightarrow Ca_3(AsO_4)_2 + 6H_2O \qquad (2-50)$$

脱砷率为 50%~70%。第二步在有 0.07~0.12 g/L 的 $Cu^{2+}$ 存在的情况下 $Fe^{2+}$ 被空气氧化成 $Fe^{3+}$，保持 pH = 4.8~5.2，温度 85℃以上，$m(铁)∶m(砷) = (0.8~1)∶1$，最终将砷除尽：

$$2FeSO_4 + 3H_2O + 1/2O_2 \Longrightarrow 2FeOOH + 2H_2SO_4 \qquad (2-51)$$

$$2FeSO_4 + 1/2O_2 + 2H_3AsO_4 \Longrightarrow 2FeAsO_4 + 2H_2SO_4 + H_2O \qquad (2-52)$$

$$Ca(OH)_2 + H_2SO_4 \Longrightarrow CaSO_4 + 2H_2O \qquad (2-53)$$

铜离子起催化作用：

$$Cu^{2+} + Fe^{2+} + 2H_2O \Longrightarrow Cu^+ + FeOOH + 3H^+ \qquad (2-54)$$

$$2Cu^+ + 1/2O_2 + 2H^+ \Longrightarrow 2Cu^{2+} + H_2O \qquad (2-55)$$

在满桶溶液氧化 3 h 的情况下，氧化后液中铁砷均为微量。

4）镉的提取

按 $m(Zn)∶m(Cd) = 1∶1$ 的比例加入锌粉置换除砷后液中的镉，置换分两步进行：第一步在 95℃，pH = 1~2 的情况下，在 20~30 min 内加入全部锌粉，总置换时间为 2 h；第二步在 45℃，pH = 1~2 的情况下，在 20~30 min 内加入与第一步一样多的锌粉，总置换时间也相同。最后调终点 pH 为 5.2，并快速过滤，第二步的滤渣作为第一步的锌粉用，总的锌粉消耗量与镉量相当。第一步产出的海绵镉洗净后使其自然氧化，然后用硫酸溶解，镉溶液 pH = 1~2，含 Cd 100~120 g/L。在 50℃下用锌板置换此溶液，即得纯海绵镉，再用蒸馏法或电解法制取精镉。

5）锌的提取

提镉后液含 Fe < 0.02 g/L，pH = 2，可用来制取硫酸锌。将其浓缩到 50 Be，放入结晶槽结晶。若波美度控制过高，则结晶水不够，不能生成 $ZnSO_4 \cdot 7H_2O$。波美度控制过低，则结晶母液过多。

6）硫酸铅渣的处理

硫酸铅渣含铅 50% 左右，锡 5% ~ 8%，另外，还含有少量的铟、镉、锌、砷及铁。为提纯铅，用饱和氯化钠溶液在 90℃ 以上的温度下浸出铅，趁热过滤，滤液再冷却结晶析出 $PbCl_2$。将 $PbCl_2$ 结晶溶于浓盐水，并用石灰转化为碱式氯化铅沉淀：

$$2PbCl_2 + Ca(OH)_2 =\!=\!= 2Pb(OH)Cl + CaCl_2 \qquad (2-56)$$

再在 50℃ 下用 $Me_2CO_3$ 溶液转化为 $PbCO_3$ 沉淀：

$$Pb(OH)Cl + Me_2CO_3 =\!=\!= PbCO_3 + MeOH + MeCl \qquad (2-57)$$

碳酸铅可用于生产电铅及铅盐。

**4. 技术经济指标**

1）金属回收率

烟尘硫酸浸出过程中，铟、镉、锌、铁、砷的浸出率分别为 77.86%、85.29%、47.78%、40.26%、40.10%，氧化中和除铁砷过程中，镉、锌的直收率均为 95% 左右，铟的萃取率为 98% 左右，反萃率为 98% ~ 99%，铟熔铸直收率为 97% 左右。

2）杂质脱除率

铁、砷脱除率接近 100%。

3）产品及中间产品质量

硫酸锌产品质量符合标准。主成分及杂质含量分别为：Zn 18.55% ~ 18.94%，Fe 0.001% ~ 0.0034%，As 0.00013% ~ 0.0007%，$H_2O$ 15% ~ 17%。碳酸铅的氟硅酸浸液成分为：Pb 156.35 ~ 157.86 g/L，Zn 0.084 ~ 0.14 g/L，As 0.075 ~ 0.098 g/L，Fe 0.45 g/L。

**5. 流程的改进**

此工艺流程存在的主要问题是锌、镉、铜的浸出率低，因此，在烟尘硫酸浸出过程中加入适量的氧化剂是十分必要的。另外，砷只能作废渣堆存，其稳定性差，存在二次污染的危险，应想办法固定和存放砷。

## 2.1.2　硫酸铅物料制取铅品

### 1. 原料来源与特点

硫酸铅物料主要来自废蓄电池膏泥。根据世界金属统计局公布的资料，世界铅总量中有 51% 用于生产蓄电池，而废蓄电池占二次铅原料的 90%。随着工业的发展，汽车的增多，次生铅生产量将占更高的比例。显然，以硫酸铅为主要成分的废铅膏泥也将随之增加。另外，复杂氧化铅锌矿的湿法处理过程也产生大量硫酸铅渣。硫酸铅渣还包括湿法炼锌和锌品生产中的酸浸渣以及铜转炉烟灰。由于硫酸铅分解的温度较高，用火法处理时，金属回收率低，环境污染严重。为此，很多人研究硫酸铅物料的湿法处理工艺，但这些研究的目的是为了制取金属铅。由硫酸铅物料直接制取铅化合物是一个变废为宝的好途径。

### 2. 工艺流程

由硫酸铅物料制取多种铅盐的原则工艺流程如图 2-20 所示。该流程第一步是将硫酸铅转化成碳酸铅，然后由碳酸铅制得多种铅盐产品。

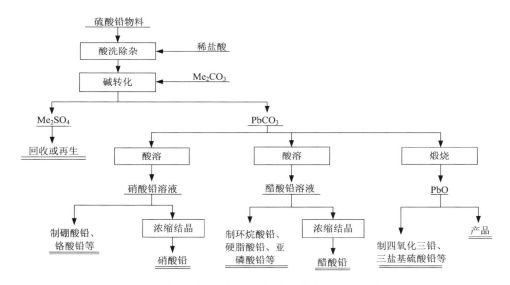

**图 2-20 由硫酸铅物料制取多种铅盐的原则工艺流程图**

### 3. 基本原理与工艺条件

根据热力学计算可知，用 $Na_2CO_3$ 或 $(NH_4)_2CO_3$ 处理固体 $PbSO_4$，可将 $SO_4^{2-}$ 脱出，同时脱硫副产品 $Na_2SO_4$ 和 $(NH_4)_2SO_4$ 可以循环使用。

$$PbSO_4 + Na_2CO_3 \longrightarrow PbCO_3 \downarrow + Na_2SO_4 \qquad (2-58)$$

$$PbSO_4 + (NH_4)_2CO_3 \longrightarrow PbCO_3 \downarrow + (NH_4)_2SO_4 \qquad (2-59)$$

$$Me_2SO_4 + 2CaSO_4 \cdot \frac{1}{2}H_2O + H_2SO_4 + 3H_2O \longrightarrow 2CaSO_4 \cdot 2H_2O \downarrow + 2MeHSO_4 \qquad (2-60)$$

$$2MeHSO_4 + 2Ca(OH)_2 \longrightarrow 2MeOH + 2CaSO_4 \cdot \frac{1}{2}H_2O \downarrow + H_2O \qquad (2-61)$$

$$2MeOH + CO_2 \longrightarrow Me_2CO_3 + H_2O \qquad (2-62)$$

式中：Me 代表 $Na^+$ 或 $NH_4^+$。上述各反应均可在常温常压下进行。碳酸铅在 300℃下即可分解成 PbO。

某种成分为 $PbSO_4$ 41.03%、铅的氧化物 29.52%、其他 1.45%、总铅 72% 的废蓄电池渣泥用 $(NH_4)_2CO_3$ 溶液转化，温度和时间对转化率的影响不大，但 $(NH_4)_2CO_3$ 浓度对转化率的影响却较大，采用 $n(PbSO_4):n[(NH_4)_2CO_3]=1:1.75$ 时，转化率较高。另外 $(NH_4)_2CO_3$ 的转化效果比 $Na_2CO_3$ 好，渣泥的粒径影响较大。优化转化条件为：温度为常温；时间为 1 h；$n(PbSO_4):n[(NH_4)_2CO_3]$ 为 1:1.75；粒径为 −130 目。转化率与转化剂浓度、温度、转化剂种类的关系不大，在最佳条件下，转化率 ≥95%。对于另一类正负极栅板、渣泥及铅膏，转化时间为 2 d 以上。

**4. 铜转炉烟灰水洗渣制黄丹和三盐基硫酸铅**

1）原料特点

铜转炉烟灰水洗渣的成分十分复杂（表 2−25），主要含铅，还有较高含量的铋、锡、锌等有价金属，回收价值较大。铅以硫酸铅形态存在。

表 2−25　某厂铜转炉烟灰水洗渣化学成分/%

| Pb | Bi | Sn | Zn | Cu | As | S | Cd | In | Ag | Ge | Te | Ga |
|---|---|---|---|---|---|---|---|---|---|---|---|---|
| 49.30 | 4.71 | 2.61 | 4.0 | 1.11 | 2.34 | 8.71 | 0.22 | 0.026 | 0.03 | 0.023 | 0.011 | 0.0003 |

2）工艺流程

铜转炉烟灰水洗渣直接制铅品的原则工艺流程如图 2−21 所示。

该流程主金属回收率高，有价元素回收品种多，具有综合利用程度高、污染少等特点，可达到既综合回收有价元素又解决环境污染的目的。

3）工艺过程与技术条件

（1）转化过程。

转化过程的基本原理前已述及，在水洗渣转化过程中，还产生铜、锌、镉的氨配合浸出反应：

$$MeSO_4 + iNH_3 \rightleftharpoons Me(NH_3)_i^{2+} + SO_4^{2-} \qquad (2-63)$$

另外还有部分砷的氧化物溶解：

$$As_2O_3 + 6NH_4OH \rightleftharpoons 2(NH_4)_3AsO_3 + 3H_2O \qquad (2-64)$$

$$As_2O_5 + 6NH_4OH \rightleftharpoons 2(NH_4)_3AsO_4 + 3H_2O \qquad (2-65)$$

最佳转化工艺技术条件为：球料比 4:1，常温，球磨转化 3 h。球磨转化结果见表 2−26、表 2−27。转化液平均成分为：Pb 0.027 g/L，Bi 0.024 g/L，Cu

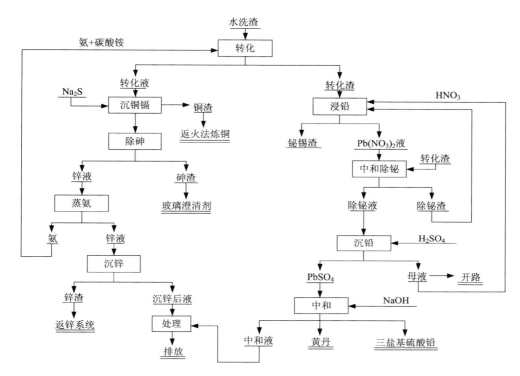

**图 2 - 21　铜转炉烟灰水洗渣直接制铅品的原则工艺流程图**

1.769 g/L, Zn 6.21 g/L, Cd 0.472 g/L, Sn 0.023 g/L, In 0.006 g/L, Ag 0.0004 g/L, As 1.3 g/L, $SO_4^{2-}$ 109.09 g/L, $CO_3^{2-}$ 15.14 g/L, $(NH_3)_T$3.61 mol/L, $(NH_3)$1.575 mol/L。

**表 2 - 26　球磨转化渣成分/%**

| 样号 | 渣率 | Pb | Cu | Zn | Cd | Sn | In | Ag | As | Sb | $SO_4^{2-}$ | Bi |
|---|---|---|---|---|---|---|---|---|---|---|---|---|
| 47 | 78.48 | 62.82 | 0.46 | 2.57 | 0.072 | 3.31 | 0.036 | 0.035 | 2.02 | 0.87 | 0.91 | 5.04 |
| 48 | 78.61 | 60.03 | 0.45 | 2.00 | 0.132 | 3.34 | 0.036 | 0.038 | 2.15 | 0.95 | 0.83 | 4.91 |
| 49 | 78.29 | 60.72 | 0.51 | 2.22 | 0.075 | 3.41 | 0.035 | 0.04 | 1.96 | 0.43 | 0.82 | 5.19 |
| 50 | 77.85 | 61.89 | 0.49 | 2.06 | 0.055 | 3.41 | — | 0.041 | — | 0.43 | — | 5.11 |
| 51 | 78.77 | 62.66 | 0.52 | 2.03 | 0.082 | 3.37 | 0.04 | 0.034 | 2.03 | 0.44 | — | 5.15 |
| 52 | 78.66 | 63.00 | 0.54 | 1.98 | 0.058 | 3.30 | 0.033 | 0.037 | 2.061 | — | — | 4.95 |
| 平均 | 78.44 | 61.85 | 0.50 | 2.14 | 0.079 | 3.36 | 0.036 | 0.0375 | 2.04 | 0.624 | 0.853 | 5.06 |

注：用农用碳酸氢铵转化。

表 2 - 27　球磨转化过程的浸出率及回收率/%

| 项目 | Pb | Bi | Cu | Zn | Cd | Sn | In | Ag | As | $SO_4^{2-}$ |
|---|---|---|---|---|---|---|---|---|---|---|
| 渣计浸出率 | 1.64 | 16.06 | 64.47 | 58.03 | 72.19 | -0.98 | -8.61 | 1.95 | 31.62 | 97.19 |
| 液计浸出率 | 0.18 | 0.21 | 65.50 | 63.81 | 88.18 | 0.36 | 9.48 | 0.55 | 22.88 | 108.36 |
| 回收率 | 99.82 | 98.25 | 65.09 | 60.92 | 80.19 | 99.64 | 99.56 | 98.75 | 27.23 | 97.19 |

从表 2 - 27 可以看出转化效率十分明显，$PbSO_4$ 的转化率高达 97.19%；转化过程，还浸出了 65.09% 的铜、60.92% 的锌及 80.19% 的镉；铅、铋、锡、银、铟等都富集于转化渣中，其回收率分别为 99.82%、98.25%、99.64%、98.75%、99.56%。

（2）浸铅过程。

浸铅过程中还有少量的铋进入浸铅液：

$$PbCO_3 + 2HNO_3 =\!\!=\!\!= Pb(NO_3)_2 + CO_2\uparrow + H_2O \qquad (2-66)$$

$$(BiO)_2CO_3 \cdot \frac{1}{2}H_2O + 6HNO_3 =\!\!=\!\!= 2Bi(NO_3)_3 + CO_2\uparrow + \frac{7}{2}H_2O \quad (2-67)$$

中和沉铋时，浸铅液中的铋又形成沉淀：

$$2Bi(NO_3)_3 + \frac{1}{2}H_2O + 3PbCO_3 =\!\!=\!\!= 3Pb(NO_3)_2 + (BiO)_2CO_3 \cdot \frac{1}{2}H_2O\downarrow + 2CO_2\uparrow$$

$$(2-68)$$

浸铅条件为：常温，时间 1 h，液固比 2∶1 或 4∶1，硝酸用量取理论量的 1.05 倍（按铅计算）。浸铅液的平均成分为：Pb 178.36 g/L，Bi 1.49 g/L，Zn 0.71 g/L，Sn 0.05 g/L，As 0.025 g/L，Sb 0.014 g/L，Cu 0.42 g/L，Fe 0.032 g/L，In 0.009 g/L，Ag 0.00014 g/L，$HNO_3$ 0.15 mol/L，Cd 0.25。浸铅结果见表 2 - 28、表 2 - 29。

表 2 - 28　浸铅渣成分及渣率/%

| 样号 | Pb | Bi | Zn | Sn | Cu | As | Sb | In | Ag | Cd | 渣率 |
|---|---|---|---|---|---|---|---|---|---|---|---|
| 47 | 10.14 | 20.70 | 6.58 | 13.64 | 1.37 | 7.62 | — | 0.095 | 0.144 | 0.105 | 24.49 |
| 48 | 10.84 | 20.83 | 6.68 | 13.59 | 1.22 | 7.83 | — | 0.084 | 0.140 | 0.123 | 25.34 |
| 49 | 13.73 | 19.27 | 7.78 | 13.34 | 1.25 | 7.34 | — | 0.085 | 0.146 | 0.107 | 25.56 |
| 50 | 16.32 | 19.74 | 7.75 | 12.10 | 1.16 | 7.25 | — | — | 0.130 | 0.117 | 28.23 |

续表 2 - 28

| 样号 | Pb | Bi | Zn | Sn | Cu | As | Sb | In | Ag | Cd | 渣率 |
|---|---|---|---|---|---|---|---|---|---|---|---|
| 51 | 11.70 | 18.83 | 4.51 | 13.95 | 1.47 | 7.97 | — | 0.095 | 0.150 | 0.115 | 23.28 |
| 52 | 9.33 | 20.99 | 1.40 | 14.46 | 1.40 | 8.35 | — | 0.099 | 0.150 | 0.123 | 22.01 |
| 56 | 10.27 | 21.97 | 5.93 | 13.43 | 1.18 | 7.46 | 1.87 | — | 0.144 | | 23.72 |
| 57 | 12.57 | 20.14 | 5.38 | 12.96 | 1.01 | 7.33 | 1.72 | — | 0.129 | | 25.87 |
| 平均 | 11.86 | 20.31 | 5.75 | 13.43 | 1.26 | 7.64 | 1.80 | 0.092 | 0.142 | 0.115 | 24.81 |

表 2 - 29　浸铅过程的金属平均浸出率及回收率/%

| 项目 | Pb | Bi | Sn | Zn | Cu | Cd | In | Ag | As | Sb |
|---|---|---|---|---|---|---|---|---|---|---|
| 液计浸出率 | 100 | 10.27 | 0.52 | 11.51 | 29.13 | 11.15 | 8.67 | 0.13 | — | 0.78 |
| 固计浸出率 | 95.24 | -0.11 | 0.75 | 32.59 | 37.43 | 63.39 | 36.55 | 5.98 | 6.89 | 28.38 |
| 回收率 | 95.24 | 89.73 | 99.37 | — | 29.13 | — | 91.33 | 96.95 | | |

表 2 - 28、表 2 - 29 中数据说明,浸铅过程中基本实现铅与镉、锡、银等金属的初步分离。铅的浸出率高达 95.24% ,而铋的浸出率为 10% 左右;浸铅渣中的铋、锡、银、铟分别富集到 20.31% 、13.43% 、0.142% 、0.092% 。

(3)中和除铋。

在常温、pH = 3 ~ 3.5 并稳定 60 min 的条件下,用转化渣作中和除铋的中和剂,除铋结果十分理想,平均除铋率高达 98.67% 。由于除铋渣返回浸铅过程,所以铅百分之百回收。除铋液的平均成分为:Pb 194.97 g/L, Bi 0.0023 g/L, Cu 0.47 g/L, Cd 0.25 g/L, Ag 0.00013 g/L, Zn 0.90 g/L, Ag 0.025 g/L, Sb 0.014 g/L, Fe 0.032 g/L。

(4)硫酸沉铅。

沉铅过程中,铅以 $PbSO_4$ 形式沉淀,并使硝酸再生:

$$Pb(NO_3)_2 + H_2SO_4 === PbSO_4 \downarrow + 2HNO_3 \qquad (2-69)$$

沉铅条件为:常温,时间 30 min,硫酸用量取理论量的 95% ~96% 。在这种情况下,再生的硝酸中没有 $SO_4^{2-}$ ,返回浸出效果好。沉铅结果见表 2 - 30、表 2 - 31。

表 2 - 30  沉铅综合实验结果/%

| 样号 | 硫酸铅 | | 沉铅后液/$(g \cdot L^{-1})$ | | | 备注 |
|---|---|---|---|---|---|---|
| | Pb | 沉铅率 | Pb | HNO₃ | 沉铅率/% | |
| 45 | 65.00 | 89.60 | 10.12 | — | 96.15 | |
| 46 | 67.47 | 97.43 | 7.87 | — | 93.33 | |
| 47 | 65.71 | 93.22 | 5.37 | — | 97.32 | |
| 48 | 65.95 | 93.40 | 4.06 | 104.39 | 97.77 | |
| 49 | 68.11 | 86.92 | 12.52 | 90.98 | 91.71 | 硫酸用量 |
| 50 | 68.21 | 98.30 | 14.36 | 77.31 | 89.48 | 为理论量 |
| 51 | 68.27 | 97.96 | 1.20 | — | 99.37 | 的96% |
| 52 | 66.54 | 86.39 | — | 72.45 | | |
| 56 | 68.22 | 97.35 | 6.48 | — | 97.62 | |
| 57 | 68.55 | 95.97 | 8.64 | — | 96.93 | |
| 平均 | 67.20 | 93.65 | 7.85 | 86.28 | 95.52 | |

表 2 - 31  沉铅综合实验所产硫酸铅成分/%

| 样号 | Pb | Bi | Zn | Cu | Ag | 备注 |
|---|---|---|---|---|---|---|
| 49 | 68.11 | 0.02 | 0.01 | 0.007 | 0.011 | |
| 50 | 68.21 | 0.0012 | 0.0071 | 0.011 | — | |
| 51 | 68.27 | 0.0075 | 0.004 | 0.003 | 0.00104 | 中和液铅浓度 |
| 52 | 66.54 | 0.031 | 0.0023 | 0.032 | 0.00124 | <150 g/L |
| 平均 | 67.78 | 0.015 | 0.006 | 0.013 | 0.00443 | |

（5）铅品合成。

硫酸铅洗涤干净后与烧碱中和生成三盐基硫酸铅或黄丹：

$$2PbSO_4 + 2NaOH \xrightarrow{\quad\quad} PbO \cdot PbSO_4 \cdot H_2O + Na_2SO_4 \qquad (2-70)$$

$$PbSO_4 + 2NaOH \xrightarrow{\quad\quad} PbO + Na_2SO_4 + H_2O \qquad (2-71)$$

三盐基硫酸铅合成条件为：碱浓度20%，室温，终点 pH = 8～9，滴加 3 滴醋酸（36%），NaOH 用量取理论量，时间 1 h，液固比3：1。制备二级三盐基硫酸铅的成分见表 2 - 32，直收率约100%，烧碱和冰醋酸单耗分别为 0.235 t/t 及 4.21 L/t。

**表 2 – 32　三盐基硫酸铅合成综合实验结果**

| 样号 | $m(PbSO_4)$ /g | $w(Pb)$ /% | $m(NaOH)$ /g | $V(HAc)$ /mL | 三盐基硫酸铅 | | | 直收率 /% |
|---|---|---|---|---|---|---|---|---|
| | | | | | $m$/g | $w(PbO)$/% | $w(SO_3)$/% | |
| 1 | 200 | 66.38 | 39.07 | 0.7 | 135.21 | 89.92 | 10.03 | 约 100 |
| 2 | 469.08 | 66.38 | 91.63 | 1.64 | 408.7 | 90.09 | 8.725 | 约 100 |
| 3 | 568.42 | 63.21 | 111.04 | 2.0 | 465.03 | 89.28 | 9.02 | 约 100 |
| 4 | 262.51 | 68.21 | 55.60 | — | 225.98 | 89.46 | 8.39 | 约 100 |
| 平均/共计 | 1500.01 | 66.05 | 297.34 | 4.34 | 1234.92 | 89.69 | 9.04 | 约 100 |

黄丹合成条件为：时间 1 h，NaOH 用量取理论量的 1.5 倍，终点 pH≥12，液固比(3~4):1，温度 70℃左右。合成黄丹的成分见表2 – 33。

**表 2 – 33　黄丹合成综合实验结果**

| 样号 | PbSO4 | | $m(NaOH)$ /g | $m(黄丹)$ /g | $w(黄丹)$ /% | 铅直收率 /% |
|---|---|---|---|---|---|---|
| | $m$/g | $w(Pb)$/% | | | | |
| 1 | 344 | 68.39 | 98 | 250.39 | 98.935 | 97.65 |
| 2 | 249 | 67.88 | 70.5 | 185.40 | 98.60 | 约 100 |
| 平均/共计 | 593 | 68.135 | 168.5 | 435.79 | 98.77 | 约 98.83 |

表 2 – 33 说明，黄丹品位为 98.77%，达到二级质量标准，碱耗为 0.387 t/t。

## 2.1.3　氯化铅渣制取铅品

氯化铅渣包括锡、铋的氯化精炼渣以及铅锑精矿的氯化浸出渣等。氯化铅渣可采用两种方式直接制取铅品：①氯配合浸出，即用浓氯化物溶液在高温下直接浸出氯化铅渣；②先将氯化铅转化为碳酸铅，然后再用硝酸、醋酸或氢氟酸浸出铅制取铅品。下面举例详细说明。

**1. 氯化铅渣制取黄丹**

1) 原料与工艺流程

制取黄丹的原料为处理焊锡过程中产生的氯化铅渣及其他含铅废料。采用湿法工艺(图 2 – 22)进行黄丹粉的生产。

2) 工艺过程与技术条件

本工艺首先在强搅拌及 105~110℃的条件下，用酸性饱和氯化钠溶液浸出氯

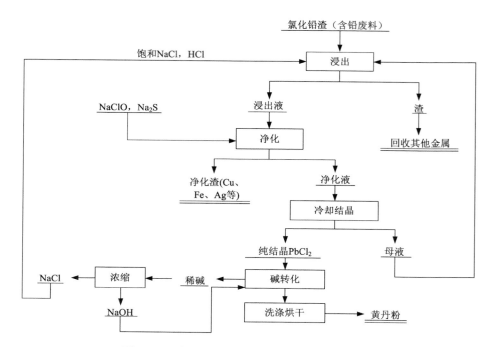

**图 2-22　氯化铅渣制取黄丹的原则工艺流程图**

化铅物料，然后净化除去 Cu、Fe、Ag 等杂质，经冷却结晶和碱转化等作业，再烘干至水分小于 1%，即得粉状优质黄丹粉。

3）产品质量

湿法制备的黄丹粉的化学成分见表 2-34。

**表 2-34　湿法制备的黄丹粉的化学成分/%**

| PbO | Cu | Fe | Ni | Cr | Ag | 水分 |
|---|---|---|---|---|---|---|
| ≥98.5 | ≤0.005 | ≤0.004 | ≤0.001 | ≤0.001 | ≤0.001 | <1 |

此法制备的黄丹，其杂质较火法低，因此可广泛用于各种光学玻璃、铅玻璃的制造。

**2. 氯化铅渣制取醋酸铅**

1）原料与工艺流程

火法精炼生产精铋时，产出大量含铅氯化渣，在处理焊锡废料过程中也产出含铅氯化渣，其化学成分与形态见表 2-35。

表 2 - 35　含铅氯化渣的化学成分与形态/%

| 成分 | Pb | Fe | Sn | Cu | Bi | Ag |
|---|---|---|---|---|---|---|
| 铋氯化精炼渣 | 51.0 ~ 61.5 | 2.5 ~ 8.5 | 0.9 ~ 6.5 | 0.9 ~ 1.7 | 0.5 ~ 0.8 | 0.09 ~ 0.28 |
| 锡氯化精炼渣 | 63.0 ~ 65.0 | 0.11 | 6.0 ~ 7.0 | 微 | 1.00 | 0.13 ~ 0.65 |
| 主要形态 | $PbCl_2$ | $FeCl_2$ | $SnCl_2$ | $CuCl_2$ | $BiCl_3$ | $AgCl$ |

　　利用表 2 - 35 中含铅氯化渣做原料可制取醋酸铅，并已成功投入工业生产。其原则工艺流程如图 2 - 23 所示。

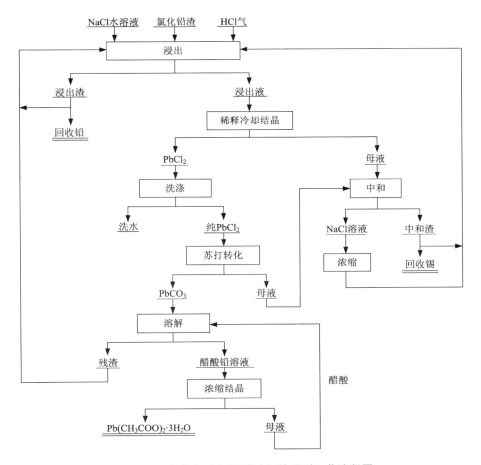

图 2 - 23　氯化铅渣制取醋酸铅的原则工艺流程图

实践证明，本流程工艺合理、设备简单、操作方便、无污染、产品质量稳定、成本低廉、具有较好的经济效益和社会效益。

2）工艺过程与技术条件

（1）氯化渣的食盐浸出。

首先将氯化渣研磨通过40目后，用饱和工业氯化钠溶液在不断搅拌下，蒸汽直接加温浸出氯化铅。在浸出液中，铅以 $PbCl_i^{2-i}$ 配阴离子形态存在，其饱和浓度随温度及氯离子浓度的升高而升高，因此，生产中应控制 NaCl 溶液相对体积质量 1.21（含 NaCl 340 g/L），维持95℃以上的温度。为确保渣料与溶液有充分的接触面积，搅拌速度必须在20 r/min以上。根据渣中的含铅量和食盐溶液浓缩返回利用等因素，采用1∶8的液固比，浸出时间一般控制在2.5 h左右。

（2）纯净氯化铅的制取。

用自来水将浸出液稀释一倍，同时将溶液温度降低到常温。析出大量 $PbCl_2$，静置8 h后，去掉上清液，即得白色的 $PbCl_2$ 结晶。这种结晶稍经水洗，离心过滤后即为纯净的 $PbCl_2$ 晶体，含 Pb >73.5%，在滤液稀释冷却过程中，加入少量工业盐酸控制溶液 pH = 2～3，以提高 $PbCl_2$ 结晶的质量。

（3）氯化铅转化为碳酸铅。

$PbCl_2$ 不溶于醋酸，而 $PbCO_3$ 易溶于醋酸。因此，要将 $PbCl_2$ 转化为 $PbCO_3$，以便生成醋酸铅。在碳酸钠或碳酸铵溶液中，$PbCl_2$ 易转化为 $PbCO_3$：

$$PbCl_2 + Me_2CO_3 \!=\!=\! PbCO_3 + 2MeCl \qquad (2-72)$$

转化剂必须过量，保持转化过程中料浆的 pH 在8以上，转化温度维持在85℃以上，时间3 h以上。转化过程完成后，静置澄清，抽去上清液，用热水洗涤沉淀数次，控制 pH 在7以上，以除去游离的碳酸盐和氯盐。离心过滤，即得纯净的白色 $PbCO_3$，含 Pb >75.5%。

（4）制取醋酸铅。

碳酸铅在醋酸中很容易溶解：

$$PbCO_3 + 2CH_3COOH \!=\!=\! Pb(CH_3COO)_2 + H_2O + CO_2 \uparrow \qquad (2-73)$$

在常温下开始溶解，激烈反应完成后，通蒸汽慢慢加热，使溶解反应加速完成。最后调整溶液浓度为55～65 Be°。过滤后，将醋酸铅溶液在不锈钢滚筒结晶器上结晶。其转速为65 r/min，根据气温和溶液浓度控制流量，便可连续、快速结晶。从结晶器出口流出黏糊状醋酸铅晶体，离心脱水后，即得白色醋酸铅结晶成品。产品中含 $Pb(CH_3COO)_2 \cdot 3H_2O \geqslant 98\%$，水不溶物 $\leqslant 0.05\%$。

3）技术经济指标

氯化铅渣中铅的浸出率为92%，总回收率为98.5%，氯化铅中铅的转化结晶率为93.5%。

### 3. 铅锑精矿氯化浸出渣的铅品加工和综合利用

1）原料特点

我国广西有极其丰富的脆硫锑铅矿精矿（J. C），这种精矿用"新氯化 – 水解法"生产高纯氧化锑，同时获得氯化铅渣，其成分见表 2 – 36。

表 2 – 36　广西 J. C 酸法制氧化锑附产铅渣成分/%

| J. C 类别 | Pb | Sb | Zn | Ag | Bi | Cu | Sn |
|---|---|---|---|---|---|---|---|
| 长坡 3# | 29.71 ~ 31.37 | 0.95 ~ 1.56 | 2.39 ~ 2.72 | 0.12 ~ 0.18 | 0.06 ~ 0.10 | 0.29 ~ 0.40 | 0.36 ~ 0.41 |
| 100# | 37.32 | 1.86 | 0.58 | 0.024 | — | 0.10 | 0.26 |

| J. C 类别 | Fe | In | $S_T$ | $S^0$ | $SO_4^{2-}$ | Cl | C |
|---|---|---|---|---|---|---|---|
| 长坡 3# | 4.10 ~ 7.94 | 0.006 | 28.58 ~ 29.68 | 16.49 | 2.98 ~ 3.91 | 9.28 ~ 10.13 | 4.29 ~ 4.60 |
| 100# | 3.10 | $SiO_2$ 3.44 | 31.49 | 29.30 | 1.91 | 11.68 | 2.11 |

铅渣中，以氯化铅形态存在的铅为 76.88%，以硫酸铅形态存在的铅为 22%，以硫化铅形态存在的铅小于 0.75%。另外，元素硫占总硫的 93.05%。

2）工艺流程

根据原料特点，可采用两种方法对这种铅渣进行深度加工和综合利用。第一种方法是浓氯化钙直接浸出法，原则工艺流程如图 2 – 24 所示；第二种方法是转化 – 浮选法，原则工艺流程如图 2 – 25 所示。

这两种工艺流程各有特点，前者适于小规模生产，后者适于大规模建厂和全面综合利用及深度加工。

3）基本原理

$PbCl_2$ 和 $PbSO_4$ 的苏打转化过程原理前已述及，这里只介绍浓 $CaCl_2$ 浸铅及浮选过程原理。在高氯离子浓度溶液中，$PbCl_2$、$PbSO_4$ 及 $AgCl$ 因 $Pb^{2+}$ 及 $Ag^+$ 形成氯配合离子而溶解：

$$PbCl_2 + \frac{1}{2}(i-2)CaCl_2 \longrightarrow PbCl_i^{2-i} + \frac{1}{2}(i-2)Ca^{2+} \tag{2-74}$$

$$PbSO_4 + \frac{i}{2}CaCl_2 \longrightarrow PbCl_i^{2-i} + CaSO_4 + \left(\frac{i}{2}-1\right)Ca^{2+} \tag{2-75}$$

$$AgCl + \frac{1}{2}(i-1)CaCl_2 \longrightarrow AgCl_i^{1-i} + \frac{1}{2}(i-1)Ca^{2+} \tag{2-76}$$

温度越高，溶解度越大，因此该反应应在较高的温度下进行。向浸铅液中加

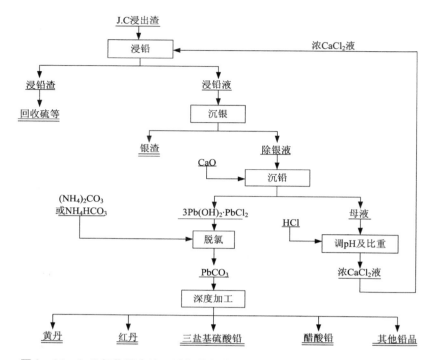

图2-24　J.C氯化浸出渣-浓氯化钙直接浸出法制铅品的原则工艺流程图

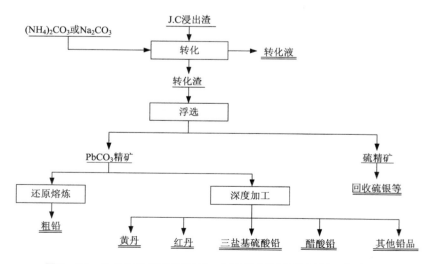

图2-25　J.C氯化浸出渣转化-浮选法制铅品的原则工艺流程图

入石灰可发生如下沉铅反应：

$$4PbCl_i^{2-i} + 3CaO + 3H_2O \Longrightarrow 3Pb(OH)_2 \cdot PbCl_2\downarrow + 3CaCl_2 + 4(i-2)Cl^- \tag{2-77}$$

该过程在 pH = 8.5 ~ 9 的条件下进行。因此，开始沉淀前有中和反应产生：

$$2HCl + CaO \longrightarrow CaCl_2 + H_2O \tag{2-78}$$

元素硫和碳都是亲油性的，极易浮选。因此，只要用松节油作起泡剂，黄药和煤油作捕收剂，在 pH = 8 ~ 11 时，即可将硫磺、硫化物及炭浮出，与 $PbCO_3$ 分离。

4）工艺过程与技术条件

（1）浓氯化钙溶液浸出法。

浸铅条件为：$CaCl_2$ 质量浓度 450 g/L，温度 60 ~ 61℃，时间 6 h，液固比 8∶1。结果见表 2 - 37。表 2 - 37 中数据说明，平均浸铅率为 93.44%，浸银率为 83.80%；用再生 $CaCl_2$ 溶液时，铅和银的浸出率分别为 92.25% 和 82.48%。

表 2 - 37　浓 $CaCl_2$ 浸铅扩大实验结果

| 样号 | 浸出渣 | | | 浸出液/(g·L$^{-1}$) | | | 洗液/(g·L$^{-1}$) | | | 渣计浸出率 | |
|---|---|---|---|---|---|---|---|---|---|---|---|
| | 质量/g | Pb/% | Ag/% | 体积/L | Pb/% | Ag/% | 体积/L | Pb/% | Ag/% | Pb/% | Ag/% |
| 1 | 116.81 | 2.58 | 0.070 | 1.6 | 18.56 | 0.19 | 0.475 | 4.83 | 0.034 | 94.86 | 85.40 |
| 2 | 116.80 | 3.55 | 0.079 | 1.58 | 15.71 | 0.19 | 0.502 | 5.00 | 0.036 | 93.22 | 83.51 |
| 3 | 116.78 | 3.89 | 0.084 | 1.58 | 12.47 | 0.19 | 0.49 | 5.00 | 0.025 | 92.25 | 82.48 |
| 平均 | — | 3.34 | 0.078 | — | 15.58 | 0.19 | — | 4.94 | 0.032 | 93.44 | 83.80 |

注：3 号用再生 $CaCl_2$ 溶液（相对体积质量 1.32，Pb 0.3 g/L，Ag 0.008 g/L）为浸出剂。

沉铅条件为：室温，时间 1 h，CaO 用量取理论量，pH = 8.8。沉铅率高达 98.73%，碱式氯化铅品位高达 99.19%，其成分为：Pb 82.07%，Sb 0.14%，Ag 0.014%。

（2）转化 - 浮选法。

用 $Na_2CO_3$ 作转化剂，转化条件为：时间 2 h，$n(Na_2CO_3)/n(Pb) = 1.49$，温度 70℃，液固比 2∶1，强烈搅拌。$PbCl_2$ 及 $PbSO_4$ 的转化率均在 99% 以上。用成分为 Pb 38.72%、$S_T$ 29.26%、$SO_4^{2-}$ 0.43% 及 Cl$^-$ 0.28% 的转化渣进行浮选闭路实验：两段粗选、一段精选和一段扫选。粗选一、精选和扫选条件为：矿浆浓度 20%，2$^\#$ 油 0.25 L/t，煤油 0.75 L/t，丁基黄药 20 L/t，水玻璃 60 L/t，调浆时间 6 min，刮泡时间 4 min，矿浆 pH 10。粗选二条件为：矿浆浓度 18.37%，2$^\#$ 油 0.28 L/t，煤油 0.85 L/t，丁基黄药 16 L/t，水玻璃 67 L/t，调浆时间 6 min，刮泡

时间 4 min，矿浆 pH 10。浮选闭路实验结果见表 2 − 38。

表 2 − 38　浮选闭路实验结果/%

| 名称 | 含量 | | 回收率 | |
|---|---|---|---|---|
| | Pb | S | Pb | S |
| 铅精矿 | 63.81 | 1.32 | 76.20 | 1.87 |
| 硫精矿 | 13.78 | 64.10 | 15.41 | 84.98 |
| 中矿 | 23.59 | 31.22 | 8.39 | 13.15 |

表 2 − 38 说明，浮选获得的碳酸铅精矿品位高，可以作为深加工的原料，制备黄丹、三盐基硫酸铅及硝酸铅等铅的化工产品。

## 2.2　锌化工产品的直接制取

锌以金属和合金形态使用为主，但锌白、立德粉等锌的化工产品发展很快。据统计，近年来，世界以化合物形态消耗的锌金属量约占锌总消耗量的 10% 左右。我国大约有 30.4% 的锌用于化工。锌的化工产品主要有氧化锌、活性氧化锌、硫酸锌、醋酸锌、硝酸锌、碱式碳酸锌、磷酸锌、磷酸二氢锌、硼酸锌、环烷酸锌和硬脂酸锌等。

### 2.2.1　碳酸铵法制取氧化锌

碳酸铵体系中制取氧化锌是研究较早、获得工业应用十多年的工艺方法，其主要特点是碳酸铵再生容易，可实现循环利用，但存在多种金属离子能形成 Me（Ⅱ）− $CO_3^{2-}$ 配合物的问题，因此，净化困难，不易获得高品质的产品。

**1. 氧化锌矿制备氧化锌**

20 世纪 90 年代初，作者以云南兰坪氧化锌矿为原料，对碳酸铵体系中制取氧化锌产品进行了系统研究，取得良好结果。

1）原料与工艺流程

氧化锌矿样取自云南兰坪铅锌矿，矿样粒径为 − 120 目，其化学成分见表 2 − 39。

表 2 − 39　兰坪氧化锌矿样成分分析/%

| Zn | Pb | Mg | Cd | Mn | Fe | SiO₂ | CaO | S | Co | Ni | Cu |
|---|---|---|---|---|---|---|---|---|---|---|---|
| 21.88 | 1.74 | 0.33 | 0.29 | 0.32 | 13.53 | 13.25 | 5.48 | 1.89 | 0.038 | 0.004 | 0.01 |

从表 2-39 可以看出，该矿石含有较多的 $SiO_2$ 和 Fe，主要有价金属为 Zn，可以综合回收 Pb、Cd 等，矿石属于碳酸盐类型，在选择工艺流程时，必须考虑到这一点。

对矿物进行 X 射线衍射（XRD）分析和物相分析可以知道，矿物原料中锌大多数以碳酸锌形式存在，也有一部分以 ZnS、$Zn_2SiO_4$、$ZnO \cdot Fe_2O_3$ 形式存在，要达到较高的锌浸出率，不仅要有效地浸出碳酸锌，而且还要使尽量多的 ZnS、$Zn_2SiO_4$、$ZnO \cdot Fe_2O_3$ 中的锌进入溶液，而硅酸锌的存在，就要求在溶液中防止凝胶的产生，保持良好的过滤性能。

总之，兰坪氧化锌矿矿相复杂，各种矿物呈包裹或镶嵌状，矿物处理难度大。实验的原则工艺流程如图 2-26 所示。

2）氨配合浸出

在浸出过程中，锌氧化物或碳酸盐形成 $Zn(II)-NH_3$ 配合离子而溶解，同样的原因，铜、镉、钴、镍等均进入溶液，少量的 Sb、As、Pb 也与 $Cl^-$ 形成配合物而进入浸出液，绝大部分铁、锰、铅等元素不溶解留在渣中。主要浸出反应是氨配合反应：

$$ZnO + iNH_3 + H_2O \rightleftharpoons [Zn(NH_3)_i]^{2+} + 2OH^- \qquad (2-79)$$

$$ZnCO_3 + iNH_3 \rightleftharpoons [Zn(NH_3)_i]^{2+} + CO_3^{2-} \qquad (2-80)$$

$$Zn(OH)_2 + 2NH_4^+ + (i-2)NH_3 \rightleftharpoons Zn(NH_3)_i^{2+} + 2H_2O$$

$$ZnSO_4 + iNH_3 \rightleftharpoons [Zn(NH_3)_i]^{2+} + SO_4^{2-} \qquad (2-81)$$

$$MeO + 2NH_4^+ + (j-2)NH_3 \rightleftharpoons Me(NH_3)_j^{2+} + H_2O \qquad (2-82)$$

式中：Me 表示 Cu、Cd、Ni、Co；$i$、$j$ 为配位数，以下同。羟基配合反应：

$$ZnO + H_2O + (i-2)OH^- \rightleftharpoons Zn(OH)_i^{2-i} \qquad (2-83)$$

$$Zn(OH)_2 + (i-2)OH^- \rightleftharpoons Zn(OH)_i^{2-i} \qquad (2-84)$$

$$ZnCO_3 + iOH^- \rightleftharpoons Zn(OH)_i^{2-i} + CO_3^{2-} \qquad (2-85)$$

$$ZnSO_4 + iOH^- \rightleftharpoons Zn(OH)_i^{2-i} + SO_4^{2-} \qquad (2-86)$$

经过探讨及文献资料的收集，我们认为 $n(NH_3)/n(NH_4^+)$、时间、液固比、氧化剂添加量、总氨浓度、温度六个因素对浸出率有影响，并进行了单因素条件实验。

（1）$n(NH_3)/n(NH_4^+)$ 对锌浸出率的影响。

实验结果见表 2-40 及图 2-27。

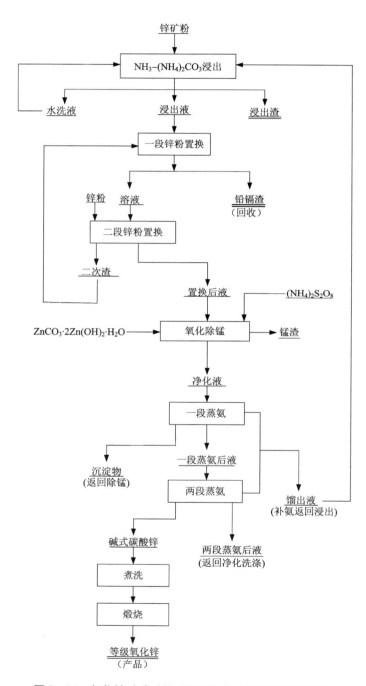

锌矿粉

NH₃–(NH₄)₂CO₃浸出

水洗液　　浸出液　　浸出渣

一段锌粉置换

锌粉　溶液　　铅镉渣
（回收）

二段锌粉置换

二次渣

置换后液　　(NH₄)₂S₂O₈

ZnCO₃·2Zn(OH)₂·H₂O ——→ 氧化除锰 ——→ 锰渣

净化液

一段蒸氨

沉淀物　　一段蒸氨后液
(返回除锰)

两段蒸氨　　馏出液
（补氨返回浸出）

碱式碳酸锌　　两段蒸氨后液
（返回净化洗涤）

煮洗

煅烧

等级氧化锌
（产品）

图 2 – 26　氧化锌矿碳酸铵法制取氧化锌原则工艺流程图

表 2 – 40　$n(NH_3)/n(NH_4^+)$ 对锌浸出率的影响

| $n(NH_3)/n(NH_4^+)$ | 0 | 1:4 | 1:2 | 1:1.5 | 1:1 | 1.5:1 | 2:1 | 2.25:1 | 2.5:1 |
|---|---|---|---|---|---|---|---|---|---|
| 液计浸出率/% | 47.3 | 47.1 | 47.7 | 71.1 | 81.3 | 73.6 | 84.4 | 72.0 | 58.1 |
| 渣率/% | 80.1 | 78.2 | 76.8 | 72.4 | 67.5 | 70.4 | 60.24 | 63.1 | 65.0 |

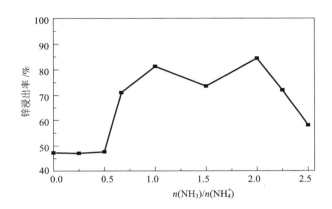

图 2 – 27　$n(NH_3)/n(NH_4^+)$ 对锌浸出率的影响

$T = 25℃$，$t = 2\ h$，L/S $= 3:1$，$[NH_3]_T = 7\ mol/L$，粒径 – 120 目

从表 2 – 40 及图 2 – 27 可以看出，$n(NH_3)/n(NH_4^+)$ 对锌浸出率的影响非常显著，纯碳酸铵或纯氨水浸出效果均不理想；当 $n(NH_3)/n(NH_4^+)$ 分别为 1:1 和 2:1 时，浸出率有两个极大值，数值也相近。因 $NH_4^+$ 是以 $(NH_4)_2CO_3$ 形式加入，$n(NH_3)/n(NH_4^+)$ 反映的是浸出剂中 $CO_3^{2-}$ 的量，文献指出 $CO_3^{2-}$ 的引入能够促进异极矿及氧化锌矿的浸出，但对菱锌矿的浸出不利，从矿物原料一节的内容我们知道，实验所处理的云南兰坪氧化锌矿，其锌的存在形态以菱锌矿为主，同时也存在着异极矿、铁酸锌矿和硫化锌矿，由于 $CO_3^{2-}$ 的引入对各种矿物的不同作用，使浸出率出现两个极大值。从实验结果可以看出，渣率的变化并不是总与浸出率变化一致，用含 $CO_3^{2-}$ 高的浸出剂，得到的渣率要高一些，这可能是因为含 $CO_3^{2-}$ 高的浸出剂对异极矿的浸出更为有效，异极矿中的硅以 $SiO_2$ 形式入渣，而菱锌矿经氨水分解后全部进入溶液。

（2）时间对锌浸出率的影响。

实验结果见表 2 – 41 及图 2 – 28。

**表 2-41　时间对锌浸出率的影响**

| 时间/h | 0.5 | 1 | 2 | 3 | 4 | 5 |
|---|---|---|---|---|---|---|
| 液计浸出率/% | 66.7 | 74.7 | 81.3 | 92.6 | 94.0 | 94.2 |

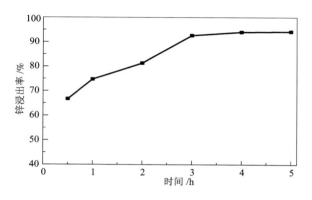

**图 2-28　时间对锌浸出率的影响**

$T = 25℃$，$L/S = 3:1$，$n(NH_3)/n(NH_4^+) = 1$，$[NH_3]_T = 7 mol/L$，粒径 -120 目

从表 2-41 及图 2-28 可知，时间对锌浸出率的影响十分显著，当浸出时间小于 3 h 时，随着时间的增加，浸出率显著提高；超过 3 h，浸出率的增长趋于平缓。

（3）液固比对锌浸出率的影响。

实验结果见表 2-42 及图 2-29。

**表 2-42　液固比对锌浸出率的影响**

| 液固比 | 1:1 | 2:1 | 3:1 | 4:1 | 5:1 |
|---|---|---|---|---|---|
| 液计浸出率/% | 41.0 | 71.7 | 81.3 | 89.6 | 91.0 |

从表 2-42 及图 2-29 与可知，液固比对锌浸出率的影响十分显著，随着液固比的增大，浸出率开始增长很快，直到液固比大于 4:1 以后才趋于平缓。这是因为锌氨配合离子在溶液中有一溶解度，液固比过小会限制锌的浸出。在其他条件一定的情况下，锌的浸出达到极限时，锌在溶液中的溶解已不是浸出率的控制因素，液固比即使再增大，浸出率的升高也十分有限。

（4）氧化剂添加量对锌浸出率的影响。

由于兰坪氧化锌矿中有一部分锌以 ZnS 形式存在，为了提高锌浸出率，要尽

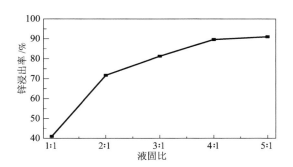

**图 2 – 29　液固比对锌浸出率的影响**

$T = 25℃$，$t = 2\ \mathrm{h}$，$n(\mathrm{NH_3})/n(\mathrm{NH_4^+}) = 1$，$[\mathrm{NH_3}]_\mathrm{T} = 7\ \mathrm{mol/L}$，粒径 –120 目

可能回收这一部分锌，使 ZnS 氧化进入溶液，为此试用了 $\mathrm{H_2O_2}$、$(\mathrm{NH_4})_2\mathrm{S_2O_8}$ 等，加入量按矿量的百分数计，后者的实验结果见表 2 –43 及图 2 –30。

**表 2 –43　氧化剂添加量对锌浸出率的影响/%**

| $(\mathrm{NH_4})_2\mathrm{S_2O_8}$ 加入量 | 0 | 0.5 | 1 | 1.5 | 2 |
|---|---|---|---|---|---|
| 液计浸出率 | 81.3 | 81.8 | 81.2 | 81.6 | 81.4 |

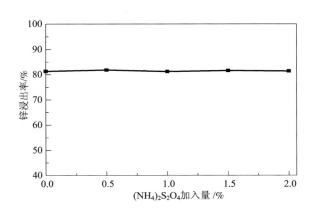

**图 2 – 30　氧化剂添加量对锌浸出率的影响**

$T = 25℃$，$t = 2\ \mathrm{h}$，$\mathrm{L/S} = 3:1$，$n(\mathrm{NH_3})/n(\mathrm{NH_4^+}) = 1$，$[\mathrm{NH_3}]_\mathrm{T} = 7\ \mathrm{mol/L}$，粒径 –120 目

从表 2 –43 及图 2 – 30 可知，$(\mathrm{NH_4})_2\mathrm{S_2O_8}$ 的加入对锌浸出率没有影响，用 $\mathrm{H_2O_2}$ 作氧化剂结果也一样。这有两种可能的解释：一种是矿物原料中含还原性物质较多，其他物质优先与氧化剂发生氧化还原反应，使氧化剂不能有效地作用

于 ZnS；再一种可能就是氧化剂［H₂O₂ 和（NH₄）₂S₂O₈］在常温下（25℃）实验介质中氧化 ZnS 的速度很慢，但是由于 NH₃ 的挥发性及（NH₄）₂CO₃ 容易分解，不可能将温度升得太高（70℃），因此，氧化剂未起任何作用。

（5）总氨浓度对锌浸出率的影响。

实验结果见表 2-44 及图 2-31。

表 2-44　总氨浓度对锌浸出率的影响

| 总氨浓度/（mol·L⁻¹） | 4 | 5 | 6 | 7 | 8 | 9 |
|---|---|---|---|---|---|---|
| 液计浸出率/% | 47.9 | 68.3 | 79.7 | 81.4 | 82.7 | 81.6 |

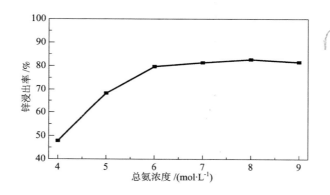

图 2-31　总氨浓度对锌浸出率的影响

$T=25℃$，$t=2$ h，L/S = 3:1，$n(NH_3)/n(NH_4^+)=1$，粒径 -120 目

从表 2-44 及图 2-31 可以看出，总氨浓度对锌浸出率的影响十分显著，随着总氨水平的升高，浸出率显著升高，但总氨浓度大于 7 mol/L 后，浸出率趋于平稳。

（6）温度对锌浸出率的影响。

实验结果见表 2-45 及图 2-32。

表 2-45　温度对锌浸出率的影响

| 温度/℃ | 25 | 30 | 40 | 50 | 60 |
|---|---|---|---|---|---|
| 液计浸出率/% | 81.3 | 82.7 | 81.2 | 82.0 | 81.8 |

从表 2-45 及图 2-32 可以看出，温度对锌浸出率的影响不显著，这可能因

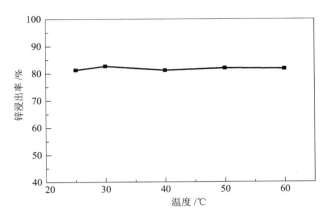

**图 2 – 32 温度对锌浸出率的影响**

$t = 2$ h, L/S $= 3:1$, $[NH_3]_T = 7$ mol/L, $n(NH_3)/n(NH_4^+) = 1$, 粒径 – 120 目

为矿物原料主要以菱锌矿为主, 升高温度, 一方面使 $NH_3$ 挥发加剧, 氨浓度减少而锌溶解度下降, 另一方面使 $(NH_4)_2CO_3$ 分解, 降低 $CO_3^{2-}$ 浓度, 锌溶解度上升, 上升与减少的趋势相互抵消, 使温度对浸出率的影响不显著。

(7) 浸出综合条件实验。

从上面的单因素实验结果可以看到: $n(NH_3)/n(NH_4^+)$、液固比 (L/S)、浸出时间、总氨浓度几个因素影响较为显著, 而温度、氧化剂加入量影响不大。确定优化条件为: 时间 4 h, 液固比 4:1, 总氨浓度 7 mol/L, 温度 30℃。由于 $n(NH_3)/n(NH_4^+)$ 这个因素有两个极限, 浸出率相差不大, 但是 $n(NH_3)/n(NH_4^+)$ 为 2:1 时, 渣率要小一些, 从这一点出发, 选定 $n(NH_3)/n(NH_4^+)$ 为 2:1。其他实验条件为: 粒径 – 120 目, 搅拌速度 750 r/min。综合条件实验结果见表 2 – 46。

**表 2 – 46 综合条件实验结果**

| No | 浸出液成分/$(mg \cdot L^{-1})$ | | | | | | 渣含锌/% | 浸出率/% | |
| | Zn/$(g \cdot L^{-1})$ | Pb | Cd | Cu | Mg | Mn | | 液计 | 渣计 |
| --- | --- | --- | --- | --- | --- | --- | --- | --- | --- |
| Z – 1 – 1 | 45.7 | 16.0 | 430 | 12 | 20.6 | 14.2 | 3.59 | 93.3 | 91.2 |
| Z – 1 – 2 | 44.7 | 14.8 | 360 | 8.8 | 15.2 | 13.0 | 3.42 | 94.2 | 91.4 |
| Z – 1 – 3 | 46.8 | 15.1 | 380 | 9.0 | 15.1 | 14 | 3.58 | 93.8 | 91.6 |
| Z – 1 – 4 | 41.4 | 14.2 | 360 | 8.5 | 14.7 | 12 | 3.00 | 92.7 | 90.8 |
| Z – 1 – 5 | 43.5 | 17.2 | 370 | 6.0 | 14.2 | 9.8 | 3.66 | 93.7 | 91.1 |

从表 2-46 可以看出，在 $NH_3-(NH_4)_2CO_3-H_2O$ 体系中浸出兰坪氧化锌矿是非常有效的，渣计锌浸出率为 91.1%，而且浸出液中杂质含量低，减轻了后续净化工艺的负担。但是由于矿物原料中有一部分锌以硫化物形式存在，至今尚未寻找到合适的氧化剂将其浸出回收，所以，浸出率难以进一步提高。浸出渣中的铅含量在 2.3% 左右，大部分以 $PbCO_3$ 形式存在，回收困难。若渣含铅高的话，可以考虑用酒石酸铵二次浸出回收。文献报道了这一结果，所得的浸出渣可再送选矿回收。

3) 浸出液的净化

净化实验用浸出液成分见表 2-47。

表 2-47　浸出液的组成/$(mg \cdot L^{-1})$

| $Zn/(g \cdot L^{-1})$ | Cd | Pb | Cu | Mn | Fe | Mg |
|---|---|---|---|---|---|---|
| 41.5 | 340 | 23.6 | 9.2 | 6.5 | 21.4 | 13.5 |

在净化过程中，杂质元素铜、钴、镍、镉、铅等形成硫化物或被锌粉置换而除去：

$$Me(NH_3)_j^{2+} + Zn \Longrightarrow Zn(NH_3)_i^{2+} + Me + (j-i)NH_3 \qquad (2-87)$$

$$Me(NH_3)_j^{2+} + Na_2S \Longrightarrow MeS\downarrow + 2Na^+ + jNH_3 \qquad (2-88)$$

$$MeCl_k^{2-k} + Zn \Longrightarrow Zn^{2+} + Me\downarrow + kCl^- \qquad (2-89)$$

$$MeCl_k^{2-k} + Na_2S \Longrightarrow MeS\downarrow + 2Na^+ + kCl^- \qquad (2-90)$$

$$2MeCl_k^{3-k} + 3Zn \Longrightarrow 3Zn^{2+} + 2Me\downarrow + 2kCl^- \qquad (2-91)$$

$$2MeCl_k^{3-k} + 3Na_2S \Longrightarrow Me_2S_3\downarrow + 6Na^+ + 2kCl^- \qquad (2-92)$$

式中：Me 代表铜、镉、钴、镍、锑、砷、铅等金属；$i$、$j$、$k$ 为配位数。

（1）硫化沉淀除杂。

①反应时间对除杂效果的影响。

实验条件为：常温，常压，$Na_2S$ 用量取理论量的 5 倍。实验结果见表 2-48。

表 2-48　反应时间对除杂效果的影响/$(mg \cdot L^{-1})$

| 时间/h | Mn | Cu | Pb | Cd |
|---|---|---|---|---|
| 0.5 | 1.02 | 1.77 | 11.1 | 81.3 |
| 1 | 1.05 | 1.99 | 11.8 | 65.6 |
| 1.5 | 1.02 | 1.77 | 11.1 | 71.9 |
| 2 | 1.08 | 4.29 | 10.9 | 141 |

续表2-48

| 时间/h | Mn | Cu | Pb | Cd |
|---|---|---|---|---|
| 3 | 1.14 | 4.01 | 11.3 | 147 |
| 4 | 1.17 | 4.5 | 11.6 | 156 |

从表2-48可以看出，反应时间对Mn、Pb等杂质元素的脱除效果影响不大，但是随着反应时间的增加，Cu、Cd有明显的复溶现象，所以硫化沉淀时间不宜太长，以0.5~1 h为好。

② Na₂S用量对除杂效果的影响。

实验条件为：常温，常压，反应时间0.5 h。实验结果见表2-49。

表2-49　Na₂S用量对除杂效果的影响

| 理论量倍数 | 锌入渣率/% | 净化后液成分/(mg·L⁻¹) | | | |
|---|---|---|---|---|---|
| | | Cu | Cd | Pb | Mn |
| 2 | 1.7 | 3.90 | 166.3 | 15.0 | 3.80 |
| 3 | 2.1 | 1.92 | 130.0 | 14.0 | 3.48 |
| 4 | 3.6 | 1.98 | 110.1 | 14.25 | 3.35 |
| 5 | 4.3 | 1.90 | 80.0 | 14.6 | 3.58 |
| 6 | 6.8 | 0.73 | 52.5 | 13.8 | 3.28 |
| 7 | 9.6 | 1.15 | 16.25 | 12.5 | 3.40 |
| 8 | 10.7 | 1.1 | 10.2 | 12 | 2.98 |

从表2-49可以看出，随着Na₂S用量的增加，锌损失明显增加，Cd含量明显下降，而Cu、Mn含量降到10 mg/L以下后，再增加Na₂S用量，效果不明显，所以Na₂S用量取理论量的5~6倍为宜。

（2）锌粉置换除杂。

①锌粉用量对除杂效果的影响。

实验条件为：常温，常压，机械搅拌，转速300 r/min。实验结果见表2-50。

表 2 – 50　锌粉用量对除杂效果的影响/$(mg \cdot L^{-1})$

| 理论量倍数 | Zn/$(g \cdot L^{-1})$ | Cu | Mn | Cd | Pb |
|---|---|---|---|---|---|
| 5 | 33.8 | 0.43 | 0.71 | 12.0 | 0.77 |
| 6 | 33.4 | 0.24 | 0.79 | 11.2 | 0.75 |
| 7 | 33.2 | 0.28 | 0.71 | 1.7 | 0.24 |
| 8 | 33.6 | 0.21 | 0.71 | 1.5 | 0.23 |
| 9 | 32.6 | 0.21 | 0.57 | 1.5 | 0.38 |
| 10 | 33.2 | 0.21 | 0.58 | 1.4 | 0.54 |

　　比照硫化沉淀的结果，可以看到锌粉置换除杂效果优于硫化沉淀除杂。从表 2 – 50 可知，随着锌粉用量的增加，杂质含量开始下降得很快，但到了一定程度后趋于平缓，因此锌粉用量以 7 倍理论量为宜。

　　② 两段逆流锌粉除杂。

　　实验条件为：常温，常压，锌粉用量取理论量的 7 倍，搅拌速率 300 r/min。实验结果见表 2 – 51。

表 2 – 51　两段逆流锌粉除杂效果/$(mg \cdot L^{-1})$

| 实验 | No | $\rho(Zn)/(g \cdot L^{-1})$ | Cu | Mn | Cd | Pb |
|---|---|---|---|---|---|---|
| 一段 | L – 1A | 40.2 | 0.34 | 0.72 | 2.5 | 0.71 |
| | L – 2A | 39.8 | 0.31 | 0.68 | 2.4 | 0.65 |
| 二段 | L – 1B | 40.1 | 0.04 | 0.32 | 1.1 | 0.19 |
| | L – 2B | 40.0 | 0.04 | 0.28 | 1.0 | 0.20 |

　　从表 2 – 51 可以看出，两段逆流锌粉除杂十分有效，Cu/Zn 下降到 $1 \times 10^{-4}$、Mn/Zn 下降到 $7 \times 10^{-4} \sim 8 \times 10^{-4}$。

　　(3) 氧化除锰。

　　氧化除锰所用料液为两段逆流锌粉除杂后液。实验结果见表 2 – 52。

表 2 – 52　$(NH_4)_2S_2O_8$除锰实验结果

| 实验 | 除锰前液 | | 除锰后液 | | |
|---|---|---|---|---|---|
| | Zn/$(g \cdot L^{-1})$ | Mn/$(mg \cdot L^{-1})$ | Zn/$(g \cdot L^{-1})$ | Mn/$(mg \cdot L^{-1})$ | $[Mn^{2+}]/[Zn^{2+}]/10^{-6}$ |
| M – 1 | 41.2 | 0.32 | 62.3 | 0.08 | 1.28 |
| M – 2 | 39.8 | 0.30 | 61.1 | 0.07 | 1.15 |

续表 2 – 52

| 实验 | 除锰前液 | | 除锰后液 | | |
|------|---------|---|---------|---|---|
| | Zn/(g·L⁻¹) | Mn/(mg·L⁻¹) | Zn/(g·L⁻¹) | Mn/(mg·L⁻¹) | [Mn²⁺]/[Zn²⁺]/10⁻⁶ |
| M – 3 | 40.6 | 0.28 | 62.4 | 0.07 | 1.12 |
| M – 4 | 40.8 | 0.32 | 61.8 | 0.09 | 1.46 |

从表 2 – 52 可以看出，经过 $(NH_4)_2S_2O_8$ 深度除锰，锰锌比达到 $1 \times 10^{-4} \sim 2 \times 10^{-4}$，基本达到 ZnO 产品对 Mn 的要求，但是若要使锰锌比稳定到 $1 \times 10^{-4}$ 以下，在溶液净化阶段难以实现。

（4）小结。

从前面的实验结果可以看出，溶液的深度净化非常困难，这主要是因为等级氧化锌杂质含量要求严格。经过实验，可知净化阶段应采取两段逆流锌粉除杂、$(NH_4)_2S_2O_8$ 氧化除锰为宜。

4）沉碱式碳酸锌和碳酸铵再生

采用蒸氨法分解碳酸铵：

$$(NH_4)_2CO_3 == CO_2\uparrow + H_2O + 2NH_3\uparrow \qquad (2 - 93)$$

并按式（2 – 93A）沉淀碱式碳酸锌：

$$H_2O + 3[Zn(NH_3)_i]^{2+} + 4OH^- + CO_3^{2-} ==$$
$$2Zn(OH)_2 \cdot ZnCO_3 \cdot H_2O\downarrow + 3iNH_3\uparrow \qquad (2 - 93A)$$

根据化学平衡理论和反应动力学原理，锌氨配合物的分解反应是一个吸热反应，一般在 $80 \sim 90℃$ 时便快速分解成碱式碳酸锌、二氧化碳和氨气。

蒸氨过程主要考察了溶液馏出率与沉锌率及得到的氧化锌纯度的关系。实验所用料液及实验结果分别见表 2 – 53、表 2 – 54。

表 2 – 53　蒸氨过程锌用料液成分/(mg·L⁻¹)

| $\rho(Zn)/(g·L^{-1})$ | Cu | Mn | Cd | Pb |
|------|------|------|------|------|
| 41.2 | 0.04 | 0.32 | 1.2 | 0.2 |

表 2 – 54　蒸氨过程溶液馏出率与沉锌率及氧化锌纯度之间的关系

| 馏出率/% | 沉锌率/% | 氧化锌纯度/% | | | |
|------|------|------|------|------|------|
| | | ZnO | Mn | Cu | Pb |
| 5 | 41.6 | 97.23 | 0.0012 | 0.0001 | 0.00039 |
| 12 | 88.23 | 98.36 | 0.00072 | 0.00007 | 0.00041 |

续表 2-54

| 馏出率 /% | 沉锌率 /% | 氧化锌纯度/% | | | |
|---|---|---|---|---|---|
| | | ZnO | Mn | Cu | Pb |
| 15 | 91.87 | 98.52 | 0.00061 | 0.00009 | 0.00039 |
| 19 | 99.88 | 98.61 | 0.00054 | 0.00008 | 0.00038 |
| 21 | 99.60 | 98.60 | 0.00055 | 0.00008 | 0.0004 |
| 25 | 99.89 | 98.67 | 0.00050 | 0.00008 | 0.0004 |

从表 2-54 可以看出，随着馏出率的提高，沉锌率迅速增加，当馏出率达到 19% 时，沉锌率可达 99.88%，因此馏出率控制在 15% ~ 20% 即可；同时随着沉锌率的增加，氧化锌产品纯度有所提高，杂质锰的含量下降，这说明在蒸氨过程中大多数杂质如 Mn、Ca、Mg 比 Zn 沉淀得更快。

5）产品等级的提高

（1）氧化锌煮洗

氧化锌煮洗以蒸馏水作为煮洗液。实验结果见表 2-55。

表 2-55　氧化锌煮洗液固比对氧化锌纯度的影响/（mL·g$^{-1}$）

| 项目 | 煮洗前 | 液固比 | | | | |
|---|---|---|---|---|---|---|
| | | 3:1 | 4:1 | 5:1 | 8:1 | 10:1 |
| 氧化锌纯度 | 98.61 | 98.72 | 98.78 | 98.84 | 98.91 | 98.90 |

从表 2-55 可以看出，氧化锌煮洗确实对氧化锌品位的提高有一定的效果，当液固比为（8~10）:1 时，能提高 0.3%，但继续提高液固比则没有效果。

（2）碱式碳酸锌煮洗。

在碱式碳酸锌的煮洗实验中，煅烧时间为 4 h，考察了用蒸馏水、0.78% 的乙酸溶液、1% 的草酸溶液作为煮洗液的提纯效果。实验结果见表 2-56。

表 2-56　不同煮洗液的提纯效果

| 溶液 | 液固比 | 氧化锌含量/% | 煮洗后液成分/（g·L$^{-1}$） | | | 煮洗后液中（Ca + Mg）/Zn |
|---|---|---|---|---|---|---|
| | | | Zn | Ca | Mg | |
| 蒸馏水 | 10:1 | 99.19 | 0.00077 | 0.0033 | 0.0026 | 7.66 |
| 乙酸溶液 | 10:1 | 98.69 | 1.66 | 0.0066 | 0.0057 | $7.4 \times 10^{-3}$ |
| 草酸溶液 | 10:1 | 98.75 | 0.013 | 0.0013 | 0.0026 | 0.3 |

从表 2 - 56 可以看出，用弱酸性溶液煮洗虽然使 Ca、Mg 离子进入溶液的量有所增加，但是主体金属锌进入溶液的量更多；从煮洗后液中(Ca + Mg)/Zn 的值可以看出，蒸馏水煮洗的效果远远优于弱酸性溶液，从煅烧后得到的氧化锌的纯度也可以看出这一点。

碱式碳酸锌煮洗的液固比对产品纯度的影响见表 2 - 57。

表 2 - 57　碱式碳酸锌煮洗液固比对氧化锌纯度的影响

| 液固比 | 3:1 | 4:1 | 6:1 | 8:1 | 10:1 |
|---|---|---|---|---|---|
| 氧化锌纯度/% | 98.81 | 98.88 | 99.12 | 99.20 | 99.19 |

从表 2 - 57 可以看出，碱式碳酸锌煮洗效果明显好于氧化锌煮洗，液固比为 8:1 比较合适，这时氧化锌含量达 99.20%。

(3)两段蒸氨提高产品质量。

实验所用料液见表 2 - 53，实验结果见表 2 - 58。两段蒸氨过程中，锌的直收率为 89.2%。

表 2 - 58　两段蒸氨得到的氧化锌质量

| 一段蒸氨得到的氧化锌/% | | | | 二段蒸氨得到的氧化锌/% | | | |
|---|---|---|---|---|---|---|---|
| ZnO | Mn | Cu | Pb | ZnO | Mn | Cu | Pb |
| 98.56 | 0.0017 | 0.00008 | 0.0004 | 99.76 | 0.00001 | 0.00008 | 0.0004 |

从表 2 - 58 可以看出，两段蒸氨过程对提高氧化锌品位和降低杂质锰的含量效果都非常明显，结合碱式碳酸锌煮洗工序，产品质量可达 GB 3185—82B201 标准对间接法一级氧化锌的要求。

(4)小结。

由于溶液净化的极限和产品要求的严格，本研究专门采取了提高产品等级的措施，主要手段是成品或半成品的煮洗及两段蒸氨。根据以上实验结果，得出最佳工艺条件，综合实验结果见表 2 - 59。

表 2 - 59　综合实验等级氧化锌化学成分/%

| 样号 | ZnO | Mn | Cu | Pb | Cd |
|---|---|---|---|---|---|
| CP - 1 | 99.75 | 0.00001 | 0.00007 | 0.00051 | 0.0018 |
| CP - 2 | 99.82 | 0.00002 | 0.00008 | 0.00047 | 0.0019 |

续表 2-59

| 样号 | ZnO | Mn | Cu | Pb | Cd |
|------|------|---------|---------|---------|--------|
| CP-3 | 99.79 | 0.00001 | 0.00008 | 0.00042 | 0.0029 |
| CP-4 | 99.80 | 0.00001 | 0.00008 | 0.00045 | 0.0019 |

产品颜色纯白，其质量达到 GB 3185—82B201 标准对间接法一级氧化锌的要求。

6）技术经济指标

本工艺流程锌直收率为 80.26%，回收率为 90.2%。由于受到实验设备、条件限制，无法精确地估计出生产过程的试剂消耗、能量消耗和生产成本，但原料价格低，且间接法一级氧化锌价格高，经济效益应该较好。

**2. 碳酸铵法制取活性氧化锌的工业实践**

碳酸铵法制取活性氧化锌于 20 世纪 90 年代末即获得工业应用，国内有近十家工厂以次氧化锌或锌烟灰为原料，采用该方法生产活性或纳米氧化锌，规模一般为 5000 t/a。

1）原材料

碳酸铵法制氧化锌的最大优点是对原料的适应性广，对硫酸法很有害的杂质元素（如 Fe、F、Cl、As、Sb、Ca 和 Mg 等）的含量限制很少，各种复杂的次氧化锌（如钢铁厂烟灰、炼铅厂烟灰、二次锌烟灰以及挥发法处理氧化矿获得的次氧化锌、氧化锌矿和氧化锌物料）均可作为碳酸铵法制取活性氧化锌的原料。原料中的锌含量没有限制，但杂质种类复杂或含量太高会增加生产成本，一般要求 ZnO 含量≥45%。

辅助材料：碳酸氢铵符合 GB 6275—86 的工业级标准，也可选用农用碳酸氢铵；氨水为工业级氨水或符合 GB/T 536—1988 标准的液体无水氨。

2）工艺流程

碳酸铵法生产活性氧化锌原则工艺流程如图 2-33 所示，主要工艺过程包括浸出、除杂、蒸氨、水洗、干燥、煅烧和包装七个工序。原料在浸出釜浸出后用泵打到澄清槽，沉渣从澄清槽底部用泵打入过滤机过滤后进入综合回收系统，澄清液进氧化釜氧化除铁、锰等，氧化液进沉降槽，上清液入置换釜置换除杂，置换液入沉降槽，上清液经过滤器过滤后入净化液槽。工艺控制要点在于保证高浸锌率的同时，除杂达标和防止氨泄漏。

3）生产过程控制

（1）浸出工序。

采用含锌 60%~80% 的氧化锌为原料时，最佳浸出条件为：$NH_3 + NH_4^+$ 质量

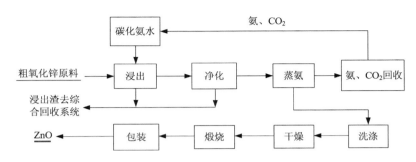

**图 2 - 33　碳酸铵法生产活性氧化锌原则工艺流程图**

浓度 100 ~ 150 g/L，液固比(6 ~ 9)∶1，温度 40℃，时间 2 h。采用菱锌矿为原料时，最佳浸出条件为：$NH_3 + NH_4^+$ 质量浓度 143 g/L，液固比 3.5∶1，温度 50 ~ 60℃，时间 2 h。在最佳条件下，锌的浸出率均可达 97% 以上。

（2）净化工序。

净化条件与所采用粗氧化锌原料的质量密切相关，一般在 60℃ 以下搅拌反应 1 h 左右。高锰酸钾和锌粉加入量需要根据使用原料的杂质情况进行调整。高锰酸钾加入量应在理论量的 120% 以上，同时采用粒径 150 μm 以下的锌粉。净化液为无色透明溶液，要求：$c(Pb) \leqslant 5$ mg/L，$c(Mn) \leqslant 0.5$ mg/L，$c(Fe) \leqslant 1.0$ mg/L，$c(Cd) \leqslant 5$ mg/L。

（3）蒸氨沉锌工序。

锌氨配合物分解过程产生的二氧化碳和氨进入冷凝器液化并进行循环吸收，得到一定碳化度的回收氨水。主要反应式如下：

$$NH_3 + H_2O \xrightharpoonup{\hspace{1cm}} NH_3 \cdot H_2O \qquad (2-94)$$

$$CO_2 + H_2O \xrightharpoonup{\hspace{1cm}} H_2CO_3 \qquad (2-95)$$

$$NH_3 \cdot H_2O + H_2CO_3 \xrightharpoonup{\hspace{1cm}} NH_4HCO_3 + H_2O \qquad (2-96)$$

采用两步法蒸氨—预蒸氨塔串蒸氨釜工艺。锌氨配合物分解一般在 95 ~ 100℃ 完成，此前，温度不会超过 100℃，但需要控制蒸汽加热速度，防止产生太多泡沫。以母液中 $c(Zn^{2+}) \leqslant 0.5$ g/L 控制反应终点。具体操作是：净化液从预蒸氨塔上部打入塔内使游离氨蒸出，蒸浓液从塔底流入蒸氨釜进行配合，氨和二氧化碳蒸出；蒸汽从热力系统进入蒸氨釜，蒸出气体从釜顶进预蒸氨塔，蒸出的氨和二氧化碳从预蒸氨塔顶部进入氨水碳化回收系统，沉淀液进入洗涤工段。工艺控制要点在于蒸氨沉淀过程调控氧化锌前驱体粒径和高效蒸氨。

（4）水洗工序。

从蒸氨沉锌工序来的沉淀液进入一次过滤机压滤，滤饼进入一次洗涤器进行浆化洗涤；浆化液进入二次过滤机，压滤后滤饼进入二次洗涤器进行浆化洗涤；浆化液进入三次过滤机，压滤后滤饼送干燥工序。各次过滤机的滤水进入水处理系统，二次洗水用于一次洗涤。工艺控制要点在于洗水循环利用，尽量除去碱式碳酸锌沉淀中的水可溶物和减少滤饼的含水率。

（5）干燥工序。

碱式碳酸锌滤饼的含水量一般在40%左右，采用适合滤饼干燥的旋转闪蒸干燥工艺，包括热风系统、干燥、干法和湿法收集过程。加热空气的热源可以采用煤或电等，热风温度一般为150～250℃，控制干燥产品含水小于2.5%。从上道工序来的滤饼经输送系统进入闪蒸干燥机的进料斗干燥；干燥粉经旋风分离器和脉冲收集器两级收集入干燥粉贮罐，最后进入煅烧工序；尾气经湿法收集器收集后排空。工艺控制要点在于瞬间干燥和粉体密封输送，确保干粉回收率大于99%。

（6）煅烧工序。

碱式碳酸锌在250℃左右开始分解，400℃以上完全分解，分解反应如下：

$$ZnCO_3 \cdot 2Zn(OH)_2 \cdot H_2O \Longrightarrow 3ZnO + 3H_2O\uparrow + CO_2\uparrow \qquad (2-97)$$

生产中应严格控制煅烧温度，煅烧温度过高，不仅增加能耗，还会降低产品比表面积。生产活性氧化锌时，煅烧温度一般控制在500～600℃；生产高纯度氧化锌时，煅烧温度在850℃以上。

从干燥工序来的碱式碳酸锌干粉通过螺旋输送进入煅烧炉进行悬浮煅烧；煅烧后ZnO粉经旋风分离器和高温收集器收集混合后进包装工段；煅烧尾气进干燥工段。工艺控制要点在于实现粉体的均匀煅烧，保持ZnO粉粒径的一致性。

（7）碳酸铵回收工序。

来自蒸氨系统的氨气、水蒸气、$CO_2$混合蒸气从预蒸氨塔顶部进入分凝器，分凝水分后的气体经吸收塔吸收$CO_2$，再进入冷凝器进行高浓氨水回收，合成碳酸铵－氨溶液。工艺控制要点在于防止氨泄漏，保证氨和碳的高回收效率。

4）关键设备

碳酸铵法生产氧化锌时，由于采用的原料粗氧化锌来源复杂，经常需要根据原料的变化调整工艺参数，所以浸出、氧化、净化及分离工序多采用间歇式生产设备，而氨回收、干燥和煅烧设备基本实现了连续化生产。主要设备包括：浸出槽、氧化槽、净化槽、板框过滤机、热分解（蒸氨）设备、氨回收设备、干燥机、焙烧炉等。

（1）浸出工序和净化工序。

浸出工序的关键设备是浸出釜、氧化釜和置换釜。采用不锈钢材质，机械搅拌，浸出釜夹套加热，氧化釜和置换釜盘管加热。设备关键是轴封和加料口密封，采用锁斗进料，避免氨气散出。附属设备是多层立式机械刮泥澄清槽、锥形底立式沉降槽和暗流密闭板框过滤机。

（2）蒸氨沉锌工序。

蒸氨工序的关键设备是预蒸氨塔、蒸氨釜、填料吸收塔、喷射吸收装置、净化液储槽和泵设备等，材料一般用不锈钢。预蒸氨塔的作用是预热母液、回收热量并蒸发游离氨。该塔上部为填料段，下部为泡罩段，机械搅拌。

（3）水洗工序。

水洗工序的关键设备是不锈钢敞口洗涤器和具有压榨功能的暗流自动卸料板框压滤机，滤材采用高强超细滤料。

（4）干燥工序。

干燥工序的关键设备是改进型旋转闪蒸干燥机和 125 型高效旋转闪蒸干燥机（图 2 - 34）以及中温塑烧板袋滤器和热风炉，热风炉燃烧室和热风接触部位采用耐火材料和不锈钢。

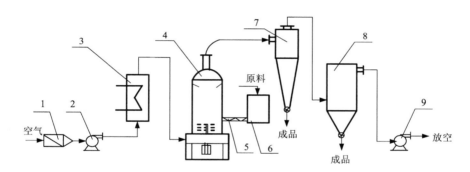

**图 2 - 34　旋转闪蒸干燥流程图**

1—空气净化器；2—鼓风机；3—换热器；4—干燥主机；5—螺旋加料器；6—原料仓；
7—旋风收尘器；8—袋式收尘器；9—引风机

（5）煅烧工序。

煅烧工序的关键设备是旋流动态煅烧炉或回转窑、袋滤器、煤气直燃热风炉、高温过滤器和换热冷却器等。回转窑长度和直径应根据氧化锌产量进行设计，长度一般为 10 ~ 20 m，旋转速度为 10 ~ 15 r/min。为了及时进行氧化锌产品包装，煅烧窑出料端需设置冷却筒。加热方式可以采用电、煤气或天然气等，一般采用筒外加热的间接加热方式，采用煤气或天然气直接加热时需要对燃料进行净化。旋流动态煅烧炉或回转窑采用 06Cr25Ni20 型耐热不锈钢，袋滤器采用耐高温高强布袋材料，煤气直燃热风炉由燃烧器和燃烧室组成，高温过滤器为耐 400℃ 以上高温的陶瓷过滤器或不锈钢丝网过滤器，换热冷却器为翅片式冷却器。

（6）碳酸铵回收工序。

碳酸铵回收系统的主要设备是填料吸收塔、分凝器、冷凝器、真空系统、氨水贮槽和碳化氨水贮槽。

5）主要原材料与动力消耗

碳酸铵法生产氧化锌的主要原材料与动力消耗见表2-60。

表2-60　碳酸铵法生产氧化锌的主要原材料与动力消耗

| 名称 | 次氧化锌 | 碳酸氢铵 | 液氨 | 锌粉 | 水 | 电/kW·h | 烟煤 |
|---|---|---|---|---|---|---|---|
| 含量/% | 85.34 | 98 | 99 | 99.8 | — | — | 25120.8 kJ（发热值） |
| 消耗/(t·t$^{-1}$) | 1.25 | 1.10 | 0.08 | 0.026 | 10.0 | 500 | 5.00 |

6）"三废"处理

碳酸铵法生产氧化锌过程基本不产生废水，但产生废渣和废气。废渣包括浸出渣和净化渣。以次氧化锌为原料的浸出渣含铅较高，净化渣含镉和铜，均可出售，但以氧化锌矿为原料的浸出渣是废渣，必须在专用渣场堆存。蒸氨过程产生大量氨气和二氧化碳，为尽可能地回收利用，相关设备均应密闭运行，车间必须通风良好，以免因事故造成氨气逸出而影响操作者健康。

碳酸铵法生产氧化锌主要"三废"有：燃煤尾气、氨吸收尾气、浸出氧化渣、置换渣、煤渣和少量分离碱式碳酸锌后的废水。

（1）废气。

废气为热风炉和锅炉烟气，可选用旋风分离器和布袋除尘器进行烟气除尘，使尾气含尘量降至125 mg/m³以下，根据烟气中二氧化硫含量选用合适的脱硫装置进行烟气脱硫，净化后的尾气经引风机由烟囱达标排放。氨吸收装置采用吸收塔结合喷射吸收，排放尾气达到《恶臭污染物排放标准》(GB 14554—1993)要求。

（2）废渣。

以次氧化锌为原料的浸出渣含铅较高，置换渣含有镉、铜和少量未反应的锌粉，这两类渣均可出售，用作冶金原料。若浸出渣和氧化渣含有价金属很少，其主成分是不溶性硅铝铁等化合物，则可在洗涤回收少量可溶性锌后，与煤渣混合用作建材基料。

（3）废水。

碳酸铵法生产氧化锌过程中的废水主要是分离碱式碳酸锌的滤液与洗水，生产1 t氧化锌产生废水1~3 t，主要污染物及含量为：$\rho(NH_3^+) \leqslant 5.0$ g/L，$\rho(Zn^{2+}) \leqslant 0.5$ g/L。由于碳酸铵法生产氧化锌产生废水少，工业化推广时间短，尚缺乏对生产过程中产生废水的专门研究,处理方法可以借鉴电镀等其他行业含锌氨氮废水的处理方法。处理后废水必须符合《污水综合排放标准》(GB 8978—1996)和地方标准。

分离碱式碳酸锌的滤液与洗水应尽量返回浸出工序,用于碳酸氢铵的溶解或液氨的稀释,这样,既可以减少废水排放,又可以回收利用锌和氨,但应以不影响产品质量为原则。

处理含锌氨氮废水的方法主要有以下两种:

①化学处理法。加入少量石灰,将氨释放并回收,同时加入粉煤灰等吸附残留的锌,沉淀分离出渣,清液达标排放。

②其他方法。催化氧化法是处理氨氮废水的有效方法,离子交换法和电化学法等也是除去低浓度锌离子的传统方法。

## 2.2.2　硫酸铵法制取等级氧化锌

### 1.原料与工艺流程

实验用的锌原料包括氧化锌矿、沸腾炉烟灰、锌焙砂和次氧化锌等,其成分变化大,杂质元素多,组成复杂。各类锌原料的化学成分见表 2 – 61,2#氧化锌矿为湖南花垣氧化锌矿,其物相组成见表 2 – 62。

表 2 –61　各类锌原料的化学成分/%

| 名称 | Zn | Pb | Cd | Cu | Fe | C | Ag | S | H$_2$O |
|------|------|------|------|------|------|------|------|------|------|
| 1#氧化锌烟尘 | 47.97 | 13.15 | 3.32 | 0.18 | 1.40 | — | 0.006 | 3.01 | — |
| 2#氧化锌烟尘 | 65.56 | 11.96 | 0.97 | 0.029 | 0.55 | 0.39 | — | — | — |
| 1#次氧化锌 | 51.97 | 24.56 | 0.38 | — | — | — | — | — | — |
| 2#次氧化锌 | 57.13 | 5.88 | — | 0.79 | 0.33 | — | — | — | — |
| 2#氧化锌矿 | 30.12 | 3.61 | 0.38 | — | — | 2.52 | — | 1.48 | 1.88 |
| 瓦斯泥 | 17.50 | — | — | — | — | — | — | — | — |

表 2 –62　2#氧化锌矿物相组成/%

| 锌物相 | ZnO + ZnCO$_3$ | ZnSO$_4$ | ZnSiO$_3$ | ZnS | ZnFe$_2$O$_4$ | $\sum$Zn |
|------|------|------|------|------|------|------|
| 锌含量 | 21.78 | 0.069 | 7.51 | 0.14 | 0.62 | 30.12 |

硫酸铵法制取等级氧化锌的原则工艺流程如图 2 – 35 所示。

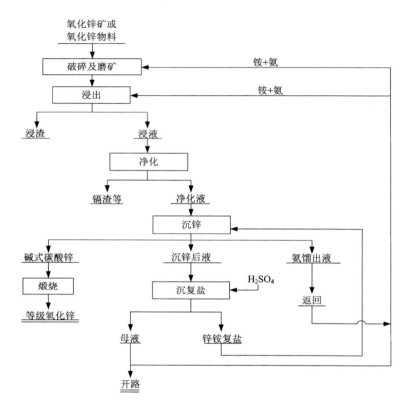

**图 2 - 35　硫酸铵法制取等级氧化锌原则工艺流程图**

### 2. 基本原理

与碳酸铵体系一样, 浸出过程的主要反应是氨配合反应:

$$ZnO + iNH_3 + H_2O \Longrightarrow [Zn(NH_3)_i]^{2+} + 2OH^- \qquad (2-98)$$

$$ZnCO_3 + iNH_3 \Longrightarrow [Zn(NH_3)_i]^{2+} + CO_3^{2-} \qquad (2-99)$$

式中: $i = 1 \sim 4$, 以下同。杂质元素铜、镉溶解, 而铅、铁、锰等均不溶, 从而与锌分离。在净化过程中, 杂质元素铜、镉、铅等形成硫化物或被锌粉置换而除去:

$$Me^{2+} + Na_2S \Longrightarrow MeS \downarrow + 2Na^+ \qquad (2-100)$$

$$Me^{2+} + Zn \Longrightarrow Me \downarrow + Zn^{2+} \qquad (2-101)$$

采用蒸氨和复盐中和的方法沉淀锌:

$$[Zn(NH_3)_i]^{2+} + 2OH^- \Longrightarrow Zn(OH)_2 \downarrow + iNH_3 \uparrow \qquad (2-102)$$

$$2[Zn(NH_3)_i]^{2+} + i[ZnSO_4 \cdot (NH_4)_2SO_4 \cdot 6H_2O] + 4OH^- \Longrightarrow$$
$$(i+2)Zn(OH)_2 \downarrow + 2i(NH_4)_2SO_4 + 4iH_2O \qquad (2-103)$$

在有 $CO_3^{2-}$ 存在的情况下，生成碱式碳酸锌：

$$H_2O + 3Zn(NH_3)_i^{2+} + 4OH^- + CO_3^{2-} =\!=\!=$$

$$2Zn(OH)_2 \cdot ZnCO_3 \cdot H_2O\downarrow + 3iNH_3\uparrow \qquad (2-104)$$

$$3[ZnSO_4 \cdot (NH_4)_2SO_4 \cdot 6H_2O] + CO_2^{2-} + 6NH_4OH =\!=\!=$$

$$2Zn(OH)_2 \cdot ZnCO_3 \cdot H_2O\downarrow + 6(NH_4)_2SO_4 + 2OH^- + 17H_2O \quad (2-105)$$

沉锌后液仍然含有较高的锌，加入硫酸调 pH 至形成硫酸锌铵复盐沉淀：

$$Zn(NH_3)_i^{2+} + \frac{1}{2}iH_2SO_4 + 6H_2O =\!=\!=$$

$$ZnSO_4 \cdot (NH_4)_2SO_4 \cdot 6H_2O\downarrow + \left(\frac{1}{2}i-2\right)(NH_4)_2SO_4 + 2NH_4^+ \quad (2-106)$$

**3. 氨配合浸出**

根据不同的试样和理论分析，确定浸出剂成分和液固比，在常温及反应 2 h 的条件下，进行系统实验[包括小型实验(小试)和扩大实验]、小试或探索实验，结果见表 2-63、表 2-64。

表 2-63　浸出实验结果

| 试料 | 次氧化锌 | | | 氧化锌烟尘 | | 焙砂 | 2#氧化锌矿 | 瓦斯泥 |
|---|---|---|---|---|---|---|---|---|
| | 1# | 2# | 3# | 1# | 2# | | | |
| 规模 | 小试 | 小试 | 小试 | 扩大实验 | 扩大实验 | 小试 | 5 kg/次 | 探索实验 |
| 浸出率/% | 92.83 | 89.23 | 85.21 | 95.00 | 93.94 | 88.54 | 80.62 | 78.25 |

表 2-64　浸出液的代表成分/$(g \cdot L^{-1})$

| 试料 | Zn | Cd | Pb | Cu | Mn | 备注 |
|---|---|---|---|---|---|---|
| 2#氧化锌矿 | 82.72 | 0.47 | 0.065 | 0.0037 | 0.0018 | 5 kg/次,扩大实验 |
| 1#氧化锌烟尘 | 91.37 | — | — | — | <0.0005 | 扩大实验 |
| 2#氧化锌烟尘 | 61.39 | 0.615 | 0.108 | 0.0042 | — | 小试 |

从表 2-63 可以看出，锌浸出率比较高，但它随原料的组成变化比较大。氧化锌矿原料中的菱锌矿容易浸出，但硅锌矿、硫化锌矿不被浸出。因此，氧化锌矿中硅、硫含量高时，会降低锌的浸出率。对于含锌烟尘、焙砂、次氧化锌等次生原料，铅含量太高时，会降低锌浸出率，这可能是铅的包裹阻碍作用从动力学上限制了锌的浸出。当然，硫化锌仍然是不被浸出的。对于锌焙砂，浸出效果与酸法一样，可溶锌被全部浸入溶液。表 2-64 说明，浸出液中，除了镉以外，其

他杂质元素的含量很低,这意味着净化负担小。

### 4. 浸出液的净化

除锰过程与浸出结合进行,即在浸出过程加入一种氧化剂,使进入浸出液的二价锰离子氧化成二氧化锰沉淀,其结果见表2-65。

**表2-65 锌烟尘浸锌除锰效果**

| $m$(氧化剂)/$m$(锌烟灰) /% | 成分/(g·L⁻¹) | | $w$(Mn)/$w$(Zn) /10⁶ |
|---|---|---|---|
| | Zn | Mn | |
| 0.25 | 88.47 | 0.0012 | 13.56 |
| 1.26 | 97.34 | 0.0068 | 69.86 |
| 2.0 | 93.46 | 0.0029 | 31.03 |
| 2.5 | 84.86 | 0.000075 | 0.88 |
| 3.0 | 101.14 | <0.0002 | <1.98 |
| 5.0 | 99.28 | 0.00007 | 0.705 |

从表2-65可知,只要氧化剂量为锌物料的2.5%以上时,浸锌液中锰锌比即达到间接法一级氧化锌的要求。

采用硫化沉淀法除镉,即加入 $Na_2S$ 后在常温下搅拌0.5 h,结果见表2-66。

**表2-66 锌烟尘浸出液硫化净化实验结果**

| 硫化剂的理论倍数 | 净化液成分/(g·L⁻¹) | | | | 净化率/% | | | 锌回收率/% |
|---|---|---|---|---|---|---|---|---|
| | Zn | Cd | Pb | Cu | Cd | Pb | Cu | |
| 4 | — | 0.002 | 0.0007 | — | 99.67 | 99.18 | — | |
| 3 | 59.68 | 0.0046 | 0.0015 | 0.00008 | 99.29 | 98.87 | 98.70 | 98.06 |
| 2.5 | 66.74 | 0.015 | 0.001 | 0.00007 | 97.48 | 99.84 | 93.15 | 98.27 |

从表2-66可知,当硫化剂用量为理论量的3倍时,即可达到净化要求。

实验还证明,时间延长到1 h时,除镉率下降。2#氧化锌矿浸出液净化扩大实验时,按理论量(以镉为依据)的6.5倍加入 $Na_2S$ 量。

实验证明,硫化沉淀法除杂效果良好,镉、铅、铜的平均去除率分别达到98.29%、97.54%、91.16%,锌回收率大于98%。

### 5. 沉碱式碳酸锌

以2#氧化锌矿浸出液净化液作为沉锌扩大实验料液,沉锌最佳条件为:蒸去

1/3 净化液后乘热加入复盐。有代表性的沉锌实验数据见表 2 – 67。

表 2 – 67　沉锌扩大实验数据

| 序号 | 1 | 2 | 3 | 4 | 5 | 6 | 7 | 平均 |
|---|---|---|---|---|---|---|---|---|
| 沉锌后液锌/($g \cdot L^{-1}$) | 41.25 | 56.43 | 36.41 | 39.94 | 62.95 | 43.75 | 46.88 | 46.80 |
| 沉锌率/% | 63.18 | 57.38 | 60.72 | 65.08 | 54.34 | 56.14 | 57.96 | 59.26 |
| 蒸氨率/% | 74.27 | 63.26 | 71.60 | 68.77 | 61.73 | — | 66.23 | 67.64 |

表 2 – 67 说明，沉锌率约 60%，氨回收约 2/3。

### 6. 沉复盐

在常温下用浓硫酸将沉锌后液的 pH 调至 3.5 左右，以沉淀锌铵复盐。在 2# 氧化锌矿制取氧化锌的扩大实验中，沉复盐母液中 Zn 的含量可降到 1 g/L 以下，沉锌率高达 98.27%，这是从浸出液到氧化锌获得很高锌回收率的关键所在。

### 7. 煅烧及产品质量

沉锌过程产得的氢氧化锌或碱式碳酸锌在 900℃ 以上煅烧 3 ~ 6 h，所得等级氧化锌的质量见表 2 – 68。

表 2 – 68　硫酸铵法产得的等级氧化锌质量/%

| 原料来源 | ZnO | Mn | Cu | Pb | Cd |
|---|---|---|---|---|---|
| 2#氧化锌矿 | 99.60 | 0.0001 | 0.0003 | 0.00195 | 0.0058 |
| 1#氧化锌烟尘 | 99.50 | — | — | — | — |
| 2#氧化锌烟尘 | 99.54 | — | — | — | — |
| 1#次氧化锌 | 99.83 | < 0.0001 | — | — | — |
| 2#次氧化锌 | 99.62 | 0.00029 | 0.0028 | 痕 | 0.03 |
| 瓦斯泥 | 99.78 | — | — | — | — |

表 2 – 68 说明，硫酸铵法无论处理哪种锌原料，所得氧化锌均能达到直接法（橡胶系列）氧化锌一级标准的要求；通过努力，有希望达到间接法（橡胶系列）氧化锌一级标准的要求。

### 8. 主要化工材料消耗

由花垣氧化锌矿硫酸铵法扩大实验数据估算出生产 1 t 等级氧化锌的主要化工材料消耗为：氨水(18%) 1.60 t，工业硫酸 0.80 t，硫化钠 0.046 t，氧化剂 0.06 t。

### 9.结论及建议

①硫酸铵法可处理多种氧化锌矿及氧化锌烟灰,即使在品位低于18%、成分复杂的情况下,也能生产等级氧化锌。

②硫酸铵法的锌回收率,主要取决于锌的浸出率,从浸出液到氧化锌,锌的回收率高达98.93%。

③建议在矿山建立硫酸铵法处理低品位(Zn 15%～30%)氧化锌矿的工厂,因为在合格锌原料及锌产品大幅度涨价的情况下,就地处理被矿山废弃的低品位氧化锌矿肯定有利可图。

## 2.2.3　锌物料酸法制取锌品

### 1.硫酸锌、碱式碳酸锌和活性氧化锌的制取

1)原料与工艺流程

原料主要来源于铅、铜、锡、铁冶炼过程中回收的烟灰和次氧化锌等氧化锌物料,例如炼铅炉渣烟化炉烟灰、铜转炉烟灰、炼钢电炉烟灰、由瓦斯泥和氧化锌矿回收的次氧化锌等,其化学成分见表2-69。

表2-69　氧化锌原料化学成分/%

| 原料 | Zn | Pb | Sn | Cd | Cu | As | In | Fe | S(Sb) | F(Se) | Cl(Te) | SiO₂ |
|---|---|---|---|---|---|---|---|---|---|---|---|---|
| 烟化炉烟灰 | 62.05 | 10.73 | — | 0.001 | 1.51 | 1.02 | 0.15 | — | (0.34) | 0.016 | 0.060 | — |
| 电炉烟灰 | 48.29 | 11.80 | 10.69 | — | — | 1.85 | — | 0.47 | 2.02 | — | — | 0.62 |
| 铜转炉烟灰 | 24.00 | 22.50 | 0.10 | 0.65 | 1.75 | 1.75 | — | 0.75 | — | (0.013) | (0.024) | — |
| 次氧化锌 | 74.06 | 0.81 | — | — | 0.011 | 0.84 | — | 0.076 | — | 0.44 | 0.38 | 0.5 |
| 再生铜烟灰 | 32.14 | — | — | — | <8 | — | — | — | — | — | — | <2 |
| 鼓风炉烟灰 | 8.21 | 47.00 | 5.85 | 0.85 | — | 14.90 | 0.23 | 2.23 | 8.29 | — | — | — |

从表2-69可以看出,这些锌物料成分复杂、品位低,但含铟等稀散金属较高,不适于作炼锌原料,应另行处理,可生产锌的化工产品和回收有价金属。由锌物料制备硫酸锌、碱式碳酸锌和活性氧化锌的原则工艺流程如图2-36所示。

2)纯硫酸锌溶液的制备

(1)浸出过程。

将氧化锌物料(次氧化锌)化浆,加浓硫酸,氧化锌及杂质元素氧化物被硫酸溶解,制成粗制硫酸锌溶液:

$$ZnO + H_2SO_4 \Longrightarrow ZnSO_4 + H_2O \quad\quad (2-107)$$

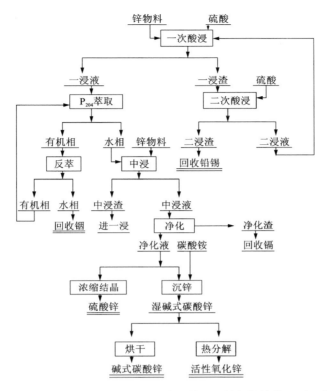

**图 2-36 由锌物料制备硫酸锌、碱式碳酸锌和活性氧化锌的原则工艺流程图**

$$MeO + H_2SO_4 \Longrightarrow MeSO_4 + H_2O \qquad (2-108)$$

$$Me_2O + H_2SO_4 \Longrightarrow Me_2SO_4 + H_2O \qquad (2-109)$$

$$Me_2O_3 + 3H_2SO_4 \Longrightarrow Me_2(SO_4)_3 + 3H_2O \qquad (2-110)$$

实践证明，适当提高酸度、加大液固比和延长浸出时间有利于提高浸出率。最佳浸出条件为：一次酸浸的始酸浓度 130~160 g/L，液固比 6:1，时间 3 h，温度 85~90℃；二次酸浸的条件除始酸浓度提高到 200 g/L 外，其他条件与一次酸浸相同。锌的总浸出率都超过 98%，而铟的总浸出率一般为 50% 左右，最高不超过 80%。

（2）净化过程。

粗硫酸锌溶液的净化包括萃铟、氧化中和除铁砷、锌粉置换除铜镉三个步骤。

①铟萃取及回收。采用 $P_{204}$ 和 200# 煤油的混合液为萃取剂，用 6 mol/L 的盐酸反萃，反萃液用锌板或铝板置换得到粗铟产品。萃铟的最佳工艺条件为：$P_{204}$

浓度 10% ~30%，相比 $O/A = 1:2$，萃取时间 5 min，硫酸浓度 10 ~58 g/L，萃取级数 1 ~2 级。

②氧化中和除铁砷。氧化中和水解可除去铁、砷、锰、铝、硅等杂质，氧化中和水解终点 pH 为 5.2 ~5.4，原液是混合中浸液，其成分为：Zn 79.43 g/L，Fe 0.14 g/L，As 1.895 g/L，$H_2SO_4$ 3.07 g/L。因为砷含量高，还配入铁盐，可采用双氧水、高锰酸钾、二氧化锰和空气作氧化剂。以硫酸亚铁补铁并用双氧水作氧化剂时，除砷效果很好，高达 99% 以上，除铁率为 57% ~70%；以硫酸高铁补铁并用双氧水或者高锰酸钾作氧化剂时，除砷效果亦佳，为 96% ~99%，除铁率达到 60% 以上。但以二氧化锰和空气作氧化剂的效果差，锌损失为 0.72% ~8.29%，且随砷铁比的减小而增大，当控制砷铁比为 1:1 时，除砷效果良好，而锌的损失不大于 3%。

用双氧水作氧化剂的氧化水解反应为：

$$Fe_2(SO_4)_3 + 2H_3AsO_3 + 2H_2O_2 + 3ZnO =\!=\!= 2FeAsO_4 + 3ZnSO_4 + 5H_2O$$

$$(2-111)$$

$$2FeSO_4 + 2H_3AsO_3 + 3H_2O_2 + 2ZnO =\!=\!= 2FeAsO_4 + 2ZnSO_4 + 6H_2O$$

$$(2-112)$$

$$2FeSO_4 + H_2O_2 + 2ZnO + 2H_2O =\!=\!= 2Fe(OH)_3 + 2ZnSO_4 \qquad (2-113)$$

$$MnSO_4 + H_2O_2 + ZnO =\!=\!= MnO(OH)_2 + ZnSO_4 \qquad (2-114)$$

用高锰酸钾作氧化剂的氧化水解反应为：

$$3Fe_2(SO_4)_3 + 6H_3AsO_3 + 4KMnO_4 + 7ZnO =\!=\!=$$
$$6FeAsO_4 + 7ZnSO_4 + 5H_2O + 4MnO(OH)_2 + 2K_2SO_4 \qquad (2-115)$$

$$2FeSO_4 + 2H_3AsO_3 + 2KMnO_4 + ZnO =\!=\!=$$
$$2FeAsO_4 + ZnSO_4 + H_2O + 2MnO(OH)_2 + K_2SO_4 \qquad (2-116)$$

$$6FeSO_4 + 2KMnO_4 + 5ZnO + 11H_2O =\!=\!=$$
$$2MnO(OH)_2 + 6Fe(OH)_3 + K_2SO_4 + 5ZnSO_4 \qquad (2-117)$$

$$3MnSO_4 + 2KMnO_4 + 2ZnO + 5H_2O =\!=\!= 5MnO(OH)_2 + K_2SO_4 + 2ZnSO_4$$

$$(2-118)$$

③锌粉置换除铜镉。置换除杂反应为：

$$CuSO_4 + Zn =\!=\!= ZnSO_4 + Cu \qquad (2-119)$$

$$CdSO_4 + Zn =\!=\!= ZnSO_4 + Cd \qquad (2-120)$$

$$NiSO_4 + Zn =\!=\!= ZnSO_4 + Ni \qquad (2-121)$$

除铜镉的工艺技术条件为：温度 65℃，时间 1 ~6 h，锌粉用量取理论量的 9 倍。铜去除完全；由于镍和镉的电位与锌非常接近，所以，从溶液中除去镍和镉是相当困难的。增加温度和搅拌强度时，金属镉会发生重溶现象，但为了使镍充分除去，要求锌粉过量较多，还需要高温，因此一般采用两段逆流置换，即先在

65℃下用第二段置换渣的剩余锌粉置换镉，再用过量较多的新鲜锌粉在 95℃下置换除镉后液中的镍。锌粉预先用少量稀硫酸处理，除去表面氧化物薄膜，增加其活性。二净液的成分为：Zn 100 ~ 200 g/L，As 0 ~ 0.012 g/L，Cd 0 ~ 0.004 g/L，Cu 0.001 ~ 0.005 g/L，Fe 0.02 ~ 0.04 g/L，Ni 0.001 ~ 0.002 g/L，Mn 0.004 ~ 0.007 g/L，$Cl^-$ 0.002 ~ 0.003 g/L，Pb 0.001 ~ 0.003 g/L，$H_2SO_4$ 1.0 ~ 2.0 g/L，$SiO_2$ 0.015 ~ 0.02 g/L。

3）硫酸锌制取

某些原料含少量有机物，其进入硫酸锌溶液会影响硫酸锌结晶的色泽。因此，浓缩结晶前，需要氧化处理，例如用浓硝酸进行氧化处理，其用量为 1.5 L/m³，所得硫酸锌结晶颜色洁白，符合优质品要求。

采用两效蒸发器浓缩硫酸锌溶液，第 1 效和第 2 效的压力分别为 0.3 MPa 和 0.15 MPa，溶液的沸腾温度分别是 140℃ 和 120℃。从第 2 效排出的悬浮物由 $ZnSO_4 \cdot H_2O$ 晶体的饱和溶液强制冷却至完全凝固为止，所得产品由 $ZnSO_4 \cdot 7H_2O$ 和少量 $ZnSO_4 \cdot H_2O$ 组成。

4）碱式碳酸锌的制备

采用沉淀法制取碱式碳酸锌，即向锌盐溶液中加入碳酸钠或碳酸氢铵等碱性沉淀剂，能够使锌离子以碱式碳酸锌沉淀。其过程包括合成、过滤、洗涤、干燥等步骤。

（1）合成。

将硫酸锌溶液放入中和槽，用直接蒸汽加热到 40℃，开动搅拌机，加入制备好的碳酸钠或碳酸氢铵溶液，反应生成碳酸锌，碳酸锌经高温水解生成碱式碳酸锌浆液。以碳酸钠为沉淀剂的反应为：

$$ZnSO_4 + Na_2CO_3 =\!=\!= ZnCO_3 \downarrow + Na_2SO_4 \qquad (2-122)$$
$$3ZnCO_3 + 3H_2O =\!=\!= ZnCO_3 \cdot 2Zn(OH)_2 \cdot H_2O + 2CO_2 \uparrow \qquad (2-123)$$

总反应式为：

$$3ZnSO_4 + 3Na_2CO_3 + 3H_2O =\!=\!= ZnCO_3 \cdot 2Zn(OH)_2 \cdot H_2O \downarrow + 3Na_2SO_4 + 2CO_2 \uparrow$$
$$(2-124)$$

以碳酸氢铵为沉淀剂的反应为：

$$10NH_4HCO_3 + 5ZnSO_4 =\!=\!= 2ZnCO_3 \cdot 3Zn(OH)_2 \downarrow + 5(NH_4)_2SO_4 + 8CO_2 \uparrow + 2H_2O$$
$$(2-125)$$

反应泡沫逐渐消失说明反应将要完成，这时停止加碳酸钠溶液或碳酸氢铵溶液。用精密 pH 试纸测定，pH 达到 6.4 时为反应终点；然后水解，促使反应完全，当测定游离碱含量为 0.2% ~ 0.4% 时，即可进行过滤、洗涤。

（2）过滤、洗涤。

复分解反应后得到的是固体碳酸锌与含其他杂质离子的 $Na_2SO_4$ 母液的混合

浆液,用自来水洗涤,可用含10%盐酸的 BaCl₂ 溶液测试洗涤效果,经过滤、洗涤后,得到碳酸锌滤饼。

（3）干燥。

洗涤后的滤饼含水50%~60%,而成品要求含水≤2.5%,所以须去除滤饼中的水,得到干燥成品。用闪蒸干燥法干燥碳酸锌滤饼,即将洗涤好的滤饼放入料斗,经搅拌把滤饼打成料浆后,用挤压泵将物料输入闪蒸干燥炉混合室。由燃气(煤气、天然气或燃煤等)燃烧的热气流将物料进行干燥,系统在引风机作用下(负压状态),料粉沸腾碰撞,干燥后的料粉进入旋风分离器和袋式除尘器,由星形阀均匀出料,出料过程中应及时进行包装,避免产品吸潮。其中混合室温度控制是本工序的关键,以产品的质量和产量作为控制温度的依据。

（4）主要原材料和动力消耗定额。

碱式碳酸锌生产的主要原材料和动力消耗定额见表2-70。

表 2 -70　碱式碳酸锌生产的主要原材料和动力消耗定额

| 序号 | 名称 | 规格 | 单耗 |
|---|---|---|---|
| 1 | 硫酸/(kg·t⁻¹) | ≥95% | 870 |
| 2 | 氧化锌/(kg·t⁻¹) | 100% | 769 |
| 3 | 碳酸钠/(kg·t⁻¹) | ≥98% | 995 |
| 4 | 高锰酸钾/(kg·t⁻¹) | 工业级 | 11.6 |
| 5 | 锌粉/(kg·t⁻¹) | 有效 Zn≥90% | 8.7 |
| 6 | 自来水/(m³·t⁻¹) |  | 25 |
| 7 | 电/(kW·h·t⁻¹) | AC | 360 |
| 8 | 包装袋/(只·t⁻¹) | 25 kg/袋 | 40 |
| 9 | 蒸汽/(t·t⁻¹) | 0.6 MPa | 3.0 |
| 10 | 煤气/(m³·t⁻¹) | 城市管道煤气 | 300 |

5）活性氧化锌的制取

（1）前驱体的合成。

合成活性氧化锌的前驱体碱式碳酸锌的工艺条件与碱式碳酸锌产品的合成条件的主要区别是其反应要在常温下进行,即沉淀温度不超过30℃,否则会降低产品的活性。采用碳酸铵或碳酸钠为沉淀剂,用量为理论量的1.1倍,锌沉淀率约94%,沉淀剂用量不宜过多,否则碱式碳酸锌会形成锌-氨配合物而部分溶解,降低锌的沉淀率。

（2）前驱体热分解。

洗净的碳酸锌或碱式碳酸锌滤饼经干燥后在 400～450℃ 温度下热分解 4～5 h，便可获得活性氧化锌。热分解温度很重要，过高会降低氧化锌的活性，过低则造成氧化锌的纯度不够。

（3）产品质量。

一般而言，氧化锌物料湿法制备的氧化锌的活性不取决于其化学成分，而主要取决于氧化锌的几何形状和比表面积。活性氧化锌产品为极微细粉末，球状多孔结构，略带黄色。国内外活性氧化锌产品质量比较见表 2－71。

表 2－71　国内外活性氧化锌产品质量比较

| 项目 | 德国 | 日本 | 中国 | |
| --- | --- | --- | --- | --- |
| | | | 1 | 2 |
| 纯度/% | 98.48 | 85.15 | 95.76～97.33 | 94.6～95.6 |
| 铅含量/% | 0.0074 | 0.0037 | 0.00037～0.0052 | 0.0214 |
| 视比容/($cm^3 \cdot g^{-1}$) | 3.0 | 2.9 | 4.48～4.9 | 3.5～4.6 |

从表 2－71 可知，国内用酸法生产的活性氧化锌产品质量亦较好。

**2. 氯化锌制取**

1）原料与工艺流程

生产氯化锌的主要原料是锌灰（Zn 65%～80%）、次氧化锌（ZnO 80%～98%）。盐酸法生产氯化锌工艺流程如图 2－37 所示。

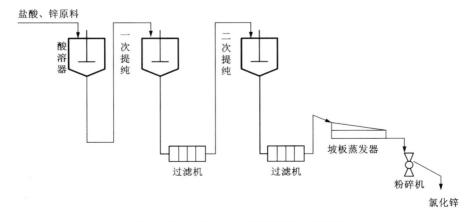

图 2－37　盐酸法生产氯化锌工艺流程图

2）浸出过程

浸出过程在一排阶梯状反应器中进行，浸出液依次流经各反应器，$ZnCl_2$ 的质量分数逐步提高到 45%，酸的加入量要使所得的氯化锌溶液中不含游离酸，即确保浸出终点 pH 为 3 ~ 4。原料中的铅和硅等杂质在浸出过程中进入浸出渣。盐酸溶解锌和氧化锌是放热反应：

$$Zn + 2HCl \longrightarrow ZnCl_2 + H_2 \uparrow + Q_1 \qquad (2-126)$$
$$ZnO + 2HCl \longrightarrow ZnCl_2 + H_2O + Q_2 \qquad (2-127)$$

反应（2-126）和（2-127）都进行得很激烈，但反应时间应在 10 h 以上。浸出设备应设置排气系统，厂房须通气良好，以排出和处置含 HCl（有时含 $H_2$）的废气。浸出完成后，加入絮凝剂静置沉淀获得清液，底流过滤分离浸出渣。

3）净化过程

净化除杂包括氧化中和除铁锰和置换除铜镉两个步骤。可用氯气或氯酸钾作氧化剂，但最常用和最便宜的氧化剂是漂白粉。漂白粉作氧化剂的氧化反应为：

$$4Fe^{2+} + Ca(ClO)_2 + 8OH^- + 2H_2O \Longrightarrow 4Fe(OH)_3 \downarrow + CaCl_2 \quad (2-128)$$

在加入氧化剂的同时加入石灰等中和剂，使高铁离子水解沉淀：

$$Fe_2(SO_4)_3 + 3Ca(OH)_2 \Longrightarrow 2Fe(OH)_3 \downarrow + 3CaSO_4 \qquad (2-129)$$

加入氯化钡以除去硫酸根：

$$SO_4^{2-} + BaCl_2 \Longrightarrow BaSO_4 \downarrow + 2Cl^- \qquad (2-130)$$

在必要的情况下，用锌粉置换除去铜、镉、镍、铅等比锌电性更正的重金属离子：

$$Me^{2+} + Zn \Longrightarrow Me + Zn^{2+} \qquad (2-131)$$

经浓密沉降和过滤，即获得质量分数为 45% 左右的纯氯化锌溶液。

4）蒸发结晶

将纯氯化锌溶液置于蒸发釜用烟道气加热蒸发。溶液的温度随着浓度的升高而上升，蒸发到 190 ~ 280℃ 时，由于固相析出溶液变稠，温度继续上升时物料重新成液态；当温度升到 310 ~ 340℃ 时，可以得到含水 1.2% 的产品。利用真空蒸发将水分完全蒸发，否则就会使温度升到 400℃ 以上，而此时 $ZnCl_2$ 会大量水解。在较低温度下也会发生水解，为了降低水解程度，蒸发过程可加入少量盐酸，但氯化氢气体腐蚀设备，使产品中含氯化铁。由于完全脱水困难和燃料消耗增加，蒸发终点温度较低，为 220 ~ 250℃，产品含 9% ~ 12% 的水，将这种熔体注入铁桶中冷却固化封存。

更先进的蒸发结晶方法是连续蒸发浓缩结晶，即把滤液送入石墨板蒸发器进行浓缩，质量分数 45% 的氯化锌溶液从高处向低处与火向并流或逆流，出口处 $ZnCl_2$ 质量分数为 98% 以上时析出结晶，经粉碎制得氯化锌成品。

5）技术经济指标

盐酸法生产氯化锌的主要技术经济指标见表2－72。

表2－72　盐酸法生产氯化锌的主要技术经济指标/（t·t$^{-1}$）

| 盐酸（31% HCl） | 锌灰（70% Zn） | 标准煤 | 电耗/（kW·h） |
|---|---|---|---|
| 1.745 | 0.714 | 0.4～0.6 | 40 |

6）"三废"处理

氯化锌生产中废渣经打浆水洗回收，洗液经浓缩可生产氯化锌或转化生产碱式碳酸锌，废渣可做为回收铅等有价金属的原料，解决资源浪费和环境污染问题；废气可用碱液处理，或用石墨冷凝器将氯化氢冷凝回收，循环利用。

## 2.2.4　硫酸铵法制取磷酸锌

### 1. 概述

磷酸锌是一种重要的无毒防锈颜料，它正在逐步替代传统有毒的含铅、铬的防锈颜料。另外，磷酸锌作为一种性能优良的多功能化工产品，已越来越多地受到人们重视。目前，除了用于生产各类防腐防锈颜料、涂料、钢铁等金属表面的磷化剂及医药、牙科用黏合剂外，还被用来生产氯化橡胶、阻燃剂、灭火剂、磷光体等。最近，国外又把它应用于电子功能材料和荧光材料等的制造上，所有这些都为磷酸锌的研制、生产、应用和发展提供了广阔的空间。但目前磷酸锌生产方法，不论是直接法还是间接法，都存在着成本高和产品价格贵的问题。国产微细级磷酸锌的价格远高于同类产品如红丹、铅酸钙、铬酸锌的价格，这严重制约磷酸锌及其后续产品的推广应用和发展。只有在大型设备上才用含有磷酸锌的通用底漆。因此，如何降低磷酸锌的生产成本，是目前发展磷酸锌工业亟需解决的问题。硫酸铵法由氧化锌矿直接制取磷酸锌新工艺的开发成功可解决这一问题，该工艺的特点是溶液闭路循环及用锌矿做原料，不存在环境污染问题，成本也大幅度降低。另外，反应多在常温下进行，操作简单，能耗低。下面将详细介绍硫酸铵－氨－水体系中氨配合法处理氧化锌矿直接制取磷酸锌的新工艺。

### 2. 原料与工艺流程

原料取自湖南花垣氧化锌矿，其化学成分及锌物相分别见表2－61、表2－62。

表2－61、表2－62说明，该矿锌品位较低，为30.12%，其中氨不溶性硅酸锌、硫化锌和铁酸锌中的锌占总矿锌量的8.27%，氨可溶性锌占总矿锌量的21.85%，占总锌量的72.54%。

由氧化锌矿直接制取磷酸锌原则工艺流程如图 2 - 38 所示。

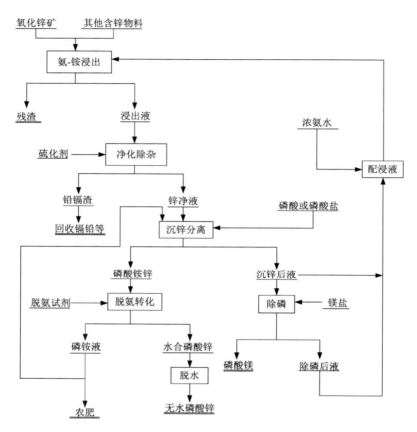

图 2 - 38　由氧化锌矿直接制取磷酸锌原则工艺流程图

### 3. 基本原理

氨配合浸出及净化过程原理前已述及，在此只介绍沉锌和脱铵过程原理。用磷酸或可溶性磷酸盐、酸式磷酸盐沉锌，主要产物为磷酸锌铵（$ZnNH_4PO_4 \cdot nH_2O$，$n = 0 \sim 4$）：

$$\left[ Zn(NH_4)_i \right]^{2+} + H_3PO_4 + nH_2O ==\!\!==$$
$$ZnNH_4PO_4 \cdot nH_2O \downarrow + 2NH_4^+ + (i-3)NH_3(aq) \qquad (2-132)$$

$$\left[ Zn(NH_4)_i \right]^{2+} + H_2PO_4^- + nH_2O ==\!\!== ZnNH_4PO_4 \cdot nH_2O \downarrow + NH_4^+ + (i-2)NH_3(aq)$$
$$(2-133)$$

$$\left[ Zn(NH_4)_i \right]^{2+} + HPO_4^{2-} + nH_2O ==\!\!== ZnNH_4PO_4 \cdot nH_2O \downarrow + (i-1)NH_3(aq)$$
$$(2-134)$$

$$\left[\mathrm{Zn(NH_4)}_i\right]^{2+} + \mathrm{PO_4^{3-}} + n\mathrm{H_2O} =\!=\!= \mathrm{ZnNH_4PO_4 \cdot} n\mathrm{H_2O} \downarrow + i\mathrm{NH_3(aq)} \tag{2-135}$$

$$\mathrm{Zn^{2+}} + 2\mathrm{HPO_4^{2-}} + n\mathrm{H_2O} + \mathrm{NH_4^+} =\!=\!= \mathrm{ZnNH_4PO_4 \cdot} n\mathrm{H_2O} \downarrow + \mathrm{H_2PO_4^-} \tag{2-136}$$

此外，沉锌过程中还产生少量的磷酸锌$[\mathrm{Zn_3(PO_4)_2 \cdot} m\mathrm{H_2O}, m = 0 \sim 4]$和磷酸氢锌($\mathrm{ZnHPO_4 \cdot} x\mathrm{H_2O}, x = 0 \sim 3$)：

$$4\left[\mathrm{Zn(NH_4)}_i\right]^{2+} + 3\mathrm{H_3PO_4} + (m+n)\mathrm{H_2O} =\!=\!=$$
$$\mathrm{ZnNH_4PO_4 \cdot} n\mathrm{H_2O} + \mathrm{Zn_3(PO_4)_2 \cdot} m\mathrm{H_2O} + 8\mathrm{NH_4^+} + (4i-9)\mathrm{NH_3(aq)} \tag{2-137}$$

$$2\left[\mathrm{Zn(NH_4)}_i\right]^{2+} + 2\mathrm{H_3PO_4} + (x+n)\mathrm{H_2O} =\!=\!=$$
$$\mathrm{ZnNH_4PO_4 \cdot} n\mathrm{H_2O} + \mathrm{ZnHPO_4 \cdot} x\mathrm{H_2O} + 5\mathrm{NH_4^+} + (2i-6)\mathrm{NH_3(aq)} \tag{2-138}$$

事实上，沉锌反应十分复杂，有时甚至有聚磷酸盐生成，应该尽量避免。
用磷酸作为脱氨剂，脱氨反应如下：

$$3\mathrm{ZnNH_4PO_4 \cdot} n\mathrm{H_2O} =\!=\!= \mathrm{Zn_3(PO_4)_2 \cdot} m\mathrm{H_2O} + (\mathrm{NH_4})_3\mathrm{PO_4} + (3n-m)\mathrm{H_2O} \tag{2-139}$$

$$6\mathrm{ZnNH_4PO_4 \cdot} n\mathrm{H_2O} + \mathrm{H_3PO_4} =\!=\!=$$
$$2\mathrm{Zn_3(PO_4)_2 \cdot} m\mathrm{H_2O} + 3(\mathrm{NH_4})_2\mathrm{HPO_4} + 2(3n-m)\mathrm{H_2O} \tag{2-140}$$

$$3\mathrm{ZnNH_4PO_4 \cdot} n\mathrm{H_2O} + 2\mathrm{H_3PO_4} =\!=\!=$$
$$\mathrm{Zn_3(PO_4)_2 \cdot} m\mathrm{H_2O} + 3(\mathrm{NH_4})\mathrm{H_2PO_4} + (3n-m)\mathrm{H_2O} \tag{2-141}$$

式(2-139)没有加磷酸，采用水煮方式。另外，夹带的少量磷酸氢锌脱氨时转化为二氢物进入溶液：

$$\mathrm{ZnHPO_4 \cdot} x\mathrm{H_2O} + \mathrm{H^+} =\!=\!= \mathrm{Zn^{2+}} + \mathrm{H_2PO_4^-} + x\mathrm{H_2O} \tag{2-142}$$

**4. 氨配合浸出**

氨配合浸出条件为：时间 4 h，液固比 3:1，温度 35～45℃。第 1 次浸出剂新配，后 6 次由返回的沉锌后液配制，其平均组成为($\mathrm{NH_4})_2\mathrm{SO_4}$ 2 mol/L、$\mathrm{NH_3}$ 4.5 mol/L、Zn 3.05 g/L。洗氨液成分与浸出剂相同，用量为其10%，氨洗 3 次以上，氨洗液与浸出液合并；水洗 5 次，洗水为浸出剂的20%。浸出规模为氧化锌矿粉 5.0 kg/次，碱性絮凝剂加入量为 12 mL/g 矿粉，浸出结果见表 2-73。

表 2-73　浸出结果

| 样号 | 浸出液/(g·L$^{-1}$) | | | | | 浸出渣/% | | | 渣计浸出率/% | |
|---|---|---|---|---|---|---|---|---|---|---|
| | Zn | Cd | Pb | Cu | Mn | 渣率 | Zn | Cd | Zn | Cd |
| 1 | 67.23 | 0.12 | 0.025 | 0.0038 | 0.0003 | 72.00 | 7.77 | 0.12 | 80.03 | 77.26 |

续表 2 - 73

| 样号 | 浸出液/(g·L⁻¹) | | | | | 浸出渣/% | | | 渣计浸出率/% | |
|---|---|---|---|---|---|---|---|---|---|---|
| | Zn | Cd | Pb | Cu | Mn | 渣率 | Zn | Cd | Zn | Cd |
| 2 | 83.52 | 0.48 | 0.065 | 0.0056 | 0.0004 | 71.24 | 8.73 | 0.035 | 77.81 | 34.38 |
| 3 | 87.50 | 0.12 | — | 0.0056 | 0.0004 | 68.40 | 8.46 | 0.23 | 79.36 | — |
| 4 | 80.00 | 0.78 | 0.065 | 0.0029 | 0.00025 | 70.88 | 9.32 | 0.12 | 76.43 | 77.62 |
| 5 | 80.31 | 0.65 | 0.065 | 0.0044 | 0.00052 | 68.10 | 9.16 | 0.13 | 77.71 | 76.67 |
| 6 | 85.00 | 0.67 | — | 0.0048 | 0.00045 | 67.96 | 9.93 | 0.13 | 75.92 | 76.75 |
| 7 | 80.00 | 0.45 | 0.065 | 0.0044 | 0.0006 | 66.50 | 8.17 | 0.028 | 80.62 | 95.07 |
| 平均 | 80.51 | 0.47 | — | 0.0045 | 0.00042 | 69.30 | 8.79 | 0.113 | 78.27 | 72.96 |

表 2 - 73 说明，可溶锌被全部浸出，总锌浸出率平均为 78.27%，而氨不溶性硅酸锌、硫化锌和铁酸锌绝大部分不被浸出，渣含锌较高，为 8.79%。另外，镉的行为与锌类似，浸出液含有一定量的 Cd、Pb、Cu 等杂质金属，需净化处理。

**5. 净化**

采用硫化沉淀法净化浸出液，其条件为：常温（5~35℃），时间 2 h，硫化钠用量取理论量的 4~6 倍；洗氨液成分与浸出剂相同，用量为浸出液的 10%，氨洗3 次以上，氨洗液与净化液合并；水洗 5 次，洗水为浸出剂的 20%；水洗液返回配制洗氨液，加入适量碱性絮凝剂。硫化净化结果见表 2 - 74。

表 2 - 74 说明，硫化沉淀法能较好地除去浸出液中的杂质元素，净化液完全符合制磷酸锌的要求；净化渣含镉高达 32.08%，便于回收利用；净化过程中，锌回收率为 99.05%。

**6. 沉锌**

1）工艺条件优化

采用正交设计法对沉锌条件进行优化。试液为混合净化液，成分为：Zn 76.30 g/L，Pb 0.086 g/L，Cd 0.012 g/L，Fe 0.0014 g/L，Cu 0.0020 g/L，Mn 0.00032 g/L，Ca 0.33 g/L，S 53.30 g/L。对正交实验数据进行方差和极差分析发现：时间和原液锌浓度对沉锌率的影响不大；温度对沉锌率有些影响；高度显著影响因素是反应体系的 $n(Zn)/n(P)$，其次是搅拌速度对沉淀物的 $n(Zn)/n(P)$ 的影响。确定最佳沉锌工艺条件为：反应体系的 $n(Zn)/n(P)$ 为 1.0~1.1，常温（5~35℃），沉淀时间 2 h，净化液不稀释（含 Zn 70~120 g/L），搅拌速度 150~200 r/min。

2）沉锌结果

在上述最佳沉锌工艺条件下进行了 4 次沉锌实验，其结果见表 2 - 75。

表 2 - 74　硫化净化结果

| 样号 | 净化液成分/(g·L⁻¹) | | | | | | 洗水锌/(g·L⁻¹) | 净化渣成分/% | | | 除杂率/% | | | $\eta_{锌}$/% |
|---|---|---|---|---|---|---|---|---|---|---|---|---|---|---|
| | Zn | Fe | Cu | Cd | Pb | Mn | | Zn | Cd | Pb | Cu | Cd | Pb | |
| 1 | 65.00 | 0.0006 | 0.00009 | 0.031 | 0.0011 | 0.0007 | 7.18 | 40.78 | 1.65 | 0.15 | 59.66 | 77.64 | 95.99 | 96.21 |
| 2 | 81.25 | 0.0037 | 0.00058 | 0.016 | — | 0.0006 | 1.05 | 4.49 | 48.94 | 0.15 | 89.33 | 96.54 | — | 99.00 |
| 3 | 86.25 | 0.0051 | 0.00076 | 0.068 | 0.0013 | — | 3.37 | 15.20 | 44.85 | 0.68 | 86.58 | — | — | 99.92 |
| 4 | — | 0.0005 | 0.0001 | 0.0069 | 0.0008 | 0.0006 | 3.75 | 30.95 | 35.12 | — | 96.61 | 99.13 | 98.79 | 99.79 |
| 5 | 76.88 | — | 0.00022 | 0.0021 | — | 0.0007 | 3.84 | 36.03 | 14.42 | — | — | 99.67 | — | — |
| 6 | 79.92 | — | 0.00039 | 0.0096 | — | 0.001 | 3.97 | 27.88 | 23.60 | — | — | 98.52 | — | 98.97 |
| 7 | 77.56 | — | 0.00053 | 0.011 | — | 0.0006 | 0.63 | 13.73 | 55.97 | — | 88.01 | — | — | 99.84 |
| 平均 | 77.81 | 0.00248 | 0.00038 | 0.0207 | 0.0011 | 0.0007 | 3.40 | 24.15 | 32.08 | 0.33 | 84.04 | 94.30 | 97.39 | 98.96 |

表 2-75　沉锌综合实验结果

| 样号 | 产物组成 /% | | 产物中 $n(\text{Zn})/n(\text{P})$ | 沉锌液/$(\text{g}\cdot\text{L}^{-1})$ | | 固计沉淀率/% | | 液计沉淀率/% | |
|---|---|---|---|---|---|---|---|---|---|
| | Zn | P | | Zn | P | Zn | P | Zn | P |
| 1 | 36.21 | 16.99 | 1.01 | 2.10 | 0.037 | 90.95 | 约100 | 90.16 | 99.89 |
| 2 | 35.78 | 17.23 | 0.98 | 3.43 | 0.032 | 89.85 | 约100 | 88.93 | 99.92 |
| 3 | 35.88 | 17.14 | 0.99 | 3.05 | 0.270 | 90.08 | 约100 | 89.26 | 98.65 |
| 4 | 36.34 | 16.66 | 1.03 | 2.21 | 0.380 | 91.25 | 99.13 | 92.06 | 98.42 |
| 平均 | 36.05 | 17.00 | 1.00 | 2.70 | 0.180 | 90.53 | 约100 | 90.10 | 99.22 |

表 2-75 说明,沉锌结果良好,产品质量较高且稳定,沉淀物中 $n(\text{Zn})/n(\text{P})$ 为 1.0 左右,锌和磷的沉淀率分别在 90% 和 99% 以上,体系内锌循环量少于 10%,沉锌后液中磷含量很低,小于 0.2 g/L,无须除磷可直接返回配制浸出剂。

**7. 脱铵**

1) 工艺条件优化

采用正交设计法对磷酸脱铵条件进行优化,对正交实验数据进行方差和极差分析发现,温度、时间、液固比及因素间的交互作用对磷酸脱铵的影响都不显著,磷酸加入越多,脱铵就越彻底,但锌直收率降低,因为磷酸过量时,多余的磷酸与脱铵产物反应生成 $\text{ZnHPO}_4\cdot x\text{H}_2\text{O}$ 或 $\text{Zn}(\text{H}_2\text{PO}_4)_2$ 而使锌进入溶液。综合考虑,确定最佳脱铵条件为:磷酸用量 0.27 ~ 0.30 mL/g 磷酸锌铵,常温(5 ~ 35℃),脱铵时间 4 h,液固比 4:1,搅拌速度 150 ~ 200 r/min。

2) 脱铵效果

在上述最佳脱铵条件下进行了 3 次脱铵实验,其结果见表 2-76。

表 2-76　脱铵综合实验结果

| 样号 | 脱铵产物成分/% | | 产物中 $n(\text{Zn})/n(\text{P})$ | 转化率/% | 锌直收率/% | 灼烧失重/% | 磷酸锌产品成分/% | | |
|---|---|---|---|---|---|---|---|---|---|
| | Zn | P | | | | | Zn | $\text{PO}_4^{3-}$ | 吸油量 |
| 1 | 45.57 | 14.39 | 1.50 | 约100 | 94.83 | 9.67 | 50.42 | 48.82 | 28.70 |
| 2 | 45.43 | 14.37 | 1.50 | 99.89 | 96.47 | 10.04 | 50.51 | 48.92 | 27.60 |
| 3 | 45.22 | 14.29 | 1.50 | 约100 | 94.63 | 10.21 | 50.27 | 48.87 | 27.90 |
| 平均 | 45.41 | 14.35 | 1.50 | 约100 | 95.31 | 9.97 | 50.40 | 48.87 | 28.07 |

表 2-76 说明,脱铵效果良好,产品质量高且稳定,脱铵产物主要为二水合

磷酸锌，它的 $n(Zn)/n(P)$ 为 1.5，各项技术指标均较好：磷酸锌转化率为 100%，锌直收率大于 95%，磷酸锌产品含 Zn 50.27% ~ 50.42%、$PO_4^{3-}$ 48.82% ~ 48.92%，吸油量为 27.60% ~ 28.70%，产品纯度要比直接法的高得多。

**8. 全流程联动运行实验**

在优化条件及氧化锌矿粉 5.0 kg/次的规模下，进行全流程联动运行实验，结果重现性好，锌浸出率为 79.50%，在净化过程中锌的回收率为 99.64%，沉锌率为 87.25% ~ 87.62%，脱铵过程中锌的直收率为 95.08%，锌的总回收率为 76.95%，产品质量优良，达到并超过相应标准要求（表 2 - 77）。生产 1.0 t 无水磷酸锌的原材料单耗见表 2 - 78。硫酸铵法与直接法的生产成本比较（按 2000 年物价）见表 2 - 79。

表 2 - 77　全流程联动运行实验产品质量/%

| 项目＼标准 | 油漆厂标准 | 沪 Q/HG11—26048 | 津 Q/HG1—1691—81 | 德 55791 | 本工艺产品 |
|---|---|---|---|---|---|
| Zn | 45 ~ 50 | 45 ~ 49 | 45 ~ 52 | 50.5 ~ 52 | 50 ~ 51 |
| $PO_4^{3-}$ | 45 ~ 50 | — | 45 ~ 52 | 47 ~ 50 | 48.5 ~ 49.5 |
| 灼烧失重 | 8 ~ 16 | — | 8 ~ 16 | — | 9 ~ 11 |
| 吸油量 | 25 ~ 40 | 15 ~ 25 | 25 ~ 40 | — | 25 ~ 30 |
| 水溶性硫酸盐（以 $SO_4^{2-}$ 计） | — | — | ≤0.10 | — | 0.005 ~ 0.02 |
| 水溶性氯化物（以 $Cl^-$ 计） | — | — | ≤0.05 | — | 0.01 ~ 0.03 |
| 水溶物 | — | — | ≤1.00 | — | <0.5 |
| 水浸反应 pH | — | — | 6 ~ 8 | — | 6 ~ 8 |
| 外观 | | | 乳白色粉末 | | 乳白色粉末 |

表 2 - 78　硫酸铵法生产无水磷酸锌的原材料单耗

| 名称 | 氧化锌矿 | 农用氨水 | 工业硫酸 | 工业磷酸 | 硫化钠 |
|---|---|---|---|---|---|
| 含量/% | Zn≥28.03 | 21.91 | 98.00 | 85.00 | ≥65 |
| 消耗/(t·t$^{-1}$) | 2.494 | 1.225 | 0.036 | 0.645 | 0.016 |

表 2 – 79 　硫酸铵法与直接法的生产成本比较（按 2000 年物价）/（元·t$^{-1}$）

| 项目 | 原料 | 磷酸 | 其他试剂 | 其他费用 | 生产成本 | 销售价 | 利税 |
|---|---|---|---|---|---|---|---|
| 直接法 | 3900 | 2204 | 15 | 1100 | 7219 | 10000 | 2781 |
| 硫酸铵法 | 1398 | 2275 | 497 | 700 | 4870 | 10000 | 5130 |

　　表 2 – 77 ～ 表 2 – 79 说明，硫酸铵法处理氧化锌矿和氧化锌物料制取无水磷酸锌是很有竞争力和发展前景的。

# 第3章　锡锑铋汞化工材料冶金

## 3.1　锡化工产品的直接制取

### 3.1.1　概述

锡具有其他金属不具有的一些特性，在人类的生产和生活中起着重要的作用。锡的重要特性是：熔点低，能与许多金属形成合金，无毒，耐腐蚀，延展性好等。锡主要用于焊锡和马口铁的生产，马口铁主要用作食品和饮料的包装材料，其用锡量占世界锡消费量的30%左右；焊锡用锡量超过世界锡消费量的30%，其中锡化合物的使用比例约占16%。

锡化合物主要包括氧化亚锡、二氧化锡、二氯化锡、四氯化锡、硫酸亚锡和锡酸钠等，用于制备药剂、塑料、陶瓷、防污剂、涂料、催化剂、农用化学制品、阻燃剂、塑料稳定剂及导电材料等。

### 3.1.2　锡物料制取锡化工产品

#### 1. 锡酸钠的制取

1）锡酸钠简介

锡酸钠是一种重要的锡盐，它主要用于生产电镀锡及其合金（例如锡－锌合金、锡－镉合金和锡－铜合金）。锡酸钠电镀液能在经过适当处理的基体表面镀上平滑但无光泽的镀层，且不需要加入添加剂；锡酸钠还用于制造相当大的温度范围内具有均匀介电常数的陶瓷电容器的基体、颜料和催化剂。本小节详细介绍由含锡二次物料制取锡酸钠的工艺与技术。

2）原料来源与特点

锡、铅冶炼过程产出多种含锡中间物料，如氯化亚锡生产过程及铅锡矿冶炼产出的含锡粗铅，反射炉处理各种返料所产的粗炼锡，焊锡电解油头水提铟时产出的氢氧化锡渣以及炼锡矿渣等。这些锡物料的主要化学成分见表2－80。

表 2 – 80　锡物料的主要化学成分/%

| 锡物料 | Sn | Pb | Bi | As | Sb | Cu | Fe | Cl | Ag |
|---|---|---|---|---|---|---|---|---|---|
| 含锡粗铅 A[①] | 2~5 | 91~93 | 0.6~1 | 0.2~0.4 | 0.2~0.35 | 0.2~0.5 | 0.05~0.1 | <0.5 | — |
| 含锡粗铅 B[②] | 0.8~2.3 | 92~98 | — | 0.42~2.9 | 0.1~0.15 | — | — | — | 0.08~0.12 |
| 粗炼锡 | 82~86 | 12~14 | 0.1~0.2 | 0.05~0.07 | 0.2~0.3 | 0.1~0.15 | 0.05 | — | — |
| 氢氧化锡渣 | 65~70 | 0.2~0.3 | 0.02 | 约0.01 | 0.004 | 0.05 | 0.1~0.15 | 3~5 | — |
| 炼锡矿渣 | 12~15 | 4.44 | — | 0.42~2.96 | — | — | 38.61 | — | — |

注：①为氯化亚锡生产过程产出；②为铅锡矿冶炼产出。

从表 2 – 80 可以看出，含锡粗铅的含锡量为 0.8% ~5%，但含铅高达91%以上，其他杂质含量也较高；炼锡矿渣的含锡量中等，为 12% ~15%，但含铁很高；而粗炼锡及氢氧化锡渣的含锡量很高。

3）工艺流程

由于原料的成分不同，因此处理方法也不一样，但由粗锡酸钠溶液制取锡酸钠产品的过程是基本一样的。锡物料制取锡酸钠的原则工艺流程如图 2 – 39 所示。

4）工艺过程与基本原理

以含锡粗铅制取锡酸钠的工艺流程为例说明。该流程包括粗铅碱性精炼除锡、粗锡酸钠的浸出、浸出液的净化、净化液的浓缩结晶和干燥粉碎等过程。

（1）粗铅碱性精炼除锡。

粗铅碱性精炼的原理是熔融粗铅中的砷、锡和锑等，在硝酸钠的作用下，分别被氧化成相应的高价氧化物，这些高价氧化物再与熔碱作用生成相应的钠盐而与铅分离。主要反应如下：

$$5Sn + 6NaOH + 4NaNO_3 = 5Na_2SnO_3 + 2N_2 + 3H_2O \quad (2-143)$$
$$2As + 4NaOH + 2NaNO_3 = 2Na_3AsO_4 + N_2 + 2H_2O \quad (2-144)$$
$$2Sb + 4NaOH + 2NaNO_3 = 2Na_3SbO_4 + N_2 + 2H_2O \quad (2-145)$$
$$5Pb + 8NaOH + 2NaNO_3 = 5Na_2PbO_2 + N_2 + 4H_2O \quad (2-146)$$

氧化顺序为：As，Sb，Sn，Pb。因此，铅盐可作为氧化剂使用，而苛性钠除参与反应外，还作为这些含氧酸盐的溶剂。氧化除锡过程的温度应严格控制在 420~450℃，这样才有较好的技术经济指标，这是碱法脱锡的关键。含锡碱渣必

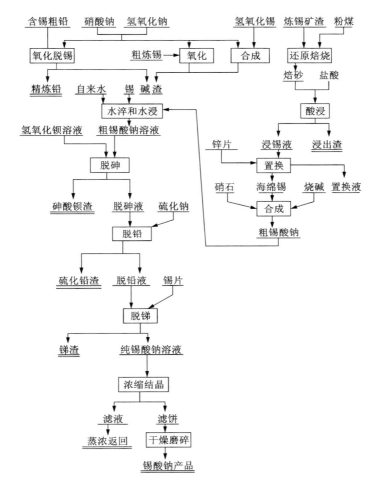

图 2－39　锡物料制取锡酸钠的原则工艺流程图

须水淬，以分离夹带在碱渣中的铅粒和便于下一步处理，水淬终点是水淬液的密度为 1.35～1.40 g/cm³。

（2）粗锡酸钠的浸出。

利用各种钠盐在碱性溶液中不同的溶解度以及溶解度随温度和碱度的变化而改变的特点，控制适当的温度和碱度等条件，就能使锡酸钠进入溶液，杂质钠盐少溶或微溶而留于残渣内，以达到减少净化负担的目的。

浸出时，先加入 3 倍锡酸钠量的自来水（处理粗炼锡、海绵锡和氢氧化锡时为 4 倍的水），升温至 90℃，不断搅拌加入粗锡酸钠，加完料后，继续搅拌 20～40 min，控制密度为 1.21～1.28 g/cm³，然后澄清 24 h，上清液即可送净化工序。

（3）浸出液的净化。

粗锡酸钠浸出液含有 As、Sb、Pb 等杂质（表 2-81），必须净化除去这些杂质元素。净化过程包括脱砷、脱铅和脱锑三个步骤。

表 2-81　粗锡酸钠浸出液的主要成分/（g·L⁻¹）

| 原料 | Sn | Pb | As | Sb | NaOH |
|------|------|------|------|------|------|
| 含锡粗铅 | 55~70 | 5~8 | 0.5~1.5 | 0.01~0.1 | 45~60 |
| 粗炼锡 | 90~100 | 1.25~2.5 | 0.09~0.15 | 0.03~0.04 | 60~70 |
| 氢氧化锡渣 | 90~100 | 0.008~0.017 | 0.002~0.007 | 0.01~0.025 | 60~75 |

①脱砷。脱砷基于常温下砷酸钠与钡离子作用生成溶解度仅为 0.12~0.15 g/L 的砷酸钡沉淀。实践中是在不断搅拌下缓慢加入氢氧化钡饱和溶液，此时反应如下：

$$2Na_3AsO_4 + 3Ba(OH)_2 \rule[0.5ex]{2em}{0.4pt} Ba_3(AsO_4)_2 \downarrow + 6NaOH \qquad (2-147)$$

脱砷过程进行较顺利，但必须掌握氢氧化钡的用量，否则会降低锡的回收率。一般在加入氢氧化钡饱和溶液后，溶液颜色逐渐变为乳白色，当溶液稍稠如牛奶状时停止加氢氧化钡饱和溶液，继续搅拌 30 min，过滤，滤液送下一步处理。

②脱铅。脱铅基于硫化铅的溶度积很小（$10^{-26}$），脱铅温度为 80~90℃，$Na_2S$ 用量为理论量的 1.1 倍左右，$Na_2S$ 加得过多会降低锡的直收率。最后用 5%~10% 的 $Na_2S$ 溶液检验净化液至无黑色沉淀为除铅终点。此时溶液含铅量小于 0.002 g/L。这种溶液澄清 36 h 后，上清液可送下一步处理。

③脱锑。虽然锑酸钠在碱性溶液中的溶解度很小，但溶液中仍含有 0.2~0.4 g/L 的锑，尚须进行脱锑作业。脱锑的原理是锡在碱性溶液中的氧化还原电位比锑、砷低，因而锡可以从碱性溶液中将锑、砷置换出来：

$$5Sn + 2As^{5+} \rule[0.5ex]{2em}{0.4pt} 5Sn^{2+} + 2As \downarrow \qquad (2-148)$$

$$5Sn + 2Sb^{5+} \rule[0.5ex]{2em}{0.4pt} 5Sn^{2+} + 2Sb \downarrow \qquad (2-149)$$

反应是在溶液沸腾时进行的，煮沸时间一般为 2~3 h，溶液浅黄色消失，脱锑即到终点。在煮沸过程中，应不断地加水以保持溶液原始浓度不变，否则，大量水蒸发，锡酸钠便结晶析出。脱锑液澄清 24~36 h 后方可送下一步处理。

（4）净化液的浓缩结晶和干燥粉碎。

凡达到表 2-82 要求的净化液可进行浓缩结晶处理。浓缩过程中，当溶液中有结晶析出后，应不断搅到锅边，防止产生锅巴而影响浓缩效果。随着水分的蒸发，结晶越来越多，母液含碱不断升高，当相对体积质量达 1.35 时即可降温，然后过滤。为除去游离水，还需切碎烘干，然后粉碎磨成粉状产品，包装出售。

表 2 -82　对净化液成分的要求/(g·L⁻¹)

| Sn | Pb | As | Sb | NaOH |
|---|---|---|---|---|
| >45 | <0.002 | ≤0.01 | ≤0.003 | 55～80 |

5)技术经济指标

(1)产品质量。

由上述锡物料制得的锡酸钠产品质量见表 2 - 83。

表 2 - 83　由锡物料制得的锡酸钠产品质量/%

| 原料 | Sn | Pb | As | Sb | NaOH | NO₃⁻ | 不溶物 |
|---|---|---|---|---|---|---|---|
| 含锡粗铅 A | 36.5 ~ 42 | 0.0005 ~ 0.002 | 0.003 ~ 0.012 | 0.0002 ~ 0.0005 | 0.8 ~ 1.5 | <0.1 | <0.2 |
| 含锡粗铅 B | 42.75 | <0.0001 | 0.006 | 0.001 | 2.95 | 未检出 | <0.2 |
| 粗炼锡 | 42 ~ 48 | <0.002 | <0.01 | <0.003 | 0.8 ~ 1.2 | <0.1 | <0.2 |
| 氢氧化锡渣 | 36.5 ~ 42 | <0.002 | <0.01 | <0.003 | 1 ~ 2.5 | <0.1 | <0.1 |

从表 2 - 83 可知,锡酸钠产品质量都达到商务部部颁标准。

(2)锡回收率。

由上述四种锡物料制取锡酸钠的锡直收率分别为 56.74%、79.75%、75.24%、59.58%,锡损失最多的步骤是净化过程。

(3)材料单耗。

烧碱单耗因处理原料不同而异,处理低锡物料时为 0.86 t/t 产品,处理高锡物料时为 0.42 ~ 0.50 t/t 产品,硝石为 0.3 t/t 产品,煤为 2.5 ~ 6.14 t/t 产品,硫化钠为 0.012 ~ 0.058 t/t 产品。

**2. 氧化亚锡的制取**

1)原料与工艺流程

碱式氯氧化亚锡渣系炼锡过程中粗铟回收的副产物,其成分见表 2 - 84。这种锡渣含 Sn、Cl 高,其他杂质含量少,用如图 2 - 40 所示的原则工艺流程加工成氧化亚锡。

表 2 - 84　碱式氯氧化亚锡渣的化学成分/%

| Sn | Cl | Pb | As | Sb | Cu | Fe | Bi | Zn |
|---|---|---|---|---|---|---|---|---|
| 69.36 | 15.30 | 0.40 | 0.14 | 0.0029 | 0.025 | 0.075 ~ 0.45 | 0.0075 | 0.022 |

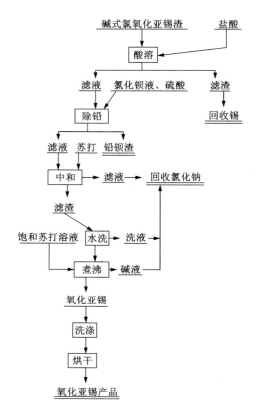

**图 2-40　碱式氯氧化亚锡渣制取氧化亚锡原则工艺流程图**

2）工艺过程与技术条件

（1）酸溶。

酸溶可除去二氧化锡等盐酸不溶物和大部分氯化铅，以确保产品中的盐酸不溶物小于 0.05%，主要化学反应为：

$$Sn(OH)Cl + HCl = SnCl_2 + H_2O \qquad (2-150)$$

技术条件为：液固比 6:1，酸度 5% 左右，常温，溶完后再搅拌 30 min。

（2）除铅。

酸溶液中含铅 0.4~0.6 g/L，为保证产品中的重金属（以 Pb 计）含量小于 0.05%，必须深度除铅，即加入硫酸和钡盐溶液，使之生成 $BaSO_4$ 和 $PbSO_4$ 的共沉淀：

$$PbCl_2 + H_2SO_4 = PbSO_4 \downarrow + 2HCl \qquad (2-151)$$

$$BaCl_2 + H_2SO_4 = BaSO_4 \downarrow + 2HCl \qquad (2-152)$$

技术条件为：氯化钡的用量为原料的 2%，硫酸用量为理论量(按溶液铅含量计算)的 3 倍与沉钡理论量之和，常温，先加硫酸搅拌 0.5 h，再加氯化钡搅拌 0.5 h。除铅后液含铅 0.06 ~ 0.1 g/L，除铅率 80% ~ 85%，铅钡渣含铅 6.37%。

(3)中和。

加碳酸钠中和净化后液，当 pH = 1.8 时开始出现 Sn(OH)Cl 沉淀，至 pH = 3.6 时沉淀完全：

$$2SnCl_2 + H_2O + Na_2CO_3 \Longrightarrow 2Sn(OH)Cl \downarrow + 2NaCl + CO_2 \uparrow \quad (2-153)$$

技术条件为：以工业碳酸钠饱和溶液作中和剂，pH = 4，常温。中和后液含 Sn 0.2 ~ 0.5 g/L，Pb 0.02 ~ 0.02 g/L。

(4)水洗。

为洗去滤饼残留滤液中的杂质离子，如 $Fe^{2+}$、$Pb^{2+}$、$Zn^{2+}$、$Ca^{2+}$ 等阳离子和 $Cl^-$、$SO_4^{2-}$ 等阴离子，在液固比 3:1 的条件下用冷蒸馏水洗涤滤饼，洗后滤饼颜色更白，变得疏松。

(5)碳酸钠溶液煮沸转化。

为了除去精制碱式氯化亚锡中的氯，在煮沸的碳酸钠溶液中脱水脱氯，使碱式氯化亚锡转化为氧化亚锡：

$$2Sn(OH)Cl + Na_2CO_3 \Longrightarrow 2SnO + 2NaCl + H_2O + CO_2 \uparrow \quad (2-154)$$

技术条件为：液固比 4:1，pH > 9，温度≥94℃，煮沸时间为加完料后煮 10 ~ 20 min。

(6)洗涤。

为洗除氧化亚锡吸附的碱液和氯离子，用 70 ~ 80℃ 的热蒸馏水洗涤至洗水的 pH 降至 6 ~ 7 即可，洗水含 Sn 0.8 g/L。

3)技术经济指标

(1)金属回收率。

锡的浸出率大于 97%，除铅时锡的直收率为 99.5%，中和时锡的直收率大于 96%，锡的总直收率为 90%。

(2)产品质量。

氧化亚锡产品质量符合企业标准(表 2 - 85)。

表 2 - 85　氧化亚锡产品质量/%

| Sn | Pb | $Cl^-$ | $SO_4^{2-}$ | $NH_4^+$ | 盐酸不溶物 |
|---|---|---|---|---|---|
| 81 ~ 85 | 0.0124 ~ 0.0262 | 0.00069 ~ 0.0038 | 0.00326 ~ 0.00772 | 0.000072 ~ 0.00069 | 0.0007 ~ 0.027 |

（3）经济效益。

计算表明，生产氧化亚锡比生产 1\# 精锡，每吨锡金属量增值 28335 元（20 世纪 80 年代价格），由此可见，此工艺经济效益十分显著。

### 3. 四氯化锡的制取

1）原料与工艺流程

某炼锡厂将还原氯化挥发焊锡电解阳极泥获得的湿式循环收尘液（成分见表2-86）作为制取四氯化锡的原料。

**表 2-86　锡物料还原氯化挥发湿式收尘液成分/(g·L⁻¹)**

| $Sn_T$ | $Sn^{2+}$ | As | Cu | Pb | Zn | In | Bi |
|---|---|---|---|---|---|---|---|
| 73.09 | 10.73 | 1.08 | 0.013 | 0.69 | 13.36 | 0.196 | 0.588 |
| Cd | Sb | Ca | Mg | $Cl^-$ | $H^+$ | $SO_4^{2-}$ | — |
| 0.986 | 0.11 | 0.986 | 0.079 | 136.42 | 1.76 | 1.39 | — |

表 2-86 说明，收尘液含锡高，成分复杂，可用如图 2-41 所示的原则工艺流程生产合格的四氯化锡产品。该流程的两种工艺方案各有利弊。

2）工艺过程与技术条件

以海绵锡制取及氯化方案为例介绍锡物料氯化挥发收尘液制取四氯化锡的工艺与技术。

（1）铁屑置换。

用铁屑置换脱除砷、铋，并将溶液中的四价锡还原成二价锡，对下步处理有利。最佳工艺条件为：温度70℃，铁屑用量略高于理论量，时间2 h。砷和铋的脱除率分别大于99%和97%，渣率约1%，砷铋渣中铋和砷的含量分别为11%～16%和25%～35%。

（2）中和沉锡。

除砷、铋后的氯化亚锡溶液还含有较高的铁和锌，另外还有少量铅、铟等。采用控制中和的方法将锡优先沉淀。实践证明，用石灰乳或苏打作中和剂，控制pH < 3 时，即能保证锡较好地与杂质分离。为了达到高沉锡率及低锡损失率，中和终点 pH 控制为 2 较好。

（3）酸溶及锌粉置换。

用 4 mol/L 的盐酸溶解亚锡沉淀，配成含锡约 150 g/L 的氯化亚锡溶液。然后用锌粉在常温下将锡置换成海绵锡，当锌粉用量为理论量的 1.7～1.9 倍时，可获得较好结果，海绵锡含 Sn 大于 97.6%。

（4）海绵锡氯化及蒸馏提纯。

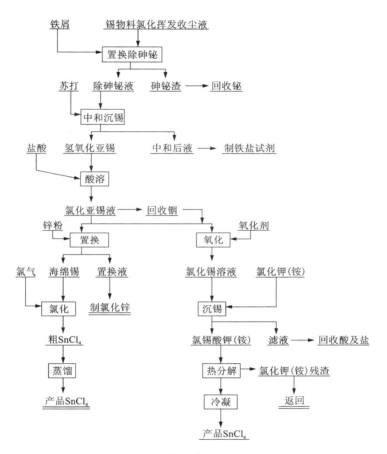

**图2-41　锡物料氯化挥发收尘液制取四氯化锡原则工艺流程图**

氯气与金属锡的氯化反应是放热反应,为防止温度过高,须控制氯气流量或进行冷却,以保证50~120℃的反应温度。温度降至常温时表示反应已经完成,倒出SnCl₄液,在112~114℃下蒸馏即得无水四氯化锡产品。

3)技术经济指标

(1)锡回收率。

除杂过程锡的回收率大于99.5%。

(2)产品质量。

无水四氯化锡产品质量符合产品标准(表2-87)。

表 2 - 87 无水四氯化锡产品质量/%

| SnCl₄ | Fe | As | Sb | Zn |
|---|---|---|---|---|
| 98.08 ~ 99.03 | 0.0001 | 0.00002 | 0.00006 ~ 0.00009 | < 0.0001 |

| SO₄²⁻ | H₂S 不沉物 | 溶解度 | 游离氯 | — |
|---|---|---|---|---|
| 0.0002 ~ 0.00041 | 0.00 | 合格 | < 0.0003 | — |

### 3.1.3 锡阳极泥制取 $(NH_4)_2SnCl_6$ 和 $Sb_4O_5Cl_2$

#### 1. 原料与工艺流程

原料锡阳极泥取自柳州华锡集团某厂,其化学成分、主要成分的物相见表 2 - 88、表 2 - 89。

表 2 - 88 柳州华锡集团某厂锡阳极泥化学成分/%

| Sn | Sb | Cu | Pb | Ag | Bi | Zn | As |
|---|---|---|---|---|---|---|---|
| 47.13 | 15.68 | 12.99 | 0.33 | 0.058 | 0.088 | 0.088 | 0.089 |

表 2 - 89 锡阳极泥中主要成分的物相/%

| 锡物相 | 含量 | 锑物相 | 含量 | 铜物相 | 含量 |
|---|---|---|---|---|---|
| SnO 中 Sn | 44.81 | Sb$_x$O$_y$ 中 Sb | 5.33 | Cu₂O 中 Cu | 0.41 |
| SnO₂ 中 Sn | 0.62 | Sb₂S₃ 中 Sb | 0.01 | CuO 中 Cu | 0.19 |
| 金属态 Sn | 1.69 | 金属态 Sb | 8.13 | 金属态 Cu | 12.38 |
| SnS 中 Sn | 0.01 | 锑酸盐中 Sb | 2.21 | 硫化铜中 Cu | 0.01 |

从表 2 - 88、表 2 - 89 中所列数据可以看到:该锡阳极泥几乎集中了粗锡中所有的杂质;锡、锑、铜含量较高,且锑、铜的物相以金属锑及金属铜为主;该锡阳极泥含银、铋、砷较低,成分较为复杂,属低银的多金属物料;所含的金属性质相近,两性元素较多,难进行常规工艺的贵金属及多金属的综合回收。针对原料的特点,采用氯配合物冶金方法来处理这种锡、锑原料。其原则工艺流程如图 2 - 42 所示。

该流程的优点是:①综合利用好,使该锡阳极泥中的锡、锑、铜、铅等都得以回收利用;②较好地解决了锡、锑、铜的分离问题;③产品附加值高,所得高纯氯锡酸铵及高纯氯氧锑既可以做产品出售也可以进一步制成高附加值的 ATO 粉体

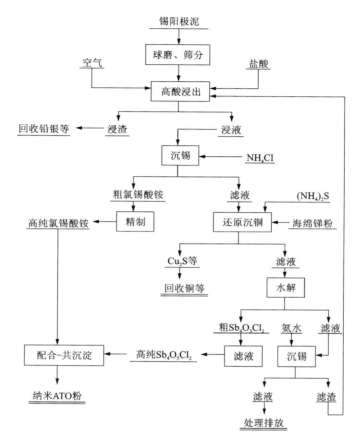

**图 2 - 42　锡阳极泥全湿法处理原则工艺流程图**

及导电浆料等；④环境保护好，"三废"污染小。

**2. 基本原理**

1）浸出过程

新鲜锡阳极泥浸出时吹入空气氧化其中的零价金属。这时，绝大部分锡、锑、铜等进入溶液，而铅、银等留在渣中。主要反应有：

$$Sn + 2HCl \rightleftharpoons SnCl_2 + H_2 \uparrow \qquad (2-155)$$

$$Cu + 1/2O_2 + 2HCl \rightleftharpoons CuCl_2 + H_2O \qquad (2-156)$$

$$2Cu^+ + 1/2O_2 + 2H^+ \rightleftharpoons 2Cu^{2+} + H_2O \qquad (2-157)$$

$$2Cu^{2+} + Me \rightleftharpoons Me^{2+} + 2Cu^+ \qquad (2-158)$$

可见，铜在氧化浸出过程中起着重要的催化作用。锡、锑、铜等主要金属进入浸出液，为后续的湿法处理创造了条件。

2）沉锡过程

当氯化铵浓度足够高时，溶液中的四价锡离子会以氯锡酸铵的形式沉淀，实现锡与锑、铜的初步分离：

$$SnCl_4 + 2NH_4Cl \Longrightarrow (NH_4)_2SnCl_6 \downarrow \qquad (2-159)$$

3）还原脱铜过程

沉锡后液中还含有少量 $Sb^{5+}$ 及 $Fe^{3+}$，在沉铜之前须将它们还原成低价态，以减少 $S^{2-}$ 的消耗：

$$3Sb^{5+} + 2Sb \Longrightarrow 5Sb^{3+} \qquad (2-160)$$

$$3Fe^{3+} + Sb \Longrightarrow Sb^{3+} + 3Fe^{2+} \qquad (2-161)$$

$S^{2-}$ 的沉铜反应为

$$Cu^{2+} + S^{2-} \Longrightarrow CuS \downarrow \qquad (2-162)$$

$$2Cu^+ + S^{2-} \Longrightarrow Cu_2S \downarrow \qquad (2-163)$$

以海绵锑为还原剂，$(NH_4)_2S$ 为沉铜剂，较高温度下的硫化沉淀可以除去除锑外几乎所有的重金属离子。初步达到了既沉铜又除杂的目的。

$$Me^{2+} + S^{2-} \Longrightarrow MeS \downarrow \qquad (2-164)$$

4）水解沉锑过程

沉铜后液的溶液体系可以认为是 $Sb(III) - Me(I) - Cl - H_2O$ 体系。该体系中三氯化锑可在较高酸度下水解，所以含量高的多种杂质元素留在水解液中，与锑分离，本章 3.2 节将详细叙述。

**3. 氯配合浸出**

1）条件实验

用较高浓度的盐酸作浸出剂，以 $L_9(3^4)$ 正交表安排氧化氯配合浸出条件实验，实验结果见表 2-90。对实验数据进行极差分析和方差分析，根据锡、锑、铜浸出率的极差和方差分析结果，确定最佳浸出条件为：液固比 7:1，酸度 6 mol/L，温度 70℃，并鼓入一定量的空气。

表 2-90　氧化氯配合浸出条件实验结果/%

| 实验号 | 浸锡率 | | 浸锑率 | | 浸铜率 | |
|---|---|---|---|---|---|---|
| | 液计 | 渣计 | 液计 | 渣计 | 液计 | 渣计 |
| 1 | 100 | 99.61 | 46.11 | 64.40 | 87.20 | 81.88 |
| 2 | 100 | 99.99 | 84.83 | — | 99.90 | 95.73 |
| 3 | 97.36 | 99.97 | 100 | 99.61 | 99.40 | 98.79 |
| 4 | 96.95 | — | 98.84 | 99.09 | 98.90 | 97.83 |

续表2-90

| 实验号 | 浸锡率 | | 浸锑率 | | 浸铜率 | |
|---|---|---|---|---|---|---|
| | 液计 | 渣计 | 液计 | 渣计 | 液计 | 渣计 |
| 5 | 100 | — | 93.82 | — | 99.80 | — |
| 6 | 100 | 99.97 | 100 | 99.16 | 98.64 | 99.61 |
| 7 | 99.27 | 99.89 | 100 | 99.29 | 98.70 | 98.68 |
| 8 | 100 | — | 100 | — | 97.45 | — |
| 9 | 100 | — | 100 | — | 99.20 | — |

2）综合条件实验

在上述最佳条件下进行氧化氯配合浸出综合条件实验，其结果见表2-91。

表2-91　最优条件下的氧化氯配合浸出综合条件实验结果

| 元素 | Sn | Sb | Cu |
|---|---|---|---|
| 金属质量浓度/$(g \cdot L^{-1})$ | 46.33 | 19.05 | 15.91 |
| 液计浸出率/% | 99.50 | 97.20 | 97.98 |
| 渣计浸出率/% | 99.85 | 99.43 | 98.34 |

从表2-91可以看出，综合条件实验取得了很好的结果，锡、锑、铜的渣计浸出率分别为99.85%、99.43%、98.34%。

3）实验室扩大实验

在上述最佳条件下进行了2次氧化酸浸实验室扩大实验，实验规模为200 g/次，在2000 mL的四孔瓶内进行，采用机械搅拌并用恒温仪加热。实验结果见表2-92。

表2-92　氧化酸浸实验室扩大实验结果/%

| 实验产物 | 项目 | 实验号 | Sn | Sb | Cu | Pb* | Ag* |
|---|---|---|---|---|---|---|---|
| 浸出液 | 浓度/$(g \cdot L^{-1})$ | 1 | 63.0 | 20.4 | 16.0 | — | — |
| | | 2 | 59.0 | 18.93 | 15.54 | — | — |
| | 浸出率 | 1 | 98.92 | 94.58 | 97.16 | — | — |
| | | 2 | 98.96 | 95.38 | 98.28 | — | — |
| | 平均浸出率 | | 98.94 | 94.98 | 97.72 | | |

续表 2 - 92

| 实验产物 | 项目 | 实验号 | Sn | Sb | Cu | Pb* | Ag* |
|---|---|---|---|---|---|---|---|
| 浸出渣 | 浓度/(g·L⁻¹) | 1 | 24.48 | 31.43 | 14.29 | 17.14 | 3.14 |
| | | 2 | 32.28 | 14.29 | 4.76 | 30.0 | 5.33 |
| | 渣率 | 1 | 8.33 | | | | |
| | | 2 | 6.87 | | | | |
| | 浸出率 | 1 | 98.96 | 96.49 | 98.00 | 90.91 | 94.83 |
| | | 2 | 99.27 | 99.04 | 99.60 | 95.45 | 96.55 |
| | 平均浸出率 | | 99.12 | 97.77 | 98.80 | 93.18 | 95.69 |

注：* 为入渣率。

表 2 - 92 说明，在最佳条件下的扩大实验结果与综合条件实验结果一致，锡、锑、铜的渣计浸出率分别为 99.12%、97.77%、98.80%；而铅、银的入渣率也分别高达 93.18%、95.69%。另外，渣率很小，银富集度较高，有利于下一步的回收。

**4. 粗 $Sn(NH_4)_2Cl_6$ 的制取**

1）沉锡条件实验

以工业级 $NH_4Cl$ 为沉淀剂，按单因素实验法进行沉锡条件实验。对沉淀剂用量、反应时间、反应温度等因素进行优化，确定最佳沉锡条件为：$NH_4Cl$ 用量取理论量的 3.5 倍，沉锡时间 30 ~ 45 min，反应温度 25℃。

2）沉锡综合条件实验

在上述最佳条件下进行了 2 次规模为 300 mL/次的综合条件小试及规模为 1000 mL/次的综合条件实验室扩大实验，结果见表 2 - 93。

表 2 - 93　沉锡综合条件实验结果

| 实验规模 | | 小试 | | | 扩大实验 | | |
|---|---|---|---|---|---|---|---|
| 实验号 | | 1 | 2 | 平均 | 1 | 2 | 平均 |
| 沉锡率/% | 液计 | 92.26 | 93.42 | 92.84 | 93.4 | 95.7 | 94.55 |
| | 固计 | 99.87 | 99.63 | 99.75 | 100 | 97.2 | 98.6 |

对生成的沉淀物进行 XRD 分析与标准谱线比较（图 2 - 43）。

图 2 - 43 说明，沉淀物的 XRD 图谱和分析纯氯锡酸铵试剂的谱线吻合，说明锡沉淀物确实为氯锡酸铵，再用 ICP - AES 分析确定其中的杂质含量。将 2 次综

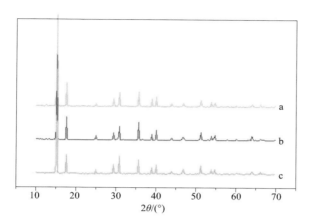

**图 2 - 43　25℃扩大实验所得粗氯锡酸铵和分析纯氯锡酸铵 XRD 图谱对照图**

a—25℃时粗氯锡酸铵；b—扩大实验所得粗氯锡酸铵；c—分析纯氯锡酸铵

合条件小试和综合条件扩大实验所得粗氯锡酸铵合并进行 ICP - AES 分析，其中所含杂质见表 2 - 94。

**表 2 - 94　粗氯锡酸铵杂质成分/($\mu g \cdot g^{-1}$)**

| Se | Zn | Sb | Pb | Cd | Co | S | P | Si | Ni | Fe | Ca | Cu | K | Ba |
|---|---|---|---|---|---|---|---|---|---|---|---|---|---|---|
| 0.1 | 36.2 | 1997.0 | 11.1 | 9.3 | 0.5 | 10.3 | 13.4 | 25.6 | 7.4 | 25.4 | 2.2 | 1162.9 | 212.7 | 7.8 |

从表 2 - 93、表 2 - 94 可以看出，沉锡综合条件实验取得了较好结果，扩大实验的液计沉锡率达到 94.55%。

按式(2 - 165)计算得粗氯锡酸铵纯度为 98.91%。

$$粗氯锡酸铵纯度 = \frac{锡的理论质量分数 - 杂质质量分数}{锡的理论质量分数} \times 100\% \quad (2 - 165)$$

**5. 铜回收**

1) 沉铜条件实验

以海绵锑为还原剂、$(NH_4)_2S$ 为沉铜剂进行沉铜条件实验。对沉淀剂用量、反应时间、反应温度等因素进行优化，确定最佳沉铜条件为：$(NH_4)_2S$ 用量取 1 倍理论量，沉铜时间 45 min，沉铜温度 75℃。

2) 沉铜综合条件实验

在上述最佳条件下进行了 2 次规模为 300 mL/次的综合条件小试及 2 次规模为 1000 mL/次的综合条件实验室扩大实验，结果见表 2 - 95。

表 2 - 95  沉铜综合条件实验结果/%

| 实验规模 | 小试 | | | 扩大实验 | | |
|---|---|---|---|---|---|---|
| 实验号 | 1 | 2 | 平均 | 1 | 2 | 平均 |
| 沉铜率 | 96.73 | 95.42 | 96.075 | 94.89 | 97.43 | 96.16 |
| 沉锑率 | 3.46 | 5.33 | 4.395 | 4.36 | 6.54 | 5.45 |

从表 2 - 95 可以看出,在最佳条件下进行的沉铜实验取得了较好效果,沉铜率大于 96% ,锑在沉铜后液中的回收率大于 94% ,初步实现了铜、锑分离。

**6. 粗 $Sb_4O_5Cl_2$ 的制取**

以沉铜后液作为制取粗 $Sb_4O_5Cl_2$ 的料液,其主要成分见表 2 - 96。

表 2 - 96  沉铜后液的主要成分/$(g \cdot L^{-1})$

| $Sn^{4+}$ | $Sb^{3+}$ | $Pb^{2+}$ | $Cu^{2+}$ | $Cl^-$ | $Zn^{2+}$ | $Fe^{3+}$ |
|---|---|---|---|---|---|---|
| 3.59 | 12.858 | 0.205 | 0.126 | 188.2 | 0.018 | 4.8 |

按式(2 - 184)计算,沉铜后液初始酸度 $c(H^+)=4.8$ mol/L。为了保证金属锑的高回收率,实验取 $\eta=98\%$ 。再按式(2 - 189)计算出加水量约为还原液的 8.5 倍。此时水解液的 $c(H^+)=0.36$ mol/L,水解产物为 $Sb_4O_5Cl_2$ 。

水解制备粗 $Sb_4O_5Cl_2$ 实验的规模为 300 mL/次,按水解前、后溶液中的锑含量计算锑的实际水解率。合并 3 次同样实验条件水解所得粗 $Sb_4O_5Cl_2$ ,水解液成分见表2 - 97,用 ISP - AES 分析粗 $Sb_4O_5Cl_2$ 中杂质成分及含量见表 2 - 98。

表 2 - 97  水解液中主要金属离子及含量/$(g \cdot L^{-1})$

| $Sn^{4+}$ | $Sb^{3+}$ | $Pb^{2+}$ | $Cu^{2+}$ | $Fe^{3+}$ |
|---|---|---|---|---|
| 0.37 | 0.026 | 0.018 | 0.01 | 0.45 |

表 2 - 98  粗 $Sb_4O_5Cl_2$ 中杂质成分及含量/$(\mu g \cdot g^{-1})$

| 元素 | Hg | Se | Sn | Zn | Pb | Cd | Mn | V | Al | W | S |
|---|---|---|---|---|---|---|---|---|---|---|---|
| 含量 | 5.7 | 4.2 | 779.1 | 15.9 | 861.8 | 1.4 | 1.1 | 0.7 | 3.5 | 5.5 | 29.5 |
| 元素 | P | Bi | Ni | Fe | Cr | Ca | K | Ag | Ti | Y | Ba |
| 含量 | 30.5 | 145.2 | 15.1 | 269 | 1.5 | 28 | 0.9 | 8.1 | 4.1 | 0.2 | 1.2 |

### 7. 纯 $Sb_4O_5Cl_2$ 的制取

沉铜后液水解生成的粗 $Sb_4O_5Cl_2$ 含有大量的杂质，若不进行精制处理，其中的杂质将极大影响后续产品的性能。

采用第五篇第二章提纯 $Sb_4O_5Cl_2$ 的方法对沉铜后液水解产出的粗 $Sb_4O_5Cl_2$ 进行处理。用 A 液精制后的 $Sb_4O_5Cl_2$ 的杂质含量见表 2-99。

表 2-99　经过 A 液精制后 $Sb_4O_5Cl_2$ 中的杂质含量/ $(\mu g \cdot g^{-1})$

| 元素 | Hg | Se | Sn | Zn | Pb | Cd | Mn | V | Al | W | S |
|---|---|---|---|---|---|---|---|---|---|---|---|
| 含量 | — | — | 201.5 | 7.1 | 20.7 | — | — | — | — | — | — |

| 元素 | P | Bi | Ni | Fe | Cr | Ca | K | Ag | Ti | Y | Ba |
|---|---|---|---|---|---|---|---|---|---|---|---|
| 含量 | 17.9 | — | 13.8 | 25.6 | — | — | — | — | — | — | — |

从表 2-99 可以看出，经过 A 液精制后，氯氧化锑中的杂质元素大大降低，其中主要的杂质元素为 Sn、Zn、Pb、P、Ni、Fe 等，纯度达 4N 以上，可用于制备 ATO。精制过程中锑的回收率大于 98.5%。

### 8. 纯 $Sn(NH_4)_2Cl_6$ 的制取

粗氯锡酸铵中主要杂质为 Sb、Cu、K、Si、Fe 等。Sb、Cu 杂质的来源为沉锡过程，部分 Sb、Cu 可能被吸附或夹杂进氯锡酸铵晶体中而析出；K、Si、Fe 等可能是在沉锡或洗涤过程中外界引入的杂质。

通过对洗涤和重结晶两种精制方案的比较，发现重结晶对绝大部分的杂质都有很好的去除效果，尤其是除 Sb 的效果更加明显，但氯化铵饱和溶液洗涤对铜的去除效果相当好。因此，拟定了两种处理方案：①先用去离子水配制的氯化铵饱和溶液洗涤，再用无水乙醇洗涤一次，两次洗涤后的氯锡酸铵再用去离子水溶解进行两次重结晶；②先用去离子水配制的氯化铵饱和溶液洗涤，再用无水乙醇洗涤一次，最后用含 5% 酒石酸的去离子水溶解两次洗涤后的氯锡酸铵进行一次重结晶。结果见表 2-100。

表 2-100　精制氯锡酸铵杂质含量/$10^{-6}$

| 元素 | Hg | Se | Zn | Sb | Pb | Cd | Co | Mg | S | P | As | Si | Ni | Fe | Ca | Cu | K | Ba |
|---|---|---|---|---|---|---|---|---|---|---|---|---|---|---|---|---|---|---|
| 原料 | — | 0.1 | 37.4 | 1997.0 | 178.1 | 9.3 | 0.5 | — | 10.3 | 13.4 | — | 25.6 | 7.4 | 25.4 | 2.2 | 1162.9 | 212.7 | 7.8 |
| A | — | — | 13.7 | 292.9 | — | — | — | — | 27.2 | 17.7 | — | — | — | — | — | 18.3 | — | 15.5 |
| B | — | — | 5.0 | 233.7 | — | — | 3.9 | — | 8.5 | 16.5 | — | — | — | — | — | 4.2 | — | 18.5 |

从表 2 - 100 可知，经方案 A、B 处理过的氯锡酸铵的杂质含量都大为降低，其纯度均达到 99.97%。精制氯锡酸铵中除锑以外的其他杂质元素总量仅为 92.4 μg/g。实际上，若将该氯锡酸铵制备 ATO，杂质锑无须除去，此时，氯锡酸铵的纯度已高于 4N，但制备 ATO 过程中，须按化学计量加入相应量的锑，控制反应条件，实现锑的完全掺杂。精制过程中锡的回收率达到 98% 以上。

# 3.2　锑化工产品的直接制取

阻燃剂是锑的最大应用领域，锑在阻燃剂中以氧化锑等化合物形态使用，含锑催化剂也是如此。三氧化二锑、五氧化二锑、(焦)锑酸钠、三氯化锑、五氯化锑及乙二醇锑是最重要的锑化工产品，其次是四氧化二锑、三硫化二锑、五硫化二锑、硫酸锑、锑酸钾、锑酸铅、乳酸锑、酒石锑酸钾、酒石锑酸钠及硫代锑酸钠等。传统方法制取锑的化工产品必须经过金属锑阶段，存在流程长及污染严重等缺点，本节系统介绍由硫化锑(铅)精矿或锑物料直接制取锑化工产品的精细化工冶金方法，包括酸性湿法制取氧化锑和碱性湿法制取锑酸钠两部分。

## 3.2.1　酸性湿法制取氧化锑

### 1. 概述

酸性湿法炼锑的研究始于 1870 年，它的研究和发展经历了三个阶段。第一阶段的特征是以三氯化铁作氯化浸出剂，浸出液经电解或置换获得金属锑，至 20 世纪 80 年代初，尚未获得工业应用。第二阶段仅数年，其主要特征是以五氯化锑或氯气作氯化剂，直接由硫化锑矿或精矿制取锑白，获得小规模工业应用。20 世纪 90 年代进入第三阶段，其主要特征是处理高铅复杂锑精矿和由多金属复杂含锑物料制取多种高档次锑品，其中与等离子体超细粉体技术相结合，高纯超细氧化锑的生产线已于 1998 年投入工业应用。

迫于低浓度二氧化硫烟气危害和为了适应锑的市场格局，酸性湿法炼锑在开发利用我国极为丰富的高铅复杂锑矿资源上较传统火法炼锑具有明显的优势。

已获工业应用的酸性湿法炼锑的主要方法是以 A# 氯化剂—— 一种五氯化锑的水溶液为浸出剂的"氯化 - 水解法"和"新氯化 - 水解法"，二者都是在赵天从教授指导下由中南工业大学开发成功的，前者只适用于处理单一硫化锑矿，后者则可处理复杂锑矿或精矿，并生产高纯产品。另外，酸性湿法炼锑方法还包括"氯气浸出 - 水解法"，这是广东工学院曾达等开发成功的。氯气代替三氯化铁作氯化 - 浸出剂是酸性湿法炼锑技术的一大进步，这种方法的最大优点是避免了大量铁对分离过程的干扰及不需再生浸出剂，但也存在元素硫产率低、氯耗高、浸出液锑浓度低、酸耗高及过程难控制等问题。针对这些问题，中南工业大学研发成功 A#氯化剂，A#氯化剂兼有三氯化铁和氯气的优点，摒弃了它们的缺点。它的使用将酸性湿法炼锑推向了一个崭新的阶段。酸性湿法炼锑的原则工艺流程如图2-44 所示，主要包括氯化-浸出、还原、水解、中和及置换等过程。针对处理对象的不同，所用的工艺流程可简可繁。如对于单一硫化锑矿，不需要除铅、脱砷及回收有价元素的过程；对于脆硫锑铅矿精矿和铅阳极泥，则每个步骤都需要，且流程最长；对于高铅或高砷硫化锑矿，需在单一硫化锑矿的基础上分别增加脱铅及除砷步骤。

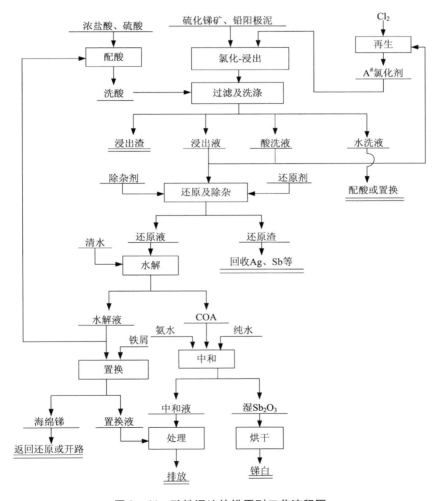

图 2-44 酸性湿法炼锑原则工艺流程图

### 2. 酸法的理论基础

1）水解平衡和氯配合平衡

在三氯化锑水解体系的氯配合平衡中，$Sb^{3+}$ 可与 $Cl^-$ 形成六种氯配合离子，$SbCl_i^{3-i}(i=1\sim6)$，因而三价锑的总浓度为：

$$[Sb^{3+}]_T = [SbO^+] + \sum_{i=1}^{6} [SbCl_i^{3-i}] \qquad (2-166)$$

与 $Sb^{3+}$ 配位的 $Cl^-$ 浓度为（mol/L）：

$$[Cl^-]_{Sb} = \sum_{i=1}^{6} i[SbCl_i^{3-i}] \qquad (2-167)$$

与其他金属离子（$Me^{n+}$）配位的 $Cl^-$ 浓度为（mol/L）：

$$[Cl^-]_{Me} = \frac{[Me^{n+}]_T \sum_{i=1}^{n} iK_i[Cl^-]^i}{1 + \sum K_i[Cl^-]^i} \qquad (2-168)$$

式中：$K_i$ 为 $Me^{n+}$ 的氯配合稳定常数；$[Cl^-]$ 表示游离氯离子浓度；$Me^{n+}$ 如不形成氯配合离子，则 $[Cl^-]_{Me}=0$。因此，总氯离子浓度为：

$$[Cl^-]_T = [Cl^-] + [Cl^-]_{Sb} + [Cl^-]_{Me} \qquad (2-169)$$

$Sb^{3+}$ 氯配离子的水解平衡具有如下形式：

$$a[SbCl_i^{3-i}] + hH_2O \Longrightarrow Sb_aCl_jO_h + (ai-j)Cl^- + 2hH^+ \qquad (2-170)$$

式中：$Sb_aCl_jO_h$ 为固态水解产物。据此，可建立个数与 $Sb^{3+}$ 种数相等的离子浓度指数方程：

$$[R_i^{z-}] = \exp(N + H\ln[H^+] + L\ln[Cl^-]) \qquad (2-171)$$

式中：$[R_i^{z-}]$ 包括 $[SbO^+]$ 和 $[SbCl_i^{3-i}]$；$N$ 为常数，可由水解反应的平衡常数求得；$H=2h/a$，即一个锑氯配合离子水解反应得失质子数；$L=i-j/a$，即一个锑氯配合离子水解反应游离出的氯离子数。

根据电中性原理，建立电荷平衡方程：

$$3[Sb^{3+}]_T + [H^+] + n[Me^{n+}]_T = [Cl^-]_T \qquad (2-172)$$

将式（2-167）、式（2-168）及式（2-171）代入式（2-166）、式（2-169）及式（2-172），先假定 $[Cl^-]_T$ 或 $[Cl^-]_T$ 和 $[Me^{n+}]_T$，联立式（2-166）、式（2-169）及式（2-172），求解并绘图，最后求得关联 $[Cl^-]_T$ 或 $[Cl^-]_T$ 和 $[Me^{n+}]_T$ 的 $Sb^{3+}$ 总浓度的基本热力学模型：

$$\lg[Sb^{3+}]_T = A[Cl^-]_T + B[Me^{n+}]_T + C \qquad (2-173)$$

或
$$[Sb^{3+}]_T = A'[Cl^-]_T + B'[Me^{n+}]_T + C' \qquad (2-174)$$

式中的系数取值和公式的适用条件见文献[43]。

2）氯化-浸出过程的基本原理

在 A#氯化剂浸出硫化锑矿及含锑阳极泥过程中,既要考虑氧化 - 还原平衡:

$$Sb_2S_3 + 3SbCl_5 \Longrightarrow 5SbCl_3 + 3S^0 \qquad (2-175)$$

$$Pb_4FeSb_6S_{14} + 14SbCl_5 \Longrightarrow 4PbCl_2 + FeCl_2 + 20SbCl_3 + 14S^0 \qquad (2-176)$$

$$Me + SbCl_5 \Longrightarrow MeCl_2 + SbCl_3 \qquad (2-177)$$

$$2Me + iSbCl_5 \Longrightarrow 2MeCl_i + iSbCl_3 \qquad (2-178)$$

又要考虑浸出体系中如式(2-170)所示的水解平衡。根据氧化还原平衡,可确定浸出液返回分数:

$$\gamma = \frac{(1+\delta)\beta^{(5)}}{(1+\delta)\beta^{(5)} + \beta^{(3)}} \qquad (2-179)$$

式中:$\delta$ 为 A#氯化剂关键组分过剩系数;$\beta^{(5)}$、$\beta^{(3)}$ 分别为氯化剂及浸出液中五价锑、三价锑的当量含量。对于硫化锑矿:

$$\beta^{(5)} = 3.3047\alpha_S \qquad (2-180)$$

对于阳极泥:

$$\beta^{(5)} = \sum_{i-1}^{n} \frac{121.75\alpha_i Z_i(1-x_i)}{2M_i} \qquad (2-181)$$

式中:$\alpha_S$ 为锑矿中可反应硫的含量;$M_i$、$\alpha_i$、$x_i$ 分别为阳极泥中 $i$ 种金属的分子量、含量、氧化率;$Z_i$ 为 $i$ 种金属被氧化后的低价离子价数。

$$\beta^{(3)} = \eta_{Sb}\alpha_{Sb} + \sum_{j=1}^{n} K_j\eta_j\alpha_j \qquad (2-182)$$

式中:$\alpha_j$、$\eta_j$ 分别为具有高价离子的金属(如 Fe、Cu、Sn、As 等可视为具有高价氯化物的金属)含量、浸出率;$K_j$ 为换算系数,由锑与相应金属的原子量及一个分子氯化剂吸收的电子数确定。

根据浸出体系不产生水解的原则,可由式(2-174)推导计算极限总氯离子浓度($[Cl^-]_{TL}$)和极限酸度($[H^+]_L$)即维持浸出体系中 $SbCl_3$ 始终不水解的最低酸度的公式:

$$[Cl^-]_{TL} = 1/A([Sb^{3+}]_T - B[Me^{n+}]_T - C) \qquad (2-183)$$

$$[H^+]_L = [Cl^-]_{TL} - 3[Sb^{3+}]_T - n[Me^{n+}]_T \qquad (2-184)$$

式中:$[Sb^{3+}]_T$ 为浸出液中锑的平衡浓度,可由式(2-185)算出。

$$c_i = \frac{1000\alpha_i\eta_i}{(1-\gamma)R} \qquad (2-185)$$

式中:$R$ 为液固比。

最后,根据锑原料中耗酸化合物的含量,算出浸出过程的消耗酸度$[H^+]_S$。A#氯化剂的酸度应是极限酸度、消耗酸度和保险酸度$[H^+]_P$的总和:

$$[H^+] = [H^+]_L + [H^+]_S + [H^+]_P \qquad (2-186)$$

于是 A#氯化剂的关键组成全部确定。

3）水解过程基本原理和数模控制

三氯化锑能在较高的酸度下水解，而其他金属离子水解的酸度低，即 pH 高，因而三氯化锑的水解过程是个效果极佳的除杂过程。

设三氯化锑原液和水解液的体积分别为 $V_{原}$ 和 $V_T$；三氯化锑原液和水解液中总锑、总氯及其他金属离子浓度分别为 $[Sb^{3+}]_{T原}$、$[Cl^-]_{T原}$、$[Me^{n+}]_{T原}$ 和 $[Sb^{3+}]_T$、$[Cl^-]_T$、$[Me^{n+}]_T$；水解液酸度为 $[H^+]$；水解产物为 $Sb_4O_5Cl_2$。可以由三氯化锑水解系的基本热力学模型式（2－173）及式（2－174）推导出一系列计算加水量或中和剂量的公式，从而灵活地控制水解过程。这里仅介绍一些具有代表性而又常见的公式。例如：纯三氯化锑溶液的冲稀水解在 $Sb^{3+} - Cl^- - H_2O$ 水解系中进行，$B = 0$。

按水解液锑浓度计算的加水量为：

$$V_{水} = \frac{AV_{原}(2[Cl^-]_{T原} - [Sb^{3+}]_{T原})}{2\lg[Sb^{3+}]_T - A[Sb^{3+}]_T - 2c} - V_{原} \qquad (2-187)$$

对于纯固态三氯化锑的冲稀水解为：

$$V_{水} = \frac{A(1.34037 \times 10^{-2}G + 3[Sb^{3+}]_T)}{\lg[Sb^{3+}]_T - c} + 9.8637 \times 10^{-5}G \qquad (2-188)$$

式中：$G$ 为固体三氯化锑的质量，单位为 g；算出加水量的单位为 L。

含有不形成氯配合离子的其他金属离子的三氯化锑溶液的冲稀水解在 $Sb^{3+} - Me^+ - Cl^- - H_2O$ 水解系中进行，按水解率计算时有：

$$V_{水} = \frac{V_{原}}{c}\left\{\left(1 - \eta + \frac{A}{2}\eta\right)[Sb^{3+}]_{T原} - A[Cl^-]_{T原} - B[Me^+]_{原}\right\} - V_{原}$$

$$(2-189)$$

对三氯化锑溶液用碱液作中和剂的中和水解过程，可按式（2－190）计算碱液加入量：

$$V_{碱} = \frac{V_{原}}{B[Me^+]_{碱} + c}\left\{\left(1 - \eta + \frac{A}{2}\eta\right)[Sb^{3+}]_{T原} - A[Cl^-]_{T原} - B[Me^+]_{原} - c\right\}$$

$$(2-190)$$

式中：$V_{碱}$、$[Me^+]_{碱}$ 分别为碱液的体积、浓度。

用不形成氯配合阴离子的碱金属盐或氧化物作中和剂时有：

$$G_{中} = \frac{NV_{原}}{B}\left\{\left(1 - \eta + \frac{A}{2}\eta\right)[Sb^{3+}]_{T原} - A[Cl^-]_{T原} - B[Me^+]_{原} - C\right\} \qquad (2-191)$$

式中：$G_{中}$、$N$ 分别为中和剂的质量，单位为 g 和克当量数。用能形成氯配合离子的锌的碱性化合物作中和剂时，水解过程在 $Sb^{3+} - Zn^{2+} - Cl^- - H_2O$ 系中进行，这时有：

$$G_{Zn} = \frac{MV_{原}}{B}\left\{ \lg(1-\eta)\left[Sb^{3+}\right]_{T原} - A\left[Cl^-\right]_{T原} + \frac{A}{2}\eta\left[Sb^{3+}\right]_{T原} - B\left[Zn^{2+}\right]_{T原} - C \right\}$$

$$(2-192)$$

式中：$G_{Zn}$、$M$ 分别为锌化合物的质量、分子量。

以上重点介绍了以水解率和水解液中总锑浓度为控制目标的水解数学模型，当然还可以以总氯浓度和酸度为控制目标，从而求得一系列的水解模型。

**3. 硫化锑精矿、脆硫锑铅矿精矿的浸出**

1）浸出方式及技术条件

硫化锑精矿、脆硫锑铅矿精矿的氯化－浸出过程分循环浸出和非循环浸出两种形式。循环浸出是 A# 氯化剂作为浸出剂的必要浸出方式，因为 A# 氯化剂必须由返回的浸出液配制和再生。非循环浸出是氯气浸出，浸出条件为：①保证游离酸度 $2.5 \sim 3.0$ mol/L，也可用 NaCl 来代替部分游离酸；②反应温度 $80 \sim 85 ℃$；③反应时间 $2.0 \sim 4.0$ h；④氯气用量以浸出终点浸出液中含 $Sb^{5+}$ 10 g/L 为准；⑤必须用 $2.0 \sim 2.5$ mol/L 的洗酸洗浸出渣 $3 \sim 5$ 次，再水洗 $3 \sim 5$ 次。循环浸出条件为：①氯化剂过剩系数为 $0.1 \sim 0.15$；②浸出液返回份数按有关公式计算，对于单一硫化锑矿，一般为 60% 左右，而对于脆硫锑铅矿精矿却高达 72% ~ 75%；③浸出剂酸度：HCl $1.5 \sim 2.0$ mol/L，$H_2SO_4$ $0.75 \sim 1.0$ mol/L，采用 $H_2SO_4$ 主要是为了抑制铅进入浸出液；④温度和时间与一般浸出一样；⑤浸出终点判断为以浸出液为红棕色，含 $Sb^{5+}$ $5 \sim 10$ g/L 为准；⑥采用混酸洗渣，洗酸酸度与浸出剂一样，其量等于开路的浸出液量；⑦酸洗之后水洗浸出渣 $3 \sim 5$ 次，洗水量为精矿的 50%。洗酸由返回的水解液或浸渣水洗液、浓盐酸、浓硫酸(处理高铅锑精矿时用)配制，根据它们的酸度及要配洗酸的体积，建立二元或三元联立方程组，解得它们各自的用量。采用这种方式配酸，复杂锑矿可节酸 40% 以上，单一锑矿节酸 30% 以上，同时减少废水排放量。

2）浸出过程实践及设备

以循环浸出为例说明浸出过程操作：浸出过程包括 A# 氯化剂的配置和再生、加矿、保温、搅拌、过滤及洗涤等。A# 氯化剂再生前液由返回的浸出液和全部酸洗液配制，检查其主要成分、酸度和体积符合要求后，即通氯气再生，再生率（$[Sb^{5+}]/[Sb]_T$）$\geqslant 95\%$ 时，再生完成。浸出和再生在同一反应釜中进行，再生完成后，即可加矿浸出，浸出和再生都放出大量的热，因此，为加快通氯和加矿速度，必须采取冷却措施，以排走多余的热量。一般采用搪瓷反应釜(有夹套)作为浸出及再生槽，也可用其他耐腐蚀材质制作的反应槽，但必须附设有冷却排热装置。浸出槽盖装有均匀分布的由内至外包有聚四乙烯的钢管制成的四根通氯管，并有排气管由排风机排出酸雾。在浸出过程中，温度应维持 $80 \sim 85 ℃$，检查是否到浸出终点，若浸出液为灰白色，则氧化剂不够，需要补充通氯，使浸出液转为棕红色，并且 $Sb^{5+}$ 为 5～10 g/L 时，即可过滤。过滤可以在真空抽滤槽或带式过滤机上进行。因为要进行酸洗和水洗，不便用压滤机过滤。如果是带滤机，则需要设置过滤段、酸洗段和水洗段，滤渣洗净后自动卸下，劳动强度小。用抽滤槽过滤时，浸出液刚好滤干且滤渣未开裂前就要酸洗，洗涤 3～5 次。酸洗完成后进行水洗。用抽滤槽过滤，劳动强度大得多。

　　3）浸出过程技术数据及指标

　　以脆硫锑铅矿循环氯化－浸出的生产实际数据为例说明。精矿、浸渣、浸液、酸洗液、水洗液的成分见表 2－101。

表 2－101　浸出过程原料及产物化学成分/%

| 名称 | Sb | Pb | Zn | Fe | Cu | $\rho(Ag)/(g \cdot L^{-1})$ | Mn | As |
|---|---|---|---|---|---|---|---|---|
| 精矿 | 29.41 | 34.94 | 3.92 | 8.69 | 0.12 | 0.07 | 0.16 | 0.58 |
| 浸出液 | 323.33 | 1.96 | 29.83 | 71.31 | 0.57 | 0.56 | 2.42 | 0.355 |
| 浸出渣 | 0.80 | 49.29 | 0.652 | 3.69 | 0.058 | 0.0219 | 0.015 | 0.817 |
| 酸洗液 | 138.91 | 1.66 | — | 37.36 | — | 0.196 | — | — |
| 水洗液 | 18.69 | 1.14 | — | 8.66 | — | 0.024 | — | — |

| 名称 | Ca | Sn | Mg | Bi | In | $S(SO_4^{2-})$ | $Cl^-$ | $H^+$ |
|---|---|---|---|---|---|---|---|---|
| 精矿 | 1.03 | 0.46 | 0.048 | 0.017 | 0.0026 | 31.33 | — | — |
| 浸出液 | 0.23 | 0.16 | 0.83 | — | 0.006 | (32.98) | 488.39 | 2.504 |
| 浸出渣 | 0.82 | 0.317 | 0.002 | | | 34.92 | 11.69 | |
| 酸洗液 | — | — | — | — | — | (70.23) | 252.36 | — |
| 水洗液 | — | — | — | — | — | (21.95) | 67.69 | — |

　　按渣计算，锑和银的浸出率分别为 97.97% 和 78.98%，铅的入渣率≥99%，硫的转化率为 99.74%。主要化工材料单耗：氯气 1.236 t/t $Sb_2O_3$，工业盐酸 0.350 t/t $Sb_2O_3$，工业硫酸 0.250 t/t $Sb_2O_3$。

　　**4. 浸出液的还原**

　　浸出液中含有 $Sb^{5+}$ 及 $Fe^{3+}$ 等高价离子，水解前必须还原，还原剂可以用锑粉或铁粉。采用水解液置换回收的活性锑粉最佳，活性锑粉用水保护以防止氧化、还原反应为：

$$3Sb^{5+} + 2Sb \longrightarrow 5Sb^{3+} \qquad\qquad (2-193)$$

$$3Fe^{3+} + Sb \longrightarrow 3Fe^{2+} + Sb^{3+} \qquad\qquad (2-194)$$

　　还原过程在常温下进行，以还原液为白色或浅绿色为还原终点。如果浸出液中含银较高，还原时顺便将银置换回收，即在还原到达终点后，多批加入 5 ~ 20 目的细铁粉沉淀银，当浸出液含银 $\geqslant 0.5$ g/L，银的回收率大于90%，还原渣银含量 $\geqslant 7\%$ 时，还原液易氧化，要及时水解。

### 5. 还原液的水解

1）水解方式及技术条件和指标

水解方式包括冲稀水解和中和水解两种。在冲稀水解脱水良好的情况下不应采用中和水解，中和水解只适用于阳极泥及极复杂的脆硫锑铅矿精矿浸出液的还原液。

冲稀水解在常温下进行，控制水解液含 $Sb^{3+}$ 1 ~ 2 g/L，用式（2 – 187）计算加水量，脱水后搅拌 10 ~ 20 min，氯氧锑滤饼用纯水洗 8 次以上。中和水解过程中原料为铅阳极泥时数控水解率取45% ~ 50%，为长坡脆硫锑矿精矿时取85%，用氨水或苏打为中和剂，按式（2 – 190）、式（2 – 191）计算其加入量，洗涤要求与冲稀水解过程一样。必要时，水解过程中加入某些配合剂以提高产品质量。水解率均很高（ $\geqslant 95\%$ ），水解液含锑 $\leqslant 1$ g/L。

2）水解过程作业

当还原液加入到澄清水中后，$SbCl_3$ 开始水解，生成一些不稳定的中间产物：

$$4SbCl_3 + 8H_2O \longrightarrow Sb_4O_3(OH)_5Cl + 11HCl \qquad (2-195)$$

$$4SbCl_3 + 6H_2O \longrightarrow Sb_4O_3(OH)_3Cl_3 + 9HCl \qquad (2-196)$$

料浆很黏稠，需加强搅拌，然后发生明显的脱水过程：

$$Sb_4O_3(OH)_3Cl_3 + HCl \longrightarrow 4SbOCl + 2H_2O \qquad (2-197)$$

$$Sb_4O_3(OH)_3Cl_3 \longrightarrow Sb_4O_5Cl_2 + H_2O + HCl \qquad (2-198)$$

$$Sb_4O_3(OH)_5Cl + 3HCl \longrightarrow 4SbOCl + 4H_2O \qquad (2-199)$$

$$Sb_4O_3(OH)_5Cl + HCl \longrightarrow Sb_4O_5Cl_2 + 3H_2O \qquad (2-200)$$

生成过滤性能好、易洗涤的 $Sb_4O_5Cl_2$。脱水 10 ~ 20 min 后停止搅拌、澄清，然后抽上清液，再将沉底的氯氧化锑过滤。中等规模以上工厂用带式过滤机过滤比较好，带式过滤机设置过滤段和洗涤段，用纯水洗涤确保氯氧化锑洗干净。带式过滤连续化，劳动强度低。小规模的工厂用真空抽滤槽过滤。水解液滤完后，即用纯水洗滤饼 8 次以上，以确保洗净杂质元素。

### 6. 氯氧化锑的中和

中和的目的是脱除 $Sb_4O_5Cl_2$ 中的氯，使之转化为 $Sb_2O_3$，一般用氨水作中和剂：

$$Sb_4O_5Cl_2 + 2NH_4OH \longrightarrow 2Sb_2O_3 + 2NH_4Cl + H_2O \qquad (2-201)$$

另外，在中和的同时加入适量的配合剂及转型剂，可以大大降低氧化锑中铅铁等杂质元素的含量（ $\leqslant 0.001\%$ ），并使氧化锑的晶形由斜方转化成立方，大大减小锑的光敏性，对保持产品白度非常有利。中和过程中，用中和洗液调浆，在常温条件下中和，终点 pH 为 7.5 左右，并稳定 10 ~ 20 min。然后，过滤洗涤，中等规模以上的工厂应该用带式过滤机，带式过滤机应设置过滤段和洗涤段，小规模的工厂用真空抽滤槽过滤机，用纯水洗涤，洗涤快到终点（8 次以上）时，用 $AgNO_3$ 检查洗液无白色沉淀为止。

### 7. 湿氧化锑的干燥

湿氧化锑含水 30% 左右，必须进行干燥，使水分降到 0.1% 以下。中等以上规模的工厂应该采用连续干燥设备进行干燥，小规模的工厂用干燥盘在隧道窑中干燥。要注意的是，产生的水汽含微量 HCl，干燥设备的材质最好是钢衬氟塑料或耐热橡胶。由脆硫锑铅矿精矿直接制成的氧化锑产品质量情况见表 2 - 102。

表 2 - 102　新氯化 - 水解法直接制得的氧化锑主要成分及杂质元素含量/%

| 样号 | $Sb_2O_3$ | Pb | As | Fe | Cu | Bi | Se | S | Cl |
|---|---|---|---|---|---|---|---|---|---|
| OA - 2 | 99.83 | 0.0012 | 0.0098 | 0.0019 | 0.00069 | 0.0062 | 0.0022 | 0.0013 | 0.013 |
| OA - 3 | 99.91 | 0.0021 | 0.017 | 0.0005 | 0.00029 | 0.0054 | 0.0023 | 0.0010 | 0.012 |
| OA - 4 | 99.81 | 0.0014 | 0.021 | 0.0005 | 0.00026 | 0.0052 | 0.0024 | 0.0010 | 0.016 |

注：未采取除砷措施。

### 8. 水解液的置换

水解液含 $Sb^{3+}$ 1 g/L 左右，含 $H^+$ 1.0 ~ 1.4 mol/L。少部分返回配洗酸，大部分为开路实验。为了回收其中的锑，并为还原过程提供活性锑粉，水解液必须用铁屑置换。置换过程在常温下进行，铁用量为理论量的 1.2 倍（$[Sb^{3+}] > 0.5$ g/L）或 2.0 倍（$[Sb^{3+}] \leqslant 0.5$ g/L），置换时间为 30 min 左右，用冲水法检查置换后液无白色沉淀即到置换终点。此时，必须马上过滤，如果继续搅拌，活性锑粉会因被空气氧化而返溶。

### 9. 酸性湿法炼锑"三废"治理

1）废渣治理

酸性湿法炼锑的废渣有浸出渣、还原渣和废水处理渣三种。单一硫化锑矿的浸出渣含元素硫和 $SiO_2$ 都较高，用浮选法回收硫磺后是制水泥的好原料，或作为燃料和硫资源纳入再生铅富氧熔池熔炼流程。脆硫锑铅矿精矿的氯化浸出渣富含铅、银、硫等有价元素，可纳入富氧熔池氧化熔炼炼铅流程，或经转化脱氯浮选得硫精矿和可直接进行低温还原熔炼的碳酸铅精矿，硫精矿再用浮选法分选出元素硫，并产出二次铅精矿。还原渣一般含锑 ≥50%，是火法炼锑的好原料；如果含有银，则先回收银，再回收锑。废水处理渣的主要成分是 $Fe(OH)_2$、$Fe(OH)_3$ 及 $CaSO_4$，但含少量重金属对环境有害，堆于专用渣场。

2）废水治理

酸性湿法炼锑废水主要是置换液，约 23 $m^3/t$ 氧化锑，成分为：Sb 0.004 g/L，Ag 0.0014 g/L，$Fe^{2+}$ 7.83 g/L，Pb 0.13 g/L，Cu 0.0069 g/L，As 0.0104 g/L，Sn 0.009 g/L，$Cl^-$ 46.42 g/L，$SO_4^{2-}$ 3.77 g/L。这种废水先用石灰石中和至 pH≥2，再用石灰中和，并鼓入空气或加入漂白粉之类的氧化剂，最后调 pH 至 7~7.5，澄清，有害元素 Pb、As、Cd、Sb、Zn 等的含量均可达到国家标准。

3）废气治理

酸性湿法炼锑过程的废气有浸出及再生过程的酸雾、还原过程的酸雾及中和过程的氨雾。还原及中和过程的酸雾和氨雾量均很少，可并入浸出及再生过程的酸雾中。浸出及再生过程酸雾量大，温度高，除含 HCl 外，还含有 $Cl_2$、$SbCl_3$、$SbCl_5$ 等腐蚀性强、毒性大的物质，必须进行处理。具体办法是，将这种酸雾气体引入淋洗塔，用含有 $SbCl_3$ 的稀溶液（如浸出渣水洗液等）淋洗，淋洗液再返回浸出过程。这样，上述物质全部回收利用，做到变废为宝。

### 3.2.2 碱性湿法制取锑酸钠

#### 1. 碱性湿法炼锑过程的热力学

1）Sb－S－$H_2O$ 系碱性负电位区的热力学分析

Sb－S－$H_2O$ 系是复杂的配合物体系，溶液中除了存在单一配位体的单核配合离子（$SbS_2^-$、$SbS_3^{3-}$、$SbS_4^{3-}$）外，还有单一配位体的多核配合离子（$Sb_2S_4^{2-}$、$Sb_2S_5^{4-}$、$Sb_2S_6^{6-}$）以及部分氧代配位体的配合离子，前者如 $SbSO^-$、$SbSO_2^-$，后者如 $SbO^+$、$SbO_2^-$、$SbO_3^{3-}$、$SbO_3^-$、$SbO_4^{3-}$。作为配位体的 $S^{2-}$ 也有多种变价离子（$S_2^{2-}$、$S_2O_3^{2-}$、$SO_4^{2-}$、$SO_3^{2-}$ 等）和变体离子（$HS^-$）。

根据同时平衡原理和电中性原理，用计算机求解指数方程，进行了 Sb－S－$H_2O$ 系的电位－pH 计算，绘制了 25℃时 $[Sb]_T$＝1 mol/L 及 $[S]_T$ 分别等于 2 mol/L 和 3 mol/L Sb－S－$H_2O$ 系的电位－pH 图（图 2－45、图 2－46）。图中 $[Sb]_T$ 和 $[S]_T$ 分别为含锑和含硫的离子平衡总浓度。

由图 2－45 可以看出，在固－液平衡线上，随着 pH 升高，电位负向移动，溶液中含锑配合离子由以配位数少的配合离子（$SbS_2^-$）为主（pH＜13.6）过渡到以配位数多的配合离子（$SbS_3^{3-}$、$Sb_2S_6^{6-}$）为主（pH＝13.6~14.2）；同时锑配合阴离子中代替的氧原子数增加，例如在 pH＞14.2 时，以 $SbO_3^{3-}$ 为主。

由图 2－45 和图 2－46 可以看出，溶液的稳定区，特别是简单配位配合离子稳定区很窄。即随着电位的升高，氧代配位体的个数增加，以致最后变成全部氧代的 $SbO_4^{3-}$、$SbO_3^-$、$SbO_3^{3-}$ 或 $SbO_2^-$ 等离子，而被氧取代的 $S^{2-}$ 氧化成 $S_2O_3^{2-}$ 等，这说明浸出液极易氧化，生成各种钠盐（$Na_2S_2O_3$、$Na_2SO_3$、$Na_2SO_4$ 等）。

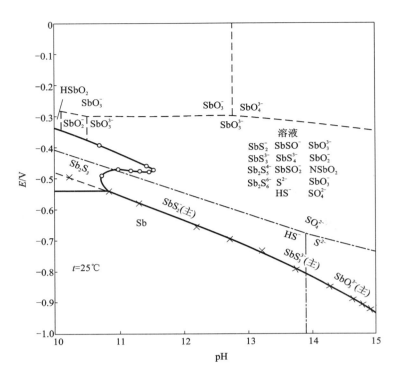

图 2-45　Sb-S-H₂O 系电位-pH 图

$[Sb]_T = 1\ mol/L$，$[S]_T = 2\ mol/L$

由图 2-45 和图 2-46 还可看出，随着$[Sb]_T/[S]_T$的减小，锑固相和 Sb₂S₃ 固相稳定区缩小，溶液稳定区扩大。在$[Sb]_T/[S]_T = 1/2$ 时，Sb₂S₃ 固相稳定区面积较大，当$[Sb]_T/[S]_T = 1/3$ 时，Sb₂S₃ 固相稳定区缩成一窄条状。计算表明，当$[Sb]_T/[S]_T ≤ 1/4$ 时，图中的 Sb₂S₃ 固相稳定区消失。这说明硫化锑精矿适宜的浸出条件是$[Sb]_T/[S]_T ≤ 1/4$。

2）Sb-Na-S-H₂O 系碱性负电位区的热力学分析

碱性湿法炼锑体系实际上是存在有 Na⁺ 的更加复杂的 Sb-Na-S-H₂O 体系，该体系中存在溶液与 Na₃SbO₄ 晶体、NaSbS₂ 晶体及固态锑与固态 NaSbS₂ 的平衡。通过计算机求解指数方程，绘制出图 2-47 和图 2-48。

由图 2-47 和图 2-48 可以看出，Na₃SbO₄ 和 NaSbS₂ 具有较宽的稳定区，即实际存在的大片溶液稳定区为这两个固相区所覆盖，这与含锑量高的电解液冷却时出现结晶的情况相符。由于 Na₃SbO₄ 的稳定区较宽，因此在碱性溶液中由 Na₃SbS₃ 制取 Na₃SbO₄ 结晶是很容易进行的。这对研究新产品——锑酸钠的制备

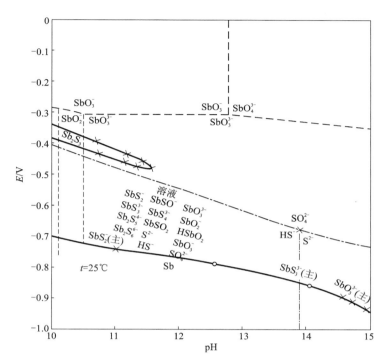

**图 2 - 46   Sb - S - H₂O 系电位 - pH 图**

$[Sb]_T = 1 \ mol/L, \ [S]_T = 3 \ mol/L$

具有一定的指导意义,如直接法制取锑酸钠的新工艺。

**2. 硫化锑精矿的浸出**

用 $Na_2S$ 溶液浸出硫化锑精矿及脆硫锑铅精矿的主要反应为:

$$3Na_2S + Sb_2S_3 = 2Na_3SbS_3 \tag{2-202}$$

$$9Na_2S + Sb_6Pb_4FeS_{14} = 6Na_3SbS_3 + 4PbS + FeS \tag{2-203}$$

$$Na_3SbS_3 = 3Na^+ + SbS_3^{3-} \tag{2-204}$$

但 $Na_2S$ 在水中能强烈地水解:

$$Na_2S + H_2O = NaOH + NaHS \tag{2-205}$$

而水解后产生的 NaHS 又被空气中的氧所氧化,生成多硫化钠 $Na_2S_2$,从而降低 $Na_2S$ 的作用,所以在 $Na_2S$ 浸出液中加入一定的 NaOH,以抑制这两种影响浸出效率的不利反应。实验证明,在添加 NaOH 的情况下,$Na_2S$ 用量略高于理论量,就可得到很高的浸出率。因此,实际上所用的浸出剂为 $Na_2S$ + NaOH,当 $Na_2S$ 不足时,NaOH 对 $Sb_2S_3$ 也有一定的溶解作用,其反应为:

$$Sb_2S_3 + 4NaOH = NaSbO_2 + Na_3SbS_3 + 2H_2O \tag{2-206}$$

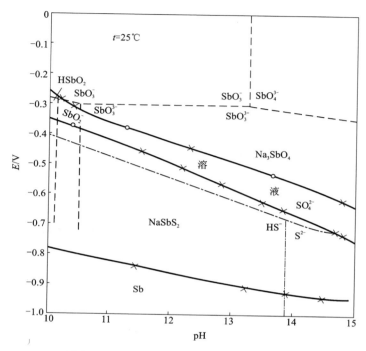

**图 2 - 47 Sb - Na - S - H₂O 系电位 - pH 图**

25℃，$[Sb]_T = 0.5 \text{ mol/L}$，$[S]_T = 2.0 \text{ mol/L}$

$Na_2S + NaOH$ 混合溶液也可溶解 $Sb_2O_3$，其反应分两步进行：

$$Sb_2O_3 + 3Na_2S + 3H_2O =\!=\!= Sb_2S_3 + 6NaOH \tag{2-207}$$

$$Sb_2S_3 + 3Na_2S =\!=\!= 2Na_3SbS_3 \tag{2-208}$$

$$Sb_2O_3 + 6Na_2S + 3H_2O =\!=\!= 2Na_3SbS_3 + 6NaOH \tag{2-209}$$

高价氧化物 $Sb_2O_4$ 和 $Sb_2O_5$ 在 $Na_2S$ 溶液中不溶解。硫化锑精矿中的伴生金属，除 Hg 和 As 外，Cu、Pb、Fe、Zn、Ag 等在 $Na_2S$ 溶液中都难溶解，在浸出过程中富集于渣中。Hg 和 As 的硫化物的浸出反应如下：

$$HgS + Na_2S =\!=\!= Na_2HgS_2 \tag{2-210}$$

$$As_2S_3 + 3Na_2S =\!=\!= 2Na_3AsS_3 \tag{2-211}$$

$$As_2S_5 + 3Na_2S =\!=\!= 2Na_3AsS_4 \tag{2-212}$$

砷的硫化物也能被 NaOH 溶解，但毒砂(FeAsS)中的砷不溶。

**3. 浸出液的催化氧化及锑酸钠的制取**

计算催化氧化反应及 NaOH 消耗。催化氧化沉锑过程的基本化学反应如下：

$$2Na_3SbS_3 + 7O_2 + 2NaOH + 5H_2O =\!=\!= 2NaSb(OH)_6 + 3Na_2S_2O_3 \tag{2-213}$$

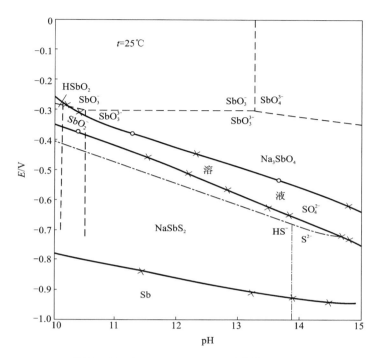

**图 2 – 48 Sb – S – Na – H₂O 系电位 – pH 图**

25℃，$[Sb]_T = 0.5\ mol/L$，$[S]_T = 3.0\ mol/L$

$$2Na_2S + 2O_2 + H_2O \Longrightarrow Na_2S_2O_3 + 2NaOH \qquad (2-214)$$

$$2Na_3AsS_3 + 7O_2 + 6NaOH \Longrightarrow 2Na_3AsO_4 + 3Na_2S_2O_3 + 3H_2O \qquad (2-215)$$

反应（2 – 213）、反应（2 – 215）消耗 NaOH，而反应（2 – 214）产生 NaOH。根据锑液成分 $\rho(Sb) = 61.73\ g/L$，$\rho(As) = 8.88\ g/L$，进行计算：

反应（2 – 213）消耗 NaOH：$2 \times 40 \times 61.73/(2 \times 121.75) \approx 20.28\ g/L$。反应（2 – 215）消耗 NaOH：$6 \times 40 \times 8.88/(2 \times 74.92) \approx 14.22\ g/L$。反应总消耗 NaOH 约 34.50 g/L。

### 4. 工艺技术条件

影响氧化沉锑过程的主要因素有锑浓度、锑液中 NaOH 浓度、催化剂组合及用量、鼓风强度、反应温度等。催化剂可以选择可溶性铜盐、可溶性锰盐、苯二酚、草酸盐及酒石酸盐等。其中，可溶性铜盐可为硫酸铜或氯化铜等，可溶性锰盐可为硫酸锰、二氧化锰或高锰酸钾等，苯二酚可为对苯二酚、间苯二酚或邻苯二酚。对催化剂选择总的要求是：能快速有效沉锑、不产生固体物污染焦锑酸钠产品、不使溶液严重着色而影响主产品焦锑酸钠及副产品硫代硫酸钠的质量、价格便宜或加入量少、无毒等。

两种或更多种催化剂的组合能更加有效地加快沉锑过程。通过筛选实验，确定催化剂组合及用量为：0.25 g/L 邻苯二酚 + 0.5 g/L 高锰酸钾 + 1.0 g/L 苯酚。苯酚的加入是关键，它具有和邻苯二酚相同的催化机理，催化性能与其相似，而在一定用量范围内基本不使沉锑后液着色。

鼓风强度是指单位时间鼓风量与反应器横截面积之比。鼓风强度越大，反应体系中反应剂氧气的浓度相应越大，而且分布均匀，显然是有利于沉锑反应。由于氧气在液相中溶解度是有限的，当达到一定程度时，鼓风强度再增加，也不影响沉锑过程。因此，鼓风强度选择 $1.6 \sim 2.0$ $m^3/(m^2 \cdot min)$。

从动力学角度考虑，温度从两个方面影响沉锑过程。一方面，温度的升高，根据阿累尼乌斯公式 $\ln k = -E_a/(R \times T) + B$，显然有利于提高反应速度。另一方面，温度的升高，由于氧气在溶液中溶解度下降，根据质量作用定律，反而降低了反应速度。生产实践中反应温度为 $80 \sim 90℃$。

从催化氧化反应可知，反应消耗 NaOH 的总量是 34.5 g/L，因此必须保证沉锑液中有足够的 NaOH，以使反应快速彻底进行。当 NaOH 浓度达到 50 g/L，已基本上不影响沉锑后液中的锑浓度，因此该体系中 NaOH 浓度可选择 50 g/L，其过量系数按沉锑及砷氧化消耗计算为 $1.4 \sim 1.5$。

总之，催化氧化沉锑最佳工艺技术条件是：催化剂组合及用量为 0.25 g/L 邻苯二酚 + 0.5 g/L 高锰酸钾 + 1.0 g/L 苯酚；鼓风强度 $1.6 \sim 2.0$ $m^3/(m^2 \cdot min)$；反应温度 $80 \sim 90℃$；NaOH（按沉锑及砷氧化消耗）过量系数 $1.4 \sim 1.5$。在上述最佳条件下，空气氧化沉锑 12 h，溶液中锑基本被沉淀完全。

**5. 硫代硫酸钠的提取**

在 $Sb - Na - S - H_2O$ 系空气催化氧化中，首先进行的是游离 $Na_2S$ 氧化反应生成 $Na_2S_2O_3$，当游离 $Na_2S$ 浓度不大时，开始进行 $Na_3SbS_3$ 的氧化反应，相应伴随着溶液颜色的变化，即从草黄色经暗褐色到无色，而这样的颜色变化标志着不同 $x(S)/x(Sb)$ 的锑硫配合物：当 $x(S)/x(Sb) = 3$ 时，颜色为草黄色；当 $x(S)/x(Sb) = 2.5$ 时，颜色为深橙色；当 $x(S)/x(Sb) = 2$ 时，颜色为暗褐色。

脱硫反应生成的游离 $Na_2S$ 又马上被氧化成 $Na_2S_2O_3$，脱硫反应方程式为：

$$4SbS_3^{3-} + 2O_2 + H_2O \Longrightarrow 2Sb_2S_5^{4-} + S_2O_3^{2-} + 2OH^- \qquad (2-216)$$

$$2Sb_2S_5^{4-} + 2O_2 + H_2O \Longrightarrow 2Sb_2S_4^{2-} + S_2O_3^{2-} + 2OH^- \qquad (2-217)$$

综上所述，沉锑后液中 $Na_2S_2O_3$ 是基本产物，其所含硫占溶液中总硫的 81%，另有少量的 $Na_2SO_3$、$Na_2SO_4$，其中 $Na_2SO_3$ 所含硫占溶液中总硫的 9.5%，$Na_2SO_4$ 所含硫占溶液中总硫的 9.5%。

对以上成分的沉锑后液进行蒸发浓缩和冷却结晶，首先硫代硫酸钠以 $Na_2S_2O_3 \cdot 5H_2O$ 形式析出，离心分离，即可得工业级硫代硫酸钠产品，母液主要

是 $Na_2SO_4$ 和 $Na_2SO_3$，用石灰处理后排放。

# 3.3　铋化工产品的直接制取

## 3.3.1　概述

铋在地球上储量稀少，我国是铋资源最丰富的国家，铋储量在 300 kt 以上，占全世界的 70%。近几年来，我国的铋产量大于 10000 t/a，占世界总产量的 3/4。但我国目前铋冶炼和深加工工艺十分落后，因而我国的铋产品大部分以精铋出口，精铋价格低，为铋产品的 1/5 ~ 1/2。

铋是一种"化学"金属，80% 以上以化合物形态使用。铋广泛地应用于医药、电子陶瓷、催化剂、工业颜料、化妆品、阻燃剂及化学品等。铋的化工产品多种多样，主要有三氧化二铋、硝酸铋、次硝酸铋（碱式硝酸铋）、次碳酸铋（碱式碳酸铋）、铝酸铋、枸橼酸铋、氯氧化铋和钒酸铋等。

世界各国均以精铋为原料制备铋的化工产品，除了超细球状氧化铋外，所有的铋的化工产品的生产均采用湿法工艺，经过硝酸铋阶段，即先由精铋制备硝酸铋，再以硝酸铋为原料采用以下几种方法制备氧化铋：①氢氧化钠中和；②碳酸盐沉淀（先制得次碳酸铋，再将次碳酸铋进行热分解）；③将硝酸铋先水解制得次硝酸铋，再将次硝酸铋进行热分解。然后，由氧化铋或硝酸铋制备铋的其他化工产品，例如碱式硝酸铋、碱式碳酸铋、钒酸铋及铝酸铋等由硝酸铋制备，水杨酸铋、枸橼酸铋、三氯化铋和氯氧化铋等由氧化铋制备。

传统方法由金属铋制取硝酸铋溶液时消耗大量硝酸，产生致癌的 $NO_x$，新方法即电溶法铋浓度低，制取 $Bi(NO_3)_3 \cdot 5H_2O$ 时浓缩成本高，由硝酸铋制备氧化铋和其他铋的化工产品时，又消耗大量化学试剂，排出大量废水和废气。因此，传统方法及新方法的生产成本高、氨氮废水污染大等问题仍然无法解决。

针对这些问题，作者团队成功开发了"低温氧化法制备氧化铋和铋系列化工产品"的新工艺，该工艺化学试剂消耗少、能耗低、生产成本低，不产生 $NO_x$ 致癌毒气和废水。本节重点介绍铋粉低温氧化法制备氧化铋继而制取硝酸铋等铋的多种精细化工产品的工艺和理论，还介绍硫化铋精矿制备三氯化铋的工艺与理论。

## 3.3.2　硫化铋精矿制取三氯化铋

### 1. 研究背景

铋在自然界中很少形成单独的矿床，大多与铅、锡、铜、钨、钼等矿物共生，其中与铅、锡、铜矿物共生的铋难以通过选矿方法分离，一般从铅、锡、铜的冶炼副产物中回收铋；而与钨、钼共生的辉铋矿和铋华等可用选矿方法产出铋精矿，但其中硅含量较高，且含铍、氟，采用火法冶金处理时，铍、氟和低浓度二氧化硫烟气污染严重。根据 Bi(Ⅲ)易形成氯配合物的原理，人们开展了铋氯配合冶金新方法研究，最先是研究三氯化铁酸性水溶液体系中处理铋中矿及复杂铋物料制取海绵铋的工艺。20 世纪 90 年代初，作者开始研究非三氯化铁体系的铋氯配合冶金工艺与理论，用氯化 - 水解法处理硫化铋精矿、铋中矿直接制取铋化学品，用氯化 - 干馏法处理硫化铋精矿制取三氯化铋。本节重点介绍柿竹园硫化铋精矿氯化 - 干馏法制取三氯化铋的研究成果。

### 2. 基本原理

在硫化铋矿的氯化浸出中既存在 $Bi_2S_3$ 的氧化过程：

$$Bi_2S_3 \longrightarrow 2Bi^{3+} + 3S^0 + 6e^- \tag{2-218}$$

也存在 Bi(Ⅲ)的配合平衡和水解平衡：

$$Bi^{3+} + iCl^- \Longrightarrow BiCl_i^{3-i} \quad (i = 1 \sim 6) \tag{2-219}$$

$$BiCl_i^{3-i} + H_2O \Longrightarrow BiOCl \downarrow + 2HCl + (i-3)Cl^- \tag{2-220}$$

由三氯化铋水解过程的热力学分析可知，浸出液中其他金属离子的富集(如 $Fe^{2+}$)可代替需添加的金属氯化物，进一步提高铋浸出率，降低浸出体系极限酸度。当浸出体系中铁离子富集到 30 g/L 时极限酸度可降低到 0.16 mol/L，通过非氧化浸出实验，可确定某种铋矿在相应液固比和铋浓度下的消耗酸度，从而确定浸出体系的总酸度。铁离子的存在对 $Bi_2S_3$ 的氧化还起着极其重要的催化作用，如反应(2-221)和反应(2-222)：

$$FeCl_3 \longrightarrow Fe^{3+} + 3Cl^- \tag{2-221}$$

$$Bi_2S_3 + 6Fe^{3+} \longrightarrow 2Bi^{3+} + 6Fe^{2+} + 3S^0 \tag{2-222}$$

在循环浸出中，浸出液中的金属离子浓度较常规浸出过程富集 $1/(1-\nu)$ 倍，$\nu$ 为浸出液返回分数，利用式(2-223)可确定达到平衡的循环浸出次数：

$$De = 1 - (1-\nu) + \nu^2 + \cdots + \nu^{n-1} \tag{2-223}$$

式中：$De$ 为浸出体系中金属浓度与平衡浓度的相对误差。

### 3. 矿物原料

实验所采用的矿物原料系柿竹园含铍含氟铋精矿，其化学成分见表 2-103。

表 2-103　柿竹园含铍含氟铋精矿化学成分

| 元素 | Bi | Pb | Cu | Zn | Sn | Fe | As | S | Ag |
|------|------|------|------|------|------|------|------|------|------|
| 含量/% | 23.87 | 0.79 | 0.49 | 0.19 | 1.24 | 19.12 | 0.29 | 30.98 | 0.0105 |
| 元素 | F | WO₃ | Mo | BeO | CaO | Al₂O₃ | SiO₂ | Au* | — |
| 含量/% | 1.30 | 0.60 | 1.80 | 0.0024 | 5.22 | 1.87 | 8.80 | 1.68 | — |

注：* 单位为 g/t。

物相分析表明，铋主要以辉铋矿存在，也有少量的氧化铋和金属铋。大部分铁以黄铁矿形式出现，钙主要以萤石、碳酸盐形态存在，硅的主要存在形态是石英和硅酸盐，铍以绿柱石的形态存在，矿相十分复杂。精矿中的主要有价元素是铋，除硫外伴生元素含量都较低，较难回收利用。此外，精矿中尚含有0.0024%的 BeO 及 1.30% 的 F，因此，在选择冶炼方法和工艺流程时，必须考虑铍、氟的危害。

### 4. 氯化循环浸出

硫化铋精矿氯化循环浸出条件为：循环液固比 2.5∶1，温度 85℃，通氯时间 0.4 min/g 矿，总反应时间 2 h，初始酸度 0.707 mol/L，添加剂 MC 0.1%、$Fe^{2+}$ 10 g/L、$NH_4Cl$ 1 mol/L，洗酸酸度 1.572 mol/L，返回系数 0.68。在此条件下进行循环浸出实验，结果见表 2-104。

表 2-104　硫化铋精矿氯化循环浸出实验结果

| 元素 | Bi | Pb | Cu | Zn | Sn | Mo | WO₃ | BeO | F | Ag | Ca |
|---|---|---|---|---|---|---|---|---|---|---|---|
| 浸出液浓度/(g·L⁻¹) | 266.4 | 2.50 | 2.50 | 1.56 | 0.17 | 0.13 | 0.08 | 0.003 | 8.56 | 0.106 | 7.81 |
| 浸出渣/% | 0.27 | 0.23 | 0.50 | 0.06 | 1.51 | 2.39 | 0.43 | 0.022 | 0.92 | 13.89 | 0.12 |
| 浸出率/% | 99.22 | 79.47 | 30.41 | 76.92 | 15.25 | 7.47 | 50.12 | 24.61 | 58.68 | 90.79 | 97.79 |

结果表明，当浸出体系与平衡状态的误差 $De < 5\%$ 时，循环浸出 7 次以上方达到浸出体系的平衡。采用循环浸出，铋的浸出率高达 99% 以上，浸出液中的铋含量可富集到约 270 g/L，为常规浸出的 3 倍，扩大了后续过程的设备生产能力，同时提高了浸出液中的其他金属离子的浓度，有利于有价伴生金属的回收。

由表 2-104 还可看出，原料中的 Pb、Cu、Zn、Ag 也大部分被浸出进入溶液，因此必须设置专门的净化分离工序，以综合回收这些有价金属。另外，氯气与盐酸的消耗是很低的，每吨浸出液中铋所需消耗的氯气为 0.695 t、工业盐酸为 0.6265 t。酸耗低的原因是由于采用了循环浸出，且利用了三氯化铋水解体系热力学数学模型所确定的浸出体系的最低酸度，而浸出液中其他金属离子的富集（如 $Fe^{2+}$）可代替需添加的金属氯化物，进一步提高铋浸出率，降低浸出体系极限酸度。氯耗低的主要原因是 MC 添加剂抑制了黄铁矿及磁黄铁矿中硫的氧化以及元素硫进一步氧化成为高价硫。

### 5. 还原与干馏

首先对氯化浸出液进行活性炭吸附处理以除去有机物，防止干馏过程中出现起泡现象；进而向溶液中加入海绵铋搅拌还原 0.5 h，使得高价金属离子如 $Fe^{3+}$、

$As^{5+}$、$Sb^{5+}$等还原为低价离子,并富集回收溶液中的银离子。所得还原液倒入自制的干馏设备中,保持干馏体系呈密闭状态并抽成一定负压,逐渐升高温度,使干馏瓶中的水分、盐酸及低沸点氯化物挥发经分馏进入冷凝瓶,$BiCl_3$则挥发进入分馏瓶中贮存。分别考察了干馏温度、压强、时间等因素对铋干馏率的影响,结果如图 2-49、图 2-50 所示。

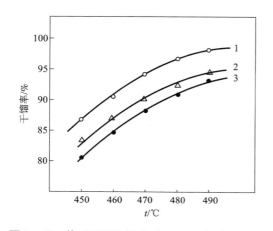

图 2-49　体系压强和温度对 $BiCl_3$ 干馏率的影响
1—74.659 kPa, 1 h; 2—87.911 kPa, 1 h;
3—94.657 kPa, 1 h

图 2-50　时间对 $BiCl_3$ 干馏率的影响
体系压强 74.659 kPa, 干馏温度 480℃

由图 2-49 可知,随着体系温度的升高或体系内负压的增加,$BiCl_3$ 的干馏率逐渐上升。这是因为干馏温度的升高,使 $BiCl_3$ 的蒸发得到加强,以致在单位时间内蒸发的 $BiCl_3$ 量也随之增加;体系内负压的增加,使 $BiCl_3$ 能在较低的温度下得以蒸发,同样可使其在单位时间内蒸发的量得到提高。由图 2-50 可知,在体系压强为 74.659 kPa、温度为 480℃时,大部分的 $BiCl_3$ 于 0.5 h 内已干馏出来,说明其干馏速率很快。随着大部分 $BiCl_3$ 的馏出,干馏渣中 $BiCl_3$ 含量逐渐减少,$BiCl_3$ 活度也随之减小,以至 $BiCl_3$ 的蒸汽压降低,最终导致干馏速度也比较缓慢,在随后的 0.5~2.5 h,干馏率仅增加 8% 左右。

在体系压强 74.659 kPa、温度 480℃、时间 1 h 的条件下所得馏出物的化学成分见表 2-105。

表 2-105　干馏产物的化学组成/%

| 组成 | $BiCl_3$ | Mo | $WO_3$ | Pb | Cu | Zn | Sb | As | F | Fe | BeO |
|---|---|---|---|---|---|---|---|---|---|---|---|
| 含量 | 99.28 | 0.057 | 0.092 | 0.0051 | 0.0024 | 0.014 | 0.017 | 0.0005 | 痕 | 0.0013 | 痕 |

　　由表 2－105 可知，馏出物 $BiCl_3$ 的纯度较高，影响 $BiCl_3$ 质量的因素主要是低沸点金属氯化物（如 Mo、W、Sb 等氯化物）杂质，这些氯化物的沸点比 $BiCl_3$ 的低，但由于其在干馏母体中的含量较少，活度也较小，所以有可能一起挥发出来，且难以用分馏方法彻底分离。高沸点金属氯化物（如 Pb、Cu、Zn、Fe 等的氯化物）则可能夹带进入干馏产物。

　　表 2－106 列出了铋、铍和氟在浸出和干馏过程中的平衡情况。

表 2－106　氯化浸出和干馏过程中铋、铍和氟的金属平衡

| 元素 | 加入<br>铋精矿＋返<br>回液质量/g | 产出 | | | | | | | |
|------|------|------|------|------|------|------|------|------|------|
| | | 浸出弃渣 | | $BiCl_3$ 干馏物 | | 分馏液 | | 干馏渣 | |
| | | m/g | w/% | m/g | w/% | m/g | w/% | m/g | w/% |
| Bi | 225.69 | 2.288 | 1.01 | 212.23 | 94.04 | 6.70 | 2.97 | 4.60 | 2.04 |
| BeO | 0.01774 | 0.01412 | 79.62 | — | — | — | — | 0.0036 | 20.38 |
| F | 11.314 | 4.675 | 41.32 | 0.00027 | — | 0.023 | 0.20 | 6.614 | 58.46 |

　　由表 2－106 可知，铋的直收率高达 94.04%。铍在干馏过程中基本上以氟化铍的形态富集在干馏渣中。经估算，渣中铍含量达 0.044%。氟与铍相似，干馏过程中也基本富集在干馏渣中，分馏液中只有 0.2% 的氟。总之，"氯化浸出－干馏"可将铍、氟富集在浸出渣和干馏渣中，使其污染减小到最低限度。

### 3.3.3　低温氧化法制取氧化铋及其深度加工

#### 1. 概述

　　针对我国铋产业存在的问题，作者学术团队对铋冶炼和产品深度加工进行了 20 多年的系统深入研究，成功开发"低温氧化制氧化铋继而深加工铋品"的新工艺，获得一种铋系列化工产品的制备方法（专利号：0910305977.3 发明专利）。新工艺先用低温氧化法由精铋制备普通级氧化铋，继而由普通级氧化铋制备铋系列化工产品。与传统工艺比较，新工艺具有设备简单、投资较少、能耗与消耗均低、没有致癌物 $NO_x$ 的污染、产品品种多、生产成本低、生态环境友好、设备生产能力大等优势。

　　2010 年 4 月中南大学技术入股，成立了长沙金堂铋业有限公司（以下简称金堂公司），从事氧化铋及其他铋制品的新工艺的产业化研究。金堂公司成立前两年，对低温氧化法制备氧化铋的关键技术及设备进行攻关，完成了实验室扩大实验和半工业实验，同时开发了核心设备——连续氧化炉，建成氧化铋 240 t 的工业实验生产线，2011 年 8 月完成工业实验，批量生产 3000 kg 合格氧化铋产品。

在此基础上，系统进行了氧化铋制备硝酸铋、次硝酸铋和次碳酸铋等铋品的研究，取得重要阶段性成果。近两年来，以销定产，生产玻璃封口及防辐射用高档氧化铋产品若干吨。2014年组建金泰公司，进驻炎陵县工业园高新开发区，建设更大规模的铋品生产线。本节将系统介绍低温氧化法制备氧化铋及铋品深度加工的研究开发情况，重点叙述氧化铋制备及以普通氧化铋为原料制取硝酸铋、次硝酸铋和次碳酸铋的工艺与技术。

**2. 低温氧化法制备氧化铋**

1）三氧化二铋性质及应用

三氧化二铋具有 $\alpha - Bi_2O_3$、$\beta - Bi_2O_3$、$\gamma - Bi_2O_3$ 和 $\delta - Bi_2O_3$ 四种晶型，不同晶型的氧化铋具有不同的理化性能。氧化铋作为一种良好的掺杂剂，用于制备磁性材料、氧化锌压敏电阻陶瓷以及 $BaTiO_3$ 铁电电容器陶瓷等，另外还用于生产丙烯腈和丙烯醛的催化剂和阻燃添加剂。三氧化二铋的阻燃效果为三氧化二锑的6倍，且安全无毒、发烟少、毒性低，是具有广阔发展前景的氧化锑替代品。氧化铋代替氧化铅作防辐射材料也是有发展前景的。在高科技领域，氧化铋也用于制备特种玻璃、光学材料、电池电极材料和超导材料等。

针对传统方法生产三氧化二铋存在的问题，本小节重点研究铋粉低温氧化法制备氧化铋的工艺和理论。新工艺避免了传统方法存在的 $N_xO_y$ 气体及废水的污染，能耗低、环境友好，对促进铋行业的科技进步具有重要意义。

2）实验原料和方法

（1）实验原料。

低温氧化小试及理论研究所用原料为一级精铋，半工业及工业实验所采用的原料为湖南铋业有限责任公司生产的一级精铋。两种精铋的化学成分见表2-107。

表2-107　精铋的化学成分/%

| 实验规模 | Bi | Ag | Cu | Pb | Sb | Zn | Cl | As + Te | Fe |
|---|---|---|---|---|---|---|---|---|---|
| 小试 | ≥99.99 | 0.005 | 0.001 | 0.001 | 0.005 | 0.0005 | 0.003 | 0.0005 | 0.001 |
| 半工业及工业实验 | ≥99.99 | 0.0008 | 0.0007 | 0.0007 | 0.0003 | 0.0003 | 0.0007 | 0.0006 | 0.0008 |

由精铋加工成铋粉有两种方法，即机械粉磨法和熔融喷雾法。机械粉磨法制备铋粉具有产量大、能耗低、生产成本低的优点，但在初步氧化实验中发现这种方法存在两个问题：①粒径分布不均匀，使氧化工艺条件难控制；②可能带入杂质而影响制品的纯度。这两个问题不易解决，因此，半工业及工业实验采用喷雾铋粉，即由精铋经熔融喷雾制成。半工业用铋粉经筛分分级，得 -0.074 mm（细

粒级)及 -0.147 mm ~ 0.074 mm(粗粒级)两种粒级的铋粉。扩大实验及半工业
实验用铋粉的 ICP - AES 分析结果见表 2 - 108。

表 2 - 108　扩大实验及半工业实验用铋粉的 ICP - AES 分析结果/$10^{-6}$

| Hg | Se | Sn | Zn | Sb | Pb | Cd | In | Mn | Mg | V | Al | As | Mo |
|------|------|------|------|------|------|------|------|------|------|------|------|------|------|
| 0.6 | 4.8 | 12.5 | 19.6 | 7.9 | 64.5 | 1.6 | 6.7 | 0.2 | 14.0 | 0.6 | 7.7 | 4.7 | 3.4 |
| P | Ni | Co | Fe | Si | Na | Ca | Cu | K | Ag | | | | |
| 8.8 | 8.1 | 3.6 | 40.2 | 4.2 | 5.1 | 2.6 | 84.6 | 2.6 | 14.3 | | | | |

从表 2 - 108 可以看出,实验用铋粉含 Bi 99.976%(按标准所要求的杂质元
素计)或 99.96%(按全部杂质元素计),铜的含量严重超标,精铋块的铜含量为
0.0005%。由此可以确定,铜含量严重超标是因为铋粉制备环节带入所致。

细粒级铋粉的粒径和粒径分布由中南大学粉末冶金国家工程中心用激光粒径
分析法检测,如图 2 - 51 所示。

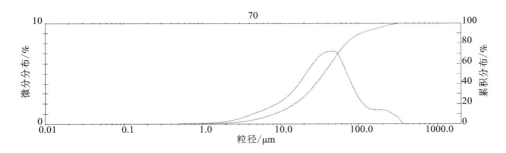

图 2 - 51　激光粒径分析法检测细粒级铋粉的粒径和粒径分布

图 2 - 51 说明,细粒级铋粉的粒径主要分布在 20 ~ 80 μm,这是由于纳米粒
子团聚所致,但据透射电镜(TEM)检测,细粒级铋粉为纳米级铋粉(图 2 - 52、
图 2 - 53)。

(2)实验方法。

由于金属铋的氧化过程是一个增重过程,依据氧化反应式可推断出铋粉氧化
率 $\alpha$ 与其增重 $\Delta G$ 之间的对应关系:

$$\alpha = \frac{2 \times 208.9806 \times \Delta G}{3 \times 16 \times G} \times 100\% \qquad (2 - 224)$$

式中:$\alpha$ 为铋粉氧化率,%;$G$ 为铋粉原重,g;$\Delta G$ 为铋粉增重,g。

实验室小试规模为 5 g/次,包括正交实验和单因素条件实验两部分。首先在

固定空气流量为 7 L/h 的条件下，对预热温度(因素 A)、氧化温度(因素 B)、预热时间(因素 C)、反应时间(因素 D)进行正交实验。在正交实验的基础上，再进行单因素条件实验，考察各因素对铋粉氧化率的影响，从而获得低温氧化制备 $Bi_2O_3$ 粉体的最佳工艺条件，最后进行综合条件实验。

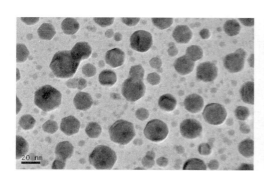 

图 2-52　细粒级铋粉 TEM 照片　　图 2-53　细粒级铋粉 TEM 检测的纳米粒子特征

实验室扩大实验以研磨铋粉和喷雾铋粉为原料，实验规模为 100~300 g/次，反应器为不锈钢盘，考察温度、时间、料层厚度等对氧化过程的影响。

半工业实验投料前，对氧化炉进行全面调试，检测其加热升温及控制性能、设备运行状况，重点调试加料布料方法。氧化炉的运行状况和各项参数都达到要求后，投料实验。实验分两个阶段进行：第一阶段是 -200 目铋粉氧化实验，连续进行 73 h，共加入铋粉 58 批，共计 188.995 kg；第二阶段是 -100 目至 -200 目铋粉氧化实验，连续进行 16.5 h，共加入铋粉 8 批，共计 36.29 kg。实验过程中，根据实际情况调整工艺技术参数。

工业性实验投料前，对氧化炉及配套压缩空气供给系统进行全面调试，检测其加热升温及控制性能、设备运行状况，重点调试加料布料方法，按半工业实验的优化条件进行工业实验。实验产品按 25 kg/袋收集包装，并取样 100 g/袋，其中 50 g 并入总样，50 g 用酸溶法测定氧化率。总样分析化学成分、检测氧化率及粒径晶型。

3)理论研究

铋粉的低温氧化过程属于连续反应中的晶体生长，主要包括金属铋的熔融液化、氧气向铋熔体内部的扩散、化学反应以及氧化铋晶体生长等过程。下面将从热力学上分析反应体系温度、氧化气氛等工艺条件对铋粉氧化过程中化学平衡的影响。在动力学研究中，将考察铋粉在低温氧化过程中空气流量、氧化温度以及铋粉粒径对氧化速率的影响。

(1)铋粉低温氧化热力学分析。

铋单质在空气中燃烧生成 $Bi_2O_3$：

$$2Bi(s) + 3/2O_2(g) \Longrightarrow Bi_2O_3(s) \quad (298 \sim 544 \text{ K}) \quad\quad (2-225)$$
$$\Delta G^{\ominus} = -574887 + 99.71T, \text{ J/mol}$$

$$2Bi(l) + 3/2O_2(g) \Longrightarrow Bi_2O_3(s) \quad (544 \sim 1090 \text{ K}) \quad\quad (2-226)$$
$$\Delta G^{\ominus} = -589730 + 292.4T, \text{ J/mol}$$

$$2Bi(l) + 3/2O_2(g) \Longrightarrow Bi_2O_3(l) \quad (1090 \sim 1600 \text{ K}) \quad\quad (2-227)$$
$$\Delta G^{\ominus} = -535418 + 243.7T, \text{ J/mol}$$

对于以上各化学反应，

$$\Delta G^{\ominus} = -RT\ln K = -2.303RT\lg \frac{\alpha_{Bi_2O_3}}{\alpha_{Bi}^2 \cdot \dfrac{P_{O_2}^{1.5}}{(P^{\ominus})^{1.5}}} \quad\quad (2-228)$$

其中 $\alpha_{Bi_2O_3} = \alpha_{Bi} = 1$，则

$$\Delta G^{\ominus} = 2.303RT\lg \frac{(P^{\ominus})^{1.5}}{P_{O_2}^{1.5}} \quad\quad (2-229)$$

将式（2-229）分别与式（2-225）、式（2-226）、式（2-227）联立即可确定反应体系中氧化温度 $T$ 与氧气分压式 $P_{O_2}/P^{\ominus}$ 的关系，如图 2-54 所示。

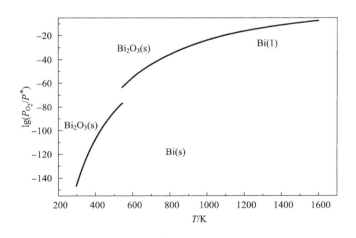

**图 2-54 Bi-O 系热力学平衡图**

图 2-54 说明，铋氧化反应达到平衡时氧气平衡分压都不大，这说明铋氧化反应在热力学上很容易进行。此外，铋氧化反应的氧气平衡分压与温度成正比关系，其随着体系温度的上升而显著增加。氧化温度愈高，铋氧化所需的氧气分压更大。

另外，由 $\Delta G^{\ominus} = -2.303RT\lg K$ 及式（2-225）、式（2-226）、式（2-227）可

计算各温度下铋氧化反应平衡常数，见表2－109。

表 2 － 109 各温度下铋氧化反应平衡常数

| $T/K$ | 300 | 400 | 500 | 600 | 700 | 800 |
|---|---|---|---|---|---|---|
| $K$ | $7.49 \times 10^{94}$ | $7.15 \times 10^{69}$ | $6.95 \times 10^{54}$ | $1.15 \times 10^{36}$ | $5.35 \times 10^{28}$ | $1.69 \times 10^{23}$ |
| $T/K$ | 900 | 1000 | 1100 | 1200 | 1300 | 1400 |
| $K$ | $8.93 \times 10^{18}$ | $3.38 \times 10^{15}$ | $4.94 \times 10^{12}$ | $3.76 \times 10^{10}$ | $6.06 \times 10^{8}$ | $1.76 \times 10^{7}$ |

由表2－109可知，300～1400K铋氧化反应平衡常数都非常大，随着氧化温度的升高，铋氧化反应平衡常数急剧减小。因而，反应温度太高，不但能耗加大，也不利于氧化反应的彻底进行。

（2）铋粉低温氧化动力学研究。

低温氧化法制备氧化铋粉体是在高于金属铋熔点的温度下通入含氧气体进行氧化反应，其具体历程如图2－55所示。

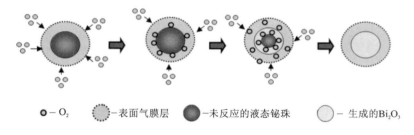

○ － O₂　　：－表面气膜层　　●－未反应的液态铋珠　　○ － 生成的Bi₂O₃

图 2 － 55　铋低温氧化过程示意图

如图2－55所示，铋粉低温氧化过程主要分为以下步骤：

①金属铋粉吸热熔化成液态铋珠，$O_2$分子由气体本相通过表面气膜层向铋珠表面扩散并吸附其上；②附着态的$O_2$分子裂解为O—O原子并与金属铋发生氧化反应，生成的$Bi_2O_3$则在铋珠表面包裹并形成产物层；③氧分子不断由气体本相分别通过表面气膜层和$Bi_2O_3$产物层扩散至未反应的铋珠表面，在此界面上依次发生物理吸附、氧原子裂解和氧化反应，$Bi_2O_3$产物层不断增厚，而未反应的铋珠则不断收缩；④未反应的铋珠完全消失，只剩下$Bi_2O_3$产物层，氧化反应完成。

上述整个氧化过程完全类似于无孔隙固体与气体之间的化学反应，因而可采用气－固反应的未反应收缩核模型进行描述。反应过程有四种控制模式：①气体滞留膜扩散控制，$\alpha = k_1 t$；②固体产物层内扩散控制，$1 - 3(1-\alpha)^{2/3} + 2(1-\alpha) =$

$k_2 t$；③化学反应控制，$1 - (1 - \alpha)^{1/3} = k_3 t$；④化学反应与固体产物层内扩散混合控制，$t = [1 - 3(1 - \alpha)^{2/3} + 2(1 - \alpha)]/k_2 + [1 - (1 - \alpha)^{1/3}]/k_3$。

铋粉低温氧化动力学研究考察了空气流量、氧化温度以及铋粉粒径对铋粉氧化速率的影响，并对各种反应条件下铋粉氧化速率 $\alpha$ 与反应时间 $t$ 进行线性回归处理，求出氧化反应的表观活化能以及相关反应级数，由此综合判断铋粉低温氧化反应速率的控制步骤。下面具体分析各因素对氧化速度的影响。

①空气流量的影响。在氧化温度为 550℃、铋粉粒径为 0.045 mm 的固定条件下，考察空气流量对铋粉氧化速率的影响，实验结果如图 2 – 56 所示。

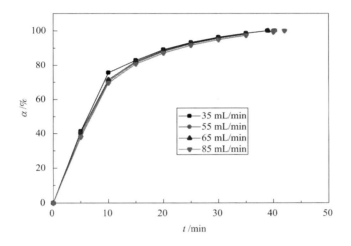

**图 2 – 56　空气流量对铋粉氧化速率的影响**

由图 2 – 56 可知，空气流量为 35～85 mL/min 时，铋粉氧化速率较快，35 min 后铋粉基本反应完全。而空气流量对铋粉氧化速率影响不大，不同空气流量下的氧化速率曲线基本重合。对不同空气流量下的铋粉氧化速率曲线进行线性处理，得到图 2 – 57、图 2 – 58。

由图 2 – 57、图 2 – 58 可知，不同空气流量下：0～10 min，$1 - (1 - \alpha)^{1/3}$ 与反应时间 $t$ 呈线性关系；15 min 后，$1 - 3(1 - \alpha)^{2/3} + 2(1 - \alpha)$ 与反应时间 $t$ 呈线性关系。这说明在改变空气流量的情况下，铋粉氧化全过程符合未反应收缩核模型，且在不同的时间段呈现不同的速率控制机制：0～10 min 呈现化学反应控制特征；随着固体产物层的增厚，15 min 后表现出固体产物层内扩散控制特征；10～15 min 则为混合控制。对不同空气流量下的 $1 - (1 - \alpha)^{1/3} - t$ 和 $1 - 3(1 - \alpha)^{2/3} + 2(1 - \alpha) - t$ 曲线进行线性回归，得到化学反应控制和固体产物层内扩散控制时氧化速率常数，见表 2 – 110。

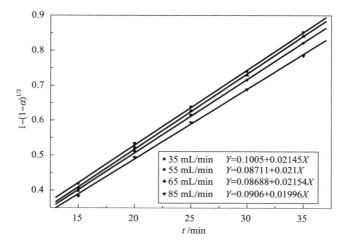

图 2 - 57　不同空气流量 $1 - (1 - \alpha)^{1/3} - t$ 关系图

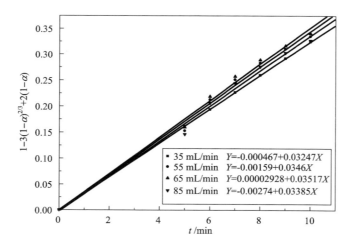

图 2 - 58　不同空气流量 $1 - 3(1 - \alpha)^{2/3} + 2(1 - \alpha) - t$ 关系图

表 2 - 110　不同空气流量下氧化速率常数

| 空气流量/ (mL·min⁻¹) | 化学反应控制 | | 固体产物层内扩散控制 | |
|---|---|---|---|---|
| | 速率常数 $k$ | $\ln k$ | 速率常数 $k$ | $\ln k$ |
| 35 | $3.247 \times 10^{-2}$ | $-3.42744$ | $2.145 \times 10^{-2}$ | $-3.84203$ |
| 55 | $3.460 \times 10^{-2}$ | $-3.3639$ | $2.100 \times 10^{-2}$ | $-3.86323$ |
| 65 | $3.517 \times 10^{-2}$ | $-3.34756$ | $2.154 \times 10^{-2}$ | $-3.83784$ |
| 85 | $3.385 \times 10^{-2}$ | $-3.38582$ | $1.996 \times 10^{-2}$ | $-3.91403$ |

由表 2 - 110 可知,空气流量为 35 ~ 85 mL/min 时,其对铋粉氧化速率常数影响不大,化学反应控制时氧化速率常数约为 0.033,固体产物层内扩散控制时氧化速率常数约为 0.02。

②氧化温度的影响。在空气流量为 35 mL/min、铋粉粒径为 0.045 mm 的固定条件下,考察氧化温度对铋粉氧化速率的影响,实验结果如图 2 - 59 所示。

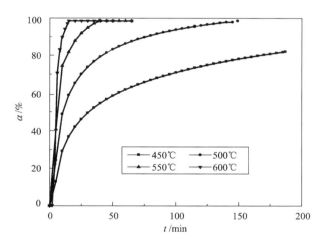

图 2 - 59　氧化温度对铋粉氧化速率的影响

由图 2 - 59 可知,温度的升高大大加快了铋粉氧化反应的进行。氧化温度为 450℃时,反应 187 min 后,铋粉的转化率仅有 83.17%,但将氧化温度升高至 600℃,反应 15 min 后铋粉已完全氧化为 $Bi_2O_3$。这主要是因为氧化温度越高,$O_2$ 分子在表面气膜层和固体产物层中的扩散系数随之大幅增加,气体本相中的 $O_2$ 分子可以快速通过表面气膜层和固体产物层而迁移到未反应的铋珠表面,从而为氧化反应的快速进行提供充足的氧气。

对不同氧化温度下的铋粉氧化速率曲线进行线性处理，得到图 2 - 60、图 2 - 61。

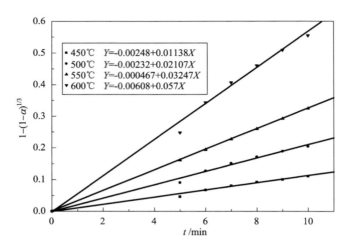

图 2 - 60　不同氧化温度 $1 - (1 - \alpha)^{1/3} - t$ 关系图

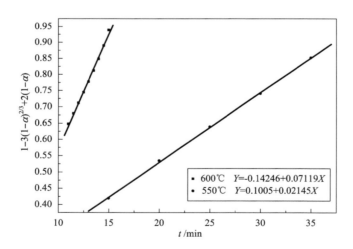

图 2 - 61　不同氧化温度 $1 - 3(1 - \alpha)^{2/3} + 2(1 - \alpha) - t$ 关系图

由图 2 - 60 可知，氧化温度为 450 ~ 600℃，反应时间为 0 ~ 10 min 时，$1 - (1 - \alpha)^{1/3}$ 与反应时间 $t$ 呈线性关系。从图 2 - 61 可知，氧化温度为 550℃，反应时间 15 min 后，$1 - 3(1 - \alpha)^{2/3} + 2(1 - \alpha)$ 与反应时间 $t$ 呈线性关系；而将氧化温度升至 600℃，反应时间 11 min 后，$1 - 3(1 - \alpha)^{2/3} + 2(1 - \alpha)$ 与反应时间 $t$ 呈线性关系。这说明在改变温度的情况下，铋粉氧化全过程符合未反应收缩核模型，且在不同的时间段呈现不同的速率控制机制：0～10 min 呈现化学反应控制特征；此后依据氧化温度的差异在不同的时间点开始转化为固体产物层内扩散控制特征。对不同氧化温度下的 $1-(1-\alpha)^{1/3}-t$ 曲线进行线性回归，得到化学反应控制时的氧化速率常数，见表 2–111。

表 2–111　不同氧化温度下氧化速率常数

| 氧化温度 $T$ /K | $T^{-1}$/K$^{-1}$ | 化学反应控制 | | 固体产物层内扩散控制 | |
| --- | --- | --- | --- | --- | --- |
| | | 速率常数 $k$ | $\ln k$ | 速率常数 $k$ | $\ln k$ |
| 723.15 | $1.383 \times 10^{-3}$ | $1.138 \times 10^{-2}$ | $-4.4759$ | — | — |
| 773.15 | $1.293 \times 10^{-3}$ | $2.107 \times 10^{-2}$ | $-3.85991$ | — | — |
| 823.15 | $1.215 \times 10^{-3}$ | $3.247 \times 10^{-2}$ | $-3.42744$ | $2.145 \times 10^{-2}$ | $-3.84203$ |
| 873.15 | $1.145 \times 10^{-3}$ | $5.700 \times 10^{-2}$ | $-2.8647$ | $7.119 \times 10^{-2}$ | $-2.6424$ |

由表 2–111 可知，化学反应控制时氧化温度的升高使氧化速率常数随之大幅增加，在较短的时间内铋粉即可氧化完全。将 $\ln k$ 对 $T^{-1}$ 作图，得到图 2–62。

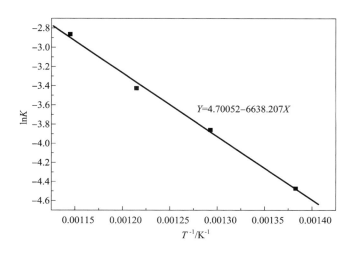

Y=4.70052−6638.207X

图 2–62　化学反应控制时铋粉氧化反应 $\ln k - T^{-1}$ 关系图

由图 2–62 可知，化学反应控制时 $\ln k$ 与 $T^{-1}$ 之间皆呈线性关系，将其进行线性回归，依据直线斜率求得化学反应控制时铋粉氧化反应的表观活化能为 55.19 kJ/mol。

③铋粉粒径的影响。在空气流量为 35 mL/min、氧化温度为 550℃的固定条

件下，考察铋粉粒径对铋粉氧化速率的影响，实验结果如图 2 - 63 所示。

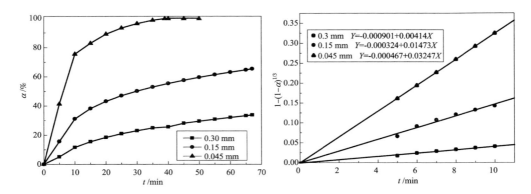

图 2 - 63　铋粉粒径对铋粉氧化速率的影响　图 2 - 64　不同铋粉粒径 $1 - (1 - \alpha)^{1/3} - t$ 关系图

图 2 - 63 说明，铋粉粒径对铋粉氧化速率影响很大。铋粉粒径减小，氧化速率随之大大加快；铋粉粒径过大，会导致铋粉氧化不完全。如铋粉粒径分别为 0.30 mm 和 0.15 mm 时，反应 67 min 后铋粉转化率仅为 33.78% 和 65.37%，此后继续延长氧化时间，铋粉转化率基本保持恒定。造成此类实验现象的主要原因在于铋粉粒径越小，其表面积愈大，由于铋粉氧化反应在铋珠表面进行，铋粉表面积愈大意味着氧化反应的界面面积愈大，氧化反应也就得以快速进行。此外，由前述铋粉氧化过程的未反应收缩核模型可知，气体本相中的 $O_2$ 分子需通过表面气膜层和固体产物层迁移至未反应的铋珠表面而发生氧化反应，铋粉粒径越小意味着固体产物层的厚度也就越小，气体本相中的 $O_2$ 分子的迁移路径也就随之大幅缩短，从而使得氧化反应可以较快速度进行。此类效应在氧化反应处于固体产物层内扩散控制时更加显著。

对不同铋粉粒径的铋粉氧化速率曲线进行线性处理，得到图 2 - 64、图 2 - 65。

由图 2 - 64、图 2 - 65 可知，不同铋粉粒径：0 ~ 10 min，$1 - (1 - \alpha)^{1/3}$ 与反应时间 $t$ 呈线性关系；15 min 后，$1 - 3(1 - \alpha)^{2/3} + 2(1 - \alpha)$ 与反应时间 $t$ 呈线性关系。这说明在改变铋粉粒径的情况下，铋粉氧化全过程符合未反应收缩核模型，且在不同的时间段呈现不同的速率控制机制：0 ~ 10 min 呈现化学反应控制特征；随着固体产物层的增厚，15 min 后表现出固体产物层内扩散控制特征；10 ~ 15 min 则为混合控制。对不同铋粉粒径下的 $1 - (1 - \alpha)^{1/3} - t$、$1 - 3(1 - \alpha)^{2/3} + 2(1 - \alpha) - t$ 曲线进行线性回归，得到化学反应控制和固体产物层内扩散控制时氧化速率常数，见表 2 - 112。

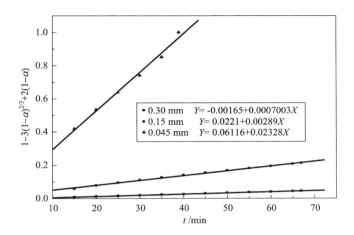

图 2 - 65　不同铋粉粒径 $1 - 3(1-\alpha)^{2/3} + 2(1-\alpha) - t$ 关系图

表 2 - 112　不同铋粉粒径下氧化速率常数

| 铋粉粒径 $d/\mu m$ | $\ln d/\mu m$ | 化学反应控制 | | 固体产物层内扩散控制 | |
|---|---|---|---|---|---|
| | | 速率常数 $k$ | $\ln k$ | 速率常数 $k$ | $\ln k$ |
| 300 | 5.70378 | $4.14 \times 10^{-3}$ | $-5.48706$ | $7.003 \times 10^{-4}$ | $-7.264$ |
| 150 | 5.01064 | $1.473 \times 10^{-2}$ | $-4.21787$ | $2.890 \times 10^{-3}$ | $-5.8465$ |
| 45 | 3.80666 | $3.247 \times 10^{-2}$ | $-3.42744$ | $2.328 \times 10^{-2}$ | $-3.76016$ |

　　由表 2 - 112 可知，不论何种速率控制机制，随着铋粉粒径的减小，铋粉氧化速率常数随之显著增加，较短的时间内铋粉即可氧化完全。将 $\ln k$ 对 $\ln d$ 作图，得到图 2 - 66。

　　由图 2 - 66 可知，不论何种速率控制机制，铋粉氧化反应的 $\ln k$ 与 $\ln d$ 呈线性关系。将其进行线性回归，依据直线斜率求得化学反应控制时铋粉氧化速率常数对原料粒径反应级数为 $-1.04$，接近于 $-1$；而固体产物层内扩散控制时，其粒径反应级数为 $-1.83$，接近于 $-2$。

　　4）工艺研究

　　（1）概述。

　　对铋粉低温氧化法制备 $Bi_2O_3$ 粉体的工艺作了大量实验研究，按其规模可分为实验室小试、实验室扩大实验、半工业实验和工业实验。实验室小试的规模为 $5 \sim 40$ g/次，在卧式管式电炉中进行。实验室扩大实验的规模为 $100 \sim 300$ g/次，在 SX2 - 4 - 10 型箱式电炉中进行。半工业实验为连续性实验，规模为 60 kg/d，

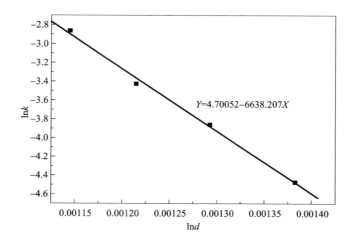

$Y = 4.70052 - 6638.207X$

**图 2 - 66　铋粉氧化反应 $\ln k - \ln d$ 关系图**

在年生产能力 100 t/a 氧化铋粉体的小型工业化氧化炉中进行。工业实验连续运行,规模为 750 kg/d,在年生产能力 240 t/a 的工业化氧化炉中进行。

通过比较实验室小试、实验室扩大实验的工艺参数,在半工业实验和工业实验验证及修正实验室实验数据,并测定氧化率、电耗、产量、成本等技术经济指标,为规模化建厂提供理论依据。

(2)实验室小试。

首先进行正交实验,结果及其方差分析分别见表 2 - 113、表 2 - 114。

**表 2 - 113　正交实验结果及其直观分析**

| 实验号 | 因素 | | | | 氧化率/% |
|---|---|---|---|---|---|
| | A 预热温度/℃ | B 氧化温度/℃ | C 预热时间/h | D 氧化时间/h | |
| 1 | 1(260) | 1(300) | 1(0.5) | 1(1.0) | 0.32 |
| 2 | 1(260) | 2(400) | 2(1.0) | 2(2.0) | 70.84 |
| 3 | 1(260) | 3(500) | 3(1.5) | 3(3.0) | 93.85 |
| 4 | 1(260) | 4(600) | 4(2.0) | 4(4.0) | 99.14 |
| 5 | 2(250) | 1(300) | 2(1.0) | 3(3.0) | 5.00 |
| 6 | 2(250) | 2(400) | 1(0.5) | 4(4.0) | 74.84 |
| 7 | 2(250) | 3(500) | 4(2.0) | 1(1.0) | 97.65 |

续表 2 – 113

| 实验号 | 因素 | | | | 氧化率/% |
|---|---|---|---|---|---|
| | A 预热温度/℃ | B 氧化温度/℃ | C 预热时间/h | D 氧化时间/h | |
| 8 | 2(250) | 4(600) | 3(1.5) | 2(2.0) | 99.18 |
| 9 | 3(240) | 1(300) | 3(1.5) | 4(4.0) | 7.57 |
| 10 | 3(240) | 2(400) | 4(2.0) | 3(3.0) | 75.90 |
| 11 | 3(240) | 3(500) | 1(0.5) | 2(2.0) | 96.61 |
| 12 | 3(240) | 4(600) | 2(1.0) | 1(1.0) | 96.48 |
| 13 | 4(230) | 1(300) | 4(2.0) | 2(2.0) | 6.48 |
| 14 | 4(230) | 2(400) | 3(1.5) | 1(1.0) | 45.73 |
| 15 | 4(230) | 3(500) | 2(1.0) | 4(4.0) | 99.00 |
| 16 | 4(230) | 4(600) | 1(0.5) | 3(3.0) | 99.37 |
| 平均分值 $X_i$ | 66.04 | 4.84 | 67.86 | 60.05 | |
| | 69.17 | 66.83 | 67.84 | 68.28 | |
| | 69.14 | 96.78 | 61.58 | 68.53 | |
| | 62.65 | 98.54 | 69.79 | 70.14 | |
| 极差 R | 6.52 | 93.7 | 8.21 | 10.09 | |

表 2 – 114　铋粉氧化速率方差分析

| 方差来源 | 偏差平方和 | 自由度 | 均方 | F 值 | $F_\alpha$ | 显著性 |
|---|---|---|---|---|---|---|
| A | 115.66 | 3 | 38.55 | 0.81 | | |
| B | 22979.83 | 3 | 7659.94 | 161.68 | $F0.01(3,3)=29.5$ | ※ ※ |
| C | 152.79 | 3 | 50.93 | 1.08 | $F0.10(3,3)=5.39$ | |
| D | 247.74 | 3 | 82.58 | 1.74 | $F0.05(3,3)=9.23$ | |
| 误差 | 142.13 | 3 | 47.38 | | | |

由表 2 – 113 可知，在适当的工艺条件下，氧化反应可以彻底进行，氧化率最大可达 99.18%。从表 2 – 114 可知，氧化温度显著影响氧化率。各因素对氧化率影响的大小顺序为：氧化温度、氧化时间、预热时间、预热温度。直观分析结果：氧化条件的最佳水平组合为 $A_2B_4C_4D_4$，即预热温度为 250℃，氧化温度为 600℃，预热时间为 4 h，氧化时间为 4 h。

在最优条件下进行铋粉氧化综合条件实验,结果见表2-115。

表2-115　正交最优条件综合实验结果

| 序号 | 1 | 2 | 平均值 |
|---|---|---|---|
| 氧化率/% | 99.92 | 99.87 | 99.90 |

在正交实验的基础上进行单因素条件实验,确定铋粉低温氧化制备氧化铋最优工艺条件为:空气流量16 L/h,氧化温度550℃,氧化时间40 min,预热温度250℃,预热时间1 h,原料粒径0.075 mm。在此最优条件下进行了3次综合条件实验。结果见表2-116。

表2-116　单因素最优条件实验结果

| 序号 | 1 | 2 | 3 | 平均值 |
|---|---|---|---|---|
| 氧化率/% | 99.36 | 99.25 | 99.52 | 99.38 |

由表2-116可知,综合条件实验结果较理想,金属铋的平均氧化率为99.38%。

对所得的$Bi_2O_3$产物进行扫描电子显微镜(SEM)表征和XRD分析,其结果分别如图2-67、图2-68所示。

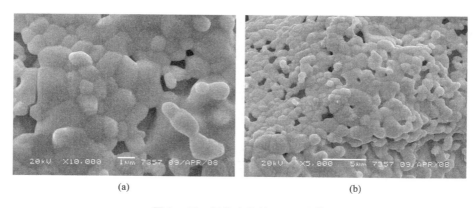

(a)　　　　　　　　　　　(b)

图2-67　氧化产物的SEM照片

由图2-67可知,$Bi_2O_3$产物多数呈椭球状,且团聚胶结比较严重,但相互之间存在清晰的界面。这主要是由于铋粉原料粒径很细,而铋的氧化反应是一个放

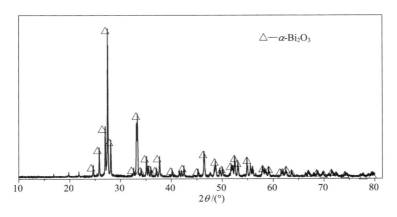

图 2 - 68　氧化产物 XRD 图谱

热过程, 局部的高温使得氧化铋产物层相互黏结团聚。为了获得粒径小且分布窄的氧化铋产品, 必须进行后续处理。

图 2 - 68 表明, 所得产物的 XRD 图谱中仅出现 $\alpha$ - $Bi_2O_3$ 衍射峰, 无其他任何杂质相存在, 这说明铋粉氧化成纯净的单斜晶型 $\alpha$ - $Bi_2O_3$。图 2 - 68 中各主要特征衍射峰型尖锐, 这表明所得产物结晶完整, 晶粒尺寸较小。

（3）实验室扩大实验。

分别以研磨铋粉和喷雾铋粉为原料, 在不锈钢盘里进行了三十多个批次的100 ~ 300 g/次的静态氧化实验, 考察温度、时间、料层厚度等对氧化过程的影响。加热制度为: 1 h 内加热至预热温度, 再在 1 h 内加热至氧化温度, 保温氧化一定时间后自然冷却。结果见表 2 - 117、表 2 - 118。

表 2 - 117　研磨铋粉低温氧化扩大实验结果

| 编号 | 氧化时间/h | 铋粉质量/g | 氧化铋质量/g | 氧化率/% | 产品表象 |
|---|---|---|---|---|---|
| 4 - 13 | 2 | 60 | 66.7 | 99.72 | 土黄色, 较薄处为红褐色 |
| 4 - 14 | 2 | 100 | 111.1 | 99.88 | 表面金黄, 盘底红褐, 中间土黄 |
| 4 - 15 | 2 | 150 | 166.7 | 99.69 | 分层同上, 料层较厚处有气泡产生 |
| 4 - 16 | 2 | 200 | 221.5 | 99.34 | 分层同上, 通风口两侧盘底无红褐色 |
| 4 - 20 | 2 | 200 | 222.1 | 99.61 | 表底层变薄, 盘底有脱落现象 |
| 4 - 21 | 2 | 200 | 222.0 | 99.57 | 盘底红褐色层较厚 |
| 4 - 22 | 4 | 200 | 222.1 | 99.61 | 粉末易散, 表面和盘底两层较薄 |

续表 2 - 117

| 编号 | 氧化时间/h | 铋粉质量/g | 氧化铋质量/g | 氧化率/% | 产品表象 |
|---|---|---|---|---|---|
| 4 - 23 | 2 | 175 | 194.4 | 99.60 | |
| 4 - 24 | 4 | 150 | 166.6 | 99.63 | 红褐色层较薄 |
| 4 - 27 | 2 | 250 | 277.5 | 99.57 | 盘底有脱落现象 |
| 4 - 28 | 2 | 300 | 333.1 | 99.60 | 料层较厚处底部有铋粒黏盘 |
| 5 - 4 | 2 | 275 | 305.2 | 99.55 | |

表 2 - 118　喷雾铋粉低温氧化扩大实验结果

| 编号 | 氧化时间/h | 铋粉质量/g | 氧化铋质量/g | 氧化率/% | 产品表象 |
|---|---|---|---|---|---|
| 5 - 24 | 4 | 100 | 111.4 | 99.96 | 接近金黄色 |
| 5 - 25 | 4 | 200 | 222.6 | 99.94 | 接近金黄色 |
| 5 - 26 | 4 | 300 | 332.1 | 99.33 | 表层好，盘底黏有金属铋 |
| 5 - 27 | 2 | 200 | 222.1 | 99.64 | 颜色同上，盘底有层红褐色 |
| 6 - 1 | 3 | 250 | 278.4 | 99.92 | 颜色同上，料厚处盘底黏铋 |
| 6 - 2 | 4(低 10℃) | 250 | 278.0 | 99.78 | 同分析纯氧化铋，呈亮黄色 |
| 6 - 3 | 4(低 125℃) | 250 | 277.3 | 99.52 | 黄绿色，小黑点较多 |
| 6 - 4 | 3(低 100℃) | 200 | 222.1 | 99.64 | 亮黄色，不黏盘，反应完全 |
| 6 - 5 | 3(低 50℃) | 200 | 221.9 | 99.55 | 上金黄，底红褐，料厚处盘底黏铋 |

表 2 - 117 说明，研磨铋粉在最好的条件下氧化，其氧化率也只有 99.60% 左右，没有超过 99.9% 的范例，而且颜色不正常，氧化不均匀。因此，可以得出结论：不宜用研磨铋粉作为低温氧化法制备氧化铋的原料。从表 2 - 118 可知，喷雾铋粉低温氧化的最佳条件为：铋粉粒径 - 0.075 mm，投入量 200 g/次，在氧化温度下保温 4 h。在最佳条件下，铋的氧化率为 99.94%，氧化均匀，分散性好，颜色鲜黄。

(4)半工业实验。

半工业实验分两个阶段进行：第一阶段连续进行 73 h，共加入 - 200 目铋粉 188.995 kg；第二阶段连续进行 16.5 h，共投入 - 100 ～ - 200 目铋粉 36.29 kg。总产出氧化铋 244.426 kg，其中细粒级氧化铋 203.223 kg，粗粒级氧化铋 41.203 kg。氧化率高的产品颜色鲜黄。

根据中试数据，可推算出氧化炉加热区面积的单位生产能力为 75 kg/(m² · d)

左右。根据平均保温功率 2. 178 kW 推算，氧化过程加热电能消耗为 0.692 kW·h/kg，即 692 kW·h/t。

经酸溶法检测，细粒级氧化铋 $2^{\#} \sim 7^{\#}$ 产品氧化率很高，没有或很少有不溶的铋粉残留物；对 $1^{\#} \sim 10^{\#}$ 及 $3^{\#} \sim 7^{\#}$ 综合样和 $3^{\#}$、$4^{\#}$、$5^{\#}$、$6^{\#}$、$7^{\#}$ 的单批样进行了氧化率酸溶法测定，结果表明，$1^{\#} \sim 10^{\#}$ 综合样的氧化率为 99.91%，$3^{\#} \sim 7^{\#}$ 综合样及其单批样的氧化率均很高，为 99.97% ~ 100%。粗粒级 $1^{\#}$ 产品氧化率较低，约 99%。

对 $2^{\#} \sim 10^{\#}$ 及 $3^{\#} \sim 7^{\#}$ 综合样、单批抽检样分别进行物理检测和化学分析。其中按电子级工业用氧化铋标准进行化学分析的结果见表 2 – 119，SEM 检测及 XRD 结果如图 2 – 69、图 2 – 70 所示，粒径分析结果如图 2 – 71 所示。

**表 2 – 119 $3^{\#} \sim 7^{\#}$ 氧化铋综合样分析结果/%**

| 项目 | $Bi_2O_3$ | K | Cu | Ca | Fe | Si | Al | Sb |
|---|---|---|---|---|---|---|---|---|
| 样品测定值 | 99.88 | 0.0002 | 0.011 | 0.0046 | 0.0013 | 0.04 | 0.008 | 0.0005 |
| 压敏电阻用(标准值) | 99.50 | 0.001 | 0.003 | 0.005 | 0.01 | 0.2 | 0.005 | 0.002 |
| 陶瓷电容器用(标准值) | 99.50 | — | 0.003 | 0.005 | 0.002 | 0.1 | 0.005 | 0.002 |

注：湖南省化工研究院分析。

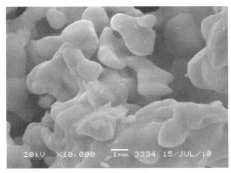
2$^{\#}$~10$^{\#}$综合样

4$^{\#}$Bi$_2$O$_3$

**图 2 – 69 氧化铋产品的 SEM 照片**

由表 2 – 119 可知，$Bi_2O_3$ 及 Ca、Fe、Si、Sb 等杂质元素含量均达到工业电子级氧化铋标准。可见，上述样品通过采取粉碎分级措施，可以使粒径和粒径分布符合电子级工业用氧化铋的要求。铜与铝含量超标的原因是铋粉制备过程中的污染造成的。$3^{\#} \sim 7^{\#}$ 综合样由化学分析数据推算得到的氧化率为 100%。可见，氧

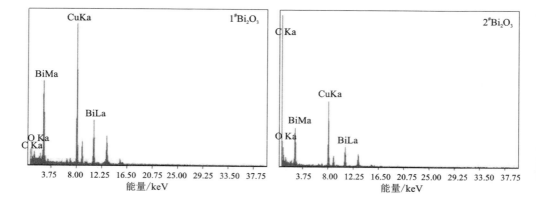

图 2 –70　氧化铋产品的 XRD 图谱

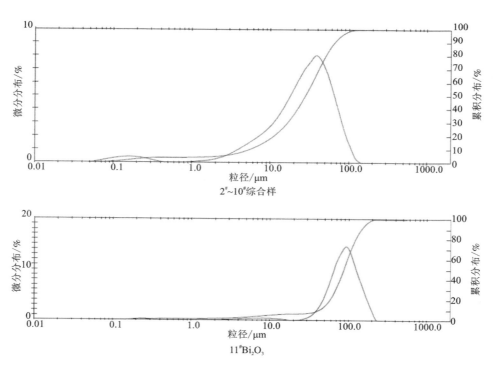

图 2 –71　氧化铋中试样品激光粒径分析法检测的粒径和粒径分布

化率这个最重要最关键的技术指标已经达到和超过了 99.95% 的要求。

图 2 –69 说明, 氧化铋颗粒有黏结现象, 粒径为 1 ~ 5 μm。图 2 –70 说明,

XRD 图谱中没有发现金属铋的特征峰，实验产品为 α - 晶型氧化铋。图 2 - 71 说明，激光分析法测定的 0.074 mm 铋粉氧化的氧化铋样品粒径分布范围为 10 ~ 70 μm，-0.147 ~ -0.074 mm 铋粉氧化的氧化铋样品粒径分布范围为 60 ~ 150 μm。显然，须采取粉碎分级措施，方可使粒径和粒径分布符合电子级工业用氧化铋的要求。

为了确保产品质量，在规模生产中须采取以下措施：①防止铋粉制备过程中的喷粉介质及环境污染；②用于氧化反应的空气严格净化除尘；③采取粉碎分级措施；④实行生产场地密闭隔离及工人、工具、设备的洁净制度。

（5）工业实验。

①实验设备。工业实验设备为湖南顶立科技有限公司专门制作的钢带炉（图 2 - 72），钢带宽 1.2 m，加热带 9 个温区，总长 12.0 m，加热功率 169 kW，自动控温，控温偏差为 ±1℃，传动功率为 3 kW。采用人工进料、人工下料，压辊和刮板保证料层的均匀度，调节刮板与钢带之间的缝隙宽度以控制料层厚度。钢带炉设有自动出料装置，保证连续出料。空气入口在高温带与冷却带之间，净化后的空气通过流量计进入炉内。空气与物料逆流流动，热炉气从预处理带与加料口之间的排气口自然排出。

图 2 - 72　工业实验用钢带炉

②基本数据。工业实验共计投入 -0.074 mm 铋粉 1038.282 kg，除去取样铋粉 3.015 kg，实际投入 1035.267 kg。新设备黏附、投料和出料过程粉尘飘逸及包装袋残留等约 12.985 kg。产出氧化铋 1139.68 kg，其中袋装氧化铋 1134.946 kg，尾料 4.734 kg，氧化铋的直收率为 98.76%。

共产出氧化铋47袋,其中实验故障产品两袋,计50.731 kg。1#~12#为第一批,共计244.210 kg,均是在最优的条件下制备的。13#~27#为第二批,共计377.023 kg。28#~38#为第三批,共计284.07 kg。第二批及第三批产品在制备过程温度失控。39#~41#为第四批,共计82.222 kg,料层很薄,产量很低。42#~45#为第五批,共计96.687 kg,不仅料层很薄,产量很低,而且温度失控。

经酸溶法检测,多个小批次产品氧化率很高,盐酸不溶物小于0.04%,产品颜色鲜艳亮黄。

长沙矿冶研究院和北京矿冶研究总院的检测报告见表2-120。

表2-120　第一批及第四批氧化铋综合样检测结果及标准/%

| 批次 | 检测单位及类别 | $Bi_2O_3$ | K(Na) | Cu | Ca | Fe | Si | Al | Sb |
|---|---|---|---|---|---|---|---|---|---|
| 1 | 长沙矿冶研究院 | 99.951 | 0.0008 | 0.0001 | 0.0033 | 0.010 | 0.0025 | 0.0012 | 0.0016 |
|  | 北京矿冶研究总院 | 99.92 | (0.0002) | 0.0008 | 0.0002 | <0.001 | <0.001 | 0.0003 | <0.001 |
| 4 | 长沙矿冶研究院 | 99.965 | 0.0009 | 0.0002 | 0.0038 | 0.0085 | 0.0025 | 0.0010 | 0.0003 |
|  | 北京矿冶研究总院 | 99.87 | (0.0002) | 0.0006 | 0.0002 | 0.001 | <0.001 | 0.0002 | <0.001 |
| 标准 | 压敏电阻用 | 99.50 | 0.001 | 0.003 | 0.005 | 0.01 | 0.2 | 0.005 | 0.002 |
|  | 陶瓷电容器用 | 99.50 | — | 0.003 | 0.005 | 0.002 | 0.1 | 0.005 | 0.002 |

③分析及讨论。根据表2-120的权威单位检测结果,第一批及第四批产品,除了粒径和松装密度外,其他指标均达到《电子工业用氧化铋粉》(SJ/T 10678—1995)要求。只需将产品磨细过筛即可满足粒径要求。本产品的松装密度大,超过标准范围,而《电子工业用氧化铋粉》是针对湿法氧化铋制定的,湿法氧化铋的松装密度较小。低温氧化法由精铋粉制得的氧化铋的另一个最重要的指标是氧化率,表2-120说明,长沙矿冶研究院及北京矿冶研究总院检测的产品氧化率均达到韩国高温挥发氧化法生产氧化铋的标准及合同要求。

比较表2-120和表2-107可知,在低温氧化法由金属铋制备氧化铋过程中,引入杂质很少,不会影响产品质量。

工业实验也发现了一些问题:一是设备问题,如不能调控炉温,因此,不能在保证产品质量的前提下达到设计生产能力;二是钢带不平导致产量和质量不稳定;三是不用冷却水,因此,冷却水套是多余的。

④技术经济指标。按第一批氧化铋质量推算出氧化炉的生产能力为555.407 kg/d,即183 t/a;第二批为646.325 kg/d,即213 t/a;第三批为

531.249 kg/d，即175 t/a；第四批产能最小，为205.912 kg/d，即68 t/a。

铋粉制备电耗为592 kW·h/t铋。按第一批氧化铋生产过程中，4 h的电耗为240 kW·h，推算出低温氧化法由精铋粉制取氧化铋的电耗为2310 kW·h/t氧化铋，工艺条件优化及达到设计能力（240 t/a）后，电耗可望降低到1760 kW·h/t氧化铋，总电耗约为2352 kW·h/t氧化铋。

⑤结论。工业实验达到了预期要求，氧化率、直收率及氧化铋的杂质含量等核心技术指标均比较满意。能耗在改造氧化炉及调整工艺条件后有望得到进一步降低。工业实验结果可作为现规模连续生产及扩大规模建厂的依据。

### 3. 由氧化铋制备铋品

1）概述

制备铋的化工产品的传统方法均是以精铋为原料，除了超细球状氧化铋外，所有的铋的化工产品的生产均采用湿法工艺，经过硝酸铋阶段，即先由精铋制备硝酸铋：

$$Bi + 6HNO_3 =\!=\!= Bi(NO_3)_3 + 3NO_2\uparrow + 3H_2O \qquad (2-230)$$

$$Bi + 4HNO_3 =\!=\!= Bi(NO_3)_3 + NO\uparrow + 2H_2O \qquad (2-231)$$

再以硝酸铋为原料采用以下几种途径制备氧化铋：

① 氢氧化钠中和。

$$2Bi(NO_3)_3 + 6NaOH =\!=\!= Bi_2O_3\downarrow + 6NaNO_3 + 3H_2O \qquad (2-232)$$

② 碳酸盐沉淀。先制得次碳酸铋，再将次碳酸铋进行热分解：

$$2Bi(NO_3)_3 + 3(NH_4)_2CO_3 + 1/2H_2O =\!=\!= (BiO)_2CO_3\cdot1/2H_2O\downarrow + 6NH_4NO_3 + 2CO_2 \qquad (2-233)$$

$$(BiO)_2CO_3\cdot1/2H_2O =\!=\!= Bi_2O_3 + CO_2\uparrow + 1/2H_2O \qquad (2-234)$$

③ 将硝酸铋先水解制得次硝酸铋，再将次硝酸铋进行热分解。

$$5Bi(NO_3)_3 + 10H_2O =\!=\!= 4BiNO_3(OH)_2\cdot BiO(OH) + 11HNO_3 \qquad (2-235)$$

$$2[4BiNO_3(OH)_2\cdot BiO(OH)] =\!=\!= 5Bi_2O_3 + 8NO_2\uparrow + 9H_2O + 2O_2\uparrow \qquad (2-236)$$

然后，由氧化铋或硝酸铋制备铋的其他化工产品，例如：碱式硝酸铋、碱式碳酸铋、钒酸铋及铝酸铋等由硝酸铋制备，水杨酸铋、枸橼酸铋、三氯化铋和氯氧化铋等由氧化铋制备。

由精铋制备硝酸铋不仅消耗大量硝酸，而且放出大量 $NO_x$ 致癌毒气，由硝酸铋制备氧化铋和其他铋的化工产品时，又消耗大量化学试剂，排出大量废水和废气。针对湿法工艺产生 $NO_x$ 气体问题，国内一些厂家对该工艺进行了一些改进，在溶解时改用稀硝酸电溶法，溶解精铋时不再产生 $NO_x$，并且硝酸消耗也由原来的2~3 t降低到1.5 t左右。尽管进行了这些改进，但湿法工艺铋浓度低、浓缩结晶成本很高、氨氮废水污染大等问题仍然无法解决。因此，从节能减排及环保角度看，传统湿法工艺是一种存在很大问题的工艺，亟待用新的清洁、低耗、低成本的新工艺取代。

先用低温氧化法由精铋制备普通级氧化铋，继而由普通级氧化铋制备铋系列化工产品是一种化学试剂消耗少、能耗低、生产成本低、不产生 $NO_x$ 致癌毒气和废水的铋系列化工产品的新制备方法。

本节重点介绍由普通级氧化铋（成分见表 2 - 120）制备硝酸铋、碱式硝酸铋和碱式碳酸铋的新工艺。

2）硝酸铋制备

（1）原理和方法比较。

针对精铋酸溶过程产生致癌物 $NO_x$ 的问题，近十多年来出现电溶法制备硝酸铋溶液：

阳极

$$Bi =\!=\!= Bi^{3+} + 3e^- \qquad\qquad (2-237)$$
$$2Bi^{3+} + 6HNO_3 =\!=\!= 2Bi(NO_3)_3 + 6H^+ \qquad\qquad (2-238)$$

阴极

$$3H^+ + 3e^- =\!=\!= 1.5H_2\uparrow \qquad\qquad (2-239)$$

电溶法虽然避免了致癌物 $NO_x$ 的产生，但电熔设备复杂，硝酸铋溶液铋浓度更低（约 140 g/L），制取 $Bi(NO_3)_3 \cdot 5H_2O$ 时浓缩负担更重，能耗更大。

由普通氧化铋制取硝酸铋，只需将氧化铋在 65～90℃ 的温度下溶于浓硝酸，维持 2 mol/L 的酸度，即可获高浓度的硝酸铋溶液。式（2 - 240）是放热反应，其热量可完全满足达到和维持 65～90℃ 的溶解温度所需热量，不要另外加热，能耗只是动力消耗。

$$Bi_2O_3 + 6HNO_3 =\!=\!= 2Bi(NO_3)_3 + 3H_2O \qquad\qquad (2-240)$$

冷却后即结晶出 $Bi(NO_3)_3 \cdot 5H_2O$。该方法可称之为自热溶解 - 冷却结晶法。

$$Bi(NO_3)_3 + 5H_2O =\!=\!= Bi(NO_3)_3 \cdot 5H_2O \qquad\qquad (2-241)$$

比较式（2 - 230）和式（2 - 231）可知，制备 1 t $Bi(NO_3)_3 \cdot 5H_2O$ 要消耗 0.13 t 水，需浓硝酸 0.615 t，浓硝酸一般含水 37%，母液返回使用。因此，只需在达到平衡后少许蒸发，蒸发量约 0.09 $m^3/t$。

（2）制备情况。

第一次制备：将一定质量的氧化铋溶解于质量分数为 63% 的相应体积的化学纯硝酸中，在 85℃ 的温度下反应至溶液清亮为止，然后冷却至 20℃，即结晶出相应量的 $Bi(NO_3)_3 \cdot 5H_2O$，同时获得相应体积的母液，该母液含 Bi 340 g/L 及 $HNO_3$ 2.8 mol/L。

母液第一次返回制备：将含 Bi 340 g/L 及 $HNO_3$ 2.8 mol/L 的上次结晶母液与质量分数为 63% 的相应体积的化学纯硝酸混合，将一定质量的氧化铋溶解，在

80℃反应至溶液清亮为止，然后冷却至 25℃，即结晶出相应量的 $Bi(NO_3)_3 \cdot 5H_2O$，同时获得相应体积的母液，该母液含 Bi 323.8 g/L 及 $HNO_3$ 2.7 mol/L，返回下次使用。

母液第二次返回制备：将含 Bi 323.8 g/L 及 $HNO_3$ 2.7 mol/L 的上次结晶母液与质量分数为 63% 的相应体积的化学纯硝酸混合，将一定质量的氧化铋溶解于其中，在 90℃ 反应至溶液清亮为止，然后冷却至 25℃，即结晶出相应量的 $Bi(NO_3)_3 \cdot 5H_2O$，同时获得相应体积的母液，该母液含 Bi 308.8 g/L 及 $HNO_3$ 2.68 mol/L，返回下次使用。

（3）技术经济指标。

自热溶解 – 冷却结晶法制备的硝酸铋产品质量见表 2 – 121。

由表 2 – 121 可知，硝酸铋产品质量均达到分析纯要求。原材料消耗、能耗及"三废"排放与传统方法的对比情况见表 2 – 122。

由表 2 – 122 可知，与制备硝酸铋的传统方法比较，自热溶解 – 冷却结晶法在能耗、试剂消耗特别是硝酸消耗和环境保护上具有明显优势。

表 2 – 121　硝酸铋产品质量/%

| 样号＼序号 | 1 | 2 | 3 | 产品质量标准 | |
|---|---|---|---|---|---|
| | | | | 分析纯 | 化学纯 |
| $Bi(NO_5)_3 \cdot 5H_2O$ | 约 100 | 约 100 | 约 100 | ≥99.0 | ≥99.0 |
| Cu | < 0.00014 | < 0.00014 | < 0.00014 | ≤0.001 | ≤0.003 |
| Ag | < 0.00023 | < 0.00023 | < 0.00023 | ≤0.001 | ≤0.003 |
| Pb | 0.0006 | 0.0005 | 0.0005 | ≤0.01 | ≤0.05 |
| Zn | < 0.00028 | < 0.00028 | < 0.00028 | — | — |
| Sb | < 0.00048 | < 0.00048 | < 0.00048 | — | — |
| Fe | 0.00035 | 0.00041 | 0.00033 | ≤0.0005 | ≤0.001 |
| As | < 0.00022 | < 0.00023 | 0.00020 | ≤0.0005 | ≤0.001 |
| Se | < 0.00021 | < 0.00021 | < 0.00021 | — | — |
| $Cl^-$ | 0.0000 | 0.0000 | 0.0000 | ≤0.002 | ≤0.005 |
| $SO_4^{2-}$ | 0.0000 | 0.0000 | 0.0000 | ≤0.005 | ≤0.01 |

表 2 – 122　制取硝酸铋方法的主要技术经济指标比较

| 方法 | 原料 | 硝酸用量/(t·t$^{-1}$) | | 溶液蒸发量 /(m$^3$·t$^{-1}$) | NO$_x$产生与否 |
|---|---|---|---|---|---|
| | | 理论量 | 实际量 | | |
| 酸溶法 | 精铋 | 0.82 ~ 1.23 | 1.400 | 1.390 | 产生 |
| 电溶法 | 精铋 | 0.615 | 0.873 | 2.900 | 不产生 |
| 自热溶解 – 冷却结晶法 | 普通氧化铋 | 0.615 | 0.615 | 0.09 | 不产生 |

3)碱式硝酸铋制备

(1)原理和方法比较。

如前所述,制备碱式硝酸铋的传统方法均以硝酸铋(溶液)为原料,采用纯水水解法制取,或以氨水、碳酸铵为中和剂,按下式进行中和水解制取:

$$5Bi(NO_3)_3 + 11NH_4OH =\!=\!=$$
$$4BiNO_3(OH)_2 \cdot BiO(OH) + 11NH_4NO_3 + H_2O \qquad (2-242)$$
$$5Bi(NO_3)_3 + 5.5(NH_4)_2CO_3 + 4.5H_2O =\!=\!=$$
$$4BiNO_3(OH)_2 \cdot BiO(OH) + 11NH_4NO_3 + 5.5CO_2 \uparrow \qquad (2-243)$$

该方法必须先制备硝酸铋溶液,同样存在硝酸溶解金属铋时产生致癌物 NO$_x$及消耗大量硝酸(与制备等当量硝酸铋一样),同时产生大量稀硝酸或硝酸铵废水等问题。按式(2-244)将氧化铋转化为碱式硝酸铋,即氧化铋转化法。

$$5Bi_2O_3 + 8HNO_3 + 5H_2O =\!=\!= 2[4BiNO_3(OH)_2 \cdot BiO(OH)] \qquad (2-244)$$

所需硝酸只有传统方法的 4/15,即将普通氧化铋与稍超过理论量(以维持料浆终点酸度约 0.2 mol/L 为准)的硝酸反应完全即可,分离后的母液循环使用,无废水产生。

(2)制备情况。

①工艺条件优化。因式(2-244)是固 – 固反应,所以,首先在相同的条件下比较了研磨与不研磨的转化效果,结果表明,研磨是保证高转化率的必要措施。在球磨的情况下,对转化条件进行优化,确定最佳条件为:a. 硝酸用量为理论量的 1.1 ~ 1.3 倍;b. 液固比为 3 ~ 4;c. 转化温度为室温;d. 转化时间为 120 ~ 180 min,其中研磨时间大于 90 min。条件优化实验发现,硝酸用量越多,转化速度越快,转化率越高,但母液中残留的铋含量和酸度提高,降低了铋的直收率。液固比和研磨时间是非常重要的参数,液固比过小,则料浆很黏稠,研磨效果不好;液固比过大,则料浆很稀,研磨效果也不好。研磨时间太短,则转化率低;太长,则能耗大。

②循环制取。a. 第一次制备:用高能球磨进行研磨。用 10∶1 的球料比球磨

60 min。具体操作是，先将一定质量的氧化铋与质量分数为63%的相应体积的化学纯硝酸混合，再将相应体积的纯水加入到装有相应质量磨球的球磨筒内，在25℃下球磨90 min，然后过滤，用相应体积的纯水洗干净磨球和球磨筒，滤饼经干燥获得相应质量的碱式硝酸铋及相应体积的母液。碱式硝酸铋含铋72.14%，转化率为95.48%，母液含 Bi 3.3 g/L 及 $HNO_3$ 0.22 mol/L。b. 母液第一次返回制备：将一定质量的普通级氧化铋与质量分数为63%的相应体积的化学纯硝酸混合，再用相应体积的上次母液将料浆洗入球磨筒内，按上述条件球磨转化，然后过滤，用相应体积的上次母液及纯水洗干净磨球和球磨筒，滤饼经干燥获得124.94 g 碱式硝酸铋及相应体积的母液。碱式硝酸铋含铋 71.84%，转化率为97.48%，铋的总回收率近100%，母液含 Bi 3.1 g/L 及 $HNO_3$ 0.20 mol/L。c. 母液第二次返回制备：按母液第一次返回制备碱式硝酸铋的规模、条件及操作方法，将上次母液返回使用，获得相应质量的碱式硝酸铋及相应体积的母液。碱式硝酸铋含铋 71.92%，铋的总回收率近 100%，转化率为96.95%，母液含 Bi 3.5 g/L 及 $HNO_3$ 0.25 mol/L。

（3）技术经济指标。

碱式硝酸铋产品质量见表2-123，与传统方法的主要技术经济指标的比较见表2-124。

表 2-123　碱式硝酸铋产品质量/$10^{-6}$

| 样号 | $w(Bi)/\%$ | Cu | Ag | Pb | Zn | Sb | Fe | As | Se | Cl⁻ | $SO_4^{2-}$ |
|---|---|---|---|---|---|---|---|---|---|---|---|
| 1 | 71.84 | <2.3 | <2.7 | <25 | <4.4 | <8 | <10 | <3.5 | <1 | 0 | 0 |
| 2 | 71.65 | <2.4 | <3.0 | <33 | <4.6 | <7.7 | <10.5 | <3.7 | <1.2 | 0 | 0 |
| 3 | 71.72 | <2.3 | <2.5 | <30 | <4.5 | <7.5 | <9，8 | <3.6 | <1.1 | 0 | 0 |
| AR | 70.86~73.55 | ≤50 | 合格 | ≤50 | — | — | ≤30 | ≤6 | — | <50 | ≤100 |
| CP | 70.86~73.55 | ≤50 | 合格 | ≤1000 | — | — | ≤30 | ≤6 | — | <50 | ≤100 |

表 2-124　制取碱式硝酸铋方法的主要技术经济指标比较

| 方法 | 原料 | 硝酸用量/（t·t⁻¹） | | 废液量*/（m³·t⁻¹） | NO$_x$产生与否 |
|---|---|---|---|---|---|
| | | 理论量 | 实际量 | | |
| 酸溶法 | 精铋－硝酸铋 | 1.36~2.04 | 2.322 | 85.64 | 产生 |
| 电溶法 | 精铋－硝酸铋 | 1.020 | 1.448 | 53.40 | 不产生 |
| 低温转化法 | 普通氧化铋 | 0.274 | 0.274 | 0.00 | 不产生 |

注：* $HNO_3$ 为 0.2 mol/L。

　　由表 2 – 123 可知，碱式硝酸铋产品质量达到分析纯标准。由表 2 – 124 可知，与制备碱式硝酸铋的传统方法比较，氧化铋转化法的硝酸消耗仅为传统方法的 18.92% 或 11.80%，不产生废水和致癌毒气 $NO_x$。由此可见，氧化铋转化法在能耗、试剂消耗和环境保护上具有明显优势。

4）碱式碳酸铋制备

（1）原理与方法比较。

制备碱式碳酸铋的传统工艺流程如图 2 – 73 所示。

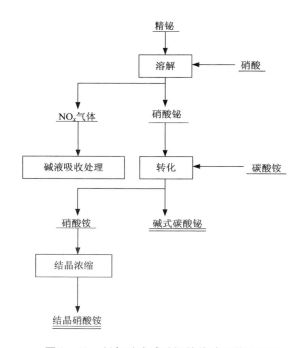

**图 2 – 73　制备碱式碳酸铋的传统工艺流程图**

以硝酸铋（溶液）为原料时，用碳酸铵作中和沉淀剂，反应见式（2 – 245）：
$$2Bi(NO_3)_3 + 3(NH_4)_2CO_3 + 1/2H_2O =\!=\!=$$
$$(BiO)_2CO_3 \cdot 1/2H_2O + 6NH_4NO_3 + 2CO_2\uparrow \qquad (2 – 245)$$
以碱式硝酸铋为原料时，用碳酸铵作转化剂，反应见式（2 – 246）：
$$BiNO_3(OH)_2 \cdot BiO(OH) + (NH_4)_2CO_3 =\!=\!=$$
$$(BiO)_2CO_3 \cdot 1/2H_2O + NH_4NO_3 + NH_4OH + 1/2H_2O \qquad (2 – 246)$$
　　该工艺存在以下问题：①在由精铋制备硝酸铋过程中消耗大量硝酸（与制备等当量硝酸铋一样），并产生大量剧毒 $NO_x$ 气体，必须用碱液吸收处理，造成严重环境问题及生产成本增加。②在由硝酸铋制备碱式碳酸铋过程中，产生大量硝酸铵废水，必须浓缩结晶，过程复杂，并且蒸发过程消耗大量能源，成本高。

针对上述问题，提出了氧化铋湿法球磨转化制备碱式碳酸铋的新工艺，其原则流程如图2-74所示。

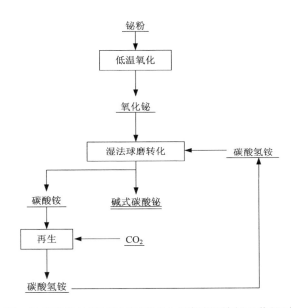

图2-74 氧化铋湿法球磨转化制备碱式碳酸铋的新工艺原则流程图

普通氧化铋按式(2-247)转化为碱式碳酸铋：

$$Bi_2O_3 + 2NH_4HCO_3 =\!=\!=$$
$$(BiO)_2CO_3 \cdot 1/2H_2O + (NH_4)_2CO_3 + 1/2H_2O \qquad (2-247)$$

这称为氧化铋转化法。该方法不需要硝酸，只需要转化剂碳酸氢铵，而碳酸氢铵由向母液中通入二氧化碳再生获得。

$$(NH_4)_2CO_3 + CO_2 + H_2O =\!=\!= 2NH_4HCO_3 \qquad (2-248)$$

所以，母液循环使用，无废水产生。

新工艺有两大创新点：一是直接由精铋制备氧化铋，再用氧化铋作为制备碱式碳酸铋的原料，彻底解决传统工艺中由精铋制备硝酸铋产生大量剧毒 $NO_x$ 气体的问题；二是由氧化铋直接湿法球磨转化制备碱式碳酸铋，碳酸铵转化液补充 $CO_2$ 再生后可返回使用，实现了碳酸铵转化液的闭路循环，彻底解决传统工艺中由硝酸铋制备碱式碳酸铋产生大量硝酸铵废水的问题。

(2)工艺条件优化。

因式(2-247)是固-固反应，故与转化法制备碱式硝酸铋一样，研磨是保证高转化率的必要措施。以低温法工业实验所产氧化铋为原料,对球磨转化法制备碱式硝酸铋的工艺技术条件进行优化,考察了碳酸氢铵浓度、液固比、球料比及时间对制备过程的影响。确定最佳工艺条件为:碳酸氢铵浓度 2.5 mol/L,液固比 3:1,球料比(7~10):1,转化时间大于 2 h。

(3)循环制取。

第一次制备:在碳酸氢铵浓度为 2.5 mol/L、液固比为 7:1、球料比取 8:1 及转化时间为 2 h 的优化条件下,进行循环制取实验。具体操作是,先将一定质量的普通级氧化铋与相应质量的化学纯碳酸氢铵混合,加入到已装有相应质量磨球的球磨筒内,再加入相应体积的纯水后在自然温度下球磨 120 min 后出料,用相应体积的纯水洗干净磨球和球磨筒,料浆合并再搅拌 120 min 后过滤,滤饼用相应体积的热纯水洗若干次,干燥后获得相应质量的碱式碳酸铋及相应体积的母液。碱式碳酸铋含铋 81.18%,转化率为 92.26%,铋的总回收率近 100%,母液含$(NH_4)_2CO_3$ 45.8 g/L,铋微量。

母液第一次返回制备:先向上次母液中通入 $CO_2$ 使其中的碳酸铵全部再生为碳酸氢铵,然后将一定质量的普通级氧化铋与相应体积的再生后的母液混合,加入到已装有相应质量磨球的球磨筒内,在自然温度下球磨 120 min 后出料。先用剩余的再生后的母液洗磨球和球磨筒,再用相应体积的纯水洗干净磨球和球磨筒,料浆合并再搅拌 120 min 后过滤,滤饼用相应体积的热纯水洗若干次,干燥后获得相应质量的碱式碳酸铋及相应体积的母液。碱式碳酸铋含铋 80.84%,转化率为 96.36%,铋的总回收率近 100%,母液含$(NH_4)_2CO_3$ 44.0 g/L,铋微量。

母液第二次返回制备:按母液第一次再生返回制备碱式碳酸铋的规模、条件及操作方法,将上次母液再生返回使用,获得相应质量的碱式碳酸铋及相应体积的母液。碱式碳酸铋含铋 80.90%,转化率为 95.62%,铋的总回收率近 100%,母液含$(NH_4)_2CO_3$ 44.6 g/L,铋微量。

(4)技术经济指标。

碱式碳酸铋产品质量见表 2-125,与传统方法的主要技术经济指标的比较见表 2-126。

表 2-125 碱式碳酸铋产品质量/$10^{-6}$

| No | $w(Bi)$/% | Cu | Ag | Pb | Zn | Sb | Fe | As | Se | S | $SO_4^{2-}$ | $NO_3^-$ |
|---|---|---|---|---|---|---|---|---|---|---|---|---|
| 1 | 80.68 | <2.6 | <3.2 | 90 | <5.0 | 7.9 | <12 | <3.4 | <1.3 | 0 | 0 | 0 |
| 2 | 80.84 | <2.5 | <3.0 | 85 | <5.2 | 8.5 | <10 | <3.2 | <1.35 | 0 | 0 | 0 |
| 3 | 80.60 | <2.66 | <3.1 | 95 | <4.9 | 8.9 | <11 | <3.5 | <1.26 | 0 | 0 | 0 |
| AR | ≥80.14 | ≤50 | 合格 | 合格 | — | — | ≤6 | — | ≤100 | ≤100 | 合格 |
| CP | ≥79.73 | ≤100 | ≤50 | ≤200 | — | — | ≤10 | — | ≤200 | ≤200 | ≤50 |

从表 2 – 125 可知，氧化铋转化法制得碱式碳酸铋产品质量达到分析纯标准。

表 2 – 126　制取碱式碳酸铋方法的主要技术经济指标比较

| 方法 | 原料 | 试剂用量/(t·t$^{-1}$) | | | 废液量* /(m³·t$^{-1}$) | NO$_x$产生与否 |
|---|---|---|---|---|---|---|
| | | 硝酸 | 碳酸铵 | CO$_2$ | | |
| 酸溶法 | 精铋 – 硝酸铋 | 2.191 | 1.263 | 不用 | 6.578 | 产生 |
| 电溶法 | 精铋 – 硝酸铋 | 1.366 | 0.788 | 不用 | 4.104 | 不产生 |
| 低温转化法 | 普通氧化铋 | 不用 | 不用 | 0.085 | 0.00 | 不产生 |

注：* NH$_4$NO$_3$ 4 mol/L。

表 2 – 126 说明，与制备碱式碳酸铋的传统方法比较，氧化铋转化法不用硝酸和碳酸铵，不产生硝酸铵废水和致癌毒气 NO$_x$，仅用接近理论量的二氧化碳。由此可见，氧化铋转化法在能耗、试剂消耗和环境保护上具有明显优势。

# 3.4　汞化工产品的直接制取

## 3.4.1　概述

汞是一种古老、稀有而珍贵的金属，但是，由于汞的毒性及其对环境的危害，汞的应用领域日益缩小，而且其应用形态已由金属汞应用为主转化为以汞化合物应用为主。因此，开发能直接制备汞化工产品的全湿法清洁炼汞新工艺是势在必行。

基于汞的氧化态易与氯离子形成汞氯配合物的特点，赵天从、殷群生和钟廷科等提出用汞氯配合物冶金方法由汞精矿或废汞资源直接制备汞的化工产品，并进行了系统研究。他们在研究中发现，汞的氯化浸出液经苛化直接制取氧化汞和氯化汞等化工产品具有其他汞冶炼工艺无法比拟的优越性。湿氯化法处理汞精矿直接制取 HgCl$_2$、HgI$_2$、HgSO$_4$ 等多种汞化工产品的优越性不仅可以避免传统火法炼汞中高温下汞蒸气的严重污染，而且可以根据市场需要，方便地调整产品方案。汞精矿的氯化浸出液经净化后再进行碱化处理，即可制得粗 HgO，再经进一步酸化除杂可制得精 HgO。HgO 既是目前国际市场销量较大的汞产品，在美、日等国消耗量已超过汞产品总量的一半，又是进一步生产 HgCl$_2$、HgI$_2$、HgSO$_4$ 等多种化工产品的母体。

本节系统介绍作者学术团队用湿法冶金方法处理汞精矿直接制取汞的化工产品的研究成果，对消除烟气汞污染和含汞的高危废弃物的资源化与无害化处理具有重要意义。

### 3.4.2　由汞精矿制取汞品

#### 1.原料与工艺流程

实验所用原料为凤凰县产朱砂(含 Hg 82.688%)和汞矿(含 Hg 4.464%)配成的含 Hg 20.5%的混合汞精矿,配成这种中等偏低品位混合精矿作为试料的目的是使之适宜处理凤凰县大量的中低品位的汞精矿。其粒径为 -200 目,精矿成分见表 2 -127。

表 2 -127　混合汞精矿成分/%

| Hg | SiO$_2$ | CaO | MgO | Al$_2$O$_3$ | Ba | Fe | S | Pb | Zn | Sb |
|---|---|---|---|---|---|---|---|---|---|---|
| 20.50 | 7.98 | 19.41 | 13.70 | 3.78 | 0.34 | 0.43 | 4.03 | 0.18 | 0.35 | 0.10 |

汞精矿氯化浸出制取氧化汞和氯化汞原则工艺流程如图 2 -75 所示。

该流程的特点是:从汞精矿直接生产 HgO、HgCl$_2$ 等化工产品,可随时根据市场需要调整产品结构,减少了生产工序,避免了污染,降低了成本。此外,该流程浸出速度快,浸出率高;浸出渣含汞低,可以不经再处理直接废弃;工业用水循环使用,少量废水经处理后排放,减少了水污染。

#### 2.基本原理

汞精矿氯配合冶金制取汞盐新工艺包括三个基本过程,即浸出、净化和转化,其基本原理如下。

1)浸出过程

Cl$_2$ 通入矿浆,水解生成 ClO$^-$,ClO$^-$ 再氧化 HgS 使其浸出。主要反应为:

$$HgS + 4ClO^- \rightleftharpoons HgCl_4^{2-} + SO_4^{2-} \tag{2-249}$$

$$Hg + ClO^- + 3Cl^- + H_2O \rightleftharpoons HgCl_4^{2-} + 2OH^- \tag{2-250}$$

$$Hg_2Cl_2 + ClO^- + 2H^+ \rightleftharpoons 2Hg^{2+} + 3Cl^- + H_2O \tag{2-251}$$

$$Hg_2S + 5ClO^- + 2H^+ \rightleftharpoons 2Hg^{2+} + SO_4^{2-} + 5Cl^- + H_2O \tag{2-252}$$

$$HgO + H_2O + 2Cl_2 + CaCl_2 \rightleftharpoons CaHgCl_4 + 2HClO \tag{2-253}$$

$$HgO + 4NaCl + H_2O \rightleftharpoons Na_2HgCl_4 + 2NaOH \tag{2-254}$$

可见,本法对各类含汞物料的浸出都是适合的,各物料中不同形态的汞都发生化学溶解而进入浸出液中。

2)净化过程

浸出液中主要的杂质为 Ca$^{2+}$、Mg$^{2+}$ 及少量的 Fe$^{3+}$ 等,通过调整 pH 用碳酸盐

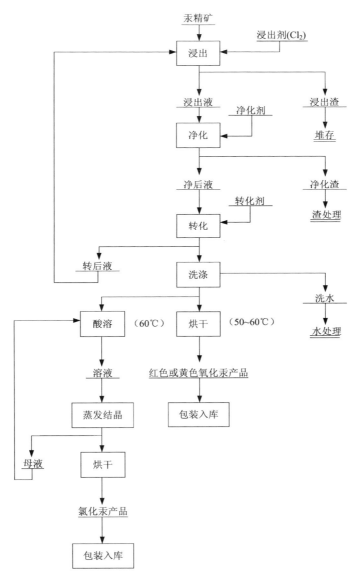

**图2-75 汞精矿氯化浸出制取氧化汞和氯化汞原则工艺流程图**

和磷酸盐适当处理,可以取得较好的净化效果。pH越低,杂质含量越高(表2-128)。

表 2 - 128　不同 pH 浸出液内杂质含量/$(g \cdot L^{-1})$

| 浸出液标号 | pH | Ca | Mg | Fe | Cr | Si | Al |
|---|---|---|---|---|---|---|---|
| L1 | 8.10 | 1.10 | 0.74 | 0.00335 | 0.00225 | 0.11 | 0.00025 |
| L2 | 3.10 | 1.28 | 1.85 | 0.00438 | 0.00288 | 0.21 | 0.00037 |
| L3 | 0.90 | 3.23 | 2.34 | 0.900 | 0.00250 | 0.89 | 0.0007 |

根据有关热力学数据，可以求得下列平衡常数：

$$Ca^{2+} + 2OH^- =\!=\!= Ca(OH)_2(s) \qquad \lg K = 5.346 \qquad (2-255)$$

$$Mg^{2+} + 2OH^- =\!=\!= Mg(OH)_2(s) \qquad \lg K = 11.154 \qquad (2-256)$$

$$Fe^{3+} + 3OH^- =\!=\!= Fe(OH)_3(s) \qquad \lg K = 38.545 \qquad (2-257)$$

$$Ca^{2+} + CO_3^{2-} =\!=\!= CaCO_3(s) \qquad \lg K = 8.114 \qquad (2-258)$$

$$Mg^{2+} + CO_3^{2-} =\!=\!= MgCO_3(s) \qquad \lg K = 7.910 \qquad (2-259)$$

$$3Ca^{2+} + 2PO_4^{3-} =\!=\!= Ca_3(PO_4)_2(s) \qquad \lg K = 40.255 \qquad (2-260)$$

$$3Mg^{2+} + 2PO_4^{3-} =\!=\!= Mg_3(PO_4)_2(s) \qquad \lg K = 23.913 \qquad (2-261)$$

上述各化学方程式的平衡常数都比较大，说明反应进行得较彻底。因而向浸出液中加入含 $OH^-$、$CO_3^{2-}$ 或 $PO_4^{3-}$ 的物质将可使浸出液中的主要杂质沉淀出来。实验证明，通过调整 pH，用碳酸盐和磷酸盐适当处理，可以取得较好的净化效果（表 2 - 129）。

表 2 - 129　不同净化剂对浸出液的净化效果

| 净化剂种类 | 净化液 pH | 净化后液成分/$(g \cdot L^{-1})$ | | | 净化率/% | | |
|---|---|---|---|---|---|---|---|
| | | Ca | Mg | Fe | Ca | Mg | Fe |
| NaOH | 8.8 | 2.17 | 1.828 | 0.0022 | 32.82 | 21.88 | 99.76 |
| $Na_2CO_3$ | 8.8 | 1.085 | 1.910 | 0.0019 | 66.41 | 18.38 | 99.79 |
| $Na_3PO_4$ | 8.8 | 0.0934 | 0.145 | 0.0017 | 97.11 | 93.80 | 99.81 |

3）转化过程

（1）氧化汞。

$$Na_2HgCl_4 + 2NaOH \longrightarrow Hg(OH)_2 + 4NaCl \qquad (2-262)$$

$$HgO \downarrow (红或黄) + H_2O \qquad (2-263)$$

（2）氯化汞。

$$HgO + 2HCl \Longrightarrow HgCl_2 + H_2O \qquad (2-264)$$

以 HgO 为母体产品, 其余汞化合物均可由此衍生而得。

### 3. 结果与讨论

汞精矿氯化浸出制取氧化汞实际上分为四个阶段: 浸出、浸出液净化、产品转化、废水处理。

1) 浸出

浸出过程的控制条件和操作条件为: ①两级浸出。即两个反应器交替工作, 实际上一个为浸出, 另一个为尾气吸收, 采用机械搅拌, 不外加热。②pH 控制在 6 左右, 通过调整加碱量控制终点 pH。③氯气流量控制。浸出前期用大流量, 放热反应升温, 以升温不太快、不太高、不发生液泛为原则; 浸出后期应用小流量。④温度控制在 20 ~ 40℃, 最高 80℃。⑤搅拌强度。尽可能强化搅拌, 扩大气液接触面积, 以提高浸出速度。浸出实验结果见表 2 - 130。

表 2 - 130 混合汞精矿浸出实验结果

| 编号 | 精矿量/g | 含汞量/% | 温度/℃ | 时间/h | 液固比 | 浸出率/% | 渣含汞/% |
|---|---|---|---|---|---|---|---|
| F1 - 1 | 100 | 20.5 | 30 ~ 66 | 1.5 | 4:1 | 99.92 | 0.025 |
| F1 - 2 | 100 | 20.5 | 30 ~ 63 | 1.5 | 4:1 | 99.88 | 0.037 |
| F1 - 3 | 100 | 20.5 | 30 ~ 55 | 1.3 | 4:1 | 99.08 | 0.377 |
| F1 - 4 | 100 | 20.5 | 13 ~ 50 | 1.2 | 4:1 | 98.98 | 0.305 |
| F1 - 5 | 100 | 20.5 | 13 ~ 52 | 1.5 | 4:1 | 99.51 | 0.152 |
| F1 - 6 | 100 | 20.5 | 13 ~ 53 | 1.5 | 4:1 | 99.49 | 0.152 |
| F1 - 7 | 100 | 20.5 | 13 ~ 51 | 1.5 | 4:1 | 99.49 | 0.152 |

由表 2 - 130 可知, 浸出效果非常好, 汞的平均浸出率为 99.48%。

2) 浸出液净化

浸汞时精矿中部分杂质也随之转入浸出液, 这些杂质主要是 $Ca^{2+}$、$Mg^{2+}$ 和少量的 $Fe^{3+}$ 等。为了获得符合深加工要求的纯净的汞溶液, 浸出液必须预先净化。作为净化试液的混合浸出液成分见表 2 - 131。

表 2 - 131 混合汞精矿浸出液成分/$(g \cdot L^{-1})$

| $Hg^{2+}$ | $Ca^{2+}$ | $Mg^{2+}$ | Fe |
|---|---|---|---|
| 38.6 | 1.96 | 4.5 | 0.047 |

用 $Na_2CO_3 - Na_3PO_4$ 法对汞浸出液进行净化, 净化实验规模为 200 mL/次, 净化条件及效果见表 2 - 132。

表 2 – 132　净化条件及效果

| 编号 | 条件控制 | | | | 净化后液成分/(g·L⁻¹) | | | | 脱除率/% | | |
|---|---|---|---|---|---|---|---|---|---|---|---|
| | 温度/℃ | 时间/min | pH | 净化剂用量/g | $Hg^{2+}$ | Fe | $Ca^{2+}$ | $Mg^{2+}$ | Fe | $Ca^{2+}$ | $Mg^{2+}$ |
| F2－1 | 13 | 30 | 8.75 | 12.37 | 23.40 | 0.0005 | 0.014 | 0.12 | 98.94 | 99.29 | 97.33 |
| F2－2 | 13 | 30 | 8.45 | 11.78 | 26.05 | 0.00063 | 0.022 | 0.23 | 98.66 | 98.88 | 94.89 |
| F2－3 | 13 | 30 | 9.05 | 12.96 | 25.35 | 0.0005 | 0.0032 | .0042 | 98.94 | 99.84 | 99.07 |
| F2－4 | 25 | 30 | 8.85 | 12.49 | 25.54 | 0.0031 | 0.0075 | 0.10 | 93.40 | 99.62 | 97.78 |
| F2－5 | 25 | 30 | 8.55 | 11.78 | 25.48 | 0.0034 | 0.016 | 0.24 | 92.77 | 99.18 | 94.67 |
| F2－6 | 45 | 30 | 8.30 | 11.78 | 27.45 | 0.0038 | 0.006 | 0.28 | 91.92 | 99.69 | 93.78 |
| F2－7 | 45 | 30 | 8.70 | 12.96 | 26.11 | 0.0043 | 0.0051 | 0.17 | 90.85 | 99.74 | 96.22 |

从表 2 - 132 可以看出,在温度为 13℃、反应时间为 30 min、pH 为 9.05 及净化剂用量为 12.96 g 的优化条件下,净化效果非常好,铁、钙及镁的脱除率分别为 98.94%、99.84% 及 99.07%。

3)产品转化

净化液在不同的温度下转化的产品有橘红和橘黄两种颜色的氧化汞。转化条件见表 2 - 133,红色氧化汞产品质量及有关标准对照见表 2 - 134,黄色氧化汞产品质量见表 2 - 135。

表 2 - 134、表 2 - 135 说明,红色氧化汞和黄色氧化汞产品主要成分均符合要求。

表 2 - 133 产品转化条件

| 条件 | 产品类别 | |
| --- | --- | --- |
| | 黄色氧化汞 | 红色氧化汞 |
| 汞浓度/(g·L$^{-1}$) | ±18 | ±18~20 |
| NaOH 浓度/(g·L$^{-1}$) | ±200 | ±200 |
| NaOH 用量(理论倍数) | 1.4~1.6 | 1.4~1.6 |
| 转化温度 | 室温(13~18℃) | 沸点 |
| 转化时间/min | 20± | 25~30 |
| 搅拌速度/(r·min$^{-1}$) | 150~250 | 150~250 |
| 作业环境 | 避光 | 避光 |
| 洗涤温度/℃ | 60~80 | 60~80 |
| 洗涤次数 | 洗至无 Cl$^-$ 为止 | 洗至无 Cl$^-$ 为止 |
| 烘干温度/℃ | 50~60 | 50~60 |

表 2 - 134 红色氧化汞产品质量及有关标准对照/%

| 指标 | 本实验产品 | | | 国产试剂二级 | 贵州汞矿 4# | 752 厂检验 | 752 厂要求 | 日本 I 级产品 |
| --- | --- | --- | --- | --- | --- | --- | --- | --- |
| | F3 - 1 | F3 - 4 | F3 - 7 | | | | | |
| 含量 | 约 100 | 99.92 | 99.52 | 99.5 | 98.44 | 97.74 | >98 | >98 |
| 盐酸中不溶物 | — | — | — | 0.03 | — | — | | 限度内 |
| 灼烧残渣 | — | — | — | 0.05 | — | — | | <0.3 |
| 氯化物(Cl) | — | — | — | 0.003 | 0.003 | 没发现 | <0.003 | 0.01 以下 |

续表 2 – 134

| 指标 | 本实验产品 | | | 国产试剂二级 | 贵州汞矿 4# | 752 厂检验 | 752 厂要求 | 日本 I 级产品 |
|---|---|---|---|---|---|---|---|---|
| | F3 – 1 | F3 – 4 | F3 – 7 | | | | | |
| 氮化物(N) | — | — | — | 0.005 | 0.0006 | 0.0045 | < 0.005 | 限度内 |
| 硫酸盐 | — | — | — | 0.003 | 0.0063 | — | — | |
| 其他(以 Pb 计) | — | — | — | 0.002 | 0.0043 | — | < 0.002 | |
| 铁 | 0.0021 | 0.0024 | 0.0020 | 0.005 | 微量 | 0.004 | < 0.005 | |
| 视密度/(g·cm⁻³) | — | — | — | — | 5.0956 | 4.9 | 4.7 | — |

表 2 – 135　黄色氧化汞产品质量/%

| 编号 | F3 – 3 | F3 – 5 | 化学纯 | 分析纯 |
|---|---|---|---|---|
| HgO | 99.74 | 99.38 | 99 | 99.5 |

4)废水处理

生产过程中,不产生有毒有害气体,废渣中既不含金属汞,也不含可溶性汞化合物,可以露天堆放。少量开路废水经适当处理后,完全可以达到排放标准(0.05 mg/L)。

# 参考文献

[1] 天津化工研究院，等.无机盐工业手册下册(第二版)[M].北京：化学工业出版社，1996
[2] 唐谟堂，杨天足.配合物冶金理论与技术[M].长沙：中南大学出版社，2011
[3] 宁延生.无机盐工艺学[M].北京：化学工业出版社，2013：652-685
[4] 杨声海，唐谟堂.铜锌银精矿冶炼新工艺[J].湿法冶金，2000，19(2)：30-37
[5] 唐谟堂，杨声海，唐朝波，等.AC法处理高锑低银类铅阳极泥——铜和铋的回收[J].中南大学学报(自然科学版)，2003，34(5)：499-501
[6] 刘维.MACA体系中处理低品位氧化铜矿的基础理论和工艺研究[D].长沙：中南大学，2010
[7] 宋志鹏.刚果(金)氧化铜矿碳酸铵浸出-负压蒸氨的工艺研究[D].长沙：中南大学，2008
[8] 陈国民，陈哲安.钴镍混合硫化物湿法冶金的生产与实践[J].有色冶炼，1986(10)：3-9
[9] 严忠床，卜乐民.从废镍铬刨花生产硫酸镍的新工艺[J].化学世界，1981(2)：3-6
[10] 侬健夫.镍盐生产小结[J].金川科技，1982(3)：28-33
[11] 潘宝头，严忠庆.从镍系统分离的钴渣生产环烷酸钴[J].化学世界，1982(6)：25-27
[12] 陈进中.大厂脆硫锑矿氯化浸出渣新处理工艺研究[D].长沙：中南工业大学，1996
[13] 郑时路.复杂铅烟尘湿法处理新工艺研究[D].长沙：中南大学，2004
[14] 飞秀英.炼铅鼓风炉高砷烟尘综合利用(试验报告)[J].昆明工学院学报(自然科学版)，1979(1)：48-60
[15] 唐谟堂，鲁君乐，晏德生，等.广西大厂脆硫锑铅矿精矿氯化浸出渣处理试验报告[R].长沙：中南工业大学有色冶金研究所，1990
[16] 唐谟堂，鲁君乐，晏德生，等.大冶水洗渣湿法处理实验室小型试验报告[R].长沙：中南工业大学有色冶金研究所，1993
[17] 唐谟堂，唐朝波，杨声海，等.用AC法处理高锑低银类铅阳极泥——氯化-浸出和干馏的扩大试验[J].中南大学学报(自然科学版)，2002，33(4)：360-363
[18] 梅光贵，王德润，等.湿法炼锌学[M].长沙：中南大学出版社，2001
[19] 吴本泰.从菱锌矿制氧化锌技术[P].中国专利申请，CN88102610，1988
[20] 倪景清，唐天彪.一种制取氧化锌的方法[P].中国专利申请，CN90105488.7，1990
[21] 唐谟堂，鲁君乐，袁延胜等.氨法制取氧化锌方法[P].中国发明专利，ZL9210303.7，1992
[22] 刘健，苗则生，高翔，等.氨浸法从菱锌矿直接提取活性氧化锌[J].有色金属(冶炼部分)，1993(3)：25-26
[23] 欧阳民.兰坪氧化锌矿冶金化工新工艺研究[D].长沙：中南工业大学，1994
[24] 唐谟堂，鲁君乐，袁延胜，等.Zn(II)-(NH$_3$)$_2$SO$_4$-H$_2$O系氨络合平衡[J].中南矿冶学院学报，1994(6)：701-705
[25] 唐谟堂.欧阳民.硫铵法制取等级氧化锌[J].中国有色金属学报，1998(1)：118-121
[26] 杨声海.Zn(II)-NH$_3$-NH$_4$Cl-H$_2$O体系电积锌工艺及其理论研究[D].长沙：中南工业大学，1998

[27] Yang Shenghai, Tang Motang. Thermodynamics of Zn(Ⅱ) – NH$_3$ – NH$_4$Cl – H$_2$O system[J]. Transactions of Nonferrous Metals Society of China, 2000, 10(6): 830 – 833

[28] 唐谟堂. 程华月. 磷酸锌的应用及其制备工艺的现状与发展[J]. 无机盐工业, 2000(2): 29 – 31

[29] 程华月. 氧化锌矿氨法直接制取磷酸锌[D]. 长沙: 中南大学, 2000

[30] 赵廷凯. 氨法处理湿法炼锌净化钴渣制取锌粉和回收钴[D]. 长沙: 中南大学, 2001

[31] 张保平, 唐谟堂. NH$_4$Cl – NH$_3$ – H$_2$O 体系浸出氧化锌矿[J]. 中南大学学报(自然科学版), 2001(5): 483 – 486

[32] 唐谟堂, 张鹏, 何静, 等. Zn(Ⅱ) – (NH$_4$)$_2$SO$_4$ – H$_2$O 体系浸出锌烟尘[J]. 中南大学学报(自然科学版), 2007(5): 867 – 872

[33] 王瑞祥, 唐谟堂, 杨建广, 等. Zn(Ⅱ) – NH$_3$ – Cl$^-$ – CO$_3^{2-}$ – H$_2$O 体系中 Zn(Ⅱ)配合平衡[J]. 中国有色金属学报, 2008, 18(s1): 192 – 198

[34] 冯干明, 罗庆文, 李星龄, 等. 从冶炼厂副产品烟尘湿法生产氧化锌[J]. 有色金属(冶炼部分), 1985(5): 28 – 31

[35] 莫家祉, 翁西冷. 从湿法炼锌的铜镉渣中回收七水硫酸锌[J]. 有色冶炼, 1985(7): 32 – 34

[36] 徐鑫坤, 余惠莲. 氧化锌精矿直接制纯氧化锌的研究[J]. 有色金属(冶炼部分), 1987(4): 23 – 28

[37] 张兴平, 朱子嘉. 氧化锌精矿直接生产硫酸锌的研究[J]. 无机盐工业, 1986(3): 12 – 16

[38] 黄位森. 锡[M]. 北京: 冶金工业出版社, 2000: 671 – 821

[39] 张毓. 锡渣矿制锡酸纳的研制[J]. 无机盐工业, 1987(6): 9 – 11

[40] 吴正芬. 粗铅综合利用提取锡生产锡酸钠[J]. 有色冶炼, 1985(5): 53 – 56

[41] 石玉霞. 碱式氯化亚锡渣生产氧化亚锡[J]. 有色冶炼, 1986(10): 53 – 55

[42] 丁秀芳. 从复杂含锡溶液中制取无水四氯化锡[J]. 有色金属(冶炼部分), 1987(5): 23 – 24

[43] 唐谟堂. 氯化 – 干馏法的研究——理论基础及实际应用[D]. 长沙: 中南工业大学, 1986

[44] 唐谟堂, 杨建广, 杨声海, 等. 一种直接制取 ATO 用高纯锡、锑化合物的方法[P]. 中国发明专利, ZL200410047025.3, 2004

[45] Tang Motang, Yang Jianguang, Yang Shenhai, et al. Thermodynamic calculation of Sn(Ⅳ) – NH$_4^+$ – Cl$^-$ – H$_2$O system[J]. Transactions of Nonferrous Metals Society of China, 2004, 14(4): 802 – 806

[46] 杨建广, 唐谟堂, 杨声海, 等. 一种回收锡二次资源的新工艺[J]. 湿法冶金, 2005, 24(2): 97 – 101

[47] 杨建广, 唐谟堂, 杨声海, 等. Sn(Ⅳ) – Sb(Ⅲ) – NH$_3$ – NH$_4$Cl – H$_2$O 体系热力学分析及其应用[J]. 中南大学学报(自然科学版), 2005, 36(4): 582 – 586

[48] 杨建广. 锡阳极泥制取纯(NH$_4$)$_2$SnCl$_6$、Sb$_4$O$_5$Cl$_2$ 及纳米 ATO 的新工艺和理论研究[D]. 长沙: 中南大学, 2005

[49] 赵天从. 锑[M]. 北京: 冶金工业出版社, 1987

[50] 赵天从,唐谟堂,钟启愚,等.硫化锑矿"氯化 – 水解法"制取锑白[P].中国发明专利, ZL85107329,1986

[51] 唐谟堂.广西大厂脆硫锑铅矿新处理工艺及其基础理论的研究[D].长沙:中南矿冶学院,1981

[52] 唐建军.空气氧化硫代亚锑酸钠溶液沉锑研究[D].长沙:中南工业大学,1999

[53] 唐谟堂.酸性湿法炼锑的发展与应用前景[J].湖南有色金属,1997(增刊):21 – 24

[54] 唐谟堂,赵天从,等.广西大厂脆硫锑铅矿精矿新处理工艺及其基础理论研究[J].中南矿冶学院学报,1982(4):22 – 31

[55] 唐谟堂,赵天从.三氯化锑水解体系的热力学研究[J].中南矿冶学院学报,1987,18(5):522 – 528

[56] Tang Motang, Zhao Tiancong. A thermodynamic study on the basic and negative potential fields of the systems of Sb – S – H$_2$O and Sb – Na – S – H$_2$O[J]. J. Cent – South Inst Min Metall, 1988, 19（1）: 35 – 43

[57] 唐谟堂,鲁君乐,袁延胜,等.高铅高砷硫化锑矿的处理方法[P].中国发明专利, ZL88105788.6,1990

[58] Tang Motang, Zhao Tiancong et al, Principle and Application of the New Chlorination – Hydrolization Process[J]. J. Cent South Inst Min Metall, 1992, 23(4): 405 – 411

[59] 唐谟堂,赵天从.AC 法处理广西大厂脆硫锑铅矿精矿[J].有色金属(冶炼部分),1989(6):13 – 16

[60] 唐谟堂,鲁君乐,晏德生,等.新氯化 – 水解法处理广西大厂脆硫锑铅矿精矿[J].有色金属(冶炼部分),1991(5):20 – 22

[61] 鲁君乐,唐谟堂,袁延胜,等.新氯化 – 水解法处理铅阳极泥[J].有色金属(冶炼部分),1992(2):21 – 23

[62] 唐谟堂,赵天从.酸法生产锑白的数模控[J].湖南有色金属,1994(3):179 – 183

[63] 唐谟堂,韦明芳,鲁君乐,等.新氯化 – 水解法处理大厂 100 号脆硫锑铅矿精矿主干流程半工业试验报告[R].长沙:中南工业大学有色冶金研究所,1995

[64] 唐谟堂,陈进中,蔡传算.铅锑精矿氯化浸出渣处理新工艺（Ⅰ）——苏打转化研究[J].中南工业大学学报(自然科学版),1996(2):164 – 167

[65] 唐谟堂,王玲.中和水解法处理脆硫锑铅精矿浸出液新工艺[J].中南工业大学学报(自然科学版),1997(3):226 – 228

[66] 王玲.大厂脆硫锑铅矿氯化浸出液无污染处理新工艺研究[D].长沙:中南工业大学,1997

[67] 彭长宏,唐谟堂,杨声海,等.铅碱性精炼废渣制取三氧化二锑[J].中南工业大学学报(自然科学版),2001,32(6):577 – 579

[68] 唐谟堂,唐朝波,杨声海,等.用 AC 法处理高锑低银类铅阳极泥——氯化浸出和干馏的扩大试验[J].中南大学学报(自然科学版),2002,33(4):360 – 363

[69] 金贵忠.再生铅碱性精炼渣的锑回收工艺研究[D].长沙:中南大学,2009

[70] 汪立果.铋冶金[M].北京:冶金工业出版社,1986

[71] 唐明成.湖南柿竹园铋中矿冶金化工新工艺及其基础理论研究[D].长沙：中南工业大学，1992

[72] 唐谟堂，鲁君乐.铋在化学品方面的应用及其发展前景[J].世界有色金属，1992（2）：6-8

[73] 汪立果.湿法生产氧化铋[J].化学世界，1984，25（2）：42-43

[74] 李卫.单分散纳米氧化铋的制备[J].中南大学学报（自然科学版），2005，36（2）：175-178

[75] 戴云，刘愚，张定宇.电子工业用氧化铋工艺的开发与实践[J].云南冶金，2001，30（4）：22-25

[76] 段学臣.超细氧化铋的制备与结构特性[J].中南工业大学学报，1997，28（2）：164-166

[77] 石西昌，肖政伟，秦毅红.超细氧化铋制备研究[J].湖南有色金属，2003，19（4）：15-16

[78] 尹志民，陈世柱，潘青林，等.熔体雾化-燃烧法制备高纯三氧化二铋超细粉[J].中国有色金属学报，1994，4（4）：62-64

[79] 张耀平，曹慧君，刘秋富，等.等离子喷雾生产金属粉末的方法[P].中国专利，101837461A，2010

[80] 谢大鹏，吴祖祥，戴艳平.高纯微米级氧化铋微粉的生产方法[P].中国专利，101049966A，2007

[81] 胡汉祥，何晓梅，丘克强.铋蒸气氧化法制备氧化铋纳米粉体的研究[J].武汉理工大学学报，2006，28（2）：10-13

[82] 唐谟堂.三氯化铋水解体系的热力学研究[J].中南矿冶学院学报，1993（1）：45-51

[83] 唐谟堂，鲁君乐，袁延胜，等.柿竹园高硅含铍含氟铋精矿直接制取铋化工产品实验室小型试验报告[R].长沙：中南工业大学有色冶金研究所，1992

[84] 唐谟堂.三氯化铋水解体系的热力学研究[J].中南矿冶学院学报，1993，24（1）：45-51

[85] 唐谟堂，鲁君乐.由柿竹园高硅含铍含氟铋精矿直接制取铋品[J].中南工业大学学报，1995，26（2）：186-191

[86] 郑国渠.氯化-干馏法处理柿竹园铋精矿基础理论及工艺研究[D].长沙：中南工业大学，1996

[87] 郑国渠，唐谟堂.柿竹园含铍含氟铋精矿冶金新工艺[J].中国有色金属学报，1996，6（4）：62-65

[88] 郑国渠，唐谟堂，赵天从.氯盐体系中铋湿法冶金的基础研究[J].中南工业大学学报，1997，28（1）：34-36

[89] 郑国渠，唐谟堂.含铍含氟硫化铋精矿氯化浸出液中铋、铍、铁物种研究[J].中南工业大学学报，1997，28（6）：543-546

[90] 郑国渠，唐谟堂.$BiCl_3$-$HCl$-$H_2O$系蒸发过程馏余物物相研究[J].中国有色金属学报，2000，10（2）：250-252

[91] 吴斌秀.含铋铅烟尘制取铋品新工艺研究[D].长沙：中南大学，2004

[92] Jianguang Yang, Jianying Yang, Motang Tang, et al. The solvent extraction separation of bismuth and molybdenum from a low grade bismuth glance flotation concentrate [J].

Hydrometallurgy, 2009, 96(4): 342 - 348

[93] Jianguang Yang, Chaobo Tang, Shenghai Yang, et al. The separation and electrowinning of bismuth from a bismuth glance concentrate using a membrane cell[J]. Hydrometallurgy, 2009, 100(1): 5 - 9

[94] Zheng Guoqu, Tang Motang. Physico - chemistry in distillation process of $BiCl_3$ - HCl - $H_2O$ system[J]. Transactions of Nonferrous Metals Society of China, 2002, 12(5): 987 - 991

[95] 陈萃. 铋粉低温氧化制备氧化铋的理论与工艺研究[D]. 长沙: 中南大学, 2008

[96] 唐谟堂, 夏纪勇, 唐朝波, 等. 一种铋系列化工产品的制备方法[P]. 中国发明专利, ZL200910305977.3, 2010

[97] 夏纪勇. 铋粉低温氧化制普通氧化铋继而制取铋化学品及特种氧化铋研究[D]. 长沙: 中南大学, 2012

[98] 夏纪勇, 唐谟堂. 纳米超细氧化铋的制备及其在阻燃剂方面的应用前景[J]. 现代化工, 2008(6): 89 - 91

[99] 夏纪勇, 唐谟堂, 陈萃, 等. 铋粉低温氧化制备三氧化二铋的基础理论及工艺研究[J]. 矿冶工程, 2012, 32(1): 102 - 106

[100] 夏纪勇, 唐谟堂, 陈萃, 等. 铋粉低温氧化制备 α - $Bi_2O_3$[J]. 中国有色金属学报(英文版), 2012, 22(9): 2289 - 2294

[101] 蒋叶, 唐朝波, 唐谟堂, 等. 球磨转化法由氧化铋制取次碳酸铋研究[J]. 湿法冶金, 2013 (4): 262 - 265

[102] 蒋叶. 液相球磨法制备次碳酸铋等铋品新工艺研究[D]. 长沙: 中南大学, 2013

[103] Longgang Ye, Ye Jiang, Chaobo Tang, et al. Preparation of bismuth subcarbonate by liquid ball - milling transformation method from bismuth oxide[J]. Transactions of Nonferrous Metals Society of China, 2014, 24(9): 3001 - 3007

[104] 赵天从, 汪键. 有色金属提取冶金手册: 锡锑汞卷[M]. 北京: 冶金工业出版社, 1999: 217 - 388

[105] 殷群生. 氯化浸出朱砂精矿制取多种汞品的机理和工艺[D]. 长沙: 中南工业大学, 1987

[106] 唐谟堂, 鲁君乐, 贺青蒲, 等. 凤凰县汞矿全湿法制取汞盐试验报告[R]. 长沙: 中南工业大学有色冶金研究所, 1988

[107] 殷群生, 赵天从. 冶金配位化学(络合物冶金)[J]. 湖南有色金属, 1987(1): 35, 41 - 47; 1987(2): 17, 30 - 34

# 第三篇　高纯材料冶金

# 绪　言

　　高纯材料冶金是精细冶金的重要分支,它研究高纯金属及其化合物材料的直接制取工艺和理论。所谓高纯只具有相对的含义,国际上关于纯度的定义尚无统一标准。在实际应用中,人们通常用材料的杂质元素含量作为其纯度的标准,即用 1 减去杂质元素总含量的质量分数表示其纯度,而且习惯用 N 的个数(nine 的第一个字母)表示 9 的个数,如 4N 表示 99.99%。一般来说 4N 以上的材料可称之为高纯,也有将 6N 以上的材料称之为超高纯材料的说法。

　　高纯材料包括高纯金属、高纯非金属、高纯金属互化物、高纯合金、高纯氧化物、高纯硫化物、高纯卤化物等。高纯材料是电子、国防、宇航、原子能、太阳能利用及通信等高技术尖端领域的重要基础材料,对现代高技术及其产业化起着极其重要作用。高纯材料是现代高新技术的综合产物,随着信息产业等高科技产业的发展,人们对材料的纯度提出了越来越高的要求。纯度在 5N 以上的高纯金属和非金属(高纯镓、砷、铟、锑、镉、锡、碲、铋、钾、硅、硫、磷及 $Ga_2O_3$、$TeO_2$ 等)是制造半导体和能源(光伏)材料及器件的基础材料。我国目前的高纯材料产量占世界总产量的份额很小。预计未来随着我国高技术产业的发展,高纯金属及化合物材料总需求量将飞跃增长,以高纯金属及化合物为代表的高纯材料已纳入国家高新技术产品出口目录。

　　高纯金属及其化合物的传统制备方法可分为物理提纯法和化学提纯法两大类。偏析、区域熔炼、悬浮区域熔炼、真空熔炼、真空蒸馏、精馏和固相电解等属物理提纯法。化学提纯法又可分为火法和湿法两类,前者有热分解、熔盐电解、电子束精炼等,后者包括溶剂萃取、离子交换、电解精炼、化学沉淀、电沉积和置换沉积等。

　　1956 年以来,高纯材料技术一直是我国的历次国家科技发展规划的重要领域。在前期,以国防关键材料研究与发展为重点,我国科技人员在极端困难的情况下，依靠自力更生，先后研制成功了一大批高纯新材料，保证了"两弹一星"等重大工程项目的成功实施。多年来，在国家的科技攻关计划、"863"高技术研究发展计划、火炬计划、国家自然科学基金计划及国家重点基础研究计划等的支持下，高纯材料已在某些方面取得重大进展。目前我国研制和生产高纯金属及化合物材料的工艺及技术不断得到改进和完善，提纯高纯金属的方法基本掌握，能根据主金属原料成分、金属性质、产品用途及经济技术指标合理地选择工艺流程和相应技术条件；优化采用新技术，同时建立质量保证体系，使研制出的高纯产品质量不断提高，规格逐步增多，现在研制或批量生产的高纯金属产品达30种元素，材料规格超过200个。

传统制备方法大都以工业纯金属或化合物为原料生产高纯产品，成本高。精细冶金方法制备高纯产品具有流程短、污染少、成本低、产品品种多等优点，具有良好的应用前景。可见高纯材料冶金是高纯材料制备的重要发展方向。因此，深入开展高纯材料冶金的工艺和理论研究对降低高纯金属、化合物材料的生产成本及扩大其应用范围具有重要意义。

20世纪80年代以来，中南大学不断探索和研究金属化合物的高效提纯方法，直接制备高纯金属化合物材料，逐步形成高纯材料冶金学科分支。已开发应用的高纯材料冶金高效提纯方法有：

（1）精馏法：由于某些金属氯化物及有机化合物的易挥发性，精馏法被广泛应用在 $GeCl_4$、$SiHCl_3$、$TiCl_4$、$BiCl_3$、$AsCl_3$、$SbCl_3$ 及乙醇钽的提纯上。

（2）冲稀水解法：在较高酸度下水解的金属配合离子，例如 $SbCl_i^{3-i}$，其水解酸度可大于1.5 mol/L，这样，就可以除去大量杂质金属离子，使锑得到高效提纯。

（3）选择高效提纯的冶金体系：氯化铵－氨－水体系中，浸出过程有高度的选择性，只有能与氨形成配合物的金属如铜、锌、铅、银才能被浸出，而 Fe、Sn、Sb、As 等其他杂质金属不能被浸出，与脉石一起进入浸出渣；净化除杂容易，只需在常温下通过两段锌粉逆流置换，即可使电锌中 Fe、Cu、Cd、Ni、Co、As、Sb、Hg、Cr 等杂质元素的含量均小于0.0001%，Pb 小于0.0005%。因此，可选择在氯化铵－氨－水体系中直接制取高纯锌。

（4）配合物洗涤法：如 EDTA、水杨酸、柠檬酸、草酸等配合洗涤剂对铁、铅、钙、铜等杂质的去除有特效，即使在浓度很低时也如此。配合物洗涤法可由粗 $Sb_4O_5Cl_2$ 制备高纯 $Sb_2O_3$ 及高纯 $Sb_4O_5Cl_2$。

（5）复盐沉淀：如在高酸度（≥5 mol/L）下沉淀氯化锡铵复盐，然后重结晶和配合洗涤制备符合 ATO 生产要求的高纯（$NH_4$）$_2SnCl_6$ 和高纯 $Sb_4O_5Cl_2$。硫酸铝铵复盐沉淀是制取高纯氧化铝的重要方法，硫酸铁铵、硫酸锰铵、硫酸锌铵沉淀更是直接法制备高纯锰锌铁氧体粉料的重要纯化步骤。

（6）重结晶：如粗 $Bi(NO_3)_3 \cdot 4H_2O$ 及粗 $(NH_4)_2SnCl_6$ 经多次结晶后，即可获得其高纯产品。

本篇将系统介绍作者学术团队及其合作者在氯化铵－氨－水体系中直接制取高纯锌、氯化－干馏（AC）法制取高纯锑品、电化学合成－精馏法制取高纯钽醇盐的高纯材料冶金工艺和理论方面的研究成果和进展。

# 第 1 章　氯化铵 – 氨 – 水体系中制取高纯锌

## 1.1　概述

　　高纯锌广泛用作无汞锌粉和药用氧化锌的原料。20 世纪 60 年代以来，碱性锌锰电池得到了迅猛的发展，90 年代已实现工业化生产，其应用越来越广泛。碱性锌锰电池以 $MnO_2$ 作正极活性物质，以锌作负极活性物质。但传统的碱性锌电极都采用汞齐化减少锌的腐蚀速度。因为汞齐化的锌粉可以显著提高阳极析氢过电位，抑制氢气在锌表面的析出，从而达到降蚀、减小锌粉间接接触电阻以及减少与抑制电极变形的目的。

　　由于环保要求提高，含汞碱性锌锰电池现已被各国政府禁用。欧美各国 20 世纪 90 年代以来就制定了有关的法律、法规，严格规定或控制电池中的有害金属量；日本的锌锰干电池和碱性锌锰电池于 1990 年和 1992 年实现了无汞化。干电池及二次电池中的重金属如镉、铅、汞愈来愈受到限制。为了实施可持续发展战略，我国政府亦规定自 2001 年起禁止生产含汞量高于 0.025% 的电池，自 2005 年起禁止生产含汞量高于 0.0001% 的电池。因此，碱性锌锰电池用锌粉的无汞化研究成为当时国内外研究的热点，研究表明，高纯锌粉可以替代有汞锌粉，满足绿色环保电池制造的需要。

　　然而，制备高纯锌的传统方法是以锌锭为原料，采用火法精馏或湿法电解精炼提纯，成本高，价格昂贵。1996 年作者研究发现，采用 $Zn(II) – NH_3 – NH_4Cl – H_2O$ 体系可由多种复杂锌原料直接制取高纯锌，在该体系中，Fe、Si、Al 等杂质几乎不进入浸出液，可大大减轻净化负担；在室温条件下采用两段逆流净化，就可彻底除去 Cu、Cd、Pb、Ni、Co 等杂质。次氧化锌、氧化锌烟尘及高碱性脉石含量、矿物组成复杂的氧化锌矿均可在该体系中制取高纯电锌。另外该体系还具有槽电压低、电流效率高等优点。$Zn(II) – NH_3 – NH_4Cl – H_2O$ 体系制取高纯锌的原则工艺流程如图 3 – 1 所示。

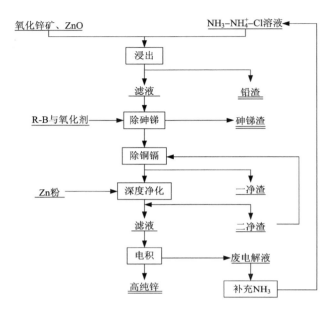

图 3-1 由锌资源制取高纯锌的原则工艺流程图

## 1.2 基本原理

### 1.2.1 浸出过程

在浸出过程中，锌氧化物或碳酸盐形成 Zn(Ⅱ)-氨配离子而溶解，铜、镉、钴、镍等均进入溶液，少量的 Sb、As、Pb 也与 Cl⁻形成配合物而进入浸出液，铁、锰、铅等元素不溶解并留在渣中。

氨配合反应：

$$ZnO + iNH_3 + H_2O \Longrightarrow Zn(NH_3)_i^{2+} + 2OH^- \tag{3-1}$$

$$ZnCO_3 + iNH_3 \Longrightarrow Zn(NH_3)_i^{2+} + CO_3^{2-} \tag{3-2}$$

$$Zn(OH)_2 + 2NH_4^+ + (i-2)NH_3 \Longrightarrow Zn(NH_3)_i^{2+} + 2H_2O \tag{3-3}$$

$$ZnSO_4 + iNH_3 \Longrightarrow Zn(NH_3)_i^{2+} + SO_4^{2-} \tag{3-4}$$

$$MeO + 2NH_4^+ + (j-2)NH_3 \Longrightarrow Me(NH_3)_j^{2+} + H_2O \tag{3-5}$$

羟基配合反应：

$$ZnO + H_2O + (i-2)OH^- \Longrightarrow Zn(OH)_i^{2-i} \tag{3-6}$$

$$Zn(OH)_2 + (i-2)OH^- \Longrightarrow Zn(OH)_i^{2-i} \tag{3-7}$$

$$ZnCO_3 + iOH^- \Longrightarrow Zn(OH)_i^{2-i} + CO_3^{2-} \qquad (3-8)$$

$$ZnSO_4 + iOH^- \Longrightarrow Zn(OH)_i^{2-i} + SO_4^{2-} \qquad (3-9)$$

在氯化铵体系中，还有氯配合反应：

$$ZnO + H_2O + iCl^- \Longrightarrow ZnCl_i^{2-i} + 2OH^- \qquad (3-10)$$

$$Zn(OH)_2 + iCl^- \Longrightarrow ZnCl_i^{2-i} + 2OH^- \qquad (3-11)$$

$$ZnCO_3 + iCl^- \Longrightarrow ZnCl_i^{2-i} + CO_3^{2-} \qquad (3-12)$$

$$ZnSO_4 + iCl^- \Longrightarrow ZnCl_i^{2-i} + SO_4^{2-} \qquad (3-13)$$

$$MeO + H_2O + jCl^- \Longrightarrow MeCl_j^{2-j} + 2OH^- \qquad (3-13)$$

$$Me_2O_3 + 3H_2O + 2kCl^- \Longrightarrow 2MeCl_k^{3-k} + 6OH^- \qquad (3-14)$$

若要电解沉积金属锌，则在浸出过程中，用 $BaCl_2$ 和 $CaCl_2$ 除去 $CO_3^{2-}$ 和 $SO_4^{2-}$：

$$Ca^{2+} + CO_3^{2-} \Longrightarrow CaCO_3 \downarrow \qquad (3-15)$$

$$Ca^{2+} + SO_4^{2-} \Longrightarrow CaSO_4 \downarrow \qquad (3-16)$$

$$Ba^{2+} + CO_3^{2-} \Longrightarrow BaCO_3 \downarrow \qquad (3-17)$$

$$Ba^{2+} + SO_4^{2-} \Longrightarrow BaSO_4 \downarrow \qquad (3-18)$$

## 1.2.2　净化过程

在净化过程中，杂质元素铜、钴、镍、镉、铅等形成硫化物或被锌粉置换而除去：

$$Me(NH_3)_j^{2+} + Zn \Longrightarrow Zn(NH_3)_i^{2+} + Me + (j-i)NH_3 \qquad (3-19)$$

$$Me(NH_3)_j^{2+} + Na_2S \Longrightarrow MeS \downarrow + 2Na^+ + jNH_3 \qquad (3-20)$$

$$MeCl_k^{2-k} + Zn \Longrightarrow Zn^{2+} + Me \downarrow + kCl^- \qquad (3-21)$$

$$MeCl_k^{2-k} + Na_2S \Longrightarrow MeS \downarrow + 2Na^+ + kCl^- \qquad (3-22)$$

$$2MeCl_k^{3-k} + 3Zn \Longrightarrow 3Zn^{2+} + 2Me \downarrow + 2kCl^- \qquad (3-23)$$

$$2MeCl_k^{3-k} + 3Na_2S \Longrightarrow Me_2S_3 \downarrow + 6Na^+ + 2kCl^- \qquad (3-24)$$

式中：Me 代表铜、镉、钴、镍、锑、砷、铅等金属；$j$，$k$ 为配位数。

## 1.2.3　电积过程

氯化铵体系电积过程中阳极产生的气体为氮气，阳极反应为：

$$8NH_3 - 6e^- \Longrightarrow N_2 \uparrow + 6NH_4^+ \qquad (3-25)$$

主要阴极反应为：

$$Zn(NH_3)_4^{2+} + 2e^- \Longrightarrow Zn + 4NH_3 \qquad (3-26)$$

同时还存在影响电流效率的副反应：

$$2H_2O + 2e^- \Longrightarrow H_2 \uparrow + 2OH^- \qquad (3-27)$$

总电极反应为:
$$3Zn(NH_3)_i^{2+} \Longrightarrow 3Zn + N_2\uparrow + 6NH_4^+ + (3i-8)NH_3 \qquad (3-28)$$

而在硫酸铵体系中阴极反应与上同,阳极反应为:
$$2OH^- - 2e^- \Longrightarrow H_2O + 1/2O_2 \qquad (3-29)$$

总电极反应为:
$$Zn(NH_3)_i^{2+} + 2OH^- \Longrightarrow Zn(粉) + iNH_3(aq) + H_2O + 1/2O_2 \qquad (3-30)$$

# 1.3　氧化锌烟尘制取高纯锌

## 1.3.1　原料

实验原料取自某厂炼铅炉渣烟化炉氧化锌烟灰,其化学成分见表3-1。

表3-1　某厂炼铅炉渣烟化炉氧化锌烟灰化学成分/%

| 分析单位 | Zn | Cu | Cd | Pb | As | Sb | F | Cl |
|---|---|---|---|---|---|---|---|---|
| 测试中心 | 62.05 | 0.025 | <0.001 | 10.73 | 1.02 | 0.34 | 0.016 | 0.060 |
| 自行分析 | 62.61 | — | — | 10.77 | — | — | — | 0.064 |

从表3-1可以看出,锌烟灰成分复杂,含有含量较高的As、Sb、F、Cl,因此该原料无法直接用酸法处理生产电锌。

## 1.3.2　单过程工艺条件确定

### 1. 浸出过程

根据$NH_4Cl$在溶液中的溶解度及对$Zn(\text{II})-NH_3-NH_4Cl-H_2O$体系的热力学计算,确定浸出剂的组成为$NH_4Cl$ 5 mol/L、$NH_3$ 2.5 mol/L,液固比为20:3。分别优化浸出时间、浸出温度、氧化剂加入量和洗液用量等工艺条件,浸出规模为烟尘30 g/次。最优条件下浸出4次,浸出规模为烟尘600 g/次。

浸出时间和浸出温度对锌的浸出率的影响分别如图3-2、图3-3所示。

图3-2说明,浸出时间对锌的浸出率几乎没有影响,只要0.5 h即可,说明锌($\text{II}$)-氨配合反应进行很快。

图3-3说明,随着浸出温度的升高锌的浸出率有所提高,但影响不是很大,此外,由于较高的温度会导致氨的挥发增大和$Pb^{2+}$在溶液中的溶解度增加,因此采用浸出过程的自然温度为35~42℃即可。

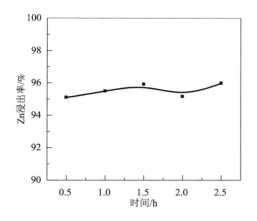

**图 3-2 浸出时间对锌浸出率的影响**

浸出剂(mol/L)：NH$_3$ 2.5，NH$_4$Cl 5，常温

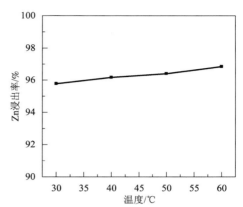

**图 3-3 浸出温度对锌浸出率的影响**

浸出剂(mol/L)：NH$_3$ 2.5，NH$_4$Cl 5，时间 0.5 h

在常温和浸出时间为 0.5 h 的情况下，洗液成分与浸出剂相同，洗液用量的影响如图 3-4 所示。

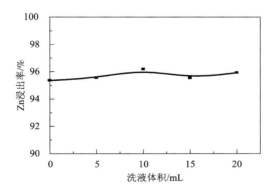

**图 3-4 洗液用量对锌浸出率的影响**

图 3-4 说明，洗液用量对锌的浸出率几乎没有影响。

确定浸出优化条件为：浸出时间 0.5 h，常温。在优化条件下，进行综合条件实验，分别加入不同量氧化剂，并在浸出结束时加入 5 g/L 的碱性絮凝剂 2 mL，此外还进行了两次体积为 12 L 没有加氧化剂的综合实验，其结果见表 3-2。

表3-2 浸出综合条件实验结果

| 样号 | 1 | 2 | 3 | 4 | 5 | 6 | 平均 |
|---|---|---|---|---|---|---|---|
| 体积/L | 4 | 4 | 4 | 4 | 12 | 12 | — |
| 氧化剂量/mL | 10 | 20 | 30 | 40 | 0 | 0 | — |
| Zn 浸出率/% | 96.34 | 96.42 | 96.31 | 96.39 | 96.44 | 96.30 | 96.37 |
| Fe 浓度/($mg \cdot L^{-1}$) | 0.058 | 0.056 | 0.059 | 0.059 | 0.11 | 0.13 | — |

从表3-2可以看出,锌的平均浸出率为96.36%,不加氧化剂浸出液 Fe 浓度≤0.13 mg/L,加入氧化剂后 Fe 浓度小于0.06 mg/L。浸出渣含 Pb 大于45%,含 Zn 10%~15%,可以返回铅冶炼。

**2. 净化过程**

净化用试液是以上浸出实验所得的混合浸出液,其杂质元素含量见表3-3。

表3-3 浸出液中杂质元素含量/($mg \cdot L^{-1}$)

| 元素 | Cu | Cd | Fe | Co | Ni | Bi | Pb | Sb | As | Sn |
|---|---|---|---|---|---|---|---|---|---|---|
| 1* | 4.3 | 2.1 | 0.12 | <1 | <1 | <1 | 560 | 15 | 2.0 | 2.9 |
| 5 | 4.0 | 2.6 | 0.11 | <1 | <1 | <1 | 781 | 30.5 | 2.8 | 3.2 |
| 6 | 4.6 | 1.9 | 0.13 | <1 | <1 | <1 | 472 | 51 | 1.9 | 2.6 |

注:*为浸出综合条件实验中前4次的混合液。

从表3-3可以看出,由于原料 As、Sb 含量很高,少量的 $As^{3+}$、$Sb^{3+}$ 与 $Cl^-$ 形成配合物 $AsCl_5^{2-}$、$SbCl_5^{2-}$ 进入溶液,$Pb^{2+}$ 也有部分以氯配合物的形式进入溶液,而溶液含 Cu、Ni、Cd、Co 等较低。

1)净化除 Sb

室温下,在锌粉置换过程中,As、Sb 置换不彻底,而 As、Sb 的存在不但会降低电流效率,还会引起阴极锌烧板,因此必须首先除 As、Sb。

净化除 As、Sb 的原理与酸法炼锌除锑相似,先将 $As^{3+}$、$Sb^{3+}$ 氧化成带负电的 $SbO_4^{3-}$、$AsO_4^{3-}$ 胶体,在中和沉铁时,形成带正电的 $Fe(OH)_3$ 胶体,这样,正、负电胶体中和与铁共同沉淀:

$$[Fe(OH)_3]_m \cdot nFe^{3+} + nSbO_4^{3-} \Longrightarrow m[Fe(OH)_3] \cdot nFeSbO_4 \quad (3-31)$$

从而达到除锑的目的。As、Sb 的化学性质基本相似,浸出液中锑远远高于砷含量,因此净化过程中只对锑加以考察。

分别以5号、6号浸出液为原料,分别用不同浓度的 R-A、R-B 和氧化剂

（氧化剂用量为氧化 R－B 理论用量的 1.2 倍）及 R－C 进行除锑探索实验。实验结果如图 3－5～图 3－7 所示。

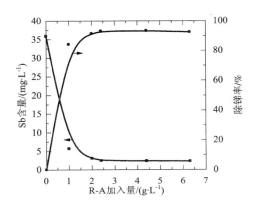

图 3－5　R－A 加入量对除锑的影响

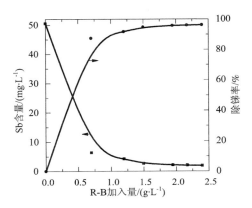

图 3－6　R－B 加入量对除锑的影响

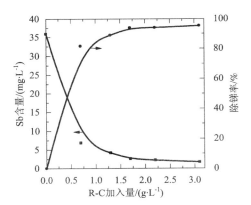

图 3－7　R－C 加入量对除锑的影响

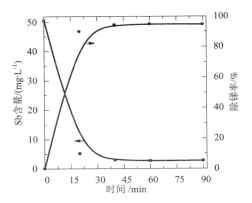

图 3－8　搅拌时间对除锑的影响

　　从图 3－5～图 3－7 可以看出，R－A、R－B、R－C 与氧化剂均有净化效果，但在同等加入量的情况下，R－B 比 R－A、R－C 效果更好。而 R－C 价格较高，很容易过量或不足，引起溶液含 R－C，且生成的沉淀过滤时很容易穿滤，因此选用 R－B 与氧化剂进行净化。R－B 加入量为 2 g/L 时，渣含 Zn 5.73%～10.06%，若加入量太大则会增加锌的损失。

　　在 R－B 加入量为 2 g/L、氧化剂用量为 1.2 倍的条件下，以 6 号浸出液为原料，考察加入氧化剂后搅拌时间对除锑的影响，其结果如图 3－8 所示。

从图 3-8 可以看出,搅拌 40 min 后,基本上达到除锑要求。

在 R-B 加入量为 2 g/L、搅拌时间为 1 h 的条件下,分别对 1 号、5 号、6 号浸出液进行综合实验,净化液 Sb 含量(mg/L)为 0.38、0.96、2.64,这说明,净化前液 Sb 含量小于 15 mg/L 时,通过一步净化就可以达到目的;在净化前液 Sb 含量较高时,很难一次净化达到要求,因此,须进行二次深度净化。

在搅拌时间为 1 h、氧化剂用量为 R-B 理论用量的 1.2 倍的情况下,对深度除 Sb 中 R-B 加入量进行优化,结果如图 3-9 所示。

图 3-9 说明,R-B 加入量大于 0.9 g/L 时,可以使 Sb 含量降到 0.22 mg/L,除锑效率可以达到 99%,完全符合净化要求。

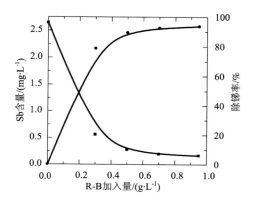

**图 3-9   R-B 加入量对深度除锑的影响**

2)锌粉置换除杂

以 1 号混合浸出液为原料,优化锌粉用量,结果见表 3-4。

**表 3-4   锌粉用量对净化效果的影响**

| 锌粉用量/(g·L⁻¹) | | 0.2 | 0.4 | 0.6 | 0.8 | 1.0 | 1.2 | 1.4 | 1.6 | 1.8 | 2.0 |
|---|---|---|---|---|---|---|---|---|---|---|---|
| 净化后液杂质元素含量/(mg·L⁻¹) | Cu | 3 | <1 | <1 | <1 | <1 | <1 | <1 | — | — | — |
| | Cd | 1.2 | <1 | <1 | <1 | <1 | <1 | <1 | — | — | — |
| | Ni | <1 | <1 | <1 | <1 | <1 | <1 | <1 | — | — | — |
| | Sb | 9.6 | 9 | 9 | 7 | 4 | 6 | 18 | 17 | 16 | 14 |
| | Pb | 280 | 110 | 85 | 43 | 14 | 3.8 | 1.2 | 0.3 | 0.3 | 0.3 |

注:以上结果由中南大学分析测试中心提供。

表 3 -4 说明，锌粉除 Sb 的效果很不理想，但除 Cd、Ni、Cu 的效果较好，在锌粉用量为 0.4 g/L 时即可将它们降到 1 mg/L 以下。随着锌粉用量的加大，溶液中杂质 Pb 含量降低，当锌粉用量为 1.6 g/L 时，Pb 降到 0.3 mg/L。

仍以 1 号混合浸出液为原料，优化搅拌时间，结果见表 3 -5。

表 3 -5　净化时间对净化除杂的影响

| 净化时间/min | | 30 | 40 | 50 | 60 | 70 |
|---|---|---|---|---|---|---|
| 净化后液杂质元素含量 /(mg·L⁻¹) | Pb | 3 | 1.7 | 0.83 | 0.3 | 0.5 |
| | Sb | 13 | 12 | 10 | 11 | 7.8 |
| | Sn | 4.0 | 3.2 | 4.0 | 3.0 | 3.6 |

注：以上结果由中南大学分析测试中心提供。

表 3 -5 说明，Sb、Sn 很难置换除去，而铅可以置换除去，50 min 即可将 Pb 降到 1 mg/L 以下。

确定 Zn 粉置换除杂的优化条件为：时间 1 h，锌粉加入量为 1.6 g/L 浸出液，常温。在此优化条件下，进行了规模为浸出液 4 L/次的两次综合实验，混合净化液杂质元素含量见表 3 -6。

表 3 -6　一段净化综合条件实验混合净化后液杂质元素含量

| 元素 | Cu | Cd | Fe | Co | Ni | Bi | Pb | Sb | As | Sn | Mn |
|---|---|---|---|---|---|---|---|---|---|---|---|
| 含量/(mg·L⁻¹) | <0.1 | <0.1 | <0.1 | <0.1 | <0.1 | <0.1 | 11 | 12 | 3 | 6 | 0.3 |

由表 3 -6 可见，Sb、Sn、As、Pb 等元素的净化效果不好。

为了减少锌粉用量和提高除杂效果，须进行两段逆流净化。以 1 L 1 号混合浸出液为试液，先除锑，然后进行两段逆流净化，结果见表 3 -7。

表 3 -7　两段逆流净化液的杂质元素含量/(mg·L⁻¹)

| 样号 | Cu | Cd | Co | Ni | Pb | Fe |
|---|---|---|---|---|---|---|
| 1 | 0.08 | 0.04 | 0.14 | 0.07 | 0.1 | 0.17 |
| 2 | 0.05 | 0.02 | 0.08 | 0.04 | 0.4 | 0.05 |
| 3 | 0.06 | 0.04 | 0.2 | 0.1 | 0.6 | 0.18 |
| 4 | 0.07 | 0.02 | 0.14 | 0.2 | 0.4 | 0.2 |

续表 3 - 7

| 样号 | Cu | Cd | Co | Ni | Pb | Fe |
|---|---|---|---|---|---|---|
| 5 | 0.03 | 0.03 | 0.31 | 0.09 | 0.45 | 0.17 |
| 6 | 0.08 | 0.03 | 0.32 | 0.09 | 0.26 | 0.16 |
| 平均 | 0.06 | 0.03 | 0.20 | 0.10 | 0.37 | 0.16 |

注：从表 3 - 7 开始，本章以下分析结果由长沙矿冶研究院物相分析室提供。

采用两段逆流净化后液的杂质元素 Cu、Cd、Ni、Co、Pb 含量很低，尤其是 Cd 的含量小于 0.05 mg/L。

**3. 电积过程**

取两段逆流净化液的混合液 900 mL/次，在 10 cm×7 cm×14 cm 的有机玻璃槽内自然温度下进行电积。阴极铝板面积 9 cm×12 cm，阳极为石墨 8.5 cm × 13 cm，异极距 3.5 cm，电流 4 A。电锌杂质元素含量见表 3 - 8。

表 3 - 8　电锌杂质元素含量/$10^{-6}$

| 元素 | Cu | Cd | Co | Ni | Fe | Pb | As | Sb |
|---|---|---|---|---|---|---|---|---|
| 1 | 0.60 | 0.15 | 0.17 | 0.21 | 0.6 | 1.8 | 0.58 | 0.71 |
| 2 | 0.50 | 0.11 | 0.16 | 0.15 | 0.11 | 1.6 | 0.49 | 0.53 |
| 3 | 0.89 | 0.09 | 0.21 | 0.63 | 0.20 | 1.8 | 0.66 | 0.96 |
| 4 | 0.78 | 0.27 | 0.19 | 0.22 | 0.16 | 2.2 | 0.47 | 0.64 |
| 平均 | 0.69 | 0.16 | 0.18 | 0.30 | 0.27 | 1.85 | 0.55 | 0.71 |

表 3 - 8 数据说明电锌杂质元素 Cu、Cd、Co、Ni、Fe、As、Sb 含量均小于 0.0001%，Pb <0.0003%，杂质元素含量之和 <0.001%，尤其是 Cu、Fe 含量均小于 0.0001%，Pb <0.0003%，更是酸法炼锌所不能达到的。

净化液中 As、Sb 含量对电积过程的影响见表 3 - 9。发现 As、Sb 含量过高时，不仅会引起电流效率的降低，甚至会引起阴极锌"烧板"。

表 3 - 9　Sb、As 含量与电流效率的关系

| 样号 | V/L | $\rho(Sb)/(mg \cdot L^{-1})$ | $\rho(As)/(mg \cdot L^{-1})$ | $I_d/(A \cdot m^{-2})$ | $\eta_{Zn}/\%$ |
|------|------|------|------|------|------|
| 1 | 0.91 | 1.3 | 1.3 | 450 | 97.0 |
| 2 | 0.90 | 2.1 | 1.8 | 500 | 95.66 |
| 3 | 0.90 | 6.3 | 1.9 | 500 | 93.69 |
| 4 | 0.90 | 6.3 | 2.3 | 500 | 91.18 |
| 5 | 0.91 | 12 | 3 | 500 | 80.1 |

## 1.3.3　全流程运行结果

采用各过程的优化条件,进行了 5 次规模为烟尘 135 g/次或 150 g/次的全流程循环实验。

### 1. 浸出过程

浸出剂由返回的电解废液和氨水及 $NH_4Cl$ 配制,以实现循环浸出。电解废液的配入量以补加氨水和 $NH_4Cl$ 固体后,维持体积 1 L, $NH_4Cl$ 5 mol/L,游离 $NH_3$ 2.5 mol/L 为准;常温下浸出 1 h。结果见表 3 - 10。

表 3 - 10　全流程联动运行浸出结果

| 样号 | 废电积液 | | 加入 | | | 锌浸出率/% |
|------|------|------|------|------|------|------|
| | V/mL | $\rho(Zn)/(g \cdot L^{-1})$ | $m(NH_4Cl)/g$ | $V(氨水)/mL$ | 试料质量/g | |
| 63 | — | — | 268 | 210 | 150 | 96.53 |
| 64 | 720 | 11.02 | 70 | 180 | 135 | 95.50 |
| 65 | 710 | 15.45 | 80 | 180 | 135 | 96.25 |
| 66 | 820 | 14.39 | 70 | 170 | 135 | 95.52 |
| 67 | 750 | 12.41 | 70 | 145 | 135 | 97.67 |

从表 3 - 10 可以看出,锌平均浸出率均大于 96%,说明电解废液的循环并不影响浸出过程。

### 2. 净化过程

先加入少量氧化剂把溶液中的 $As^{3+}$、$Sb^{3+}$ 氧化成 $SbO_4^{3+}$、$AsO_4^{3+}$,5 min 后再加入 R - B 2 g/L,搅拌 10 ~ 15 min 后,加入氧化剂,再搅拌 45 ~ 50 min 后澄清过滤。滤液采用两段逆流净化,第二段加入锌粉 3 g/L,第二段净化的滤渣返回第一段净化。结果见表 3 - 11。

表 3 - 11　全流程联动运行净化结果/$(mg \cdot L^{-1})$

| 样号 | Cu | Cd | Co | Ni | Fe | Pb |
|---|---|---|---|---|---|---|
| 63 | 0.08 | 0.05 | 0.14 | 0.7 | 0.13 | 0.01 |
| 64 | 0.03 | 0.04 | 0.14 | 0.1 | 0.19 | 0.01 |
| 65 | 0.01 | 0.02 | 0.83 | 0.01 | 0.17 | 0.28 |
| 66 | 0.03 | 0.03 | 0.31 | 0.09 | 0.17 | 0.45 |
| 67 | 0.12 | 0.03 | 0.03 | 0.014 | 0.11 | 2.1 |
| 平均 | 0.05 | 0.03 | 0.29 | 0.18 | 0.15 | 0.57 |

表 3 - 11 说明全流程实验锌粉净化除杂效果很好。

### 3. 电积过程

规模为净化后液 900 mL/次，阴极铝板面积 9 cm × 12 cm，电流密度约 500 $A/m^2$，阳极为石墨板，自然温度下电积 10 ~ 13 h，使电积液 $Zn^{2+}$ 浓度从约 80 g/L 降低到约 10 g/L，起始温度 28℃，最后温度慢慢上升到 36 ~ 42℃。槽电压一般为 3.2 V，但随着电积进行，槽温升高，槽电压下降，约 2.95 V。电积技术经济指标见表 3 - 12 ~ 表 3 - 14。

表 3 - 12　全流程联动运行电积电流效率

| 样号 | 63 | 64 | 65 | 66 | 67 | 平均 |
|---|---|---|---|---|---|---|
| 电流效率/% | 95.82 | 96.07 | 93.23 | 94.67 | 92.00 | 94.36 |

表 3 - 13　全流程联动运行电锌杂质含量/$10^{-6}$

| 样号 | Cu | Cd | Co | Ni | Fe | Pb | As | Sb |
|---|---|---|---|---|---|---|---|---|
| 63 | 0.94 | 0.39 | 0.17 | 0.15 | 0.70 | 2.7 | 0.56 | 0.20 |
| 64 | 0.18 | 0.069 | 0.16 | 0.36 | 0.11 | 0.3 | 0.48 | 0.19 |
| 65 | 0.33 | 0.08 | 0.14 | 0.36 | 0.11 | 0.23 | 0.36 | 0.42 |
| 66 | 0.50 | 0.11 | 0.06 | 0.15 | 0.11 | 1.6 | 0.49 | 0.39 |
| 67 | 0.60 | 0.05 | 0.11 | 0.21 | 0.20 | 0.29 | 0.61 | 0.78 |
| 平均 | 0.51 | 0.14 | 0.13 | 0.25 | 0.25 | 1.02 | 0.50 | 0.40 |

表 3－14 全流程联动运行电解废液成分

| 名称 | 63 | 64 | 65 | 66 | 67 | 平均 |
|---|---|---|---|---|---|---|
| 体积/mL | 827 | 830 | 840 | 821 | 829 | 829.4 |
| $\rho(Zn^{2+})/(g \cdot L^{-1})$ | 11.02 | 15.45 | 14.39 | 12.41 | 16.25 | 13.9 |
| $[NH_3]_T/(mol \cdot L^{-1})$ | 1.151 | 1.348 | 1.375 | 1.136 | 1.467 | 1.30 |
| $[NH_3]/(mol \cdot L^{-1})$ | 0.814 | 0.875 | 0.936 | 0.756 | 0.970 | 0.87 |

表 3－12、表 3－13 说明，电流效率较高，平均为 94.36%，电能消耗 2560～2700 kW·h/t 锌，产出的电锌为 Cu、Cd、Co、Ni、Fe、As、Sb 均小于 0.0001% 及 Pb 小于 0.0003% 的高纯锌。表 3－14 说明，电解废液体积减少，因此可以通液氨再生返回浸出。

# 1.4 锌焙砂制取高纯锌

## 1.4.1 实验室实验

### 1. 原料

实验原料为会东铅锌矿的锌焙砂和焙烧烟尘，－100 目，锌焙砂和烟尘的化学成分和锌物相见表 3－15、表 3－16。

表 3－15 锌焙砂和烟尘的化学成分/%

| 元素 | Zn | Cd | Pb | Cu | Ni | Co | Ga | Ge | Fe | Ag | S | Cl | SiO₂ |
|---|---|---|---|---|---|---|---|---|---|---|---|---|---|
| 锌焙砂 | 67.66 | 0.95 | 0.91 | 0.10 | 0.0014 | 0.0012 | 0.0018 | 0.0092 | 2.43 | 0.0148 | 1.73 | 0.007 | 4.25 |
| 烟尘 | 62.92 | 0.93 | 1.16 | — | — | — | 0.0031 | 0.0067 | 2.71 | 0.0027 | 1.09 | | |

表 3－16 锌焙砂和烟尘的锌物相/%

| 物相 | ZnO 中 Zn | ZnSO₄ 中 Zn | ZnS 中 Zn | ZnO·Fe₂O₃ 中 Zn | ZnO·SiO₂ 中 Zn | ∑Zn |
|---|---|---|---|---|---|---|
| 锌焙砂 | 63.20 | 0.62 | 1.46 | 1.94 | 0.41 | 67.63 |
| 烟尘 | 55.87 | 4.33 | 0.58 | 1.69 | 0.45 | 62.92 |

表 3－15 说明，原料含有较高的 Ge 和 Ag。表 3－16 说明，原料中以 ZnO·SiO₂ 和 ZnO·Fe₂O₃ 形式存在的 ZnO 较少。锌焙砂和烟尘按 3∶2 的比例，均匀混

合，作为本次实验的原料，取二者的加权平均值为混合料成分。

### 2. 浸出过程

按本章 1.3 节的方法确定浸出剂的组成为 $NH_4Cl$ 5 mol/L、$NH_3$ 2.5 mol/L，液固比 7:1，浸出规模为 143 g 原料/次，浸出温度为自然温度，浸出时间对锌的浸出率的影响如图 3-10 所示。

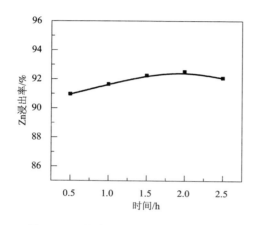

图 3-10 浸出时间对锌浸出率的影响

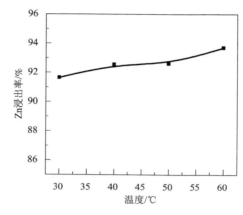

图 3-11 浸出温度对锌浸出率的影响

图 3-10 说明，浸出时间对锌的浸出率影响不明显，这与炼铅炉渣烟化炉氧化锌烟灰的浸出一样。

浸出时间为 1 h，浸出温度对锌的浸出率的影响如图 3-11 所示。30℃下浸出时 $NH_4Cl$ 还没有溶解完全，此时加入焙砂浸出。

图 3-11 说明，浸出温度对锌的浸出率有一定的影响，但由于较高的温度会导致氨的挥发增大和 $Pb^{2+}$ 在溶液中的溶解增加，因此温度不宜过高。

选取浸出过程为时间 1 h、自然温度（约 40℃），进行了 4 次浸出剂规模为 5 L/次的综合实验，锌的浸出率分别为 94.31%、91.84%、92.67%、93.18%。混合浸渣的成分见表 3-17。

表 3-17 混合浸渣成分/%

| Zn | Pb | Fe | Ag | Ge |
|---|---|---|---|---|
| 28.43 | 2.96 | 11.85 | 0.0779 | 0.0223 |

表 3-17 说明，几乎所有的银都留在渣中，而约 40% 的锗浸入溶液。

## 3. 净化过程

以混合浸出液作为净化试液，其成分见表 3 - 18。

表 3 - 18　混合浸出液中杂质元素含量/( mg · L⁻¹ )

| Cu | Cd | Fe | Co | Ni | Pb | Sb | As | Ge | Zn/( g · L⁻¹ ) |
|----|----|----|----|----|----|----|----|----|----|
| 110 | 710 | 0.02 | 1.0 | 0.45 | 360 | 0.95 | 2.1 | 3.5 | 75.9 |

根据混合浸出液中 Cu、Cd、Pb 的含量，确定锌粉加入量为 3 g/L 浸出液，锌粉粒径为 - 400 目，采用两段逆流净化，第二段加入锌粉。在室温下搅拌置换 50 min，浸出规模为浸出液 5 L/次。净化液杂质元素含量见表 3 - 19。

表 3 - 19　两段逆流净化液的杂质元素含量/( mg · L⁻¹ )

| 样号 | Cu | Cd | Fe | Co | Ni | Pb | Sb | As |
|----|----|----|----|----|----|----|----|----|
| 1 | 0.045 | 0.038 | 0.023 | <0.02 | <0.028 | 0.15 | 0.50 | 0.43 |
| 2 | 0.031 | 0.045 | 0.021 | <0.02 | <0.028 | 0.18 | 0.65 | 0.56 |
| 3 | 0.060 | 0.030 | 0.020 | <0.02 | <0.028 | 0.15 | 0.65 | 0.56 |
| 4 | 0.031 | 0.030 | 0.018 | <0.02 | <0.028 | 0.12 | 0.40 | 0.52 |
| 平均 | 0.042 | 0.036 | 0.021 | <0.02 | <0.028 | 0.15 | 0.55 | 0.52 |

表 3 - 19 说明，采用两段逆流净化后，杂质元素 Cu、Cd、Ni、Co、Pb 净化得很彻底，As、Sb 含量有一定的降低，基本上不需要单独净化。

## 4. 电积过程

电积在体积为 1600 mL 的长方体有机玻璃槽内进行，温度 37℃，用钛板作阴极，涂钌钛板作阳极，异极距 35 mm，并加入影响阴极锌结构和形貌的有机添加剂。为考察电流密度对电流效率的影响，第一个周期的净化后液用 5 mol/L 的 $NH_4Cl$ 溶液稀释到 20 g/L，在不同的电流密度下电积到 15 g/L，通过称量电锌质量计算电流效率。其电积实验电流密度为 300 A/m²，电解液中锌含量从约76 g/L 降到约 15 g/L。

37℃时电流密度与电流效率的关系如图 3 - 12 所示。

图 3 - 12 说明，在不同电流密度下的电流效率均比酸性硫酸锌溶液电积锌高。但是电流密度越高，越难得到平整的电锌。选择 300 A/m² 做了 3 次实验，电流效率分别为 94.67%、95.82%、93.23%，平均为 94.57%，槽电压约 3.0 V，电能消耗 2550 ~ 2650 kW · h/t 锌。电锌杂质元素含量见表 3 - 20。

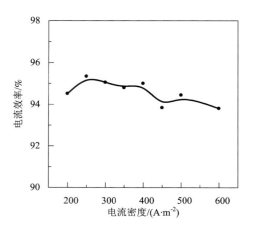

图 3 – 12  37℃时电流密度与电流效率的关系

表 3 – 20  电锌杂质元素含量/10$^{-6}$

| 样号 | Cu | Cd | Co | Ni | Fe | Pb | As | Sb |
|---|---|---|---|---|---|---|---|---|
| 1 | 0.50 | 0.66 | 0.12 | 0.27 | 0.30 | 2.4 | 0.51 | 0.92 |
| 2 | 0.84 | 0.42 | 0.21 | 0.36 | 0.51 | 2.2 | 0.48 | 0.91 |
| 3 | 0.52 | 0.40 | 0.22 | 0.35 | 0.18 | 1.8 | 0.37 | 0.50 |
| 平均 | 0.62 | 0.49 | 0.18 | 0.33 | 0.33 | 2.13 | 0.45 | 0.78 |

表 3 – 20 说明，电锌含 Zn 大于 99.999% ，杂质元素 Cu、Cd、Co、Ni、Fe、As、Sb 含量小于 0.0001% ，含 Pb 小于 0.0003% 。

## 1.4.2  半工业实验

### 1. 原料

采用会东铅锌矿的自产矿焙砂和外购锌精矿焙砂做原料。前者未与烟尘混合且未进行球磨，为粗焙砂；后者与烟尘混合且经过球磨，为细焙砂。其成分见表 3 – 21。

表 3 – 21  半工业实验用的锌焙砂成分/%

| 元素 | Zn | Cu | Pb | Cd | Co | Ni | Sb | As | Ag | Fe | Ge | S | SO$_4^{2-}$ | H$_2$O |
|---|---|---|---|---|---|---|---|---|---|---|---|---|---|---|
| 自产 | 62.53 | 0.35 | 1.56 | 0.67 | 0.0075 | 0.005 | 0.015 | 0.17 | 0.0124 | 2.33 | 0.008 | 2.24 | 1.50 | 1.835 |
| 外购 | 59.47 | 0.16 | 1.72 | 0.34 | 0.0048 | — | 0.017 | — | 0.0068 | 4.02 | 0.009 | 3.02 | 2.28 | — |

从表 3 – 21 可以看出，自产矿焙砂含铁较低，两种焙砂所含 Ni、Co 均比较低，但 Ag、Ge 含量较高。

## 2. 设备

半工业实验所需设备规格及材质等要求见表 3 – 22。

表 3 – 22　半工业实验设备一览表

| 序号 | 名称 | 设备规格 | 材质/产地 | 数量 | 备注 |
|---|---|---|---|---|---|
| 1 | 浸出槽 | 2.0 m³ | 搪瓷釜 | 1 | |
| 2 | 浸出液计量槽 | 0.98 m × 1.0 m × 2.0 m | 聚丙烯 | 1 | 设标尺 |
| 3 | 一次净化槽 | 1.0 m³ | 搪瓷釜 | 1 | |
| 4 | 二次净化槽 | 1.0 m³ | 搪瓷釜 | 1 | |
| 5 | 二次净化计量槽 | 0.98 m × 1.0 m × 2.0 m | 聚丙烯 | 1 | 设标尺 |
| 6 | 阴极板 | 1.02 m × 0.74 m × 0.02 m | 钛板 | 12 | |
| 7 | 阳极板 | 1.0 m × 0.72 m × 0.02 m | 涂钌钛网 | 12 | |
| 8 | 硅整流 | 3000 A/30 V | 柳州 | 1 | |
| 9 | 电解液循环槽 | 0.98 m × 1.0 m × 2.0 m | 聚丙烯 | 1 | 设标尺 |
| 10 | 废电解液泵 | 0.1 m³/min | 氟塑 | 1 | |
| 11 | 电解槽 | 700 mm × 850 mm × 1080 mm | 聚丙烯 | 4 | |
| 12 | 二次净化液泵 | 0.1 m³/min | 氟塑 | 1 | |
| 13 | 二次净化过滤槽 | 0.5 m² | 聚丙烯 | 1 | |
| 14 | 一次净化液泵 | 0.1 m³/min | 氟塑 | 1 | |
| 15 | 一次净化过滤槽 | 0.5 m² | 聚丙烯 | 1 | |
| 16 | 浸出液泵 | 0.1 m³/min | 氟塑 | 1 | |
| 17 | 浸出过滤槽 | 1.0 m² | 聚丙烯 | 1 | |
| 18 | 真空泵 | | 铸铁 | 1 | |
| 19 | 汇流排 | 1.2 m | 铜板 | 2 | |

## 3. 半工业实验结果

1）浸出过程

在确定浸出剂的组成为 $NH_4Cl$ 5 mol/L、$NH_3$ 2.0 ~ 2.5 mol/L 以及锌浸出率为 90% 和浸出液中 $Zn^{2+}$ 浓度为 80 g/L 的前提下确定液固比，计算焙砂用量。

在 2 m³ 的反应釜内浸出，第 1、2 槽浸出为造液过程，第 3~8 槽为循环浸出过程。浸出过程的工艺技术参数见表 3-23。

浸出液体积及其杂质成分含量见表 3-24，浸出渣量及其成分见表 3-25。

表 3-23    浸出过程的工艺技术参数

| 样号 | m(焙砂) /kg | m(NH₄Cl) /kg | m(氨水) /kg | 废电解液浓度/(g·L⁻¹) | | | | V(氧化剂)/L | m(R-B)/kg | t /℃ |
|---|---|---|---|---|---|---|---|---|---|---|
| | | | | $V$/m³ | $[Zn^{2+}]$ | $[NH_3]_T$ | $[Cl^-]$ | | | |
| 1 | 251 | 486 | 353 | — | — | — | — | 2.0 | 3.26 | 35 |
| 2 | 256 | 490 | 348 | — | — | — | — | 2.2 | 3.26 | 41 |
| 3 | 200 | 65 | 242 | 1.14 | 24.25 | 26.74 | 179.6 | 2.4 | 3.26 | 44 |
| 4 | 200 | 50 | 270 | 1.58 | 22.7 | 24.36 | 186.6 | 2.0 | 2.06 | 45 |
| 5 | 200 | 60 | 303 | 1.81 | 21.22 | 23.32 | 191.9 | 2.05 | 2.06 | 48 |
| 6 | 200 | 50 | 305 | 1.6 | 18.25 | 22.51 | 185.8 | 2.0 | 2.06 | 42 |
| 7 | 210 | 50 | 309 | 1.50 | 21.09 | 27.09 | 182.5 | 2.0 | 2.06 | 42 |
| 8 | 210 | 50 | 260 | 1.88 | 21.09 | 26.54 | 181.4 | 2.0 | 2.06 | 46 |

表 3-24    浸出液体积及其杂质成分含量/(mg·L⁻¹)

| 样号 | $V$/m³ | $\rho(Zn^{2+})$ /(g·L⁻¹) | Cu | Pb | Cd | Co | Ni | Sb | As | Fe | $\eta_{Zn}$/% |
|---|---|---|---|---|---|---|---|---|---|---|---|
| 1 | 1.605 | 77.61 | 84 | 670 | 650 | — | — | 1.3 | 8.2 | 3.0 | 79.36 |
| 2 | 1.728 | 76.50 | — | — | — | — | — | 0.1 | 6.8 | 2.2 | 82.58 |
| 3 | 1.436 | 91.84 | 78 | 410 | 510 | — | — | 3.3 | 5.6 | 1.7 | 83.35 |
| 4 | 1.745 | 74.18 | 55 | 380 | 520 | 0.22 | 0.23 | 0.23 | — | 1.1 | 74.83 |
| 5 | 2.112 | 71.68 | 58 | 380 | 470 | 0.34 | 0.25 | 0.20 | 2.8 | 1.6 | 90.23 |
| 6 | 1.875 | 66.14 | 58 | 310 | 420 | 0.22 | 0.16 | 0.14 | — | 2.9 | 75.81 |
| 7 | 1.80 | 77.24 | 100 | 320 | 240 | 0.21 | 0.33 | 0.28 | — | 1.4 | 90.79 |
| 8 | 2.160 | 69.35 | 88 | 500 | 210 | 0.19 | 0.43 | 0.64 | 0.84 | 1.6 | 90.83 |
| 平均 | | | 74 | 424 | 431 | 0.24 | 0.28 | 0.77 | 4.85 | 1.94 | 83.47 |

表 3 - 25　浸出渣量及其成分

| 样号 | 渣重/kg | | | 干渣成分/% | | | | 渣计 $\eta_{Zn}$ /% |
| --- | --- | --- | --- | --- | --- | --- | --- | --- |
| | 湿重 | 干重 | 含水量/% | Zn | Ge | Ag | Cl | |
| 1 | — | — | 32.68 | 27.28 | — | — | — | — |
| 2 | 43.0 | — | — | 25.90 | 0.038 | 0.0304 | — | — |
| 3 | — | — | — | — | — | — | — | — |
| 4 | 63.2 | 28.34 | 55.16 | 26.62 | — | — | — | 93.97 |
| 5 | 148.0 | 108.4 | 27.0 | 28.78 | — | — | — | 75.05 |
| 6 | 85.3 | — | — | 26.56 | — | — | — | — |
| 7 | 105.7 | 78.2 | 26.02 | 22.38 | 0.021 | 0.019 | 7.64 | 85.89 |
| 8 | 83.0 | 67.15 | 19.1 | 22.98 | 0.026 | 0.026 | 7.44 | 87.56 |
| 平均 | 88.03 | 70.52 | 31.99 | 25.79 | 0.028 | 0.025 | 7.54 | 85.62 |

从表 3 - 24、表 3 - 25 可以看出，前六槽液计浸出率和渣计浸出率差别较大，这是由于焙砂没有球磨，很难浸出颗粒内部的 ZnO，且过滤时渣存在分层现象，取样很难均匀。后两槽的浸出率比前六槽有所提高，为 88% ~ 90%，说明铁酸锌不被浸出，影响了锌的浸出率，但有价金属 Ge、Ag 几乎全部集中在浸出渣中。

2）净化过程

一次净化和二次净化都在 1 m³ 的搪瓷釜内进行。前五槽所用锌粉为现有酸法炼锌净化所用的锌粉，过 40 目筛，从第 6 槽开始，对锌粉过 120 目筛。二次净化也一样，锌粉用量为 3 g/L 浸出液。一次净化液量、渣量及成分见表 3 - 26、表 3 - 27。

表 3 - 26　一次净化液量及成分/( mg · L⁻¹ )

| 样号 | $V$/L | $\rho(Zn)/(g \cdot L^{-1})$ | Cu | Pb | Cd | Co | Ni | Sb | Fe |
| --- | --- | --- | --- | --- | --- | --- | --- | --- | --- |
| 3 - 1 | 970 | 89.29 | 0.12 | 12 | 0.22 | 0.01 | 0.077 | — | — |
| 3 - 2 | 900 | 86.76 | 0.086 | 5.8 | 0.30 | <0.01 | 0.33 | — | 1.2 |
| 4 - 1 | 1000 | 75.5 | 0.57 | 9.6 | 2.9 | 0.13 | 0.20 | — | — |
| 5 - 1 | 1012 | 72.38 | 0.26 | 6.2 | 0.94 | 0.15 | 0.18 | 0.24 | 0.31 |
| 5 - 2 | 810 | 72.07 | — | 2.0 | 0.46 | 0.34 | 0.39 | — | 0.86 |
| 6 - 1 | 900 | 64.74 | 0.25 | 1.1 | 0.53 | 0.01 | 0.23 | — | 3.3 |

续表 3 - 26

| 样号 | V/L | $\rho(Zn)/(g \cdot L^{-1})$ | Cu | Pb | Cd | Co | Ni | Sb | Fe |
|---|---|---|---|---|---|---|---|---|---|
| 7 - 1 | 900 | 79.64 | 0.25 | 7.1 | 0.58 | < 0.01 | 0.12 | 0.35 | 1.4 |
| 7 - 2 | 860 | 78.58 | 0.52 | 8.9 | 1.2 | 0.27 | 0.18 | 0.29 | 0.95 |
| 8 - 1 | 965 | 69.99 | 0.32 | 0.80 | 0.43 | < 0.01 | 0.63 | 0.40 | 1.5 |
| 8 - 2 | 1194 | 68.64 | 0.36 | 3.4 | 0.39 | < 0.01 | 0.23 | 0.43 | 2.8 |
| 平均 | — | 75.76 | 0.30 | 5.69 | 0.80 | 0.09 | 0.34 | 0.28 | 1.54 |

表 3 - 27　一次净化渣量及成分

| 样号 | | 4 - 1 | 4 - 2 | 5 - 1 | 5 - 2 | 6 - 1 | 6 - 2 | 7 - 1 | 7 - 2 | 8 - 1 | 8 - 2 | 平均 |
|---|---|---|---|---|---|---|---|---|---|---|---|---|
| Zn 粉加入/kg | | 3.5 | 3.2 | 3.5 | 3.22 | — | — | 3.5 | 3.5 | 3.0 | 3.5 | 3.37 |
| 净化渣 | 湿重/kg | 5.3 | 4.2 | 4.5 | 3.9 | 3.5 | 2.8 | 4.0 | 4.0 | 3.5 | 3.8 | 3.95 |
| | 干重/kg | 4.22 | 4.04 | 3.97 | 3.2 | 3.01 | 2.41 | 3.77 | 3.64 | 3.28 | 3.55 | 3.51 |
| | $w(Zn)/\%$ | 59.45 | 62.48 | 55.94 | 59.23 | 67.67 | 60.77 | 36.68 | 73.45 | 75.45 | 62.85 | 61.40 |
| | $w(Cd)/\%$ | 15.39 | 13.99 | 16.22 | 13.49 | 13.14 | 18.35 | 19.13 | 6.10 | 5.68 | 8.72 | 13.02 |

　　从表 3 - 27 中可以看出，镉在 $Zn(II) - NH_3 - NH_4Cl - H_2O$ 体系中比较容易除去，而铅相对来说难以除去。比较表 3 - 24 与表 3 - 26 发现，有些槽的一次净化液的 $Zn^{2+}$ 浓度反而比浸出液的低，这是由于抽滤过程中净化液被稀释的缘故。

　　一次净化液直接泵入二次净化反应釜内进行二次净化，其结果见表 3 - 28。

表 3 - 28　二次净化液量及成分/$(mg \cdot L^{-1})$

| 样号 | V/L | $\rho(Zn)/(g \cdot L^{-1})$ | Cu | Pb | Cd | Ni | Co | Sb | As | Fe |
|---|---|---|---|---|---|---|---|---|---|---|
| 1 - 1 | 1000 | 58.38 | < 0.10 | 0.79 | < 0.10 | 1.0 | < 0.10 | 0.27 | 0.18 | 1.0 |
| 2 - 2 | 1003 | 78.44 | < 0.10 | 1.9 | < 0.10 | 0.29 | < 0.10 | — | — | 1.4 |
| 3 - 1 | 905 | 81.96 | — | 4.4 | 0.092 | 0.44 | — | — | — | — |
| 3 - 2 | 900 | 86.38 | 0.062 | 1.7 | 0.042 | 0.21 | — | — | — | — |
| 4 - 1 | 1000 | 76.13 | 0.13 | 5.2 | 0.53 | 0.16 | 0.076 | 0.20 | 2.4 | 0.95 |
| 4 - 2 | 745 | 75.35 | 0.055 | 4.2 | 0.12 | 0.16 | 0.076 | 0.27 | 1.7 | 0.85 |
| 5 - 1 | 1100 | 70.98 | — | 0.49 | 0.084 | 0.32 | 0.36 | — | — | 0.77 |

续表 3-28

| 样号 | V/L | $\rho(Zn)$ /(g·L$^{-1}$) | Cu | Pb | Cd | Ni | Co | Sb | As | Fe |
|---|---|---|---|---|---|---|---|---|---|---|
| 5-2 | 810 | 72.22 | 0.23 | 1.5 | 0.15 | 0.33 | <0.10 | 0.30 | — | — |
| 6 | 1875 | 66.07 | 0.20 | 1.3 | 0.019 | 0.75 | 0.056 | — | 0.94 | 3.0 |
| 7 | 1760 | 77.99 | 0.27 | 6.2 | 0.48 | 0.15 | <0.10 | 0.40 | — | 0.82 |
| 8-2 | 1166 | 65.43 | 0.32 | 0.83 | 0.63 | 0.24 | <0.10 | 0.44 | — | 1.5 |
| 平均 | — | — | <0.16 | 2.59 | <0.21 | 0.37 | <0.12 | 0.31 | 1.31 | 1.29 |

表 3-28 说明,放大规模后,铜、镉的除去效果仍较好,铁、钴、镍、铅除去效果较差,但不影响电积过程。电锌杂质含量与对应的净化液的杂质成分比较,两者矛盾较多,二次净化液的分析方法不成熟,其结果只供参考。

3) 电积过程

电积过程在尺寸与工业电解槽完全一样(760 mm × 800 mm × 1080 mm)的 4 个塑料电解槽内进行,槽之间为串联,涂钌钛网阳极的有效面积为 950 mm × 720 mm,阴极钛板的有效面积为 970 mm × 740 mm,每个电解槽各有阴、阳极 3 块,同极距为 12 ~ 14 cm(由于阳极涂钌钛网不平整,易引起阴、阳极接触)。循环中间槽 2 m$^3$,从第五槽开始用通水塑料管间接冷却电解液。出槽时间一般为 24 h,阴极电流密度为 200 A/m$^2$。

用第 1 ~ 2 槽的二次净化后液与 1.5 m$^3$ 的 5 mol/L 的氯化铵溶液配成 [Zn$^{2+}$] 为 52.17 g/L 的新液进行第一次电解。以后各槽电解均为二次净化液与上一槽废电解液的混合液,成分见表 3-29。电解后液成分见表 3-30,电锌杂质元素含量见表 3-31,电积锌的电流效率、槽电压及计算的电能消耗见表 3-32,电解过程中添加剂消耗情况见表 3-33。

表 3-29　电解液成分

| 样号 | V/L | 主成分浓度/(g·L$^{-1}$) | | | 杂质元素浓度/(mg·L$^{-1}$) | | | | | | | |
|---|---|---|---|---|---|---|---|---|---|---|---|---|
| | | Zn$^{2+}$ | [NH$_3$]$_T$ | Cl$^-$ | Cu | Pb | Cd | Co | Ni | Sb | As | Fe |
| 1-2 | 4908 | 52.17 | 54.08 | 167.12 | <0.10 | 8.9 | <0.10 | <0.10 | 0.10 | 0.27 | — | 1.5 |
| 3 | — | 48.2 | 49.05 | 176.10 | 0.11 | 3.8 | 0.089 | 0.016 | 0.15 | 0.16 | — | 2.9 |
| 4 | — | 48.28 | — | — | 0.092 | 6.2 | 0.12 | <0.10 | 0.12 | 0.26 | 0.33 | 0.42 |
| 5 | — | 46.41 | — | — | 0.10 | 7.7 | 0.42 | — | <0.10 | 0.25 | — | 0.15 |

续表 3－29

| 样号 | $V$/L | 主成分浓度/$(g \cdot L^{-1})$ | | | 杂质元素浓度/$(mg \cdot L^{-1})$ | | | | | | | |
|---|---|---|---|---|---|---|---|---|---|---|---|---|
| | | $Zn^{2+}$ | $[NH_3]_T$ | $Cl^-$ | Cu | Pb | Cd | Co | Ni | Sb | As | Fe |
| 6 | — | 43.84 | 47.84 | 178.73 | 0.20 | 5.5 | 0.35 | <0.10 | 0.047 | 0.26 | 0.94 | 0.78 |
| 7 | 3953 | 45.61 | 50.05 | 176.98 | 0.40 | 3.4 | 0.35 | <0.10 | 0.022 | 0.21 | — | 0.64 |
| 8 | 3930 | 47.93 | 50.26 | 176.98 | 0.27 | 7.0 | 0.30 | <0.10 | 0.46 | 0.38 | 0.40 | 1.0 |
| 平均 | | 47.49 | 50.26 | 175.18 | 0.18 | 6.07 | 0.25 | <0.09 | 0.14 | 0.26 | 0.56 | 1.06 |

表 3－30　电解后液成分/$(g \cdot L^{-1})$

| 样号 | 1－2 | 3 | 4 | 5 | 6 | 7 | 8 | 平均 |
|---|---|---|---|---|---|---|---|---|
| $Zn^{2+}$ | 24.25 | 21.2 | 21.22 | 18.25 | 21.09 | 21.09 | 19.74 | 20.98 |
| $[NH_3]_T$ | 26.74 | 25.33 | 23.32 | 22.51 | 27.09 | 26.54 | 24.53 | 25.15 |
| $Cl^-$ | 179.61 | 187.50 | 191.88 | 185.8 | 182.5 | 181.36 | 183.34 | 184.57 |
| $V$/m³ | — | — | — | — | 3.773 | 3.806 | 3.73 | |

表 3－31　电锌杂质元素含量/$10^{-6}$

| 编号 | 槽次 | Cu | Pb | Cd | Co | Ni | Sb | As | Fe |
|---|---|---|---|---|---|---|---|---|---|
| EZ1 | 1－2 | 1.3 | 72 | — | — | — | — | — | 3.3 |
| EZ1① | 1－2 | 1.6 | | | 1.0 | | 0.40 | 0.50 | 3.0 |
| EZ2 | 1－2 | — | — | | — | | — | — | 2.7 |
| EZ2① | 1－2 | 1.9 | 27 | 3.6 | 0.69 | 0.77 | 0.40 | 0.20 | 3.3 |
| EZ3 | 1－2 | 2.8 | 78 | 1.8 | 3.2 | 0.8 | 1.2 | 6.9 | 4.6 |
| EZ3① | 1－2 | 1.3 | 27 | 2.8 | 0.56 | 1.3 | 0.5 | 0.20 | 2.6 |
| EZ4 | 3 | 1.3 | 48 | 2.7 | 3.2 | 2.2 | 1.2 | — | 2.5 |
| EZ4① | 3 | 0.93 | 34 | 2.6 | 11 | 4.2 | 0.6 | 0.20 | 1.8 |
| EZ5 | 3 | 0.65 | 28 | 0.76 | 2.5 | 0.92 | 1.3 | — | 3.0 |
| EZ5① | 3 | 0.58 | 11 | 0.59 | 4.3 | 4.4 | 0.6 | 0.24 | 1.7 |
| EZ6 | 4 | 1.9 | 28 | 8.2 | 2.9 | 2.5 | 0.68 | — | 2.9 |
| EZ7 | 4 | 0.34 | 8.1 | 1.4 | 0.12 | 0.19 | 0.47 | — | 2.4 |
| EZ8 | 5 | 0.96 | 21 | 3.3 | 0.12 | 1.4 | 0.84 | — | 2.0 |

续表 3-31

| 编号 | 槽次 | Cu | Pb | Cd | Co | Ni | Sb | As | Fe |
|------|------|------|------|------|------|------|------|------|------|
| EZ9 | 5 | 0.84 | 10 | 1.2 | 0.15 | 2.1 | 0.61 | 1.2 | 1.5 |
| EZ10 | 5 | 0.84 | 4.4 | 0.57 | 0.19 | 2.3 | 0.4 | — | 1.2 |
| EZ10[②] | 5 | 0.9 | 10 | 5 | 2 | 2.0 | < 1 | < 1 | 1 |
| EZ11 | 6 | 1.4 | 3.4 | 0.37 | 0.20 | 4.6 | 0.84 | — | 1.8 |
| EZ12 | 6 | 1.4 | 1.3 | 0.47 | 0.20 | 2.0 | 0.70 | — | 1.9 |
| EZ13 | 7 | 0.67 | 2.0 | 0.72 | 0.24 | 2.4 | 1.0 | — | 1.8 |
| EZ14 | 7 | 0.58 | 1.3 | 4.4 | 0.17 | 2.5 | 1.6 | — | 1.4 |
| EZ15 | 8 | 1.7 | 1.1 | 2.6 | 0.17 | 4.8 | 1.7 | — | 1.9 |
| EZ16 | 8 | 0.91 | 0.54 | 0.1 | 0.092 | 2.1 | 2.1 | — | 1.9 |
| EZ17 | 8 | 0.65 | 0.82 | < 0.1 | 0.32 | 4.4 | 2.8 | — | 2.4 |
| 平均[③] | — | 1.16 | 19.86 | < 2.16 | 1.59 | 2.39 | < 1.0 | < 1.31 | 2.29 |

注：①为长沙矿山研究院分析结果；②为四川峨眉山半导体材料厂分析结果；③为四川会东铅锌矿分析结果累计加权平均值。

表 3-31 说明，电锌产品中 Cu、Cd 和 Co 含量很低，大都小于 0.0001%，这是传统的焙烧-浸出-净化-电积锌工艺净化过程中所无法做到的。Cd 含量偶尔有异常现象，这主要是净化过滤槽设计不合理，容易引起净化渣暴露于空气中，产生 Cd 返溶所致。前四槽的 Fe 比后四槽的要高，这是由于在清理中间槽时，有一段锯片遗留在其中，少量被腐蚀进入溶液所致。

从第 6 槽开始，由于采用了 -120 目的细锌粉，对铅的置换效果明显提高，由前五槽的 0.0010% ~ 0.0078% 降低到 0.00034% 以下，说明锌粉粒径影响 Pb 的净化效果。

电锌质量以高纯物质的权威检测机构四川峨眉山半导体材料厂的检测结果为准。

表 3-32　电积锌的电流效率、槽电压及电耗

| 槽次 | 编号 | 最高电流/A | 最高温度/℃ | $m$/kg | 槽电压/V | $\eta_{Zn}$/% | 电耗/$(kW \cdot h \cdot t^{-1})$ |
|------|------|------|------|------|------|------|------|
| 1-2 | EZ1 | 600 | 40 | 32 | 3.25 | 98.49 | 2709 |
| | EZ2 | 600 | 50 | 38 | 3.0 | 56.55 | 4544 |
| | EZ3 | 900 | 56 | 42 | 3.25 | | |

续表 3 - 32

| 槽次 | 编号 | 最高电流/A | 最高温度/℃ | $m$/kg | 槽电压/V | $\eta_{Zn}$/% | 电耗/$(kW \cdot h \cdot t^{-1})$ |
|---|---|---|---|---|---|---|---|
| 3 | EZ4 | 600 | 41 | 43 | 3.1 | 72.69 | 3501 |
| | EZ5 | 600 | 46 | 76 | 3.12 | 72.46 | 3535 |
| 4 | EZ6 | 700 | 50 | 52 | 3.2 | 59.89 | 4387 |
| | EZ7 | 700 | 52 | 59 | 3.1 | 56.25 | 4525 |
| 5 | EZ8 | 400 | 33 | 24.2 | 3.03 | 93.60 | 2657 |
| | EZ9 | 400 | 35 | 25 | 3.0 | 74.06 | 3326 |
| | EZ10 | 700 | 38 | 51 | 3.0 | 92.52 | 2662 |
| 6 | EZ11 | 500 | 38 | 44.8 | 3.0 | 80.29 | 3067 |
| | EZ12 | 500 | 39 | 44 | 3.0 | 75.84 | 3248 |
| 7 | EZ13 | 500 | 38 | 47 | 3.06 | 76.62 | 3279 |
| | EZ14 | 500 | 39 | 52.4 | 3.0 | 78.80 | 3126 |
| 8 | EZ15 | 500 | 39 | 41.8 | 3.0 | 89.92 | 2739 |
| | EZ16 | 500 | 39 | 36.2 | 3.06 | 79.16 | 3174 |
| | EZ17 | 500 | 39.5 | 35.8 | 3.1 | 79.17 | 3214 |
| 平均 | — | — | — | 744.2[①] | 3.07 | 80.00[②] | 3426 |

注：①为电解锌总质量，②为第 5 ~ 8 槽平均值。

从表 3 - 32 可以看出，提高电流强度引起槽温的急剧上升和电流效率的急剧下降，而温度上升对槽电压的降低影响不大，此外温度过高引起 $H_2O$ 和 $NH_3$ 的挥发，恶化操作环境。从第 5 槽开始使用冷却水在中间槽降低电解液温度和控制电流，使电解液温度小于 40℃，可以看出电流效率比前 4 槽在较高温度下电积明显提高，但波动大（74.06% ~ 98.49%），引起这种变化的原因主要是由于涂钌钛网阳极不平整，很容易翘角，电解一段时间后发生短路，使阴极锌返溶。

表 3 - 33　电解过程中添加剂消耗情况

| 样号 | 1 - 2 | 3 | 4 | 5 | 6 | 7 | 8 |
|---|---|---|---|---|---|---|---|
| $m$(骨胶)/g | 250 | 200 | 190 | 270 | 275 | 270 | 220 |
| $m$(T - B)/g | 500 | 480 | 360 | 430 | 432 | 432 | 370 |
| $m$(T - C)/kg | 20 | 4 | 4 | 4 | 4 | 4 | 4 |

从表 3－33 可以看出，电解添加剂 T－C 用量较大，需 40 kg/t 锌。电解过程中尝试过减少添加剂 T－C 的用量，发现电锌表面很容易长毛刺，影响电锌表面物理性能，如果不加添加剂就不能得到致密状的平整锌片。

**4.技术经济指标**

由于前六槽实验着重于培养操作工人及分析人员，对过程操作与参数不可能严格控制和记录，因此以第 7、8 槽实验数据为代表，得出以下主要的技术经济指标（表 3－34～表 3－36）。

1）金属平衡

金属平衡情况见表 3－34。

表 3－34　第 7、8 槽的锌平衡/kg

| 样号 | 加入 | | | | 产出 | | | | | 误差 |
|---|---|---|---|---|---|---|---|---|---|---|
| | 焙砂 | 锌粉 | 废液 | 小计 | 浸出渣 | 置换渣 | 废液 | 电锌 | 小计 | |
| 7 | 124.89 | 6.65 | 79.57 | 211.11 | 17.50 | 4.06 | 80.27 | 99.4 | 201.23 | －9.88 |
| 8 | 124.89 | 6.18 | 80.27 | 211.34 | 15.42 | 4.71 | 73.63 | 113.8 | 207.56 | －3.78 |
| 共计 | 249.78 | 12.83 | 159.84 | 422.45 | 32.92 | 8.77 | 153.9 | 213.2 | 408.79 | －13.66 |
| 比例/% | 59.13 | 3.04 | 37.83 | 100 | 7.79 | 2.08 | 36.43 | 50.47 | 96.77 | －3.23 |

从表 3－34 可以看出，产出的锌与加入的锌存在差异，这主要是由于抽滤过程中损失锌 13.66 kg，损失率为 3.23%。金属直收率 85.35%，改进过滤设备后可提高到 86.97%。浸出渣含锌大于 22%，一次净化渣含锌更高，均可进一步处理回收锌。因此，锌的总回收率可接近 100%。

2）氯平衡

氯平衡情况见表 3－35。

表 3－35　第 7、8 槽的 $Cl^-$ 平衡/kg

| 样号 | 加入 | | | | 产出 | | | | 挥发 |
|---|---|---|---|---|---|---|---|---|---|
| | $NH_4Cl$ | 废液 | $MeCl_n$ | 小计 | 浸出渣 | 废液 | 抽滤损失 | 小计 | |
| 7 | 32.85 | 688.57 | 1.15 | 722.57 | 5.97 | 690.41 | 10.01 | 706.39 | 16.18 |
| 8 | 32.85 | 690.41 | 1.15 | 724.41 | 5.00 | 683.86 | 19.03 | 707.89 | 16.52 |
| 共计 | 65.70 | 1378.98 | 2.30 | 1446.98 | 10.97 | 1374.3 | 29.04 | 1414.31 | 32.67 |
| 比例/% | 4.54 | 95.30 | 0.16 | 100 | 0.76 | 94.98 | 2.00 | 97.74 | 2.26 |

从表 3-35 可以看出，加入的 Cl⁻进入浸出渣中的量为 0.76%，电解过程中的挥发损失约为 2.26%，抽滤损失 2.01%，总回收率为 97.74%。

3）氨平衡

氨平衡情况见表 3-36。

表 3-36　第 7、8 槽的 $NH_3$ 平衡/kg

| 样号 | 加入 | | | 产出 | | | | 电解消耗 |
|---|---|---|---|---|---|---|---|---|
| | 氨水 | 废液 | 小计 | 废液 | 中和 R-B | 抽滤损失 | 小计 | |
| 7 | 61.98 | 60.82 | 122.8 | 59.17 | 0.81 | 2.40 | 62.38 | 60.42 |
| 8 | 52.15 | 59.17 | 111.32 | 53.19 | 0.81 | 4.56 | 58.56 | 52.76 |
| 共计 | 114.13 | 119.99 | 234.12 | 112.36 | 1.62 | 6.96 | 120.94 | 113.18 |
| 比例/% | 48.75 | 51.25 | 100 | 47.99 | 0.69 | 2.97 | 51.65 | 48.35 |

由于氨水挥发损失较大，因此，实际实验中氨消耗超过理论消耗较多。

4）电锌质量

生产电锌 700 多千克，经权威检测机构四川峨眉山半导体材料厂分析，Cu、As、Sb、Fe 含量均小于等于 0.0001%，Co、Ni 为 0.0002%，Cd 为 0.0005%，Pb 小于 0.0010%，达到 Sogem 牌 004/68 型无汞无铅合金锌粉的要求。

总之，半工业实验基本达到预期目的，获得了工业生产设计中要求的基本数据，经过 8 次循环实验证明，废电解液返回不影响浸出率、电解过程及电锌质量。

由于进行半工业实验的时间较短，因此对一些有用的数据还没有来得及考察，如：溶液平衡，由于没有对所有溶液进行密度测试，氨水与溶液混合时体积改变较大，因此没有进行溶液平衡分析。不过从实验最后看，经 8 槽之后，溶液体积不但没有增加，反而减少（这没有考虑抽滤时的溶液损失），因此补充新的氨水和氯化铵在生产上是可行的。此外还有一些数据由于设备的原因，无法进行准确计算，如由于极距较大和阳极板短路引起返溶，提高了槽电压、降低了电流效率，从而引起电能消耗升高。

# 1.5　氧化锌矿制取高纯锌

## 1.5.1　云南兰坪氧化锌矿制取高纯锌

### 1. 原料

实验所用低品位氧化锌矿取自云南兰坪矿，矿样经过磨矿、筛分得到不同粒径的矿样备用。矿样的化学成分和物相分析分别见表 3 - 37、表 3 - 38。由表 3 - 37 可知，该矿样含锌 19.51%，主要杂质为 $SiO_2$、Fe、$Al_2O_3$、MgO 和 CaO 等。表 3 - 38 物相分析表明原料所含锌矿物主要为水锌矿。

表 3 - 37　矿样的化学成分

| 元素 | Zn | Pb | Cu | Fe | S | Cd | As | Sb | $SiO_2$ | $Al_2O_3$ | CaO | MgO | MnO |
|------|-----|------|-------|-------|------|------|-------|------|---------|-----------|------|------|------|
| $w/\%$ | 19.51 | 2.32 | 0.022 | 13.51 | 2.10 | 0.23 | 0.098 | 0.20 | 3.78 | 0.46 | 9.31 | 0.33 | 0.93 |

表 3 - 38　矿样的物相分析

| 锌物相 | ZnO | $ZnSO_4$ | $ZnSiO_4$ | ZnS | $ZnFe_2O_4$ | $Zn_总$ |
|--------|-------|----------|-----------|-------|-------------|---------|
| 锌含量/% | 17.27 | 0.05 | 0.66 | 1.08 | 0.45 | 19.51 |

### 2. 浸出过程

实验规模为浸出剂 200 mL/次，对氧化锌矿粒径、总氨浓度、时间及温度等条件进行优化。在总氨浓度为 7.5 mol/L、$n(NH_4^+)/n(NH_3) = 2:1$、浸出温度为 40℃、液固比为 1:4 的条件下，粒径对锌浸出率的影响如图 3 - 13 所示。

当矿样粒径为 69 μm 时，浸出 60 min，锌的浸出率为 88.9%；随着矿样粒径增大到 98 μm，锌的浸出率降低到 76.72%。说明锌的浸出速度随着氧化锌矿样粒径的减小而增大，粒径越小浸出越快，浸出率也越高。这是由于每次实验加入的矿样总量一定，粒径越小，颗粒数就越多，反应总表面积就越大，而浸出速度与反应总表面积成正比，因此粒径减小浸出速度增大，浸出率也越高。

在粒径为 69 μm、浸出温度为 40℃、液固比为 1:4、$n(NH_4^+)/n(NH_3) = 2:1$ 的条件下，总氨浓度对锌浸出率的影响如图 3 - 14 所示。

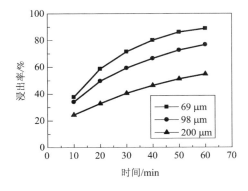

图 3 - 13　粒径对锌浸出率的影响

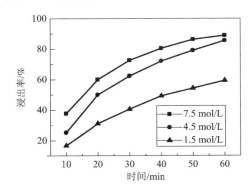

图 3 - 14　总氨浓度对锌浸出率的影响

很明显总氨浓度对锌的浸出率的影响非常显著,锌的浸出速度和浸出率均随着总氨浓度的增加而增大,在总氨浓度7.5 mol/L 和4.5 mol/L 的条件下,锌的浸出率随着浸出时间的延长而快速增长,经过 60 min 浸出,锌的浸出率分别达到88.9% 和84.31%。而当总氨浓度降低到 1.5 mol/L 时,锌的浸出率随着浸出时间的延长而变化缓慢,同样的时间内,锌的浸出率只有59.4%。

在粒径为69 μm、总氨浓度为7.5 mol/L、浸出温度为40℃、液固比为 1:4、$n(NH_4^+):n(NH_3)=2:1$ 的条件下,浸出时间对锌浸出率的影响如图 3 – 15 所示。

由图 3 – 15 可以看出,浸出时间对锌的浸出率的影响非常显著,锌的浸出率随着浸出时间的延长而快速增长,经过 60 min 浸出,锌的浸出率达到88.9%,60 min 后锌的浸出率基本不变。

在粒径为69 μm,总氨浓度为7.5 mol/L、液固比为 1:4、$n(NH_4^+):n(NH_3)=2:1$的条件下,浸出温度对锌浸出率的影响如图 3 – 16 所示。

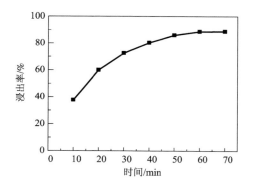

图 3 – 15　浸出时间对锌浸出率的影响

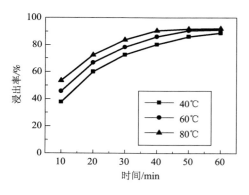

图 3 – 16　浸出温度对锌浸出率的影响

从图 3 – 16 可以看出,浸出温度对锌的浸出率的影响并不明显。当浸出温度从40℃上升到80℃时,在 60 min 内浸出率从88.9%升到92.1%,仅升高 3.1%。考虑到随着温度的升高氨的挥发速度加快,因此从减少浸出剂消耗、保护环境角度出发,也不适宜采用较高的浸出温度。

由上确定浸出这种氧化锌矿的优化条件为:总氨($NH_4^+ + NH_3$)浓度7.5 mol/L,$n(NH_4^+):n(NH_3)=2:1$,液固比 1:4,粒径69 μm,时间60 min,温度40℃。在上述条件下锌的浸出率为88.9%。

**3. 净化过程**

以混合浸出液为净化试液,其中主要杂质元素含量见表 3 – 39,实验规模为浸出液 200 mL/次,净化用锌粉粒径为 175 μm。

表 3 - 39　浸出液中主要杂质元素含量/(mg·L⁻¹)

| Cu | Cd | Fe | Co | Ni | Pb | Sb | As | $CO_3^{2-}$ | $SO_4^{2-}$ |
|------|-------|----|-----|------|------|-----|-----|--------------|--------------|
| 54.4 | 550.4 | 痕 | 2.1 | 25.0 | 62.5 | 6.6 | 0.1 | 3560 | 3650 |

1）除 $SO_4^{2-}$ 和 $CO_3^{2-}$

用 $CaCl_2$ 和 $BaCl_2$ 除去 $SO_4^{2-}$ 和 $CO_3^{2-}$，常温下 $CaCl_2$ 和 $BaCl_2$ 加入量对 $SO_4^{2-}$ 和 $CO_3^{2-}$ 净化效果的影响见表 3 - 40。

表 3 - 40　$CaCl_2$ 和 $BaCl_2$ 加入量对 $SO_4^{2-}$ 和 $CO_3^{2-}$ 净化效果的影响

| 样号 | 1 | 2 | 3 | 4 | 5 | 6 |
|------|------|----------------------|----------------------|----------------------|----------------------|------|
| $CaCl_2$ 理论倍数 | 0 | 1.2 | 0.8 | 1.0 | 1.2 | 1.2 |
| $BaCl_2$ 理论倍数 | 0 | 0 | 1.2 | 1.2 | 1.0 | 1.2 |
| $\rho(CO_3^{2-})/(g·L^{-1})$ | 3.56 | $5.20 \times 10^{-3}$ | $1.20 \times 10^{-3}$ | $2.30 \times 10^{-3}$ | 0 | 0 |
| $\rho(SO_4^{2-})/(g·L^{-1})$ | 3.65 | 3.05 | 0 | 0 | $1.50 \times 10^{-3}$ | 0 |

由表 3 - 40 可以看出，当 $CaCl_2$ 和 $BaCl_2$ 加入量为理论量的 1.2 倍时，$SO_4^{2-}$ 和 $CO_3^{2-}$ 在溶液中的含量几乎为 0。因此，$CaCl_2$ 和 $BaCl_2$ 的最佳加入量为理论量的 1.2 倍。

2）除 As 和 Sb

溶液中的 As 和 Sb 以 $AsCl_5^{2-}$ 和 $SbCl_5^{2-}$ 形式存在，净化时先用 $H_2O_2$(30%)把 $AsCl_5^{2-}$ 和 $SbCl_5^{2-}$ 氧化成带负电的胶态 $Sb_2O_5$ 和 $As_2O_5$，$H_2O_2$ 用量为 2.5 mL/L 浸出液，然后加入带正电的胶体将 As 和 Sb 一起共沉淀。结果表明，As 和 Sb 的含量可以降低到 0.2 mg/L，达到净化要求。

3）除 Cu、Cd、Pb 等

浸出液经过除 Fe、As、Sb 后，按本章前述条件，采用两段逆流锌粉置换法除 Cu、Cd、Pb 等杂质，净化实验结果见表 3 - 41。

表 3 - 41　锌粉两段逆流净化液的杂质元素含量/(mg·L⁻¹)

| 元素 | Cu | Cd | Co | Ni | Fe | Pb |
|------|------|------|------|------|------|------|
| 含量 | 0.02 | 0.03 | 0.31 | 0.08 | 0.17 | 0.42 |

由表 3 - 41 可知，采用锌粉两段逆流置换法可以有效去除 Cu、Cd、Pb、Co、

Ni 等杂质,净化后的溶液可以满足电解实验要求。

### 4. 电积过程

在容积为 1000 mL 的电解槽中电解,规模为净化液 800 mL/次,电锌经洗涤、烘干后称重,计算电流效率。

电解条件:电解液 $Zn^{2+}$ 浓度为 40 g/L,电流密度为 400 $A/m^2$,槽电压为 2.8 ~ 3.1 V,钛板为阳极,铝片为阴极,异极距为 3.0 cm,温度为 40 ~ 60℃,电解废液中锌浓度为 10 g/L。电解实验结果见表 3 – 42,电锌成分见表 3 – 43。

表 3 – 42  电解实验结果

| 溶液 | $\rho(Zn^{2+})$ /$(g \cdot L^{-1})$ | $c(NH_3)$ /$(mol \cdot L^{-1})$ | $V$/mL | 平均槽电压/V | 电流效率/% |
|---|---|---|---|---|---|
| 电解前液 | 40 | 1.70 | 800 | 3.0 | 96.35 |
| 废电解液 | 10 | 1.09 | 792 | | |

表 3 – 43  电锌成分/10⁻⁶

| 元素 | Zn* | Pb | Fe | Cd | Ni | Co | Cu | Sb | As | Mn |
|---|---|---|---|---|---|---|---|---|---|---|
| 含量 | >99.999 | 2.7 | 0.05 | 0.39 | 0.52 | 0.15 | 0.80 | 0.39 | 0.57 | 0.23 |

注: * 单位为%。

由表 3 – 43 可以看出,电锌质量高,Zn 含量大于 99.999%,杂质元素 Cu、Cd、Co、Ni、As、Sb、Fe 含量均小于 0.0001%。电解废液经补充氨后可循环利用,无污染。由表 3 – 42、表 3 – 43 的数据计算得出,能耗为 2502 kW·h/t,每电解 1 t 锌消耗氨 0.206 t。电解废液中氨的浓度为 1.09 mol/L,电解废液经补充氨后可循环利用、无污染。

## 1.5.2  湖南花垣氧化锌矿制取高纯锌

### 1. 原料

试料取自湖南花垣氧化锌矿,其化学成分及锌物相组成见表 2 – 61、表 2 – 62,该矿锌品位为 30.12%,其中氨不溶性硅酸锌、硫化锌和铁酸锌中的锌占总矿质量的 8.27%,氨可溶性锌占总矿质量的 21.85%,占锌总质量的 72.58%。

### 2. 浸出过程

条件优化实验规模为 30 g/次,综合实验规模为 800 g/次,浸出剂按 $c(NH_4Cl)$ = 5.0 mol/L,$c(NH_3 \cdot H_2O)$ = 2.5 mol/L 配制,浸出后期加入净化剂,滤渣经多次洗涤,洗涤液成分与浸出剂相同,体积约为浸出剂体积的 20%。

1）浸出条件优化

在 25℃，液固比为 4∶1 时浸出时间对锌浸出率的影响如图 3 - 17 所示。

由图 3 - 17 可以看出，浸出时间对锌浸出率的影响十分显著，当浸出时间少于 3 h 时，随着时间的延长，浸出率显著提高，但当浸出时间超过 3 h 后，浸出率随浸出时间的延长而趋于平缓。因此确定最佳浸出时间为 3 h。

在浸出时间为 3 h 及液固比为 4∶1 时，浸出温度对锌浸出率的影响如图 3 - 18 所示。由图 3 - 18 可以看出，浸出温度对锌浸出率的影响不大。因此，确定最佳温度为 25℃。

在温度为 25℃，浸出时间为 3 h 时，液固比对锌浸出率的影响如图 3 - 19 所示。

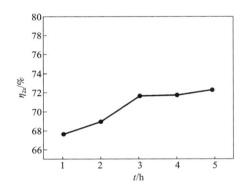

图 3 - 17　浸出时间 $t$ 对锌浸出率 $\eta_{Zn}$ 的影响　　图 3 - 18　浸出温度 $t$ 对锌浸出率 $\eta_{Zn}$ 的影响

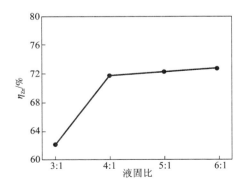

图 3 - 19　液固比对锌浸出率 $\eta_{Zn}$ 的影响

从图 3 - 19 可以看出，液固比对锌浸出率的影响十分显著，当液固比小于 4

时，随着液固比的增大，锌浸出率提高很快，但当液固比大于 4 后，锌浸出率变化不大。因此，确定最佳液固比为 4:1。

在 25℃，液固比为 4:1，浸出时间为 3 h 时，每克矿样中加入的成胶剂质量对砷和锑净化效果的影响如图 3－20 所示。

由图 3－20 可以看出，当每克矿样中加入的成胶剂质量小于 2.2 g 时，随着成胶剂质量的增大，浸出液中锑的含量下降较快；但当成胶剂质量大于 2.2 g 时，浸出液中锑的含量下降平缓。因此确定每克矿样中加入成胶剂的最合适质量为 2.2 g。

在 25℃，液固比为 4:1，浸出时间为 3 h，每克矿样中加入的成胶剂质量为 2.2 g 时，每克矿样中加入氧化剂的体积对铁净化效果的影响如图 3－21 所示。

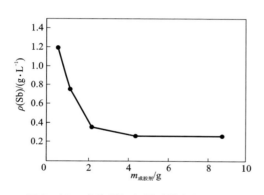

图 3－20　成胶剂加入量对锑净化的影响

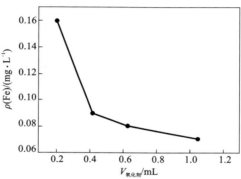

图 3－21　氧化剂加入量对铁净化的影响

由图 3－21 可以看出，当每克矿样中加入氧化剂的体积大于 0.42 mL 时，溶液中铁的质量浓度小于 0.10 mg/L；而随着氧化剂体积继续加大，浸出液中铁的质量浓度变化很小。因此，确定每克矿样中氧化剂的最佳体积为 0.42 mL。

2）浸出综合条件实验

根据以上实验结果，确定最佳浸出和同时部分净化的综合条件为：浸出时间为 3 h，液固比为 4:1，温度为 25℃，每克矿样中加入成胶剂的质量为 2.2 g，加入氧化剂的体积为 0.42 mL。在以上最佳条件下进行综合实验，结果见表 3－44。

表 3 - 44 浸出综合条件实验结果

| 样号 | 浸出率/% | 浸出渣 | | 浸出液/(mg·L$^{-1}$) | | | | | | | | | | |
|---|---|---|---|---|---|---|---|---|---|---|---|---|---|---|
| | | $w$(Zn)/% | 出渣率/% | Zn* | Cu | Co | As | Fe | Cd | Ni | Pb | Sb | CO$_3^{2-}$ | SO$_4^{2-}$ |
| 1 | 68.10 | 9.68 | 75.14 | 43.50 | 4.58 | 0.65 | 0.25 | 0.15 | 261 | 1.29 | 129 | 0.36 | 0 | 0 |
| 2 | 68.61 | 10.84 | 72.20 | 46.37 | 4.63 | 0.72 | 0.23 | 0.13 | 267 | 1.25 | 132 | 0.35 | 0 | 0 |
| 3 | 69.72 | 8.07 | 76.18 | 45.62 | 4.94 | 0.81 | 0.20 | 0.09 | 275 | 1.26 | 138 | 0.25 | 0 | 0 |
| 平均 | 68.81 | 9.53 | 74.51 | 45.16 | 4.72 | 0.73 | 0.23 | 0.12 | 268 | 1.27 | 133 | 0.32 | 0 | 0 |

注: * 单位为 g/L。

由表 3 - 44 可以看出, 锌浸出率大约为 68%。计算得可溶性锌浸出率大于 93.74%。造成锌浸出率低的主要原因是氧化锌矿中氨不溶性硅酸锌、硫化锌和铁酸锌含量较高, 占锌总量的 27.46%。此外, 浸出液中杂质如砷、锑、铁、钴、镍的含量都很低, 特别是铁质量浓度低于 0.15 mg/L, 这对生产高纯阴极锌具有重要意义。

**3. 净化过程**

净化条件优化与净化综合条件实验规模分别为浸出液 200 mL/次与 5000 mL/次, 锌粉粒径为175 μm, 缓慢加入。

1) 净化条件优化

在 25℃, 净化时间为 50 min 时, 浸出液锌粉质量浓度分别为 1.05 g/L、2.10 g/L、3.15 g/L、4.20 g/L 时, 除铅率分别为 97.59%、99.35%、99.44%、99.44%, 即当锌粉质量浓度低于 2.1 g/L 浸出液时, 除铅率随着锌粉加入量的增加而迅速下降; 但当锌粉质量浓度高于 2.1 g/L 浸出液时, 除铅率随着锌粉加入量的增加而变化不大。因此, 确定最佳锌粉质量浓度为 2.1 g/L 浸出液。

在锌粉质量浓度为 2.1 g/L 浸出液, 温度为 25℃, 净化时间分别为 30 min、40 min、50 min、60 min 时, 除铅率分别为 98.87%、99.32%、99.44%、99.47%。即当净化时间少于 50 min 时, 除铅率随着净化时间的延长而明显下降; 但当净化时间超过 50 min 时, 除铅率随着时间的延长而变化不明显, 同时考虑到净化时间太长会造成镉的返溶, 经综合考虑, 确定最佳净化时间为 50 min。

2) 净化综合条件实验

确定最佳净化条件: 温度为 25℃, 锌粉质量浓度为 2.1 g/L 浸出液, 时间为 50 min。在以上条件下进行综合实验, 结果见表 3 - 45。

表 3 - 45　净化综合条件实验结果

| 元素 | Cu | Cd | Pb | Zn* |
|---|---|---|---|---|
| $\rho/(\mathrm{mg}\cdot\mathrm{L}^{-1})$ | 0.08 | 0.24 | 0.50 | |
| 除杂率/% | 98.31 | 99.91 | 99.62 | 46.697 |

注：*单位为 g/L。

从表 3 - 45 可以看出，在 $\mathrm{Zn}(\mathrm{II})-\mathrm{NH_3}-\mathrm{NH_4Cl}-\mathrm{H_2O}$ 体系中，用锌粉净化除杂效果好，具有锌粉用量少，净化时间短，不需加热，易操作，浸出液经 1 次净化即达电积要求等特点。

**4. 电积过程**

1）电积条件优化

电积条件优化实验规模为净化液 800 mL/次，异极距为 2.5 cm。电锌经洗涤、烘干后称重，根据电锌质量换算电流效率。

在电流密度为 400 $\mathrm{A/m^2}$ 时，温度对槽电压和电流效率的影响如图 3 - 22 所示。

由图 3 - 22 可以看出，随着电解液温度的升高，电解液扩散速度加快，槽电压下降，而电流效率出现轻微波动现象。为了降低槽电压，降低能耗，应尽可能地升高电解温度；但当温度超过 60℃ 时，氨挥发增大，操作环境恶化，所以电解温度宜控制为 40 ~ 60℃。由于电解时本身放出热量，且放出的热量足以维持所需温度，因此，电解时不必另外加热。

在 25℃ 时，电流密度对槽电压和电流效率的影响如图 3 - 23 所示。

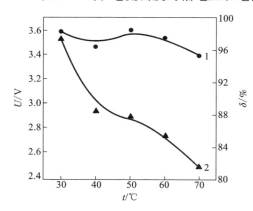

图 3 - 22　温度 t 对槽电压 U 和
电流效率 δ 的影响

1—电流效率；2—槽电压

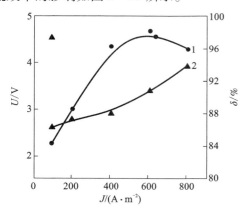

图 3 - 23　电流密度 J 对槽电压 U
和电流效率 δ 的影响

1—电流效率；2—槽电压

由图 3 – 23 可以看出，当电流密度低于 400 A/m² 时，随着电流密度的增大，槽电压显著增大；当电流密度为 400 ~ 600 A/m² 时，电流效率变化不大；当电流密度为 600 A/m² 时，电流效率开始呈下降趋势。考虑到能耗问题，确定最佳电流密度为 400 A/m²。

为保证电流效率不下降，在电积温度为 50℃、电流密度为 400 A/m² 时，考察锌质量浓度对电流效率的影响，其结果如图 3 – 24 所示。

由图 3 – 24 可以看出，只要锌质量浓度不低于 10 g/L，电流效率仍大于 90%。若进一步降低锌质量浓度，则阴极析氢反应加剧，从而导致电流效率下降，且电锌表面不平整。

2）电积综合条件实验

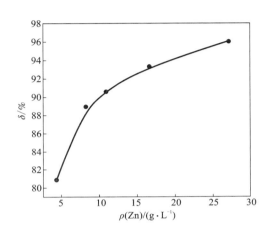

图 3 – 24　锌质量浓度 $\rho(Zn)$ 对电流效率 $\delta$ 的影响

确定最佳电积工艺条件为：温度 40 ~ 60℃，阴极电流密度 400 A/m²，电解废液中锌质量浓度高于 10 g/L。在上述条件下进行电积综合条件实验，其结果见表 3 – 46、表 3 – 47。

表 3 – 46　综合电积实验结果

| 名称 | $\rho(Zn)/(g \cdot L^{-1})$ | $c(NH_3)/(mol \cdot L^{-1})$ | 体积/mL | 平均槽电压/V | 电流效率/% |
|---|---|---|---|---|---|
| 电解前液 | 46.25 | 1.700 | 500 | 2.94 | 96.35 |
| 电解废液 | 13.00 | 1.088 | 495 | | |

表 3 – 47　电锌成分/10⁻⁶

| 样号 | Zn* | Pb | Fe | Cd | Ni | Mn | Cu | Co | Sb | As |
|---|---|---|---|---|---|---|---|---|---|---|
| 电锌 1 | >99.999 | 3.9 | 0.45 | 0.78 | 0.56 | 0.56 | 1.1 | 0.19 | 0.40 | 0.56 |
| 电锌 2 | >99.999 | 3.9 | 0.48 | 0.30 | 0.58 | 0.19 | 1.1 | 0.37 | 0.45 | 0.70 |

注：＊单位为% 。

根据表 3 – 46 和表 3 – 47 的数据计算得电锌直收率为 68.55%，能耗为 2502 kW·h/t，每电解 1 t 锌耗氨 0.206 t。由表 3 – 45 和表 3 – 46 可知，在 Zn(Ⅱ) – NH₃ – NH₄Cl – H₂O 体系中电积锌，槽电压低，电流效率高，能耗低，锌没有复溶现象；电解废液中锌含量低，锌质量浓度只要不低于 10 g/L 时，电流效率仍大于 90%；阴极锌纯度高达 99.999%；电解废液经补氨后可循环使用，无污染。

　　总之，Zn(Ⅱ) – NH$_3$ – NH$_4$Cl – H$_2$O 体系中处理低品位氧化锌矿制高纯电锌对我国极为丰富的碱性脉石含量高、矿物组成复杂的氧化锌矿的有效利用意义很大，应用前景非常广阔。

# 第2章　氯化－干馏(AC)法制取高纯锑品

## 2.1　概述

高锑铅阳极泥是采用脆硫锑铅精矿为原料炼成的粗铅，经电解精炼产出的阳极泥，铅阳极泥产率为 1.2% ~1.8%，铅阳极泥中通常含有 Au、Ag、Pb、Cu、As、Sb、Bi、Fe、Sn 和铂族金属等，其中含 Sb 60% ~70%，含 Ag 1% ~2%，故称为高锑铅阳极泥。

高锑铅阳极泥中金属元素赋存状态为：锑主要为单质锑，银与少量锑形成金属化合物，铜与砷形成化合物。银、铜、砷无单质存在。阳极泥中铅主要以金属铅和氧化铅的形式存在。目前采用火法处理高锑铅阳极泥，其工艺落后，银的回收率低，仅为 70%，并且还存在能耗高(1 t 粗银消耗 7 ~8 t 重油)、环境污染严重等问题。

制取高纯锑品的传统方法是先由精锑或三氧化二锑制取粗三氯化锑(溶液)，然后将粗三氯化锑(溶液)精馏获得高纯三氯化锑，最后将高纯三氯化锑水解及中和脱氯制取高纯三氧化二锑。AC 法处理高锑铅阳极泥直接将氯化浸出液(一种不纯的浓三氯化锑溶液)精馏也可获得高纯三氯化锑，从而制取高纯三氧化二锑等高纯锑品。因此，AC 法具有原料广泛便宜，实现贵、贱金属彻底分离，综合利用好及成本较低等特点。

## 2.2　原料与工艺流程

高锑铅阳极泥试样取自广西华锡集团股份有限公司河池冶金化工厂，其成分分析见表 3-48。还测定了阳极泥的氧化度，其结果见表 3-49。

表 3-48　高锑低银类铅阳极泥及脱氟泥成分/%

| 元素 | Ag | Sn | Sb | As | Pb | Bi | Cu | F | $H_2O$ |
|------|------|-------|-------|------|-------|-------|-------|------|--------|
| 阳极泥 | 1.05 | 0.43 | 69.74 | 1.26 | 11.92 | 0.33 | 1.35 | 3.85 | 2.33 |
| 脱氟泥 | 1.12 | 0.414 | 67.82 | 0.61 | 12.83 | 0.623 | 0.896 | 2.40 | — |

表 3 – 49　高锑低银类铅阳极泥的氧化度/%

| 元素 | Sb | Cu | As | Bi | Pb | Sn |
|---|---|---|---|---|---|---|
| 氧化度 | 51.47 | 60.26 | 19.04 | 约 100 | 约 100 | 35.26 |

由表 3 – 48 可知，高锑低银类铅阳极泥含锑 69.74%，氟的含量为 3.85%，物相分析表明，锑主要为单质锑，银与少量锑形成金属间化合物，铋与铅、锑及铜与砷形成金属间化合物，银、铜、砷无单质存在，阳极泥中铅主要以金属铅和氧化铅的形式存在。另外铅阳极泥有自然氧化的特性，不稳定，随着放置时间的增加，铅阳极泥中的铅、锑、铋等元素基本上以氧化物的形式存在。表 3 – 49 说明，铅和铋全部氧化，锑和铜的氧化度超过 50%，砷和锡的氧化度较低，银在空气中不被氧化；在自然氧化后，铅阳极泥还会结块，因此处理时为了提高浸出率必须将其破碎。

AC 法处理高锑铅阳极泥直接制取高纯锑品的原则工艺流程如图 3 – 25 所示。

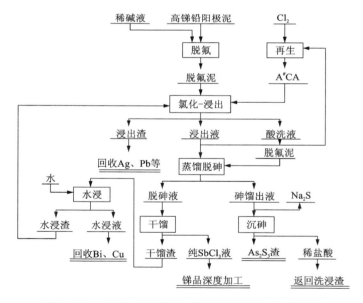

图 3 – 25　AC 法处理高锑铅阳极泥的原则工艺流程图

## 2.3　基本原理

高锑低银类铅阳极泥的循环浸出、浸出液的还原、三氯化锑溶液的水解及氯氧化锑的中和等过程的基本原理已在第 2 篇第 3 章 3.2.1 节中详细叙述，在此只系统介绍干（蒸）馏过程原理。干馏是有固相存在并产生化学反应的蒸馏、蒸干过程。干馏过程中产生蒸发与冷凝，浓缩与结晶，传热、传质与动量传递等物理过程，同时还产生一些化学反应。干馏的基本原理与蒸馏一样，系基于沸点不同的两种或两种以上混合成分的溶液，利用挥发性较高的成分在气相中浓度高于液相中浓度的原理，借加热与冷凝等作业，使之增浓、提纯或分离。表 3 – 50 列出了有关氯化物的蒸汽压与温度的关系。

**表 3 – 50　有关氯化物的蒸汽压与温度的关系/ ×133.322 Pa**

| 物质 | 状态 | $\lg P = AT^{-1} + B\lg T + CT + D$ | | | | 温度范围/K | 熔点/℃ | 沸点/℃ |
|---|---|---|---|---|---|---|---|---|
| | | $A$ | $B$ | $C$ | $D$ | | | |
| SbCl$_3$ | l | – 3770 | – 7.04 | — | 29.48 | 346 ~ 493 | 73 | 223 |
| AsCl$_3$ | l | – 2660 | – 5.83 | — | 24.76 | 256 ~ 395 | – 17 | 122 |
| HCl | l | – 905.53 | 1.75 | – 0.0050077 | 4.65739 | 159 ~ 196 | – 114.09 | – 84.93 |
| SnCl$_4$ | l | – 1925 | — | — | 7.865 | 298 ~ 388 | – 38 | 115 |
| FeCl$_2$ | l | – 9475 | – 5.23 | — | 26.53 | 950 ~ 1299 | 677 | 1026 |
| FeCl$_3$ | s | – 10754 | – 12.64 | — | 55.898 | 298 ~ 580 | 307 | 319 |
| PbCl$_2$ | l | – 10000 | – 6.65 | — | 31.60 | 771 ~ 1227 | 498 | 954 |
| BiCl$_3$ | l | – 5980 | – 7.04 | — | 31.38 | 503 ~ 714 | 230 | 441 |
| InCl$_3$ | l | – 8270 | — | — | 13.62 | 500 ~ 771 | 227 | 498 |
| ZnCl$_2$ | s | – 8500 | – 1.5 | — | – 16.61 | 298 ~ 599 | 326 | 732 |
| AgCl | s | – 11830 | – 0.3 | – 0.00102 | 12.39 | 298 ~ 728 | 455 | 1564 |

表 3 – 50 说明，除了 AsCl$_3$、SnCl$_4$、HCl 外，PbCl$_2$、FeCl$_2$、ZnCl$_2$ 等氯化物的蒸汽压、沸点与 SbCl$_3$ 的差别很大。这就是用干馏法可分离三氯化锑与这些高沸点氯化物的理论依据。

从现象看，干馏过程可分为全沸腾、结晶渣层形成生长、干馏三个阶段。在全沸腾阶段，HCl、H$_2$O、AsCl$_3$ 快速馏出，但 SnCl$_4$ 分别与 HCl 及 MeCl$_2$ 形成较稳定的复式氯化物：

$$n\text{SnCl}_4 + m\text{HCl} =\!=\!=\!= (\text{SnCl}_4)_n(\text{HCl})_m \qquad (3-32)$$

$$q\text{SnCl}_4 + p\text{MeCl}_2 =\!=\!=\!= (\text{SnCl}_4)_q(\text{MeCl}_2)_p \qquad (3-33)$$

这样，SnCl$_4$ 的蒸汽压大幅降低，所以干馏过程前两个阶段均没有 SnCl$_4$ 逸出。热力学计算及实验研究均说明，有氧气或空气存在及温度≥150℃时 FeCl$_2$ 水解，其他氯化物的催化作用使水解反应更剧烈。

$$2FeCl_2 + 1/2O_2 + 2H_2O \Longrightarrow Fe_2O_3 + 4HCl \qquad (3-34)$$

在结晶渣层形成生长阶段 $SbCl_3$ 即以较快的速度馏出，残留的 HCl、$H_2O$、$AsCl_3$ 全部馏出；在干馏阶段，残留的 $SbCl_3$ 绝大部分以更快的速度馏出；当温度大于 220℃ 时，复式氯化物离解，$SnCl_4$ 快速逸出。当温度大于 250℃ 时，$FeCl_3$ 水解：

$$2FeCl_3 + 3H_2O \Longrightarrow Fe_2O_3 + 6HCl \qquad (3-35)$$

不水解的高沸点氯化物被浓缩结晶，与水解产物形成干馏渣。

## 2.4  实验设备与方法

### 2.4.1  实验设备

用 5 L 的塑料柱再生氯化剂，再生柱与氯气瓶之间有 10 L 的缓冲瓶，再生柱之后有一级缓冲及三级碱液吸收，最后由抽水泵抽成负压。用 10 L 的电热搪瓷釜进行氯化 – 浸出及蒸馏脱砷，装备自动控温，用酒精温度计测温，误差 ±5℃，操作时用抽水泵抽成微负压。干馏系统如图 3 – 26 所示，由控温测温仪器、热风管及风机、干馏筒及其可以变速和测速的驱动系统、分馏塔、搪瓷冷凝器和 2 台 AX – 42 型真空泵组成。热风管的加热功率为 4 kW，分成两组，一组硬控，一组软控。干馏筒内径 200 mm，长 1000 mm，内衬聚四氟乙烯塑料。在干馏筒的进风口、出风口(塔底)和塔顶设 3 个测温点，第一个点用 Pt – Rh 热电耦测温，后两个点用 0 ~ 300℃ 的水银温度计测温。驱动系统采用无级变速，齿轮传动，最低转速为 10.7 r/min，最高转速为 107 r/min。分馏塔高 970 mm，共 7 级，内径 70 mm，也衬以聚四氟乙烯塑料。搪瓷冷凝器直径 275 mm，4 层，总冷却面积为 0.238 m²。干馏渣水浸实验在 10 L 的塑料桶内进行，机械搅拌。其他实验分别用大小不同的烧杯或三孔瓶进行，机械或磁力搅拌。

### 2.4.2  实验方法

#### 1. 氯化 – 浸出实验

根据氧化度和脱氟泥成分按相关公式计算出浸出液返回比例、耗酸量、洗酸量及酸度、循环液固比、实效液固比、造液实验的氧化剂消耗、循环实验次数等。然后进行双氧水造液实验，实验规模为干脱氟泥 1000 g/次，条件：双氧水为理论量，60 ~ 80℃，反应 2 h，游离酸度 3.5 mol/L，酸洗、水洗各 3 ~ 5 次。接着进行 A#CA 循环造液实验以富集浸出液中的锑。循环造液实验共进行 2 次，规模分别为干脱氟泥 1060 g/次及 1893 g/次；从第 4 次起即进入正式的循环浸出实验，实

图 3 – 26　连续干馏设备照片

验规模为干脱氟泥 2000 g/次，实验条件（循环造液实验也一样）为：①氧化剂过剩系数 10%；②温度 ±80℃；③时间 2 h；④游离酸度 3.5 mol/L；⑤酸洗及水洗各 3 ~ 5 次，洗酸量为 500 mL（300 mL 浓盐酸 + 200 mL 水）。浸出液返回分数为 0.4633，但从第 5 次循环浸出起，调整为 0.492。再生及浸出的具体操作是，每槽浸出过滤完成后，按返回分数抽出 4535 mL 或 4064 mL 浸出液开路干馏，其余的浸出液全部注入再生柱。在 2000 g/次的规模下，消耗浓盐酸 3583 mL，其中 3283 mL 在加脱氟泥前加入反应釜，另 300 mL 浓盐酸和 200 mL 水混合后作为洗酸洗浸出渣，酸洗液也全部移入再生柱。然后通氯再生，当检验 A$^\#$CA 中 Sb$^{3+}$ ≤ 10 g/L 时再生结束。然后将 A$^\#$CA 放入反应釜。补加盐酸，慢慢加入脱氟泥及返回的干馏渣水浸渣，进行氯化 – 浸出实验。

### 2. 干馏实验

先将开路的浸出液加入少许海绵锑还原，取样后在不过滤的情况下移入干馏筒内（一次最多加 3 L，多出部分等馏出相同体积后再加入），然后安装好热风管、真空系统、受液瓶等，先开真空泵，接着开驱动马达，调好干馏筒转速，最后开鼓风机及加热器，并在受液瓶来液前开冷却水。升温后每 15 或 30 min 记录一次温度，达到正常温度后进入中馏期，这时，两组加热电阻丝全开，以软控组调温，来液速度最快。快蒸干时，受液瓶出现大量白烟。这时将受液瓶的砷馏出液取出，并关闭硬控加热电阻丝，将软控温度调至 280 ~ 300℃，进入干馏期。干馏结束前 1 ~ 2 h，有时加入少许浓盐酸。干馏终点的表征是干馏渣全干，易脱落、性脆。到达干馏终点后，先停加热器，接着停鼓风机、驱动马达和调速器，稍冷后即可扒渣，扒出的干馏渣称重后即按 6:1 的液固比浸入冷水中浸出铜、铋。最后停真空泵及冷却水。

### 3. 高纯锑品制取实验

以 $SbCl_3$ 溶液和砷馏出液的混合液作为高纯氧化锑的试液。这种混合液先集中一起分馏脱砷，制得高纯浓 $SbCl_3$ 溶液，浓 $SbCl_3$ 溶液脱水后再在 210℃ 及一定负压下将三氯化锑快速蒸馏出来，即获得高纯固态三氯化锑。以高纯浓 $SbCl_3$ 溶液为原料按图 3-27 进行高纯氧化锑制取的循环实验。

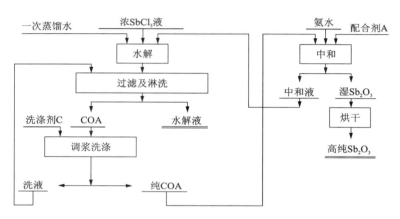

**图 3-27　制取高纯氧化锑循环实验流程**

1）三氯化锑水解

（1）水解条件和指标。

水解包括冲稀水解和中和水解两种方式。在冲稀水解脱水良好的情况下不应采用中和水解。必须将含有 EDTA 等配合剂的中和液返回冲稀水解过程。水解在常温下进行，控制水解液含 $Sb^{3+}$ 1~2 g/L，用式（2-186）计算加水量。脱水后搅拌 10~20 min；氯氧化锑滤饼用纯水洗 8 次以上。水解率均很高（≥95%）。水解液含锑不大于 1 g/L。

（2）水解过程作业。

当还原液加入到澄清水中后，$SbCl_3$ 开始水解，生成一些不稳定的吸附了大量水的中间产物，致使料浆很黏稠，需加强搅拌，然后发生明显的脱水过程。生成过滤性能好、易洗涤的 $Sb_4O_5Cl_2$。脱水 10~20 min 后停止搅拌、澄清，然后抽上清液，再将沉底的氯氧化锑过滤。中等规模以上工厂用带滤机过滤比较好，带滤机设置过滤段和洗涤段，用纯水洗涤确保氯氧化锑洗干净；因带滤连续化，劳动强度低。小规模的工厂用真空抽滤槽过滤。水解液滤完后，即用纯水洗涤 8 次以上，以确保洗净杂质元素。

2）氯氧化锑的中和

中和的目的是脱除 $Sb_4O_5Cl_2$ 中的氯，使之转化为 $Sb_2O_3$，一般用氨水作中和剂：

$$Sb_4O_5Cl_2 + 2NH_4OH \longrightarrow 2Sb_2O_3 + 2NH_4Cl + H_2O \qquad (3-36)$$

中和过程必须加入 EDTA(氯氧化锑质量的 0.8%)等配合剂,以大大降低氧化锑中铅、铁等杂质元素的含量(≤0.001%),并使氧化锑的晶形由斜方转化成立方,从而保证产品质量。中和过程中,用中和洗液调浆,在常温条件下中和,中和终点 pH 为 7.5 左右,并稳定 10~20 min。然后,过滤洗涤。中等规模以上工厂应该用带滤机,带滤机应设置过滤段和洗涤段。小规模工厂用真空抽滤槽过滤,用纯水洗涤,洗涤快到终点(8 次以上)时,用 AgNO₃ 检查洗液无白色沉淀为止。

# 2.5 结果与讨论

## 2.5.1 氯化-浸出实验

### 1. 浸出造液实验

浸出造液实验包括 1 次双氧水浸出造液和 2 次 A#CA 循环浸出造液。浸出造液实验数据及结果见表 3-51~表 3-55。

表 3-51 浸出造液实验数据及结果

| 样号 | $m$(脱氟泥)/g | $V$(盐酸)/mL | $V$(双氧水)/mL | 浸出液 | | 浸出渣 | | 酸洗液 /mL | 浸锑率 /% |
|---|---|---|---|---|---|---|---|---|---|
| | | | | $V$/mL | $\rho$(Sb)/(g·L⁻¹) | $m$/g | $w$(Sb)/% | | |
| 1 | 1000 | 3272 | 400 | 3585 | 176.57 | 137 | 1.38 | 860 | 99.71 |
| 2 | 1060 | 1763 | — | 5470 | 236.86 | 198.6 | 1.245 | 400 | 99.66 |
| 3 | 1893 | 3333 | — | 8160 | 279.6 | 300.2 | 1.25 | 490 | 99.71 |

表 3-51 说明,锑浸出率很高,浸液中锑浓度达到预定富集目标。

### 2. 循环浸出实验

循环浸出实验条件根据有关文献确定,循环浸出实验共进行 8 次,其结果见表 3-52~表 3-55。

表 3-52 循环浸出实验浸液量及成分/(g·L⁻¹)

| 样号 | $V$/mL | Sb | Ag | Pb | Cu | Sn | Bi | As | Fe | Sb³⁺ | Ca | Mg |
|---|---|---|---|---|---|---|---|---|---|---|---|---|
| 1 | 8470 | 231.61 | 1.024 | 3.39 | 4.23 | 0.014 | 1.54 | 2.74 | — | 48.44 | — | — |
| 2 | 8260 | 288.83 | 1.033 | 1.29 | 5.02 | 0.012 | 1.665 | 3.80 | 15.12 | 16.67 | 0.657 | 0.027 |

续表 3-52

| 样号 | V/mL | Sb | Ag | Pb | Cu | Sn | Bi | As | Fe | Sb³⁺ | Ca | Mg |
|---|---|---|---|---|---|---|---|---|---|---|---|---|
| 3 | 9070 | 285.96 | 0.941 | 1.28 | 5.19 | 0.009 | 1.71 | 4.56 | 7.62 | 9.89 | 0.593 | 0.026 |
| 4 | 8450 | 294.02 | 0.921 | 1.24 | 5.58 | 0.0085 | 1.791 | 2.92 | 5.16 | 24.15 | 0.671 | 0.028 |
| 5 | 8450 | 293.45 | 0.431 | 1.39 | 4.42 | 0.00643 | 1.53 | 5.87 | — | 22.45 | — | — |
| 6 | 8560 | 295.84 | 0.472 | 1.42 | 5.38 | 0.0063 | 1.53 | 5.81 | — | 12.32 | — | — |
| 7 | 8600 | 282.36 | 0.533 | 1.62 | 4.20 | 0.0053 | 1.456 | 5.94 | — | 17.36 | — | — |
| 8 | 8594 | 287.91 | 1.166 | 1.153 | 5.17 | 0.0078 | 1.866 | 8.29 | — | 26.38 | — | — |
| 平均* | 8559.14 | 289.77 | 0.785 | 1.34 | 4.99 | 0.0079 | 1.65 | 5.31 | 9.30 | 18.46 | 0.640 | 0.027 |

注：*为 2~8 样号的平均值。

从表 3-52 中的数据可以得出，循环浸出实验达到了预期效果：①贵、贱金属分离彻底，锑、铜、铋、锡的浸出率都大于 99%，银的入渣率达到 97.20%，但铅的入渣率只有 72.49%；②金属富集度比较高，浸出液中锑浓度约 300 g/L，浸出渣含银量大于 5%，Pb 含量达到 57.92%，有利于下步处理；③银、铜的金属平衡良好，其平衡率分别为 99.85%、98.18%；但锑、铅、铋的金属平衡不好，其平衡率不到 90%，这是分析、计量及取样等多方面的误差所造成的。

表 3-53　循环浸出实验浸渣量及成分/%

| 样号 | 质量/g | 渣率 | Sb | Ag① | Ag② | Ag③ |
|---|---|---|---|---|---|---|
| 1 | 198.70 | 9.94 | 0.477 | 6.61 | 4.36 | — |
| 2 | 241.6 | 12.48 | 0.54 | 7.211 | 5.66 | — |
| 3 | 252.4 | 12.62 | 0.092 | 7.60 | 5.67 | — |
| 4 | 455 | 22.75 | 0.680 | 3.85 | — | 4.965 |
| 5 | 329.5 | 16.48 | 0.379 | 5.33 | 5.68 | — |
| 6 | 433 | 21.65 | 0.728 | 3.89 | 5.28 | 4.59 |
| 7 | 352.85 | 17.65 | 0.70 | 4.68 | 4.57 | 4.277 |
| 8 | 298.16 | 14.91 | 0.905 | — | 5.95 | 5.68 |
| 平均 | 320.15 | 16.06 | 0.56 | 5.60 | 5.31 | 4.88 |

续表 3 - 53

| 样号 | Pb | Cu | Bi | Sn | As | Fe |
|---|---|---|---|---|---|---|
| 1 | 60.47 | 0.032 | 约 0 | 0.0013 | 0.024 | 0.074 |
| 2 | 60.27 | 约 0 | 0.0018 | 0.024 | 0.49 | 0.032 |
| 3 | 68.40 | 约 0 | 0.0043 | 0.0022 | 0.0034 | 0.059 |
| 4 | 46.53 | 0.0005 | 0.047 | <0.001 | 0.152 | — |
| 5 | 59.32 | 0.0014 | 0.071 | <0.001 | 0.071 | — |
| 6 | 58.61 | 0.0036 | 0.057 | <0.001 | 0.122 | — |
| 7 | 60.67 | 0.0897 | <0.1 | 0.0002 | 0.67 | — |
| 8 | 56.96 | 0.100 | 0.051 | 0.0364 | 1.45 | — |
| 平均 | 58.90 | 0.028 | <0.042 | <0.0084 | 0.37 | 0.055 |

注：①离子光谱分析结果；②长沙矿冶研究院分析结果；③本科研组分析结果。

表 3 - 54　循环浸出实验渣计浸出率或入渣率/%

| 样号 | Sb | Cu | Bi | Sn | As | Ag[①] | Ag[②] | Ag[③] | Pb[④] |
|---|---|---|---|---|---|---|---|---|---|
| 1 | 99.93 | 99.96 | 约 100 | 99.97 | 99.61 | — | — | — | 46.83 |
| 2 | 99.90 | 约 100 | 99.96 | 99.28 | 89.98 | 112.46 | 88.27 | — | 58.63 |
| 3 | 99.98 | 约 100 | 99.91 | 99.93 | 99.93 | 114.59 | 85.49 | — | 67.28 |
| 4 | 99.97 | 99.99 | 98.28 | 99.95 | 94.33 | 91.80 | — | 118.39 | 82.51 |
| 5 | 99.91 | 99.97 | 98.12 | 99.94 | 98.08 | 75.40 | 80.35 | — | 76.13 |
| 6 | 91.77 | 99.91 | 98.02 | 99.95 | 95.67 | 84.06 | 114.10 | 99.19 | 98.88 |
| 7 | 99.82 | 98.23 | 99.72 | 99.99 | 80.61 | 88.90 | 86.81 | 81.24 | 83.43 |
| 8 | 99.80 | 98.34 | 98.78 | 98.69 | 64.56 | — | 118.39 | 113.16 | 66.19 |
| 平均 | 98.89 | 99.55 | 99.10 | 99.71 | 90.35 | 94.54 | 95.57 | 103.0 | 72.49 |

注：①离子光谱分析结果；②长沙矿冶研究院分析结果；③本科研组分析结果；④Ag 和 Pb 为入渣率。

表 3 – 55　循环浸出实验(第二次起)的金属平衡

| 金属 | | | Ag | Sb | Pb | Cu | Bi |
|---|---|---|---|---|---|---|---|
| 加入 | 脱氟泥 | g | 156.80 | 9494.80 | 1796.2 | 125.44 | 87.22 |
| | | % | 90.00 | 84.41 | 97.24 | 84.51 | 88.90 |
| | 4#浸出液 | g | 4.32 | 980.64 | 14.35 | 17.91 | 6.52 |
| | | % | 2.48 | 8.72 | 0.78 | 12.07 | 6.65 |
| | 干馏渣水浸渣 | g | 13.11 | 772.36 | 36.63 | 5.08 | 4.37 |
| | | % | 7.52 | 6.87 | 1.98 | 3.42 | 4.45 |
| | 小计 | g | 174.23 | 11247.8 | 1847.18 | 148.43 | 98.11 |
| 产出 | 浸出渣 | g | 126.11 | 13.27 | 1302.27 | 0.56 | 0.67 |
| | | % | 72.27 | 0.10 | 84.00 | 0.38 | 1.11 |
| | 开路浸出液 | g | 29.32 | 12411 | 46.53 | 142.99 | 58.67 |
| | | % | 16.80 | 97.94 | 3.00 | 98.09 | 97.52 |
| | 清槽物 | g | 19.06 | 248.31 | 201.52 | 2.22 | 0.82 |
| | | % | 10.92 | 1.96 | 13.00 | 1.52 | 1.36 |
| | 小计 | g | 174.49 | 12672.58 | 1550.32 | 145.77 | 60.16 |
| 加入产出误差 | 绝对 | g | 0.26 | 1424.78 | −296.86 | −2.66 | −37.95 |
| | 相对 | % | 0.15 | 11.24 | −19.15 | −1.83 | −63.08 |

## 2.5.2　干馏实验

在干馏筒转速为 17 ~ 165 r/min，热风温度为 700℃(蒸馏期)及 280℃(干馏期)，出口温度为 150℃时进行了 9 次干馏实验。其中：第 1 ~ 2 次为探索实验，合并出料；以后 7 次分批出料。干馏试液量及成分见表 3 – 56，干馏实验结果见表 3 – 57 ~ 表 3 – 62。

表 3 – 56　还原液和盐酸加入量及还原液成分/(g·L⁻¹)

| 样号 | $V_{还原液}$/mL | Sb | Cu | Bi | Ag | $V_{浓盐酸}$/mL |
|---|---|---|---|---|---|---|
| 1 | 7063 | 251.88 | — | — | — | — |
| 2 | 4000 | 297.77 | 5.02 | 1.605 | 1.033 | — |
| 3 | 4800 | 295.60 | 5.19 | 1.71 | 0.941 | — |

续表 3－56

| 样号 | $V_{还原液}$/mL | Sb | Cu | Bi | Ag | $V_{浓盐酸}$/mL |
|---|---|---|---|---|---|---|
| 4 | 4770 | 302.75 | 5.58 | 1.79 | 0.921 | — |
| 5 | 4000 | 305.5 | 4.42 | 1.53 | 0.431 | 400 |
| 6 | 4160 | 315 | 5.38 | 1.53 | 0.472 | 208 |
| 7 | 4180 | 324.12 | 4.20 | 1.456 | 0.533 | 400 |
| 8 | 5000 | 288.15 | 5.17 | 1.866 | 1.166 | 500 |

表 3－57　砷馏出液量及成分/$(g \cdot L^{-1})$

| 样号 | V/mL | As | Sb | Ag | Cu | Bi | Pb | Sn | Fe | Ca | Mg |
|---|---|---|---|---|---|---|---|---|---|---|---|
| 1 | 3160 | 1.61 | 162.51 | — | — | — | — | — | — | — | — |
| 2 | 2660 | 3.65 | 143.74 | — | — | — | — | 0.0077 | — | — | — |
| 3 | 3640 | 2.96 | 112.86 | 0.00015 | 约0 | 0.005 | 0.012 | 0.003 | 0.019 | 0.188 | 0.004 |
| 4 | 3320 | 1.93 | 95.25 | — | 0.033 | 0.013 | 0.020 | 0.003 | 0.057 | 0.313 | 0.224 |
| 5 | 3000 | 2.05 | 191.52 | <0.0005 | 0.003 | 0.012 | 0.136 | 0.0011 | — | — | — |
| 6 | 3050 | 1.23 | 171.85 | 0.0032 | 0.010 | 0.016 | 0.0773 | 0.0027 | — | — | — |
| 7 | 3350 | 2.36 | 191.47 | <0.0005 | 0.0034 | 0.015 | 0.227 | 0.0013 | — | — | — |
| 8 | 3500 | 1.24 | 145.81 | <0.01 | 0.0236 | 0.0203 | 0.0098 | 0.00313 | — | — | — |
| 平均 | 3210 | 2.13 | 151.88 | <0.00287 | 0.0122 | 0.0136 | 0.0804 | 0.00313 | 0.038 | 0.251 | 0.114 |

表 3－58　浓 SbCl$_3$溶液体积及成分/$(g \cdot L^{-1})$

| 样号 | V/mL | Sb | Ag | As | Cu | Bi | Pb | Sn | Fe | Ca | Mg |
|---|---|---|---|---|---|---|---|---|---|---|---|
| 1 | 450 | 559.94 | — | 2.92 | | | | | | | |
| 2 | 1050 | 480.94 | 0 | 0.845 | 0.0078 | 0.0077 | 0.038 | 0.02 | 0.034 | 0.993 | 0.024 |
| 3 | 1050 | 796.94 | 0 | 0.316 | 0.007 | 0.023 | 0.066 | 0.017 | 0.065 | 0.243 | 0.005 |
| 4 | 900 | 784.66 | 0 | 0.102 | 0.006 | 0.031 | 0.065 | 0.019 | 0.041 | 0.191 | 0.005 |
| 5 | 1100 | 567.73 | 0.00346 | 0.583 | 0.0036 | 0.026 | 0.431 | 0.016 | — | — | — |
| 6 | 750 | 609.85 | 0.0018 | 0.52 | 0.0058 | 0.0374 | 0.489 | 0.0195 | — | — | — |
| 7 | 890 | 728.46 | 0.00087 | 0.437 | 0.0031 | 0.0444 | 0.441 | 0.0163 | — | — | — |
| 8 | 1125 | 656.72 | <0.10 | 0.084 | 0.0055 | 0.0484 | 0.0351 | 0.0184 | — | — | — |
| 平均 | 914.38 | 648.16 | <0.0152 | 0.726 | 0.0055 | 0.031 | 0.224 | 0.018 | 0.047 | 0.476 | 0.0113 |

表3-59　干馏渣水浸液量及成分/(g·L⁻¹)

| 样号 | V/mL | Sb | Ag | Bi | Cu | Sn | As | m/g |
|---|---|---|---|---|---|---|---|---|
| 1 | 1396 | 11.71 | 0.0155 | 2.18 | 5.94 | — | — | 578.60 |
| 2 | 4500 | 6.424 | 0.0003 | 2.65 | 4.74 | 0.0202 | 0 | 378.80 |
| 3 | 2990 | 5.97 | 0.0072 | 1.027 | 7.91 | 0.016 | — | 411.60 |
| 4 | 3870 | 2.60 | 0.0061 | 2.12 | 5.33 | 0.003 | — | 638.8 |
| 5 | 2920 | 1.23 | 0.082 | 2.12 | 5.71 | 0.0045 | 0.32 | 456 |
| 6 | 5034 | 11.69 | 0.012 | 2.78 | 4.36 | 0.021 | 0.39 | 750 |
| 7 | 2400 | 1.94 | 0.0082 | 4.34 | 6.96 | 0.033 | 0.35 | 354 |
| 8 | 4950 | 1.97 | 0.0094 | 2.02 | 4.44 | — | 0.40 | 688 |
| 平均 | — | 5.44 | 0.0176 | 2.40 | 5.67 | 0.016 | 0.365 | 531.98 |
| 混合样 | — | 3.25 | — | 2.12 | 5.47 | — | — | — |

表3-60　干馏渣水浸渣量及成分/%

| 样号 | m/g | Sb | Ag | Cu | Bi | As | Sn | Pb | Fe | Mg |
|---|---|---|---|---|---|---|---|---|---|---|
| 1 | 258.47 | 58.42 | 0.462 | — | — | — | — | — | — | — |
| 2 | 328.80 | 54.25 | 0.79 | 0.777 | 0.291 | 2.32 | 0.0001 | 1.79 | 3.32 | 0.0056 |
| 3 | 204.98 | 45.85 | 1.67 | 0.254 | 0.638 | 5.42 | 0.015 | 4.07 | 8.91 | 0.0023 |
| 4 | 360.6 | 55.53 | 0.386 | 0.174 | 0.184 | 3.152 | <0.001 | 2.18 | — | — |
| 5 | 232.7 | 56.70 | 0.547 | 0.137 | 0.243 | 5.276 | <0.001 | 2.41 | — | — |
| 6 | 285.0 | 48.31 | 0.73 | 0.152 | 0.149 | 5.249 | 0.0342 | 1.91 | — | — |
| 7 | 156.96 | 33.62 | 1.07 | 0.178 | 0.312 | 9.405 | 0.0328 | 2.99 | — | — |
| 8 | 362.0 | 50.19 | 3.479 | 0.350 | 0.202 | 6.782 | 0.00066 | 2.54 | — | — |
| 平均 | 273.69 | 50.36 | 1.142 | 0.289 | 0.289 | 5.37 | <0.0121 | 2.56 | 6.12 | 0.004 |

表3-61　锑馏出率及金属回收率/%

| 样号 | 锑馏出率 | Ag | Cu | Bi | Sb |
|---|---|---|---|---|---|
| 1 | 74.50 | 99.97 | 87.87 | 91.53 | 97.57 |
| 2 | 87.93 | 99.52 | 97.85 | 70.13 | 98.74 |
| 3 | 70.80 | 99.46 | 77.50 | 96.09 | 99.30 |

续表 3-61

| 样号 | 锑馏出率 | Ag | Cu | Bi | Sb |
|---|---|---|---|---|---|
| 4 | 98.59 | 98.61 | 94.30 | 101.15 | 99.71 |
| 5 | 74.90 | 96.92 | 98.06 | — | 95.51 |
| 6 | 95.20 | 99.12 | 95.15 | — | 99.66 |
| 7 | 86.70 | 99.20 | 85.02 | 107.17 | 99.32 |
| 平均 | 84.09 | 98.97 | 90.82 | 93.21 | 98.54 |

注：锑、银直收率按其在干馏渣水浸液中的损失计算。

表 3-62　干馏过程的金属平衡(1#除外)

| 金属 | | | Sb | Ag | Cu | Bi |
|---|---|---|---|---|---|---|
| 加入 | 还原液 | g | 9382.05 | 24.79 | 155.08 | 51.07 |
| | | % | 100 | 100 | 100 | 100 |
| 产出 | 砷馏出液 | g | 3409.55 | 0.06 | 0.27 | 0.31 |
| | | % | 36.24 | 0.23 | 0.18 | 0.43 |
| | SbCl₃液 | g | 4517.00 | 0.016 | 0.038 | 0.21 |
| | | % | 48.01 | 0.06 | 0.02 | 0.29 |
| | 干渣水浸液 | g | 133.67 | 0.197 | 142.91 | 63.80 |
| | | % | 1.42 | 0.77 | 92.62 | 89.18 |
| | 干渣水浸渣 | g | 1003.81 | 25.43 | 7.43 | 5.71 |
| | | % | 10.67 | 98.94 | 4.82 | 7.98 |
| | 清槽物 | g | 345.24 | — | 3.65 | 1.51 |
| | | % | 3.67 | — | 2.37 | 2.11 |
| | 小计 | g | 9409.27 | 25.70 | 154.30 | 71.54 |
| 入出误差 | 绝对 | g | 27.22 | 0.913 | -0.782 | 20.47 |
| | 相对 | % | 0.29 | 3.55 | -0.50 | 28.61 |

表 3-62 中数据说明，热风直热干馏是可行的，技术经济指标较理想。首先是制得了纯度较高、杂质含量极低的 SbCl₃溶液，除了砷以外，Cu、Bi、Sn、Fe、Pb、Ag 等杂质的含量都非常低，MeSb 比为 0.0000035~0.0003436，符合制高档锑品的要求。而且锑的馏出率及总回收率分别达到 84.09% 及 98.55%。在干馏

初期加入浓盐酸(量为还原液的 10%)的情况下,锑馏出率为 95.20% ~ 98.59%。另外进入浸出液的银、铜、铋得到了充分回收,其回收率分别为 98.97%、90.82%、93.21%,干馏过程中的锑、银、铜的金属平衡良好,其平衡率分别为 99.71%、96.32%、99.50%,但铋平衡不好。在干馏过程中,设备运行正常,脱渣容易。聚四氟乙烯防腐内衬无明显变化,能够适应工艺要求。热风直热,加热快,热利用率高。但由于气体量大增,使冷凝负担加重。原来试图在冷凝前,利用分馏塔将砷脱除,但因塔径小,气流速度太快,分馏塔不起分馏作用,故溶液中仍然含砷较高。解决这个问题的方法是,宜在干馏前蒸馏脱砷较好,这样还可以将进干馏筒的溶液中的锑浓度提高,约为之前的 3 倍以上,这意味着干馏生产能力扩大约为之前的 3 倍以上。

### 2.5.3 高纯三氯化锑制取

#### 1. 蒸馏脱砷

在 10 L 的浸出槽中对 10 L 砷馏出液和 2.5 L 浓 $SbCl_3$ 溶液的混合液(成分见表 3 – 63)进行蒸馏脱砷实验。

表 3 – 63 砷馏出液、$SbCl_3$ 溶液及其混合液的成分/($g \cdot L^{-1}$)

| 名称 | Sb | As | As/Sb | $c(Cl^-)$/(mol·$L^{-1}$) | $c(H^+)$/(mol·$L^{-1}$) |
|---|---|---|---|---|---|
| 砷馏出液 | 155.07 | 4.74 | 0.0306 | 7.35 | 3.34 |
| $SbCl_3$溶液 | 671.18 | 5.84 | 0.0087 | 21.9 | 5.34 |
| 混合液 | 258.29 | 4.91 | 0.0192 | 10.71 | 3.752 |

蒸馏脱砷条件为:①有过量的海绵锑存在;②终馏温度 120℃左右;③馏出总体积的 74.40%;④微负压操作。实验结果见表 3 – 64。

表 3 – 64 蒸馏脱砷的实验结果/($g \cdot L^{-1}$)

| 实验结果 | 馏出液 | 浓 $SbCl_3$溶液 |
|---|---|---|
| 量/(g 或 mL) | 9300 | 3170 |
| $\rho(Sb)$/($g \cdot L^{-1}$) | 7.39 | 914.0 |
| $\rho(As)$/($g \cdot L^{-1}$) | 0.33 | 0.12 |
| $c(Cl^-)$/(mol·$L^{-1}$) | 4.21 | 25.19 |
| $c(H^+)$/(mol·$L^{-1}$) | 4.02 | 2.661 |

续表 3－64

| 实验结果 | 馏出液 | 浓 $SbCl_3$ 溶液 |
|---|---|---|
| $m(As)/m(Sb)$ | 0.046 | 0.00013 |
| $\rho(Fe)/(g \cdot L^{-1})$ | — | 0.33 |
| $\rho(Cu)/(g \cdot L^{-1})$ | — | 0.18 |
| $\rho(Bi)/(g \cdot L^{-1})$ | — | <0.1 |

　　表 3－64 中数据说明，蒸馏脱砷效果良好，脱砷率高达 99.38%，浓 $SbCl_3$ 溶液中的 AsSb 比降至 0.00013，符合高档锑品深加工要求，锑的直收率高达 97.92%。馏出液中的砷经硫化沉淀后是一种含少量锑的稀盐酸，可返回浸出作洗酸。由于冷凝能力太小，大部分砷来不及被冷凝就被抽走。在以后工业实验中，对这一点必须高度重视。

　　**2. 固态三氯化锑制备**

　　将脱砷后的浓 $SbCl_3$ 溶液蒸馏脱水，当绝大部分水和盐酸蒸出后，锅内温度升高至 210℃，在一定负压下将三氯化锑快速蒸馏，其馏出率大于 99.0%。三氯化锑质量见表 3－65。

表 3－65　高纯三氯化锑质量/%

| $SbCl_3$ | Fe | As | Bi | Pb | Ag | Cu |
|---|---|---|---|---|---|---|
| 99.99 | 0.0005 | 0.004 | 0.0016 | 0.0002 | 0.000002 | 0.0004 |
| 99.99 | 0.00019 | 0.0035 | <0.0005 | <0.0005 | <0.00005 | 0.0001 |

　　从表 3－65 可知，三氯化锑产品杂质含量很低，纯度达到高纯级别。这种三氯化锑经过精馏或两级以上的简单蒸馏，即可获得任意纯度的三氯化锑，进一步深加工，可制得半导体材料用 5 个 9 以上的高纯金属锑。

## 2.5.4　高纯三氧化二锑制取

　　以蒸馏脱砷获得的浓三氯化锑溶液为试液制取高纯氧化锑。实验条件和方法如上所述，实验结果见表 3－66。

表 3 – 66　高纯氧化锑制取实验结果/$10^{-6}$

| 样号（循环次数） | 水解率/% | 锑直收率/% | $w(Sb_2O_3)$/% | As | Pb | Fe |
|---|---|---|---|---|---|---|
| 1（0） | 98.41 | 95.94 | — | 7.71 | 1.51 | 3.29 |
| 2（0） | 97.30 | 96.49 | — | 6.23 | <0.01 | 0.72 |
| 3（1） | 97.30 | 95.76 | — | 1.78 | <0.01 | 16.17 |
| 4（4） | 97.60 | 95.39 | — | 1.54 | <0.01 | 7.32 |
| 5（5） | 97.30 | 96.67 | 99.80 | 1.66 | 0.00 | 4.95 |
| 6（6） | 96.0 | 94.48 | 99.81 | 1.49 | 0.00 | 81.93 |
| 7（7） | 97.17 | 95.66 | 99.70 | 0.00 | 0.00 | 6.03 |
| 8（8） | 96.36 | 94.70 | 99.79 | 0.00 | 0.00 | 145.10 |
| 平均* | 97.18 | 95.64 | 99.78 | 2.55 | <0.19 | 33.19 |
| 样号（循环次数） | Cu | Bi | Ca | Se | Sn | 白度 |
| 1（0） | 3.64 | 6.66 | 0.68 | — | <0.01 | — |
| 2（0） | 1.42 | 9.52 | 0.54 | — | <0.01 | — |
| 3（1） | 2.31 | 6.25 | 0.52 | — | — | — |
| 4（4） | 1.32 | 1.35 | 0.45 | — | — | — |
| 5（5） | 0.01 | 0.00 | 0.00 | 0.00 | — | 90.6 |
| 6（6） | 0.00 | 0.00 | 0.00 | 0.00 | — | 89.00 |
| 7（7） | 0.00 | 0.00 | 0.00 | 0.00 | — | 89.20 |
| 8（8） | 0.00 | 0.00 | 0.00 | 0.00 | — | 89.0 |
| 平均* | <1.09 | <2.97 | <0.16 | 0.00 | <0.01 | 89.45 |

注：*为循环实验平均，6#及8#样品被铁污染不计入平均。

表 3 – 66 说明，在制取高纯氧化锑过程中，锑的水解率及直收率都很高，分别为96.18%及95.64%。经过多次循环实验得到的样品质量稳定，达到了高纯氧化锑的质量要求。按杂质总量差减法计算，三氧化锑的主体含量大于99.99%，铅、砷、铁等主要杂质含量都小于 $10 \times 10^{-6}$。但6#及8#样品在烘样或取样过程中被铁污染，所以铁含量偏高。表 3 – 67 列出了新氯化 – 水解法由脆硫锑铅矿精矿、金锑精矿制得的高纯氧化锑的质量。

表3-67  新氯化-水解法制得的高纯氧化锑主要成分及杂质元素含量/%

| 样号 | Sb$_2$O$_3$ | Pb | As | Fe | Cu | Bi | Se | Cl | 白度 |
|---|---|---|---|---|---|---|---|---|---|
| OA-5[①] | 99.85 | 0.000 | 0.00017 | 0.0005 | 0.00001 | 0.000 | 0.000 | 0.011 | — |
| OA-7 | 99.85 | 0.000 | 0.0000 | 0.0006 | 0.000 | 0.000 | 0.000 | 0.0095 | — |
| OA-8 | 99.40 | 0.0013 | 0.00042 | 0.006 | 0.0004 | — | — | — | 94.6 |
| 辰-1[②] | 99.95 | 0.0019 | 00.0023 | 0.0014 | — | — | — | — | 92 |

注：①OA为脆硫锑矿制得的样品；②辰为金锑精矿制得的样品。

表3-67说明，无论何种锑原料，用氯化-干馏（AC）法或新氯化-水解法，都可以直接制取高纯氧化锑。

# 第3章 电化学合成－精馏法
# 制取高纯钽醇盐

## 3.1 概述

随着超大规模集成电路的发展，器件的特征尺寸越来越小，栅介质层不断变薄。隧穿电流随栅介质层厚度变薄而呈指数级增加，导致功耗的急剧增加和器件的可靠性降低。解决这一问题的方法之一是使用高介电常数材料代替传统 $SiO_2$ 栅介质层。$Ta_2O_5$ 因其具有较高的介电常数（约 26），以及与目前集成电路加工兼容等突出特点，被认为有希望作为动态随机存储器电容元件材料和大规模集成电路栅介质层材料的替代品之一。由于钽醇盐可以通过水解、热解得到氧化钽，因此是一种良好的制备氧化钽及复合氧化物的前驱体，主要应用在氧化钽薄膜、氧化钽粉末、复合氧化物等领域。然而目前氨法制备钽醇盐存在流程长、环境差、成本高、回收率低等缺点。针对这些问题，我们提出了电化学合成与纯化制备钽醇盐新技术，系统研究了乙醇钽的电化学合成及其精馏提纯的工艺和理论。

电化学合成是最强的氧化还原制备手段，因为在电化学合成中可以施加非常高的电势，所以它能达到任何一般化学试剂所达不到的氧化能力或还原能力。钽不能直接和乙醇反应制备乙醇钽，电化学合成为制备乙醇钽提供了一条新途径。

精馏法提纯是基于挥发度不同的组分组成的混合液反复进行部分汽化和部分冷凝，对粗乙醇钽实现多次易挥发组分和难挥发组分等摩尔反向扩散传质的过程，通过该过程使杂质元素分离，制备高纯度产品乙醇钽。

## 3.2 电化学合成钽醇盐

### 3.2.1 实验材料与方法

#### 1. 实验材料

电化学合成过程中用的钽板和不锈钢板均从株洲硬质合金集团有限公司购买，该钽板以冶金级钽粉为原料，经过压制成型、电子束垂熔、轧制而成，成分见表 3－68。钽阳极板有效面积为 19.7 cm × 12.7 cm，不锈钢阴极板有效面积为 20.9 cm × 13 cm。为了进行精馏实验，我们扩大了实验规模，产品产量能达到

1.5 kg/次。扩大实验使用的钽阳极板有效面积为 30 cm×17 cm，不锈钢阴极板有效面积为 36 cm×18.5 cm。

表 3-68　钽板化学成分/%

| 样号 | Nb | Al | Bi | Ca | Co | Cr | Cu | Fe | K |
|---|---|---|---|---|---|---|---|---|---|
| 1 | 0.005 | 0.0003 | < 0.0001 | < 0.0030 | < 0.0003 | 0.0018 | < 0.0005 | 0.0061 | 0.0025 |
| 2 | 0.0015 | — | — | — | — | < 0.0004 | — | 0.0009 | < 0.001 |

| 样号 | Mg | Mn | Mo | Na | Ni | Pb | Si | Sn | Ti | W |
|---|---|---|---|---|---|---|---|---|---|---|
| 1 | < 0.0005 | 0.0005 | 0.001 | 0.003 | 0.0014 | < 0.0003 | 0.002 | < 0.0003 | 0.0003 | 0.002 |
| 2 | < 0.0004 | — | < 0.0004 | < 0.001 | < 0.0005 | | 0.005 | | | 0.0016 |

### 2. 实验方法

电化学合成在配有回流冷凝管的密封无隔膜电解槽中进行，钽板为阳极，不锈钢板为阴极，醇为电解液，体积约 2 L，季铵盐如 $Et_4NCl$、$Et_4NBr$、$Bu_4NHSO_4$ 为支持电解质，浓度为 0.02 ～ 0.1 mol/L。扩大实验使用的电解液体积为 5.5 L，$Bu_4NHSO_4$ 为支持电解质。所有实验的直流电源为上海稳凯电源设备有限公司生产的 WYJ-15A60 V 直流稳压稳流电源，极距为 1.2 ～ 2.8 cm，在电解液沸点下进行电解，电解进行 24 ～ 48 h 后得到钽醇盐 - 醇混合溶液。在连接实验装置前，钽阳极板和不锈钢阴极板经金相砂纸打磨、丙酮除油、蒸馏水及醇洗之后，放入烘箱中烘干，支持电解质在使用前放入烘箱中烘干。

## 3.2.2　基本原理

金属钽在含有乙醇的非水电解质溶液中的电化学行为导致其电化学溶解，继而合成乙醇钽，在原理上可分为阳极过程、阴极过程及合成过程等。

### 1. 阳极过程

金属钽为阳极，在直流电的作用下，阳极溶解：

$$Ta = Ta^{5+} + 5e^- \qquad (3-37)$$

即直流电使金属钽表面晶格中的原子越过双电层放电产生钽阳离子，钽阳离子在极性分子作用下进入溶液，而电子在阴、阳极间电位差的作用下移向阴极，将进一步促进上述阳极反应的进行。

### 2. 阴极过程

阴极发生还原反应，生成烷氧基阴离子并释放出氢气：

$$5ROH + 5e^- = 5RO^- + 5H \qquad (3-38)$$

$$5H = 5/2H_2 \uparrow \qquad (3-39)$$

### 3. 合成过程

钽阳离子从双电层溶液侧向溶液深处迁移,与烷氧基阴离子反应合成乙醇钽。

$$Ta^{5+} + 5RO^- \Longrightarrow Ta(RO)_5 \qquad (3-40)$$

ROH 表示醇。该原理亦适用于 Fe、Co、Ni、Al、Hg、Ti、Cu、Si、Sb、Mn、Cd、Zn、Tl、Bi、Pb、Ge、Ta、Cr、W 等金属醇盐的制备。

## 3.2.3 结果与讨论

### 1. 支持电解质种类的影响

分别以浓度为 0.04 mol/L 的 $Et_4NBr$、$Et_4NCl$ 和 $Bu_4NHSO_4$ 为支持电解质,阴阳极间的极距固定为 1.2 cm,在无水乙醇中施加 120 A/m² 恒电流,电化学合成 12 h,记录得到的槽电压–时间曲线如图 3-28 所示。

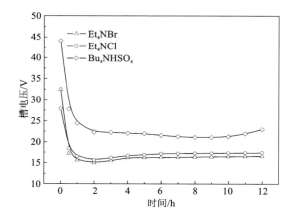

**图 3-28  不同支持电解质下的槽电压–时间曲线**

从图 3-28 可以看出,在电化学合成初期,槽电压急剧下降,之后槽电压随电化学合成时间的延长而变化不大。由于电化学合成时溶液温度的迅速升高、电解产物的水解(无水乙醇中含有 0.3% 的水)引起的脱水和钽表面氧化膜的溶解等共同作用,导致在电化学合成初期槽电压迅速下降。$Et_4NBr$ 和 $Et_4NCl$ 槽电压变化规律基本一致,即电化学合成进行到 2 h 左右时,槽电压降至最小值,2 h 后槽电压缓慢增加。而 $Bu_4NHSO_4$ 的槽电压电化学合成直到 9 h 时才开始缓慢增加。电化学合成后期槽电压的上升主要有两方面的原因:一是随着电化学合成的进行,极距慢慢变大,阳极有效面积慢慢减小,溶液电阻增加;二是由于 $Ta(OEt)_5$ 浓度的增加以及溶液温度的升高引起乙醇部分挥发,溶液黏度增加,阻碍了支持电解质的迁移速率。在相同电流下，以 $Bu_4NHSO_4$ 为支持电解质时的槽电压最高，$Et_4NCl$ 次之，$Et_4NBr$ 最低，其中以 $Et_4NCl$ 和 $Et_4NBr$ 为支持电解质时的槽电压十分接近，说明 $Et_4NCl$ 和 $Et_4NBr$ 的导电性要好于 $Bu_4NHSO_4$，但为了降低产品中的钙镁及卤素离子含量，后面的蒸馏提纯一系列实验都以 $Bu_4NHSO_4$ 为支持电解质。

以浓度为 0.04 mol/L 的三种支持电解质在 120 A/m² 恒电流电化学合成 1 h 后得到的槽电压－电流密度曲线如图 3 − 29 所示。三种支持电解质的电流密度和槽电压基本呈线性关系，在相同的槽电压下，以 $Et_4NBr$ 为支持电解质时的电流密度最大，$Et_4NCl$ 次之，$Bu_4NHSO_4$ 最小。电压越高，电流密度相差越大。比如在 10 V 时，以 $Et_4NBr$、$Et_4NCl$ 和 $Bu_4NHSO_4$ 为支持电解质时的电流密度分别为 61.54 A/m²、53.85 A/m² 和 34.61 A/m²；而当电压为 60 V 时，电流密度分别增加至 519.23 A/m²、503.85 A/m² 和 319.23 A/m²。

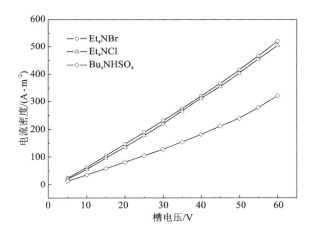

图 3 − 29　不同支持电解质下的槽电压－电流密度曲线

以浓度为 0.04 mol/L 的三种季铵盐为支持电解质，在极距 1.2 cm、电流 3 A 的合成条件下电化学合成 12 h 后，称取一定量的溶液水解、烘干、800℃下煅烧 2 h，根据氧化钽质量计算出的电流效率见表 3 − 69。从表 3 − 69 中可以看出，以 $Bu_4NHSO_4$ 为支持电解质时的电流效率最高，$Et_4NCl$ 次之，$Et_4NBr$ 最低。所有电流效率均大于 100%，这可能和钽在电化学合成时存在低价态有关。

表 3 - 69    不同支持电解质在相同条件下的电流效率

| 支持电解质 | 电流效率/% |
|---|---|
| $Et_4NBr$ | 101.61 |
| $Et_4NCl$ | 104.04 |
| $Bu_4NHSO_4$ | 111.34 |

### 2. 支持电解质浓度的影响

以不同浓度的 $Bu_4NHSO_4$ 为支持电解质,在极距 1.2 cm、电流 3 A 的合成条件下电化学合成 12 h 得到的槽电压 - 时间曲线如图 3 - 30 所示。图 3 - 30 中曲线说明支持电解质浓度对槽电压影响较大,$Bu_4NHSO_4$ 浓度越低,槽电压越高。电化学合成初期,槽电压迅速下降。电化学合成后期,不同 $Bu_4NHSO_4$ 浓度的槽电压变化趋势稍有差异:当 $Bu_4NHSO_4$ 浓度小于 0.08 mol/L 时,槽电压随时间逐步上升,浓度越低槽电压上升越明显,特别是当 $Bu_4NHSO_4$ 浓度为 0.02 mol/L 时的曲线在电化学合成 7 h 后上升得比较明显;当 $Bu_4NHSO_4$ 浓度大于 0.08 mol/L 时,槽电压随时间逐步下降,浓度越高槽电压变化越小。因为 $Bu_4NHSO_4$ 浓度越高,导电性越好,所以槽电压越低,电化学合成引起的发热相对较小,乙醇挥发较少,溶液黏度上升得不快,电化学合成能维持较长时间。

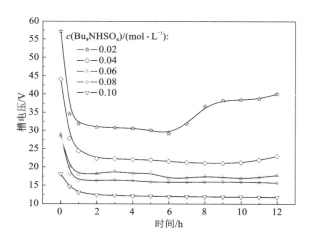

图 3 - 30    不同 $Bu_4NHSO_4$ 浓度下的槽电压 - 时间曲线

$Bu_4NHSO_4$ 浓度分别为 0.02 mol/L、0.04 mol/L、0.06 mol/L、0.08 mol/L、0.10 mol/L 时,测得的槽电压 - 电流密度曲线如图 3 - 31 所示。从图 3 - 31 可以

看出，在相同浓度下，槽电压与电流密度基本成线性关系；在相同槽电压下，$Bu_4NHSO_4$ 浓度越高，电流密度越大。槽电压等于理论分解电压、过电位、电解液内阻电压降、外阻电压降之和，即

$$E_t = E_d + E_w + E_\Omega + E_R \qquad (3-41)$$

式中：$E_t$ 为槽电压，是电解时所施加的总电压；$E_d$ 为理论分解电压，是使电解反应顺利进行而必须施加的最小外电压，它等于与电解反应方向相反的原电池的可逆电动势；$E_w$ 为过电位，由电极的电化学极化引起，它等于阴极过电位及阳极过电位之和；$E_\Omega$ 为电解液内阻电压降，主要由浓差极化引起，其值与电解液的电阻率、电流强度及极距有关；$E_R$ 为外阻电压降，与装置、导线有关。内阻电压降 $E_\Omega$ 用公式表示为

$$E_\Omega = \frac{Dl}{\kappa} \qquad (3-42)$$

式中：$D$ 为电流密度；$\kappa$ 为溶液电导率；$l$ 为极距。由式（3-42）可知，电解液内阻电压降与电流密度和极距成正比，与溶液电导率成反比。因此，在其他条件不变的情况下，槽电压、电流密度自然呈线性关系。支持电解质浓度越高，溶液电导率越大，$E_\Omega$ 就越小，槽电压也就越小，因此在相同槽电压下，$Bu_4NHSO_4$ 浓度越高，电流密度越大。

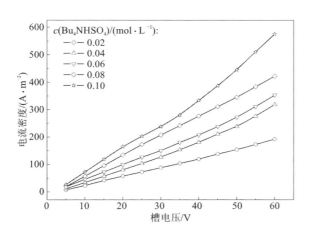

**图 3-31　不同 $Bu_4NHSO_4$ 浓度下的槽电压－电流密度曲线**

不同 $Bu_4NHSO_4$ 浓度下的电流效率如图 3-32 所示。从图 3-32 可以看出，各浓度下的电流效率均在 100% 以上，可能和钽在化学合成时存在低价态有关。$Bu_4NHSO_4$ 浓度提高，电流效率呈横的反"S"形变化趋势：先增大后减小，最后再增大。0.02 mol/L 时的电流效率最低，为 106.87%；0.04 mol/L 时的电流效率最

高，为 111.34%。

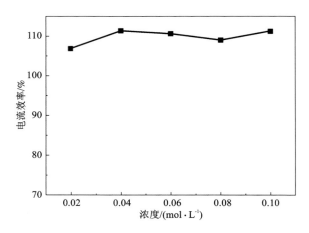

**图 3 – 32　不同 $Bu_4NHSO_4$ 浓度下的电流效率**

从降低能耗角度来看，$Bu_4NHSO_4$ 浓度越大越好，但 $Bu_4NHSO_4$ 浓度过大，容易导致产品中硫含量过高，给后续除硫带来困难。综合考虑能耗、电流效率以及产品中硫含量等因素，0.04 mol/L 的 $Bu_4NHSO_4$ 浓度比较理想。

**3. 极距的影响**

以 0.04 mol/L 的 $Bu_4NHSO_4$ 为支持电解质，分别在 1.2 cm、1.6 cm、2.0 cm、2.4 cm、2.8 cm 极距下以 3 A 恒电流电化学合成 24 h 得到的槽电压 – 时间曲线如图 3 – 33 所示。在同一极距下，槽电压在电化学合成初期急剧下降，之后趋于稳定，电化学合成后期逐步上升。特别是当极距为 2.8 cm 时，电化学合成进行到 9 h 时槽电压迅速升到 36 V 以上；电化学合成 24 h 后，由于槽电压超过直流电源量程而使得电流不能维持 3 A。因为根据式（3 – 42），电解液内阻电压降与极距成正比，因此在其他条件不变的情况下，极距越大，槽电压就越大。

以 0.04 mol/L 的 $Bu_4NHSO_4$ 为支持电解质，在不同的极距下以 3 A 恒电流电化学合成 1 h 得到的槽电压 – 电流密度曲线如图 3 – 34 所示。由图 3 – 34 可知，在相同极距下，槽电压与电流密度基本呈线性关系；在相同槽电压下，极距越大，电流密度越小。但当极距增加至 2.4 cm 时，电流密度的变化不大，极距 2.8 cm 和 2.4 cm 的电流密度值十分接近。为降低能耗，电化学合成时应选择 1.2 cm 的极距。

**4. 温度的影响**

以 0.04 mol/L 的 $Bu_4NHSO_4$ 为支持电解质，在极距 1.2 cm、电流 3 A 的电化学合成条件下测得的不同温度下的槽电压曲线如图 3 – 35 所示。从图 3 – 35 可以看出，槽电压和温度基本呈线性关系，温度越高，槽电压越小。因为 20℃ 时支持电解质在乙醇中的电导率为 $10^{-4} \sim 10^{-3}\ \Omega \cdot cm$，70℃ 时为 $10^{-3} \sim 10^{-2}\ \Omega \cdot cm$，提高温度有利于电导率的提高。根据式(3-42)，电解液内阻电压降必然随溶液电导率的升高而下降。因此，温度越高，槽电压越小。

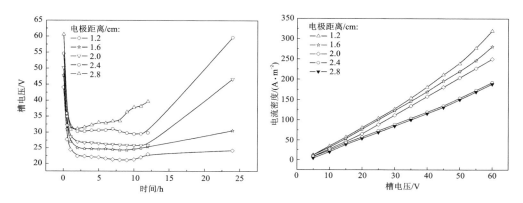

图 3-33　不同极距下的槽电压-时间曲线　图 3-34　不同极距下的槽电压-电流密度曲线

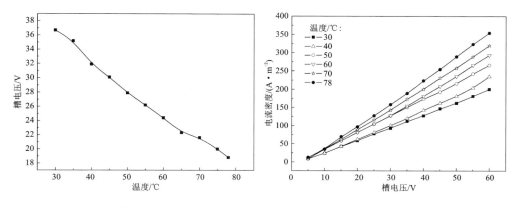

图 3-35　槽电压-温度曲线　　图 3-36　不同温度下的槽电压-电流密度曲线

以 0.04 mol/L 的 $Bu_4NHSO_4$ 为支持电解质，极距 1.2 cm，不同温度下测得的槽电压-电流密度曲线如图 3-36 所示。图 3-36 说明，在相同温度下，槽电压与电流密度基本呈线性关系；在相同槽电压下，温度越高，电流密度越大。一方面是由于溶液电导率的提高，另一方面是由于溶液温度的提高加速了反应物和产物的扩散、迁移速率，并提高了电化学反应速率常数。在电化学合成过程中，消耗的电能转化为热能使得溶液温度迅速升高，要想控制在低于溶液沸点的温度下合成很困难,因此在电化学合成过程中,选择温度为溶液的沸点温度(78℃)。

**5. 合成时间的影响**

以 0.04 mol/L 的 $Bu_4NHSO_4$ 为支持电解质,在极距 1.6 cm、电流 3 A 的条件下电化学合成 68 h 得到的槽电压 – 时间曲线如图 3 – 37 所示。

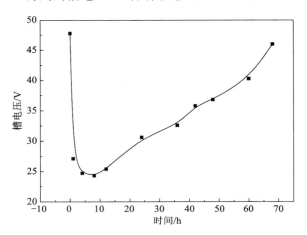

**图 3 – 37 槽电压 – 时间曲线**

从图 3 – 37 可以看出,电化学合成初期槽电压急剧下降,电化学合成进行 1 h 时槽电压从 47.8 V 降至 27.1 V。电化学合成 8 h 时槽电压达到最小值 24.3 V,8 h 后槽电压逐步上升,68 h 后槽电压升至 46 V。由于电化学合成时溶液温度的迅速升高、电解产物的水解(无水乙醇中含有 0.3% 的水)引起的脱水和钽表面氧化膜的溶解等共同作用,导致在电化学合成初期槽电压迅速下降。电化学合成后期由于极距慢慢变大,阳极有效面积慢慢减小,溶液电阻增加;$Ta(OEt)_5$ 浓度增加、乙醇挥发引起溶液黏度增加等原因使得槽电压慢慢上升。

以 0.04 mol/L 的 $Bu_4NHSO_4$ 为支持电解质,在极距 1.6 cm、电流 3 A 的条件下不同电化学合成时间测得的槽电压 – 电流密度曲线如图 3 – 38 所示。

图 3 – 38 说明,槽电压与电流密度较好地呈线性关系;电化学合成时间增加,电流密度先增加后减小。电化学合成 11 h 后的电流密度比电化学合成 1 h 后的电流密度大,之后随着电化学合成时间的增加,电流密度不断减小。这是由于溶液温度、黏度、体积以及极距的变化等因素综合作用的结果。

不同电化学合成时间的电流效率如图 3 – 39 所示。

从图 3 – 39 可以看出,电化学合成时间增加,电流效率连续下降,从 12 h 的 111.34% 降至 68 h 的 102.07%。这是由于电化学合成时间增加,$Ta(OEt)_5$ 浓度增加、溶液发热引起乙醇挥发使得黏度增大、极距变大导致溶液电阻增加,使得

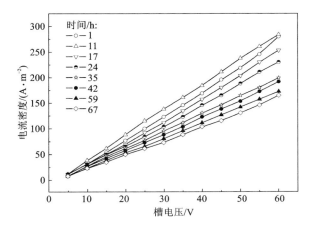

图 3 – 38 不同电化学合成时间的槽电压 – 电流密度曲线

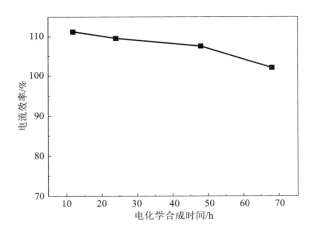

图 3 – 39 不同电化学合成时间的电流效率

反应物及产物的扩散变得困难，从而降低电流效率。电化学合成时间可以根据欲合成产品的量来确定，12~48 h 比较合理。

### 6. 电流密度的影响

以 0.04 mol/L 的 $Bu_4NHSO_4$ 为支持电解质，在极距 1.2 cm 的条件下通过不同强度的电流(电量保持为 36 A·h)测得的槽电压、电流效率分别如图 3 – 40、图3 –41 所示。

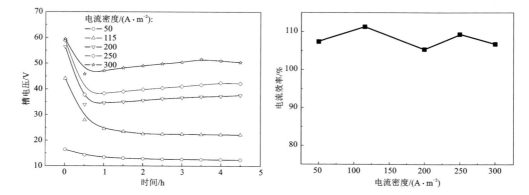

图 3 – 40　不同电流密度下的槽电压 – 时间曲线　　图 3 – 41　不同电流密度下的电流效率

电化学合成初期，槽电压迅速下降。电化学合成后期，槽电压变化趋势稍有差异：当电流密度小于 115 $A/m^2$ 时，槽电压随时间逐步降低；当电流密度大于 115 $A/m^2$ 时，槽电压随时间逐步上升。电流密度越大，槽电压越大。电流效率呈锯齿形变化，200 $A/m^2$ 时的电流效率最低，为 105.27%；115 $A/m^2$ 时的电流效率最高，为 111.34%。电流密度大，电化学合成时发热严重，乙醇消耗增加，同时考虑到电流效率，电流密度选择在 115 $A/m^2$ 比较合适。

### 3.2.4　小结

本节系统研究了支持电解质的种类和浓度、极距、温度、时间以及电流密度对钽醇盐电化学合成过程的影响，主要结论如下：

（1）电化学合成钽醇盐初期槽电压急剧下降，中期槽电压趋于稳定，后期槽电压逐步上升。电流密度和槽电压基本呈线性关系。

（2）在相同的电流密度下，以 $Bu_4NHSO_4$ 为支持电解质时的槽电压最高，$Et_4NCl$ 次之，$Et_4NBr$ 最低。

（3）槽电压与 $Bu_4NHSO_4$ 浓度、极距、温度、电化学合成时间以及电流密度密切相关。槽电压随极距、电流密度增加而增加，随 $Bu_4NHSO_4$ 浓度、电化学合成温度增加而减小，随电化学合成时间的增加先降低后升高。

（4）电流效率均超过 100%，可能和钽存在低价态有关。在相同条件下，以 $Bu_4NHSO_4$ 为支持电解质时的电流效率最高，$Et_4NCl$ 次之，$Et_4NBr$ 最低。电流效率随 $Bu_4NHSO_4$ 浓度先增大后减小，最后再增大，0.04 mol/L 时的电流效率最高；随时间增加而不断减小；随电流密度增加而呈锯齿形变化，115 $A/m^2$ 时的电流效率最高。

(5)综合考虑能耗及产品质量要求,确定电化学合成钽醇盐的优化条件:0.04 mol/L 的 Bu₄NHSO₄ 为支持电解质,温度为电解液的沸点,极距为 1.2 cm,电流密度为 115 A/m²,电化学合成时间可以根据欲合成产品的量来确定,12 ~ 48 h 比较合理。

## 3.3　乙醇钽的精馏提纯

### 3.3.1　基本原理

精馏是采用回流的工程手段,使由挥发度不同的组分组成的混合液反复地进行部分汽化和部分冷凝,实现多次的易挥发组分和难挥发组分等摩尔反向扩散、传质过程,从而使料液分离为高纯度产品。精馏在精馏装置中进行,它由精馏塔、冷凝器和重沸器等构成。如图 3 - 42 所示为连续精馏装置简图。其中精馏塔是汽液两相进行接触传质的场所;冷凝器冷凝汽相得到回流液和塔顶液相产品;重沸器使液相沸腾,为塔顶提供汽相回流。精馏塔中有料液加入口,加料口以上部分称为精馏段,以下部分称为提馏段。

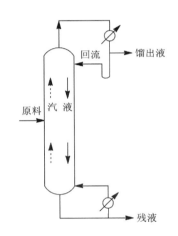

图 3 - 42　连续精馏装置简图

在塔的精馏段,料液中的蒸汽和从提馏段来的汽相一起与塔顶回流液发生逆流接触,因汽相温度高于液相温度,汽相进行部分冷凝,同时把热量传递给液相,使液相进行部分汽化。因此,液相中的易挥发组分向汽相传递,汽相中的难挥发组分向液相传递。结果,上升汽相的易挥发组分逐渐增多,难挥发组分逐渐减少,只要汽液两相在塔中能得到充分的接触和传质,塔顶所得的汽相则是相当纯净的易挥发物。而液相在其下降的过程中,难挥发组分的含量越来越高。精馏段流下来的液体与料液中的液体混合并一起流入塔的提馏段,在其中与来源于重沸器的蒸汽产生逆流接触和传质。只要汽液两相接触和传质充分,流入塔底的液相则是相当纯净的难挥发物。整个塔温由下向上逐步降低,低沸点组分的浓度则逐步升高。

间歇精馏又称为分批精馏,是将一批原料全部加入蒸馏釜中进行蒸馏,塔顶蒸汽冷凝后,一部分作为馏出液产品,另一部分回流送回塔内,待釜液组成降到规定值后,将其一次排出,然后进行下一批的精馏操作。

一些金属乙醇盐的饱和蒸汽压曲线如图 3 - 43 所示,其余乙醇盐的饱和蒸汽压数据见表 3-70。从图 3-43 可以看出，乙醇和乙酸乙酯的沸点小于 80℃，可以采用常压蒸馏的方法脱除。碱金属（除 Li 外）、碱土金属的乙醇盐不溶于乙醇，即使在高温减压精馏时发生分解也不挥发，因此在减压精馏过程中进入渣中；ⅢA，ⅣA，ⅤA 族主族金属元素的乙醇盐，如 $Sb(OEt)_3$、$Si(OEt)_4$、$Ge(OEt)_4$ 和 $As(OEt)_3$，其饱和蒸汽压远高于 $Ta(OEt)_5$ 的饱和蒸汽压，容易在减压精馏过程中分离；但 $Al(OEt)_3$ 与 $Ta(OEt)_5$ 的饱和蒸汽压十分接近；对于过渡金属的乙醇盐，相同温度下，$Ti(OEt)_4$、$W(OEt)_6$、$V(OEt)_4$ 的饱和蒸汽压高于 $Ta(OEt)_5$，其他金属乙醇盐的饱和蒸汽压均远远小于 $Ta(OEt)_5$。这些挥发性低的乙醇盐在低温下具有稳定的饱和蒸汽压，温度高于一定值后即发生分解。如 $U(OEt)_5$，减压蒸馏温度小于 170℃ 时具有热稳定性，但温度升至 180~200℃ 时就会发生分解。

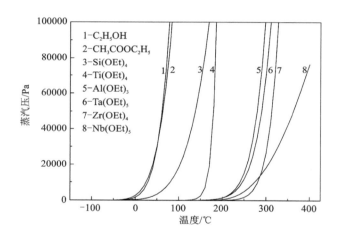

图 3-43  乙醇盐温度-蒸汽压

由于 $Ta(OEt)_5$ 在 275℃ 以上开始分解，而它的饱和蒸汽压为 1333.32 Pa/202℃，因此，我们采取减压间歇精馏方式对 $Ta(OEt)_5$ 提纯，压力约为 1000 Pa，温度为 200℃。低沸点的醇盐可挥发进入尾气而被除去；而沸点较高的碱金属、碱土金属、主族金属与过渡金属的醇盐几乎全部残留在渣中，实现与乙醇钽的完全分离。

表 3 - 70　乙醇盐的饱和蒸汽压

| 金属醇盐 | 蒸汽压/Pa(℃) | 金属醇盐 | 蒸汽压/Pa(℃) | 金属醇盐 | 蒸汽压/Pa(℃) |
|---|---|---|---|---|---|
| $Sb(OEt)_3$ | 1466.54(95) | $Hf(OEt)_4$ | 13.33(178) | $V(OEt)_5$ | 66.66(100~110) |
| $Th(OEt)_4$ | 6.67(300) | $Ge(OEt)_4$ | 1599.86(86) | $Fe(OEt)_3$ | 13.33(155) |
| $U(OEt)_5$ | 66.66(160) | $W(OEt)_6$ | 66.66(110) | $Sn(OEt)_4$ | 1333.22(76) |
| $Te(OEt)_4$ | 666.61(107) | $Ga(OEt)_3$ | 66.66(180) | $Bi(OEt)_3$ | 1.33(130) |

## 3.3.2　实验方法与操作

### 1. 实验方法与装置

电化学合成的钽醇盐 - 醇混合溶液首先在常压下蒸馏出醇,温度控制在醇的沸点以上;然后升高温度至 150℃左右,蒸馏出残余的醇和少量酯类;再进行减压蒸馏,控制压力为 5 kPa 左右,温度为 160℃左右,蒸馏出残留的少量醇;最后换接收瓶继续减压蒸馏,至温度 210~230℃时蒸馏停止。精馏主要是在 JL - B - 2000 常减压精馏实验装置上进行,部分对比实验的精馏在如图 3 - 44 所示的精馏装置中进行。

为保证物料能达到好的分离效果,塔身采用真空双层镀银以保持塔身绝热。塔釜为 2 L 的玻璃瓶,塔釜内液体由电炉加热并配有磁力搅拌,所有加热及保温温度均由仪表控制。塔体为内径 $\phi30$ mm 的玻璃柱,塔高 1200 mm,填料装填量 1000 mL,填料为 $\phi3$ 玻璃(网杯)。回流比由回流比控制器控制,回流比控制范围为 1~99。对于精馏过程,回流比直接影响塔的理论板数和产物的纯度。实验开始时,保持 30 min 全回流操作,需要的产品纯度越高,则回流比越大,一般较适宜的回流比为 3~10,可根据情况决定。冷凝器采用自来水冷却。

通过电化学合成和精馏提纯,制备了一系列高纯(纯度为 99.997%)钽醇盐:$Ta(OEt)_5$、$Ta(OPr^n)_5$、$Ta(OPr^i)_5$、$Ta(OBu^n)_5$。除 $Ta(OPr^i)_5$ 在室温下为固体外,其他几种醇盐在室温下均为液体。$Ta(OPr^i)_5$ 晶体在 -10℃下从己烷中重结晶得到。产品接收瓶充满高纯氮气保护。

### 2. 实验操作

填料在装填之前进行了预处理:首先用高锰酸钾溶液浸泡填料,然后分别用稀酸和稀碱洗涤,最后用蒸馏水及无水乙醇冲洗。装填过程中,用木棒轻轻敲击塔壁,防止填料装填不均匀。塔的底部用金属丝团填充,以防止填料散落。装填完填料后,填料的上方同样用金属丝团塞住,避免在精馏过程中上升的蒸汽将填料冲起。

精馏塔身与冷凝器、塔釜安装时要保持塔身垂直,防止液体分布不均,小心

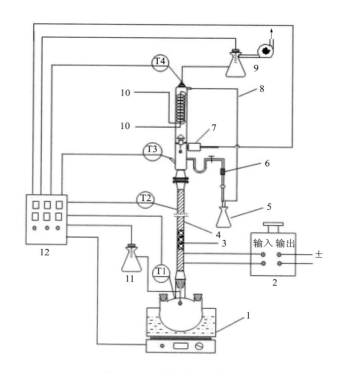

**图 3-44　精馏装置示意图**

1—恒温油浴；2—变压器；3—玻璃(网杯)填料；4—加热保温套；5—产品收集瓶；6—软连接；
7—电磁阀；8—真空泵；9—真空缓冲瓶；10—循环冷却水；11—测压缓冲瓶；12—自动控制器；
T1—蒸馏瓶热电耦；T2—蒸馏塔热电偶；T3—提流塔热电耦；T4—尾气热电耦

操作，避免损坏玻璃接口，玻璃器件之间用真空脂或橡胶垫圈密封。实验在高真空度条件下进行，因此必须进行严格的气密性检验。具体步骤如下：

(1)将塔抽真空到 2 kPa 的绝对压力下，停泵，观察压强上升情况。

(2)如果不能满足要求则需要用皂液检查塔身各处，发现泄露要进行密封。其中玻璃磨口用真空脂涂抹密封，橡胶塞堵口或橡皮管接口用 704 胶密封。

(3)反复进行步骤(1)和(2)直到满足要求。要求真空度在 1 h 内下降小于 1 kPa。

为了除去塔内和管路中的污物，需要用无水乙醇对精馏塔进行洗涤。在常压全回流状态下洗塔 3 h。取出塔釜内乙醇后，开启真空泵将塔内残余的乙醇蒸气抽干。

### 3.3.3　结果与讨论

#### 1. 精馏时间的影响

扩大实验制备乙醇钽的基本条件见表 3 – 71。通过 794.38 A·h 的电量电解后得到的粗乙醇钽溶液进行减压精馏制备出 1408.2 g 产品，以消耗的电量及钽板质量计算得到的产率和收率分别为 58.48% 和 52.74%，产率高于收率是由于钽板结构不致密发生钽粉脱落所致。精馏过程中钽的回收率为 58.21%。以溶液中钽离子含量和钽板消耗量计算的电流效率分别为 100.47% 和 110.88%。

表 3 – 71　乙醇钽制备条件及主要结果

| 钽消耗质量/g | $c(Bu_4NHSO_4)$ /(mol·L$^{-1}$) | 极距 /cm | 电解电量 /(A·h) | 釜内温度 /℃ | $m$(乙醇钽)/g | $m$(渣含钽)/g | 产率 /% | 收率 /% |
|---|---|---|---|---|---|---|---|---|
| 1189.2 | 0.04 | 1.0 | 794.38 | 200 | 1408.2 | 450.25 | 58.48 | 52.74 |

如图 3 – 45 所示为精馏塔气相温度随时间变化曲线。

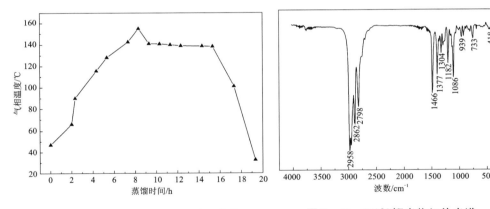

图 3 – 45　精馏塔气相温度 – 时间曲线　　　　图 3 – 46　160℃馏出物红外光谱

图 3 – 45 说明，当釜内温度 160℃、气相温度 46.7℃、气压 200 Pa 时，精馏塔冷凝器下端开始有液体滴出，此时开始记录气相温度。随着精馏分离的进行，气相温度开始迅速上升，精馏进行到 8 h 左右时，气相温度达到最高值 155℃；之后温度开始逐渐回落，接近精馏终端时，气相温度加速下降。气相温度的上升和下降与乙醇钽的馏出速度有关，因为热量从精馏釜传递到塔顶需要一定时间，因此精馏初期馏出速度逐渐增加。精馏末期，由于乙醇钽基本精馏完毕，因此温度

急剧下降。

为了弄清楚釜温 160℃ 时馏出物为何物,将馏出物进行红外分析,结果如图 3 - 46 所示。3000 cm$^{-1}$ 以上没有吸收峰,说明碳氢键是饱和的,2958 ~ 2798 cm$^{-1}$ 的吸收峰为甲基和亚甲基的碳氢伸缩振动,1466 ~ 1304 cm$^{-1}$ 的吸收峰是由于碳氢变形振动引起的。图中没有出现其他官能团的特征峰,因此该物质为饱和碳氢化合物。

向精馏后的乙醇钽中加入电阻率为 18.2 MΩ·cm 的超纯水进行水解,经干燥后置于马弗炉中在 800℃ 下煅烧 2 h,得到的氧化钽送江西 806 厂用 ICP - MASS 分析,结果见表 3 - 72,其中 S1 - a、S1 - b 和 S1 - c 分别为精馏前期、精馏中期和精馏后期的乙醇钽样品。

表 3 - 72　乙醇钽中杂质含量/10$^{-6}$

| 样号 | B | Al | As | Pb | Sn | Sb | Bi | Li | Na | K | Be | Mg | Ca | Ba |
|---|---|---|---|---|---|---|---|---|---|---|---|---|---|---|
| S1 - a | 0.5 | 0.5 | 0.3 | <0.3 | <0.3 | 0.5 | <0.3 | <0.3 | 1.1 | 1.4 | <0.3 | 0.5 | 2.7 | <0.3 |
| S1 - b | 0.5 | 0.5 | 0.3 | <0.3 | <0.3 | 0.7 | <0.3 | <0.3 | 1.1 | 1.1 | <0.3 | 0.5 | 2.7 | <0.3 |
| S1 - c | 0.5 | 0.5 | 0.3 | <0.3 | <0.3 | 0.8 | <0.3 | <0.3 | 1.1 | 1.1 | <0.3 | 0.5 | 2.7 | <0.3 |

| 样号 | Cr | Co | Cu | Fe | Zr | W | Mn | Mo | Ni | Ti | V | Zn | Nb |
|---|---|---|---|---|---|---|---|---|---|---|---|---|---|
| S1 - a | <0.3 | <0.05 | <0.3 | 1.6 | 0.9 | <0.3 | <0.3 | <0.05 | <0.3 | 0.5 | <0.3 | 0.5 | 32.6 |
| S1 - b | <0.3 | <0.05 | <0.3 | 1.6 | 0.8 | <0.3 | <0.3 | <0.05 | <0.3 | 0.5 | <0.3 | 0.5 | 32.6 |
| S1 - c | <0.3 | <0.05 | <0.3 | 1.6 | 1.0 | <0.3 | <0.3 | <0.05 | <0.3 | 0.5 | <0.3 | 0.5 | 32.6 |

从表 3 - 72 可以看出,乙醇钽纯度为 99.9953%,其中主族元素(As、Pb 及 Sn)含量小于 9 × 10$^{-5}$%,活泼金属(Ba、Ca、Li、Mg、K、Na 及 Sr)含量小于 6 × 10$^{-6}$,过渡金属(Cr、Co、Cu、Fe、Mn、Mo、Ni、Ti、V 及 Zn)含量小于 4.2 × 10$^{-6}$,铝含量为 5 × 10$^{-7}$,铌含量为 0.00326%。和 SAFC Hitech 公司 5N 标准相比,活泼金属、过渡金属以及铌含量均存在一定程度的超标,特别是铌含量超标比较严重。由于钽和铌性质十分相近,而且乙醇钽和乙醇铌的饱和蒸汽压也比较接近,因此如果原料中铌含量较高,则产品中铌含量就会偏高。同时可以看出,精馏中期产品好于精馏前期、精馏后期,但差别十分微小,总杂质含量波动在 3 × 10$^{-7}$ 以内。

**2. 添加金属钙的影响**

由于电解过程中使用的支持电解质为四丁基硫酸氢铵,产品中会残留少量硫。为了尽量减少产品中硫含量而进行了加钙除硫探索实验。这批实验的基本条件见表3 – 73。

表3 – 73　乙醇钽制备条件及主要结果

| 样号 | 钽消耗质量/g | $c(Bu_4NHSO_4)$ /(mol · L$^{-1}$) | 极距 /cm | 电解电量 /(A · h) | 釜内温度 /℃ | $m$(乙醇钽)/g | 产率 /% | 收率 /% |
|---|---|---|---|---|---|---|---|---|
| S2 – a* | 321.9 | 0.04 | 1.2 | 225.66 | 238 | 467.2 | 68.30 | 64.65 |
| S2 – b* | 327.6 | 0.04 | 1.2 | 229.67 | 225 | 441.8 | 63.46 | 60.07 |
| S2 – c* | 312.6 | 0.04 | 1.2 | 219.10 | 235 | 418.8 | 63.06 | 59.67 |

注：* S2 – a、S2 – b 和 S2 – c 分别是加钙量为理论值的1.0、1.2 和1.5 倍的样品。

　　从表3 – 73 可以看出，随着钙量的增加，精馏得到的乙醇钽量逐渐减少，产率和收率同时减小。因为金属钙会和乙醇钽反应生成双金属醇盐，相关研究表明，双金属醇盐在高温下容易分解，结果导致钽的损耗增加，因此乙醇钽的产率下降。

　　如图3 – 47 所示为三样品精馏时气相温度随时间的变化曲线。

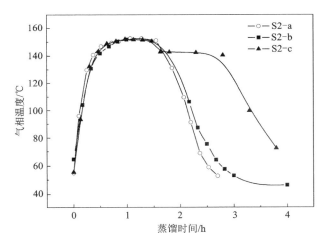

图3 – 47　气相温度 – 时间曲线

　　图3 – 47 说明，气相温度均开始迅速增加，然后保持稳定，最后又迅速下降，表征了乙醇钽精馏的全过程。钙量的增加引起精馏时间的延长，特别是加钙量为理论量的1.5 倍时，精馏时间由3 h 延长至4 个多小时，这是由于 Ca(OEt)$_2$ 的存在降低了 Ta(OEt)$_5$ 的分压，导致精馏时间延长。乙醇钽杂质元素 ICP – MASS 分析结果见表3 – 74。

表 3-74　乙醇钽中杂质含量/10⁻⁶

| 样号 | B | Al | As | Pb | Sn | Sb | Bi | Li | Na | K | Be | Mg | Ca | Ba |
|------|-----|-----|-------|-----|-----|-----|------|------|-----|-----|------|-----|-----|------|
| S2-a | 0.5 | 0.5 | <0.05 | 0.3 | 0.3 | 1.6 | <0.3 | <0.3 | 1.1 | 1.1 | <0.3 | 1.1 | 2.7 | <0.3 |
| S2-b | 0.5 | 0.5 | <0.05 | 0.3 | 0.3 | 0.6 | <0.3 | <0.3 | 1.1 | 1.1 | <0.3 | 1.1 | 2.7 | <0.3 |
| S2-c | 0.5 | 0.5 | <0.05 | 0.3 | 0.3 | 0.7 | <0.3 | <0.3 | 1.1 | 1.1 | <0.3 | 0.5 | 2.7 | <0.3 |

| 样号 | Cr | Co | Cu | Fe | Zr | W | Mn | Mo | Ni | Ti | V | Zn | Nb | S |
|------|------|-------|------|-----|-----|------|------|-------|------|-----|------|-----|------|------|
| S2-a | <0.3 | <0.05 | <0.3 | 0.5 | 1.0 | <0.3 | <0.3 | <0.05 | <0.3 | 0.5 | <0.3 | 0.5 | 37.5 | 27.2 |
| S2-b | <0.3 | <0.05 | <0.3 | 0.7 | 1.5 | <0.3 | <0.3 | <0.05 | <0.3 | 0.5 | <0.3 | 0.5 | 40.8 | 27.2 |
| S2-c | <0.3 | <0.05 | <0.3 | 0.6 | 1.0 | <0.3 | <0.3 | <0.05 | <0.3 | 0.5 | <0.3 | 0.5 | 44.0 | 27.2 |

表 3-74 说明,三样品的纯度为 99.995% 左右,加钙并没有增加产品中钙的含量,也没有降低硫的含量,说明当产品中存在极微量的元素硫时,加钙不能进一步除硫。SAFC Hitech 公司标准没有考察硫含量,其 5N 标准对氯含量的要求是 0.0050%,实验样品硫含量为 0.0027%,可以不进行下一步提纯。产品中铌含量超标比较严重,主要是由于乙醇钽和乙醇铌的沸点接近,分离效果差。因此,要想得到含铌低的乙醇钽,需要采用含铌低的钽板。

**3. 回流比的影响**

电解后的粗乙醇钽溶液及产品 ICP-MASS 分析结果见表 3-75。

表 3-75　乙醇钽中杂质含量/10⁻⁶

| 样号* | B | Al | As | Pb | Sn | Sb | Bi | Li | Na | K | Be | Mg | Ca | Ba |
|-------|-----|-----|-------|------|------|-----|------|------|-----|-----|------|-----|-----|------|
| S4 | 0.5 | 1.1 | 0.3 | <0.3 | <0.3 | 0.7 | <0.3 | <0.3 | 2.7 | 1.1 | <0.3 | 1.1 | 2.7 | <0.3 |
| S4-a | 0.5 | 1.1 | 0.3 | <0.3 | <0.3 | 0.5 | <0.3 | <0.3 | 0.8 | 1.1 | <0.3 | 1.1 | 2.7 | <0.3 |
| S4-b | 0.5 | 0.5 | <0.05 | 0.3 | 0.3 | 0.6 | <0.3 | <0.3 | 1.1 | 1.1 | <0.3 | 0.5 | 2.7 | <0.3 |
| S4-c | 0.5 | 0.5 | <0.05 | 0.3 | 0.3 | 1.1 | <0.3 | <0.3 | 1.1 | 1.1 | <0.3 | 0.5 | 2.7 | <0.3 |

| 样号* | Cr | Co | Cu | Fe | Zr | W | Mn | Mo | Ni | Ti | V | Zn | Nb | S |
|-------|------|-------|------|-----|-----|-----|------|-------|------|-----|------|-----|------|-----|
| S4 | <0.3 | <0.05 | <0.3 | 1.9 | 0.7 | 0.8 | <0.3 | 0.05 | <0.3 | 0.5 | <0.3 | 1.1 | 38.1 | 364 |
| S4-a | <0.3 | <0.05 | <0.3 | 0.9 | 1.0 | 4.2 | <0.3 | 0.05 | <0.3 | 0.5 | <0.3 | 0.7 | 20.1 | 76 |
| S4-b | <0.3 | <0.05 | <0.3 | 0.7 | 1.0 | 4.3 | <0.3 | <0.05 | <0.3 | 0.5 | <0.3 | 0.7 | 13.6 | 27 |
| S4-c | <0.3 | <0.05 | <0.3 | 0.6 | 0.9 | 0.8 | <0.3 | <0.05 | <0.3 | 0.5 | <0.3 | 0.6 | 11.4 | 27 |

注:* S4 为电解后未蒸馏的粗乙醇钽溶液样品,S4-a、S4-b 和 S4-c 分别是回流比为 5:1、10:1 和 15:1 的样品。

表 3 – 75 说明，S4、S4 – a、S4 – b 和 S4 – c 四个样品的纯度分别为 99.9943%、99.9961%、99.9969% 和 99.9974%，因此乙醇钽纯度随回流比增加而增加，特别是元素 Nb 和 S 表现得十分明显：粗乙醇钽中的 Nb 含量为 0.00381%，当回流比为 15∶1 精馏后产品中的 Nb 含量降至 0.00114%；粗乙醇钽中的 S 含量为 0.0364%，当回流比为 15∶1 精馏后产品中的 S 含量大幅降至 0.0027%。回流比增大时，塔内传质动力增加，在一定的理论板数下使塔顶产品纯度增加，但同时引起蒸馏时间延长，能耗增加。因此在实际分离过程中须综合考虑操作费用和分离要求来控制适宜的回流比。

在纯度最高的 S4 – c 样品中，主族元素（As、Pb 及 Sn）含量小于 $6.5 \times 10^{-7}$，活泼金属（Ba、Ca、Li、Mg、K、Na 及 Sr）含量小于 $6.0 \times 10^{-6}$，过渡金属（Cr、Co、Cu、Fe、Mn、Mo、Ni、Ti、V 及 Zn）含量小于 $3.3 \times 10^{-6}$，铝含量为 $5 \times 10^{-7}$，铌含量为 0.00114%。尽管回流比增至 15∶1，但产品纯度不尽如人意，和 SAFC Hitech 公司 5N 标准仍有一定距离，这一方面是由于原料质量不高，另一方面是由于实验室条件有限，精馏设备密封性不好。因为在实验过程中发现，当回流比为 15∶1 时，产品直收率急剧下降，渣率明显上升。这很可能是由于回流比增加导致精馏时间明显延长，精馏产品与进入塔内的微量空气发生水解反应，从而引起产品直收率急剧下降；此外，空气中的杂质污染了产品，使产品纯度提升不上来。

**4. 钽板及设备密封性的影响**

以 2# 钽板为阳极电解合成乙醇钽，并在如图 3 – 44 所示的精馏塔中提纯，实验的基本条件、ICP – MASS 分析结果分别见表 3 – 76、表 3 – 77。

表 3 –76　乙醇钽制备条件及主要结果

| 样号 | 乙醇 | 回流比 | 乙醇钽质量/g | 渣含钽/g | 回收率/% |
|---|---|---|---|---|---|
| S5 | 新 | 0 | 251 | 48.03 | 69.81 |
| S6 | 新 | 1∶1 | 248 | 49.47 | 69.08 |
| S7 | 新 | 9∶1 | 245 | 50.67 | 68.33 |
| S8 | 回收 | 9∶1 | 323 | 15.56 | 90.25 |

表 3 –77　乙醇钽中杂质含量/$10^{-6}$

| 样号 | B | Al | As | Pb | Sn | Sb | Bi | Na | K | Mg | Ca |
|---|---|---|---|---|---|---|---|---|---|---|---|
| S5 | 0.5 | 1.2 | <0.05 | 0.5 | <0.3 | 0.8 | <0.3 | 1.1 | 1.1 | 1.1 | 1.7 |
| S6 | 0.3 | 0.5 | <0.05 | 0.3 | <0.3 | 0.5 | <0.3 | 0.5 | 0.5 | 0.5 | 0.5 |

续表 3 - 77

| 样号 | B | Al | As | Pb | Sn | Sb | Bi | Na | K | Mg | Ca |
|------|------|------|-------|------|------|-----|------|-----|-----|-----|-----|
| S7 | <0.3 | 0.5 | <0.05 | <0.3 | <0.3 | 0.5 | <0.3 | 0.5 | 0.5 | 0.5 | 0.5 |
| S8 | <0.3 | 0.5 | <0.05 | <0.3 | <0.3 | 0.5 | <0.3 | 0.5 | 0.5 | 0.5 | 0.5 |

| 样号 | Cr | Co | Cu | Fe | Zr | W | Mn | Mo | Ni | Ti | V | Nb |
|------|------|-------|------|------|-------|------|------|-------|-----|-----|------|-----|
| S5 | <0.3 | <0.05 | 0.3 | 1.1 | 0.05 | 0.5 | <0.3 | 0.3 | 1.6 | 0.5 | 0.3 | 5.4 |
| S6 | <0.3 | <0.05 | <0.3 | 0.5 | 0.05 | 0.3 | <0.3 | <0.05 | 0.5 | 0.5 | <0.3 | 4.4 |
| S7 | <0.3 | <0.05 | <0.3 | 0.3 | <0.05 | <0.3 | <0.3 | <0.05 | 0.5 | 0.5 | <0.3 | 4.4 |
| S8 | <0.3 | <0.05 | <0.3 | 0.3 | 0.05 | <0.3 | <0.3 | 0.3 | 0.5 | 0.5 | <0.3 | 3.8 |

从表 3 - 77 可以看出，增大回流比对钽回收率影响不大，但产物中的过渡金属与活泼金属含量大大降低。以精馏回收后的乙醇为溶剂电化学合成乙醇钽，产品纯度与分析纯无水乙醇制取的差别不大，但回收率显著提高，升至 90% 以上。产品 S6、S7 和 S8 的纯度均达到 99.999%，其中主族元素（As、Pb 及 Sn）含量均小于 $6.5 \times 10^{-7}$，活泼金属（Ba、Ca、Li、Mg、K、Na 及 Sr）含量均小于 $2.0 \times 10^{-6}$，过渡金属（Cr、Co、Cu、Fe、Mn、Mo、Ni、Ti、V 及 Zn）含量分别小于 $2.8 \times 10^{-6}$、$2.4 \times 10^{-6}$ 和 $2.4 \times 10^{-6}$，铝含量均为 $5.0 \times 10^{-7}$，铌含量分别为 $4.4 \times 10^{-6}$、$4.4 \times 10^{-6}$ 和 $3.8 \times 10^{-6}$，这些杂质元素含量均优于 SAFC Hitech 公司 5N 标准。因此，原料纯度和设备密封性对产品纯度有重要影响。

**5. 产物表征**

如图 3 - 48 所示为乙醇钽的红外图谱。

从图 3 - 48 可以看出，在 3600 ~ 3200 $cm^{-1}$ 没有吸收峰，表明产品中不存在羟基，即合成的产品既没水解也不存在乙醇。2970 ~ 2864 $cm^{-1}$ 的吸收峰为碳氢伸缩振动，其中 2970 $cm^{-1}$ 和 2864 $cm^{-1}$ 处的吸收峰分别对应甲基非对称伸缩振动和对称伸缩振动。1475 ~ 1356 $cm^{-1}$ 的吸收峰属于碳氢变形振动。1113 ~ 879 $cm^{-1}$ 的吸收峰属于碳氧伸缩振动，其中 1113 $cm^{-1}$、1070 $cm^{-1}$、918 $cm^{-1}$ 几处的峰对应末端乙氧基碳氧伸缩振动，1030 $cm^{-1}$ 和 879 $cm^{-1}$ 处的吸收峰对应桥接乙氧基碳氧伸缩振动。552 $cm^{-1}$ 和 501 $cm^{-1}$ 处的峰则分别对应末端和桥接钽氧振动。这与文献报道的结果十分吻合。

如图 3 - 49 所示为自产与 SAFC Hitech 公司提供的乙醇钽红外图谱的比较。

从图 3 - 49 可以看出，两者的红外吸收峰位几乎一模一样，只是峰强有差别，说明产品纯度较高，可以和 SAFC Hitech 公司的高纯乙醇钽媲美。

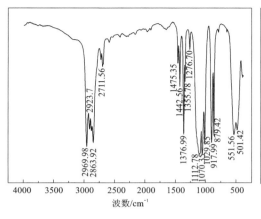

图 3-48　Ta(OEt)₅ 红外图谱

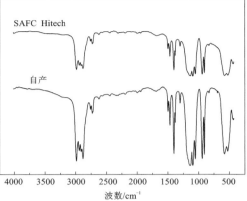

图 3-49　自产与 SAFC Hitech 公司提供的
乙醇钽红外图谱比较

　　以 $CDCl_3$ 为溶剂，$(CH_3)_4Si$ 为标准物质，对 $Ta(OEt)_5$ 进行了核磁共振氢谱测定，结果如图 3-50 所示。

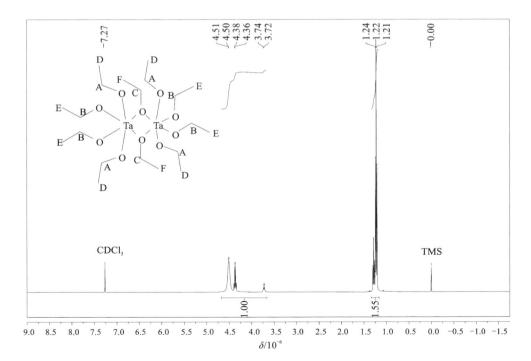

图 3-50　Ta(OEt)₅ 核磁共振图谱

图 3 – 50 说明，$7.27 \times 10^{-6}$ 处对应的峰为溶剂 $CDCl_3$ 的残余氢峰，$(4.36 \sim 4.51) \times 10^{-6}$ 处的峰是由于末端乙氧基 A 和 B 处氢的共振引起的，$(3.72 \sim 3.74) \times 10^{-6}$ 处的峰是由于桥接乙氧基 C 处氢的共振引起的，$(1.21 \sim 1.24) \times 10^{-6}$ 处的峰归属于末端及桥接乙氧基 $H_D$、$H_E$ 和 $H_F$，$H_A + H_B + H_C$ 和 $H_D + H_E + H_F$ 的峰面积比为 $1:1.55$，基本符合 $Ta(OEt)_5$ 结构中亚甲基和甲基氢原子的个数之比，说明制备的产品为乙醇钽。

### 3.3.4　小结

本节系统研究了乙醇钽精馏提纯的精馏时间、金属钙添加量、回流比、钽板及实验条件等因素对精馏过程和产品质量的影响，得出如下结论：

（1）在乙醇钽的精馏过程中，低沸点的醇盐可挥发进入尾气而被除去；而沸点较高的碱金属、碱土金属、主族金属与过渡金属的醇盐几乎全部残留在渣中；饱和蒸汽压和乙醇钽接近的金属醇盐可通过提高回流比实现与乙醇钽的分离。

（2）精馏塔气相温度随时间先升高后降低，表征了乙醇钽从蒸发到精馏结束的全过程。在气相温度 46.7℃、气压 200 Pa 时，有液体馏出，经红外分析证实该液体为饱和碳氢化合物。精馏时间对产品质量的影响较小，精馏中期产品稍微好于精馏前期和精馏后期，杂质总含量小于 $3 \times 10^{-7}$。

（3）金属钙量增加，使乙醇钽产率减小，精馏时间延长。产率下降的原因是金属钙和乙醇钽反应生成双金属醇盐。精馏后的乙醇钽中仍含有约 0.0027% 的硫，加钙不能除硫。

（4）回流比增加，使乙醇钽纯度提高，特别是铌和硫含量大幅降低。当回流比为 15:1 时，产品直收率急剧下降，渣率明显上升，很可能是由于回流比增加导致精馏时间延长，乙醇钽和进入塔内的微量空气发生水解反应所致。以精馏回收后的乙醇为溶剂电化学合成乙醇钽，回收率显著提高，升至 90% 以上。

（5）当采用纯度较高的钽板为原料并在密封性好的精馏装置中进行提纯时，乙醇钽纯度可以达到 99.999%，主族元素、活泼金属、过渡金属、铝和铌等杂质含量均优于 SAFC Hitech 公司的 5N 标准。

（6）实验产品红外光谱和化学键一一对应，并和文献报道的结果十分吻合。核磁共振对应的各峰面积之比与氢原子数量比例相吻合。

# 参考文献

[1] 郭学益，田庆华.高纯金属材料[M].北京：冶金工业出版社，2010

[2] 郭青蔚.高纯金属研究现状及展望[J].世界有色金属，1996(4)：17－18

[3] 杨声海.Zn(Ⅱ)－NH$_3$－NH$_4$Cl－H$_2$O 体系电积锌工艺及其理论研究[D].长沙：中南工业大学，1998

[4] 杨声海.Zn(Ⅱ)－NH$_3$－NH$_4$Cl－H$_2$O 体系制备高纯锌理论及应用[D].长沙：中南大学，2003

[5] 唐谟堂，杨声海.Zn(Ⅱ)－NH$_3$－NH$_4$Cl－H$_2$O 体系电积锌工艺及阳极反应机理[J].中南工业大学学报(自然科学版)，1999(2)：153－156

[6] Yang Shenghai, Tang Motang. Thermodynamics of Zn(Ⅱ)－NH$_3$－NH$_4$Cl－H$_2$O system[J]. Transactions of Nonferrous Metals Society of China, 2000, 10(6)：830－833

[7] 杨声海，唐谟堂，邓昌雄，等.由氧化锌烟灰氨法制取高纯锌[J].中国有色金属学报，2001，11(6)：1110－1113

[8] 杨声海，唐谟堂，何静，等.锌焙砂氨法制取高纯锌[J].吉首大学学报(自科版)，2003，24(3)：45－49

[9] Yang Shenghai, Tang Motang, Chen Yifeng, et al. Anodic reaction kinetics of electrowinning zinc in ystem of Zn(Ⅱ)－NH$_3$－NH$_4$Cl－H$_2$O[J]. Transactions of Nonferrous Metals Society of China, 2004, 14(3)：626－630

[10] 杨声海，唐谟堂，何静，等.锌焙砂氨法生产高纯锌[J].中国有色冶金，2004(2)：14－16

[11] 杨声海，李英念，巨少华，等.用 NH$_4$Cl 溶液浸出氧化锌矿石[J].湿法冶金，2006，25(4)：179－182

[12] 张保平.氨法处理氧化锌矿制电锌新工艺及其基础理论研究[D].长沙：中南大学，2001

[13] 张保平，唐谟堂.氨浸法在湿法炼锌中的优点及展望[J].江西有色金属，2001，15(4)：27－28

[14] 张保平，唐谟堂，杨声海.锌氨配合体系电积锌研究[J].湿法冶金，2001，20(4)：175－178

[15] 张保平，唐谟堂.NH$_4$Cl－NH$_3$－H$_2$O 体系浸出氧化锌矿[J].中南大学学报(自然科学版)，2001，32(5)：483－486

[16] 张保平，唐谟堂，杨声海.氨法处理氧化锌矿制取电锌[J].中南大学学报(自然科学版)，2003，34(6)：619－623.

[17] 王瑞祥.MACA 体系中处理低品位氧化锌矿制取电锌的理论与工艺研究[D].长沙：中南大学，2009

[18] 王瑞祥，唐谟堂，刘维，等.NH$_3$－NH$_4$Cl－H$_2$O 体系浸出低品位氧化锌矿制取电锌[J].过程工程学报，2008(S1)：219－222.

[19] Wang R X, Tang M T, Yang S H, et al. Leaching kinetics of low grade zinc oxide ore in the system of NH$_3$－NH$_4$Cl－H$_2$O[J]. Jurnal of Central South University of Technology, 2008, 15

(5)：679 - 683

[20] 张家靓. MACA 法循环浸出低品位氧化锌矿制取电锌新工艺研究[D]. 长沙：中南大学，2009

[21] 唐谟堂，张家靓，王博，等. 低品位氧化锌矿在 MACA 体系中的循环浸出[J]. 中国有色金属学报，2011，21(1)：214 - 219

[22] 赵天从. 锑[M]. 北京：冶金工业出版社，1987

[23] 唐谟堂. 氯化 - 干馏法的研究——理论基础及实际应用[D]. 长沙：中南工业大学，1986

[24] 唐谟堂，赵天从. 三氯化锑水解体系的热力学研究[J]. 中南矿冶学院学报，1987，18(5)：522 - 528

[25] 唐谟堂，赵天从. AC 法处理大厂脆硫锑铅矿精矿[J]. 有色金属(冶炼部分)，1989(6)：13 - 16

[26] 唐谟堂，鲁君乐，袁延胜，等. 高铅高砷硫化锑矿的处理方法[P]. 中国发明专利，ZL88105788.6，1990

[27] 唐谟堂，赵天从. 连续干馏的研究[J]. 湖南有色金属，1991(4)：222 - 226

[28] 唐谟堂，鲁君乐. 新氯化 - 水解法处理大厂脆硫锑铅矿精矿[J]. 有色金属(冶炼部分)，1991 (5)：20 - 22

[29] Tang Motang, Zhao Tiancong, Lu Junle, et al, Principle and application of the new chlorination - hydrolization process[J]. J Cent South Inst Min Metall, 1992, 23(4)：405 - 411

[30] 鲁君乐，唐谟堂. 新氯化 - 水解法处理铅阳极泥[J]. 有色金属(冶炼部分)，1992(3)：21 - 23

[31] 唐谟堂，欧阳民，鲁君乐，等. AC 法处理高锑低银类铅阳极泥实验室扩大试验报告[R]. 长沙：中南工业大学有色冶金研究所，1998

[32] 唐谟堂，唐朝波，杨声海，等. 用 AC 法处理高锑低银类铅阳极泥——氯化浸出和干馏的扩大试验[J]. 中南大学学报(自然科学版)，2002，33(4)：360 - 363

[33] 郭青蔚，王肇信. 现代铌钽冶金[M]. 北京：冶金工业出版社，2009

[34] 武德起，赵红生，姚金城，等. 高介电栅介质材料研究进展[J]. 无机材料学报，2008，23(5)：865 - 871

[35] 杨海平. 钽醇盐的电化学合成及纯化研究[D]. 长沙：中南大学，2011

[36] Haiping Yang, Shenghai Yang, Yanan Cai, et al. Effect of bromide ions on the corrosion behavior of tantalum in anhydrous ethanol[J]. Electrochimica Acta, 2010(55)：2829 - 2834

[37] Haiping Yang, Shenghai Yang, Yanan Cai, et al. Electrochemical behavior of tantalum in anhydrous ethanol[J]. Journal of the Electrochemical Society, 2010, 157(3)：168 - 171

[38] Haiping Yang, Shenghai Yang, Yanan Cai, et al. Investigations on the electrochemical behaviors of tantalum in anhydrous ethanol containing hydrogen sulfate ions[J]. Transactions of Nonferrous Metals Soceity of China, 2011, 21(1)：179 - 184

# 第四篇　超细、纳米材料冶金

# 绪　言

　　1992 年以前还没有纳米粒子(nanoparticle)及纳米粉体的定义,因人而异称为超微粉体(超微颗粒)或微细粉体(超微粉颗粒)。有研究者将粒径小于 3 μm 的粉体称为超微粉体,也有人将粒径小于 300 μm 或 100 μm 的粉体称为超微粉体。日本学者濑升、尾崎义治、贺集诚一郎等人所著的《超微颗粒导论》中,将粒径为 1~100 nm 的颗粒定义为超微颗粒。我国纳米材料专家张立德主编的《超微粉体制备与应用技术》中,将小于 1 μm 的粉体称为超微粉体(ultra - fine powder)或超微粉体材料。

　　1992 年粉体工程学国际会议对纳米粒子及纳米粉体给予了明确定义。纳米粒子是指尺寸在 1~100 nm 的固态粒子,可以是具有各种形状的非晶粒子、多晶粒子和单晶粒子。纳米粒子的集聚体称为纳米粉体,一般粉体和微粉可按下列粒径范围划定。

　　　可辨认 ｜　一般粉体　　｜ 微粉 ｜ 纳米粒子｜ 固态特性消失

　　　1000 μm　　　　　　　　10 μm　　　0.1 μm　　　　0.01 μm

　　但是,有一种普遍的意见,就是将亚微米级颗粒即 1 μm 以下的颗粒称为超微颗粒,这正好与稳定颗粒分散体系即胶体的颗粒直径 $10^{-3}$ ~ $10^{-1}$ μm 一致。显然,粒径小于 1 μm 的粉体即为超微粉体。

　　超细、纳米材料冶金是精细冶金的重要分支,它是研究金属矿产或再生资源直接制取超细、纳米材料的工艺和理论。传统的粉体工程学大都以纯金属或化合物为原料制备超细、纳米粉体材料,成本高。自 20 世纪 90 年代以来,中南大学不断探索和研究超细、纳米材料的直接制备方法,逐步形成超细、纳米材料冶金学科分支和发展方向。

　　本篇将系统介绍作者学术团队及其合作者在先用精细冶金方法由高砷锑烟尘、铅(锡)阳极泥、硫化铋精矿等制备金属氯化物及金属单质,继而用醇盐水解法制备纳米氧化锑、纳米三氧化二锑－五氧化二锑及三氧化二锑－二氧化锡复合粉，用湿化学法制取胶态五氧化二锑、纳米氧化铋、纳米五氧化二钽、纳米铜粉以及超细金粉、银粉、钴粉，用相转化法制取氧化铋纳米线等方面的研究成果和进展。

# 第1章　粉体工程学和纳米技术

## 1.1　粉体技术

二次世界大战后，发达国家十分重视粉体技术的开发，把粉体技术从某些科学(如化学工程学)中分离出来，使其成为一门具有现代气息的实用新学科——粉体工程学。

现代粉体工程学由粉体物性工程学、粉体加工工程学和粉体机械工程学三大部分构成。

粉体物性工程学的任务是以现代科学理论和概念，使用现代测试技术，系统、全面地研究粉体的各种物理性质，尤其是在亚微观和微观状态下的物理性质，使联机系统计算实用化，用电子计算机测定粉体的重要参数。

粉体加工工程学包括粉体的全部加工过程的工艺和技术，如粉碎、分级、沉降、过滤、干燥、混合、捏合、造粉、输送、供料、计量、储存、集尘、包装、流动床技术、颗粒料表面处理以及粉碎助剂、流动性促进剂、混合促进剂、防结块剂、防静电剂和防絮凝剂的应用等。降低粉体加工过程的能量消耗是粉体加工工程学的一项主要宗旨。

粉体机械工程学主要是开发现代化的粉体机械、设备、仪表、计器等。

粉体材料的发展趋势是超微细化、高纯化、精细化、形态特征化。20 多年前，超微细粉体材料的研究对象是 1 μm 以上的粉体，而近二十年来超微细粉体材料的研究已进展到纳米级。随着颗粒度的变小，其本身的性能增强，并可使光、电、磁特性兼于一身。而高纯化是为了实现物质本身的特性，防止外来杂质的干扰，如精细陶瓷的光、电、磁材料及超导材料等均需高纯度。材料的精细化是指粉体性能的精细化，如对其颗粒粒径分布、颗粒形状、比表面积、孔容、孔径、晶相、导电、磁性、光吸收、光导等一系列性能的不同要求。形态特征化是指在粉体材料制备过程中，要最大限度地形成所需要的晶体结构特征，合理的颗粒粒级配比及与纤维长径比的配合。颗粒形态对材料性能与质量有明显影响。

# 1.2 纳米粉体的特性与应用

## 1.2.1 纳米粉体的特性

### 1.奇特性能

纳米粉体的光、电、热、磁等性能奇特,其与普通材料相比内能增高、熔点下降、不反光等。金属能很好地反光,一般金属粉体也能反光,呈白色或灰色,而金属纳米粉体呈漆黑色,不反光,粒径越小,黑度越大。金属纳米粉体熔点下降,粒径越细,下降程度越显著。这些是金属纳米粒子的特征性质。纳米粒子在光学、电学和热学等物理性质方面与其构成物质的本来特性是不同的。即使粒径相同的超细、纳米粒子,由于其制备方法、所处环境、测定方法不同,所显示的特性也有很大差别。

总之,纳米粉体具有很大的比表面积,内能大,活性极强。

### 2.表面效应和体积效应

纳米粒子的重要特点是产生表面效应和体积效应。处于物质内部的原子和处于物质表面的原子,所处的环境是不相同的。在内部,原子周围分布着其他原子,而处于表面的原子在靠内的一侧有其他原子,在靠外的一侧还有粒子本体的蒸汽原子和其他种类原子。所以物质表面的原子的性质与物质内部的原子不同。对球状物质群表面原子来说,若球的半径为 $r$,原子半径为 $a$,则表面原子所占的比例大体为 $a/r$。通常情况下的物质群,$a$ 比 $r$ 小得多,所以表面的性质不影响整个物质群的性质。可是纳米粒子 $a$ 近似于 $r$,表面的性质就不能忽视了,这就是表面效应,粒子半径小时,粒子内原子间距离也变近,粒子间就可能产生各种作用。一般,纳米粒子一接触,便团聚在一起。再让它们分开是很困难的,这当然是范德华力的结果,从而导致了体积效应。有人认为,当表面原子增加到20%以上时,即 100 Å 以下的颗粒情况,固液态不易区分,三维状态已可看作二维。从理论上讲,纳米粒子的表面效应和体积效应即量子效应使纳米粒子的光、电、磁、热等物性和表面特性发生奇特变化。

## 1.2.2 纳米粉体的应用

纳米粉体广泛地应用于触媒、烧结体、阻燃剂、复合材料等高科技领域。纳米粉体熔点低,使氧化铝、碳化钨等许多高熔点物质的直接烧结成为可能。

### 1.触媒

纳米粉体可产生良好的触媒效应。把物质的表面格子的不整齐部分作为活性中心进行化学反应时,比表面积大的纳米粒子效率高,作为触媒最佳,铂黑催化剂即是很好的一例。纳米粒子作为活性中心的优越性更大。这是因为纳米粒子体积小，特别容易分散在液体或固体中的缘故。

### 2. 烧结体

当物质的体积特别小时，其熔点也特别低。这是由于随着比表面积的增加，在纳米粒子的总内能中，表面能所占的比例较大，于是导致了熔点下降。例如碳化钨（WC）、碳化钛（TiC）、碳化硅（SiC）、碳化硼（BC）等，作为烧结材料，必须有高温烧结过程。但是如果在原材料粉体中加入一定量的纳米粉体，即使不加黏结剂也能在较低的温度下烧制成高密度烧结体。

另外，纳米粉体也常用于涂装薄膜、焊料、陶瓷上釉等低温烧结和金属印刷、玻璃、陶瓷等低温黏结焊料中。如日本宇都光产公司开发的高纯纳米氧化镁，活性高，最适合制造烧结氧化镁精细陶瓷，还可以作为氧化硅、氧化铝、氧化锆等各种烧结材料的助剂、稳定剂和橡胶塑料的添加剂。

### 3. 复合材料

因为纳米粒子的颗粒非常小，所以，它可以同各种物质混合，做成复合材料。例如在合成纤维中混入金属纳米粒子可防止带电，将氧化铝纳米粒子分散到金属铝中可提高铝材强度。

### 4. 在医学和生物工程上的应用

100 Å 以下的纳米粒子，因为比血液中的血球还要小，所以它能在血液中自由流动。把相关物质的纳米粒子注入到血液中，输送到人体各部分，既可以作为诊断疾病的探测器，也有可能治疗疾病。用玻璃纳米粒子可对各种细胞的成分、病毒、细菌进行分离，用氧化镁纳米粒子还可以检查人的肺部的净化机能。

# 1.3　超细、纳米材料的制取方法

超微粉体的制取方法非常多，从物理化学的角度可分为物理法和化学法，从制备反应过程的体系可分为固相法、液相法和气相法。

## 1.3.1　固相法制取超微粉体

固相法系在固相状态下制取超微粉体，包括物理粉碎法和固相反应法。

### 1. 物理粉碎法

1）低温粉碎法

低温粉碎法是利用某些材料低温时的脆性进行粉碎，如在液氮温度（ -196℃ ）下进行粉碎制取 TiC、SiC、$ZrB_2$ 等纳米粒子。利用低温粉碎法可生产超微胶粉。

2）超声波粉碎法

超声波粉碎法是利用超声波能进行粉碎的方法。如将 40 μm 以下的细粉装入盛有酒精的不锈钢容器内，使容器内压保持 4.5 MPa 左右（氮气气氛），以频率为 19.4～20 kHz、25 kW 的超声波进行粉碎。由于不使用研磨介质，因而不会对材料产生污染，材料纯度高。利用超声波纳米粉碎机制得纳米 $Al_2O_3$、$Si_3N_4$、$SiO_2$、$MgO$、金刚石及石墨薄片等分散剂加入润滑油中，可明显提高其抗摩减摩性能及承载能力。

3）爆炸粉碎法

利用炸药的爆炸能实现物质的转化和相变，是近年来逐渐受到重视的一个领域。将金属或化合物与火药混在一起，放入容器内，经过高压电点火使之爆炸，在瞬间的高温高压下形成微粒，已报道制备出 0.05～0.5 μm 的 Cu、Mo、Ti、W、Fe、Ni 超微粉末。利用爆炸粉碎法可合成纳米多壁碳纳米管、膨胀石墨、纳米碳集聚体。用无氧炸药爆炸粉碎法合成的纳米金刚石是一种较新的具有实用前景的纳米材料，爆炸粉碎法制备纳米金刚石在我国已经实现产业化。以纳米金刚石为基础的深加工制品纳米金刚石研磨液、纳米金刚石抛光膜等新产品正在研发中。

4）机械粉碎法

机械粉碎法系借用各种外力或外能，如机械力、化学能、声能、热能等，使现有的固体块状材料粉碎成超微粉体。物料粉碎能量效率很低，一般只有 1%，被粉碎物料的基本物理性能，如物料的结构及其特性等与粉碎效率、粉碎能耗密切相关，物料特性主要包括强度、材料内部原子间缺陷、硬度、易碎性。

超微粉碎机械可分为冲击式磨机（高速机械冲击式磨机、气流磨）、介质运动磨（球磨机、振动磨、搅拌磨等）、胶体磨、雷蒙磨、高压辊磨、离心磨等。物料在超微粉碎过程中，由于机械力化学作用导致其活性增强而物料发生化学反应合金化，所以机械超微粉碎又发展为机械合金化法或高能球磨法。

**2. 固相反应法**

1）高温固相反应法

采用通常的高温固相反应法（如氧化物和氧化物之间的固相反应）合成纳米粒子是相当困难，因为完成固相反应需要较长时间的煅烧或升高温度来加快反应速度，但在高温下煅烧易使颗粒长大，同时颗粒与颗粒之间连接牢固，为获得粉末又需要进行粉碎。

高温固相反应法合成粉体材料一般分两步进行：首先根据所要制造粉料的成分设计参加反应的物质的组成和用量，常用的反应物为氧化物、碳酸盐、氢氧化物。将反应物充分均匀混合，再压成坯体，于适当高温下煅烧合成，再将合成好的熟料块体用粉磨机械磨至所需粒径，该法常用于制备成分复杂的电子陶瓷原料。其优点在于适合大批量生产，成本不高。其缺点一是制得的粒径不可能太细，一般为 $0.5 \sim 1.0 \ \mu m$，二是机械粉磨易混入杂质。

2）固相还原反应法

固相还原反应法是一种制备非氧化物超微粉体的工艺，其基本原理是用一种还原剂与氧化物进行还原反应获得某种金属，再将其氮化、碳化或硼化等，从而获得该元素相应的非氧化物粉体。最常用的还原剂是碳和氢。

3）金属燃烧法

该法是指通过剧烈的放热反应使金属氧化或氮化而获得粉体的一类方法。迄今为止，燃烧法中最成功的当数自蔓延高温合成法，其基本原理是利用强烈放热反应的生成热形成自蔓延燃烧过程来制取化合物粉体，用此法已成功制备出了 TiN、AlN 等粉体。此法是利用化学能在其内部快速自热，而不是用电能外部缓慢加热。其优点是工艺装置较简单，产量较大；其缺点是产品粉末团聚较严重，粒径偏大。相对于自蔓延高温合成法，有人提出了燃烧合成法，它是以硝酸盐水溶液和有机燃料混合物为原料，在较低的点火温度和燃烧放热温度下，简便快捷地制备出多组分氧化物粉体。

## 1.3.2　液相法制取超微粉体

液相法也即液相化学合成法，是目前实验室和工业上应用最为广泛的合成超微粉体材料的方法，它与气相法和固相法比较，可以在反应过程中采用多种精制手段，并可以使反应物组分在更微小的层面甚至于原子级水平混合，提高材料的均匀性，容易制取各种反应活性好的超微粉体材料。液相化学合成法的主要技术特征如下：

①可以精确控制化学组成；

②容易添加微量有效成分，制成多种成分均一的超微粉体材料；

③容易进行表面改性或处理，制备表面活性强的超微粉体材料；

④容易控制颗粒的形状和粒径；

⑤工业化生产成本低。

液相化学合成法制备超微粉体材料可以简单地分为物理法和化学法两大类。

**1. 液相物理法制取超微粉体**

1）超临界流体快速膨胀法（RESS）

在临界点附近，超临界流体的物理性质对温度和压力的变化非常敏感，改变温度和压力可以显著改变它的溶解能力。RESS 即是先将溶质溶解在超临界流体中，然后使超临界流体在非常短的时间内（$10^{-8} \sim 10^{-5}$ s）通过一个喷嘴（$\phi 25 \sim 60 \ \mu m$）进行减压膨胀，并形成一个以音速传递的机械扰动。这样，超临界流体通过快速膨胀就会形成极高的过饱和度（$10^5 \sim 10^8$），使溶质在瞬间形成大量晶核，并在短时间内完成晶核的生长，从而形成粒径和形态均一的超微粉体。

2）溶剂蒸发法

溶剂蒸发法是将溶液中的溶剂蒸发，使溶质达到过饱和而析出的方法。在溶剂蒸发中为了保持溶质在溶液中的均匀性，必须使溶液分散成小液滴以使成分偏析的体积最小，常用喷雾法。

3）冷冻干燥法

冷冻干燥法是先使欲干燥的溶液喷雾冷冻，然后在低温、低压下真空干燥，将溶剂直接升华除去后得到纳米粒子。

4）喷雾热解法

喷雾热解法是将前驱体溶液（金属盐溶液）喷入高温气体中，立即引起溶剂的蒸发和金属盐的热分解，从而直接合成氧化物粉体的方法。严格地说，这是一种物理化学法，而不纯粹是一种物理法。

**2. 液相化学法制取超微粉体**

1）沉淀法

沉淀法是液相化学反应合成金属化合物超微粉体最普通的方法，它是指利用各种在水中溶解的物质，经反应生成不溶性的氢氧化物、碳酸盐、硫酸盐、草酸盐等，根据要制备物质的性质加热分解或干燥，得到最终所需的化合物产品。

2）共沉淀法

该法是在混合的金属盐溶液（含有两种或两种以上的金属离子）中加入合适的沉淀剂的方法。由于解离的离子是以均一相存在于溶液中，所以经反应后可以得到具有均一相组成的沉淀，再进行热分解或干燥得到高纯超微粉体颗粒。

3）均匀沉淀法

该法是利用某一化学反应使溶液中的离子缓慢而均匀地产生出来的方法。在这个方法中，加入到溶液中的沉淀剂不立刻与被沉淀组分发生反应，而是通过化学反应使沉淀剂在整个溶液中均匀地释放出来，从而使沉淀在整个溶液中缓慢均匀地产生。

4）配合沉淀法

配合沉淀法是在有配合剂存在控制晶核生长情况下进行沉淀的方法。最典型的例子是用配合沉淀法制备出不同形状的超微碳酸钙以及球形氢氧化镍。

5）水解法

水解法是利用金属盐在酸性溶液中强迫水解产生均匀分散粒子，水解法可分为无机盐水解法和金属醇盐水解法。

无机盐水解法：一些金属盐溶液在高温下可水解成氢氧化物或水合氧化物沉淀。经加热分解后可得到氧化物粉体材料。

金属醇盐水解法：金属醇盐是金属与醇反应生成的含有 Me—O—C 键的金属有机化合物，其通式为 $Me(OR)_n$，Me 为金属，R 为烷基或烯丙基。金属醇盐易水解生成金属氧化物、氢氧化物或水合物沉淀。

6）溶胶 – 凝胶（Sol – Gel）法

溶胶 – 凝胶法作为低温或温和条件下合成无机化合物或无机材料的重要方法，在软化学合成中也占有一定地位。

溶胶 – 凝胶法是指从金属的有机物或无机物溶液出发，在低温下，通过在溶液中发生水解、聚合等化学反应，首先生成溶胶（Sol），进而生成具有一定空间结构的凝胶（Gel），然后经过热处理或减压干燥，在较低温度下制备出各种无机材料或复合材料的方法。溶胶 – 凝胶法的化学过程如下所示：

$$原料 \xrightarrow{水解} 活性单体 \xrightarrow{聚合} 溶胶 \xrightarrow{凝胶化} 凝胶 \xrightarrow{热处理} 纳米粒子或材料$$

7）水热合成法

水热合成法系在高温高压的水、水溶液或蒸汽等流体中进行有关化学反应，直接制得超微粉体的方法。水热条件能加速离子反应和促进水解反应。在水热条件下可能实现在常规条件下难以实现的反应。在水热条件下，水可作为一种化学组分起作用并参与反应，既是溶剂又是膨化促进剂，同时还可以作为压力传递介质，通过加速传质反应和控制其过程的物理化学因素，实现无机化合物的形成。一些在常温常压下热力学反应速度很慢的反应，在水热条件下可以实现反应快速化。依据水热反应类型不同，可分为水热氧化、还原、沉淀、合成、分解和结晶等几种。

将有机溶剂代替水作溶剂热合成，作为一种新的合成途径，采用类似水热合成的原理制备纳米材料已受到人们的重视。

8）微乳液法

微乳液法利用在微乳液的乳滴中的化学反应生成固体，以制得所需的超微粉末。由于微乳滴中水体积及反应物浓度可以控制，单分散性好，可控制成核、控制生长，因而可获得各种粒径的单分散的纳米粒子。

9）还原法

在溶液中的还原法包括化学还原法、电解还原法和辐射化学法，后者如常温下采用 $\gamma$ 射线辐照金属盐的溶液可以制备出超微粒子。用此法曾经获得了 Cu、Ag、Au、Pt、Pd、Co、Ni、Cd、Sn、Pb、Ag – Cu、$Cu_2O$ 等纳米粉体以及纳米 Ag 非晶 – $SiO_2$ 复合材料。

### 1.3.3　气相法制取超微粉体

气相法的原理就是把欲制备成超微粉体的相关物料通过加热蒸发或气相化学反应后高度分散，然后再将其冷却凝结成超微颗粒，该过程的实质是一种典型的物理气相"输运"或化学气相"输运"反应，或两者的结合。按照粉体形成过程中有无气相反应可将其分为蒸发冷凝和气相反应两大类,按照其加热方式可分为蒸发冷凝法、化学气相反应法、真空蒸发法、等离子体法、化学气相沉积法、激光气相合成法等。气相合成必须具备以下五个基本要素:①气源,可以是固态或液态的蒸发源,亦可以是气态的反应剂;②热源;③气氛;④工艺参数监控系统;⑤粉体的收集系统。

**1. 蒸发冷凝法**

该法实质上是采用物理法制备超微粉体的一种方法。该法通常是在真空蒸发室内充入低压惰性气体($N_2$、He、Ne、Ar 等),利用电阻、等离子体、电子束、激光、高频感应等加热源,使原料气化或形成等离子体,与惰性气体原子碰撞而失去能量,然后聚冷使之凝结成超微粉体,超微粉体的粒径可通过改变气体压力、加热温度和惰性气体种类进行控制。

**2. 化学气相反应法**

以挥发性金属氯化物、氢化物或金属有机化合物等的蒸气为原料,进行气相热分解和其他化学反应形成构成物质的基本粒子——分子、原子、离子等,经过成核和生长两个阶段合成薄膜、颗粒和晶体等固体材料的超微粉体。

**3. 真空蒸发法**

真空蒸发法用电弧、高频、激光等手段加热原料,使之汽化或形成等离子体,然后骤冷,使之凝结成纳米粒子,其粒径可通过改变惰性气体的压力、蒸发速度等加以控制,粒径为 1 ~ 100 nm。真空蒸发法是目前制备纳米粒子的最有效方法,且已应用于工业生产,其产率视设备大小而定。

**4. 等离子体法**

等离子体法是将物质注入到约 10000 K 的超高温中,此时多数反应物质和生成物成为离子或原子状态,然后使其急剧冷却,获得很高的过饱和度,这样就有可能制得与通常条件下形状完全不同的纳米粒子。以等离子体作为连续反应器(flow reactor)制备纳米粒子时,大致分为三种方法:

(1)等离子体蒸发法:即把一种或多种固体颗粒注入通有惰性气体的等离子体中,使之在通过等离子体之间时完全蒸发,通过火焰边界或骤冷装置使蒸汽凝聚制得超微粉末。

(2)反应性等离子体蒸发法:即在等离子体蒸发法时所得到的超高温蒸汽的冷却过程中引入化学反应的方法。

(3)等离子体 CVD 法:通常是将引入的气体在等离子体中完全分解,所得分解产物之一与另一气体反应制得超微粉末。

**5. 化学气相沉积法(CVD)**

化学气相沉积法亦称为气相化学反应法,是利用气态物质在气相或气固界面上反应生成固态沉积物的技术。在气相化学反应中既可利用单一化合物的热分解反应也可利用两种以上化合物或单质间的化合反应来获得产品，除制备氧化物外，还可制备金属、氮化物、碳化物和硼化物等非氧化物。

### 6.激光气相合成法

激光气相合成法是利用某些反应气体分子对特定波长激光的共振吸收，使气体分子被加热离解产生过饱和蒸汽，在输运过程中使之成核和长大为超微粒子。反应气体的分解途径和反应进程在很大程度上依赖于气体分子对激光能量的吸收系数、激光功率密度以及反应气体的流速等。激光气相合成法包括激光蒸发法、激光溅射法和激光诱导化学气相沉积（LICVD）法。

# 1.4　超细、纳米粉体防团聚

## 1.4.1　团聚形成机理

纳米颗粒比表面积大、比表面能高，属于热力学不稳定体系，粉体颗粒自发地相互聚集，降低整个系统的自由焓，这是产生团聚的本质原因。无论硬团聚还是软团聚，都与颗粒表面张力有关。软团聚主要是由粉体颗粒间的范德华力和库仑力造成的，这种团聚可通过一些化学作用或施加机械能的方法，使其大部分被消除。硬团聚是颗粒之间，除范德华力和库仑力之外的化学键以及颗粒之间的液相桥或固相桥的强烈结合而产生的。

### 1.湿法制备过程的团聚

纳米颗粒在液体介质中的相互作用是非常复杂的，液相中的颗粒之间存在着范德华引力 $F_A$、双电层固相排斥力、液相桥力 $F_Y$、静电力 $F_{ek}$ 和溶剂化层等。除了上述各种作用力外还存在毛细管力、憎水力、水动力等，它们与液体介质相关，又直接影响着团聚的程度。在液相析出固相的经典理论中，仅考虑了成核和晶粒生长两个因素。实际上，在伴随成核和晶粒生长两个过程中，还存在核与颗粒或颗粒与颗粒间的相互合并而形成较大的颗粒。如果颗粒聚结生长速度随颗粒半径增大而降低，最终也可形成颗粒大小均匀的集合体。小的颗粒聚结到大的颗粒上之后，有可能通过表面反应、表面扩散或体积扩散而"溶和"到大颗粒之中，形成一个较大的单体颗粒，也可能只是在颗粒之间局部接触"溶和"，形成一个大的多孔颗粒；若"溶和"速度很快，即"溶和"反应所需时间小于相邻颗粒的二次有效碰撞的间隔时间，则会聚结形成一个整体颗粒，反之则会形成多孔的颗粒聚结体。通常把阻碍两个颗粒互相碰撞形成团聚体的势垒（V）表示为：

$$V = V_A + V_{el} + V_R + V_s \qquad (4-1)$$

主要作用有范德华分子作用 $V_A$、静电作用 $V_{el}$、因吸附层而产生的位阻效应 $V_R$、因水化膜的存在而产生的水化膜作用 $V_s$ 等。

从式(4-1)可知,要减少颗粒的团聚必须使 $V$ 变大,所以应使 $V_A$ 变小,$V_{el}$ 变大,$V_{el}$ 应是大的正值。$V_A$ 与颗粒的种类、半径及液相介质的电性有关,$V_{el}$ 的大小可通过调节液相的 pH、离子浓度、温度等参数来实现。团聚和分散有一个平衡态,通过改变环境条件,可由一个平衡态转变为另一个平衡态。

**2. 干燥过程的团聚**

该团聚为固液分离过程,在排除颗粒之间的液体时,颗粒会形成硬团聚。硬团聚形成机理可用晶桥理论、氢键或化学键作用理论和毛细管吸附理论解释。

晶桥理论:在颗粒粉体的毛细管中存在着气-液界面,随着最后一部分液体的排除,在界面张力的作用下,颗粒与颗粒之间互相接近。由于存在表面羟基,因溶解、沉淀而形成的"晶桥"变得紧密。随着时间的延长,这些"晶桥"互相结合,变成大的团聚体,如果液相中含有其他金属盐类物质(如氢氧化物),还会在颗粒间形成结晶盐的固相桥,从而形成团聚体。

氢键或化学键作用理论:如果液相为水,最终残留在颗粒间的微量水会通过氢键的作用,由液相桥将颗粒紧密地黏在一起。

化学键理论:存在于凝胶表面的非架桥羟基是产生硬团聚的根源。

毛细管吸附理论:凝胶中的吸附水受热蒸发时,颗粒的表面部分裸露出来,水蒸气则从孔隙的两端逸出,由于有毛细管力的存在,在水中形成静拉伸压力 $P$,进而会导致毛细管孔隙壁收缩。因此,可认为 $P$ 是造成硬团聚的原因。

**3. 煅烧过程的团聚**

超细粉体具有很大的比表面积和很高的活性。在一定温度下,颗粒之间会紧密接触而发生烧结,形成烧结颈而产生硬团聚。温度过高及升温速率较快是造成煅烧阶段产生硬团聚的主要原因。

## 1.4.2  防止团聚的方法

抑制纳米粉体团聚主要有两种方法:一种是在粉体的制备过程中,控制工艺,阻止粉体团聚现象产生;另一种是在超细粉体制备好后,对粉体进行分散处理,表面改性,以防止和消除团聚现象。

**1. 机械分散法**

机械分散法指通过强烈的机械搅拌方式引起液体强湍流运动,使在液体中的粉体大颗粒细化、团聚体解聚并被再润湿、包裹、吸附的过程。机械分散的必要条件是机械力应大于颗粒间的黏着力。但采用机械手段实现颗粒团聚体的解团,效果并不理想。

**2. 超声分散法**

利用超声波波长短、近似直线传播、能量容易集中的特点,使液相分子产生剧烈的震动,导致液相产生空化等特殊作用。超声分散是一种高效的分散手段。

研究证明，超声波的第一个作用是在介质中产生空化作用所引起的各种效应，第二个作用是在超声波作用下的体系中各种组分的共振引起的共振效应。

### 3. 静电抗团聚

静电分散法是一种新的纳米颗粒分散方法，该方法已经在表面喷涂、矿粉分选、集尘、印刷和照相等技术领域得以广泛应用。其基本原理根据库仑定律，使颗粒表面形成极性电荷，利用同极性电荷的相互排斥作用阻止颗粒团聚，从而实现颗粒均匀分散。

### 4. 控制反应体系 pH

颗粒相互靠近时双电层交叠，会产生排斥力。排斥力的大小是 Zeta 电位的函数，当 Zeta 电位等于零时，表面中性，称为等电点（PZC）。调整反应体系的 pH 远大于 PZC，使颗粒表面带负电荷，产生较大排斥力，这样，即可部分控制颗粒团聚。这种方法已在制备低黏度、高均匀性等纳米超细浆料中得到广泛运用。

### 5. 有机物洗涤防团聚

在干燥前用表面张力小的醇类、甲苯及丙酮等来替换水，可有效地减少团聚。在沉淀开始形成时添加高分子表面活性剂可以较好地将粒子分散开，从而有效地防止团聚。该方法是目前人们应用最多的一种方法。采用无水乙醇等有机试剂多次洗涤湿凝胶，烘干后即制得分散的干凝胶。其作用机理是有机试剂将水脱除，其官能团取代胶粒表面部分非架桥羟基，并起到一定的空间位阻作用。避免由于水的氢键作用使颗粒间结合更紧，而导致化学键的形成，从而消除了硬团聚。

### 6. 共沸腾蒸馏

采用沸点比水高的有机醇与湿凝胶混合，进行共沸腾蒸馏，使粉体中包裹的水分以共沸物形式最大限度地脱除，从而防止在随后胶体干燥和煅烧过程中形成硬团聚。研究者认为胶体表面的羟基基团被丁醇基团替代，并起到一定的空间位阻作用。

### 7. 溶剂蒸发法

溶剂蒸发法系一种把溶液制成小液滴后，使溶剂快速蒸发，并使溶质偏析小，从而制得纳米微粒的方法。该法制得的超微粒子粒径较小，分散性强，但对操作要求高。

### 8. 水热处理防团聚

以氧化物或氢氧化物为前驱物置于密封容器，在加热过程中它们的溶解度随温度的升高而增加，最终导致溶液过饱和并逐步形成稳定的氧化物新相。水热法制备的粉体具有晶粒发育完整、粒径小、分布均匀、分散性强、成分纯净及烧结活性好等优点，而且无须后期的高温热处理。

### 9. 冷冻干燥法

冷冻干燥法系一种将金属盐雾状溶液喷到低温有机溶剂中，使其迅速冷冻，然后在低温、低压条件下，逐渐升高温度，使冰升华除去，从而形成纯溶质的无机盐，经焙烧得到纳米微粒的方法。利用低温负压使冷冻成固相的原液相介质不经液相直接升华而除去，从而避免因"液相桥"引起的严重团聚，其突出优点是制得的纳米颗粒粒径小、纯度高、均匀性好。该方法防团聚的机理是当一定量的水冷冻成冰时，其体积膨胀变大，水在相变过程中的膨胀力使得原先相互靠近的凝胶粒子适当地分开，同时由于固态的形成阻止了凝胶的重新聚结，从而防止了粉末的硬团聚。

### 10. 喷雾干燥法

将溶液高速通过一根细的喷嘴分散成非常细小的雾状液滴，然后喷入高温热气流中，溶剂迅速蒸发并被排除，溶质则以纳米微粒的形式析出。此法工艺简单，制得的粉末具有化学均匀性好、重复性好的特点，且为球状颗粒。

### 11. 煅烧过程防团聚

在煅烧阶段防止团聚最重要的是选择合适的煅烧温度和升温速率。煅烧温度过高易产生硬团聚，使细颗粒变大。相对而言，煅烧时间对颗粒的团聚影响不大。

# 第 2 章　醇盐水解法制取纳米氧化锑和纳米复合粉

## 2.1　概述

金属醇盐是含有 Me—O—C 键的金属有机化合物，其通式为 $Me(OR)_n$，Me 为金属，R 为烷基或烯丙基。醇盐水解法系利用金属醇盐易水解生成细微的金属氧化物或水合物沉淀的特性制备超细纳米粉体材料。1987—1990 年作者协助赵天从教授指导段学臣的博士论文专题研究，其中包括纳米（超细）粉体制备研究。开展这种前瞻性的研究在当时是鲜见的。现将段博士的论文的有关内容写成本章，该论文通过量子化学计算，筛选出合适的醇化试剂，以本书第三篇的方法制备的纯三氯化锑和市售四氯化锡为原料，用所选择的醇化试剂醇化金属氯化物，制成 Sb(Ⅲ)、Sb(Ⅴ)及 Sn(Ⅳ)的醇盐，最后水解醇盐制取纳米三氧化二锑粉体、纳米三氧化二锑–五氧化二锑和纳米三氧化二锑–二氧化锡复合粉体。

## 2.2　量子化学计算筛选醇化试剂

### 2.2.1　量子化学计算方法

多原子分子的量子化学计算可分为两类：从头计算法和半经验法。从头计算法采用体系正确的哈密顿算符，不用实验数据求解。该法适用于高度几何对称性的不太复杂的化合物。半经验法通常用较简单的哈密顿算符，在计算中以适合实验数据调整有关参数。该法在计算中引入化简，大大减少了计算工作量，并能计算一些复杂分子的电子结构，所得到的数据带有定性的和半定量的特性。现已发展了多种半经验法，如忽略双原子微分重叠法（NDDO）、间略微分重叠法（INDO）、全略微分重叠法（CNDO）等。CNDO 法为 Pople 等人提出，这种方法不管原子轨道 $\varphi_\mu$ 和 $\varphi_r$ 属于哪个原子，都采用零微分重叠近似，故称为全略微分重叠法。CNDO/1 为 CNDO 法的起始型，该法用于双原子分子的计算时表明：其计算结果与从头计算法的计算结果有很好的关系，CNDO/1 的能级虽然偏低，但很好地重复了从头计算法计算出的能级差（$\varepsilon_i - \varepsilon_j$）。然而，改变键长作 CNDO/1 计算，结果发现，从分子总能量极小位置定出的理论键长偏短，而结合能比实验值高得多。为了弥补这些缺点，Pople 等人提出了改进参数化法的形式即 CNDO/2。该法能得出正确的键角和键长值，计算出的偶极距符合实验值，这表明电子密度计算的正确性，及其能重复实验测定的角力常数等。近年来，CNDO/2 法已广泛用于有机物或无机物电子结构的计算，常用于计算光谱参数、化学反应势能面、有机分子的构象、力常数、配合生成常数和氢键、气相酸碱性等。但该法计算出的拉伸力常数是实验值的 3~4 倍。

### 2.2.2　量子化学计算模型与计算结果

本研究采用 CNDO/2 法进行醇盐水解法制取纳米氧化锑有关反应的量子化学计算。为了掌握 Sb(Ⅲ) 与醇的反应规律，筛选出合适的制取纳米氧化锑的醇化试剂，现选用不同的醇进行量子化学计算。选取醇的原则：①选用不同大小碳链的正醇系列；②选取一定量的异醇，以便使正醇与相应的异醇进行比较或不同异醇间进行比较。所用的计算机模型是选取醇或锑的醇化物的一个分子。为了便于对计算结果进行识别，醇分子中的原子编号如图 4－1 所示，锑原子在醇化物中的编号为原醇中与氧原子直接相连的氢原子的编号。

醇和 Sb(Ⅲ) 醇化物两个物系的量子化学计算结果见表 4－1。

表 4－1　量子化学计算结果/eV

| 量化参数 | 反应后总能量变化 $\Delta E_T$ | 反应后电子能变化 $\Delta E_e$ | 反应后氧原子上静电荷变化 $\Delta E_O$ | 反应后与氧相连的碳原子上静电荷变化 $\Delta E_C$ | 氢氧间双原子能 $E_{O-H}$ | 氧锑间双原子能 $E_{O-Sb}$ | 氢氧间键级 $V_{O-H}$ | 氧锑间键级 $V_{O-Sb}$ |
|---|---|---|---|---|---|---|---|---|
| 乙醇 [CH₃CH₂OH] | -3.4286 | -15.3567 | 0.2394 | -0.0186 | -0.7385 | -0.3471 | 0.9624 | 1.5881 |
| 丁醇 [CH₃(CH₂)₃OH] | -3.1066 | -25.6578 | 0.1537 | -0.0249 | -0.7366 | -0.2263 | 0.9583 | 1.0527 |
| 己醇 [CH₃(CH₂)₅OH] | -3.1252 | -30.8730 | 0.1420 | -0.0243 | -0.7368 | -0.2322 | 0.9577 | 1.0553 |
| 辛醇 [CH₃(CH₂)₇OH] | -3.1291 | -35.5380 | 0.1373 | -0.0330 | -0.7368 | -0.2356 | 0.9578 | 1.0620 |
| 丙醇 [CH₃(CH₂)₂OH] | -3.1259 | -20.8014 | 0.1446 | -0.0285 | -0.7370 | -0.2378 | 0.9582 | 1.0717 |
| 异丙醇 [CH₃(CHOH)CH₃] | -3.7101 | -19.3998 | 0.2882 | 0.0374 | -0.3499 | -0.0332 | 0.7519 | 0.6361 |
| 异戊醇 1 [CH(CH₂OH)CH₂CH₃] | -3.4806 | -20.5852 | 0.1831 | 0.0347 | -0.7370 | -0.1791 | 0.9646 | 0.9559 |

续表 4 - 1

| 量化参数 | 反应后总能量变化 $\Delta E_T$ | 反应后电子能变化 $\Delta E_e$ | 反应后氧原子上静电荷变化 $\Delta E_O$ | 反应后与氧相连的碳原子上静电荷变化 $\Delta E_C$ | 氢氧间双原子能 $E_{O-H}$ | 氧锑间双原子能 $E_{O-Sb}$ | 氢氧间键级 $V_{O-H}$ | 氧锑间键级 $V_{O-Sb}$ |
|---|---|---|---|---|---|---|---|---|
| 异戊醇2 [C(CH₃)(CH₂OH)CH₃] | -3.4869 | -20.9417 | 0.1876 | 0.0383 | -0.7367 | -0.1738 | 0.9644 | 0.9407 |
| 异戊醇3 [C(CH₃)(OH)CH₂CH₃] | -3.1544 | -24.9927 | 0.0746 | -0.0108 | -0.7365 | -0.2875 | 0.9577 | 1.1615 |

```
     5       6    9    12   15   18   21   24
     |       |    |    |    |    |    |    |
4 — C₁ —— C₂—C₈—C₁₁—C₁₄—C₁₇—C₂₀—C₂₃—O₂₆—H27
     |       |    |    |    |    |    |    |
     3       7    10   13   16   19   22   25
```
正醇中原子的编号〔3-1〕

```
        3        6    9
        |        |    |
4 — C₁ —— C₂—C₈—10
        |        |    |
        5        O₇   11
                 H
                 12
```
异丙醇中原子的编号〔3-2〕

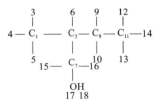
异戊醇1中原子的编号〔3-3〕

```
              10
      3     9—C₆—11  14
      |        |      |
4 — C₁ —— C₂—C₇—13
      |        |      |
      5    15—C₈—16   12
                |
                O-H
                17  18
```
异戊醇2中原子的编号〔3-4〕

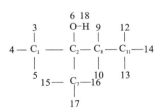
异戊醇3中原子的编号〔3-5〕

图 4 - 1　醇分子中原子的编号

### 2.2.3　三氯化锑与醇的反应机理

三氯化锑与正醇、异醇的反应式分别如下：

$$3R\!-\!\underset{\substack{|\\ \displaystyle :\!\overset{..}{O}\!: \\ |\\ H}}{CH}\!-\!R' + SbCl_3 \Longleftrightarrow (H\!-\!\underset{R'}{\overset{R}{\underset{|}{\overset{|}{C}}}}\!-\!\overset{..}{\underset{..}{O}})_3 Sb + 3HCl \qquad (4-2)$$

$$3R\!-\!\underset{\substack{|\\ \displaystyle :\!\overset{..}{O}\!: \\ |\\ H}}{CH}\!-\!R' + SbCl_3 \Longleftrightarrow (H\!-\!C\!-\!\overset{R}{\underset{R'}{\overset{|}{\underset{|}{C}}}}\!-\!\overset{..}{\underset{..}{O}})_3 Sb + 3HCl \qquad (4-3)$$

由上述两个方程式可以看出，三氯化锑与醇发生反应主要是 Sb(Ⅲ)离子取代了醇分子羟基中的氢原子。正醇和异醇只是反应的羟基位置不同而已。由表 4-1可知，醇与 Sb(Ⅲ)反应后，发生了氢与氧原子间键的断裂，接着 Sb(Ⅲ)与氧原子间形成了新键。从静电荷的变化来看，氧原子上的静电荷变化值 $\Delta E_0$ 均为正，即反应前较反应后净电荷值更负，也就是说反应后氧原子上的净电荷减少，氧原子上的电子向 Sb(Ⅲ)流动而形成了新的 Sb 与 O 间的新键。正醇和异醇与 Sb(Ⅲ)的反应不同点在于与氧原子直接结合的碳原子上的静电荷变化不同，丙醇与异丙醇相比，丙醇中与氧原子直接结合的碳原子上的静电荷变化为负，异丙醇上与氧原子直接结合的碳原子上的静电荷变化为正。从总能量的变化来看，醇与 Sb(Ⅲ)反应后较反应前更负，可认为体系总能量下降；电子能的变化也是如此，说明醇与 Sb(Ⅲ)的反应有利于体系总能量和电子能量的降低，也就是说从能量的观点来看，Sb(Ⅲ)与醇的反应是容易发生的。上述静电荷的变化情况表明发生了电子的转移，电子传递导致原子间发生键合，这正是锑与醇发生反应的原因，而能量的变化从另一个角度说明反应是对体系有利的，这是发生反应的动力。

### 2.2.4　醇化试剂的筛选规律

通过量子化学计算，可以求出分子的电子运动和相应的能量关系，能说明分子组成的宏观的物理化学行为，也可以通过分子结构和表征性质的键参数，间接归纳出某些定性或半定量的规律解释分子的某些性质。本研究进行量子化学计算的重点是通过计算结果找出制备纳米粉体反应的规律，具体地说是筛选用于制取纳米产品的醇化试剂。

过饱和度以及成核速率与粒径的关系说明，溶液的过饱和度越大，成核速率越大，制得微粉的粒径越小。实验还得出了临界晶核半径与自由能变化的关系，但这种关系为经典理论导出，缺陷是把宏观热力学用于微观体系。现采用量子化学计算的结果，以微观的水平说明微观体系，这将更能说明问题，根据有关量化参数找出筛选醇化试剂的规律。

### 1. 量化计算结果与过饱和度

从醇分子的双原子结合能和键能可以看出不同醇中氧与氢原子间的结合力和键的稳定情况，羟基中氧与氢的结合力越小，键越不稳定，说明氢氧键的断裂越容易。从反应前后能量的变化可以看出醇与 Sb(Ⅲ)反应的难易程度。氢氧键越易断裂，醇与 Sb(Ⅲ)的反应越容易进行，所得锑的醇盐浓度越高，即过饱和度越大。由表 4 – 1 中数据可知，比较正醇系列的计算结果，随着碳链的增长，氧和氢原子间的双原子结合能值 $E_{O—H}$ 呈上升趋势，即负值的绝对值逐渐减小，也就是说随着碳链增长，双原子间的结合力越弱。键级 $V_{O—H}$ 随碳链的增长而减小，即随着碳链的增长，氢与氧原子间的键变得不稳定。从反应的能量变化来看，随碳链的增长，Sb(Ⅲ)与醇间的反应越容易。所以随着碳链的增长，锑与醇在反应液中过饱和度越大。基于这种看法，比较丙醇与异丙醇的计算结果，发现后者较前者容易与 Sb(Ⅲ)反应，异丙醇与 Sb(Ⅲ)反应的溶液中过饱和度值大。将三种异戊醇相比，与 Sb(Ⅲ)反应形成溶液的过饱度相差不大。

### 2. 键级与成核速率

从醇与 Sb(Ⅲ)间的键级看，键级越小锑的醇化物越不稳定，越容易水解形成三氧化二锑，即成核速率越大。由表 4 – 1 的数据来看，正醇随着碳链的增长，键级越小，锑醇化合物越易水解成三氧化二锑，即成核速率越大。异丙醇与丙醇相比，异丙醇的键级小，故成核速率大。三种异戊醇相比，成核速率按异戊醇 2、异戊醇 1、异戊醇 3 的顺序增大。

### 3. 双原子能与醇化试剂筛选规律

根据成核的原子理论，可用键能代替自由能衡量成核速率，因此，由 Sb(Ⅲ)和氧原子间的双原子能 $E_{O—Sb}$ 评价成核速率，筛选醇化试剂，$E_{O—Sb}$ 绝对值越小，水解时金属醇化物中锑与氧原子间断裂形成三氧化二锑分子越容易，成核速率越大，制得产品的粒径越小。

根据表 4 – 1 量子化学计算结果，其基本规律是正醇随碳链的延长，$E_{O—Sb}$ 的绝对值越小，则异醇较相应正醇的 $E_{O—Sb}$ 绝对值越小。将已进行量化计算的几种 Sb(Ⅲ) – 醇化合物的 $E_{O—Sb}$ 按绝对值由小到大排列，依次是：异丙醇 – 锑(Ⅲ)、异戊醇 2 – 锑(Ⅲ)、异戊醇 1 – 锑(Ⅲ)、己醇 – 锑(Ⅲ)、辛醇 – 锑(Ⅲ)、丙醇 – 锑(Ⅲ)、异戊醇 3 – 锑(Ⅲ)、乙醇 – 锑(Ⅲ)。可以推测依次成核速率变小，水解制得产品的粒径越大。根据此规律，要想制得粒径小的纳米产品，一是选择长碳链正醇，二是从数量众多的异醇中寻找。

在已经做量子化学计算的醇中，异丙醇作醇化试剂形成的锑（Ⅲ）–醇化合物的 $E_{O-Sb}$ 绝对值最小，其水解获得的三氧化二锑粒径预计也最小。故本研究选定异丙醇作醇化试剂。

## 2.3 实验研究方法

### 2.3.1 实验原料与试剂

#### 1. 实验原料

先将成分为 Sb 50.83%，As 27.46%，Pb 0.85%，Cu 0.012% 及 Ag 74% 的铅阳极泥熔炼烟尘制成粗三氯化锑溶液，然后用蒸馏或精馏法制成纯三氯化锑固体作为本研究的主要实验原料，其杂质元素含量见表 4–2。

表 4–2　三氯化锑的杂质元素含量/10$^{-6}$

| 方法 | Zn | Cu | Fe | As | Sn | Pb | Bi |
|---|---|---|---|---|---|---|---|
| 蒸馏法 | 7.67 | 11.5 | 0.64 | 10.2 | 49.2 | 0.32 | 0.64 |
| 精馏法 | 0.19 | 0.083 | 0.064 | 0.19 | 0.064 | 0.064 | 0.064 |
| 方法 | Cd | Ag | Mg | Si | Al | SbCl$_3$/% | — |
| 蒸馏法 | 0.64 | 0.64 | 0.64 | — | — | 99.8115 | — |
| 精馏法 | 0.19 | 0.064 | 0.064 | 0.64 | 0.64 | 99.9961 | — |

由表 4–2 可知，蒸馏法产的三氯化锑纯度较高，大于 99.80%；精馏法产的三氯化锑纯度很高，大于 99.99%。实验原料中还有市售分析纯四氯化锡和由三氯化锑与氯气制得的五氯化锑，五氯化锑等级达到分析纯。

#### 2. 试剂

使用的试剂包括乙醇、丁醇、戊醇、异戊醇、己醇、庚醇、辛醇、异丙醇、苯、二甲苯、二甲基甲酰胺、液氨和氨水等。均为分析纯，液氨经干燥，实验用离子交换蒸馏水。

### 2.3.2 实验装置

实验装置如图 4–2 所示，为一套玻璃仪器，主要用于醇化反应过程，也可以用于水解过程。

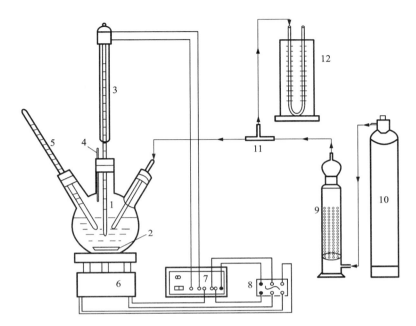

**图 4 – 2  醇盐法制取超微粉末的实验装置示意图**

1—三孔反应器；2—搅拌子；3—水银接点控温计；4—出气管；5—温度计；6—加热磁力搅拌器；
7—继电器；8—交流电源；9—氨气干燥瓶；10—氨气瓶；11—三通；12—压力计

## 2.3.3  实验方法

实验主要步骤为：三氯化锑、异丙醇和溶剂苯先进行醇化反应，然后过滤，所获锑醇化合物溶液经蒸馏回收过量的部分有机试剂后，再进行水解，用蒸馏、精馏相结合的方法回收水解母液的有机试剂，可供循环使用。水解沉淀经干燥获纳米三氧化二锑。实验产品用 H – 800 分析电子显微镜测定粒径。实验基本条件固定，具体见表 4 – 3。

**表 4 – 3  纳米三氧化二锑制备基本条件**

| $m$(三氯化锑)/g | $V$(醇)/mL | $V$(苯)/mL | 反应温度/℃ | 反应时间/h |
|---|---|---|---|---|
| 20 | 30 | 30 | 78 | 2 |

| 通氨时间/min | 水解温度/℃ | 终点 pH | 氨压/Pa |
|---|---|---|---|
| 10 | 65 | 8 | 39.23 |

## 2.4　醇化试剂选择实验

虽然通过量子化学计算，找出了筛选醇化试剂的规律，但还要通过实验验证这一规律的正确性，为此，进行了几种醇化试剂制取三氧化二锑的实验。其条件和步骤为：称取三氯化锑 30 g，加入 1.5 倍理论量的醇和等体积的溶剂，溶剂与醇的搭配按沸点相近的原则，在接近沸点的温度下反应 3 h，以下步骤大体同图 4 – 3 制取纳米三氧化二锑流程。实验结果见表 4 – 4。

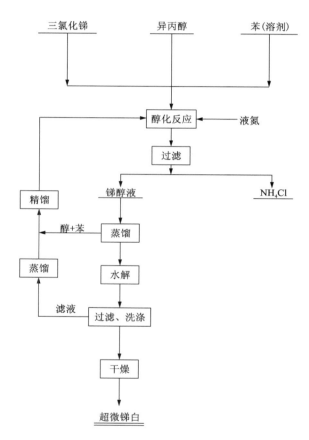

图 4 – 3　制取纳米三氧化二锑流程图

表 4 – 4　醇化试剂的选择实验结果

| 醇化试剂 | 溶剂 | 反应温度/℃ | 平均粒径/$\mu m$ | 晶系 |
|---|---|---|---|---|
| 乙醇 | 苯 | 78 | 2.5 | 斜方 |
| 丁醇 | 二甲苯 | 120 | 0.6 | — |
| 戊醇 | 二甲苯 | 120 | 0.3 | — |
| 异戊醇 | 二甲苯 | 120 | 0.06 | — |
| 己醇 | 二甲基甲酰胺 | 150 | 0.3 | — |
| 庚醇 | 二甲基甲酰胺 | 170 | 0.3 | — |
| 辛醇 | 二甲基甲酰胺 | 190 | 0.3 | — |
| 异丙醇 | 苯 | 78 | 0.04 | 斜方 |

由表 4 – 4 可知，采用不同的醇作醇化试剂制得的三氧化二锑的粒径不同。这和量化计算所得到的规律基本上是一致的。正醇的碳链越长，所获三氧化二锑的粒径越小，异醇较相应的正醇制得的三氧化二锑粒径更小。在已实验的几种醇中，以异丙醇作醇化试剂、苯作溶剂所获三氧化二锑的粒径最小，可达纳米级要求，另外价格较低，与三氯化锑反应温度低，故采用异丙醇作为本研究制造纳米三氧化二锑的醇化试剂，用苯作溶剂。在醇化反应体系中加入适量的溶剂苯主要是调整反应液的体积，并且在后续的有机试剂回收时，有苯存在能方便地将醇和苯一起回收。

## 2.5　纳米 $Sb_2O_3$ 粉体的制取

### 2.5.1　条件实验

条件实验分醇化实验和水解实验两个部分，最终制成三氧化二锑，以其粒径检验实验效果。

**1. 醇化实验**

醇化实验考察了反应温度、反应时间、醇用量、通氨时间对粒径的影响，具体介绍如下。

1）反应温度的影响

考察反应温度对醇化过程的影响，采用傅立叶红外光谱仪检测实验结果。固定实验基本条件，改变回流反应温度，绘出反应液的红外光谱图，根据醇的特征波长量出峰高，峰愈低，说明溶液中醇量愈少，即醇化反应愈完全。实验结果见

表4-5。

表4-5 反应温度实验结果

| 反应温度/℃ | — | 40 | 50 | 60 | 78 |
|---|---|---|---|---|---|
| 特征波长/nm | 3200 | 3200 | 3200 | 3200 | 3200 |
| 峰高/cm | 7.5 | 3.5 | 3.2 | 3.0 | 2~7 |

由表4-5可知，反应温度愈高，则醇的特征波长处光谱峰愈低，即醇化反应愈完全。醇化反应温度选在接近醇和溶剂的沸点处即78℃。由于醇化溶液易腐蚀红外光谱仪器件，故以后实验采用H-800电镜测定醇化溶液水解后产品的粒径，以考察实验情况。

2）反应时间的影响

在固定温度为78℃及基本实验条件下，考察反应时间对醇化过程的影响，实验结果见表4-6。

表4-6 反应时间实验结果

| 反应时间/h | 加醇量/mL | 通氮时间/min | 平均粒径/μm |
|---|---|---|---|
| 0.5 | 40 | 10 | 0.5 |
| 1 | 40 | 10 | 0.08 |
| 2 | 40 | 10 | 0.03 |
| 3 | 40 | 10 | 0.02 |

由表4-6可知，反应时间愈长，产品的粒径愈小。故反应时间控制在2~3h为宜，产品平均粒径小，达纳米级要求。

3）醇用量的影响

固定醇化反应和水解反应的实验基本条件即在78℃下反应3h，考察醇用量对醇化过程的影响，实验结果见表4-7。

表4-7 醇用量实验结果

| 醇用量/mL | 10 | 20 | 30 | 40 | 50 |
|---|---|---|---|---|---|
| 加苯量/mL | 30 | 20 | 10 | 0 | 0 |
| 平均粒径/μm | 0.08 | 0.03 | 0.014 | 0.015 | 0.05 |

由表 4-7 可知，醇量太少，三氯化锑与醇反应不完全；醇量太多，则过饱和度变小，产品的平均粒径较大。根据实验结果，选用醇的用量为理论量的 1~1.5 倍，产品粒径可达纳米级要求。

　　4）通氨时间的影响

　　固定实验基本条件，在醇用量为 40 mL 及通氨压力不变的情况下，于 78℃ 下反应 3 h，考察通氨时间即通氨量对醇化过程的影响，实验结果见表 4-8。

表 4-8　通氨时间实验结果

| 通氨时间/min | 0 | 5 | 7 | 10 | 13 | 15 |
|---|---|---|---|---|---|---|
| 平均粒径/μm | 0.13 | 0.03 | 0.03 | 0.015 | 0.03 | 0.25 |
| 锑回收率/% | 100 | 96.0 | 96.0 | 94.1 | 84.0 | 76.0 |

　　由表 4-8 可知，通氨量少，则中和反应生成物 HCl 的氨不足，因此醇化反应进行得不彻底，醇化率低。实验证明，所获产品的粒径较大；若通氨太多，则由于氨的加质子作用，会使溶液的 pH 升高，锑提前沉淀，不仅使锑的醇化率降低，而且锑回收率也低，所获产品的粒径亦较大。当氨压为 392.3 Pa，通氨时间为 10 min 时，产品粒径最小，达纳米级要求。

　　根据以上实验结果，醇化反应的优化条件是：反应回流时间为 2~3 h，反应温度 78℃，醇用量为理论量的 1~1.5 倍，通氨压力为 392.3 Pa，通氨时间为 10 min。

## 2. 水解实验

　　三氧化二锑的粒径与水解条件有一定关系。水解条件实验重点考察水解温度、水解时间、表面活性剂种类和用量对粒径的影响。

　　1）水解温度的影响

　　固定实验基本条件及在最佳醇化条件下，考察水解温度对粒径的影响，实验结果见表 4-9。

表 4-9　水解温度实验结果

| 水解温度/℃ | 25 | 50 | 65 |
|---|---|---|---|
| 水解时间/min | 20 | 20 | 20 |
| 加水量/mL | 100 | 100 | 100 |
| 终点 pH | 8 | 8 | 8 |
| 平均粒径/μm | 0.05 | 0.043 | 0.02 |

由表4-9可知,65℃为最佳水解温度。水解温度降低时,所获产品的粒径较大。这是由于水解温度低时反应速度降低,也会使成核速度减慢,故生成产品粒径变大。

2)水解时间的影响

固定实验基本条件及在最佳醇化条件下,考察水解时间对粒径的影响,实验结果见表4-10。

表4-10　水解时间实验结果

| 水解时间/min | 20 | 40 | 60 |
|---|---|---|---|
| 水解温度/℃ | 65 | 65 | 65 |
| 加水量/mL | 100 | 100 | 100 |
| 终点 pH | 8 | 8 | 8 |
| 平均粒径/μm | 0.015 | 0.02 | 0.06 |

由表4-10可知,加入蒸馏水的时间20 min(120滴/min)为最佳水解时间。加水太慢时,所获产品的粒径较大。据推测,加水太慢会导致形核速度低,故生成产品粒径变大。对加水量也要控制,加水量少,则水解不完全,就会增加中和所用的氨水量。加水量一般控制在理论量的100倍左右。然后用氨水调整终点 pH 为8,使水解产物转变为三氧化二锑,且容易洗涤除去氯离子。

3)表面活性剂种类和用量的影响

表面活性剂用量对产品的粒径、纯度以及粒径的保护都有直接影响,具有不可忽视的作用,表面活性剂不仅作为洗涤剂保证产品的纯度,而且对产品的粒径起保护作用,防止凝聚和增加粉体的流动性。考察不同表面活性剂种类和用量对水解过程及粒径的影响,实验结果见表4-11。

表4-11　表面活性剂种类和用量实验结果

| 表面活性剂 | 活性剂种类 | 活性剂用量 | 平均粒径/μm | Cl⁻洗涤情况 |
|---|---|---|---|---|
| 活性剂1 | 阳离子型 | 临界胶束浓度以上 | 2.3 | 不易洗净 |
| 活性剂2 | 阴离子型 | 临界胶束浓度以上 | 0.03 | 易洗净 |
| 活性剂3 | 阴离子型 | 临界胶束浓度以上 | 0.02 | 易洗净 |
| 活性剂4 | 非离子型 | 临界胶束浓度以上 | 0.013 | 易洗净 |
| 活性剂5 | 非离子型 | 临界胶束浓度以上 | 0.010 | 易洗净 |
| 活性剂6 | 非离子型 | 临界胶束浓度以上 | 0.017 | 易洗净 |

由表4-11可知,加入不同的表面活性剂进行水解,得到的产品粒径也不同。用阳离子型表面活性剂溶液水解,产品的粒径颇大,而阴离子型和非离子型表面活性剂溶液水解的产品粒径小,但也不尽相同。非离子型表面活性剂溶液水解,产品粒径最小,平均粒径为0.01 μm以下。表面活性剂在水解过程中的作用是由于表面活性剂能聚集成胶束,被吸附在固体颗粒表面,可有效降低晶体的成长速度,因而改变了产品的平均粒径。胶束被固体粒子的吸附与其表面电荷有关,如胶束电荷与粒子表面的电荷相反,则易吸附而聚沉,使晶体的成长速度变快,平均粒径变大,反之亦然。采用阳离子型表面活性剂溶液的水解产品的粒径变大,这是由于表面活性剂胶束荷正电,而固体粒子荷负电。阴离子型表面活性剂荷负电,与荷负电的固体粒子相互排斥,不易聚沉,所以产品的粒径变小。非离子型表面活性剂胶束不带电,可被颗粒表面吸附,且对杂质(不同电荷杂质)不吸附,因而颗粒粒径小,且纯度高。

表面活性剂更是粒径稳定剂,由于颗粒表面吸附了活性剂胶束,使粉体在存放过程中不易聚集形成大颗粒结晶。粒径稳定情况测定结果见表4-12。

表4-12 粒径稳定情况测定结果

| 表面活性剂 | 初始粒径/μm | 放置时间/d | 放置后粒径/μm |
|---|---|---|---|
| 无 | 0.02 | 183 | 0.05 |
| 活性剂1 | 2.3 | 183 | 2.3 |
| 活性剂2 | 0.03 | 183 | 0.03 |
| 活性剂3 | 0.02 | 183 | 0.025 |
| 活性剂4 | 0.013 | 183 | 0.025 |
| 活性剂5 | 0.010 | 183 | 0.015 |
| 活性剂6 | 0.017 | 183 | 0.02 |

由表4-12可知,采用阴离子型或非离子型表面活性剂的水解产品放置半年后重新测定粒径,粒径仍无变化,而不用表面活性剂的水解产品放置半年后,粒径增大为之前的一倍多。对表面活性剂产品用BET法测定比表面积,结果几乎为零。这并不是因为产品的比表面积小,而是表面活性剂处理过的产品对氮气不吸附所致。

## 2.5.2 综合实验

综合实验在以下优化条件下进行:①醇用量为理论量的1.5倍;②反应温度

为 65℃；③反应时间为 3 h；④通氨压力为 392.3 Pa；⑤通氨时间为 10 min；⑥采用非离子型表面活性剂；⑦二次蒸馏水用量为理论量的 100 倍；⑧水解温度为 65℃；⑨加水速度 120 滴/min；⑩终点 pH 8～9；⑪产物过滤后，在 120℃下干燥 10 h左右。

实验样品纳米三氧化二锑粉体的纯度、白度、回收率、粒径、比表面积、晶型见表 4－13。实验样品的红外光谱分析图谱如图 4－4 所示，SEM 照片如图 4－5 所示，XRD 图谱如图 4－6 所示，高温差热分析图谱如图 4－7 所示。

表 4－13　纳米三氧化二锑粉体综合质量指标

| $w(Sb_2O_3)$ /% | 平均粒径 /μm | 白度/% | 回收率 /% | 比表面积 /($m^2 \cdot g^{-1}$) | 晶型 | 热的强吸收峰 /℃ |
|---|---|---|---|---|---|---|
| 99.9964 | 0.01 | 92.0 | 96 | 6.24 | 斜方晶 | 609.67 |

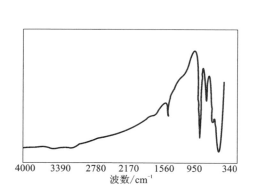

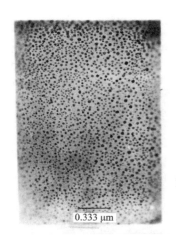

图 4－4　纳米三氧化二锑粉末红外光谱分析图谱　图 4－5　纳米三氧化二锑粉末 SEM 照片

由表 4－13 可知，高纯纳米三氧化二锑粉体的纯度大于 99.995%，粒径为 10 nm，白度 92%，锑回收率 96%，比表面积 6.24 $m^2/g$，测定样品为不使用活性剂制得，晶型为斜方晶，红外光谱分析图谱与一般三氧化二锑的图谱相同。高温差热分析表明，其热稳定性好，在 609℃条件下有一强吸收峰。由此可知，所获高纯纳米三氧化二锑粉体具有纯度高、粒径小、比表面积大等特点。

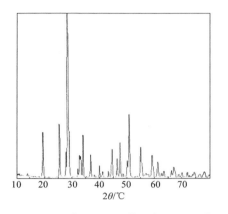

图 4-6　纳米三氧化二锑粉末 XRD 图谱

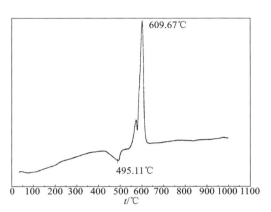

图 4-7　纳米三氧化二锑粉末
高温差热分析图谱

# 2.6　纳米 Sb₂O₃ – Sb₂O₅ 复合粉体的制取

纳米 $Sb_2O_3$ – $Sb_2O_5$ 复合粉体和纳米三氧化二锑粉体一样可以用作各种树脂、塑料和织物的阻燃剂增效剂，还可以用于触媒、颜料、精制工程材料等。国外已申请了醇盐水解法制取纳米 $Sb_2O_3$ – $Sb_2O_5$ 复合粉体的专利，其平均粒径为 $0.02 \sim 0.03\ \mu m$。本研究在制造纳米三氧化二锑粉体的基础上，利用金属氯化物醇化 – 氨解 – 共沉淀法制取了纳米 $Sb_2O_3$ – $Sb_2O_5$ 复合粉体。

## 2.6.1　实验条件与流程

三氯化锑与醇化试剂的反应控制条件与纳米三氧化二锑的制备工艺完全相同，五氯化锑与醇化试剂的反应参照三氯化锑与醇化试剂的反应条件，将醇的用量按理论用量约 1.5 倍加入，反应时间为 3 h，反应温度为 78℃，通氨量由目视决定，以氯化铵白烟冒尽为止。将不同 Sb(Ⅲ) 和 Sb(Ⅴ) 配比的两种醇化合物混合，再在 78℃下回流反应 1 h。同时将混合醇化液和 1∶1 氨水加到水中，控制水解温度为 60 ~ 70℃，水解初始 pH 2 ~ 4，终点 pH 7 ~ 8，采用双层滤纸进行真空过滤，滤饼在 120℃干燥 10 h 左右，即可获得纳米 $Sb_2O_3$ – $Sb_2O_5$ 复合粉体。实验流程如图 4 – 8 所示。

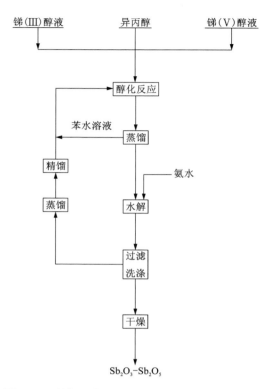

图 4 - 8　制备纳米 $Sb_2O_3$ – $Sb_2O_5$ 复合粉末流程图

## 2.6.2　结果与讨论

实验参数和结果见表 4 - 14。由表 4 - 14 可知，采用不同配比的 Sb(Ⅲ) 和 Sb(Ⅴ) 制得的纳米 $Sb_2O_3$ – $Sb_2O_5$ 复合粉体，平均粒径随 Sb(Ⅴ) 比例的增加而减小，$m(Sb_2O_3):m(Sb_2O_5) = 1:3$ 时，制得的纳米级 $Sb_2O_3$ – $Sb_2O_5$ 复合粉体的平均粒径最小，为 3 nm，其 SEM 照片如图 4 - 9 所示。

表 4 - 14　纳米 $Sb_2O_3$ – $Sb_2O_5$ 复合粉体制备实验参数和结果

| $m(Sb_2O_3):m(Sb_2O_5)$ | 水解温度/℃ | 水解 pH | 终点 pH | 平均粒径/μm | 备注 |
|---|---|---|---|---|---|
| 1:0 | 60 ~ 70 | 2 ~ 4 | 7 ~ 8 | 0.015 | — |
| 3:1 | 60 ~ 70 | 2 ~ 4 | 7 ~ 8 | 0.033 | — |
| 2:1 | 60 ~ 70 | 2 ~ 4 | 7 ~ 8 | 0.017 | — |

续表 4 – 14

| $m(Sb_2O_3):m(Sb_2O_5)$ | 水解温度/℃ | 水解 pH | 终点 pH | 平均粒径/μm | 备注 |
|---|---|---|---|---|---|
| 1:1 | 60~70 | 2~4 | 7~8 | 0.01 | 细密 |
| 1:2 | 60~70 | 2~4 | 7~8 | 0.005 | 细密 |
| 1:3 | 60~70 | 2~4 | 7~8 | 0.003 | 细密 |
| 0:1 | 60~70 | 2~4 | 7~8 | 0.013 | — |

图 4 – 9 说明，粉末粒径均匀，为球状颗粒。为了掌握纳米 $Sb_2O_3$ – $Sb_2O_5$ 复合粉末的结晶形态、热稳定性、比表面积以及复合粉末的组成，设定 $m(Sb_2O_3):m(Sb_2O_5) = 1:3$。样品的 XRD 图谱如图 4 – 10 所示，高温差热分析图谱如图 4 – 11 所示，红外光谱分析图谱如图 4 – 12 所示。同时为了进行比较，还进行了纳米五氧化二锑粉末的红外光谱分析，其图谱如图 4 – 13 所示。

图 4 – 9  纳米 $Sb_2O_3$ – $Sb_2O_5$
复合粉末 SEM 照片

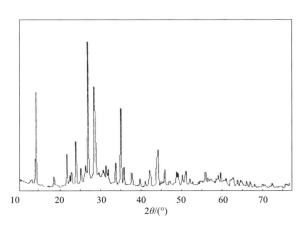

图 4 – 10  纳米 $Sb_2O_3$ – $Sb_2O_5$ 复合粉末 XRD 图谱

图 4 – 10 说明，纳米 $Sb_2O_3$ – $Sb_2O_5$ 复合粉末的结晶为斜方晶，如欲将该复合粉末转变为立方晶，可用真空干燥法进行转变。图 4 – 11 表明，纳米 $Sb_2O_3$ – $Sb_2O_5$ 复合粉末在 442.53℃和 486.4℃处有两个强吸收峰，由于干燥、温度低（在 120℃左右），所以在温度低于 440℃时仍有热吸收。将纳米 $Sb_2O_3$ – $Sb_2O_5$ 复合粉末的红外光谱分析图谱（图 4 – 12）与纳米五氧化二锑粉末的红外光谱分析图谱（图 4 – 13）及纳米三氧化二锑粉末的红外光谱分析图谱（图 4 – 4）相比较，发现纳

米 $Sb_2O_3 - Sb_2O_5$ 复合粉末与纳米五氧化二锑粉末的红外光谱相似,但也有一定变化,这是由于其中含有纳米三氧化二锑的缘故,没有发现新的化合物产生,可以认为纳米 $Sb_2O_3 - Sb_2O_5$ 复合粉末为三氧化二锑和五氧化二锑的混合物。采用 BET 法测定 $m(Sb_2O_3):m(Sb_2O_5) = 1:3$ 时制得的纳米复合粉末的比表面积,结果为 42 $m^2/g$,其比表面积颇大,一方面说明样品的粒径细,另一方面表明该复合粉末适于作催化剂。

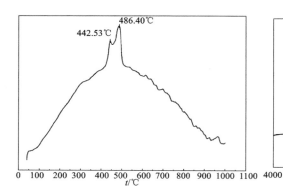

图 4 - 11　纳米 $Sb_2O_3 - Sb_2O_5$ 复合粉末
高温差热分析图谱

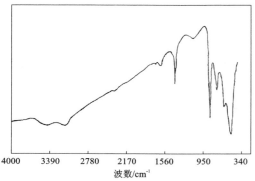

图 4 - 12　纳米 $Sb_2O_3 - Sb_2O_5$ 复合粉末
红外光谱分析图谱

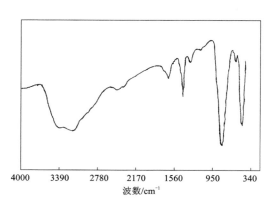

图 4 - 13　纳米 $Sb_2O_5$ 粉末红外光谱分析图谱

　　与已报道的制取纳米 $Sb_2O_3 - Sb_2O_5$ 复合粉末方法相比,本研究主要作了以下改进:①筛选了醇化试剂和表面活性剂,制得产品的平均粒径比已报道的小;②采用氨中和法进行水解,这样可有效地控制水解 pH,缩短中和时间,并将锑回收率提高到 99% 以上。

# 2.7  纳米 $SnO_2 - Sb_2O_3$ 复合粉体的制取

已报道的制取 $SnO_2 - Sb_2O_3$ 复合粉末的方法中，共沉淀法将四氯化锡或二氯化锡和三氯化锑的盐酸溶液同时加入控制 pH 恒定的碱性溶液中，制得的粉体平均粒径为 0.06 ~ 2 μm；均匀沉淀法将四氯化锡和三氯化锑同时加到含有尿素、pH 为 1 的盐酸溶液中，加热使尿素分解，溶液 pH 升高，可获得平均粒径为 0.3 μm 的复合粉末。这些方法有制取简单的优点，但粒径偏大，很难制得纳米粉体，且均匀性不好。本研究采用醇化 – 羟化法制取纳米二氧化锡 – 三氧化锑复合粉末。

## 2.7.1  实验条件与流程

制备纳米 $SnO_2 - Sb_2O_3$ 复合粉末流程如图 4 – 14 所示。

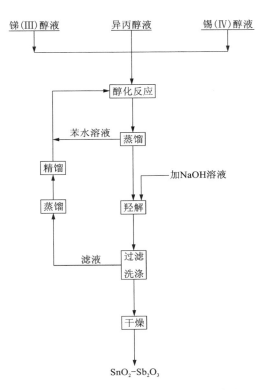

**图 4 – 14  制备纳米 $SnO_2 - Sb_2O_3$ 复合粉末流程图**

　　按流程先将四氯化锡和三氯化锑分别进行醇化反应。三氯化锑的醇化反应条件同纳米三氧化二锑。四氯化锡的醇化反应条件是：醇的用量按理论量的 1.5~2 倍加入，反应时间 3 h，反应温度 78℃，通氨量以氯化铵白烟冒尽为止。然后以不同 $w(\mathrm{SbCl_3})/w(\mathrm{SnCl_4})$ 将它们的醇化溶液混合，为保证醇化率，再在 78℃ 下回流反应 1 h，然后同时将混合醇化液和氢氧化钠溶液加入水中，控制水溶液的 pH 恒定，即可获得纳米 $\mathrm{SnO_2 - Sb_2O_3}$ 复合粉体。在 140℃ 下干燥 10 h 左右。先在 9800 $\mathrm{N/cm^2}$ 的压力下将一定量的干纳米复合粉压制成直径 15 mm、厚度 4 mm 的圆柱形薄片，然后测定粉末的电阻。

## 2.7.2　结果与讨论

　　制备纳米 $\mathrm{SnO_2 - Sb_2O_3}$ 复合粉末的实验参数和结果见表 4 - 15。

表 4 - 15　制备纳米 $\mathrm{SnO_2 - Sb_2O_3}$ 复合粉末实验参数和结果

| $w(\mathrm{SbCl_3})$ : $w(\mathrm{SnCl_4})$ | 羟化 pH | 羟化温度 /℃ | 平均直径 /μm | 粉体电阻 /(Ω·cm) | 备注 |
|---|---|---|---|---|---|
| 1:1 | 2~3 | 60~70 | 0.025 | 1.40 | |
| 1:3 | 2~3 | 60~70 | 0.03 | 1.40 | |
| 1:5 | 2~3 | 60~70 | 0.02 | 1.30 | |
| 1:7 | 2~3 | 60~70 | 0.015 | 0.70 | |
| 1:9 | 2~3 | 60~70 | 0.013 | 0.70 | |
| 1:11 | 2~3 | 60~70 | 0.013 | 0.70 | |
| 1:9 | 5~6 | 60~70 | 0.02 | 1.30 | |
| 1:9 | 8~9 | 60~70 | 0.05 | 2.50 | |
| 1:9 | 2~3 | 25~30 | 0.02 | 1.30 | |
| 1:9 | 2~3 | 60~70 | 0.03 | 4.90 | 相继加入醇盐 |
| 1:9 | 2~3 | 60~70 | 0.06 | 2.70 | 直接共沉制取 |
| 0:9 | 2~3 | 60~70 | 0.01 | 0.50 | |

　　由表 4 - 15 可知，采用不同的 $w(\mathrm{SbCl_3})/w(\mathrm{SnCl_4})$，粒径差异不太大，随四氯化锡配比量的增加粒径减小，粉体电阻逐渐降低。酸度实验表明，随酸度的降低（pH 升高），粒径渐大。在 70℃ 羟化，较常温羟化粒径要小。采用相继加锑（Ⅲ）醇化液和锡（Ⅳ）醇化液入水中，然后调最终 pH 的方法，粉体粒径明显变大。采用一般共沉淀法即不进行醇化，直接将三氯化锑和四氯化锡的混合液与碱

同时加入到 pH 恒定的水中，所获粉体粒径约为 0.06 μm，与文献报道相近。

由上得出制备纳米 $SnO_2$ – $Sb_2O_3$ 复合粉末的优化条件：①$w$（$SbCl_3$）：$w$（$SnCl_4$）= 1：9；②沉淀 pH 2 ~ 3；③温度 70℃；④同时将混合醇化液和碱加入水中。$w$（$SbCl_3$）/$w$（$SnCl_4$）= 1：9 时所获纳米 $SnO_2$ – $Sb_2O_3$ 复合粉末的平均粒径最小，为 13 nm，粉体电阻为 0.73 Ω·cm，其比表面积大，为 99.94 $m^2$/g，由此可知，所制得的纳米 $SnO_2$ – $Sb_2O_3$ 复合粉末为性能良好的导电粉体材料。

最佳条件下制得的纳米 $SnO_2$ – $Sb_2O_3$ 复合粉末电子显微镜照片如图 4 – 15 所示。

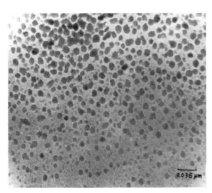

图 4 – 15　纳米 $SnO_2$ – $Sb_2O_3$
复合粉末 SEM 照片

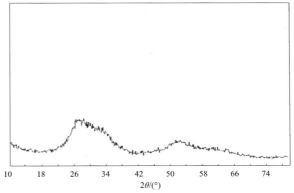

图 4 – 16　纳米 $SnO_2$ – $Sb_2O_3$ 复合粉末 XRD 图谱

由图 4 – 15 可知，纳米 $SnO_2$ – $Sb_2O_3$ 复合粉体样品粒径分布均匀，平均粒径为 13 nm。

最佳条件下制得的纳米复合粉末的 XRD 图谱如图 4 – 16 所示，高温差热分析图谱如图 4 – 17 所示，红外光谱分析图谱如图 4 – 18 所示。为了比较，还进行了 $SnO_2$ 粉末红外光谱分析，其图谱如图 4 – 19 所示。

图 4 – 16 表明，其 XRD 图谱无锐峰、平坦，根据 XRD 卡片，$SnO_2$ – $Sb_2O_3$ 复合粉末确定为无定形。图 4 – 17 表明，$SnO_2$ – $Sb_2O_3$ 复合粉末在 115.37℃ 处有放热峰，在 100 ~ 1000℃ 有广阔的吸热区。由此，干燥后需在高温下灼烧为好。将 $SnO_2$ – $Sb_2O_3$ 复合粉末的红外光谱（图 4 – 18）分别与二氧化锡粉末的红外光谱（图 4 – 19）和三氧化二锑粉末的红外光谱（图 4 – 4）对比，复合粉末与二氧化锡粉末的红外光谱图形相似。说明最佳条件下制得的复合粉末中 $SnO_2$ 已被 $Sb_2O_3$ 掺杂，成为典型的 ATO 粉末。

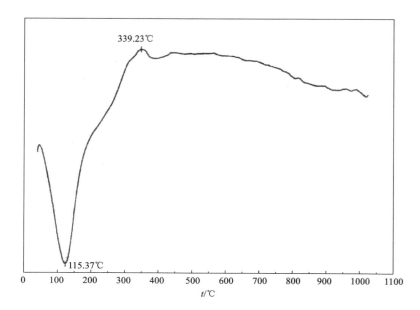

图 4 – 17　纳米 $SnO_2$ – $Sb_2O_3$ 复合粉末高温差热分析图谱

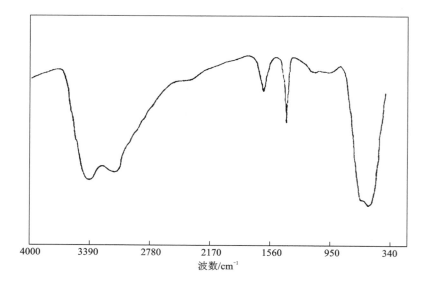

图 4 – 18　纳米 $SnO_2$ – $Sb_2O_3$ 复合粉末红外光谱分析图谱

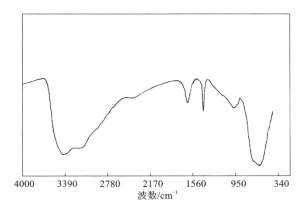

图 4 – 19　SnO₂ 粉体红外光谱分析图谱

## 2.8　醇与苯的回收与循环使用

　　金属醇盐 – 水解法的一个较突出的问题是需要消耗价格较高的有机试剂，为了降低成本，一个理想的途径就是将有机试剂回收使之循环使用。为此，采取蒸馏 – 精馏法分别回收水解液中的苯和醇(异丙醇)。

### 2.8.1　实验条件与流程

　　异丙醇 – 苯二元相图和异丙醇 – 苯 – 水的三元相图，分别如图 4 – 20、图 4 – 21 所示。这两个相图可指导蒸馏 – 精馏法回收苯和异丙醇。

　　蒸馏法回收苯和异丙醇的步骤是，先将水解液蒸馏获得异丙醇 – 苯 – 水三元共沸物，再按图 4 – 22 流程回收苯和醇，主塔为 7 级，苯回收塔和醇回收塔均为单级。回收的苯和醇采用阿贝折光仪测定折光率确定其回收率。

### 2.8.2　结果与讨论

#### 1. 醇化液中的苯和异丙醇的蒸馏

　　结果表明，蒸馏温度达 110℃ 时，可馏出原加入量 50% 的苯和异丙醇，用水滴定馏出的有机物，无三氧化二锑沉淀出现，说明馏出的有机物中不含有锑(Ⅲ) – 异丙醇化合物，这部分有机试剂可用于循环使用。经蒸馏后的锑(Ⅲ) – 异丙醇溶液经水解制取纳米三氧化二锑，其粒径能达到纳米级要求。

#### 2. 蒸馏 – 精馏法回收水解液中的苯和异丙醇

　　先蒸馏可获异丙醇 – 苯 – 水三元低沸点共沸物，蒸馏温度逐渐升高，在小于

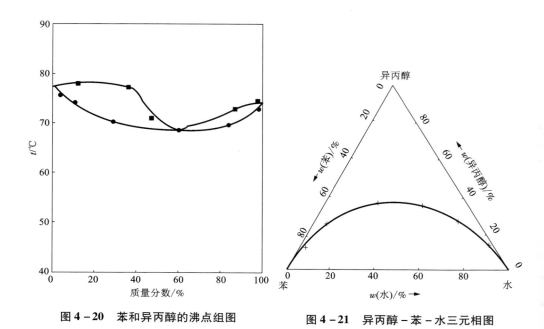

图 4 – 20　苯和异丙醇的沸点组图　　　　图 4 – 21　异丙醇 – 苯 – 水三元相图

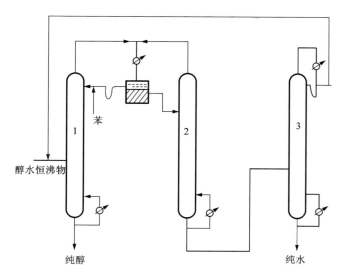

图 4 – 22　回收有机试剂装置示意图

1—主塔；2—苯回收塔；3—醇回收塔

或等于水的沸点即 100℃，基本上所有的异丙醇和苯均从水解液中馏出。然后按图 4 - 8 流程回收苯和异丙醇，为获得苯 - 异丙醇的共沸物，需要不断地加入苯，从塔 1 获得纯异丙醇，从塔 2 可回收并循环利用苯，从塔 3 获得纯水。从水解液中可回收有机试剂原加入量的 20% ~ 30%，这部分有机试剂可用固体干燥剂脱水后循环使用。实验结果表明，有机试剂总回收率为原加入量的 70% ~ 80%，这部分试剂的回收与循环使用，可大大降低生产成本，弥补醇盐 - 水解法成本高的不足。

# 第 3 章　胶态 $Sb_2O_5$ 的制取

## 3.1　概述

　　胶态 $Sb_2O_5$ 由于颗粒细微，分散性极好，不但用于高性能的阻燃塑料，还广泛用于纤维、织物的阻燃及涂料、油漆的改性处理，是 20 世纪八九十年代锑品开发的热点之一。已报道的制备胶态 $Sb_2O_5$ 的方法，从使用原料看，可分为三氧化二锑和硫化锑精矿两类，以三氧化二锑为原料，制取胶态 $Sb_2O_5$ 有 3 种方法：①以双氧水作氧化剂，如美国专利将三氧化二锑与脂肪聚羟基醇混合，然后用双氧水氧化，制得一种稳定弥散的胶态 $Sb_2O_5$，其平均粒径为 5～20 nm；②在氢氧化钾溶液中将三氧化二锑氧化成锑酸钾，然后通过离子交换除去钾离子，即可制得 2～100 nm 的胶态 $Sb_2O_5$；③用电渗析法将三氧化二锑氧化成胶态 $Sb_2O_5$。以硫化锑精矿为原料制取胶态 $Sb_2O_5$ 是用氢氧化钾溶液浸出硫化锑矿，再用空气或氧气氧化为五价锑溶液，然后酸化析出 $Sb_2O_5$，进一步制成胶态 $Sb_2O_5$。本章将系统介绍由作者学术团队研发而尚未发表的氯化法和锑粉回流氧化法制取胶态 $Sb_2O_5$ 的基本情况。

## 3.2　氯化法制取胶态 $Sb_2O_5$

　　氯化法的特点是先用氯气将三氯化锑溶液氧化成 $SbCl_5$ 溶液：

$$SbCl_3 + Cl_2 \rightleftharpoons SbCl_5 \tag{4-4}$$

$SbCl_5$ 溶液再水解成偏锑酸：

$$SbCl_5 + 3H_2O \rightleftharpoons HSbO_3 + 5HCl \tag{4-5}$$

$$SbCl_5 + 5NH_4OH \rightleftharpoons HSbO_3 + 5NH_4Cl + 2H_2O \tag{4-6}$$

偏锑酸水解制成胶态 $Sb_2O_5$：

$$2HSbO_3 + 3H_2O \rightleftharpoons (H_3O)_2Sb_2O_5(OH)_2 \tag{4-7}$$

　　将三氯化锑溶液放入塑料柱中通氯气氧化，直到检不出 $Sb^{3+}$ 为止，即可获得合格的 $SbCl_5$ 溶液。以成分为：Sb 442.54 g/L，$Cl^-$ 22.075 mol/L，$H^+$ 3.90 mol/L 的 $SbCl_5$ 溶液为试液，探索了纯水冲稀水解及氨水中和水解由 $SbCl_5$ 溶液制取纯偏锑酸的可行性。由于冲稀水解的水解率很低，仅为 37.72%～46.52%，因此最后确定用中和水解法制备偏锑酸。中和水解条件为：①常温；②水解液$[Cl^-]_T=3$ mol/L，$[H^+]=0.1$ mol/L；③时间 60 min；④纯水洗 8 次以上，直至检不出 $Cl^-$。在这种条件下，锑的水解率可确保为 94% ~ 96%。

偏锑酸解胶条件为：①加水量 5.633 mL/g 锑（包括偏锑酸中的水）；②稳定剂加入量 0.104 mL/g 锑；③温度 85 ~ 95℃；④时间 30 ~ 40 min。在上述条件下，制得的胶态 $Sb_2O_5$ 产品质量见表 4 - 16，SEM 照片如图 4 - 23 所示（放大 8 万倍）。

表 4 - 16　胶态 $Sb_2O_5$ 产品质量

| 样号 | 溶胶浓度 | | 溶胶相对体积质量 | 粒径 /μm | 放置 2 个月后分层情况 | 备注 |
|---|---|---|---|---|---|---|
| | g/L | % | | | | |
| 1 | 267 | 22.68 | — | — | 稍分层 | — |
| 2 | 246 | 20.90 | — | 0.05 | 分层 | — |
| 5 | 280.5 | — | — | 0.050 | 不分层 | 充分洗涤偏锑酸 |
| 6 | — | — | 1.210 | 0.051 | 不分层 | 充分洗涤偏锑酸 |
| 美国标准 | — | — | 1.247 | — | 不分层 | 浅黄色粉末 |

| 样号 | 干胶成分/% | | | |
|---|---|---|---|---|
| | $Sb_T$ | $Cl^-$ | $P^{3+}$ | N |
| 1 | 60.93 | 0.13 | 无 | |
| 2 | 62.04 | 0.71 | 无 | |
| 5 | 61.74 | 0.0038 | 无 | |
| 6 | — | — | — | |
| 美国标准 | 60 ~ 62 | 0.01 | 1.0 | 1.0 |

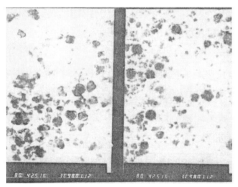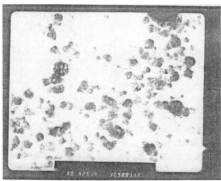

图 4 - 23　氯化法制取的胶态 $Sb_2O_5$ SEM 照片

表 4-16 及图 4-23 说明，胶态 $Sb_2O_5$ 产品质量可以达到出口要求。与用锑白做原料的胶态五氧化二锑产品比较，氯化法产品含三价锑很少，不含磷，但含微量氯。因此，必须仔细洗涤偏锑酸，才不会久置分层。

## 3.3    锑粉回流氧化法制取胶态 $Sb_2O_5$

### 3.3.1    原料与工艺流程

锑粉原料由一号精锑粉碎、研磨、过筛制备。粒径 0.12 mm（-120 目），$w(Sb) \geqslant 99.88\%$，杂质元素含量符合一号精锑要求，用双氧水（30%）作氧化剂，三乙醇胺作稳定剂，原则工艺流程见图 4-24。

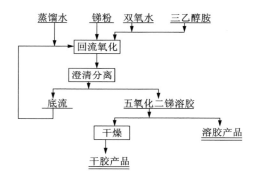

**图 4-24    锑粉回流氧化法制取胶态 $Sb_2O_5$ 原则工艺流程图**

### 3.3.2    基本原理与方法

胶态 $Sb_2O_5$ 的结构式为 $(H_3O)_2Sb_2O_5(OH)_2$，主要化学反应为：

$$2Sb + H_2O + 3H_2O_2 = (H_3O)_2Sb_2O_5(OH)_2 \tag{4-8}$$

$$Sb_2O_3 + 2H_2O + 2H_2O_2 = (H_3O)_2Sb_2O_5(OH)_2 \tag{4-9}$$

$$2Sb + 5H_2O_2 = (H_3O)_2Sb_2O_5(OH)_2 + H_2O \tag{4-10}$$

以上反应都是放热反应，反应放出的热量足够维持 95℃ 的温度，确保反应的连续进行。

于三口瓶先加入 1.64 份蒸馏水，再加入 1 份锑粉及上一次返回的底流和 0.129 份三乙醇胺调浆。升温至 60℃ 后，用滴定管将相应量的双氧水慢慢滴加到三口瓶内，当温度上升到 95℃ 后，调节双氧水的滴加速度，确保恒温 95℃，直到双氧水加完，再搅拌 20 min 后澄清分离。小心地倒出 $Sb_2O_5$ 溶胶，溶胶经干燥得

$Sb_2O_5$ 干胶,底流返回下一次氧化处理。

### 3.3.3　结果与讨论

#### 1.小试情况

在相应规模下分别考察了液固比(锑粉 10 g/次)、稳定剂用量(锑粉 15 g/次)及粒径(锑粉 364 g/次、233 g/次)等因素对氧化过程的影响。

1)液固比的影响

在双氧水用量为理论量的 1.75 倍、稳定剂三乙醇胺用量 0.015 mL 及 95℃时,液固比的影响情况见表 4-17、表 4-18。

**表 4-17　液固比对氧化产物量的影响**

| 样号 | 液固比 | 干胶质量/g | 沉砂质量/g | 氧化率/% |
|------|--------|-----------|-----------|---------|
| 1 | 5:1 | 13.54 | 0.17 | 98.76 |
| 2 | 6:1 | — | — | — |
| 3 | 7:1 | 11.82 | 0.39 | 96.8 |
| 4 | 8:1 | 12.74 | 0.58 | 95.65 |

**表 4-18　液固比对干胶质量的影响**

| 样号 | 液固比 | $w(Sb_T)$/% | $w(Sb^{3+})$/% | $w(H_2O_2)$/% | 高锑化率/% |
|------|--------|-------------|----------------|---------------|-----------|
| 1 | 5:1 | 63.82 | 2.41 | 0.54 | 96.22 |
| 2 | 6:1 | 65.53 | 4.23 | 0.78 | 93.55 |
| 3 | 7:1 | 66.46 | 5.71 | 0.81 | 91.41 |
| 4 | 8:1 | 65.91 | 7.10 | — | 89.23 |

由表 4-17、表 4-18 可知,液固比愈大,则氧化率和高锑化率愈低,这是由于反应物的浓度降低所致。实验发现,液固比不能低于 4:1,若为 3:1,则溶胶黏稠得无法搅动,因此选液固比 4:1 较好。

2)稳定剂用量的影响

在试料、试剂用量为 15 g 锑粉、24.6 g 蒸馏水、34.92 g 双氧水(30%)以及 94℃的固定条件下,稳定剂三乙醇胺用量对氧化过程的影响见表 4-19、表 4-20。

**表 4 – 19  三乙醇胺用量对氧化产物量的影响**

| 样号 | 三乙醇胺用量/mL | 干胶质量/g | 沉砂质量/g | 氧化率/% |
|---|---|---|---|---|
| 5 | 2.5 | 15.9 | 2.65 | 85.71* |
| 6 | 2.0 | 16.69 | 2.24 | 88.17 |
| 7 | 1.7 | 16.28 | 1.85 | 89.80 |
| 8 | 1.5 | 15.46 | 2.63 | 85.46* |

注：* 氧化率低系操作误差所致。

**表 4 – 20  三乙醇胺用量对干胶质量的影响**

| 样号 | 三乙醇胺用量/mL | $w(Sb_T)$/% | $w(Sb^{3+})$/% | $w(H_2O_2)$/% | 高锑化率/% |
|---|---|---|---|---|---|
| 5 | 2.5 | 61.31 | 1.31 | 0.011 | 97.86 |
| 6 | 2.0 | 58.42 | 1.31 | 0.02 | 97.76 |
| 7 | 1.7 | 61.68 | 0.77 | 0.03 | 98.75 |
| 8 | 1.5 | 59.82 | 0.80 | 0.04 | 98.66 |

表 4 – 19、表 4 – 20 说明，随着三乙醇胺用量的减少，干胶 $H_2O_2$ 含量提高，氧化率逐渐增加，对高锑化率的影响不明显，但返溶性变差。为确保返溶性，三乙醇胺用量确定为 0.117 mL/g 锑较好。

3）粒径的影响

在 1 份锑粉用 1.64 份蒸馏水、2.328 份双氧水、0.117 份三乙醇胺及 94℃的固定条件下，分别采用粒径为 0.12 mm（364 g）及 0.074 mm（233 g）的锑粉作试料，考察粒径对氧化过程的影响，结果见表 4 – 21、表 4 – 22。

**表 4 – 21  锑粉粒径对氧化产物量的影响**

| 样号 | 9 | 10 |
|---|---|---|
| 锑粉粒径/mm | 0.120 | 0.074 |
| 干胶质量/g | 321.08 | 206.38 |
| 沉砂质量/g | 38.24 | 26.64 |
| 氧化率/% | 89.50 | 88.57 |
| 高锑化率/% | 99.65 | 99.78 |

表 4 – 22　锑粉粒径对胶态 $Sb_2O_5$ 质量的影响/%

| 样号 | 9 | 10 |
|---|---|---|
| 锑粉粒径/mm | 0.120 | 0.074 |
| $Sb_T$ | 62.98 | 64.22 |
| $Sb^{3+}$ | 0.22 | 0.14 |
| $H_2O_2$ | 0.045 | 0.08 |
| As | 0.0068 | 0.0059 |
| Fe | 0.0085 | 0.0083 |
| Cu | 0.0093 | 0.016 |
| Pb | 0.0085 | 0.0083 |
| 密度/($g \cdot cm^{-3}$) | 1.36 | 1.24 |
| $Sb_2O_5$ 粒径/nm | 100 | 110 |
| 溶胶黏度/cP | 4.7 | 24.16 |

表 4 – 21、表 4 – 22 数据说明，锑粉粒径对氧化过程的影响不大，但细粒径可使高锑化率、密度及溶胶黏度升高，特别是黏度升高显著。而且 9# 样品质量稍优于 10#，因此，采用 0.12 mm 粒径（ – 120 目）的锑粉即可。

**2. 综合实验**

在 1 份锑粉用 1.64 份蒸馏水、2.328 份双氧水、0.117 份三乙醇胺，锑粉平均粒径为 0.12 mm 及在 95℃ 下搅拌 2 h 以上的优化条件下进行循环扩大实验，规模为锑粉 300 g/次，结果见表 4 – 23、表 4 – 24。

表 4 – 23　扩大实验氧化产物量及锑回收率

| 样号 | 11 | 12 |
|---|---|---|
| 锑粉质量/g | 300 | 300 |
| 干胶质量/g | 449.1 | 462 |
| 沉砂质量/g | 11.3 | 7.82 |
| 氧化率/% | 97.54 | 98.33 |
| 高锑化率/% | 99.02 | 98.58 |
| 锑直收率/% | >96 | >96 |
| 锑总回收率/% | >99 | >99 |

**表 4-24　扩大实验胶态 Sb₂O₅ 质量分数/%**

| 样号 | 11 | 12 |
|---|---|---|
| 锑粉/g | 300 | 300 |
| $Sb_T$ | 63.24 | 62.59 |
| $Sb^{3+}$ | 0.62 | 0.89 |
| $H_2O_2$ | 0.19 | 0.27 |
| As | 0.024 | 0.033 |
| Fe | 0.0083 | 0.0063 |
| Cu | 0.012 | 0.012 |
| Pb | 0.084 | 0.080 |
| 密度/(g·cm⁻³) | 1.465 | 1.47 |
| 粒径/nm | 110 | 110 |
| 溶胶黏度/cP | 24 | 24 |

表 4-23、表 4-24 说明，数据重现性好，扩大实验样品质量较高，粒径为 110 nm，锑总回收率很高，直收率和氧化率也较高，而产品中 $Sb^{3+}$ 和 $H_2O_2$ 均较低。

以上结果说明，锑粉回流氧化法制备胶态 Sb₂O₅ 具有过程简单、不经过三氧化二锑阶段、流程闭路循环、无"三废"排放、氧化过程能自热进行、能耗低的优点，不足之处是双氧水用量较多。

# 第4章　纳米氧化铋的制取

## 4.1　概述

纳米氧化铋材料包括纳米氧化铋粉体和纳米氧化铋纤维两类，本章重点介绍溶胶－凝胶法制备纳米氧化铋粉体和相转化法制备纳米氧化铋纤维。先用第二篇介绍的氯化－干馏法由硫化铋精矿制备纯三氯化铋，再将三氯化铋脱氯制成活性氧化铋，然后以此为原料制备纳米氧化铋粉体和纳米氧化铋纤维。

## 4.2　溶胶－凝胶法制取纳米氧化铋粉体

将纯三氯化铋经脱氯产得的活性氧化铋与两种配合剂配制成浓度为 0.5 mol/L 的铋配合溶液，之后用蒸馏水冲稀水解，并控制体系 pH 为 12，所得氢氧化铋湿凝胶形貌如图 4－25 所示。由图 4－25 可知，氢氧化铋凝胶是由许多胶粒物构筑成空间结构，胶粒为 10～30 nm；陈化 4 h 后，氢氧化铋凝胶的形貌转变成针状或丝状，并彼此牵连。

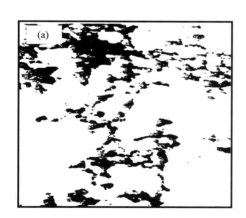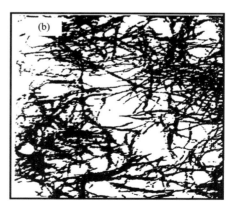

图 4－25　氢氧化铋湿凝胶 TEM 照片

（a）未陈化；（b）陈化 4 h

图 4－26 中的 a 是氢氧化铋湿凝胶采用无水乙醇洗涤 4 次后在 40℃下真空干

燥 4 h 所得干凝胶的 XRD 图谱，未能发现任何明显的衍射峰，这表明此凝胶为非晶态氢氧化铋；b 和 c 分别是氢氧化铋湿凝胶采用蒸馏水和无水乙醇洗涤 2 次后在 80℃下真空干燥 10 h 所得干凝胶的 XRD 图谱，两者形状类似，都显示出一定衍射峰，表明无定形氢氧化铋在 80℃下脱去部分水形成部分近程有序结构。

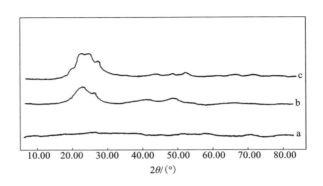

**图 4 - 26　氢氧化铋凝胶 XRD 图谱**

a—湿凝胶；b—干凝胶，蒸馏水洗涤；c—干凝胶，无水乙醇洗涤

　　干凝胶在不同温度下煅烧 1 h 后的 XRD 图谱如图 4 - 27 所示。

　　由图 4 - 27 可以看出，煅烧温度为 350 ~ 450℃，所得产物均为 $\beta$ - $Bi_2O_3$；当煅烧温度升高至 500℃后，产物的 XRD 特征衍射峰改变，晶体结构由 $\beta$ - $Bi_2O_3$ 转变为 $\alpha$ - $Bi_2O_3$。当煅烧时间为 1.5 h 时，煅烧温度对产物比表面积和当量球径的影响如图 4 - 28 所示。

　　图 4 - 28 说明，当煅烧温度由 350℃提高到 550℃时，产物的比表面积随之由 17.33 $m^2/g$ 减小到 11.31 $m^2/g$，当量球径相应地由 42 mm 增加到 65 mm。这也与图 4 - 27 相对应：随着煅烧温度的升高，枝状或针状 $Bi_2O_3$ 粒子不断收缩并相互黏结，比表面积随之减小，最终形成规整的球形粒子，且当量球径不断增加。

　　干凝胶在不同温度下煅烧 1.5 h 后的形貌如图 4 - 29 所示。结果表明，煅烧温度为 350℃时，所得产物的形貌为枝状或针状晶体，平均粒径为 30 nm；随着煅烧温度的升高，产物形貌逐渐由枝状或针状晶体向球形粒子转变；温度为 550℃时，基本全部为球形粒子，平均粒径为 60 nm 左右；此后继续升高煅烧温度，小的球形粒子之间黏结长大，平均粒径增加到 65 nm 左右。

　　所得 $Bi_2O_3$ 粉末的化学组成见表 4 - 25。

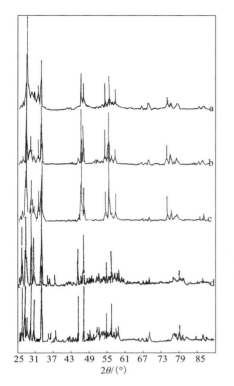

图 4-27　不同煅烧温度下所得
产物的 XRD 图谱

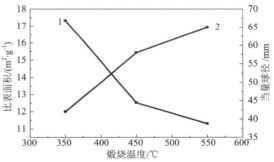

图 4-28　煅烧温度对氧化铋粉末比表面积和
当量球径的影响

1—比表面积；2—当量球径

表 4-25　$Bi_2O_3$ 粉末的杂质含量/$10^{-6}$

| 元素 | 含量 | 元素 | 含量 | 元素 | 含量 |
|---|---|---|---|---|---|
| Se | < 5 | In | < 5 | Mo | < 10 |
| Sn | < 5 | Mn | < 5 | W | < 10 |
| Zn | < 5 | Mg | < 20 | Ni | < 10 |
| Sb | < 10 | Cu | < 5 | Co | < 10 |
| Pb | < 10 | As | < 10 | Ti | < 10 |
| Cd | < 5 | Fe | < 10 | Ca | < 25 |
| K | < 10 | Na | < 10 | Ba | < 25 |
| Al | < 5 | Ag | < 5 | Cl | < 10 |

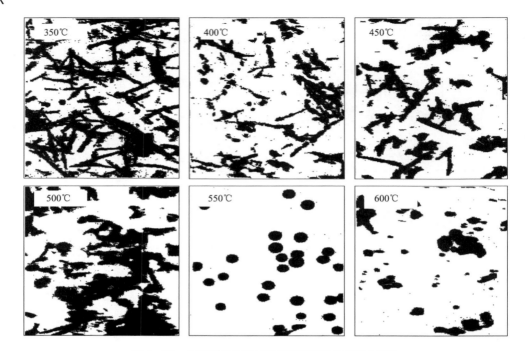

图 4 - 29　干凝胶在不同温度下煅烧后的 TEM 照片

从表 4 - 25 可以看出，$Bi_2O_3$ 粉末中所含杂质元素较多，其中 Ca、Ba、Mg 三种元素含量较高，其他杂质元素含量较低，这可能与制备过程中所用试剂有关。$Bi_2O_3$ 粉体中杂质总含量小于 $235 \times 10^{-6}$，粉末纯度大于 99.97%，杂质含量符合电子陶瓷用 $Bi_2O_3$ 产品质量要求。

## 4.3　相转化法制取纳米氧化铋纤维

相转化法是 $Bi_2O_3$ 在 110 ~ 160℃ 的水热环境下溶解于含有配合稳定剂的稀硫酸，水热硫酸铋溶液在冷却至室温过程中析出固相，产生相微观结构重组，生成纳米 $Bi_2O_3$ 纤维。本研究重点考察了搅拌速度、温度和时间对纳米氧化铋纤维形貌和转化效果的影响。

### 4.3.1　搅拌速度的影响

在固液比 4.7 g/L、温度 160℃、时间 24 h 的条件下，考察了搅拌速度对纳米 $Bi_2O_3$ 纤维形貌和转化效果的影响，结果如图 4 - 30 所示。

图 4 - 30 说明，搅拌速度对纳米 $Bi_2O_3$ 纤维的生成有较大的影响，不搅拌或快

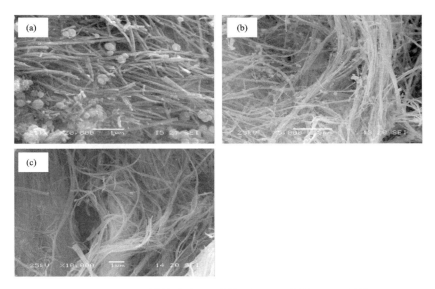

**图 4 - 30　不同搅拌速度下所得纳米 $Bi_2O_3$ 纤维 SEM 照片**

(a)未搅拌；(b)快速搅拌；(c)慢速搅拌

速搅拌均不利于纳米 $Bi_2O_3$ 纤维的完全转化，慢速的搅拌才有利于纳米 $Bi_2O_3$ 纤维的生成。

## 4.3.2　温度的影响

在固液比 4.7∶1、时间 24 h、慢速搅拌的条件下，考察了反应温度对纳米 $Bi_2O_3$ 纤维形貌和转化效果的影响，结果如图 4 - 31 所示。

图 4 - 31 说明，反应温度为 110~160℃时均可生成纳米 $Bi_2O_3$ 纤维。

## 4.3.3　时间的影响

在固液比 4.7∶1、pH = 3.0、温度 160℃、慢速搅拌的条件下，考察了反应时间对纳米 $Bi_2O_3$ 纤维形貌和转化效果的影响，结果如图 4 - 32 所示。

图 4 - 32 说明，反应 2 h 即可完全转化为纳米 $Bi_2O_3$ 纤维。

## 4.3.4　纳米氧化铋纤维的表征

图 4 - 33 为纳米 $Bi_2O_3$ 纤维的 TEM 照片和高分辨 SEM 照片。

图 4 - 33 说明，单根纳米 $Bi_2O_3$ 纤维的直径为 16 nm，在 TEM 照片中，$Bi_2O_3$ 纳米纤维表现为三根单纤维结合；高分辨 SEM 照片晶格条纹清晰，间距 0.924 nm，定向结晶。BET 比表面积为 20.2 $m^2/g$。

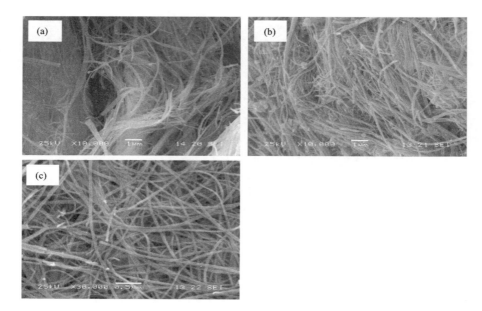

**图 4 – 31　不同反应温度下纳米 Bi$_2$O$_3$ 纤维 SEM 照片**

(a)160℃；(b)130℃；(c)110℃

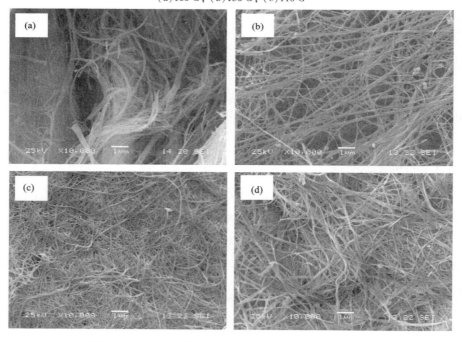

**图 4 – 32　不同反应时间下纳米 Bi$_2$O$_3$ 纤维 SEM 照片**

(a)24 h；(b)12 h；(c)8 h；(d)2 h

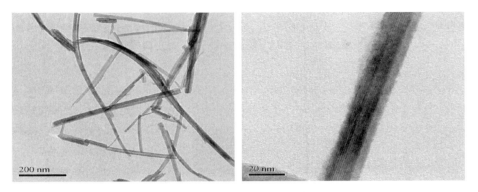

图 4 – 33 纳米 $Bi_2O_3$ 纤维的 TEM 照片和高分辨 SEM 照片

# 第 5 章　纳米氧化钽的制取

## 5.1　概述

　　高纯氧化钽粉体广泛用于高档电子材料,如介电器的高 $k$ 值材料、声表面波过滤器、红外热电传感器、光电子装置、X 射线增强屏、$LiTaO_3$ 单晶、光学玻璃等领域。随着电子工业的发展,其用量越来越大,粒径越来越细,纳米氧化钽粉体方可满足要求。但是现有方法生产的高纯氧化钽粉体很难达到国内外用户的要求,其关键在于 $Ta_2O_5$ 粉末的粒径和粒径分布、比表面积和颗粒形态。

　　目前有多种生产高纯氧化钽的方法,但都存在这样或那样的问题。因此,作者学术团队以金属钽板为原料,经过电化学合成、常压蒸馏分离乙醇与减压精馏分离高沸点与低沸点的杂质醇盐,获得了高纯乙醇钽,其详细情况见第三篇第三章。本篇第二章已述及,醇盐水解法是制备纳米粉体的有效方法,本章以自制的高纯乙醇钽为原料,采用醇盐水解法制取高纯纳米 $Ta_2O_5$ 粉体,具体实验研究情况如下。

## 5.2　基本原理

　　金属醇盐与水的反应包括水解反应式(4 - 11)和脱水反应式(4 - 12)、式(4 - 13)、式(4 - 14):

$$M(OR)_n + mH_2O \longrightarrow M(OR)_{n-m}(OH)_m + mHOR \qquad (4-11)$$

$$2(RO)_{n-1}M(OH) \longrightarrow (RO)_{n-1}M-O-M(RO)_{n-1} + H_2O \qquad (4-12)$$

$$m(RO)_{n-2}M(OH)_2 \longrightarrow [M(RO)_{n-2}-O]_m + mH_2O \qquad (4-13)$$

$$m(RO)_{n-3}M(OH)_3 \longrightarrow [O-M(RO)_{n-3}-O]_m + mH_2O + mH^+ \qquad (4-14)$$

此外羟基与烷氧基之间也可以缩合:

$$(OR)_{n-m}(HO)_{m-1}MOH + ROM(OR)_{n-m-1}(OH)_m \longrightarrow$$

$$(OR)_{n-m}(HO)_{m-1}M-O-M(RO)_{n-m-1}(OH)_m + ROH \qquad (4-15)$$

　　式(4 - 13)可以生成线形聚金属氧化物,式(4 - 14)则生成体形聚合物,而式(4 - 15)可生成线形或体形缩合产物。若水解缩聚的结果形成溶胶初始粒子,初始粒子逐渐长大,联结成链,形成三维网络结构,便得凝胶,但如果水解速度太快,粒子聚结程度加大,就会得到独立的沉积体,形成沉淀。通过调节水解液温度与 pH 使 Ta(OH)$_5$ 胶体发生脱水，生成 Ta$_2$O$_5 \cdot m$H$_2$O。通过控制一定水解条件，如温度、pH，可以制备纳米 Ta$_2$O$_5$。

# 5.3　实验与检测

## 5.3.1　水解实验

探索实验表明，钽醇盐在不同温度的高纯水中水解后，生成白色乳状 Ta(OH)$_5$ 液，过滤后溶液呈白色，放置几天后有白色沉淀产生，溶液仍然不清亮。但是水解后加入一定量的氨水调节 pH 为 8，同时升高温度至 80℃以上，溶液很快分层。因此水解条件实验过程中，水解后均加入一定量 1:1(V)氨水，调节 pH 到 8 ~ 9，同时升温至 80 ~ 85℃，保温 30 min。水解步骤为：首先取一定量的高纯水，常温或在水浴中加热至所需温度并恒温。再称取一定量的乙醇钽，加入乙醇配成所需浓度的一定体积的乙醇钽 – 乙醇溶液。边搅拌边用分液漏斗控制往上述高纯水中滴加的乙醇钽溶液的流速。加完后，搅拌 5 min，接着加入 1:1(V)氨水溶液，调节 pH 到 8 ~ 9，同时升温至 80 ~ 85℃保温 30 min。最后过滤分离，在 70 ~ 80℃干燥 24 h 后再在 800℃煅烧 2 h。

## 5.3.2　煅烧实验

首先按水解实验方法制备足够量的 Ta$_2$O$_5 \cdot$H$_2$O 作为煅烧实验的试料。将 Ta$_2$O$_5 \cdot$H$_2$O 先在 80℃干燥 24 h 后对试样进行热重 – 差热分析。再把试样分别在 500℃、800℃和 1000℃下煅烧 1 h，在 800℃下煅烧 2 h、4 h。根据以上水解与煅烧实验结果，进行综合实验制备纳米 Ta$_2$O$_5$ 粉体。

## 5.3.3　分析检测

实验样品用日本岛津产 XD 3A 型分析仪进行热重 – 差热分析，升温速度 10℃/min，空气气氛；用日本理学 D/max 7A10 型 X 射线衍射仪进行 XRD 分析，Cu 靶、Kα 射线，测定粉末的晶体结构；采用日本日立公司产 H800 型透射电子显微镜(TEM)和 FEI 公司产 Sirion 场发射 SEM 进行 Ta$_2$O$_5$ 形貌分析；实验样品杂质元素除 Si 采用光谱分析、Cl 采用比浊分析外，其余采用 Mass Agilent 7500a 进行 ICP 分析。

## 5.4 结果与讨论

### 5.4.1 水解实验

#### 1. 乙醇钽浓度的影响

在水解温度 45℃ 及加料时间为 15 min 的固定条件下，考察了乙醇钽浓度对水解过程的影响，结果如图 4-34 所示。

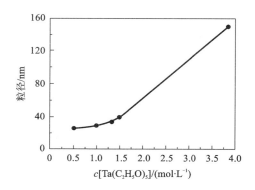

**图 4-34 乙醇钽浓度对水解产物粒径的影响**

从图 4-34 可以看出，高浓度(纯)乙醇钽直接滴入高纯水生成的 $Ta_2O_5$ 产品的粒径较粗且分布很不均匀；乙醇钽浓度降低至 1.5 mol/L 后，产品颗粒变细，且分布变均匀。

#### 2. 水解温度的影响

每次取 20 mL 乙醇钽、1.33 mol/L 的乙醇钽-乙醇溶液和 100 mL 高纯水，分别在常温 50℃ 和 80℃ 及加料时间 15 min 的条件下水解，样品的 TEM 照片如图 4-35 所示。

从图 4-35 可以看出，水解温度越高，样品晶粒尺寸越小，这是由于温度越高，水解速度越快。但水解温度在 80～85℃ 时，由于钽的催化作用，乙醇会形成一些酯类，吸附在氧化钽的表面，形成一些由小晶粒软团聚形成的大颗粒，如图 4-35(c) 所示，因此选取水解温度 50℃ 比较合适。

#### 3. 加料时间的影响

加料时间分别为 15 min、30 min、120 min 的水解产物的 TEM 照片显示，加料时间对粒径影响不大，但加料时间短，产品粒径稍微变细，这是由于加料时间越短，晶粒生长的时间越短。

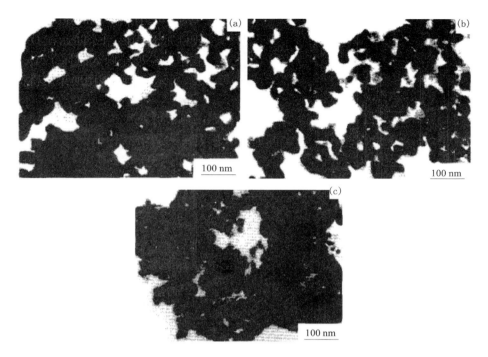

**图 4 – 35　不同水解温度试样的 TEM 照片**

(a)20℃；(b)50℃；(c)80℃

根据以上实验结果，确定乙醇钽的最佳水解条件为：乙醇钽浓度 1.0 mol/L，水解温度 50℃左右，加料时间约 15 min。

## 5.4.2　煅烧实验

在最佳水解条件下得到的 $Ta_2O_5 \cdot mH_2O$ 先在 80℃条件下干燥 24 h，试样先进行热重－差热分析，结果如图 4 – 36 所示。

图 4 – 36 的差热分析表明：水解产物在 719℃左右发生晶型转变；在 28 ~ 500℃没有强的放热峰，说明水解过程中乙醇钽水解干净，没有残留乙醇。热重分析表明：在 350℃前主要发生氧化钽的脱水反应，不同 pH 的水解产物含水约为 11%，可知 $Ta_2O_5 \cdot mH_2O$ 中 $m = 3$，因此水解产物不是 $Ta(OH)_5$，而是部分脱水形成的 $Ta_2O_5 \cdot 3H_2O$。

再取 $Ta_2O_5 \cdot mH_2O$ 样品分别在 500℃、800℃和 1000℃下煅烧 1 h，其 XRD 图谱如图 4 – 37 所示。与标准的 JCPDS 图谱比较发现，图 4 – 37 中 c 的晶型结构与缺氧的氧化钽($Ta_2O_x$，$x < 5$)完全一致，说明反应时间不够，在 1000℃煅烧后转化成 $\beta - Ta_2O_5$ 为主，还有少量 $\alpha - Ta_2O_5$。

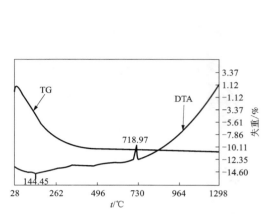

图 4 – 36　水解产物的热重差热分析图

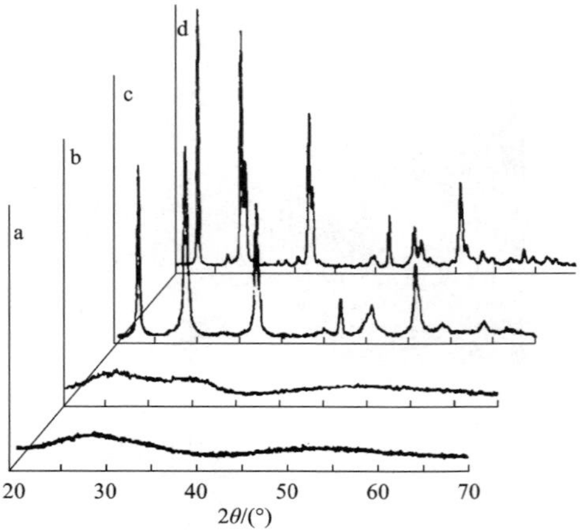

图 4 – 37　不同煅烧温度下试样的 XRD 图谱

a—干样；b—500℃；c—800℃；d—1000℃

在 800℃煅烧，延长煅烧时间至 1 h、2 h、4 h，其 XRD 图谱如图 4 – 38 所示。

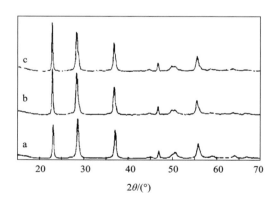

图 4 – 38　不同煅烧时间下试样的 XRD 图谱

a—1 h；b—2 h；c—4 h

从图 4 – 38 可以看出，在 800℃下经过 2 h 煅烧后，XRD 图谱与标准的 JCPDS 图谱比较，与 $\beta$ – $Ta_2O_5$ 图谱完全一致，说明无定型 $Ta_2O_5$ 完全转化成 $\beta$ – $Ta_2O_5$。进一步延长时间对产品晶型结构没有影响。因此选取最佳煅烧温度 800℃，时间 2 h。

精馏得到的乙醇钽产品水解、煅烧得到的 $Ta_2O_5$ 产品的 SEM 和 TEM 照片如图 4 - 39 所示。

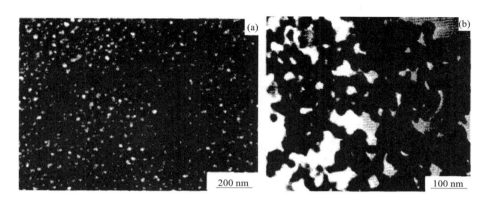

**图 4 - 39  $Ta_2O_5$ 产品的 SEM 和 TEM 照片**
(a)SEM 照片；(b)TEM 照片

从图 4 - 39 可以看出，$Ta_2O_5$ 颗粒的平均粒径约 35 nm，产品不是均匀的球形，为几个粒子联结在一起的链状产品。

纳米 $Ta_2O_5$ 粉体是高纯产品，$Ta_2O_5$ 含量大于 99.997%，Al，As，B，Bi，Ca，Co，Cr，Cu，Fe，K，Mg，Mn，Mo，Na，Ni，Pb，Sb，Sn，Ti，V，Zr 等杂质元素含量均小于 0.0001%，W 含量小于 0.0002%，Si 含量小于 0.0005%，Nb 含量小于 0.0008%。

## 5.5  结论

(1)乙醇钽的最佳水解条件为：乙醇钽浓度 1.0 mol/L，水解温度 50℃左右，加料时间约 15 min，用 1:1($V$)氨水调节 pH 为 8~9，在 85℃左右恒温 30 min。最佳煅烧温度 800℃、时间 2 h。

(2)在最佳条件下制取的 $\beta$ - $Ta_2O_5$ 产品的平均粒径约为 35 nm。

(3)纳米 $Ta_2O_5$ 粉体是高纯产品，$Ta_2O_5$ 含量大于 99.997%，W 含量小于 0.0002%，Si 含量小于 0.0005%，Nb 含量小于 0.0008%，其他杂质元素含量均小于 0.0001%。

# 第6章 纳米超细铜粉的制取

## 6.1 概述

自 20 世纪 90 年代以来，电子计算机的应用日益普及，带动了通信设备、音像设备、网络信息设备等电子产品的快速发展，以计算机为主体，集声、光、图像为一体的新一代家电——"信息家电""数字化家电"等电子产品制造业的崛起，行业的蓬勃发展，迅速带动了各种电子浆料及超细金属粉末行业的发展。

几种贵金属如钯、铂、金、银等因其优异的导电及应用性能，在电子工业中曾经无可替代。钯、铂、金、银等超细粉是电子工业中应用最为广泛、用量最大的几种贵金属粉末，是生产各种电子元器件产品的基本和关键的功能材料。电子浆料产品集冶金、化工、电子技术于一体，是一种高技术的电子功能材料，主要用于制造厚膜集成电路、电阻器、电阻网络、电容器、电极多层陶瓷电容器（MLCC）、导电油墨、太阳能电池电极、LED 冷光源、有机发光显示器、印刷及高分辨率导电体、薄膜开关、柔性电路、导电胶、敏感元件及其他电子元器件。

然而近 20 年来，各种贵金属价格猛涨近 10 倍，各种电子浆料制造成本急剧上涨，使电子产品利润持续走低。20 世纪 90 年代中期，以日本企业为先导，开始了电子浆料产业的一次革新，即浆料制备的贱金属化，比如在制造中内电极用镍替代钯，端电极用铜取代银等，在保持材料各性能的基础上大幅度降低了各种电子材料成本。经过多年的发展，目前贱金属电子浆料产品市场占有率已超过 70%，导电浆料相应从钯、银、金浆向铜、镍、锡浆转变的趋势已变得不可阻挡。

作为潜在的贵金属纳米粉的替代者，纳米铜粉可广泛应用于大规模集成电路制造、印刷版电路制造、电极多层陶瓷电容器（MLCC）制造、润滑油添加剂，防/抗静电涂料等。但到目前为止，作为替代的前提，纳米铜粉及铜浆料的抗氧化性、热收缩性、在浆料配制过程中的分散性等问题尚未得到很好解决。

通常，纯的纳米铜粉是用真空蒸镀、溅射等物理方法制备的。它们在空气中极易被氧化变质，在配置浆料时亲油性差、分散性不佳且易沉降。近年来，一些新颖的纳米铜粉的化学制备方法已有报道，如液相还原、反相胶束还原、辐射还原、在超临界流体气氛中还原、萃取还原、微乳液还原等。这些方法虽然实现了纳米铜粉的制备，但都或多或少存在操作困难、难以实现规模化及连续化生产等问题。所制备的纳米铜粉在空气中也不稳定，在浆料配制过程中难分散等缺点始终未解决。

此外，贱金属化也是 MLCC 发展的必然途径。目前我国高质量的 BME - MLCC 电极用铜粉仍需进口，作为电极重要原料的铜粉制备技术与国外相比还有差距，故解决铜粉的制备对我国 MLCC 的发展具有重要意义。

为了制得粒径为 0.5 ~ 3 μm，均匀、可控，具有良好流动性、分散性和抗氧化性的球形或类球形的超细铜粉，周康根、胡敏艺等人详细研究了葡萄糖预还原 - 水合肼还原两步还原法制备 MLCC 用铜粉。在前人研究的基础上，本研究进一步以两步还原法制备超细铜粉，采用葡萄糖一次预还原、亚磷酸钠二次还原方法，获得了球形、粒径均匀，还原彻底的超细铜粉，用聚乙烯吡咯烷酮（PVP）作为分散剂，分散效果良好，后用丙酮包覆铜粉表面，获得表征良好的超细铜粉。

# 6.2　工艺流程、基本原理与方法

## 6.2.1　工艺流程

两步还原法制取超细铜粉的原则工艺流程如图 4 - 40 所示。

## 6.2.2　基本原理与方法

### 1. 两步液相还原

传统的液相还原法制取超细铜粉均是采用强还原剂直接还原铜盐溶液制取超细铜粉。该法在很短时间内就可以将反应体系中生成的氢氧化铜和氧化铜微粒还原为铜超微粒子，而不会出现氧化亚铜中间体，这样铜粒子的过饱和度就会很大，因此成核的速度较大，颗粒生长过程过短，导致产生的超细粉体颗粒均匀性差。而通过葡萄糖预还原，让葡萄糖在强碱性介质中将二价铜离子还原成氧化亚铜，再加入次亚磷酸钠将氧化亚铜还原为金属铜粉，此法相当于延长了次亚磷酸钠直接还原法中氧化亚铜中间体的长大过程，有利于铜颗粒的均匀长大。

### 2. 两步次亚磷酸钠还原法

碱性溶液中，$Cu^{2+}$ 很容易形成 $Cu(OH)_2$ 沉淀，$Cu(OH)_2$ 容易脱水生成 $CuO$。此外 $Cu^{2+}$、$CuO$、$Cu_2O$、$Cu$ 之间能发生多种反应，因此在次亚磷酸钠直接还原硫酸铜的过程中，将有多种反应同时发生。主要反应如下：

$$Cu^{2+} \longrightarrow Cu(OH)_2 \tag{4-16}$$

$$Cu^{2+} \longrightarrow Cu_2O \tag{4-17}$$

$$Cu^{2+} \longrightarrow Cu \tag{4-18}$$

$$Cu(OH)_2 \longrightarrow CuO \tag{4-19}$$

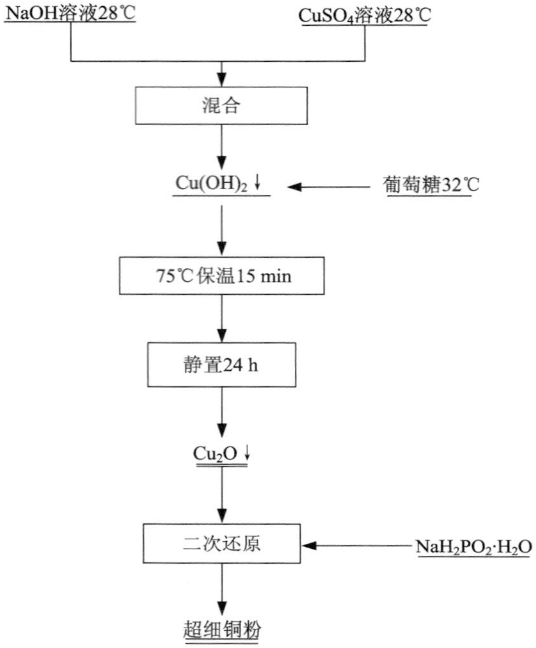
NaOH溶液28℃
CuSO4溶液28℃
混合
Cu(OH)2↓
葡萄糖32℃
75℃保温15 min
静置24 h
Cu2O↓
二次还原
NaH2PO2·H2O
超细铜粉

**图 4-40 两步还原法制取超细铜粉的原则工艺流程图**

$$Cu(OH)_2 \longrightarrow Cu_2O \quad (4-20)$$

$$Cu(OH)_2 \longrightarrow Cu \quad (4-21)$$

$$CuO \longrightarrow Cu_2O \quad (4-22)$$

$$CuO \longrightarrow Cu \quad (4-23)$$

$$Cu_2O \longrightarrow Cu \quad (4-24)$$

次亚磷酸盐还原性强，还原铜的反应机理比较复杂，根据化学热力学计算，该反应在碱性条件下推动力大，而化学动力学的实验证明，碱性或中性条件下反应速度很慢，酸性条件下（$pH=1\sim5$）反应速度却很快：

$$2Cu^{2+} + H_2PO_2^- + 2H_2O = 2Cu + H_2PO_4^- + 4H^+ \quad (4-25)$$

$$\Delta G^{\ominus} = -282.50 \text{ kJ/mol}$$

而且产率可超过 80%，所制备的超细金属铜粉可为纳米级，也可为微米级，产品不含氧化物，为纯相金属粉。酸性条件下比碱性条件下反应速度大的原因为：pH 较高时可能会形成氢氧化铜沉淀，降低了反应速度；而酸性条件下不会有沉淀生成，同时酸性条件下有利于次亚磷酸盐由正常型转变为具有两个羟基亚稳定态结构的活泼型。在此反应中，氢离子作为催化剂改变了反应历程，加快了反应速度。

在采用葡萄糖预还原硫酸铜后，再采用次亚磷酸钠将 $Cu_2O$ 还原成超细铜粉。次亚磷酸钠分两次加入，在较低温度时加入一部分，让其在升温过程中与 $Cu_2O$ 迅速反应而形成晶种，然后再将余下的次亚磷酸钠在较高温度下缓慢加入，使其生成铜粒子只在晶种表面均匀长大，最后制得均匀的类球形超细铜粉。

# 6.3　结果与讨论

## 6.3.1　两步还原法制取超细铜粉

### 1. 制取方法

1）$Cu_2O$ 制取

配制 250 mL 浓度为 1.35 mol/L NaOH 溶液，100 mL 浓度为 1.25 mol/L 的 $CuSO_4$ 溶液，75 mL 浓度为 2 mol/L 的葡萄糖溶液，将三者在恒温水浴槽中分别加热到 28℃、28℃、32℃。将 100 mL 浓度为 1.25 mol/L 的 $CuSO_4$ 溶液加入到 NaOH 溶液中，然后将葡萄糖溶液加入到有沉淀的 NaOH 溶液中，以 1.2℃/min 的速度升温到 75℃，搅拌速度为 400 r/min，保温反应 15 min。静置 24 h 后倾析出上层清液，得到 $Cu_2O$ 沉淀。

2）铜粉制取

次亚磷酸钠还原 $Cu_2O$ 制取超细铜粉：将上一步骤制得的 $Cu_2O$ 移入广口瓶中密闭静置 24 h 后倾析出上层清液，然后移入三口瓶，并加入 100 mL 去离子水和适量 PVP 配成 $Cu_2O$ 的悬浊液，在 400 r/min 的搅拌速度下迅速升温至 50℃，然后逐滴滴加一部分次亚磷酸钠，滴完再缓慢升温至一定温度，最后再滴加剩余部分次亚磷酸钠，大约 2 h 后反应结束，静置 3 h 后得到超细铜粉。

3）洗涤与干燥

制得的铜粉用蒸馏水离心洗涤 6 次，然后用无水乙醇离心洗涤 3 次，最后放入真空干燥箱常温干燥 4 h 得到干燥的超细铜粉。

### 2. 条件实验

1）葡萄糖预还原的影响

设计直接还原与葡萄糖预还原对比实验，研究预还原对超细铜粉粒径和形貌的影响。

直接还原：配制 100 mL 浓度为 1.25 mol/L 的 $CuSO_4$ 溶液，调 pH = 4，PVP 加入量为 2 g，搅拌速度为 400 r/min，升温到 75℃后缓慢滴加 100 mL 26.5 g/L 的 $NaH_2PO_2 \cdot H_2O$ 溶液，其中 $NaH_2PO_2 \cdot H_2O$ 加入量是理论量的 4 倍，所得结果如图 4 - 41 所示。

葡萄糖预还原：在已制备 $Cu_2O$ 沉淀中加去离子水 100 mL，调 pH = 4，PVP 加入量为 2 g，搅拌速度为 400 r/min，$NaH_2PO_2 \cdot H_2O$ 溶液的浓度和用量如上所述，反应体系温度为 50℃时加入一部分次亚磷酸钠，75℃时加入剩余部分次亚磷酸钠，这两部分次亚磷酸钠的加入量之比为 1∶4，所得结果如图 4 - 42 所示。

图 4 - 41　次亚磷酸钠直接还原
制取铜粉 SEM 照片

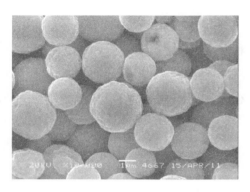

图 4 - 42　葡萄糖预还原次亚磷酸钠
还原制取铜粉 SEM 照片

由图 4 - 41 可知，制得的铜粉粒径极不均匀，形状也不规则，这是由于在直接用次亚磷酸钠还原硫酸铜的过程中，反应速度很快，短时间内生成了大量的晶核，铜晶核长大过程迅速但杂乱无章，最后生成的铜粉粒径分布较宽，颗粒一致性差。

由图 4 - 42 可知，通过葡萄糖预还原所得铜粉粒径十分均匀，类球状，无团聚现象，粒径分布窄。铜粉粒径分析如图 4 - 43 所示。

由于在反应中不断形成新的铜晶核，无法将成核与长大过程分开，已有的铜晶核不是同等程度地长大，因此最后形成的是大小形貌各异的微粒。

但在葡萄糖预还原硫酸铜过程中，能够让葡萄糖在强碱性介质中将二价的铜离子还原为一价的氧化亚铜，再加入次亚磷酸钠将氧化亚铜还原至金属铜粉，此法相当于延长了次亚磷酸钠直接还原法中氧化亚铜中间体的长大过程，同时避免了多种复杂反应的同步进行，有利于铜颗粒的均匀长大。

2）加料方式的影响

为了研究加料方式对成核的关系，本实验设计三种加料方式即：将 100 mL $Cu_2O$ 沉淀加入到次亚磷酸钠；将次亚磷酸钠一次性加入到 100 mL $Cu_2O$ 沉淀；将次亚磷酸钠分两次加入到 100 mL $Cu_2O$ 沉淀。观察不同加入方式所得铜粉的差异，并找到最佳的加料方式。

设计实验在如下条件下进行：在已制备 $Cu_2O$ 沉淀中加水 100 mL，用次亚磷酸钠还原，调 pH = 4，PVP 加入量为 2 g，搅拌速度为 400 r/min，$NaH_2PO_2 \cdot H_2O$

加入量为理论量的 4 倍，用 100 mL 水先溶解。分三种加料方式进行实验：①75℃时将 100 mL $Cu_2O$ 沉淀加入到 $NaH_2PO_2 \cdot H_2O$ 溶液；②将 $NaH_2PO_2 \cdot H_2O$ 分两次加入到 100 mL $Cu_2O$ 沉淀中，即 50℃时加入 40 mL 后以 1.2℃/min 的速度升温到 75℃时加入剩下的 60 mL；③75℃时将 $NaH_2PO_2 \cdot H_2O$ 溶液全部加入到 $Cu_2O$ 沉淀中。三种加料方式制取超细铜粉的 SEM 照片如图 4 – 43 所示，超细铜粉的粒径分布如图 4 – 44 所示，超细铜粉的粒径分布参数见表 4 – 26。

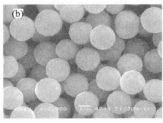

图 4 – 43　不同加料方式制取超细铜粉的 SEM 照片
(a)加料方式①；(b)加料方式②；(c)加料方式③

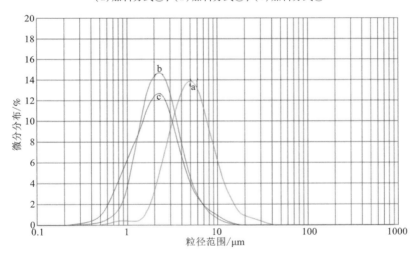

图 4 – 44　不同加料方式制取超细铜粉的粒径分布
a—加料方式①；b—加料方式②；c—加料方式③

表 4 – 26　不同加料方式制取超细铜粉的粒径分布参数

| 样号 | 条件 | $D_{10}/\mu m$ | $D_{50}/\mu m$ | $D_{90}/\mu m$ | $D_{av}/\mu m$ |
| --- | --- | --- | --- | --- | --- |
| a | 加料方式① | 2.47 | 5.04 | 10.59 | 6.06 |
| b | 加料方式② | 0.90 | 2.10 | 4.69 | 2.56 |
| c | 加料方式③ | 1.19 | 2.29 | 4.66 | 2.69 |

从图 4 – 43、图 4 – 44 和表 4 – 26 可以看出，第一种加料方式得到的铜粉表面附着有小颗粒的铜粉，表面不光滑，粒径较粗；第二种加料方式得到的铜粉表面形貌最好，粒径分布均匀，呈类球状；第三种加料方式得到铜粉大小不一，出现很多较小的颗粒黏附在大颗粒周围。分步法滴加次亚磷酸钠可以有效地将铜粒子成核和长大过程分开，有利于铜粒子的均匀长大。故第二种加料方式即将次亚磷酸钠分两次加入到 100 mL $Cu_2O$ 沉淀中得到的铜粉粒径和表面形貌最好。

3）pH 的影响

在 PVP 加入量为 2 g、搅拌速度为 400 r/min、$NaH_2PO_2 \cdot H_2O$ 加入量为理论量的 4 倍、先用 100 mL 水溶解的前提条件下，加料方式为：将 $NaH_2PO_2 \cdot H_2O$ 分两次加入到 $Cu_2O$ 沉淀中，50℃时加入 40 mL 后以 1.2℃/min 的速度升温到 75℃ 时加入剩下的 60 mL，考察 pH 对超细铜粉粒径和形貌的影响。不同 pH 制取超细铜粉的 SEM 照片如图 4 – 45 所示，粒径分布如图 4 – 46 所示，粒径分布参数见表 4 – 27。

图 4 – 45　不同 pH 制取超细铜粉 SEM 照片

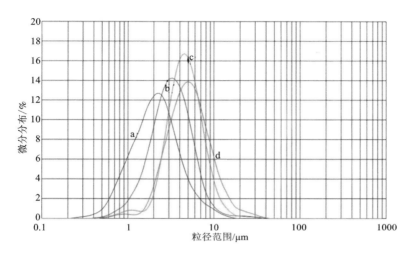

**图4-46　不同 pH 制取超细铜粉粒径分布图**

a—pH = 5; b—pH = 4; c—pH = 3; d—pH = 2

**表4-27　不同 pH 制取超细铜粉粒径分布参数**

| 样号 | 条件 | $D_{10}/\mu m$ | $D_{50}/\mu m$ | $D_{90}/\mu m$ | $D_{av}/\mu m$ |
|---|---|---|---|---|---|
| a | pH = 5 | 0.90 | 2.10 | 4.69 | 2.56 |
| b | pH = 4 | 1.53 | 3.20 | 6.34 | 3.75 |
| c | pH = 3 | 2.47 | 5.04 | 10.59 | 6.06 |
| d | pH = 2 | 2.49 | 4.57 | 8.41 | 5.17 |

从图4-45、图4-46和表4-27可以看出,随着溶液 pH 的减小,制备出的铜粉粒径和表面形貌有很大的区别。当溶液 pH 为5时,得到铜粉为类球形;pH为4时,有类方形铜粉出现;当 pH 为3时,在类方形铜粉表面有许多小颗粒铜粉附着,继续降低 pH 到2时,可得到粒径不一的铜粉,这是由于随着 pH 的降低,部分 $Cu_2O$ 沉淀溶解到溶液中为 $Cu^+$,$Cu^+$ 在溶液中直接和次亚磷酸钠反应,失去了 $Cu_2O$ 为晶核的作用,故生成大小不一的铜粉。因此本实验选择 pH 为5作为最佳 pH。

4)次亚磷酸钠添加量的影响

本制备过程存在的副反应为:$H_2PO_2^- + OH^- \Longrightarrow HPO_2^{2-} + H_2O$,且反应体系为开放体系,充当还原剂的反应物次亚磷酸钠与空气中的 $O_2$ 接触,部分被氧化,故要通过实验确定最佳次亚磷酸钠的用量。在 PVP 加入量为2g,搅拌速度为

400 r/min，pH 为 5，加料方式为 $NaH_2PO_2 \cdot H_2O$ 分两次加入到 $Cu_2O$ 沉淀中，50℃时加入 40 mL 后以 1.2℃/min 的速度升温到 75℃时加入剩下的 60 mL 的条件下，考察不同 $NaH_2PO_2 \cdot H_2O$ 加入量对超细铜粉粒径和形貌的影响。结果见表 4-28 及图 4-47、图 4-48。

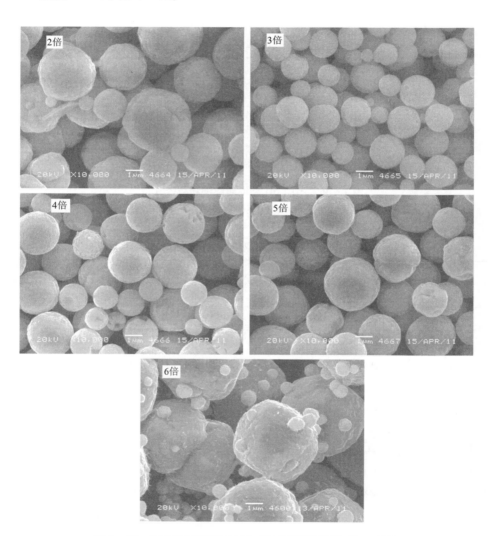

**图 4-47　不同次亚磷酸钠添加量制取超细铜粉 SEM 照片**

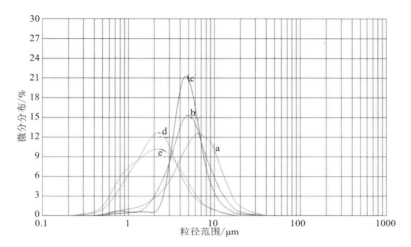

图 4 - 48　不同次亚磷酸钠添加量制取超细铜粉的粒径分布图

a—2 倍；b—3 倍；c—4 倍；d—5 倍；e—6 倍

表 4 - 28　不同次亚磷酸钠添加量制取超细铜粉的粒径分布参数

| 序号 | 条件 | $D_{10}/\mu m$ | $D_{50}/\mu m$ | $D_{90}/\mu m$ | $D_{av}/\mu m$ |
|------|------|------|------|------|------|
| a | 2 倍 | 3.04 | 4.84 | 8.35 | 5.42 |
| b | 3 倍 | 2.28 | 6.15 | 12.70 | 7.07 |
| c | 4 倍 | 1.12 | 1.76 | 3.02 | 1.9 |
| d | 5 倍 | 0.78 | 2.01 | 4.98 | 2.57 |
| e | 6 倍 | 0.90 | 2.10 | 4.69 | 2.56 |

从图 4 - 47、图 4 - 48 和表 4 - 28 可以得到在 $NaH_2PO_2 \cdot H_2O$ 加入量是理论量的 4 倍时，反应就已进行完全；当 $NaH_2PO_2 \cdot H_2O$ 加入量是理论量的 6 倍时，表面粗糙化，小的晶体附着在大晶体上，这是由于次亚磷酸钠过量太多，生成的晶种数量也增多，许多小的晶种就依附在大晶体上导致铜粉表面不光滑。本实验选择 $NaH_2PO_2 \cdot H_2O$ 加入量为理论量的 4 倍作为最佳还原剂加入量。

将制得的铜粉进行 XRD 分析，衍射图谱如图 4 - 49 所示，对照 PDF(040836)卡，确定图中的三个衍射峰全为铜的特征峰，分别为(111)、(200)、(220)晶面衍射峰，衍射峰高且尖锐，其衍射峰值近 $2.6 \times 10^5$，说明超细铜粉是晶态，呈面心立方结构，而且结晶性非常好。在图中无 CuO 的衍射峰存在，说明超细铜粉在空气中未被明显氧化。

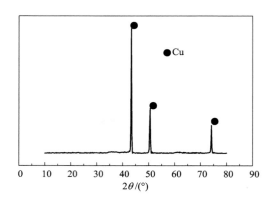

图4-49　超细铜粉的 XRD 图谱

5）PVP 添加量的影响

聚乙烯吡咯烷酮（PVP）是一种重要的高分子表面活性剂，在制取超细金属粉体的过程中加入 PVP 能起到重要的分散防团聚作用，同时对超细金属粉的粒径和形貌也有重要影响，并且具有一定的抗氧化作用。

在 $NaH_2PO_2 \cdot H_2O$ 加入量是理论量的 4 倍、搅拌速度为 400 r/min、pH 为 5、加料方式为将 $NaH_2PO_2 \cdot H_2O$ 分两次加入到 $Cu_2O$ 沉淀中，50℃时加入 40 mL 后以 1.2℃/min 的速度升温到 75℃时加入剩下的 60 mL 的条件下，200 mL 溶液 PVP 加入量为 0~8 g，考察 PVP 加入量对超细铜粉粒径和形貌的影响。结果见表 4-29 及图 4-50、图 4-51。

表4-29　不同 PVP 添加量制取铜粉的粒径分布参数

| 序号 | PVP 用量/g | $D_{10}/\mu m$ | $D_{50}/\mu m$ | $D_{90}/\mu m$ | $D_{av}/\mu m$ |
|---|---|---|---|---|---|
| a | 0 | 1.91 | 3.69 | 7.51 | 4.30 |
| b | 1 | 1.61 | 3.57 | 8.04 | 4.33 |
| c | 2 | 1.29 | 2.83 | 7.42 | 3.72 |
| d | 3 | 1.31 | 2.65 | 6.36 | 3.35 |
| e | 4 | 1.53 | 2.79 | 5.40 | 3.2 |
| f | 5 | 1.02 | 1.72 | 2.91 | 1.85 |
| g | 6 | 1.12 | 1.76 | 3.02 | 1.94 |
| h | 7 | 0.68 | 1.30 | 2.82 | 1.57 |
| i | 8 | 0.77 | 1.38 | 2.49 | 1.53 |

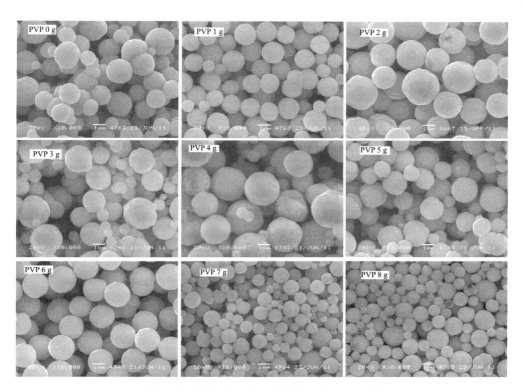

**图 4 – 50　不同 PVP 添加量制取铜粉 SEM 照片**

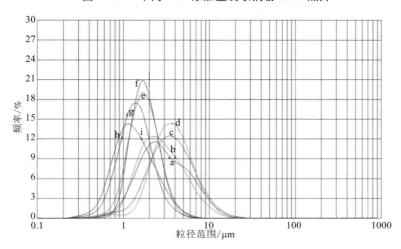

**图 4 – 51　不同 PVP 添加量制取铜粉的粒径分布图**

a—PVP 0 g; b—PVP 1 g; c—PVP 2 g; d—PVP 3 g; e—PVP 4 g; f—PVP 5 g; g—PVP 6 g;

h—PVP 7 g; i—PVP 8 g

从图 4-50 可以看出,没有加入 PVP 的溶液,还原制备的铜粉团聚现象严重,表面也较粗糙,加入一定量 PVP 后,团聚现象就消失了,当加入量为 6 g 的时候,得到粒径分布窄、抗氧化能力强、晶体表面光滑的铜粉。当 PVP 加入量超过 6 g 时,粒径减小,但一致性较差、反应不完全,颗粒表面有残缺。故本实验选择的最佳 PVP 加入量为 6 g。

由图 4-51 可知,随着 PVP 用量的改变,铜粉粒径及粒径分布发生了显著变化。当 PVP 加入量为 0~5 g 时,铜粉粒径分布很宽,颗粒一致性较差;当 PVP 加入量达到 6 g 时,铜粉粒径分布明显变窄,颗粒均匀性较好;进一步增加 PVP 的用量时无明显变化。

由表 4-29 可知,随着 PVP 用量的增加,超细铜粉的 $D_{90}$ 和平均粒径有逐渐减小的趋势,同时,$D_{90}$ 和平均粒径 $D_{av}$ 越来越接近,也说明随着 PVP 用量的增加,铜粉粒径变得更加均匀了。

PVP 等高分子分散剂分子结构的侧链上存在具有孤对电子的 N 和 O 原子,高分子通过 N 和 O 原子与超细金属粒子的表面原子配位,留下 C—H 长链伸向四周,阻止了超细金属粒子之间的相互团聚。PVP 吸附在金属粒子的表面降低了金属晶核的表面能,使得反应后续生成的金属原子在晶核表面均匀长大,易于得到粒径均匀的球形颗粒。

6)两步加入次亚磷酸钠量的影响

为了实现成核和长大过程的完全分离,实验的理想状态是第一步滴加的次亚磷酸钠只用于在升温时迅速与少量 $Cu_2O$ 反应生成铜晶种,第二步滴加的次亚磷酸钠继续与未反应的 $Cu_2O$ 反应,而此时生成的铜微粒将不再成核,只是在原晶核的基础上不断长大。通过适当调节前后两次次亚磷酸钠的用量可以调节反应所得晶种的量,进而调节所得铜粉的粒径。

在优化实验条件下,分两次将 100 mL $NaH_2PO_2 \cdot H_2O$ 溶液加入 $Cu_2O$ 沉淀中,即 50℃ 时加入 A,以 1.2℃/min 的速度升温到 75℃ 时加入剩下的 B,AB 用量比分别为 5:0、4:1、3:2、2.5:2.5、2:3、1:4、0:5,考察前后两次次亚磷酸钠用量对超细铜粉粒径和形貌的影响,结果见表 4-30 及图 4-52、图 4-53。

从图 4-52 可知,如果 A 过多,得到的铜粉粒径分布宽,铜粉大小不一。这是因为 A 还原的铜粉是为后面还原的铜粉提供晶种,晶种过多就会导致一致性变差。但当 A 用量小于 B 用量时,能明显看出粒径小的晶体数量慢慢减少,当 AB 用量比为 1:4 时,得到的铜粉为粒径分布窄的类球形铜粉。但 AB 用量比为 0:5 时,即没有第一步提供晶种的条件下,得到的铜粉又会出现粒径分布不均的类球形铜粉,并有铜粉出现团聚现象。由此可知 AB 用量比为 1:4 为最佳选择。

图 4 - 52　两步添加不同比例次亚磷酸钠制取铜粉 SEM 照片

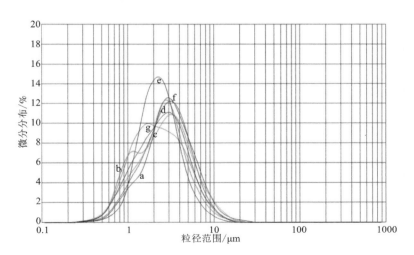

图 4 - 53　两步添加不同比例次亚磷酸钠制取铜粉的粒径分布图

a—5:0；b—4:1；c—3:2；d—2.5:2.5；e—2:3；f—1:4；g—0:5

表4-30　两步添加不同比例次亚磷酸钠制取铜粉的粒径分布参数

| 序号 | AB 用量比 | $D_{10}/\mu m$ | $D_{50}/\mu m$ | $D_{90}/\mu m$ | $D_{av}/\mu m$ |
|---|---|---|---|---|---|
| a | 5:0 | 1.20 | 3.02 | 6.87 | 3.69 |
| b | 4:1 | 0.97 | 2.54 | 5.80 | 3.08 |
| c | 3:2 | 1.12 | 2.85 | 6.15 | 3.33 |
| d | 2.5:2.5 | 1.19 | 2.29 | 4.66 | 2.69 |
| e | 2:3 | 0.92 | 2.22 | 3.72 | 2.88 |
| f | 1:4 | 0.90 | 2.41 | 5.40 | 2.89 |
| g | 0:5 | 0.97 | 2.78 | 6.74 | 3.43 |

从图4-53可知，当 AB 用量比为0:5时，粒径分布很宽，说明颗粒很不均匀；当 AB 用量比为1:4和2:3时，粒径分布变窄。由表4-30可知，随着 A 的增加，$D_{90}$ 和 $D_{av}$ 均在不断增大，但当 A 超过总量的1/2时，粒径又变小了；而当 A 为总量的2/5时，$D_{90}$ 再次增大，$D_{av}$ 却减小了，也说明此时铜粉粒径很不均匀。由此可见，通过调节前后两步所加次亚磷酸钠的量能在一定程度上调节超细铜粉的粒径分布。

7）温度的影响

在优化实验条件下，考察加入第二部分 $NaH_2PO_2 \cdot H_2O$ 溶液过程中温度对超细铜粉粒径和形貌的影响。实验结果见表4-31及图4-54、图4-55。

由图4-54可知，当温度为55℃时，反应程度较小，反应很不彻底，反应体系中仍有大量 $Cu_2O$ 没有反应；在较高的温度下（65℃，75℃，85℃）$Cu_2O$ 完全反应，生成的铜粉分散性很好，呈类球形。但不同温度所得产物又有明显差别，低于65℃时铜粉粒径很不均匀，出现了许多小粒子；75℃时铜粉中的小粒子明显减少，大部分为较为规则的球状体；升高温度到85℃，小颗粒明显增多，并出现了比较明显的团聚现象，这可能是 PVP 在较高温度下被破坏或吸附性能变差所致。

表4-31　不同温度制取铜粉的粒径分布参数

| 序号 | 温度/℃ | $D_{10}/\mu m$ | $D_{50}/\mu m$ | $D_{90}/\mu m$ | $D_{av}/\mu m$ |
|---|---|---|---|---|---|
| a | 55 | 1.22 | 2.99 | 7.21 | 3.74 |
| b | 65 | 1.53 | 2.79 | 5.40 | 3.21 |
| c | 75 | 1.24 | 2.29 | 3.79 | 2.44 |
| d | 85 | 0.98 | 2.67 | 5.91 | 3.16 |

图 4 - 54　不同温度制取超细铜粉的 SEM 照片

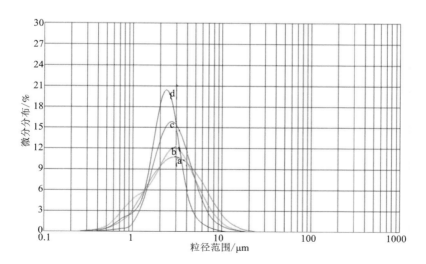

图 4 - 55　不同温度制取超细铜粉的粒径分布图

a—55℃；b—65℃；c—75℃；d—85℃

由图 4 - 55 可知, 温度对铜粉的粒径分布有明显影响, 在较低温度(65℃)和较高温度(85℃)时铜粉的粒径分布都很宽, 而在中间温度75℃时, 铜粉的粒径分布很窄, 对照 SEM 照片亦如此。由图 4 - 54 可以看出, 随着温度的升高, 铜粉的粒径有逐渐增大的趋势, 当温度较高(85℃)时, 铜粉的 $D_{90}$ 很大, 而 $D_{av}$ 却变小了, 这正说明此时铜粉粒径很不均匀。由此可见, 体系的反应温度对生成的超细铜粉粒径及粒径分布有较大的影响。

### 3. 抗氧化实验

在优化实验条件下, 即PVP加入量为6 g、搅拌速度为400 r/min、$NaH_2PO_2 \cdot H_2O$ 加入量为理论量的4倍, 加料方式为将 $NaH_2PO_2 \cdot H_2O$ 分两次加入到100 mL 的 $Cu_2O$ 悬浊液中, 50℃时加入 40 mL 后以 1.2℃/min 的速度升温到75℃时再加入剩下的 60 mL, 用苯并三氮唑作为超细铜粉的抗氧化剂做表面处理。

为保证改性剂很好地包覆在超细铜粉表面, 改性前需对铜粉进行表面处理: 将制备的超细铜粉先用 5% 硫酸清洗, 去除氧化层, 后用水清洗 3 次。文献用 2 g/L 的苯并三氮唑溶液浸泡清洗后的超细铜粉, 时间为 0.5 h, 后静置澄清, 倾析出上清液, 将得到的铜粉在50℃真空干燥箱中烘干。

测得表面抗氧化剂对超细铜粉的氧化量及压实电阻为: 8.7 mg/g 和 8.1 Ω, 将改性处理后的超细铜粉样品装入塑料袋中不封口, 同时敞放于通风良好的房间, 放置 1 个月测量 1 次铜粉含氧量及压实电阻, 以验证铜粉抗氧化性。测量结果表明, 其氧化量及压实电阻较一个月前分别增加0.06%和0.08%。

通过有机表面改性工艺, 操作流程简单, 成本较低, 改性后的铜粉应用时, 只需对其进行简单处理即可。可以根据不同的需要对超细铜粉采取不同的改性工艺。

## 6.3.2　两步还原法制取纳米铜粉及铜浆料

在前期研究的基础上, 作者学术团队进一步研究了基于两段还原的纳米铜粉及铜浆料的制取方法, 其特征在于: 将铜盐水溶液与相转换剂油酸混合强烈振荡, 使还原反应在水/有机界面中进行; 然后分两次加入还原剂到溶液中还原; 第一次加入还原剂的浓度为 0.5 ~ 1.0 mol/L, 与 $Cu^{2+}$ 溶液的体积比为 1:3 ~ 1:6, 温度为 30 ~ 80℃, 时间为 5 ~ 30 min; 第二次加入还原剂的浓度为 0.5 ~ 1.0 mol/L, 与 $Cu^{2+}$ 溶液的体积比为 1:5 ~ 1:15; 温度为 20 ~ 80℃, 时间为 10 ~ 60 min; 反应结束后, 将溶液冷却至室温, 陈化; 分离收集有机相; 所得到的有机相经洗涤、干燥后得到纳米铜粉, 其 SEM 照片、XRD 图谱及粒径分布如图 4 - 56 所示。

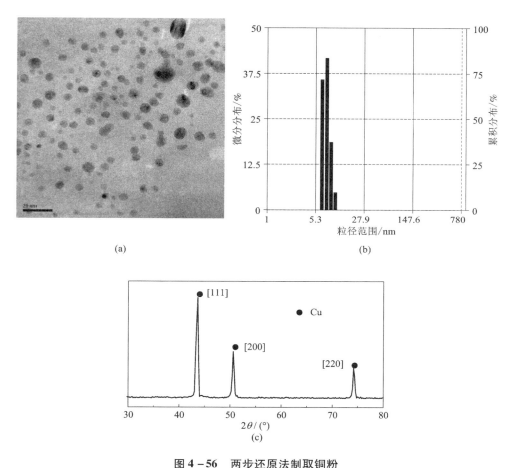

**图4－56　两步还原法制取铜粉**

（a）SEM照片；（b）粒径分布图；（c）XRD图谱

图4－56说明，纳米铜粉粒径分布窄，平均粒径小于20 nm。亦可将纳米铜粉与得到的有机相作为母浆制成导电浆料。

本方法以普通的铜盐为原料，提出了运用溶剂置换－两步还原制备纳米铜粉及铜浆料的方法，整个工艺过程重新设计，克服了常规制备方法需要惰性气氛保护或需要在有机反应体系下进行等缺点。

该方法的优势在于：①制备条件及流程简单，在常温常压下即可进行，生产成本低；②通过相转化剂的使用，使还原反应在水/有机界面中进行，纳米铜粒子一生成即进入有机相，产品易于分离和收集，用相转化剂还能同时起到分散剂及表面改性剂的作用；③产品性能良好，采用本方法制得的纳米铜粉粒径小于

20 nm，可在空气中稳定存在 3 个月以上而不被氧化。由此制得的导电浆料更可在常温常压下稳定保存 12 个月以上；④制备过程环境友好，无"三废"排放，产品中不含欧盟严禁使用的铅、汞、镉、六价铬、聚合溴化联苯、聚合溴化联苯乙醚等有害化学成分，符合"绿色生产"要求。

# 第7章　超细金、银、钴粉的制取

## 7.1　概述

1956 年贵金属超细粉末开始用于微电子工业，1974 年日本研制出微片混合电路，于是贵金属浆料在电子工业中的应用得到迅速推广。贵金属浆料是制备微电子元件的重要材料，它是通过丝网印刷或涂敷于绝缘基体上，经烧结或固化后可导电、具有电阻电容等功能的材料，贵金属浆料包括厚膜浆料、导电胶、导电涂料等。贵金属浆料的组成主要为：功能相材料（贵金属粉末和贵金属树脂酸盐），黏结剂（玻璃料、贵金属氧化物或树脂），载体（有机树脂和溶剂）。超细金粉制备的电子浆料以其性能可靠、使用寿命长而著称，但价格较高。超细银粉却以低成本、高导电等特性备受青睐，得到广泛应用。金、银粉末是组成导电银浆最关键的材料，它们有树枝状、球状和片状三种典型的形貌特征。金、银粉末的形貌结构、粒径及其分布等特性对金、银膜的致密性有关键影响，它决定了金、银粉末的整体特性和表面特征。例如，中高温烧结的银浆，印刷在玻璃基体的厚膜导体浆料应具备以下特性：浆料均匀分散、粉体体系无凝聚性（或小至可忽略）及良好的流变性，保证印刷后膜平滑、不断线、烧结膜致密。一般选择球形超细金、银粉制备电子浆料，但以片状金、银粉制备高导低温银浆涂层性能更优良，并且具有金黄或银白色光泽。而片状金、银粉由超细金、银粉末经过长时间球磨制成。

微电子产品正在向微型化、集成化、智能化发展，为了适应这种发展趋势，先进国家都致力于贵金属超细粉末的研究开发。为了赶上世界发达国家，彻底解决贵金属浆料依靠进口的问题，贵金属超细粉末及电子浆料已作为国家鼓励发展产品被列入《中国高新技术产品（新材料部分）目录》。本章将系统介绍湿化学法制备超细金、银、钴粉的实验研究情况。

## 7.2　超细金粉制取

由于金具有诸多优良特性，超细金粉在高可靠的导电浆料中得到广泛应用：①印刷型金导体浆料，如 HIC 高可靠电路、多层电路以及其他 IC 用陶瓷基板，线分辨率高、性能可靠，具有高密度与良好的键合特性；②焊接型金导体浆料，如气敏元件 APM 引线的焊接、三极管管芯与管座的焊接，满足欧姆接触和焊接性能的要求。以下系统地介绍湿化学法制备超细金粉的实验研究情况。

## 7.2.1　原料与工艺流程

实验原料粗金粉为浙江长贵金属粉体有限公司提供,品位大于等于 99.99%。由粗金粉制取超细金粉的工艺流程如图 4 - 57 所示。

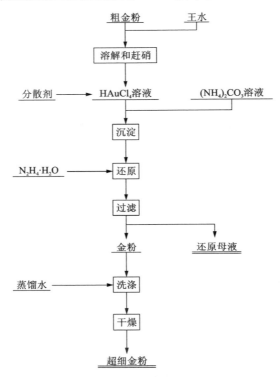

**图 4 - 57　超细金粉制取工艺流程图**

## 7.2.2　基本原理

用王水溶解粗金粉:

$$Au + HNO_3 + 4HCl \overline{\quad\quad} HAuCl_4 + NO \uparrow + 2H_2O \qquad (4-26)$$

用碳酸铵从金液中沉淀 $Au(OH)_3$:

$$HAuCl_4 + 2(NH_4)_2CO_3 + H_2O \overline{\quad\quad} Au(OH)_3 \downarrow + 2CO_2 \uparrow + 4NH_4Cl$$

$$(4-27)$$

在常温下用水合肼还原氢氧化金:

$$4Au(OH)_3 + 3N_2H_4 \overline{\quad\quad} 4Au \downarrow + 3N_2 \uparrow + 12H_2O \qquad (4-28)$$

还原过程中加入高分子分散剂,分散剂的加入在还原反应初期形成大量小晶核,在金总量不变的情况下,反应结束时平均每个晶粒的粒径就比较小。相反,不加分散剂时生成少量大晶核,在此基础上随着反应进行,大晶核长大为大晶粒。此外,金颗粒表面吸附的分散剂膜具有空间位阻作用,减小颗粒间的接触机会,从而阻止晶粒的团聚和长大。

## 7.2.3 结果与讨论

在相应的固定条件下,考察了分散剂种类和用量以及金离子浓度等因素对金粉粒径和形貌的影响,结果分析与讨论如下。

(1)分散剂种类的影响。

在金离子浓度 120 g/L,$(NH_4)_2CO_3$(120 g/L)溶液用量 1.6 mL/g Au,沉淀终点 pH 4~6,水合肼(20%)用量 0.167 mL/g Au 及常温的固定条件下,考察了木胶、乙二醇、油酸、PVP 及十二硫醇等分散剂对金粉粒径和形貌的影响,结果如图 4-58 所示。

从图 4-58 可以看出,木胶会使部分金粉团聚成片状金,乙二醇、油酸及 PVP 阻碍了金晶核的生长,因此金粉平均粒径为 0.2~0.3 μm,但分散效果不理想;十二硫醇分散效果好,所得产品的平均粒径约 1 μm,流动性好。因此,决定采用十二硫醇作为分散剂。

(2)分散剂用量的影响。

在金离子浓度 200 g/L,$(NH_4)_2CO_3$(120 g/L)浓度用量 1.6 mL/g Au,沉淀终点 pH 4~6,水合肼(20%)用量 0.2 L/g Au 的固定条件下,十二硫醇加入量分别为金粉量的 0.2%、0.4%、0.6% 和 0.8% 时,金粉形貌如图 4-59 所示,粒径分布如图 4-60 所示。

从图 4-59 可以看出,分散剂十二硫醇加入量为金粉量的 0.2% 时,虽然扫描电镜分析的金粉粒径较小,但似乎有团聚现象,且分散性不好,因此在图 4-60 的粒径分布曲线中,平均粒径反而最大,粒径分布曲线的平均粒径与扫描电镜的结果存在很大误差,估计是由于激光粒径分析过程中,需要加入十二硫醇作分散剂,吸附在金粉上的十二硫醇有可能改变金粉对激光的反射,因此激光粒径分析只能作为系统分析,不能确定粒径的真实值。分散剂加入量为金粉量的 0.4%~0.87% 时金粉形貌及粒径分布改变不大,因此选取十二硫醇最佳用量为金粉量的 0.5%。

(3)金离子浓度的影响。

在 $(NH_4)_2CO_3$(120 g/L)用量 1.6 mL/g Au,沉淀终点 pH 4~6,常温,水合肼(20%)用量 0.2 mL/g Au,十二硫醇加入量为金粉量的 0.4% 的固定条件下,金离子浓度分别为 200 g/L、160 g/L、120 g/L 时,金粉形貌如图 4-61 所示,粒径分布如图 4-62 所示。

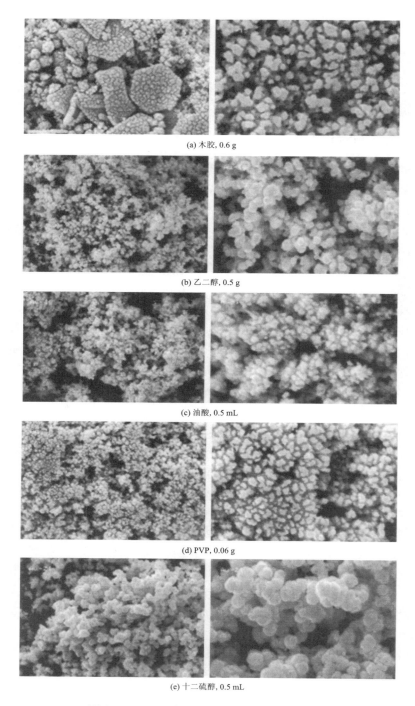

(a) 木胶, 0.6 g

(b) 乙二醇, 0.5 g

(c) 油酸, 0.5 mL

(d) PVP, 0.06 g

(e) 十二硫醇, 0.5 mL

图 4 – 58　不同分散剂种类对金粉形貌的影响

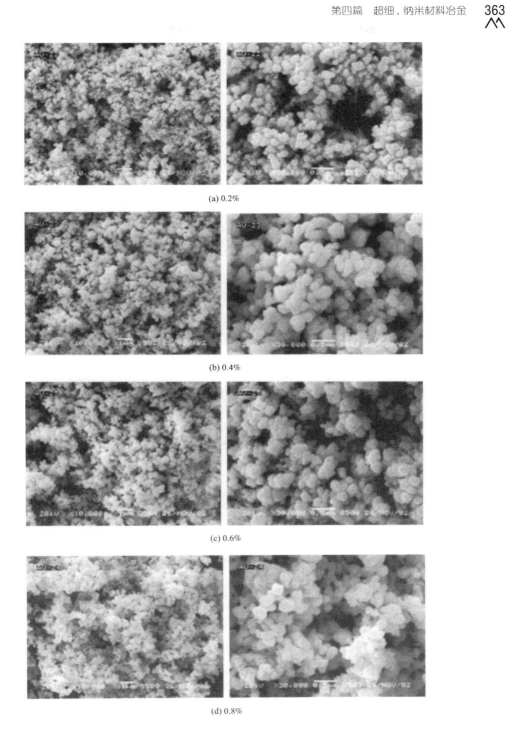

(a) 0.2%

(b) 0.4%

(c) 0.6%

(d) 0.8%

图 4 −59 不同分散剂用量对金粉形貌的影响

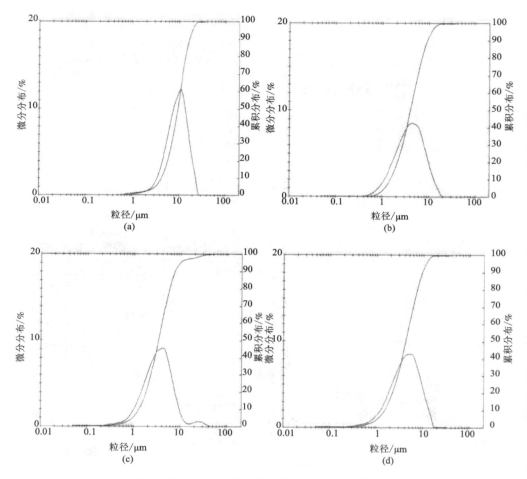

**图 4 – 60    不同分散剂用量对金粉粒径分布的影响**

从图 4 – 61 和图 4 – 62 可以看出，产品均为类球形，但分散性能以 160 g/L 的金离子浓度最佳。根据实验结果，确定最佳条件：十二硫醇为分散剂，用量为金粉量的 0.50%，金离子浓度为 160 g/L。

（4）综合条件实验。

在金离子浓度 150 g/L，$(NH_4)_2CO_3$（120 g/L）溶液用量 7.2 mL/g Au，沉淀终点 pH 4 ~6，水合肼（20%）用量 1.24 mL/g Au，常温，十二硫醇用量为金粉量的 0.6% 的最佳条件下进行综合实验，取得良好结果，母液含金 0.52 mg/L，金回收率大于 99.9%，金粉比表面积为 2.4262 $m^2/g$，根据式（4 – 29）计算出金粉粒径为 0.128 μm。金粉 SEM 照片如图 4 – 63 所示。

(a) 200 g/L

(b) 160 g/L

(c) 120 g/L

**图 4 – 61　不同金离子浓度对金粉形貌的影响**

$$d = 6/(\rho \cdot S_m) \qquad (4-29)$$

式中：$d$ 为平均直径，$\mu$m；$\rho$ 为密度，g/cm$^3$；$S_m$ 为比表面积，m$^2$/g。

图 4 – 63 表明，金粉平均粒径约 0.3 $\mu$m。计算出的粒径小于 SEM 测得的粒径，主要是因为颗粒表面并不是光滑的球面，而是黏附有由很多小颗粒组成的类球体。

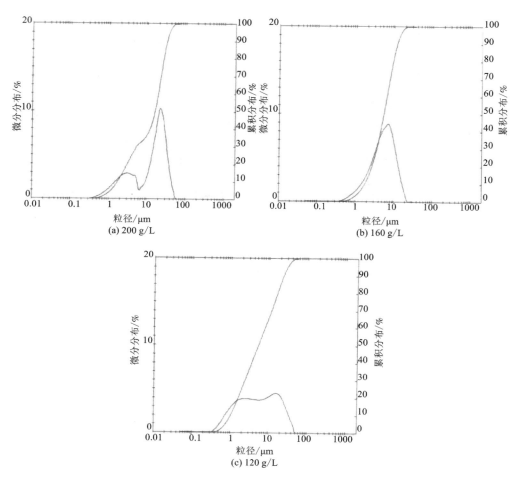

图 4 - 62　不同金离子浓度对金粉粒径分布的影响

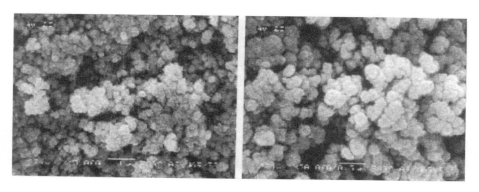

图 4 - 63　金粉 SEM 照片

# 7.3　超细银粉制取

超细银粉主要用于导电浆料。作者学术团队于 2000 年上半年完成了湿化学法制取超细银粉的小型实验，浙江长贵金属粉体有限公司在易建新总工程师的主持下，快速将小型实验成果产业化，同时进一步深加工成导电银浆用片状银粉，其国内市场占有率达到 60%，从而使该公司成为生产技术领先、产量最大的国内著名的贵金属粉体生产企业。以下系统地介绍湿化学法制备超细银粉的小型实验情况。

## 7.3.1　原料与工艺流程

实验原料银粒由浙江长贵金属粉体有限公司提供，品位大于 99.99%，杂质含量见表 4 – 32。

表 4 – 32　电解银粉杂质含量/$10^{-6}$

| Fe | Sb | Bi | Pt | Pd | As | Cu | Pb | Ni | Sn |
|---|---|---|---|---|---|---|---|---|---|
| 0.14 | 16.17 | 37.88 | 8.29 | 31.22 | <0.01 | 59.15 | 21.53 | <0.01 | 1.77 |

制取超细银粉的工艺流程如图 4 – 64 所示。

## 7.3.2　基本原理

溶解过程：
$$3Ag + 4HNO_3 =\!=\!= 3AgNO_3 + NO\uparrow + 2H_2O \tag{4 – 30}$$
沉淀过程：
$$2AgNO_3 + (NH_4)_2CO_3 =\!=\!= Ag_2CO_3 + 2NH_4NO_3 \tag{4 – 31}$$
还原过程：
$$Ag_2CO_3 + N_2H_4 =\!=\!= N_2\uparrow + 2H_2O + 2CO_2\uparrow \tag{4 – 32}$$
还原过程加入高分子保护剂聚乙烯吡咯烷酮(PVP)，其机理前已述及不再重复。

## 7.3.3　结果与讨论

先用常规方法溶解电解银粉，制成硝酸银试液，然后以硝酸银试液为研究对象，进行沉银和还原实验，考察碳酸铵用量、银离子浓度、温度、分散剂用量等因素对银粉平均粒径和比表面积的影响。固定还原和银粉洗涤干燥条件，即水合肼

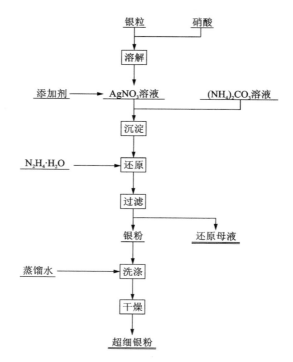

**图 4 - 64　超细银粉制取工艺流程图**

(80%)用量为 2 倍理论量,还原时间 30 min,银粉洗涤 3 ~ 5 次,在 100 ~ 120℃下干燥 12 h。小型实验具体情况如下。

**1. 碳酸铵用量的影响**

在银离子浓度 200 g/L,PVP 溶液(0. 01 g/mL)用量 0. 143 mL/g Ag,$(NH_4)_2CO_3$ 浓度 96 g/L,常温,匀速搅拌的固定条件下,$(NH_4)_2CO_3$ 用量分别为理论量的 1.05 倍、1.1 倍、1.2 倍、1.3 倍,实验结果如图 4 - 65 所示。

由图 4 - 65 可以看出,随着碳酸铵用量的增大,银粉平均粒径先增大后减小,而比表面积先减小后增大,所以选择 1.05 倍碳酸铵用量,这时平均粒径最小,且还原母液中银离子浓度小于 0.01 g/L,银的回收率大于 99.95%。

**2. 银离子浓度的影响**

在 PVP 溶液(0. 01 g/mL)用量 0. 143 mL/g Ag,$(NH_4)_2CO_3$ 浓度 96 g/L、用量为 1.05 倍理论量,常温,匀速搅拌的固定条件下,银离子浓度分别为 80 g/L、100 g/L、120 g/L、140 g/L 时,实验结果如图 4 - 66 所示。

由图 4 - 66 可以看出,随着银离子增加,银粉平均粒径开始变小,至 100 g/L 时最小,之后则变大;比表面积的变化趋势则与平均粒径相反。

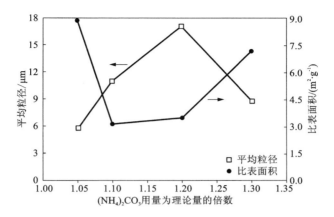

图 4-65　碳酸铵用量对平均粒径与比表面积的影响

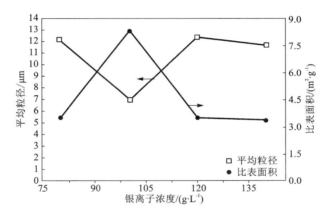

图 4-66　银离子浓度对平均粒径与比表面积的影响

### 3.温度的影响

在银离子浓度 200 g/L，PVP 溶液（0.01 g/mL）用量 0.143 mL/g Ag，（NH₄）₂CO₃浓度 96 g/L、用量为 1.05 倍理论量的固定条件下，温度分别为 25℃、40℃、60℃、80℃时，实验结果如图 4-67 所示。

由图 4-67 可以看出，温度在 60℃以下时，温度变化对平均粒径和比表面积影响不大，温度大于 60℃后平均粒径急剧增大，此温度范围内银的回收率达到 99.95%，选择最佳温度 40～60℃。

### 4.分散剂用量的影响

在银离子浓度 200 g/L，（NH₄）₂CO₃浓度 96 g/L、用量为 1.05 倍理论量，室

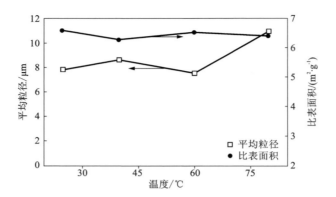

图 4 – 67　温度对平均粒径与比表面积的影响

温的固定条件下，分散剂用量分别为 0 g/g Ag、0.001 g/g Ag、0.002 g/g Ag、0.003 g/g Ag，即 PVP(0.01 g/mL) 溶液用量分别为 0 mL/g Ag、0.1 mL/g Ag、0.2 mL/g Ag 及 0.3 mL/g Ag 时，结果如图 4 – 68 所示。

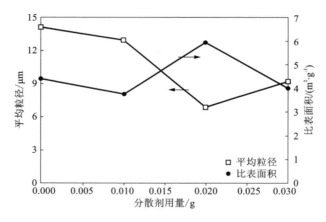

图 4 – 68　分散剂用量对粒径与比表面积的影响

由图 4 – 68 可以看出，随着分散剂用量的增大，粒径先减小后增大，比表面积变化趋势则相反，0.25 mL/g Ag 的 PVP(0.01 g/mL) 溶液为分散剂的最佳用量。

5.综合条件实验

根据条件实验确定最佳条件：碳酸铵浓度 96 g/L、用量为理论量的 1.05 倍，银离子浓度 167 g/L，分散剂用量为 0.0025 g/g Ag，温度 40～60℃。在以上最佳条件下进行综合实验，取得了预期的良好结果：银回收率大于99.95%，银粉比表面积为0.77 m²/g，粒径小于0.5 μm。银粉ICP－AES分析结果见表4－33，SEM照片如图4－69所示。

表4－33 银粉ICP－AES分析结果/10<sup>-6</sup>

表4－33 银粉ICP－AES分析结果/$10^{-6}$

| Pd | Fe | Ni | Sb | Au | Cu | Pt |
|-----|-----|-----|-----|-----|-----|-----|
| 5.4 | 15 | 8.5 | 9.6 | 1.3 | 12 | 7.8 |

产品质量（铁含量除外）符合银粉国家标准，注意控制制备过程中的铁污染，可确保铁含量达标。

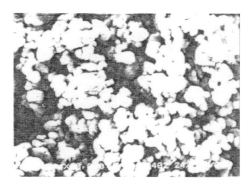

图4－69 银粉的SEM照片

# 7.4 超细球状钴粉制取

## 7.4.1 概述

用作硬质合金黏结剂的钴粉，除了纯度要求严格外，对其粒径与形貌还有很高的要求。苏联的研究证明，细钴粉与粗钴粉相比可使硬质合金具有更高的耐磨性与抗裂性，目前认为硬质合金用钴粉的平均粒径为 1.0～1.5 μm，且粒径分布均匀呈球形。我国大多采用氢还原氧化钴生产钴粉，平均粒径为 2～4 μm，且分布不均匀，呈枝状，这在一定程度上限制了硬质合金质量的提高。因此，国内外都在探索制备钴粉的新工艺，如真空热分解法、水合肼还原法、氢气液相还原法、羰基法、多元醇法等。真空热分解法、氢气液相还原法、羰基法对设备要求严格；水合肼还原法由于动力学的原因，不能像镍一样很容易地从溶液中还原出来；多元醇法工艺简单，大都是向多元醇中加入 Co(OH)₂ 粉末，长时间加热回流，使之还原生成钴粉，钴粉平均粒径为 1～5 μm，产品呈球形，分布均匀，且粒径可以控制，但该方法反应时间长，生产效率低。为进一步提高生产效率以及减小钴粉粒径，作者学术团队采用自制的氢氧化钴为原料，向多元醇中加入表面活性剂和NaOH，在194℃下短时间回流，即可制得平均粒径为 0.88 μm 和粒径分布均匀的球状钴粉，具体情况如下。

## 7.4.2 实验方法

往一定量的分析纯 $CoSO_4 \cdot 7H_2O$ 中加入蒸馏水，配成浓度为 0.6 mol/L 的

$CoSO_4$ 溶液 3 L，加入浓度为 2 mol/L 的 NaOH 溶液直至溶液 pH 为 10.5，过滤分离，用蒸馏水洗涤 3 次。

固定乙二醇用量 100 mL，$Co(OH)_2$ 加入量为 10 g，194℃回流还原 2 h，改变 NaOH 用量，考察它对反应速度的影响。固定 NaOH 用量，考察 $Co(OH)_2$ 加入量对钴粉粒径与形貌的影响。固定 $Co(OH)_2$ 加入量为 150 g/L 乙二醇，添加表面活性剂乙二醇，考察表面活性剂的影响。

还原产物与乙二醇分离后，先用水洗涤 5 次，然后用丙酮洗涤 3~5 次，在真空干燥箱、80℃干燥 2 h。

样品用日本 JSM – 5600LV SEM 观察粉末形貌，用日本理学 D/max – 7A10 型 X 射线衍射仪（Cu 靶，Kα 射线）测定粉末的晶体结构，用英国 MS – 2000 型激光粒径分析仪进行粒径分布分析，用美国 Micrometrics 公司生产的 ASAV2010 型比表面仪测定比表面积。

### 7.4.3　$Co(OH)_2$ 的制取

用苏打或烧碱中和硫酸钴或氯化钴溶液，控制终点 pH，使钴离子完全生成 $Co(OH)_2$ 沉淀，过滤，用丙酮洗涤 $Co(OH)_2$ 沉淀 3 次，60℃干燥 4 h，分析 $Co(OH)_2$ 形貌（图 4 – 70）。由图 4 – 70 可知 $Co(OH)_2$ 的形貌各异，有针形、球形和团聚的大颗粒。

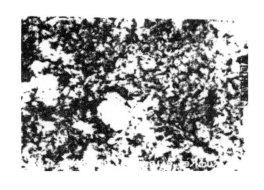

图 4 – 70　$Co(OH)_2$ 的 SEM 照片

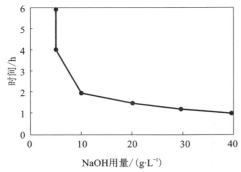

图 4 – 71　NaOH 用量对反应时间的影响

### 7.4.4　多元醇还原

#### 1. NaOH 用量的影响

探索实验表明，在没有加入 NaOH 的情况下，即使反应 48 h，溶液仍然为粉红色。因此，考察了 NaOH 用量对反应时间的影响，结果如图 4-71 所示。

从图 4-71 可以看出，当 NaOH 用量为 10 g/L，升温至 180℃时，溶液变黑，2 h 内能反应完全。当 NaOH 用量为 40 g/L 乙二醇，1.5 h 内反应完全。因而，可通过提高 NaOH 浓度加快 $Co(OH)_2$ 和乙二醇的反应，这一点可以从理论上解释：在碱性溶液中，乙二醇在氧化电位低时氧化成 $C_2H_2O_4$，升高电位可以继续氧化成 $CO_3^{2-}$。实验加入的为湿 $Co(OH)_2$，有少量水存在，可以把它看成一个碱性水溶液体系，$Co(OH)_2$ 是很弱的氧化剂，因此产物为 $C_2O_4^{2-}$。反应式为：

$$C_2O_4^{2-} + 8H_2O + 8e^- \rightleftharpoons HOH_2C - CH_2OH + 10OH^- \qquad (4-33)$$

$$Co(OH)_2 + 2e^- \rightleftharpoons Co + 2OH^- \qquad (4-34)$$

电位变化与 $[OH^-]$ 的关系（$t = 467K$）：

$$\Delta E_{C_2O_4^{2-}/C_2H_6O_2} \rightleftharpoons -0.1159 \lg[OH^-] \qquad (4-35)$$

$$\Delta E_{Co(OH)_2/Co} \rightleftharpoons -0.0927 \lg[OH^-] \qquad (4-36)$$

从式（4-35）和式（4-36）可以看出，乙二醇的氧化电位比 $Co(OH)_2$ 的还原电位下降得更快，随着 $[OH^-]$ 增加，两者的电位差增大，反应更容易。

### 2. $Co(OH)_2$ 加入量的影响

固定 NaOH 用量为 40 g/L 乙二醇，在 194℃下回流 2 h，考察 $Co(OH)_2$ 加入量对钴粉粒径与形貌的影响。在还原过程中，开始为粉红色，升温至 180℃左右开始变黑，约 30 min 后全部变黑。停下搅拌观察，黑色物质几乎与母液互溶，用磁铁吸也没有磁性。然后很快生成黑色颗粒，停止搅拌，该黑色粉末能很快与母液分层，母液变清亮，用磁铁吸，能够全部被吸附在磁铁上。不同 $Co(OH)_2$ 加入量制取钴粉的形貌如图 4-72 所示。

图 4-72 表明，$Co(OH)_2$ 加入量对钴粉粒径和形貌有一定的影响；而 $Co(OH)_2$ 形貌对钴粉形貌几乎没有影响，所得钴粉都可以为球形。$Co(OH)_2$ 质量浓度越高，钴粉颗粒越大，分布越不均匀。由图 4-72 还可以看出，钴粉是由更小的细微钴粉颗粒凝并而成。根据 Smoluchowski 粒子碰撞快速凝并理论，单位体积内生成的晶核总数增加，使得原生晶粒碰撞频率加快，原生晶粒生长的寿命缩短，因而原生晶粒的粒径变小。

### 3. 表面活性剂加入量的影响

固定 $Co(OH)_2$ 加入量为 150 g/L，NaOH 用量为 40 g/L，考察表面活性剂对钴粉粒径与形貌的影响，结果如图 4-73 所示。

图 4-73 说明，表面活性剂能够改变钴粉的粒径与形貌，加入量越大，钴粉粒径越均匀。

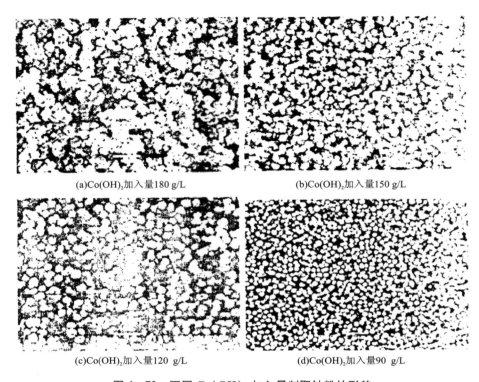

(a)Co(OH)₂加入量180 g/L    (b)Co(OH)₂加入量150 g/L

(c)Co(OH)₂加入量120 g/L    (d)Co(OH)₂加入量90 g/L

图 4 - 72　不同 Co( OH)₂ 加入量制取钴粉的形貌

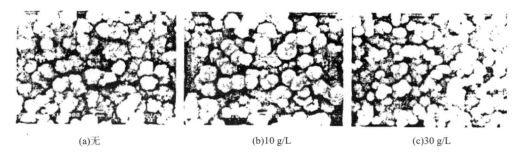

(a)无    (b)10 g/L    (c)30 g/L

图 4 - 73　表面活性剂加入量对钴粉形貌的影响

### 7.4.5　超细钴粉的表征

选取图 4 - 73( c)中的样品进行 XRD 分析, 衍射图谱如图 4 - 74 所示。

图 4 - 74 说明，在多元醇体系还原的钴粉以面心立方晶体为主，还有微量的简单六方晶体。由于有机醇能够在钴粉表面有效吸附，因此所有谱线中都没有发现有钴的氧化物衍射峰。用化学分析方法进一步分析钴粉的含量，钴粉纯度达 99.5% 以上。用英国 MS - 2000 型激光粒径分析仪对图 4 - 73(c) 中的样品进行粒径分布分析，结果如图 4 - 75 所示。

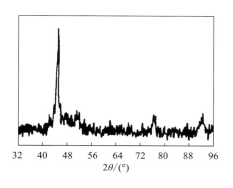

图 4 - 74　钴粉的 XRD 图谱　　　　图 4 - 75　钴粉的粒径分布

图 4 - 75 说明，钴粉粒径分布较窄，平均粒径为 0.88 μm。

用美国 Micrometrics 公司生产的 ASAV2010 型比表面仪测定比表面积，测量所用气体为高纯 $N_2$，吸附温度为 77.35K，测得的表面积为 2.705 $m^2/g$，按 GB 1774—1988 比表面积与粉末粒径的计算式(假设为球形)计算钴粉的平均粒径：

$$d = \frac{6}{\rho \cdot S_m} \qquad (4 - 37)$$

其中：$d$ 为平均粒径，μm；$\rho$ 为 20℃ 时的金属密度，$g/cm^3$；$S_m$ 为比表面积，$m^2/g$。结果显示所得钴粉的平均粒径为 0.243 μm。计算得到的平均粒径和粒径分析仪分析所得的粒径相差较大，这主要是因为钴粉为类球形，是由许多小晶粒结合而成的缘故。

## 7.4.6　结论

以自制 $Co(OH)_2$ 为原料，用乙二醇为溶剂和还原剂，制得了分散性很好的球形超细钴粉。NaOH 浓度的提高大幅加快了反应速度。在 $Co(OH)_2$ 用量 150 g/L、NaOH 用量 40 g/L、表面活性剂用量 30 g/L、194℃、回流 2 h 的最佳条件下，制得的钴粉粒径质量分布较窄，平均粒径为 0.88 μm，比表面积为 2.705 $m^2/g$。

# 参考文献

[1] 郑水林.超微粉体加工技术与应用[M].北京：化学工业出版社，2005：1－130

[2] 亀山哲也.熱プラズマによる非酸化物系超微粒子の合成［J］.セラミックス(Ceramics) Japan，1984，24(5)：422－426

[3] 张庆芝.超微粒子的制备及其应用[J].无机盐工业，1985(4)：58－63

[4] 杨宗志.现代粉体工程学及其进展[J].无机盐工业，1985(2)：25－29

[5] 刘遵仁.超微粒子的制取和应用[J].化工进展，1988(1)：42－45

[6] 唐谟堂.有色冶金化工[T].中南工业大学教材，1988

[7] 杨建广，唐谟堂，杨声海，等.一种纳米锑掺杂二氧化锡粉的制备方法[P].中国发明专利，ZL200510031786.4，2005

[8] 杨建广，唐谟堂，杨声海，等.湿法制备纳米ATO粉体团聚的形成及消除方法[J].中国涂料，2004，19(7)：33－38

[9] 段学臣.高砷锑烟尘中砷锑的回收与锑品深度加工研究[D].长沙：中南工业大学，1990

[10] 段学臣，张多默，赵天从.超微锑白($Sb_2O_3$)的研究[J].中南矿冶学院学报，1990，21(5)：485－491

[11] 段学臣，赵天从.超细五氧化锑－三氧化锑复合粉末的研制[J].中国有色金属学报，1994，4(1)：91－95

[12] Duan Xuechen, Zhang Duomo, Zhao Tiancong. Preparation and Structural Charactrization of $SnO_2$－$Sb_2O_3$. Ultrafine Composite Powder[J]. J. Cent South Inst. Min Metall, 1990, 21(4)：377－402

[13] 唐谟堂，欧阳民，鲁君乐，等.AC法处理高锑低银类铅阳极泥实验室扩大试验报告[R].长沙：中南工业大学有色冶金研究所，1998

[14] 唐谟堂，贺青蒲，鲁君乐，等.锑粉回流氧化法制取胶态五氧化二锑小试报告[R].长沙：中南工业大学有色冶金研究所，1988

[15] 郑国渠.氯化－干馏法处理柿竹园铋精矿的基础理论及工艺研究[D].长沙：中南工业大学，1996

[16] 夏纪勇.铋粉低温氧化制普通氧化铋继而制取铋化学品及特种氧化铋研究[D].长沙：中南大学，2012

[17] 夏纪勇，唐谟堂.纳米超细氧化铋的制备及其在阻燃剂方面的应用前景[J].现代化工，2008，28(6)：89－91

[18] 唐谟堂，夏纪勇，唐朝波，等.一种制备铋系列化工产品的方法[P].中国发明专利，ZL200910305977.3，2009

[19] Li Liu, Jing Jiang, Shengming Jin, et al. Hydrothermal synthesis of beta－bismuth oxide nanowires from particles[J].Crystengcomm, 2011, 13(7)：2529－2532

[20] 杨声海，王亦男，何静，等.高纯纳米氧化镓的制备[J].稀有金属材料与工程，2007，36(2)：282－286

[21] Jian guang Yang, Sheng hai Yang, Chao bo Tang, et al. Synthesis of ultrafine copper particles by complex – reduction – extraction method[J]. Transactions of Nonferrous Metals Society of China, 2007, 17(S1): 1181 – 1185

[22] 胡敏艺. 多层陶瓷电容器电极用超细铜粉的制备与表面改性研究[D]. 长沙：中南大学, 2008

[23] 李静. 废旧电路板中有价资源回收及铜增值回收的基础工艺理论研究[D]. 长沙：中南大学, 2012

[24] 杨声海. 制取超细金粉的实验室小型试验报告[R]. 长沙：中南大学冶金科学及工程学院, 2003

[25] 杨声海. 超细银粉生产工艺研究小型试验报告[R]. 长沙：中南大学冶金科学及工程学院, 2000

[26] 杨声海, 杨建广, 张保平, 等. 多元醇还原制备球形超细钴粉[J]. 吉首大学学报(自然科学版), 2004, 25(4): 30 – 34

# 第五篇　功能材料冶金

# 绪　言

　　功能材料冶金是精细冶金的重要分支，它研究功能材料的直接制取工艺和理论。功能材料是具有电、磁、光、声、热、力、化学以及生物等功能中的一种或一种以上特殊功能的新型材料。它种类繁多，主要包括信息材料（电子、光电、磁性材料）、能源材料（电池、储氢、光电转换材料）、生物材料（人工骨、人造血、人造器官）、生态环境材料（阻燃剂、絮凝剂、催化剂、吸波材料、屏蔽材料）。它用途广泛，正在形成一个规模宏大的高技术产业群，有十分广阔的市场前景和极为重要的战略意义。

　　功能材料是新材料高科技领域研究开发的热点和重点，一个国家的技术进步和国力强大与否在很大程度上取决于功能材料的发展。功能材料是信息技术、生物技术、能源技术等高技术领域和国防建设的重要基础材料，同时也对改造传统产业如石油化工、信息产业、农业等起着重要作用，并为改善人类生活环境和提高生活质量提供重要保障。传统的功能材料大都以纯金属或纯化合物为原料进行生产，成本高，而功能材料冶金产品则直接取材于矿产或再生资源，具有工艺简单、环境友好、成本低等特点。因此，功能材料冶金是非常重要的新学科方向。

　　本篇将系统介绍作者学术团队及其合作者在 $C_3$ 烃氨氧化钼 – 铋催化剂、锑化合物阻燃剂、锰锌铁氧体和铁酸锌磁性材料、锂离子正极材料、四针状氧化锌晶须、ATO 透明导电材料和高强耐磨导电材料的精细冶金工艺和理论方面的研究成果和进展。

# 第 1 章　催化剂的直接制取

## 1.1　概述

　　催化剂有以下几种类型：①金属粒子催化剂，如 Pt，Pd，Ag，Co，Fe 等超细粒子催化剂；②金属氧化物催化剂，如 $TiO_2$，NiO，ZnO 等超细粒子催化剂；③以金属氧化物为载体的超细催化剂。催化剂主要应用于化学工业，如加氢、脱氢反应和氨氧化反应等，也用于光催化反应、固体燃料反应催化、天然气和煤气的脱硫催化反应和汽车尾气处理等。我国的催化剂技术还比较落后，一些催化剂，如生产腈纶用的 $C_3$ 烃氨氧化钼 – 铋催化剂还依赖进口。

　　1985 年以来，中南大学（原中南工业大学）也开展了精细冶金方法制取催化剂的研究，取得了一些有代表性的成果。如用氯化 – 水解法和氯化 – 干馏法由脆硫锑铅矿精矿直接制取三氯化锑、五氯化锑、活性氧化锑、锑酸钠和乙二醇锑等锑系催化剂；1997 年以来研究氯化 – 干馏法处理铋精矿，直接制取高效的 $C_3$ 烃氨氧化钼 – 铋催化剂，取得重要成果，制得了高催化活性的 $C_3$ 烃氨氧化钼 – 铋催化剂，丙烯单程转化率为 98%，丙烯腈选择性大于 81%。本章将作详细介绍。

## 1.2　$C_3$ 烃氨氧化钼 – 铋催化剂的制取

### 1.2.1　实验背景

　　海泡石是一种含水镁质硅酸盐，根据 Brauner 和 Preisinger 的海泡石模式，其理论结构式为：$Mg_8(Si_{12}O_{80}) \cdot (OH)_4 \cdot (OH_2)_4 \cdot 8H_2O$。海泡石的结构为两层硅氧四面体，中间有一层镁八面体。四面体的顶层是连续的，每六个硅氧四面体顶角相反，因此形成由 2:1 的层状结构单元上下层相间排列的与键平行的孔道，水分子和可交换的阳离子就位于其中。正是由于这种独特的结构，海泡石具有大的比表面积和较大的离子交换能力，因而在化学催化领域作为一种很重要的矿物原料被广泛利用。20 世纪 80 年代，海泡石开始用作催化材料的应用研究。美国人把海泡石分别与酸性钴离子溶液、偏钼酸溶液和镁盐溶液进行交换得到海泡石负载型催化剂，再与高硅铝比的 ZSM – 5 型钠沸石混合，并磨至适当的粒径，得到碳氢化合物的氢化反应催化剂。日本人在不同条件下对海泡石进行处理，用作重油加氢、还原脱硫脱氮的催化剂，取得了较好的结果。1990 年我国由兰州石油化工研究院研制的裂解催化剂中含有 50% 的海泡石，能提高石油的辛烷值，增加石油产量。1991 年日本利用海泡石开发出海泡石固定酶生物反应器，比传统的负载方法要有效得多。美国切夫尔昂研究和技术公司在中国申请了一项专利，利用海泡石和白云石制备双组分裂化催化剂。湖南大学曹声春教授 1993 年利用海泡石进行苯加氢催化研究，取得了高转化率、高选择性、抗毒性强、催化寿命长的 Ni/海泡石负载型催化剂。1996 年南开大学采用海泡石作载体制备了高活性、高稳定性的合成氨工业中甲烷化低温变换催化剂。2000 年，兰州石油化工研究院采用海泡石负载金属作为催化剂应用于烯烃聚合反应。

在 $C_3$ 烃氨氧化钼 - 铋催化剂中使用的载体是中孔硅胶，为了保证催化剂的性能，在制备时必须严格保证硅胶的生产工艺条件，这是催化剂生产的难点，提高了催化剂的生产成本。海泡石的天然层状结构具有 20 nm 的层间孔，而且这种层间孔可以经酸化改性或者通过引入柱撑体，经高温焙烧扩孔，从而获得大孔径且分布均匀的催化剂载体，然后再经过负载活性组分，制备成多元负载型催化剂。该法具有成本低廉、孔径容易调节的特点，而且海泡石表面呈酸性，对原料气中的氨有很好的吸附作用，因而对提高氨的转化率有一定的促进作用，相应地减少尾气处理过程中 $H_2SO_4$ 的用量，减少了火炬中的 $SO_2$ 含量，为丙烯腈的清洁生产打下基础。而以海泡石为载体的 $C_3$ 烃氨氧化催化剂无论是在工业化生产中还是在实验室研究中均未见报道。由上可见，开展以海泡石为载体直接由氯化铋等金属氯化物制取 $C_3$ 烃氨氧化钼 - 铋多元催化剂具有重要的意义和广泛的应用前景。

本章研究采用酸化工艺对海泡石进行扩孔处理，再负载催化剂的活性组分，重点研究了撞击流法的工艺条件，同时采用均匀设计的实验方法对多组分进行大范围的筛选。

## 1.2.2　实验方法

以均匀设计和逐步回归的方法，对催化剂的活性组分进行筛选，以确定含铋催化剂体系中起显著性影响的元素的含量和获得催化活性高的催化剂配方。均匀设计就是只考虑实验点在实验范围内的均匀散布的一种实验设计方法，与正交实验法比较，均匀实验设计法能大幅度地减少实验次数，缩短实验周期。采用撞击流法制备 $C_3$ 烃氨氧化催化剂，其装置如图 5 - 1 所示。

根据文献设计该装置，其设计公式为：

$$\mu = 132.4 \times \frac{\rho}{(\rho + 1000)} \times d^{0.4} \qquad (5-1)$$

式中：$\mu$ 为出口流体的流速；$d$ 为分散颗粒粒径；$\rho$ 为流体密度。撞击流反应器 3 的直径 12 mm，加速管 5 的直径 2 mm，喷嘴的直径 0.5 mm，喷嘴间距可以根据实

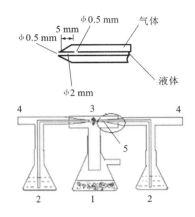

**图 5 - 1　撞击流法制备催化剂装置图**

1—具上口的锥形瓶；2—锥形瓶；3—撞击流反应器；4—喷射器；5—加速管

验需要确定。以压缩空气为动力，最小载气速度 3.25 m/s，压缩空气通过喷射器 4 进入系统，由喷嘴前端的 0.5 mm 小孔高速流出，在喷嘴处产生负压，锥形瓶 2 中催化剂的组分混合溶液和碱液通过喷嘴 3 相对喷出，在空气中撞击并反应，反应后的流体经过引流三通进入具上口的锥形瓶 1 中，压缩空气由 1 瓶上口排出。其余的制备装置均为传统的烧杯加搅拌器。

## 1.2.3　海泡石载体的处理

本实验采用的载体是湖南浏阳永和产的海泡石，其组成为：$w(SiO_2) = 52.03\%$，$w(Al_2O_3) = 3.8\%$，$w(CaO) = 0.49\%$，$w(MgO) = 20.54\%$，$w(H_2O) = 23.11\%$。经过不同浓度的盐酸浸泡，得到不同比表面积和孔径分布的海泡石载体。

为了进一步考察各因素对海泡石比表面积、孔径分布、孔容的影响，我们采用 $L_9(3^4)$ 正交表对盐酸浓度、固液比、浸取时间和温度进行优化实验，用比表面积、孔径分布和孔容等三个参数加大评价，正交实验安排参见文献，实验规模量为 100 g/次。

表 5 - 1 中以比表面积为例做极差分析，通过对正交实验数据的极差分析可知，$R_{area}x > R_{area}m > R_{area}t > R_{area}T$，因而得到对比表面积影响最显著的因素是固液比，其次是酸浓度和温度；而各因素对孔容的影响大小则为：酸浓度 > 温度 > 时间 > 固液比。数据表明各因素对比表面积的影响和对孔容的影响有一定的差异，而且孔径分布和孔容的关系没有相应递增的关系，孔容大相反其孔径分布在微孔区，这可能是因为在测量孔径分布时，由于毛细作用，使氮气更容易液化，因而

使孔容增大。

表 5 - 1　正交实验分析表

| 因素 | 酸浓度 $m$ /(mol·L$^{-1}$) | 固液比 $x$ | 时间 $T$/h | 温度 $t$/℃ | 评价指标 | | |
| --- | --- | --- | --- | --- | --- | --- | --- |
| | | | | | 比表面积 /(m²·g$^{-1}$) | 孔容 /(mL·g$^{-1}$) | 孔径分布 /Å |
| 1 | 0.4 | 1:10 | 10 | 22 | 104.87 | 0.1525 | 26 ~ 34 |
| 2 | 0.4 | 1:15 | 18 | 50 | 43.007 | 0.1634 | 40 ~ 80 |
| 3 | 0.4 | 1:20 | 25 | 70 | 160 | 0.2079 | 20 ~ 34 |
| 4 | 1.2 | 1:10 | 18 | 70 | 190.53 | 0.5897 | 20 ~ 30 |
| 5 | 1.2 | 1:15 | 25 | 22 | 114.46 | 0.1909 | 25, 50 |
| 6 | 1.2 | 1:20 | 10 | 50 | 132.76 | 0.2939 | 26 ~ 45 |
| 7 | 2.0 | 1:10 | 25 | 50 | 96.24 | 0.1085 | 40 ~ 100 |
| 8 | 2.0 | 1:15 | 10 | 70 | 43.31 | 0.2979 | 40, 80 |
| 9 | 2.0 | 1:20 | 18 | Rm | 118.278 | 0.2455 | 30 ~ 60 |
| $\sum A_{1j}$ | 307.87 | 391.64 | 280.94 | 337.61 | | | |
| $\sum A_{2j}$ | 437.75 | 200.84 | 351.8 | 271.24 | | | |
| $\sum A_{3j}$ | 257.828 | 411.04 | 370.7 | 393.84 | | | |
| $\overline{A_{1j}}$ | 102.62 | 130.55 | 93.65 | 112.54 | | | |
| $\overline{A_{2j}}$ | 146 | 66.95 | 117.27 | 90.41 | | | |
| $\overline{A_{3j}}$ | 85.94 | 137.01 | 123.57 | 131.28 | | | |
| $R_{\text{area}}$ | 60.6 | 70.6 | 29.92 | 40.87 | $R_{\text{area}}$ 表示比表面积的极差 | | |
| $R_{\text{v}}$ | 0.1836 | 0.0662 | 0.1631 | 0.1766 | $R_{\text{v}}$ 表示孔容的极差 | | |

　　根据表 5 - 1 的结果可知，要得到大比表面积的改性海泡石，其最佳的工艺条件为酸度 1.2 mol/L，温度 70℃，固液比 1:10，时间 18 h；而要得到大孔径海泡石，则其工艺条件为酸度 2.0 mol/L，温度 50℃，固液比 1:10，时间 25 h。可以根据不同的应用领域选用不同的处理条件：作催化剂载体应用比表面积适宜、孔径比较大的海泡石，而考虑吸附剂方面时则应用大比表面积的海泡石。

## 1.2.4　钼 – 铋催化剂的合成

### 1. 合成方法与工艺流程

在酸处理过的海泡石载体上以相同组成的溶液分别采用浸渍法、浸渍 – 沉淀法、淤浆混合法负载活性组分，其工艺流程如图 5 – 2 所示。在实验中先浸渍铋、铁等金属离子，干燥后再浸渍钼、磷组分，称之为逆浸渍；而相反的操作则称之为正浸渍。浸渍 – 沉淀法和淤浆混合法用 $Na_2CO_3$ 溶液调节终点 pH 为 7 ~ 8，沉淀过滤，用 $(NH_4)_2CO_3$、$NH_4HCO_3$、$NH_4Ac$、$(NH_4)_2C_2O_4$ 溶液洗涤 3 次脱除 $Cl^-$，用原子吸收分光光度法测定洗涤液中的 Ni、Co 等元素含量。均匀沉淀是将海泡石载体制成碱性胶体溶液，然后将金属氯盐溶液、钼酸铵溶液、海泡石胶体溶液同时滴加至反应器并保持 pH 7 ~ 8，反应完全后陈化过滤。浸渍 – 沉淀法是将海泡石载体浸渍金属离子溶液一定时间后，同时滴加钼酸盐溶液和沉淀剂 $Na_2CO_3$ 溶液，终点 pH 7 ~ 8，陈化、过滤。超均匀沉淀法是先把海泡石悬浮液置于烧杯中，并以丁醇作为界面，在丁醇上加活性组分混合液，待稳定后，开动搅拌器，反应完全后静置过滤。撞击流法是将海泡石载体制备成稳定的悬浮液置于图 5 – 1 的锥形瓶 1 中，将混合金属氯化物溶于盐酸介质制成溶液 A，沉淀剂和钼酸铵溶液混合制成溶液 B，两种液体分别置于锥形瓶 2 中，在压缩空气的驱动下，通过喷射器 4 雾化，在撞击流反应器 3 中反应，与海泡石悬浮液混合，反应完全后静置老化、过滤。各种方法制备的催化剂前驱体在 140℃ 干燥 6 h，420℃ 灼烧 4 h，620℃ 煅烧 8 h，冷却得催化剂。其组成化学式为 $Mo_aFe_bBi_cNi_dCo_eP_fK_gO_z$ + 50% 载体。

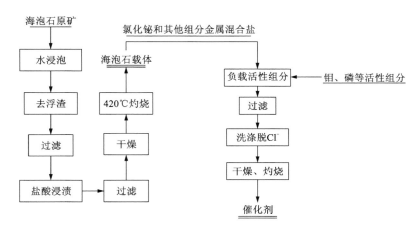

图 5 – 2　催化剂生产工艺流程图

## 2. 活性组分的负载

通过原子吸收分光光度法测定催化剂组成通式 $Mo_aFe_bBi_cNi_dCo_eP_fK_gO_z$ 中 $a$、$b$、$c$、$d$、$e$、$f$、$g$ 的值见表 5 - 2，$z$ 为化学式合适值，以浊度分析法分析 $Cl^-$ 的含量。

表 5 - 2　催化剂组成中 $a$、$b$、$c$、$d$、$e$、$f$、$g$ 值

| 编号 | $a(Mo)^*$ | $b(Fe)$ | $c(Bi)$ | $d(Ni)$ | $e(Co)$ | $f(P)^*$ | $g(K)$ | 方法 |
|---|---|---|---|---|---|---|---|---|
| Se - 1** | 0 | 13.52 | 1.03 | 12.52 | 4.56 | 13.88 | 0 | 逆浸渍 |
| Se - 1 | 0.84 | 8.64 | 1.08 | 3.07 | 0 | 8.16 | 0 | 正浸渍 |
| Se - 2 | 0.12 | 14.49 | 3.40 | 1.8 | 0.29 | 16.44 | 0 | 逆浸渍 |
| Se - 3 | 4.67 | 6.36 | 0.70 | 0 | 0 | 0 | 0 | 正浸渍 |
| Se - 4 | 12.5 | 11.8 | 1.03 | 12.5 | 3.4 | 6.5 | 0.5 | 浸渍 - 沉淀 |
| Se - 5 | 14.1 | 8.05 | 1.08 | 3.5 | 0 | 7.94 | 0.7 | 淤浆混合 |
| Se - 6 | 12 | 12.1 | 0.8 | 13 | 2.5 | 5.8 | 0.2 | 撞击流 |

注：* 为化学分析。** 样 Se - 1 处理温度为 500℃，其余处理温度为 600℃。

从表 5 - 2 可知，制备方法不同，催化剂负载的各活性组分的量也不同，海泡石对正离子有很强的吸附作用，并且随着离子电荷的增大而加强，如：对 $Fe^{3+}$ 的吸附作用大于对 $Ni^{2+}$ 的大于对 $Co^{2+}$ 的。在同周期中，以钴离子的吸附性能最弱，主要是因为钴离子的水合离子半径大，其吸附阻力也增大，因而在同样的条件下，钴离子在各种催化剂中的含量最低。活性组分的分布与离子的负载顺序有很大的关系，如果先负载阴离子，则 EPMA 显示活性组分分布不均匀，这是因为先负载阴离子时，其沉淀反应是在碱性条件下进行的，所以先在载体的微孔的口部形成一层沉淀，阻碍了沉淀反应的继续进行，因而，不同方法制备的催化剂组成悬殊。而且在干燥时离子随溶剂迁移，因而活性组分集中在表面，形成了蛋壳型催化剂。而使用浸渍 - 沉淀法、淤浆混合法则能较好地负载多组分元素。

## 3. 氯离子的脱除

20 g 沉淀物先用水洗涤 3 次，再分别用 1 mol/L 的 $(NH_4)_2CO_3$、$NH_4HCO_3$、$NH_4Ac$、$(NH_4)_2C_2O_4$ 溶液洗涤三次，最后用 0.5 mol/L 的 $(NH_4)_2CO_3$ 和 0.5 mol/L $(NH_4)_2C_2O_4$ 混合溶液洗涤 3 次来脱氯，其结果见表 5 - 3。

表 5 - 3 脱氯剂对催化剂表面残余氯离子的影响

| 洗涤剂 | 水 | $(NH_4)_2CO_3$ | $NH_4HCO_3$ | $NH_4Ac$ | $(NH_4)_2C_2O_4$ | 混合液 |
|---|---|---|---|---|---|---|
| $w(Cl^-)/\%$ | 0.042 | 0.022 | 0.031 | 0.038 | 0.033 | 0.014 |
| 洗涤液中镍量/$(mg \cdot L^{-1})$ | 4.72 | 7.24 | 5.4 | 11.84 | 29.655 | 2.835 |
| 洗涤液中钴量/$(mg \cdot L^{-1})$ | 0.022 | 25.33 | 0 | 38.23 | 109.225 | 13.91 |
| 滤饼颜色 | 均匀 | 表面偏深 | 表面偏深 | 均匀 | 均匀 | 均匀 |

结果表明，$CO_3^{2-}$、$HCO_3^-$、$Ac^-$、$C_2O_4^{2-}$ 对氯离子都有一定的交换作用，其顺序由大到小为 $CO_3^{2-}$，$C_2O_4^{2-}$，$HCO_3^-$，$Ac^-$。而混合溶液洗涤时，$CO_3^{2-}$ 和 $Ac^-$ 竞争吸附，使氯离子被交换。虽然，比水洗的氯离子含量低，但由于在实验中使用一次蒸馏水，使氯离子含量偏高。换用二次蒸馏水后，其氯离子含量达到 $40 \times 10^{-6}$，小于 $100 \times 10^{-6}$。由于溶液中 $Ac^-$、$C_2O_4^{2-}$ 和微量 $NH_3$ 配位体的存在，钴、镍碳酸盐在洗涤液中溶解度加大，然而，混合溶液洗涤时钴、镍碳酸盐溶解度增加较小。同时，由于沉淀物中有少量的 $(NH_4)_2CO_3$ 存在，在干燥过程中分解出游离氨，与钴、镍金属离子配位形成的配合物在干燥过程中随水的迁移而迁移，因而可能引起钴、镍在体系中分布不均匀、颜色不均匀。$(NH_4)_2CO_3$ 的浓度对残余氯离子和钴、镍损失的影响如图 5 - 3 所示。图 5 - 3 说明随着 $(NH_4)_2CO_3$ 浓度的升高，氯离子含量显著降低。而氯离子含量达到最低点后，$(NH_4)_2CO_3$ 浓度对脱氯的影响不是很大，相反还有氯离子升高的趋势，但钴、镍的损失增大，这主要是随 $(NH_4)_2CO_3$ 浓度增大，钴、镍的配合作用占主导地位，使金属盐溶解度增大，而增大到一定程度后，由于 $CO_3^{2-}$ 共同离子效应的影响，使钴、镍碳酸盐的溶解度减小，当共同离子效应和配合效应的影响达到平衡后，盐浓度对 $NiCO_3$、$CoCO_3$ 的溶解度的影响变小，因而钴浓度在 $(NH_4)_2CO_3$ 浓度达到 0.5 mol/L 以后变化不大。

**4. 海泡石载体对催化剂活性的影响**

在负载型催化剂中载体既具有分散活性组分的作用，又有一定的辅助催化作用。但是这种作用至今也没有一个定论。海泡石用量对催化剂活性的影响如图 5 -4 所示。

从图 5 -4 可知，海泡石用量对催化剂的活性影响可分为两个阶段，第一阶段是海泡石含量为 50% 之前，随着海泡石在催化剂中比例的增加，催化剂的选择性增大，而转化率基本无变化；第二阶段是海泡石用量大于 60% 之后，催化剂活性随海泡石的用量增加而急剧降低。这表明海泡石载体对反应有一定的助催化作用，可能和氨的吸附性能有关。文献表明，氨在催化剂表面的覆盖率对丙烯腈的选择性的影响是比较显著的，当表面氨覆盖率增加时，反应向生成丙烯腈的方向

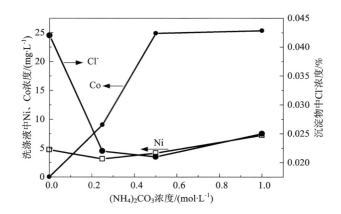

**图 5 – 3 （NH₄）₂CO₃ 浓度与催化剂中的残余 Cl⁻ 及洗涤液中 Ni、Co 浓度的关系**

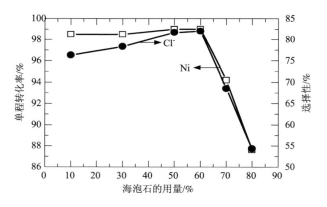

**图 5 – 4 海泡石用量对催化剂活性的影响**

移动，而当达到一定的覆盖率时再增加氨的覆盖率，则丙烯腈的选择性会降低。海泡石对氨有很强的吸附作用，海泡石含量低时，这种吸附作用提高了催化剂表面的氨覆盖率，因而使得催化剂的选择性增强；含量高时，吸附作用则使表面的覆盖率过高，因而丙烯腈的选择性降低。

**5. 撞击流反应条件对催化剂催化活性的影响**

在撞击流反应中，工艺条件如喷嘴间距、喷嘴直径、喷射速度（压缩空气的压强）、溶液浓度等对催化剂的性能有很大的影响。因喷嘴直径小于 1 mm 时，准确计量困难，因此只考虑喷嘴的间距和压缩空气压强以及溶液浓度三个因素。喷嘴间距的影响对于已知的反应器和流体的喷射速度是相关的，因而对于一定结构的反应器只要考察压缩空气的压力对催化剂的影响。

1）流体撞击速度对催化性能的影响

反应器结构固定，影响催化剂性能的制备条件只有撞击强度一个变量，而撞击强度是由出口流体的流速所决定，出口流体的流速可由系统输出动力计算。对于以压缩空气为动力的反应系统，驱动压力是一个重要因素。0.05～0.2 MPa（绝对）压力下制备的催化剂性能见表5－4。

表5－4　驱动压力对催化剂性能的影响

| 压力/MPa | 0.05 | 0.10 | 0.15 | 0.20 |
|---|---|---|---|---|
| 撞击现象 | 雾化不充分 | 雾化较均匀，撞击面明显 | 雾化效果好，撞击面明显 | 雾化效果好，沿反应器壁有液流 |
| 催化剂表观特性 | 颜色分布不均 | 颜色分布较均匀，有少量白色斑点 | 均匀黑色 | 颜色分布不均，有白色斑点 |
| 丙烯转化率/% | 65 | 70 | 98.5 | 67 |
| 丙烯腈选择性/% | 12.6 | 20 | 81.8 | 47.4 |

表5－4说明，该反应器随着驱动压力的增大，两股流体撞击强度增大，两液相混合效果加强，液相间传质作用得到强化。由于混合、反应过程是在流体撞击界面完成的，因而使得反应液体之间的浓度差迅速消失，各反应能同时完成，因而各组分化合物能充分混合均匀，有利于下一步的反应进行，使催化剂的活性增强。但是对某一特定反应器，如果继续增大驱动压力，使其撞击强度加大，有可能在撞击面附近引起回流，影响两股流体的有效传质，使混合的均匀度下降，催化剂的均匀性和活性亦下降。对于本实验装置，最佳驱动压力为0.15 MPa，此时丙烯单程转化率为98.5%，丙烯腈选择性为81.8%。

2）金属离子总浓度对催化性能的影响

溶液中金属离子的总浓度对催化剂的催化活性影响如图5－5所示。

图5－5说明，催化剂随溶液中的金属离子浓度的增大而反应活性降低。造成这种结果的原因是无机离子反应是一个极快反应，溶液中金属离子浓度增大时，在撞击的瞬间产生一个过饱和度很大的不稳定体系，形成的固体颗粒是一个表面能很高的非晶态颗粒，这些颗粒能把周围的带负电荷的离子吸附在颗粒表面而形成包裹夹带现象，因而使催化剂被杂质离子污染。另外，由于离子的浓度高，在瞬间形成的颗粒很大，活性组分混合不均匀，因而在高温固态反应时反应不完全，没有完全生成催化活性相，导致催化剂的选择性和转化率均降低。

3）焙烧条件对催化剂性能的影响

催化剂的焙烧是丙烯氨氧化催化剂生产中的关键步骤之一，如果焙烧条件控

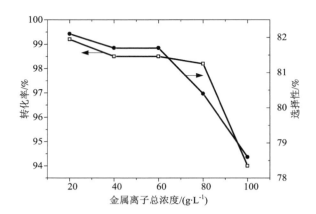

图 5-5 溶液中金属离子总浓度对催化活性的影响

制不当,则可能使催化剂的孔结构、活性组分原子的价态和相组成发生质的变化。

按照文献的焙烧分解机理,丙烯氨氧化催化剂的前驱体焙烧过程有两个作用,一是金属碳酸盐分解成氧化物,除去挥发性杂质,二是分解后的金属氧化物在高温下发生固相反应。即:

$$M_2(CO_3)_n \cdot xH_2O \longrightarrow M_2O_n + nCO_2 + xH_2O \qquad (5-2)$$
$$M_1O_{n1} + M_2O_{n2} \longrightarrow M_1M_2O_m \qquad (5-3)$$

式中:$M$、$M_1$、$M_2$ 表示金属元素。

焙烧时通过控制温度、时间及升温方式,使催化剂前驱体向特定的晶相转变,控制生成催化剂的孔结构和晶相,使之向催化活性相转化。

1)温度的影响

实验以 Mo-Bi-P-Fe 混合氧化物 50% 和海泡石混合物在不同的焙烧温度以及不同的升温模式下处理,所得催化剂的 BET 比表面积及对丙烯氨氧化反应的催化活性如图 5-6、图 5-7 所示。

实验结果表明,一次升温时,随温度升高,BET 比表面积降低,催化剂孔径减小,催化剂活性在 600℃ 时达到最高,但其催化活性均不高。而采用二段升温焙烧工艺,则使催化剂的孔径增大,丙烯转化率和丙烯腈选择性大大升高,分别达到 98.5% 和 81.8%。

$NiCO_3$、$Fe_2(CO_3)_3$、$CoCO_3$、$(BiO)_2CO_3 \cdot 0.5H_2O$ 的分解温度分别是 300℃、250℃、350℃、308℃ 左右。在低温时这些分解产物还不足以产生固相反应,因而催化剂性能差,在进一步加热过程中,晶化不完全,XRD 显示为非晶态。两段焙烧工艺中,较低温度形成小氧化物晶粒,而温度进一步升高时,又有利于氧化物在载体表面扩散而进行固相反应，形成晶相，并且晶相与载体的表面黏结，形成完整的活性晶相。

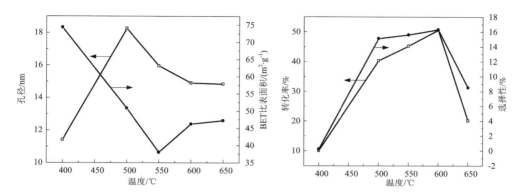

**图 5-6　焙烧温度对铋催化剂比表面积和孔径的影响**　**图 5-7　焙烧温度对铋催化活性的影响**

2）焙烧时间的影响

在两段焙烧工艺条件下考察焙烧时间对催化剂性能的影响如图 5-8、图5-9所示，实验样品量 20 g，对低温段和高温段分别进行考察。

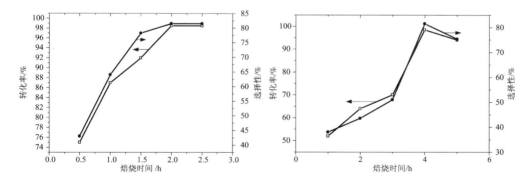

**图 5-8　高温段焙烧时间对催化剂活性的影响**　**图 5-9　低温段焙烧时间对催化剂活性的影响**
高温焙烧，600℃，4 h　　　　　　　　　低温焙烧，400℃，2 h

图 5-8、图 5-9 结果表明，在低温段时，焙烧时间越长，催化剂的性能越好，当达到一定时间后，催化剂性能随时间没有什么变化；而在高温段时，随时间的变化，催化剂的性能变化有一极大值。在实验室规模下，催化剂焙烧时间在低温焙烧 2 h 后，再升至 600℃处理 4 h 为佳。

多固相反应是一个非常复杂的过程，我们认为在低温段仅仅是一个碳酸盐分解和晶粒扩散过程，当分解完全或扩散达到平衡时，反应随时间无变化；而高温时则是一个固相反应、晶相转化及晶粒增长过程，因而随时间的变化有一极值点。在工业化生产过程中，由于传热和传质的影响，这一过程更加复杂，因而应对此做进一步的研究。

## 1.2.5　活性组分的筛选

在丙烯氨氧化催化剂体系中，P－Mo－Bi 和 Sb－V 催化剂体系各有不同的特点，前者有高的转化率，选择性通常在 80% 以下；后者则有高的选择性，但是与催化剂的接触时间较长，转化率通常只有 90% 左右。通过均匀实验设计，各催化剂的催化活性见表 5－5。表中各配比表示该元素的质量比，转化率（Con.）、选择性（Sel.）分别表示丙烯的单程转化率和丙烯腈的选择性。

表 5－5　均匀实验结果表

| Con./% | Sel./% | Mo | Bi | Fe | Co | Ni | Mn | Sb | V | K | Na | P |
|---|---|---|---|---|---|---|---|---|---|---|---|---|
| 98.00 | 2.10 | 0.00 | 0.20 | 0.83 | 1.14 | 2.39 | 2.44 | 5.32 | 3.27 | 0.22 | 0.22 | 3.71 |
| 28.00 | 77.50 | 0.23 | 0.60 | 2.07 | 2.66 | 5.17 | 5.12 | 0.88 | 1.01 | 0.09 | 0.14 | 2.61 |
| 92.00 | 54.00 | 0.46 | 1.00 | 3.31 | 4.02 | 7.95 | 2.19 | 6.65 | 4.55 | 0.32 | 0.05 | 1.52 |
| 98.00 | 81.10 | 0.69 | 1.40 | 4.55 | 5.71 | 1.60 | 4.87 | 2.21 | 2.28 | 0.20 | 0.28 | 0.44 |
| 93.00 | 68.00 | 0.92 | 1.80 | 5.80 | 7.23 | 4.37 | 1.95 | 7.98 | 0.00 | 0.08 | 0.23 | 4.36 |
| 88.00 | 68.70 | 1.15 | 1.20 | 7.04 | 0.00 | 7.16 | 4.63 | 3.55 | 3.54 | 0.31 | 0.12 | 3.27 |
| 67.00 | 48.00 | 1.38 | 2.60 | 8.28 | 1.52 | 0.79 | 1.71 | 9.31 | 1.26 | 0.19 | 0.04 | 2.18 |
| 99.00 | 0.00 | 1.61 | 3.00 | 0.00 | 3.05 | 3.58 | 4.58 | 4.88 | 4.80 | 0.06 | 0.27 | 1.09 |
| 85.00 | 49.30 | 1.84 | 3.40 | 1.24 | 4.58 | 6.36 | 1.46 | 0.44 | 2.53 | 0.29 | 0.19 | 0.00 |
| 99.40 | 81.40 | 2.07 | 3.80 | 2.48 | 6.10 | 0.00 | 4.15 | 6.21 | 0.26 | 0.17 | 0.11 | 3.92 |
| 96.00 | 23.50 | 2.30 | 4.20 | 3.73 | 7.62 | 2.78 | 1.22 | 1.77 | 3.79 | 0.05 | 0.03 | 2.83 |
| 98.20 | 13.60 | 2.53 | 0.00 | 4.97 | 0.38 | 5.57 | 3.90 | 7.54 | 1.51 | 0.28 | 0.27 | 1.74 |
| 99.00 | 55.60 | 2.76 | 0.40 | 6.21 | 1.90 | 8.35 | 0.97 | 3.10 | 5.05 | 0.15 | 0.18 | 0.65 |
| 98.50 | 79.20 | 3.00 | 0.80 | 7.45 | 3.43 | 2.00 | 3.66 | 8.87 | 2.78 | 0.03 | 0.09 | 4.57 |
| 26.00 | 23.50 | 3.23 | 1.20 | 8.69 | 4.95 | 4.77 | 0.73 | 4.35 | 0.51 | 0.26 | 0.01 | 3.48 |
| 93.30 | 58.90 | 3.46 | 1.60 | 0.41 | 6.48 | 7.56 | 3.41 | 0.00 | 4.05 | 0.14 | 0.24 | 2.40 |
| 98.50 | 81.80 | 3.69 | 2.00 | 1.66 | 8.00 | 1.19 | 0.49 | 5.77 | 1.77 | 0.02 | 0.16 | 1.31 |

续表 5 - 5

| Con./% | Sel./% | Mo | Bi | Fe | Co | Ni | Mn | Sb | V | K | Na | P |
|---|---|---|---|---|---|---|---|---|---|---|---|---|
| 15.40 | 0.00 | 3.92 | 2.40 | 2.90 | 0.76 | 3.98 | 3.17 | 1.33 | 5.31 | 0.25 | 0.08 | 0.22 |
| 18.70 | 0.00 | 4.15 | 2.78 | 4.14 | 2.29 | 6.76 | 0.24 | 7.09 | 3.00 | 0.12 | 0.00 | 4.14 |
| 98.30 | 78.20 | 4.38 | 3.18 | 5.38 | 3.81 | 0.40 | 2.93 | 3.10 | 0.76 | 0.00 | 0.23 | 3.05 |
| 92.00 | 78.40 | 4.61 | 3.58 | 6.62 | 5.33 | 3.18 | 0.00 | 8.42 | 4.30 | 0.23 | 0.15 | 1.96 |
| 94.50 | 49.30 | 4.84 | 3.98 | 7.87 | 6.86 | 5.97 | 2.68 | 3.99 | 2.00 | 0.11 | 0.07 | 0.87 |
| 50.00 | 0.00 | 5.07 | 4.38 | 9.18 | 8.38 | 8.75 | 5.36 | 9.76 | 5.56 | 0.34 | 0.30 | 4.80 |

根据表 5 - 5 进行一次逐步回归所得的各组分的相关模型系数见表 5 - 6。

表 5 - 6　一次逐步回归系数

| 因素 | Mo | Bi | Fe | Co | Ni | Mn | Sb | V | K | Na | P |
|---|---|---|---|---|---|---|---|---|---|---|---|
| Con./% | - 3.81 | - 2.64 | 0.544 | 1.66 | - 0.998 | - 1.4 | 3.36 | - 0.15 | - 52.21 | 164.32 | - 6.35 |
| Sel./% | - 2.71 | - 6.7 | 3.34 | 5.02 | - 2.26 | 1.55 | 1.25 | - 3.859 | - 50.234 | - 5.60 | - 4.60 |

对回归结果进行方差分析和相关分析，发现所得模型不可信。利用表 5 - 6 的结果进行二次逐步回归后其结果见表 5 - 7。表 5 - 7 中因素栏括号内的元素表示对选择性有显著性影响的因子。双元素列表示两元素的交互影响项，平方列表示该元素的二次项。

表 5 - 7　二次逐步回归结果

| 因素 | 常数 | Mo | Bi | Fe | Co( Na) | Ni | Sb | V | K | P | Ni² |
|---|---|---|---|---|---|---|---|---|---|---|---|
| Con./% | - 53.6 | 4.23 | 14.81 | 7.54 | 8.91 | - 29.4 | 4.40 | 12.3 | 298.45 | 18.2 | 3.62 |
| Sel./% | 77.09 | 43.85 | 7.0 | - 5.21 | 119.01 | - 53.19 | - 26.58 | - 32.04 | - 10.39 | 37.48 | 6.162 |

| 因素 | Co² | V²( P²) | MoBi | MoCo | PMoBi | SbV | SbFe |
|---|---|---|---|---|---|---|---|
| Con./% | - 9.5 | - 2.48 | 2.39 | 0.39 | - 2.96 | 1.07 | - 0.81 |
| Sel./% | 2.71 | - 2.28 | 6.856 | - 7.13 | - 4.51 | 6.42 | 0 |

二次逐步回归模型的相关因子 $r = 1$，表明模型是显著的。从转化率和选择性模型所选入的因子来看，各因子对这两个指标的贡献并不相同，因而在生产中应根据实际情况来决定这些元素的量。在实际运用的过程中发现，该模型的稳定性

欠佳，在模型中引入别的因子后，模型的残差变化很大。这可能是因为在研究过程中固定了一些制备工艺的因素，而且由于在化学反应中真正起催化作用的并不是这些元素的氧化物，而是这些氧化物之间反应生成的新物相在起作用。并且由于表征和测试手段的限制，多元催化作用的机理研究还不充分，对多元催化体系中各个组分起什么作用、各组分之间是怎样作用的还很有争议。但是均匀设计对多元催化剂的筛选有指导作用。经过活性测试后得到三个催化剂组分的最佳配方，用于丙烯氨氧化反应，丙烯的单程转化率大于等于98%，选择性大于81%。催化剂中各元素组成见表5-8。

表5-8 最优催化剂各元素组成/%

| 元素 | Mo | Bi | Fe | Co | Ni | Mn | Sb | V | K | Na | P |
|---|---|---|---|---|---|---|---|---|---|---|---|
| 1 | 0.69 | 1.40 | 4.55 | 5.71 | 1.60 | 4.87 | 2.21 | 2.28 | 0.20 | 0.28 | 0.44 |
| 2 | 2.07 | 3.80 | 2.48 | 6.10 | 0.00 | 4.15 | 6.21 | 0.26 | 0.17 | 0.11 | 3.92 |
| 3 | 3.69 | 2.00 | 1.66 | 8.00 | 1.19 | 0.49 | 5.77 | 1.77 | 0.02 | 0.16 | 1.31 |

## 1.2.6 在丙烷氨氧化反应中的应用

表5-8中的各催化剂应用于丙烷氨氧化反应。实验在固定床反应器中进行，温度490℃，空气速度3000 cm³/(g·h)，进料组成(V)：丙烷40%，氧45%，氨15%。它们对丙烷氨氧化的催化活性见表5-9。

表5-9 催化剂对丙烷氨氧化的催化活性

| 样号 | 1 | 2 | 3 | 4 | 5 | 6 | 7 | 8 | 9 | 10 | 11 |
|---|---|---|---|---|---|---|---|---|---|---|---|
| Con. | 15 | 28 | 18 | 46 | 7.5 | 15.1 | 67 | 35 | 15 | 45.8 | 36 |
| Sel. | 2.1 | 微量 | 微量 | 微量 | 微量 | 微量 | 微量 | 0 | 微量 | 13.6 | 64.9 |
| 样号 | 12 | 13 | 14 | 15 | 16 | 17 | 18 | 19 | 20 | 21 | 22 | 23 |
| Con. | 78.2 | 36.8 | 13.2 | 26 | 54 | 17.9 | 15.4 | 18.7 | 17.8 | 23 | 8.6 | 50 |
| Sel. | 60.6 | 微量 | 15.3 | 23.5 | 微量 | 46.3 | 0 | 0 | 微量 | 微量 | 微量 | 18.3 |

结果表明，在这一催化剂体系中，样11和样12有丙烷氨氧化催化活性，使丙烷的转化率分别达到36%和78.2%，而选择性则达到64.9%和60.6%。比较表5-8和表5-9，丙烷和丙烯的氨氧化催化剂并不一样，样12对丙烯的转化率高，但选择性低。这可能是由于丙烷是饱和烃，需要催化剂有很强的脱氢能力，

因而需要催化剂体系中的晶格氧活性高,而这种高活性的结果是在进行丙烯氨氧化反应时产生深度氧化,使其选择性降低。从样 11 和样 12 中所含的 Sb 和 V 组分的物质的量来看,其优化点为 $n(Sb)/n(V) = 4.5$,这一比值与文献所报道的比值一致。

### 1.2.7 小结

(1)研究了载体海泡石的酸法处理工艺条件对其离子吸附性能、比表面积和孔径分布的影响,用正交实验法优化得到生产大孔径催化剂载体的最佳工艺。并发现当催化剂中的载体含量为 50% ~60% 时催化活性最好。

(2)对催化剂的负载方法和脱 $Cl^-$ 方法进行了研究,在浸渍法、共沉淀法、均匀沉淀法和撞击流法等几种负载工艺中,以撞击流法的催化剂活性最高,其次是均匀沉淀法,浸渍法的催化剂活性最低;在 $(NH_4)_2CO_3$、$NH_4HCO_3$、$NH_4Ac$、$(NH_4)_2C_2O_4$ 中,各种阴离子对 $Cl^-$ 都有交换作用,其顺序由大到小为 $CO_3^{2-}$,$C_2O_4^{2-}$,$HCO_3^-$,$Ac^-$。

(3)对撞击流法制备催化剂的工艺条件,如驱动压力、溶液中金属离子的总浓度、温度、时间等的影响作了深入考察,当驱动压力为 0.1 MPa,溶液中金属离子总浓度低于 60 g/L 时,采用两段灼烧法处理的催化剂活性最高。

(4)对催化剂的活性组分进行筛选,发现在含铋催化剂体系中,起显著性影响的是 Mo、Sb、V、Fe 等元素的含量,并通过该方法得到 3 个催化活性高的催化剂配方。它们用于丙烯氨氧化催化,丙烯单程转化率大于等于 98%,丙烯腈选择性大于 81%。

(5)丙烷氨氧化实验中找到一种具有较高催化活性的 Mo、Sb、V、Bi 多组分催化剂,丙烷的单程转化率为 78.2%,丙烯腈的选择性为 60.6%。

# 第 2 章　阻燃剂的直接制取

## 2.1　概述

　　阻燃剂是用以改善材料抗燃性、阻止材料被引燃及抑制火焰传播的功能性助剂。阻燃剂可分为有机和无机两类。无机阻燃剂的主要品种有氢氧化铝、氢氧化镁、锑化合物、氧化锡、硼酸锌、氢氧化锆等。无机阻燃剂在化学上是惰性的,往往具有阻燃、消烟、填充三大功能,其热稳定性好、不产生腐蚀性气体、不挥发、效果持久、没有毒性、价格低廉、不会产生二次污染,在国内外被誉为无公害阻燃剂。无机阻燃剂兼有填料功能,被称为阻燃填料。无机阻燃剂的发展趋势是超细化、活性化、功能化及复合化之后成为具有良好阻燃性能和物理力学性能的功能性填料。值得指出的是,将纳米/微米级无机物与某些常规阻燃剂结合填充高聚物制得的阻燃纳米/微米复合材料,将同时兼具良好的阻燃性和物理机械性能,具有较广阔的发展前景。

　　近几十年来,随着合成高分子材料在各领域的广泛应用,高分子材料燃烧引起的火灾事故已成为严重的社会问题。每年世界各地的火灾给人类的生命和财产造成了巨大损失。仅就我国而言,1997 年,因火灾死亡的人数为 2722 人,受伤4930 人,总经济损失在 60 亿元以上(不包括森林、草原等特殊领域火灾造成的损失)。从火灾类型来看,合成的和天然的高分子材料所引起的火灾约占 90%。鉴于此,专家们呼吁在各行业尽量采用不燃、难燃的高分子材料,如果采用易燃和可燃材料,则应对材料进行阻燃处理。因此,研究和开发阻燃剂和阻燃材料,发展阻燃技术,已成为控制和预防火灾的一项关键措施。

　　目前阻燃剂主要用于塑料行业,其次是用于合成纤维、橡胶、涂料、纸张、木材等领域。美国、西欧及日本是阻燃剂的三大主要市场。电子电气、运输、建材、家具、纺织品为阻燃剂的几大行业用户,其中以电子电气行业为首,一方面是因为电子电气行业用塑料量增长很快,另一方面是因为该行业产品对阻燃要求比较严格,故阻燃塑料所占比例较大。

　　锑系阻燃剂已成为最重要的阻燃剂品种之一,但其制备方法大都是传统的,即先炼成精锑再制成锑品,而且品种单一,一般是三氧化二锑。采用精细冶金方法,直接由矿物生产阻燃剂是无机阻燃剂发展的一大趋势,比如氢氧化铝、氢氧化镁阻燃剂的生产。

1985 年以来,中南大学(原中南工业大学)开展了精细冶金方法制取锑系阻燃剂的研究,取得了一些有代表性的成果,如:作为国家"六五"、国家"七五"及国家"八五"重点科技攻关项目新氯化 – 水解法处理脆硫锑铅矿精矿制取高纯三氧化二锑已投入工业生产,通过国家鉴定,成果居世界领先水平;国家"九五"重点科技攻关项目 AC 法处理高锑铅阳极泥制取高纯三氯化锑、高纯焦锑酸钠及高纯三氧化二锑已完成中试并通过鉴定,专家评价高。近 20 年来,通过 4 个五年计划的国家重点科技攻关,我们开发了独具特色的由矿物原料直接制取锑系阻燃剂的新工艺,即氯化 – 水解法和氯化 – 干馏法,这些工艺在第二篇已有详细论述,用这些工艺由硫化锑(精)矿及脆硫锑铅精矿制取了以氧化锑为主的多种锑系阻燃剂,并首次由制取三氧化二锑的中间产品制取了氯氧化锑阻燃剂,系统深入地研究了其阻燃效果和阻燃机理,发现它比氧化锑性能更好。

## 2.2　由脆硫锑铅精矿制取锑系阻燃剂

### 2.2.1　前言

锑系阻燃剂是无机阻燃剂中效果最好、用途很广的一种阻燃助剂,与有机阻燃剂相比,它有着优异的阻燃性能。用作阻燃剂的锑量已占世界总锑消耗量的 70% 以上,全球每年消耗 $Sb_2O_3$ 的量在 15 万吨左右,其中阻燃剂用量占 90%。

氯氧化锑($Sb_4O_5Cl_2$ 与 $SbOCl$)是使氯 – 锑阻燃协效体系在燃烧过程中产生阻燃效应的重要中间物质。与常用的锑系阻燃剂如三氧化二锑、锑酸钠等相比,氯氧化锑具有可大幅度降低被阻燃彩色塑料的色料量(仅为锑白的十分之一)及减少重配使用的卤素阻燃剂的用量以及不影响塑料透明度三大优点。国外没有推广应用氯氧化锑的主要原因是其制备工艺问题,虽然制备方法较多,如三氯化锑水解法,三氧化二锑 – 乙醇法,三氧化二锑 – 三氯化锑法,三氧化二锑 – 浓盐酸法等,但这些方法工艺复杂,须用锑白和盐酸或氯化氢合成,生产成本高。而我国 20 世纪末试产成功的新氯化 – 水解法处理脆硫锑铅精矿生产高纯氧化锑的中间产品就是氯氧化锑($Sb_4O_5Cl_2$),其生产成本比锑白低。因此,推广应用氯氧化锑作阻燃剂是很有发展前途的。

本章将重点介绍由脆硫锑铅精矿制备阻燃剂 $Sb_4O_5Cl_2$ 以及 $SbOCl$ 的工艺方法。

### 2.2.2　原料与工艺流程

氯化 – 水解法制取锑系阻燃剂的原料为脆硫锑铅精矿,取自柳州华锡集团某厂,其主要成分见表 5 – 10。

表 5 – 10　脆硫锑铅精矿成分/%

| Sb | Pb | Zn | Fe | Cu | Ag | Mn | As | Ca | Sn | Mg | Bi | In | S |
|---|---|---|---|---|---|---|---|---|---|---|---|---|---|
| 29.41 | 34.94 | 3.92 | 8.69 | 0.12 | 0.07 | 0.16 | 0.58 | 1.03 | 0.46 | 0.048 | 0.017 | 0.0026 | 31.33 |

由脆硫锑铅矿制取锑系阻燃剂的原则工艺流程如图 5 – 10 所示。

### 2.2.3　三氧化二锑阻燃剂的制取

氯化 – 水解法由脆硫锑铅精矿直接制取三氧化二锑阻燃剂的基本过程和原理、工艺技术条件及操作、产品质量及各项技术经济指标均在第二篇中详细介绍，在此不再叙述。

### 2.2.4　$Sb_4O_5Cl_2$ 阻燃剂的制取

#### 1. 原料及制取步骤

原料为脆硫锑铅精矿的氯化浸出液，取自柳州华锡集团某厂，其主要成分见表 5 – 11。

表 5 – 11　脆硫锑铅精矿的氯化浸出液成分 $\rho/(g \cdot L^{-1})$

| $Sb^{3+}$ | $Sb^{5+}$ | $Fe^{2+}$ | $Fe^{3+}$ | $Cl^-$ | $Pb^{2+}$ | $SO_4^{2-}$ | $Zn^{2+}$ | $Ag^+$ |
|---|---|---|---|---|---|---|---|---|
| 331.52 | 8.48 | 62.59 | 8.72 | 488.39 | 1.96 | 32.98 | 29.83 | 0.56 |

制取步骤包括还原、水解和除杂。浸出液的还原前已述及，但还原液的水解与生产锑白工艺不大一样：采用冲稀水解方式，搅拌 20 ~ 30 min，并用去离子水进行多次洗涤，使大量杂质分离。进一步除杂是制备 $Sb_4O_5Cl_2$ 阻燃剂的关键步骤，采用一定浓度的稀盐酸、乙酸及 A、B、C 等溶液对 $Sb_4O_5Cl_2$ 粗产品进行除杂处理，以达到产品白度、粒径和光稳定性的要求。

#### 2. 水解过程

对水解酸度、搅拌速度、初始 $Sb^{3+}$ 浓度等水解条件进行优化，发现水解酸度对水解产物成分的影响较大（图 5 – 11）。

从图 5 – 11 可知，水解生成 SbOCl 和 $Sb_4O_5Cl_2$ 两种固体产物的转折点为 $c(H^+) = 2.36$ mol/L 处。当水解酸度 $c(H^+) < 2.36$ mol/L 时，水解生成 $Sb_4O_5Cl_2$ 沉淀；当 $2.36$ mol/L $< c(H^+) < 2.69$ mol/L 时，则生成 SbOCl 沉淀；而当水解酸度 $c(H^+) \geqslant 2.69$ mol/L 时，溶液中没有沉淀生成，即还原液不发生水解。为保证水解率高，并避免产生过多的工业废水，控制加水量（$V_水 = 9V_液$）。此时的 $c(H^+)$

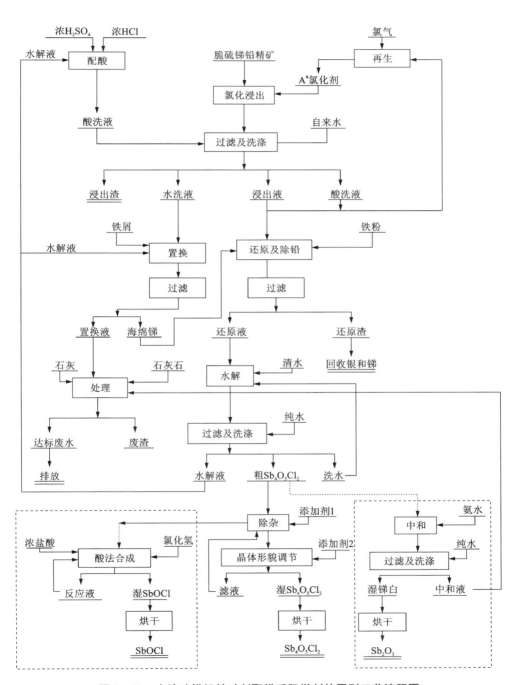

图 5-10 由脆硫锑铅精矿制取锑系阻燃剂的原则工艺流程图

$=0.35$ mol/L，$Sb^{3+}$ 的水解率为 98%。

如图 5-12 所示，搅拌速度对水解产物 $Sb_4O_5Cl_2$ 的平均粒径影响较明显。随着搅拌速度的增大，产物的平均粒径变小；当搅拌速度达到 52.8 r/s 时，产物 $Sb_4O_5Cl_2$ 的平均粒径为 5.37 μm。

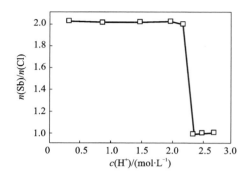
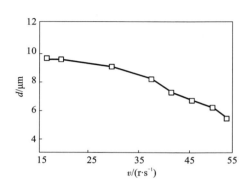

图 5-11　水解酸度对水解产物
$n(Sb)/n(Cl)$ 的影响

图 5-12　搅拌速度与产物
平均粒径的关系

如图 5-13 所示，初始 $Sb^{3+}$ 浓度对水解产物 $Sb_4O_5Cl_2$ 平均粒径的影响较小，为了节约水解过程中的用水量，避免产生过多的工业废水，在实际工业生产过程中还原液以不加酸稀释为宜。

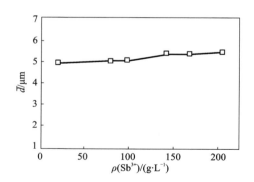

图 5-13　水解初始 $Sb^{3+}$ 浓度与产物平均粒径的关系

### 3. 粗 $Sb_4O_5Cl_2$ 除杂

经 ICP-AES 分析，水解过程中生成的粗 $Sb_4O_5Cl_2$ 还含有质量分数为 1.46% 的杂质。杂质的存在严重影响了产品的颜色，产品的白度仅为 89.0%。为了提高产品的白度和纯度，必须对粗 $Sb_4O_5Cl_2$ 除杂。除杂条件为：液固比 2∶1，搅拌

3 h，先用配合剂溶液洗涤，再用蒸馏水洗涤、干燥。杂质含量、白度以及粒径的测定结果见表 5 – 12。

表 5 – 12　除杂结果

| 结果 | 未洗 | $c(HCl)$ /(mol·L$^{-1}$) | | $c(乙酸)$ /(mol·L$^{-1}$) | A | B | C |
|---|---|---|---|---|---|---|---|
| | | 1.5 | 2.3 | 1.0 | | | |
| $w(Sb_4O_5Cl_2)$/% | 98.54 | 99.20 | 99.52 | 99.60 | 99.80 | 99.85 | 99.74 |
| 白度/% | 89.00 | 93.77 | 95.58 | 94.00 | 96.60 | 96.00 | 95.50 |
| 平均粒径 $d$/μm | 5.37 | 5.30 | 4.68 | 5.20 | 4.35 | 4.50 | 4.83 |

表 5 – 12 中，A、B、C 均为配合剂混合溶液。可见三种配合剂混合液都具有显著的除杂效果，除杂后产品的白度有较大提高，粒径也有所减小。A 和 B 两种溶液的除杂效果相当，但经 A 溶液处理后产品 $Sb_4O_5Cl_2$ 的白度最高，达 96.60%，与火法锑白的白度相当。A 溶液的除杂效果好，这是溶液中各组分综合作用的结果。经过除杂处理的 $Sb_4O_5Cl_2$ 样品其光稳定性也大大提高，在室内久置白度没有变化；而水解产物粗 $Sb_4O_5Cl_2$ 在室内放置 15 d 后，颜色就会变为暗灰色，白度降低，其原因有待进一步研究。

### 4.产品的结构及形貌

产品中的氯为 11.25%，锑为 76.30%，$n(Cl)/n(Sb) = 0.501$，其 XRD 图谱如图 5 – 14 所示。产品的特征谱线与理论特征谱线吻合得很好，证实产品成分为 $Sb_4O_5Cl_2$。如图 5 – 15 所示的 SEM 照片表明，产品微粉呈椭球形，粒径较均一。

### 5.产品性能

把所制备的 $Sb_4O_5Cl_2$ 阻燃剂微粉，等量替代超细 $Sb_2O_3$，加入到 70℃绝缘 PVC 阻燃电缆料(上海化工厂配方)中，进行氧指数测试实验(图 5 – 16)。结果表明，等质量的微细 $Sb_4O_5Cl_2$ 的阻燃性能略优于超细 $Sb_2O_3$。由于 $Sb_4O_5Cl_2$ 中的 Sb 元素含量比 $Sb_2O_3$ 中的低，故微细 $Sb_4O_5Cl_2$ 的阻燃效率比超细 $Sb_2O_3$ 的高。此外，为达到同样的着色效果，添加 $Sb_4O_5Cl_2$ 时所用的黄色颜料量与添加 $Sb_2O_3$ 时所用的黄色颜料量相比明显减少(约减少 50%)；不加色料时，添加 $Sb_4O_5Cl_2$ 的电缆料样品透明度明显提高。

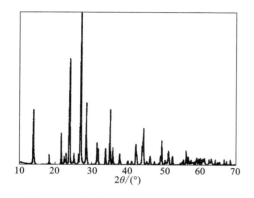

图 5-14　产品 $Sb_4O_5Cl_2$ 的 XRD 图谱　　　　图 5-15　产品 $Sb_4O_5Cl_2$ 的 SEM 照片

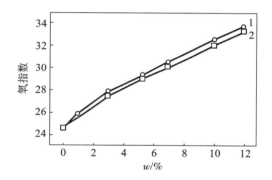

图 5-16　两种阻燃助剂的添加量与氧指数的关系

1—$Sb_4O_5Cl_2$；2—$Sb_2O_3$

　　总之，利用脆硫锑铅精矿的氯化浸出液经还原后水解，可制备出平均粒径为 4.35 μm，白度为 96.6%，纯度为 99.85% 的微细 $Sb_4O_5Cl_2$ 阻燃剂，而且工艺简单，成本低。微细 $Sb_4O_5Cl_2$ 的阻燃效果比超细 $Sb_2O_3$ 好，能降低其中的色料用量，提高塑料的透明度。

## 2.2.5　SbOCl 阻燃剂的制取

### 1. 原料及合成原理

　　以湿法生产锑白的中间产物粗 $Sb_4O_5Cl_2$ 为原料（平均粒径 7.36 mm，纯度 98.45%，白度 89.04%）合成 SbOCl 的原理是，$Sb_4O_5Cl_2$ 溶于浓盐酸生成 $SbCl_3$ 酸性溶液，再与 $Sb_4O_5Cl_2$ 微粉反应生成 SbOCl 晶体：

$$Sb_4O_5Cl_2(s) + 10HCl(aq) = 4SbCl_3(aq) + 5H_2O \qquad (5-4)$$

$$Sb_4O_5Cl_2(s) + SbCl_3(aq) \Longrightarrow 5SbOCl(s) \qquad (5-5)$$

**2. 合成条件的优化**

对搅拌速度、反应时间和 $Sb^{3+}$ 浓度等合成条件进行优化。在反应液（37% 浓盐酸溶解 $Sb_4O_5Cl_2$ 的饱和液）与 $Sb_4O_5Cl_2$ 的液固比为 1.5∶1 及室温合成 48 h 的情况下，搅拌速度对产物中 $n(Cl)/n(Sb)$ 的影响见表 5-13。

表 5-13　搅拌速度对产物中 $n(Cl)/n(Sb)$ 的影响

| 搅拌速度/(r·s⁻¹) | 10.0 | 24.8 | 31.9 | 35.0 | 40.0 | 45.0 | 52.8 |
|---|---|---|---|---|---|---|---|
| $n(Cl)/n(Sb)$ | 0.503 | 0.506 | 0.531 | 0.560 | 0.972 | 1.010 | 1.000 |

表 5-13 说明，当搅拌速度大于 40 r/s 时所得产物中的 $n(Cl)/n(Sb)$ 约为 1.0，XRD 分析证实为 SbOCl。搅拌速度为 35~40 r/s 时产物中的 $n(Cl)/n(Sb)$ 变化很大。这可能是因为当搅拌速度增大到一定程度时剧烈的混合显著提高了反应表面的 $Sb^{3+}$ 浓度，从而提高了 $Sb^{3+}$ 的扩散速度。

从表 5-14 可知，当搅拌速度为 48 r/s、液固比为 1.5∶1 时，产物中的 $n(Cl)/n(Sb)$ 随着反应时间的延长而逐渐增加，当反应时间大于 16 h 时才能得到纯的 SbOCl 产品。

表 5-14　反应时间对产物中 $n(Cl)/n(Sb)$ 的影响

| 反应时间/h | 0 | 2 | 6 | 10 | 12 | 16 | 18 |
|---|---|---|---|---|---|---|---|
| $n(Cl)/n(Sb)$ | 0.501 | 0.501 | 0.503 | 0.633 | 0.783 | 0.985 | 1.000 |

用不同浓度的盐酸溶解 $Sb_4O_5Cl_2$ 至饱和可得到不同 $Sb^{3+}$ 浓度和酸度的反应液，在固定搅拌速度 48 r/s 和反应时间 18 h 的条件下，合成产物中 $n(Cl)/n(Sb)$ 的变化情况见表 5-15。从表 5-15 可以看出，当反应液中 $Sb^{3+}$ 浓度为 290 g/L 时，产物中的 $n(Cl)/n(Sb)$ 约 1.0，XRD 分析证实为 SbOCl。在 $Sb^{3+}$ 浓度为 248~290 g/L 时产物中的 $n(Cl)/n(Sb)$ 提高很快。这表明该反应属扩散控制型反应，反应物浓度大是影响反应速度的关键因素。在合成反应前后反应液中 $[H^+]$ 变化不大。实验表明 $[H^+]$ 在反应过程中有明显的催化作用。在 $[H^+]$ 高的反应液中合成反应进行得快，随着反应液中 $[H^+]$ 的降低反应速度显著变慢、反应时间显著延长直至反应不能发生。由于酸度低，反应过程中几乎不发生反应物和产物的溶解作用，固体 $Sb_4O_5Cl_2$ 的转化率最高可达 100%。

表 5 – 15   反应液 $\rho(Sb^{3+})$ 浓度和 $[H^+]$ 对产物 $n(Cl)/n(Sb)$ 的影响

| $\rho(Sb^{3+})/(g \cdot L^{-1})$ | 220 | 248 | 279 | 290 | 310.3 | 336.2 | 387 |
|---|---|---|---|---|---|---|---|
| 反应前液中$[H^+]/(mol \cdot L^{-1})$ | — | — | 2.70 | 2.88 | 2.93 | 3.01 | 3.04 |
| 反应后液中$[H^+]/(mol \cdot L^{-1})$ | — | — | 2.70 | 2.85 | 2.90 | 3.02 | 3.02 |
| $n(Cl)/n(Sb)$ | 0.529 | 0.650 | 0.880 | 0.980 | 1.000 | 1.010 | 1.010 |

### 3. 产品检测及表征

经测试合成的 SbOCl 纯度为 99.8%，白度为 96.6%，较原料 $Sb_4O_5Cl_2$ 的纯度（98.45%）和白度（89.0%）都有较大的提高。产品平均粒径为 5.90 mm，与原料相比粒径反而有所细化，这与通 HCl 气体的高温合成体系不同。产品经 XRD 分析证实为 SbOCl 单斜晶体，SEM 分析证明为规则的立方晶形，粒径均匀（图 5 – 17）。

### 4. 阻燃性能测试

把制备的 SbOCl 阻燃剂等量替代超细 $Sb_2O_3$ 添加到 70℃的绝缘 PVC 阻燃电缆料中按照 GB/T 2406—93 标准测试氧指数。结果表明，SbOCl 的阻燃性能明显优于传统的超细 $Sb_2O_3$（图 5 – 18），电缆料所用的色料量较超细 $Sb_2O_3$ 减少约 60%，不加色料时样条的透明度明显提高。

图 5 – 17   产品 SbOCl 的 SEM 照片

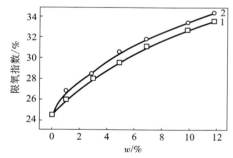

图 5 – 18   阻燃剂的添加量与限氧指数的关系

1—$Sb_2O_3$；2—SbOCl

总之，湿法生产锑白工艺的中间产物 $Sb_4O_5Cl_2$ 在浓盐酸中的饱和溶液与 $Sb_4O_5Cl_2$ 反应，在常温（25℃左右）低酸（$[H^+] < 3.1$ mol/L）的温和条件下可制备出纯度 99.8%、白度 96.6% 的微细 SbOCl 阻燃剂。用于 70℃绝缘 PVC 阻燃电缆料时，其阻燃协效性能优于超细 $Sb_2O_3$，且能降低其中的色料用量，不加色料时对电缆料的透明度影响较小。该合成工艺简单，成本低廉，具有广泛的工业应用前景。

# 第 3 章　磁性材料冶金

## 3.1　概述

　　磁性材料是应用广泛、发展迅速的现代功能材料。20 世纪 50 年代前为金属磁的一统天下；50—80 年代为铁氧体的黄金时代，除电力工业外，各应用领域中铁氧体占绝对优势；90 年代以来，磁性材料处于蓬勃发展的全盛时期，纳米结构的金属磁性材料的崛起成为铁氧体的有力竞争者。除传统的永磁、软磁、磁记录等磁性材料在质与量上均有显著进展外，新的磁性功能材料，如巨磁电阻、巨磁阻抗、巨磁霍尔效应、巨磁致伸缩、巨磁热效应、巨磁光效应等以及应用特广的磁 – 电、磁 – 力、磁 – 热、磁 – 光等交叉效应的磁性功能材料为未来磁性材料的发展开拓了新领域。本章主要介绍作者学术团队在锰锌软磁铁氧体材料以及铁酸锌直接制备方法和工艺方面的研究成果及进展。

### 3.1.1　磁性材料的分类和组成

　　磁场强度由零逐渐增加到 $+H$ 的磁性材料的磁化曲线，展示了起始磁化过程（图 5 – 19 中 $Oa$ 线）。

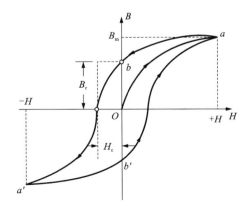

**图 5 – 19　磁性材料的磁化曲线**

　　但是在实际应用过程中，磁性材料往往是在交变磁场中工作，当 $H$ 增加到一

定数值后就要减小。在 $H$ 减小时，$B - H$ 曲线是否仍按原来的起始磁化曲线变化
呢？实验表明并不是这样。如图 5 – 19 所示，当外磁场由 $+ H$ 逐渐减小时，磁感
强度 $B$ 并不沿起始曲线 $Oa$ 减小，而是沿它上面的另一条曲线 $ab$ 比较缓慢地减
小。这种 $B$ 的变化落后于 $H$ 的变化的现象，叫做磁滞现象，简称为磁滞。由于磁
滞的缘故，当磁场强度减小到零时，磁感强度 $B$ 并不等于零，而仍有一定的数值
$B_r$，$B_r$ 叫做剩余磁感强度，简称为剩磁。这是铁磁质所特有的现象。如果一铁磁
质有剩磁存在，这就表明它已被磁化过。为了消除剩磁，必须加一反向磁场。由
图 5 – 19 可以看出，随着反向磁场的增加，$B$ 逐渐减小，当达到 $H = H_c$ 时，$B$ 等于
零。通常把 $H_c$ 叫做矫顽力。它表示铁磁质抵抗去磁的能力。当反向磁场继续不
断增强到 $- H$ 时，材料的反向磁化同样能达到饱和点 $a'$。此时，若使反向磁场减
弱到零，$B - H$ 曲线将沿 $a'b'$ 变化。以后，再增强正向磁场到 $+ H$ 时，$B - H$ 曲线
将沿 $b'a$ 变化而完成一个循环。由于磁滞 $B - H$ 曲线形成一个闭合曲线，通常称
为磁滞回线。

　　不同磁性材料的磁滞回线是不同的，图 5 – 20 是硬磁材料、软磁材料及磁矩
铁氧体材料三种磁性材料的磁滞回线。

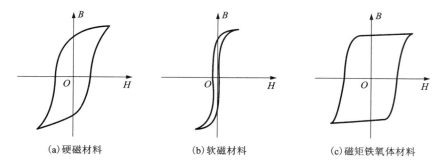

(a)硬磁材料　　　　　　(b)软磁材料　　　　　　(c)磁矩铁氧体材料

**图 5 – 20　不同磁性材料的磁滞回线**

　　硬磁材料又称为永磁材料，它的特点是剩磁 $B_r$ 和矫顽力 $H_c$ 都比较大，磁滞
回线所包围的面积大，磁滞特性非常显著[图 5 – 20(a)]。所以把硬磁材料放在
外磁场中充磁后，仍能保留较强的磁性，并且这种剩余磁性不易被消除，因此，
硬磁材料适宜于制造永磁体。

　　软磁材料的特点是相对磁导率 $\mu_r$ 和饱和磁感应强度 $B_{max}$ 一般都比较大，而剩
磁 $B_r$ 和矫顽力 $H_c$ 很小，磁滞回线所包围的面积很小，磁滞特性不显著[图 5 – 20
(b)]。

　　磁矩铁氧化材料的特点。磁性材料按化学成分大体上分为两类：其一为铁磁
有序的金属磁性材料；其二为亚铁磁有序、具有半导体导电性质的非金属磁性材

料，这种材料占绝大多数。磁性材料按磁化特性分为永磁材料、软磁材料。

按磁性能分类情况如下：

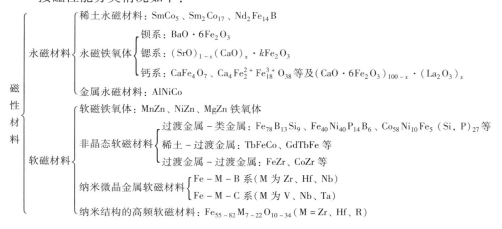

## 3.1.2　软磁铁氧体的发展史、性质及用途

### 1. 软磁铁氧体的发展史

1936 年软磁铁氧体就进入了工业生产。1947 年 Snock 出版了有关铁氧体的第一部专著，确立了软磁铁氧体的基本配方；20 世纪 60—70 年代，对制备工艺、气氛、相组成、显微结构与软磁铁氧体性能的关系进行了深入研究，使软磁铁氧体的质量有了很大的提高；80—90 年代，对三元组成与性能的关系、添加物的影响进行了系统的研究。数十年的不懈努力，使软磁铁氧体制备工艺日益完善，性能日臻完美。高磁导率铁氧体的磁导率实验室水平可达 40000 左右。

世界软磁铁氧体的产量由 1985 年的 110 kt 增长到 1997 年的 220 kt，其中我国与东南亚增长速度最快。1985 年我国产量约 7 kt，到 1997 年已发展到 50 kt。相反，美国却呈负增长，而西欧的增长率近似为零。目前我国软磁铁氧体的生产量已居世界首位，占世界产量的 1/4。软磁铁氧体中，功率铁氧体约占 25%，高磁导率材料约占 20%，宽带射频铁氧体、电子镇流器约占 15%，其他如抗电磁干扰（EMI）、偏转磁芯等也有较多应用。

### 2. 软磁铁氧体的基本特性

软磁铁氧体材料除了 $\mu_i$、$B_s$、$B_r$、$T_c$、$H_c$、$P_{cv}$ 几个主要磁性能参数外，还具有以下基本特性。

1）复数磁导率

软磁铁氧体通常应用于交变磁场中，处于交变磁化状态，由于磁滞、涡流、磁后效导致磁性材料在交变场中存在能量损耗，磁导率为复数，即 $\mu = \mu' - j\mu''$。其中，$\mu''$ 对应于能量的损耗，而 $\mu'$ 对应于能量的贮存。在弱变磁场中，磁感应强

度 $B$ 的变化可以认为与交变磁场仅落后一位相角 $\delta$，如以复数形式表示，即为：

$$\tilde{H} = H_m e^{j\omega t}, \quad \tilde{B} = B_m e^{j(\omega t - \delta)} \tag{5-6}$$

容易证明，$\tan\delta = \mu''/\mu'$，因此 $\delta$ 又称为损耗角，它与 $\mu''$ 成比例，$\tan\delta$ 的倒数称为品质因数，即 $Q = 1/\tan\delta$。$\mu'$，$\mu''$，$\tan\delta$，$\mu Q$ 是表征软磁铁氧体交流磁性的基本物理量。在生产中往往以比损耗系数 $\dfrac{\tan\delta}{\mu'} = \dfrac{1}{\mu Q} = \dfrac{\mu''}{(\mu')^2}$ 或 $Q$ 来表征材料的交流磁性。

通常希望 $\mu'$ 高，$\mu''$ 低，即要求 $Q$ 值高，$\tan\delta$ 小或 $\mu Q$ 值高。

在低频弱磁场下，$\mu'$ 相当于稳恒磁场下的起始磁导率。起始磁导率与磁晶各向异性常数 $K_1$ 以及磁致伸缩系数 $\lambda_s$ 有着密切的关系。在可逆转动磁化的情况下，有

$$\mu_i = \frac{M_s^2}{|K_1|} \text{ 或 } \frac{M_s^2}{\lambda_s \sigma} \tag{5-7}$$

式中：$\sigma$ 为内应力。

在可逆壁移磁化的情况下：

①掺杂物和空泡对壁移起主要阻碍作用时，有

$$\mu_i \propto \frac{M_s^2}{\left[ A_1 \left( \left| K_1 + \dfrac{3}{2}\lambda_s \sigma \right| \right) \right]^{\frac{1}{2}}} \cdot \frac{d^2}{L} \tag{5-8}$$

式中：$d$ 为掺杂分布的平均间隔；$L$ 为磁畴宽度。而 $A_1 = A_s^2/a$（简单立方）或 $2A_s^2/a$（体心立方），其中 $A$ 为交换积分，$s$ 为自旋量子数，$a$ 为原子间距。

②应力对壁移起主要阻碍作用时，有

$$\mu_i \propto \frac{M_s^2}{\dfrac{3}{2}\lambda_s \sigma} \cdot \frac{l}{\delta} \tag{5-9}$$

式中：$l$ 为应力起伏波长；$\delta$ 为畴壁厚度。

2）磁谱——磁导率的频率稳定性

材料的稳定性在实际应用上是很重要的。磁导率的稳定性主要包括频率稳定性、温度稳定性和时间稳定性三个方面。这里介绍的磁谱就是磁导率的频率稳定性。

在低频弱磁场时，$\mu'$ 相应于稳恒磁场中所测定的起始磁导率 $\mu_i$，但随着频率升高，$\mu'$ 与 $\mu_i$ 就有了明显的差别，磁导率随频率变化的现象称为磁谱。通常，随着频率升高，磁导率下降，到达某一频率时，$\mu'$ 急剧下降，而 $\mu''$ 急剧上升。通常定义 $\mu'$ 下降到 1/2 时所对应的频率为截止频率，这就限制了软磁材料使用频率的上限。截止频率的高低主要取决于畴壁位移的弛豫与共振，以及磁畴转动所导致

的自然共振，根据 Snock 公式对于立方晶系材料存在着下列规律：

$$f_r(\mu_i - 1) = \frac{1}{3\pi} r M_s \qquad (5-10)$$

亦可写成：$\qquad f_r(\mu_{si} - 1) = 3M_s^2/\beta D$

式中：$\mu_{si}$ 为静态初始磁导率；$\beta$ 为阻尼系数；$D$ 为晶粒尺寸。公式表明起始磁导率 $\mu_i$ 与截止频率 $f_r$ 之间是相互制约的，实验结果很好地证实了这一点。

3）初始磁导率的温度稳定性

由于铁氧体的居里点较低，因此温度对其磁性的影响远较对金属磁的严重。目前铁氧体尚难以在精密的或稳定度要求很高的仪器设备中大量使用，其中关键问题之一也在于温度稳定性差，因此对这个问题的深入研究具有实际意义。

磁导率对温度的依赖性取决于样品的组成与热处理。通常当温度升高到居里点附近时，由于磁晶各向异性常数比 $M_s^2$ 更迅速地趋于零而出现磁导率的峰值。对 NiZn，MnZn 等铁氧体，随着居里点的下降，$\mu'$ 极大值的峰升高。最令人感兴趣的是 MnZn 等铁氧体，$\mu_i$ 与 $T$ 复杂的依赖性，低于居里温度会呈现 $\mu_i - T$ 的第二个高峰，其典型曲线如图 5-21 所示。

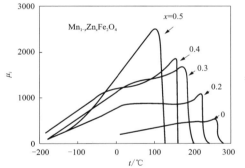 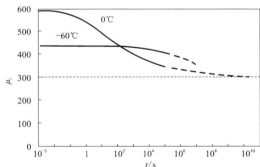

图 5-21 MnZn 铁氧体的 $\mu_i - t$ 曲线　　图 5-22 MnZn 铁氧体初始磁导率随时间的变化

此现象在实际应用上颇为重要，因为可以在居里点与第二峰值之间找到 $\mu_i - T$ 曲线较为平坦的区域，在该温度区间工作时具有很好的温度稳定性。实验发现，第二峰的呈现与二价铁离子的存在有密切关系。

4）磁导率的时间稳定性

通常磁导率随时间的增长而逐渐下降，这个变化大致上可以分为两部分：一部分是由于材料内部结构随时间增长而引起磁导率的下降，这种变化是不可逆的，称为磁老化；另一部分是可逆的，即经过重新磁中性化后磁导率可以恢复原值。这种随时间的变化称为减落（disaccommodation），减落现象是磁后效的一种表现形式,其典型曲线如图 5 - 22 所示。

目前认为主要是由离子空位与阳离子的扩散形成定向有序排列引起的减落。根据实验分析,磁导率随时间的减落是按指数函数衰减的,由此定义减落为:

$$D_A = \frac{\mu_{i1} - \mu_{i2}}{\mu_{i1} \lg \left( \frac{t_2}{t_1} \right)} \tag{5-11}$$

式中:$\mu_{i1}$,$\mu_{i2}$ 分别代表相应于磁中性化后经历时间为 $t_1$,$t_2$ 的 $\mu_i$ 值,根据我国标准,$t_1$ 为磁中性化后 1 min,$t_2$ 为 10 min。此外,亦定义减落系数为:

$$D_F = \frac{D_A}{\mu_i} = \frac{\mu_{i1} - \mu_{i2}}{\mu_{i1}^2 \lg \left( \frac{t_2}{t_1} \right)} \tag{5-12}$$

通常希望减落尽可能小,否则周围环境突变,例如外加电磁干扰、温度、机械振动等因素的变化都会引起材料磁导率的改变,从而导致器件不能正常工作。目前生产中要求 $D_F < 30 \times 10^{-6}$。

### 3. 软磁铁氧体材料的用途

软磁铁氧体做成各种形状和规格尺寸的磁芯,主要用于工业类电子产品(或称为投资类电子产品)和消费类电子产品中(表 5 - 16)。

表 5 - 16　软磁铁氧体磁芯应用情况一览表

| 序号 | 整机名称 | 应用铁氧体磁芯品种 | 每机用量/g |
|---|---|---|---|
| 1 | 彩色电视机 | U 形、EC 形、EE 形、UF 形、偏转、工字形、螺纹等 | 约 600 |
| 2 | 黑白电视机 | U 形、EE 形、偏转、帽形、工字形、螺纹等 | 约 300 |
| 3 | 收录机 | 天线棒、帽形、工字形、螺纹等 | 约 200 |
| 4 | 彩色监视器 | U 形、EE 形、UF 形、偏转、工字形、螺纹等 | 约 500 |
| 5 | 录像机 | EC 形、UF 形、旋转变压器、工字形等 | 约 200 |
| 6 | 程控交换机 | EE 形、EP 形、RM 形、罐形、环形等 | 约 200 kg/万线 |
| 7 | 电子镇流器 | EE 形、EI 形、环形、磁棒形等 | 20 |

软磁铁氧体磁芯产量中 80% ~ 90%(按质量计)用于消费类电子设备。在消费类和工业类电子产品中使用的软磁铁氧体磁芯简述如下:

(1)用功率铁氧体材料制成的 U 形、E 形磁芯制作开关电源变压器、回扫变压器、枕校变压器和行动变压器等。

(2)用高电阻率的 MgMnZn 系铁氧体材料制作偏转磁芯。

(3)用高磁导率 MnZn 铁氧体制成 UF 形、EE 形、日字形磁芯来制作电源滤波器。

（4）用高频 NiZn 铁氧体制成工字形、螺纹、帽形、双孔形等磁芯，用来制作小型固定电感器、电感线圈。

（5）用 MgZn 系、NiCuZn 系、NiMgCuZn 系制成的天线棒、旋转变压器用磁芯等。

（6）工业类电子设备如计算机监视器、程控交换机、传真机、天线及有线通信设备、电子镇流器等广泛采用 E 形、环形、EP 形、RM 形、罐形磁芯等，虽然用的磁芯数量相对少，但质量要求相当高。

（7）利用 NiZn 铁氧体的复数磁导率与频率的关系，改变不同成分配方及掺杂来实现铁氧体阻抗频率和衰减域特性，制成宽频域抗 EMI 铁氧体串珠磁芯、多孔磁芯和各种滤波器。MnZn 铁氧体材料具有高的磁导率，电阻率较低，大量用于电流不大的 KYC 线圈和 EMI 滤波的共模、差模线圈，在低频段使用抗 EMI 干扰。

此外，平面六角晶系的磁铅石型超高频软磁铁氧体、平面六角晶系材料还可用作永磁材料、微波和毫米波材料及磁头磁记录材料。

### 3.1.3　软磁铁氧体磁性材料的制备

软磁铁氧体微粉的制备大多采用陶瓷法、化学共沉淀法、超临界法。

陶瓷法（也称为氧化物法）是选取纯度高、杂质含量低、超细度和高活性的 $Fe_2O_3$、$Mn_3O_4$、ZnO 为原料，经两次球磨、喷雾制粒、预烧和掺杂制备软磁铁氧体粉。

化学共沉淀法是选择合适的可溶于酸或水的金属或金属盐类，按所制备材料组成计量，将金属或其盐溶解，并以离子状态混合均匀，再选择一种合适的沉淀剂，将金属离子均匀沉淀或结晶，再将沉淀物脱水或热分解而制得铁氧体微粉。由于其所制备的粉体微粒具有纯度高、粒径分布均匀、活性好等特点，使之近年来得到深入研究及广泛应用。化学共沉淀法按其沉淀剂的不同可分为碳酸盐法、草酸盐法、超临界法等。

超临界法是指以有机溶剂等代替水作溶剂，在水热反应器中，在超临界条件下制备微粉的一种方法。反应过程中液相消失，更有利于体系中微粒的均匀成长和晶化，比水热法更为优越，值得进一步研究。

目前，软磁铁氧体生产以陶瓷法为主；共沉淀法已经工业化的只有碳酸盐沉淀法，国内年产量 1500～2000 t。以矿物原料或物（废）料直接制取软磁铁氧体材料的直接法已问世 20 多年，其研究工作系统深入，其中以低品位碳酸锰矿、氧化锌烟灰和钛白粉废酸为原材料生产含铁锰锌氧化物软磁粉已建成 3000 t/a 规模的生产线，获得较大规模的工业应用，详见第六篇。

### 3.1.4 软磁铁氧体磁性材料的国内外动态及发展趋势

软磁铁氧体材料广泛应用于民用和工业领域,随着近年来信息技术和新型绿色照明的发展,要求材料进一步向高频率、高磁导率和低损耗发展,也就是向两高一低方向发展,器件向小型化、片式化和表面贴装化发展,也就是三化方向发展。

**1. 向高频率发展**

功率铁氧体(大多为 MnZn 系)主要应用领域是开关电源的主变压器。它要求铁氧体材料具有高饱和磁通密度($B_s$)和高振幅磁导率($\mu_a$),以提高功率转换效率并避免饱和;为了避免变压器在高频下发热,要求材料的功率损耗($P_{CV}$)应尽量小,希望呈负温度系数;为了在高温下保持高的 $B_s$,材料的居里温度($\theta_f$)应当较高。其中工作条件下的低功率是特别重要的,即要求在高磁通密度下(200 mT),高温下(80~100℃)和高频下(0.5~3 MHz)有低的功率损耗。

随着开关电源工作频率越来越高,相应的材料一代接一代地开发,功耗值的降低也不断刷新原有纪录。20 世纪 70 年代初,为适应开关电源市场的需要,开发出第一代功率铁氧体材料,如 TDK 的 H35。这种材料由于其功耗大,只适用于工作频率在 20 kHz 左右的民用开关电源。80 年代初,第二代功率铁氧体材料问世,如 TDK 的 H7C1(PC30)。这种材料具有负温度系数功耗,随着温度升高功耗呈下降趋势,适用的工作频率为 100 kHz 左右。80 年代后期,为适应高频开关电源的发展,开发出第三代功率铁氧体材料,如 TDK 的 PC40 材料,其工作频率为 250 kHz 左右。这类材料特别适用于工作频率为数百千赫的开关电源,现在被广泛应用于工业类的开关电源中。进入 90 年代中期,由于信息技术对器件小型化、片式化的要求,第四代功率铁氧体材料开发成功,如 TDK 的 PC50。这种材料的工作频率可达 500 kHz,可使开关电源变得更轻、更小、更薄,是今后软磁铁氧体的发展方向。

我国新发布的软磁铁氧体材料分类行业标准,把功率铁氧体材料分为 PW1~PW5 五类,其适用工作频率逐步提高。分别为 15~100 kHz,25~200 kHz,100~300 kHz,300 kHz~1 MHz,1~3 MHz。现在国内能大批量生产的是 PC30,只有个别企业能生产 PC40。天通控股股份有限公司大批量生产 TP4 产品性能与 TDK 的 PC40 相同,国内 PC50 在 1994 年研制成功。

根据专家预测,未来开关电源频率将达到 1 MHz 或更高。因此,开发 1 MHz 或更高频率的功率铁氧体材料市场将更广阔。

**2. 向高磁导率发展**

由于信息产业的高速发展,普通软磁铁氧体已经不能满足新兴的信息网络技术的要求,高磁导率材料成为许多新兴的信息网络技术不可缺少的组成部分。另外，电子技术应用的日益广泛，特别是数字电路和开关电源应用的普及，电磁干扰问题日趋严重。高磁导率软磁铁氧体磁芯能有效吸收电磁干扰信号，以达到抗电磁场干扰的目的。高频、高速、高组装密度的电子产品的电子、电力线路中必须采用 EMI 磁芯，才能满足抗电磁干扰和电磁兼容的要求。高磁导率软磁铁氧体主要特性是磁导率特别高，一般要求在 10000 以上，可以大大地缩小磁芯体积，提高工作频率。目前国外研制水平磁导率为 20000 ~ 30000，国内大批量生产磁导率为 7000 ~ 8000、研制水平磁导率为 12000 ~ 13000。同时，高磁导率磁芯的表面质量很好，必须涂覆一层均匀、致密、绝缘的有机涂层，这是国内产品的一个技术难点。浙江天通电子股份有限公司陆明岳开发的产品，1999 年 6 月通过省级新产品鉴定，磁导率为 13000。深圳中核集团公司于 2000 年 10 月投产，年生产能力 30 t，产品磁导率稳定在 10000 以上，最高能达到 18000。

目前高磁导率铁氧体除继续提高磁导率外，还要求居里温度 $T_c$ 高，损耗因数 $\tan\delta/\mu_i$、温度系数 $a_\mu/\mu_i$ 要低，并要求随使用频率增加磁导率衰减慢，使 $\mu_i - f$ 曲线在较宽频带内保持平直，具有高的截止频率。

### 3. 向低损耗发展

低损耗 MnZn 铁氧体材料在有线通信设备通道滤波器的电感器中得到应用。随着载波传输设备通话话路容量增大，要求缩小 LC 滤波器体积，更重要的是要求磁芯材料损耗低（损耗因数 $\tan\delta/\mu_i$ 小）、稳定性（$a_\mu/\mu_i$）高和减落因子（$D_F$）低。这种材料一般生产水平为：$\tan\delta/\mu_i = (2.3 ~ 2.5) \times 10^{-6}(f = 100 \text{ kHz})$，$a_\mu/\mu_i = (1.0 ~ 1.5) \times 10^{-6}/℃(20 ~ 55℃)$，$D_F = (2 ~ 5) \times 10^{-6}$。如日本 TDK 的 H68、H6H3，日本东北金属公司的 1000SFP、200IF，西门子公司的 N48 等。

## 3.2　软磁铁氧体生产工艺

### 3.2.1　概述

无论是陶瓷法（氧化物法）、化学共沉淀法还是直接法，都采用粉末冶金方法制备软磁铁氧体材料，即以纯 $Fe_2O_3$、$Mn_3O_4$ 和 ZnO 或共沉淀粉为原料，先经过配料、球磨、预烧、二次球磨、制粒等工序制得软磁铁氧体粉料，然后进行压坯和烧结制取软磁铁氧体元件。

### 3.2.2　配料

原料中存在的杂质对铁氧体的电磁性能影响颇大，尤其是有害杂质的含量不能超过允许值。制备高磁导率的软磁材料，切忌含有离子半径较大的杂质如 BaO、SrO、PbO 等，此类有害杂质一旦达 0.5%，即可使磁性能降低约 50%。在工厂进行大量生产时，最好固定原料的来源，以保证产品质量稳定。TDK 对制备高磁导率铁氧体材料所用原材料的杂质含量提出了要求（表 5 – 17）。

表 5 – 17　高磁导率铁氧体材料所用原材料的杂质含量要求/%

| 原材料 | $SiO_2$ | CaO | $Al_2O_3$ |
|---|---|---|---|
| $Fe_2O_3$ | <0.0017 | <0.002 | <0.006 |
| MnO | <0.001 | <0.008 | <0.02 |
| ZnO | <0.001 | <0.001 | <0.001 |

原料确定之后，配方是决定产品性能的关键。具体的配方多数是在系统研究的结果和理论的定性指导下按照使用要求确定的。对铁氧体配方，人们已积累了丰富的经验。这里简单介绍配方确定后如何进行计算和称料。$Mn_{1-x}Zn_xFe_2O_4$ 三组元的配比，常见的组成表示法是采用成分三角形图示法，在成分三角形图中 $Fe_2O_3$ 物质的量比保持不变（50%），而改变 $n(MnO):n(ZnO)$ 一条直线。设 A、B、C 三组元构成正三角形的成分三角形，如图 5 – 23 所示，三条边上分别标明三组元的含量（物质的量比或质量比），通常按顺时针方向标定。

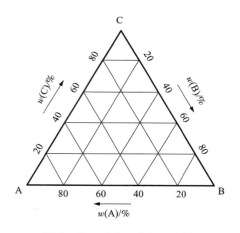

图 5 – 23　成分三角形图示法

根据正三角形的特性，若在三角形内任一点分别作平行于三底边的直线，根据它们在三条边上的截距，按顺时针方向分别读出三组元的成分百分数，三者之和必等于 100%。利用成分三角形，将所测的磁性标在图上，可以方便地标明磁性随组分的变化。如将相同磁导率的点连成曲线，就构成等磁导率曲线图，如图 5 – 24 所示。

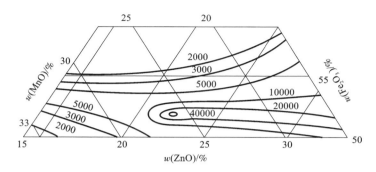

图 5 – 24　MnZn 铁氧体的磁导率与组分的关系

　　由此可外推获得高磁导率的组成区域，因此这种方法通常用来进行组成与特性的系统研究，对生产中确定配方也颇有参考价值。

### 3.2.3　球磨与掺杂

　　球磨是影响产品质量的重要工序。配料之后的球磨称为一次球磨，其主要目的是混合均匀，以利于预烧时固相反应完全。如原料颗粒较粗，在此工序就磨细，以增加原料活性；如原料是足够细的粉体，可采用强混机代替球磨机，以提高效率、降低能耗。预烧后的球磨称为二次球磨，其主要作用是将预烧料碾磨成一定尺寸的粉体，以利于成型。对制粒预烧料，通常预烧料的颗粒尺寸为几毫米，应先用粉碎机将颗粒粗粉碎，以提高球磨效率，然后再细磨。

　　球磨机有滚动式和振动式两种。后者粉碎效率较高，但容积较小；前者为大量工业生产所采用。滚动式球磨机常采用圆柱体滚筒，当筒体转动时，带动筒内钢球与物料一起运动。随着筒体转动速度的变化，筒内钢球运动大致上存在三种方式，即雪崩式、瀑布式和离心式。当球磨机转速较低时，呈雪崩式，物料的粉碎取决于球与料在运动过程中的相互摩擦力，其破碎效果较差。球磨机转速增加时，在离心力与筒壁摩擦力作用下，钢球将提升到较高高度，然后在重力作用下瀑布式泻下，处于这种运动状态时，物料将在钢球的冲击下粉碎，在球间摩擦力作用下碾细，这时粉碎效果最佳。当筒体转速进一步增加，作用在钢球上的离心力超过其重力时，钢球将随着筒壁旋转，处于离心状态，对物料无粉碎作用。

　　在湿球磨中，料、球与弥散剂之间存在最佳比例，效率最高。一般情况下，可取球∶料∶水 = $(1.5 \sim 2) \colon 1 \colon (1 \sim 1.5)$，具体的比例根据实际情况确定。

　　在磁性材料生产中，滚动式球磨机已逐渐被淘汰，而代之以砂磨机。砂磨机的原理是在一立式圆筒内，用旋转圆盘或搅拌棒使小钢球（2 ~ 4 mm）产生紊乱的高速运动，从而对机内粉料起研磨作用。通常进料颗粒尺寸为 1 ~ 3 μm，出料颗粒尺寸小于 0.1 μm，具有效率高和连续生产的优点。

### 3.2.4　预烧

预烧通常指低于烧结温度下将一次球磨后的粉料焙烧数小时(一般在 900 ~ 1200℃下保温 4 ~ 5 h)，其目的是为了使各种氧化物初步发生化学反应，减小烧结时产品的收缩率。为了增进预烧效果，可以将预烧粉末压成块状，以增加粉粒间的接触面积与压力，促进固相反应的进行。预烧温度的选择对控制产品的收缩率、形变以及确定烧结温度有很大的影响。工业生产中的粉料预烧常采用回转窑法，其原理是窑体可绕主轴旋转，有一定的倾斜度，物料由一端进入，由于回转作用，产生前进运动而逐渐进入高温区，然后再在另一端出料。它可以省略烘干、压坯的工序进行管道化生产，有利于增加产量、降低成本、提高质量、净化环境、减轻劳动强度。预烧温度对最佳的烧结温度有一定的影响：若预烧温度过低，则固相反应不能充分进行，因此要达到最佳磁性能要求，就必须采用较高的烧结温度；若预烧温度过高，最佳烧结温度要求也较高；若预烧温度较理想，则最佳烧结温度最低，磁性能最佳，结晶结构良好。

### 3.2.5　喷雾制粒

为了提高成型效率与产品质量，需将二次球磨后的粉料与稀释的黏合剂混合，过筛成一定尺寸的颗粒，颗粒的大小取决于块件的大小，小块件需要小颗粒，大块件可取合适的大颗粒。当颗粒的表面水分稍稍烘去，而内部仍旧保持潮湿时，具有良好的分散性与流动性，压型时能很快地流进并填满压模内的填料空间。亦可以在较低压力下，先将混合黏合剂的粉料用均压法进行预压，再粉碎研磨成一定大小的粗颗粒(例如经过 20 目的过筛)，由于这些颗粒已接近所需要的生坯密度，将它再进一步加压成型有利于得到密度均匀的产品。工业生产中常采用喷雾干燥制粒法以及流化床制粒法，有利于大规模自动化生产，保护环境。

### 3.2.6　压坯

将二次球磨后的粉料或颗粒按产品要求压成一定的坯件形状，称为成型。通常的做法是采用优质钢材做成一定尺寸与形状的压模，然后将粉料填入其中，进行单向加压，如下冲头固定、上冲头移动。由于粉料之间、粉料与模具之间存在摩擦力，因此单向加压成的样品，形状大小虽可固定，但密度往往不均匀，导致在烧结过程中结晶的非均匀，影响产品的外观尺寸以及内在质量。改善性能的办法，一是进行双向加压，二是采用上述的预压法制粒，三是在模具壁上加一些润滑剂或在粉料中加少量油脂酸(如 0.2% 的硬脂酸锌)。另一种成型法是等静压，即均匀加压法，将粉料放在所需形状的柔软的、具有可塑性的模子中(如橡皮模），把整个模子浸在盛流体的高压箱中压缩。其优点是可得到密度较高且均匀的产品（因加压时是各向同性的），缺点是最后产品的尺寸与形状不易精确控制。另一方面，采用此法进行快速的大规模生产有一定困难，较适用于制备高密度铁氧体材料，如用做磁头材料。

常见的模具有两种形式：一种是固定模，模腔固定不动，成型在模腔中部，上、下冲头加压，成型后顶出，为了防止块件出模时突然膨胀而开裂，要求模腔口有一定的斜度（退拔度为 1/300），以利于块件连续过渡，逐渐膨胀；另一种是浮动模，模腔随成型加压而浮动，成型在模腔顶部，脱模较为方便，有利于提高工效。

模具材料可选用高碳钢、硬质合金等，磁场成型的模具则根据需要在某些部位（如模腔等）采用无磁钢。在模具设计时，必须考虑样品在烧结过程中的收缩率。收缩率常由实验确定。

### 3.2.7　烧结

配方确定后，烧结过程对铁氧体的性能具有决定性意义。因为烧结过程影响固相反应程度及最后的相组成、密度、晶粒大小等，而这些均影响产品的电磁性能。配方是确定材料性能的内因，而烧结是保证获得最佳磁性能的重要外因，当外因条件不具备时，内因亦无法发挥其作用。烧结过程包括升温、保温、降温三个阶段，现简述如下。

①在升温过程中，要控制一定的升温速度，以防止因水分及黏合剂集中挥发而导致坯件热开裂与变形。通常黏合剂挥发温区为 250~600℃。在该温区内升温宜缓慢，以便挥发物通过排气口及时排除；黏合剂挥发完后，升温速度可加快。用隧道窑烧结产品时，应合理地调整窑温曲线以达到此目的。

②在保温过程中，主要的问题是保温温度、保温时间与烧结气氛。烧结温度的提高及保温时间的延长，一般会促使固相反应完全，密度增加，饱和磁化强度增加，晶粒增大，矫顽力下降。但烧结温度过高，保温时间过长，会导致铁氧体的分解，产生空泡或另相，反而使性能下降。对不同配方的样品，在不同的气氛条件下，最佳的保温温度与时间会有显著不同。工业生产中，通常希望产品对烧结温度的宽容度较大，以提高产品成品率。

③降温过程的控制对产品的性能有时是有决定意义的。降温过程主要涉及两方面的问题。其一，冷却过程会引起产品的氧化或还原，产生脱溶物等。对易变价的锰锌铁氧体高磁导率材料，控制冷却过程的氧气气氛尤显重要。其二，合适的冷却速度有利于提高产品合格率。若冷却速度过快，出窑温度过高，热胀冷缩将导致产品冷开裂，或产生大的内应力，恶化产品性能。

烧结铁氧体产品的窑炉设计对提高产品档次、合格率十分重要。早期，国内曾采用烧砖瓦的倒焰窑，由于温差大、不能连续生产及产品质量差而被淘汰；继后发展为推车式的隧道窑炉，由于温差大、能耗高及气氛难以控制，亦逐步被淘汰；目前，隧道式的辊道窑、推板窑以及两者结合而成的辊道 – 推板窑普遍应用，多数采用电热式。烧结中、低档永磁铁氧体产品时，为了降低成本，亦采用烧煤推板窑。烧结高磁导率软磁铁氧体时，采用可控气氛的钟罩式电炉较为理想。总之，对于不同类型的产品，应采用合适的窑炉、合理的窑炉温度曲线以及相应的气氛控制。

# 3.3 共沉淀法制取软磁铁氧体材料

## 3.3.1 概述

传统的氧化物陶瓷法原料机械混合不均匀、活性差、烧结温度高、产品易结块。由于颗粒均匀性差，难以生产高档次特别是高磁导率的产品，因而 20 世纪 80 年代出现一些制备软磁铁氧体微粉的新方法，但这些方法中已实现工业应用的只有共沉淀法一种。共沉淀法具有离子态混合条件，混合十分均匀，最适合高磁导率软磁粉的生产，其产品颗粒细、活性强、烧结温度低，有利于降耗节能。共沉淀法包括制液、共沉淀及铁氧体制备等工艺过程。铁氧体制备工艺基本上与陶瓷法相同，因此，本节重点介绍共沉淀过程原理和工艺，并以 10 K 以上高磁导率软磁粉的制备为例说明共沉淀法的优势和发展前景。

## 3.3.2 共沉淀法的原则工艺流程

由纯 Me 或 $MeSO_4 \cdot nH_2O$（Me 代表 Fe、Mn、Zn）为原料，碳酸铵做沉淀剂的原则工艺流程如图 5 – 25 所示。

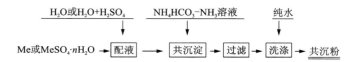

**图 5 – 25 制取软磁材料用共沉淀粉的原则工艺流程图**

### 3.3.3 Me(Ⅱ)碳酸盐共沉淀过程的基本原理

#### 1. 共沉淀过程热力学

1)Zn(Ⅱ)的碳酸盐沉淀产物及过程热力学

(1)以 $NH_4HCO_3$ 和 $NH_4OH$ 为沉淀剂。

从硫酸锌水溶液中沉淀 $Zn^{2+}$ 时,沉淀物的可能组成有 $ZnCO_3$、$Zn(OH)_2$ 和碱式碳酸锌 $[ZnCO_3 \cdot 2Zn(OH)_2 \cdot H_2O]$ 或其混合物,其反应如下:

$$3ZnSO_4 + 3NH_4HCO_3 + 3NH_4OH \rightleftharpoons$$
$$ZnCO_3 \cdot 2Zn(OH)_2 \cdot H_2O \downarrow + 3(NH_4)_2SO_4 + 2CO_2 \uparrow \qquad (5-13)$$

$\Delta G_{298,1}^{\ominus} = -208.656 \text{ kJ/mol}, K_{298,1}^{\ominus} = 10^{36.55}, [Zn^{2+}] = \varphi^{(1)} \cdot 10^{-14.53}$

其中 $\varphi^{(1)} = \dfrac{[NH_4^+]}{[HCO_3^-][NH_4OH]}$,空气中 $CO_2$ 的分压按 $10^{1.48}$ Pa 计算,以下同。

$$ZnSO_4 + NH_4HCO_3 + NH_4OH \rightleftharpoons ZnCO_3 \downarrow + (NH_4)_2SO_4 + H_2O$$
$$(5-14)$$

$\Delta G_{298,6}^{\ominus} = -77.0150 \text{ kJ/mol}, K_{298,6}^{\ominus} = 10^{13.4908}, [Zn^{2+}] = \varphi^{(1)} \cdot 10^{-13.4908}$

$$ZnSO_4 + NH_4HCO_3 + NH_4OH \rightleftharpoons Zn(OH)_2 \downarrow + CO_2 \uparrow + (NH_4)_2SO_4$$
$$(5-15)$$

$\Delta G_{298,7}^{\ominus} = -56.2079 \text{ kJ/mol}, K_{298,7}^{\ominus} = 10^{9.8460}, [Zn^{2+}] = \varphi^{(1)} \cdot 10^{-13.3660}$

由以上分析可知,反应达到平衡时,式(5-15)锌离子的浓度均大于其他反应的锌离子浓度,因此沉淀产物不可能为 $Zn(OH)_2$ 和 $ZnCO_3$,而是 $ZnCO_3 \cdot 2Zn(OH)_2 \cdot H_2O$。

(2)以 $NH_4HCO_3$ 为沉淀剂。

从硫酸锌溶液中沉淀 $Zn^{2+}$ 时,可能产生如下反应:

$$3ZnSO_4 + 6NH_4HCO_3 \rightleftharpoons ZnCO_3 \cdot 2Zn(OH)_2 \cdot H_2O \downarrow + 5CO_2 \uparrow + 3(NH_4)_2SO_4$$
$$(5-16)$$

$\Delta G_{298,8}^{\ominus} = -103.0182 \text{ kJ/mol}, [Zn^{2+}] = \varphi^{(2)} \cdot 10^{-11.8819}$

其中 $\varphi^{(2)} = \dfrac{1}{[HCO_3^-]^2}$,以下同。

$$ZnSO_4 + 2NH_4HCO_3 \rightleftharpoons ZnCO_3 \downarrow + (NH_4)_2SO_4 + H_2O + CO_2 \uparrow \quad (5-17)$$

$\Delta G_{298,9}^{\ominus} = -41.8024 \text{ kJ/mol}, K_{298,9}^{\ominus} = 10^{7.3226}, [Zn^{2+}] = \varphi^{(2)} \cdot 10^{-10.8426}$

$$ZnSO_4 + 2NH_4HCO_3 \rightleftharpoons Zn(OH)_2 \downarrow + 2CO_2 \uparrow + (NH_4)_2SO_4 \quad (5-18)$$

$\Delta G_{298,10}^{\ominus} = -20.9953 \text{ kJ/mol}, K_{298,10}^{\ominus} = 10^{3.6778}, [Zn^{2+}] = \varphi^{(2)} \cdot 10^{-10.7178}$

由以上可知,反应达到平衡时,式(5-18)的锌离子浓度均大于其他反应的锌离子浓度，因此沉淀产物不可能为 $Zn(OH)_2$ 和 $ZnCO_3$，而是 $ZnCO_3 \cdot 2Zn(OH)_2 \cdot H_2O$。

2）Fe(Ⅱ)的碳酸盐沉淀产物及过程热力学

（1）以 $NH_4HCO_3$ 和 $NH_4OH$ 为沉淀剂。

硫酸亚铁溶液中沉淀 $Fe^{2+}$ 时，沉淀物的可能组成有 $FeCO_3$、$Fe(OH)_2$ 或二者的混合物，可能发生如下反应：

$$FeSO_4 + NH_4HCO_3 + NH_4OH \Longrightarrow Fe(OH)_2 \downarrow + CO_2 \uparrow + (NH_4)_2SO_4$$

$$(5-19)$$

$$\Delta G_{298,11}^{\ominus} = -57.1991 \text{ kJ/mol}, \quad K_{298,11}^{\ominus} = 10^{10.0196}, \quad [Fe^{2+}] = \varphi^{(1)} \cdot 10^{-13.5396}$$

$$FeSO_4 + NH_4HCO_3 + NH_4OH \Longrightarrow FeCO_3 \downarrow + H_2O + (NH_4)_2SO_4$$

$$(5-20)$$

$$\Delta G_{298,12}^{\ominus} = -80.3203 \text{ kJ/mol}, \quad K_{298,12}^{\ominus} = 10^{14.0698}, \quad [Fe^{2+}] = \varphi^{(1)} \cdot 10^{-14.0698}$$

由以上可知，反应达到平衡时，式(5-20)的亚铁离子浓度小于式(5-19)的亚铁离子浓度，因此，沉淀产物不可能为 $Fe(OH)_2$，而是 $FeCO_3$。

（2）以 $NH_4HCO_3$ 为沉淀剂。

从硫酸亚铁溶液中沉淀 $Fe^{2+}$ 时，可能发生如下反应：

$$FeSO_4 + 2NH_4HCO_3 \Longrightarrow Fe(OH)_2 \downarrow + 2CO_2 \uparrow + (NH_4)_2SO_4$$

$$(5-21)$$

$$\Delta G_{298,13}^{\ominus} = -22.1668 \text{ kJ/mol}, \quad K_{298,13}^{\ominus} = 10^{3.8830}, \quad [Fe^{2+}] = \varphi^{(2)} \cdot 10^{-10.9230}$$

$$FeSO_4 + 2NH_4HCO_3 \Longrightarrow FeCO_3 \downarrow + H_2O + CO_2 \uparrow + (NH_4)_2SO_4$$

$$(5-22)$$

$$\Delta G_{298,14}^{\ominus} = -45.1077 \text{ kJ/mol}, \quad K_{298,14}^{\ominus} = 10^{7.9015}, \quad [Fe^{2+}] = \varphi^{(2)} \cdot 10^{-11.4215}$$

由以上分析可知，达到平衡时，反应(5-22)中亚铁离子的浓度小于反应(5-21)中亚铁离子的浓度，因此沉淀产物亦为 $FeCO_3$。

3）Mn(Ⅱ)的碳酸盐沉淀产物及过程热力学

（1）以 $NH_4HCO_3$ 和 $NH_4OH$ 为沉淀剂。

从硫酸锰溶液中沉淀 $Mn^{2+}$ 时，可能产生如下反应：

$$MnSO_4 + NH_4HCO_3 + NH_4OH \Longrightarrow Mn(OH)_2 \downarrow + CO_2 \uparrow + (NH_4)_2SO_4$$

$$(5-23)$$

$$\Delta G_{298,15}^{\ominus} = -36.5431 \text{ kJ/mol}, \quad K_{298,15}^{\ominus} = 10^{6.4013}, \quad [Mn^{2+}] = \varphi^{(1)} \cdot 10^{-9.9213}$$

$$MnSO_4 + NH_4HCO_3 + NH_4OH \Longrightarrow MnCO_3 \downarrow + H_2O + (NH_4)_2SO_4$$

$$(5-24)$$

$$\Delta G_{298,16}^{\ominus} = -76.0108 \text{ kJ/mol}, \quad K_{298,16}^{\ominus} = 10^{13.3149}, \quad [Mn^{2+}] = \varphi^{(1)} \cdot 10^{-13.3149}$$

由以上分析可知，达到平衡时反应(5-24)中二价锰离子的浓度远远小于反应(5-23)中二价锰离子的浓度,因此,沉淀产物为 $MnCO_3$。

(2)以 $NH_4HCO_3$ 为沉淀剂。

从硫酸锰溶液中沉淀 $Mn^{2+}$ 时,可能发生的反应有:

$$MnSO_4 + 2NH_4HCO_3 \Longrightarrow Mn(OH)_2 \downarrow + 2CO_2 \uparrow + (NH_4)_2SO_4$$
$$(5-25)$$

$$\Delta G^{\ominus}_{298,17} = -1.3305 \text{ kJ/mol}, \quad K^{\ominus}_{298,17} = 10^{0.5777}, \quad [Mn^{2+}] = \varphi^{(2)} \cdot 10^{-7.6177}$$

$$MnSO_4 + 2NH_4HCO_3 \Longrightarrow MnCO_3 \downarrow + H_2O + CO_2 \uparrow + (NH_4)_2SO_4$$
$$(5-26)$$

$$\Delta G^{\ominus}_{298,18} = -40.7982 \text{ kJ/mol}, \quad K^{\ominus}_{298,18} = 10^{7.1467}, \quad [Mn^{2+}] = \varphi^{(2)} \cdot 10^{-10.6667}$$

由以上分析可知,达到平衡时,反应(5-26)中二价锰离子的浓度远远小于反应(5-25)中二价锰离子的浓度,因此,沉淀产物亦为 $MnCO_3$。

**2. $Me^{2+}$ 碳酸盐沉淀过程的 pH 计算**

$Me^{2+}$ 沉淀氢氧化物过程中存在以下平衡:

$$Me(OH)_2(s) \Longrightarrow Me^{2+} + 2OH^- \quad K^{\ominus}_{sp}$$

得出

$$pH = -28 + \frac{1}{2}\lg\frac{[Me^{2+}]}{K^{\ominus}_{sp}} \quad (5-27)$$

$Me^{2+}$ 碳酸盐沉淀过程存在以下平衡:

$$MeCO_3(s) + 2H^+ \Longrightarrow Me^{2+} + H_2O + CO_2 \uparrow \quad K^{\ominus(4)}_{sp} \quad (5-28)$$

其中

$$K^{\ominus(4)}_{sp} = \frac{[Me^{2+}]p_{CO_2}}{[H^+]^2} \quad (5-29)$$

空气中 $CO_2$ 的分压按 $10^{1.48}$ Pa 考虑,

得出

$$pH = -3.5258 + \frac{1}{2}\lg K^{\ominus(4)}_{sp} - \frac{1}{2}\lg[Me^{2+}] \quad (5-30)$$

由式(5-30)可以看出,金属离子浓度的不同,其碳酸盐或碱式碳酸盐开始析出的 pH 也不同。式(5-27)和式(5-30)的关系如图5-26所示。

由图5-26可以看出:

①相同浓度金属离子的碳酸盐开始析出的 pH 均要比氢氧化物的小,而且两者相差较大,这就进一步证实共沉淀粉的沉淀产物为碳酸盐或碱式碳酸盐,因此可根据沉淀产物确定共沉区域。

②当 $[Me^{2+}] > 0.3$ mol/L 时,金属离子的浓度对氢氧化物和碳酸盐开始析出的 pH 没有明显影响,这就保证了共沉过程中沉淀产物不受金属离子浓度的影响。

③相同浓度的不同金属离子其对应的氢氧化物开始析出的 pH 关系是:$pH_{锰} > pH_{铁} > pH_{锌}$;而碳酸盐或碱式碳酸盐开始析出的 pH 关系是:$pH_{铁} > pH_{锰} > pH_{锌}$。

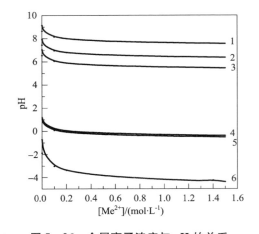

图 5 – 26　金属离子浓度与 pH 的关系

1—Mn(OH)$_2$；2—Fe(OH)$_2$；3—Zn(OH)$_2$；

4—FeCO$_3$；5—MnCO$_3$；6—ZnCO$_3$ · 2Zn(OH)$_2$ · H$_2$O

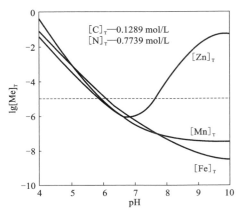

图 5 – 27　[Me$^{2+}$] 与 pH 的关系

[C]$_T$—CO$_3^{2-}$ 总浓度；[N]$_T$—总氨浓度

④铁、锰碳酸盐沉淀开始析出的 pH 很接近，两曲线几乎重叠，而与碱式碳酸锌沉淀开始析出的 pH 相差较大，所以，当体系中的 pH 由小到大变化即采用正加的加料方式时，先析出碱式碳酸锌，其次是碳酸锰，最后是碳酸亚铁。

文献深入研究了 Fe(Ⅱ) – Mn(Ⅱ) – Zn(Ⅱ) – HCO$_3^-$ – NH$_3$ · H$_2$O 体系中 pH 对 [Me$^{2+}$] 的影响，确定了二者之间的关系（图 5 – 27），若以 [Me$^{2+}$]$_T$ = 10$^{-5}$ mol/L 作为沉淀完全的标准，pH 6.2 ~ 7.7 可确保 Zn$^{2+}$、Fe$^{2+}$、Mn$^{2+}$ 完全共沉淀。

### 3.3.4　制液

目前共沉淀法生产厂家一般以电解锌片、电解锰片和铁皮为原料。根据铁氧体工艺的需要，按理论量称取一定量的铁、锰、锌原料，按 [Me$^{2+}$]$_T$ = 2.0 mol/L 的量加入硫酸和纯水，待反应完毕后加入氨水调节 pH 至 3.0 ~ 3.5，最后过滤除去硅等杂质。

### 3.3.5　共沉淀

#### 1. 概述

目前共沉淀过程普遍采用反加工艺，即将混合硫酸盐溶液加到装有沉淀剂溶液的反应釜中进行反应，通过控制终点 pH 确保共沉淀完全，通过选择适宜的工艺条件使共沉淀具有较好的过滤性能。这种工艺操作简便，但在整个操作过程中体系的 pH 始终处于变化中。

在反加工艺中，沉淀剂溶液的 pH 为 9.0 左右，随着混合硫酸盐溶液的加入，体系的 pH 逐渐降低，即从开始加料的一段时间内，并没有实现完全共沉淀，其完全共沉淀是通过将加完料后的终点 pH 控制在 6.2 ~ 7.7 来最终实现的；而并加工艺由于可通过控制混合硫酸盐溶液酸度或氨水的加入比例使整个沉淀过程的 pH 始终在 6.2 ~ 7.7 中某一更狭窄的区域内进行，整个共沉淀过程始终都满足完全共沉淀的条件，因而并加工艺生产的粉料微观成分的均匀性显然优于反加工艺。

宜宾红河软磁材料厂以纯固体 $NH_4HCO_3$ 为沉淀剂，在共沉过程中，不断往反应釜中加入 $NH_4HCO_3$，用量为 $n(NH_4HCO_3)/n([Me^{2+}]_T)$ 为 2.1 ~ 2.3。加料完毕后 pH 6.4 ~ 7.1，再在 30 ~ 50 min 升高温度至 50℃，搅拌 30 min，反应釜内澄清后，放上清液后直接过滤。

共沉淀粉是一种混合物，对影响共沉淀粉的组成、平均粒径和形貌及物理化学性能的相关因素进行深入研究是十分必要的。采用低功耗锰锌软磁铁氧体材料的配比 $[w(Fe):w(Mn):w(Zn)=69.20:23.22:7.58$ 或 $w(Fe):w(Mn):w(Zn)=69.70:23.775:6.525]$，以化学纯硫酸锌、硫酸锰和硫酸亚铁为试料，工业级碳酸氢铵或氨水与碳酸氢铵的水溶液为沉淀剂，深入研究了共沉淀过程条件对共沉淀率及产物的粒径及其分布形貌等性能的影响。

**2. 碳酸氢铵与氨水混合物为沉淀剂**

1) 碳酸氢铵加入量对沉淀率及平均粒径的影响

在常温反应 40 min、常温陈化 24 h、pH 为 7.0、$[Me^{2+}]_T=1.5$ mol/L 的条件下，$NH_4HCO_3$ 加入量对沉淀率和共沉淀粉平均粒径的影响如图 5 - 28 所示。

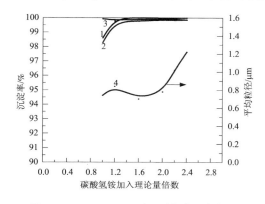 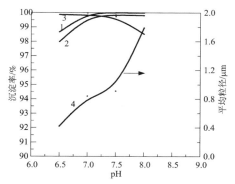

图 5 - 28　$NH_4HCO_3$ 加入量对沉淀率及
共沉淀粉平均粒径的影响

1—亚铁离子沉淀率；2—二价锰离子沉淀率；
3—锌离子沉淀率；4—平均粒径

图 5 - 29　pH 对沉淀率及
共沉淀粉平均粒径的影响

1—亚铁离子沉淀率；2—二价锰离子沉淀率；
3—锌离子沉淀率；4—平均粒径

从图 5 - 28 可以看出，随着 $NH_4HCO_3$ 加入理论量倍数的增大，共沉淀粉的平均粒径也随之增大，在 $NH_4HCO_3$ 加入量小于理论量的 1.2 倍时亚铁离子和锰离子的沉淀率有所下降，但大于 1.2 倍对亚铁离子和锰离子的沉淀率几乎没有影响，从图 5-28 中也可以看出，$NH_4HCO_3$ 加入理论量倍数对锌离子的沉淀率几乎没有影响，这是由于沉淀过程中锌优先于亚铁离子和锰离子沉淀，这和沉淀先后析出的理论分析也是一致的。综合考虑，最佳碳酸氢铵加入量为理论量的 1.2 倍。

2) pH 对沉淀率及平均粒径的影响

在 $NH_4HCO_3$ 加入量为理论量的 1.2 倍，其他条件与 1) 相同的情况下，pH 对沉淀率和共沉淀粉平均粒径的影响如图 5-29 所示。

从图 5-29 可以看出，pH 为 6.5 时锰离子和亚铁离子的沉淀率较低，而锌离子的沉淀率较高，但在 pH 为 8.0 时锌离子的沉淀率最低，而亚铁离子和锰离子的沉淀率较高，这是由于 pH 较高时锌与氨形成可溶的锌氨配合物而进入溶液，造成锌的沉淀率下降，这与理论分析是相符的。此外，pH 对沉淀产物的平均粒径影响较大，随着 pH 的增大，共沉淀粉的平均粒径也随之增大，而且增幅较为明显，pH 越大消耗的氨水越多。根据实际生产的要求综合考虑，确定最佳 pH 为 7.0 左右。

3) 加料方式对沉淀率及平均粒径的影响

在 pH 为 7.0，其他条件与 2) 相同的情况下，加料方式对沉淀率和平均粒径的影响见表 5-18。

表 5-18　加料方式对沉淀率及共沉淀粉平均粒径的影响

| 加料方式 | 体积/mL | 母液 $Fe^{2+}$ 含量/$(g\cdot L^{-1})$ | 沉铁率/% | 母液 $Mn^{2+}$ 含量/$(g\cdot L^{-1})$ | 沉锰率/% | 母液 $Zn^{2+}$ 含量/$(g\cdot L^{-1})$ | 沉锌率/% | 平均粒径/$\mu m$ |
|---|---|---|---|---|---|---|---|---|
| 正加 | 285.0 | 0.0010 | 99.995 | 0.0060 | 99.913 | 0.0079 | 99.647 | 0.84 |
| 反加 | 364.0 | 0.0006 | 99.997 | 0.0200 | 99.628 | 0.0015 | 99.917 | 0.70 |
| 并加 | 306.0 | 0.0028 | 99.985 | 0.0162 | 99.750 | 0.0035 | 99.830 | 0.84 |

从表 5-18 中可以看出，加料方式对金属离子的沉淀率和共沉淀粉的平均粒径几乎没有影响，但并加方式使得体系 pH 自始至终维持在 7.0 左右，这样获得的共沉淀粉颗粒均匀，活性较高，因此确定并加方式为最佳加料方式。

4) 反应时间对沉淀率及平均粒径的影响

在并加加料方式及其他条件与 3) 相同的情况下，反应时间对沉淀率和共沉淀粉平均粒径的影响如图 5-30 所示。

从图 5-30 可以看出，反应时间对金属离子沉淀率几乎没有影响，沉淀结晶比较完全，反应时间少于 40 min 时共沉淀粉的平均粒径略有变小，但反应时间超过 40 min 后，对共沉淀粉的平均粒径几乎没有影响，因此，确定最佳反应时间为 50 min。

5）反应温度对沉淀率及平均粒径的影响

在反应时间为 40 min 及其他条件与 4）相同的情况下，反应温度对沉淀率和共沉淀粉的平均粒径的影响如图 5-31 所示。

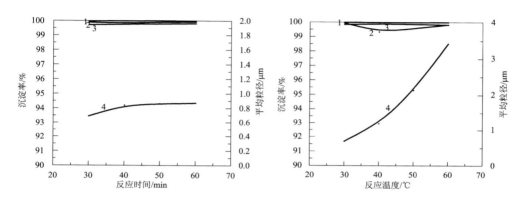

图 5-30　反应时间对沉淀率及平均粒径的影响　图 5-31　反应温度对沉淀率及平均粒径的影响

1—亚铁离子沉淀率；2—二价锰离子沉淀率；　　1—亚铁离子沉淀率；2—二价锰离子沉淀率；
3—锌离子沉淀率；4—平均粒径　　　　　　　　3—锌离子沉淀率；4—平均粒径

从图 5-31 可以看出，反应温度对金属离子的沉淀率几乎没有影响，但对共沉淀粉的平均粒径影响很大，随着反应温度的升高，共沉淀粉颗粒长大速率加大，其平均粒径增长很快。但温度超过 60℃ 后容易发生碳酸氢铵分解和氨的挥发，从而造成沉淀剂的浪费和环境的污染，根据目前工业生产后段工序对共沉淀粉平均粒径的需要，确定最佳反应温度为 50℃。

6）金属离子总浓度对沉淀率及平均粒径的影响

在反应温度为 50℃ 及其他条件与 5）相同的情况下，金属离子总浓度对沉淀率和共沉淀粉平均粒径的影响如图 5-32 所示。

从图 5-32 可以看出，金属离子总浓度对金属离子的沉淀率几乎没有影响，但对共沉淀粉的平均粒径有一定的影响，随着金属离子总浓度的增大，颗粒相互碰撞几率增大，共沉淀粉的平均粒径也增大，同时考虑到后段工业化生产的要求，即共沉后液体积应尽可能小，以降低共沉后液回收硫酸铵的能耗，应尽可能地提高金属离子的总浓度，但金属离子总浓度过高又容易引起金属硫酸盐的结晶析出，所以选择 1.2 ~ 1.5 mol/L。

7）陈化时间对沉淀率及平均粒径的影响

在 $[Me^{2+}]_T = 1.5$ mol/L 及其他条件与 6）相同的情况下，陈化时间对沉淀率及共沉淀粉平均粒径的影响如图 5 - 33 所示。

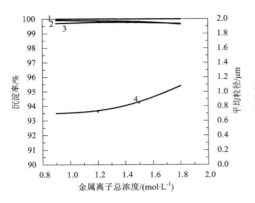

**图 5 - 32　金属离子总浓度对沉淀率**
**及平均粒径的影响**

1—亚铁离子沉淀率；2—二价锰离子沉淀率；
3—锌离子沉淀率；4—平均粒径

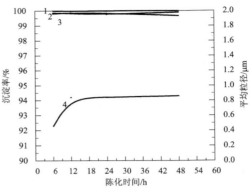

**图 5 - 33　陈化时间对沉淀率及**
**平均粒径的影响**

1—亚铁离子沉淀率；2—二价锰离子沉淀率；
3—锌离子沉淀率；4—平均粒径

从图 5 - 33 可以看出，陈化时间对金属离子的沉淀率几乎没有影响，在陈化时间少于 12 h 时共沉淀粉的平均粒径较小，晶粒长大不完全，但陈化时间超过 12 h 后陈化时间对共沉淀粉的平均粒径影响很小，晶粒基本长大完全。由于生产周期以尽可能短为宜，确定最佳陈化时间为 12 h。

8) 陈化温度对金属沉淀率及平均粒径的影响

在陈化 24 h 及其他条件与 7) 相同的情况下，陈化温度对沉淀率和共沉淀粉平均粒径的影响如图 5 - 34 所示。

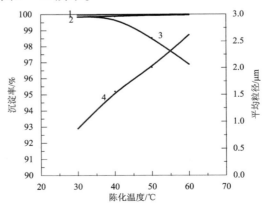

**图 5 - 34　陈化温度对沉淀率及平均粒径的影响**

1—亚铁离子沉淀率；2—二价锰离子沉淀率；3—锌离子沉淀率；4—平均粒径

从图 5 - 34 可以看出，陈化温度对亚铁离子和锰离子的沉淀率几乎没有影响，但在 50℃ 后，随着陈化温度的升高，即陈化温度超过 50℃ 时体系中 $HCO_3^-$ 和 $CO_3^{2-}$ 的分解导致体系 pH 升高，使锌盐沉淀以可溶的锌羟基和锌氨配合物形式溶入，锌离子的沉淀率反而下降。陈化温度对共沉淀粉的平均粒径有明显影响，随着陈化温度的升高，晶粒继续长大，晶形进一步完整，共沉淀粉平均粒径增大。

9）加料速度对沉淀率及平均粒径的影响

在常温陈化 24 h 及其他条件与 8）相同的情况下，以总加料时间表征加料速度，加料速度对沉淀率及共沉淀粉平均粒径的影响如图 5 - 35 所示。

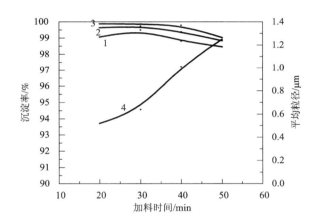

图 5 - 35　加料速度对沉淀率及平均粒径的影响

1—亚铁离子沉淀率；2—二价锰离子沉淀率；3—锌离子沉淀率；4—平均粒径

从图 5 - 35 可以看出，随着加料时间延长，金属离子的沉淀率有所降低，但晶形进一步完整，共沉淀粉平均粒径增大。按照目前工业生产后段对共沉淀粉粒径的要求，确定总加料时间为 50 min。

10）综合实验

通过以上优化实验，获得共沉过程的最佳条件为：温度 50℃，时间 50 min，并加加料方式，pH 为 7.0，加料时间 50 min，$NH_4HCO_3$ 加入量为理论量的 1.2 倍，$[Me^{2+}]_T = 1.5$ mol/L，常温陈化 12 h。在上述条件下进行了综合条件实验，结果见表 5 - 19 及图 5 - 36 ~ 图 5 - 39。

表 5 - 19　综合实验结果

| 名称 | $V$ /mL | 母液 $Fe^{2+}$ 含量/$(g \cdot L^{-1})$ | 沉铁率 /% | 母液 $Mn^{2+}$ 含量/$(g \cdot L^{-1})$ | 沉锰率 /% | 母液 $Zn^{2+}$ 含量/$(g \cdot L^{-1})$ | 沉锌率 /% | 平均粒径 /μm |
|---|---|---|---|---|---|---|---|---|
| KD - ACW | 1480.0 | 0.0076 | 99.962 | 0.0086 | 99.870 | 0.0145 | 99.328 | 2.56 |

图 5 – 36　共沉淀粉 SEM 照片

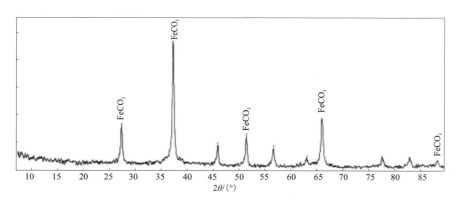

图 5 – 37　共沉淀粉 XRD 图谱

由表 5 – 19 及图 5 – 36 ~ 图 5 – 39 可以看出，沉淀产物为碳酸盐，图 5 – 37 为碳酸亚铁和碳酸锰的 XRD 图谱的叠加，由于锌的含量小于 8%，因此采用 XRD 无法分析出其中的锌沉淀物相，即没有碱式碳酸锌的衍射峰，锌和锰盐沉淀产物与单一金属离子沉淀实验的组成结果和理论分析的组成结果一致，由于锌和锰优先亚铁离子沉淀析出，导致体系 pH 稳定，亚铁离子分布均匀，致使铁盐沉淀产物为碳酸亚铁；三者的沉淀率均在 99% 以上；共沉淀粉在 64.73℃ 时脱水和 265.41℃ 发生分解，生成氧化锌和 $\alpha - Fe_2O_3$，随着热分解温度的升高，共沉淀粉继续分解为相关的氧化物，但没有明显的分解温度，这是由于三种金属沉淀在分解过程中存在互相促进分解的结果，从电镜照片可以看出，一次颗粒粒径在 100 nm 之内，二次颗粒粒径分布在 25 μm 之内，分布范围很窄。

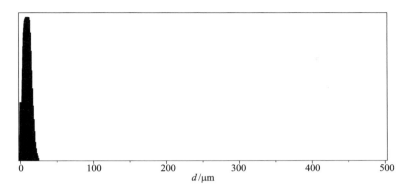

图 5 – 38  共沉淀粉粒径分布

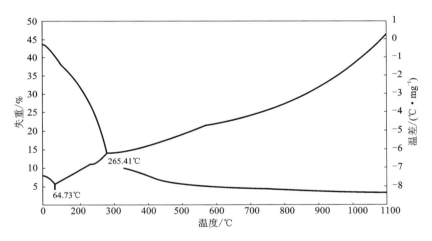

图 5 – 39  共沉淀粉高温差热分析图

### 3. 碳酸氢铵为沉淀剂的共沉淀

1）碳酸氢铵加入量对沉淀率及平均粒径的影响

在常温反应 40 min，并加，常温陈化 24 h，$[NH_4HCO_3] = 2.0$ mol/L，$[Me^{2+}]_T = 1.5$ mol/L 的条件下，$NH_4HCO_3$ 加入量对沉淀率和共沉淀粉平均粒径的影响如图 5 – 40 所示。

从图 5 – 40 可以看出：$NH_4HCO_3$ 加入量为理论量的 1.2 倍时，金属离子的沉淀率达到最高；小于 1.2 倍时由于 $NH_4HCO_3$ 加入量不够，导致金属离子的沉淀不完全，沉淀率降低；加入量超过 1.2 倍时锌的沉淀率明显降低，主要是由于 $NH_4HCO_3$ 加入量过多，pH 升高导致沉淀产物中的锌以可溶的锌氨和锌羟基配合

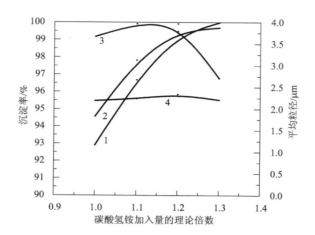

**图 5 – 40　NH₄HCO₃加入量对沉淀率及平均粒径的影响**

1—亚铁离子沉淀率；2—二价锰离子沉淀率；3—锌离子沉淀率；4—平均粒径

物形式进入溶液。所以确定最佳的 $NH_4HCO_3$ 加入量为金属离子理论量的 1.2 倍，这与单金属离子沉淀实验一致。

2) 碳酸氢铵浓度对沉淀率及平均粒径的影响

在 $NH_4HCO_3$ 加入量为理论量的 1.2 倍及其他条件与 1) 相同的情况下，$NH_4HCO_3$ 浓度对沉淀率和共沉淀粉平均粒径的影响见表 5 – 20。

**表 5 – 20　NH₄HCO₃浓度对沉淀率及平均粒径的影响**

| $NH_4HCO_3$浓度 /(mol·L⁻¹) | 体积 /mL | 母液 $Fe^{2+}$含量/(g·L⁻¹) | 沉铁率 /% | 母液 $Mn^{2+}$含量/(g·L⁻¹) | 沉锰率 /% | 母液 $Zn^{2+}$含量/(g·L⁻¹) | 沉锌率 /% | 平均粒径 /μm |
|---|---|---|---|---|---|---|---|---|
| 0.5 | 832.0 | 1.0610 | 84.882 | 0.2520 | 89.299 | 0.0012 | 99.847 | 2.24 |
| 1.0 | 498.0 | 1.0318 | 91.200 | 0.1720 | 95.928 | 0.0012 | 99.907 | 2.48 |
| 1.5 | 419.0 | 0.7954 | 94.292 | 0.1620 | 96.536 | 0.0025 | 99.834 | 2.52 |
| 2.0 | 350.0 | 0.5541 | 96.679 | 0.1220 | 97.821 | 0.0016 | 99.931 | 2.24 |
| 固体 | 172.0 | 0.796 | 97.655 | 0.1500 | 98.683 | 0.0012 | 99.430 | 3.13 |

从表 5 – 20 可以看出，碳酸氢铵浓度越小，沉淀率越低，除以固体形式加入外各浓度对共沉淀粉的平均粒径没有明显影响。浓度过低，溶液中碳酸氢根浓度也就越低，所以沉淀不完全，同时浓度过低也导致共沉后体积的膨胀，使得硫酸铵的回收能耗增大，但浓度过高导致碳酸氢铵难以溶解，因此采用碳酸氢铵浓度

为2.0 mol/L 或以固体形式加入。

3）加料方式对沉淀率及平均粒径的影响

在［$NH_4HCO_3$］＝2.0 mol/L 及其他条件与2）相同的情况下，加料方式对沉淀率及共沉淀粉平均粒径的影响见表5 – 21。

表5 – 21　加料方式对沉淀率及平均粒径的影响

| 加料方式 | 体积/mL | 母液 $Fe^{2+}$ 含量/(g·L$^{-1}$) | 沉铁率/% | 母液 $Mn^{2+}$ 含量/(g·L$^{-1}$) | 沉锰率/% | 母液 $Zn^{2+}$ 含量/(g·L$^{-1}$) | 沉锌率/% | 平均粒径/μm |
|---|---|---|---|---|---|---|---|---|
| 正加 | 291.0 | 0.4970 | 97.523 | 0.1420 | 97.891 | 0.0059 | 99.733 | 1.87 |
| 反加 | 340.0 | 0.4878 | 97.160 | 0.1120 | 98.056 | 0.0022 | 99.883 | 2.24 |
| 并加 | 350.0 | 0.5541 | 96.679 | 0.1220 | 97.821 | 0.0016 | 99.913 | 2.05 |

从表5 – 21可以看出，加料方式对沉淀率几乎没有影响，但对共沉淀粉的平均粒径略有影响。反加加料方式获得的共沉淀粉平均粒径最大，正加加料方式获得的共沉淀粉平均粒径最小，但并加的反应体系 pH 自始至终保持在7.0左右，得到的共沉淀粉粒径均匀、活性高，组成也均匀，因此选择并加加料方式。

4）反应时间对沉淀率及平均粒径的影响

采用并加加料方式，其他条件与3）相同的情况下，反应时间对沉淀率和共沉淀粉平均粒径的影响如图5 – 41所示。

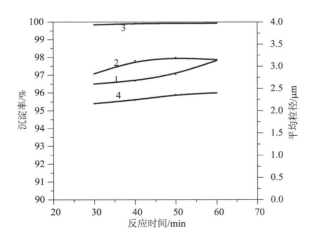

图5 – 41　反应时间对沉淀率及平均粒径的影响

1—亚铁离子沉淀率；2—二价锰离子沉淀率；3—锌离子沉淀率；4—平均粒径

从图5-41可以看出,随着反应时间的延长,锌离子沉淀率几乎没有变化,但亚铁离子和二价锰离子的沉淀率有所增大,产物的晶形更完整;反应时间对共沉淀粉的平均粒径影响很小。按照工业生产周期尽可能短及后段工序对共沉淀粉粒径的要求综合考虑,选择反应时间为50 min。

5)反应温度对沉淀率及平均粒径的影响

在反应时间为40 min及其他条件与4)相同的情况下,反应温度对沉淀率和平均粒径的影响如图5-42所示。

从图5-42可以看出,反应温度对亚铁离子的沉淀率略有影响,亚铁离子沉淀率随温度的升高略有提高,而反应温度对锌和二价锰离子的沉淀率几乎没有影响;随着反应温度的升高,共沉淀粉的颗粒生长速率越大,晶形越完整,其平均粒径也越大。按照工业生产对共沉淀粉的所需要求,选择反应温度为50℃。

6)金属离子总浓度对沉淀率及平均粒径的影响

在常温及其他条件与5)相同的情况下,金属离子总浓度对沉淀率及共沉淀粉平均粒径的影响如图5-43所示。

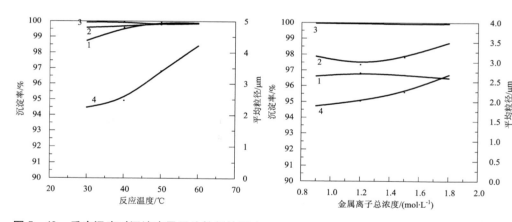

图5-42　反应温度对沉淀率及平均粒径的影响
1—亚铁离子沉淀率;2—二价锰离子沉淀率;
3—锌离子沉淀率;4—平均粒径

图5-43　金属离子总浓度对沉淀率及
平均粒径的影响
1—亚铁离子沉淀率;2—二价锰离子沉淀率;
3—锌离子沉淀率;4—平均粒径

从图5-43可以看出,金属离子总浓度对金属离子的沉淀率影响不大,但对共沉淀粉的平均粒径有一定的影响,随着金属离子总浓度的增大,晶核颗粒的相互碰撞几率增大,共沉淀粉平均粒径也增大,同时考虑到工业化生产的要求,即共沉后液体积应尽可能小以降低共沉后液回收硫酸铵的成本,应尽可能提高金属离子的总浓度,但金属离子总浓度过高又容易引起金属硫酸盐的结晶析出,所以选择浓度为 1.2 ~ 1.5 mol/L。

7）陈化时间对金属沉淀率及平均粒径的影响

在 $[Me^{2+}]_T = 1.5$ mol/L 及其他条件与 6）相同的情况下，陈化时间对沉淀率和共沉淀粉平均粒径的影响如图 5 - 44 所示。

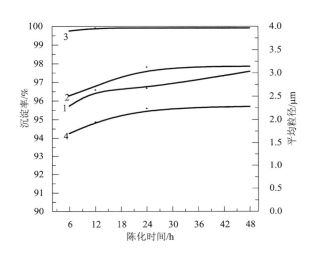

**图 5 - 44　陈化时间对沉淀率及平均粒径的影响**
1—亚铁离子沉淀率；2—二价锰离子沉淀率；3—锌离子沉淀率；4—平均粒径

从图 5 - 44 可以看出，陈化时间低于 24 h 时，二价锰离子和亚铁离子的沉淀率较低，但超过 24 h 后对三种金属离子的沉淀率几乎没有影响，在陈化时间少于 24 h 时，随着陈化时间的延长，共沉淀粉晶形越完整，颗粒的平均粒径越大，在陈化时间超过 24 h 后其对共沉淀粉的平均粒径几乎没有影响。考虑工业生产中生产周期应尽可能短的要求，选择陈化时间为 24 h。

8）陈化温度对沉淀率及平均粒径的影响

在陈化 24 h 及其他条件与 7）相同的情况下，陈化温度对沉淀率和共沉淀粉平均粒径的影响如图 5 - 45 所示。

从图 5 - 45 可以看出，陈化温度的提高有助于亚铁离子和二价锰离子沉淀率的提高，但陈化温度过高对锌的沉淀率反而不利，这与单金属离子沉淀实验及混合沉淀剂的共沉淀实验结果完全一致，其原因前已叙及。此外，陈化温度对共沉淀粉的平均粒径影响较大，随着陈化温度的提高，晶形越完整，颗粒越大，共沉淀粉平均粒径也越大，且根据后段工序对共沉淀粉平均粒径的要求，综合考虑，选择常温陈化。

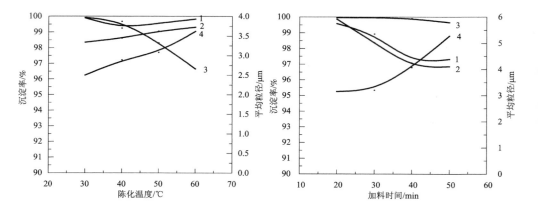

图 5-45 陈化温度对沉淀率
及平均粒径的影响

1—亚铁离子沉淀率；2—二价锰离子沉淀率；
3—锌离子沉淀率；4—平均粒径

图 5-46 加料时间对沉淀率
及平均粒径的影响

1—亚铁离子沉淀率；2—二价锰离子沉淀率；
3—锌离子沉淀率；4—平均粒径

9) 加料速度对沉淀率及平均粒径的影响

在常温陈化及其他条件与 8) 相同的情况下，以总加料时间表征加料速度，加料速度对沉淀率及共沉淀粉平均粒径的影响如图 5-46 所示。

从图 5-46 可以看出，加料时间越长，即加料速度越慢，亚铁离子和二价锰离子的沉淀率越低，而对锌离子沉淀率的影响较小，同时加料速度对共沉淀粉的平均粒径影响较大，加料时间越长，产物的平均粒径越大。

10) 综合实验

通过单因素优化条件实验，确定了以碳酸氢铵为沉淀剂的共沉淀条件为：温度 50℃，时间 50 min，并加加料方式，加料时间 50 min，$[NH_4HCO_3] = 2.0$ mol/L，$NH_4HCO_3$ 加入量为理论量的 1.2 倍，$[Me^{2+}]_T = 1.5$ mol/L，常温陈化 24 h。除了陈化时间较长外，其他条件与混合沉淀剂的最佳共沉淀完全一样。在上述条件下进行了综合条件实验，结果见表 5-22 及图 5-47~图 5-50。

表 5-22　综合实验结果

| 名称 | 体积/mL | 母液 $Fe^{2+}$ 含量/$(g \cdot L^{-1})$ | 沉铁率/% | 母液 $Mn^{2+}$ 含量/$(g \cdot L^{-1})$ | 沉锰率/% | 母液 $Zn^{2+}$ 含量/$(g \cdot L^{-1})$ | 沉锌率/% | 平均粒径/μm |
|---|---|---|---|---|---|---|---|---|
| KD-ACW | 1640.0 | 0.0062 | 99.965 | ~0 | 100.00 | 0.0136 | 99.302 | 3.80 |

从表 5-22 及图 5-47~图 5-50 可以看出，XRD 分析表明，沉淀产物为碳

图 5 −47 共沉淀粉 SEM 照片

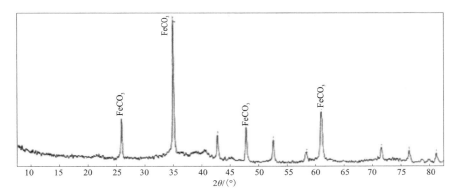

图 5 −48 共沉淀粉 XRD 图谱

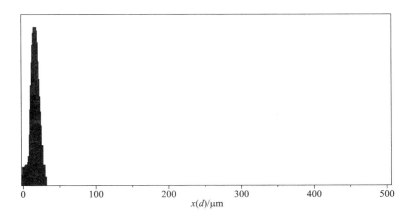

图 5 −49 共沉淀粉粒径分布

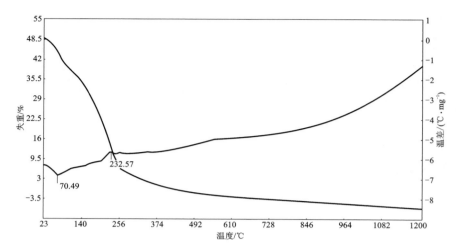

**图 5 – 50  共沉淀粉高温差热分析图**

酸锰和碳酸亚铁，由于锌的含量小于 8%，XRD 无法分析出其中的锌沉淀物相，而碳酸锰的衍射峰很接近碳酸亚铁的衍射峰，因此 XRD 表现的为碳酸亚铁的衍射图形。锌和锰盐沉淀产物与单一金属离子沉淀实验的组成结果和理论分析的组成结果一致，由于锌和锰优先亚铁离子的沉淀析出，导致体系 pH 稳定，亚铁离子分布均匀，铁盐沉淀产物为碳酸亚铁。三种金属离子的沉淀率均在 99% 以上，共沉淀粉在 70.49℃ 时脱水和 232.57℃ 发生分解，生成氧化锌和 $\alpha$ – $Fe_2O_3$。随着热分解温度的升高，共沉淀粉继续分解为相应的氧化物，但没有明显的分解温度，这是由于三种金属沉淀在分解过程中互相促进分解，从电镜照片可以看出一次颗粒粒径分布在 100 nm 之内，二次颗粒粒径分布在 30 μm 之内，分布很窄。

以上结果与混合沉淀剂的共沉淀结果基本一致，但共沉淀粉粒径分布较前者宽（前者为 25 μm），共沉淀粉的分解温度较前者低（前者为 265.41℃）。

### 3.3.6  共沉淀法制取高磁导率软磁粉料

主成分配比对磁导率的影响很大，共沉淀法制备高磁导率磁粉的主成分及其配比见表 5 – 23。

**表 5 – 23  共沉淀粉的主成分及其配比** $w/\%$

| 主成分 | | | 配比 | | |
|---|---|---|---|---|---|
| Fe | Mn | Zn | $Fe_2O_3$ : MnO : ZnO | | |
| 48.979 | 12.637 | 10.97 | 70.028 | 16.317 | 13.656 |

共沉淀粉的杂质含量也是影响高磁导率磁粉质量的关键因素之一，山东莱芜磁性材料厂对高磁导率磁粉用共沉淀粉的杂质元素含量要求见表5-24。

表5-24　高磁导率磁粉用共沉淀粉的杂质元素质量分数(≤)/%

| Ca | Mg | Al | Si | K | Na | S | A | B |
|---|---|---|---|---|---|---|---|---|
| 0.005 | 0.005 | 0.015 | 0.005 | 0.003 | 0.004 | 0.01 | 0.002 | 0.003 |

严格控制共沉淀过程的工艺技术条件，可保证共沉淀粉的粒径和均匀性及烧结活性均符合要求。共沉淀粉的烘干与预烧也是非常重要的，其作用是去除水分，分解碳酸盐和提高成型密度；改进预烧工艺，确保烧结活性与收缩率的一致性。

山东莱芜磁性材料厂通过对以上工艺技术要求及条件的控制，攻克了制备12K高磁导率软磁粉的技术关键，建成1500 t/a规模的12K高磁导率软磁粉生产线，其产品质量达到德国西门子同类产品要求(表5-25)。

表5-25　共沉法12K软磁粉与国外同类产品质量比较

| 厂家 | $\mu_i$ | $\tan\delta/\mu_i$ /$(10^{-6}\cdot\text{℃}^{-1})$ | $B_s$ /mT | $B_r$ /mT | $T_c$ /℃ | $D/(\text{g}\cdot\text{cm}^{-3})$ |
|---|---|---|---|---|---|---|
| | 12500 | 3.9 | 405 | 85 | 134 | 4.96 |
| | 13200 | 3.8 | 412 | 85 | 134 | 4.98 |
| | 12500 | 4.2 | 399 | 95 | 134 | 4.94 |
| 山东莱芜磁性材料厂 | 11900 | 3.4 | 404 | 65 | 132 | 4.97 |
| | 12100 | 3.9 | 399 | 84 | 134 | 4.96 |
| | 10400 | 3.6 | 397 | 82 | 132 | 4.95 |
| | 11300 | 4.0 | 409 | 88 | 136 | — |
| 德国西门子 | 12000±30% | ≤10 | 400 | 100 | ≥130 | ≥4.9 |

## 3.4　直接法制取软磁铁氧体材料

### 3.4.1　概述

随着湿法冶金及无机化工技术的不断发展和相互融合，直接由锌矿及锰矿制取氧化锌和高纯度碳酸锰等化工产品研究卓有成效，但是由于Ⅰ级氧化锌要求 $w(\text{Mn}) < 0.0001\%$，$w(\text{Fe}) < 0.002\%$，锰化工产品如高纯 $\text{MnCO}_3$ 要求 $w(\text{Fe}) < 0.003\%$、$w(\text{Zn}) < 0.02\%$，因而锌矿和锰矿不管是混合处理还是单独处理制取氧化锌和锰化工产品，都存在着 Zn - Mn、Zn - Fe 及 Mn - Fe 的彻底分离问题。为了使氧化锌达到间接法Ⅰ级氧化锌的含锰要求（$w(\text{Mn}) < 0.0001\%$），须采用高锰酸钾或过硫酸铵氧化深度除锰，实验证明要 Mn 稳定在 $1\ \mu\text{g/g}$ 以下是困难的。单独处理贫锰矿时，开发了由锰矿直接制取高纯度微晶碳酸锰的新工艺，由于产品要求含 $\text{Fe} < 0.03\%$，因此要求锰矿含铁低，以减少除铁负担。另外为了使产品中不含 $\text{Mn(OH)}_2$，在酸性条件下进行复杂的碳化工艺才能达到高纯碳酸锰的要求。如钟竹前、梅光贵教授等开发了一种由软锰矿和闪锌矿同时浸出制取等级氧化锌和化学二氧化锰新工艺。该工艺首先采用中和法和黄铵铁矾法二段深度除铁，然后用氨法分离锌和锰，再分别制取等级氧化锌和化学二氧化锰。这种先合后分的双金属湿法处理工艺，从湿法冶金的角度看具有许多优点，因而很快完成了工业实验。

如前面所述，在磁性材料的加工过程中，传统"陶瓷法"将各主要成分的纯化合物（$\text{ZnO}$、$\text{Fe}_2\text{O}_3$、$\text{MnCO}_3$）按比例要求进行"干"式混合加工，不可避免地导致混合不均匀、带入杂质和偏离配方，因而产品性能不高。共沉淀法用纯金属（Fe、Mn、Zn）或其纯化合物按比例重新溶解制取金属离子混合溶液，然后进行共沉淀和后续加工，该工艺具有混合均匀、粉末活性高、能制备优良铁氧体的优点，但原料是纯金属或金属纯化合物，所以成本很高，限制了该工艺的推广应用。

鉴于上述原因，唐谟堂等采用全新构思，突破传统概念，把湿法冶金、无机化工、磁性材料加工三者有机结合，采用多元材料冶金方法，由矿物原料直接制取锰锌铁氧体，即在矿物原料处理过程中，考虑磁性材料成分、选择矿物配方、净化无益元素、按比例提取有益元素。

该工艺具有如下优点：

①大大简化磁性材料主要成分的提取及纯化过程，变单个元素分别提取和纯化为多个元素的同时提取和纯化，从而避免了各个主要成分在单个提取和纯化中彻底分离的技术难题；

②放宽了对锰、锌矿物原料的要求，低品位及含铁高的矿物原料均可采用，尤其是铁含量不受限制，越高越好；

③对有害杂质元素的控制集中于一次完成，因而容易实现；

④产品质量高，达到和超过共沉淀法生产的产品，但其成本远低于共沉淀法。

由于以上优点，该工艺具有广泛的发展前景。因此，北京儒韬风险投资股份有限公司、重庆四维瓷业（集团）股份有限公司与中南大学等五家单位共同组建了重庆超思信息材料股份有限公司，专门开发这一专利技术，2001 年建成 500 t/a 的工业实验线，2002 年工业实验成功，软磁共沉淀粉质量优良，2006 年攻克深度脱硅的技术关键，由三元共沉淀粉发展为制备含铁锰锌氧化物复合粉，产品配比和性能稳定，质量优良，2009 年建成 3000 t/a 生产线，使该技术获得较大规模的工业应用。直接法工业实验和含铁锰锌氧化物软磁粉料的生产详见第六篇。

### 3.4.2　直接法的原则工艺流程

由矿物原料直接制取软磁铁氧体用共沉淀粉的原则工艺流程如图 5－51 所示。

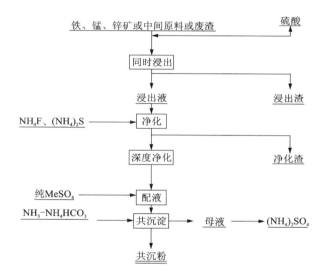

图 5－51　直接法制取软磁铁氧体共沉淀粉原则工艺流程图

### 3.4.3　直接法的理论基础

**1. $Me^{2+}-NH_4^+-SO_4^{2-}-H_2O$ 体系相平衡**

1）实验方法

采用等温溶解度平衡法研究 $Me^{2+}-NH_4^+-SO_4^{2-}-H_2O$（Me 代表 Fe、Mn、Zn）体系相平衡，从次一级共饱和点开始，逐渐加入另一种新盐。例如：三元体系相平衡实验研究从二元体系共饱和点开始逐渐加入另一种新盐；四元体系相平衡实验研究从三元体系共饱和点开始逐渐加入另一种新盐，以此类推。在玻璃恒温水浴中不断搅拌以达到平衡，定期取上清液进行化学分析，以其化学组成不变作为达到平衡的标志，平衡后取液相与湿渣分析，平衡固相用 Schreinemakers 湿渣法确定，并辅以 X 射线粉晶衍射鉴定。在容积为 250 mL 的三口烧瓶自制平衡管内配置平衡溶液，并用水液封，平衡管置于恒温水浴中，用 JHS – 1 电子恒速搅拌器搅拌，玻璃缸恒温水浴外用软质泡沫塑料绝热保温，水浴温度波动范围小于 ±0.05℃。实验中，$FeSO_4$ –（$NH_4$）$_2SO_4$ – $H_2O$ 体系是在 $FeSO_4$ 的饱和溶液逐渐加入（$NH_4$）$_2SO_4$；$MnSO_4$ –（$NH_4$）$_2SO_4$ – $H_2O$ 体系是在 $MnSO_4$ 的饱和溶液逐渐加入（$NH_4$）$_2SO_4$；$ZnSO_4$ –（$NH_4$）$_2SO_4$ – $H_2O$ 体系是在 $ZnSO_4$ 的饱和溶液逐渐加入（$NH_4$）$_2SO_4$；经一定时间搅拌后停止，待溶液澄清后，用塞有脱脂棉的乳管套安在移液管头上或用 3$^\#$ 微孔砂芯过滤头吸取液相样品进行化学分析，以液相化学成分不变作为达到平衡的标志。经测定，一般的平衡时间是 65 h 左右，共饱和点较长，平衡后分析湿渣。用 X 射线衍射等手段分析平衡固相的化学组成，然后继续加入少量的（$NH_4$）$_2SO_4$。如此下去，直到最后溶液的浓度不再改变，这时溶液已经到达零变点，该体系的零变点采用上下逼近的方法进行测定。

2）$Mn^{2+}$ – $NH_4^+$ – $SO_4^{2-}$ – $H_2O$ 体系平衡

根据所测定的溶解度数据和共饱和点溶液析出结晶物［（$NH_4$）$_2SO_4$ 和（$NH_4$）$_2Mn$（$SO_4$）$_2$·$6H_2O$］的确定，绘制了该体系 298K 等温溶解度平衡相图，如图 5 – 52 所示。

从图 5 – 52 可以看出：三元体系 $Mn^{2+}$ – $NH_4^+$ – $SO_4^{2-}$ – $H_2O$ 在 298K 下饱和溶液中存在三种平衡固相：$MnSO_4$·$H_2O$、（$NH_4$）$_2Mn$（$SO_4$）$_2$·$6H_2O$ 和（$NH_4$）$_2SO_4$。其相图由三条饱和溶解度曲线组成，存在两个共饱和点 A 和 B。在第一个共饱和点 A，$MnSO_4$·$H_2O$ 和（$NH_4$）$_2Mn$（$SO_4$）$_2$·$6H_2O$ 同时析出；在共饱和点 B，（$NH_4$）$_2Mn$（$SO_4$）$_2$·$6H_2O$ 和（$NH_4$）$_2SO_4$ 同时析出。该相图有三个纯盐结晶区，很明显，$MnSO_4$·$H_2O$ 的结晶区较小，（$NH_4$）$_2SO_4$ 浓度小于 5% 时，该区才能存在；而其他两种物质结晶区相对较大。因此在实际工艺操作中，控制适当条件，很容易得到较纯的（$NH_4$）$_2Mn$（$SO_4$）$_2$·$6H_2O$ 晶体。

3）$Zn^{2+}$ – $NH_4^+$ – $SO_4^{2-}$ – $H_2O$ 体系平衡

根据所测定的溶解度数据和共饱和点溶液析出结晶物［（$NH_4$）$_2SO_4$ 和（$NH_4$）$_2Zn$（$SO_4$）$_2$·$6H_2O$］的确定，绘制了该体系 298K 等温溶解度平衡相图，如图 5 – 53 所示。

从图 5 – 53 可以看出：在 298K 下 $Zn^{2+}$ – $NH_4^+$ – $SO_4^{2-}$ – $H_2O$ 体系饱和溶液中存在三种平衡固相：（$NH_4$）$_2SO_4$、（$NH_4$）$_2Zn$（$SO_4$）$_2$·$6H_2O$ 和 $ZnSO_4$·$7H_2O$。其相图由三条饱和溶解度曲线组成，存在两个共饱和点 C 和 D，C 点的平衡固相组成为（$NH_4$）$_2Zn$（$SO_4$）$_2$·$6H_2O$ 和 $ZnSO_4$·$7H_2O$，D 点的平衡固相组成为（$NH_4$）$_2SO_4$ 和（$NH_4$）$_2Zn$（$SO_4$）$_2$·$6H_2O$；三个纯盐结晶区分别是：$ZnSO_4$·$7H_2O$、（$NH_4$）$_2SO_4$ 和（$NH_4$）$_2Zn$（$SO_4$）$_2$·$6H_2O$ 区。其中，（$NH_4$）$_2SO_4$ 的结晶区很狭小，必须控制 $ZnSO_4$ 含量在 1.5% 以下，才能结晶析出硫酸铵，这说明在 298K 下从

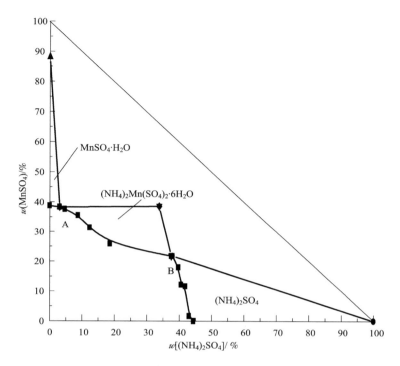

图 5-52　298K 下 $Mn^{2+} - NH_4^+ - SO_4^{2-} - H_2O$ 体系平衡相图

$Zn^{2+} - NH_4^+ - SO_4^{2-} - H_2O$ 体系中结晶析出纯的硫酸铵晶体是很困难的。$ZnSO_4 \cdot 7H_2O$ 的结晶区也相对较小，但是只要控制铵的含量在 7% 以下，还是可以得到纯的 $ZnSO_4 \cdot 7H_2O$ 结晶物。另外复盐 $(NH_4)_2Zn(SO_4)_2 \cdot 6H_2O$ 结晶区较大，这对复盐沉淀进行深度净化是有利的。

4）$Fe^{2+} - NH_4^+ - SO_4^{2-} - H_2O$ 体系平衡

根据所测定的溶解度数据和共饱和点溶液析出结晶物 $[FeSO_4 \cdot 7H_2O$、$(NH_4)_2Fe(SO_4)_2 \cdot 6H_2O$、$(NH_4)_2SO_4]$ 的确定，绘制了该体系 298K 等温溶解度相图，如图 5-54 所示。

从图 5-54 可以得出：在 298K 下 $Fe^{2+} - NH_4^+ - SO_4^{2-} - H_2O$ 体系饱和溶解度相图由三条饱和溶解度曲线组成，相对应的固相分别是 $(NH_4)_2Fe(SO_4)_2 \cdot 6H_2O$、$FeSO_4 \cdot 7H_2O$ 和 $(NH_4)_2SO_4$；两个共饱和点 E 和 F，E 点平衡固相的组成为 $FeSO_4 \cdot 7H_2O$ 和 $(NH_4)_2Fe(SO_4)_2 \cdot 6H_2O$，F 点平衡固相组成为 $(NH_4)_2Fe(SO_4)_2 \cdot 6H_2O$ 和 $(NH_4)_2SO_4$；三个纯盐结晶区分别为 $FeSO_4 \cdot 7H_2O$、$(NH_4)_2Fe(SO_4)_2 \cdot 6H_2O$ 和 $(NH_4)_2SO_4$ 区；其中 $(NH_4)_2SO_4$ 的结晶区很狭小，只有当 $FeSO_4$ 浓度小

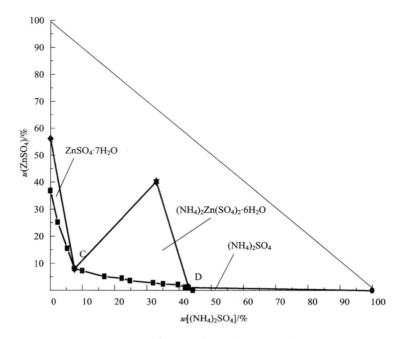

图 5 – 53　298K 下 $Zn^{2+} - NH_4^+ - SO_4^{2-} - H_2O$ 体系平衡相图

于 0.79% 的时候，才能析出 $(NH_4)_2SO_4$ 晶体。这说明在该体系中要析出纯 $(NH_4)_2SO_4$ 晶体是很困难的。

**2. 基本化学反应**

1）同时浸出及硅、铝的去除过程

以铁屑、软锰矿、锌烟灰作为直接法制备软磁用共沉淀粉的原料。浸出过程的初期发生软锰矿与铁屑的氧化还原溶解反应，同时也有铁的析氢反应：

$$MnO_2 + Fe + 2H_2SO_4 \!=\!\!=\! MnSO_4 + FeSO_4 + 2H_2O \qquad (5-31)$$

$$Fe + H_2SO_4 \!=\!\!=\! FeSO_4 + H_2 \uparrow \qquad (5-32)$$

$$MnCO_3 + H_2SO_4 \!=\!\!=\! MnSO_4 + H_2O + CO_2 \uparrow \qquad (5-33)$$

$$ZnO + H_2SO_4 \!=\!\!=\! ZnSO_4 + H_2O \qquad (5-34)$$

主元素进入浸出液的同时，也有 Al、Mg 等杂质元素进入溶液：

$$Al_2O_3 + 3H_2SO_4 \!=\!\!=\! Al_2(SO_4)_3 + 3H_2O \qquad (5-35)$$

$$MgO + H_2SO_4 \!=\!\!=\! MgSO_4 + H_2O \qquad (5-36)$$

$$MeO_{(s)} + H_2SO_4 \!=\!\!=\! MeSO_4 + H_2O \qquad (5-37)$$

式中：Me 表示重金属。

在酸性水溶液中，Al（Ⅲ）不是以 $Al^{3+}$ 形式存在，而是以 $Al(H_2O)^{3+}$ 形态存在。在水溶液中这种水合铝配合离子是主要形态，随着溶液的 pH 升高，水合铝

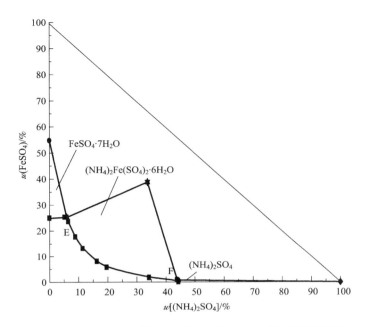

图 5 – 54 **298K 下 $Fe^{2+} - NH_4^+ - SO_4^{2-} - H_2O$ 体系平衡相图**

配合离子将发生配位水分子的离解,生成多种羟基铝离子,pH 再升高,水解逐级进行,从单核单羟基水合物水解成单核三羟基水合物,最终生成 $Al(OH)_3$ 的沉淀物,其过程的反应有:

$$Al(H_2O)_6^{3+} \longrightarrow [Al(OH)(H_2O)_5]^{2+} + H^+ \qquad (5-38)$$

$$[Al(OH)(H_2O)_5]^{2+} \longrightarrow [Al(OH)_2(H_2O)_4]^+ + H^+ \qquad (5-39)$$

$$[Al(OH)_2(H_2O)_4]^+ \longrightarrow [Al(OH)_3(H_2O)_3] + H^+ \qquad (5-40)$$

在铝盐水解过程中,如果还有其他阴离子存在,也可能发生与 $OH^-$ 的竞争水解过程,将完全或部分替代 $OH^-$,如:

$$Al(H_2O)_6^{3+} + SO_4^{2-} \longrightarrow [Al(SO_4)(H_2O)_4]^+ + 2H_2O \qquad (5-41)$$

实际上的反应比上面的要复杂得多,当 pH > 4 时,羟基离子增加,各羟基离子之间又可发生架桥连接,产生多核羟基配合物,即高分子的缩聚反应,如:

$$2[Al(OH)(H_2O)_5]^{2+} \longrightarrow \left[(H_2O)_4Al \begin{matrix} OH \\ OH \end{matrix} Al(H_2O)_4\right] + 2H_2O$$

$$(5-42)$$

同时,多核聚合物也会继续水解,所以水解与缩聚两种反应交替进行,最终产生聚合度极大的中性氢氧化铝,但由于其数量少、浓度低,难以很快析出氢氧化铝沉淀。通过絮凝剂的作用可将大部分的氢氧化铝沉淀析出。

在酸性水溶液中，Si(Ⅳ)以硅酸及偏硅酸离子的形式存在：

$$H_3SiO_4^- \xrightarrow{+H^+} H_4SiO_4 \xrightarrow{+H^+} H_5SiO_4^+ \tag{5-43}$$

硅酸的自聚反应是溶液中硅酸的基本特性，在酸性尤其是有盐存在的情况下，硅酸首先自聚成链状，继而变成三维网状结构的凝胶。

$$H_4SiO_4 + H_5SiO_4^+ + 2H_2O \longrightarrow \left[\begin{array}{c} \text{OH OH OH OH OH} \\ \text{Si} \qquad \text{Si} \\ \text{OH}_2 \text{ OH OH OH}_2 \text{ OH} \end{array}\right] + H^+ \tag{5-44}$$

研究已经表明：二氧化硅在酸性溶液中的凝结特性取决于溶液的性质和组成，包括溶液的酸度、所含硅酸的浓度及是否有其他盐的存在等，在酸度不高的情况下，硅酸阴离子同时也会与 $Me^{2+}$ 阳离子反应和聚合，如：

$$Me^{2+} + 2H_3SiO_4^- \longrightarrow Me(H_3SiO_4)_2 \tag{5-45}$$

$$Me^{2+} + H_2SiO_4^{2-} \longrightarrow MeH_2SiO_4 \tag{5-46}$$

$$Me(H_3SiO_4)_2 + H_3SiO_4^- \longrightarrow (H_3SiO_4)Me-O-\overset{\overset{\displaystyle OH}{|}}{\underset{\underset{\displaystyle OH}{|}}{Si}}-O-\overset{\overset{\displaystyle OH}{|}}{\underset{\underset{\displaystyle OH}{|}}{Si}}-HO + OH^-$$

$$\tag{5-47}$$

经过上述反应形成的凝胶，粒子颗粒细小，加上颗粒的电荷相互排斥，颗粒不易靠近，难以用普通过滤的方法将其分离，加入合适的絮凝剂，可使细小的凝聚体桥连成大体积的絮凝物，通过过滤去除大部分 Al 和 Si 杂质。

2）净化过程

（1）初步净化过程。

初步净化过程包括硫化除重金属和氟化除钙镁两个步骤。

硫化除重金属是基于不同元素硫化物的沉淀溶度积（$K_{sp}$）均很小，因而优先沉淀的原理。首先 Pb、Cu、Cd 等重金属离子产生硫化沉淀而被除去：

$$Me^{2+} + S^{2-} =\!=\!=\!= MeS \downarrow \tag{5-48}$$

氟化除钙、镁的原理是根据 $Ca^{2+}$、$Mg^{2+}$ 与 $F^-$ 形成难溶 $CaF_2$、$MgF_2$ 沉淀而除去，但只有较高的温度下形成的氟化物沉淀才较易过滤：

$$Me^{2+} + 2F^- =\!=\!=\!= MeF_2 \downarrow \tag{5-49}$$

（2）深度净化过程。

复盐沉淀深度净化原理是以 $(NH_4)_2SO_4$ 为复盐沉淀剂，离子半径相近的 $Zn^{2+}$、$Fe^{2+}$ 和 $Mn^{2+}$ 可能形成单一或复合的复盐形式而沉淀下来，从而实现主体成分与其他杂质成分的彻底分离。其可能存在的沉淀反应有：

$$Me^{2+} + 2NH_4^+ + 2SO_4^{2-} + 6H_2O =\!=\!=\!= Me(NH_4)_2(SO_4)_2 \cdot 6H_2O \downarrow \tag{5-50}$$

$$x\text{Me}^{2+} + y\text{NH}_4^+ + z\text{SO}_4^{2-} + m\text{H}_2\text{O} = \!\!= \!\!= \text{Me}_x(\text{NH}_4)_y(\text{SO}_4)_z \cdot m\text{H}_2\text{O} \downarrow$$

$$(5-51)$$

单一离子形成单一复盐形式已有文献报道,但在 $\text{Zn}^{2+}$、$\text{Fe}^{2+}$ 和 $\text{Mn}^{2+}$ 等成分的混合溶液中,上述复盐沉淀反应的机理有待于深入研究 $\text{Me}^{2+} - \text{NH}_4^+ - \text{SO}_4^{2-} - \text{H}_2\text{O}$(Me 代表 Fe、Mn、Zn 中的一种或两种或三种)的相平衡关系,以最终确定复盐沉淀的形式。

3)共沉淀过程

$\text{Fe}^{2+}$、$\text{Mn}^{2+}$ 和 $\text{Zn}^{2+}$ 用 $\text{NH}_4\text{HCO}_3$ 或 $\text{NH}_3 \cdot \text{H}_2\text{O} - \text{NH}_4\text{HCO}_3$ 溶液共沉淀的基本原理见本章3.3.3。

### 3.4.4　直接法制取锰锌软磁粉料小型实验

#### 1. 概述

以铁屑为铁源、软锰矿为锰源、硫化锌精矿为锌源进行各过程的条件实验研究,确定其优化工艺条件。然后在上述过程的优化条件下,分别以铁屑和钢铁厂烟尘为铁源进行综合条件实验。以综合条件实验所产共沉淀粉为原料,套用常规的铁氧体工艺条件,制备出铁氧体样环,并对样环的磁性能进行检测:磁导率用 ZL5 智能测量仪及 TY - 2000 直流磁滞回线仪(湖南娄底天宇电子研究所生产)测定,功耗用美国产 Clarke - Hess 功耗仪测定。

#### 2. 实验原料

小试原料包括铁屑、钢铁厂烟尘、软锰矿、碳酸锰矿和硫化锌精矿等。硫化锌精矿来自安徽铜陵和湖南株洲冶炼厂,其化学成分见表5-26。软锰矿取自安徽铜陵,碳酸锰矿来自湖南湘潭,其化学成分见表5-27。钢铁厂烟尘取自涟源钢铁厂,铁屑来自中南大学机械厂,其化学成分见表5-28。

辅助材料主要有:硫酸、碳酸铵和氨水,均为工业纯度,购自株洲化工厂。

表5-26　硫化锌精矿的化学成分/%

| 样号 | Zn | Fe | Mn | SiO$_2$ | Al$_2$O$_3$ | CaO | MgO | Cd | Cu | Pb |
|---|---|---|---|---|---|---|---|---|---|---|
| 1 | 48.83 | 4.85 | 0.94 | 7.39 | 1.33 | 4.69 | 0.44 | 0.15 | 0.28 | 1.51 |
| 2 | 52.46 | 5.21 | 0.03 | 0.38 | 0.58 | 6.12 | 2.85 | 0.14 | 0.039 | 1.53 |

表5-27　软锰矿和碳酸锰矿化学成分/%

| 成分 | Mn | Fe | Zn | SiO$_2$ | Al$_2$O$_3$ | CaO | MgO | Cd | Cu | Pb |
|---|---|---|---|---|---|---|---|---|---|---|
| 软锰矿 | 40.10 | 4.75 | 0.065 | 15.15 | 3.52 | 2.47 | 0.44 | 0.0027 | 0.0064 | 0.02 |
| 碳酸锰矿 | 19.64 | 2.32 | 0.03 | 20.97 | 4.31 | 3.78 | 1.41 | 0.0008 | 0.0035 | 0.024 |

表 5 – 28　钢铁厂烟尘及铁屑的化学成分/%

| 成分 | Fe | Mn | Zn | Mg |
|---|---|---|---|---|
| 钢铁厂烟尘 | 26.99 | — | 14.07 | — |
| 铁屑 | 85.95 | — | — | — |

### 3. 同时浸出过程

套用文献[23]条件：硫酸用量为理论量的 1.3 倍，物料的添加顺序是先加入锰矿，再加入锌矿，最后加入铁屑，加入铁屑前反应 3 h，加入铁屑反应 1.5 h，反应温度 90 ~ 95℃，共进行了 4 次适应性实验，浸出液的成分及液计浸出率见表 5 – 29，浸出渣中主成分含量及渣计浸出率结果见表 5 – 30。

表 5 – 29　浸出液成分及液计浸出率

| 样号 | 浸出液含量/(g·L⁻¹) | | | 浸出率/% | | |
|---|---|---|---|---|---|---|
| | Fe | Mn | Zn | Fe | Mn | Zn |
| 1 | 58.97 | 15.02 | 13.73 | 82.80 | 99.13 | 84.77 |
| 2 | 60.33 | 16.88 | 15.10 | 87.06 | 96.94 | 79.34 |
| 3 | 52.17 | 13.11 | 14.05 | 80.21 | 90.83 | 75.94 |
| 4 | 59.29 | 14.04 | 14.57 | 93.67 | 97.19 | 82.31 |
| 平均 | 57.69 | 14.76 | 14.36 | 85.94 | 96.02 | 80.59 |

表 5 – 30　浸出渣中主成分含量及渣计浸出率

| 样号 | 浸出渣质量/g | | | 浸出率/% | | |
|---|---|---|---|---|---|---|
| | Fe | Mn | Zn | Fe | Mn | Zn |
| 1 | 10.76 | 0.21 | 3.22 | 93.2 | 97.5 | 90.3 |
| 2 | 13.17 | 1.03 | 6.57 | 91.0 | 98.8 | 78.2 |
| 3 | 9.86 | 0.19 | 7.06 | 93.8 | 99.7 | 80.5 |
| 4 | 10.57 | 0.53 | 8.03 | 87.0 | 96.9 | 76.6 |
| 平均 | 11.09 | 0.49 | 6.22 | 91.3 | 98.2 | 81.4 |

由表 5 – 29 和表 5 – 30 数据可知：主体金属 Fe、Mn 和 Zn 的液计和渣计的平均浸出率分别为 85.94%、96.02%、80.59% 和 91.3%、98.2%、81.4%，说明通

过配矿计算，在同时浸出过程中，可以确保主体金属 Fe、Mn 和 Zn 的浸出率达到理论要求，这也就确保了浸出液中 Fe、Mn 和 Zn 的比例接近或符合铁氧体的理论配方要求。至于液计和渣计浸出率的偏差，可能是计量误差所致。

**4. 初步净化过程**

初步净化过程包括硫化沉淀除重金属和氟化沉淀除钙镁两个步骤。

1）硫化沉淀除重金属

以浸出过程的混合溶液作为试液，进行硫化沉淀实验研究。混合溶液的成分见表 5-31。

套用文献[23]的条件，硫化铵为理论量的 1.2 倍，沉淀时间 0.5 h，pH 2.0，进行了 4 次硫化沉淀实验，净化液中杂质重金属的离子浓度及去除率见表 5-32。

表 5-31　混合溶液的成分/$(g \cdot L^{-1})$

| Fe | Mn | Zn | Cd | Cu | Pb |
|---|---|---|---|---|---|
| 57.03 | 15.37 | 14.08 | 0.89 | 1.24 | 1.03 |

表 5-32　净化液中杂质重金属的离子浓度及去除率

| 样号 | 重金属离子浓度/$(mg \cdot L^{-1})$ | | | 去除率/% | | |
|---|---|---|---|---|---|---|
| | $Cd^{2+}$ | $Cu^{2+}$ | $Pb^{2+}$ | $Cd^{2+}$ | $Cu^{2+}$ | $Pb^{2+}$ |
| 1 | 12.0 | 3.7 | 42.0 | 89.9 | 95.3 | 87.4 |
| 2 | 8.2 | 3.5 | 32.0 | 95.2 | 97.1 | 90.3 |
| 3 | 11.3 | 4.2 | 41.5 | 90.1 | 96.0 | 87.9 |
| 4 | 10.6 | 3.1 | 42.3 | 91.3 | 96.5 | 88.2 |
| 平均 | 10.53 | 3.63 | 39.45 | 91.63 | 96.23 | 88.45 |

从表 5-32 可以看出：$Cu^{2+}$ 和 $Cd^{2+}$ 的去除率很高，分别达到 91.63% 和 96.23%，但 $Pb^{2+}$ 的去除率相对较低，其平均值为 88.45%。其原因可能是：其一，混合溶液中 $Pb^{2+}$ 含量本来就较高；其二，PbS 的 $K_{sp}$ 较 CuS 和 CdS 的 $K_{sp}$ 小，沉淀相对困难。

2）氟化沉淀除钙镁

（1）条件实验。

以硫化沉淀后的净化溶液作为氟化沉淀除钙镁的原料，其成分见表 5-33。

表 5 − 33　净化液的成分/(g·L⁻¹)

| Fe | Mn | Zn | Cd | Cu | Pb | Ca | Mg |
|------|------|------|--------|-------|-------|------|------|
| 56.0 | 14.0 | 13.6 | 0.0090 | 0.004 | 0.037 | 0.35 | 0.15 |

研究了氟化沉淀除钙镁的工艺技术条件，采用单因素实验法，考察了 $NH_4F$ 用量、温度、溶液 pH 及沉淀时间等因素对氟化除钙镁的影响规律，然后在优化条件下进行综合条件实验。

①$NH_4F$ 用量对去除 $Ca^{2+}$ 和 $Mg^{2+}$ 的影响。

温度为 70℃，溶液 pH = 3.0，沉淀时间 0.5 h 的条件下，考察了 $NH_4F$ 用量对 $Ca^{2+}$ 和 $Mg^{2+}$ 去除率的影响规律，结果如图 5 − 55 所示。

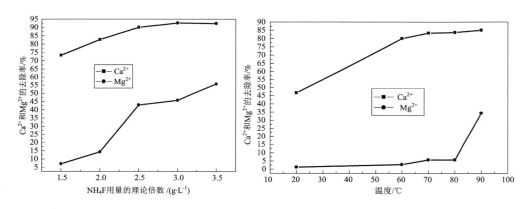

图 5 − 55　$NH_4F$ 用量对去除 $Ca^{2+}$ 和 $Mg^{2+}$ 的影响　　图 5 − 56　温度对去除 $Ca^{2+}$ 和 $Mg^{2+}$ 的影响

从图 5 − 55 可以看出：$Ca^{2+}$ 或 $Mg^{2+}$ 的去除率，都随着 $NH_4F$ 用量的增加而提高。当氟化铵的倍数达到 2.5 倍时，$Ca^{2+}$ 的去除率接近平衡，达到 90.0%，$Mg^{2+}$ 的去除率也接近平衡，但其去除率仅为 45.5%。造成 $Mg^{2+}$ 的去除率远低于 $Ca^{2+}$ 的原因可能是浸出液中 $Ca^{2+}$ 的浓度高于 $Mg^{2+}$ 的浓度和 $CaF_2$ 溶解度小于 $MgF_2$。

②温度对去除 $Ca^{2+}$ 和 $Mg^{2+}$ 的影响。

$NH_4F$ 过量 2.0 倍，溶液 pH = 3.0，沉淀时间 0.5 h 的条件下，考察了温度对 $Ca^{2+}$ 和 $Mg^{2+}$ 去除率的影响规律，结果如图 5 − 56 所示。

从图 5 − 56 可以看出：温度对 $Ca^{2+}$ 和 $Mg^{2+}$ 的去除率都有较大的影响，尤其是对 $Mg^{2+}$ 的去除，在 90℃ 处产生一个突变。产生突变的原因可能有：其一，$MgF_2$ 的溶解度随温度的升高而减小；其二，$Mg^{2+}$ 的浓度较低，生成 $MgF_2$ 的颗粒很细，不易沉淀下来。温度升高有利于分子间的聚合而产生沉淀。实验中还发现，温度高时过滤速度快，滤饼清洗容易，滤渣含水率较低。

③溶液 pH 对去除 $Ca^{2+}$ 和 $Mg^{2+}$ 的影响。

温度 $90℃$，$NH_4F$ 过量 $2.0$ 倍，沉淀时间 $0.5\ h$ 的条件下，考察了溶液 pH 对 $Ca^{2+}$ 和 $Mg^{2+}$ 去除率的影响规律，结果如图 $5-58$ 所示。

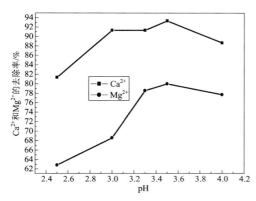 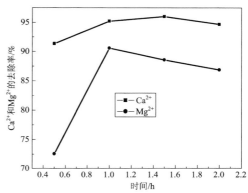

图 5 −57　溶液 pH 对去除 $Ca^{2+}$ 和 $Mg^{2+}$ 的影响　图 5 −58　沉淀时间对去除 $Ca^{2+}$ 和 $Mg^{2+}$ 的影响

由图 $5-57$ 可以看出：溶液的 pH 对 $Ca^{2+}$ 和 $Mg^{2+}$ 的去除率影响很大，随着溶液 pH 的升高，$Ca^{2+}$ 和 $Mg^{2+}$ 的去除率均先增大后减小。当 pH = 3.5 时，$Ca^{2+}$ 和 $Mg^{2+}$ 的去除率分别达到 93.3% 和 80.0%。当 pH > 3.5 时，$CaF_2$ 和 $MgF_2$ 在较高的碱度下，利于 $CaF_2$ 和 $MgF_2$ 形成 $[MF_n]^{2-n}$ 配合离子，使 $CaF_2$ 和 $MgF_2$ 重新溶解，导致 $Ca^{2+}$ 和 $Mg^{2+}$ 的去除率减小。

④沉淀时间对除 $Ca^{2+}$ 和 $Mg^{2+}$ 的影响。

$NH_4F$ 过量 $2.0$ 倍，溶液 pH = 3.0，温度 $90℃$ 的条件下，考察了沉淀时间对 $Ca^{2+}$ 和 $Mg^{2+}$ 去除率的影响规律，结果如图 $5-58$ 所示。

由图 $5-58$ 可以看出：随着时间的延长，$Ca^{2+}$ 和 $Mg^{2+}$ 的去除率先升高，但到达一定时间后反而降低，造成此现象的原因可能是 $CaF_2$ 和 $MgF_2$ 返溶。

（2）综合条件实验。

综合各种因素，如过滤速度、过量 $F^-$ 的进一步净化难易程度和净化成本，确定氟化沉淀除 $Ca^{2+}$ 和 $Mg^{2+}$ 的优化条件为：温度 $90℃$，时间 $1.0\ h$，pH = 3.5，$NH_4F$ 过量 $2.0$ 倍。在上述优化条件下，进行了 4 次氟化除钙镁综合条件实验，净化液中 $Ca^{2+}$ 和 $Mg^{2+}$ 的含量及其去除率见表 $5-34$。

表 5 – 34　净化液中 $Ca^{2+}$ 和 $Mg^{2+}$ 的浓度及去除率

| 样号 | 浓度/$(g \cdot L^{-1})$ | | 去除率/% | |
|---|---|---|---|---|
| | $Ca^{2+}$ | $Mg^{2+}$ | $Ca^{2+}$ | $Mg^{2+}$ |
| 1 | 0.0042 | 0.015 | 93.1 | 91.5 |
| 2 | 0.0055 | 0.023 | 92.2 | 92.0 |
| 3 | 0.0037 | 0.037 | 94.9 | 87.2 |
| 4 | 0.0043 | 0.029 | 91.7 | 89.1 |
| 平均 | 0.0044 | 0.026 | 92.98 | 89.95 |

从表 5 – 34 可以看出：在上述优化实验条件下，$Ca^{2+}$ 和 $Mg^{2+}$ 的去除率均达到了较好的水平，$Ca^{2+}$ 和 $Mg^{2+}$ 的平均去除率分别为 92.98% 及 89.95%。

**5. 复盐沉淀深度净化过程**

由于 $Me^{2+}$ 沉淀率的高低影响该技术对 Si 的去除效果，因此研究了复盐沉淀过程中，各因素对三种主体成分沉淀率和 Si 去除率的影响规律。以氟化沉淀除钙镁综合条件实验的混合溶液作为复盐沉淀深度净化实验研究的试液，其成分见表 5 – 35。

表 5 – 35　混合液的成分/$(g \cdot L^{-1})$

| Fe | Mn | Zn | Cd | Cu | Pb | Ca | Mg | Si |
|---|---|---|---|---|---|---|---|---|
| 54.60 | 12.47 | 11.20 | 0.0072 | 0.0034 | 0.029 | 0.0052 | 0.031 | 0.098 |

1）复盐沉淀过程与主体成分沉淀率

（1）游离 $(NH_4)_2SO_4$ 浓度的影响。

在固定溶液 pH = 2.0，室温，沉淀时间 1.0 h 条件下，考察了游离 $(NH_4)_2SO_4$ 浓度（$(NH_4)_2SO_4$ 总浓度与沉复盐消耗的 $(NH_4)_2SO_4$ 浓度之差）对 Fe、Mn 和 Zn 沉淀率的影响，结果如图 5 – 59 所示。

从图 5 – 59 可以看出：游离 $(NH_4)_2SO_4$ 浓度对主体成分 Fe 和 Mn 沉淀率的影响较大，而对 Zn 沉淀率的影响不是很显著。当游离的 $(NH_4)_2SO_4$ 浓度从 1.5 mol/L 递增到 3.5 mol/L 时，Zn 的沉淀率由 97.02% 递增到 99.91%，也就是说，即使游离 $(NH_4)_2SO_4$ 浓度增加为之前的 2.3 倍，Zn 的沉淀率也仅增加 2.89%。而当游离的 $(NH_4)_2SO_4$ 浓度从 1.5 mol/L 递增到 3.5 mol/L 时，Fe 和 Mn 的沉淀率分别由 68.68% 和 54.52% 递增到 91.56% 和 87.34%，即 Fe 和 Mn 的沉淀率可以增加 22.84% 和 32.82%。所以，较高的游离 $(NH_4)_2SO_4$ 浓度有利于提

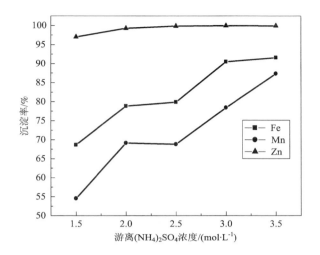

**图 5-59　Fe、Mn 和 Zn 沉淀率与游离（NH₄）₂SO₄ 浓度的关系**

高主体金属 Fe 和 Mn 的沉淀率。

（2）溶液 pH 的影响。

在游离（NH₄）₂SO₄ 浓度 2.0 mol/L、室温和沉淀时间为 0.5 h 的固定条件下，考察了溶液 pH 对复盐沉淀过程中 Fe、Mn、Zn 沉淀率的影响规律，结果如图 5-60 所示。

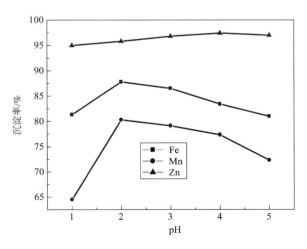

**图 5-60　Fe、Mn 和 Zn 沉淀率与溶液 pH 的关系**

分析图 5-60 可以知道：pH 对 Fe 和 Mn 的沉淀率影响很大，对 Zn 的沉淀率影响较小。当 pH < 2.0 时，Fe 和 Mn 的沉淀率随 pH 的增加而增大；当 pH = 2.0 时，其沉淀率达到最大值，分别为 87.79% 和 79.14%；当 pH > 2.0 时，Fe 和 Mn 的沉淀率随 pH 的增加而减小。其原因可能是：在水溶液中 $SO_4^{2-}$ 存在以下平衡：

$$SO_4^{2-} + H_2O \rightleftharpoons HSO_4^- + OH^- \tag{5-52}$$

而 $Fe^{2+}$、$Mn^{2+}$ 和 $NH_4^+$ 在水溶液中存在下列平衡：

$$Fe^{2+} + nH_2O \rightleftharpoons Fe(OH)_n^{(n-2)-} + nH^+ \tag{5-53}$$

$$Mn^{2+} + nH_2O \rightleftharpoons Mn(OH)_n^{(n-2)-} + nH^+ \tag{5-54}$$

$$NH_4^+ + H_2O \rightleftharpoons NH_3 \cdot H_2O + H^+ \tag{5-55}$$

当溶液的 pH 过低时，$Fe^{2+}$、$Mn^{2+}$ 和 $NH_4^+$ 的平衡向左移动，$[Me^{2+}]$ 和 $[NH_4^+]$ 升高，有利于 $Me(NH_4)_2(SO_4)_2 \cdot 6H_2O$ 或 $Me_x(NH_4)_y(SO_4)_z$ 复盐的形成，而 $SO_4^{2-}$ 的平衡向右移动，降低了 $SO_4^{2-}$ 的浓度，不利于 $Me(NH_4)_2(SO_4)_2 \cdot 6H_2O$ 或 $Me_x(NH_4)_y(SO_4)_z \cdot nH_2O$ 复盐的形成。同理，当溶液的 pH 过高时，对 $Me(NH_4)_2(SO_4)_2 \cdot 6H_2O$ 或 $Me_x(NH_4)_y(SO_4)_z \cdot nH_2O$ 复盐的形成也存在上述两个互相矛盾的过程。所以，pH 对 $Fe^{2+}$ 和 $Mn^{2+}$ 沉淀率的影响曲线势必出现转折点。至于转折点的 pH 和 $Me^{2+}$ 浓度，与溶液中离子总浓度和离子的比例均有关系，其机理有待于深入研究。在一定游离 $(NH_4)_2SO_4$ 浓度的条件下，为确保三种主体成分 Fe、Mn 和 Zn 都有较高的沉淀率，在复盐沉淀过程中控制溶液 pH 为 1.5 ~ 2.5。

2) 复盐沉淀条件对除 Si 的影响

我们以共沉淀粉中 Si 元素含量作为衡量复盐沉淀深度净化除 Si 效果的指标。具体过程为：沉淀复盐用蒸馏水溶解后，用 $NH_4HCO_3$ - $NH_3 \cdot H_2O$ 的混合溶液进行共沉淀，过滤后烘干滤渣，分析滤渣中 Si 的含量。

(1) 游离 $(NH_4)_2SO_4$ 浓度对除 Si 的影响。

在沉淀时间 1.0 h，室温，浸出液 pH = 2.0 的固定条件下，考察了游离 $(NH_4)_2SO_4$ 浓度对除 Si 的影响，结果如图 5-61 所示。

从图 5-61 可以看出：当游离 $(NH_4)_2SO_4$ 浓度小于 3.0 mol/L 时，共沉淀粉中 Si 的含量随游离 $(NH_4)_2SO_4$ 浓度的增加而增大；在游离 $(NH_4)_2SO_4$ 浓度等于 3.0 mol/L 时，共沉淀粉中 Si 的含量达到最大值，其值为 0.0165%；当游离 $(NH_4)_2SO_4$ 浓度大于 3.0 mol/L 时，共沉淀粉中 Si 的含量随游离 $(NH_4)_2SO_4$ 浓度的增加而减小。造成上述现象的原因很复杂：其一，随着游离 $(NH_4)_2SO_4$ 浓度的增加，Fe、Mn 和 Zn 三种主体成分的沉淀率随之增大，沉淀复盐中的 Si 量一定时使其相对含量降低；其二，$(NH_4)_2SO_4$ 不断加入，因为 $NH_4^+$ 的水解作用，溶液的 pH 降低，也将影响沉淀复盐中 Si 的含量。

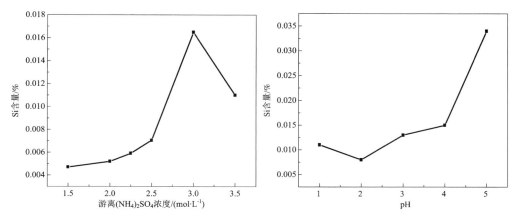

图 5 - 61    共沉淀粉中 Si 含量与
游离( NH₄ )₂SO₄ 浓度的关系

图 5 - 62    共沉淀粉中 Si 含量与 pH 的关系

（2）溶液 pH 的影响。

固定条件为游离硫酸铵浓度 2.0 mol/L，沉淀时间 1.0 h 和室温，考察了溶液 pH 对除 Si 效果的影响，结果如图 5 - 62 所示。

从图 5 - 62 可以看出：溶液 pH 对共沉淀粉中 Si 含量的影响很大。当 pH < 2.0 时，共沉淀粉中 Si 含量随 pH 升高而降低。当 pH = 2.0 时，共沉淀粉中 Si 含量最低，为 0.0080%。当 pH > 2.0 后，共沉淀粉中 Si 含量随 pH 的升高而增大。产生此现象的原因是，当 pH < 2.0 时，溶液中 Si 的存在形态主要为聚合态的大分子硅酸，易于与( NH₄ )₂SO₄ 和 Me²⁺ 沉淀复盐共同析出，随着 pH 的增加，聚合态的大分子硅酸的含量逐步减少，导致共沉淀粉中 Si 的含量随着 pH 的增大而减小；pH = 2.0 是 $SiO_4^{2-}$ 的等电点，溶液中 Si 的存在形态主要是 $H_2SiO_4$，在复盐沉淀过程中不易与( NH₄ )₂SO₄ 和 Me²⁺ 形成沉淀析出，确保了沉淀复盐的纯度，导致共沉淀粉中 Si 含量较低；当溶液的 pH > 2.0，随着溶液 pH 的升高，溶液中 Si 的存在形态逐步转变为离子态的 $SiO_3^{2-}$ 或 $SiO_4^{2-}$，而且 pH 越高，$SiO_3^{2-}$ 或 $SiO_4^{2-}$ 的含量越大，由于离子态的 $SiO_3^{2-}$ 或 $SiO_4^{2-}$ 比较容易与( NH₄ )₂SO₄ 和 Me²⁺ 形成沉淀析出，导致共沉淀粉中 Si 的含量随着 pH 的升高而增大。至于复盐沉淀深度净化机理，还有待于进一步深入研究和探索。

3）( NH₄ )₂SO₄ 循环利用对除 Si 效果的影响

在复盐沉淀过程中，需要大量的( NH₄ )₂SO₄ 作为复盐沉淀剂，复盐沉淀母液中存在大量的游离( NH₄ )₂SO₄，共沉淀和沉铁锰的反应中又有大量的( NH₄ )₂SO₄ 生成。无论是为减少新购( NH₄ )₂SO₄ 用量，还是提高直接法制备锰锌软磁粉料技术的经济效益,复盐沉淀过程中游离$(NH_4)_2SO_4$和反应生成的$(NH_4)_2SO_4$都必须回收利用。用回收$(NH_4)_2SO_4$作复盐沉淀剂,进行了3次循环实验,考察了回收$(NH_4)_2SO_4$对共沉淀粉中Si含量的影响,并与新购$(NH_4)_2SO_4$对共沉淀粉中Si含量的影响进行了比较,结果见表5-36。

表 5-36 $(NH_4)_2SO_4$ 的循环利用对共沉淀粉中 Si 含量的影响/%

| $(NH_4)_2SO_4$ | 1 | 2 | 3 | 平均 | 4 |
|---|---|---|---|---|---|
| 循环返回 | 0.0037 | 0.0046 | 0.0035 | 0.0039 | — |
| 纯净新配 | — | — | — | — | 0.0031 |

从表5-36数据可看出:利用回收$(NH_4)_2SO_4$作为复盐沉淀剂,经共沉淀所得粉料中Si的平均含量为0.0039%,而用新购的$(NH_4)_2SO_4$作为复盐沉淀剂,经共沉淀所得粉料中Si的含量为0.0031%。这说明利用回收$(NH_4)_2SO_4$作为复盐沉淀剂,不影响该技术对硅的净化效果。

综合各种因素,确定复盐沉淀深度净化的优化工艺条件为:$Me^{2+}$溶液 pH = 1.5~2.5、游离$(NH_4)_2SO_4$浓度为 2.0~2.5 mol/L、沉淀时间 1.0~1.5 h、沉淀温度为室温。

4)复盐沉淀和共沉淀综合条件实验

分别以铁屑和钢铁厂烟尘为铁源,进行浸出、硫化沉淀和氟化沉淀过程,所得溶液用做复盐沉淀综合条件实验的试液,其成分见表5-37。

表 5-37 溶液成分/$(g \cdot L^{-1})$

| 样号 | Fe | Mn | Zn | Cd | Cu | Pb | Ca | Mg | Si |
|---|---|---|---|---|---|---|---|---|---|
| 1 | 53.13 | 11.52 | 9.08 | 0.0067 | 0.0041 | 0.023 | 0.0050 | 0.029 | 0.0098 |
| 2 | 52.87 | 11.03 | 8.41 | 0.0052 | 0.0039 | 0.045 | 0.0062 | 0.038 | 0.0107 |

注:铁屑为铁源;钢铁厂烟尘为铁源和锌源。

在复盐沉淀的优化条件下,进行了5次综合条件实验,将每次的沉淀复盐用蒸馏水溶解,分析所得溶液三种主体成分Fe、Mn和Zn的含量,根据溶液体积和理论配方计算补纯量。

以补纯后的溶液为试液,套用文献[23]的条件,金属离子溶液 pH 为 2~3,$[CO_3^{2-}]/[Me^{2+}] = 1.2$,温度为常温,终点 pH = 7.5 和陈化时间 12 h,进行了5次共沉淀实验。共沉淀粉中 Fe、Mn 和 Zn 三种主体金属含量、配比及相对误差见表5-38,杂质成分含量见表5-39。

表 5-38　共沉淀粉中 Fe、Mn 和 Zn 的含量及配比

| 样号 | 主元素/% | | | 实际配比 | 相对误差/% | | |
|---|---|---|---|---|---|---|---|
| | Fe | Mn | Zn | $Fe_2O_3$:MnO:ZnO | $Fe_2O_3$ | MnO | ZnO |
| 1 | 40.27 | 12.73 | 5.32 | 71.38:20.40:8.22 | 0.056 | -6.03 | 18.27 |
| 2 | 41.31 | 13.22 | 4.27 | 72.49:20.97:6.54 | 1.61 | -3.41 | -0.85 |
| 3 | 40.83 | 13.16 | 4.51 | 72.06:20.99:6.95 | 1.01 | -3.32 | 0.00 |
| 4 | 41.65 | 14.31 | 4.38 | 71.31:22.15:6.54 | -0.042 | 2.03 | -5.90 |
| 平均 | 41.02 | 13.36 | 4.62 | 71.80:21.14:7.06 | 0.64 | -2.63 | 1.58 |
| 5* | 43.30 | 12.89 | 3.38 | 72.69:21.64:5.67 | 1.89 | -0.32 | -18.42 |

注：理论配比：$Fe_2O_3$:MnO:ZnO 为 71.34:21.71:6.95，*—钢铁厂烟尘为铁源和锌源。

　　从表 5-38 可知：①以铁屑为铁源所得共沉淀粉中，除第 1 批共沉淀粉 3 种主体成分的实际比例偏离理论配方较大外，其余 3 批共沉淀粉，3 种主体成分的实际配比与理论配方的相对误差均控制在铁氧体工艺要求的 5% 范围之内。4 批共沉淀粉中，3 种主体成分的平均误差值分别为 $Fe_2O_3$ 0.64%、MnO 2.63% 和 ZnO 1.58%。②以钢铁厂烟尘为铁源所得共沉淀粉金属锌的实际比例偏离理论配方较大。可能是判断共沉淀终点的 pH 误差较大，导致部分主金属没有沉淀完全。

　　因此，在后续实验过程中，为确保三种主体成分的相对误差控制在铁氧体工艺要求允许的误差范围之内，需要特别注意：①分析方法的快速、准确，严格计量；②严格控制沉淀终点 pH =7.5；③确保 Fe、Mn 和 Zn 沉淀完全。

表 5-39　共沉淀粉中杂质成分/%

| 样号 | Ca | Mg | Si | Cu | Pb | Cd |
|---|---|---|---|---|---|---|
| 1 | 0.0086 | 0.013 | 0.018 | 0.00098 | 0.0042 | 0.00048 |
| 2 | 0.006 | 0.010 | 0.004 | 0.0021 | 0.0018 | 0.0007 |
| 3 | 0.003 | 0.013 | 0.023 | 0.00051 | 0.0016 | 0.0004 |
| 4 | 0.010 | 0.03 | 0.011 | 0.00090 | 0.0031 | 0.0005 |
| 平均 | 0.0069 | 0.0165 | 0.014 | 0.00112 | 0.00268 | 0.00021 |
| 5* | 0.041 | 0.078 | 0.022 | 0.006 | 0.0043 | 0.00048 |

注：*—钢铁厂烟尘为铁源和锌源。

　　从表 5-39 可以看出：①以铁屑为铁源所得共沉淀粉中，各杂质元素含量较低，其平均含量分别为 Ca 0.0069%、Mg 0.0165%、Si 0.014%、Cu 0.00112%、

Pb 0.00268% 和 Cd 0.00052%，符合日本 TDK 的 PC30 制备对粉料的要求。②以钢铁厂烟尘为铁源所得共沉淀粉中，杂质成分部分接近以铁屑为铁源的共沉淀粉含量，但 Ca、Mg 及 Cu 等杂质元素含量偏高。

**6. 铁氧体样环制备与检测**

分别以两种不同铁源的共沉淀粉为原料，套用常规的铁氧体制备工艺条件，按干燥→800 ~ 850℃ 预烧→掺杂砂磨→制粒→压制成型→气氛炉中 1200 ~ 1220℃ 烧结→冷却的加工流程制备出 $\phi25$ mm × $\phi15$ mm × 10 mm 的样环，进行铁氧体样环磁性能检测，其结果分别见表 5 – 40、表 5 – 41。

表 5 – 40　以铁屑为铁源的铁氧体样环磁性能测试数据

| 样号 | $\mu_i$ | $P_{CV}/(kW \cdot m^{-3})$ | | | | | | | |
|---|---|---|---|---|---|---|---|---|---|
| | | 25 kHz, 200 mT | | | | 100 kHz, 200 mT | | | |
| | | 25℃ | 60℃ | 80℃ | 100℃ | 25℃ | 60℃ | 80℃ | 100℃ |
| 1 | 2574 | 80 | — | — | — | 437 | — | — | — |
| 2 | 2426 | 80 | 117 | 174 | 193 | 442 | 654 | 931 | 1042 |
| 3 | 2525 | 80 | — | — | — | 462 | — | — | — |
| 4 | 2245 | 88 | 13 | 118 | 199 | 449 | 623 | 900 | 1026 |
| 5 | 2733 | 87 | — | — | — | 471 | — | — | — |
| 6 | 2651 | 92 | — | — | — | 468 | — | — | — |
| 平均 | 2525.7 | 84.5 | 115 | 146 | 196 | 455 | 638.5 | 915.5 | 1034 |
| PC30 | 2500 ± 25% | 130 | 90 | 90 | 100 | — | — | — | — |
| PC40 | 2300 ± 25% | 120 | 80 | — | 70 | 600 | 450 | — | 500 |

由表 5 – 40 可知：各样环磁性能检测结果较好，除高温功耗高出日本 TDK 产品标准外，低温功耗和初始磁导率均符合 PC30 及 PC40 要求。欲使全部性能指标合格，该工艺尚需深入研究。

表 5 – 41　以钢铁厂烟尘为铁源和锌源的铁氧体样环磁性能测试数据

| 样号 | $\mu_i$ | $P_{CV}/(kW \cdot m^{-3})$，25 kHz 200 mT | | | | $P_{CV}/(kW \cdot m^{-3})$，100 kHz 200 mT | | | |
| --- | --- | --- | --- | --- | --- | --- | --- | --- | --- |
| | | 25℃ | 60℃ | 80℃ | 100℃ | 25℃ | 60℃ | 80℃ | 100℃ |
| 1 | 2774 | 87 | — | — | — | 427 | — | — | — |
| 2 | 2826 | 137 | 107 | 114 | 123 | 452 | 624 | 941 | 1052 |
| 3 | 2625 | 106 | — | — | — | 472 | — | — | — |
| 4 | 2645 | 98 | 110 | 128 | 109 | 439 | 613 | 910 | 1006 |
| 5 | 2633 | 113 | — | — | — | 451 | — | — | — |
| 6 | 2565 | 92 | — | — | — | 488 | — | — | — |
| 平均 | 2678 | 105.5 | 108.5 | 121 | 116 | 455 | 618.5 | 925.5 | 1029 |
| PC30 | 2500 ± 25% | 130 | 90 | 90 | 100 | — | — | — | — |

由表 5 – 41 可知：尽管铁源来自成分非常复杂的钢铁厂烟尘，但样环磁性能检测结果仍较好，初始磁导率和低温功耗都达到 PC30 产品指标，高温功耗接近 PC30 要求。欲使全部性能指标合格，除严格操作确保主体金属的实际比例接近或等于理论配方外，该工艺尚需深入研究。

### 3.4.5　直接法制取锰锌软磁粉料扩大实验

#### 1. 概述

在小型实验研究成果的基础上，调整部分技术条件，以软锰矿、锌烟尘和废铁屑为原料，完成了低功耗共沉淀粉公斤级规模的实验室扩大实验。扩大实验重现了小试数据和各项指标，取得了多项在条件实验中不可能取得的技术数据，为半工业实验打下了坚实的基础。

#### 2. 实验原料、设备与方法

1）实验原料

锌烟尘购自株洲冶炼厂，软锰矿由湘潭锰矿提供，废铁屑由中南大学机械厂提供，实验原料成分见表 5 – 42。

表 5 – 42　实验原料成分/%

| 原料 | Zn | Fe | Mn | $SiO_2$ | $Al_2O_3$ | CaO | Cd | Pb | MgO | As |
| --- | --- | --- | --- | --- | --- | --- | --- | --- | --- | --- |
| 锌烟尘 | 62.86 | — | — | 7.29 | 1.62 | 0.011 | 12.84 | 0.69 | 0.93 | |
| 软锰矿 | — | 8.86 | 31.56 | 9.94 | 7.43 | 1.45 | 0.01 | 0.05 | 0.59 | 0.29 |
| 铁屑 | — | 94.7 | — | — | — | — | — | — | — | — |

实验用的化工材料硫酸(16.73 mol/L)、碳酸铵及氨水均为工业级产品,补纯用的 MeSO$_4$·nH$_2$O 为化学纯试剂。

2)实验设备

同时浸出过程和初步除杂过程在 100 L 搪瓷反应釜中进行,沉复盐和共沉淀过程在 500 L 搪瓷反应釜中进行,其结构如图 5 – 63 所示;复盐溶解过程在 200 L 的 PVC 塑料槽中进行。

3)实验方法

实验以制备低功耗共沉淀粉为目的,其理论配方为:$w(Fe):w(Mn):w(Zn) =$ 69.05 : 23.24 : 7.71。按实验室小型实验的优化条件进行 10 kg/次规模的扩大实验,实验有三个特点:① 设备多过程共用。即:浸出、一次净化及沉铁锰等过程共用 100 L 电热搪瓷釜及聚丙烯小抽滤槽;沉复盐用 500 L 电热搪瓷釜及离心机(用洗衣机代替);复盐溶解、补纯配液和氨水 – 碳酸铵

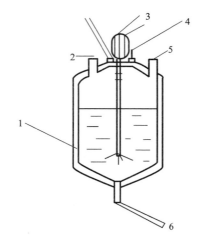

图 5 – 63　反应釜结构
1—导热石蜡;2—高位槽连接口;3—搅拌器;
4—温度计;5—加料口;6—出口

底液配置等,共用 100 L 澄清槽。因此,在第一个过程完成后需对设备进行仔细清洗后才能进入下一个过程。澄清槽用纯水清洗。② 除第 4、5 槽复盐沉淀过程使用返回的(NH$_4$)$_2$SO$_4$ 外,其余各槽的复盐沉淀用新购(NH$_4$)$_2$SO$_4$ 作沉淀剂。③ 同时浸出和初步除杂分开进行,且第 5、6 槽不除钙、镁。

### 3. 同时浸出

浸出共进行了 6 次,实验的原、辅材料用量见表 5 – 43,浸出实验的产物量和成分见表 5 – 44。

从表 5 – 44 可以看出:除第 1 槽外,复盐沉淀母液经碳酸铵沉淀的铁锰渣均返回浸出过程,以充分利用原料中的 Fe 和 Mn。

根据表 5 – 42 ~ 表 5 – 44 的数据,计算出液计和渣计 Fe、Mn 及 Zn 的浸出率,结果见表 5 – 45。

表 5 – 43　浸出过程的原辅材料用量/kg

| 槽次 | H$_2$SO$_4$ | 铁锰渣 | 软锰矿 | 铁屑 | 锌烟尘 | 原料总量 |
|---|---|---|---|---|---|---|
| 1 | 17.98 | — | 8.0 | 6.29 | 0.92 | 15.21 |
| 2 | 16.81 | 1.45 | 4.5 | 5.08 | 0.92 | 11.95 |

续表 5 - 43

| 槽次 | $H_2SO_4$ | 铁锰渣 | 软锰矿 | 铁屑 | 锌烟灰 | 原料总量 |
|---|---|---|---|---|---|---|
| 3 | 16.18 | 3.27 | 5.5 | 5.08 | 0.92 | 14.77 |
| 4 | 16.53 | 3.31 | 5.5 | 5.08 | 0.92 | 14.81 |
| 5 | 16.71 | 3.84 | 5.5 | 5.08 | 0.92 | 15.34 |
| 6 | 17.15 | 6.26 | 5.5 | 5.08 | 0.85 | 17.69 |
| 共计 | 101.36 | 18.13 | 34.5 | 31.69 | 5.45 | 89.77 |

表 5 - 44　浸出过程产物量及成分

| 槽次 | 浸出液/(g·L$^{-1}$) | | | | 浸出渣/% | | | | | | |
|---|---|---|---|---|---|---|---|---|---|---|---|
| | $V$/L | Fe | Mn | Zn | 湿重/kg | 干重/kg | 渣率/% | $H_2O$ | Fe | Mn | Zn |
| 1 | 84 | 68.08 | 25.56 | 6.51 | 7.73 | 3.57 | 23.49 | 45.79 | 15.79 | 1.42 | 0.89 |
| 2 | 88 | 57.39 | 17.64 | 6.03 | 7.07 | 3.92 | 37.38 | 47.88 | 5.99 | 2.48 | 0.58 |
| 3 | 84.5 | 62.84 | 25.21 | 6.59 | 7.30 | 4.18 | 36.37 | 48.00 | 5.77 | 1.56 | 0.59 |
| 4 | 75 | 71 | 27.3 | 7.17 | 10.32 | 5.13 | 44.65 | 50.23 | 18.99 | 17.43 | 0.64 |
| 5 | 94 | 58.4 | 21.44 | 5.39 | 6.82 | 5.09 | 44.23 | 25.39 | 10.58 | 3.69 | 1.00 |
| 6 | 78 | 69.9 | 29.64 | 6.20 | 8.87 | 4.58 | 40.09 | 48.34 | 7.5 | 2.02 | 1.20 |
| 平均/共计 | 83.92 | 64.60 | 24.47 | 6.32 | 48.11 | 26.47 | 37.70 | 44.27 | 10.77 | 4.77 | 0.82 |

表 5 - 45　主金属的浸出率/%

| 槽次 | 液计浸出率 | | | 渣计浸出率 | | |
|---|---|---|---|---|---|---|
| | Fe | Mn | Zn | Fe | Mn | Zn |
| 1 | 85.79 | 85.04 | 94.56 | 91.54 | 97.99 | 94.51 |
| 2 | 91.96 | 86.06 | 91.76 | 95.72 | 94.61 | 94.07 |
| 3 | 89.67 | 92.53 | 96.86 | 95.95 | 96.38 | 95.74 |
| 4 | 90.44 | 87.08 | 92.99 | 83.46 | 83.79 | 94.32 |
| 5 | 90.94 | 83.49 | 87.61 | 91.08 | 81.22 | 91.20 |
| 6 | 88.48 | 92.81 | 83.62 | 94.43 | 96.29 | 90.50 |
| 平均 | 89.55 | 87.84 | 91.23 | 92.03 | 91.71 | 93.39 |

由表 5 - 45 可以看出：以浸出液计，Fe、Mn 和 Zn 的平均浸出率分别为 89.55% 、87.84% 和 91.23% 。以浸出渣计，Fe、Mn 和 Zn 的浸出率分别为 92.03% 、91.71% 和 93.39% 。显然，以浸出液计量的浸出率低于以浸出渣计量的浸出率，这可能是由于浸出液部分流失所致。

### 4. 初步除杂

初步除杂包括硫化沉淀除重金属离子和氟化沉淀除钙镁离子。以上述浸出液为原料，先硫化沉淀，再氟化沉淀。实验完毕液固分离。由于硫化沉淀除重金属离子的稳定性很好，在扩大实验研究中，只考察了氟化沉淀对 $Ca^{2+}$ 和 $Mg^{2+}$ 的去除效果。第 5、6 槽不除 $Ca^{2+}$ 和 $Mg^{2+}$，前 4 槽的净化产物量及成分见表 5 - 46。

表 5 - 46　初步净化产物量及成分

| 槽次 | 净化液 /(g·L⁻¹) | | | | | | 净化渣/% | | | | | |
|---|---|---|---|---|---|---|---|---|---|---|---|---|
| | V/L | Fe | Mn | Zn | Ca | Mg | 湿重/kg | 干重/kg | H₂O | Fe | Mn | Zn |
| 1 | 78 | 67.9 | 25.47 | 6.52 | 0.002 | 0.004 | 1.64 | 0.78 | 52.22 | 15.03 | 2.10 | 1.05 |
| 2 | 86 | 57.97 | 18.16 | 6.16 | — | — | 2.05 | 0.76 | 64.98 | 11.93 | 1.93 | 1.22 |
| 3 | 79 | 65.57 | 26.44 | 6.78 | 0.0018 | 0.0063 | 1.29 | 0.54 | 58.26 | 10.98 | 1.96 | 1.23 |
| 4 | 73 | 75.34 | 29.23 | 7.55 | <0.001 | 0.0027 | 2.05 | 0.73 | 62.87 | 9.72 | 2.40 | 2.10 |
| 平均 | 79 | 66.70 | 24.85 | 6.75 | 0.0016 | 0.0043 | 1.76 | 0.70 | 59.58 | 11.92 | 2.10 | 1.40 |

表 5 - 46 的数据说明，净化液中 Ca、Mg 的含量较低，其平均值分别为：Ca 0.0016 g/L、Mg 0.0043 g/L，完全达到小试的净化技术指标。

根据表 5 - 44、表 5 - 46 的数据，可计算出 Fe、Mn 和 Zn 三种主体成分的直收率，结果见表 5 - 47。

表 5 - 47　净化过程中金属的直收率/%

| 槽次 | 液计直收率 | | | 渣计直收率 | | |
|---|---|---|---|---|---|---|
| | Fe | Mn | Zn | Fe | Mn | Zn |
| 1 | 92.59 | 92.40 | 92.47 | 97.95 | 99.24 | 98.51 |
| 2 | 98.72 | 100.7 | 99.95 | 98.20 | 99.05 | 98.25 |
| 3 | 97.00 | 98.61 | 95.65 | 98.89 | 99.51 | 98.81 |
| 4 | 103.19 | 104.87 | 102.06 | 98.67 | 99.15 | 97.16 |
| 平均 | 98.31 | 99.65 | 97.84 | 98.44 | 99.25 | 98.20 |

表 5 - 47 数据说明, 在初步除杂净化过程中, Fe、Mn 和 Zn 的直收率均很高, 分别为: 98.31% ~ 98.44%、99.25% ~ 99.65% 和 97.84% ~ 98.20%。

**5. 沉复盐和复盐溶解**

分别以上述 6 槽初步除杂净化液或浸出液为试液, 每槽分 2 批共进行了 12 次 $(NH_4)_2SO_4$ 复盐沉淀和溶解复盐实验。同一槽浸出液所得复盐及复溶液合并, 计量沉淀用 $(NH_4)_2SO_4$ 消耗量、沉淀复盐量、沉复盐母液和复溶液体积, 分析母液和复溶液中 Fe、Mn 和 Zn 含量, 结果见表 5 - 48。

表 5 - 48 复盐和复溶液量及成分

| 槽次 | $m$ /kg | 复盐母液 $V$/L | 复盐母液浓度/$(g \cdot L^{-1})$ | | | 复盐/kg | $V$(复溶液)/L | 复溶液浓度/$(g \cdot L^{-1})$ | | |
|---|---|---|---|---|---|---|---|---|---|---|
| | | | Fe | Mn | Zn | | | Fe | Mn | Zn |
| 1 | 42.36 | 68 | 6.06 | 5.90 | 0.018 | 38.84 | 70 | 53.72 | 15.45 | 4.52 |
| 2 | 46.57 | 90 | 7.25 | 6.07 | 0.12 | 41.8 | 80 | 54.48 | 12.72 | 6.56 |
| 3 | 39.86 | 78 | 9.04 | 9.06 | — | 45.6 | 88 | 51.07 | 14.98 | 5.95 |
| 4 | 38.63 | 73 | 11.22 | 10.51 | — | 45.8 | 90 | 52.01 | 15.59 | 6.01 |
| 5 | 45.26 | 96 | 9.82 | 8.63 | — | 45.0 | 89 | 48.44 | 13.02 | 6.04 |
| 6 | 40.30 | 68 | 6.77 | 9.17 | — | 50.5 | 87 | 56.60 | 17.70 | 5.22 |
| 平均 | 42.16 | 78.83 | 8.36 | 8.22 | — | 44.59 | 84 | 52.72 | 14.91 | 5.72 |

结合表 5 - 43、表 5 - 44 和表 5 - 48 数据, 计算出复盐沉淀过程中 Fe、Mn 和 Zn 的沉淀率, 结果见表 5 - 49。

表 5 - 49 复盐沉淀过程中 Fe、Mn 和 Zn 的沉淀率/%

| 槽次 | Fe | Mn | Zn |
|---|---|---|---|
| 1* | — | — | — |
| 2 | 87.37 | 65.38 | 99.06 |
| 3 | 86.68 | 63.16 | 97.04 |
| 4 | 96.80 | 68.63 | 100.19 |
| 5 | 78.51 | 57.43 | 105.29 |
| 6 | 90.28 | 66.67 | 94.58 |
| 平均 | 87.93 | 64.25 | 99.23 |

注: *槽次 1 的沉复盐操作失误。

复盐沉淀最主要的问题是杂质硅的深度去除，从小型实验结果可知，为确保复盐沉淀过程的最优除硅效果，要求该过程中 Fe、Mn 和 Zn 的沉淀率分别为 80.75%、56.24% 和 100%。从表 5-49 的数据可以看出，本实验中 Fe 和 Mn 沉淀率偏高，其平均值分别为 87.93% 和 64.25%，Zn 的沉淀率控制在小型实验的要求范围之内，其沉淀率的平均值为 99.23%。

**6. 沉铁锰**

沉复盐后仍有大量的 Fe 和 Mn 留在复盐母液中，必须加以回收利用。按小型实验条件，进行了相应的 6 次沉铁锰实验，计量铁锰渣的质量，分析其含水率及 Fe、Mn 的含量，结果见表 5-50。

表 5-50　试剂用量及铁锰渣质量和组成/%

| 槽次 | $V(NH_3 \cdot H_2O)/L$ | $m(NH_4HCO_3)/kg$ | 湿重/kg | 干重/kg | $H_2O$ | Fe | Mn |
|---|---|---|---|---|---|---|---|
| 1 | 2.57 | 1.74 | 2.17 | 1.52 | 29.95 | 18.57 | 25.23 |
| 2 | 2.62 | 2.57 | 5.01 | 3.45 | 31.00 | 19.09 | 16.81 |
| 3 | 2.70 | 3.08 | 5.14 | 3.38 | 34.24 | 17.46 | 18.21 |
| 4 | 3.45 | 3.17 | 5.30 | 3.89 | 26.60 | 18.99 | 17.43 |
| 5 | 3.52 | 3.78 | 14.46 | 6.32 | 56.29 | 13.67 | 11.95 |
| 6 | 2.16 | 2.32 | 11.56 | 5.81 | 49.74 | 10.13 | 13.67 |
| 平均 | 17.02 | 16.67 | 43.63 | 24.37 | 37.97 | 16.32 | 17.23 |

结合表 5-47、表 5-50 数据，计算出 Fe 和 Mn 沉淀率，结果见表 5-51。

表 5-51　沉铁锰过程中 Fe 和 Mn 的沉淀率/%

| 槽次 | Fe | Mn |
|---|---|---|
| 1 | 68.45 | 95.51 |
| 2 | 100.77 | 106.04 |
| 3 | 83.69 | 86.99 |
| 4 | 90.23 | 88.40 |
| 5 | 91.62 | 91.18 |
| 6 | 128.04 | 127.24 |
| 平均 | 93.80 | 99.23 |

表 5 - 51 中数据说明,复盐母液经碳酸盐沉淀后,Fe 和 Mn 的平均沉淀率分别为 93.80% 及 99.23%。所得铁锰渣无须干燥,返回浸出过程。

### 7. 共沉淀

1)共沉淀原料及补纯

共沉淀过程以复溶液为原料,其成分及用量见表 5 - 52。

表 5 - 52　共沉淀原料成分及用量

| 槽次 | 复溶液/浓度(g·L$^{-1}$) | | | | $V(NH_3 \cdot H_2O)$ /L | $m(NH_4HCO_3)$ /kg |
|---|---|---|---|---|---|---|
| | $V$/L | Fe | Mn | Zn | | |
| 1 | 70.5 | 53.72 | 15.45 | 4.52 | 11.57 | 9.24 |
| 2 | 80.0 | 54.48 | 12.72 | 6.56 | 13.70 | 11.47 |
| 3 | 88.0 | 51.07 | 14.98 | 5.95 | 14.00 | 11.44 |
| 4 | 90.0 | 52.01 | 15.59 | 6.01 | 13.75 | 11.82 |
| 5 | 89.0 | 48.44 | 13.02 | 6.04 | 11.74 | 10.10 |
| 6 | 87.0 | 55.60 | 17.70 | 5.22 | 13.73 | 11.80 |
| 平均(共计) | 84.08 | 52.55 | 14.91 | 5.72 | 13.08 | 10.98 |

利用表 5 - 52 数据,可计算出各槽复溶液中 Fe、Mn 和 Zn 的实际比例及补纯率,结果见表 5 - 53。

表 5 - 53　复溶液中 Fe、Mn 和 Zn 实际比例及补纯率

| 槽次 | 主金属质量/kg | | | 主金属质量实际配比 Fe:Mn:Zn | 补加量/kg | | | 补纯率/% | | |
|---|---|---|---|---|---|---|---|---|---|---|
| | Fe | Mn | Zn | | Fe | Mn | Zn | Fe | Mn | Zn |
| 1 | 3.787 | 1.098 | 0.319 | 72.90:20.96: 6.14 | — | 0.186 | 0.104 | — | 17.08 | 32.60 |
| 2 | 4.358 | 1.018 | 0.525 | 73.85:17.25: 8.90 | 0.344 | 0.564 | — | 7.89 | 55.40 | — |
| 3 | 4.494 | 1.318 | 0.524 | 70.93:20.80: 8.27 | 0.199 | 0.261 | — | 4.43 | 19.80 | — |
| 4 | 4.681 | 1.403 | 0.541 | 70.66:21.77: 8.17 | 0.164 | 0.228 | — | 3.50 | 16.25 | — |
| 5 | 4.311 | 1.159 | 0.538 | 71.75:19.30: 8.95 | — | — | — | — | — | — |

续表 5 – 53

| 槽次 | 主金属质量/kg | | | 主金属质量实际配比 | 补加量/kg | | | 补纯率/% | | |
|---|---|---|---|---|---|---|---|---|---|---|
| | Fe | Mn | Zn | Fe:Mn:Zn | Fe | Mn | Zn | Fe | Mn | Zn |
| 6 | 4.837 | 1.540 | 0.454 | 70.81:22.54:6.65 | — | 0.008 | 0.086 | — | 5.71 | 18.94 |

从表 5 – 53 数据可知：经过同时浸出、初步除杂、复盐沉淀和复盐溶解等过程，复溶液中 Fe、Mn 和 Zn 的实际比例偏离理论配方较大。最高的补纯率达到 55.40%，最低的补纯率也有 3.50%。但 6 槽平均补纯率要小得多，所以多槽共沉淀粉混合使用有利于配比的相互调整。建议在工业实验中的补纯采用补加饱和溶液 $MeSO_4$ 的方法，既节约时间，也便于控制 Fe、Mn 和 Zn 的比例。

2）共沉淀实验数据及指标

（1）主成分的沉淀率。

经补纯配液的复溶液，以 $NH_4HCO_3$ 和 $NH_3 \cdot H_2O$ 为沉淀剂，进行了 6 次共沉淀实验。计量共沉淀粉质量和共沉淀母液体积，检测共沉淀粉的含水量及共沉淀粉和共沉淀母液中 Fe、Mn 和 Zn 含量，结果见表 5 – 54。

表 5 –54　共沉淀粉和共沉淀母液质量和组成

| 槽次 | 共沉淀粉成分/% | | | | | | 共沉淀母液成分/(g·L⁻¹) | | | |
|---|---|---|---|---|---|---|---|---|---|---|
| | 湿重/kg | 干重/kg | $H_2O$ | Fe | Mn | Zn | V/L | Fe | Mn | Zn |
| 1 | 15.13 | 8.75 | 42.15 | 40.66 | 12.81 | 5.23 | 152 | 0.042 | <0.004 | 0.10 |
| 2 | 19.94 | 10.35 | 48.09 | 41.63 | 13.20 | 3.97 | 180 | — | — | — |
| 3 | 20.78 | 11.06 | 42.76 | 40.54 | 13.26 | 4.20 | 204 | 0.028 | 0.013 | 0.22 |
| 4 | 20.40 | 11.43 | 43.99 | 41.71 | 14.23 | 4.39 | 175 | 0.072 | 0.048 | 0.34 |
| 5 | 17.76 | 10.19 | 42.63 | 44.53 | 12.00 | 5.16 | 199 | — | — | — |
| 6 | 20.92 | 13.73 | 34.39 | 43.19 | 14.67 | 4.32 | 186 | 0.0025 | 0.014 | 0.38 |
| 共计（平均） | 114.93 | 65.51 | 42.34 | 42.04 | 13.36 | 4.55 | 1096 | 0.036 | 0.020 | 0.26 |

结合表 5 – 52 ~ 表 5 – 54 数据，以共沉淀粉和共沉淀母液为计算基准，可以计算出共沉淀过程中 Fe、Mn 和 Zn 的沉淀率，见表 5 – 55。

表 5-55　共沉淀过程中 Fe、Mn 和 Zn 的沉淀率/%

| 槽次 | 以共沉淀粉计 | | | 以共沉淀母液计 | | |
|---|---|---|---|---|---|---|
| | Fe | Mn | Zn | Fe | Mn | Zn |
| 1 | 93.94 | 87.91 | 108.19 | 99.83 | 99.95 | 96.41 |
| 2 | 91.64 | 86.36 | 78.27 | — | — | — |
| 3 | 95.54 | 92.88 | 88.65 | 99.88 | 99.83 | 91.44 |
| 4 | 98.40 | 99.72 | 91.75 | 99.74 | 99.48 | 89.00 |
| 5 | 94.18 | 75.40 | 97.77 | — | — | — |
| 6 | 122.60 | 123.72 | 109.84 | 99.99 | 99.84 | 86.91 |
| 平均 | 99.38 | 94.33 | 95.75 | 99.86 | 99.78 | 90.94 |

表 5-55 中的数据说明：三种主体金属 Fe、Mn 和 Zn 均有很高的沉淀率。按共沉淀粉计，其平均值分别为 Fe 99.38%、Mn 94.33% 及 Zn 95.75%，第 6 槽沉淀率大于 100% 是分析误差所致。按共沉母液计，Fe、Mn 和 Zn 的沉淀率平均值为 99.86%、99.78% 和 90.94%。

（2）共沉淀粉中主成分的含量及配比与杂质成分含量。

共沉淀粉的质量指标主要体现为 Fe、Mn 和 Zn 的实际比例与理论配方的相对误差和共沉淀粉中杂质成分。扩大实验共沉淀粉产品的主成分含量及配比偏差见表 5-56，杂质元素含量见表 5-57。

表 5-56　共沉淀粉中主成分含量及配比偏差

| 槽次 | 主元素含量/% | | | 实际比例 | 绝对误差 | | | 相对误差/% | | |
|---|---|---|---|---|---|---|---|---|---|---|
| | Fe | Mn | Zn | Fe:Mn:Zn | Fe | Mn | Zn | Fe | Mn | Zn |
| 1 | 40.66 | 12.81 | 5.23 | 69.27:21.82:8.91 | +0.22 | -1.42 | +1.20 | +0.32 | -6.11 | +15.56 |
| 2 | 41.63 | 13.20 | 3.97 | 70.80:22.45:6.75 | +1.75 | -0.78 | -0.96 | +2.53 | -3.40 | -12.45 |
| 3 | 40.54 | 13.26 | 4.20 | 69.90:22.86:7.24 | +0.85 | -0.38 | -0.47 | +1.23 | -1.64 | -6.10 |
| 4 | 41.71 | 14.23 | 4.39 | 69.13:23.59:7.28 | +0.08 | +0.35 | -0.43 | +0.12 | +1.51 | -5.58 |
| 5 | 44.53 | 12.00 | 5.16 | 72.18:19.45:8.37 | +3.13 | -3.79 | +0.66 | +4.53 | -16.31 | +8.56 |
| 6 | 43.19 | 14.67 | 4.32 | 69.46:23.59:6.95 | +0.41 | +0.35 | -0.76 | +0.59 | +1.51 | -9.86 |
| 平均 | 42.04 | 13.36 | 4.545 | 70.13:22.29:7.58 | +1.07 | -0.95 | -0.13 | +1.55 | -4.08 | -1.65 |

表 5-56 数据说明：单槽铁的配比控制最好，各槽的相对误差均在铁氧体制

备要求控制的 ±5.0% 之内，最高为 4.53%，锰次之，其相对误差都大于 1.0%，最高为 −16.31%，锌最差，其相对误差都大于 5.0%，最高为 +15.56%；第 5 槽没有补纯，Fe、Mn 和 Zn 的相对误差都比较大。从 6 槽混合情况分析，Fe、Mn 和 Zn 三种主体成分的相对误差都在铁氧体制备要求控制的 ±5.0% 之内，最高为 −4.08%。这是由于单槽共沉淀粉中 Fe、Mn 和 Zn 的实际比例和理论配方存在正负相对误差，各槽混合可以相互调整配比。

表 5 – 57　共沉淀粉杂质元素含量/($\mu g \cdot g^{-1}$)

| 槽次 | Ca | Mg | Si | Cu | Ni | Pb | Cd | Al | K | Na | Cl | S |
|---|---|---|---|---|---|---|---|---|---|---|---|---|
| 1 | 510 | 72 | 120 | 11 | 410 | 42 | 12 | 56 | 8.6 | 13 | 110 | 2600 |
| 2 | 240 | 31 | 140 | 3.3 | 300 | 64 | 12 | 130 | 8.3 | 41 | 130 | 1300 |
| 3 | 130 | 19 | 190 | 3.3 | 320 | 32 | 8.2 | 170 | 43 | 33 | 120 | 820 |
| 4 | 120 | 45 | 120 | 2.8 | 380 | 53 | 15 | 140 | 35 | 15 | 95 | 1100 |
| 5 | 260 | 660 | 260 | 6.0 | 510 | 53 | 12 | 150 | 45 | 62 | 110 | 3300 |
| 6 | 390 | 600 | 390 | 6.0 | 260 | 57 | 13 | 130 | 39 | 44 | 91 | 2700 |
| 平均 1 | 250 | 41.8 | 142.5 | 5.1 | 352.5 | 47.8 | 11.8 | 124 | 23.7 | 25.5 | 113.8 | 1455 |
| 平均 2 | 325 | 630 | 325 | 6.0 | 385 | 55 | 12.5 | 140 | 42 | 53 | 100.5 | 3000 |

注：平均1—第 1 ~ 4 槽平均值；平均2—第 5 ~ 6 槽平均值。

从表 5 – 57 数据可知：①有氟化沉淀的第 1 ~ 4 槽的杂质成分，除 Na 和 Cl 外，其余杂质含量均低于无氟化沉淀的第 5 ~ 6 槽的杂质含量；尤其是 Mg 的含量，其平均值分别为 41.8 μg/g 和 630 μg/g。②与小型实验的共沉淀粉中 Ca 含量比较，由于在浸出过程时使用石灰水调节溶液 pH，第 1 ~ 6 槽共沉淀粉中 Ca 含量均高于小型实验结果，其平均值分别达到 0.025%（第 1 ~ 4 槽）和 0.0325%（第 5 ~ 6 槽）；但杂质 Mg 和 Si 的含量超过或基本达到小试技术指标，Mg 含量的平均值为 0.00418%（第 1 ~ 4 槽）和 0.063%（第 5 ~ 6 槽），Si 含量的平均值为 0.01425%（第 1 ~ 4 槽）和 0.0325%（第 5 ~ 6 槽）；其余杂质成分含量均小于或达到小型实验的技术指标。

**8. 铁氧体样环制备与检测**

先以单槽共沉淀粉为原料，制备锰锌软磁铁氧体样环。即取 Fe、Mn 和 Zn 三种主体成分相对误差较小的共沉淀粉为原料制备铁氧体样环，其磁性能测试结果见表 5 – 58。

表 5−58 单槽铁氧体样环磁性能测试结果

| 槽次 | $\mu_0$ | $P_c/(kW \cdot m^{-3})$, 25 kHz, 200 mT | | | | $P_c/(kW \cdot m^{-3})$, 100 kHz, 200 mT | | | |
|---|---|---|---|---|---|---|---|---|---|
| | | 25℃ | 60℃ | 80℃ | 100℃ | 25℃ | 60℃ | 80℃ | 100℃ |
| 1 | 2735 | 93 | 88.3 | 126 | 160.3 | 470 | 547.3 | 721.7 | 864 |
| 2 | 2021 | 158.4 | 96 | 85.5 | 92 | 748.6 | 518 | 480.5 | 528 |
| 3 | 1750 | 178.8 | 147 | 149 | 164 | 826 | 737 | 768 | 867 |
| 4 | 2217 | 124.8 | 89 | 96.7 | 124 | 637.4 | 485 | 565.5 | 695.5 |
| 平均 | 2180.8 | 138.8 | 105.1 | 114.3 | 135.1 | 670.5 | 571.8 | 633.9 | 738.6 |
| Domestic 公司 | 2179.5 | 166 | 114 | 128 | 151 | 761.2 | 589.3 | 641.1 | 810.2 |
| PC30* | 2500 ±25% | 130 | 90 | 90 | 100 | — | — | — | — |
| PC40* | 2300 ±25% | 120 | 80 | — | 70 | 600 | 450 | — | 500 |

注：* PC30 和 PC40 标准均来自日本 TDK。

从表 5−58 数据可知：由单槽共沉淀粉加工制成的锰锌软磁铁氧体样环的各项磁性能指标，虽然都优于国内某企业同类产品的技术指标，但均未达到日本 TDK PC30 的质量指标。其主要原因可能是单槽共沉淀粉中三种主体成分 Fe、Mn 和 Zn 的实际比例偏离理论配方较大。

为确保共沉淀粉中 Fe、Mn 和 Zn 的实际比例更接近其理论配方，用多槽共沉淀粉的混合料做原料制备铁氧体样环，即将第 1、4、5 槽的共淀粉混合后，制备出 5 批铁氧体样环，其磁性能测试结果见表 5−59。

表 5−59 多槽混合料铁氧体样环磁性能测试结果

| 槽次 | $\mu_0$ | $P_c/(kW \cdot m^{-3})$, 25 kHz, 200 mT | | | | $P_c/(kW \cdot m^{-3})$, 100 kHz, 200 mT | | | |
|---|---|---|---|---|---|---|---|---|---|
| | | 25℃ | 60℃ | 80℃ | 100℃ | 25℃ | 60℃ | 80℃ | 100℃ |
| 1 | 2486 | 115 | 80 | 85.5 | 115.5 | 567.2 | 419 | 538 | 707 |
| 2 | 2321 | 143.4 | 87.5 | 82.5 | 104.3 | 704.2 | 473 | 461 | 642.5 |
| 3 | 2675 | 84.30 | 100.1 | 102 | 92.5 | 457.5 | 666 | — | 911.5 |
| 4 | 2764 | 83.2 | 96.6 | 88.2 | 111.1 | 446.7 | 570.4 | 741 | 871.8 |
| 5 | 2613.2 | 106.2 | 88 | 96.5 | 87.4 | 541.7 | 555 | 717.5 | 874 |
| 平均 | 2571.8 | 106.4 | 90.44 | 90.94 | 102.16 | 543.5 | 536.7 | 614.4 | 801.4 |

从表 5-59 数据可知：多槽混合粉料制成的铁氧体样环磁性能的各项技术指标，不仅远远优于国内厂家同类产品质量，而且完全达到日本 TDK PC30 产品的各项技术指标，大部分指标也达到 PC40 标准，全面超过小试样环的磁性能指标。

#### 9. 主要技术经济指标

1）原、辅材料消耗

根据实验数据可计算出每生产 1 t 低功耗软磁铁氧体所需原材料情况，结果见表 5-60。

**表 5-60　生产 1 t 铁氧体的原材料消耗/t**

| 槽次 | $H_2SO_4$ | 软锰矿 | 铁屑 | 锌烟尘 | PAM 浓度 /$(g \cdot t^{-1})$ | $NH_4F$ | $(NH_4)_2S$ | 氨水 | 碳酸铵 |
|---|---|---|---|---|---|---|---|---|---|
| 2~4 | 1.981 | 0.529 | 0.582 | 0.103 | 4.50 | 0.089 | 0.009 | 1.531 | 1.621 |
| 5~6 | 1.741 | 0.553 | 0.580 | 0.102 | 4.00 | 0.00 | 0.008 | 1.590 | 1.364 |

矿物原料按每吨的金属量计价，其余原料按每吨计价，结合表 5-60 数据，可以估算出生产 1 t 共沉淀粉的原、辅材料成本。有除钙镁过程的原、辅材料成本为 2712.38 元/$(t \cdot \sum Me_xO_y)$，没有除钙镁过程的原、辅材料成本为 2120.42 元/$(t \cdot \sum Me_xO_y)$，常规共沉淀法的原材料成本为 5796.415 元/$(t \cdot \sum Me_xO_y)$。可见，由于直接法技术的原料廉价，利用直接法制备锰锌软磁铁氧体材料的原、辅材料成本不到常规共沉淀法原材料成本的 50%。

2）金属回收率

由于第 1 槽的溶液损失严重，在各项经济技术指标核算中，均不把第 1 槽数据统计在内。第 2~4 槽进行了除钙镁过程，其金属回收率分别为：Fe 88.23%，Mn 91.21% 和 Zn 91.21%；第 5~6 槽没有进行除钙镁过程，其金属回收率分别为：Fe 87.07%，Mn 93.85% 和 Zn 98.33%。由上可知：没有除钙镁过程的金属回收率高于除钙镁过程的金属回收率，尤其是 Zn 的回收率高出 7.12%。总之，扩大实验达到预期目的，重现小型实验指标，取得了工业实验设计中所要求的各项数据，可作为工业实验设计依据。

## 3.5　铁酸锌的直接制取

### 3.5.1　概述

铁酸锌($ZnFe_2O_4$)具有尖晶石结构，其表达通式为 $AB_2O_4$，其中 A 代表二价离子，B 代表三价离子。在正尖晶石结构中，A 离子占据四面体顶点位置，B 离子占据八面体顶点位置；在反尖晶石结构中，A 离子位于八面体顶点位置。大颗粒的 $ZnFe_2O_4$ 是一种反铁磁性的尖晶石材料，其 TN（neel temperature）大约为 10K；随着粒径的减小，TN 逐渐变大。当其粒径足够小时，$ZnFe_2O_4$ 则出现超顺磁性。反尖晶石结构的铁酸锌具有磁性能，是一种很好的软磁材料；铁酸锌还是很好的黄棕色耐热颜料和脱硫剂。除此之外，还可以作为催化剂和吸波材料应用。其应用研究最多的是铁酸锌的磁性能和高温脱硫性能。

铁酸锌的制备方法比较多，可归纳为固相法、液相法和液相合成前驱体 - 煅烧法。其中固相法包括固相烧结、燃烧合成、高能球磨和冲击波等方法；液相法包括共沉淀法、水热法和溶胶 - 凝胶等方法。以上这些制备铁酸锌的传统方法的原料大多为纯化合物（如 $Fe_2O_3$、ZnO、$FeCl_2$、$ZnCO_3$ 等），其生产成本比较高。传统湿法炼锌工艺的除铁过程产生大量铁渣，严重污染环境，但采用精细冶金方法，可以湿法炼锌中浸渣为原料，在盐酸体系中提取铟和回收锌的同时制取铁酸锌，不仅实现铁资源全面利用和铟、锌的清洁生产，而且还可进行铁、锌多种高档产品的深度加工，使经济和环境效益大幅度提高。本节将系统介绍直接由湿法炼锌中浸渣制取铁酸锌的精细冶金方法和工艺。

## 3.5.2 实验原料与工艺流程

### 1. 实验原料

实验原料为广西来宾冶炼厂的中浸渣和锌精矿，其化学成分见表 5 -61，锌和铁的物相组成见表 5 -62。可以看出，中浸渣中，84.66% 的铁及 47.19% 的锌以铁酸锌形式存在。

表 5 -61 实验原料的化学成分 $w_B / \%$

| 原料 | Zn | Fe | In | Cu | Cd | $Al_2O_3$ | CaO | MgO |
|------|------|------|------|------|------|------|------|------|
| 中浸渣 | 28.29 | 26.98 | 0.18 | 2.12 | 0.16 | 1.62 | 0.4 | 0.15 |
| 锌精矿 | 46.68 | 13.613 | 0.1014 | 1.72 | 0.1865 | | | |

### 2. 工艺流程

针对原料含铟、锌和铁高且铁酸锌含量较多的特点，特提出氯盐体系中由湿法炼锌中浸渣提取铟和制取铁酸锌的新工艺。原则工艺流程如图 5 -64 所示。

表 5 - 62　中浸渣中锌和铁物相成分

| 铁物相 | $w_B/\%$ | 锌物相 | $w_B/\%$ |
|---|---|---|---|
| 硫酸铁中 Fe | 1.94 | 硫酸锌中 Zn | 3.05 |
| 硫化铁中 Fe | 0.42 | 硫化锌中 Zn | 3.15 |
| 磁性铁中 Fe | 0.51 | 氧化锌中 Zn | 7.64 |
| 硅酸铁中 Fe | 1.08 | 硅酸锌中 Zn | 1.10 |
| 氧化铁中 Fe | 0.19 | 铁酸锌中 Zn | 13.35 |
| 铁酸锌中 Fe | 22.84 | | |
| 总铁量 | 26.98 | 总锌量 | 28.29 |

### 3.5.3　基本原理

#### 1. 浸出过程

氯盐体系中中浸渣的高温高酸浸出和还原浸出过程涉及的基本反应如下：

$$ZnO \cdot Fe_2O_3 + 2H^+ =\!=\!= Zn^{2+} + H_2O + Fe_2O_3 \qquad (5-56)$$

$$Fe_2O_3 + 6H^+ =\!=\!= 2Fe^{3+} + 3H_2O \qquad (5-57)$$

$$ZnO \cdot Fe_2O_3 + 8H^+ =\!=\!= Zn^{2+} + 2Fe^{3+} + 4H_2O \qquad (5-58)$$

$$ZnO + 2HCl =\!=\!= ZnCl_2 + H_2O \qquad (5-59)$$

$$MeS(ZnS、CdS、CuS 等) + 2Fe^{3+} =\!=\!= Me^{2+} + 2Fe^{2+} + S \qquad (5-60)$$

$$ZnO \cdot SiO_2 + 2HCl =\!=\!= ZnCl_2 + H_2SiO_3 \qquad (5-61)$$

$$MeO + 2HCl =\!=\!= MeCl_2 + H_2O \qquad (5-62)$$

$$Me_2O_3 + 6HCl =\!=\!= 2MeCl_3 + 3H_2O \qquad (5-63)$$

$$MeS + 2HCl =\!=\!= MeCl_2 + H_2S \uparrow \qquad (5-64)$$

$$In_2O_3 + 6H^+ =\!=\!= 2In^{3+} + 3H_2O \qquad (5-65)$$

$$ZnS + 2FeCl_3 =\!=\!= ZnCl_2 + S + 2FeCl_2 \qquad (5-66)$$

#### 2. 置换过程

置换的目的是从浸出液中除去铜、镉等杂质金属离子和还原高价铁离子，从热力学上讲，可以用金属铁做置换剂和还原剂。

$$2Fe^{3+} + Fe =\!=\!= 3Fe^{2+} \qquad (5-67)$$

$$Cu^{2+} + Fe =\!=\!= Fe^{2+} + Cu \downarrow \qquad (5-68)$$

当反应达到平衡时

$$E^{\ominus}_{Cu^{2+}/Cu} - E^{\ominus}_{Fe^{2+}/Fe} = 0.0295 \lg \frac{a_{Fe^{2+}}}{a_{Cu^{2+}}}$$

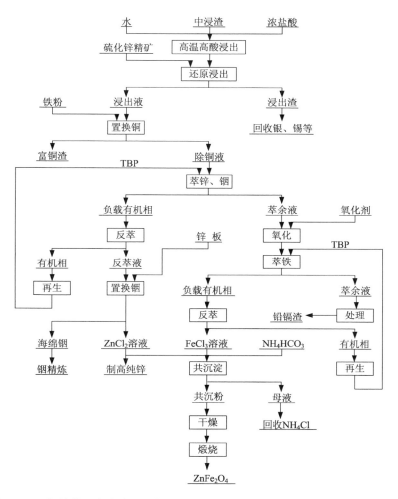

**图 5 – 64  氯盐体系中由中浸渣提取铟和回收锌及制取铁酸锌的原则工艺流程图**

$$0.337 - (-0.44) = 0.02951 \lg \frac{a_{Fe^{2+}}}{a_{Cu^{2+}}}$$

$$\lg \frac{a_{Fe^{2+}}}{a_{Cu^{2+}}} = \frac{0.777}{0.02951} \approx 26.34$$

$$\frac{a_{Fe^{2+}}}{a_{Cu^{2+}}} = 10^{26.34}$$

$$a_{Cu^{2+}} = 10^{-26.34} a_{Fe^{2+}}$$

同理可计算下列反应的有关数据。

$$2Fe^{3+} + Fe \Longrightarrow 3Fe^{2+} \qquad (5 - 69)$$

$$a_{Fe^{3+}} = 10^{-41} a_{Fe^{2+}}$$

$$Co^{2+} + Fe = Fe^{2+} + Co \downarrow \tag{5-70}$$

$$a_{Co^{2+}} = 10^{-6} a_{Fe^{2+}}$$

$$Ni^{2+} + Fe \rightleftharpoons Fe^{2+} + Ni \downarrow \tag{5-71}$$

$$a_{Ni^{2+}} = 10^{-7} a_{Fe^{2+}}$$

$$2In^{3+} + 3Fe = 3Fe^{2+} + 2In \downarrow \tag{5-72}$$

$$a_{In^{3+}} = 10^{-4} a_{Fe^{2+}}$$

以上计算说明，从热力学分析可知，采用铁粉置换 Cu、Ni、Co 均可净化得很彻底，并深度还原三价铁离子，可使 $Fe^{3+}$、$Cu^{2+}$、$Co^{2+}$、$Ni^{2+}$、$In^{3+}$ 的离子活度分别为 $Fe^{2+}$ 活度的 $10^{-41}$，$10^{-26.34}$，$10^{-6}$，$10^{-7}$ 与 $10^{-4}$ 倍，通过控制铁的加入量，可以使 In 保留在溶液中。

### 3. 萃取与反萃取过程

采用 TBP 从置换除铜液中萃取铟锌，其萃取机理为萃取剂与金属盐类形成的萃合物是通过磷酰氧上的孤对电子与金属离子的配位作用或与待萃化合物形成氢键缔合而形成的。TBP 可以从盐酸介质中分离提纯多种金属。

在较高酸度下，TBP 萃取锌、铟、铁的萃取方程为：

$$Zn^{2+} + 3Cl^- + H^+ + nTBP \rightleftharpoons HZnCl_3 \cdot nTBP \tag{5-73}$$

$$In^{3+} + 4Cl^- + H^+ + mTBP \rightleftharpoons HInCl_4 \cdot mTBP \tag{5-74}$$

萃余液中的 $Fe^{2+}$ 氧化 $Fe^{3+}$ 后亦被 TBP 萃取：

$$Fe^{3+} + 4Cl^- + H^+ + tTBP \rightleftharpoons HFeCl_4 \cdot tTBP \tag{5-75}$$

水反萃锌、铟、铁的方程为：

$$HZnCl_3 \cdot nTBP \rightleftharpoons ZnCl_2 + HCl + nTBP \tag{5-76}$$

$$HInCl_4 \cdot mTBP \rightleftharpoons InCl_3 + HCl + mTBP \tag{5-77}$$

$$HFeCl_4 \cdot tTBP \rightleftharpoons FeCl_3 + HCl + tTBP \tag{5-78}$$

### 4. 共沉淀过程

用 $NH_4HCO_3$ 和 $NH_4OH$ 做沉淀剂，在弱碱性条件下共沉淀铁和锌的体系可以表示为 $Zn(II) - Fe(III) - NH_3 - CO_3^{2-} - Cl^- - H_2O$，该体系中存在的锌物种有 $Zn^{2+}$、$ZnO_2^{2-}$、$ZnHCO_3^+$、$HZnO_2^-$、$Zn(NH_3)_i^{2+}$、$Zn(OH)_j^{2-j}$、$Zn_2(OH)^{3+}$、$ZnCl_k^{2-k}$，其中 $i$、$j$ 和 $k$ 分别为 1、2、3、4；铁物种有 $Fe^{3+}$、$FeCl_m^{3-m}$、$Fe(OH)_n^{3-n}$、$Fe_2(OH)_2^{4+}$、$Fe_3(OH)_4^{5+}$，其中 $m$ 为 1、2、3，$n$ 为 1、2、4。

$Zn(II) - Fe(III) - NH_3 - CO_3^{2-} - Cl^- - H_2O$ 体系中可能存在的各种反应如下：

$$H^+ + OH^- \rightleftharpoons H_2O \tag{5-79}$$

$$NH_{3(aq)} + H^+ \rightleftharpoons NH_4^+ \tag{5-80}$$

$$NH_{3(aq)} + H^+ + CO_3^{2-} \rightleftharpoons NH_4HCO_{3(aq)} \tag{5-81}$$

$$2NH_{3(aq)} + 2H^+ + CO_3^{2-} \rightleftharpoons (NH_4)_2CO_{3(aq)} \qquad (5-82)$$

$$2H^+ + CO_3^{2-} \rightleftharpoons H_2CO_{3(aq)} \qquad (5-83)$$

$$H^+ + CO_3^{2-} \rightleftharpoons HCO_3^- \qquad (5-84)$$

$$Zn^{2+} + CO_3^{2-} \rightleftharpoons ZnCO_{3(s)} \qquad (5-85)$$

$$Zn^{2+} + iNH_3 \rightleftharpoons Zn(NH_3)_i^{2+} \qquad (5-86)$$

$$Zn^{2+} + jOH^- \rightleftharpoons Zn(OH)_j^{2-j} \qquad (5-87)$$

$$2Zn^{2+} + OH^- \rightleftharpoons Zn_2(OH)^{3+} \qquad (5-88)$$

$$Zn^{2+} + kCl^- \rightleftharpoons ZnCl_k^{2-k} \qquad (5-89)$$

$$Zn^{2+} + 2H_2O \rightleftharpoons ZnO_2^{2-} + 4H^+ \qquad (5-90)$$

$$Zn^{2+} + 2H_2O \rightleftharpoons HZnO_2^- + 3H^+ \qquad (5-91)$$

$$Zn^{2+} + HCO_3^- \rightleftharpoons ZnHCO_3^+ \qquad (5-92)$$

$$Fe^{3+} + 3OH^- \rightleftharpoons Fe(OH)_{3(s)} \qquad (5-93)$$

$$Fe^{3+} + nOH^- \rightleftharpoons Fe(OH)_n^{3-n} \qquad (5-94)$$

$$2Fe^{3+} + 2OH^- \rightleftharpoons Fe_2(OH)_2^{4+} \qquad (5-95)$$

$$3Fe^{3+} + 4OH^- \rightleftharpoons Fe_3(OH)_4^{5+} \qquad (5-96)$$

$$Fe^{3+} + mCl^- \rightleftharpoons FeCl_m^{3-m} \qquad (5-97)$$

基于以上反应的热力学同时平衡绘制了 $\lg[Me]_T$ 与 pH 的关系图,如图 5-65 所示,该图更清楚地说明了 $Zn^{2+}$ 和 $Fe^{3+}$ 的共沉淀区域。若以 $[Me]_T < 10^{-5}$ mol/L 为沉淀完全的衡量标准时,则 $6.3 < pH < 7.3$ 可以保证体系中 $Zn^{2+}$、$Fe^{3+}$ 沉淀完全。

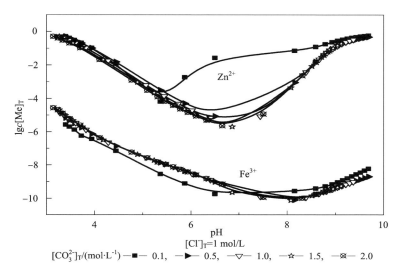

图 5-65　$Zn(II)-Fe(III)-NH_3-CO_3^{2-}-Cl^--H_2O$ 体系 $\lg[Me]_T$ 与 pH 的关系

### 3.5.4　中浸渣处理工艺研究

#### 1.高温高酸浸出和还原浸出

通过条件实验，确定高温高酸浸出的最优条件为：浸出时间 2 h，温度 80℃，盐酸用量为理论量的 1.35 倍，液固体积质量比 3.5∶1。还原浸出的最优条件为：温度 90℃，时间 3 h，还原剂粒径 45 μm，用量为理论量的 1.1 倍，还原剂一批加入。在优化条件下进行高温高酸浸出综合条件实验，结果较好，锌、铁、铟浸出率分别为 98.98%、92.17% 和 99.30%。

按先进行高温高酸浸出，接着进行还原浸出的顺序，在优化条件下进行综合条件实验，获得预期结果，浸出液成分、浸出率和渣率见表 5 - 63、表 5 - 64。表 5 - 63、表 5 - 64 说明，锌、铁、铟浸出率及渣率分别为 93.89%、94.34%、97.76%、17.09%，三价铁还原率为 96.62%。

表 5 - 63　高温高酸还原浸出液成分/$(g \cdot L^{-1})$

| 编号 | $V/mL$ | $Zn^{2+}$ | $Fe_T$ | $Fe^{3+}$ | $In^{3+}$ | $Cu^{2+}$ | $Cd^{2+}$ | $Pb^{2+}$ |
|------|--------|-----------|--------|-----------|-----------|-----------|-----------|-----------|
| 1 | 2895 | 59.59 | 41.80 | 1.41 | 0.293 | 3.17 | 0.370 | 1.03 |
| 2 | 2475 | 68.76 | 48.50 | 1.65 | 0.344 | 3.71 | 0.433 | 1.21 |
| 3 | 2290 | 74.0 | 52.76 | 1.78 | 0.371 | 4.00 | 0.468 | 1.30 |
| 平均 | 2553 | 67.45 | 47.69 | 1.60 | 0.336 | 3.63 | 0.424 | 1.18 |

表 5 - 64　浸出率和渣率/%

| 编号 | 浸锌率 | 浸铁率 | 铁还原率 | 浸铟率 | 渣率 |
|------|--------|--------|----------|--------|------|
| 1 | 94.87 | 94.65 | 96.63 | 97.50 | 17.08 |
| 2 | 93.60 | 93.88 | 96.60 | 98.0 | 17.10 |
| 3 | 93.20 | 94.50 | 96.63 | 97.8 | 17.09 |
| 平均 | 93.89 | 94.34 | 96.62 | 97.76 | 17.09 |

还原浸出过程中铟、锌浸出率较高温高酸浸出低，其主要原因是用高铟硫化锌精矿做还原剂，其中的铟、锌浸出较困难，今后应寻找更合适的还原剂。

#### 2.置换除铜

以还原浸出综合条件的混合浸出液（成分见表 5 - 63）为试液进行铁粉置换除铜条件实验，确定置换除铜最优条件为：温度 50℃，时间 25 min，还原剂铁粉用量为理论用量的 1.6 倍。在以上优化条件下进行的综合条件实验获得预期结果，除铜后液成分、除铜率和铟损失率见表 5 - 65、表 5 - 66。

表 5 - 65　除铜后液成分/（g·L⁻¹）

| 编号 | $Zn^{2+}$ | $Fe^{2+}$ | $Fe^{3+}$ | $In^{3+}$ | $Cu^{2+}$ | $Cd^{2+}$ | $Pb^{2+}$ | HCl |
|------|-----------|-----------|-----------|-----------|-----------|-----------|-----------|------|
| 1 | 65.46 | 51.80 | 0 | 0.3249 | 0.0025 | 0.338 | 0.775 | 29.29 |
| 2 | 65.57 | 51.90 | 0 | 0.3250 | 0.0030 | 0.339 | 0.774 | 29.29 |
| 3 | 65.52 | 51.85 | 0 | 0.3248 | 0.0028 | 0.338 | 0.775 | 29.27 |
| 平均 | 65.52 | 51.85 | 0 | 0.3249 | 0.0027 | 0.338 | 0.775 | 29.28 |

表 5 - 66　除铜率和铟损失率/%

| 编号 | 除铜率 | 除镉率 | 除铅率 | 铟损失率 |
|------|--------|--------|--------|----------|
| 1 | 99.93 | 17.80 | 32.34 | 0.37 |
| 2 | 99.92 | 17.76 | 32.55 | 0.35 |
| 3 | 99.93 | 17.71 | 32.58 | 0.38 |
| 平均 | 99.93 | 17.76 | 32.49 | 0.367 |

由表 5 - 65、表 5 - 66 可知，$Fe^{3+}$ 已经被完全还原，除铜率大于 99.9%，几乎被完全置换，铟损失率仅为 0.367%；但是，除铅、镉率仅为 32.49% 和 17.76%。

3. 锌铟萃取

除铜后溶液中含有 $Zn^{2+}$、$Fe^{2+}$、$In^{3+}$ 以及铅、镉等杂质，必须净化提纯。TBP 在盐酸体系中分离 $Fe^{2+}$ 和 $Zn^{2+}$ 是成熟工艺，因此，采用 TBP 从除铜后液（成分见表 5 - 3）中萃取铟、锌，进行锌铁分离，有机相经反萃得锌、铟的氯化物溶液。萃取铟、锌条件为：有机相组成为 80% TBP + 磺化煤油，相比（O/A）= 3∶1（有机相锌离子负载 $n(Zn)∶n(TBP) = 1∶2$），萃取接触时间 5 min，三级逆流萃取，室温。结果见表 5 - 67、表 5 - 68。

表 5 - 67　萃余液成分/（g·L⁻¹）

| 编号 | $Zn^{2+}$ | $Fe^{2+}$ | $In^{3+}$ | $Cd^{2+}$ | $Pb^{2+}$ |
|------|-----------|-----------|-----------|-----------|-----------|
| 1 | 0.162 | 52.10 | 0.0067 | 0.341 | 0.782 |
| 2 | 0.230 | 51.98 | 0.0072 | 0.339 | 0.779 |
| 3 | 0.189 | 52.09 | 0.0065 | 0.338 | 0.779 |
| 平均 | 0.194 | 52.06 | 0.0068 | 0.339 | 0.780 |

表 5 - 68　TBP 萃取铟、锌结果/%

| 编号 | 锌萃取率 | 铟萃取率 | 铁萃取率 |
|---|---|---|---|
| 1 | 99.4 | 97.96 | 0.5 |
| 2 | 99.0 | 97.80 | 0.75 |
| 3 | 99.2 | 98.02 | 0.54 |
| 平均 | 99.2 | 97.93 | 0.60 |

由表 5 - 67、表 5 - 68 可知，铟、锌萃取率分别大于 97.93% 和 99%，而亚铁的萃取率仅为 0.60%，效果比较理想。

### 4. 锌铟反萃

以上述混合负载有机相为试液，用纯水反萃铟、锌，其条件为：相比 O/A 为 1.5∶1，反萃接触时间 3 min，三级逆流反萃，室温。反萃后水相成分和锌、铟反萃率分别见表 5 - 69、表 5 - 70。

表 5 - 69　反萃后水相成分/($g \cdot L^{-1}$)

| 编号 | $Zn^{2+}$ | $In^{3+}$ | $Fe^{2+}$ |
|---|---|---|---|
| 1 | 35.49 | 0.1811 | 0.20 |
| 2 | 34.76 | 0.1813 | 0.12 |
| 3 | 34.60 | 0.1809 | 0.10 |
| 平均 | 34.95 | 0.1811 | 0.14 |

表 5 - 70　锌、铟反萃率/%

| 编号 | 锌反萃率 | 铟反萃率 |
|---|---|---|
| 1 | 95.06 | 99.10 |
| 2 | 93.11 | 99.20 |
| 3 | 92.68 | 98.99 |
| 平均 | 93.62 | 99.10 |

由表 5 - 69、表 5 - 70 可知，锌、铟的反萃率分别为 93.5% 和 99% 以上，有机相夹杂的铁也随之反萃，但量比较少。

### 5. 锌置换提铟

经反萃出来的水相主要为锌、铟的氯化物溶液，在常温下用锌板置换反萃液中的铟,即得到海绵铟和氯化锌溶液,铟置换率大于99%。置换铟后溶液为氯化锌溶液,其主要成分见表5-71。

表5-71 氯化锌溶液成分/(g·L⁻¹)

| 元素 | Zn | In | Fe | Cd | Pb | Ca | Mg | Cu |
|------|------|--------|----|--------|--------|--------|--------|--------|
| 浓度 | 35.27 | 0.0016 | 0 | 0.0058 | 0.0035 | 0.0018 | 0.0006 | 0.0005 |

从表5-71中数据可以看出,杂质含量比较少,几乎为纯的氯化锌溶液,这种溶液可以浓缩结晶制成$ZnCl_2$产品出售或制成高纯锌,当然,这种Zn溶液也是制铁酸锌或其他锌盐的好原料。

**6. 萃余液净化**

由表5-67可知,经TBP萃铟、锌后液主要含有铅、镉等杂质,为了回收并综合利用铁,必须净化除去杂质。考虑到TBP可从盐酸体系中萃$Fe(III)$,而萃余液中铁以二价的形式存在,所以,必须先将$Fe^{2+}$氧化成三价,再进行萃取,这样就将主要杂质铅、镉留在水相中,铁被萃取进入有机相,起到净化提纯的作用。

(1)$Fe(II)$氧化。

对氯盐体系,适用的氧化剂可以为液氯、氧气、$H_2O_2$或空气加HCl。考虑到液氯价格较贵,而氧气需特殊的制氧设备,$H_2O_2$反应剧烈,在生产中不易控制,本研究以空气为氧化剂。向体系中通入足够的空气,在有足够的盐酸情况下,$Fe^{2+}$可完全氧化成$Fe^{3+}$。

(2)$Fe(III)$萃取。

以混合铟锌萃余液(成分见表5-67)的氧化液为试液,用TBP萃取$Fe(III)$,其优化条件为:有机相组成80% TBP+磺化煤油,水相酸度3.5 mol/L,相比(O/A)3:1,萃取接触时间5 min,单级,室温。在此条件下进行综合条件实验,结果较好,平均萃铁率为99.69%(表5-72)。

表5-72 萃铁综合条件实验结果

| 样号 | 1 | 2 | 3 | 平均 |
|--------|------|-------|-------|-------|
| 萃铁率/% | 99.7 | 99.65 | 99.72 | 99.69 |

(3)$Fe(III)$反萃。

以负载有机相为试液,进行纯水反萃$Fe(III)$实验,确定纯水反萃铁的优化条件为:相比(O/A)1.5:1,接触时间3 min,三级逆流,室温。在此条件下进行综合条件实验,结果见表5-73、表5-74。

表 5 – 73 铁反萃综合条件实验

| 样号 | 1 | 2 | 3 | 平均 |
|---|---|---|---|---|
| 铁反萃率/% | 97.6 | 96.8 | 97.5 | 97.3 |

表 5 – 74 氯化铁溶液主要成分/$(g \cdot L^{-1})$

| 元素 | Fe | In | Zn | Cd | Pb | Ca | Mg | Cu |
|---|---|---|---|---|---|---|---|---|
| 浓度 | 24.67 | 0.0002 | 0.008 | 0.0027 | 0.0073 | 0.0002 | 0.0008 | 0.0006 |

从表 5 – 73、表 5 – 74 可知，反萃后液所含杂质较少，可以认为是纯三氯化铁溶液。这种三氯化铁溶液可以浓缩结晶制取三氯化铁晶体，再高温水解制磁性材料用铁红并再生 HCl；当然，也可将这种三氯化铁溶液和前面所述的 $ZnCl_2$ 溶液按比例混合制取铁酸锌。

### 3.5.5　铁酸锌制备工艺研究

上述工艺研究制备了比较纯的氯化锌和氯化铁溶液，其成分分别见表 5 – 71 和表 5 – 74。本节研究由该氯化锌和氯化铁溶液制备铁酸锌粉体工艺。

#### 1. 前驱体制备

根据热力学分析和文献资料，确定铁酸锌前驱体制备的实验条件为：氯化铁和氯化锌混合溶液中铁锌物质的量比为 2，pH 约为 2.0，金属离子总浓度为 0.3 mol/L，并加入 0.5 g 柠檬酸钠；$NH_4HCO_3$ 用量为理论用量的 1.4 倍，其浓度为 2 mol/L；并流加料，加料时间 50 min，终点 pH 为 7.0 左右，反应温度 50℃，反应时间为 50 min，陈化时间 12 h。

在上述工艺条件下制得铁酸锌前驱体，即共沉淀粉。共沉淀粉经过滤、洗涤、70℃普通烘箱中干燥 24 h 后，取少量的样品送热重 – 差热（TG – DTA）分析。扫描范围为室温至 1000℃，升温条件为 10K/min。其分析结果如图 5 – 66 所示。

从图 5 – 66 可以看出，有两个吸热峰，一个是在 82.37℃左右，另外一个是在 167.28℃左右。热重（TG）曲线也说明，在室温至 140.18℃范围内，有一个明显的失重过程，这是由 $ZnCO_3 \cdot 2Zn(OH)_2 \cdot H_2O$ 分解所致；在 140.18℃至 356.99℃范围内，也有个明显的失重过程，这是由 $Fe(OH)_3$ 分解所致。在差热（DTA）图上还有两个放热峰，一个是在 282.91℃左右，另外一个是在 463.52℃左右。第一个放热峰可能是由沉淀物相中夹杂的有机物燃烧放热所致；第二个放热峰对应于 TG 曲线上微弱的失重，这是由产品转变为尖晶石型的铁酸锌所致。此后，TG 曲线趋于平稳，失重微弱，说明已无物相转变。

根据热重 – 差热（TG – DTA）曲线中前驱体在煅烧过程中的物相变化温度点，

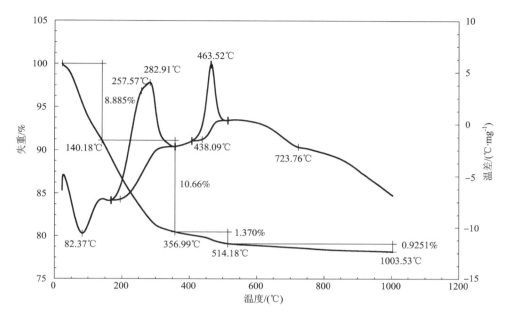

图 5 – 66  铁酸锌前驱体 TG – DTA 分析图

确定前驱体的煅烧温度为 500℃。

**2. 铁酸锌粉体制备**

将烘干后的铁酸锌前驱体, 置于马弗炉中在 500℃下煅烧 2 h, 再冷却降温。取少量样品送 XRD 分析, 其 XRD 图谱如图 5 – 67 所示。

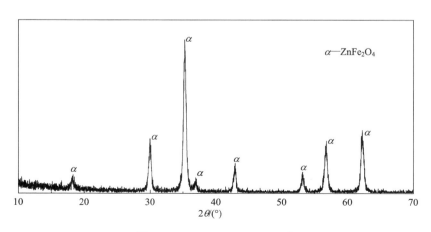

图 5 – 67  $ZnFe_2O_4$ XRD 图谱

由图 5 - 67 可知,产品的 XRD 图谱中曲线呈现尖锐的衍射特征峰,与铁酸锌的 JCPDS 标准卡对照,可以确定此物质的物相组成为尖晶石型 $ZnFe_2O_4$,且不存在任何杂质成分。

另外,取少量煅烧后的样品送 SEM 分析,其结果如图 5 - 68 所示。

图 5 - 68　$ZnFe_2O_4$ 的 SEM 照片

由图 5 - 68 可以看出,$ZnFe_2O_4$ 粉末的粒径很小,达到纳米级,虽然呈现部分软团聚,但总的来说,粒径分布较为均匀,分散性较好,粉体粒径大部分分布在 30 ~ 50 nm。为了获得分散性、形貌更好的粒子,其沉淀条件控制有待进一步研究。

# 第4章　能源材料冶金

## 4.1　概述

能源材料种类繁多,主要包括新能源材料和电池材料两大类。新能源材料主要应用于太阳能发电和热能、光能利用领域,如多晶硅、单晶硅、单晶锗等光伏材料。电池材料又分原电池材料和充电电池材料两类。其中原电池材料的正极材料有二氧化锰等,负极材料有(无汞)锌粉等。应用最早且目前仍为汽车工业广泛应用的充电电池是铅酸蓄电池,其正极材料是铅锑合金板,负极材料是纯铅板,填充料是氧化铅(黄丹)或硫酸铅,电解液为硫酸。镍镉电池曾经是一种重要的轻便的充电电池,但镉有剧毒,镍镉电池的使用给环境带来很大的危害,所以其应用越来越少,将逐步退出电池市场。锂离子充电电池是发展最快、应用最广泛和最有前景的新能源电池,其正极材料是钴酸锂、锰酸锂、磷铁酸锂等,负极材料是石墨或炭黑。根据作者团队的研究成果,本章重点介绍多相氧化还原法制备钴酸锂和锰酸锂等锂离子正极材料的理论与工艺。

## 4.2　多相氧化还原法制取锂离子正极材料

### 4.2.1　前言

在一定温度的含有锂离子的碱性溶液中,氧化氢氧化锰时可以发生嵌锂反应,生成锰酸锂,氧化氢氧化亚钴时可以发生嵌锂反应,生成钴酸锂。从氧化反应可以推广到还原反应,同样可以借助于还原反应嵌锂,制备锰酸锂。作者将这一类在离子溶液中通过固相氧化或还原反应合成另一种固相粉体的方法称为多相氧化还原法。习小明等采用多相氧化还原法制备了超微四氧化三锰、钴酸锂和锰酸锂。多相氧化法制备四氧化三锰和钴酸锂均已成功应用于工业生产。其中金瑞新材料科技股份有限公司建成我国第一条超微四氧化三锰生产线,其规模为5000 t/a,该生产线已投产运行20多年,产品质量稳定。2003年多相氧化法制备钴酸锂新技术被转让给湖南长远锂科有限公司,建成一条500 t/a规模的生产线,投产后运行正常,产品质量高而稳定。

### 4.2.2 多相氧化还原法的理论基础

#### 1. 热力学分析

表 5 – 75 是 $Co(OH)_2$、$Mn(OH)_2$、$Ni(OH)_2$、$MnO_2$ 氧化还原反应的反应自由焓变化。

**表 5 – 75　部分化学反应在 298K 时的反应自由焓变化**

| 反应式 | 氧化还原化学反应 | $\Delta G_r^{\ominus}/(kJ \cdot mol^{-1})$ |
|---|---|---|
| 5 – 98 | $LiOH + Co(OH)_2 + 1/4O_2 =\!=\!= LiCoO_2 + 3/2H_2O$ | – 69.295 |
| 5 – 99 | $LiOH + Ni(OH)_2 + 1/4O_2 =\!=\!= LiNiO_2 + 3/2H_2O$ | 32.465 |
| 5 – 100 | $LiOH + Mn(OH)_2 + 1/4O_2 =\!=\!= LiMnO_2 + 3/2H_2O$ | – 83.815 |
| 5 – 101 | $LiOH + 2Mn(OH)_2 + 3/4O_2 =\!=\!= LiMn_2O_4 + 5/2H_2O$ | – 229.765 |
| 5 – 102 | $LiOH + 1/4N_2H_4 + 2MnO_2 =\!=\!= LiMn_2O_4 + 1/4N_2 + H_2O$ | – 204.188 |
| 5 – 103 | $LiOH + 1/4N_2H_4 + MnO_2 =\!=\!= LiMnO_2 + 1/4N_2 + H_2O$ | – 146.578 |
| 5 – 104 | $ClO_4^- + 8Ni(OH)_2 + 8LiOH =\!=\!= Cl^- + 8LiNiO_2 + 12H_2O$ | 138.052 |
| 5 – 105 | $ClO^- + 2Ni(OH)_2 + 2LiOH =\!=\!= Cl^- + 2LiNiO_2 + 3H_2O$ | – 29.064 |

由表 5 – 75 可以看出：①以氧气做氧化剂氧化 $Co(OH)_2$、$Mn(OH)_2$ 与氢氧化锂反应生成钴酸锂与锰酸锂在热力学上是可能的；②以亚硫酸钠和水合肼做还原剂还原 $MnO_2$ 与氢氧化锂反应生成锰酸锂在热力学上是可能的；③大多数氧化剂都不能使 $Ni(OH)_2$ 发生氧化反应，在热力学上只有 $ClO^-$ 能与 $Ni(OH)_2$ 发生反应生成镍酸锂。

文士美等绘制了 $Li – Co – H_2O$ 系在不同离子浓度下的 $E$ – pH 图，在体系中不存在 $Li^+$ 时，Co 单质、$Co^{2+}$、$Co(OH)_2$、$HCoO_2^-$、$Co_3O_4$ 以及 $Co(OH)_3$ 等都可以在水热力学区大范围内稳定存在，加入锂盐后（实际上是在碱性溶液中），各钴化合物稳定区都受到 $Li^+$ 的影响，$Co(OH)_3$、$Co_3O_4$、$Co(OH)_2$ 以及 $HCoO_2^-$ 等化合物稳定区大部分被 $LiCoO_2$ 稳定区吞噬，当 $[Li^+]$ 增大到 1 mol/L 时，$Co_3O_4$ 稳定区被完全吞噬，$Co(OH)_3$ 的稳定区大部分已移到 $O_2$ 线之上，$HCoO_2^-$ 的稳定区已移到 pH > 18 的区域。

在合成体系中 $[Li^+] > 1$ mol/L 的情况下，根据 $Li – Co – H_2O$ 系 $E$ – pH 图可以推测出，$Li – Co(OH)_2 – H_2O$ 体系中氧化合成 $LiCoO_2$ 存在 3 种可能的机理。

机理 1：$Co(OH)_2$ 直接氧化合成 $LiCoO_2$，

$$Co(OH)_2 + Li^+ - e^- =\!=\!= LiCoO_2 + 2H^+ \qquad (5 - 106)$$

机理 2：$Co(OH)_2$ 先水解为 $HCoO_2^-$，再氧化合成 $LiCoO_2$，

$$Co(OH)_2 = HCoO_2^- + H^+ \qquad (5-107)$$

$$HCoO_2^- + Li^+ - e^- = LiCoO_2 + H^+ \qquad (5-108)$$

机理 3：$Co(OH)_2$ 先氧化为 $Co_3O_4$，再进一步氧化合成 $LiCoO_2$，

$$3Co(OH)_2 - 2e^- = Co_3O_4 + 2H_2O + 2H^+ \qquad (5-109)$$

$$Co_3O_4 + 2H_2O + 3Li^+ - e^- = 3LiCoO_2 + 4H^+ \qquad (5-110)$$

这 3 种合成 $LiCoO_2$ 的机理在前驱体合成中同时存在。当离子强度增大时，$Co_3O_4$ 的稳定区向 $O_2$ 线靠近，$Co_3O_4$ 的稳定区减小，使得反应（5-110）更加困难，因此在前驱体合成中要尽量不让反应（5-109）发生，使合成 $LiCoO_2$ 按机理 2 的途径进行。

从实验现象来看，反应体系滤液呈蓝色时，前驱体合成主要是按机理 1 和机理 2 进行的。滤液的蓝色应该是 $HCoO_2$ 或 $[Co(OH)_4]^{2-}$ 的颜色。滤液蓝色消失后，生成 $LiCoO_2$ 的反应变得非常缓慢，此时按机理 2 进行的反应已经不存在，说明反应体系中可能存在按机理 3 进行 $LiCoO_2$ 合成的反应。

**2. 多相氧化还原动力学**

多相氧化还原反应属于液-固相反应。在湿法冶金中，液-固反应动力学研究较多。在研究浸出过程动力学时，对于生成反应产物层的浸出过程，一般都对产物层的性质进行简化处理，如在内扩散控制的抛物线方程与克兰克-金斯特林-布劳希特因方程推导时都假设生成物的体积与反应物的体积相等。而实际情况是反应物与产物物理性质与化学性质都存在着很大的差异。对于生成反应产物层的液固多相反应，应该关注的主要问题是产物层的扩散，但在已有液固多相反应研究中，对产物层的性质并没有进行充分的研究，本小节对产物层的性质及固体表面反应活性进行研究。

1）固相产物层的性质

固相-液相反应比固相-气相反应复杂得多，它包括结晶、沉积、沉淀、腐蚀和溶解等各种过程。表 5-75 所示的固相-液相反应是多相氧化还原反应，它不同于一般的固相-液相反应，即锂离子从液相转移到固相的反应，既不是结晶反应，也不是沉淀反应。

生成固态产物层的液固相反应步骤包括：①液态反应物通过液体边界层的外扩散；②液态反应物通过固态产物层的内扩散；③界面化学反应；④液态产物通过固态产物层的内扩散；⑤液态产物通过液体边界层的外扩散。

对于生成固态连续覆盖层的液固相反应，一般总反应速率决定于固态产物层的扩散速率。在固相中扩散比气、液相中扩散慢几个数量级，因此，要在合适的时间内完成反应，必须提高温度，使离子在固相中有足够快的扩散速度。

要生成固态连续覆盖层取决于以下因素：①膜的完整性；②膜的致密性；

③膜与基体的附着性；④膜中的应力要小。

以下从固液相反应物与产物的体积与表面性能的变化来讨论产物层的性质。

（1）影响反应物与产物体积变化的因素。

在多相氧化还原反应过程中，形成完整产物层，阻碍反应进行的必要条件是反应产物的体积 $V_P$ 比生成这些产物所消耗的反应物的体积 $V_R$ 要大，即 $V_P > V_R$。

N. B. Pilling 和 R. E. Bedworth 1923 年首次将金属氧化物的多孔性和密度联系起来。金属氧化物的 Pilling – Bedworth 比率（用 $R$ 表示）定义为：金属和氧气反应生成的金属氧化物的体积与反应所消耗的金属的体积的比值，如式（5 – 111）所示。

$$R = \frac{V_{\text{生成的氧化物}}}{V_{\text{消耗的金属}}} = \frac{Md}{mD} \qquad (5-111)$$

$M$ 和 $D$ 分别是组成为 $[(M)_a(O)_b]$ 金属氧化物的分子量和密度；$m$ 和 $d$ 为金属的原子量和密度。Pilling 和 Bedworth 认为，当 $R$ 小于 1 时，金属氧化物趋向多孔的，同时由于金属表面不能被完全覆盖而失去保护作用。后来有研究者发现，过大的 $R$ 会使得金属氧化物中产生很大的挤压力，导致起皱和散裂。另外，除了 $R$ 以外，热膨胀对金属与金属氧化物之间的黏附等相关因素都有利于保护氧化物的生成。我们将高温金属氧化时的比林 – 彼得沃尔斯（Pilling – Bedworth）比 $R$（$PBR$），推广到一般的由固体相生成固体相的多相反应：

$$PBR = \frac{V_P}{V_R} = \frac{M_P d_R}{M_R d_P} \qquad (5-112)$$

式中：$M_P$，$M_R$ 分别为产物与反应物的分子量；$d_P$、$d_R$ 分别为产物与反应物的密度；$n$ 为产物、反应物分子中的金属物质的量比。我们同样可以认为，只有当 $R > 1$ 时，产物层才是完整的。$R < 1$ 时，产物层不完整，是疏松多孔的，不能覆盖反应表面，即在反应进行时，有新的未反应表面的暴露，产生一个产物层剥离的效果。显然，要使多相氧化还原反应的产物层产生一个剥离的效果必须是 $R < 1$。

表 5 – 76 为有关多相氧化还原反应的 $PBR$。从表 5 – 76 可知，$Mn(OH)_2$ 氧化生成 $LiMn_2O_4$，$Co(OH)_2$ 氧化生成 $LiCoO_2$ 的 $PBR$ 分别为 0.70 与 0.68，产物层 $LiMn_2O_4$ 和 $LiCoO_2$ 不能形成完整的覆盖层。

**表 5 – 76　有关多相氧化还原反应的 $PBR$**

| 多相氧化反应 | 固相产物/固相反应物 | $PBR$ |
|---|---|---|
| $Mn + 2H_2O == Mn(OH)_2 + H_2$ | $Mn(OH)_2/Mn$ | 3.65 |
| $6Mn(OH)_2 + O_2 == 2Mn_3O_4 + 6H_2O$ | $Mn_3O_4/Mn(OH)_2$ | 0.58 |
| $LiOH + Mn(OH)_2 + 1/4 O_2 == LiMnO_2 + 3/2H_2O$ | $LiMnO_4/Mn(OH)_2$ | 0.70 |

续表 5 - 76

| 多相氧化反应 | 固相产物/固相反应物 | *PBR* |
|---|---|---|
| $LiOH + 1/4N_2H_4 + 2MnO_2 =\!=\!= LiMn_2O_4 + 1/4N_2 + H_2O$ | $LiMn_2O_4/MnO_2$ | 1.10 |
| $LiOH + Co(OH)_2 + 1/4O_2 =\!=\!= LiCoO_2 + 3/2H_2O$ | $LiCoO_2/Co(OH)_2$ | 0.68 |

（2）反应物与产物表面性质的差异。

由于水的极性大，密度与固体在同一数量级，所以反应物与产物的表面性能对产物层的形成起重要作用。在固相产物成核、晶核长大的过程中，总伴随着物质在固液界面的扩散与迁移，我们假设在新鲜的固液界面区域里物质自由流动，则应用杨氏（T. Young）润湿方程：

$$\delta_{L-S_1} = \delta_{S_2-S_1} + \delta_{L-S_1}\cos\theta \qquad (5-113)$$

$$\cos\theta = \frac{\delta_{L-S_1} - \delta_{S_2-S_1}}{\delta_{L-S_2}} \qquad (5-114)$$

当 $\delta_{S_2-S_1} > \delta_{L-S_1}$ 时，润湿角 $\theta > 90°$，产物不能在反应物表面铺展；$\delta_{S_2-S_1} < \delta_{L-S_1}$ 时，润湿角 $\theta < 90°$，产物可以在反应物表面铺展，如图 5 - 69 所示。

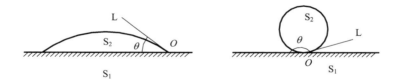

**图 5 - 69　润湿角图**

也就是说，如果产物比反应物具有更好的亲水性，则产物倾向于在反应物表面覆盖，如果反应物比产物具有更好的亲水性，则挤压反应产物并使其收缩，这就是说，随着反应的进行，不断有新鲜的反应物的表面暴露。这样一来，反应就可以持续进行。

（3）非连续产物层形成机理。

从以上两点分析可知，产物层不完整有两个条件：*PBR* < 1 和反应物比产物具有更好的亲水性。

图 5 - 70 为连续产物层与不连续产物层的状态示意图。由于产物层不连续，反应物无须通过产物层扩散到反应物表面，而扩散到产物表面的液体反应物，也会借助于固相表面扩散到反应物的表面。

因为在固相扩散中，除了晶粒内部的扩散，还同时存在晶界区域扩散和表面区域扩散，并且这三种扩散的活化能与扩散系数存在显著的差别，以金属银中的

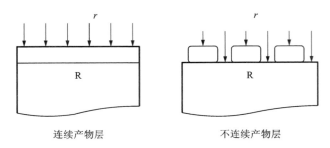

连续产物层　　　　　　　　不连续产物层

**图 5 – 70　多相氧化还原反应产物层状态示意图**

Ag 原子在晶粒内部扩散系数 $D_b$，晶界区域扩散系数 $D_g$ 和表面区域扩散系数 $D_s$ 相比较，其活化能 $Q$ 为 193 kJ/mol、85 kJ/mol 和 43 kJ/mol。显然活化能的差异与结构缺陷的差别是相对的。在离子型化合物中，一般规律为：

$$Q_s = 0.5Q_b : Q_g = (0.6 \sim 0.7)Q_b$$

$$D_b : D_g : D_s = 10^{-14} : 10^{-10} : 10^{-7}$$

式中：$Q_s$，$Q_g$ 和 $Q_b$ 分别为表面扩散活化能、晶界扩散活化能和晶格内扩散活化能。晶粒内部的扩散系数与表面区域的扩散系数相差 7 个数量级，表面区域的扩散系数已经与溶液中的扩散系数相当。

2）固相表面反应活性

由于其化学键在表面的断裂及不对称性，固相表面是一个适合于化学反应的场所，这也是表面催化在化学工业中起着非常重要作用的原因。

晶体中每个质点周围都存在着一个力场。由于晶体内部质点排列是有序和周期重复的，故每个质点力场是对称的。但在固体表面，质点排列的周期重复性中断，使处于表面边界上的质点力场对称性破坏，表现出剩余的键力，这就是固体表面力。依性质不同，表面力可分为化学力和分子引力两部分。化学力本质上是静电力，主要来自表面质点的不饱和价键，并可以用表面能的数值来估计。对于离子晶体，表面能主要取决于晶格能和极化作用。表面能与晶格能成正比，而与分子体积成反比。

当外来粒子（分子、原子、离子等）撞击在固体表面上时，绝大多数在碰撞中损失其能量，在表面上停留较长时间（$10^{-6} \sim 10^{-3}$ s），这比原子振动时间（约 $10^{-12}$ s）要长得多，这样分子就将完全损失动能，不能再脱离固体表面，从而被表面所吸附。外来粒子在固体表面的相互作用主要有三种类型：一种是以形成离子键为主的离子吸附；一种是以共价键吸附外来粒子，没有电子从固体能带中转移出来，只是吸附粒子与固体的一个或几个表面原子间的化学结合；一种是外来粒子在固体表面上相互作用，并形成另一新相，金属表面氧化就是例子。

外来物质与固体表面的化学键合就其特性而言较为复杂，如果在固体表面上同时有两种吸附分子存在，并同时在表面上发生化学吸附，生成某些反应的中间产物，它们之间随后就可能发生某种化学反应。因此，化学吸附不是一个孤立的电荷迁移过程，而往往是诱发其他化学反应的先兆。

外来粒子在固体表面反应的过程中，通常包括下列几个基本的步骤：①吸着现象，包括吸附和解析；②原子在界面上或均相区内进行反应；③在固体界面上或内部形成新物相的核，即成核反应；④物质通过界面和相区的输运，包括扩散和迁移。

在形成新表面的过程中可以认为包括以下两个步骤：首先体相被分开，露出新表面，分子或原子仍保持在原来的体相位置；然后表面的分子或原子重排，迁移到平衡位置。对于液体，分子或原子可自由迁移，新生表面很快就转变为平衡位置，这两个步骤实际上同时发生。但对于固体，情况则有所不同，当它变为新表面上的一个分子或原子、构成新表面后，分子或原子难以很快达到平衡构型，处于受力不平衡状态。也就是说，固体表面的分子或原子在表面应力的作用下向着平衡位置迁移。

3）固体表面的开放键

在氧化还原反应发生的过程中，原来化学键断开但还没有形成新化学键时，在一段时间内存在着一种过渡状态，可以认为存在短暂或瞬间开放的化学键。在开放化学键附近的区域没有锂离子出现，则开放的化学键会形成氧化锰，若有锂离子出现，则应该有一部分锂参与反应，形成锰酸锂。所以，锂参与反应形成锰酸锂的概率应该与在开放化学键存续时间内锂离子在开放化学键范围内出现的概率有关。锂出现在开放化学键范围的概率与锂离子浓度、锂离子在溶液中的扩散速度、锂离子在表面的吸附、表面扩散和体系的温度有关。

## 4.2.3　钴酸锂制备

### 1.概述

$LiCoO_2$ 是目前唯一实现大规模商品化生产的锂离子电池正极材料，主要用于小型锂离子电池。1980 年 Mizushima 等首先提出将 $LiCoO_2$ 作为锂离子电池的正极材料，与"摇椅式"电池的概念几乎同步提出，后来由日本 Sony 公司以 $LiCoO_2/C$ 系统率先实现商业化。由于其具有良好的循环稳定性、电压高、放电平稳、比能量高、适合大电流放电及工艺制备简单等优点，$LiCoO_2$ 是目前应用最为广泛的锂离子电池正极材料，其实际比容量一般为 140 mA · h/g，只达到了理论容量的 50% ~60%，因此 $LiCoO_2$ 的潜力比较大，有望通过改性进一步提高其容量。

1958 年 W. D. Johnston 等最先报道了 $LiCoO_2$ 的晶体结构，它具有 $\alpha$ – $NaFeO_2$ 型层状结构，如图 5 – 71 所示，空间群为 R $\bar{3}$m，晶胞参数 $a = 2.816(2)$ Å，$c = $

14.08(1)Å，其中 $O^{2-}$ 为面心立方最紧密堆积，$Li^+$ 与 $Co^{3+}$ 交替占据层状结构(111)层面的 3a 与 3b 位置。O—Co—O 层内原子(离子)以强键结合，而层间则靠范德华力维持，由于这种范德华力比较弱，锂离子的存在恰好可以通过静电作用来维持层状结构的稳定。Euh–Duck Jeong 等通过对 $Li_{1-x}CoO_2$ 脱嵌过程在线 XRD 研究发现：随着锂离子的脱出，相邻 O 原子层间的静电斥力作用增强而导致 $c$ 轴晶格常数逐渐增大，在 $x=0.4$ 时达到最大值并保持稳定，当进一步脱锂到 $x=0.6$ 后由于结构的不稳定 $c$ 轴晶格常数开始下降。

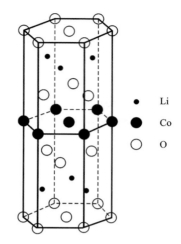

图 5-71　$LiCoO_2$ 结构图

在六方晶系 $LiCoO_2$ 的层状结构中，锂离子有 $CoO_2$ 的层间自由通道。完全放电状态下，锂离子起静电屏蔽作用，使晶体处于稳定状态。充电时锂离子从 $CoO_2$ 的层间脱嵌引起 $CoO_2$ 的层间斥力增加，六方晶体沿 $c$ 轴连续膨胀，因此涉及多次的六方与单斜晶的转变。大多数钴酸锂的相转变是可逆的，但发生在 $Li_{0.4}CoO_2$ 至 $Li_{0.6}CoO_2$ 间的相变化有参数 $c$ 的突变(变化值达 0.4 Å)，导致不可逆。

通常情况下以高温方法合成的 $LiCoO_2$ 被称为 HT–$LiCoO_2$，相应低温方法合成的 $LiCoO_2$ 被称为 LT–$LiCoO_2$，二者在结构上存在着细微的差别，但在电化学性能上却表现出较大的差异。拉曼光谱分析明显地发现在 HT–$LiCoO_2$ 图谱中只有两个 $R\bar{3}m$ 空间群的拉曼峰，而在 LT–$LiCoO_2$ 图谱中除了两个较强的 $R\bar{3}m$ 空间群的拉曼峰外，还有四个较弱的反映尖晶石相(Fd3m)$LiCoO_2$ 的拉曼峰，这表明了 LT–$LiCoO_2$ 是介于层状与尖晶石相的中间结构，并以层状为主。HT–$LiCoO_2$ 比 LT–$LiCoO_2$ 在电化学性能上表现出更高的可逆性，在放电曲线上 HT–$LiCoO_2$ 在 4 V 附近有几个平台区，而 LT–$LiCoO_2$ 的放电基本发生在3.6 V左右。显然，钴酸锂的合成路径及合成材料的结构对其充放电循环性能有着重要的影响。

$LiCoO_2$ 的合成方法按照合成途径可以分为固相合成法和软化学法。根据合成温度的不同将固相法分为高温固相法和低温固相法。根据前驱体制备方式的不同，软化学法可以分为溶胶–凝胶法、有机酸配合法、化学共沉淀法、乳化干燥法和离子交换法等，此外还有微波合成法、超声喷雾分解法等。

传统高温固相法合成 $LiCoO_2$ 一般是以 $Li_2CO_3$ 或 LiOH 和 $CoCO_3$ 或 $Co_3O_4$ 为原料，按照 $n(Li)/n(Co)$ 为 1:1 配制，在 700~900℃空气气氛下焙烧而成。也有的采用复合型反应生成 $LiCoO_2$ 前驱体，在 350℃左右预处理，然后在空气中 700~900℃下加热，这样得到的产品晶体生长更加完美，循环寿命长，实际比容量更高。低温固相法是相对于高温固相法而言的，是指在温度相对较低的情况下制得产物的方法。为了克服高温固相合成法的缺陷，近年来研究了多种低温合成技术。

目前市场上的锂离子电池正极材料钴酸锂大部分由固相法生产，但由于固相反应是通过相界面进行的，而固相之间的接触面非常有限，随着反应的进行，原有的界面被产物覆盖，所以反应速度将变得更加缓慢，产品的均匀性不好。而运用软化学方法实现了原料在分子水平上的混匀，减少了反应物之间的扩散距离，有利于 $LiCoO_2$ 晶体的生成和生长，可以有效降低反应温度，缩短反应时间，减少能耗，但所得产物的结构不完整，电化学性能较差。

近年来随着材料化学、材料化工的发展，钴酸锂合成的特殊新型方法不断涌现。习小明等以多相氧化还原法制备出球状钴酸锂，此方法可以使反应物在原子（分子）级水平上混合，较大地提高了前驱体的均匀性与烧结活性，在较短的时间内和较低的温度下制备出高结晶度的产物。该产品具有容量大（>145 mA·h/g）、振实密度大（>2.5 g/cm³）、循环性能好、热稳定性和安全性能好等优点。

多相氧化还原法制备钴酸锂就是用硫酸钴、氯化钴或其他钴盐做原料生成氢氧化亚钴沉淀之后，再加入氢氧化锂、氯化锂等锂盐，氧化氢氧化亚钴得到钴酸锂前驱体。多相氧化还原法的最大特点是，在水溶液中直接获得了具有层状结构的 $LiCoO_2$，大大提高了材料的均匀性。与现有文献报道的其他方法相比，该方法在技术与成本两方面都具有较大的优势。

多相氧化还原法利用多相反应的原理，在水溶液中实现嵌锂反应，合成了超微的具有钴酸锂晶型的前驱体，其比表面积（BET）为 30～50 m²/g，一次粒径为 30 nm 左右，这种前驱体不仅在成分上非常均匀，还具有良好的烧结活性，可以降低烧结温度和缩短烧结时间，为生产高质量的钴酸锂产品提供了保障。

多相氧化还原法制备钴酸锂新工艺的钴源不是高价位的四氧化三钴或氧化亚钴，而是价格相对较低的金属钴或钴盐（硫酸钴、氯化钴、碳酸钴），故可以较大幅度地降低生产成本，提高产品的竞争力。

本节研究氢氧化亚钴氧化制备钴酸锂前驱体反应，考察温度、浓度等因素对合成反应的影响，反应过程中产物形态的变化，反应机理及前驱体二次配方，混合、烧结产物的物理化学性能、电化学性能。

## 2. 前驱体合成

前驱体中未生成 $LiCoO_2$ 的 Li 都是可溶于水的，而无论以 $Co(OH)_2$、$Co_3O_4$ 形式存在还是以 $CoOOH$、$LiCoO_2$ 形式存在的 Co 都是不溶于水的，因此前驱体经纯水充分洗涤可溶性盐后分析 Li、Co 含量，再用式（5-115）计算合成反应产物的锂钴比。用锂钴比表征生成钴酸锂的程度。纯钴酸锂的锂钴比为 1.0，生成的钴酸锂越多，锂钴比越接近于 1.0，显然氧化合成产物的锂钴比小于 1.0。

$$n(\text{Li})/n(\text{Co}) = 8.49 \times \frac{n(\text{Li})}{n(\text{Co})} \tag{5-115}$$

式中：$n(\text{Li})$、$n(\text{Co})$分别为反应产物中锂与钴的质量分数。

1) 氢氧化亚钴氧化合成钴酸锂探索实验

首先进行纯氢氧化亚钴氧化实验，即在硫酸钴溶液中加入过量的氢氧化钠后，85℃条件下通空气直接氧化，在20 min内颜色由粉红色变为黑色，取4 h氧化合成产物作XRD分析，结果表明氢氧化亚钴已经被空气氧化成了四氧化三钴。

然后进行钴酸锂前驱体的合成实验，即将氢氧化锂加入氢氧化亚钴悬浮液中进行氧化嵌锂。在前驱体合成中，开始时反应体系滤液的颜色呈蓝色，一般反应6~7 h后消失，滤液无色透明，表明反应体系中已不存在$Co^{2+}$。按照滤液无色透明时结束合成反应的要求，进行了一系列实验，其氧化反应产物的成分为：Li 4%~6.5%，Co 52%~60%，一般$n(\text{Li})/n(\text{Co}) > 0.80$。为了保证氧化反应产物不含可溶性的锂盐，对前驱体进行了大量的长时间纯水洗涤，洗涤弃水的电导为100 μS/cm以下，之后再分析氧化产物中的锂含量几乎是不变的，说明产物中的锂不是机械夹杂的可溶性锂。氧化产物的XRD图谱如图5-72所示，与钴酸锂标准XRD图谱比较，可以看出合成产物具有钴酸锂的晶型特征，特征峰完全一致，只是前驱体XRD的衍射峰较宽，背景噪声较强，说明前驱体的结晶还不够完整。

从化学分析结果看，产物并非是纯的$LiCoO_2$，纯$LiCoO_2$的$n(\text{Li})/n(\text{Co})$应该为1.0，而产物的$n(\text{Li})/n(\text{Co}) < 1.0$。结合前面的实验，可以认为，那部分未反应生成$LiCoO_2$的"剩余"钴实际上生成了$Co_3O_4$，也就是氢氧化亚钴氧化时发生了如下两个反应：

$$2LiOH + 2Co(OH)_2 + 1/2O_2 \Longrightarrow 2LiCoO_2 + 3H_2O \tag{5-116}$$

$$3Co(OH)_2 + 1/2O_2 \Longrightarrow Co_3O_4 + 3H_2O \tag{5-117}$$

图5-73为前驱体的TEM照片。从比表面积（BET）计算得到的前驱体的粒径约40 nm，而TEM照片显示的前驱体粒径为40~60 nm，为纳米粉体，所以前驱体具有良好的烧结活性。

图5-74为前驱体的典型SEM照片，可以看出，二次粒子非常均匀，且分散状态良好，粒径为100 nm左右。

除了用空气做氧化剂，还尝试了采用氧气、双氧水、$NaClO_3$等不同氧化剂的氧化反应合成钴酸锂，实验条件为：LiOH 3.7 mol/L，$CoSO_4$ 30 g/L，NaOH 80 g/L，氧化温度90℃，氧化剂过量，氧化反应10 h。不同氧化剂的氧化合成钴酸锂前驱体锂、钴含量见表5-77。

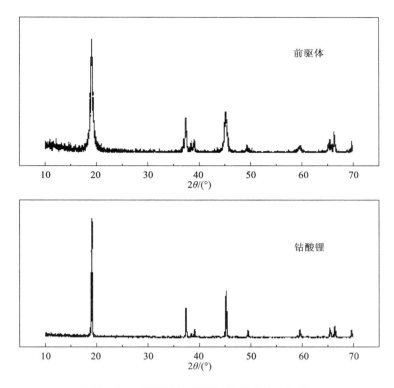

图 5 - 72　前驱体与钴酸锂的 XRD 图谱对比

图 5 - 73　前驱体的 TEM 照片

图 5 - 74　前驱体的典型 SEM 照片

表5-77　不同氧化剂的氧化合成钴酸锂前驱体锂、钴含量

| 氧化剂 | 空气 | 氧气 | 双氧水 | NaClO$_3$ |
|---|---|---|---|---|
| $w(\text{Li})$ | 6.95 | 6.53 | 4.10 | 2.85 |
| $w(\text{Co})$ | 57.18 | 57.69 | 58.47 | 56.87 |
| $w(\text{Li})/w(\text{Co})$ | 0.883 | 0.814 | 0.595 | 0.425 |

表5-77列出的实验结果表明,空气和纯氧的氧化嵌锂量几乎相同,空气中的氧与纯氧基本上具有相同的氧化性能;用双氧水时,反应合成的钴酸锂量有所减少。本质上用双氧水氧化应该与用空气和纯氧相同,因为双氧水是分解放出氧进行氧化的,由于存在原子态的氧,氧化活性比空气和纯氧强一些。反应滴加时,双氧水在液相表面会剧烈分解,所以用双氧水做氧化剂,利用率很低。而用NaClO$_3$做氧化剂时,氧化嵌锂量大为减少。因为只是一个条件下的实验,所以还不能确定哪种氧化剂氧化反应合成钴酸锂的效果最好。

　　2)氧化合成条件实验

　　(1)温度的影响。

　　固定其他条件:Li 3.5 mol/L、Cl$^-$ 1.0 mol/L、SO$_4^{2-}$ 1.0 mol/L、液固比20:1,进行合成温度实验,考察了反应温度对前驱体锂嵌入量及比表面积(BET)的影响,结果如图5-75所示。

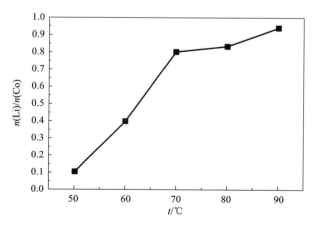

图5-75　反应温度对合成嵌锂的影响

　　图5-75中$n(\text{Li})/n(\text{Co})$为前驱体中锂与钴含量的物质的量比。可以看出:反应温度升高,前驱体中嵌入的锂量增加,50℃嵌入的锂量很少,$n(\text{Li})/n(\text{Co})$

只有 0.2 左右，75～85℃时，嵌入的锂量最大，$n(Li)/n(Co)$ 接近 1，所以反应温度是合成嵌锂的最重要的影响因素。

温度对前驱体比表面积（BET）和粒径均有影响，温度升高，比表面积（BET）下降，合成产物的粒径增加。仅从前驱体的烧结活性来说，温度越低，前驱体的烧结活性越高，越有利于提高产品质量，但综合温度对合成嵌锂的影响，合成温度确定为 75～85℃。

（2）时间的影响。

固定其他条件：温度 85℃、Li 3.5 mol/L、$Cl^-$ 1.0 mol/L、$SO_4^{2-}$ 1.0 mol/L、液固比 20∶1，考察反应时间对合成嵌锂的影响，结果如图 5－76 所示。从中可以看出，反应初期，随着时间的增加反应嵌锂量增加很快，反应 6～10 h 后，锂钴比约为 0.8，此后，随着反应时间的延长，合成的嵌锂量增加缓慢。

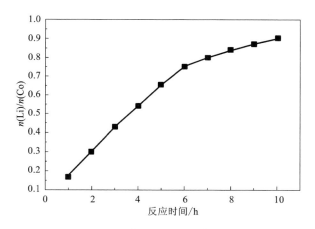

**图 5－76　反应时间对合成嵌锂的影响**

长时间氧化嵌锂实验显示，60～70℃时，延长氧化反应时间对提高产物中的锂含量影响小，80～93℃时，延长氧化反应时间，产物中的锂增长非常缓慢，氧化反应到 50～60 h，产物中的 $n(Li)/n(Co)$ 接近于 1.0。推测温度较低时，开始反应的 10 h 内，未反应形成钴酸锂的"剩余"钴被氧化成高价态，生成了 CoOOH 或 $Co(OH)_3$，所以再延长氧化反应时间并不能使其嵌锂。而氧化温度高时，开始反应的 10 h 内，未反应形成钴酸锂的"剩余"钴是氧化生成了 $Co_3O_4$，再延长氧化反应时间，$Co_3O_4$ 还可以缓慢地进行氧化，并以式（5－118）形成钴酸锂。在较高的反应温度时，钴酸锂的生成是以两个阶段进行的，第一阶段是快速反应阶段，即按式（5－116）氢氧化亚钴直接氧化生成钴酸锂，第二阶段是慢速反应阶段，即按式（5－118）$Co_3O_4$ 再氧化生成钴酸锂。

$$2Co_3O_4 + 1/2O_2 + 6LiOH \rightleftharpoons 6LiCoO_2 + 3H_2O \quad (5-118)$$

从上述可知,尽管延长反应时间可以提高反应嵌锂量,但考虑经济性要求,反应时间控制在 6~8 h 较为合适。

(3)体系中 $Cl^-$ 和 $SO_4^{2-}$ 对合成的影响。

氯离子、硫酸根等阴离子在反应合成体系中是必然存在的,但在合成嵌锂过程中,氯离子、硫酸根离子不仅可以压缩反应颗粒表面的双电层,还具有去化学极化作用,加速反应进程。

从图 5-77(其他条件:温度 85℃、Li 3.5 mol/L、$SO_4^{2-}$ 1.0 mol/L、液固比 20:1)可知,氯离子浓度为 1.4~1.8 mol/L 时,反应嵌锂效果最好,再增加氯离子的浓度,氧化嵌锂反应程度降低。在采用硫酸钴为原料时,反应嵌锂效果不如氯化物体系,可能是在硫酸盐体系形成少量碱式硫酸盐(与形成氢氧化亚钴的方式不同,盐量也不同)。如图 5-78(其他条件:温度 85℃、Li 3.5 mol/L、$Cl^-$ 1.0 mol/L、液固比 20:1)所示,在硫酸盐体系,硫酸根离子浓度为 1.2~2.0 mol/L 时,反应嵌锂效果最好。

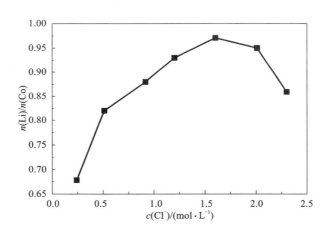

图 5-77　$c(Cl^-)$ 对合成嵌锂的影响

(4)$Li^+$ 浓度的影响。

按质量作用定律提高氢氧化锂的浓度,有利于生成钴酸锂反应的进行。但 LiOH 的溶解度不如其他碱金属氢氧化物的高,在 15℃ 时,LiOH 溶解度为 6.3 mol/L,而 NaOH 和 CsOH 均大于 26 mol/L,KOH 和 RbOH 均大于 17 mol/L,$Li^+$ 浓度对氧化嵌锂的影响如图 5-79 所示。

从图 5-79 中可以看出,嵌锂量随着 $Li^+$ 浓度的提高而增加,$Li^+$ 浓度为 20 g/L 时,$n(Li)/n(Co)$ 已达 0.85,再提高 $Li^+$ 浓度,$n(Li)/n(Co)$ 增加已不明

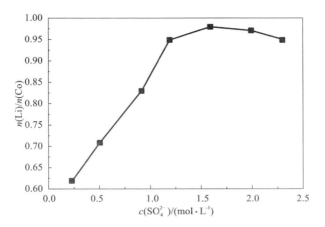

图 5 – 78  $c(SO_4^{2-})$ 对合成嵌锂的影响

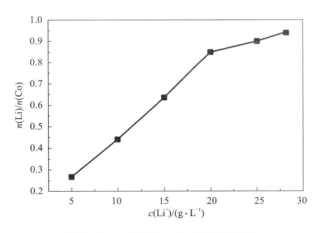

图 5 – 79  $c(Li^+)$ 对合成嵌锂的影响

温度 85℃、$Cl^-$ 1.0 mol/L、$SO_4^{2-}$ 1.0 mol/L、液固比 20∶1

显。因为高的浓度必然导致悬浮液体系黏度的增加,在动力学上不利于钴酸锂的生成。

3）氧化合成综合实验

（1）合成过程的物质形态变化。

氧化合成所用的氢氧化亚钴形态呈片状结构（图 5 – 80），氢氧化亚钴片近似圆形或六角形,片直径略小于 1 μm,厚度小于 0.11 μm。图 5 – 81 为氢氧化亚钴的 XRD 图谱。

图 5 - 80   氢氧化亚钴(Ⅱ)的微观结构

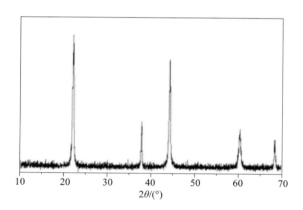

图 5 - 81   氢氧化亚钴(Ⅱ)的 XRD 图谱

图 5 - 82 是氧化反应过程中不同时间的 SEM 照片,反映了产物形态的变化。

从图 5 - 82 中可观察到的变化是,随着氧化反应的进行,产物的片状先是变得粗糙化、表面产生大量微裂纹、变薄,最终成为大量钴酸锂前驱体的聚集体。最后钴酸锂产物聚集体的形态与氧化反应的搅拌强度有关。强搅拌时,可以得到分散较好的如图 5 - 74 所示的前驱体,产物没有明显的片状"痕迹",搅拌较弱时,所得产物尽管是钴酸锂,但还有明显的片状"痕迹"。

氢氧化亚钴氧化生成钴酸锂 Pilling - Bedworth 比为:

$$PBR = \frac{V(\text{LiCoO}_2)}{V[\text{Co}(\text{OH})_2]} = \frac{97.87/6.6}{92.93/3.6} \approx 0.57$$

*PBR* 远小于 1,说明氧化反应能在氢氧化亚钴表面进行,不会形成致密连续

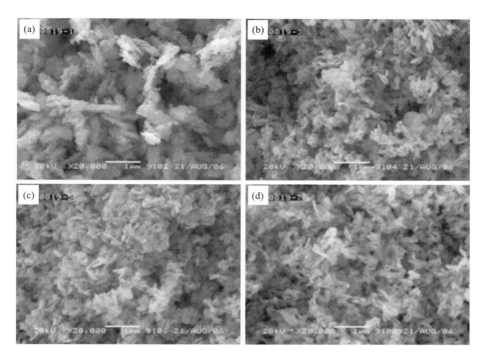

图 5 – 82　前驱体合成过程不同时间的 SEM 照片

(a)2 h；(b)4 h；(c)6 h；(d)8 h

的产物层。这也是这一类生成固相产物的固相反应能进行到底的原因。

（2）合成过程的粒径变化。

前驱体合成过程中不同时间的粒径检测结果见表 5 – 78。

表 5 – 78　前驱体合成过程的粒径变化/μm

| 反应时间/h | 1 | 2 | 3 | 4 | 5 | 6 | 7 | 8 |
|---|---|---|---|---|---|---|---|---|
| $D_{10}$ | 1.0854 | 1.0295 | 1.0748 | 1.1299 | 1.2051 | 1.2507 | 1.2606 | 1.3526 |
| $D_{50}$ | 2.5895 | 2.3328 | 2.3884 | 2.4765 | 2.6885 | 2.8279 | 2.8278 | 3.0909 |
| $D_{90}$ | 6.3073 | 4.4782 | 4.5459 | 4.6322 | 6.0287 | 6.2686 | 6.2478 | 6.6030 |
| $D_m$ | 2.9610 | 2.6235 | 2.6792 | 2.7476 | 2.9740 | 3.1103 | 3.1082 | 3.3379 |

从表 5 – 78 可以看出，随着合成反应时间的延长，物料的粒径略有增大，但增长幅度很小。从前面的 SEM 照片可知，前驱体粒径为纳米级，所测得粒径值并

不是单个粒子的粒径，而是多个一次粒子聚合而成的二次粒子的粒径。这说明，在氧化合成的过程中，尽管固相的氢氧化亚钴最终被氧化生成了钴酸锂前驱体，但产物是在原氢氧化亚钴表面生成的，最终产物的聚集状态与反应物聚集状态并没有很大的变化。当然，氧化反应的搅拌强度足够大时，情况会发生变化，可以得到分散较好、粒径小的钴酸锂前驱体。

**3. 热处理实验**

1) 前驱体的基本性能

如图 5 - 83 所示，前驱体的红外图谱表明其中含有少量水、碳酸根离子和氢氧根离子，符合层状结构化合物层间含有阴离子的特点。图 5 - 84 为前驱体的 TG - DTA 曲线。

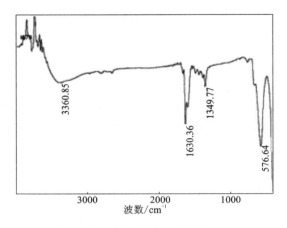

图 5 - 83　前驱体的红外图谱

在升温过程中，前驱体失重，但没有平台，至 800℃ 质量稳定，总失重率为 5% 左右。失重过程可分为三段，首先是室温 ~210℃，其次是 210 ~380℃，该段失重率最快，最后是 380 ~800℃。第一段应是脱游离水，第二段是脱化合水，第三段可能是碳酸盐(因为空气中的二氧化碳被碱溶液吸收而形成碳酸盐)等分解。以增重为特征的吸氧反应即使有也不明显，这也说明前驱体中的主要成分已经是钴酸锂。

从 DTA 曲线看，只在 300℃ 附近出现一个显著的放热峰。放热反应是什么？在这样低的温度下，不大可能发生被扩散控制的固固反应，而可能是组分的有序化结晶。从前驱体的 XRD 图谱(图 5 - 72)也可看出，虽然有层状的 $LiCoO_2$ 的晶型特征，但结晶度较差，在更高温度下会发生组分的有序化结晶。在 DTA 曲线的高温段( >600℃ )，没有出现放热反应的迹象，而氧化物高温合成法在这一温区

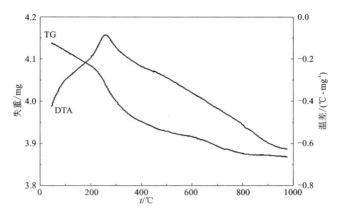

图 5 - 84　前驱体的 TG - DTA 曲线

的放热反应是很显著的。这说明新工艺合成的前驱体是结晶度不高的 $LiCoO_2$ 化合物。

对前驱体的烧结过程进行热机械分析，前驱体加热时平均热膨胀系数与温度的关系如图 5 - 85 所示。可以看出：烧结收缩尽管在很低的温度下已经发生，但只是在温度达到 600℃时，烧结收缩才明显进行，对比比表面积（BET）的变化，可以认为前驱体的烧结反应只是在 600℃后才显著地进行，烧结才有实际意义。

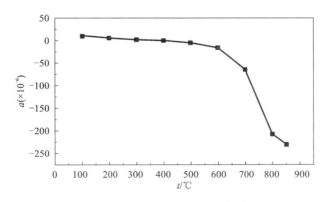

图 5 - 85　平均热膨胀系数与温度的关系

2）烧结产品的 XRD 检测及晶粒变化

升温速度 165℃/h，恒温 5 h，不同烧结温度下烧结产物的 XRD 图谱如图 5 - 86 所示。

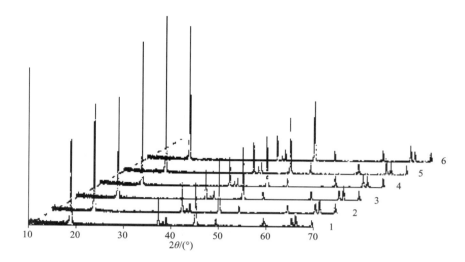

**图 5 - 86　不同烧结温度下烧结产物的 XRD 图谱**

1—650℃；2—700℃；3—750℃；4—800℃；5—850℃；6—900℃

由图 5 - 86 可以看出，在 650 ~ 900℃烧结都能得到单一的 LiCoO₂ 产品，但衍射强度明显不同，直至 850℃，随着烧结温度的升高，(003)峰峰高增大，850℃达到最大值，900℃时有所减弱。可见，低于 850℃烧结得到的 LiCoO₂ 产品结晶发育不完全，而 900℃烧结时可能由于温度太高出现过烧，850℃左右烧结可得到晶体结构发育较好的 LiCoO₂ 产品。

在 LiCoO₂ 的 XRD 图谱中，$2\theta = 19.0°$，所对应的(003)衍射峰表征了 LiCoO₂ 的层状结构特征，$2\theta = 45.2°$的衍射峰则反映了构成这种层状化合物的基本单元 Co—O—Co—···的(104)衍射，(003)与(104)晶面衍射峰的衍射强度比 $I_{(003)}/I_{(104)}$可用来表征 LiCoO₂ 层状结构的结晶程度，即 $I_{(003)}/I_{(104)}$比越大，其层状结构发育越好。

升温速度 165℃/h，恒温 5 h，不同烧结温度下烧结产物的晶格常数见表 5 - 79。

**表 5 - 79　不同烧结温度烧结产物的晶格常数**

| 样号 | 烧结温度/℃ | $a$ | $c$ | $a/c$ |
|---|---|---|---|---|
| JCPDS(16 - 0427) | — | 2.8166 | 14.045 | 0.2005 |
| LC - B116 | 650 | 2.8177 | 14.0373 | 0.2007 |
| LC - B112 | 700 | 2.8197 | 14.0290 | 0.2010 |
| LC - B115 | 750 | 2.8062 | 14.0723 | 0.1994 |

续表 5-79

| 样号 | 烧结温度/℃ | $a$ | $c$ | $a/c$ |
|---|---|---|---|---|
| LC-B114 | 800 | 2.8066 | 14.0720 | 0.1994 |
| LC-B113 | 850 | 2.8139 | 14.0442 | 0.2004 |
| LC-B103 | 900 | 2.8137 | 14.0373 | 0.2004 |

从表 5-79 看出，在不同的烧结温度下，晶格尺寸具有明显的差别，对照 $LiCoO_2$ 的 XRD 标准图谱 JCPDS 标准(16-0427)，在 650℃、700℃烧结时晶格略显矮胖，750℃、800℃时晶格比较瘦长，只有 850℃、900℃时 $a/c$ 才与标准值相符。因而烧结温度必须在 850℃以上才能获得较好晶体结构的产品。

烧结温度为 850℃、升温速度 165℃/h(升温时间 5 h)，不同恒温时间对烧结产物晶格常数的影响见表 5-80。

表 5-80　恒温时间对烧结产物晶格常数的影响

| 样号 | 恒温时间/h | $a$ | $c$ | $a/c$ |
|---|---|---|---|---|
| JCPDS(16-0427) | — | 2.8166 | 14.045 | 0.2005 |
| LC-B119 | 2 | 2.8120 | 14.0552 | 0.2001 |
| LC-B120 | 3 | 2.8141 | 14.0528 | 0.2003 |
| LC-B109 | 4 | 2.8177 | 14.0371 | 0.2007 |
| LC-B113 | 5 | 2.8139 | 14.0442 | 0.2004 |
| LC-B108 | 6 | 2.8099 | 14.0471 | 0.2000 |

从表 5-80 来看，恒温时间对烧结产物晶格常数影响的规律性并不强，但还是可以看出，恒温时间较短时，烧结产物晶格常数与标准值相差较大，说明晶体发育需要较长的恒温时间。

$c/a$ 大说明 $LiCoO_2$ 层间距增大，容纳锂离子的空间也相应增大，其扩散速度加快，有利于锂离子在整个晶体中有效嵌入和脱出，从而使得材料的循环寿命和放电比容量有了进一步提高。升温时间 4~5 h，热处理温度 850~900℃，$a/c$ 为 0.2004~0.2007，说明这样的条件下材料具有优良的循环性能与较高的放电比容量。

3)烧结产品的 SEM 检测

升温速度 165℃/h，恒温 5 h，不同烧结温度下烧结产物的 SEM 照片如图 5-87 所示，图 5-88 中 650℃、700℃、900℃烧结产物的 SEM 照片放大倍数为

20000 倍，750℃、800℃、850℃为 15000 倍。虽然 SEM 照片的放大倍数不一致，但还是可以清楚地看出，随着温度的升高，烧结产物的晶体粒径增大，这种增大在 850℃时非常明显，而且当烧结温度达到 850℃及以上时，产物形貌才呈片状，说明烧结温度是控制晶体粒径及其形貌的主要参数。

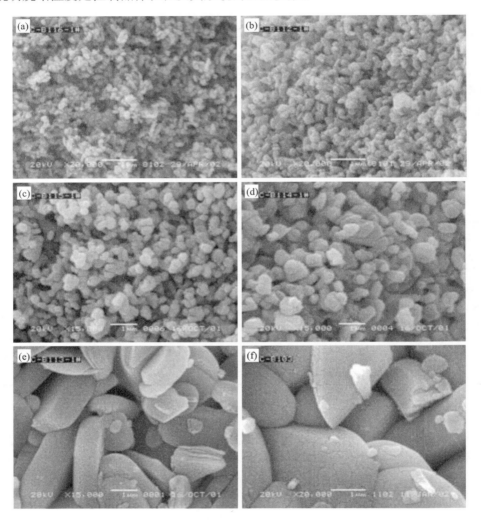

**图 5–87　不同烧结温度烧结产物的 SEM 照片**
(a)650℃；(b)700℃；(c)750℃；(d)800℃；(e)850℃；(f)900℃

烧结温度为 850℃、升温速度 165℃/h(升温时间 5 h)，不同恒温时间烧结产物的 SEM 照片如图 5–88 所示。2 h 恒温产物的晶体发育最差，12 h 恒温产物的晶体发育最好。

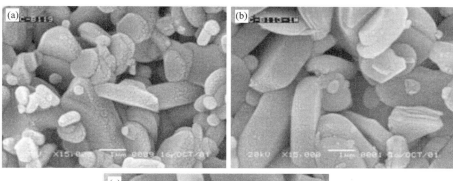

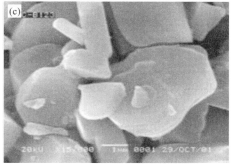

**图 5 - 88　不同恒温时间烧结产物的 SEM 照片**

(a)恒温 2 h；(b)恒温 5 h；(c)恒温 12 h

4)烧结产品的比表面积(BET)变化

升温速度 165℃/h，恒温 5 h，烧结温度对烧结产物比表面积(BET)的影响如图 5 -89 所示。

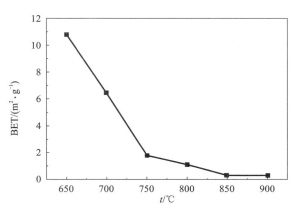

**图 5 - 89　烧结温度对烧结产物 BET 的影响**

随温度升高，烧结产物的 BET 在初始阶段迅速下降，后下降趋势逐渐变缓，在 850℃时 BET 已降到 0.5 m²/g 以下。

升温速度 165℃/h(升温时间 5 h)、烧结温度为 850℃，恒温时间对烧结产物 BET 的影响不明显，如图 5 – 90 所示。

5)烧结产物的结构与形貌特征

根据烧结实验的结果，确定了烧结制度：升温速度 165℃/h(升温时间 5 h)、烧结温度 850℃、恒温时间 5 h。前驱体经烧结后得到烧结产物的 XRD 图谱，如图 5 – 91 所示。

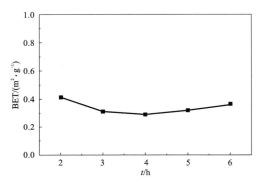

图 5 – 90　恒温时间对烧结产物 BET 的影响

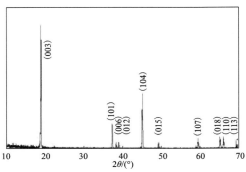

图 5 – 91　钴酸锂(LiCoO₂)的典型 XRD 图谱

可以看出，XRD 图谱上(003)峰强度较大，出现明显的(006)和(102)峰以及(018)和(110)峰的分裂峰，说明材料具有层状结构特征，其二维结构稳定。对照钴酸锂(LiCoO₂)的 JCPDS 标准(16 – 0427)，产物为单一的 LiCoO₂。

表 5 – 81 所示为实验样品的晶面间距 $d$，结果与标准 $d$ 相差很小。表 5 – 82 所示为烧结产物的晶格常数，结果与标准值基本相同。烧结产物的 SEM 照片如图 5 – 92、图 5 – 93 所示。

表 5 – 81　烧结产物的晶面间距 $d$

| 晶面 | 003 | 101 | 006 | 012 | 104 | 015 | 107 | 018 | 110 | 113 |
|---|---|---|---|---|---|---|---|---|---|---|
| 标准 $d$ | 4.68 | 2.401 | 2.346 | 2.302 | 2.001 | 1.841 | 1.549 | 1.424 | 1.407 | 1.348 |
| S16 – 6 – 1 | 4.6852 | 2.4023 | 2.3425 | 2.3004 | 2.0033 | 1.8421 | 1.5501 | 1.4253 | 1.4079 | 1.3476 |
| S16 – 6 – 2 | 4.6834 | 2.4023 | 2.3411 | 2.3043 | 2.0029 | 1.8408 | 1.5500 | 1.4252 | 1.4078 | 1.3478 |

表 5 − 82　烧结产物的特征峰与晶格常数

| 样号 | $a$ | $c$ | $a/c$ |
|---|---|---|---|
| JCPDS(16 − 0427) | 2.8166 | 14.045 | 0.2005 |
| S16 − 6 − 1 | 2.816 | 14.051 | 0.2004 |
| S16 − 6 − 2 | 2.816 | 14.045 | 0.2005 |

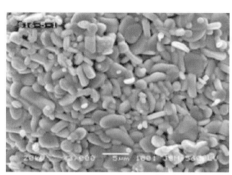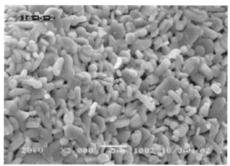

图 5 − 92　钴酸锂的 SEM 照片(3000 倍)

图 5 − 93　钴酸锂的 SEM 照片(10000 倍)

## 4. 电化学实验

1) 测试方法

采用实验电池检测材料的电性能。

(1) 极片制作。

正极片由 $LiCoO_2$、导电剂(乙炔黑)、黏结剂(PTFE 乳液)按 85∶10∶5 的比例计量,混合对辊热压成膜,膜片厚度小于 0.2 mm。

(2)电池组装。

正极用 $LiCoO_2$ 膜片,负极用金属锂片、电解液用 $LiPF_6$/EC + DEC,EC∶DEC = 1∶1(mol/L),隔膜采用日本宇部兴产的 PE 微孔聚乙烯膜。在充满干燥氩气的手套箱(相对湿度 1% 左右)中组装实验电池。

(3)测试条件。

采用武汉兰电电池性能测试系统,充放电电流 $I_c$、$I_d$ 均采用 0.1 C,在 3.2 ~ 4.3 V 对模拟电池进行恒流充放电测试。一般测试 10 次循环,以第 3 个循环的容量作为材料性能比较容量,每种材料应组装 4 个模拟电池测试,每个电池第 3 个循环容量要求基本平行,误差应小于 3%。

2)测试结果

(1)充放电比容量与性能。

测试结果见表 5 – 83,第 3 个循环的放电比容量大于 149 mA·h/g,充放电效率大于 97%。图 5 – 94 为前 3 个循环充放电电压曲线,图 5 – 95 为第 3 个循环的循环充放电电压曲线。充电过程在 4.0 V 左右存在一明显的充电平台,放电过程在 3.9 V 左右存在一明显的放电平台。

表 5 – 83　前 3 个循环充放电比容量测试结果

| 样品号 | 循环次数 | 充电比容量/(mA·h·g$^{-1}$) | 放电比容量/(mA·h·g$^{-1}$) | 效率/% |
|---|---|---|---|---|
| S16 – 6 – 1 | 1 | 156.174 | 151.809 | 97.2 |
| | 2 | 152.959 | 151.283 | 98.9 |
| | 3 | 152.977 | 149.971 | 98.0 |
| S16 – 6 – 2 | 1 | 157.687 | 151.889 | 96.3 |
| | 2 | 156.088 | 151.044 | 97.4 |
| | 3 | 153.656 | 149.755 | 97.5 |

(2)充放电循环性能。

材料充放电测试的前 8 个充放电循环测试结果见表 5 – 84,充放电曲线如图 5 – 96、图 5 – 97 所示。

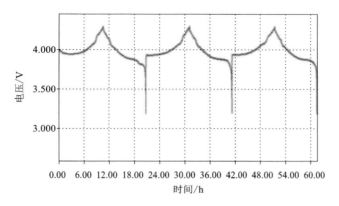

**图 5 – 94　前 3 个循环充放电电压曲线**

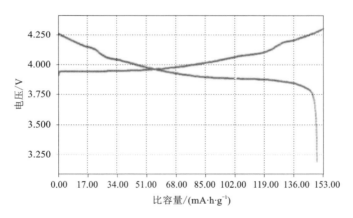

**图 5 – 95　第 3 个循环充放电曲线**

表 5 – 84　前 8 个循环的充放电循环测试结果

| 循环 | 充电比容量/(mA·h·g$^{-1}$) | 放电比容量/(mA·h·g$^{-1}$) | 效率/% |
|---|---|---|---|
| 1 | 156.981 | 147.787 | 94.7 |
| 2 | 149.577 | 148.595 | 99.3 |
| 3 | 149.814 | 148.179 | 98.9 |
| 4 | 149.266 | 148.378 | 99.4 |
| 5 | 150.329 | 148.249 | 98.6 |

续表 5 – 84

| 循环 | 充电比容量/(mA·h·g⁻¹) | 放电比容量/(mA·h·g⁻¹) | 效率/% |
|---|---|---|---|
| 6 | 150.636 | 148.964 | 98.9 |
| 7 | 149.887 | 148.207 | 98.9 |
| 8 | 149.971 | 148.166 | 98.8 |

由表 5 – 84 可知，第 8 个循环的放电比容量仍高达 148.166 mA·h/g。与第 2 个循环相比，第 8 个循环的放电比容量衰减了 0.429 mA·h/g，平均每个循环的衰减率仅为 0.04%。

从图 5 – 96、图 5 – 97 可以看到，每次充放电循环都具有好的重现性，8 次循环的充放电曲线基本重合。模拟电池难以检测钴酸锂充放电的循环寿命，但从前 8 个充放电循环周期的测量结果可以推测，新工艺生产的钴酸锂的循环性能较好。

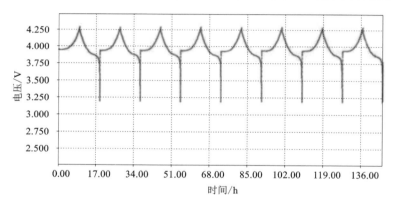

**图 5 – 96  LiCoO₂ 充放电电压 – 时间关系曲线**

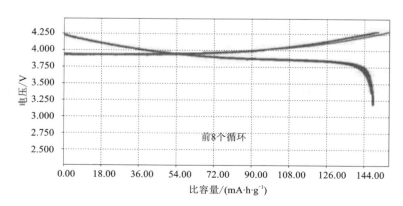

**图 5 – 97  LiCoO₂ 的充放电电压 – 比容量关系曲线**

## 4.2.4　锰酸锂制备

### 1. 概述

锰酸锂是目前人们研究较多的锂离子电池正极材料之一，具有层状（$LiMnO_2$）和尖晶石（$LiMn_2O_4$）2 种结构。尖晶石型锰酸锂（$LiMn_2O_4$）因具有四方对称性三维隧道结构，更适宜 $Li^+$ 的嵌脱，其理论比容量为 148 mA·h/g，实际比容量为 100~130 mA·h/g。由于锰的资源丰富、无毒性，且 $LiMn_2O_4$ 具有放电电压高、循环寿命长，耐过充性能及安全性好等优点，是较有希望替代钴酸锂的锂离子电池正极材料之一，已成为近几年的研究热点。$LiMn_2O_4$ 主要不足在于其在充放电过程中由于发生 Jahn-Teller 效应和锰的溶解而导致容量衰减。目前科研人员针对这 2 方面进行改性研究，主要包括在合成过程中加入过量的锂、掺杂 Mg 或稀土元素，目的是提高锰的平均价态，抑制 Jahn-Teller 效应，减小 $Li_yMn_{2-y}O_4$ 在充放电前后晶胞体积变化的幅度，从而提高材料的结构稳定性和循环性能。

层状结构的 $LiMnO_2$ 与层状的 $LiCoO_2$ 和 $LiNiO_2$ 不同，层状 $LiMnO_2$ 属于正交晶系（Sys. Orthorhombic），在 2.5~4.3 V 充放电时，充放电曲线上存在 3 V 和 4 V 2 个平台，可逆比容量一般为 200 mA·h/g，经第一次充电后，正交晶系的层状 $LiMnO_2$ 转变为立方晶系的类尖晶石型 $Li_xMn_2O_4$，其可逆循环性能较差。

为了克服锰酸锂容量衰减的不足，人们对其合成方法及其电化学性质展开了广泛而深入的研究。目前 $LiMn_2O_4$ 的主要制备方法有固相合成法和软化学法。高温固相合成法具有工艺简单、制备条件容易控制、易于工业化等优点，但该方法耗时长、锂易挥发损失、能耗大，并且产物存在晶粒尺寸较大、粒径分布范围宽、物相不均匀等缺点。乳化法可制备粒径细、比表面积大的材料，但操作过程烦琐，不易工业化。水热合成法合成的产物成分均匀，颗粒细小，但结晶度不高，一般需经过热处理使产物的晶体结构趋于完善。离子交换法可以通过控制反应前驱体的结构对产物进行有效控制，合成的产物颗粒细小，物相均匀，但操作工序多，控制步骤多。

氢氧化锰 [$Mn(OH)_2$] 略具两性，在碱性溶液中形成复杂氢氧化物 $Na_2Mn(OH)_4$、$AMn(OH)_4$（A 为 Ba，Sr）。单晶 X 射线分析证实 $Mn(OH)_2$ 有层状结构，与 $CdI_2$ 的结构相同，每个锰原子与 6 个氢氧根离子配位。氢氧化锰在弱碱性的条件下能被空气或氧气、过氧化氢氧化生成四氧化三锰，在强碱性溶液中则容易被空气氧化形成黑棕色的水合二氧化锰。

二氧化锰是重要的氧化物，天然和合成的二氧化锰都是氧化剂。天然二氧化锰有 20 多种变体，其晶体类型有 $\alpha$、$\beta$、$\gamma$、$\rho$、$\delta$ 等多种形态，电解合成的二氧化锰多为 $\gamma$-$MnO_2$，为正方或六方晶系，其结构为软锰矿结构与斜方锰矿结构，呈不规则的相互交替变化，这种无序结构形成了晶体内部与外部区域的微孔或微缝网络，这些微孔或微缝网既是 γ 晶型二氧化锰具有优良放电性能的重要原因，也为二氧化锰在进行液固多相反应时提供了传质途径和反应界面，并提高了化学反应活性。

多相氧化法就是利用氢氧化锰在强碱性条件下被空气或氧气等氧化剂氧化生成高价态锰产生嵌锂反应制备锰酸锂的方法。另外，在氢氧化锂溶液中用还原剂还原二氧化锰时也可以发生嵌锂反应生成锰酸锂，这可称为多相还原法。本节将系统研究多相氧化法和多相还原法制备锰酸锂的反应规律，并对合成前驱体进行二次配方、烧结，研究其锰酸锂物理化学性能和电化学性能。

### 2. 多相氧化法制备锰酸锂

#### 1）研究方法

以氧化反应合成产物的 $n(\mathrm{Li})/n(\mathrm{Mn})$ 为实验研究指标，对于正分尖晶石型锰酸锂 $\mathrm{LiMn_2O_4}$ 而言，理论值为 0.5，对于正分层状锰酸锂 $\mathrm{LiMnO_2}$ 而言，理论值为 1。合成产物的 $n(\mathrm{Li})/n(\mathrm{Mn})$ 小于理论值，则可以认为没有形成锰酸锂的锰是 $\mathrm{Mn_3O_4}$。反应后的产物要进行充分的洗涤脱盐，以保证可溶性的锂被完全洗净，这样氧化反应产物析出的锂全部都是锰酸锂中的锂。$n(\mathrm{Li})/n(\mathrm{Mn})$ 按下式计算：

$$n(\mathrm{Li})/n(\mathrm{Mn}) = 7.92 \times \frac{w(\mathrm{Li})}{w(\mathrm{Mn})} \tag{5-119}$$

其中：$w(\mathrm{Li})$、$w(\mathrm{Mn})$ 分别为 Li 与 Mn 的质量分数。

#### 2）探索实验

以氢氧化锰料浆为原料，按初始 $n(\mathrm{Li})/n(\mathrm{Mn})$ 为 3 加入氢氧化锂溶液，固液比为 1:20，反应温度 70℃。在相同的反应器中定容体积为 20 L，搅拌强度为 850 r/min，在实验过程中加入氧化剂，在不同温度和不同时间下反应得到前驱体，然后过滤、洗涤、干燥后进行成分分析，计算 $n(\mathrm{Li})/n(\mathrm{Mn})$，结果见表 5-85。

表 5-85　氧化合成锰酸锂基本实验结果

| 氧化剂 | 反应时间/h | $w(\mathrm{Li})$/% | $w(\mathrm{Mn})$/% | 产物 $n(\mathrm{Li})/n(\mathrm{Mn})$ |
|---|---|---|---|---|
| 空气 | 5 | 2.63 | 64.37 | 0.324 |
| 氧气 | 5 | 3.05 | 60.43 | 0.400 |
| $\mathrm{KMnO_4}$ | 2 | 4.36 | 57.96 | 0.596 |
| $\mathrm{H_2O_2}$ | 1.5 | 1.87 | 64.52 | 0.230 |

从表 5-85 可知，在现有的实验条件下，不同的氧化剂所得产物的嵌锂反应有较大差别，由 $\mathrm{KMnO_4}$ 为氧化剂得前驱体的嵌锂反应程度最高，为 0.596，超过

理论值，可以认为形成了高价的高锂含量化合物，如 $Li_2Mn_4O_9$、$Li_4Mn_5O_{12}$、$Li_5Mn_4O_9$ 和 $Li_7Mn_5O_{12}$ 等。其余 3 种氧化剂的效果均较差，反应产物的 $n(Li)/n(Mn)$ 都小于 0.5。

图 5–98 为反应产物之一和结晶良好锰酸锂的 XRD 图谱对比，从图可知，氧化反应产物中已经具有了锰酸锂的结晶相 $LiMn_2O_4$，说明对在锂盐溶液中的氢氧化锰可按式（5–120）进行氧化，合成固相锰酸锂，因为大多数产物的 $n(Li)/n(Mn)<0.5$，说明并没有全部生成 $LiMn_2O_4$，其中还有一些氢氧化锰按式（5–121）生成 $Mn_3O_4$。

$$8Mn(OH)_2 + 4LiOH + 3O_2 = 4LiMn_2O_4 + 10H_2O \qquad (5–120)$$
$$6Mn(OH)_2 + O_2 = 2Mn_3O_4 + 6H_2O \qquad (5–121)$$

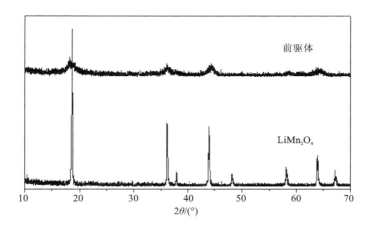

图 5–98　反应产物和结晶良好锰酸锂的 XRD 图谱

在 $Mn(OH)_2$ 氧化生成 $LiMn_2O_4$ 的过程中，价态变化需要经过两种中间途径：$Mn(OH)_2 \rightarrow Mn_3O_4 \rightarrow LiMn_2O_4$，或 $Mn(OH)_2 \rightarrow LiMnO_2 \rightarrow LiMn_2O_4$。在 $Mn(OH)_2$ 的氧化嵌锂反应过程中，尽量将 $Mn(OH)_2$ 颗粒表面的氧化电位控制在较高的水平上，对减少 $LiMnO_2$ 或 $Mn_3O_4$ 的生成是有益的。研究表明，$Mn(OH)_2$ 一旦氧化生成稳定的 $Mn_3O_4$，再继续氧化生成 $LiMn_2O_4$ 是非常困难的。由于水溶液中 $Mn^{3+}$ 的歧化反应，$Mn^{3+}$ 不能稳定存在，所以用空气氧化 $Mn(OH)_2$ 也很难生成稳定的 $LiMnO_2$。因此，$Mn(OH)_2$ 颗粒表面的氧化电位对反应速度和产物的嵌锂反应程度（或组成）有较大的影响。

3）条件实验

（1）初始配比的影响。

以氢氧化锰料浆为原料，其他条件同2）的实验条件，采用不同氧化剂，系统考察了反应体系中初始 $n(\mathrm{Li})/n(\mathrm{Mn})$ 对嵌锂反应的影响, 结果如图 5 – 99 所示。

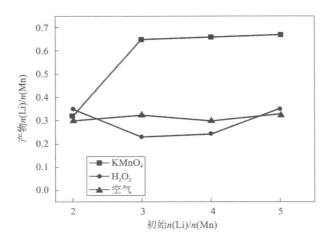

图 5 – 99　初始 $n(\mathrm{Li})/n(\mathrm{Mn})$ 与产物 $n(\mathrm{Li})/n(\mathrm{Mn})$ 的关系

　　由图 5 – 99 可知, 锂离子浓度的增加有利于氧化嵌锂反应的进行。当以 $\mathrm{KMnO_4}$ 为氧化剂时, 随着反应体系初始 $n(\mathrm{Li})/n(\mathrm{Mn})$ 从 2∶1 提高到 3∶1, 嵌锂反应程度明显增加, 而初始 $n(\mathrm{Li})/n(\mathrm{Mn})$ 大于 3∶1 以后, 嵌锂反应程度变化不大。而以空气和 $\mathrm{H_2O_2}$ 为氧化剂, 初始 $n(\mathrm{Li})/n(\mathrm{Mn})$ 大于 2∶1 以后, 增加 $n(\mathrm{Li})/n(\mathrm{Mn})$ 对嵌锂反应程度影响较小。其原因可能是锂离子先从溶液扩散到表面, 再进行表面吸附, 进而参与反应; 当锂离子浓度达到一定值后, 增加溶液中锂离子浓度并不会增加固体表面的锂离子的吸附量, 只要表面反应消耗的锂离子能从溶液中扩散补充就能保证一定的反应速度; 空气和 $\mathrm{H_2O_2}$ 氧化 $\mathrm{Mn(OH)_2}$ 的速度比较慢, 较低的锂离子浓度就能满足嵌锂反应的要求。

　　(2) 空气流量的影响。

　　用空气作为氧化剂, 液固比为 20∶1, $n(\mathrm{Li})/n(\mathrm{Mn})=3∶1$, 反应温度为 70℃, 在上述固定条件下, 不同空气流量下的嵌锂反应程度见表 5 – 86。

表 5 – 86　空气流量对前驱体 $n(\mathrm{Li})/n(\mathrm{Mn})$ 的影响

| 序号 | 空气流量/$(\mathrm{m^3 \cdot h^{-1}})$ | 30 min | 1 h | 3 h | 5 h | 20 h |
|---|---|---|---|---|---|---|
| 1 | 0.5 | 0.013 | 0.014 | 0.015 | 0.017 | 0.025 |
| 2 | 1.0 | 0.024 | 0.08 | 0.141 | 0.173 | — |

续表 5 - 86

| 序号 | 空气流量/(m³·h⁻¹) | 30 min | 1 h | 3 h | 5 h | 20 h |
|---|---|---|---|---|---|---|
| 3 | 1.8 | 0.124 | 0.221 | 0.294 | 0.323 | — |
| 4 | 3.6 | 0.445 | 0.523 | 0.531 | 0.568 | — |

从表 5 - 86 可以看出，前驱体的 $n(Li)/n(Mn)$ 随着空气流量的增加而逐渐增加。当空气流量为 0.5 m³/h，反应 20 h 时，累计通气量达 10 m³，前驱体的 $n(Li)/n(Mn)$ 只有少许增加。图 5 - 100 是不同空气流量样品的 XRD 图谱。

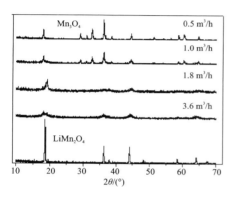

图 5 - 100　不同空气流量样品的 XRD 图谱　　图 5 - 101　不同温度下嵌锂反应程度

从图 5 - 100 看出，在空气流量为 0.5 m³/h、反应 20 h 后(累计通风量10 m³)的产物主要为 $Mn_3O_4$。而在空气流量为 3.6 m³/h、反应 3 h 后(累计通风量 10.8 m³)的主要产物是 $LiMn_2O_4$ 的前驱体，该前驱体在 820℃ 下焙烧 10 h 后的衍射图显示其主要是尖晶石结构的 $LiMn_2O_4$。随着空气流量的减小，产物中 $Mn_3O_4$ 的衍射峰增强。

提高空气流量有利于增加溶液的氧浓度，从而增加氧的总传质速度，有利于生成锰酸锂。而在小的空气流量下，尽管氧化反应时间长，通入的总风量与大空气流量时相当，但由于不能保证氧气足够快的传质速度，氧化反应产物向有利于生成四氧化三锰的方面发展。

(3)反应温度的影响。

分别用空气、$H_2O_2$ 和 $KMnO_4$ 为氧化剂，考察了反应温度对产物嵌锂反应程度的影响，实验条件除温度变化外，其他条件同 2)探索实验。

①空气作氧化剂时，空气流量为 1.8 m³/h，不同温度下的嵌锂反应程度如图 5 - 101 所示。

从图 5-101 可以看出，当反应时间为 5 h 时，随着体系反应温度的升高，前驱体的嵌锂反应程度降低，当反应温度为 15℃时，前驱体的嵌锂反应程度可达 0.400。这是因为，随着温度升高，氧气在水中的溶解度逐步减小，降低了氧气的传质速度。

②双氧水作氧化剂（过量）滴加时，不同温度双氧水的氧化反应产物的 $n(Li)/n(Mn)$，如图 5-102 所示。

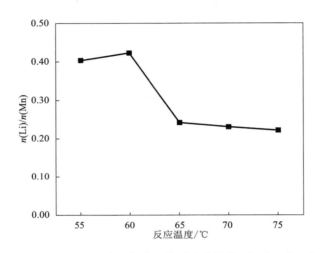

**图 5-102　不同温度双氧水氧化反应产物的 $n(Li)/n(Mn)$**

从图 5-102 可以看出，当初始 $n(Li)/n(Mn)$ 为 3 时，以 $H_2O_2$ 为氧化剂所得前驱体的嵌锂反应程度普遍较小，随着反应温度的升高，$H_2O_2$ 的分解速度加快，甚至是在滴加到溶液表面时就剧烈分解，难以扩散到溶液内部。在这种情况下，溶液中的 $H_2O_2$ 浓度与其传质速度就会降低，影响其氧化反应，使产物的嵌锂反应程度降低。

③$KMnO_4$ 作氧化剂。在实验过程中人工加入 $KMnO_4$ 固体进行不同温度下的氧化嵌锂实验，结果如图 5-103 所示。

从图 5-103 可知，当初始 $n(Li)/n(Mn)$ 为 3:1 时，随着反应温度的增加，前驱体的嵌锂反应程度呈现先增加后减小的趋势，当反应温度为 75℃时，前驱体的嵌锂反应程度最高为 0.672。$KMnO_4$ 氧化嵌锂效果与空气和 $H_2O_2$ 的氧化嵌锂效果不同，主要是由于温度对其氧化能力作用不同。增加温度不但不会降低 $KMnO_4$ 的溶解度，而且可以增强其氧化能力与传质，所以有利于氧化嵌锂反应的进行。在 75℃以上时，其规律发生变化，可能是锰酸锂在较高温度时，稳定性降低了。

综上所述，对于氧化剂是空气和 $H_2O_2$ 的情形，反应温度对产物嵌锂反应程

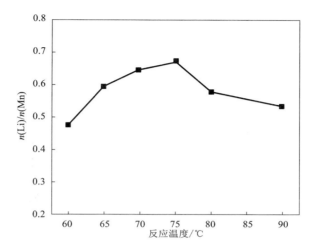

**图 5 – 103　不同温度 KMnO₄ 作氧化剂时氧化反应产物的 $n(\mathrm{Li})/n(\mathrm{Mn})$**

度的影响是一致的：随着温度升高，产物嵌锂反应程度减小。当 KMnO₄ 作氧化剂时，前驱体的嵌锂反应程度随着温度增加呈现先增加后减小的趋势。

4）综合实验

（1）反应过程物质的 XRD 图谱。

以空气为氧化剂，按表 5 – 86 的时间，通空气速度为 3.6 m³/h，氧化过程中物质的 XRD 图谱如图 5 – 104 所示。

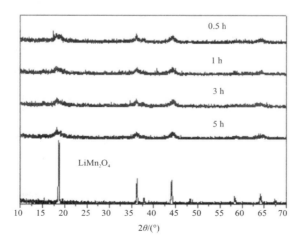

**图 5 – 104　空气氧化嵌锂过程中物质的 XRD 图谱**

　　从图 5 - 104 可看出，氧化 0.5 h 以后，产物中已无 Mn(OH)$_2$ 的衍射峰存在，主要是 LiMn$_2$O$_4$ 前驱体的衍射峰。从主要晶面的峰高高度很低及衍射峰的宽度很宽可知这种前驱体的结晶度很低，但可看出随着反应的进行，杂峰逐步减弱。这种杂峰的逐渐减弱很可能是陈化的结果，因为从反应动力学来看，氧化反应早已结束了。固相反应的发生始于两个反应物分子的扩散接触，接着发生化学作用，生成产物分子。此时生成的产物分子分散在母体反应物中，只能当作一种杂质或缺陷的分散存在，只有当产物分子集积到一定大小，才能出现产物的晶核，随着晶核的长大，达到一定的大小后出现产物的独立晶相。由此认为，用空气氧化嵌锂，反应完成后，尽管生成了锰酸锂前驱体，但并没有形成独立的锰酸锂晶相。

　　以 KMnO$_4$ 为氧化剂，在氧化反应前后得到的 XRD 图谱如图 5 - 105 所示。

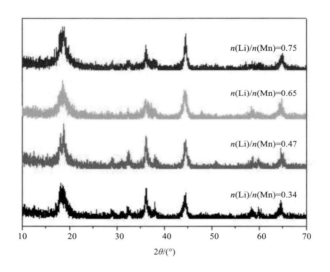

**图 5 - 105　不同嵌锂反应程度前驱体 XRD 图谱(KMnO$_4$)**

　　从图 5 - 105 可以看出，以氢氧化锰为原料经过氧化反应后，前驱体的结构发生了较大变化，前驱体具有部分尖晶石 LiMn$_2$O$_4$ 结构，但结晶不完整，不同嵌锂反应程度的前驱体结构略有不同，主要体现为特征峰的角度，随着嵌锂反应程度的提高，各衍射峰角度有向高角度偏移的趋势。对于其中 $n(Li)/n(Mn)$ 为 0.34 的产物没有发现有四氧化三锰特征谱线，可以认为在氧化嵌锂过程中，四氧化三锰没有形成独立的晶相。

　　(2) 反应过程中物质粒径的变化。

　　实验条件和 2) 探索实验一样，考察了反应过程中粒径的变化情况，实验结果见图 5 - 106。从图 5 - 106 可看出，随着反应的进行，产物的粒径逐步减小。在反应 0.5 h 后,以 KMnO₄ 和 H₂O₂ 为氧化剂得到的产物粒径急剧变小,反应时间持续 1.5 h 就反应完毕,反应速度快。而用空气作氧化剂得到的产物粒径略微减小,反应持续时间长,说明用空气作氧化剂时反应的速度相对最慢。

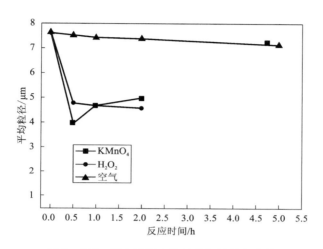

图 5 - 106　反应过程中颗粒的平均粒径变化

用 KMnO₄ 作氧化剂,其反应产物为二氧化锰或锰酸锂。根据反应结晶理论,新生固体相会在原表面的"沟槽"等表面缺陷处生成,这样就会产生作用力,使固体相开裂、粉碎。用 H₂O₂ 时,新生的氧气也会在固体表面的"沟槽"等表面缺陷处生成,也会产生挤压作用力,使固体相开裂、粉碎,降低其产物的粒径。而空气的氧化嵌锂在相对温和的速度下进行,除了搅拌的剪切力、颗粒之间的摩擦力外,不产生很大的外力,所以反应过程粒径变化较小。

(3)反应过程中物质形貌的变化。

从前面的分析可知 Mn(OH)₂ 与 CdI₂ 的层状结构相同,每个锰原子与 6 个氢氧根离子配位。在氧化反应过程中,LiMn₂O₄ 前驱体成核、生长只能在 Mn(OH)₂ 的表面原位进行。以 KMnO₄ 为氧化剂,在氧化反应前后得到的 SEM 照片如图 5 - 107、图 5 - 108 所示。

从图 5 - 107、5 - 108 的扫描电镜照片可以明显看出,与反应前的 Mn(OH)₂ 相比,反应得到的前驱体形貌发生了较大变化,颗粒表面已不是片状的六面体结构,而是富集了很多细小的粒子的结构,从图 5 - 106 的粒径变化也可看出,以 KMnO₄ 为氧化剂,氧化 0.5 h 后颗粒粒径急剧减小。比表面积分析结果为 35.93 m²/g,这也证明了以 KMnO₄ 为氧化剂,通过氧化法合成的前驱体具有较高的表面活性。

图 5 – 107　Mn(OH)₂ SEM 照片

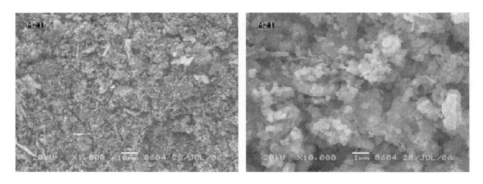

图 5 – 108　KMnO₄ 为氧化剂, 前驱体 SEM 照片

以空气为氧化剂, 按表 5 – 86 中 4 号实验, 空气流量为 3.6 $m^3/h$ 时, 氧化过程中不同时间的 SEM 照片如图 5 – 109 所示。

对比图 5 – 107, 从图 5 – 109 可看出, 随着反应进行, 过程产物的形貌发生了很大的变化, 颗粒表面富集了很多细小的粒子, 并且晶粒逐步长大, 颗粒间的边界逐渐变得清晰, 反应 5 h 后的产物颗粒呈球状和短棒状, 其 BET 为 19.36 $m^2/g$, 比相同温度下(70℃)以 KMnO₄ 为氧化剂得到的产物的 BET(>30 $m^2/g$)低很多。

以空气为氧化剂, 按表 5 – 86 中 1 号实验, 空气流量为 0.5 $m^3/h$, 氧化过程中的 SEM 照片如图 5 – 110 所示。

根据表 5 – 86 的数据和图 5 – 104 的 XRD 图谱, 当空气流量为 0.5 $m^3/h$ 时, 氧化 20 h 得到的产物主要是 $Mn_3O_4$。从图 5 – 110 可看出, 氧化反应 1 h 后, 颗粒形状已由起初的片状变为块状, 颗粒边界清晰, 产物结晶度好, 进一步说明在小风量下主要得到了高结晶度的稳定的 $Mn_3O_4$。

反应物化学组成与结构是影响固相反应的内因, 是决定反应方向和反应速率

**图 5 - 109　空气流量为 3.6 m³/h 时不同氧化时间的前驱体 SEM 照片**
(a)0.5 h; (b)3.0 h; (c)5.0 h

的重要因素。同时按威尔表面学说，随颗粒表面积增大，键强分布曲线变平，弱键比例增加，故而使反应和扩散能力增强。固体内部或表面发生反应，产生不脱离的新相，除了一个或多个方向上的尺寸改变外，反应物晶体的原子排列在拓扑物固相反应中并不发生变化，那么可以认为多相氧化还原反应是拓扑化学控制。拓扑化学原理指出，固体反应物的晶格移动较困难，只有合适取向的晶面上的分子足够地靠近，才能提供合适的反应中心，使固相反应得以进行。这一类拓扑化学反应产物结构与反应物结构存在一定的关联。从不同气体流量氧化反应产物的

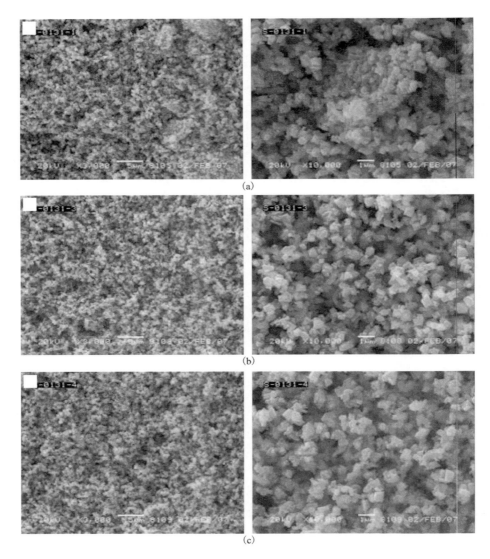

**图 5 – 110　空气流量为 0.5 m³/h 时不同氧化时间的前驱体 SEM 照片**

(a)1.0 h；(b)5.0 h；(c)20.0 h

不同，当气体流量高时反应产物主要为 $LiMn_2O_4$，当气体流量低时，反应的主要产物为 $Mn_3O_4$。$KMnO_4$ 和 $H_2O_2$ 为氧化剂时得到的产物粒径小，而空气作氧化剂时产物粒径变化小，这说明多相氧化反应产物 $LiMn_2O_4$、$Mn_3O_4$ 生成量主要由反应过程决定，受动力学控制。但要合成单一物相的锰酸锂产物，还要进一步研究反应物 $Mn(OH)_2$ 与产物 $LiMn_2O_4$、$Mn_3O_4$ 的结构关系。

由 $Mn(OH)_2$ 氧化生成 $LiMn_2O_4$ 的 $PBR$ 为：

$$PBR = \frac{V(LiMn_2O_4)}{2V[Mn(OH)_2]} = \frac{180.82/4.8}{2 \times 88.94/3.3} \approx 0.70$$

0.70 < 1.0，说明反应产物层是不连续的。反应物氧化剂与锂离子通过两个途径到达反应表面：①直接从溶液扩散到反应物表面；②从溶液先扩散到产物表面，再由产物表面扩散到反应物表面。

5）热处理实验

（1）热重分析。

将氧化法得到的前驱体进行化学成分分析，称取一定质量的 $n(Li)/n(Mn)$ 小于 0.5 的前驱体，按 $n(Li)/n(Mn)=0.5$ 加入相应质量的碳酸锂粉末，混合均匀后热处理即得到尖晶石型锰酸锂。将前驱体进行 TGA - DTA 分析，测试条件为：在空气气氛中，以 8℃/min 升温速率从室温升温到 900℃，结果如图 5 - 112 所示。从图 5 - 111 可知，DTA 曲线上在 60.22℃处有吸热峰并伴随 4.1% 的质量损失，这应该是前驱体失去吸附水引起的。之后基本没有观察到大的吸热峰，这说明前驱体在热处理过程中没有发生化学反应，由于热处理过程中有碳酸锂分解及挥发，所以从 TGA 曲线上看一直处于失重状态。我们将前驱体的热处理温度确定为 820℃，时间确定为 10 h。

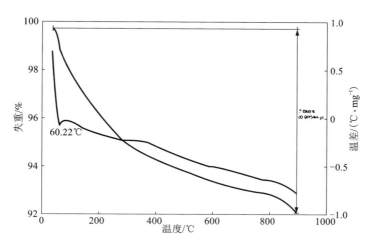

图 5 - 111　TGA - DTA 曲线

（2）热处理产物 XRD 分析。

将氧化法得到的前驱体按 $n(Li)/n(Mn)=0.5$ 进行调整配比，混合均匀后经过 820℃条件下热处理 10 h 即得到尖晶石型锰酸锂。热处理后产物的 XRD 图谱如图 5 - 112 所示。由图 5 - 112 可知，热处理产物为单一立方尖晶石结构，无杂峰,衍射峰尖锐,结晶程度好,其空间群为 Fd3m。对于尖晶石型的锰酸锂而言,产物的结晶程度越好,电化学性能越好,即是说材料的结构性能越好,材料在反复充放电过程中结构越不易被破坏,循环性能越好。

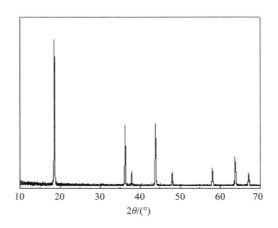

图 5 – 112　氧化法合成 LiMn₂O₄的 XRD 图谱

6)SEM 检测

将热处理后样品进行 SEM 检测,结果如图 5 – 113 所示。

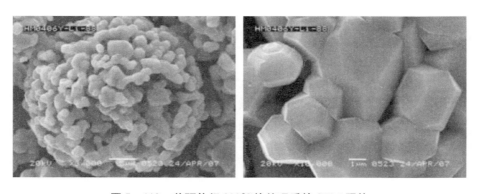

图 5 – 113　前驱体经820℃热处理后的 SEM 照片

从图 5 – 113 可以看出,热处理后样品的颗粒为尖晶石结构,颗粒之间结合较松,晶面清晰平整,粒子大小均匀。大部分一次粒子粒径为2 μm 左右,颗粒表面光滑,结晶程度高。以电解 MnO₂ 和 LiOH · H₂O 为原料,球磨混合后在 820℃ 条件下热处理 10 h,制得尖晶石 LiMn₂O₄,SEM 照片如图 5 – 114 所示。

从图 5 – 114 可看出,用高温固相法合成的 LiMn₂O₄ 颗粒形状为球形,大小不

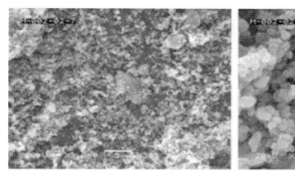

图 5 – 114　LiMn$_2$O$_4$ 的 SEM 照片

均匀，比表面积大，颗粒平均粒径为 0.4 μm 左右。由图 5 – 113 和图 5 – 114 可看出，用 Mn(OH)$_2$ 为原料氧化得到 LiMn$_2$O$_4$ 的前驱体，再经烧结得到的尖晶石 LiMn$_2$O$_4$ 结晶比固相法的产物更完整，颗粒更均匀。

7）电化学实验

（1）充放电比容量。

将所得样品制成模拟电池，在 3.0 ~ 4.3 V 进行 0.2 C 测试，其结果见表 5 – 87 所示。由表 5 – 87 可以看出，由氧化法所得样品的首次放电比容量为 119.2 mA·h/g，首次不可逆比容量为 11.9 mA·h/g，占 9.1%。经过 3 次充放电循环后，该样品的放电比容量为 117.9 mA·h/g，与首次放电比容量相比，衰减了 1.9%。从首次充放电曲线（图 5 – 115）可以看出，在 3.0 ~ 4.3 V（相对于 Li），尖晶石结构锰酸锂在充电过程中有 4.1 V 和 4.2 V 2 个充电平台，在放电过程中具有 3.8 V 和 4.1 V 2 个放电平台，即对应的 2 对氧化 – 还原峰分别为（4.2 V/4.1 V）和（4.1 V/3.8 V）。

表 5 – 87　充放电比容量表/（mA·h·g$^{-1}$）

| 编号 | 第 1 次循环 | | | 第 2 次循环 | | | 第 3 次循环 | | |
| --- | --- | --- | --- | --- | --- | --- | --- | --- | --- |
| | 充电比容量 | 放电比容量 | $\eta$/% | 充电比容量 | 放电比容量 | $\eta$/% | 充电比容量 | 放电比容量 | $\eta$/% |
| M – 3LiM – 8220 | 131.1 | 119.2 | 90.9 | 122.2 | 118.3 | 97.8 | 119.7 | 117.9 | 97.7 |

注：$\eta$ 为充放电效率。

（2）循环性能。

将以 Mn(OH)$_2$ 为原料，通过氧化法制备的 LiMn$_2$O$_4$ 样品和以 MnO$_2$ 为原料

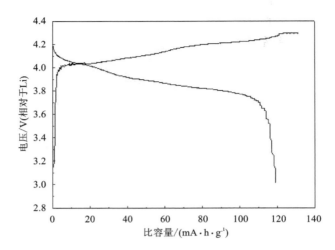

**图 5 – 115　首次充放电曲线**

通过固相法合成的 LiMn₂O₄ 样品在同等条件下测试循环性能，即先以 1 C 充放电电流循环 10 次，再以 2C 充放电电流循环 10 次，结果如图 5 – 116 所示。

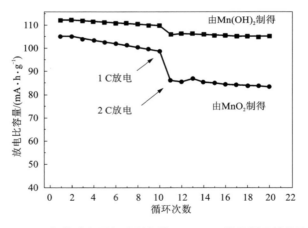

**图 5 – 116　氧化法和固相法制备的 LiMn₂O₄ 样品循环性能比较**

从图 5 – 116 可看出，在大电流充放电的情况下，氧化法制得的样品放电比容量和循环性能远比固相法制备的样品表现好。以 1 C 电流放电 10 次后比容量为 109.4 mA·h/g，再以 2 C 电流放电 10 次后比容量为 104.9 mA·h/g，而固相法制得的样品以 2 C 电流放电 10 次后比容量仅为 83.2 mA·h/g。这主要是因为氧化法制得的样品结晶程度更好，晶体结构更对称和完整，有利于减轻 $Li^+$ 迁移引起的内应力对晶体结构的破坏。

### 3. 多相还原法制备锰酸锂

**1）研究方法**

以还原反应合成产物的 $n(Li)/n(Mn)$ 为实验研究指标。实验操作程序为：先将一定浓度的氢氧化锂溶液加热到设定温度，开启搅拌器、缓慢加入规定量的电解二氧化锰，再次加热到设定温度后，按实验要求手工间断或计量泵连续加入水合肼或亚硫酸钠进行还原，反应一定时间后取样，过程样或最终反应混合物经过滤、洗涤、干燥得锰酸锂前驱体。随后对锰酸锂前驱体进行分析检测，确定锂的嵌入量，$n(Li)/n(Mn)$ 按式（5-119）计算。

在化学分析的基础上，按 $LiMn_2O_4$ 分子式 $n(Li)/n(Mn)=0.5$ 进行二次配方，补加四氧化三锰、氢氧化锂或碳酸锂，手工研磨混料后进行热处理。

**2）基本实验**

在氢氧化锂浓度为 20 g/L，二氧化锰为 2 mol/L，温度为 80℃，还原剂水合肼和亚硫酸钠用量与二氧化锰量的物质的量比分别为 1:8 和 1:4，反应时间为 2 h 等条件下分别制得前驱体，用纯水洗涤至洗液电导率小于 200 μS/cm，烘干后分析其化学成分，结果见表 5-88。

表 5-88 不同还原剂对前驱体嵌锂反应程度的影响

| 样品 | 成分/% | | 嵌锂反应程度 |
|------|--------|------|------|
| | Li | Mn | $n(Li)/n(Mn)$ |
| 水合肼 | 2.72 | 55.40 | 0.389 |
| 亚硫酸钠 | 3.28 | 58.59 | 0.451 |

从表 5-88 可以看出，合成的锰酸锂前驱体经水洗净后的锂含量仍大于 2.70%，说明前驱体中的锂已经嵌入到结构中。但其化学组成可能是 $Mn_3O_4$、$LiMn_2O_4$、$MnO_2$ 等锰化合物中的一种或多种。随着还原剂的加入，$MnO_2$ 被还原，而 $Mn_3O_4$ 和 $LiMn_2O_4$ 同时生成。为了进一步确定还原产物，将前驱体进行 XRD 分析，结果如图 5-117 所示。

从图 5-117 可以看出，经过洗涤后的锰酸锂前驱体 b、c 的大部分特征峰与尖晶石型锰酸锂的主要特征峰一致，说明前驱体已具有尖晶石结构，这就是说在氢氧化锂溶液中，二氧化锰在被还原时形成了 $LiMn_2O_4$，即在氢氧化锂溶液中，发生了如下还原反应。

$$4LiOH + 8MnO_2 + N_2H_4 \longrightarrow 4LiMn_2O_4 + 4H_2O + N_2\uparrow \qquad (5-122)$$

$$2LiOH + 4MnO_2 + Na_2SO_3 \longrightarrow 2LiMn_2O_4 + Na_2SO_4 + H_2O \qquad (5-123)$$

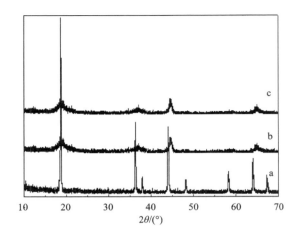

**图 5 – 117　不同还原剂所得前驱体 XRD 图谱**

a—$LiMn_2O_4$；b—水合肼还原产物；c—亚硫酸钠还原产物

在 XRD 图谱中没发现 $Mn_3O_4$ 的特征峰，说明前驱体中没有，或仅有少量或只是以非晶态存在的 $Mn_3O_4$。因为所得到的反应产物中的 $n(Li)/n(Mn)$ 小于 0.5，所以反应产物肯定不是化学计量的尖晶石结构的锰酸锂，并且锰是过量的。这部分没有形成尖晶石结构的锰一部分可能是未被还原的二氧化锰，一部分则是已经被还原生成的四氧化三锰。所以在氢氧化锂溶液中还原二氧化锰时除了发生生成锰酸锂的反应外，还发生了生成四氧化三锰的还原反应：

$$3MnO_2 + N_2H_4 \longrightarrow Mn_3O_4 + 2H_2O + N_2 \uparrow \qquad (5-124)$$

$$3MnO_2 + 2Na_2SO_3 \longrightarrow Mn_3O_4 + 2Na_2SO_4 \qquad (5-125)$$

3）条件实验

（1）还原剂用量的影响。

以一定量二氧化锰为原料，在初始 Li 浓度为 20 g/L 及 80℃条件下反应 2 h，水合肼用量分别按 $n(N_2H_4)/n(MnO_2)$ 为 1/16、1/8、3/16、1/4 计算，亚硫酸钠用量分别按 $n(Na_2SO_3)/n(MnO_2)$ 为 1/8、1/4、3/8、1/2 计算。两种还原剂用量对前驱体嵌锂反应程度的影响如图 5 – 118 所示。

从图 5 – 118 可以看出，随着还原剂水合肼用量的增加，所得前驱体的嵌锂反应程度先升高后降低，当 $n(N_2H_4)/n(MnO_2) = 3/16$ 时，前驱体的嵌锂反应程度最高，$n(Li)/n(Mn) = 0.461$。继续增加还原剂用量时，所得前驱体的嵌锂程度减小，这可能是由于过量的还原剂使多相体系中生成的 $LiMn_2O_4$ 前驱体被进一步还原成 $Mn_3O_4$，从而降低了 $LiMn_2O_4$ 前驱体的嵌锂反应程度，说明水合肼还原产物嵌锂的最佳 $n(N_2H_4)/n(MnO_2)$ 为 1/8 ~ 3/16。而以亚硫酸钠为还原剂时表现

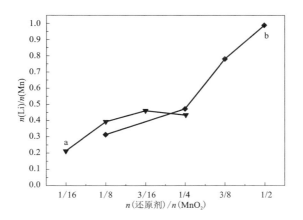

**图 5 – 118　不同还原剂量对前驱体嵌锂反应程度的影响**

a—水合肼还原；b—亚硫酸钠还原

出不同的趋势，当 $n(Na_2SO_3)/n(MnO_2) = 1/4$ 时，嵌锂反应程度可达到 0.47，继续加入亚硫酸钠后，嵌锂反应程度进一步提高，当 $n(Na_2SO_3)/n(MnO_2) = 1/2$ 时，嵌锂反应程度接近于 1.0，此时前驱体可能含有 $LiMnO_2$ 或其他化合物，因此在亚硫酸钠还原中，还可能存在以下反应：

$$2LiOH + 2LiMn_2O_4 + Na_2SO_3 \longrightarrow 4LiMnO_2 + Na_2SO_4 + H_2O \qquad (5 – 126)$$

（2）温度的影响。

在水合肼和亚硫酸钠与二氧化锰量的物质的量比分别为 3/16 和 1/4 及其他条件同 1）节的情况下，考察了温度对还原嵌锂过程的影响，在实验过程中，反应温度不同，生成物的颜色不同，其中 50℃、60℃ 所得产物颜色为黑色，而 70℃、80℃、90℃ 所得产物颜色偏棕色，这可能是由于不同温度下所合成前驱体的嵌锂反应程度不同引起的，前驱体的嵌锂反应程度如图 5 – 119 所示。

从图 5 – 119 可以看出，前驱体的嵌锂反应程度随着反应温度的升高而增加，而且反应温度对水合肼还原嵌锂反应程度的影响更大，80℃ 时水合肼还原嵌锂反应程度已接近尖晶石型锰酸锂的 $n(Li)/n(Mn) = 0.5$ 的比值，温度高于 80℃ 后，亚硫酸钠还原嵌锂反应程度变化不大。说明 80℃ 为二氧化锰还原法合成锰酸锂前驱体的最佳温度。

（3）初始 $Li^+$ 浓度的影响。

在反应温度为 80℃ 及其他条件同 2）的情况下，考察了初始 $Li^+$ 浓度对还原嵌锂过程的影响，结果如图 5 – 120 所示。

从图 5 – 120 中可以看出，随着初始 Li 浓度的提高，前驱体的嵌锂反应程度先明显提高，氢氧化锂浓度到 20 g/L 后变化不大，这可从动力学角度分析，增加

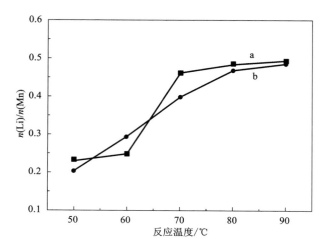

**图 5 - 119　不同反应温度还原嵌锂过程的影响**

a—水合肼还原产物；b—亚硫酸钠还原产物

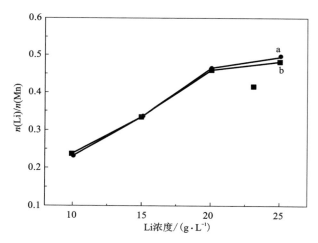

**图 5 - 120　初始 Li 浓度对前驱体嵌锂反应程度的影响**

a—水合肼还原产物；b—亚硫酸钠还原产物

化学反应中反应物浓度可以促进反应进行。当体系中 $Li^+$ 浓度达到一定值时，反应达到平衡，进一步提高 $Li^+$ 浓度对嵌锂反应程度的影响不大，说明 20 g/L 为最佳 $Li^+$ 浓度。

提高 $Li^+$ 的浓度并不会对二氧化锰的还原产生直接影响，但可以经 Mn—O 键断裂还未形成新 Mn—O 键时 Li$^+$ 在 Mn—O 断裂键区域内出现的概率增加，参与反应、形成锰酸锂的机会增多，有利于嵌锂反应的进行。

4）综合实验结果分析

（1）产物的比表面变化。

不同嵌锂反应程度的锰酸锂前驱体的比表面积见表 5 – 89。EMD 的表面积为 30 ~ 60 m$^2$/g，而 CMD 为 50 ~ 100 m$^2$/g。从表 5 – 89 可知，经过反应后的前驱体比表面是增加的，而且随着嵌锂量的增加而增加。在氢氧化锂体系中，二氧化锰与还原剂的反应较为剧烈，生成产物颗粒较小，这可能是前驱体表面积增加的原因之一。随着反应的进行，嵌锂反应程度提高，产物 BET 增加，这意味着反应的进行提供了更多的反应表面，即 EMD 的还原嵌锂反应具有自催化特性。自催化特性是这一类生成固相产物层多相氧化还原反应能够持续进行的原因。

表 5 – 89　不同嵌锂反应程度的前驱体的比表面积

| $n(Li)/n(Mn)$ | 比表面积/$(m^2 \cdot g^{-1})$ |
|---|---|
| 0.00($MnO_2$) | 41.12 |
| 0.203 | 58.48 |
| 0.335 | 59.26 |
| 0.397 | 68.29 |
| 0.461 | 78.22 |

（2）产物的粒径变化。

表 5 – 90 所示为不同嵌锂反应程度的前驱体的粒径分析结果。本实验用的 EMD 是经过球磨处理的，平均粒径为 3.10 μm。

表 5 – 90　不同嵌锂反应程度前驱体的粒径分析结果/μm

| $n(Li)/n(Mn)$ | $D_{10}$ | $D_{50}$ | $D_{90}$ | MD |
|---|---|---|---|---|
| 0.00($MnO_2$ 干粉) | 0.22 | 1.32 | 8.29 | 3.10 |
| 0.203 | 0.59 | 1.50 | 9.47 | 3.07 |
| 0.335 | 0.31 | 1.86 | 6.48 | 3.20 |
| 0.397 | 0.46 | 1.79 | 8.52 | 3.17 |
| 0.461 | 0.22 | 1.47 | 6.55 | 2.37 |

从表 5 - 90 可知，还原法合成的前驱体与 $MnO_2$ 原料的粒径分布基本一致，反应产物的 $D_{10}$、$D_{50}$、$D_{90}$、MD 均没有大的变化。这说明反应是在原位进行、产物并没有脱离原固体相。在多相还原反应时锂离子从 $MnO_2$ 颗粒表面逐渐嵌入，而未改变其骨架。$Mn_3O_4$、$LiMn_2O_4$ 的反应成核、长大都在 EMD 表面进行。由于反应物与产物的性质相似，EMD、$Mn_3O_4$、$LiMn_2O_4$ 黏连强度大，当反应过程中没有足够的剪切力作用时，$Mn_3O_4$、$LiMn_2O_4$ 不会脱离 EMD 表面，因此反应产物的粒径与反应前变化不大。

（3）产物的 XRD 分析。

锰化合物的 XRD 图谱如图 5 - 122 所示，还原法制备不同嵌 Li 程度锰酸锂前驱体的 XRD 图谱如图 5 - 123 所示。

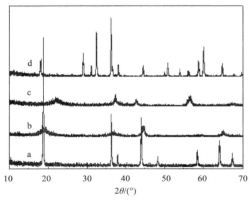

图 5 - 121　相关锰化合物 XRD 图谱

a—$LiMn_2O_4$；b—前驱体；c—$MnO_2$；d—$Mn_3O_4$

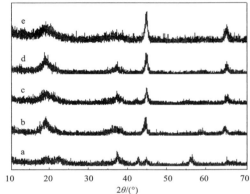

图 5 - 122　不同嵌 Li 程度前驱体 XRD 图谱

a—$n(Li)/n(Mn)=0.203$；b—$n(Li)/n(Mn)=0.397$；
c—$n(Li)/n(Mn)=0.461$；d—$n(Li)/n(Mn)=0.607$；
e—$n(Li)/n(Mn)=0.966$

图 5 - 121（c）表明在 22.2°附近有一个特征宽峰，在 37.1°，42.4°和 56.2°附近有 3 个较尖锐的主峰，与文献报道的一致。可以看出，由二氧化锰还原法合成的前驱体均具有一定结晶程度的尖晶石结构。随着嵌锂反应程度的增加，前驱体的各特征衍射峰强度增加，尽管衍射峰位置有向高角度漂移的趋势，即使 $n(Li)/n(Mn)=0.966$ 的前驱体 XRD 表明还是尖晶石结构 $LiMn_2O_4$。二氧化锰还原制备锰酸锂的特点决定了高 $n(Li)/n(Mn)$ 的产物不可能是 $Li_2Mn_4O_9$ 和 $Li_4Mn_5O_{12}$、$Li_5Mn_4O_9$、$Li_7Mn_5O_{12}$ 等高锰价态的尖晶石化合物，而只可能是低价高锂含量的 $LiMnO_2$ 的化合物。XRD 图谱中没有发现 $LiMnO_2$ 的特征谱线说明 $LiMnO_2$ 并没有形成独立的晶相。

（4）产物的 SEM 分析。

图 5 - 123 是不同嵌锂反应程度前驱体的 SEM 照片，其中 a 为反应前的 $MnO_2$，晶体呈碎片状。从图 5 - 123 可以看出，与反应前的 $MnO_2$ 对比，经过还原反应后颗粒基本保持了原有的形貌，但表面状态发生改变，存在许多细小颗粒，同时有一些裂纹。这是因为，在氢氧化锂溶液中二氧化锰与还原剂的反应属于液固反应，反应首先从二氧化锰固体表面开始并伴随着锂的嵌入逐渐扩散到颗粒里层从而完成嵌锂反应，而颗粒表面形成了新的反应产物，随着反应的进行，颗粒表面的细小粒子增多，嵌锂反应程度提高，颗粒表面有更加细化的趋势，这可能是由于还原反应的生成产物在表面富集引起的，这也使表面积增加。依照产物界面能和反应物晶界能的不同，在晶粒交界处可能形成孤立的袋状产物相；产物在三晶粒交角处沿晶粒相交线部分地渗透进去；稳定地沿着各个晶粒边长方向延伸，在三晶粒交界处形成三角棱柱体；或反应物的晶粒表面完全被产物隔开。在 EMD 还原过程中，可以推测形成的是袋状的、不连续的产物层，而不可能是产物层完全将反应物隔开，否则反应不能持续进行。EMD 还原的主要产物是 $Mn_3O_4$ 和 $LiMn_2O_4$，两相都具有相同的尖晶石结构，晶格常数也比较接近，相界面的原子通过一定变形，两侧的原子排列保持一定相位关系，那么就会形成共格相。综上所述，在 EMD 还原过程中，尽管颗粒表面形成了新的反应产物，随着反应的进行，颗粒表面的细小粒子增多，但不能从 SEM 照片观察到独立的 $LiMn_2O_4$ 相。从不同嵌锂反应程度产物的 SEM 照片可以看出，还原 EMD 时产物是在固体表面原位形成的。

5）热处理实验

（1）热重分析。

将还原二氧化锰合成的锰酸锂前驱体进行 TGA - DTA 分析，测试条件为：在空气气氛中，以 8℃/min 升温速率从室温升温到 900℃，结果如图 5 - 124 所示，DTA 曲线上在 60.22℃ 处有吸热峰并伴随有 4.1% 的质量损重，这应该是前驱体失去吸附水引起的。之后基本没有观察到吸热峰和放热峰，这说明前驱体在热处理过程中没有发生明显的化学反应，同时也证明了还原二氧化锰时，前驱体的锰酸锂结构已经形成。由于热处理过程中有盐类的分解挥发，所以可以观察到 TGA 曲线一直处于失重状态。

（2）热处理产物 XRD 分析。

在热处理实验中，在还原法生产前驱体化学分析的基础上，取嵌锂反应程度小于 0.5 的前驱体按 $n(Li)/n(Mn) = 0.5$ 补加 $Li_2CO_3$，混合均匀后在马弗炉中热处理，即得到尖晶石型锰酸锂。热处理温度分别为 750℃、800℃、850℃、900℃，时间为 10 h。前驱体配方校正后热处理产物的 XRD 分析如图 5 - 125 所示。

从图 5 - 125 可以看出，热处理后样品均为单一的尖晶石结构，无杂相。随着热处理温度的升高，各衍射峰强度增加，说明结晶结构更加完整。

图 5 − 123　不同嵌锂反应程度前驱体形貌 SEM 照片

（a）$n(\mathrm{Li})/n(\mathrm{Mn})=0.000$（球磨 $\mathrm{MnO_2}$）；（b）$n(\mathrm{Li})/n(\mathrm{Mn})=0.203$；（c）$n(\mathrm{Li})/n(\mathrm{Mn})=0.397$；

（d）$n(\mathrm{Li})/n(\mathrm{Mn})=0.461$；（e）$n(\mathrm{Li})/n(\mathrm{Mn})=0.607$；（f）$n(\mathrm{Li})/n(\mathrm{Mn})=0.966$

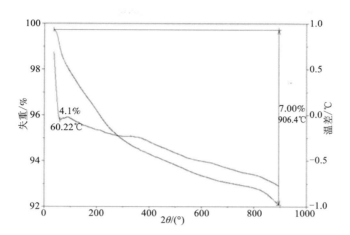

图 5 - 124　还原法制锰酸锂前驱体的 TGA – DTA 曲线

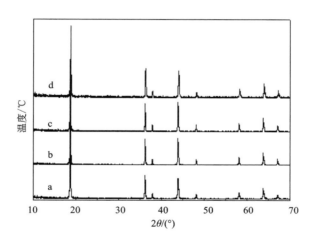

图 5 - 125　不同热处理温度所得 LiMn$_2$O$_4$ 的 XRD 图谱

a—750℃；b—800℃；c—850℃；d—900℃

（3）热处理产物 SEM 分析。

　　还原法制前驱体的热处理产物的 SEM 分析结果如图 5 - 126 所示。从图 5 - 126 可以看出，经过热处理后，LiMn$_2$O$_4$ 晶粒与前驱体相比明显长大。前驱体颗粒形貌不规则，粒子大小均匀性较差。随着热处理温度的增加，一次粒子尺寸逐渐长大，颗粒逐渐呈现出尖晶石形貌，结晶程度逐渐增大。当热处理温度低于 800℃时，绝大部分 LiMn$_2$O$_4$ 一次粒子粒径小于 1 μm，颗粒没有明显的边界，表明晶体发育不完整。当热处理温度高于 850℃时，样品中大部分颗粒呈八面体，颗粒表面光滑，边界清晰，表明 $LiMn_2O_4$ 晶体发育较好。

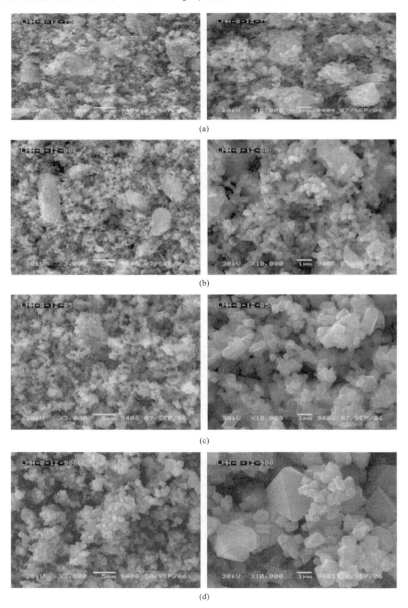

图 5－126　热处理温度对产物 $LiMn_2O_4$ 形貌的影响

(a)750℃；(b)800℃；(c)850℃；(d)900℃

6）锰酸锂的电化学性能

（1）首次放电行为。

按上述方法和条件对还原法制备的锰酸锂前驱体热处理产物进行充电放电行为研究，结果如图 5 - 127 所示。从图 5 - 127 可以看出，在相同的电池制作和测试条件下，不同热处理温度所得样品表现出的电化学性能不同。在 0.2 C 放电测试中，随着热处理温度的升高，样品的首次放电比容量呈现出先增加后减小的规律。这可能是由于在热处理温度较低时，所得 $LiMn_2O_4$ 的晶体结构发育不完整，一次粒子较小，在充放电过程中的极化明显，导致不可逆容量增加，可逆容量较低；热处理温度升高后，$LiMn_2O_4$ 的晶体结构发育完好，颗粒表面光滑，在充放电过程中极化现象较弱，表现出较高的容量；当热处理温度进一步升高，$LiMn_2O_4$ 的一次粒子长大，比表面积降低，在充放电过程中表现出相对较低的活性，因此容量较低。从首次放电比容量看，850℃ 热处理样品的容量最高，为 135.6 mA·h/g，达到其理论放电比容量的 91% 以上，而 900℃ 热处理样品的容量最低，为 124.7 mA·h/g。

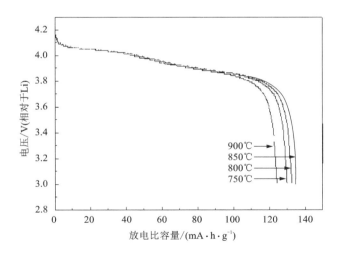

**图 5 - 127　$LiMn_2O_4$ 的首次放电曲线**

室温，0.2 C，3.0 ~ 4.3 V

与固相法合成锰酸锂的容量相比，用还原法制备的锰酸锂具有更高的首次放电比容量，这是因为经过二氧化锰还原法所得前驱体具有更好的均匀性和反应活性，经过热处理后产品的微观均匀性好，因此表现出更好的电性能。

（2）循环性能。

热处理温度对样品循环性能影响见表 5 - 91。

**表 5 – 91　热处理温度对样品循环性能的影响(室温, 0.5 C、3.0 ~ 4.3 V)**

| 循环次数 | 放电比容量/$(mA \cdot h \cdot g^{-1})$ | | | |
|---|---|---|---|---|
| | 750℃ | 800℃ | 850℃ | 900℃ |
| 1 | 120.2 | 123.9 | 126.1 | 110.2 |
| 2 | 116.8 | 123.1 | 125.4 | 105.5 |
| 3 | 113.9 | 122.1 | 123.3 | 102.7 |
| 4 | 110.7 | 121.1 | 121.3 | 99.5 |
| 5 | 108.7 | 120.2 | 119.1 | 96.8 |
| 6 | 103.4 | 119.7 | 116.9 | 93.0 |
| 7 | 104.1 | 118.9 | 116.2 | 92.7 |
| 8 | 102.2 | 118.0 | 114.6 | 91.8 |
| 9 | 100.6 | 118.3 | 113.0 | 89.5 |
| 10 | 98.9 | 116.5 | 112.1 | 88.5 |
| 容量衰减/% | 17.72 | 5.97 | 11.10 | 19.69 |

　　从表 5 – 91 可以看出,经过 10 次充放电循环后,在 750℃、800℃、850℃、900℃下热处理 10 h 后 $LiMn_2O_4$ 的放电比容量分别由最初的 120.2 mA·h/g、123.9 mA·h/g、126.1 mA·h/g、110.2 mA·h/g 下降到 98.9 mA·h/g、116.5 mA·h/g、112.1 mA·h/g、88.5 mA·h/g,容量衰减率分别为 17.72%、5.97%、11.10%、19.69%。表明热处理温度对 $LiMn_2O_4$ 的循环性能影响较大:随着热处理温度的升高,样品的循环性能逐渐得到改善;进一步提高热处理温度后,循环性能恶化。

# 第 5 章  气相氧化法制取四针状氧化锌晶须

## 5.1  概述

氧化锌晶须有四针状和纤维状两种基本形态,其中,四针状氧化锌晶须(tetrapod - like ZnO 或 T - ZnO)是目前已知的晶须家族中唯一具有三维空间结构的晶须。正是由于其独特的形貌,四针状氧化锌晶须在应用上要优于纤维状晶须,因此,受到了人们更广泛的关注。

四针状氧化锌晶须最早是 Fuller(1944)在涂料用的氧化锌中发现并进行研究的,但在随后的几十年里,相关的研究却很少。20 世纪 60 年代后,晶须作为复合材料的增强剂,因可以显著地提高材料的强度和韧性而受到人们的重视,且氧化锌晶须具有声、光、热、电、磁等许多优良的性能且应用广泛,国外于 20 世纪 80 年代中期开始对四针状氧化锌晶须进行系统研究,日本松下电器公司于 90 年代初实现了四针状氧化锌晶须的商品生产(商品名 Pana - Tetra)。国内在这方面的研究起步很晚,90 年代才开始研究制备四针状氧化锌的方法,近年来,有关四针状氧化锌晶须的应用及相关理论的研究也有报道。

### 5.1.1  四针状氧化锌晶须的制取方法

已报道的四针状氧化锌晶须制备的方法较多,特点都是以高纯金属锌粉进行高温气相氧化,通过控制锌蒸气的挥发速度或降低反应体系的氧量来控制锌蒸气的氧化速度,从而使单晶的生长获得充足的时间和适宜的环境。根据原料是否经过预处理,这些方法可分为预氧化法和直接氧化法。

锌粉预氧化法是预先将锌粉表面氧化,即将高纯锌粉置于去离子水中搅拌、陈化、干燥,使其表面生成一定厚度的氧化膜,再将这种锌粉在高温下气化氧化制备四针状氧化锌晶须。使锌粉表面氧化的设想是:氧化膜能抑制锌蒸气和熔融的锌从颗粒内部过快流失,同时,也能抑制外部的氧气向颗粒内部的过快迁移,保证反应体系中锌蒸气的气相饱和度,应侧重于控制反应体系内锌蒸气的分压。预氧化法制备的四针状氧化锌晶须的尺寸相对较大、形貌单一、规整性较好。但对锌粉的纯度(Zn≥99.99%)和粒径(≤79 μm)要求严格、锌粉的预氧化处理工艺繁杂、条件要求苛刻,成品率低(约40%),另外,要消耗大量添加剂,使该法的产业化受到极大制约。

　　锌粉直接氧化法是直接将锌粉在空气中氧化制取四针状氧化锌晶须的方法，这种方法侧重于控制反应体系的氧分压。控制方法有用副反应消耗部分氧量（如在原料中加入一定比例的碳粉，碳在高温氧化时消耗了体系中部分氧）、用一端开口的管式炉来阻碍空气流动，或者是按氧化炉的炉膛体积加入原料等措施来抑制反应体系氧量。直接氧化法制得的四针状氧化锌晶须的尺寸分布较宽，针状体之间很容易产生二次生长的片晶，破坏晶须形貌；直接氧化还会产生粉粒状或者单针状的氧化锌，这些粉粒和针状体很难与晶须分离，使晶须形貌的规整性变差；另外，直接氧化法存在部分锌粉氧化不完全的问题，严重时晶须呈微黄色而影响外观质量。上述原因都使直接法生产率较低，晶须收得率下降。但是与预氧化法相比，直接氧化法工艺流程短，设备简单，过程易于控制，因此该法实现工业化具有优势。

## 5.1.2　四针状氧化锌晶须的结构特征与性能

### 1. 四针状氧化锌晶须的结构特征

　　四针状氧化锌晶须具有独特的三维空间结构：一个中心体（晶核）向外伸出四个空间方向不同的针状体（晶须）。中心体的边长为 1 ~ 10 μm，针状体长 3 ~ 300 μm，根部直径 1 ~ 10 μm，任意 2 个针状体的夹角约为 109°。XRD 分析表明中心体和针状体的晶体结构都属于六方晶系的纤锌矿型（wurtzite）。

　　晶体几何关系的研究结果表明，四针状氧化锌晶须的针状体并不严格遵守八面体的空间角度关系（{111}面法线组成的 6 个空间角度都是 109.5°）。一般认为四针状氧化锌晶须是以某种双晶关系连接的双晶结构，如 Fuller 认为针状体是以{1122}面连接的、有微小位错的双晶。

　　在四针状氧化锌晶须的生长过程中，有时会出现针状体被折断，使得针状体的数目少于 4 个，若被折断的针状体黏附在其他的中心体上，便形成有 5 个或 6 个针状体的晶须。因此，晶须的规整性包括尺寸的均匀性和规整四针状体的含量 2 方面。在某些条件下，锌在高温气相氧化时会生成复杂的针状体，如八针状体、多针状体，有时，可同时生成多针状体和四针状体。从目前的研究来看，尚缺少对这类复杂针状体和四针状体的成核和生长规律内在联系的研究。

### 2. 四针状氧化锌晶须的性能

　　四针状氧化锌晶须具有独特的空间结构形貌特征和极好的力学性能（表 5 - 92），如拉伸强度和弹性模量分别达到 $1.0 \times 10^4$ MPa 和 $3.5 \times 10^5$ MPa，接近化学键的理论计算值，同时具有良好的半导体和压电特性，以及氧化锌本身的固有特性。这些特性全部或部分组合在一起，对材料和制品的综合性能有极大的改善，并赋予材料一些特殊功能，如吸波隐身、微波热转换、抗静电、耐磨、减振、抗老化及抗菌等。

表 5 – 92　四针状氧化锌晶须的主要物理性能

| 性能 | 针状体长度/μm | 针状体根部直径/μm | 耐热性能 | 介电常数 | 热膨胀率/（%·℃$^{-1}$） |
|---|---|---|---|---|---|
| 数值 | 10 ~ 300 | 0.1 ~ 10 | 1720℃升华 | 8.55 | $4 \times 10^{-6}$ |
| 性能 | 真实密度/（g·cm$^{-3}$） | 表观密度/（g·cm$^{-3}$） | 体积电阻率/（Ω·cm） | 拉伸强度/MPa | 弹性模量/MPa |
| 数值 | 5.78 | 0.01 ~ 0.5 | 7.14 | $1.2 \times 10^{4}$ | $3.5 \times 10^{5}$ |

## 5.1.3　四针状氧化锌晶须的应用

　　四针状氧化锌晶须具有声、光、热、电、磁等突出特性，作为复合材料的一种特殊组分，在增强剂、涂料、导电材料、吸波材料、光电材料等领域具有广泛的应用前景。在传统的应用领域，四针状氧化锌晶须可完全替代氧化锌并大幅度提升现有产品的质量和档次，增强国际市场竞争力；在新兴产业方面，利用它的多功能性，可开发出许多系列的新产品，形成新的经济增长点。

　　**1. 复合材料的增强剂**

　　将四针状氧化锌晶须分散到金属、合金、陶瓷、塑料、橡胶、树脂等基体材料中，即得到晶须增强的复合材料。四针状氧化锌晶须很容易在基体材料中实现均匀的三维分布，使材料的各向异性被忽略，从而使复合材料的各向同性得到改善，另外其价格相对低廉，因此，是较为理想的复合材料的补强增韧剂。

　　**2. 涂料**

　　四针状氧化锌晶须对水状介质、油状介质和树脂介质均有较强的适用性，适用于各种涂料。在涂料中添加适量四针状氧化锌晶须，涂层就有抗碎裂强度高、耐磨、耐冲击、耐高温、防滑性能好等优点，非常适合用作汽车、船舶、道路标记用涂料和输送粉尘管道的内涂层。

　　**3. 导电材料**

　　四针状氧化锌晶须具有导电性、压电性以及形状的各向同性，可广泛用作导电性填料、导电层（膜）、抗静电材料、压电材料及导电高分子复合材料等。在基体材料中添加四针状氧化锌晶须，向外突出的针状体可以有效地与相邻针状体接触，形成稳定的导电途径，即使添加少量的晶须也具有高的能量转化率和导电稳定性。金属粉末导电性填料在长期使用后，由于氧化而导致导电性能下降。与其他导电性粉末比较，氧化锌晶须的颜色使其应用更广泛。

#### 4.吸声吸波材料

四针状氧化锌晶须具有三维结构、高密度、高刚性及压电性等特点，非常适合用作隔声、吸声、隔震、减振材料；作隔声隔振材料，其高密度和压电性导致较大的能量损耗而表现出良好的隔声隔振效果；作吸声材料，其空间结构所产生的高孔隙率及其本身的柔韧性使材料具有高的吸收效率。四针状氧化锌晶须可赋予材料高弹性模量和高损耗系数，从而对音响效果产生微妙的影响，被用于高档的音响器材中。在相同配比条件下，添加四针状氧化锌的铁氧体在 1～1000 MHz 具有很高的电磁性能。四针状氧化锌作为一种 $n$ 型半导体微晶材料，具有优异的电波吸收性能，可用作电波吸收体，研究表明，四针状氧化锌晶须与改性的镍粉涂料复合涂层能提高在高频段的吸收作用；在 5～18 GHz 波段内，其吸波量最高可以达到 16.68 dB，可用于涂敷隐蔽保护层，防止雷达波反射等，也可用作暗室的电波吸收体、BS 天线变换器的电波吸收材料、电子对抗以及国防吸波隐身材料等。四针状氧化锌能吸收微波炉(2.45 GHz)等波段的微波，发热效率非常高。将盛满的四针状氧化锌烧杯放入微波炉内，在 10 多秒内即可达到赤热状态。四针状氧化锌具有耐热性好、高温使用寿命长的特点，已在微波加热元件等领域获得应用。

#### 5.光电材料

四针状氧化锌晶须具有光导电性，在激光打印机、静电复印机、传真机中，用作导电膜层、压电光导体、静电复印纸、制造电子印刷的印粉、射线照相的成像面板。四针状氧化锌用作原子力显微镜和扫描隧道显微镜的导电性探针，极适合精细的探测与观测；用于制造复合荧光材料，具有高的能量转化效率；用作湿度传感器，具有高的灵敏度、稳定性和机械强度。

### 5.1.4　研究趋势

目前四针状氧化锌晶须研究存在的主要问题有两个方面：其一是研究工作主要是不同制备方法的研究，而成核和生长理论研究很少，尤其对生长机理还缺乏深入和系统的研究。因此，诸如制备四针状氧化锌晶须的关键因素，其结晶作用方式是 VS 还是 VLS，其生长是受层生长(K–S)控制还是受螺旋生长(BCF)控制等基本问题仍然没有明确的答案。其二是，理论认识不清楚带来了另一方面的问题，即在实际制备氧化锌晶须时，所采用的原料一般都是高纯、超细的锌粉，间接氧化法还需对锌粉进行繁杂的预处理，而这些限制条件并没有能令人信服的理论根据，其结果使四针状氧化锌晶须难以规模生产，成本依然较高，成为制约其广泛应用的最大障碍。

因此，四针状氧化锌晶须的研究亟须探明其成核和生长机理，摸清影响晶须生长的因素，如锌粉的表面状态、杂质种类与含量、锌蒸气饱和度、氧量、反应温度等，以及这些因素对晶须的纯度、收得率、尺寸和规整性的影响。这样，才能改进和优化工艺条件，达到可精确控制四针状氧化锌生长的目的。另外，研究四针状氧化锌晶须制备方法的重点应放在放宽原料要求、缩短工艺流程、提高成品率、易于规模化生产等方面。

### 5.1.5 课题研究内容及意义

针对上述研究现状，本课题首先探索四针状氧化锌晶须的成核和生长机理，在此基础上，以理论指导实践，研究直接利用工业固体废物——热镀锌渣为原料制备高纯晶须材料的方法，从而开发出拥有自主知识产权的利用热镀锌工业废渣制取高纯四针状氧化锌晶须的新技术。

这样，不仅可以解决四针状氧化锌晶须的相关理论问题，对控制晶须生长具有指导意义，而且在实际制备时采用热镀锌渣为原料，大大拓宽了制备氧化锌晶须的原料来源，简化了工艺流程，显著降低生产成本。这将对加快四针状氧化锌晶须的开发和应用产生积极的影响，对锌资源的直接深度加工和复合材料的制备具有重要意义。

## 5.2 气相氧化法制取四针状氧化锌晶须的基础理论

### 5.2.1 概述

金属锌蒸气的气相氧化结晶过程属于连续反应中的晶体生长，同时包括锌的蒸发、锌蒸气和氧气的相对扩散、化学反应、结晶作用等几个过程。要定量地研究这一过程，必须深入研究与过程有关的热力学和动力学条件，包括金属锌的液相和气相平衡，锌蒸气氧化反应的化学平衡，反应体系中质量传递和热量传递——锌蒸气的挥发速度和锌、氧组分的扩散问题，晶体生长的界面问题和动力学问题等，以及它们之间的相互联系和影响。

晶体生长是一个动态过程，不可能在平衡状态下进行，而热力学所研究的问题一般都属于平衡问题，把这两者结合到一起似乎有些矛盾。但是，在研究任何过程的动力学问题之前，对其中所包含的平衡问题有所了解，则可预测过程中可能遇到的问题，如偏离平衡状态的程度，以及说明或提出解决问题的线索。因而在考虑实际晶体生长时，必须确定问题的实质究竟是与达到平衡状态有关，还是与各种过程进行的速率有关。如果晶体生长的速率或晶体的生长形态取决于某一过程的速度（例如在表面上的成核速率），那么就必须用适当的速率理论来分析，这时热力学就没有什么价值了。但如果过程进行程度非常接近平衡态（准平衡态，这在高温时常常如此），那么热力学对于预测晶体的生长量和晶体的生长形态,以及成分随温度、压力和实验中其他变数而改变的情况,就有很大的价值。

### 5.2.2 锌蒸气气相氧化结晶过程的热力学

#### 1. 锌蒸气的平衡蒸汽压

蒸汽压是金属锌极为重要的热力学数据,锌的一系列物理化学性质都由这个参数规定。锌的蒸汽压随温度的升高而增大,蒸汽压和温度的关系服从指数规律,即蒸汽压的增长速度最初很缓慢,当达到某一温度范围时(对锌来说,约为750℃),蒸汽压就急剧增大。

液态锌或固态锌与其蒸气共处时属于单组分两相体系,根据相律规定,这样的系统只有一个自由度,即一定的温度下,有唯一确定的平衡蒸汽压与之对应,平衡蒸汽压与温度的关系可用 Clausius – Clapeyron 方程计算:

$$\frac{d(\ln P)}{dT} = \frac{\Delta H_v}{RT^2} \tag{5-127}$$

这是略去了凝聚相体积后的近似式,其中:$P$ 为平衡蒸汽压;$\Delta H_v$ 为汽化热。将 $\Delta H_v = a + bT$ 代入式(5-127),则可求出 $P$ 的表达式。

对液态锌来说,常用的 3 项式是 Dichburn – Gilmour 方程:

$$\lg P = -\frac{6697}{T} + 14.371 - 1.2\lg T \tag{5-128}$$

常用的 4 项式是 Kelley 方程:

$$\lg P = -\frac{6754.5}{T} - 1.318\lg T - 6.01 \times 10^{-5}T + 14.843 \tag{5-129}$$

根据式(5-129)计算锌在不同温度下的蒸汽压,表5-93 说明,计算值与实测值非常接近。

表 5-93　不同温度下锌的饱和蒸汽压/Pa

| 温度/℃ | 温度/K | 蒸汽压实测值 | 蒸汽压计算值 |
|---|---|---|---|
| 700 | 973 | 8076.75 | 8072.65 |
| 750 | 1023 | 16262.6 | 16409.23 |
| 800 | 1073 | 31992.0 | 31125.55 |
| 850 | 1123 | 56919.1 | 55479.46 |
| 900 | 1173 | 95576.1 | 94003.16 |
| 950 | 1223 | 152628.5 | 152095.3 |
| 1000 | 1273 | — | 234474.7 |

当锌在密闭的容器里蒸发并达到平衡时，锌的蒸汽压就是平衡时的蒸汽压。但是，当锌在蒸发过程中发生氧化反应时，由于氧化反应消耗了锌液面上的锌蒸气，而反应产物为固态，因此锌蒸气的蒸发将不可能达到平衡时的压力，也就是说，反应体系锌的蒸汽压将低于此温度下的饱和蒸汽压。氧化反应对蒸汽压的这种影响将在下节讨论。

### 2. 热力学分析

在锌的熔点以上，如果暂不考虑 ZnO 的结晶过程，金属锌的氧化过程包括两个平衡关系：

物理平衡（1）：$Zn(l) \rightleftharpoons Zn(g)$

$$\Delta H_T = 127657.2 - 9.36T \text{ J/mol} \tag{5-130}$$

化学平衡（2）：$Zn(g) + \frac{1}{2}O_2(g) \rightleftharpoons ZnO(s)$

$$\Delta G_T^0 = -420240 + 198.32T \text{ J/(mol · K)} \tag{5-131}$$

液体锌的汽化热随温度升高而降低，由式（5-131）可以算出锌在沸点比在熔点的汽化热减少约 4180 J/mol，所以，锌蒸气在高温下冷凝比在低温下冷凝放热少，这一点非常重要。锌蒸气是单原子气体，其比热容为：$C_P = C_V + R = 20.8 \text{ J/(K · mol)}$。这个比热容明显比双原子气体的比热容小，因此，在高温下锌蒸气很容易被其他双原子气体（如 $N_2$）冷凝。

如果用 $P_{Zn1}$ 和 $P_{Zn2}$ 分别代表物理和化学过程中的平衡锌蒸气分压，对于物理过程，由式（5-129）可计算出不同温度下锌的饱和蒸汽压（见表 5-93）。液态锌的气化过程是一个强烈的吸热过程，平衡常数由锌蒸气的分压决定并随温度升高而急剧增大。

对于化学过程，平衡常数由式（5-132）决定：

$$\Delta G^0 = -RT\ln K_p \tag{5-132}$$

其中：

$$K_P = (P_{Zn2}P_O^{1/2})^{-1}$$

$K_P$ 随温度升高而降低。但当氧化过程在常压下进行时，不管平衡常数 $K_P$ 的值为多少，$P_{Zn2}$ 都不可能超过 101.325 kPa，因为：

$$P_{Zn2} + P_O + P_N = 101.325 \text{ kPa} \tag{5-133}$$

式中：$P_O$，$P_N$ 分别代表系统中氧和氮的分压。

所以在锌的沸点以上，不管气相成分如何变化，$P_{Zn2}$ 永远小于 $P_{Zn1}$，系统中锌蒸气的分压将由化学平衡而不是物理平衡所决定。因此，只有将反应温度控制在锌的沸点以下，才有可能由物理平衡调节锌蒸气分压达到控制氧化反应速度的目的。

从式（5-133）可以计算反应在 900℃ 的平衡常数 $K_P = 9.8 \times 10^7$，由此可见，

反应平衡时的氧分压 $P_O$ 和锌分压 $P_{Zn}$ 是极低的,而实际的反应体系中 $P_O$、$P_{Zn}$ 远大于平衡值,因此,实际的反应过程是远离平衡的。这种偏离平衡状态的程度(反应趋势)可由反应(5-131)的吉布斯自由能变化 $\Delta G_T^* = \Delta G_T^0 + RT\ln K_P$ 求出。对于同一反应来说,如果在不同条件下使反应具有相同的趋势,那么,就要保持反应的 $\Delta G_T$ 相同,即不同条件下反应的吉布斯自由能 $\Delta G_T$ 为同一个常数 $C$,因此:

$$\Delta G_{T1} = \Delta G_{T2} = \cdots = \Delta G_{Tn} = \Delta G_T^* = C \qquad (5-134)$$

在任一温度下(高于锌的熔点),锌的蒸汽压都可用公式(5-129)求出,那么在该温度下保持同样反应趋势的氧分压就可由式(5-131)和式(5-134)确定,如图 5-128 所示的 $P_O$ 线。由此可见,随着温度的升高,体系中氧的分压 $P_O$ 也升高。当温度低于 800℃ 时,氧分压变化缓慢;当温度高于 800℃ 时,氧分压变化非常迅速,此时氧分压的微小改变都会对反应的趋势发生很大改变。因此,在高温时,氧分压是特别有效的控制反应趋势的手段。

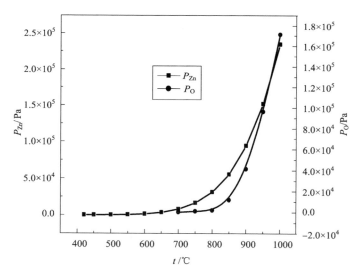

**图 5-128　具有相同自由能的锌氧分压**

$P_{Zn}$—锌分压;$P_O$—氧分压

上述热力学分析尽管不是很严格,但对定量地研究控制锌蒸气在不同温度和氧分压条件下的氧化反应速度所需的措施是很有必要的。

### 5.2.3　气相氧化法制取氧化锌的结晶形貌

以前高温气相氧化法制备氧化锌晶须的所有研究工作都是局限在对某一种形

貌的研究上，实验方法和条件也各不相同，其结论很难具备普遍性。但氧化锌的粒径和形貌对其性质和应用有决定性的影响，如何实现对其形貌进行有效的控制一直是相关研究的热点。因此，亟待总结出高温气相氧化条件对氧化锌形貌的影响规律。本节用高纯锌片、工业锌粉、热镀锌渣为试料，用均匀设计实验研究方法对制备条件进行了大范围的探查，系统研究了高温气相氧化条件对 ZnO 结晶形貌的影响和形貌的变化规律，为高温气相氧化条件下 ZnO 的形貌控制以及深入研究 ZnO 晶体的成核和生长机理提供了一定的依据。

### 1. 原料的影响

用本研究所自制的高纯锌(纯度 99.999%，片状)为试料 $P$，化学成分见表 5 - 94。工业涂料级锌粉(长沙锌厂)，粒径小于等于 76 μm，总锌含量98.2%，成分见表 5 - 95，将锌粉直接作为试料，称为 A 粉；将该锌粉在 30℃去离子水中搅拌，陈化 24 h、48 h 处理的分别称为 B 粉、C 粉。经检测 A、B、C 3 种试样的 ZnO 含量分别为 1.6%、8.0% 和 13.2%，表明试样锌粉的氧化膜具有不同的厚度。

表 5 - 94　高纯锌杂质含量/$10^{-6}$

| 元素 | Cu | Cd | Co | Ni | Fe | Pb | As | Sb |
|------|------|------|------|------|------|------|------|------|
| 含量 | 0.63 | 0.49 | 0.18 | 0.33 | 0.33 | 2.13 | 0.45 | 0.78 |

表 5 - 95　锌粉杂质含量/$10^{-6}$

| 元素 | Pb | Cd | Fe | Ca | Mg | Mn | Ni | Si | As | S | P |
|------|------|------|------|------|------|------|------|------|------|------|------|
| 含量 | 1118.7 | 1896.9 | 666.8 | 600.2 | 44.6 | 101.9 | 0.1 | 1456 | 1021 | 2293 | 7.9 |

将 2 种热镀锌渣破碎，粒径为 μm - mm 级，直接作为 S1 料和 S2 料，热镀锌渣堆密度 6.85 ~ 7.46 g/$cm^3$，熔化温度约 700℃，断面似金属锌，但晶粒粗大且有夹渣，成分均匀，化学成分见表 5 - 96。XRD 分析确定 Fe 和 Zn 是以单质形式存在，并检测出有少量金属间化合物 δ 相，组成是 $FeZn_7$。

表 5 - 96　热镀锌渣化学成分/$10^{-6}$

| 组分 | Zn | Fe | Pb | As | Sb | Cu | Co | Ni | In |
|------|------|------|------|------|------|------|------|------|------|
| S1 | 93.7 | 4.22 | 0.57 | 0.0050 | 0.027 | 0.015 | 0.0031 | 0.0047 | 0.091 |
| S2 | 94.33 | 4.91 | 0.038 | 0.0025 | 0.0031 | 0.012 | 0.013 | 0.051 | — |

实验表明，6 种具有不同成分和表面形态的试料，在气相氧化过程中的主要区别是反应开始时(反应器中有烟雾形成)温度稍有不同，存在 20℃左右的差别，

试料按反应温度由小到大排列的次序是：A，B，C，P，S1，S2，这主要是因为不同的成分和表面状态使它们的熔化温度稍有差异。除此以外，所有试料在氧化过程中没有明显区别，在一定气相成分下，它们氧化后都可以得到不同形貌结晶的 ZnO 产物(图 5 – 129)，并且，得到 ZnO 的温度区间基本相同。由此可见，试料的成分和表面状态对气化氧化和结晶形貌没有明显的影响，也就是说，迥然不同的 ZnO 结晶形貌是由特定的氧化条件造成的，而不是简单地由原料的形状和表面状态所决定。

**图 5 – 129   ZnO 的不稳定结晶形貌**
(a)空心状；(b)四针状 – 单针状；(c)单针状 – 颗粒状；
(d)单针状 – 颗粒状；(e)四针状 – 单针状；(f)四针状 – 多针状

## 2. 温度的影响

总流量保持一定，在不同的温度和氧化气氛下出现不同结晶形貌的产物。表 5 - 97 所示为 S1 试料在气体总流量保持 260 L/h 条件下，ZnO 结晶形貌随温度、氧分压的变化规律。由表 5 - 97 可看出：无定形、颗粒状、单针状这 3 种形貌在整个温度范围内都能得到，而四针状、多针状的 ZnO 的成核和生长具有一定的温度区间，并且它们与温度的关系非常敏感，超出此范围，这 2 种形貌的结晶体就不可能出现，这个现象表明它们可能具有不同的成核和生长规律。当氧化反应温度从 750℃ 升高到 1100℃ 时，ZnO 的结晶形貌随氧分压的变化规律是，高氧分压下：无定形→颗粒状→单针状→颗粒状→无定形；中等氧分压下：无定形→颗粒状→单针状→四针状→单针状→颗粒状→无定形；低氧分压下：无定形→颗粒状→单针状→多针状→单针状→颗粒状→无定形。从上述的形貌变化情况可以看到一个非常有趣的现象：对于一定的氧分压，随着制备温度由低到高，这些不同的形貌似乎是在循环变化。这个现象似乎预示这些不同的氧化锌结晶形貌并不是孤立的，它们之间可能存在某些内在的联系，这种内在联系的结果使得产物的变化遵守某种规律。要寻求这种内在的联系，必须研究锌蒸气在不同条件下的氧化动力学规律。

表 5 - 97　不同温度和氧化气氛下 ZnO 的形貌( $V$ )

| 氧分压 | ≤8% | 8% ~15% | 15% ~21% |
| --- | --- | --- | --- |
| 780℃ | 无定形 | 无定形 | 无定形 |
| 800℃ | 颗粒状 + 单针状 | 颗粒状 + 单针状 | 无定形 |
| 850℃ | 多针状 + 四针状 | 四针状 | 颗粒状 + 单针状 |
| 900℃ | 多针状 | 四针状 | 颗粒状 + 单针状 |
| 950℃ | 多针状 | 四针状 | 颗粒状 + 单针状 |
| 1000℃ | 单针状 | 单针状 | 单针状 |
| 1050℃ | 颗粒状 + 单针状 | 颗粒状 | 颗粒状 |
| 1100℃ | 无定形 | 无定形 | 无定形 |

## 3. 反应气氛的影响

在四针状和多针状出现的温度区间内，温度保持不变时，气相中的 $O_2$ 含量以及总流量对 ZnO 的结晶形貌也有显著的作用。图 5 - 130 所示为 900℃，S1 试料氧化的结晶形貌随气相中的 $O_2$ 含量以及总流量的变化情况。图中 $M$、$T$ 分别代表多针状和四针状的结晶形貌；$N(n)$、$G(g)$、$A(a)$ 分别代表单针状、颗粒状、无定形等形貌。从图 5 – 130 中可以看出如下特征：

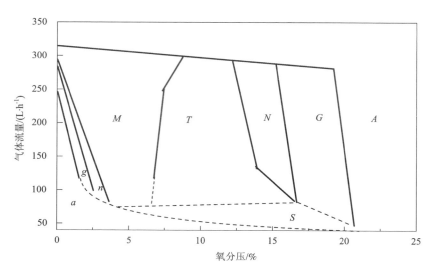

图 5 – 130　各种不同形貌对应的氧分压和气体流量

在一定的氧分压下，总流量存在上、下界线，并且上、下界线随着氧分压的增高都呈现降低趋势，过高或者过低的总流量都导致无定形产生。除 $M$ 和 $T$ 的界线总流量随氧分压增加而增大以外，其余的界线都是总流量随氧分压增加而减小。

当氧分压小于 5% 时，单针状体和颗粒状的区间很窄，当氧分压为 15% 时，$N$ 和 $G$ 的区域增宽，当氧分压为 5% ~ 15% 时，$M$、$T$ 具有较宽的范围，并且随着气体流量的降低，$M$ 的范围收缩，而 $T$ 的范围扩大。

在很低的气体流量下，存在虚线包围的 $S$ 区域，在此区域内，产物是多针状、四针状、单针状、颗粒状等多种结晶形貌的混合物，在产物中往往伴有少量的略带黄色的粉末，可见，$S$ 区域也属于成核和生长的不稳定区域。

当固定氧分压时，在任一温度下气体总流量都存在一个极限值，流量一旦超过这个极限，就只能得到无定形的氧化锌。表 5 – 98 所示为氧含量为 5% 时，实验测得 S1 试料氧化时与温度对应的最大流量值。从表 5 – 98 可看出，随着温度的升高，总流量的极限值有逐步降低的趋势，但不是线性的关系，可以认为这一极限值受炉内气体流速、锌蒸气蒸发速度及锌蒸气的氧化行为等因素的共同制约。

值得注意的是，总流量还可以改变上述形貌的温度和反应气氛区间，总的趋势是：随着总流量的降低，温度和氧分压的上限都增大，这个作用在流量值很低时尤其突出。表 5 – 99 是不同总流量下，四针状氧化锌晶须的温度和气氛范围的比较。

表 5 – 98 与温度对应的最大总流量值（氧含量 5%）

| 温度/℃ | 780 | 800 | 850 | 900 | 950 | 1000 | 1050 | 1100 |
|---|---|---|---|---|---|---|---|---|
| 总流量/(L·h⁻¹) | 320 | 320 | 310 | 300 | 290 | 280 | 280 | 270 |

表 5 – 99 气体总流量对制备 T – ZnO 最高温度和氧分压的影响

| 总流量/(L·h⁻¹) | 温度/℃ | 氧分压/% |
|---|---|---|
| 260 | 850 ~ 950 | 8 ~ 15 |
| 100 | 850 ~ 980 | 7 ~ 17 |
| 60 | 850 ~ 1020 | 7 ~ 21 |

由此可见，温度、氧分压和气体总流量 3 个因素对结晶形貌所起的作用是相互关联和相互制约的，三者必须综合考虑。各种不同形貌的结晶体，对这 3 个因素都有对应的范围，改变其中一个因素，会导致其他 2 个因素产生相应的变化。

**4. 添加剂的影响**

实验表明，在没有添加剂的情况下，通过控制反应系统的温度和气相成分就能够得到不同结晶形貌的 ZnO 结晶体。但加入添加剂，可以提高四针状氧化锌晶须的温度上限，表 5 – 100 所示为在 $O_2$ 含量为 12% ，气体流量 $R = 280$ L/h 时，加入 45% 试料质量的添加剂后，四针状氧化锌晶须的最高温度的变化，可见，加入添加剂可以提高结晶温度，并且，沸石的作用明显强于氧化铋的作用。另外，在同一温度下得到四针状结晶时，加入添加剂使气相中的氧含量也有所提高。表 5 – 101 是试料 S1 在 900℃ 和 950℃ ，气体流量 $R = 260$ L/h 时，氧化得到四针状氧化锌晶须的最高氧含量的变化。

表 5 – 100 添加剂对制取 T – ZnO 最高温度的影响/℃

| 试料 | 无添加剂 | 沸石 | 氧化铋 |
|---|---|---|---|
| 高纯锌片 | 930 | 980 | 930 |
| 工业锌粉 | 940 | 980 | 950 |
| 锌渣 | 960 | 1050 | 1000 |

表 5 - 101　添加剂对制备 T - ZnO 最高氧含量的影响/%

| 温度/℃ | 无添加剂 | 沸石 | 氧化铋 |
|---|---|---|---|
| 900℃ | 9 ~ 12 | 9 ~ 21 | 9 ~ 18 |
| 950℃ | 7 ~ 11 | 7 ~ 21 | 7 ~ 18 |

由此来看，虽然添加剂不是四针状氧化锌晶须成核和生长的决定因素，但是，在试料中加入一定量的添加剂，可以扩大制备四针状氧化锌晶须成核和生长的条件范围，起到一定的调节制备条件的作用。这种作用可能与添加剂覆盖在金属熔体表面可以改变锌的蒸发条件有关，另外还可能与离子半径有关。总体来看，添加剂对锌蒸气氧化产物结晶形貌的作用和影响不大，故本书没有进一步研究。

## 5.2.4　锌蒸气氧化动力学和四针状氧化锌晶须生长机理

在不同的氧化条件下，锌蒸气的氧化过程存在很大的差别，原因是金属蒸气中凝聚生长的金属液滴与气态金属原子之间存在动态平衡，导致不同的氧化行为，产生不同形貌的结晶体。因此，要探明四针状氧化锌晶须的生长机理，还需在此基础上作进一步的研究。

有关四针状氧化锌晶须的生长机理问题尚有争论，大致可分为 2 种观点：一种观点认为四针状氧化锌晶须的生长是首先生成完整的八面体中心，再从八面体中心的不同表面生长出针状体，另一种则认为是该晶须多个单晶聚合而成的连晶。

这 2 种观点都存在问题，前者没有对催化机理进行解释，也不能说明没有催化剂存在也能制备出 T - ZnO 的实验事实，后者不能解释多针状氧化锌晶须是怎样形成的，并且这种观点也缺乏实验的支持。

实验表明晶须的生长机理不同，生长速率亦不同。晶须按 VS 或 VLS 方式生长，其生长速度遵守不同的规律，这是它们不同生长机理的本质反映。按 VS 生长时，其速度在经过短暂的诱导期后是恒定不变的；按 VLS 生长时，其生长速度服从 $V^{1/n} - d$ 直线规律。研究晶须生长的动力学不仅可以定量地得到晶须生长过程的一些信息，而且有助于从原子 - 分子的水平揭示晶须生长的机理。但是，有关这方面的研究报道却不多见。

本节用时间标尺法从研究晶须的气相生长的速度问题入手，即在回答"四针状氧化锌晶须是怎样生长的"问题上，进一步探讨制备四针状氧化锌晶须的关键因素，其结晶作用方式是 VS 还是 VLS 生长机理，晶须生长是受层生长的二维成核机理（K - S）控制，还是受螺旋生长机理（BCF）控制。设想在一定的温度和氧化气氛下生长晶须时，如果突然中止氧的通入，晶须的生长将停止，隔一定的时间后，又通入与氧气中断前等量的氧流量，晶须又将继续生长，如此反复，其结果是晶须的表面将留下周期性的痕迹，如同竹节一样。因为不知道晶须的开始生长时刻，将第一个痕迹除外，通过测量第一个痕迹以外的每个周期长度，就可以得知晶须在生长期的生长速度。这样一来，无须知道晶须的"开始生长时刻"，就可以得知晶须的轴向（长度）生长速度。

按这种设想，只要通、断氧的次数取得足够多，可以用实验测得任意时间段的生长速度。但实际上，时间段的长度要受到反应炉空间大小的限制，因为在停止氧气供应的时刻，即使立即通入大量惰性的氮气，也不能保证炉内的氧气可以迅速排除干净，也就是说，排尽氧气有一个滞后期，并且，炉膛空间越大，滞后期越长。根据探索的情况，炉管尺寸为 $\phi 60 \ mm \times 1000 \ mm$ 的反应炉，通、断氧供应 $2 \sim 3$ 次，可以在晶须上得到明显的痕迹。因此，采用 3 种方式进行实验：①反应 5 min 后，断开反应炉的电源，停止通氧，迅速通入大量氮气，得到生长不完全的晶须。②反应 5 min 后，停止通氧 10 min，然后再通入氧气直到反应完成，得到"两节"状晶须。③反应 5 min 后，停止通氧 10 min，然后再通入氧气 5 min，停止通氧 10 min，再通入氧气直到反应完成，得到"三节"状晶须。

**1. 四针状氧化锌晶须的生长速度**

图 5 – 131（a）是反应 5 min，停止氧气通入得到的 ZnO 晶体 SEM 照片。图5 – 131（b）是实验 1 的 SEM 照片，可清晰地见到"两节"状晶须。图 5 – 131（c）是实验 2 的 SEM 照片，可清晰地见到"三节"状晶须。

测得晶须上痕迹的长度，可得到晶须的轴向生长速度。由于未见到采用此种方法测定晶须生长速度的数据，为了便于比较，把其他研究者制备的晶须长度按总的反应时间折算成晶须的轴向生长的表观速度 $R$，见表 5 – 102。

表 5 – 102　不同实验条件下晶须的生长速度/（$\mu m \cdot min^{-1}$）

| 样号 | 温度/℃ | 气氛 | $R_1$ | $R_2$ | $R_1$ 与 $R_2$ 平均 | 表观速度 $R$ | 数据来源 |
|---|---|---|---|---|---|---|---|
| 1 | 950 | 12% $O_2$ | 7.5 | — | 7.5 | 5.95 | 本实验 |
| 2 | 950 | 8% $O_2$ | 7.5 | 5.2 | 7.3 | 5.85 | 本实验 |
| 3 | 950 | 空气 | — | — | — | — | 本实验 |
| 4 | 920 | 空气 | — | — | — | 5.75 | 文献 |
| 5 | 500 ~ 800 | 空气 | — | — | — | 6.29 | 文献 |

由表 5 – 102 可知，用时间标尺法测定的平均数据（$R_1$，$R_2$）比表观生长速度（晶须总长度除以反应时间）稍大，但与相关研究的表观平均生长速度实验数据基

本吻合，可能更客观地反映了晶须的生长速度，因此，有理由认为气相氧化法制备四针状氧化锌晶须的轴向生长速度 $R$ 为 6～8 μm/min。但是反应温度与氧化气氛基本反映不了生长速度的影响，这是由于实验的精度所致。例如，晶须按 VLS 方式生长，其生长速度与反应温度的绝对值成反比，当反应温度由 900℃升高到 1000℃时，其他条件保持不变，晶须生长的速度只相差 5%，显然，这种差别不可能由上述实验测出，因此由实验不可能作出 $R-t$ 图。

尽管如此，从图 5-131 和表 5-102 第 2 行却可以清楚地看到，$R_1 > R_2$，因晶须的直径大，其生长速度快，反之亦然。显然，这个现象与晶须按 VS 方式生长、其生长速度是不变的结论不符合。为了进一步说明问题，表 5-102 中实验 3 采用空气作氧化气氛，反应 15 min 得到尺寸相差较大的四针状氧化锌晶须，如图 5-131(d)、(e)、(f)所示，对其进行统计处理，见表 5-103。

表 5-103　ZnO 晶须的不同长度和直径统计

| 直径 $d$/μm | 1.8 | 2.5 | 3.2 | 3.5 | 4.0 | 4.5 | 5.0 |
|---|---|---|---|---|---|---|---|
| 针长 $L$/μm | 20 | 45 | 65 | 70 | 80 | 90 | 110 |

M. Kitano 也对中心体边长和针体长度作过统计分析，数据见表 5-104。

表 5-104　有关 ZnO 晶须的不同长度和直径的资料统计

| 温度/℃ | 气氛 | 时间/min | 晶须统计平均数据/μm | | | | |
|---|---|---|---|---|---|---|---|
| 920 | 空气 | 20 | 直径 $d$ | 1.5 | 2.5 | 3.5 | 4.5 |
| | | | 针长 $L$ | 40 | 70 | 80 | 100 |

比较表 5-103、表 5-104，不难看出，它们惊人地相似，较大的晶核上可生长出较长的针状体，从而获得尺寸较大的 T-ZnO，或者说较大的晶须生长速度较快，反之亦然。由此可见，采用"时间标尺"法分段测量晶须的生长速度和采用空气一次氧化得到尺寸相差较大的晶须的统计结果得到的结论是一样的。

将表 5-103、表 5-104 的数据进行处理，作生长速度与直径的关系（$R^{1/2}-1/d$）图，如图 5-132 所示。

所有实验都具有同样的规律，即 $R^{1/2}-1/d$ 图的线性关系良好，这恰恰是晶须按 VLS 方式生长的最本质的体现，因为在锌蒸气中形成的微粒，处于锌蒸气与液态锌共存的温度区间，这些微粒应该是"液滴"，尽管其表面有固态氧化膜的生成。

**图 5 – 131 晶须上的时间标记**
(a)"单节"晶须;(b)"两节"晶须;(c)"三节"晶须;
(d)、(e)、(f)用空气氧化制得尺寸差别大的晶须

　　液相的形成在 VLS 生长机制中起着非常关键的作用,液相降低了气液相和液
固相表面反应的活化能,但前者的作用更强,所以,晶须的生长过程受液固反应
速度控制。并且,晶须生长体系出现的液滴的尺寸,对晶须的形貌有很大的影

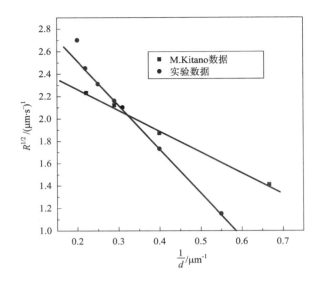

图 5 – 132　晶须生长速度与直径的关系

响。那么，有必要研究锌液滴在四针状氧化锌晶须的生长中的作用。

**2. 四针状氧化锌晶须的生长过程**

根据热力学计算，一般认为在晶体的生长过程中，质点是以二维晶核（two – dimensional nucleus，即单个原子或分子厚的质点层）的形式呈孤岛状（原子岛）沉积到晶体表面上去的，当这些孤岛满足一定的临界尺寸和岛密度时，就可以稳定存在，并由此而形成凹角位置，使质点得以继续堆积。可以认为，当气相中的氧被锌蒸气中的"液滴"吸附时，也在液滴表面形成分散的孤岛，这些最先形成的孤岛可能就按照氧化锌的结晶习性凝聚成超晶格的六方形，晶须就是以此为基础生长的。内部的锌原子不断向外扩散到 ZnO 晶体内，在晶体内又以离子扩散的形式继续向外扩散，气相分子不断在晶须的根部沉积并沿晶须表面向尖端扩散，并且，由于晶体择优取向所需的能量较低，Zn 向外扩散最易沿着晶粒边界和内部的 +C 方向发展，使 ZnO 晶体沿传质方向的轴向生长速度快于径向的扩展速度，这就是它生长为六方柱状晶的原因，如图 5 – 133 所示。锌蒸气氧化动力学研究表明，四针状晶须的氧化过程是由扩散步骤控制的，即由液相向固相的传质过程控制，而这一点又体现了晶须 VLS 生长的特点。当生长过程由扩散步骤控制时，晶体最容易发生极性生长。

图 5 – 134 显示了晶须沿 +C 方向生长的 TEM 照片，图中原子层的间距为 0.51 nm，与氧化锌晶格常数 $c = 0.5205$ nm 非常接近。

对上述四针状氧化锌晶须生长过程的分析，还可以从实验现象得到验证。图 5 – 135 所示为正处于生长时的 T – ZnO，可以清楚地看出针状体是从中心体内部向

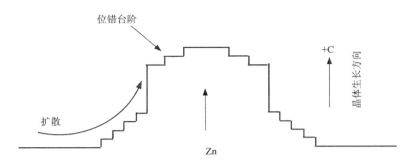

图 5-133　晶须根部生长示意图

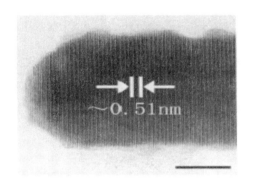

图 5-134　沿晶须生长方向的 TEM 照片

图 5-135　正在生长中的晶须

外部伸展，而中心体的表面凹凸不平，本身仍未发育成型，表明 T-ZnO 在成核时就构成了四针状结构，然后再发育长大。显然，这种生长方式支持上述分析。表面能谱分析（EDX）的结果表明，T-ZnO 针体部分和中心体的原子组分是不同的，如图 5-135 所示的处于生长中的 T-ZnO，针体部分和中心体的原子组分分别是 67.54Zn 和 79.28Zn，表明中心体的锌浓度比针体部分的锌浓度大得多，正是这种浓度差在扩散过程中充当了驱动力，但这种区别随着 T-ZnO 生长发育的完成而减小，两者都趋向于 ZnO 的化学计量比。这种生长方式显然不同于已有的两种观点，即 T-ZnO 是先形成完整的八面体中心体再长出针状体和 T-ZnO 是八连晶组合体。在本研究的实验中，从未观察到没有发育出针状体的单个八面体晶核，也表明 T-ZnO 的生长不是先形成八面体核再生长出针状体的过程。其实验证明是晶须根部经常出现圆锥状的台阶，表明在晶须的根部，吸附层内的原子可迅速进入晶格位置，其速度大于在其他部位的速度，另外，有晶须根部形成的角度也有利于加强这种作用。图 5 - 136 展示了实验得到的不同的晶须根部出现的台阶,从图 5 - 137(a) ~ (b)的饱和度是逐渐升高的,显然在不同条件下,这种生长台阶的形式是不同的,随着饱和度的升高,质点在根部的堆积层也逐渐增厚,定向排列变差,生长台阶的形貌规则性变得零乱。

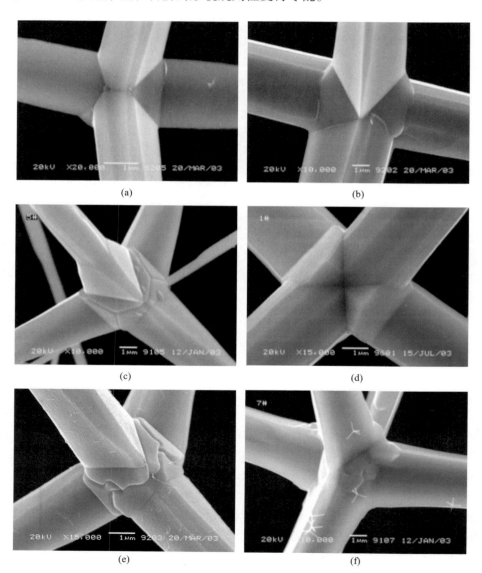

图 5 - 136　不同饱和状态下,晶须根部出现的生长台阶

(a)850℃, 8%; (b)850℃, 12%; (c)900℃, 8%;
(d)900℃, 12%; (e)950℃, 8%; (f)950℃, 12%

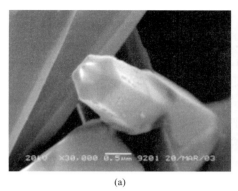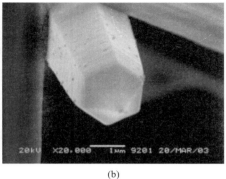

(a)                                                           (b)

**图 5 – 137　晶须生长端面的生长台阶**

(a)正生长的台阶；(b)减小的生长台阶

锌原子向外扩散还在晶须的端面产生生长台阶，如图 5 – 133 所示。这种推测也可以由图 5 – 137 的 SEM 照片证明。图 5 – 137(a)显示了锌原子扩散在端面产生的生长台阶，而图 5 – 137(b)显示的则是表面扩散使生长台阶减小。随着锌液滴内的原子向外不断扩散，针体部分就不断地伸长生长，当液滴内的原子全部消耗尽时，晶须便不再轴向生长，由液滴氧化成针状体的过程到此为止。尽管此时仍存在气态分子的直接沉积，即按 VS 方式生长，但其作用主要是促进晶须棱面的生长，使晶须变粗，但对轴向生长的作用却是微乎其微，可忽略，因此晶须的尺寸基本保持不变。这就是说，在四针状氧化锌晶须的生长过程中同时存在 VLS 和 VS 2 种机理的作用，但它们的效果是不一样的，VLS 控制晶须的轴向生长，并且通过在晶须棱面产生生长台阶对径向生长产生影响，而 VS 只影响径向生长。

较大的液滴氧化后形成较大的四针状体，较小的液滴氧化成较小的四针状体。这可能就是前面观察到的多针状的中心体要比四针状的中心体大 2～3 倍的原因。如果粒径按高斯分布，粒径分布窄，氧化生成的四针状的尺寸差别小，表现出较好的均匀性；反之，如果粒径按正态分布，粒径分布宽，氧化生成的四针状的尺寸差别大，表现出较大的非均匀性。再次证实了前面述及的原子(分子)在晶须表面的扩散是晶须轴向生长的主要原因，而不是原子(分子)直接碰撞后被吸附的结果。这样，四针状氧化锌晶须的直径由根部至尖端逐步变细，而单针状晶须的直径却是恒定的现象，也可以得到合理的解释。也就不难理解针体长度与中心体的大小成比例以及针体都有一定的长度。

由此可见，尽管从表面上，液滴的位置在晶须的根部，而不像一般 VLS 生长情况下，液滴位于晶须顶端，但是，VLS 机制的本质特征在四针状氧化锌晶须的生长过程中都有充分的体现，据此，有理由可以判断四针状氧化锌晶须的生长属于 VLS 机制，或者更形象化地说是"VSL"生长机制，即气相和液相同时向晶相进行传质，只是液相所起的作用要远远大于气相的作用。再者，锌液滴是由锌蒸气本身凝聚而形成的，所以，它实际上是无掺杂的 VLS 方式。因此，在这种生长方式中，不可能观察到晶须顶点有珠状液相冷凝物，因为它属于特殊的 VLS 生长方式，如 D. P. Yua 等制备硅晶须的 SLS 方式。珠状物并不是在所有 VLS 生长方式中都能观察到的，因为在晶须的生长过程中，这些液滴经常会从晶须顶部跌落而消失，在产物晶须顶端根本观察不到圆珠状物。如 Givargizov 对 30 种 VLS 方式生长的晶须统计结果中只有 2 种晶须的顶端有圆珠状物，也就是说，晶须顶端出现圆珠状物这种现象不能作为 VLS 生长机制的判断依据。

### 3. 四针状氧化锌晶须的生长机理

至此，四针状氧化锌晶须的生长机理已经大致清楚，可以基本描述其生长的物理图景。

在实验制备的条件下，从液态锌挥发出的锌蒸气在气相中存在很大的浓度梯度，而浓度梯度与温度以及外压有关。挥发出的锌蒸气可分为 3 个区域，内部是高温高压的纯锌蒸气，外部的氧原子不可能扩散到此区域，在极短的时间内，高温高压的纯锌蒸气以近似绝热膨胀的方式迅速喷散到中间低压区，只有在这个区域，外部扩散进来的氧原子才可能与锌原子相遇，因此，气流中的氧原子能否均匀扩散到锌蒸气内部，将决定锌蒸气中能否发生液滴的生长和液滴的大小，进而决定氧化锌的结晶形貌。

当体系的温度和氧分压较低时，环境中有大量 Zn 原子过剩，体系中锌蒸气与惰性气体 $N_2$ 分子发生碰撞而被冷却，此时，体系中的 Zn 原子将优先发生均匀成核的凝聚生长，成为超细 Zn 液滴。O 原子被吸附在 Zn 液滴的表面，然后发生 ZnO 的非均匀成核，形成包裹液滴的固态 ZnO 膜，这样，氧化过程受到了很大的阻碍，氧化速度取决于扩散过程，因而表现出多相反应动力学的特征，此时的氧化速度远远小于

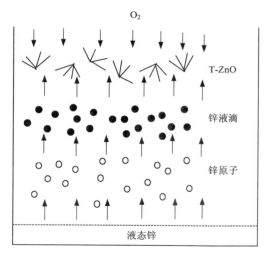

图 5 – 138　锌蒸气的氧化过程

高氧分压时的反应速度。氧化过程如图 5 – 138 所示，包括如下几个步骤：①锌原

子从液体锌表面逸出进入气相；②在气相中，锌原子通过均匀成核凝聚生长成锌液滴；③氧气分子被锌液滴表面吸附并发生氧化反应；④在锌液滴表面发生 ZnO 的非均匀成核并进一步生长，锌液滴的大小将决定氧化过程的产物形态。当温度适宜时，在较低的氧分压下，凝聚生长的锌液滴尺寸较小，氧化产物是四针状；在更低的氧分压下，凝聚生长的锌液滴尺寸较大，氧化产物是多针状体。从晶须的实际生长环境来看，如前面的热力学分析，氧化过程是在远离平衡状态下进行的，上述生长过程实际已经形成了 Zn 原子过剩的环境，这种环境有利于沿 +C 方向生长，由于 +C 方向生长速度很快，导致（0001）面消失，使晶体生长成锥状体，晶须是严重偏离平衡晶形的特殊生长形态。再者，实际过程在远离平衡状态下进行也为双晶的产生提供了适宜的条件。

当体系的氧分压和温度均较高时，锌蒸气的蒸发速度很快，蒸发出的原子动能很高，难以凝聚生长，故金属蒸气中主要是气态原子，反应速度取决于锌的蒸发速度，表现出线性动力学的特征。近年来，微观反应动力学研究为分子发生反应碰撞前后反应物分子及产物分子的动态性质提供了许多新的动力学信息。例如，Zn 原子的电子组态是 Zn：$KLMN3d^{10}4s^2$，其电子组态产生的谱项相当于基态谱项 $^1S$，但基态 $^1S$ 的激发组态谱项 $^3P$ 可分裂为 3 个支谱项 $^3P_0$，$^3P_1$，$^3P_2$，能量的由低到高的次序是：$^3P_0$，$^3P_1$，$^3P_2$，研究表明锌原子与 $O_2$ 反应的主要过程是：

$$Zn(^3P_1) + O_2 \rightarrow OZnO(^3\sum\nolimits_g^-)$$

即 $^3P_1$ 态锌原子是插在氧气分子中的，并且，生成的氧化锌分子的聚合没有特殊的稳定结构，因而没有饱和性。当环境 O 原子过剩时，尽管 −C 是主要生长方向，但生长速度很慢，由于锌蒸气与氧气相遇是瞬间氧化，生成的氧化锌极其细小，体系中只有氧化锌气态成核微粒的凝聚生长，这种凝聚能否形成有序堆积取决于体系的过饱和度（包括锌蒸气分压和氧分压）。因此，晶体的生长形貌完全由体系的过饱和度决定，按过饱和度由低到高，依次生成单针状、颗粒状、无定形。

气体总流量通过对蒸发速度和气相饱和度的影响进而影响结晶的形貌。金属蒸发时，降低氧在气相中的分压，将使金属蒸发速度降低，氧化反应区的位置升高，使凝聚的锌液滴有充足的生长时间；反之，金属蒸发速度加快，当达到 $N_{max}$ 时，氧化反应生成的氧化膜黏附在熔体表面，阻碍金属继续蒸发。由此可见，通氧速度和锌的蒸发速度有一定的关系：在其他条件一定时，温度升高，锌蒸气的蒸发速度增大，因而锌分压也会随之增大，采用适当降低氧气分压的办法，可使锌的蒸发速度降到一个合适的值，从而保证反应区有稳定的锌蒸气分压。而气体流量又会影响过饱和度，这就容易理解在不同的气体流量下，氧化锌出现不同形貌的结晶体。

回顾关于现有的四针状氧化锌晶须的制备方法，可以更清楚地了解上述生长机理。它们的共同特点是控制锌蒸气的挥发速度或降低反应体系的氧量。实质上，这些制备方法已产生了相对缺氧的环境，即 Zn 原子过量的环境，此时的锌蒸气已具备凝聚生长成锌液滴的客观条件。所以，只有在制备条件下产生凝聚生长的锌液滴，才有可能得到四针状晶须，一旦失去这个前提条件，无论有无添加剂的存在，无论原料的粒径和表面性质如何，都不能制备出四针状晶须。

### 5.2.5　热镀锌渣氧化过程中杂质元素行为

与国内外有关制备四针状 ZnO 晶须的方法相比，直接由热镀锌渣制备四针状 ZnO 晶须是最佳选择。但热镀锌渣含有 Fe、Pb 等多种杂质，纯度较低。直接用以制备高纯 ZnO 晶须，就必须解决在制备晶须的同时使杂质元素与锌分离的问题，即晶须制备和原料提纯要整合在同一过程中进行。要达到这个目的，就必须深入研究有关的杂质元素在锌蒸气高温氧化条件下的行为和走向，摸清各种杂质元素对产品 ZnO 晶须的影响规律，寻找出控制杂质元素影响的对策和方法，才能在制备出形貌合乎要求的晶须的基础上，进一步优化制备条件，把原料中各种杂质对产品的影响控制在合理的水平。

在制备晶须的同时实现原料提纯的基础是各种杂质的挥发性能，因此，可以从影响热镀锌渣组分元素挥发性能的诸多因素来分析杂质在制备条件下的行为以及杂质元素对产品的影响。本节先从理论上对锌渣中各组元在纯气态时的蒸汽压的差值、各组元与锌之间能否形成化合物及化合物的稳定性、各组元与锌形成的溶液后组元的活度系数及活度系数随溶液组分改变而变化的规律、主体金属与杂质元素挥发量的关系及锌蒸气挥发对杂质元素的机械夹带作用等问题。在此基础上进行实验研究，查明杂质元素对产品质量的影响规律，提出热镀锌渣直接制备高纯 ZnO 晶须的质量控制手段。

#### 1. 蒸汽压

纯金属的蒸汽压 $p$ 与温度有关，由 Clausius – Clapeyron 方程可求出其表达式：

$$\lg p = AT^{-1} + B\lg T + CT + D \tag{5-135}$$

从热力学数据手册可查到式（5-135）中 $A$、$B$、$C$、$D$ 的数值，按式（5-135）可以算出金属在不同温度下的蒸汽压，如图 5-139 所示。

从图 5-139 中可以看出，在相同的温度下，锌渣中各组分元素的蒸汽压相差悬殊，大小次序是：Sb，As，Zn≫Pb≫In，Cu，Fe，Ni，Co。只有 Sb、As 2 种杂质元素的蒸汽压高于 Zn 在同温度下的蒸汽压。

Cu、Ni、Co、Fe 等杂质元素在制备温度 850~1000℃下不熔化，In 虽然可以熔化，但蒸汽压极低，几乎等于零，因此，可以认为它们不挥发而富集在残渣中。

Pb、As、Sb 等杂质元素在制备温度下熔化，Pb 的蒸汽压比同温度下 Zn 的蒸汽压要小得多，但因为 Pb、Zn 的绝对压力都随温度的增加而迅速增加，因此需要

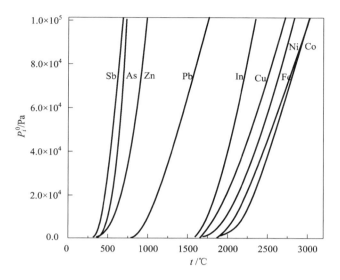

**图 5 - 139　各种金属的蒸汽压曲线**

将两者的绝对蒸汽压进行比较，表 5 - 105 列出了这 2 种元素的蒸汽压及其比值。

**表 5 - 105　相同温度下 Zn, Pb 的蒸汽压比较**

| 温度/℃ | $P_{Zn}^0/\text{Pa}$ | $P_{Pb}^0/\text{Pa}$ | $P_{Pb}^0/P_{Zn}^0$ |
|---|---|---|---|
| 600 | $1.54 \times 10^3$ | $6.06 \times 10^{-2}$ | $3.94 \times 10^{-5}$ |
| 906 | $1.01 \times 10^5$ | $4.23 \times 10^1$ | $4.19 \times 10^{-4}$ |
| 1000 | $2.33 \times 10^5$ | $1.85 \times 10^2$ | $7.94 \times 10^{-2}$ |

由表 5 - 105 可见，随着温度的升高，$P_{Pb}^0/P_{Zn}^0$ 的差别减小，在制备条件下，随着温度的升高，Pb 可能有少量挥发进入气相。

单质 As、Sb 的蒸汽压很大，因此，在锌渣中以单质存在的 As、Sb 很容易挥发进入气相。并且，随着温度的升高，As、Sb 的挥发有迅速增长的趋势，除了它们的蒸汽压随温度升高而增大以外的原因，其化合物可能分解，另外还与高温下它们的蒸气结构有关。金属气体的多分子结构与其蒸发性质有关，例如在计算最大蒸发速率时，相对分子质量与每个分子的原子数有关，气体分子的热运动也和相对分子质量有密切关系。As 有 3 种分子 As、$As_2$、$As_4$，温度升高和压强降低，As 的单原子和双原子的分子数增多，原子数减少有利于蒸发。

As、Sb 与 Pb、Zn 可以形成化合物，因此，它们的挥发性能取决于生成的化合物的稳定程度。由 As – Pb、As – Zn 二元状态相图可以看出,As – Pb 系为简单共晶系,As – Zn 系能形成多种化合物。从相图中找到相应化合物的熔点,根据液相线和固相线最高点处的情况,可以判断各种化合物的稳定性,归纳于表 5 – 106。

表 5 – 106　As、Sb 与 Pb、Zn 形成的化合物的性质

| 化合物 | 性质 |
|---|---|
| $As_2Zn_3$ | 同分熔点化合物,熔点为 1015℃,液相线最高点尖锐,固相线尖锐,液相可能离解,固相不离解 |
| $As_2Zn$ | 异分熔点化合物,液相线和固相线最高点平滑,液、固相都能离解 |
| $ZnSb$、$Zn_3Sb_2$、$Zn_4Sb_3$ | 同分熔点化合物,熔点分别是 544℃,560℃,563℃,液相可能离解,固相不离解 |

由表 5 – 106 中列出的化合物的性质可知,在研究的温度范围内,化合物 $As_2Zn_3$ 不离解,$As_2Zn$ 将离解析出单质 As,这一部分的 As 会挥发进入气相,挥发量主要取决于化合物 $As_2Zn$ 的离解程度,根据离解反应的平衡常数,可以判断是部分挥发还是部分残留。

合金或粗金属的组元 $i$ 的蒸汽压和纯金属 $i$ 的蒸汽压是不一样的,因为粗金属合金中 $i$ 的浓度低于纯金属,而且粗金属溶液中 $i$ 的分子和其他组元的分子之间的相互吸引或排斥可以改变 $i$ 的有效浓度(活度)。合金中元素的蒸汽压 $p_i$ 可用拉乌尔(Raoult F M)定律计算,即:

$$p_i = a_i p_i^0 = \gamma_i N_i p_i^0 \qquad (5 – 136)$$

式中:元素 $i$ 的 $a_i$ 为活度;$\gamma_i$ 为活度系数;$N_i$ 为摩尔分数;$p_i^0$ 为纯物质的蒸汽压。

按照溶液中组元活度系数 $\gamma_i$ 的变化,将溶液分为 3 种情况:

① $\gamma_i = 1$,即所谓理想溶液。

② $\gamma_i > 1$,称为正偏差。Zn – Fe 系可形成的相组织为 $\Gamma$、$\delta$、$\xi$、$\eta$ 相,它们是固态金属铁与液态金属锌之间相互反应和扩散而形成的。$\Gamma$ 相的组成是 $Fe_5Zn_{21}$ 金属间化合物,含铁量为 21% ~ 28%,$\delta$ 相组成是 $FeZn_7$,含铁量为 7.0% ~ 11.5%,$\xi$ 相组成是 $FeZn_{13}$,含铁量为 6.0% ~ 6.2%,$\eta$ 相可看成是纯锌相,含铁小于 0.02%。在富 Fe 端,Zn 有较大的正偏差。

③ $\gamma_i < 1$,称为负偏差。Zn – Cu 系状态图存在 $\alpha$、$\beta$、$\gamma$、$\delta$、$\varepsilon$、$\delta$ 固熔体,表明铜原子和锌原子之间有很强的作用力,形成负偏差。

在 500℃ 时富锌端铜的活度系数 $\gamma_{Cu}^0 = 0.018$,富铜端锌的活度系数 $\gamma_{Zn}^0 = 0.014$,它们都明显小于 1。杂质元素可能有极微量是挥发产生的,在溶液的挥发过程中主体金属和杂质的挥发量之间有一定关系:

$$Y_B = 100 - 100\ (1 - Y_A/100)^\alpha \qquad\qquad (5-137)$$

式中：考虑一种以 A 为基的粗金属，$\alpha$ 为系数；$Y_B$ 为 B 组元挥发的百分数；$Y_A$ 为 A 组元挥发的百分数。杂质元素蒸发的原因还有主体金属的机械带出作用，当主体金属的挥发速度和蒸气挥发量增大时，这种作用不能忽略。

从以上分析可知，单质态的 As、Sb 能挥发进入产品，但其化合物要在 1000℃ 左右才分解。因此，在高温下，因化合物的分解可能使 As、Sb 挥发而进入产品的量增加；随温度升高，Pb 与 Zn 的蒸汽压差值减小，并且 Pb – Zn 系存在很大的正偏差，因此，Pb 微量蒸发，并随温度升高而增大；Fe 由于其含量远大于其他杂质，可能有较强的机械带出效应，另外 Fe – Zn 系也是正偏差系，在蒸发后期，正偏差效应会对机械带出效应起促进作用。因此，从理论上分析各杂质元素可能通过不同的途径对产品质量产生影响，但要定量地分析这些影响，必须结合具体的实验条件来分析。

2. **实验结果与讨论**

在上述理论分析的基础上，实验首先考察了不同反应温度和氧化气体成分杂质元素在蒸发氧化过程中的行为和走向以及对产物氧化锌晶须杂质含量的影响，见表 5 – 107、表 5 – 108 及图 5 – 140 ~ 图 5 – 143。根据实验结果，进一步研究了 Fe、Pb 2 种杂质随锌蒸发率的变化关系。

表 5 – 107　制备条件对晶须中杂质的影响（1# 锌渣）/（μg · g⁻¹）

| 温度/℃ | 氧含量/% | As | Sb | Pb | Fe | Ni | Co | Cu | In |
|---|---|---|---|---|---|---|---|---|---|
| 850 | 5 | 6.3 | 23.3 | 162.8 | 1.2 | 8.4 | 0.5 | 0.9 | — |
| | 8 | 7.7 | 54.7 | 153.4 | 44.5 | 7.5 | 1.3 | 1.1 | — |
| | 12 | 8.6 | 62.3 | 168.8 | 50.6 | 8.3 | 0.8 | 0.1 | — |
| | 空气 | 8.1 | 66.6 | 167.2 | 329.6 | 8.3 | 0.7 | 0.8 | — |
| 900 | 5 | 7.4 | 32.3 | 198.6 | 5.6 | 6.8 | 1.1 | 0.9 | — |
| | 8 | 8.3 | 54.9 | 212.4 | 60.8 | 9.7 | 0.9 | 1.3 | — |
| | 12 | 7.5 | 57.8 | 263.4 | 70.8 | 9.7 | 1.0 | 0.9 | — |
| | 空气 | 9.2 | 65.6 | 287.8 | 456.7 | 11.2 | 0.8 | 0.4 | — |

续表 5 - 107

| 温度/℃ | 氧含量/% | As | Sb | Pb | Fe | Ni | Co | Cu | In |
|---|---|---|---|---|---|---|---|---|---|
| 950 | 5 | 8.7 | 58.1 | 312.3 | 13.6 | 8.5 | 0.9 | 1.0 | — |
| | 8 | 8.2 | 67.2 | 345.4 | 67.6 | 9.5 | 1.1 | 0.7 | — |
| | 12 | 8.9 | 65.6 | 323.3 | 80.7 | 9.7 | 1.5 | 0.9 | — |
| | 空气 | 8.2 | 67.9 | 356.5 | 486.7 | 9.2 | 1.6 | 0.8 | — |
| 1000 | 5 | 27.3 | 162.8 | 560.4 | 77.8 | 9.4 | 0.9 | 1.3 | — |
| | 8 | 38.1 | 202.2 | 520.9 | 236.7 | 9.7 | 1.2 | 0.6 | — |
| | 12 | 32.2 | 212.6 | 587.7 | 445.6 | 9.6 | 1.6 | 0.5 | — |
| | 空气 | 33.6 | 242.3 | 590.8 | 567.3 | 12.8 | 1.7 | 0.9 | — |

表 5 - 108　制备条件对晶须中杂质的影响(2#锌渣)/($\mu$g · g$^{-1}$)

| 温度/℃ | 氧含量/% | As | Sb | Pb | Fe | Ni | Co | Cu | In |
|---|---|---|---|---|---|---|---|---|---|
| 850 | 5 | 2.1 | 5.1 | 7.8 | 2.2 | 14.8 | 9.5 | 0.7 | — |
| | 8 | 3.3 | 4.7 | 9.7 | 46.5 | 13.4 | 6.7 | 0.8 | — |
| | 12 | 4.6 | 6.2 | 6.3 | 51.8 | 13.4 | 8.4 | 0.6 | — |
| | 空气 | 4.5 | 6.3 | 7.4 | 212.7 | 12.6 | 7.8 | 0.8 | — |
| 900 | 5 | 3.4 | 6.5 | 9.5 | 5.9 | 16.5 | 7.4 | 0.9 | — |
| | 8 | 4.2 | 6.7 | 9.7 | 63.8 | 14.3 | 8.1 | 0.9 | — |
| | 12 | 4.5 | 7.1 | 9.3 | 77.4 | 13.7 | 8.6 | 1.2 | — |
| | 空气 | 4.3 | 7.3 | 8.8 | 486.7 | 13.2 | 8.6 | 0.8 | — |
| 950 | 5 | 4.8 | 6.6 | 11.1 | 23.6 | 14.5 | 9.5 | 0.8 | — |
| | 8 | 5.2 | 7.2 | 9.3 | 77.6 | 13.8 | 9.3 | 0.9 | — |
| | 12 | 4.9 | 8.7 | 11.6 | 87.3 | 16.7 | 8.4 | 0.7 | — |
| | 空气 | 4.7 | 9.4 | 12.5 | 501.8 | 13.2 | 8.7 | 1.1 | — |
| 1000 | 5 | 12.1 | 22.8 | 20.4 | 87.6 | 13.4 | 8.5 | 0.7 | — |
| | 8 | 18.6 | 26.6 | 20.9 | 336.5 | 13.4 | 8.6 | 0.8 | — |
| | 12 | 17.8 | 23.4 | 28.7 | 467.6 | 16.3 | 8.1 | 0.9 | — |
| | 空气 | 19.5 | 28.7 | 29.8 | 587.3 | 16.1 | 8.7 | 1.3 | — |

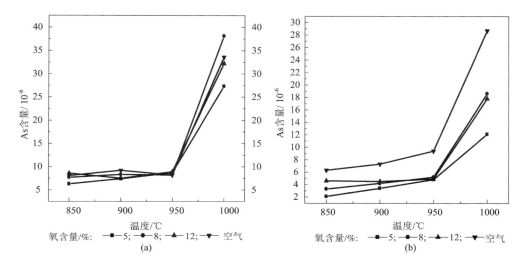

图 5 – 140　不同气氛下晶须中 As 含量与温度的关系
(a) 1# 废锌渣产物；(b) 2# 废锌渣产物

从表 5 – 107、表 5 – 108 及图 5 – 140 ~ 图 5 – 143 可以看出 2 个特点。其一，锌渣中的杂质元素的含量与产品中的杂质元素含量有一定的对应关系，其中 As、Sb、Pb 的对应关系很明显：原料锌渣中 As、Sb、Pb 含量高，这些杂质在产品中的含量也随之升高。但 Cu、Ni、Co 等杂质的对应关系不明显，尽管在原料中存在一个数量级的差别，但它们在产品中的含量都处于同一数量级。其二，主要杂质元素 As、Sb、Pb、Fe 在产品中的含量与氧化气氛及温度有一定的对应关系，总体看，各杂质元素在产品中的含量随气氛中氧含量和温度升高而增大，但这种关系在不同的元素、不同的气氛及不同温度区间的条件下，存在很大差别。根据本节杂质分离的理论基础和前文的实验结果，对原料锌渣中各种杂质在氧化过程中的行为和走向，以及杂质对产品影响的途径和效应作如下分析：

1）As、Sb 的行为和影响

从表 5 – 107、表 5 – 108 及图 5 – 140 ~ 图 5 – 142 可以看出，As、Sb 在 850 ~ 950℃，蒸发进入产物的量没有很大的差别，并且在此温度区间，其挥发量与氧化气氛关系不大。原因可能是单质态存在的部分 As、Sb 可以率先挥发，而它们的化合物在这个温度区间内尚未分解或分解速度较慢，因而进入产品的量是有限的，由 950℃ 物料平衡可计算得出，此时原料中 40% Sb 和 20% As 进入产品，这一部分应该是单质态的 As、Sb。并且，从它们在原料锌渣的含量来看，1#、2# 原料的 As 含量处在同一数量级，它们在产品中的含量也处于同一数量级，1# 比 2# 的 Sb 含量高一个数量级，产品中也是如此。当制备温度达到 1000℃ 时，As、Sb 进入产品的数量激增，此时，产品中 As、Sb 的含量比在 850～950℃增加一个数量级，原因是 As、Sb 的化合物分解加快以及它们在高温时的蒸气分子结构以小分子为主，使挥发速度有所提高。从这一点来看，制备温度严格控制在 1000℃以下，就可以使 As、Sb 在产品中的含量保持在 $10^{-6}$ 的数量级。

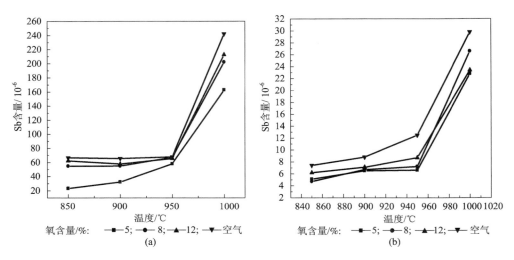

**图 5－141    不同气氛下晶须中 Sb 含量与温度的关系**

（a）1#废锌渣产物；（b）2#废锌渣产物

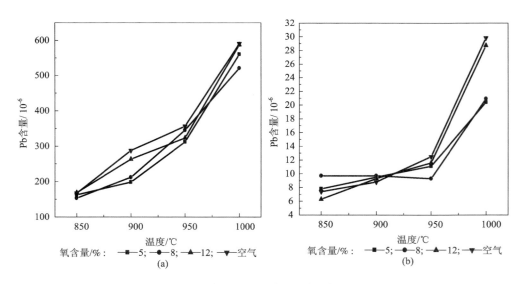

**图 5－142    不同气氛下晶须中 Pb 含量与温度的关系**

（a）1#废锌渣产物；（b）2#废锌渣产物

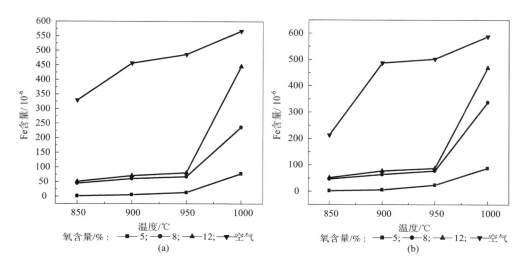

图 5 – 143　不同气氛下晶须中 Fe 含量与温度的关系

(a)1# 废锌渣产物；(b)2# 废锌渣产物

2)Cu、Co、In、Ni 的行为和影响

Cu、Co、In、Ni 在所研究的温度范围内，在产品中的含量为 $10^{-7} \sim 10^{-4}$，但都处于同一数量级，可能的原因是各种元素间的相互反应和扩散形成了某些化合物，对其挥发产生了抑制作用。另外，Cu – Zn 系等二元系在富 Zn 端的强烈的负偏差效应也是一个重要的原因。

3)Pb、Fe 的行为和影响

Pb、Fe 对产物成分影响甚微。原因是在反应的温度区间内蒸汽压极低，可以把它们当作不挥发组分，另外，它们在原料中的含量本来就很少，锌蒸发时产生的锌蒸气气流对它们难以起到机械夹带的作用，这 2 个因素的共同作用使它们对产品质量几乎不能产生任何影响。它们在原料中的含量存在一个数量级的差别，而在实验条件下，它们进入产品的量有很大的变化，原因是它们在锌蒸气氧化时的行为和走向不同分述如下：

从表 5 – 107、表 5 – 108 及图 5 – 142 可见，Pb 在实验条件下，随着温度从 850℃ 升高到 1000℃，晶须中 Pb 的含量可以增加数倍，但没有数量级的变化，并且这种关系在不同的氧化气氛中都是相似的，表明产品中的 Pb 含量与气相成分的关系不大。据此，可以推知锌蒸气对 Pb 的机械夹带作用不明显，原因是 Pb 在锌渣中的含量较低，即使锌的挥发率达到 100%，并且假设 Pb 完全不挥发，从图 5 – 144 可看出，Pb 在残渣中的含量也不到 10%。并且从表 5 – 107、表 5 – 108 可

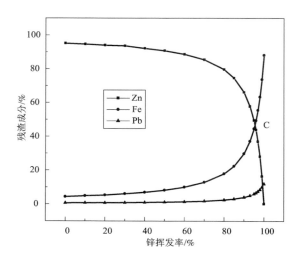

**图 5 – 144　渣相成分与锌挥发率的关系**

以看出,在蒸发开始时(锌渣的成分变化不大时),Pb – Zn 系的正偏差效应相当突出,随着蒸发率的升高,在这种组成的 Pb – Zn 系的正偏差效应趋于不明显,使锌蒸气的挥发速度对 Pb 的机械夹带作用很小。因此,Pb 进入产品主要途径是由于杂质元素本身的蒸发,原因是随着温度由 850℃ 升高到 1000℃,Zn、Pb 的蒸汽压都增大,但两者的比值却有加速减小的趋势,这一点在前面已作了分析。因此,在实验条件下,尽管 Pb 的蒸汽压很低,但不能看成是零,随着温度的升高,Pb 的蒸汽压会以较快的速度升高,再加之 Pb – Zn 系在富 Zn 端的正偏差效应,使 Pb、Zn 蒸汽压的差别进一步减小。

　　由此可见,Pb 进入产品的途径主要是因为其蒸汽压随温度升高较快和正偏差效应使 Pb、Zn 的蒸汽压差相对缩小,因此,控制蒸发温度是控制产品中 Pb 含量的主要手段。

　　从表 5 – 107、表 5 – 108 及图 5 – 143 可见,在同一温度下,当氧化气氛中 $O_2$ 含量增高时,Fe 进入产品的量明显增加,在空气气氛下,晶须中的 Fe 含量比在低 $O_2$ 含量下得到晶须的含量增加 1 ~ 3 个数量级;在相同的氧化气氛条件下,随着温度的升高,晶须中的 Fe 含量增长不明显,在 850 ~ 950℃,Fe 含量维持同样的数量级,当温度升至 1000℃ 时,Fe 含量增长一个数量级。原因是:虽然 Fe 具有很高的熔点,但由于其含量较高,很容易被挥发出的锌蒸气机械夹带进入气相中。锌蒸气的挥发速度不仅受温度控制,而且受气相中 $O_2$ 的浓度所控制,在相同的温度下,随着气相中 $O_2$ 含量的升高,锌蒸气的挥发速度增加,对 Fe 的机械夹带作用增强,因此,进入产品的 Fe 含量升高。另外,从表 5 – 107 和表 5 – 108

以及图 5 - 143 和图 5 - 144 可以看出,随着锌渣中 Zn 的蒸发,特别是锌的挥发率达到 93% 以上时,Fe 在锌渣中的比例迅速增长,Fe - Zn 系 2 组元属正偏差。因此,当锌渣中 Fe 含量升高时,Fe - Zn 系进入富 Fe 端,使 Zn 的活度系数也迅速增加,这种情况又促使机械夹带的作用增强。

由此可见,杂质元素 Fe 主要是由于锌蒸气的夹带而进入产品的,锌蒸气的蒸发速度是主要影响因素,控制氧化气氛中 $O_2$ 含量、锌的蒸发量和蒸发温度是控制晶须中 Fe 含量的有效措施。

为了更进一步证实上述分析,考察了锌蒸发率与残渣中 Fe、Zn、Pb 相对含量的变化关系,以及 $2^{\#}$ 锌渣在 950℃,12% $O_2$ 气氛下其蒸发率与产品中杂质含量的关系,见表 5 - 109。

表 5 - 109 锌蒸发率与产品中杂质含量的关系/( $\mu g \cdot g^{-1}$ )

| 锌蒸发率/% | 73.6 | 81.6 | 87.8 | 92.8 | 96.7 | 98.4 |
|---|---|---|---|---|---|---|
| Pb | 8.7 | 9.1 | 9.5 | 10.1 | 11.2 | 11.3 |
| Fe | 6.8 | 11.2 | 12.6 | 23.1 | 78.6 | 87.9 |

从图 5 - 144 可见,随着锌的蒸发,残渣中 Zn 含量逐步降低,Fe 含量逐步升高,而 Pb 含量的增长极其缓慢。当锌的蒸发率达到 96% 左右时(图 5 - 143 中 C 点),残渣中的 Fe 含量迅速增大,并超出 Zn 含量,此时,Fe - Zn 系的正偏差效应使锌的挥发加快,也使锌蒸气的机械夹带作用增强,因此,进入产品的 Fe 主要在蒸发后期。Pb 进入产品是因为正偏差的效应始终存在,锌蒸发率对其影响不明显,表 5 - 108 的结果也证明了这种判断。

从表 5 - 109 可以看出,当锌的蒸发率不超过 93% 时,产品的 Fe 含量可以控制在较低的水平;如果进一步提高蒸发率,产品中的 Fe 含量迅速升高。因此,为了把产品中的 Fe、Pb 杂质含量控制在较低的水平,在用热镀锌渣制备氧化锌晶须的过程中,不能只片面地强调提高锌的蒸发率,根据产品质量的需要,控制适当的残渣率是十分必要而又明智的选择。

# 5.3 热镀锌渣制取 $ZnO_w$ 小型实验研究

## 5.3.1 概述

金属锌主要消耗于钢铁工业的热镀锌,据报道,每年世界锌产量的 40% 以上用于热镀锌。21 世纪初我国每年热镀锌的锌消费量已超过 1500 kt，随着经济的发展，热镀锌的用锌量还会增加。在热镀锌作业中，为了保证锌镀层的质量，必须从镀锌锅中定期排出铁含量高的废渣，一般来说，每吨热镀产品须出渣 12 kg，锌渣占全部热镀用锌量的 20% ~40%。热镀锌渣含锌 90% ~95%，铁约 5%，通常采用蒸馏法或熔析法处理，由于锌渣含铁较高，这些方法除了难以形成规模外，都存在回收率低、能耗高、污染重的问题。用可溶性阳极电解法处理热镀锌渣尚处于实验室研究阶段，并且，铁的存在使这种方法难度很大。因此，目前尚无成熟的高效利用热镀锌渣的方法。

前面的研究表明，氧化锌的结晶形貌取决于锌蒸气的氧化行为，而与原料的表面状态及纯度没有直接的关系，以热镀锌渣为原料或工业锌粉及高纯锌为原料，都能制备出四针状氧化锌晶须。因此，采用热镀锌渣为原料直接制备四针状氧化锌晶须，不仅可为热镀锌渣提供一种简单、高效的利用方法，而且拓宽了制备四针状氧化锌晶须的原料范围，是降低四针状氧化锌晶须成本的有效途径，对锌资源的直接深度加工和复合材料的制备具有重要的意义。

本节重点研究直接以热镀锌渣为原料制备四针状氧化锌晶须的工艺条件对氧化锌晶须形貌、尺寸、均匀性及产率的影响，探索最佳工艺条件，为实现热镀锌渣为原料制备四针状氧化锌晶须的工业化打下基础。

## 5.3.2　实验

本研究所用的热镀锌渣由国内某厂提供。锌渣堆密度 6.85 ~7.46 g/cm³，熔化温度约为 700℃，晶粒粗大且有夹渣，成分均匀，化学分析见表 5 – 96。锌渣破碎后直接作为原料，粒径不作要求（大到厘米级，小到微米级）。

用管式高温炉进行实验，炉管尺寸：φ100 mm×1370 mm，高温段长 840 mm，加热元件为硅钼棒 GM – 1800 型，规格 300 mm×180 mm×6 mm×40 mm；产物用 JSM – 5600LV 冷场发射扫描电镜（日本电子）、X 射线能谱仪 Vantage 4105（Noran）、CuKα 转靶 X 射线衍射仪及真空型等离子体光谱仪 ICP – AES（Baird PS – 6）进行表征。

根据前面已经研究制备四针状氧化锌晶须的温度、氧分压和气体总流量的范围，炉温控制在 850 ~1000℃，总流量 $Q$ 控制在 40 ~320 L/h，气体压力 0.2 MPa，氧分压 5% ~21%，保温 20 ~30 min。

晶须尺寸通过 SEM 扫描观察结果。晶须产率按下式计算：

$$晶须产率 = (晶须中锌的质量/原料中锌的质量)\times100\% \qquad (5-138)$$

### 5.3.3 结果与讨论

#### 1. 工艺技术条件的优化
1）结晶形貌变化

图 5 - 145 是温度为 850℃，总流量为 40 L/h，结晶形貌随氧分压变化情况。

(a)　　　　　　　　(b)　　　　　　　　(c)

**图 5 - 145　850℃，总流量 40 L/h，不同氧分压下的结晶形貌**
(a)O$_2$ 含量 5%；(b)O$_2$ 含量 12%；(c)O$_2$ 含量 21%

图 5 - 145 中(a)、(b)、(c)分别是氧分压为 5%、12% 和 21% 时的结晶形态。在此条件下，产物形貌的共同特点是针状体短而粗，长径比为 8~10，针体端点不尖锐。此外：(a)中夹带有多针状体结晶，(b)中夹带有单针状体，(c)中夹带有少量粉状体，并且产物颜色略带黄色。原因是总流量过低，使晶体生长区域的气相分子密度降低，因而表面吸附层内的原子密度较低，表面原子的扩散受到遏制；另外，相对低的温度对扩散也有限制。此时，提高气相中的氧分压，有利于锌的蒸发和扩散的进行，因此，(c)的形貌相对较好，(c)产物略带黄色，与杂质蒸发有关。

图 5 - 146 所示为当温度为 950℃、总流量 60 L/h 时结晶形貌随氧分压变化情况。从图可以清楚地看到，结晶形貌明显好转，晶须长径比增加到 20~25，针体细长，端点尖锐，(a)和(b)的形态较为接近，结晶体尺寸均匀，但(c)结晶的尺寸相差明显，原因是在此温度下，提高气相中的氧分压，使锌的蒸发增加过快，气相中凝聚生长的微粒粒径分布宽，再加上气相分子的沉积使这种效果更加明显，粒径大的微粒在生长过程中将有更多的分子沉积在表面，促使其生长得更快更大，反之亦然，因而结晶体的尺寸有较大差异。

图 5 - 147 所示为当温度为 850℃，总流量分别为 140 L/h、80 L/h 时结晶形貌随氧分压变化情况。

从图中可以看出，(a)和(b)的结晶体基本上没有差异，结晶形貌完整、没有

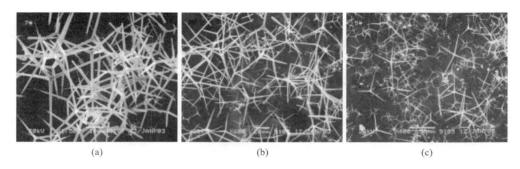

图 5 - 146　不同氧分压下的结晶形貌

(a)$O_2$ 含量 5% ；(b)$O_2$ 含量 12% ；(c)$O_2$ 含量 21%

图 5 - 147　850℃不同氧分压下的结晶形貌

(a)$O_2$ 含量 5% ，总流量 140 L/h；(b)$O_2$ 含量 12% ，总流量 140 L/h；

(c)$O_2$ 含量 21% ，总流量 80 L/h

夹带任何其他形貌的结晶体；而(c)的针体之间出现二次生长的片晶，晶须根部出现堆积，表明此时的生长体系的过饱和比太大，质点的排列出现混乱，定向生长困难，由此可见晶须的生长对体系的过饱和度非常敏感。

图 5 - 148 所示为当温度为 850℃，(a)和(b)总流量 260 L/h，(c)总流量为 100 L/h 结晶形貌随氧分压变化情况。(a)和(b)晶须长径比略有增大，为 25 ~ 30，产物尺寸均匀；而(c)的针体又变得短而粗，晶须形貌严重扭曲，并且夹带有颗粒。

图 5 - 149 所示为当温度为 950℃，(a)和(b)总流量 260 L/h，(c)总流量 60 L/h，结晶形貌随氧分压变化情况。从图可以看出，(a)的结晶形貌依然良好，而(b)的结构趋于破坏，针体之间出现大量二次生长的片晶，(c)的针体短粗，颗粒夹带严重。

(a)　　　　　　　　　　(b)　　　　　　　　　　(c)

**图 5 – 148　不同氧分压下的结晶形貌**

(a)O$_2$ 含量 5%，总流量 260 L/h；(b)O$_2$ 含量 12%，总流量 260 L/h；

(c)O$_2$ 含量 21%，总流量 100 L/h

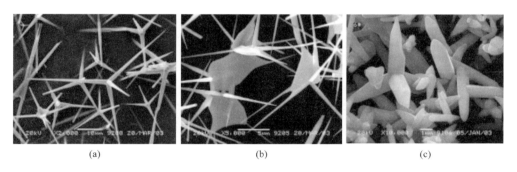

(a)　　　　　　　　　　(b)　　　　　　　　　　(c)

**图 5 – 149　不同氧分压下的结晶形貌**

(a)O$_2$ 含量 5%，总流量 260 L/h；(b)O$_2$ 含量 12%，总流量 260 L/h；

(c)O$_2$ 含量 21%，总流量 60 L/h

2）晶须尺寸

850℃气体总流量（保持氧分压不变）对晶须长径比的影响见图 5 – 150，可见，在总流量 60 ~ 250 L/h 时，晶须的长径比（$l/d$）随流量的增大在 20 ~ 25 缓慢增大，但当总流量超过 250 L/h 时，晶须的长径比（$l/d$）迅速减小到 2 ~ 3。当制备温度为 950℃，晶须长径比（$l/d$）的变化规律与 850℃时相似，而与温度的变化没有明显的关系，原因是，温度升高虽可使晶须长度增加，但晶须的直径也增加，使长径比的变化很小。

图 5 – 151 所示为当 950℃时，晶须长度与氧分压的关系。由图可知：当氧分压为 5% ~ 8% 时，晶须长度最大，并且趋于稳定，并且，流量大时得到晶须的长度较长；当氧分压为 8% ~ 15% 时，随着氧分压的升高，晶须的长度都是下降的，而且，下降的速度基本相同；当氧分压超过 15% 时，在不同流量下，晶须长度的

下降趋势亦不同，高流量时的下降速度远远快于低流量时的。

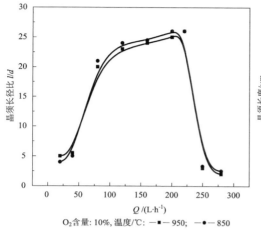

图 5 – 150　晶须长径比与流量的关系

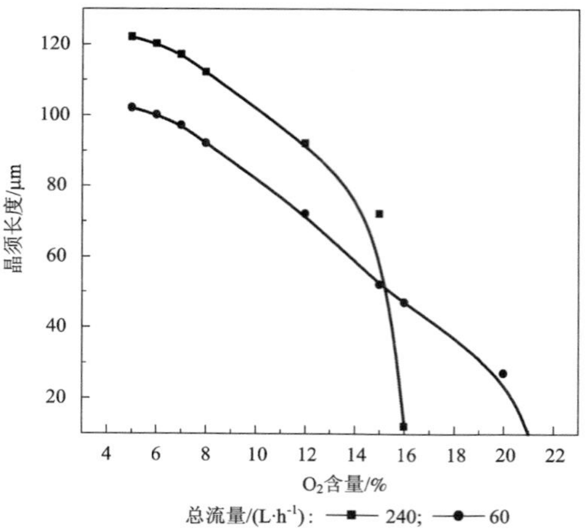

图 5 – 151　晶须长度与氧含量的关系

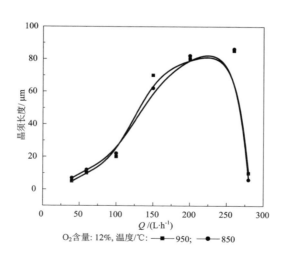

图 5 – 152　晶须长度与流量的关系

图 5 – 152 表明，流量的变化可以显著改变晶须的长度，在温度为 850 ~ 950℃，流量在 160 ~ 260 L/h 时（保持氧分压不变），晶须尺寸稳定性、均匀性都很好，且晶须的平均长度最大，为 80 ~ 90 μm，当流量高于或低于这个区间时，晶须的长度迅速减小到 10 μm 以下。

对这种实验现象可解释为：过饱和度越高，吸附层内原子的过饱和度也越高，当吸附层内原子的过饱和度达到某一临界值时，二维成核就可能在晶须棱面上发生，从而截获向晶须端点迁移的原子，当二维成核密度足够大时，棱面上原子的迁移可能完全阻隔，晶须的轴向生长速度基本上停止，此时只发生晶须边棱面的生长，使晶须变粗增厚，而晶须的长度基本保持不变，因此时只有气相中原子直接碰撞顶点才会使晶须生长。前面研究证明这种直接碰撞的密度实际是很小的，对晶须的尺寸影响甚微。

3）晶须产率

按式（5－138）求得不同条件下晶须的产率，可知晶须产率与制备条件的关系。图5－153所示为晶须产率随气体流量和制备温度的变化规律。晶须产率随气体流量的增大而增大，在氧分压为8%～15%时，晶须最大产率为92%～96%，晶须的产率随气体流量增大而降低。原因是在过低的流量下，产物晶须比较密实地覆盖在金属锌的表面，使锌的挥发和氧的扩散受到阻碍，使氧化不完全；流量过大，使产物很容易被气流带出反应器，生成极其细小的单针状氧化锌。

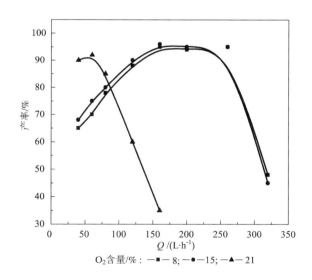

图5－153　晶须产率与流量的关系

图5－154所示为晶须产率与温度的关系，在850～980℃，不同氧分压下，晶须的产率变化不大，为90%～96%；当温度高于980℃时，产率迅速降低。其原因是锌渣的挥发速度很大，锌蒸气原子的动能很快，不可能凝聚成锌液滴，锌蒸气气相氧化完全是锌原子的直接氧化，此时，气流成分调节蒸发速度的效应已不复存在，多数产物进入气流，四针状氧化锌晶须的成核和生长的必需条件被完全

破坏。

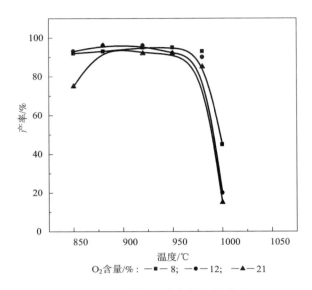

图 5 – 154　晶须产率与温度的关系

4）最佳工艺条件

根据以上实验结果，确定直接用热镀锌渣制备四针状氧化锌晶须的最佳工艺条件为：氧化温度 850 ~ 950℃，气体流量 140 ~ 260 L/h，氧分压 8% ~ 12%，锌渣蒸发率小于或等于 93%。在上述工艺条件范围内，通过调节反应温度、气相成分和气体流量，可以有效地控制四针状氧化锌晶须产品的形貌、尺寸、均匀性、产率和杂质含量等技术指标。

**2. 产物的表征**

对最佳条件下综合实验中由热镀锌渣制取的四针状氧化锌晶须进行了表征。

1）结晶形貌

由热镀锌渣在最佳条件下制得的氧化锌晶须产物外观是蓬松、洁白的棉状物，表观密度为 0.2 ~ 0.5 g/cm$^3$。图 5 – 155 是合成产物的 SEM 照片，照片表明产物为规整的四针状氧化锌晶须。晶须的结构呈现出高度的自组装的特点：从中心体呈放射状向外伸出 4 个空间角度不同的针状体，针体部分是平整光滑的细长六方锥状晶体，任意 2 个针状体之间的夹角大约为 109°，针体长度与根部直径的比值（长径比 $l/d$）为 25 ~ 30，表明产物完全符合四针状晶须的形貌特征。晶须产物的尺寸均匀，中心体边长 4 ~ 5 μm，针状体长 80 ~ 130 μm，是尺度较大的晶须，针状体之间没有出现二次生长的片晶，也没有颗粒状的 ZnO 出现，表明产物的形貌和尺寸都有很好的均匀性。

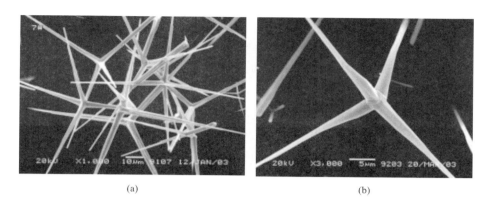

图 5 - 155　热镀锌渣制备的四针状氧化锌晶须的 SEM 照片

(a)低分辨率；(b)高分辨率

2）晶体结构谱

（1）晶须的 XRD 图谱。

制备温度为 850℃和 950℃的产物的 XRD 分析结果如图 5 - 156 所示，图中仅有纤锌矿型 ZnO 的衍射峰，峰型尖锐，表明产物结晶完整、晶体结构为六方纤锌矿结构。衍射图中没有出现任何其他杂质相，说明产物是高纯 ZnO。

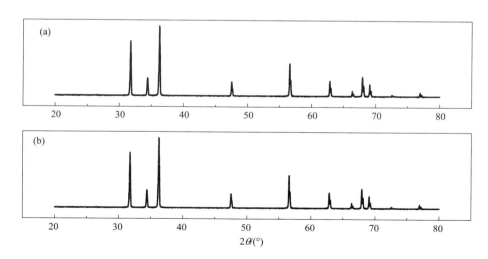

图 5 - 156　热镀锌渣制备的四针状氧化锌晶须 XRD 图谱

（a）850℃；（b）950℃

由图可知，制备温度为850℃和950℃的产物的XRD图谱几乎完全一样，很难看出两者的差别，表明在此温度范围内，产物都具有高度的结晶完整性。

（2）晶体的极面。

前文已经述及了氧化锌晶体的极性和极面，可以有多种方法来鉴别晶体的极面。这里，利用Zn原子面和O原子面的衍射强度的比值确定晶体的极面，这个比值表达式为：

$$\frac{I(00\cdot2)}{I(00\cdot\overline{2})} \approx \frac{FF^*(00\cdot2)}{FF^*(00\cdot\overline{2})} = \frac{\{[f_{Zn}{}' + \Delta f_O{}'']^2 + [\Delta f_{Zn}{}'' - f_O{}']^2\}}{\{[f_{Zn}{}' - \Delta f_O{}'']^2 + [\Delta f_{Zn}{}'' + f_O{}']^2\}} \quad (5-139)$$

式中：$\frac{I(00\cdot2)}{I(00\cdot\overline{2})}$是按理想晶体的衍射强度比，当波长$\lambda = 0.15406$ nm时，可知其比值为1.01。

由X衍射数据可求得原子的散射因子和修正系数见表5-110。

表5-110    原子的散射因子和修正系数

| 温度/℃ | $f_0$(Zn) | $f_0$(O) | $\Delta f_{Zn}{}'$ | $\Delta f_O{}'$ | $\Delta f_{Zn}{}''$ | $\Delta f_O{}''$ |
|---|---|---|---|---|---|---|
| 850 | 22.7 | 5.74 | −4.03 | 0.04 | 3.41 | 0.03 |
| 950 | 22.8 | 5.72 | −4.35 | 0.04 | 0 | 0.03 |

把表列数据代入式（5-139），可得到850℃和950℃的$\frac{FF^*(00\cdot2)}{FF^*(00\cdot\overline{2})}$分别为0.99和1.0，与理论值1.01较为吻合。

这样，从X衍射数据也可得出（0001）极面是Zn原子，（000$\overline{1}$）面是O原子背面的结论。

（3）晶体的半宽峰。

近年来，晶体衍射半宽峰（FHMW）分析法较多地用来分析晶体的缺陷。对于理想的完整晶体，理论上可推得其衍射峰高度一半处的宽度$\Delta\theta$，也称为半宽峰，满足如下关系：

$$\Delta\theta = \frac{\lambda^2 e^2 Nf}{\pi mc^2 \sin2\theta} \quad (5-140)$$

式中：$\lambda$为入射X射线的波长；$e$为电子电荷；$N$为每单位体积原子数；$f$为原子散射因子；$m$为电子质量；$c$为光速；$\theta$为半衍射角。对于完整晶体，其衍射峰宽度是极窄的。当晶体中存在位错等缺陷时，晶格发生畸变，原来严格平行的各晶面（$hkl$），将会在平衡位置附近发生微小的偏差，那些有微小偏离的晶面刚好在正常布拉格角$\theta$的左右产生衍射作用，导致衍射峰宽度增大。

表 5 –111 所示为在 950℃，总流量 240 L/h，氧含量分别为 8% 和 12% 时制得的四针状氧化锌晶须的半衍射峰宽度的比较，计算出各主要晶面的半衍射峰宽度 $\Delta\theta$。从表 5 –111 可以清楚地看出在氧含量为 8% 条件下得到的晶须的半峰宽 $\Delta\theta$ 要比氧含量为 12% 的大，说明低氧分压下制备的晶须存在较多的晶体缺陷，这种缺陷主要是氧空位。

表 5 –111　不同氧分压下制备的晶须的半衍射峰宽度的比较

| $O_2$ 含量/% | 晶面 | (100) | (002) | (101) | (102) | (110) |
|---|---|---|---|---|---|---|
| 12 | 衍射角 $2\theta$/(°) | 31.77 | 34.44 | 36.27 | 47.56 | 56.61 |
| | 衍射峰 $I$ | 10127 | 3141 | 12697 | 2254 | 6035 |
| | 半峰宽 $\Delta\theta$/(°) | 0.16 | 0.18 | 0.17 | 0.21 | 0.10 |
| 8 | 衍射角 $2\theta$/(°) | 31.78 | 34.43 | 32.67 | 47.55 | 56.60 |
| | 衍射峰 $I$ | 9132 | 3001 | 11939 | 2205 | 4716 |
| | 半峰宽 $\Delta\theta$/(°) | 0.22 | 0.21 | 0.19 | 0.20 | 0.17 |

### 3. 晶须的化学组成

1）化学分析及 ICP – AES 分析

晶须的特点主要体现在形貌和结晶的完整性方面，其组成不一定很纯。目前，没有四针状氧化锌晶须的化学成分标准。参照松下产品 Pana – tetra 的化学成分要求 ZnO 的纯度不小于 99.6%，本研究由热镀锌渣制得的四针状氧化锌晶须的化学分析表明产物中 ZnO 的纯度不小于 99.96%。用 ICP – AES 进一步分析了与原料杂质成分表 5 –96 对应的杂质元素在产物中的含量，结果见表 5 –112。由此可见，杂质含量是极低的，这是因为在最佳实验条件下，Fe、Pb 等杂质基本上没有挥发而富集在残渣中。这表明直接用热镀锌渣为原料，可以制备出主成分 ZnO 含量不低于 99.6% 的晶须产品。

表 5 –112　热镀锌渣制备的四针状氧化锌晶须杂质含量/$10^{-6}$

| 样号 | Fe | Pb | As | Sb | Cu | Co | Ni | In |
|---|---|---|---|---|---|---|---|---|
| 1 | 44.5 | 360.4 | 7.7 | 64.8 | 0.9 | 9.5 | 14.8 | — |
| 2 | 64.9 | 12.6 | 4.6 | 23.7 | 1.1 | 8.4 | 13.4 | — |

2）表面能谱（EDS）分析

晶须的表面能谱分析（图 5 –157）只有 Zn 和 O 2 种原子的强度峰出现（Cu 原

子峰是样品的铜基座的缘故），表明晶须的组成只有 Zn 和 O 2 种元素，表面成分均匀，进入产品的原料杂质的数量甚微。

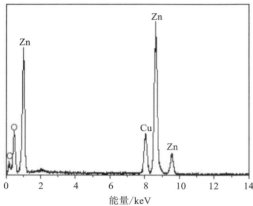

图 5 – 157　热镀锌渣制备的晶须的表面能谱分析

### 4. 晶须的红外吸收光谱比较

体相材料中 Zn—O 的振动吸收峰在 480 $cm^{-1}$ 附近，有精细结构（445.5 $cm^{-1}$，487.9 $cm^{-1}$，530.4 $cm^{-1}$）。图 5 – 158 是四针状氧化锌晶须的红外

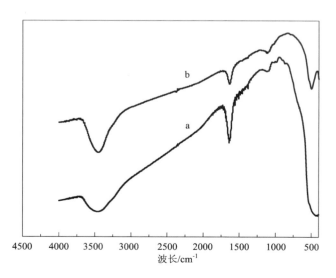

图 5 – 158　四针状氧化锌晶须的红外光谱

a—$t = 850℃$；b—$t = 950℃$

光谱，样品的 Zn—O 的振动吸收峰（443.6 cm$^{-1}$，488.0 cm$^{-1}$），同时伴随的吸收峰红移、精细结构出现等现象可以解释为四针状氧化锌晶须内部结构的有序化使得其结构性质向体相材料靠拢；样品在 459 cm$^{-1}$ 附近出现的 Zn—O 的振动吸收峰，相对体相材料的吸收峰有红移，这可以解释为晶须的小尺寸使表面原子增多，不饱和配位原子也增多，减少了 Zn—O 振动之间的耦合作用，使得振动频率减小。当这种效应的影响超过了量子尺寸效应蓝移的效果时，就可以观察到吸收带的红移。体相材料的 ZnO 在 1070 cm$^{-1}$ 附近有一个不很明显的吸收带，样品相应的吸收带相对体相材料有蓝移现象，这是蓝移因素的影响大于红移因素的影响的关系。

### 5.3.4　小结

热镀锌渣完全可以替代高纯锌粉为原料制备形貌规整、尺寸可调的四针状氧化锌晶须，产品主成分 ZnO 的含量不低于高纯锌粉制备的产品。

热镀锌渣直接制备四针状氧化锌的最佳工艺条件是：氧化温度 850～950℃，气体流量 140～260 L/h，氧分压 8%～12%，锌渣蒸发率小于等于 93%。在上述工艺条件下，通过控制反应温度、气相成分和气体流量，可以有效地控制晶须的各项技术指标和参数。晶须形貌为规整的四针状体，晶体结构为六方纤锌矿型，晶须的尺寸均匀，针体长 80～130 μm，长径比为 25～30，晶须中 ZnO 含量大于或等于 99.96%，晶须产率可保持在 92% 以上。

在气体总流量为 60～80 L/h，温度为 850～1000℃时，空气也可以作为氧化热镀锌渣制备晶须的气体，但晶须容易产生二次生长的片晶，晶须尺寸的均匀性较差，且过程控制困难。

用 SEM、ICP – AES、EDS、IR 等分析检测手段对用热镀锌渣制备的四针状氧化锌晶须进行了表征，结果表明其晶体结构完整、形貌和尺寸规整、纯度很高。另外，用 X 衍射数据也可分析得出（0001）极面是 Zn 原子面和（000$\bar{1}$）面是 O 原子面的结论，与其他方法的研究结论是一致的。利用晶体衍射半宽峰（FHMW）法来分析晶体的缺陷，得出了氧含量为 8% 的条件下得到的晶须的半峰宽 $\Delta\theta$ 要比氧含量 12% 得到的晶须的大，表明低氧分压下制备的晶须存在较多的晶体缺陷。这个结论也与相关研究的结论一致。

## 5.4　连续逆流法制取 ZnO$_w$ 半工业实验研究

### 5.4.1　概述

为了充分利用四针状氧化锌晶须突出的多功能特性，开拓四针状氧化锌晶须的市场与用途，用这种高新技术振兴地区经济，2004年6月中南大学在湖南南县高新开发区管委会签订了热镀锌渣制取四针状氧化锌晶须半工业实验的合同。

在中南大学和南县县委及政府的高度关心和大力支持下，在南县高新开发区及作者学术团队实验组成员的共同努力下，实验组分别于2004年10月11—16日、2004年12月24—28日及2005年4月6—9日分别完成了制取四针状氧化锌晶须的第1、第2及第3阶段半工业实验，取得了圆满成功，达到了预期目的，开发成功了连续逆流法由热镀锌渣或电锌片制取四针状氧化锌晶须的新工艺。

### 5.4.2 实验

#### 1. 实验原料

实验原料为热镀锌渣和电锌片，热镀锌渣含锌≥93%，含铁≤5%，具体成分见表5-113；电锌片含锌≥99.99%。加热至600~800℃将热镀锌渣熔化，然后再分成小块，电锌片剪成小块，2种原料称量后分别装入不同编号的反应器。

表5-113 热镀锌渣化学成分/%

| 成分 | Zn | Fe | Pb | As | Sb | Cu | Co | Ni | In |
|------|------|------|------|------|------|------|------|------|------|
| S1 | 93.7 | 4.22 | 0.57 | 0.0050 | 0.027 | 0.015 | 0.0031 | 0.0047 | 0.091 |
| S2 | 94.33 | 4.91 | 0.038 | 0.0025 | 0.0031 | 0.012 | 0.013 | 0.051 | — |

#### 2. 实验流程

实验流程如图5-159所示。

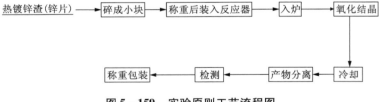

图5-159 实验原则工艺流程图

#### 3. 实验方法

实验分3阶段进行，第1阶段用氮气和氧气作反应气体，进行单个间断实验，主要目的是确定炉型结构及材质，反应器的结构、材质、尺寸以及操作方式等。第2、第3阶段是连续运行实验，并用净化尾气及空气代替氮气和氧气，以降低生产成本。

#### 4.实验设备

自行研制连续生产四针状氧化锌晶须的设备，具体方案为：

①采用钨粉或钴粉还原用的还原炉的炉型、材质和连续运行方式，但改成单管炉腔，并将其炉腔内腔截面尺寸(宽×高)扩大到 360 mm×400 mm，额定加热功率相应地放大到 81 kW，然后作为四针状氧化锌晶须连续生产的主体设备，称之为氧化结晶炉，如图 5-160 所示。它由进料带、高温带、冷却带、出料带及温度控制系统组成；炉子总长约 7000 mm，加热段炉体总长约 4000 mm，高温带长1200 mm，底部和顶部独立加热，6 区控温，底部和顶部各设 3 个控温区，底部加热功率较顶部大；炉管材质采用 SUS310S；选用优质硅酸铝纤维板、毡、保温砖及普铝纤维折叠块作保温材料；炉盖采用优质保温棉吊顶，便于维护；采用数显式智能 PID 调节仪、K 分度号热电偶及可控硅(SCR)功率控制元件控温，控温误差±1℃；采用电动液压推杆推盘、手动进盘方式送料；整个控制系统具有超温、缺水、过流、短路等保护功能。

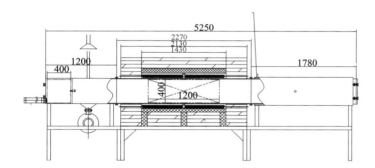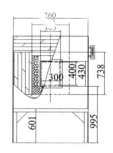

**图 5-160　氧化结晶炉示意图**

②配备有尾气和空气的净化与供应系统，如图 5-161 所示，该系统包括空压机、压力储气罐、初过滤器、冷干器、T 级过滤器、尾气回收罐、氧分析仪及流量计。

③将返回的尾气与空气先配制成氧含量为 10% ~18% 的混合气体，经过初过滤、冷干燥、精过滤除去灰尘与水分，然后将这种净化后的混合气体作为反应气体，从炉子的出料端或高温带与冷却带连接处的上面连续送入炉腔，反应气体与料盘逆向流动进行氧化结晶反应，结束反应后的反应气体称之为尾气，从料盘进入端排出，这样使炉内形成最适合晶须制备工艺要求的氧含量梯度，并提高反应气体中的氧含量。本工艺以热镀锌渣或电锌片做原料。

#### 5.分析及检测

实验产品进行了 2 次检测，即首先用放大镜在现场进行初步检测，然后将样

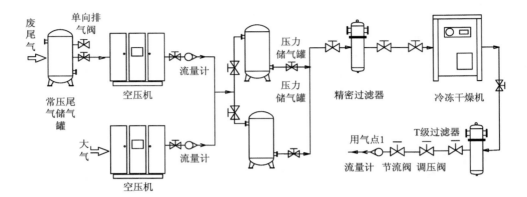

**图 5 – 161  净化和供气系统配置图**

品带回学校用扫描电镜等现代检测手段确认晶须的形貌，检测晶须的尺寸和晶体结构等，并进行化学分析确定产品的化学成分和杂质元素含量。

### 5.4.3  结果与讨论

#### 1. 第 1 阶段实验

第 1 阶段实验的目的主要是确定合适的炉型、结构及尺寸，坩埚材质、形状和大小，优化工艺技术条件及操作方式。

按照拟订的实验方案共进行了 6 个实验，第 1 个实验是坩埚材质及形状实验，结果表明，坩埚材质是生产四针状氧化锌晶须的关键因素，只能选择 CS 类材质的坩埚。第 2 个实验是重现 CS 类材质坩埚的效果，结果令人十分满意。第 3 个实验是考察坩埚的形状，结果表明，方型坩埚和圆形坩埚一样。第 4 个实验、第 5 个实验是连续操作实验，结果说明，连续操作是可行的。最后第 6 个实验是用钢盘直接作反应器的实验，结果表明，钢盘断面积大、产量高，但液体锌与耐热钢会发生作用。

实验产品的产量情况见表 5 – 114，质量情况见表 5 – 115 及图 5 – 162。

**表 5 – 114  第 1 阶段实验产物量**

| 实验号 | 1 | 2 | 3 | 4 | 5 | 6 |
|---|---|---|---|---|---|---|
| 晶须质量/g | 22 | 311.8 | 241.6 | 33.3 | 162.4 | 260 |

表 5 - 115 氧化锌晶须的化学成分/%

| 实验号 | $T_{Zn}$产率 | ZnO | $M_{Zn}$ | Pb | Fe |
|---|---|---|---|---|---|
| 1 | 80.06 | 99.60 | 0.040 | 0.005 | 0.0008 |
| 2 | 79.95 | 99.48 | 0.028 | 0.005 | 0.0022 |
| 3 | 79.92 | 99.41 | 0.05 | 0.005 | 0.0033 |

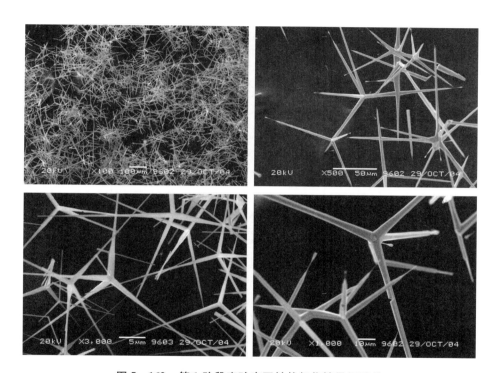

图 5 - 162 第 1 阶段实验产四针状氧化锌晶须形貌

从表 5 - 115 及图 5 - 163 可以看出，四针状氧化锌晶须完全符合已报道的国内外产品的质量要求。总之，第 1 阶段实验达到了预期目的，确定了氧化结晶炉的炉型、结构、尺寸和材质，反应器的材质、结构和尺寸以及连续生产的操作方式，为下一步实验和生产打下了良好基础。

### 2. 第 2 阶段实验

第 2 阶段实验分段进行，首先进行供气系统的设备调试，经过单机调试及系统调试，实现尾气返回，利用空气代替氮气和氧气的目标。

1）供气系统调试

调试证明，供气系统标准设备符合要求，非标准设备——尾气储气罐的工作门由于密封不好，使尾气无法返回，在排气阀处加一个 2 L/s 的小真空泵抽真空，可使尾气返回，后来将操作门焊封，只靠空压机的抽力也可使尾气返回；但由于尾气出口小，易产生堵塞故障，建议之后用压缩空气清除这种故障。

2）净化空气代替 $N_2$ 和 $O_2$ 实验

在尾气无法返回的情况下，进行了净化空气代替 $N_2$ 和 $O_2$ 的实验，产出的产品质量尚可，为典型四针状氧化锌，说明净化空气也是可行的，但在气流量大的情况下，锌的挥发量大，尾气储气罐没有抽力，致使氧化锌蒸气逸出炉外，造成操作条件恶劣。

3）连续运行实验

进行 2 次连续运行实验，现分述如下。

（1）第 1 次实验。

开始以氮气和净化空气（1∶1）为反应气体，做第 1 及第 2 组条件的实验，然后以氮气和净化尾气为反应气体，做第 3 组条件的实验，最后，完全以净化尾气为反应气体，做第 4 及第 5 组条件的实验。

在以氮气和净化空气（1∶1）为反应气体的 2 组条件的实验中，没有试样达到平衡，而在用氮气和净化尾气为反应气体的实验中（第 3 组条件），5#～8#试样在高温带达到平衡，用净化尾气为反应气体的 2 组实验中，第 4 组条件中达到平衡的试样为 14#～20#，第 5 组条件中达到平衡的试样为 26#～32#。值得说明的是，从 23#开始，用电锌片做原料。产品形貌如图 5 - 163 所示。

在实验各组条件下，所得产品的质量都是比较好的，但体积大，没有达到平衡的产品，出现多针状形貌。第 4 组条件产品直收率最好，最高达到 78.09%。但以锌渣做原料的晶须直收率比用锌片做原料的高，而以锌片做原料时，产品质量更好。另外，由实验结果可知，采用逆流操作优越性大，反应气体中的氧含量增加为之前的 2 倍时，仍有优良的质量指标和较好的收率。因此，这为设备生产能力的扩大创造了必要条件。

由以上实验基本上确定了最佳工艺技术条件和操作方式、方法。

（2）第 2 次实验。

第 2 次实验开始以净化空气为反应气体，流量为第 1 次实验第 1 组条件的一半；第 2 组条件用净化尾气为反应气体，含氧量由开始的 17.98% 降至最后的 13.30%，流量为第 1 次实验第 1 组条件的 60%；第 3 及第 4 组均以净化尾气为反应气体，含氧量基本不变（13.9%～13.2%），第 3 组流量为第 1 次实验第 1 组条件的 60%，而第 4 组为 80%。在第 2 组条件中，达到平衡的试样为 42#～44#；在第 4 组条件中达到平衡的试样为 54#～55#，其他 2 组条件没有平衡试样，第 2 次

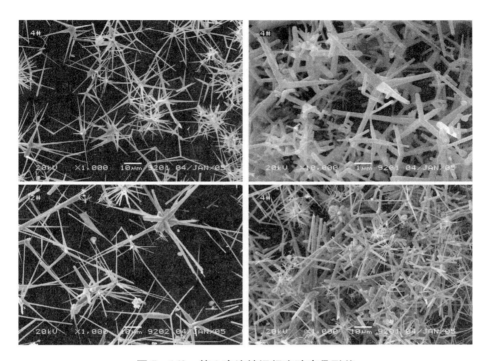

图 5 – 163　第 1 次连续运行实验产品形貌

实验均用锌片作原料，实验结果表明，第 1~2 组条件产品产率低，质量也不好；而第 3~4 组条件中，产品产率均较高，有的接近 90%，而且大部分实验号的锌片都完全被氧化，反应器内无残渣，产品形貌如图 5 – 164 所示。该图说明，产品质量比第 1 次实验差，夹有枝状针或多针，而且松装密度比较高，这对包装是十分有利的。导致质量较差及松装密度大的原因可能是气体流量偏低。

**3. 第 3 阶段实验**

第 3 阶段实验的目的是继续考察设备的连续运行情况及制备一批合格的产品供应用研究和市场开发用。

实验条件为：①温度 970℃；②气体流量 4 m³/h；③气体含氧量 15.0%；④进料速度为 10 min 推一盘；⑤装料量：锌片 320 g/盘，锌渣 360 g/盘。

4 月 6 日 10 时开始进料，至 8 日 17 时开始推空盘，连续运行 55 h，设备未出故障，运行可靠。共投料 330 批，其中锌片 276 批，质量为 88.32 kg，锌渣 54 批，质量为 19.44 kg，含锌 18.274 kg；总共投入锌金属质量为 106.59 kg，产品须 92.483 kg，产率 80.34%；另外，实验结束后，从尾气储气罐中回收布袋尘 40 g，为无定形氧化锌。产品形貌如图 5 – 165 所示。

图 5-164　第 2 次连续运行产品形貌

图 5-165　第 3 阶段实验产品形貌

第 3 阶段实验达到预期效果, 从第 223 批起体系达到最优态平衡, 产品质量稳定, 完全符合要求。在体系未达到最优态平衡前, 仍有不少批次的产品合格。因此, 合格总批次达到 142 批, 计 47.85 kg, 不合格品 44.633 kg。实验还发现, 用锌片做原料平衡后晶须产率高、质量好, 如第 324～330 批晶须产率达到 91.10%。

另外, 以净化尾气和空气代替氮气和氧气在技术和设备上都是可行的, 供气系统运行可靠, 易调控。特别是采用逆流供气可带来 3 大好处: ①降低刚到反应温度及开始氧化反应的锌原料与之平衡气流中的 $O_2$ 含量, 这样使气源中的 $O_2$ 含量由顺流供气的 6%～10% 提高到 15% 以上, 为提高产能创造有利条件; ②使温度更均匀; ③阻碍进料时空气进入系统。因此, 逆流供气连续生产, 系统达到平衡后, 产品产率高, 质量稳定。以净化尾气和空气代替氮气和氧气除了降低成本外, 还使晶须松装密度大幅提高, 这样使产品包装更方便, 降低包装费用, 更重要的是,大幅度地减少飘逸粉尘,从而使工作环境大为改善;但是晶须松装密度大幅提高后,用锌渣做原料时,将给晶须产品与残渣的分离带来困难,即必须增加专门的分离工序。

## 5.4.4　技术经济指标及经济效益分析

### 1.主要技术经济指标

通过3个阶段的半工业实验,确定的主要技术经济指标见表5-116。

表5-116　热镀锌渣(锌片)直接制取四针状氧化锌晶须的主要技术经济指标

| 指标 | 电耗/(kW·h·kg$^{-1}$) | 回收率/% | 水耗/(t·kg$^{-1}$) | 晶须产量/(kg·d$^{-1}$) |
|---|---|---|---|---|
| 数值 | 17 | 90(95) | 0.1 | 55 |

### 2.生产成本估算

按2005年价格及一台炉子和附属设备的固定资产投资为30万元,其使用期限为5 a进行单位生产成本估算,结果见表5-117。

表5-117　热镀锌渣(锌片)四针状氧化锌晶须单位生产成本估算

| 序号 | 名称 | 规格 | 单耗/(t·t$^{-1}$) | 单价/(元·t$^{-1}$) | 金额/元 |
|---|---|---|---|---|---|
| 1 | 直接材料费 | | | | 19790(21388) |
| | 1)锌渣(锌片) | w(Zn)≥94%(1$^{#}$) | 0.95(0.846) | 9000(12000) | 8550(10148) |
| | 2)包装袋 | | | | 1000 |
| | 3)电 | | 17000 kW·h/t | 0.6元/kW·h | 10200 |
| | 4)水 | | 100 | 0.4 | 40 |
| 2 | 直接工资 | 定员6人 | 30元/(d·人) | | 3680 |
| 3 | 其他直接支出 | | | | 500 |
| 4 | 制造费用 | | | | 4200 |
| | 1)固定资产折旧 | 5年折旧完(固定资产20%) | | | 4000 |
| | 2)修理费 | 固定资产3% | | | 120 |
| | 3)其他制造费用 | | | | 80 |
| 5 | 制造成本 | | | | 28170(29768) |
| | 其中加工成本 | | | | 23970(25568) |

从表 5 - 117 可以看出，单位制造成本均低于 2.9 万元/t，而用锌渣做原料比用电锌单位制造成本低 1598 元/t。加工成本均低于 2.6 万元/t。

### 3. 经济效益分析

当产品售价为 14 万元/t 时，经济效益分析见表 5 - 118。

表 5 - 118　热镀锌渣(锌片)生产四针状氧化锌晶须生产财务效益分析

| 序号 | 名称 | 单位 | 数量 | 单价/(元·t⁻¹) | 总价/万元 |
|---|---|---|---|---|---|
| 1 | 产品总值 | t/a | 19 | 140000 | 266 |
| 2 | 制造成本 | 万元/a | | | 53.523(56.5592) |
| 3 | 期间费用 | 万元/a | | | 14.4925 |
| | 1)管理费用 | 万元/a | 销售额 3% | | 7.98 |
| | 2)销售费用 | 万元/a | 销售额 2% | | 5.32 |
| | 3)财务费用 | 万元/a | | | 1.1925 |
| | (1)长期贷款利息 | 万元/a | 利率 5.49% | | 1.647 |
| | (2)流动资金利息 | 万元/a | 利率 5.31% | | 0.2655 |
| 4 | 税收 | 万元/a | | | 99.8803(98.3975) |
| | 1)增值税 | 万元/a | 税率 17% | | 38.8278(38.3117) |
| | 2)教育附加税 | 万元/a | 税率 3% | | 4.7747(4.6991) |
| | 3)城市维护建筑税 | 万元/a | 税率 5% | | 7.9578(7.8318) |
| | 4)所得税 | 万元/a | 税率 33% | | 48.32(47.5549) |
| 5 | 利润总额 | 万元/a | | | 197.9845(194.9484) |
| 6 | 税后利润 | 万元/a | | | 98.1042(96.5509) |

表 5 - 118 说明，即使只有 1 台炉子运转，经济效益仍十分可观，当用热镀锌渣为原料时，经济效益会更好。生产规模扩大后，劳动定员可减少 1/3 ~ 1/2，规模效益将得到充分体现。

## 5.4.5　结论

根据半工业实验结果和以上分析，可以得出如下结论：

(1)03124553.6 号专利(申请)技术完全可以实现大规模生产，无论是以热镀锌渣为原料还是以锌片为原料都是可行的，其产品质量均已达到国内外已报道的产品标准的要求。

（2）用净化尾气和净化空气代替氮气和氧气作为反应气体是完全可行的。这样，大幅度地降低了生产成本。

（3）逆流供气是实现四针状氧化锌晶须连续稳定生产的关键措施，它使气源中的氧含量由顺流供气的6%～10%提高到15%以上，这为提高产能创造有利条件，它使温度更均匀，并阻碍进料时空气进入炉内。

（4）研制的晶须生产设备（含反应器等附属设备）符合连续生产要求，运行稳定可靠，控制容易。可以说，在氧化锌晶须生产装备技术上，本项目已处于国内外领先水平。

（5）该项目的总体技术水平高，主要体现在：①以废锌渣为原料，变废为宝，而且不用预处理；②实现连续化生产，产量高、产品质量好；③金属回收率高（≥90%），无"三废"污染；④生产成本低，其加工成本小于或等于26000元/t。

# 第6章 导电材料冶金

## 6.1 概述

导电材料是指在电场作用下能够自由移动带电粒子传导电流的材料，导电材料包括导体材料和超导材料。导体材料包括电工导电材料和半导电材料。电工导电材料通常指电阻率为 $(1.5 \sim 10) \times 10^{-8}$ Ω 的金属，具有高电导率，良好的机械性能和加工性能，耐大气腐蚀，化学稳定性高，同时还应该是资源丰富、价格低廉的。电工导电材料的主要功能是传输电能和电信号，此外，广泛用于电磁屏蔽，可制造电极、电热材料、仪器外壳等。

常用的金属导电材料可分为：金属元素、合金、复合金属以及不以导电为主要功能的其他特殊用途的导电材料4类：

①金属元素（按电导率大小排列）有：银、铜、金、铝、钠、钼、钨、锌、镍、铁、铂、锡、铅等。

②合金：铜合金有银铜、镉铜、铬铜、铍铜、锆铜等；铝合金有铝镁硅、铝镁、铝镁铁、铝锆、铬锆铜等。其中铬锆铜合金具备高强度、高导电导热性、较高的软化温度、抗氧化性、抗蠕变、良好的蚀刻性、弯曲成形性和抗应力松弛等性能，广泛应用于高速电气化列车接触线、超大规模集成电路引线框架等方面。

③复合金属，可由3种加工方法获得：利用塑性加工进行复合；利用热扩散进行复合；利用镀层进行复合。高机械强度的复合金属有铝包钢、钢铝电车线、铜包钢等；高电导率复合金属有铜包铝、银复铝等；高弹性复合金属有铜复铍、弹簧铜复铜等；耐高温复合金属有铝复铁、铝黄铜复铜、镍包铜、镍包银等；耐腐蚀复合金属有不锈钢复铜、银包铜、镀锡铜、镀银铜包钢等。

④特殊功能导电材料是指不以导电为主要功能，而在电热、电磁、电光、电化学效应方面具有良好性能的导体材料，如高电阻合金、电触头材料、电热材料、测温控温热电材料。重要的导体材料有银、镉、钨、铂、钯等元素的合金，铁铬铝合金、碳化硅、石墨等材料。

电导率在半导体范围的材料亦称为半导电材料，透明导电氧化物（TCO）是其典型代表，例如 $In_2O_3$、$SnO_2$、$ZnO$、$CdO$、$CdIn_2O_4$、$Cd_2SnO_4$、$Zn_2SnO_4$ 和 $In_2O_3$-$ZnO$ 等，其中 $In_2O_3$、$SnO_2$ 与 $ZnO$ 又是目前最引人关注的。对一种完全化学计量的化合物，要同时实现导电和透明的唯一途径是通过在宽禁带半导体氧化物

（$E_g > 3$ eV）中采用非化学计量或掺杂来实现，例如 ITO（$SnO_2$ 掺杂的 $In_2O_3$）和 ATO（$Sb_2O_3$ 掺杂的 $SnO_2$）。

复合型高分子导电材料，由通用的高分子材料与各种导电性物质通过填充复合、表面复合或层积复合等方式而制得。主要品种有导电塑料、导电橡胶、导电纤维织物、导电涂料、导电胶黏剂以及透明导电薄膜等。常用的导电填料有炭黑、金属粉、金属箔片、金属纤维、导电氧化物及碳纤维等。

结构型高分子导电材料，是指高分子结构本身或经过掺杂之后具有导电功能的高分子材料。根据电导率的大小又可分为高分子半导体、高分子金属和高分子超导体。按照导电机理可分为电子导电高分子材料和离子导电高分子材料。电子导电高分子材料的结构特点是具有线型或面型大共轭体系，在热或光的作用下通过共轭 π 电子的活化而进行导电，电导率一般在半导体的范围内。采用掺杂技术可使这类材料的导电性能大大提高。结构型高分子导电材料可用于试制轻质塑料蓄电池、太阳能电池、传感器件、微波吸收材料以及试制半导体元器件等。但这类材料由于还存在稳定性差等问题，因此，尚未实际应用。

本章系统介绍本学术团队在透明导电氧化物 ATO 粉及高强度、高导电、导热铬锆铜合金的研制情况。

# 6.2　ATO 制备

## 6.2.1　前言

ATO 是掺杂 $Sb_2O_3$ 的 $SnO_2$ 透明导电材料，主要应用于导电纤维、橡胶、陶瓷、塑料、涂料等领域，使其具有导电性、抗静电、屏蔽电磁波等功能。液相共沉淀法是制备 ATO 的传统方法，该方法以 $SnCl_4$ 和 $SbCl_3$ 为原料，先用浓盐酸溶解，然后滴加浓氨水共沉淀，沉淀物经分离、洗涤、烘干、焙烧，最终得到 ATO 粉体。

通过方案比较，作者用配合－共沉淀法制备 ATO 导电粉，该方法不以 $SnCl_4$ 和 $SbCl_3$ 为原料，而是以处理锡阳极泥提取的纯 $(NH_4)_2SnCl_6$ 和 $Sb_4O_5Cl_2$（见第二篇第 3 章）为原料，将一定量的特定配位剂加入到 $Sb_4O_5Cl_2$ 的酸性水溶液中防止锑的提前水解，然后将该溶液和 $(NH_4)_2SnCl_6$ 溶液混合后，再加入适量的氨水强制水解，并控制一定的 pH 和一定搅拌速度搅拌，使锡和锑在分子级水平上达到均匀共沉淀，在共沉淀反应的后期向体系中加入一定量的小分子沉淀剂（草酸或草酸铵），继续搅拌 30 min 后在一定的条件下陈化，液固分离，采用特定的方法将所得的前驱体分散处理，前驱体干燥后在一定的升温机制下煅烧一定时间，得到完全掺杂的超细 ATO 粉。

配位剂的选择是非常重要的，各种配体所制得的 ATO 粉体的导电性能及粒径差别较大，其中以酒石酸为配位剂的 ATO 粉体导电性最佳，粉体粒径也比较小。

## 6.2.2　配合－共沉淀 ATO 前驱体条件实验

用酒石酸为配合剂，以自制的高纯 $(NH_4)_2SnCl_6$ 和 $Sb_4O_5Cl_2$ 为原料进行条件实验，其步骤是先制得锡、锑氧化物水合物沉淀前驱体，再进行表面改性、煅烧得 ATO 导电粉体。以 ATO 粉体的导电性能、粒径分布、粒径形貌等为考察目标，最终确定制备 ATO 粉体的最佳条件为：①沉淀终点 pH 为 3；②沉淀时间为 90 min；③沉淀温度为 60℃；④洗涤次数为 6 次，洗涤方式是先倾泻陈化后的溶胶上清液，再用 60℃适量蒸馏水冲稀溶胶，静置 6 h 后过滤分离；⑤掺杂锑浓度为 $8×10^{-2}$；⑥煅烧温度 650℃；⑦用分散剂 c 作表面活性剂。

## 6.2.3　综合条件实验

在所确定的最佳条件下进行综合实验，即在 1000 mL 的烧杯中加入一定量的氯氧锑配成锑浓度为 0.1 mol/L 的悬浊液 750 mL，再加入配合剂 12 g，搅拌片刻，生成澄清透明的锑配合溶液，在 10 L 的不锈钢桶中加入一定量的氯锡酸铵配成锡浓度为 0.3 mol/L 的锡溶液 6 L，随后将 2 溶液均匀混合；在 2000 mL 的烧杯中配制成 3 mol/L 的氨水溶液 1500 mL 待用；在 10 L 的不锈钢桶中加入蒸馏水 800 mL，水浴加热至 60℃，在恒定的搅拌速度下采用并加的方式，将锡锑配合溶液和氨水溶液均匀滴入不锈钢桶中，保持滴定终点的 pH 为 3 左右，60 min 加完料，再反应 30 min，然后加入包覆剂草酸铵 20 g，继续反应 20 min 后常温陈化 12 h，采用倾泻方式固液分离，采用煮沸脱水的方式干燥前驱体，所得前驱体于 650℃煅烧 3.5 h 后即得纳米级 ATO 粉。这种粉体的物理性质表征如图 5－166、图 5－167 所示。图 5－167 说明这种 ATO 粒径范围窄、粒径小（约 75 nm）、形貌均一（均为球形及仿球形）。

由图 5－166 可见，综合实验所得样品的 X 射线衍射数据与四方相 $SnO_2$ 的 JCPDS 标准卡片较为相符，表明样品具有四方相的金红石结构。在实验条件范围内，未见 Sb 及其他杂质的衍射峰，表明 Sb 的掺杂并没有带来新的物相结构，但是它使样品衍射峰的位置发生了较小的迁移。这也表明共沉淀法使掺杂 Sb 固溶于 $SnO_2$ 晶格中，较好地实现了复合掺杂。

SEM 照片中所示的粉末颗粒呈现规则的球形，形貌较为均一，在掺杂浓度样品中均没有分相存在，说明掺入的锑原子固溶于氧化锡晶格中，这与 XRD 结果一致。并且，粉末粒径比较小，单分散性较好，仅见一些轻微的软团聚。但同样值得说明的是，就粒径绝对值而言，Scherrer 公式计算粒径小于 SEM 测定值。这是由于 Scherrer 公式计算粒径为平均晶粒径，SEM 测定值为颗粒度。同时又有多种

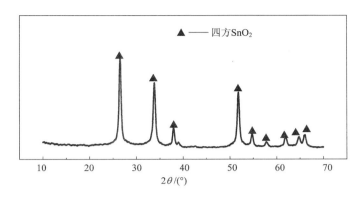

**图 5 - 166 综合实验制备 ATO 的 XRD 图谱**

（固定反应 pH = 3、反应温度 60℃、洗涤次数为 6 次、加料及反应时间 90 min，
分散剂 $c$，陈化时间 2 h，80℃ 条件下干燥、煅烧温度 650℃，煅烧时间 3.5 h）

(a)                     (b)

**图 5 - 167 采用配合—共沉淀法在优化条件下制得 ATO 超细粉 SEM、TEM 照片**

（a）SEM 照片；（b）TEM 照片

因素影响了 Scherrer 公式计算粒径的准确性：首先，涉及 Scherrer 公式的使用前提，即晶体中没有不均匀应变等晶格缺陷存在，衍射线宽化由晶粒尺寸大小引起，当样品结晶度不好及晶体内部不是完整的理想晶体时，同样会导致衍射峰宽化，而此时并不意味着晶体粒径就一定小。采用自制的电阻测量装置，测得综合条件下制备的 ATO 粉的相对电阻值为 36.4 kΩ。

# 6.3　高强耐磨导电材料冶金

## 6.3.1　概述

　　纯铜具有优良的导电性、导热性、耐蚀性和良好的加工性等一系列优异性能，被广泛地应用在电气电力、建筑装饰、化工机械等领域。然而，纯铜强度较低，软态强度为 230～290 MPa，硬态强度为 400 MPa，因此，纯铜很少用作结构材料。人们为了提高纯铜强度增加特殊性能，加入不同的合金元素制备了铜基合金。迄今为止，世界上已开发并定型生产的铜基合金有 500 余种，根据其主要合金组元大致分为黄铜、青铜、白铜及其他特殊铜合金。铜合金管、棒、型、线、板和带材等具有较高的机械性能及导热导电性能，在工业、农业、国防建设中获得广泛应用。

　　然而，随着微电子、通信、交通、航天、航空等高技术领域的快速发展，要求铜合金材料具备高强度、高导电导热性能之外，还必须有较高的软化温度、抗氧化性、抗蠕变性，良好的蚀刻性、弯曲成形性和抗应力松弛等性能，传统的铜合金已经难以达到要求。因此，20 世纪 70 年代起，美国、日本、德国等工业发达国家对高性能铜合金进行了大量的研究和开发工作，目前已经开发出 100 余种既具有高的强度和良好的塑性，又继承了紫铜的优良导电、导热性能的高性能铜合金。基本满足了机器人布线导体、超大规模集成电路引线框架、高速电气化列车接触线、电阻焊电极、电气工程开关触桥、大型高速涡轮发电机的转子导线、连铸钢结晶器、电触点材料、电厂锅炉内喷射式点火喷孔、气割机喷嘴等方面的需求。

　　我国在高性能铜合金材料领域的研究起步较晚，许多研究工作仍处于实验阶段，大多数未形成产业化规模，使得我国高性能铜合金材料大部分依赖进口。

　　Cu－Cr－Zr 合金、Cu－Cr 和 Cu－Zr 合金的强度不高(400～480 MPa)，在很多领域其应用受到限制。主要原因是：① Cr 和 Zr 元素在铜中的极限固溶度较低，固溶或时效强化效果有限；② Cr、Zr 溶质元素相的析出速度非常快，导致固溶处理时已有大量的第 2 相析出，使固溶体的过饱和度降低，结果使得时效后大量的元素以粗大的第 2 相形式存在，没有起到相应的强化效果。而 Cr 和 Zr 元素同时加入基体时第 2 个问题就得到了解决，Zr 的加入抑制了 Cu－Cr 合金时效过程中 Cr 的长大。另外，Cr、Zr 在铜基体中的残余固溶量，对电导率影响不大，是高导电性铜合金较好的微合金元素，因此，Cu－Cr－Zr 合金性能比 Cu－Cr 和 Cu－Zr 二元合金要好得多，很早就得到了人们的重视。对合金相图、强化相的种类和大小、合金制备工艺、微合金改性等方面进行了大量的研究，使 Cu－Cr－Zr

合金以其优异的性能和低成本优势，成为高速轨道交通优选的接触线材之一。

　　然而 Cu - Cr - Zr 系合金要在国内实现规模化生产，获得性能良好的终端产品还有如下问题需要进一步研究：①非真空加锆熔炼关键技术；②微观组织演变规律的揭示。因此本节系统介绍高强高导耐磨 Cu - Cr - Zr 合金的非真空熔炼和半连续铸造的工艺和理论。

## 6.3.2　基础理论

### 1. 熔铸过程热力学

1）反应吉布斯自由能变化的计算式

　　为了分析熔炼过程中合金组元与炉气、坩埚和炉衬材料等是否发生化学反应，利用热力学数据，计算熔炼温度下各可能发生反应的吉布斯自由能变化，并以此来判断熔炼过程中所损失合金元素的走向，对于选择坩埚和炉衬材质、调整熔炼气氛是非常有必要的。

　　在高温下，反应吉布斯自由能变化的计算公式为：

$$\Delta G_T^{\ominus} = \left[\Delta H_{298}^{\ominus} + \int_{298}^{T} \Delta C_p \mathrm{d}T\right] - T\left[\Delta S_{298}^{\ominus} + \int_{298}^{T} \frac{\Delta C_P}{T}\mathrm{d}T\right] \qquad (5-141)$$

　　根据反应物与生成物的 $\Delta H_{298}^{\ominus}$、$\Delta S_{298}^{\ominus}$ 和 $\Delta C_p$，可用式（5 - 141）计算出任何温度下的 $\Delta G_T^{\ominus}$。用以判断熔炼过程中合金组元与炉气、坩埚和炉衬材料等是否发生化学反应。

　　2）炉气与合金组元反应的热力学分析

　　Cu - Cr - Zr 系合金非真空熔炼过程中，一般采用氩气作保护气体。表 5 - 119 列出了各金属组元分别与氧气或氮气反应的方程式。

表 5 - 119　各组元与氧气或氮气之间的化学反应

| 氧化反应 | | 氮化反应 | |
|---|---|---|---|
| $4Cu(s) + O_2(g) \rightarrow 2Cu_2O(s)$ | (5 - 142) | $2Zr(s) + N_2(g) \rightarrow 2ZrN(s)$ | (5 - 149) |
| $2Cu(s) + O_2(g) \rightarrow 2CuO(s)$ | (5 - 143) | $4Cr(s) + N_2(g) \rightarrow 2Cr_2N(s)$ | (5 - 150) |
| $Cr(s) + O_2(g) \rightarrow CrO_2(s)$ | (5 - 144) | $2Cr(s) + N_2(g) \rightarrow 2CrN(s)$ | (5 - 151) |
| $2/3Cr(s) + O_2(g) \rightarrow 2/3CrO_3(s)$ | (5 - 145) | | |
| $4/3Cr(s) + O_2(g) \rightarrow 2/3Cr_2O_3(s)$ | (5 - 146) | | |
| $Zr(s) + O_2(g) \rightarrow ZrO_2(s)$ | (5 - 147) | | |
| $2Zr(s) + O_2(g) \rightarrow 2ZrO\,s)$ | (5 - 148) | | |

根据已有的热力学数据计算了上述反应式(5－142)至反应式(5－151)分别在 298～2000 K 的标准吉布斯自由能变化 $\Delta G$，绘制了 $G$ 与温度的关系曲线，分别如图 5－168 和图 5－169 所示。

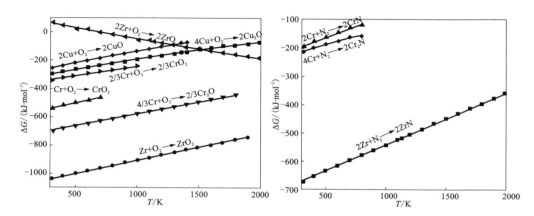

图 5－168　合金元素氧化反应的自由能变化　　图 5－169　合金元素氮化反应的自由能变化

从图 5－168 可以看出，在熔炼温度下，合金组元中的锆极易氧化，生成产物为 $ZrO_2$；铬氧化性次之，生成物主要为 $Cr_2O_3$。从图 5－169 可知，在熔炼温度 1300～1500K 下，锆与氮气反应生成 ZrN，并且稳定存在。因此，在熔炼进行前，应烘干炉料和炉体，减少水蒸气的产生；尽可能提高炉体的密封性，降低空气向炉膛扩散的趋势。

3）坩埚及炉衬材料与合金组元反应的热力学分析

Cu－Cr－Zr 系合金熔炼时合金组分铬和锆与炉衬材料组分 MgO、$Al_2O_3$ 和 $SiO_2$ 等及坩埚材料组分碳可能发生的化学反应见表 5－120。

表 5－120　熔体各组元与坩埚或炉衬之间的化学反应

| 炉衬材料与合金组元的反应 | 石墨与合金组元的反应 |
|---|---|
| $3Zr(s) + 2Al_2O_3(s) \rightarrow 3ZrO_2(s) + 4Al(l)$　(5－152) | $3/2Cr(s) + C(s) \rightarrow 1/2Cr_3C_2(s)$　(5－156) |
| $3Mg(s) + Al_2O_3(s) \rightarrow 3MgO(s) + 2Al(l)$　(5－153) | $7/3Cr(s) + C(s) \rightarrow 1/3Cr_7C_3(s)$　(5－157) |
| $Zr(s) + SiO_2(s) \rightarrow ZrO_2(s) + Si(s)$　(5－154) | $23/6Cr(s) + C(s) \rightarrow 1/6Cr_{23}C_6(s)$　(5－158) |
| $2Mg(s) + SiO_2(s) \rightarrow 2MgO(s) + Si(s)$　(5－155) | $4Cr(s) + C(s) \rightarrow Cr_4C(s)$　(5－159) |
| | $Zr(s) + C(s) \rightarrow ZrC(s)$　(5－160) |
| | $1/4Zr(s) + C(s) \rightarrow 1/4ZrC_4(s)$　(5－161) |

根据已有热力学数据,计算了反应式(5-152)至反应式(5-161)在298~2000K 的 $\Delta G$,绘制了 $\Delta G$ 与温度的关系曲线,如图5-170、图5-171 所示。

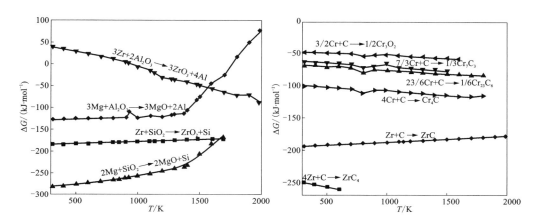

图5-170 合金元素与炉衬反应的吉布斯自由能变化　　图5-171 合金元素碳化物的吉布斯自由能变化

由图5-170 可知,合金在1300~1500K 熔炼时,锆可以与炉衬材料中的金属氧化物发生置换反应而损失。因此,在筑炉时应选用镁砂等稳定性更好的材质。从图5-171 可以看出,碳与铬、锆都可能发生反应,因此不宜采用石墨坩埚,应采用氧化锆坩埚或者镁砂来筑炉。

4)炉渣、非金属杂质与合金组元反应的热力学分析

炉渣或非金属杂质与合金组元的化学反应方程式见表5-121。

表5-121　炉渣、非金属杂质与合金组元的反应方程式

| 炉渣与合金组元的反应 | | 杂质元素与合金组元的反应 | |
| --- | --- | --- | --- |
| $ZrO_2(s) + SiO_2(s) \longrightarrow ZrO_2 \cdot SiO_2(s)$ | (5-162) | $Cu(s) + S(g) \longrightarrow CuS(s)$ | (5-165) |
| $MgO(s) + SiO_2(s) \longrightarrow MgO \cdot SiO_2(s)$ | (5-163) | $2Cu(s) + S(g) \longrightarrow Cu_2S(s)$ | (5-166) |
| $2MgO(s) + SiO_2(s) \longrightarrow 2MgO \cdot SiO_2(s)$ | (5-164) | $Mg(l) + S(g) \longrightarrow MgS(s)$ | (5-167) |
| | | $2Mg(l) + Si(s) \longrightarrow Mg_2Si(s)$ | (5-168) |

根据已有热力学数据,计算了反应式(5-162)至反应式(5-168)在800~1600K 的标准吉布斯自由能变化,见表5-122。从表5-122 中可知,在合金熔炼的条件下,原料中少量的硫等杂质都可能与熔体中的合金组元发生化学反应而

使合金组元损失。在熔炼渣层中，金属氧化物与氧化硅等发生化学反应，导致合金组元在熔炼过程中的烧损变得更加复杂，且难以控制。

表5-122　有关反应的吉布斯自由能变化值/J

| 反应式 | 800K | 900K | 1000K | 1100K | 1200K | 1300K | 1400K | 1500K | 1600K |
|---|---|---|---|---|---|---|---|---|---|
| (5-162) | -8748.7 | -7774.8 | -6675.5 | -5697.3 | -4623.1 | -3072.3 | -2700.3 | -1651.1 | -255.0 |
| (5-163) | -697663 | -704903 | -712598 | -720791 | -729556 | -738765 | -748421 | -758444 | -768970 |
| (5-164) | -62904.8 | -62766.9 | -62495.2 | -62173.3 | -61993.6 | -61792.9 | -61650.8 | -61454.4 | -61462.7 |
| (5-165) | -268122 | -274573 | -287072 | -281782 | -270877 | -259699 | — | — | — |
| (5-166) | -276645 | -268022 | -259553 | -251189 | -242812 | -234339 | -225544 | -216043 | -206500 |
| (5-167) | -497775 | -481381 | -464273 | -446809 | -429357 | -411864 | -392310 | -365612 | -339011 |
| (5-168) | -21476.8 | -25782.2 | -30351 | -35233.2 | -40332.8 | -45637.2 | -51217.5 | -56927.4 | -62846.3 |

### 2. 熔炼过程动力学

1）反应步骤和动力学限制

在氩气保护下熔炼时，Cu-Cr-Zr系合金各组元与气体反应过程一般包括以下步骤：① 气体组元（$O_2$、$H_2$ 和 $N_2$）通过氩气扩散到气相-渣相界面；② 气体组元（$O_2$、$H_2$ 和 $N_2$）在从渣相上界面扩散到铜液表面；③ 金属组元（Cr、Zr）从铜熔体中扩散到渣相-铜液界面；④ 组元金属和气体在液体界面发生化学反应；⑤生成物在气相、渣相和熔体中扩散。

动力学限制来自2个方面：①参与反应的气体从空气中通过保护氩气扩散到金属界面过程，所受到的原子碰撞带来的阻力；②铬和锆等金属在熔体中扩散时，原子碰撞带来的阻力。

2）扩散过程动力学

Cu-Cr-Zr合金熔炼时，有多种扩散过程进行，包括氧气、氢气和氮气在气相中的扩散、气体在炉渣以及合金组元在铜液中的扩散等。

（1）氧气在氩气中的扩散。

氧气在氩气中的扩散系数采用赫尔施费尔德（J. O. Hirschfelder）等人推荐的公式计算：

$$D_{Ar-O_2} = \frac{0.0018583 T^{\frac{3}{2}}}{P(\sigma_{Ar-O_2})^2 \Omega_{D,\ Ar-O_2}} \sqrt{\frac{1}{M_{Ar}} + \frac{1}{M_{O_2}}} \tag{5-169}$$

式中：$\sigma_{Ar-O_2} = \frac{1}{2}(\sigma_{Ar} + \sigma_{O_2})$，碰撞直径，Å；$\sigma_{Ar}$，$\sigma_{O_2}$ 分别为 Ar 和 $O_2$ 的分子特征直径，Å；$M_{Ar}$，$M_{O_2}$ 分别为 Ar 和 $O_2$ 的相对分子质量；$p$ 为压力，$10^5$ Pa；$\Omega_{D,\ Ar-O_2}$ 为

伦纳德 – 琼斯(Lennard – Jones)势函数，在量纲为一的温度 $T_{\text{Ar-O}_2}^{*}$ 下 Ar – O$_2$ 混合物的碰撞积分。

根据已有参数可计算出氧气在氩气中扩散系数为 3.94，则氧气在气相中的扩散速度：

$$J_{\text{Ar-O}_2} = -\frac{D_{\text{Ar-O}_2}}{RT}\frac{\mathrm{d}p_{\text{O}_2}}{\mathrm{d}x} = -3.06 \times 10^{-4} \times \frac{\mathrm{d}p_{\text{O}_2}}{\mathrm{d}x} \qquad (5-170)$$

(2)氢气在氩气中的扩散。

同理可计算氢气在氩气中扩散系数为 17.10，则氢气在保护气体中的扩散速度为：

$$J_{\text{Ar-H}_2} = -\frac{D_{\text{Ar-H}_2}}{RT}\frac{\mathrm{d}p_{\text{H}_2}}{\mathrm{d}x} = 1.327 \times 10^{-3} \times \frac{\mathrm{d}p_{\text{H}_2}}{\mathrm{d}x} \qquad (5-171)$$

(3)氮气在氩气中的扩散。

同理可计算氮气在氩气中扩散系数为 3.907，则氮气在保护气体中的扩散速度为：

$$J_{\text{Ar-N}_2} = -\frac{D_{\text{Ar-N}_2}}{RT}\frac{\mathrm{d}p_{\text{N}_2}}{\mathrm{d}x} = 3.03 \times 10^{-4} \times \frac{\mathrm{d}p_{\text{N}_2}}{\mathrm{d}x} \qquad (5-172)$$

(4)气体在熔渣中的扩散。

Cu – Cr – Zr 系合金熔炼炉渣的主组分 ZrO$_2$、MgO 等疏松多孔。可用金属氧化物与金属的体积比 $a$(Pilling – Bed – Worth)来判断多孔介质的致密性，其计算公式见式(5 – 173)：

$$a = \frac{V_{\text{氧化物}}}{V_{\text{金属}}} \qquad (5-173)$$

计算结果说明，氧化镁 $a = 0.78 < 1$，即与氧气亲和力最强的是金属镁，氧气在其中扩散阻力小，氧化膜厚度与时间呈直线关系，但是由于合金中镁的含量很低(0.02% ~ 0.08%)，主要是铜与氧气反应，生成连续致密的氧化膜，Cu$_2$O 的 $a = 1.74 > 1$，Cu$_2$O 膜厚度与时间 $t$ 呈抛物线关系，氧化速度随着时间的延长而降低。

(5)合金组元在铜熔体中的扩散。

根据流体动力学理论，斯托克斯(Stokes)在爱因斯坦(A. Einstein)自扩散系数方程的基础上建立 Stokes – Einstein 公式：

$$D = \frac{k_{\text{B}}T}{3\pi d\mu} = \frac{k_{\text{B}}T}{6\pi r\mu} \qquad (5-174)$$

式中：$r$ 为扩散粒子的半径；$k_{\text{B}}$ 为玻耳兹曼常数；$T$ 为绝对温度，K。

萨瑟兰德(Sutherland)又提出修正公式：

$$D = \frac{k_{\text{B}}T}{4\pi r\mu} \qquad (5-175)$$

由此可计算出 1500K 时铜液态金属的自扩散系数为 $4.16 \times 10^{-5}$ cm/s。

① 铬在铜熔体中的扩散。

摩擦系数 $\beta = 0$，故按式(5-176)计算铬在铜熔体中的扩散系数：

$$D_{\text{Cu-Cr}} = \frac{k_B T}{4\pi r\mu} = 4.19 \times 10^{-5} \text{ cm/s} \tag{5-176}$$

② 锆在铜熔体中的扩散。

摩擦系数 $\beta > \infty$，则 $\left(\dfrac{\beta d + 2\mu}{\beta d + 3\mu}\right) = 1$，故用 Stokes 公式计算锆在铜熔体中的扩散系数：

$$D_{\text{Cu-Zr}} = \frac{k_B T}{6\pi r\mu} = 2.22 \times 10^{-5} \text{ cm/s} \tag{5-177}$$

③ 气体在铜熔体中的扩散。

摩擦系数 $\beta \to 0$，因此，可用式(5-178)至式(5-180)计算氩、氢和氧在铜熔体中的扩散系数：

$$D_{\text{Cu-Ar}} = \frac{k_B T}{4\pi r\mu} = 5.32 \times 10^{-5} \text{ cm/s} \tag{5-178}$$

$$D_{\text{Cu-H}} = \frac{k_B T}{4\pi r\mu} = 6.82 \times 10^{-5} \text{ cm/s} \tag{5-179}$$

$$D_{\text{Cu-O}} = \frac{k_B T}{4\pi r\mu} = 8.06 \times 10^{-5} \text{ cm/s} \tag{5-180}$$

熔炼过程传质为分子传质和对流传质，所以合金组元在铜熔体中的扩散速度为：

$$J_A = -(D + E_D)\frac{dC}{dx} \tag{5-181}$$

**3. Cu-Cr-Zr 系相平衡研究**

本节采用 CALPHAD(Calculation of Phase Diagram)技术，选择和建立合适的热力学模型，根据实验数据用 Thermo-Calc 软件对 Cu-Cr-Zr 体系进行相平衡计算，分析合金在不同形变热处理制度下析出相的特征；然后进行合金成分设计，制定热处理制度，并对不同热处理制度下的析出相进行检测。

1) 相平衡计算模型

利用体系平衡状态的广义判据，即体系自由能最小法，计算具体过程如下。

Cu-Cr-Zr 三元系包括液相、固溶体相(fcc、bcc)和线性化合物相 Cu$_3$Zr、Cu$_5$Zr、Cu$_4$Zr、Cu$_{51}$Zr$_{14}$、CuZr$_2$、CuZr$_3$、$\alpha$-Cr$_2$Zr 和 $\beta$-Cr$_2$Zr 等，各相的吉布斯生成自由能均以纯组元在 298.15K 下生成自由能为标准，组元 $i$ 在 $\varphi$ 相中的吉布斯生成自由能可表示为：

$${}^0G_m^{\varphi}(T) = a + bT + cT\ln T + dT^2 + eT^3 + fT^{-1} + gT^7 + hT^{-9} \tag{5-182}$$

式中：$T$ 为绝对温度；$a$，$b$，$\cdots$，$h$ 为热力学参数。各相的生成自由能符合正规熔体模型处理原则，其表达式为：

$$G_m^{\varphi} = \sum_{i=1}^{n} X_i {}^0 G_i^{\varphi} + RT \sum X_i \ln X_i + \Delta^E G$$

$$= X_{Cu} {}^0 G_{Cu}^{\varphi} + X_{Cr} {}^0 G_{Cr}^{\varphi} + X_{Zr} {}^0 G_{Zr}^{\varphi} + RT(X_{Cu} \ln X_{Cu} + X_{Cr} \ln X_{Cr} + X_{Zr} \ln X_{Zr}) +$$

$$L_{Cu,Cr}^{\varphi} X_{Cu} X_{Cr} + L_{Cu,Zr}^{\varphi} X_{Cu} X_{Zr} + L_{Cr,Zr}^{\varphi} X_{Cr} X_{Zr} + L_{Cu,Cr,Zr}^{\varphi} X_{Cu} X_{Cr} X_{Zr} \quad (5-183)$$

式中：$R$ 为气体常数；${}^0 G_i^{\varphi}$ 为纯组元 $i$ 在 $\varphi$ 相中的生成自由能；$X_i$ 表示组元 $i$ 在 $\varphi$ 相中的原子百分数；$L_{i,j}^{\varphi}$ 为组元 $i$，$j$ 的相互作用参数；$L_{i,j,k}^{\varphi}$ 为三组元 $i$，$j$，$k$ 的相互作用参数。浓度和温度对相互作用参数的影响满足以下关系：

$$L_{i,j}^{\varphi} = \sum_{m=0}^{n} {}^n L_{i,j}^{\varphi} (X_i - X_j)^n \quad (5-184)$$

$${}^n L_{i,j}^{\varphi} = {}^n A + {}^n BT + {}^n CT \ln T \quad (5-185)$$

$$L_{Cu,Cr,Zr}^{\varphi} = {}^0 L_{Cu,Cr,Zr}^{\varphi} X_{Cu} + {}^1 L_{Cu,Cr,Zr}^{\varphi} X_{Cr} + {}^2 L_{Cu,Cr,Zr}^{\varphi} X_{Zr} \quad (5-186)$$

$${}^n L_{Cu,Cr,Zr}^{\varphi} = A' + B'T \quad (5-187)$$

式中：$A$，$B$，$C$ 为待优化的热力学参数。

2）Cu – Cr – Zr 系二元子体系相平衡

根据 K. J. Zeng 优化的热力学参数，对 Cu – Cr 及 Cu – Zr 二元体系相平衡关系进行计算，绘制 Cu – Cr 二元体系相平衡图［图 5 – 172（b）～（d）］、确认该体系中存在（Cu）、Cr 和液相。

Cu – Zr 二元体系相平衡如图 5 – 174（a）～（d）所示，确认该体系中存在（Cu）、$Cu_5Zr$、$Cu_{51}Zr_{14}$、$Cu_9Zr_2$、$Cu_8Zr_3$、$Cu_{10}Zr_7$、CuZr、$CuZr_2$、$\beta Zr$、$\alpha Zr$ 和液相。

由上述图 5 – 172 和图 5 – 173 可知，计算相图与文献实验相图取得了一致的结果。

3）Cu – Cr – Zr 三元体系相平衡

依据所优化的热力学参数对 Cu – Cr – Zr 系合金三元体系进行计算。图 5 – 174（a）和图 5 – 174（b）分别表示 Cr 含量为 0.3% 和 0.6%，Zr 含量为 0～1% 时计算的富铜区的垂直截面相图；图 5 – 174（c）表示 Zr 0.2%，Cr 0～1.5% 时计算的富铜区的垂直截面图。

图 5 – 174 表明，当温度在 600～960℃，Cr 含量分别为 0.3% 和 0.6%，Zr 含量在 0～1% 时，该体系中主要存在（Cu）、Cr 和 $Cu_5Zr$ 相。为了进一步了解在时效过程、热轧过程和均匀化退火过程中 Cu – Cr – Zr 合金的析出相，计算了温度为 300～950℃，低溶质 Cu – Cr – Zr 三元体系的等温截面图，结果表明，300～950℃，低溶质 Cu – Cr – Zr 合金体系中主要存在（Cu）、Cr 和 $Cu_5Zr$ 相。因元素含量不同，相变开始温度和析出次序不同，如当 Cr 含量小于 0.35% 时，从 950℃→300℃，首先析出（Cu）+ $Cu_5Zr$，然后析出 Cr 相；当 Zr 含量小于 0.1% 时，从

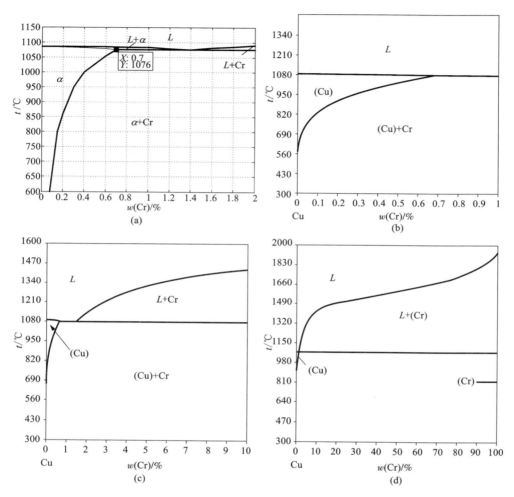

**图 5 – 172　Cu – Cr 二元系平衡相图**

（a）—实验相图；（b）、（c）、（d）—计算相图

950℃→300℃，首先析出（Cu）＋ Cr，然后析出 Cu₅Zr 相。

4）Cu – Cr – Zr 三元合金成分设计

根据 Cu – Cr 和 Cu – Zr 二元合金相图综合考虑，Cr 含量设定为 0.2% ～ 1.0%，Zr 含量设定为 0.1% ～ 0.25%。由此设计了 6 种不同 Cr/Zr 含量的合金，见表 5 – 123。

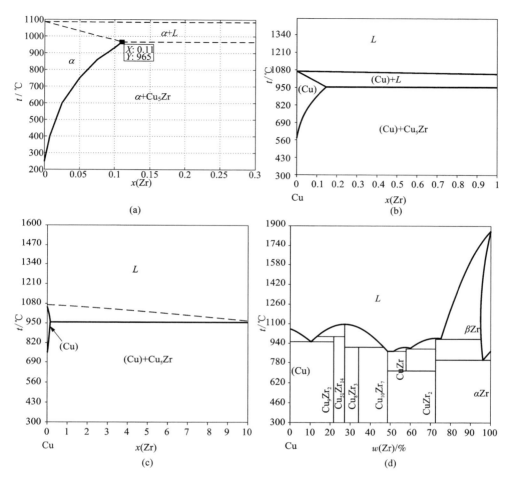

图 5 – 173 **Cu – Zr 二元系平衡相图**

a—实验相图；b、c、d—计算相图

表 5 – 123 **Cu – Cr – Zr 系实验合金的化学成分/%**

| 合金 | Cr | Zr | Cu | $x(Cr)/x(Zr)$ |
|------|------|------|------|------|
| 合金 A | 0.80 | 0.15 | 基体 | 5.3 |
| 合金 B | 0.60 | 0.15 | 基体 | 4.0 |
| 合金 C | 0.60 | 0.25 | 基体 | 2.4 |
| 合金 D | 0.35 | 0.10 | 基体 | 3.5 |
| 合金 E | 0.35 | 0.15 | 基体 | 2.3 |
| 合金 F | 0.35 | 0.20 | 基体 | 1.8 |

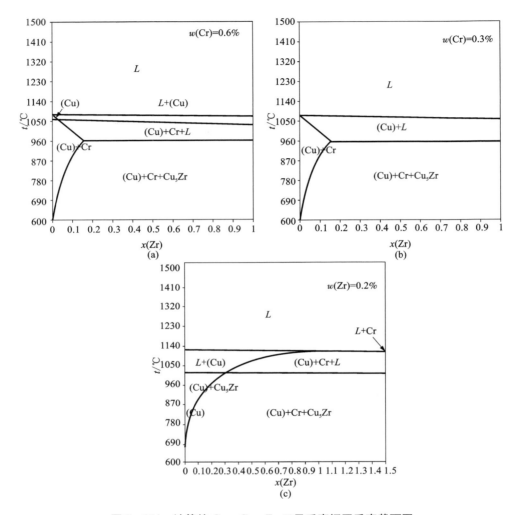

图 5 - 174　计算的 Cu - Cr - Zr 三元系富铜区垂直截面图

### 4. 凝固过程原理

1) Cu - Cr - Zr 系合金凝固过程相析出

用热力学相图计算软件(Thermo - Calc)及铜基数据库(Copper database)对合金 B[$x$(Cr)/$x$(Zr) = 4.0]的凝固过程进行模拟计算,计算过程中采用了两种凝固模型,分别为平衡凝固模型和非平衡凝固 Scheil 模型,其中 Scheil 模型不考虑固态扩散,计算结果如图 5 - 175 所示。

由图 5 - 175 可知, Cu - 0.60% Cr - 0.15% Zr 合金在凝固过程中,先析出

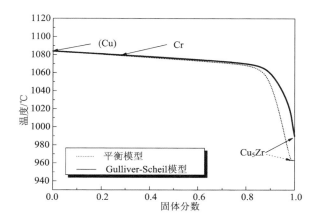

**图 5 - 175 合金 B 凝固过程的热力学模拟结果**

(Cu)相,然后依次析出 Cr 相和 $Cu_5Zr$ 相。对合金 A、C、D 和 F 的凝固过程也进行了热力学模拟,一次相的温度和凝固曲线基本一致,只有不同成分的平衡凝固终结温度有点差异,如合金 E 的平衡凝固终结温度为 970℃,如图 5 - 176 所示。

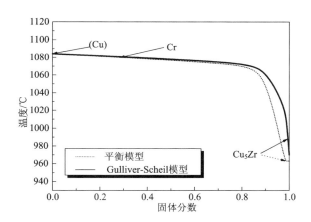

**图 5 - 176 合金 E 凝固过程的热力学模拟结果**

2)形核过程分析

根据热力学原理,凝固过程的条件是向吉布斯自由能降低的方向进行,如式(5 - 188)所示:

$$\Delta G = \frac{\Delta H(T_m - T)}{T_m} = \frac{\Delta H \Delta T}{T_m} \qquad (5 - 188)$$

由式(5 - 188)可以看出，过冷度 $\Delta T$ 为凝固过程的驱动力，浇铸温度为1300℃时，水冷铁模内壁的温度为 100℃ 左右，当模具的内部尺寸为 35 mm × 10 mm 时，其宽向温度梯度为 34.28K，长向温度梯度为 12K，所以过冷度很大，容易生核，凝固过程快。

由于液态金属量少而界面面积却很大，因此，大面积的模壁和夹杂物作为形核基底，加快了形核速度和晶粒生长。

3)传热传质过程分析

铸锭与模壁接触良好，无界面热阻，$T_0 = T_i$，将凝壳看作半无限厚的物体，则凝壳内的温度分布规律见式(5 - 189)：

$$T = T_i + (T_\infty - T_i)\,\mathrm{erf}\left(\frac{x}{2\sqrt{\alpha_s t}}\right) \tag{5 - 189}$$

式中：$\alpha_s = \lambda_s / C_s \rho_s$ 为凝固的导温系数。

液态铜合金在水冷铁模中的凝固过程属于非平衡凝固，基本不遵循热力学规律，固液界面一侧液相中溶质的浓度 $C_1$ 和固相中溶质浓度 $C_s$ 比值趋近于1，传质过程则主要取决于动力学因素。凝固过程中传质速度为

$$J_C = -D\frac{\partial W_C}{\partial n} \tag{5 - 190}$$

根据分析表明：熔体的传质过程主要是对流，宏观上铸锭成分分布均匀，微观上组元在小区域内形成溶质再分布。

### 6.3.3　Cu - Cr - Zr 合金微观组织演变

根据 Cu - Cr - Zr 三元体系平衡相关系，可知 Cu - Cr - Zr 系合金的主要强化相为 Cr 相和 $Cu_5Zr$ 相，为了进一步了解析出相在热处理过程中的演变规律，对 Cu - Cr - Zr 系合金不同工序的组织进行了观察。

#### 1. 实验

以 1# 电解铜、铜铬中间合金和铜锆中间合金为原料，在中频感应电炉中非真空熔炼实验用 Cu - Cr - Zr - Mg - RE 合金，铸造制成锭坯。添加镁(0.05%)脱氧，添加 0.05% 稀土(La 和 Ce 为主)除氧、氢和硫，细化晶粒和净化晶界。铣面后的铸锭在氮气保护电阻炉中于 910℃ 下均匀化退火 1 h；然后热轧至 6 mm 厚轧板；热轧板在 930℃ 下固溶 2 h 后淬火；经过 80% 冷变形，冷轧板厚 1.2 mm。在有氮气保护的电阻炉中于 425~500℃ 下时效处理 1~8 h。

HRTEM 观察试样直径为 $\phi$3 mm，预磨厚度 120~150 μm，然后用 $V(HNO_3)$：$V(CH_3OH) = 1:3$ 电解液在室温及 20 V 和 120 mA 下双喷电解减薄。双喷试样在 Gaton Doumill 离子减薄仪上减薄 0.5 h，然后在带有能谱的 JEM 3010 - HRTEM 高分辨电子显微镜下观察，加速电压为 300 kV。

## 2. 铸态组织观察

为了研究凝固过程析出相的基本特征,采用铸铁模冷却和水冷铁模两种凝固方式铸造 Cu – Cr – Zr 实验合金[ $x(\mathrm{Cr})/x(\mathrm{Zr})$ = 4.0 ≥ 3.5 和 $x(\mathrm{Cr})/x(\mathrm{Zr})$ = 2.3 ≤ 3.5];Cu – 0.6Cr – 0.15Zr 合金随模冷却和水冷铁模铸造的微观组织分别如图 5 – 177(a)、(b)所示;Cu – 0.35Cr – 0.15Zr 合金随模冷却和水冷铁模铸造的微观组织分别如图 5 – 178(a)、(b)所示。

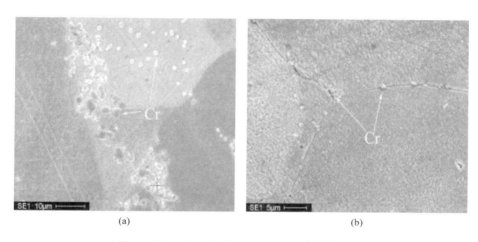

(a)                                        (b)

**图 5 – 177   Cu – 0.6Cr – 0.15Zr 合金铸态组织**

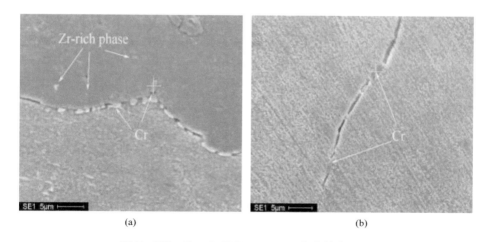

(a)                                        (b)

**图 5 – 178   Cu – 0.35Cr – 0.15Zr 合金铸态组织**

图 5 – 177 可以看出,Cu – 0.6Cr – 0.15Zr 合金在随模冷却的条件下,组织中出现大量的 Cr 相,并且 Cr 相明显偏聚于晶界,较粗大,尺寸 300 ~ 500 nm;在水

冷铁模铸造条件下，组织中铬相较少，并且没有偏聚现象，比较干净，晶界上有少量的 Cr 相，尺寸在 100 nm 左右，没有发现富锆相。图 5-178 表明：Cu-0.35Cr-0.15Zr 合金在随模冷却的条件下，析出一定量的铬相（尺寸为 100~200 nm）和富锆相（尺寸小于 50 nm），铬相在晶界有一定的偏聚；在水冷铁模铸造条件下，析出的铬相则很少，没有发现大颗粒的富锆相。

对 Cu-0.6Cr-0.15Zr 合金随模冷却状态下铬的偏聚现象进行 HRTEM 观察，如图 5-179 所示，但是由于 Cr 相粗大，衍射束无法穿透进行花样采集，用能谱进行了定性分析。图 5-179 表明，在较慢的冷却速度下 Cr 相析出，并发生偏聚，形成粗大一次相，其尺寸在 200 nm 以上，因此，在铸造 Cu-Cr-Zr 合金时尽可能采用较快的冷却速度。

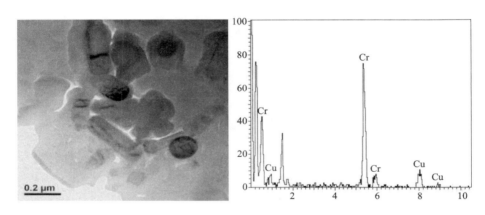

图 5-179　随模冷却 Cu-Cr-Zr 合金铸态 HRTEM 照片

总之，当 $w(\mathrm{Cr})/w(\mathrm{Zr})=4.0$ 时，在凝固过程中主要析出的是铬相，即便是在快速冷却条件下，凝固过程中也会出现大颗粒的铬相，并且随着向平衡凝固状态靠近，铬相偏聚现象越明显；当 $w(\mathrm{Cr})/w(\mathrm{Zr})=2.3$ 时，凝固过程中出现了富锆相，这是因为随着 $w(\mathrm{Cr})/w(\mathrm{Zr})$ 增大，$\mathrm{Cu_5Zr}$ 在析出相中的质量分数快速增加，从而导致 $\mathrm{Cu_5Zr}$ 相开始析出时温度升高。

### 3. 固溶态微观组织

固溶处理的主要目的是希望在凝固和热变形过程中析出的相能够完全固溶入基体，提高基体的过饱和度，以便在时效处理时控制析出相的特征。为此，研究中对铸锭进行了热轧处理后在 960℃ 下固溶 2 h，Cu-0.6Cr-0.15Zr[ $x(\mathrm{Cr})/x(\mathrm{Zr})=4.0$ ]铸造合金随模冷却和水冷铁模冷却的固溶态微观组织如图 5-180（a）、（b）所示。Cu-0.35Cr-0.15Zr[ $x(\mathrm{Cr})/x(\mathrm{Zr})=2.3$ ]铸造合金随模冷和水冷铁模冷却的固溶态微观组织如图 5-181(a)、(b)所示。

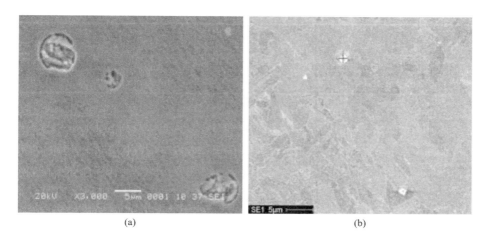

(a) (b)

图 5 – 180  Cu – 0.6Cr – 0.15Zr 合金固溶态组织

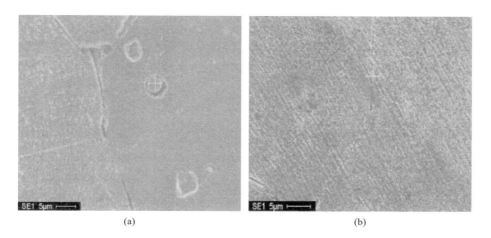

(a) (b)

图 5 – 181  Cu – 0.35Cr – 0.15Zr 合金固溶态组织

从图 5 – 180(a)可以看出,随模冷却的 Cu – 0.6Cr – 0.15Zr[$x(\text{Cr})/x(\text{Zr})$ = 4.0]合金试样在固溶过程中,铬相明显长大,尺寸为 4 ~ 10 μm,但是组织中大颗粒铬相的数量明显减少,没有发现偏聚现象;水冷铁模铸造试样在固溶过程中,大部分铬相完全固溶入基体。

图 5 – 181 表明,随模冷却的 Cu – 0.35Cr – 0.15Zr[$x(\text{Cr})/x(\text{Zr})$ = 2.3]合金试样在固溶过程中,铬相也有所长大,尺寸为 4 ~ 6 μm;水冷铁模铸造试样在固溶过程中,大部分铬相完全固溶入基体。采用 HRTEM 进一步观察了快速水冷条件下 Cu – 0.35Cr – 0.15Zr 合金固溶效果,结果如图 5 – 182 所示。

总之，无论 $x(\mathrm{Cr})/x(\mathrm{Zr})=$ 4.0 或 2.3，在随炉冷却下形成的一次铬相在固溶处理时，只有部分能够返溶入基体，还有一部分聚集长大，形成粗大的铬相。

**4. 时效态的微观组织**

时效强化是 Cu – Cr – Zr 合金的主要强化手段。通过时效，使过饱和固溶体分解，合金元素以一定形式析出，弥散分布在基体中形成沉淀相，沉淀相有效地阻止晶界和位错的移动，使合金强度大大增强。

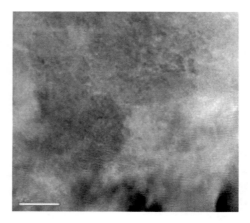

图 5 – 182　水冷铁模铸造 Cu – 0.35Cr – 0.15Zr 合金固溶态 HRTEM 相片

1）不同时效条件下析出相的形貌

实验中对水冷铁模铸造的 Cu – 0.60Cr – 0.15Zr[ $x(\mathrm{Cr})/x(\mathrm{Zr})=4.0$ ]合金和 Cu – 0.35Cr – 0.15Zr[ $x(\mathrm{Cr})/x(\mathrm{Zr})=2.3$ ]合金分别在 425℃、450℃、475℃ 和 500℃ 时效处理 4 h，并采用 HRTEM 分析了合金析出相形貌，如图 5 – 183、图 5 – 184 所示。

从图 5 – 183 可以看出，Cu – 0.60Cr – 0.15Zr 合金在 425℃时效处理 4 h 的情况下，固溶体已经开始分解，析出相较少、比较细小且弥散，在 450℃下时效处理 4 h 时，固溶体已经完全分解，析出大量的 10 ~ 20 nm 的第二相；随着温度升高到 475℃，析出相开始长大，在 500℃下时效 4 h 后，析出相尺寸已经为 100 ~ 200 nm。

从图 5 – 184 可以看出，Cu – 0.35Cr – 0.15Zr 合金在 425℃时效处理 4 h 的情况下，析出相很少且细小，大小为几个纳米；随着时效温度的升高，析出相逐渐增多，并且有所长大，在 475℃下时效处理 4 h 时，产生的析出相尺寸在 10 nm 左右，弥散且均匀分布；而在 500℃下时效处理 4 h，析出相已经长大为 50 ~ 100 nm，且两析出相之间间距增大。

可见，随着 Cr 含量的升高，合金在时效过程中析出温度越低，长大速度越快，Cu – 0.60Cr – 0.15Zr 合金在 450℃已经充分析出，而 Cu – 0.35Cr – 0.15Zr 合金在 475℃时效固溶体才完全分解析出。这可能也是因为 $x(\mathrm{Cr})/x(\mathrm{Zr})$ 越小，Zr 对 Cr 的析出和长大过程的抑制作用越明显。

2）亚稳相的分解

一般情况下，在 Cu – Cr – Zr 合金中会加入 0.05% 的 Mg，提高合金的可焊性和焊料黏合力、抗应力松弛特性，改善高温性能和抗疲劳性能，Mg 也是很好的脱

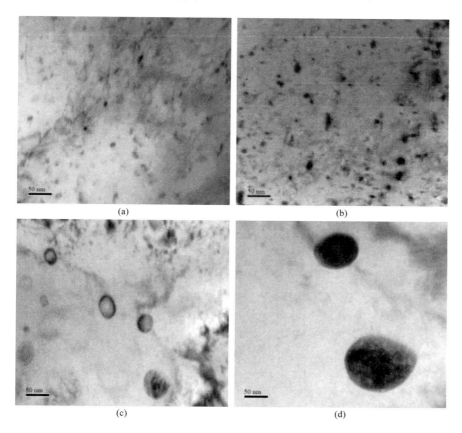

图 5 – 183　Cu – 0.6Cr – 0.15Zr 合金时效态析出相形貌

(a)425℃×4 h；(b)450℃×4 h；(c)475℃×4 h；(d)500℃×4 h

氧剂。本实验合金都加入 0.05% 的 Mg，在观察 425℃下时效处理 4 h 的 Cu –
0.60Cr – 0.15Zr 合金组织过程中发现了还未完全分解的 Heusler 相 CrCu$_2$(Zr,
Mg)，如图 5 – 185 所示。

图 5 – 185 说明，合金中有少量的粗大粒子开始分解，根据能谱分析结果确定
为亚稳相 CrCu$_2$(Zr, Mg)，其中 A 粒子 Cr 的原子分数为 91.87%，Cu 为 8.13%，
在 EDS 能谱分析时，扫描区域大于析出相，铜基体对能谱分析结果有贡献，因此
可以认为 Cu 的含量来自基体贡献，颗粒 A 为 Cr 相；B 粒子中 $x$(Cu)/$x$(Zr)（原
子分数）= 3.94，可认为是 Cu$_4$Zr 相；C 粒子中 $x$(Cu)/$x$(Zr) = 1.97 和
$x$(Cr)/$x$(Zr) = 1.47，这种原子比接近 CrCu$_2$(Zr, Mg)相，可认为是未分解完的亚
稳相。这种亚稳粒子粒径一般为 200 ~ 500 nm，它形成于熔炼过程，固溶处理时
不能溶入基体；在低温长时间时效条件下，亚稳相开始分解成 Cr 相、Cu$_4$Zr 相和
Mg，图 5 – 185 能谱分析各粒子中元素含量见表 5 – 124。

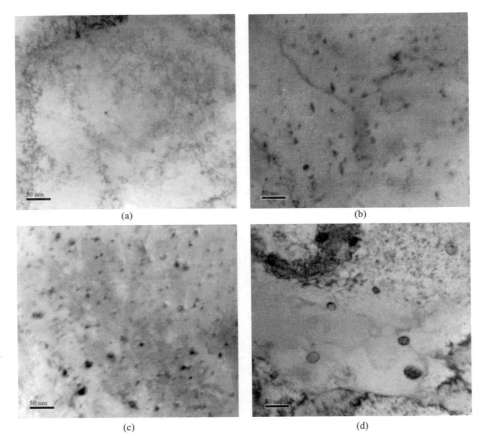

图 5 −184　Cu −0.35Cr −0.15Zr 合金时效态析出相形貌

(a)425℃ ×4 h；(b)450℃ ×4 h；(c)475℃ ×4 h；(d)500℃ ×4 h

表 5 −124　图 5 −185 中析出相的 EDS 分析

| 分析点 | 成分/% | | | $x(Cu)$ $/x(Zr)$ | $x(Cr)$ $/x(Zr)$ |
| --- | --- | --- | --- | --- | --- |
| | Cu | Cr | Zr | | |
| A | 9.76 | 90.24 | — | — | — |
| | 8.13 | 91.87 | — | — | — |
| B | 73.44 | — | 26.56 | — | — |
| | 79.76 | — | 20.24 | 3.94 | — |
| C | 42.79 | 26.05 | 31.16 | — | — |
| | 44.42 | 33.05 | 22.53 | 1.97 | 1.47 |

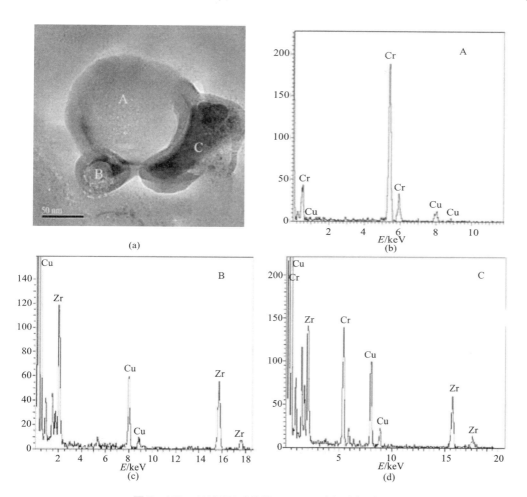

图 5 - 185　430℃下时效处理 4 h 亚稳相分解过程

### 5. 析出相对合金性能的影响

由上可知,体心立方 Cr 相比面心立方 $Cu_5Zr$ 相的强化效果更好,通过调整 $x(Cr)/x(Zr)$ 来获得析出相中不同 Cr 相与 $Cu_5Zr$ 相质量分数,达到设计合金的强度和电导率要求。为此,对所设计的六种合金进行了不同时效处理,考察其对硬度和电导率的影响。

1)实验

实验用 Cu - Cr - Zr 合金经熔铸、均匀化退火、热轧和冷轧处理,工艺条件同上节,对于冷轧板分别在 425℃、450℃和 475℃下时效处理 1~8 h。电导率测量采用 QJ36 型双臂电桥,试样尺寸为 200 mm×3 mm×1 mm,精度为 ±0.05%;显微硬度 HVS – 1000 数字显微硬度计测量，载荷为 100 g，加载时间为 20 s。

2）结果与讨论

在 425℃、450℃和 475℃下时效 4 h 的硬度及电导率曲线如图 5 – 186 ~ 图 5 – 188 所示。

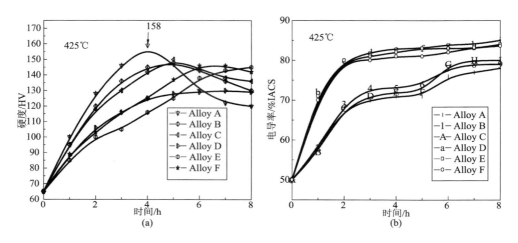

**图 5 – 186　425℃的时间 – 成分 – 硬度曲线**

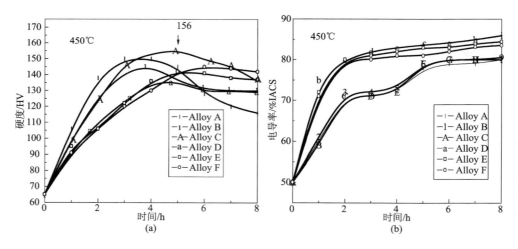

**图 5 – 187　450℃的时间 – 成分 – 硬度曲线**

从图 5 – 186 ~ 图 5 – 188 中可以看出：①对于高 Cr 含量的合金 A、合金 B 和合金 C，其硬度值较大，电导率较低；$x(\text{Cr})/x(\text{Zr})$ 比较大的合金 A、合金 B 和合金 D 处于过时效状态时，硬度下降显著。②在时效开始阶段，随着时效时间延

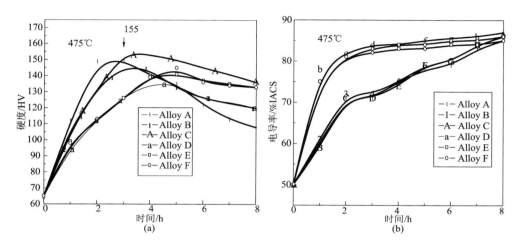

图 5 – 188　475℃时间 – 成分 – 硬度曲线

长，硬度值增大；当硬度值达到最大值后，随着时效时间延长，硬度缓慢下降；时效温度越高，$x(\text{Cr})/x(\text{Zr})$ 值越大，硬度达到峰值所需要的时间越短，峰值之后下降也越显著，这可能是因为 $x(\text{Cr})/x(\text{Zr})$ 越大，Cr 析出速度越快，使强化效果显著，析出后继续时效时 $x(\text{Cr})$ 相容易长大，硬度值下降。③电导率随着时效时间的延长而增大，对于高铬含量的合金，电导率的增加分为 3 个阶段，在时效初期电导率快速增加，之后增加速度减缓，继续时效一段时间后，又快速增加，达到最大值。因为，在时效开始阶段，固溶体的大量分解使得合金的电导率很快升高，固溶体完全分解后电导率基本稳定，之后继续时效使试样处于过时效状态，析出相粗化，数量减少，电导率继续上升。

### 6.3.4　Cu – Cr – Zr 系合金制备

在对理论分析的基础上，进行了 Cu – Cr – Zr 合金带材的制备工艺研究，包括熔铸、热轧、固溶及时效等过程的工艺参数确定和优化。在优化工艺制度下进行了 5 炉次 200 kg 规模的半工业实验研究。

**1.25 kg 合金制备**

1）熔铸

根据 Cu – Cr – Zr 系相平衡研究和合金成分设计，熔炼过程合金的成分配制见表 5 – 125。金属铜、铬、锆、镁和稀土的烧损率分别按照 2%、9%、10%、13% 和 13% 进行配料计算。实验设备主要有：50 kg 中频气体保护熔炼炉、水冷铁模、导轨箱式电阻炉、三辊可逆式热轧机、四辊冷轧机、气体保护井式热处理炉等。

表 5 – 125 熔炼过程合金成分配制表/%

| 样品 | Cr | Zr | Mg | RE |
|---|---|---|---|---|
| 合金 A | 0.35 ~ 0.40 | 0.10、0.15、0.20、0.25、0.30 | 0.05 | 0.05 |
| 合金 B | 0.20、0.30、0.40、0.50、0.60、0.80 | 0.15 ~ 0.20 | 0.05 | 0.05 |

根据表 5 – 125 的成分设计，进行了 11 炉次 25 kg 规模的熔炼实验，熔炼工艺参数为：熔炼温度 1300 ~ 1350℃，铸造温度 1200 ~ 1250℃。铸锭的化学成分和各元素烧损率见表 5 – 126。

表 5 – 126 铸锭的化学成分和各元素的烧损率

| 合金 | 铸锭/kg | 化学成分/% | | | 烧损率/% | | |
|---|---|---|---|---|---|---|---|
| | | Cr | Zr | Mg/RE | Cr | Zr | Cu |
| A | 24.71 | 0.38 | 0.10 | 0.05/0.06 | 10.6 | 10.2 | 1.75 |
| | 24.70 | 0.37 | 0.14 | 0.05/0.01 | 12.9 | 16.2 | 1.75 |
| | 24.78 | 0.37 | 0.20 | 0.04/0.03 | 12.7 | 9.89 | 1.5 |
| | 24.79 | 0.38 | 0.25 | 0.07/0.02 | 10.3 | 9.85 | 1.5 |
| | 24.87 | 0.37 | 0.30 | 0.05/0.04 | 12.4 | 9.56 | 1.2 |
| B | 24.82 | 0.20 | 0.15 | 0.07/0.05 | 8.92 | 9.75 | 1.2 |
| | 24.86 | 0.30 | 0.15 | 0.08/0.14 | 8.77 | 9.60 | 1.2 |
| | 24.80 | 0.39 | 0.15 | 0.03/0.09 | 11.3 | 9.82 | 1.3 |
| | 24.78 | 0.51 | 0.15 | 0.09/0.08 | 7.25 | 9.89 | 1.5 |
| | 24.78 | 0.60 | 0.14 | 0.07/0.08 | 9.06 | 15.9 | 1.5 |
| | 24.79 | 0.79 | 0.15 | 0.05/0.01 | 10.2 | 9.85 | 1.5 |

2）Cu – Cr – Zr 系合金板带制备

根据文献资料初步确定热处理工艺流程如图 5 – 189 所示。

将非真空熔炼的 Cu – Cr – Zr 合金锭经过铣面去除表面层，以期获得良好的轧制板表面；然后经过固溶、热变形、冷变形、时效和终轧等加工过程，最终获得外观、性能良好的带材。

①固溶处理可使凝固过程析出的一次相尽可能溶入基体，在时效处理前保持大的过饱和度。②热变形的目的是获得较薄的板带，能顺利进行冷变形，并且获得细小的变形组织。③冷变形是再结晶温度以下采用的硬化手段，可获得较大的

位错密度,并且随着变形量的增大位错密度增大,位错之间的交互作用加剧,位错相互缠结并形成位错胞,出现亚结构,从而提高滑移临界切应力,使合金强化,并为之后的时效提供能量和组织的准备。④时效处理是基于合金中固溶元素的固溶度随温度降低而减小,即先淬火获得过饱和固溶体,再在较低温度下加热,过饱和固溶体将分解,强化相得到充分析出,细小且弥散,造成了点阵内应变,其应力场与可移动位错发生交互作用,阻碍位错运动,提高临界滑移切应力,使合金强化。同时,强化相的析出降低了基体的固溶度,使基体的纯度提高,电导率增加。⑤终轧的目的是控制板型、适当增加强度、调整延伸率,获得外观、性能均良好的带材。

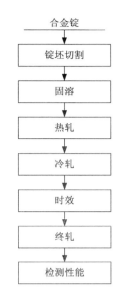

图 5－189　热处理工艺流程

3)合金热处理

根据微观组织、织构和相转变规律制定相应的热处理工艺参数,并通过实验进行优化。

(1)合金热轧和淬火温度。

热轧温度、热轧终了温度及随后的冷却速度的控制对合金的变形性能、时效处理都有很大影响。选择终轧温度及冷却速度的依据是合金三元相图和凝固过程模拟结果,低溶质 Cu－Cr－Zr 合金中 Cr 相的析出温度为 1030℃,$Cu_5Zr$ 相的析出温度为 965℃,且在 300～950℃合金没有相变;800℃时 Cr 和 Zr 在铜中的固溶度分别为 0.15% 和 0.03%,说明温度的下降使 Cr 和 Zr 在铜中的固溶度急剧下降。因此,必须采用尽可能高的热变形温度和淬火温度。热轧合金的组织如图 5－190 所示。

从不同热变形工艺下的微观结构可知,低溶质 Cu－Cr－Zr 合金变形温度不能超过 910℃,最终热变形温度定为 910℃,时间 1.5 h,终轧淬火温度尽可能控制在 800℃以上。

(2)固溶处理工艺参数。

根据二元合金相图,不同温度下的铬和锆在铜基体中的固溶度区别很大,因此,应尽可能选择高的固溶温度,使溶质原子能充分固溶到基体中。另外,固溶处理条件下对合金的微观组织也有很大影响。880～950℃固溶 1 h 的合金微观组织如图 5－191 所示。

930℃固溶处理 0.5～3 h 的合金微观组织如图 5－192 所示。

对合金元素在不同温度下的固溶度及微观组织综合分析,合金的固溶制度确定为:温度 930℃,时间 1 h。

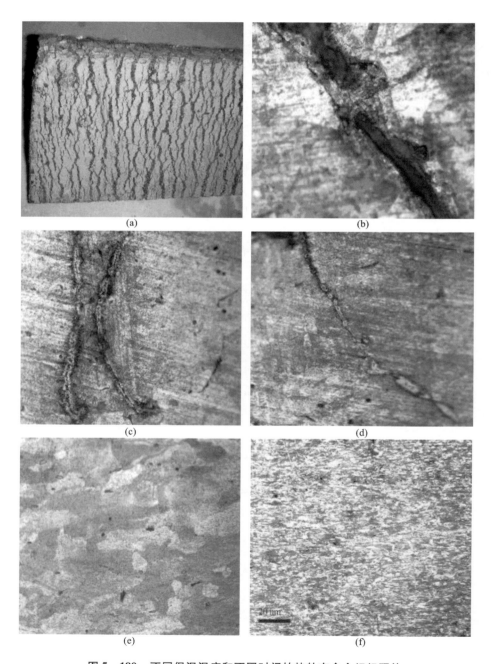

图 5 - 190 不同保温温度和不同时间的热轧态合金组织照片

(a)和(b)950℃ ×3 h; (c)930℃ ×3 h; (d)930℃ ×3 h; (e)910℃ ×3 h; (f)910℃ ×1.5 h

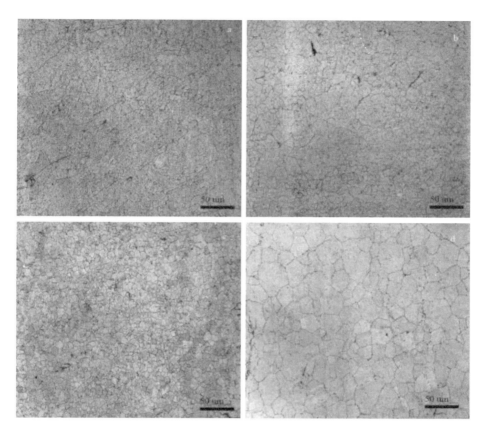

**图 5 - 191　不同温度下固溶 1 h 微观组织相片**
(a)880℃；(b)910℃；(c)930℃；(d)950℃

（3）时效工艺参数。

时效工艺是 Cu – Cr – Zr 合金形变热处理的关键步骤之一，其工艺参数的选择直接决定强化相的种类、大小和弥散程度，从而决定合金的综合性能。为了优化时效工艺参数，对 Cu – 0.45Cr – 0.15Zr 合金，分别在 400 ~ 540℃时效 1 ~ 8 h，时间 – 温度 – 电导率曲线如图 5 – 193 所示。

图 5 – 193 表明，随着时效时间的增加，合金的电导率不断增加，但增加趋势不断减缓，最后达到恒定值；并且随着时效温度的升高，达到恒值的时间越短，如在 400℃时效 8 h，电导率为 80% IACS，而在 480℃下时效，则只需要 2 h 即可达到 80% IACS。这是因为，经过冷变形后，合金中缺陷密度增大，大的畸变能增加了溶质析出的驱动力；同时，随着温度的升高，固溶体中溶质原子在基体中的扩散和析出的速度加快。但析出到一定程度后，基体的过饱和度降低，析出速度

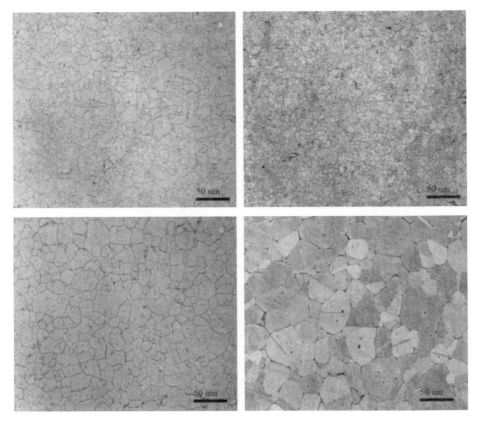

**图 5 - 192   930℃合金固溶 0.5 ~ 3 h 的微观组织照片**

(a)0.5 h; (b)1 h; (c)2 h; (d)3 h

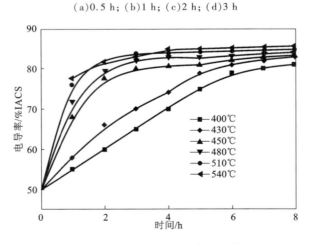

**图 5 - 193   时间 - 温度 - 电导率曲线**

变慢，电导率增加幅度减少。根据 Mathiessen 理论，合金的电阻率可表示如下：

$$\rho = \rho_0 + \Delta\rho_S + \Delta\rho_P + \Delta\rho_V + \Delta\rho_D + \Delta\rho_B \qquad (5-191)$$

式中：$\rho_0$ 为纯金属完整晶体的电导率，$\Delta\rho_S$、$\Delta\rho_P$、$\Delta\rho_V$、$\Delta\rho_D$ 和 $\Delta\rho_B$ 分别是由于固溶、析出、空位、位错和晶界引起电阻率的变化量，其中 $\Delta\rho_S \gg \Delta\rho_P$。该式说明：固溶体对电子的散射能力远大于第二相对电子的散射能力，所以随着温度升高，合金电导率达到恒定值所需时间越短。

作为时效强化型铜合金，时效时间和时效温度对 Cu – Cr – Zr 系合金强度和硬度的影响很大。合金经不同工艺时效处理后的抗拉强度和微观硬度变化如图 5 – 194 所示。

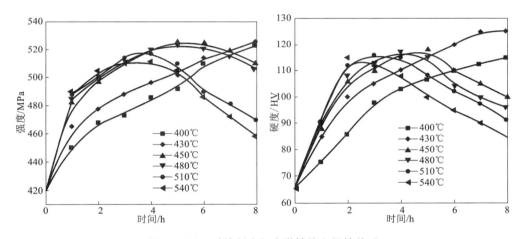

**图 5 – 194　时效制度和力学性能之间的关系**

(a)时间 – 温度 – 强度曲线；(b)时间 – 温度 – 硬度曲线

从图 5 – 194 可知，在 400℃ 和 430℃ 下时效，合金的抗拉强度和显微硬度增加比较缓慢，在 450℃ 下时效，析出相弥散且细小，因此强化效果显著；在该温度下时效 4 h，合金抗拉强度达到 525 MPa，微观硬度为 118 HV。随着温度的升高和时间的延长，强化相粒子长大，强化效果下降，合金处于过时效状态。考虑合金的综合性能，确定时效温度 450℃，时间 4 h。

4)合金铸锭及板带

在上述工艺下熔炼的 Cu – Cr – Zr 合金铸锭和板带如图 5 – 195 所示。

5)合金的微观组织

图 5 – 196 为合金在不同状态下的微观组织，铸态组织的晶粒径为 80 μm 左右；经过热轧之后明显细化，平均晶粒径小于 50 μm，并且显示出明显的变形组织，沿轧制方向分布。

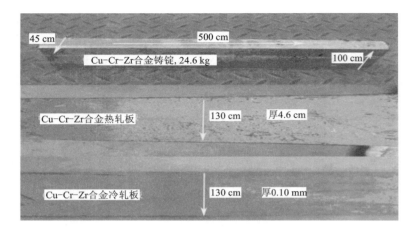

图 5 –195　Cu – Cr – Zr 合金铸锭和板带(未经表面处理)

　　晶粒发生重结晶,但是由于固溶时间较短,晶粒没有明显长大。由于 Cu – Cr – Zr 合金层错能较低,阻止了位错的滑移,使滑移变形变得困难,同时也降低了孪晶界的界面能,促使在位错开动之前金属所受应力已经达到了孪生变形所需应力,因此在冷变形组织中有大量的孪晶和剪切带出现。由图 5 – 196( c )、( d )可见:时效后组织中孪晶很少,说明在时效过程中发生了局部再结晶。时效之后冷变形过程,没有再产生孪生组织,晶粒呈现变形态。

　　6)合金的性能

　　按上面优化工艺形变热处理后,不同成分 Cu – Cr – Zr 合金的综合性能见表 5 –127。

表 5 –127　Cu – Cr – Zr 合金的综合性能

| 样号 | 化学成分/% | | | | 性能 | | | |
| --- | --- | --- | --- | --- | --- | --- | --- | --- |
| | Cr | Zr | Mg | RE | $Rm$/MPa | 硬度/HV | $\delta$/% IACS | $A$/% |
| 1 | 0.38 | 0.10 | 0.05 | 0.06 | 554 | 170 | 84.4 | 6.5 |
| 2 | 0.37 | 0.14 | 0.05 | 0.01 | 568 | 197 | 84.0 | 6.5 |
| 3 | 0.37 | 0.20 | 0.04 | 0.03 | 576 | 184 | 83.2 | 6.4 |
| 4 | 0.38 | 0.25 | 0.07 | 0.02 | 580 | 179 | 83.4 | 8.3 |
| 5 | 0.37 | 0.30 | 0.05 | 0.04 | 579 | 196 | 83.0 | 8.5 |
| 6 | 0.20 | 0.15 | 0.07 | 0.05 | 536 | 175 | 85.2 | 8.7 |
| 7 | 0.30 | 0.15 | 0.08 | 0.14 | 551 | 189 | 84.6 | 8.0 |
| 8 | 0.39 | 0.15 | 0.03 | 0.09 | 587 | 201 | 83.0 | 8.1 |
| 9 | 0.51 | 0.15 | 0.09 | 0.08 | 599 | 210 | 81.1 | 7.6 |

续表 5 – 127

| 样号 | 化学成分/% | | | | 性能 | | | |
|---|---|---|---|---|---|---|---|---|
| | Cr | Zr | Mg | RE | $Rm$/MPa | 硬度/HV | δ/% IACS | $A$/% |
| 10 | 0.60 | 0.14 | 0.07 | 0.08 | 606 | 215 | 79.5 | 8.3 |
| 11 | 0.79 | 0.15 | 0.05 | 0.01 | 615 | 223 | 78.1 | 8.7 |

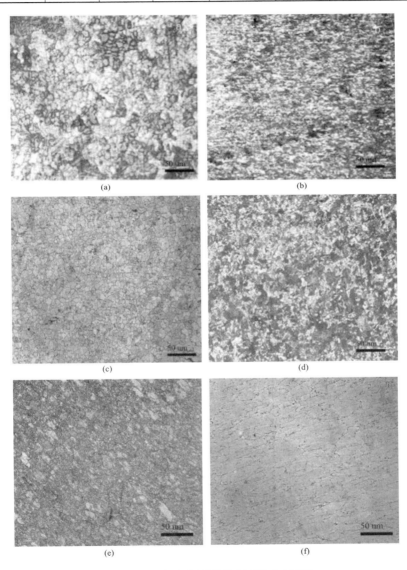

图 5 – 196 合金在不同状态下的金相照片

(a)铸态;(b)热轧态;(c)固溶态;(d)冷轧态;(e)时效态;(f)时效后冷轧态

从表 5 - 127 中可以看出，Cu - (0.2 ~ 0.80)Cr - (0.1 ~ 0.3)Zr 合金的基本性能优良，抗拉强度均在 530 MPa 以上，显微硬度大于 170，导电率大于 78% IACS，延伸率大于 6%。

**2. 200 kg Cu - Cr - Zr 合金制备**

1）制备工艺

熔炼合金铸锭成分按照 Cu - 0.45Cr - 0.15Zr - 0.05Mg - 0.05RE，各元素烧损率按照 Cu 2%，Cr 9%，Zr 11%，Mg 15%，Re 15% 计算。熔炼规格 200 kg，铸锭规格分别为 190 mm × 70 mm 扁锭和 φ125 mm 圆锭。中试设备为：300 kg 中频感应气体保护熔炼炉、箱式电阻均匀化退火炉、可逆式热轧机、四辊冷轧机、气体保护时效炉等。

熔炼时采用氩气保护，半连续铸造拉铸。具体工艺参数为：熔炼温度 1300 ~ 1350℃，铸造温度 1180 ~ 1250℃，拉铸速度 6 ~ 10 cm/min。合金的开轧温度为 910℃，经过 5 道次变形后快速水冷。第 1 道次和第 2 道次变形量小于 10%，第 3 道次开始到第 5 道次可逐步提高变形量，总变形量为 60% ~ 80%，终轧温度大于 820℃；820℃ 以上快速冷却，使 Cr 和 Zr 元素尽可能固溶于基体中，避免单质 Cr 和 $Cu_5Zr$ 相过多析出。合金固溶温度为 930℃，保温 1 h，尽可能采用快速升温，炉温高于 930℃ 时，再将铸锭放入炉中，保温 1.5 h。合金主要依靠形变硬化和时效强化，冷变形可以进行多道次，采用高速冷变形，每道次变形量为 20% ~ 30%，总变形量要大于 70%。合金时效温度 450℃，保温 4 h，采用随炉加热和随炉冷却，但是整个时效过程应在氮气保护下进行，避免生成氧化膜。终轧变形量主要根据产品的要求来定，一般在 20% ~ 30%，为两道次。可以通过改变次道变形平衡强度与延伸率的指标，使其满足不同用户的要求。

2）技术指标及合金材料性能

在 200 kg 规模下进行了 5 次中试实验，分别制备了 Cu - (0.43 ~ 0.46)Cr - (0.14 ~ 0.17)Zr - Mg - RE 合金带材（厚度为 0.20 mm）和线材（φ1.0 mm）；技术指标和合金带材及线材的性能见表 5 - 128。

表 5 - 128  200 kg 规模下制备 Cu - Cr - Zr 合金的技术指标和材料性能/%

| 样号 | 成分（烧损）/% | | | | | 性能 | | | |
|---|---|---|---|---|---|---|---|---|---|
| | Cr | Zr | Cu | Mg | RE | $R_m$/MPa | 硬度/HV | δ/% IACS | A |
| 1 | 0.43/18.5 | 0.14/21.8 | 基体/7 | 0.06 | 0.05 | 570 | 175 | 79 | 6.4 |
| 2 | 0.45/17.4 | 0.15/18.9 | 基体/10 | 0.01 | 0.02 | 578 | 193 | 80 | 6.7 |
| 3 | 0.43/16.7 | 0.16/8.7 | 基体/5 | 0.05 | 0.06 | 581 | 190 | 80 | 6.0 |

续表 5 - 128

| 样号 | 成分(烧损)/% | | | | | 性能 | | | |
|---|---|---|---|---|---|---|---|---|---|
| | Cr | Zr | Cu | Mg | RE | $R_m$/MPa | 硬度/HV | $\delta$/% IACS | $A$ |
| 4 | 0.46/20.3 | 0.14/28.5 | 基体/15 | 0.01 | 0.03 | 569 | 178 | 77 | 5.1 |
| 5 | 0.45/19.72 | 0.16/15.9 | 基体/13 | 0.02 | 0.03 | 590 | 189 | 81 | 8.3 |

　　由表 5 - 128 可知，在 200 kg 规模下熔炼 Cu - Cr - Zr 合金，各金属元素的烧损率均较高，金属 Cr 的平均烧损率为 18.5%，金属 Zr 的平均烧损率为 18.8%，Cu 的平均烧损率为 10%。这可能是因为 200 kg 熔炼炉的熔池表面大，表面熔体暴露在保护气体中，长时间与扩散进来的气体反应导致金属损失。200 kg 规模的熔炼，升温熔化速度较慢，熔炼时间长，也是金属损失的一个主要原因。合金的力学性能和物理性能良好，抗拉强度≥569 MPa，导电率≥77% IACS，硬度≥175，延伸率≥5.1%。

# 参考文献

[1] 师昌绪. 材料科学与工程手册[M]. 北京：化学工业出版社，2002

[2] 赵天从. 锑[M]. 北京：冶金工业出版社，1987

[3] 王文兴. 工业催化[M]. 北京：化学工业出版社，1980

[4] 金胜明. C<，3>烃氨氧化钼铋催化剂的制备、表征、评价及理论研究[D]. 长沙：中南大学，2001

[5] 金胜明，阳卫军，唐谟堂. 海泡石表面改性及其应用试验研究[J]. 非金属矿，2001(4)：23-24

[6] 金胜明，唐谟堂. 丙烯氨氧化 Mo-Bi-Fe-P/海泡石负载型催化剂研究[J]. 非金属矿，2001(5)：22-24

[7] 唐谟堂，金胜明. 从氯盐体系制备丙烯氨氧化用催化剂（Ⅰ）——铋系催化剂的制备与表征[J]. 中南大学学报（自然科学版），2001，32(3)：247-52

[8] 金胜明，唐谟堂，阳卫军. 从氯盐体系制备丙烯氨氧化用催化剂（Ⅱ）——含铋催化剂的活性评价[J]. 中南大学学报（自然科学版），2001，32(4)：367-370

[9] 金胜明，阳卫军，唐谟堂. 海泡石的表面改性酸法处理研究[J]. 现代化工，2001，21(1)：26-28

[10] 金胜明，阳卫军，唐谟堂. 丙烯氨氧化 Mo-Bi-Fe-P/海泡石负载型催化剂的研究[J]. 应用化学，2002，19(2)：168-172

[11] 阳卫军. 阻燃用氯氧化锑的制备、应用性能及阻燃机理研究[D]. 长沙：中南大学，2001

[12] 阳卫军，唐谟堂. 氯氧化锑阻燃剂的制备、阻燃机理及其阻燃应用[J]. 化学世界，2000，41(12)：619-623

[13] 唐谟堂，阳卫军. 氯氧化锑阻燃剂研究进展[J]. 现代化工，2000，20(6)：15-19

[14] 阳卫军，唐谟堂. SbOCl 阻燃剂的酸法合成[J]. 中南大学学报（自然科学版），2000，31(6)：520-523

[15] 阳卫军，唐谟堂. $Sb_4O_5Cl_2$ 阻燃助剂的制备工艺[J]. 中南大学学报（自然科学版），2001，32(3)：273-276

[16] 阳卫军，金胜明，唐谟堂. 直接由工业 $Sb_4O_5Cl_2$ 合成 SbOCl 阻燃剂[J]. 过程工程学报，2001，1(3)：321-323

[17] Yang Weijun, Tang Motang, Jin Shengming. Thermal decomposition kinetics of antimony oxychloride in air[J]. Transactions of Nonferrous Metals Society of China, 2002, 12(1)：156-159

[18] 阳卫军，金胜明，唐谟堂. 卤-锑协同阻燃机理研究进展[J]. 现代塑料加工应用，2002，14(1)：45-48

[19] 黄永杰，李世塈，兰中文. 磁性材料[M]. 北京：电子工业出版社，1994

[20] 周志刚. 铁氧体磁性材料[M]. 北京：科学出版社，1981

[21] 陈志君，傅正义，王皓，等. 铁氧体材料研究进展[J]. 陶瓷科学与工艺，2003，37(3)：

31 - 35

[22] 李自强，李春. 软磁材料锰锌铁氧体共沉粉料的研制[J]. 四川联合大学学报(工程科学版)，1997，1(5)：23 - 29

[23] 黄小忠. 由矿物原料直接制取锰锌铁氧体材料新工艺研究[D]. 长沙：中南工业大学，1995

[24] 唐谟堂，黄小忠，鲁君乐，等. 一种制取磁性材料的方法[P]. 中国发明专利，ZL95110609.0，1995

[25] 黄小忠，唐谟堂. 由软锰矿、闪锌矿、铁屑直接制取锰锌铁氧体软磁材料新工艺研究[J]. 中国锰业，1996(1)：42 - 44

[26] 张保平. 锰锌软磁铁氧体用前驱体碳酸盐共沉过程基础理论及工艺研究[D]. 长沙：中南大学，2004

[27] 张保平，唐谟堂，杨声海，等. 锰锌软磁铁氧体微粉的液相合成研究进展[J]. 中国锰业，2004，22(1)：33 - 36，40

[28] 张保平，唐谟堂，杨声海. 共沉淀法制备锰锌软磁铁氧体前驱体共沉过程中钙、镁深度脱除的热力学分析[J]. 湿法冶金，2003，22(4)：200 - 203

[29] 张保平，张金龙，唐谟堂，等. 共沉法制备锰锌软磁铁氧体前驱体的热力学分析[J]. 江西有色金属，2005，19(2)：35 - 37

[30] 唐谟堂，彭长宏，杨声海，等. 钢铁厂烟尘直接制取低功耗软磁铁氧体[J]. 中南大学学报(自然科学版)，2003，34(3)：242 - 244

[31] 慕思国. $Fe^{2+} - Mn^{2+} - Zn^{2+} - NH_4^+ - SO_4^{2-} - H_2O$ 中三元子体系 298K 相平衡及物化性质研究[D]. 长沙：中南大学，2005

[32] 慕思国，彭长宏，黄虹，等. 298K 时三元体系 $MeSO_4 - (NH_4)_2SO_4 - H_2O$ 的相平衡[J]. 过程工程学报，2006，6(1)：32 - 36

[33] 彭长宏，慕思国，陈艺锋，等. $Mn^{2+} - NH_4^+ - SO_4^{2-} - H_2O$ 的相平衡及其溶液性质[J]. 中国有色金属学报，2005，15(12)：2066 - 2070

[34] 彭长宏. $Me^{2+} - NH_4^+ - SO_4^{2-} - H_2O$ 体系相平衡及直接法制备锰锌软磁粉料研究[D]. 长沙：中南大学，2005

[35] 彭长宏，唐谟堂，杨声海，等. 直接法制取低功耗软磁铁氧体扩大试验研究[J]. 湿法冶金，2003，22(3)：142 - 147

[36] 唐谟堂，杨声海，彭长宏，等. 矿物共沉法制取低功耗软磁铁氧体扩大试验研究[J]. 磁性材料及器件，2003，34(6)：23 - 25

[37] 彭长宏，慕思国，唐谟堂. 废锌锰电池的综合利用与新技术分析[J]. 中国资源综合利用，2003(10)：15 - 18

[38] 彭长宏，慕思国，唐谟堂. 利用钢铁厂烟尘制备锰锌铁氧体共沉粉[J]. 中南大学学报(自然科学版)，2006，37(1)：31 - 35

[39] 彭长宏，唐谟堂，黄虹. 复杂 $MeSO_4$ 体系初步除杂和深度净化[J]. 过程工程学报，2006，6(6)：894 - 898

[40] 彭长宏，唐谟堂. 由矿物原料直接制备锰锌软磁铁氧体的研究[J]. 湿法冶金，2006，25

（2）：82 – 88

［41］彭长宏，唐谟堂，杨声海，等.一种由钢厂烟尘直接制备高纯锰锌铁复合粉的方法［P］.中国发明专利，CN200410023301.2，2004

［42］彭长宏，唐谟堂，白本帅，等.一种循环利用废磁性材料的方法［P］.中国发明专利，ZL200610004053.6，2006

［43］彭长宏，唐谟堂，黄虹，等.一种高性能锰锌铁氧体材料的制备方法［P］.中国发明专利，ZL200710035816.8，2007

［44］彭长宏，白本帅，唐谟堂.直接法制备锰锌铁氧体粉料的原理、工艺与性能［J］.磁性材料及器件，2007，38（3）：39 – 42

［45］郭炳昆，李新海，杨松青.化学电源：电池原理及制造技术［M］.长沙：中南大学出版社，2004

［46］刘国强，徐宁，曾潮流，等.锂离子电池正极材料 $LiCo_xNi_{1-x}O_2$ 的制备和性能［J］.金属学报，2003，39（2）：209 – 212

［47］习小明.多相氧化还原法制备 $Mn_3O_4$ 及锂离子电池用超微粉体研究［D］.长沙：中南大学，2007

［48］习小明，黄焯枢.一种制备锂钴氧化合物（$LiCoO_2$）的湿化学方法［P］.中国发明专利.ZL00126736.1，2000

［49］习小明，李普良，谌中魁.一种制备锂离子电池正极材料 $LiCoO_2$ 的方法［P］.中国发明专利.ZL 200610031267.2，2006

［50］习小明，常建卫，黄焯枢.不同铵盐体系中金属锰在水中的锈蚀速率［J］.中南大学学报，2002，33（6）：576 – 579

［51］习小明，廖达前.多相氧化还原法制备钴酸锂前驱体的研究［J］.矿冶工程，2012，32（4）：96 – 100

［52］张克从，张乐惪.晶体生长科学与技术［M］.北京：科学出版社，1990

［53］田雅娟，陈尔凡，程远杰，等.四脚状氧化锌晶须及应用［J］.硅酸盐学报，2000，28（2）：165 – 168

［54］陈艺锋.ZnO 晶须生长理论及热镀锌渣制备四针状晶须工艺研究［D］.长沙：中南大学，2004

［55］陈艺锋，唐谟堂，杨声海，等.四针状氧化锌晶须的研究进展［J］.材料导报，2004，18（1）：39 – 42

［56］陈艺锋，唐谟堂，张保平，等.湿法合成氧化锌压敏电阻粉体的现状与展望［J］.电子元件与材料，2004（1）：23 – 26

［57］陈艺锋，唐谟堂，张保平等.锌蒸汽高温气相氧化对氧化锌的结晶形貌的影响［J］.电子元件与材料，2004，23（3）：7 – 9，17

［58］陈艺锋，唐谟堂，张保平，等.气相氧化法制备氧化锌的结晶形貌［J］.中国有色金属学报，2004，14（3）：504 – 508

［59］Chen Yifeng, Tang Motang, Yang Shenghai, et al. Preparation of tetrapod – like ZnO whisker from waste hot dipping zinc［J］. Journal of Central South University of Technology, 2004, 11

（1）：51－54

［60］陈艺锋，唐谟堂，杨声海.热镀锌渣制备四针状氧化锌晶须的方法与实验研究［C］.长沙：全国粉末冶金学术会议论文集，2003：414－418

［61］陈艺锋，彭长宏，唐谟堂.锌蒸气的氧化行为与氧化锌的结晶形貌［J］.高等学校化学学报，2005，26(2)：213－217

［62］陈艺锋，彭长宏，杨声海，等.锌蒸气高温气相氧化动力学［J］.中国有色金属学报，2005，15(1)：133－140

［63］陈艺锋，唐谟堂，杨声海，等.四针状氧化锌晶须的生长机理［J］.中国有色金属学报，2005，15(3)：423－428

［64］陈艺锋，唐谟堂.氧化锌晶须的制备及杂质元素的行为［J］.湖南冶金，2005，33(3)：12－16

［65］陈艺峰，唐谟堂，杨声海，等.一种制取氧化锌晶须的方法［P］.中国发明专利，ZL03124553.6，2003

［66］唐谟堂，陈艺锋，姚维义，等.一种连续生产四针状氧化锌晶须的工艺与设备［P］.中国发明专利，ZL200510031785.x，2005

［67］唐谟堂，陈艺锋，唐朝波，等.连续逆流法制取四针状氧化锌晶须工业试验研究［C］.上海：2007年全国锌盐技术研讨与市场信息报告会论文集，2007

［68］庄大明，张弓，刘家渡.几种功能薄膜及其产业化应用现状与前景［J］.新材料产业，2001，25(8)：45－51

［69］杨建广.锡阳极泥制取纯($NH_4$)$_2$SnCl$_6$、Sb$_4$O$_5$Cl$_2$及纳米 ATO 的新工艺和理论研究［D］.长沙：中南大学，2005

［70］杨建广，唐谟堂，张保平，等.锑掺杂二氧化锡导电机理及制备方法研究现状［J］.中国粉体技术，2004，10(1)：38－43

［71］杨建广，唐谟堂，杨声海，等.一种纳米锑掺杂二氧化锡粉的制备方法［P］.中国发明专利，ZL200510031786.4，2005

［72］杨建广，唐谟堂，唐朝波，等.锑掺杂二氧化锡薄膜的导电机理及其理论电导率［J］.微纳电子技术，2004，41(4)：18－21

［73］刘平，赵冬梅，田保红.高性能铜合金及其加工技术［M］.北京：冶金工业出版社，2005

［74］慕思国.高强高导 Cu－Cr－Zr 系合金制备新工艺及理论研究［D］.长沙：中南大学，2008

［75］Mu S G, Guo F A, Tang Y Q, et al. Study on microstructure and properties of aged Cu－Cr－Zr－Mg－Re alloy［J］. Materials Science & Engineering A, 2008, 475(1)：235－240

［76］慕思国，曹兴民，汤玉琼，等.时效态 Cu－Cr－Zr－Mg－Re 合金的组织与性能［J］.中国有色金属学报，2007，17(7)：1112－1118

［77］慕思国，汤玉琼，郭富安，等.高强高导 Cu－Cr－Zr 合金非真空熔炼热力学分析［J］.中国有色金属学报，2007，17(8)：1330－1335

［78］慕思国，朱永兵，郭富安，等.Cu－0.35Cr－0.15Zr 合金板带的织构和性能研究［J］.稀有金属材料与工程，2009，38(a01)：588－593

# 第六篇　多元材料冶金

# 绪　言

　　多元材料冶金是精细冶金的重要组成部分，它是研究两种或两种以上的金属或金属化合物同时从金属资源中提取并加工成一种新的多组元材料的工艺和理论的科学。几十年来，科学技术的迅速发展对材料提出了很多新要求，具有多元组成的新型材料往往具有单一组分材料所不具有的特殊性能，就是一般性能也比单一组分材料更优异。传统的多组元材料加工技术是通过物理的或化学的方法把单组分材料组装起来。如采用高能球磨法制备 $Si_3N_4/TiN$ 纳米复合粉体，燃烧合成法( auto ignition )合成 $M_2O_3/ZrO_2$ 纳米复合材料，陶瓷法制铁锰锌软磁材料。这些方法都是先提纯和制备单个组分，然后集中混合组装的方法，因而各组分在整个材料中的分布不均匀，同时使生产工艺复杂化。采用多元冶金技术能使各组分在原子、分子水平上均匀分布，大大提高材料的性能，同时也缩减工艺流程，即将分别提取和提纯多个单组元以及混合组装制备多元材料的多个流程缩减成多元材料冶金一个流程。

　　多元材料冶金的核心学术思想是：按配比配用矿物和(或)再生资源原料，多元有用成分一起提取，多种有害元素同时除去，精细配料和加工制成多元材料产品。多元冶金的显著特点是：①能同时制得两种或两种以上的金属或金属化合物组成的新材料；②该材料中各组分在分子、原子或纳米晶体水平上均匀分布；③得到的最终产品性能比一般方法制备的产品性能优异，并非单个组分的性能的求和；④各组分之间以低共熔混合物或均相固溶体存在，有时上述多种状态同时出现。

　　与一般冶金产品不同，多元冶金产品的质量要求不仅有纯度(杂质元素含量)、粒径、粒径分布及形貌要求，而且有各种组元的比例要求。多元冶金技术尚处于初级发展阶段，它的发展和应用前景是无法估量的。

# 第1章　多元材料冶金的原理和依据

多元金属或金属化合物的复合体必须是一个热力学稳定体系，因此，各组分之间必须在物理、化学、热力学性质或结构特性方面具有相同或相似之处。只有具备以上的相似性，才能将有关组分从金属原料中同时提取出来，然后同时除杂得以净化，如果是湿法过程，最后可同时从溶液中按比例沉淀，制成材料产品。多元湿法冶金一般包括配矿、同时浸出、同时净化、最后配液及制备材料等步骤。每个步骤的实现都需遵循以下规则。

## 1.1　溶度积规则与相律

在对含有多种金属离子的溶液共沉淀时，必须考虑难溶化合物的离子积。离子在复杂体系中，各种效应对难溶化合物的溶解度都产生影响。这些影响因素就成为选择沉淀剂和操作工艺的关键，如 $Mg(OH)_2$ 和 $Al(OH)_3$ 的共沉淀。如果用 NaOH 溶液沉淀，则 $Mg(OH)_2$ 沉淀完全时（pH = 10.4），$Al(OH)_3$ 已溶解，则不能获得一定组成比例的共沉物。如果用稀的碳酸盐作沉淀剂在 pH > 8 时，则按计量生成 $MgCO_3$ 和 $Al(OH)_3$ 的共沉淀。再如 3 价稀土在 $SnO_2$ 中掺杂时，两者的沉淀pH 相差大 $[Sn(OH)_4，pH = 1；La(OH)_3，pH = 9.5]$，用氨水作沉淀剂时只能是分步沉淀。若用草酸作沉淀剂即可生成稀土与锡的均匀混合物。

在多金属离子液的处理过程中，多元水系特别是多元复盐水系的相平衡是很重要的，往往利用一价金属和其他价态金属易形成复盐的性质，把一些目标金属离子同时沉淀下来而达到分离提纯的目的，如利用硫酸镍铵复盐分离钴和镍，硫酸锌铵复盐提纯锌等。

## 1.2　多金属的电位平衡规则

从热力学考虑，欲使多种金属离子 $M_1^{z_1+}$，…，$M_n^{z_n+}$ 可逆共沉积，它们的电极电位必须满足下列关系：

$$\varphi_{1,平} = \varphi_1^0 + \frac{RT}{z_1 F}\ln a_1 = \varphi_{2,平} = \varphi_2^0 + \frac{RT}{z_2 F}\ln a_2 = \cdots = \varphi_{n,平}^0 + \frac{RT}{z_n F}\ln a_n \quad (6-1)$$

若两种金属的标准电位 $\varphi_1^0$ 和 $\varphi_2^0$ 相差不大，可以通过改变离子浓度使它们的平衡电位接近，从而在阴极上同时发生电沉积。在两种或两种以上的金属离子在其简单盐溶液中的电极平衡电位相差很大的情况下，可利用这些金属的配合离子溶液来改变金属离子的活度和平衡电位。使金属配合离子的标准电位比金属水合离子的负。为实现二元合金电沉积所选用的配合剂必须是能够同电极电位较正的金属离子形成比较稳定的配合离子，从而使两种金属配合离子的平衡电位接近。在同一电流密度下，不同金属析出的极化电位，即超电位是不同的，所以，多种金属离子同时电沉积时除了考虑平衡电位外，还必须考虑超电位，即同时沉积的金属的两种电位的代数和必须相等或近似：

$$\varphi_1^0 + \frac{RT}{z_1 F}\ln a_1 - \eta_1 = \varphi_2^0 + \frac{RT}{z_2 F}\ln a_2 - \eta_2 = \cdots = \varphi_n^0 + \frac{RT}{z_n F}\ln a_n - \eta_n \qquad (6-2)$$

式中：$\eta_1$，$\eta_2$，$\cdots$，$\eta_n$ 分别表示金属 $M_1$，$M_2$，$\cdots$，$M_n$ 的电沉积过电位。

加入合适的配合剂，也可使不同金属的电沉积极化电位接近，因而能成功地电沉积出合金镀层。如 Cu、Zn 的硫酸盐单盐溶液中的平衡电位差为 1.100 V，沉积电位差为 1.139 V；在添加氯化物后其平衡电位差降为 0.457 V，沉积电位差降为 0.024 V。

## 1.3　原子外层电子相似规则

同族金属、镧系元素、锕系元素都因外层电子结构相似而具有许多相似的物理化学性质，如铌与钽、稀土元素、锆与铪、钴与镍等，特别是镧系和锕系稀土元素原子的外层电子构型为 $(n-2)f^{0\sim14}(n-1)s^2(n-1)p^6(n-1)d^{0\sim1}ns^2$，由于一个电子由 f 电子层跃迁到 d 电子层而产生的 $(n-1)d^1ns^2$ 或 $(n-1)d^2ns^2$ 激发态，使得整个稀土金属族的原子价是 3 价（极少有异价）。因而整个稀土元素的化学性质都相同，如高迪（Gordy）在计算原子的电负性时发现，整个稀土元素均具有几乎相同的数值，而且稀土离子半径数值也极为相近。

由于具有相似的化学性质，以上各组金属均很难分离，为生产带来困难但也为这些相似金属的多组分化合物和合金材料的制备提供了依据。

# 第2章　多元材料冶金实例

最早符合多元材料冶金思想的应该是合金电沉积，已有 160 多年历史了，只是由于当时的基础研究薄弱，为了获得有特殊性能的合金镀层需要严格控制条件。因此，在相当长的时间内，合金镀层未能在工业生产中推广应用。20 世纪 60 年代开始由铅锑精矿直接冶炼铅锑合金，由混合稀土卤化物电解制备混合稀土合金，由红土矿冶炼镍铁合金目前正在推广应用。功能材料大部分是多元材料，因此，对多元材料冶金的研究日益广泛和深入。尽管如此，多元冶金材料技术尚处于初级发展阶段。本章将以作者学术团队研究开发的直接法制备软磁共沉淀粉、软磁粉料制备与清洁炼锌提铟、软磁用铁锌氧化物二元粉体制备与清洁炼锌提铟、软磁用锰锌氧化物二元粉体制备与废酸利用及其他多元材料冶金工艺为例说明多元材料冶金的特点和发展优势。

## 2.1　直接法制取软磁共沉淀粉工业实验

### 2.1.1　概述

在第五篇第 3 章 3.4.5 节直接法制备锰锌软磁粉料扩大实验基础上，依托重庆超思信息材料股份有限公司，完成了 500 t/a 低功耗软磁粉料的工业性实验。连续试运行 3 个月，生产共沉淀粉 30 多槽。在化学成分上，经权威单位分析，均达到扩大实验的各项指标，特别是硅含量较低。套用扩大实验铁氧体工艺条件，所制备出的样环磁性能检测结果证明：磁性能达到甚至超过 PC30 指标，有的接近 PC40 指标。而且，在工业实验中取消氟化沉淀除钙、镁过程，改进了共沉淀工艺。现将工业实验的数据进行分析处理，为规模建厂提供设计依据。

### 2.1.2　实验原料、设备及方法

#### 1. 实验原料

工业实验的原料为：铁屑(过 40 目筛)，购自重庆钢铁(集团)有限责任公司；软锰矿粉，购自湘潭锰矿；氧化锌烟灰，购自湖南株洲冶炼厂，其成分见表 6–1。

表 6-1 工业实验原料成分/%

| 原料 | Fe | Mn | Zn | Pb | $H_2O$ |
|---|---|---|---|---|---|
| 铁屑 | 96.42 | — | — | — | — |
| 软锰矿 | 5.32 | 33.35 | — | — | 2.50 |
| 氧化锌烟灰 | — | — | 54.37 | 16.72 | — |

主要化工原料有：工业硫酸，18.32 mol/L；建筑用生石灰；农用碳酸铵；农用氨水，9.7 mol/L；工业硫酸铵；工业硫化铵；化学纯硫酸和化学纯 $MeSO_4 \cdot nH_2O$（Me 代表 Fe、Mn、Zn）等。

## 2. 实验设备

这次工业实验的主体设备的规格、材质等情况见表 6-2。

表 6-2 湿法工艺主体设备

| 序号 | 名称 | 规格 | 材质 | 数量 | 备注 |
|---|---|---|---|---|---|
| 1 | 浸出槽 | 6.3 $m^3$ | 搪瓷 | 1 | |
| 2 | 净化槽 | 5.0 $m^3$ | PE | 1 | |
| 3 | 沉复盐槽 | 5.0 $m^3$ | PE | 1 | |
| 4 | 沉铁锰槽 | 5.0 $m^3$ | PE | 1 | |
| 5 | 复盐溶解槽 | 5.0 $m^3$ | PE | 1 | |
| 6 | 共沉淀槽 | 7.2 $m^3$ | PE | 1 | |
| 7 | 洗涤槽 | 7.2 $m^3$ | PE | 1 | |
| 8 | 澄清槽 | 15 $m^3$ | PE | 4 | |
| 9 | 净化液储槽 | 8 $m^3$ | PE | 4 | |
| 10 | 沉铁锰母液储槽 | 45 $m^3$ | 钢衬环氧树脂 | 2 | |
| 11 | 共沉淀母液储槽 | 33 $m^3$ | PE | 1 | |
| 12 | 硫酸储槽 | 15 $m^3$ | 钢 | 1 | |
| 13 | 氨水储槽 | 13.5 $m^3$ | PE | 1 | |
| 14 | 纯水储槽 | 33 $m^3$ | PE | 1 | |
| 15 | 压滤机 | BN20/330 | PP | 2 | |
| 16 | 压滤机 | BN20/331 | PP | 1 | |
| 17 | 离心过滤机 | SS1000 | 不锈钢 | 3 | |

续表 6 - 2

| 序号 | 名称 | 规格 | 材质 | 数量 | 备注 |
|---|---|---|---|---|---|
| 18 | 压滤泵 | 50KFJ - 38 | 衬胶 | 3 | |
| 19 | 输液泵 | 50KFJ - 38 | PVC | 12 | |
| 20 | 铸铁泵 | 50KFJ - 38 | 铸铁 | 1 | |

### 3. 实验方法

实验流程和工艺技术条件与扩大实验一样，仍然以生产低功耗共沉淀粉为实验目标，其理论配方为：$w(\mathrm{Fe}):w(\mathrm{Mn}):w(\mathrm{Zn})=66.90:23.775:6.525$ 或 $w(\mathrm{Fe}):w(\mathrm{Mn}):w(\mathrm{Zn})=69.20:23.22:7.58$。

整个工业实验过程分 3 个阶段进行。第 1 阶段：主要任务是调试设备、培训员工、拉通流程，进行单槽实验，即从浸出到产出共沉淀粉后，才进行下一槽的实验。在第 1 阶段中，还进行不除钙镁、硫酸亚铁代替绝大部分铁屑、碳酸锰矿代替软锰矿的探索实验。第 2 阶段：针对第一阶段出现的问题，进行设备整改和工艺流程的小调整。第 3 阶段：连续试产考察设备及工艺的可靠性。

每完成一个过程的实验工作，都一律按照有关规定计量实验产物量，然后取样测定有关成分，原辅材料使用之前也必须计量并记录。

因为第 3 阶段运行较正常、槽数多，系统基本达到平衡，数据可靠程度较高，以第 3 阶段试产数据为依据，原辅材料、中间产物及产品的质量或体积、杂质元素含量等采用算术平均值，而主体元素 Fe、Mn、Zn 的含量一律采用加权平均值。最后以平均值进行金属平衡、溶液平衡、硫酸铵平衡、物流量、金属回收率和原辅材料消耗等技术经济指标计算。工业实验过程中，将同时浸出和初步除杂过程合并于一个反应槽中先后进行；同时，取消了初步除杂过程中的氟化沉淀除 $\mathrm{Ca}^{2+}$ 和 $\mathrm{Mg}^{2+}$。

## 2.1.3　同时浸出过程

取第 3 阶段的 21 槽浸出液，进行体积计量及 Fe、Mn、Zn 和杂质等化学成分的检测，结果见表 6 - 3。另取第 3 阶段 12 槽的浸出渣，进行渣量称重及 Fe、Mn、Zn 检测，结果见表 6 - 4。

表6-3 浸出液体积与成分

| 槽次 | 体积/m³ | 浓度/(g·L⁻¹) | | | | | | | 浓度/(mg·L⁻¹) | | | |
|---|---|---|---|---|---|---|---|---|---|---|---|---|
| | | Fe | Mn | Zn | Ca | Mg | Al | Si | Cu | Pb | Ni | Cd |
| 1 | 5 | 61.86 | 26.65 | 5.35 | 0.10 | 0.14 | 0.25 | 0.047 | — | — | — | — |
| 2 | 5.5 | 60.62 | 24.53 | 5.15 | 0.099 | 0.039 | 0.46 | 0.085 | — | — | — | — |
| 3 | 6 | 62.35 | 25.2 | 5.28 | 0.11 | 0.062 | 0.31 | 0.085 | — | — | — | — |
| 4 | 5.6 | 64.68 | 27.88 | 5.67 | 0.049 | 0.039 | 0.36 | 0.084 | — | — | — | — |
| 5 | 5.7 | 68.16 | 28.84 | 5.77 | — | — | 0.33 | 0.11 | — | — | — | — |
| 6 | 5.5 | 64.06 | 27.91 | 4.59 | 0.094 | 0.06 | 0.43 | 0.13 | 0.33 | 9.5 | 4.9 | 1.9 |
| 7 | 6.2 | 69.06 | 30.85 | 6.07 | 0.096 | 0.073 | — | — | 0.17 | 6.4 | 4.2 | 1.5 |
| 8 | 5.5 | 69.29 | 29.37 | 6.3 | 0.073 | 0.065 | — | — | 0.18 | 7.7 | 4.2 | 1.5 |
| 9 | 5.7 | 66.80 | 29.28 | 5.98 | 0.081 | 0.18 | — | — | 0.2 | 7.5 | 4.2 | 1.5 |
| 10 | 5.3 | 65.22 | 32.3 | 6.42 | 0.22 | 0.067 | — | — | 0.21 | 6.5 | 3.8 | 1.3 |
| 11 | 5.8 | 65.34 | 28.97 | 5.80 | 0.16 | 0.058 | — | — | 0.2 | 7.5 | 4.4 | 1.3 |
| 12 | 5.1 | 64.86 | 27.4 | 6.09 | 0.16 | 0.065 | — | — | 0.2 | 4.4 | 6.0 | 1.3 |
| 13 | 5.6 | 69.24 | 31.03 | 5.95 | 0.23 | 0.070 | — | — | 0.2 | 6.3 | 4.1 | 1.4 |
| 14 | 5.5 | 66.73 | 29.16 | 6.00 | 0.38 | 0.11 | — | — | 0.2 | 54 | 2.2 | 1.1 |
| 15 | 6.3 | 54.55 | 23.78 | 5.08 | 0.027 | 0.12 | — | — | 0.2 | 4.3 | 2.0 | 1.4 |
| 16 | 6.0 | 68.33 | 28.01 | 6.2 | 0.14 | 0.075 | — | — | 0.1 | 7.3 | 3.4 | — |
| 17 | 5.5 | 62.13 | 27.68 | 6.03 | 0.22 | 0.074 | — | — | 0.18 | 7.3 | 4.3 | 0.96 |
| 18 | 6.05 | 65.35 | 29.48 | 6.48 | 0.23 | 0.069 | — | — | 0.2 | 6.8 | 3.8 | 1.3 |
| 19 | 5.7 | 59.63 | 28.16 | 5.67 | 0.24 | 0.064 | — | — | 0.2 | 8 | 4.8 | 1.5 |
| 20 | 5.5 | 65.74 | 30.02 | 6.15 | 0.26 | 0.061 | — | — | 0.2 | 7 | 3.3 | 1.1 |
| 21 | 5.8 | 65.69 | 28.27 | 5.76 | 0.20 | 0.079 | — | — | 0.25 | 23 | 13.9 | 4.4 |

表6-4 浸出渣质量及成分/%

| 槽次 | 湿重/kg | H₂O | 干重/kg | Fe | Mn | Zn |
|---|---|---|---|---|---|---|
| 1 | 411 | 41.47 | 239.40 | 8.22 | 1.12 | 0.95 |
| 2 | 414 | 45.18 | 226.90 | 6.97 | 1.40 | 1.29 |
| 3 | 420 | 44.07 | 234.90 | 7.16 | 1.30 | 1.24 |

续表 6 - 4

| 槽次 | 湿重/kg | $H_2O$ | 干重/kg | Fe | Mn | Zn |
|---|---|---|---|---|---|---|
| 4 | 400 | 55.85 | 223.40 | 7.20 | 1.08 | 1.12 |
| 5 | 400 | 42.23 | 231.08 | 8.17 | 1.75 | 0.95 |
| 6 | 423 | 33.08 | 283.07 | 9.04 | 1.57 | 0.79 |
| 7 | 407 | — | — | 7.22 | 0.95 | 1.02 |
| 8 | 393 | 36.78 | 248.8 | 5.76 | 0.97 | 2.30 |
| 9 | 354 | 46.62 | 188.9 | 4.96 | 1.11 | 0.75 |
| 10 | 394 | — | — | 7.38 | 1.95 | 0.95 |
| 11 | 457 | 36.13 | 292.2 | 6.92 | 1.83 | 0.73 |
| 12 | 390 | 21.4 | 306.5 | 7.05 | 1.89 | 0.96 |
| 平均 | 405.25 | 40.28 | 247.52 | 7.17 | 1.41 | 1.09 |

结合原材料消耗和表 6 - 4 数据及对应的槽次，分别计算出 19 槽 Fe、Mn、Zn 的液计浸出率和 9 槽 Fe、Mn 和 Zn 的渣计浸出率，结果见表 6 - 5。

表 6 - 5　主金属的浸出率

| 槽次 | 液计浸出率/% | | | 渣计浸出率/% | | |
|---|---|---|---|---|---|---|
| | Fe | Mn | Zn | Fe | Mn | Zn |
| 1 | 86.01 | 81.93 | 79.35 | 94.53 | 98.35 | 93.27 |
| 2 | 86.72 | 88.80 | 82.72 | 95.89 | 91.91 | 91.45 |
| 3 | 93.18 | 94.91 | 91.03 | 95.99 | 98.61 | 92.82 |
| 4 | 89.09 | 89.68 | 91.24 | 95.36 | 97.68 | 93.68 |
| 5 | 96.77 | 103.89 | 94.51 | 93.63 | 97.21 | 93.56 |
| 6 | 87.76 | 96.36 | 72.56 | 96.48 | 98.74 | 83.56 |
| 7 | 106.65 | 100.19 | 108.13 | 97.67 | 98.82 | 92.52 |
| 8 | 95.14 | 90.76 | 99.57 | 94.96 | 97.05 | 93.88 |
| 9 | 94.84 | 95.87 | 97.96 | 94.62 | 96.81 | 91.55 |
| 10 | 86.10 | 94.41 | 97.79 | — | — | — |
| 11 | 94.40 | 92.67 | 96.67 | — | — | — |

续表 6 - 5

| 槽次 | 液计浸出率/% | | | 渣计浸出率/% | | |
| --- | --- | --- | --- | --- | --- | --- |
| | Fe | Mn | Zn | Fe | Mn | Zn |
| 12 | 82.39 | 77.07 | 89.25 | — | — | — |
| 13 | 96.58 | 95.84 | 95.75 | — | — | — |
| 14 | 102.12 | 92.69 | 106.90 | — | — | — |
| 15 | 87.96 | 92.15 | 95.32 | — | — | — |
| 16 | 97.23 | 98.64 | 112.64 | — | — | — |
| 17 | 85.76 | 97.53 | 92.87 | — | — | — |
| 18 | 92.00 | 95.79 | 97.16 | — | — | — |
| 19 | 95.12 | 90.43 | 96.01 | — | — | — |
| 平均 | 92.41 | 93.14 | 94.61 | 95.46 | 97.24 | 91.81 |

从表 6 - 5 数据可知：3 种主体金属 Fe、Mn 和 Zn 的平均液计浸出率分别为 92.41%、93.14% 和 94.61%，平均渣计浸出率分别为 95.46%、97.24% 和 91.81%，与液计浸出率接近，均超过小型实验和扩大实验的技术指标。

## 2.1.4　沉复盐过程

考虑到沉淀复盐溶解过程的体积膨胀，将每槽浸出液分两次进行复盐沉淀。为考察该过程中 Fe 和 Mn 的沉淀率，取 36 槽复盐母液的数据，分析其中 Fe、Mn 含量，结果见表 6 - 6。取其中的 6 槽，计量产生的复盐质量及硫酸铵的消耗量，结果见表 6 - 7。

表 6 - 6　复盐母液体积及成分

| 槽次 | 体积/m³ | 母液成分/(g·L⁻¹) | | 槽次 | 体积/m³ | 母液成分/(g·L⁻¹) | |
| --- | --- | --- | --- | --- | --- | --- | --- |
| | | Fe | Mn | | | Fe | Mn |
| 1 | 2.80 | 7.54 | 9.40 | 19 | 3.08 | 9.77 | 11.94 |
| 2 | 2.00 | 8.03 | 9.31 | 20 | 2.34 | 10.45 | 12.55 |
| 3 | 2.60 | 10.89 | 10.45 | 21 | 3.13 | 9.42 | 11.77 |
| 4 | 2.90 | 9.26 | 9.45 | 22 | 2.13 | 9.0 | 11.48 |

续表6－6

| 槽次 | 体积/m³ | 母液成分/(g·L⁻¹) | | 槽次 | 体积/m³ | 母液成分/(g·L⁻¹) | |
|---|---|---|---|---|---|---|---|
| | | Fe | Mn | | | Fe | Mn |
| 5 | 2.90 | 7.38 | 9.13 | 23 | 2.49 | 7.94 | 10.49 |
| 6 | 2.40 | 7.21 | 9.35 | 24 | 2.56 | 9.25 | 11.33 |
| 7 | 2.30 | 7.51 | 10.38 | 25 | 2.95 | 9.27 | 11.21 |
| 8 | 2.70 | 9.53 | 10.13 | 26 | 2.90 | 9.06 | 10.25 |
| 9 | 2.40 | 15.16 | 14.55 | 27 | 3.13 | 8.27 | 11.18 |
| 10 | 2.80 | 11.16 | 11.48 | 28 | 2.20 | 7.63 | 10.10 |
| 11 | 2.90 | 10.1 | 11.32 | 29 | 2.90 | 5.35 | 9.64 |
| 12 | 3.20 | 8.27 | 10.51 | 30 | 2.52 | 4.60 | 7.28 |
| 13 | 2.70 | 13.23 | 12.58 | 31 | 2.40 | 9.10 | 9.85 |
| 14 | 3.00 | 9.33 | 12.18 | 32 | 3.92 | 9.18 | 10.72 |
| 15 | 3.00 | 8.86 | 11.78 | 33 | 3.25 | 8.7 | 10.91 |
| 16 | 3.00 | 9.74 | 11.81 | 34 | 2.79 | 6.86 | 9.25 |
| 17 | 3.13 | 10.63 | 12.19 | 35 | 3.314 | 8.63 | 9.89 |
| 18 | 2.45 | 10.36 | 11.94 | 36 | 2.69 | 6.96 | 9.32 |

表6－7 复盐量及硫酸铵用量/kg

| 槽次 | 1 | 2 | 3 | 4 | 5 | 6 | 平均 |
|---|---|---|---|---|---|---|---|
| 复盐 | 2972.2 | 2054.6 | 2893.5 | 2811 | 3158 | 2845 | 2789.05 |
| 硫酸铵 | 3026.8 | 2650 | 2731.3 | 2803 | 3021 | 2734 | 2827.7 |

由以上数据,可以计算出复盐沉淀过程中 Fe 和 Mn 的沉淀率,结果见表6－8。

表 6 – 8　复盐沉淀过程中 Fe 和 Mn 的沉淀率

| 槽次 | 沉淀率/% | |
| --- | --- | --- |
| | Fe | Mn |
| 1 | 87.98 | 66.27 |
| 2 | 83.45 | 59.55 |
| 3 | 88.50 | 66.02 |
| 4 | 81.33 | 57.05 |
| 5 | 85.65 | 59.57 |
| 6 | 81.92 | 54.07 |
| 7 | 86.97 | 63.00 |
| 8 | 84.61 | 58.27 |
| 9 | 85.67 | 60.37 |
| 10 | 85.92 | 64.20 |
| 11 | 88.53 | 67.19 |
| 12 | 83.79 | 55.06 |
| 13 | 88.99 | 67.07 |
| 14 | 92.61 | 71.13 |
| 15 | 88.43 | 63.55 |
| 16 | 86.16 | 62.03 |
| 平均 | 86.28 | 62.15 |

本实验设计复盐沉淀过程 Fe 和 Mn 的沉淀率为 85.75% 和 64.67%。从表 6 – 8 数据可知：复盐沉淀过程中 Fe 和 Mn 的平均复盐沉淀率为 86.28% 和 62.15%，与设计要求的相对误差为 +0.69% 和 –3.89%，控制在 ±5% 的范围之内，预期可以达到最佳的除 Si 效果。

## 2.1.5　复盐溶解及共沉过程

为确定补充 $MeSO_4 \cdot nH_2O$ 的种类和质量，以第 3 阶段 26 槽的实验数据为依据，计量复溶液体积和分析溶液中 Fe、Mn、Zn 含量，结果见表 6 – 9。

表 6-9　复溶液体积与成分

| 槽次 | 体积/m³ | 复溶液成分/(g·L⁻¹) Fe | Mn | Zn | 槽次 | 体积/m³ | 复溶液成分/(g·L⁻¹) Fe | Mn | Zn |
|---|---|---|---|---|---|---|---|---|---|
| 1 | 2.68 | 42.43 | 12.23 | 4.34 | 14 | 3.257 | 38.08 | 11.72 | 4.09 |
| 2 | 3.08 | 40.02 | 12.57 | 4.01 | 15 | 3.24 | 50.8 | 15.61 | 5.04 |
| 3 | 2.98 | 43.49 | 12.45 | 4.49 | 16 | 3.25 | 53.88 | 17.06 | 5.35 |
| 4 | 3.13 | 45.82 | 13.46 | 4.62 | 17 | 3.24 | 45.75 | 14.44 | 4.96 |
| 5 | 4.83 | 31.65 | 9.39 | 2.91 | 18 | 3.019 | 44.19 | 14.05 | 4.78 |
| 6 | 3.2 | 41.83 | 12.59 | 3.86 | 19 | 3.2 | 49.35 | 15.25 | 5.3 |
| 7 | 3.58 | 41.27 | 11.43 | 4.6 | 20 | 3.019 | 44.34 | 14.36 | 4.53 |
| 8 | 3.7 | 36.46 | 10.86 | 3.91 | 21 | 3.24 | 47.03 | 15.01 | 5.26 |
| 9 | 3.9 | 39.31 | 11.16 | 4.46 | 22 | 3.019 | 38.83 | 13.32 | 4.16 |
| 10 | 3.0 | 43.76 | 13.64 | 4.38 | 23 | 5.47 | 33.57 | 10.84 | 3.6 |
| 11 | 2.9 | 49.2 | 14.87 | 5.05 | 24 | 3.098 | 44.46 | 14.18 | 4.84 |
| 12 | 4.0 | 33.11 | 9.59 | 3.7 | 25 | 3.47 | 48.12 | 14.49 | 5.29 |
| 13 | 3.824 | 37.8 | 10.95 | 3.82 | 26 | 3.019 | 41.11 | 12.97 | 4.42 |

该过程主要考察共沉淀前 Fe、Mn 和 Zn 的混合溶液中，3 种主体成分的实际比例偏离理论配方的情况，确定需要补入的 $MeSO_4 \cdot nH_2O$ 的种类和数量。根据表 6-9 数据，计算出 Fe、Mn、Zn 的实际比例，结合本实验铁氧体的理论配方，可以计算出补纯物的种类和数量，结果见表 6-10。

表 6-10　复溶液中 Fe、Mn 和 Zn 实际比例及补纯率

| 槽次 | 实际配比 $w(Fe):w(Mn):w(Zn)$ | 补加量/kg Fe | Mn | Zn | 补纯率/% Fe | Mn | Zn |
|---|---|---|---|---|---|---|---|
| 1 | 71.92:20.72:7.36 | — | 5.38 | 0.82 | — | 14.10 | 6.59 |
| 2 | 70.71:22.21:7.08 | — | 2.64 | 1.05 | — | 6.38 | 7.84 |
| 3 | 71.97:20.60:7.43 | — | 6.39 | 0.82 | — | 14.69 | 5.39 |
| 4 | 71.71:21.06:7.23 | — | 5.99 | 1.25 | — | 12.45 | 7.96 |
| 5 | 72.01:21.36:6.63 | — | 5.95 | 2.69 | — | 11.60 | 16.06 |

续表 6 – 10

| 槽次 | 实际配比 | 补加量/kg | | | 补纯率/% | | |
| --- | --- | --- | --- | --- | --- | --- | --- |
| | $w(Fe):w(Mn):w(Zn)$ | Fe | Mn | Zn | Fe | Mn | Zn |
| 6 | 71.77:21.60:6.63 | — | 4.63 | 2.31 | — | 10.31 | 15.76 |
| 7 | 72.02:19.95:8.03 | 2.61 | 9.53 | — | 1.74 | 18.89 | — |
| 8 | 71.17:21.20:7.63 | — | 5.09 | 0.31 | — | 11.24 | 2.10 |
| 9 | 71.54:20.33:8.13 | 5.45 | 9.75 | — | 3.43 | 18.30 | — |
| 10 | 70.83:22.08:7.09 | — | 3.13 | 1.24 | — | 7.11 | 8.62 |
| 11 | 71.18:21.51:7.31 | — | 4.76 | 0.98 | — | 9.94 | 6.27 |
| 12 | 71.36:20.67:7.97 | 2.67 | 6.98 | — | 1.98 | 15.39 | — |
| 13 | 71.90:20.83:7.27 | — | 6.63 | 1.22 | — | 13.67 | 7.71 |
| 14 | 70.67:21.75:7.58 | — | 3.45 | 0.27 | — | 8.29 | 1.99 |
| 15 | 71.10:21.85:7.05 | — | 4.65 | 1.70 | — | 8.42 | 9.43 |
| 16 | 70.62:22.36:7.02 | — | 3.31 | 1.79 | — | 5.63 | 9.33 |
| 17 | 70.22:22.16:7.62 | — | 2.95 | 0.17 | — | 5.93 | 1.05 |
| 18 | 70.12:22.30:7.58 | — | 2.35 | 0.18 | — | 5.25 | 1.23 |
| 19 | 70.60:21.82:7.58 | — | 4.19 | 0.34 | — | 7.91 | 1.97 |
| 20 | 70.12:22.71:7.17 | — | 1.57 | 0.98 | — | 3.49 | 6.68 |
| 21 | 69.88:22.30:7.82 | 3.18 | 3.57 | — | 2.04 | 6.84 | — |
| 22 | 68.96:23.65:7.39 | 2.60 | — | 0.57 | 2.17 | — | 4.34 |
| 23 | 69.92:22.58:7.50 | — | 2.33 | 0.42 | — | 3.78 | 2.12 |
| 24 | 70.04:22.34:7.62 | — | 2.29 | 0.10 | — | 4.95 | 0.66 |
| 25 | 70.87:21.34:7.79 | 0.63 | 5.96 | — | 0.38 | 10.60 | — |
| 26 | 70.27:22.17:7.56 | — | 2.49 | 0.25 | — | 5.98 | 1.84 |
| 共计/平均 | — | 17.14 | 115.96 | 19.46 | 1.96 | 9.64 | 5.95 |

从表 6 – 10 数据可知，经过同时浸出、复盐沉淀和复盐溶解等过程后，复溶液中 Fe、Mn 和 Zn 实际比例偏离理论配方较大，但 Fe、Mn 和 Zn 的比例控制比扩大实验好，最高的补纯率仅为 18.89%，最低的补纯率为 0.38%。因此，进一步严格操作和分析过程，有可能控制 Fe、Mn 和 Zn 的实际比例，达到或接近理论配方。

取 36 槽共沉淀后液，分析 Fe、Mn 和 Zn 含量，以考察共沉淀过程中 Fe、Mn 和 Zn 的沉淀率，结果见表 6－11。

表 6－11　共沉淀母液体积与成分

| 槽次 | 体积 /m³ | 成分/(g·L⁻¹) | | | 槽次 | 体积 /m³ | 成分/(g·L⁻¹) | | |
|---|---|---|---|---|---|---|---|---|---|
| | | Fe | Mn | Zn | | | Fe | Mn | Zn |
| 1 | 12 | 0.012 | 0.0024 | 0.03 | 19 | 3.0 | 0.027 | 0.0022 | 0.054 |
| 2 | 6.0 | 0.001 | 0.0024 | 0.012 | 20 | 3.5 | 0.037 | 0.0012 | 0.035 |
| 3 | 5.0 | 0.019 | 0.0020 | 0.006 | 21 | 3.0 | 0.05 | 0.0024 | 0.016 |
| 4 | 6.0 | 0.029 | 0.0051 | 0.095 | 22 | 7.7 | 0.038 | 0.0025 | 0.088 |
| 5 | 6.0 | 0.030 | 0.0032 | 0.0096 | 23 | 3.4 | 0.032 | 0.0043 | 0.097 |
| 6 | 3.5 | 0.027 | 0.0078 | 0.120 | 24 | 5.8 | 0.02 | 0.006 | 0.14 |
| 7 | 6.0 | 0.038 | 0.013 | 0.053 | 25 | 3.0 | 0.039 | 0.006 | 0.07 |
| 8 | 5.0 | 0.086 | 0.030 | 0.017 | 26 | 3.0 | 0.036 | 0.0009 | 0.037 |
| 9 | 5.5 | 0.0012 | 0.0039 | 0.120 | 27 | 3.0 | 0.025 | 0.0015 | 0.06 |
| 10 | 5.5 | 0.0064 | 0.0052 | 0.032 | 28 | 3.7 | 0.17 | 0.005 | 0.018 |
| 11 | 11 | 0.32 | 0.120 | 0.011 | 29 | 2.5 | 1.68 | 0.54 | 0.15 |
| 12 | 3.2 | 0.31 | 0.052 | 0.035 | 30 | 3.9 | 0.011 | 0.002 | 0.19 |
| 13 | 3.0 | 0.014 | 0.0034 | 0.140 | 31 | 3.4 | 0.06 | 0.020 | 0.17 |
| 14 | 3.2 | 0.033 | 0.0034 | 0.054 | 32 | 3.2 | 0.016 | 0010 | 0.26 |
| 15 | 3.0 | 0.027 | 0.0047 | 0.057 | 33 | 4.1 | 0.14 | 0.0024 | 0.013 |
| 16 | 5.4 | 0.069 | 0.0015 | 0.0023 | 34 | 4.0 | 0.04 | 0.001 | 0.026 |
| 17 | 3.1 | 0.52 | 0.020 | 0.0093 | 35 | 3.6 | 0.03 | 0.0013 | 0.07 |
| 18 | 3.5 | 0.031 | 0.0014 | 0.030 | 36 | 4.2 | 0.05 | 0.008 | 0.07 |

由于在工业实验过程中，取消氟化沉淀除钙镁过程，同时也改进了共沉淀工艺，因此工业实验中主要考察 Fe、Mn 和 Zn 的沉淀率及其主金属的实际配比与理论配比的吻合程度。

取 20 槽共沉淀母液为考察对象，结合表 6－9 和表 6－17 数据，计算出 Fe、Mn 和 Zn 的沉淀率，结果见表 6－12。

表 6 - 12　共沉淀过程中 Fe、Mn 和 Zn 的沉淀率/%

| 槽次 | Fe | Mn | Zn |
|---|---|---|---|
| 1 | 99.94 | 99.96 | 98.71 |
| 2 | 100 | 99.97 | 99.49 |
| 3 | 99.93 | 99.98 | 99.76 |
| 4 | 99.88 | 99.92 | 96.54 |
| 5 | 99.87 | 99.95 | 99.60 |
| 6 | 99.94 | 99.94 | 97.58 |
| 7 | 99.84 | 99.82 | 97.83 |
| 8 | 99.68 | 99.61 | 99.43 |
| 9 | 99.99 | 99.95 | 95.48 |
| 10 | 99.97 | 99.93 | 98.68 |
| 11 | 98.75 | 98.52 | 99.60 |
| 12 | 99.37 | 99.66 | 99.34 |
| 13 | 99.97 | 99.98 | 96.93 |
| 14 | 99.93 | 99.98 | 98.99 |
| 15 | 99.93 | 99.96 | 98.64 |
| 16 | 99.80 | 99.98 | 99.92 |
| 17 | 98.83 | 99.86 | 99.81 |
| 18 | 99.94 | 99.99 | 99.43 |
| 19 | 99.93 | 99.98 | 98.79 |
| 20 | 99.92 | 99.99 | 99.29 |
| 平均 | 99.77 | 99.85 | 98.69 |

　　表 6 - 12 数据说明，3 种主体金属 Fe、Mn 和 Zn 的沉淀率均达到或超过扩大实验的技术指标，按共沉淀母液计，Fe、Mn 和 Zn 沉淀率平均值为 99.77%、99.85% 和 98.69%。

　　为比较本单位分析结果的准确性，取 9 槽共沉淀粉试样送长沙矿冶研究院检测，取 2 槽共沉淀粉试样送南京大学现代分析中心复检，本单位及上述两单位的测试结果见表 6 - 13。

　　依据表 6 - 13 中的第 8 槽和第 9 槽南京大学分析所得共沉淀粉的数据，分析

3 种主体金属 Fe、Mn 和 Zn 的配比及误差情况, 结果见表 6 – 14。

表 6 – 13　共沉淀粉质量和成分/%

| 槽次 | 分析单位 | Fe | Mn | Zn | Ca | Mg | Al | Si | Cu | Pb | Ni | Cd |
|---|---|---|---|---|---|---|---|---|---|---|---|---|
| 1 | A | 39.39 | 12.65 | 4.27 | 0.0133 | 0.0868 | 0.015 | 0.024 | 0.0008 | 0.0040 | 0.0159 | 0.0013 |
| | B | 42.49 | 13.59 | 4.40 | 0.024 | 0.078 | 0.085 | 0.016 | 0.00069 | 0.0010 | 0.0011 | 0.00069 |
| 2 | A | 36.75 | 12.20 | 4.07 | 0.038 | 0.0766 | — | 0.011 | 0.0006 | 0.0032 | 0.0077 | 0.0017 |
| | B | 42.10 | 13.98 | 4.36 | 0.032 | 0.078 | 0.074 | 0.018 | 0.00068 | 0.0052 | 0.0082 | 0.0014 |
| 3 | A | 36.17 | 12.13 | 3.91 | 0.0397 | 0.0754 | — | 0.012 | 0.0005 | 0.0021 | 0.0063 | 0.0012 |
| | B | 36.32 | 11.53 | 3.69 | 0.017 | 0.110 | 0.068 | 0.017 | 0.00068 | 0.00059 | 0.010 | 0.00085 |
| 4 | A | 34.19 | 11.37 | 3.79 | 0.024 | 0.1974 | — | 0.014 | 0.0005 | 0.0021 | 0.0063 | 0.0012 |
| | B | 38.42 | 12.37 | 3.98 | 0.020 | 0.140 | 0.057 | 0.016 | 0.00034 | 0.0031 | 0.0067 | 0.00066 |
| 5 | A | 39.16 | 13.77 | 4.02 | 0.0115 | 0.1103 | — | — | 0.0006 | 0.0034 | 0.0101 | 0.001: |
| | B | 38.63 | 12.70 | 3.73 | 0.0093 | 0.056 | 0.082 | 0.015 | 0.00061 | 0.0034 | 0.0080 | 0.0011 |
| 6 | A | 36.71 | 12.44 | 3.54 | 0.0253 | 0.346 | — | — | 0.0007 | 0.0037 | 0.0091 | 0.0032 |
| | B | 36.21 | 11.82 | 3.39 | 0.023 | 0.360 | 0.053 | 0.015 | 0.00067 | 0.0043 | 0.0079 | 0.0024 |
| 7 | A | 35.55 | 12.14 | 3.56 | 0.023 | 0.140 | — | — | 0.0006 | 0.0032 | 0.0073 | 0.0023 |
| | B | 35.49 | 11.37 | 3.32 | 0.0046 | 0.130 | 0.074 | 0.014 | 0.00034 | 0.0045 | 0.0052 | 0.0019 |
| 8 | A | 34.24 | 12.96 | 3.92 | 0.034 | 0.0585 | — | — | 0.0005 | 0.0045 | 0.0068 | 0.0011 |
| | C | 44.87 | 16.44 | 5.27 | 0.050 | 0.023 | 0.004 | 0.0014 | 0.002 | — | 0.0080 | — |
| 9 | A | 34.90 | 11.99 | 3.76 | 0.0233 | 0.0165 | — | — | 0.0005 | 0.0042 | 0.0042 | 0.0012 |
| | C | 44.90 | 15.59 | 5.22 | 0.039 | 0.002 | 0.006 | 0.0014 | 0.002 | — | 0.007 | — |
| 平均 | A | 36.34 | 12.41 | 3.87 | — | — | — | 0.0153 | 0.00059 | — | 0.0082 | — |
| | B | 38.52 | 12.48 | 3.84 | — | — | 0.0704 | 0.01586 | 0.000573 | — | 0.0067 | — |
| | C | 44.885 | 16.015 | 5.245 | 0.0445 | 0.0125 | 0.005 | 0.0014 | 0.002 | — | 0.0075 | — |

注：A—中南大学，B—长沙矿冶研究院，C—南京大学现代分析中心。

表6-14　共沉淀粉中主金属配比

| 槽次 | 实际比例 | 绝对偏差 | | | 相对偏差/% | | |
|---|---|---|---|---|---|---|---|
| | $w(Fe):w(Mn):w(Zn)$ | Fe | Mn | Zn | Fe | Mn | Zn |
| 8 | 67.39:24.69:7.92 | -1.81 | +1.47 | +0.34 | -2.62 | +5.95 | +4.49 |
| 9 | 68.33:23.73:7.94 | -0.87 | +0.51 | +0.36 | -1.26 | +2.20 | +4.75 |
| 平均 | 67.86:24.21:7.93 | -1.34 | +0.99 | +0.35 | -1.94 | +4.26 | +4.62 |

表6-13和表6-14数据表明：无论是本单位测试结果还是外单位化验结果，都显示工业实验的共沉淀粉中3种主体金属Fe、Mn和Zn的实际比例控制很好，除少数数据外，其余的相对误差均小于±5%。

从表6-13的数据可知：共沉淀粉中杂质元素的含量很低，特别是Si，由于复盐沉淀深度净化技术的应用，按国内权威单位——南京大学现代分析中心测试数据，其值为0.0014%，说明工业实验的除Si效果均好于小型实验和扩大实验。

## 2.1.6　沉铁锰过程

取22槽沉铁锰后液，分析其中Fe、Mn的含量，结果见表6-15。选取其中9槽，计量铁锰渣和测定Fe、Mn含量，结果见表6-16。

表6-15　沉铁锰后液体积及成分

| 槽次 | 体积/m³ | 成分/(g·L⁻¹) | | 槽次 | 体积/m³ | 成分/(g·L⁻¹) | |
|---|---|---|---|---|---|---|---|
| | | Fe | Mn | | | Fe | Mn |
| 1 | 2.8 | 0.56 | 0.092 | 12 | 3.0 | 0.51 | 0.18 |
| 2 | 2.8 | 0.31 | 0.069 | 13 | 3.9 | 0.19 | 0.058 |
| 3 | 3.0 | 0.61 | 0.016 | 14 | 3.0 | 0.23 | 0.11 |
| 4 | 3.0 | 0.29 | 0.021 | 15 | 2.6 | 0.23 | 0.15 |
| 5 | 2.9 | 2.18 | 1.29 | 16 | 3.1 | 1.82 | 1.08 |
| 6 | 3.0 | 0.14 | 0.041 | 17 | 2.4 | 1.11 | 0.63 |
| 7 | 3.0 | 1.98 | 0.99 | 18 | 3.1 | 1.18 | 0.49 |
| 8 | 3.0 | 0.70 | 0.21 | 19 | 2.3 | 1.33 | 0.56 |
| 9 | 7.0 | 0.065 | 0.0088 | 20 | 2.1 | 3.43 | 1.81 |
| 10 | 3.0 | 3.85 | 2.38 | 21 | 2.5 | 0.95 | 0.51 |
| 11 | 3.0 | 1.91 | 1.45 | 22 | 3.1 | 0.33 | 0.062 |

表 6 – 16　铁锰渣质量及成分/%

| 槽次 | 1 | 2 | 3 | 4 | 5 | 6 | 7 | 8 | 平均 |
|---|---|---|---|---|---|---|---|---|---|
| 湿重/kg | 370 | 497 | 510 | 497 | 462 | 539 | 498 | 485 | 482.3 |
| $H_2O$ | 38.65 | 26.43 | 33.52 | 32.95 | 35.61 | 30.43 | 38.2 | 39.76 | 34.44 |
| 干重/kg | 227 | 365.6 | 339 | 333.24 | 297.5 | 374.98 | 307.76 | 292.2 | 317.16 |
| Fe | 17.98 | 17.2 | 18.57 | 15.8 | 16.58 | 15.17 | 14.65 | 14.97 | 16.37 |
| Mn | 20.5 | 18.79 | 19.79 | 16.76 | 21.39 | 19.36 | 17.92 | 16.51 | 18.88 |

根据以上数据，可计算出沉铁锰过程中，按溶液计算的 Fe 和 Mn 的沉淀率，结果见表 6 – 17。

表 6 – 17　沉铁锰过程中 Fe、Mn 的沉淀率/%

| 槽次 | Fe | Mn |
|---|---|---|
| 1 | 93.43 | 98.99 |
| 2 | 95.11 | 99.80 |
| 3 | 81.30 | 92.99 |
| 4 | 99.33 | 99.91 |
| 5 | 69.01 | 82.71 |
| 6 | 94.53 | 98.52 |
| 7 | 97.46 | 99.36 |
| 8 | 97.80 | 98.93 |
| 9 | 84.77 | 92.65 |
| 10 | 86.16 | 95.42 |
| 11 | 77.96 | 90.79 |
| 12 | 96.11 | 99.35 |
| 平均 | 89.41 | 95.79 |

表 6 – 17 数据说明，Fe 和 Mn 的沉淀率分别为 89.41% 及 95.79%，Fe 的沉淀率不理想，其原因可能是沉淀终点控制不好。为确保充分利用复盐母液中的 Fe 和 Mn，必须严格控制沉淀终点 pH = 7.5。

## 2.1.7 铁氧体样环制备与检测

以表 6-13 中第 8 槽和第 9 槽的共沉淀粉为原料，根据其杂质成分含量，调整铁氧体工艺的掺杂制度，按扩大实验的条件制得铁氧体样环 4 批，其磁性能检测结果见表 6-18。

表 6-18　铁氧体样环磁性能检测结果（25 kHz，200 mT）

| 批次 | $\mu_0$ | $P_{cv}$/(kW·m⁻³) | | | | $P_{cv}$/(kW·m⁻³) | | | |
|---|---|---|---|---|---|---|---|---|---|
| | | 25℃ | 60℃ | 80℃ | 100℃ | 25℃ | 60℃ | 80℃ | 100℃ |
| 1 | 2402 | 155 | 108 | 86 | 74 | 738 | 575 | 477 | 389 |
| 2 | 2526 | 119 | 85 | 72 | 70 | 581 | 459 | 397 | 403 |
| 3 | 2588 | 119 | 84 | 78 | 94 | 594 | 459 | 428 | 535 |
| 4 | 2684 | 127 | 95 | 85 | 104 | 605 | 488 | 453 | 584 |
| 平均 | 2550 | 130 | 93 | 80.3 | 85.5 | 629.5 | 495.3 | 438.8 | 477.8 |
| PC30 | 2500±25% | 130 | 90 | 90 | 100 | — | — | — | — |
| PC40 | 2300±5% | 120 | 80 | — | 70 | 600 | 450 | — | 500 |

从表 6-18 数据可知：①检测的 4 个样环的磁性能指标，除个别高温功耗外，其余均达到或超过日本 TDK PC30 和 PC40 的质量要求；②由于配方控制好，工业实验所得样环的磁性能的各项指标大都超过扩大实验的测试结果。

## 2.1.8 技术经济指标

### 1. 金属平衡

全流程金属平衡情况见表 6-19。

表 6-19　全流程的金属平衡

| 金属 | 加入/kg | | | | 产出/kg | | | | | | 偏差 | |
|---|---|---|---|---|---|---|---|---|---|---|---|---|
| | 原料 | Fe Mn 渣 | 补纯 | 共计 | 浸出渣 | Fe Mn 渣 | 共沉淀粉 | 共沉母液 | 沉Fe、Mn后液 | 共计 | 绝对 | 相对/% |
| Fe | 326.86 | 49.33 | — | 376.16 | 9.37 | 56.88 | 273.19 | 3.52 | 1.29 | 344.25 | -31.81 | -8.48 |
| Mn | 105.39 | 63.64 | 5.30 | 174.33 | 2.10 | 72.60 | 92.93 | 1.32 | 0.72 | 169.71 | -4.62 | -2.65 |
| Zn | 34.80 | — | 0.35 | 35.15 | 1.41 | — | 29.78 | 0.12 | — | 31.31 | -3.84 | -10.92 |

表 6 - 19 数据可知：Mn 的全流程平衡率大于 97% ，而 Fe 和 Zn 的全流程平衡率均小于 90% 。说明金属流失或在储槽中滞留较多，复盐及共沉淀粉滞留的可能性更大。按单槽共沉淀粉中的金属量推算，每槽可产铁氧体粉料（ $\sum Me_xO_y$ ）为 0.548 t，全年铁氧体粉料产量为 493 t，基本达到设计能力。

### 2. 金属回收率

1）金属总直收率

按以下公式进行金属总直收率计算：

$$金属总直收率 = \frac{共沉淀粉中金属量}{（主原料 + 补纯）中金属量} \times 100\% \qquad (6-3)$$

计算出 3 种主体金属的总直收率分别为：Fe 83.58% 、Mn 88.18% 和 Zn 85.57% 。

2）金属总回收率

按以下公式进行金属总回收率计算：

$$金属总回收率 = \left[ 1 - \frac{（共沉淀母液 + 沉铁锰后液）中金属量}{（主原料 + 补纯）金属量} \right] \times 100\%$$

$$(6-4)$$

假设整个过程中的物理损耗为 1% ，可以计算出 3 种主体金属的总回收率分别为：Fe 97.33% 、Mn 97.16% 和 Zn 98.66% 。

由此看来，金属的总直收率与总回收率差别比较大。其主要原因可能是：①复盐及共沉淀粉在容器中滞留较多。②分析及计量误差。③出事故或滴、跑、漏损失。④物理损失。因此加强管理和计量、改进分析精度，总直收率将会接近或达到总回收率指标。

### 3. 硫酸铵平衡

全流程硫酸铵的平衡情况见表 6 - 20 。

表 6 - 20　全流程的硫酸铵平衡/kg

| 加入 | 产出 | | | 偏差 | |
| --- | --- | --- | --- | --- | --- |
| 复盐沉淀 | 共沉母液 | 沉铁锰后液 | 共计 | 绝对 | 相对/% |
| 3021.00 | 1841.48 | 2028.29 | 3869.77 | +848.77 | +28.10 |

从表 6 - 20 数据可知：经复盐沉淀、共沉淀和沉铁锰过程后，硫酸铵的开路只有共沉淀母液和沉铁锰后液，由于共沉淀和沉铁锰过程中，还生成一定量的硫酸铵，所以在进行硫酸铵的全流程平衡核算过程中，每槽多产出硫酸铵 848.77 kg。根据单槽产铁氧体粉料（ $\sum Me_xO_y$ ）为 0.548 t，可以推算出每生产 1 t

铁氧体粉料消耗硫酸铵 5.523 t，按结晶率 95% 计算，将单槽的共沉淀母液和沉铁锰母液合并，可产硫酸铵 6.709 t，除满足复盐沉淀用硫酸铵外，还可外销 1.186 t。

**4. 溶液平衡**

全流程的溶液平衡见表 6-21。

表 6-21　全流程溶液平衡

| 项目 | 加入 | | | | | 产出 | | | | | | 偏差 |
|---|---|---|---|---|---|---|---|---|---|---|---|---|
| | 自来水 | 纯水 | 氨水 | 硫酸 | 共计 | 共沉淀母液 | 沉铁锰后液 | 浸出渣含水 | 共沉淀粉含水 | 洗水 | 共计 | |
| 体积/$m^3$ | 5.04 | 8.363 | 0.207 | 0.607 | 14.217 | 7.11 | 5.40 | 0.156 | 0.290 | 1.268 | 14.224 | 0.007 |
| 比例/% | 35.45 | 58.82 | 1.46 | 4.27 | 100 | 49.99 | 37.96 | 1.10 | 2.04 | 8.91 | 100 | 0.05 |

从表 6-21 数据可知：纳入硫酸铵回收系统的溶液为 12.51 $m^3$/槽，而在整个流程中，所需纯水量为 8.363 $m^3$/槽。因此，结晶硫酸铵后所产纯水量足以满足实验过程纯水用量要求，无须增加纯水制备系统。

## 2.1.9　设备运行情况

试产期间，主体设备运转正常，没有出什么大问题，证明 PE 材料用于一般条件（小于 100℃）的反应器及储槽，是适合的，但也暴露了一些问题，如搅拌器上的 PE 磨损严重；PE 反应器搅拌器强度不够大，仅满足设计能力的需要；ABS 塑料管用于压滤是一种失误；管道阀门选型也存在问题，没有设浊液返回装置；净化液（或浸出液）的冷却，设计中事先没有考虑；陈化槽型及放出口设计均不合理；共沉淀粉洗涤采用离心过滤不合适等。

## 2.1.10　小结

（1）工业实验达到预期目的，重现了扩大实验数据，有的比扩大实验更好，30 多槽的大量实验数据可作为 5000 t/a 共沉淀粉料生产线的设计依据。

（2）工艺条件做以下调整：取消除 $Ca^{2+}$、$Mg^{2+}$ 过程，可降低成本和防止 $F^+$ 对设备的腐蚀；只用 $NH_4HCO_3$ 作共沉淀剂，利于共沉淀粉过滤和洗涤，减少纯水的用量。

（3）金属的总回收率分别为：Fe 97.33%、Mn 97.16% 和 Zn 98.66%。金属的总直收率分别为：Fe 83.58%、Mn 88.18% 和 Zn 85.57%。

（4）共沉淀粉的质量较扩大实验高，配比非常接近理论值，杂质元素的含量很低，尤其是 $SiO_2$ 含量小于 0.003%。铁氧体样环的磁性能检测结果表明，工业实验共沉淀粉加工制成的铁氧体样环的磁性能达到日本 TDK PC30 产品质量指标。

# 2.2　软磁粉料制取与清洁炼锌提铟

## 2.2.1　概述

### 1. 传统的湿法炼锌提铟工艺

2015 年我国锌产量已达到 6400 kt，其中 75% 以上为湿法生产，年产浸出渣 320 多万吨、铁矾渣及其他铁渣 64 万多吨。国内外常规湿法炼锌方法分为两类：一类是经典方法，即用火法处理低酸浸出渣，回收锌铅和部分稀散金属，但产生大量以铁为主要成分的窑渣；另一类是全湿法流程，即高温高酸浸出低酸浸出渣，然后进行锌—铁分离，在除铁方法上有黄钾铁矾法、针铁矿法和赤铁矿法。但不管采用哪种除铁方法，都产生大量污染环境的铁渣。在我国，几乎所有的全湿法炼锌流程都采用铁矾法除铁，年产铁矾渣 20 多万吨，甚至广西华锡集团的含铁很高（13% ~20%）的锌铟精矿处理都是如此。

铁矾法除铁渣量最多，而且铁矾渣是一种不稳定的废渣，长期堆存，会析出大量的重金属，污染环境。多年来，国外致力于铁矾渣的直接利用或将其转化为有销路的产品，但是各种努力都失败了。后来把研究的重点转移到铁矾渣稳定化方法上，以期低成本地长期堆存和减少环境污染。我国的铁矾渣除了含铟矾渣可另行处理提取铟外，一般矾渣都堆存渣场，严重污染环境。含铟铁矾渣在处理回收铟的过程中，首先在 350~500℃脱水，500~900℃ 发生硫酸盐分解和氧化，1100~1350℃ 发生还原反应，经过上述处理之后可以分别实现铁铟分离，铟挥发进入烟尘，然后硫酸浸出、萃取回收铟，铁形成氧化铁渣。该工艺不仅产生大量低浓度 $SO_2$ 烟气，污染环境，而且也产生对环境有害的二次铁渣。

因此，在传统湿法炼锌工艺物质流的运作模式中，有大量的窑渣和铁矾渣没有被利用，这种含铁、锌等的窑渣和铁矾渣长期堆存，既污染环境，又浪费大量的有价资源。所以，唯有突破传统思维，探索在湿法炼锌提铟过程中实现铁资源的利用，才可达到湿法炼锌清洁生产目的的。

锌湿法冶炼的主要原料是硫化锌精矿，即闪锌矿精矿，一般的闪锌矿精矿含铁≤5%，但是铁闪锌矿精矿含铁高（8% ~20%），这种锌原料在我国非常丰富，占我国锌资源的一半以上。高铟铁闪锌矿精矿产于我国广西，锌、铟储量分别为 4000 kt 及 8000 t，为了回收铟，只能采用铁矾法处理，年产锌约 200 kt，高铟矾渣

240 kt。未开发的铁闪锌矿精矿仅云南的锌储量就达 7000 kt，云南的铁闪锌矿也含铟，只是品位比广西的低，但铟的储量与广西不相上下。这种铁闪锌矿精矿用现有流程处理很困难，金属回收率低（Zn≤85%，In≤50%）、除铁净化负担重、成本高，同时产出大量的铁矾渣。

以上分析和数据足以证明，加强湿法炼锌提铟清洁生产，尤其是铁闪锌矿精矿清洁生产新技术的研究与开发，意义非常重大。

**2. 直接法制备软磁铁氧体工艺**

针对锰锌软磁铁氧体材料传统制备方法的不足，作者学术团队首次提出直接法制备软磁铁氧体新工艺，由矿物原料或各种废渣直接制取锰锌软磁铁氧体材料，即在原料处理过程中，考虑磁性材料主体成分，通过配矿、同时浸出、除杂净化、配液和铁氧体工艺等制得产品。2001 年由重庆四维瓷业（集团）股份有限公司、北京儒韬风险投资公司、中南大学等 5 家单位联合成立该专利技术的开发公司——重庆超思信息材料股份有限公司，2002 年完成 500 t/a 粉料工业实验（工业实验情况及结果如 2.2 节），成功开发"直接 – 共沉淀法"新工艺。锰锌软磁铁氧体中 Fe 含量约 50%，随着工厂规模的进一步扩大，长期供应作为铁源的废铁屑将面临严峻的问题，而且铁屑涨价幅度大，也存在成本高的问题。

另一方面，铁闪锌矿精矿中的铁资源不可忽视，按其平均含 Zn 45%，Fe 15% 计算，仅云南和广西，可供利用的铁闪锌矿中的铁资源就高达 3670 kt，可供全世界生产软磁铁氧体 10 年以上。可以说，仅用来制备锰锌软磁铁氧体材料，锌精矿中的铁是用之不尽的。

**3. 新工艺的确定及其重要意义**

综上所述，如何将湿法炼锌技术与"直接 – 共沉淀法"生产锰锌软磁铁氧体技术有机结合，充分利用锌精矿特别是铁闪锌矿精矿中的铁资源直接制取锰锌软磁铁氧体材料，实现铁渣与二氧化硫的零排放是一个非常重大的研究课题，具有重要的现实意义和学术价值。

本书在保留传统湿法炼锌中性浸出液常规净化和电锌制备等主体过程的前提下，利用铁闪锌矿精矿的 Fe 和部分 Zn 以及锰矿的 Mn，直接制备锰锌软磁铁氧体、电锌和铟产品，取消除铁过程，缩短流程，大幅度提高铟、锌回收率。确保湿法炼锌提铟过程中铁渣和 $SO_2$ 的零排放，解决"直接 – 共沉淀法"铁源的长期供应问题。开发出具有我国自主知识产权的湿法清洁炼锌提铟新工艺与锰锌软磁铁氧体制备新技术。本工艺是多元材料冶金的典型范例，具有以下主要创新点：

（1）将传统湿法炼锌工艺与"直接 – 共沉淀法"软磁铁氧体粉料制备技术有机结合，充分利用锌精矿中的铁资源，取消传统湿法炼锌工艺的除铁过程，实现铁渣零排放。

（2）直接从高酸浸液的还原液中提取铟是对原有的从铁矾渣中提铟流程的重

大改革，可缩短提铟流程，大幅度提高锌、铟回收率，实现二氧化硫的零排放。

（3）为传统湿法炼锌流程很难处理的铁闪锌矿精矿，特别是含铟铁闪锌矿精矿的开发利用提供一种合理的处理工艺，该工艺具有我国自主知识产权，同时也是对传统软磁铁氧体制备技术的重大创新。

本节将详细介绍由高铟铁闪锌矿精矿直接制取软磁铁氧体粉料和清洁湿法炼锌提铟的工艺和理论。

## 2.2.2　原料与工艺流程

### 1. 原料

实验原料中性浸出渣取自柳州华锡集团来宾冶炼厂，系锌精矿焙烧产得的焙砂（含烟尘，成分见表6－22）按工厂现行工艺技术条件经中性浸出制得，其成分和物相见表6－23、表6－24。

表6－22　铟锌精矿焙烧所得焙砂（含烟尘）的化学成分/%

| Zn | Fe | In | Cu | Cd | Pb | Ag* |
|---|---|---|---|---|---|---|
| 55.57 | 14.745 | 0.0942 | 0.822 | 0.525 | 0.626 | 77.4 |

注：* 单位为 g/t。

表6－23　中浸渣化学成分/%

| Zn | Fe | In | Cd | Cu | Sn | $SiO_2$ | $Al_2O_3$ | CaO | MgO | S | Ag* |
|---|---|---|---|---|---|---|---|---|---|---|---|
| 25.55 | 34.29 | 0.22 | 0.31 | 1.1 | 0.98 | 5.09 | 1.62 | 0.4 | 0.15 | 2.88 | 216.7 |

注：* 单位为 g/t。

表6－24　中浸渣中 Zn、Fe 的物相分析/%

| 锌物相 | Zn | 铁物相 | Fe |
|---|---|---|---|
| 硫酸锌中 Zn | 2.76 | 硫酸铁中 Fe | 0.17 |
| 硫化锌中 Zn | 2.85 | 硫化铁中 Fe | 0.36 |
| 氧化锌中 Zn | 6.89 | 磁性铁中 Fe | 3.37 |
| 硅酸锌中 Zn | 0.99 | 铁酸锌中 Fe | 29.80 |
| 铁酸锌中 Zn | 12.06 | 硅酸铁中 Fe | 0.59 |
| 锌总量 | 25.55 | 铁总量 | 34.29 |

中性浸出渣的粒径分布见表6－25。

**表 6 - 25　中性浸出渣粒径分布**

| 粒径/μm | -75 | 75 ~ 80 | 80 ~ 106 | 106 ~ 120 | 120 ~ 150 | 150 ~ 180 | 180 ~ 380 | +380 |
|---|---|---|---|---|---|---|---|---|
| 比例/% | 2.5 | 0.25 | 5.4 | 0.25 | 43.25 | 7.1 | 40.35 | 0.9 |

作还原剂用的硫化锌精矿的化学成分见表 6 - 26；氧化浸出用的软锰矿取自广西大兴锰矿，含 $Mn^{4+}$ 38.65%。

**表 6 - 26　硫化锌精矿主要化学成分/%**

| 来源 | Zn | Fe | S | $H_2O$ | In |
|---|---|---|---|---|---|
| 来宾冶炼厂 | 48.735 | 12.27 | 30.57 | — | 0.1093 |
| 株洲冶炼厂 | 56.023 | 5.23 | 32.8 | 8.45 | 0.00415 |

### 2. 工艺流程

工艺流程如图 6 - 1 所示。此为新工艺，以中性浸出渣为原料，提取铟和锌及制取铁锰锌共沉淀粉，包括以下主要步骤：在高温高酸浸出过程中加入硫化锌精矿为还原剂还原浸出铁，浸出液进行还原与提铟，浸出渣补加锰锌软磁铁氧体所需要的锰源（软锰矿），同时浸出铁、锰、锌，浸出液反还原浸出；还原浸出液用铁粉深度还原 $Fe^{3+}$ 和置换铜；脱铜液用 $D_2EHPA$ 萃取铟，用盐酸反萃负载有机相，反萃液用锌片置换铟；萃铟余液经过硫化法初步除重金属 Cu、Pb、Cd；初步净化液再用复盐深度脱硅，母液用 $NH_3 - (NH_4)_2CO_3$ 溶液沉淀得铁锰渣，返回初步净化中和；复盐用 $NH_3 - (NH_4)_2CO_3$ 溶液转化成铁锰锌的混合碳酸盐，同时使多余的锌进入溶液，然后电沉积锌粉蒸发回收碱式碳酸锌；铁锰锌的混合碳酸盐经过铁氧体制备工艺，用于生产低功耗软磁铁氧体；蒸氨沉锌母液或部分电解废液与沉铁锰渣母液一起蒸发浓缩，回收硫酸铵，实现无废水排放。

## 2.2.3　中性浸出渣高温高酸还原氧化浸出

### 1. 过程理论分析

以硫化锌精矿作还原剂对中性浸出渣还原浸出时，基本反应如下：

$$ZnO \cdot Fe_2O_3 + 8H^+ \Longrightarrow Zn^{2+} + 2Fe^{3+} + 4H_2O \tag{6 - 5}$$

$$ZnS + 2Fe_2(SO_4)_3 \Longrightarrow ZnSO_4 + S^0 + 2FeSO_4 \tag{6 - 6}$$

前一反应的活化能为 58.52 kJ/mol，反应速率常数的温度系数比为 $k_{373}/k_{298}$ = 1.68，后一反应的活化能为 73.99 kJ/mol，反应速率常数的温度系数比为 $k_{373}/k_{298}$ = 1.932，即铁酸锌的热酸分解速率比 $Fe^{3+}$ 的还原速率还要大。

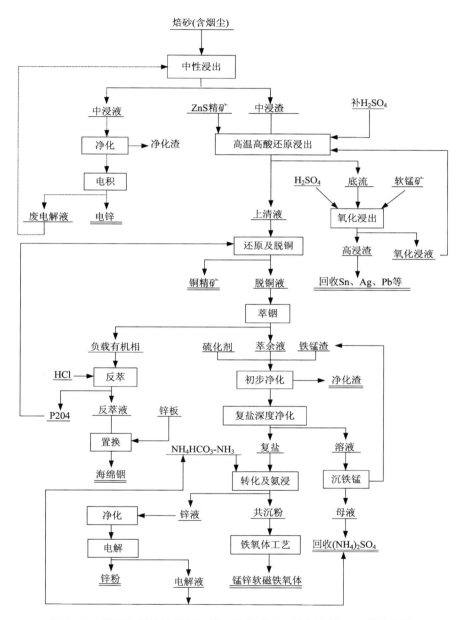

**图 6 – 1　无铁渣湿法炼锌提铟及锰锌软磁铁氧体制备原则工艺流程图**

有关 $ZnS - H_2O$ 系和 $Fe^{3+} - Fe(OH)_3 - Fe^{2+}$ 系反应平衡的情况可用 $\varphi - pH$ 图(图 6 - 2)说明。

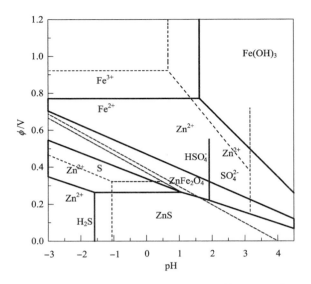

**图 6 – 2  ZnS – ZnO · Fe₂O₃ – H₂O 系的 φ – pH 图**

实线—298K；虚线—373K

由图 6 – 2 可以看出，随着温度的升高，$Fe^{3+}$、S 和 ZnS 的稳定区缩小。在还原浸出过程中要想析出元素硫，溶液中的 pH 必须控制在下列范围：

①温度为 298K 时，– 1.585 < pH < 1.061；

②温度为 373K 时，– 1.059 < pH < 0.496。

ZnS 系一种惰性较强的还原剂。为加速还原浸出过程，生产上采用近沸腾的温度(368 ~ 373K)条件。

由于还原温度高，$Fe^{3+}$ 的稳定性低，为避免 $Fe^{3+}$ 水解，就必须维持溶液中 50 g/L 以上的高酸度。

另外用 ZnS 还原浸出的时间较长，工业上一般为 3 ~ 6 h。这主要是随着还原的进行，元素硫膜在 ZnS 表面上逐渐加厚，使反应速率曲线具有抛物线的特征。

**2. 循环浸出实验**

由条件实验得出还原浸出的优化条件为：硫化锌精矿为理论量的 1.03 倍，浸出温度为 368K，浸出时间 5 h，硫化锌精矿分 4 批加入，始酸浓度为 225 g/L，体积 800 mL，规模为中浸渣 100 g/次。氧化浸出的优化条件为：浸出时间 5 h，软锰矿 25 g，始酸浓度 ≥250 g/L。

在上述条件下按图 6 – 3 流程进行 3 次循环实验：第 1 次循环 6 周期，每次投料 100 g。第 1 次循环结果数据见表 6 – 27 ~ 表 6 – 29。

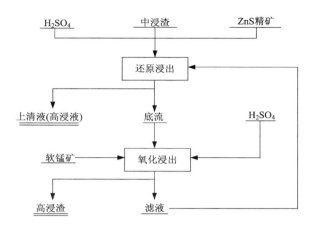

图 6-3 循环浸出原则流程

表 6-27 第 1 次循环浸出液成分/(g·L⁻¹)

| 周期 | $V$/mL | $H_2SO_4$ | $Fe^{3+}$ | $Fe^{2+}$ | In | Zn | Mn |
|---|---|---|---|---|---|---|---|
| 1 | 492 | 59.66 | 9.2 | 49.4 | 0.431 | 77.09 | — |
| 2 | 803 | 45.63 | 5.4 | 41.4 | 0.313 | 67.93 | — |
| 3 | 685 | 28.08 | 8.55 | 39.6 | 0.348 | 65.7 | 13.07 |
| 4 | 715 | 40.95 | 9.3 | 41.9 | — | — | — |
| 5 | 671 | 37.44 | 8.65 | 48.1 | — | — | — |
| 6 | 775 | — | 7.2 | 39.6 | — | — | — |

表 6-28 第 1 次循环浸出渣成分/%

| 周期 | Fe | In | Ag | Zn | Sn | Pb | Mn | S | 渣重/g |
|---|---|---|---|---|---|---|---|---|---|
| 1 | 11.4 | 0.0087 | 0.0579 | 1.37 | 2.62 | 0.88 | 0.27 | 41.16 | 37.45 |
| 2 | 12.07 | 0.0176 | 0.0613 | 1.04 | 2.77 | 0.94 | 0.10 | 43.60 | 35.35 |
| 3 | 12.59 | 0.0183 | 0.0615 | 2.28 | 2.78 | 0.93 | 0.034 | 43.73 | 35.25 |
| 4 | 12.04 | 0.0094 | 0.0627 | 2.95 | 2.84 | 0.95 | 0.055 | 44.61 | 34.55 |
| 5 | 13.29 | 0.015 | 0.0606 | 2.37 | 2.74 | 0.92 | — | 43.12 | 35.75 |
| 6 | 12.58 | 0.0152 | 0.0612 | 7.8 | 2.77 | 0.93 | — | 43.54 | 35.4 |

表 6-29　第 1 次循环实验技术指标/%

| 周期 | $Fe^{3+}$还原率 | 浸锌率 | 浸铁率 | 浸铟率 | 浸锰率 | 渣率 |
|------|------|------|------|------|------|------|
| 1 | 83.34 | 98.93 | 88.81 | 98.77 | 99.55 | 22.09 |
| 2 | 84.04 | 99.23 | 88.82 | 97.68 | 99.63 | 21.30 |
| 3 | 78.44 | 98.32 | 88.37 | 97.56 | 99.87 | 21.49 |
| 4 | 75.52 | 97.86 | 89.10 | 98.54 | 99.78 | 21.07 |
| 5 | 78.63 | 98.37 | 87.55 | 97.58 | — | 21.54 |
| 6 | 79.46 | 94.22 | 88.33 | 97.58 | — | 19.89 |
| 平均 | 79.91 | 97.82 | 88.50 | 97.95 | 99.71 | 21.23 |

第 2 次循环 6 次，每次投料 500 g，因为第 1 次循环 $Fe^{3+}$ 还原率没达到要求，因此将硫化锌精矿加入量增加至理论量的 1.256 倍（250 g），并在反应最后 45 min 加入 10 g（-380 μm）铸铁粉，其他技术条件同第 1 循环，软锰矿 140 g，结果见表 6-30～表 6-32。

表 6-30　第 2 次循环浸出液成分/($g \cdot L^{-1}$)

| 周期 | $V$/mL | $H_2SO_4$ | $Fe^{3+}$ | $Fe^{2+}$ | In |
|------|------|------|------|------|------|
| 1 | 2670 | 31.59 | 8.85 | 44.1 | 0.357 |
| 2 | 3640 | 26.91 | 2.1 | 46.1 | 0.319 |
| 3 | 3420 | 23.40 | 2.9 | 51.3 | 0.34 |
| 4 | 3495 | 22.23 | 4.8 | 49.4 | 0.35 |
| 5 | 3756 | 22.23 | 1.05 | 48.15 | 0.338 |
| 6 | 3750 | 28.08 | 1.6 | 49 | 0.354 |

注：第 1 周期实验没加铁粉。

表 6-31　第 2 次循环浸出渣成分/%

| 周期 | Fe | Ag | Zn | Pb | Sn | In | S | 渣重/g |
|------|------|------|------|------|------|------|------|------|
| 1 | 12.06 | 0.0464 | 8.05 | 0.704 | 2.10 | 0.0163 | 38.33 | 233.30 |
| 2 | 12.81 | 0.0489 | 8.53 | 0.741 | 2.21 | 0.0261 | 41.00 | 221.54 |
| 3 | 11.93 | 0.0478 | 9.69 | 0.725 | 2.16 | 0.0268 | 40.11 | 226.45 |
| 4 | 13.86 | 0.0497 | 8.68 | 0.753 | 2.25 | 0.0190 | 41.63 | 218.15 |
| 5 | 12.42 | 0.0491 | 8.97 | 0.744 | 2.22 | 0.0189 | 41.17 | 220.60 |
| 6 | 12.18 | 0.0476 | 9.31 | 0.721 | 2.15 | 0.0196 | 39.88 | 227.75 |

表 6 – 32　第 2 次循环技术指标/%

| 周期 | $Fe^{3+}$ 还原率 | 浸锌率 | 浸铟率 | 浸铁率 | 渣率 |
|---|---|---|---|---|---|
| 1 | 81.76 | 92.79 | 97.23 | 85.67 | 26.21 |
| 2 | 94.37 | 92.77 | 95.81 | 86.25 | 25.03 |
| 3 | 91.58 | 91.58 | 95.58 | 86.91 | 25.59 |
| 4 | 87.65 | 92.73 | 96.98 | 85.35 | 24.65 |
| 5 | 97.10 | 92.40 | 96.96 | 86.72 | 24.93 |
| 6 | 95.58 | 91.86 | 96.75 | 86.66 | 25.73 |
| 平均 | 91.34 | 92.36 | 96.55 | 86.26 | 25.36 |

注：第 1 周期实验没加铁粉，不计入平均值。

　　根据第 1、2 次循环实验的结果，第 3 次循环实验的条件调整为：硫化锌精矿为理论量的 1.03 倍，还原反应到最后 1 h 加铁粉，其量为投入中浸渣料量的 2%～3%，软锰矿(Mn 38.65%)为中浸渣的 25%，第 3 次循环实验结果见表 6 – 33～表 6 – 35。

表 6 – 33　第 3 次循环浸出液成分/$(g \cdot L^{-1})$

| 周期 | $V$/mL | $H_2SO_4$ | $Fe^{3+}$ | $Fe^{2+}$ | In | Zn |
|---|---|---|---|---|---|---|
| 1 | 2860 | 25.74 | 1.7 | 42.1 | 0.312 | 54.22 |
| 2 | 3050 | 35.92 | 3.71 | 49.75 | 0.349 | 55.01 |
| 3 | 4370 | 24.57 | 4.0 | 35.4 | 0.388 | 50.49 |

表 6 – 34　第 3 次循环浸出渣成分/%

| 周期 | 渣重/g | Zn | Pb | Ag | Sn | Fe | S | In |
|---|---|---|---|---|---|---|---|---|
| 1 | 220.0 | 8.22 | 0.746 | 0.0493 | 2.23 | 12.31 | 41.28 | 0.0247 |
| 2 | 220.45 | 3.45 | 0.745 | 0.0491 | 2.22 | 12.44 | 41.20 | 0.0155 |
| 3 | 150.1 | 1.75 | 1.094 | 0.0722 | 3.26 | 14.8 | 60.51 | 0.023 |

表 6 - 35　第 3 次循环技术指标/%

| 周期 | 渣率 | $Fe^{3+}$还原率 | 浸锌率 | 浸铟率 | 浸铁率 |
|---|---|---|---|---|---|
| 1 | 24.86 | 96.42 | 93.06 | 96.04 | 86.88 |
| 2 | 23.96 | 91.67 | 97.08 | 97.51 | 86.37 |
| 3 | 22.20 | 83.91* | 98.62 | 96.74 | 86.51 |
| 平均 | 23.67 | 94.05 | 96.25 | 96.76 | 86.59 |

由上可见，综合条件循环实验达到了预期效果，加入软锰矿进行氧化浸出后，锌、铁、锰的浸出率都提高很多，分别大于等于 96.25%，86% 及 99%，特别是铟的浸出率亦到 96% 以上，$Fe^{3+}$ 的还原率也提高到 93% 以上。这样，就可以把还原、补锰两道工序合并到高温高酸浸出过程，简化了工艺流程。

高浸渣含硫量大于 40%，含锌、铁相当高，锡、铅、银均富集在其中，是综合利用的好原料；可采用浮选 - 硫酸化预处理 - 水浸法回收其中的锌、铁、银和铅，残留在浸银渣中的锡、返回锡冶炼流程，硫精矿返回沸腾焙烧。

### 2.2.4　高浸液还原及除铜

#### 1. 除铜原理分析

从热力学上讲，可以用金属铁将溶液中的铜置换出来，并能起到深度还原溶液中残留的 $Fe^{3+}$ 的作用。

$$Fe_2(SO_4)_3 + Fe \Longrightarrow 3FeSO_4 \qquad (6-7)$$

$$CuSO_4 + Fe \Longrightarrow FeSO_4 + Cu \downarrow \qquad (6-8)$$

置换的次序取决于金属在水溶液的电位次序，而且置换趋势的大小决定于它们的电位差。水溶液中各相关金属的电极电位次序见表 6 - 36。

表 6 - 36　298K 各金属离子的标准电极电位

| 电极 | $E$/V | 电极 | $E$/V | 电极 | $E$/V |
|---|---|---|---|---|---|
| $Fe^{3+}/Fe^{2+}$ | +0.771 | $Co^{2+}/Co$ | -0.267 | $In^{3+}/In$ | -0.335 |
| $Cu^{2+}/Cu$ | +0.337 | $Ni^{2+}/Ni$ | -0.241 | $Fe^{2+}/Fe$ | -0.44 |

用铁粉置换铜反应的电位差为：

$$\varphi = E_{Cu^{2+}/Cu} - E_{Fe^{2+}/Fe} = E^{\ominus}_{Cu^{2+}/Cu} - E^{\ominus}_{Fe^{2+}/Fe} + \frac{0.0591}{2}\lg\frac{a_{Cu^{2+}}}{a_{Fe^{2+}}} \qquad (6-9)$$

当反应式(6-9)达到平衡时，$\varphi = 0$，即

$$E_{Cu^{2+}/Cu}^{\ominus} - E_{Fe^{2+}/Fe}^{\ominus} = 0.0295\lg\frac{a_{Fe^{2+}}}{a_{Cu^{2+}}} + 0.337 - (-0.44)$$

$$= 0.0295\lg\frac{a_{Fe^{2+}}}{a_{Cu^{2+}}}\lg\frac{a_{Fe^{2+}}}{a_{Cu^{2+}}} = \frac{0.777}{0.0295} = 26.34a_{Cu^{2+}}$$

$$= 10^{-26.34}a_{Fe^{2+}}$$

根据第五篇第 3 章 3.5.3 小节的热力学分析，用铁粉作置换剂，达到平衡时，置换液中 $Fe^{3+}$，$Cu^{2+}$，$Co^{2+}$，$Ni^{2+}$ 与 $In^{3+}$ 等的活度分别为 $Fe^{2+}$ 的 $10^{-41}$，$10^{-26.34}$，$10^{-6}$，$10^{-7}$ 与 $10^{-4}$ 倍，可见，利用这种差别，通过控制 Fe 的加入量，可以使 In 保留在溶液中。

### 2. 试液及实验方法

除铜用的高浸液成分见表 6 - 37。铁粉作为置换剂，加入量为还原 $Fe^{3+}$ 及置换 Cu、Cd 所需理论量的 2.1 倍。每次取试液 4 L，反应 45 min，温度 323 ~ 333K。

表 6 - 37　高温高酸循环浸出混合溶液成分/$(g \cdot L^{-1})$

| $H_2SO_4$ | $Fe^{3+}$ | In | Cu | Cd |
|---|---|---|---|---|
| 21.06 | 3.80 | 0.333 | 1.614 | 0.611 |

### 3. 实验结果

置换后液成分见表 6 - 38，铜渣成分见表 6 - 39，技术指标见表 6 - 40。

表 6 - 38　置换后液成分/$(g \cdot L^{-1})$

| 样号 | $V$/mL | Cu | Cd | In | $Fe^{3+}$ |
|---|---|---|---|---|---|
| 1 | 3975 | 0.055 | — | 0.343 | 0 |
| 2 | 3970 | 0.075 | 0.55 | 0.331 | 0 |
| 3 | 4020 | 0.061 | 0.57 | 0.338 | 0 |
| 4 | 4000 | 0.038 | 0.60 | 0.313 | 0 |
| 5 | 4010 | 0.202 | 0.61 | 0.321 | 0 |
| 6 | 4010 | 0.040 | 0.61 | 0.322 | 0 |
| 平均 | — | 0.079 | 0.59 | 0.328 | 0 |

表 6 - 39　置换后铜渣成分/%

| 样号 | 渣重/g | Cu | Cd | In |
|---|---|---|---|---|
| 1 | 8.1 | 76.4 | 0.0051 | 0.106 |
| 2 | 8 | 75.12 | 0.0023 | 0.0645 |
| 3 | 8.1 | 72.38 | 0.0037 | 0.0642 |
| 4 | 8 | 77.35 | 0.0053 | 0.1077 |
| 5 | 7.7 | 68.61 | 0.0039 | 0.102 |
| 6 | 8.15 | 75.33 | 0.0043 | 0.097 |
| 平均 | — | 74.20 | 0.0041 | 0.0902 |

表 6 - 40　置换除铜过程技术指标/%

| 样号 | 除铜率 | 除镉率 | 铟损失率 |
|---|---|---|---|
| 1 | 95.86 | 0.014 | 0.64 |
| 2 | 93.09 | 0.0075 | 0.39 |
| 3 | 90.81 | 0.012 | 0.39 |
| 4 | 98.20 | 0.017 | 0.65 |
| 5 | 81.83 | 0.012 | 0.59 |
| 6 | 95.10 | 0.014 | 0.59 |
| 平均 | 92.48 | 0.013 | 0.54 |

由以上实验数据可知,平均除铜率可达92.48%,除镉效果很差,这是由于镉($Cd^{2+}/Cd$)的电极电位(-0.402 V)与铁($Fe^{2+}/Fe$)的电极电位(-0.44 V)接近,电位差仅为0.038 V,热力学驱动力较小。因此,还得采取除镉措施。另外,铜渣含 Cu 高达74.20%,便于铜的回收。铟的损失率很低,为0.54%,因此,铟的回收率高达99.46%。

## 2.2.5　萃取提铟

### 1.过程基本原理

1)萃铟原理

以应用十分广泛的二乙基己基磷($D_2EHPA$)作铟的萃取剂,它在非极性溶剂中,以双分子的缔合体的形态即$(HA)_2$存在,在低酸度的硫酸体系中,其萃取金属的反应为阳离子交换反应:

$$In_{(a)}^{3+} + 3(HA)_{2(o)} \Longrightarrow 3H^+ + In(HA_2)_{3(o)} \tag{6-10}$$

有机相为 $D_2EHPA$ 和磺化煤油混合液,水相为含有 $In^{3+}$ 和其他金属离子的水溶液。总的萃取反应为:

$$Me_{(a)}^{n+} + nHR_{(o)} \Longrightarrow MRn_{(o)} + nH_{(a)}^+ \tag{6-11}$$

离子分配在水相和有机相之中的平衡常数为 $K_E$

$$K_E = \frac{(MR_n)_{(o)}}{[M^{n+}]_{(a)}} \cdot \frac{[H^{n+}]_{(a)}^n}{(HR)_{(o)}^n} \tag{6-12}$$

而分配系数为

$$D = \frac{(MR_n)_{(o)}}{[M^{n+}]_{(a)}} \tag{6-13}$$

所以

$$D = K_E \cdot \frac{(HR)_{(o)}^n}{[H^+]^n} \tag{6-14}$$

设有机相的萃取剂 HR 的浓度为常数,则等温时 $K_E \cdot (HR)^n = K_e$,故

$$D = K_e/[H^+]^n \rightarrow \lg D = \lg K_e + npH \tag{6-15}$$

即分配系数与 $K_E$、pH 和离子价有关。

为了衡量金属离子萃取分离常数 $D$ 与 pH 的关系,引入 $pH_{0.5}$ 这个概念,$pH_{0.5}$ 是当萃取率为 50% 时的平衡 pH,这时将 $D=1$,$\lg D=0$,$\lg K_e = npH_{0.5}$ 代入式(6-15),可以得到:

$$\lg D = -npH_{0.5} + npH \tag{6-16}$$

式中有关金属离子被 $D_2EHPA$ 萃取时的分配系数 $D$ 与 pH 和离子价数之间的关系如下:

$$In^{3+}: \lg D = -0.828 + 3pH$$
$$Fe^{2+}: \lg D = -4.6 + 2pH$$
$$Zn^{2+}: \lg D = -2.8 + 2pH$$
$$Mn^{2+}: \lg D = -5.2 + 2pH$$

硫酸体系中 $D_2EHPA$ 萃铟反应如式(6-17):

$$6(HR)_2 + In_2(SO_4)_3 \Longrightarrow 2In(HR_2)_3 + 3H_2SO_4 \tag{6-17}$$

水相中的 $In^{3+}$ 进入有机相,把 $D_2EHPA$ 中的 $H^+$ 置换下来,$H^+$ 进入水相,萃取过程不断释放出 $H^+$,溶液中的酸性越来越强。因此,控制萃铟过程的酸度是必要的。

2)反萃与置换铟原理

用盐酸反萃,使铟转入盐酸溶液中,其反应式如式(6-18):

$$In(HR_2)_3 + 4HCl \Longrightarrow 3(HR)_2 + HInCl_4 \tag{6-18}$$

然后用草酸洗去 $Fe^{3+}$:

$$2Fe(HR_2)_3 + H_2C_2O_4 + 4H^+ =\!=\!= 6(HR)_2 + 2Fe^{2+} + 2CO_2 \uparrow \quad (6-19)$$

净化后的铟溶液，用锌板或铝板置换，即得到海绵铟。

$$2InCl_3 + 3Zn =\!=\!= 3ZnCl_2 + 2In \downarrow \quad (6-20)$$

**2. 试液及实验方法**

作为条件实验的试液包括模拟液和真实液，作为综合实验的试液为两种真实溶液。这些试液的成分见表 6-41。

表 6-41　萃铟实验试液成分/$(g \cdot L^{-1})$

| 用途 | 批次 | $In^{3+}$ | $Zn^{2+}$ | $H_2SO_4$ | $Mn^{2+}$ | $Cu^{2+}$ | $Cd^{2+}$ | $Fe^{2+}$ |
|---|---|---|---|---|---|---|---|---|
| 条件实验 试液 | 模拟溶液 | 0.30 | 49.1 | 9.58 | 12.34 | — | — | 52.2 |
| | 真实溶液 | 0.27 | 47.2 | 10.0 | 14.23 | — | — | 61.0 |
| 综合实验 试液 | 1 | 0.328 | 53.24 | 21.86 | — | 0.061 | 0.57 | 49.4 |
| | 2 | 0.306 | — | 25.74 | — | — | — | 37.6 |

将一定体积的有机相与一定体积的水相混合，移入分液漏斗，在振荡器上振荡一定时间，静置分层，最后分析萃取前与萃取后的溶液中的金属离子浓度和溶液的酸度，通过计算得到一定条件下各种金属离子的萃取率。$D_2EHPA$ 萃取铟是很成熟的工艺，因此，按文献选取萃取与反萃条件。

**3. 实验结果**

1) 铟萃取

采用间断模拟进行逆流萃取，萃铟条件为 O/A = 3:1；萃取剂组成 30% $D_2EHPA$ + 煤油溶液，室温，混合、澄清时间均为 5 min，第 1 批试液的综合条件实验结果见表 6-42。

表 6-42　萃取综合条件实验数据

| 样号 | 入液/L | 出液/L | 出液 In 浓度/$(g \cdot L^{-1})$ |
|---|---|---|---|
| 1 | 8.4 | 8.06 | 0.0035 |
| 2 | 8.4 | 8.34 | 0.0040 |
| 3 | 8.4 | 8.41 | 0.0036 |
| 4 | 12.465 | 12.44 | |
| 合计/平均 | 37.665 | 37.25 | 0.0037 |

注：第 1 次萃取有机相为新配 $D_2EHPA$ 和煤油(没磺化)溶液，其他均为再生有机相进行萃取。

从表 6 - 42 可以看出，铟的萃取率高达 98.92% 。

第 2 批试液实验结果为：进液 11.23 L，出液 11.02 L，出液含 In 0.0024 g/L，铟萃取率为 99.23% 。总之，铟的平均萃取率为 99.08% 。

2）铟反萃

（1）酸洗。

为了防止锌、铁、铜、镉等的污染，萃取所得的富铟有机相要用 150 g/L 的硫酸进行洗涤。条件为 O/A = 4/1，1 级洗涤，室温，混合 5 min，洗涤后酸洗液返浸出用。

（2）反萃。

反萃铟条件为：O/A = 15∶1，6 mol/L 盐酸溶液为反萃剂，3 级反萃，室温，混合、澄清时间均为 5 min。第 1 批和第 2 批反萃液体积分别为 805 mL 和 305 mL，含 In 分别为 13.958 g/L 和 10.97 g/L，铟的反萃率大于 99% 。

（3）有机相的再生。

当有机相中 $Fe^{3+}$ 增加到一定量时，铟的萃取率下降，为了避免有机相中 $Fe^{3+}$ 的积累，采用 7% 草酸作为再生剂，并循环使用，不足时稍补充草酸液。有机相再生条件为 O/A = 4/1，3 级，室温，混合澄清分别为 5 min。

3）铟置换

在常温下用锌板置换反萃液中的铟，即得到含 In 96% ~ 98% 的海绵铟，铟置换率≥99% 。

## 2.2.6　初步净化

### 1.试液及实验方法

以成分为 Fe 47.60 g/L，Zn 66.68 g/L，Mn 6.39 g/L 的混合铟萃余液为试液。基本套用本章 2.2 节的工艺技术条件：①萃余液用量 4 L/次；②常温下搅拌；③用铁锰渣及石灰（用少量水调成石灰乳）中和至 pH = 2.5；④缓慢加入 19 mL $(NH_4)_2S$ 溶液，沉淀 30 min；⑤加石灰（用少量水调成石灰乳）中和至 pH = 5.0 ~ 5.2，反应时间为 20 min；⑥加 5 g/L 的 PAM（助滤剂）20 mL，搅拌 3 ~ 5 min 后过滤，滤渣用料液量 10% 的自来水洗涤，洗液与滤液合并（加微量硫酸），pH≈2。按图 6 - 1 所示的原则流程进行初步净化循环实验，第 1 次初步净化用碳酸锰代替铁锰渣作补锰剂和大部分中和剂，从第 2 次开始，上一次的铁锰渣返回下一次初步净化过程，以确保共沉淀粉的铁锰比的稳定。共循环 5 次，实验规模为铟萃余液 5 L/次，目的是制备共沉淀粉 400 g/次。

### 2.实验结果

初步净化共实验了 5 槽。除第 1 槽用的铁锰渣系条件实验复盐母液的混合溶液制备，其余各槽均为上一槽返回的铁锰渣。实验结果见表 6 - 43。

表 6 - 43　初步净化循环实验结果

| 槽次 | 产出 | | | | | | | | | | 渣计金属损失率/% | | |
|---|---|---|---|---|---|---|---|---|---|---|---|---|---|
| | 净化液成分/(g·L$^{-1}$) | | | | 净化渣成分/% | | | | | | | | |
| | V/L | Fe | Mn | Zn | m/g | Fe | Mn | Zn | H$_2$O | ∑Me/g | Fe | Mn | Zn |
| P - 1 | 6.15 | 37.70 | 5.84 | 38.87 | 351.0 | 5.90 | 0.604 | 6.530 | — | 45.75 | 8.70 | 6.63 | 6.56 |
| P - 2 | 5.63 | 43.15 | 6.87 | 41.55 | 136.6 | 11.88 | 0.905 | 14.28 | — | 36.97 | 6.87 | 3.85 | 5.85 |
| P - 3 | 5.66 | 43.30 | 6.82 | 38.36 | 262.3 | 4.64 | 0.424 | 7.24 | 51.05 | 32.27 | 5.10 | 3.48 | 5.70 |
| P - 4 | 6.14 | 41.00 | 6.66 | 47.17 | 109.5 | 11.69 | 0.665 | 16.12 | — | 31.18 | 5.38 | 2.28 | 5.29 |
| P - 5 | 5.64 | 46.50 | 7.06 | 46.97 | 213.0 | 5.13 | 0.484 | 7.70 | — | 28.37 | 5.59 | 3.23 | 5.92 |
| 共计/平均* | 29.22 | 42.33 | 6.65 | 42.58 | 1721.4 | 7.85 | 0.62 | 10.37 | — | 174.54 | 6.33 | 3.89 | 5.86 |

注：* 不包括槽次 P - 1 的值。

由表 6 - 43 可以看出，初步净化循环实验取得较好结果，随着循环次数的增加，渣中铁、锰、锌的总量减少。铁、锰、锌的回收率分别为 93.67%、96.11% 和 94.31%。另外，石灰加入量多则净化渣量大，渣含铁锰锌低；石灰加入量少则净化渣量小，渣含铁、锰、锌高；净化渣平均含锌 10.37%，是一种可以利用的锌原料。

### 2.2.7　沉复盐及深度净化

#### 1. 试液及实验方法

以循环实验初步净化液为试液，进行沉复盐及深度净化循环实验。套用本章 2.2 节沉复盐及深度净化的工艺技术条件与操作步骤。另外，复盐母液按以下条件和步骤处理，所产铁锰渣按相应槽次返回初步净化过程。沉铁锰条件及步骤为：①按复盐母液量和金属含量计算碳酸铵的理论用量，碳酸铵用量为理论用量的 1.25 倍；②在 50℃ 及不断搅拌的情况下，慢慢加入碳酸铵，至 pH = 6.5，稳定 30 min；③过滤，用自来水淋洗铁锰渣 3 ~ 5 次。

#### 2. 实验结果

沉复盐及深度净化循环实验结果见表 6 - 44。

表6-44 沉复盐及深度净化循环实验结果

| 槽次 | 复盐母液/(g·L$^{-1}$) | | | | 复盐/% | | | | 液计沉淀率/% | | |
|------|------|------|------|------|------|------|------|------|------|------|------|
| | V/L | Fe | Mn | Zn | 湿重/g | Fe | Mn | Zn | Fe | Mn | Zn |
| C-L-1 | 6.035 | 8.20 | 2.66 | 0.570 | 3652.30 | 4.915 | 0.536 | 6.052 | 78.48 | 54.94 | 98.55 |
| C-L-2 | 4.700 | 7.92 | 3.06 | 0.445 | 4597.40 | 4.428 | 0.521 | 4.998 | 84.54 | 62.46 | 99.10 |
| C-L-3 | 5.220 | 7.52 | 2.84 | 0.445 | 3833.20 | 5.230 | 0.599 | 5.483 | 83.64 | 60.76 | 98.91 |
| C-L-4 | 5.760 | 6.40 | 2.68 | 0.283 | 4321.95 | 4.934 | 0.582 | 6.620 | 85.26 | 61.98 | 99.43 |
| C-L-5 | 5.160 | 7.28 | 2.99 | 0.263 | 4144.40 | 5.370 | 0.580 | 6.320 | 85.55 | 60.85 | 99.48 |
| 共计/平均 | 26.875 | 7.46 | 2.85 | 0.401 | 20549.25 | 4.975 | 0.564 | 5.895 | 83.49 | 60.21 | 99.09 |

由表6-44可以看出，随着循环次数增加，沉淀率趋于稳定；复盐中金属的平均含量分别为Fe 4.975%、Mn 0.564%、Zn 5.895%；铁、锰及锌的平均复盐沉淀率为83.49%、60.21%和99.09%，与实验设计数据(Zn 100%、Fe 85%和Mn 64%)接近。

### 2.2.8 复盐转化及氨浸锌

#### 1.过程理论分析

复盐转化反应为：

$$MeSO_4 \cdot (NH_4)_2SO_4 \cdot 6H_2O + NH_4OH + NH_4HCO_3 = \!=\!=$$
$$MeCO_3 \downarrow + 2(NH_4)_2SO_4 + 7H_2O \tag{6-21}$$

浸锌反应为：

$$ZnSO_4 \cdot (NH_4)_2SO_4 \cdot 6H_2O + (i+2)NH_4OH = \!=\!=$$
$$Zn(NH_3)_i^{2+} + 2(NH_4)_2SO_4 + (i+8)H_2O \tag{6-22}$$

#### 2.试料及实验方法

分别以表6-44所列5批复盐为实验原料，进行复盐转化及氨浸锌循环实验。具体条件和步骤如下：①按铁锰比4.23，补充硫酸锰；②按Zn 50%、Fe 100%、Mn 100%的复盐转化率计算碳酸铵的理论用量，碳酸铵用量为理论用量的1.5倍；③按游离氨浓度为2.5 mol/L计算浓氨水用量；④按1.5/1的液固(转化氨浸剂/复盐)比，将碳酸铵、浓氨水、共沉淀粉洗液和蒸馏水配好浸剂；⑤在常温下(30℃左右)不断搅拌，将复盐和硫酸锰溶液均匀加入到转化氨浸剂中，加完复盐后稳定搅拌60 min；⑥陈化12 h以上；⑦过滤，滤渣用60℃左右的蒸馏水多次洗涤，直到用BaCl$_2$检不出SO$_4^{2-}$为止，前两次洗水与滤液合并计量。

### 3. 实验结果

复盐转化及氨浸实验结果见表 6-45 ~ 表 6-47。

**表 6-45　物料量及氨浸转化液成分/(mol·L$^{-1}$)**

| 槽次 | $m$(复盐)/g | $m$(碳酸铵)/g | $m$(MnSO$_4$·H$_2$O)/g | $V$(浓氨水)/L | 氨浸转化液 | | | | | |
|---|---|---|---|---|---|---|---|---|---|---|
| | | | | | $V$/L | Zn | Fe | Mn | NH$_3$ | (NH$_4$)$_2$SO$_4$ |
| CP-1 | 3652.3 | 1260.1 | 57.50 | 2.088 | 7.44 | 0.494 | 0.015 | 0.044 | 3.62 | 2.36 |
| CP-2 | 4597.4 | 1453.7 | 52.10 | 2.465 | 9.70 | 0.489 | 0.037 | 0.026 | 3.91 | 2.08 |
| CP-3 | 3833.2 | 1438.1 | 67.75 | 2.134 | 8.54 | 0.559 | 0.038 | 0.042 | 4.16 | 2.87 |
| CP-4 | 4321.9 | 1642.2 | 62.10 | 2.420 | 9.29 | 0.527 | 0.023 | 0.037 | 3.81 | 2.60 |
| CP-5 | 4144.4 | 1638.3 | 71.60 | 2.372 | 9.02 | 0.482 | 0.039 | 0.047 | 4.30 | 2.63 |
| 共计/平均 | 20549.3 | 7432.4 | 311.05 | 11.479 | 43.99 | 0.510 | 0.030 | 0.039 | 3.96 | 2.51 |

**表 6-46　共沉淀粉湿重及化学成分/%**

| 槽次 | 湿重/g | H$_2$O | Fe | Mn | Zn | Cu | Cd | Ca | Mg | Pb | Sb | SO$_4^{2-}$ | Si |
|---|---|---|---|---|---|---|---|---|---|---|---|---|---|
| CP-S-1 | 967.90 | 51.02 | 36.540 | 7.955 | 9.55 | 0.0027 | 0.065 | 0.0072 | 0.041 | 0.0087 | 0.048 | 0.37 | — |
| CP-S-2 | 1011.15 | 56.56 | 41.830 | 8.593 | 7.285 | 0.0023 | 0.101 | 0.0028 | 0.058 | 0.0122 | 0.054 | 0.41 | 0.05 |
| CP-S-3 | 920.3 | 51.05 | 40.465 | 9.429 | 5.663 | 0.0040 | 0.076 | 0.0124 | 0.222 | 0.0053 | 0.050 | — | — |
| CP-S-4 | 1083.85 | 57.80 | 44.072 | 9.601 | 7.444 | 0.0043 | 0.044 | 0.0048 | 0.218 | 0.0058 | 0.028 | <0.1 | — |
| CP-S-5 | 977.45 | 49.85 | 41.400 | 9.660 | 4.513 | 0.0029 | 0.042 | 0.0106 | 0.214 | 0.0059 | 0.047 | <0.1 | — |
| 共计/平均 | 4960.65 | 53.26 | 40.861 | 9.048 | 6.891 | 0.0032 | 0.066 | 0.0076 | 0.151 | 0.0076 | 0.045 | — | |

表 6 - 47　共沉淀粉主成分比例及金属浸出率/%

| 槽次 | 主成分比例 | | 浸出率 | | |
| --- | --- | --- | --- | --- | --- |
| | $w(Fe)/w(Zn)$ | $w(Fe)/w(Mn)$ | Mn | Zn | Fe |
| CP - 1 | 3.826 | 4.593 | 1.45 | 79.52 | 3.50 |
| CP - 2 | 5.742 | 4.868 | 7.67 | 86.08 | 9.75 |
| CP - 3 | 7.146 | 4.292 | 5.57 | 87.86 | 9.08 |
| CP - 4 | 5.920 | 4.590 | 3.15 | 88.10 | 5.47 |
| CP - 5 | 9.173 | 4.286 | 约0 | 91.56 | 8.81 |
| 共计/平均 | | | 约3.57 | 86.62 | 7.32 |

由表中数据可以看出，经过 5 次循环，共处理一次净化液 25 L，产出共沉淀粉 2311.34 g。共沉淀粉质量较好，主金属配比接近理论配比，$w(Fe)/w(Zn)$ 符合高磁导率磁粉的配比要求，共沉淀粉中的杂质元素除镁超标外，其他杂质元素均较低。共产出氨浸转化液 43.99 L，平均含 Zn 33.34 g/L，Fe 和 Mn 检测不出。

### 2.2.9　电沉积回收锌粉

#### 1. 试液及流程
以复盐转化氨浸过程的条件实验和部分循环实验氨浸转化液的混合液为试液，其成分为：Fe 0.75 g/L，Mn 0.41 g/L，Zn 31.86 g/L，$NH_3$ 4.12 mol/L。从复盐转化氨浸液中电沉积锌粉和回收氨的原则流程如图 6 - 4 所示。

#### 2. 实验条件及步骤
复盐转化氨浸液静置 7 d 后，上清液变无色。过滤分离。根据已有的氨体系中锌粉置换净化研究结果，常温常压置换，规模为溶液 0.5 L/次，主要改变锌粉用量，取最优条件进行 5 L/次的综合条件实验。

锌粉置换净化综合实验混合液用于电解制备锌粉，在 10.2 cm × 13.0 cm × 20.0 cm 的电解槽中进行，每次装载体积 2.2 L；阴极为钛板，面积 9.3 cm × 8.2 cm = 76.26 cm$^2$；阳极为 Pb - Sb 合金，面积 8.0 cm × 8.5 cm = 68 cm$^2$。先进行电沉积锌粉的条件实验，最后在优化条件下电沉积锌粉，先用氨—碳酸铵溶液洗涤锌粉 2 次，然后多次蒸馏水洗涤，再用丙酮洗涤 2 次，最后 80℃下真空干燥 2 h。

#### 3. 实验结果
1) 静置澄清

复盐转化氨浸液开始为黄色溶液，随着澄清时间的延长，悬浮其中的 $FeCO_3$

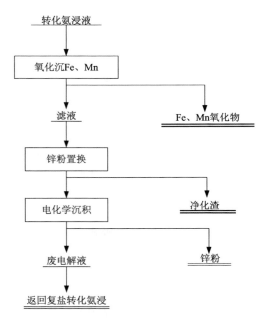

图 6 – 4  从转化氨浸液电沉积锌粉与回收氨的原则流程

和 $MnCO_3$ 细小颗粒絮凝沉淀，在碱性环境中 $Fe^{2+}$ 很快氧化生成 $Fe_2O_3$ 沉淀。过滤分离，溶液成分见表 6 – 48。

表 6 – 48  复盐转化氨浸过程的混合液成分/$(g \cdot L^{-1})$

| 元素 | Fe | Mn | Zn | Cu | Cd | Co | Ni | Pb | Sb |
|------|-----|--------|-------|--------|--------|-------|------|-------|-------|
| 含量 | 痕 | 0.0022 | 31.86 | 0.0056 | 0.0065 | 0.013 | 0.16 | 0.010 | 0.045 |

从表 6 – 48 看出，经过静置澄清和空气氧化，Fe、Mn 完全除去，杂质总含量仅 0.22 g/L。

2）锌粉置换净化

锌粉用量对净化效果的影响见表 6 – 49。

表 6 – 49  锌粉净化实验结果/$(g \cdot L^{-1})$

| 样品 | 锌粉 | Cu | Cd | Co | Ni | Pb | Sb |
|------|------|--------|--------|--------|-------|--------|-------|
| 1 | 0.4 | 0.0009 | 0.0046 | 0.0024 | 0.155 | 0.0033 | 0.025 |
| 2 | 0.8 | 未测出 | 0.0021 | 0.0017 | 0.0062 | 0.0018 | 0.013 |

续表6-49

| 样品 | 锌粉 | Cu | Cd | Co | Ni | Pb | Sb |
|---|---|---|---|---|---|---|---|
| 3 | 1.2 | 未测出 | 0.0012 | 0.0017 | 0.0038 | 0.0017 | 0.0065 |
| 4 | 1.6 | 未测出 | 0.0013 | 0.0017 | 0.0031 | 0.0017 | 0.0054 |
| 综合样 | 1.2 | 未测出 | 0.0010 | 0.0017 | 0.0031 | 0.0017 | 0.0054 |

锌粉用量1.2 g/L即达到最佳净化效果,在此条件下,进行两次5 L/次的综合条件实验,混合溶液杂质元素含量很低。

3)电沉积锌粉

研究了溶液锌浓度、电流密度、阴阳极极距、温度对槽电压与电流效率的影响,得出电沉积锌粉的优化条件为:$Zn^{2+}$浓度15 g/L、电流密度400 $A/m^2$、温度30~40℃、极距5.0 cm。在上述优化条件下进行综合实验,获得预期效果:综合实验的槽电压为3.3 V,电流效率85.8%,电能消耗3157.7 kW·h/t锌粉,电解所得湿锌粉经真空干燥得到的干锌粉质量见表6-50。

**表6-50　电解锌粉质量及国家标准/%**

| 元素 | Zn | Pb | Fe | Cd | Cu | Co | 酸不溶物 | 备注 |
|---|---|---|---|---|---|---|---|---|
| 电解锌粉 | 98.55 | 0.0084 | 0.0008 | 0.0046 | 0.0007 | 0.0096 | — | 优于1级 |
| GB 6890—1986 | 98 | <0.2 | <0.2 | <0.2 | <0.2 | <0.2 | <0.2 | 1级 |

从表6-50可以看出,在综合条件下,电解锌粉优于GB 6890—1986中1级产品要求,杂质元素含量很低,但是由于湿法制取的锌粉活性较高,很容易氧化,因此干燥与包装比较困难。

## 2.2.10　技术经济指标

### 1.金属回收率

铟提取过程的金属总回收率为:锌95.60%,铟93.74%,铁85.72%,锰99.71%,铜91.71%,锡100.00%。共沉淀粉和锌粉制取过程的金属总回收率为:锌93.05%,铁91.25%,锰94.41%。全流程金属总回收率为:在中性浸出锌浸出率为80.23%,电积锌锌回收率为99%的情况下,全流程的锌总回收率为97.02%,其中电锌79.43%,锌粉15.24%(16.41)%,共沉淀粉2.35%(1.18)%;铟93.74%;铁78.22%;锰94.14%;铜91.71%;锡100.00%。

### 2.产量

提取和回收1 t金属量的锌,其中电锌0.8187 t,锌粉0.1334 t或0.1573 t,

高磁导率共沉淀粉中锌 0.0479 t 或低功耗共沉淀粉中锌 0.024 t；可附产金属铟 1.626 kg，高磁导率 $\sum Me_xO_y$ 0.437 t 或低功耗 $\sum Me_xO_y$ 0.429 t，硫酸铵 4.572 t，除去自用的 3.323 t 外，尚有 1.249 t 可出售，铜渣铜 0.0067 t，高浸渣锡 0.0064 t。

### 3. 原辅材料消耗

提取和回收 1 t 金属量的锌主要原辅材料消耗如下：锌精矿 2.115 t（Zn 48.735%，In 0.082%），软锰矿 0.153 或 0.204 t（Mn 38.65%），铁屑 0.0195 t，硫酸 1.396 t，碳酸铵 1.848 t，氨水 0.175 t，硫酸铵 3.323 t，石灰 0.074 t，硫化铵（S 8%）0.032 t。

### 4. 共沉淀粉质量

第 1 及第 2 批共沉淀粉的预烧料由南京大学现代分析中心采用瑞士 ARL9800XP + 型 X 射线荧光光谱仪分析，化学成分见表 6 – 51，共沉淀粉（预烧料）中主金属配比情况见表 6 – 52。

表 6 – 51　第 1、第 2 批共沉淀粉的预烧料化学成分/%

| 元素或组分 | S – 1 | S – 2 | 备注 |
|---|---|---|---|
| $SiO_2$ | 0.0040 | 0.0030 | |
| Ca | 0.0480 | 0.0700 | |
| Mg | 0.3250 | 0.3020 | |
| K | 0.0040 | 0.0080 | |
| Cr | < 0.0005 | < 0.0005 | |
| Cl | 0.0200 | 0.0210 | |
| $SO_4^{2-}$ | 0.0560 | 0.0280 | |
| P | 0.0005 | 0.0010 | |
| Al | 0.0320 | 0.0530 | |
| Cu | 0.0008 | 0.0012 | |
| Ni | 0.0045 | 0.0040 | |
| Ti | < 0.0005 | 0.0005 | |
| Cd | 0.0290 | 0.086 | |
| Pb | 0.0030 | 0.0085 | |
| As | 0.0013 | 0.0014 | |
| Mo | < 0.0001 | < 0.0001 | |

续表 6 - 51

| 元素或组分 | S - 1 | S - 2 | 备注 |
|---|---|---|---|
| V | 0.0030 | 0.0015 | |
| Fe$_2$O$_3$ | 69.9800 | 74.3800 | |
| MnO | 13.3300 | 13.8700 | |
| ZnO | 15.2900 | 10.3500 | |
| 二次烧失量 | 0.53 | 0.5900 | 980℃下烧 2 h |

表 6 - 52 共沉淀粉及预烧料中主金属配比($w$)

| 项目 | | $w(\mathrm{Fe}):w(\mathrm{Mn}):w(\mathrm{Zn})$ | 分析单位 |
|---|---|---|---|
| 共沉淀粉 | CP - S - 1 | 67.610:14.72:17.67 | 中南大学重金属冶金及材料研究所 |
| | CP - S - 2 | 72.486:14.89:12.624 | |
| | CP - S - 3 | 72.835:16.972:10.193 | |
| | CP - S - 4 | 72.111:15.709:12.18 | |
| | CP - S - 5 | 74.497:17.382:8.121 | |
| | 平均 | 71.908:15.934:12.168 | |
| 预烧料 | S - 1 | 68.414:14.423:17.163 | 南京大学现代分析中心 |
| | S - 2 | 73.195:15.112:11.693 | |
| | 平均 | 70.800:14.770:14.430 | |
| 理论配比 | | 66.870:15.810:17.320 | |

从表 6 - 51、表 6 - 52 可以看出，共沉淀粉质量较好，其预烧料经国家权威单位南京大学现代分析中心检测，主金属配比接近理论配比，铁锌比符合高磁导率磁粉的配比要求；共沉淀粉中的杂质元素除镁超标外，其他杂质元素均较低，特别是二氧化硅的含量小于 0.004%。

## 2.2.11 小结

本节采用多元材料冶金技术将湿法炼锌技术与"直接 - 共沉淀法制备软磁用共沉淀粉"工艺相结合，开发铁渣零排放湿法炼锌提铟清洁生产新工艺和锌精矿铁源直接制备锰锌软磁铁氧体的新技术，实现铁源高价值化利用及铁渣、二氧化硫零排放。以中性浸出渣为原料，系统地研究了全流程工艺，取得了预期的结果：大幅度提高了铟锌回收率，实现了铟、锌的清洁生产；由铟锌精矿中的铁资源可生产出质量较高的锰锌软磁粉料。现小结如下：

（1）铟提取工艺研究表明，高温高酸还原－氧化循环浸出过程中，锌、铁、锰的浸出率分别为96.25%、86.5%及96.76%，铟的浸出率≥96%，$Fe^{3+}$还原率≥94.05%，但以硫化锌精矿为还原剂时，增加了开路锌的负担。铁屑置换除铜率为94.61%，铜渣含Cu高达74.20%，铟回收率99.47%，铟的萃取率和反萃率均≥99%，说明在大量$Fe^{2+}$及$Mn^{2+}$存在的情况下用$D_2EHPA$萃取法提取铟是可行的。从铟锌精矿到海绵铟，铟的直收率为94.33%，比现有流程提高25%以上，锌的回收率提高8%以上。

（2）复盐转化氨浸法既可以制备共沉淀粉，又可以将多余的锌开路回收，是一种创新性强的新工艺。该工艺金属回收率高，铁、锰及锌的总回收率分别为91.25%、94.41%及93.05%；该工艺制备的共沉淀粉质量较好，其预烧料经国家权威单位南京大学现代分析中心检测，主金属配比接近理论配比；共沉淀粉中除镁外，杂质元素含量均较低，特别是二氧化硅的含量小于0.004%。由氨浸液电解制备的锌粉的质量符合国家标准 GB 6890—1986 对 1 级锌粉的质量要求。

直接法是利用矿物原料或工业废渣直接制备锰锌软磁铁氧体材料的一种新技术，由于锰锌软磁铁氧体材料的各种磁性能不仅决定共沉淀粉料的化学组成，而且粉料的物理性能和表面结构对其磁性能也有很大影响。为使直接法产品质量稳定，工艺技术尽快地实现大规模工业应用，必须深入研究与该法制备的软磁粉料相适应的铁氧体工艺的技术条件，特别是预烧和烧结过程的升温和降温制度。

## 2.3　软磁用铁锌氧化物二元粉体制取与清洁炼锌提铟

### 2.3.1　概述

柳州华锡集团来宾冶炼厂采用"沸腾焙烧－浸出－净化－电积"的传统湿法炼锌提铟工艺，通过黄钾铁矾法将低酸浸出液中的铁和铟富集于铁矾渣（含铟0.18%，含锌10%）；铁矾渣经"还原挥发－硫酸浸出－$D_2EHPA$萃铟－置换－电解"的冶炼流程回收铟。该流程存在锌、铟回收率低，铁渣和低浓度二氧化硫烟气严重污染环境等问题。作者把湿法炼锌提铟工艺与共沉淀制备锰锌软磁铁氧体技术相结合，提出无铁渣湿法炼锌提铟新工艺（见2.3节），该工艺实现了硫化锌精矿中铁源的高价值利用，做到湿法炼锌提铟过程中铁渣及二氧化硫的零排放，而且锌、铟回收率大幅提高，但存在铟萃取要求大量还原除铜液快速冷却和复盐产量大，以及硫酸铵用量、产量都大等问题。因此，"无铁渣湿法炼锌提铟及铁源材料新工艺研究"被列为国家重大科技支撑项目（2006BA02B04）的课题之一，该课题在无铁渣湿法炼锌提铟工艺的基础上，将萃取提铟改为中和沉铟，将制备铁、锰、锌三元共沉淀粉改为制备软磁用铁、锌氧化物二元粉。为此，采用水热法沉铁实现铁锌分离和锌的返回，以及硫酸的再生利用。新工艺除了具有无铁渣湿法炼锌提铟的优点外，其突出特点是易与来宾冶炼厂的既有流程实现对接，在技术、经济上更具优势，更符合该厂的原料特点和现有生产实际，而且锌绝大部分（≥98%）以电锌产出，不用硫酸铵，硫酸用量大幅减少。本节重点介绍中和沉铟、水热法沉铁、赤铁矿纯化和由铁、锌氧化物二元粉制备锰锌软磁铁氧体材料，有关过程的基础理论前已述及，本节不再重复。

## 2.3.2　原料与工艺流程

实验原料为实验所产低酸浸出渣及现场高酸浸出渣，其主要化学组成见表6-53。

表 6-53　实验原料的化学成分/%

| 项目 | Zn | Fe | In | Cu | Pb | As | Ag | Sn | Sb | SiO$_2$ |
|---|---|---|---|---|---|---|---|---|---|---|
| 低浸渣 | 21.36 | 34.99 | 0.215 | 0.29 | 1.07 | — | 0.026 | — | — | — |
| 高浸渣 | 7.04 | 17.00 | 0.090 | 0.19 | 1.52 | 0.34 | 0.027 | 0.45 | 0.38 | 8.40 |

由表6-53可知，高浸渣含Zn 7.04%、Fe 17.00%、In 0.090%，有较大的提取利用价值，另外还含有少量Si、Cu、Pb、Sb等杂质。

软磁用铁锌氧化物二元粉体制备与湿法清洁炼锌提铟的原则工艺流程如图6-5所示。本节内容的实验流程为图6-5中的虚线框内部分。

## 2.3.3　高酸还原浸出实验

以低酸浸渣为试料，硫化锌精矿为还原剂，进行了高酸还原浸出实验，相关条件见表6-54，实验结果见表6-55、表6-56。

表 6-54　高酸还原浸出的条件和工艺参数

| 样号 | 1 | 2 | 3 | 4 | 5 |
|---|---|---|---|---|---|
| ZnS 理论用量/% | 53.06 | 53.06 | 46.42 | 46.42 | 39.79 |
| 始酸酸度/(g·L$^{-1}$) | 288.75 | 288.75 | 280 | 279.74 | 250 |
| 液固比 | 5:1 | 5:1 | 5:1 | 5:1 | 5:1 |

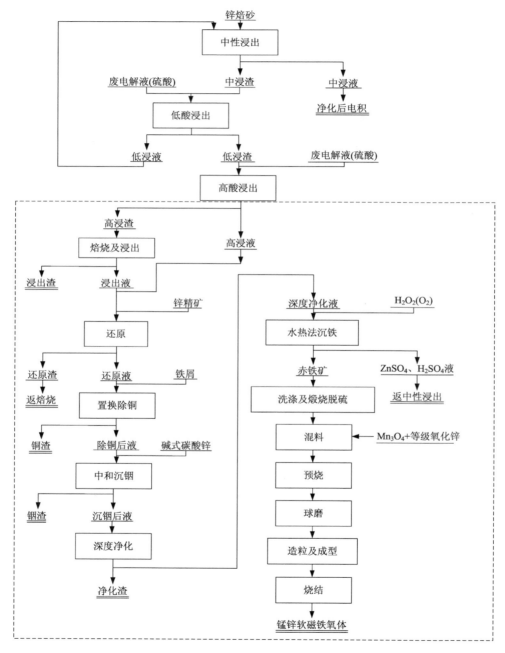

**图 6-5 无铁渣湿法炼锌提铟及铁资源高效利用原则工艺流程图**

表 6-55　高酸还原浸出渣成分/%

| 样号 | 渣率 | Fe | Zn | In |
|---|---|---|---|---|
| 1 | 25.58 | 16.71 | 5.87 | 0.0299 |
| 2 | 22.91 | 17.12 | 5.20 | 0.028 |
| 3 | 22.55 | 15.72 | 4.52 | 0.0232 |
| 4 | 20.74 | 17.97 | 5.13 | 0.0199 |
| 5 | 25.21 | 22.84 | 9.75 | 0.113 |

表 6-56　还原浸出率和相关指标/%

| 样号 | 终酸酸度/$(g \cdot L^{-1})$ | $Fe^{3+}$还原率 | Fe | Zn | In |
|---|---|---|---|---|---|
| 1 | 70.51 | 47.33 | 85.60 | 94.036 | 96.01 |
| 2 | 65.07 | 45.33 | 86.78 | 95.26 | 96.66 |
| 3 | 86.79 | 50.39 | 89.14 | 95.88 | 97.30 |
| 4 | 56.41 | 42.0 | 87.70 | 95.86 | 97.51 |
| 5 | 48.82 | 39.07 | 80.83 | 90.06 | 85.30 |

由表 6-55、表 6-56 可以看出，在不加铁屑及液固比为 5:1 的情况下，ZnS用量为理论量的 46.42% 的结果最好，锌、铁和铟的浸出率分别为 95.88%、89.14% 和 97.30%，$Fe^{3+}$ 的还原率为 50.39%。

实验证明，仍有 40% 以上的高价铁在浸出过程后期需用铁屑或铁粉还原。最终确定高温高酸还原浸出的条件为：①始酸酸度为 280 g/L；②温度为 90~95℃；③时间为 4 h；④液固比为 5:1；⑤ZnS 精矿用量为理论量的 50%~70%。

## 2.3.4　高浸渣硫酸化焙烧及浸出

### 1. 基本原理

湿法炼锌流程产出的高浸渣含 Zn、Fe、In、Cu、Cd、Pb 等金属。渣中锌的物相分析结果表明，锌主要以铁酸锌的形式存在。$ZnO \cdot Fe_2O_3 - H_2O$ 体系的 $E-pH$ 图如图 6-6 所示。

由图 6-6 可知，随着温度的升高（从 25℃ 升至 100℃），$ZnO \cdot Fe_2O_3 - Zn^{2+}$ 平衡线④向左方（酸度升高方向）移动，表明 $ZnO \cdot Fe_2O_3$ 的稳定区增大，即酸浸难度增大，欲升浸出温度，势必提高浸出液酸度，才能取得好的浸出效果。$ZnO \cdot Fe_2O_3$ 酸浸反应的活化能高达 58.6 kJ/moL，在 40~50℃、60~70℃ 和

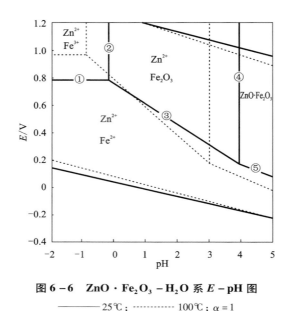

**图 6 – 6　ZnO · Fe₂O₃ – H₂O 系 $E$ – pH 图**

———— 25℃ ；·········· 100℃ ；$\alpha = 1$

90 ~ 100℃时的反应速率的温度常数分别为 2.01、1.84 和 1.68，温度的升高可大大加快浸出反应的进行。

　　由于铁酸锌直接酸浸有困难，故采用低温硫酸化焙烧预处理原料，使铁酸锌转变成易溶的硫酸盐，在常温下即可被水浸出：

$$ZnO \cdot Fe_2O_3 + 4H_2SO_4 = ZnSO_4 + Fe_2(SO_4)_3 + 4H_2O \qquad (6-23)$$

$$FeO \cdot Fe_2O_3 + 4H_2SO_4 = Fe_2(SO_4)_3 + FeSO_4 + 4H_2O \qquad (6-24)$$

$$2FeO \cdot Fe_2O_3 + 10H_2SO_4 = 3Fe_2(SO_4)_3 + SO_2 \uparrow + 10H_2O \qquad (6-25)$$

$$MeO + H_2SO_4 = MeSO_4 + H_2O \qquad (6-26)$$

### 2. 实验条件与方法

　　高浸渣硫酸化焙烧及浸出的优化工艺条件为：焙烧温度 270℃、焙烧时间 2 h、硫酸用量为 1.5 倍理论量、水浸液固比为 4∶1、浸出时间 1 h、室温。

　　在此最优条件下进行综合扩大实验，规模为高浸渣 400 g/次，其步骤为：称取一定量的高浸渣装入耐热不锈钢盘，按预定用量缓慢加入浓硫酸并不断搅拌，待两者拌匀后将不锈钢盘移至马弗炉，在预定温度下进行硫酸化焙烧，焙烧至指定时间后将不锈钢盘取出，按照焙烧渣与自来水质量体积比 4∶1 的条件将焙烧渣洗入烧杯中，在室温下磁力搅拌，浸出 1 h 后进行液固分离，再用蒸馏水淋洗滤饼 3 次，洗水与滤液合并后量取体积并取样分析其中的 Fe、Zn、H⁺ 含量，滤渣经远红外干燥箱烘干后称重，取样分析其中的 Fe、Zn 含量，计算各金属沉淀率。

### 3. 实验结果

高浸渣硫酸化焙烧及浸出的实验结果见表6–57、表6–58。

表6–57　综合扩大实验浸出液成分及液计金属浸出率

| 槽次 | $V/\mathrm{mL}$ | 浸出液化学成分/($\mathrm{g \cdot L^{-1}}$) | | | | 浸出率/% | | |
|---|---|---|---|---|---|---|---|---|
| | | Zn | Fe | In | $\mathrm{H_2SO_4}$ | Zn | Fe | In |
| BJ–K–1 | 2260 | 12.12 | 28.70 | 0.149 | 113.38 | 97.26 | 95.37 | 93.61 |
| BJ–K–2 | 2345 | 11.58 | 27.50 | 0.143 | 100.08 | 96.45 | 94.88 | 93.33 |
| BJ–K–3 | 2370 | 11.33 | 26.90 | 0.148 | 106.75 | 95.33 | 93.64 | 97.43 |
| 平均 | 2325 | 11.68 | 27.70 | 0.147 | 106.74 | 96.35 | 94.63 | 94.79 |

表6–58　综合扩大实验浸出渣成分、渣计金属浸出率和有价金属富集倍数

| 槽次 | 渣重/g | 渣率/% | 浸出渣化学成分/% | | | | | | 富集倍数 | | | 浸出率/% | | |
|---|---|---|---|---|---|---|---|---|---|---|---|---|---|---|
| | | | Zn | Fe | In | Ag | Sn | Pb | Ag | Sn | Pb | Zn | Fe | In |
| BJ–K–1 | 72.68 | 18.17 | 0.385 | 0.907 | 0.0072 | 0.095 | 0.93 | 6.71 | 3.52 | 2.07 | 4.41 | 99.31 | 96.94 | 98.55 |
| BJ–K–2 | 81.32 | 20.33 | 0.342 | 0.800 | 0.0063 | 0.087 | 0.88 | 6.54 | 3.22 | 1.96 | 4.30 | 98.66 | 95.71 | 98.58 |
| BJ–K–3 | 88.36 | 22.09 | 0.310 | 0.743 | 0.0048 | 0.074 | 0.89 | 5.97 | 2.74 | 1.97 | 3.92 | 97.25 | 96.58 | 98.82 |
| 平均 | 80.79 | 20.20 | 0.346 | 0.817 | 0.0061 | 0.085 | 0.90 | 6.41 | 3.16 | 2.00 | 4.21 | 98.41 | 96.41 | 98.65 |

由表6–57、表6–58可知，综合扩大实验结果非常理想，原料中的Zn、Fe、In基本完全被浸出，Zn、Fe、In的渣计平均浸出率分别为98.41%、96.41%和98.65%。浸出液中Zn、Fe、In的平均含量分别为11.68 g/L、27.70 g/L和0.147 g/L。部分有价金属在渣中富集，Ag、Sn、Pb的平均富集倍数分别为3.16、2.00和4.22，有利于提取回收。

## 2.3.5　浸出液还原

浸出液还原实验共进行4次，具体条件和方法为：用1.1倍理论量的硫化锌精矿在85~95℃还原3 h，实验结果见表6–59、表6–60。

表 6-59 锌精矿还原实验结果/$(g \cdot L^{-1})$

| 槽次 | 还原前液 | | 还原后液 | | | | 还原率/% | 备注 |
|---|---|---|---|---|---|---|---|---|
| | Zn | $Fe^{3+}$ | Zn | $Fe_T$ | $Fe^{3+}$ | V/mL | | |
| H-1 | 12.37 | 28.80 | 21.85 | 30.10 | 3.60 | 385 | 87.97 | 85℃ |
| H-2 | 12.37 | 28.80 | 24.19 | 30.90 | 2.10 | 375 | 93.16 | 95℃ |
| H-3 | 12.37 | 28.80 | 23.62 | 30.60 | 1.90 | 392 | 93.53 | 95℃，锌精矿分三次加入 |
| H-4 | 12.37 | 28.80 | 24.74 | 32.20 | 1.20 | 360 | 96.25 | 95℃，锌精矿研磨后加入 |

表 6-60 还原液与还原渣的化学成分

| 槽次 | 还原液/$(g \cdot L^{-1})$ | | | | | | | 还原渣/% | | | |
|---|---|---|---|---|---|---|---|---|---|---|---|
| | Zn | $Fe^{2+}$ | $Fe^{3+}$ | Cu | In | Pb | $H_2SO_4$ | Zn | Fe | S | 渣率 |
| H-4 | 24.74 | 31.00 | 1.20 | 0.552 | 0.127 | 0.625 | 51.13 | 24.33 | 12.06 | 49.67 | 36.23 |

由表 6-59 可知，温度上升有利于 $Fe^{3+}$ 还原率的提高，95℃时 $Fe^{3+}$ 还原率可达到 93% 以上；硫化锌精矿加入方式对还原过程的影响较小，确定硫化锌精矿加入方式为一次加入；将锌精矿研磨后 $Fe^{3+}$ 还原率由 93.16% 增大至 96.25%，这主要是由于硫化锌精矿粒径越小，化学活性越好，还原反应的界面越大，还原反应可更彻底地进行。由表 6-60 可知，$Fe^{3+}$ 还原效果较好，还原渣含硫量达 49.67%。

### 2.3.6 置换除铜

在温度 45℃，时间 45 min，铁粉用量为 1.6 倍理论量的条件下，进行了 3 次铁粉置换除铜实验，实验结果见表 6-61、表 6-62。

表 6-61 除铜后液的化学组成/$(g \cdot L^{-1})$

| 槽次 | Zn | $Fe^{2+}$ | $Fe^{3+}$ | Cu | In | Cd | Pb | $H_2SO_4$ | V/mL |
|---|---|---|---|---|---|---|---|---|---|
| ZH-1 | 22.15 | 35.80 | 0.20 | $2.0 \times 10^{-3}$ | 0.121 | 0.275 | 0.317 | 40.02 | 335 |
| ZH-2 | 22.18 | 36.20 | 0.10 | $8.5 \times 10^{-4}$ | 0.123 | 0.279 | 0.330 | 40.11 | 330 |
| ZH-3 | 22.15 | 36.00 | 0.10 | $1.2 \times 10^{-3}$ | 0.121 | 0.275 | 0.317 | 40.05 | 335 |

表 6-62　置换除铜过程各金属沉淀率/%

| 槽次 | Cu | Cd | Pb | In |
|------|------|------|------|------|
| ZH-1 | 99.60 | 29.89 | 43.36 | 0.65 |
| ZH-2 | 99.83 | 30.03 | 41.92 | 0.65 |
| ZH-3 | 99.75 | 29.85 | 43.38 | 0.52 |
| 平均 | 99.73 | 29.92 | 42.89 | 0.61 |

由表 6-61、表 6-62 可知，还原液中的 $Cu^{2+}$ 几乎完全被置换，除铜率大于 99.7%，$Fe^{3+}$ < 0.2 g/L，而 In 的损失率仅为 0.61%；但铁粉置换除 $Pb^{2+}$、$Cd^{2+}$ 的效果不太理想，它们的净化率分别为 29.92% 和 42.89%，须采用其他净化方法加以脱除。

## 2.3.7　中和沉铟

### 1. 基本原理

利用 $In^{3+}$ 和 $Fe^{2+}$、$Zn^{2+}$ 水解 pH 的差异，控制溶液 pH 使铟以 $In(OH)_3$ 的形式沉淀，达到提取铟的目的。根据常温下难溶化合物的溶度积，当 $[Zn^{2+}]$ = 80/65.37 = 1.223803 mol/L，$[In^{3+}]$ = 0.126/114.82 = $1.09737 \times 10^{-3}$ mol/L，$[Fe^{3+}]$ = 1/55.847 = 0.01791 mol/L，$[Fe^{2+}]$ = 20/55.847 = 0.35812 mol/L 时，我们可计算出常温下溶液中 $Zn(OH)_2$、$In(OH)_3$、$Fe(OH)_3$ 和 $Fe(OH)_2$ 沉淀平衡的 pH，见表 6-63。

表 6-63　溶液中各金属离子在相应浓度下水解 pH 与水解产物

| 金属离子 | $In^{3+}$ | $Fe^{3+}$ | $Fe^{2+}$ | $Zn^{2+}$ |
|------|------|------|------|------|
| 浓度/$(mol \cdot L^{-1})$ | $1.09737 \times 10^{-3}$ | 0.01791 | 0.35812 | 1.223803 |
| 水解产物 | $In(OH)_3$ | $Fe(OH)_3$ | $Fe(OH)_2$ | $Zn(OH)_2$ |
| 水解 pH | 3.36 | 2.12 | 6.67 | 5.61 |

由此可见，当溶液中存在 $Fe^{3+}$ 时，若直接中和沉铟，则大量的 Fe 进入沉铟渣，不能实现铟、铁分离，鉴于 $Fe(OH)_3$ 和 $Fe(OH)_2$ 沉淀平衡 pH 的差异，在沉铟前将 $Fe^{3+}$ 还原成 $Fe^{2+}$，便可使 Fe 留在溶液中，达到铟、铁分离的目的。

$Me-H_2O$ 系电位-pH 图描述 $[Me^{n+}]$ 为 1 mol/L 标准状态下的物相情况，$Fe-H_2O$ 系及 $Zn-H_2O$ 系 $\varphi$-pH 图如图 6-7、图 6-8 所示，比较图 6-7、图 6-8 也可以得出上述结果。

　　从表 6 - 63 及比较图 6 - 7、图 6 - 8 可知, 用碱式碳酸锌或氧化锌作中和剂, 可以使溶液 pH 达到 $In^{3+}$ 的水解 pH, 实现铟的沉淀富集, 而锌以 $Zn^{2+}$ 形式留在溶液中。

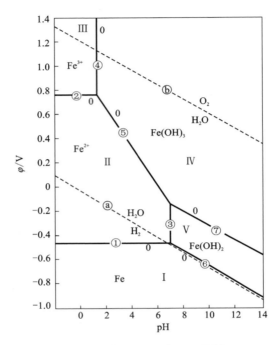

图 6 - 7　Fe - $H_2O$ 系 $\varphi$ - pH 图

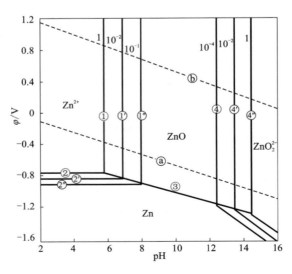

图 6 - 8　Zn - $H_2O$ 系 $\varphi$ - pH 图

中和沉铟过程中主要发生的反应为：

$$In^{3+} + 3H_2O \Longrightarrow In(OH)_3 \downarrow + 3H^+ \qquad (6-27)$$

$$Fe^{3+} + 3H_2O \Longrightarrow Fe(OH)_3 \downarrow + 3H^+ \qquad (6-28)$$

$$4H^+ + 4Fe^{2+} + O_2 \longrightarrow 4Fe^{3+} + 2H_2O \qquad (6-29)$$

$$ZnO + 2H^+ \Longrightarrow Zn^{2+} + H_2O \qquad (6-30)$$

$$2ZnCO_3 \cdot 3Zn(OH)_2 + 10H^+ \Longrightarrow 5Zn^{2+} + 8H_2O + 2CO_2 \uparrow \qquad (6-31)$$

总水解反应：

$$2In^{3+} + 3ZnO + 3H_2O \Longrightarrow 2In(OH)_3 \downarrow + 3Zn^{2+} \qquad (6-32)$$

或

$$10In^{3+} + 3[2ZnCO_3 \cdot 3Zn(OH)_2] + 6H_2O \Longrightarrow 10In(OH)_3 \downarrow + 15Zn^{2+} + 6CO_2 \uparrow \qquad (6-33)$$

可见，在中和沉淀过程中，控制一定 pH，$In^{3+}$ 全部水解，以氢氧化铟形式从溶液中沉淀而得以富集。

在中和沉淀过程中，溶液中的部分二价铁与空气接触生成了三价铁，三价铁发生水解以氢氧化铁形式沉淀到铟渣中，降低了铟含量。加入的中和剂越多，二价铁被氧化的几率越大，生成的三价铁越多，富铟渣中的铁含量就越高；中和时间越长，溶液与空气接触的时间就越长，生成的三价铁就越多，富铟渣中的铁含量就越高。所以为了控制溶液中的二价铁被氧化，应严格控制好中和剂的加入量和中和时间。

**2. 试液与实验方法**

以混合沉铜液和低酸浸出液的还原液为试液，成分见表 6-64，每次取 3 L 进行中和沉铟扩大实验。

表 6-64 沉铜后液和还原液成分/$(g \cdot L^{-1})$

| 名称 | In | Zn | Cu | Fe | Pb | Cd | Ca | Mg | Al | As* | Si | Mn |
|------|------|-------|-------|-------|-------|-------|-------|-------|-------|------|-------|-------|
| 沉铜液 | 0.125 | 69.4 | 0.002 | 21.4 | 0.008 | 0.485 | 0.190 | 0.210 | 0.167 | 2.95 | 0.029 | 0.340 |
| 还原液 | 0.126 | 71.80 | 0.817 | 19.75 | 0.053 | 0.491 | 0.192 | 0.212 | 0.17 | — | 0.03 | 0.347 |

注：* 单位为 mg/L。

沉铟优化条件和实验步骤如下：①取 3 L 沉铜液或还原液于 5 L 烧杯中；②称取一定量的碱式碳酸锌于 1 L 烧杯中，加少量蒸馏水，调制成乳状；③将①中 5 L 烧杯放入水浴加热器加热，缓慢搅拌，测定溶液温度；④待温度升到 50℃后，缓慢加入碱式碳酸锌，并不断用 pH 试纸测定溶液 pH，待溶液 pH = 4.5 ~ 5时，停止加入中和剂，继续反应 30 min 或 20 min；⑤取下烧杯，立即过滤，并用少量蒸馏水水洗 3 次,滤渣与剩余的中和剂放入干燥箱干燥。

### 3. 实验结果

以沉铜液为试液进行了 4 次沉铟综合条件实验,其结果见表 6 - 65 ~ 表 6 - 67。以还原液为试液进行了 3 次沉铟综合条件实验,结果见表 6 - 65、表 6 - 67。

表 6 - 65　中和沉铟后液成分/(g·L$^{-1}$)

| 槽次 | 试液 | In | Zn | Fe | Pb | Cu | Si | Al* | As* |
|---|---|---|---|---|---|---|---|---|---|
| 1 | 沉铜液 | 0.0075 | 89.04 | 18.6 | 0.007 | — | — | 8.2 | 2.61 |
| 2 | 沉铜液 | 0.005 | 88.1 | 17.8 | 0.007 | — | — | 7.8 | 2.63 |
| 3 | 沉铜液 | 0.005 | 83.8 | 17.7 | 0.006 | — | — | 6.4 | 2.51 |
| 4 | 沉铜液 | 0.005 | 89.12 | 18.6 | 0.007 | — | — | 7.6 | 2.72 |
| 1 | 还原液 | 微 | 76.53 | 14.40 | 0.012 | 0.161 | 0.061 | 13 | 1.7 |
| 2 | 还原液 | 微 | 73.40 | 13.60 | 0.007 | 0.128 | 0.069 | 5.5 | 2.08 |
| 3 | 还原液 | 微 | 86.06 | 14.80 | 0.005 | 0.116 | 0.031 | 14.0 | 4.2 |

注:* 单位为 mg/L。

表 6 - 66　沉铜液为试液的铟渣成分/%

| 槽次 | 湿重/g | 干重/g | In | Zn | Fe | Al |
|---|---|---|---|---|---|---|
| 1 | 49.0 | 10.7 | 3.32 | 25.12 | 21.26 | 4.21 |
| 2 | 57.4 | 14.7 | 2.35 | 19.06 | 16.03 | 3.16 |
| 3 | 49.55 | 8.25 | 4.24 | 31.7 | 25.8 | 5.31 |
| 4 | 51.5 | 12.0 | 3.12 | 23.08 | 19.25 | 3.83 |

表 6 - 67　中和沉铟过程各主金属平均沉淀率/%

| 试液 | 液计 | | | | | | 渣计 | | | |
|---|---|---|---|---|---|---|---|---|---|---|
| | In | Zn | Fe | Cu | Pb | Al | In | Zn | Fe | Al |
| 沉铜液 | 94.96 | 1.29 | 4.63 | — | — | 94.96 | 94.99 | 0.91 | 3.53 | 90.67 |
| 还原液 | 100 | — | 18.0 | 81.3 | 82.9 | — | — | — | — | — |

由表 6 - 65 ~ 表 6 - 67 可知,绝大部分铟进入渣中。沉铜液为试液时计算得沉铟率约 95%,铟渣中平均铟含量大于 3%,有利于下一步铟回收;在此过程中,计算得铝的脱除率达为 92.82%,有效净化了溶液;少量铁和锌也进入渣中,铁和

锌的平均回收率分别为 95.92% 和 98.90%。还原液为试液时 In 完全进入铟渣中，Cu 和 Pb 的沉淀率也比较高，都在 80% 以上，但 Fe 有部分沉淀，这是由于中和调 pH 的时间增加，导致部分二价铁被氧化，形成氢氧化铁沉淀。

## 2.3.8　净化除杂

### 1. 试液与实验方法

以混合沉铟后液为硫化除杂和中和深度除杂扩大实验的试液，其成分见表 6-68。

表 6-68　沉铟后液成分/(g·L⁻¹)

| 槽次 | In | Zn | Fe | Pb | Al | Si | Ca | Mg | Cu | As | Mn | Cd |
|---|---|---|---|---|---|---|---|---|---|---|---|---|
| CY-K-1 | 0.005 | 54.36 | 32.40 | 0.048 | 0.061 | 0.092 | 0.067 | 0.157 | 0.0003 | 0.044 | 4.885 | 0.248 |
| CY-K-2 | 0.005 | 55.05 | 33.60 | 0.048 | 0.055 | 0.081 | 0.067 | 0.146 | 0.0004 | 0.039 | 4.267 | 0.273 |
| CY-K-3 | 0.005 | 54.29 | 32.80 | 0.051 | 0.054 | 0.078 | 0.044 | 0.161 | 0.0003 | 0.042 | 4.525 | 0.204 |
| 平均 | 0.005 | 54.57 | 32.93 | 0.049 | 0.057 | 0.084 | 0.059 | 0.155 | 0.00033 | 0.042 | 4.559 | 0.242 |

硫化除杂实验条件为：①($NH_4$)$_2$S 溶液的用量满足游离[$S^{2-}$] = 120 mg/L；②pH = 2.5~3.5；③温度为常温；④时间 30 min。中和除杂条件为：①以石灰乳作为中和剂；②[$Fe^{3+}$] = 2 g/L；③终点 pH 为 5~5.5；④温度 80℃；⑤过滤前 2 min 加入 0.5% 的 PAM(0.1 g/L)；⑥时间 30 min。

### 2. 实验结果

硫化和中和深度除杂扩大实验共进行 5 次，考察了絮凝剂用量对各金属沉淀率的影响，其结果见表 6-69、表 6-70。

**表 6 - 69　深度净化后液的化学组成/(g·L⁻¹)**

| 槽次 | 絮凝剂用量 | Zn | Fe | Al | As | Si | Pb | Ca | Mg | $V$ /mL |
|---|---|---|---|---|---|---|---|---|---|---|
| T - Si - 1 | 0.10 | 49.20 | 29.20 | 0.043 | 0.035 | 0.028 | 0.039 | 0.539 | 0.181 | 332 |
| T - Si - 2 | 0.15 | 48.47 | 29.30 | 0.046 | 0.029 | 0.022 | 0.032 | 0.521 | 0.159 | 336 |
| T - Si - 3 | 0.20 | 48.28 | 28.90 | 0.035 | 0.029 | 0.017 | 0.035 | 0.546 | 0.175 | 340 |
| T - Si - 4 | 0.30 | 49.22 | 29.40 | 0.024 | 0.026 | 0.010 | 0.033 | 0.520 | 0.156 | 330 |
| T - Si - 5 | 0.40 | 49.76 | 28.60 | 0.013 | 0.026 | 0.008 | 0.027 | 0.511 | 0.179 | 328 |

**表 6 - 70　硫化与中和除杂过程沉淀率/%**

| 槽次 | Si | Zn | Fe | Al | As | Pb |
|---|---|---|---|---|---|---|
| T - Si - 1 | 61.27 | 1.11 | 3.82 | 20.69 | 11.97 | 10.08 |
| T - Si - 2 | 69.20 | 1.38 | 2.33 | 45.87 | 26.18 | 25.33 |
| T - Si - 3 | 75.92 | 0.69 | 2.52 | 33.89 | 25.30 | 17.36 |
| T - Si - 4 | 86.25 | 1.65 | 3.75 | 67.00 | 35.00 | 24.38 |
| T - Si - 5 | 89.07 | 1.17 | 6.94 | 76.31 | 35.39 | 38.50 |

由表 6 - 70 得出絮凝剂用量对 Si、Zn、Fe 沉淀率的影响如图 6 - 9 所示。

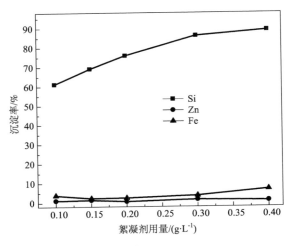

图 6 - 9　絮凝剂用量对沉淀率的影响

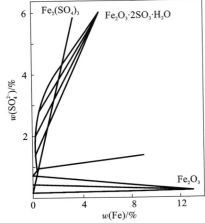

图 6 - 10　100℃时 Fe₂O₃ - SO₃ - H₂O
系相平衡图

由图 6 - 9 可知，增大絮凝剂用量有利于硅沉淀率的增加。当絮凝剂用量由 0.10 g/L 提高至 0.40 g/L 时，Si 沉淀率由 61.27% 增加至 89.07%，净化液中硅含量由 0.028 g/L 降至 0.008 g/L；絮凝剂用量对 Zn、Fe 沉淀率影响不大；当其用量为 0.40 g/L 时，Al、As、Pb 沉淀率分别为 76.31%、35.39% 和 38.50%。确定最佳絮凝剂用量为 0.40 g/L。

## 2.3.9　水热法沉铁

### 1. 基本原理

水热法是以水为介质，适当的温度下在密闭的容器中形成一个高温高压环境，利用金属羟基氧化物的溶解度大于其对应的氧化物的溶解度的特性，使金属羟基氧化物间发生反应，并脱水获得欲制备的氧化物粉体的一种方法。

水热法沉铁过程中，$Fe^{2+}$ 首先被氧化成 $Fe^{3+}$，再在高温高压下水解生成 $Fe_2O_3$。该方法具有铁渣量最小、锌夹杂损失低的优点，其主要反应有：

$$2FeSO_4 + H_2O_2 + H_2SO_4 = Fe_2(SO_4)_3 + 2H_2O \qquad (6-34)$$

$$Fe_2(SO_4)_3 + 3H_2O = Fe_2O_3 + 3H_2SO_4 \qquad (6-35)$$

总反应式为：

$$2FeSO_4 + H_2O_2 + H_2O = Fe_2O_3 + 2H_2SO_4 \qquad (6-36)$$

赤铁矿（$Fe_2O_3$）有两种结晶形态，即 $\gamma - Fe_2O_3$ 和 $\alpha - Fe_2O_3$。对 $Fe(OH)_3$ 悬浮液进行加热时，首先得到的是针铁矿（$Fe_2O_3 \cdot H_2O$），继而是水赤铁矿（$Fe_2O_3 \cdot 0.5H_2O$），而 $\gamma - Fe_2O_3$ 则是加热过程的第 3 级产物，针铁矿与 $\gamma - Fe_2O_3$ 的转变温度是 160℃。如采用高温水解法，可得到过滤性能良好的赤铁矿。$Fe_2O_3 - SO_3 - H_2O$ 系在 100℃ 和 200℃ 的平衡相图分别如图 6 - 10、图 6 - 11 所示。100℃ 时从高浓度硫酸高铁溶液中析出的是 $Fe_2O_3 \cdot 2SO_3 \cdot H_2O$，欲从溶液中直接结晶析出 $Fe_2O_3$，必须将 $Fe^{3+}$ 浓度降低或还原。当温度升至 200℃ 时，即使溶液酸度较高，大部分 $Fe_2O_3$ 也能沉淀析出。

根据相关反应及其平衡条件，作出水热法沉铁的 $\varphi - pH$ 图（图 6 - 12）。

由图 6 - 12 可知，水热法之所以能在强酸性介质中沉淀析出 $Fe_2O_3$，是基于在 200℃ 左右的 $Fe_2O_3$ 酸溶的平衡 pH 不断减小。例如在 25℃ 下，将溶液的 $Fe^{3+}$ 含量降到 $10^{-6}$ 时，$Fe_2O_3$ 溶解的平衡 pH = - 0.24 + 2 = 1.76，相当于硫酸 2 ~ 3 g/L；而温度升高到 200℃ 时，平衡 pH 却降到 0.421，相当于硫酸 150 g/L，这时 $Zn^{2+}$ 和 $Ni^{2+}$ 的水解不能进行。这表明在酸度很高的介质中也能使铁以 $Fe_2O_3$ 形式沉淀析出，而 $Zn^{2+}$、$Ni^{2+}$ 和 $Cu^{2+}$ 等仍保留于溶液，从而在不加中和剂的条件下也能实现铁与镍、锌、钴的有效分离和硫酸的再生。

### 2. 试液与实验方法

以深度净化液作为水热法分离锌 - 铁实验的试液，其化学成分见表 6 - 71。

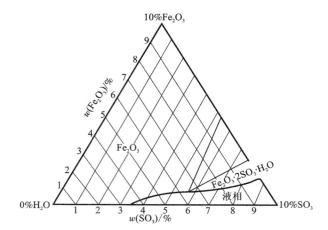

图 6 – 11　200℃时 Fe₂O₃ – SO₃ – H₂O 系相平衡图

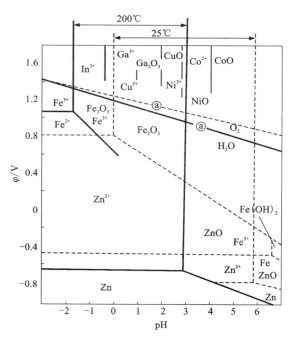

图 6 – 12　水热法沉铁 $\varphi$ – pH 图

表 6 - 71　沉铟后液深度净化液的化学成分 /（g·L⁻¹）

| Zn | Fe$_T$ | Fe$^{2+}$ | Fe$^{3+}$ | As | Ni | Mg | Cu | Sb |
|---|---|---|---|---|---|---|---|---|
| 60.90 | 39.90 | 39.80 | 0.10 | 0.029 | 0.022 | 0.183 | 0.00075 | 0.131 |

| In | Si | Pb | Co | Al | Cd | Mn | Ca | H$_2$SO$_4$ |
|---|---|---|---|---|---|---|---|---|
| 0.084 | 0.011 | 0.036 | 0.012 | 0.015 | 0.256 | 4.028 | 0.563 | 2.107 |

实验规模为净化液 1 ~ 1.5 L/次。为了实验方便，以 H$_2$O$_2$ 代替氧气或空气作氧化剂，验证由沉铟后液深度净化液制取锰锌软磁铁氧体用氧化铁粉的可行性。实验步骤如下：量取一定体积的净化液放入烧杯中，常温下机械搅拌，量取预定量的 H$_2$O$_2$ 加入分液漏斗并逐滴滴入净化液，将净化液转入高压釜中在机械搅拌条件下升温，待温度恒定于预定值后开始计时，到达预定时间后开启冷却水强制降温至 30℃ 左右，开启高压釜，将悬浮液转入烧杯，加入少量 3# 絮凝剂并机械搅拌 2 min 进行液固分离，再用蒸馏水淋洗滤饼 3 次，洗水与滤液合并后量取体积并取样分析其中的 Fe、Zn、Mn、H⁺ 含量，滤渣经远红外干燥箱烘干后称重，取样分析其中的 Fe、Zn、Mn 含量，计算各金属沉淀率。

### 3. 实验结果

单因素条件实验确定水热法沉铁的最佳条件为：温度 210℃，时间 2 h，H$_2$O$_2$ 用量为理论量的 1.8 倍，搅拌速度 800 r/min，不添加晶种。在此最优条件下进行水热法沉铁综合扩大实验，其结果见表 6 - 72 ~ 表 6 - 74。

表 6 - 72　综合扩大实验所得沉铁后液和铁渣的化学组成

| 槽次 | 规模 /L | 沉铁后液 | | | 铁渣 | | | |
|---|---|---|---|---|---|---|---|---|
| | | $\rho$(Fe) /(g·L⁻¹) | $\rho$(Zn) /(g·L⁻¹) | V/mL | w(Fe) /% | w(Zn) /% | w(Mn) /% | m/g |
| K - S - 3 | 1 | 2.46 | 47.84 | 1236 | 55.82 | 0.47 | 0.31 | 60.95 |
| K - S - 4 | 1.2 | 4.20 | 61.81 | 1162 | 59.52 | 0.22 | 0.18 | 67.25 |
| K - S - 5 | 1.3 | 3.26 | 53.34 | 1450 | 55.61 | 0.39 | 0.31 | 81.75 |
| K - S - 6 | 1.4 | 4.02 | 51.87 | 1630 | 61.05 | 0.35 | 0.13 | 76.95 |
| K - S - 7 | 1.4 | 3.16 | 50.99 | 1660 | 61.34 | 0.32 | 0.11 | 75.65 |
| K - S - 8 | 1.4 | 2.48 | 49.24 | 1720 | 62.45 | 0.44 | 0.13 | 77.50 |
| 平均 | — | 3.26 | 52.52 | — | 59.30 | 0.365 | 0.195 | — |

表 6 – 73　综合扩大实验中金属沉淀率/%

| 槽次 | Fe | | Zn | | Mn |
| --- | --- | --- | --- | --- | --- |
| | 液计 | 渣计 | 液计 | 渣计 | 渣计 |
| K – S – 3 | 92.38 | 85.27 | 2.90 | 0.47 | 4.69 |
| K – S – 4 | 89.81 | 83.60 | 1.72 | 0.20 | 2.50 |
| K – S – 5 | 90.89 | 87.64 | 2.31 | 0.40 | 4.84 |
| K – S – 6 | 88.27 | 84.10 | 0.84 | 0.32 | 1.77 |
| K – S – 7 | 90.61 | 83.07 | 0.73 | 0.28 | 1.48 |
| K – S – 8 | 92.36 | 86.64 | 0.66 | 0.40 | 1.79 |
| 平　均 | 90.72 | 85.05 | 1.53 | 0.35 | 2.85 |

由表 6 – 73 可知，在最优工艺条件下，水热法沉铁效果较好，渣计平均沉铁率为 85.05%，液计则为 90.72%。沉铁过程中，Zn、Mn 基本保留于溶液，两者的渣计沉淀率分别为 0.35% 和 2.85%。

表 6 – 74　沉铁后液的化学组成/$(g \cdot L^{-1})$

| Zn | $Fe_T$ | $Fe^{2+}$ | $Fe^{3+}$ | Mn | As | Ni | Mg | Cu |
| --- | --- | --- | --- | --- | --- | --- | --- | --- |
| 54.87 | 3.23 | 0.50 | 2.73 | 3.10 | 0.009 | 0.018 | 0.167 | 0.00017 |

| In | Si | Pb | Co | Al | Cd | Sb | Ca | $H_2SO_4$* |
| --- | --- | --- | --- | --- | --- | --- | --- | --- |
| 0.018 | 0.010 | 0.017 | 0.007 | 0.009 | 0.228 | 0.085 | 0.392 | 64.38 |

注：* 按照沉铁率推算。

按照沉铁率可推算出沉铁后液中 $H_2SO_4$ 浓度由深度净化液的 2.107 g/L 增加到 64.38 g/L，水热法沉铁过程也是硫酸的再生过程。这种成分的沉铁后液可返回中性浸出工序。

混匀后的赤铁矿粉和北京矿冶研究总院未净化的沉铟后液直接水热法沉铁所得铁渣的化学组成均列于表 6 – 75，软磁铁氧体用氧化铁的电子行业标准见表 6 – 76。由表 6 – 75 可知，如果沉铟后液未经深度净化而直接沉铁，则铁渣中有害杂质元素，如 Si、Ca、Al、Mg、Cu、Ni、Co、Pb、Cd、As 和 Sb 等的含量都较深度净化后沉铁渣高一个数量级。由此可见，沉铟后液的深度净化除杂既是必不可少的，也是效果显著的。对照表 6 – 75 和表 6 – 76 可知，所得赤铁矿粉中 $SiO_2$ 和 CaO 含量可达到 YHT3 级氧化铁粉的标准，MgO、$Al_2O_3$ 和 MnO 则满足 YHT1 级氧化铁粉的要求，但 S 含量为 1.8% ~ 2.5%，铁含量仅为 58% ~ 62%，换算成

$Fe_2O_3$ 含量则为 83%～89%，这主要是由于赤铁矿粉中 S、Zn、$H_2O$ 等含量过高的缘故。因此，水热法沉铁所得赤铁矿粉必须进行脱硫和高温煅烧等预处理后才能作为制备软磁铁氧体的原料。

表 6-75 赤铁矿粉的化学成分/%

| 样号 | Fe | MnO | Zn | SiO₂ | S | Ni | MgO | Cu |
|---|---|---|---|---|---|---|---|---|
| Ⅳ-0-1 | 61.77 | 0.0677 | 0.5217 | 0.03241 | 1.83 | 0.00121 | 0.00199 | 0.00047 |
| Ⅳ-0-2 | 58.31 | 0.1323 | 1.55 | 0.02054 | 2.48 | 0.00158 | 0.00819 | 0.00048 |
| BKD* | 61.73 | 0.142 | 0.92 | 0.450 | 1.81 | 0.011 | 0.083 | 0.005 |

| 样号 | In | As | Pb | Co | Al₂O₃ | Cd | Sb | CaO |
|---|---|---|---|---|---|---|---|---|
| Ⅳ-0-1 | 0.00035 | 0.00157 | 0.00345 | 0.00082 | 0.0123 | 0.00469 | 0.00128 | 0.02663 |
| Ⅳ-0-2 | 0.0004 | 0.00135 | 0.00603 | 0.00111 | 0.00308 | 0.01035 | 0.00143 | 0.02429 |
| BKD* | — | 0.029 | 0.11 | 0.005 | 0.246 | 0.012 | 0.01 | 0.434 |

注：* 未净化的沉铟后液直接水热法沉铁所得赤铁矿。

表 6-76 软磁铁氧体用氧化铁的电子行业标准(SJ/T 10383—1993)

| 指标/% | YHT1 | YHT2 | YHT3 |
|---|---|---|---|
| Fe₂O₃ | ≥99.2 | ≥99.0 | ≥98.5 |
| SiO₂ | ≤0.01 | ≤0.02 | ≤0.04 |
| CaO | ≤0.014 | ≤0.02 | ≤0.05 |
| Al₂O₃ | ≤0.01 | ≤0.02 | ≤0.06 |
| Cl⁻ | ≤0.10 | ≤0.10 | ≤0.20 |
| SO₄²⁻ | ≤0.10 | ≤0.10 | ≤0.20 |
| MnO | ≤0.30 | ≤0.30 | ≤0.50 |
| TiO₂ | ≤0.01 | ≤0.01 | ≤0.02 |
| MgO | ≤0.015 | ≤0.03 | ≤0.10 |
| Na₂O+K₂O | ≤0.02 | ≤0.04 | ≤0.10 |

## 2.3.10 赤铁矿粉预处理

### 1.洗涤
为了洗涤脱除水溶性的硫酸盐和硫酸，在温度50℃、液固比4:1的条件下，将赤铁矿粉依次进行纯水搅拌洗涤、过滤、淋洗和干燥，所得氧化铁粉的化学组成见表6－77。Ⅳ－1－1和Ⅳ－1－2赤铁矿粉的加入量分别为500.75 g和423.3 g，经洗涤干燥后，分别产出488.75 g和382.3 g洗涤干粉，其中S含量分别由1.83%和2.48%降低至1.50%和1.30%，脱硫率分别为20.00%和52.66%；与此同时，有害杂质如Si、Ca、As和Sb等也均有不同程度的降低。

表6－77    洗涤后的赤铁矿粉化学成分/%

| 样号 | Fe | Zn | MnO | SiO$_2$ | S | Ni | MgO | Cu |
|---|---|---|---|---|---|---|---|---|
| Ⅳ－1－1 | 63.07 | 0.45 | 0.0594 | 0.0227 | 1.50 | 0.00215 | 0.00161 | 0.00073 |
| Ⅳ－1－2 | 64.61 | 0.35 | 0.0310 | 0.0132 | 1.30 | 0.00207 | 0.00194 | 0.00065 |

| 样号 | In | As | Pb | Co | Al$_2$O$_3$ | Cd | Sb | CaO |
|---|---|---|---|---|---|---|---|---|
| Ⅳ－1－1 | 0.0003 | 0.00095 | 0.00678 | 0.00162 | 0.0132 | 0.00387 | 0.0007 | 0.0138 |
| Ⅳ－1－2 | 0.00029 | 0.00063 | 0.00338 | 0.00165 | 0.00325 | 0.00328 | 0.0004 | 0.0191 |

对洗涤后的赤铁矿粉进行SEM表征和激光粒径分析，结果见表6－78及图6－13、图6－14。如图6－13所示，沉铁所得赤铁矿粉形貌为纺锤形粒子，长度为0.5~1 μm，长径比为2~3。各颗粒之间界面清晰，分散性较好。激光粒径分析结果则与SEM照片一致，赤铁矿粉比表面积为6.77 m²/g，粒子分布较窄，在0.2~15 μm呈正态分布。

图6－13    洗涤后的赤铁矿粉SEM照片

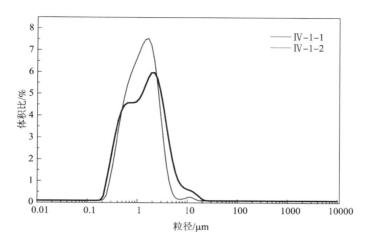

图 6 - 14　洗涤后的赤铁矿粉粒径分布曲线

表 6 - 78　洗涤后的赤铁矿粉激光粒径分析结果

| 样号 | 比表面积 /(m² · g⁻¹) | $D[4, 3]$ | $D(3, 2)$ | $d(0.1)$ | $d(0.5)$ | $d(0.9)$ |
|------|---------------------|-----------|-----------|----------|----------|----------|
| Ⅳ - 1 - 1 | 6.77 | 1.897 | 0.887 | 0.389 | 1.312 | 3.812 |
| Ⅳ - 1 - 2 | 6.78 | 1.394 | 0.885 | 0.442 | 1.139 | 2.559 |

**2. 高温煅烧脱硫**

为了进一步脱除有害杂质 S，在非还原性气氛下对赤铁矿粉进行高温煅烧，使得金属硫酸盐发生热分解放出 $SO_2$，在深度脱 S 的同时，也为后续稀酸洗涤脱除 Ca、Mg、Al 等杂质创造有利条件。在 900℃下煅烧 2 h 后的赤铁矿粉化学组成见表 6 - 79。高温煅烧后赤铁矿粉质量分别由 483.4 g(Ⅳ - 1 - 1) 和 377.25 g(Ⅳ - 1 - 2) 降到 442.2 g 和 351.3 g，S 含量分别降低至 0.0352% 和 0.06264%，脱 S 率为 97.85% 和 95.51%，达到软磁铁氧体用 YHT2 级别氧化铁对 $SO_4^{2-}$ 含量的要求。与此同时，铁含量分别由 63.07% 和 64.61% 提高到 69.02% 和 69.80%，换算成 $Fe_2O_3$ 的含量为 98.68% 和 99.80%，分别达到 YHT3 和 YHT1 级别氧化铁的标准。与最高档软磁铁氧体用铁红标准(YHT1)相比较，没有达标的有害杂质元素是 $SiO_2$ 和 S，但与软磁铁氧体用铁红标准(YHT3)相比较，所有杂质元素含量全部达标，这说明所得赤铁矿粉用于制备低功耗锰锌软磁铁氧体是没有问题的。

表 6 – 79　高温煅烧后的赤铁矿粉化学成分/%

| 样号 | Fe | Zn | MnO | SiO$_2$ | S | Ni | MgO | Cu |
|---|---|---|---|---|---|---|---|---|
| IV – 2 – 1 | 69.02 | 0.49 | 0.0568 | 0.02377 | 0.0352 | 0.00178 | 0.00161 | 0.00074 |
| IV – 2 – 2 | 69.80 | 0.38 | 0.0349 | 0.02304 | 0.06264 | 0.00181 | 0.00184 | 0.00055 |
| YHT1 | ≥69.38 | — | ≤0.30 | ≤0.01 | ≤0.0333 | — | ≤0.015 | — |
| YHT3 | ≥68.89 | — | ≤0.50 | ≤0.04 | ≤0.0667 | — | ≤0.10 | — |
| 样号 | In | As | Pb | Co | Al$_2$O$_3$ | Cd | Sb | CaO |
| IV – 2 – 1 | 0.0004 | 0.00141 | 0.00299 | 0.00162 | 0.0138 | 0.00409 | 0.00141 | 0.01977 |
| IV – 2 – 2 | 0.00028 | 0.00065 | 0.00345 | 0.0014 | 0.0003 | 0.00335 | 0.00035 | 0.0176 |
| YHT1 | — | — | — | — | ≤0.01 | — | — | ≤0.014 |
| YHT3 | — | — | — | — | ≤0.06 | — | — | ≤0.05 |

对高温煅烧后的赤铁矿粉进行 SEM 表征和激光粒径分析，结果见表 6 – 80 及图 6 – 15、图 6 – 16。

图 6 – 15　高温煅烧后的赤铁矿粉 SEM 照片

表 6 – 80　高温煅烧后的赤铁矿粉激光粒径分析结果

| 样号 | 比表面积/(m$^2$·g$^{-1}$) | $D[4,3]$ | $D(3,2)$ | $d(0.1)$ | $d(0.5)$ | $d(0.9)$ |
|---|---|---|---|---|---|---|
| IV – 2 – 1 | 3.11 | 7.630 | 1.928 | 0.910 | 2.589 | 22.504 |
| IV – 2 – 2 | 1.43 | 67.166 | 4.189 | 1.362 | 36.732 | 185.247 |

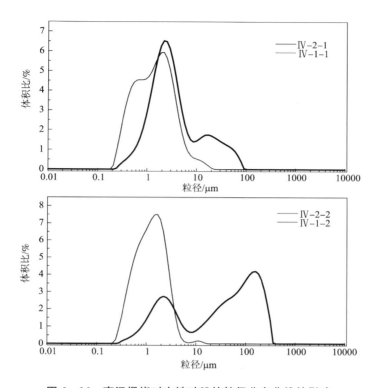

图 6-16　高温煅烧对赤铁矿粉的粒径分布曲线的影响

由图 6-15 可知,高温煅烧后,赤铁矿颗粒形貌由纺锤体转变为圆球,颗粒尺寸显著增大,各粒子之间存在黏结现象,但总体分散性较好。这与激光粒径分析结果一致。如图 6-16 和表 6-80 所示,高温煅烧后,赤铁矿粉的粒径分布区间大大拉宽,由 0.2~15 μm 分别增加至 0.2~80 μm 和 0.3~310 μm,比表面积则由 6.77 m²/g 和 6.78 m²/g 分别减小至 3.11 m²/g 和 1.43 m²/g。尤其是赤铁矿粉 IV-1-2,高温煅烧后,$d(0.5)$ 和 $d(0.9)$ 分别由 1.139 μm 和 2.559 μm 急剧增大至 36.732 μm 和 185.247 μm。由此可见,高温煅烧对后续软磁铁氧体的制备不利。

## 2.3.11　锰锌软磁铁氧体材料制取

### 1.原料与实验方法

以经洗涤和煅烧脱杂后的赤铁矿粉为原料,将其与长沙矿冶研究院生产的工业级软磁用四氧化三锰(成分见表 6-81)和广东韶关冶炼厂产的一级氧化锌(≥99.7%)按照常规铁氧体制备工艺进行配料混合、预烧、球磨、造粒、成形和烧结等工序制备锰锌软磁铁氧体样环。

表 6 - 81　四氧化三锰粉的化学组成/%

| Mn | SiO$_2$ | CaO | MgO | S | Cr$_2$O$_3$ | Fe$_2$O$_3$ | Na$_2$O | K$_2$O | H$_2$O |
|---|---|---|---|---|---|---|---|---|---|
| 71.28 | 0.007 | 0.001 | 0.0058 | 0.017 | 0.008 | 0.46 | 0.001 | 0.001 | 0.29 |

**2. 检测方法**

样环的初始磁导率 $\mu_i$ 采用 HG2817A 型 LCR 数字电桥测定，$\mu_i$ 的计算公式为：

$$\mu_i = \frac{L \times 10^7}{2N^2 h \ln \dfrac{D}{d}} \tag{6-37}$$

式中：$L$ 为电感，H；$N$ 为线圈匝数；$h$、$D$、$d$ 则分别为样环高度、外径和内径，m。

低功耗铁氧体的体积功耗 $P_{CV}$ 和高磁导率铁氧体的频率特性则委托长沙晶源电子科技有限责任公司测试，所用设备分别为 2330 - WL3866B 功耗仪和美国安捷伦 4284A Precision LCR Meter。

**3. 实验结果**

低功耗铁氧体实验样环的相关磁学性能测试结果见表 6 - 82、表 6 - 83。TDK 低功耗软磁铁氧体产品的主要性能指标如前所述。结果表明，本次制备的低功耗软磁铁氧体的平均初始磁导率 $\mu_i$ 为 2000 左右，达到 TDK PC40 和 PC30 的要求。对比表 6 - 82、表 6 - 83 可知，通过缩短中温烧结时间并在预烧前增设球磨工序，可使低功耗铁氧体的磁学性能有所改善。因赤铁矿试样太少，未能进行铁氧体制备工艺的优化条件实验，由于赤铁矿粉与市售的氧化铁红在粒径、形貌等物理性能上均存在很大差异，必须对铁氧体制备工艺进行优化，才能制备出合格的铁氧体产品。所制高磁导率铁氧体样环的平均初始磁导率 $\mu_i$ 仅有 2853，最高的也只有 3266，没有达到要求的 7000。赤铁矿粉中 SiO$_2$ 含量较高及铁氧体制备工艺没有优化是其主要原因。

表 6 - 82　第 1 批次低功耗软磁铁氧体样环的磁学性能

| 样号 | $\mu_i$(25℃, 10 kHz) | $P_{CV}$/(kW·m$^{-3}$)(100 kHz, 200 mT) | | |
|---|---|---|---|---|
| | | 28℃ | 60℃ | 100℃ |
| IV - 9 - 1 - 1 | 1963 | 1410 | 1799 | 2026 |
| IV - 9 - 1 - 2 | 1996 | 1262 | 1711 | 1987 |
| IV - 9 - 1 - 3 | 1900 | 1563 | 2026 | 2288 |

续表 6 – 82

| 样号 | $\mu_i$(25℃, 10 kHz) | $P_{CV}/(kW \cdot m^{-3})$(100 kHz, 200 mT) | | |
|---|---|---|---|---|
| | | 28℃ | 60℃ | 100℃ |
| Ⅳ – 9 – 1 – 4 | 1858 | 1384 | 1838 | 2096 |
| Ⅳ – 9 – 1 – 5 | 2038 | 1467 | 1951 | 2240 |
| Ⅳ – 9 – 1 – 6 | 1848 | 1235 | 1676 | 1930 |
| 平均 | 1934 | 1387 | 1834 | 2095 |

表 6 – 83　第 2 批次低功耗软磁铁氧体样环的磁学性能

| 样号 | $\mu_i$(25℃, 10 kHz) | $P_{CV}/(kW \cdot m^{-3})$(100 kHz, 200 mT) | | |
|---|---|---|---|---|
| | | 28℃ | 60℃ | 100℃ |
| Ⅳ – 9 – 2 – 1 | 2148 | 1744 | 2048 | 2141 |
| Ⅳ – 9 – 2 – 2 | 2010 | 1246 | 2234 | 2595 |
| Ⅳ – 9 – 2 – 3 | 2274 | 1931 | 2457 | 2753 |
| Ⅳ – 9 – 2 – 4 | 2274 | 1384 | 1898 | 2202 |
| Ⅳ – 9 – 2 – 5 | 2085 | 1291 | 1813 | 2117 |
| Ⅳ – 9 – 2 – 6 | 2085 | 1259 | 1773 | 2072 |
| Ⅳ – 9 – 2 – 7 | 2173 | 1263 | 1785 | 2072 |
| Ⅳ – 9 – 2 – 8 | 2197 | 1234 | 1724 | 2028 |
| Ⅳ – 9 – 2 – 9 | 1942 | 1222 | 1680 | 2125 |
| Ⅳ – 9 – 2 – 10 | 2168 | 1935 | 2380 | 2850 |
| Ⅳ – 9 – 2 – 11 | 1876 | 1368 | 1874 | 2327 |
| Ⅳ – 9 – 2 – 12 | 2069 | 1315 | 1825 | 2271 |
| Ⅳ – 9 – 2 – 13 | 2047 | 1433 | 1955 | 2263 |
| 平均 | 2104 | 1433 | 1957 | 2294 |

## 2.3.12　技术经济指标

### 1. 金属回收率

在锌的中性浸出率为 80.23% 和低酸浸出率为 50.64% 以及净化电沉积过程中和软磁制备过程中锌的回收率均为 99% 的情况下，全流程锌的总回收率为

98.94%，其中电锌98.61%，软磁用铁锌氧化物二元粉中锌为0.033%；在铟渣冶炼精铟回收率为99%的情况下，全流程铟的总回收率为92.05%；在软磁制备过程中铁的回收率为99%的情况下，全流程铁的总回收率为86.24%，铜91.71%，锡100.00%。

### 2. 产品量

提取和回收1 t金属量的锌，其中电锌0.9963 t，软磁用铁锌氧化物二元粉中锌为0.0037 t；可附产金属铟1.566 kg，高磁导率$\sum Me_xO_y$为0.523 t或低功耗$\sum Me_xO_y$为0.514 t，铜渣铜为0.0137 t，高浸渣锡为0.0063 t；另外，还再生硫酸为0.431 t。

### 3. 原辅材料消耗

提取和回收1 t金属量的锌的主要原辅材料消耗如下：锌精矿2.074 t（Zn 48.735%，In 0.082%，Fe 12.27%），四氧化三锰0.099 t或0.131 t，等级氧化锌0.0669 t或0.0312 t，铁粉0.0275 t，硫酸0.067 t，石灰0.074 t，硫化铵（S 8%）0.032 t。

## 2.3.13　小结

（1）水热法沉铁是实现锌铁分离、硫酸再生和铁资源有效利用的可行方案，沉铁率为85.05%～90.73%，与$Fe^{2+}$结合的$SO_4^{2-}$可等当量地再生为硫酸返回使用。

（2）与高压浸出高铁锌精矿方法比较，经水热法进行锌铁分离的锌只占总锌量的9.65%，可见高压设备要小得多，投资和运行风险也随之大幅降低；而且与锌伴生铁的86.24%，即每提取1 t锌，就有0.2195 t铁被高效利用。

（3）所产赤铁矿粉与软磁铁氧体用YHT3级别氧化铁标准相比，$SiO_2$、MgO、$Al_2O_3$和MnO的含量满足要求，S含量超标较多，铁含量过低。该赤铁矿粉经水洗和煅烧脱杂后符合YHT3级软磁铁氧体用铁红标准，适用于低功耗锰锌软磁铁氧体材料的制备。

（4）所制备的低功耗软磁铁氧体的平均初始磁导率$\mu_i$为2000左右，达到TDK PC40和PC30产品质量标准，但高磁导率铁氧体样环的平均初始磁导率没有达到要求，这是赤铁矿粉中$SiO_2$含量太高的缘故。

（5）由于高温煅烧使赤铁矿颗粒形貌由纺锤体转变为圆球，黏结明显，颗粒尺寸显著增大，而铁氧体制备工艺的预烧条件与赤铁矿粉煅烧条件基本相同，应该取消煅烧过程。

（6）下步研究重点是制备足够的赤铁矿粉，进行与之相适应的铁氧体制备工艺的条件实验，优化其工艺技术条件，确保软磁材料质量达标。

# 2.4　软磁用含铁锰锌氧化物复合粉制备与废酸利用

## 2.4.1　概述

如前所述,作者及其学术团队用直接法制取锰锌软磁铁氧体材料,其核心学术思想是:按配比配用矿物和(或)再生资源原料,多元有用成分一起提取,多种有害元素同时除去,配液和共沉淀制得产品。2002 年在重庆超思信息材料股份有限公司完成直接法制备软磁共沉淀粉的工业实验,软磁共沉淀粉质量优良,但以铁屑为铁源的直接法工艺因规模扩大后铁屑难以供应而尚未被采用。此后,唐朝波博士在其博士后研究课题中提出用锰锌氧化物二元粉和铁红制备软磁材料的想法,并将直接制备锰锌氧化物二元粉的研究结果在 2006 年 TMS 学术年会上公布。

在上述核心学术思想的指导下及直接法工艺技术的基础上,参与直接法制备软磁共沉淀粉工业实验的廖新仁等技术骨干,克服各种困难,坚持了近四年的研究和探索,将锰锌氧化物二元粉制备工艺加以改进,即对二元粉中的铁含量不加限制,获得一种含少量铁的锰锌氧化物复合粉,并攻克深度脱硅的技术关键,2005—2008 年在渝钛白公司完成制备软磁用含铁锰锌复合粉的工业实验。该实验以低品位碳酸锰矿粉、氧化锌烟灰和钛白废硫酸为原料,制备的含铁锰锌氧化物复合粉的质量优良,不仅可降低烧结温度,而且将压制成形工序的废品率从用单一 $ZnO$、$Mn_3O_4$、$Fe_2O_3$ 做原料的 15% 降低至 5%;尤其是通过煅烧,锰锌氧化物大部分转化为尖晶石铁氧体,颗粒料生产配料时,酸洗铁红中的氯离子很难与锌反应,不发生烧结时锌的挥发现象,因此,配比稳定,做成的磁器件质量优良,性能稳定,产品市场广阔,深受客户青睐。2008 年成立重庆上甲电子股份有限公司,含铁锰锌氧化物复合粉设计规模为 15000 t/a,2009 年建成 3000 t/a 生产线,使该技术获得较大规模的工业应用。该技术既能利用钛白粉废酸和低品位锰矿资源,又具有产品质量高的优势,很有推广应用前景,下面进行简介。

## 2.4.2　基本原理

在此,只介绍同时浸出过程的主要化学反应,其他过程在第五篇第 3 章已述及。当用钛白粉废酸、黄铁矿、软锰矿粉及锌烟灰做原料时,黄铁矿和软锰矿在硫酸的作用下发生氧化还原反应,锌烟灰中的氧化锌被硫酸溶解。

$$MnO_2 + FeS_2 + 2H_2SO_4 =\!=\!= MnSO_4 + FeSO_4 + 2S + 2H_2O \qquad (6-38)$$

$$ZnO + H_2SO_4 =\!=\!= ZnSO_4 + H_2O \qquad (6-39)$$

当用钛白粉废酸、碳酸锰矿粉及锌烟灰做原料时,碳酸锰及氧化锌均被硫酸溶解,如果碳酸锰矿中有硫化锰,要特别小心硫化锰溶解产生剧毒的硫化氢。

$$MnCO_3 + H_2SO_4 \rightleftharpoons MnSO_4 + CO_2 + H_2O \qquad (6-40)$$

$$MnS + H_2SO_4 \rightleftharpoons MnSO_4 + H_2S \uparrow \qquad (6-41)$$

### 2.4.3　工艺过程与基本操作

#### 1. 浸出过程

根据称量好的锰、锌原料，分别放入 100 $m^3$ 的反应釜中，用废 $H_2SO_4$ 浸出，将锰、锌溶解，反应的温度控制在 70~100℃，终点 pH 为 4.5~5.5。反应完成后，通过压滤进行液固分离，渣填埋或综合利用，滤液进入下一道工序。

#### 2. 净化过程

通过添加净化剂和严格控制反应体系的关键参数温度和 pH，将浸出液中的硅、铝、铜、铅、镉等影响铁氧体性能的有害杂质离子除去。通过多次净化，可以进一步去除浸出液中的有害重金属等杂质。

#### 3. 配液及共沉淀

将净化后的锰、锌溶液调整好配比，在一定温度下，用 $NH_4HCO_3$ 作为沉淀剂，将溶液中的 $Fe^{2+}$、$Mn^{2+}$、$Zn^{2+}$ 有效成分以碳酸盐形式共沉淀。温度、pH、$NH_4HCO_3$ 加入速度必须严格控制，以保证主要元素离子充分均匀沉淀和共沉淀粉的颗粒大小在规定的范围内。

#### 4. 一次洗涤

共沉淀粉的生成是在含有 $SO_4^{2-}$ 的体系中进行的，因而共沉淀粉中含有较多的 $SO_4^{2-}$。软磁铁氧体的性能对 $SO_4^{2-}$ 很敏感，必须将共沉淀粉中的 $SO_4^{2-}$ 清洗干净，才能保证生产出的铁氧体粉料的质量合格。洗涤用水的电阻率要求大于 0.5 MΩ。检测共沉淀粉洗涤质量的方法为：取约 10 g 洗后的共沉淀粉，用 50 mL 1:1 的稀盐酸溶解，溶解完后向此溶液中滴入 3 滴 5% 的氯化钡溶液，无白色沉淀产生即为合格。

#### 5. 煅烧

洗涤合格后的共沉淀粉在 800~900℃下煅烧，分解碳酸盐，并使氧化物含量大于 95%。

#### 6. 二次洗涤

煅烧后得到的氧化物复合粉再次用纯水洗涤，使夹杂在产品中的某些可溶性盐类杂质溶解而除去。

#### 7. 砂磨

由于煅烧过程中复合粉物料烧结、团聚，粒径为 2.0 μm 以上，需通过砂磨，使其粒径保持在 1.0 μm 左右。

#### 8. 烘干包装

复合粉物料砂磨后，进入回转窑烘干，烘干时控制好物料水分小于 0.5%，经料仓冷却后，用包装机进行吨袋包装。

## 2.4.4　产品质量要求

含铁锰锌氧化物复合粉质量要求见表 6 - 84。

**表 6 - 84　含铁锰锌氧化物复合粉料质量要求/%**

| Mn | Zn | Fe | Ca | Mg | Al | Si | K |
|---|---|---|---|---|---|---|---|
| 49.5 ± 0.5 | 17.5 ± 0.5 | 5.5 ± 0.5 | ≤0.007 | ≤0.01 | ≤0.005 | ≤0.005 | ≤0.01 |
| Na | S | P | B | Pb | Cd | $H_2O$ | |
| ≤0.01 | ≤0.05 | ≤0.005 | ≤0.0005 | ≤0.01 | ≤0.005 | ≤0.5 | |
| 平均粒径 /μm | 松装密度 /(g·cm⁻³) | | | | | | |
| ≤1.2 | ≤1.1 | | | | | | |

由表 6 - 84 可知，产品要求有害杂元素含量低，如硅和铝要求 ≤50 × 10⁻⁶，钙 ≤70 × 10⁻⁶，镁 ≤100 × 10⁻⁶。含铁锰锌氧化物复合粉可替代四氧化三锰和等级氧化锌作为磁器件加工的原料，经过二次配比，添加铁红和微调锰锌含量，使配比符合不同牌号（如 PC40、PC44、PC95 等）的要求。用锰锌复合粉和铁红做原料加工的磁器件质量优良、性能稳定，产品市场广阔，深受客户青睐。

# 2.5　其他多元材料冶金技术

## 2.5.1　概述

其他多元材料冶金包括合金电沉积和由矿物原料直接冶炼合金，由铅锑精矿直接冶炼铅锑合金和由红土矿冶炼镍铁合金相关报道的文献资料并不鲜见。因此，本节只介绍舒余德教授指导谢勤博士研究成功的电沉积法制备 Zn - Ni 和 Zn - Ni - P 合金以及混合稀土卤化物电解制备混合稀土合金。

## 2.5.2　电沉积锌镍及锌镍磷合金

电镀 Zn - Ni 及 Zn - Ni - P 合金是多元冶金在合金制备方面的典型例子。采用简单氯化物体系，按"抛光→水洗→化学除油→水洗→酸洗→水洗→弱腐蚀→水洗→电镀→Zn - Ni/Zn - Ni - P 合金→水洗→热风吹干"工艺流程进行锌镍及锌镍磷合金电镀。

### 1. Zn - Ni 合金电镀
在酸性氯化物体系中电沉积 Zn - Ni 合金，考察了锌镍离子总浓度、锌镍离子摩尔浓度比、pH、电流密度及温度对镀层中镍含量的影响。发现镀层中镍的含量随着镀液中锌、镍离子总摩尔浓度的增大，镍、锌离子摩尔浓度比和阴极电流密度的增加以及 pH 和镀液温度的升高而增大。确定含 Ni 13% 的 Zn – Ni 合金的电镀工艺条件为：锌镍离子总浓度 1.1 ~ 1.3 mol/L，镍锌离子物质的量比 1∶1 ~ 1.6∶1，氯化钾 180 g/L，氯化铵 30 g/L，硼酸 30 g/L，添加剂 40 mL/L，pH 5.0，镀液温度 30℃，电流密度 2 A/dm²。

**2. Zn – Ni – P 合金电镀**

以 $H_3PO_3$ 作为磷源，在酸性氯化物体系中电沉积 Zn – Ni – P 合金，考察了锌镍离子总浓度、锌镍离子摩尔浓度比、$H_3PO_3$ 含量、pH、电流密度及温度对镀层镍、磷含量的影响。发现镀层中镍和磷的含量随着镀液中锌、镍离子总摩尔浓度的增大，镍、锌离子摩尔浓度比和阴极电流密度的增加以及 pH 和镀液温度的升高而增大，虽然镀液镍离子浓度保持不变，但镀层中磷、镍含量亦随着镀液中 $H_3PO_3$ 含量的增加而增加。确定含 Ni 15% 及 P 0.7% ~ 0.9% 的 Zn – Ni – P 合金镀层的工艺条件为：锌、镍离子摩尔浓度 1.3 ~ 1.5 mol/L，镍、锌离子物质的量比 1.5∶1，氯化钾 180 g/L，亚磷酸 14 ~ 16 g/L，硼酸 30 g/L，pH 3.0，镀液温度 25 ~ 35℃，电流密度 2 A/dm²。

**3. 腐蚀实验**

控制电镀时间，分别在不同镀液中获得 8 mm 的 Zn – Ni(Ni13%) 及含 Ni 15%、含 P 分别为 0.7% 和 0.9% 的 Zn – Ni – P 合金镀层，使用 5% NaCl 溶液进行 (pH = 7，30℃) 浸泡实验，3 种合金的耐腐蚀时间分别为：614 h、766 h、808 h。可见，随着镀层中磷含量的升高镀层耐蚀性有很大提高。

## 2.5.3　冶炼混合稀土合金

由稀土精矿直接制取混合稀土合金是多元冶金方法应用的典型实例，稀土精矿先被分解转入溶液，然后对稀土粗液进行净化，除去非稀土杂质元素，制取氯化稀土或氧化稀土，最后采用熔盐电解制取混合稀土合金。

通常采用两种熔盐电解体系，一是氯化物体系 $RECl_3$ – KCl(NaCl)；二是氟化物体系 $REF_3$ – LiF – BaF₂。在氯化物体系中 $RECl_3$ 解离成 $RE^{3+}$ 和 $Cl^-$；而在氟化物体系中，稀土氧化物的溶解度约为 3%，$RE_2O_3$ 在该体系中解离成 $RE^{3+}$ 和 $O^{2-}$。

工业上，氯化物体系电解槽多采用耐火砖砌成，石墨作阳极，熔融稀土金属作阴极。电解温度高于金属熔点，为 850 ~ 900℃，电解析出的稀土金属由阴极滴淌到坩埚中。氟化物体系电解槽有两种，一种是坩埚槽体，阳极为石墨，用钼棒作阴极，电解温度为 980 ~ 1100℃；另一种是耐火砖砌槽体，槽底有钛质阴极，插入石墨棒作阳极，电解温度为 900℃。

# 参考文献

[1] 陈家镛，杨守志，柯家骏，等.湿法冶金的研究与发展[M].北京：冶金工业出版社，1998

[2] 熊加林，贡长生，张克立.无机精细化学品的制备与应用[M].北京：化学工业出版社，1999

[3] 黄培云.粉末冶金原理[M].北京：冶金工业出版社，1997

[4] 屠振密.电镀合金原理与工艺[M].北京：国防工业出版社，1993

[5] 唐谟堂，黄小忠，鲁君乐，等.一种制取磁性材料的方法[P].中国发明专利，ZL95110609.0，1995

[6] 黄小忠.由矿物原料直接制取锰锌铁氧体材料新工艺研究[D].长沙：中南工业大学，1995

[7] 黄小忠，唐谟堂.由软锰矿，闪锌矿，铁屑直接制取锰锌铁氧体软磁材料新工艺研究[J].中国锰业，1996(1)：42－44

[8] 张保平.锰锌软磁铁氧体用前驱体碳酸盐共沉过程基础理论及工艺研究[D].长沙：中南大学，2004

[9] 张保平，唐谟堂，杨声海.共沉淀法制备锰锌软磁铁氧体前驱体共沉过程中钙、镁深度脱除的热力学分析[J].湿法冶金，2003，22(4)：200－203

[10] 张保平，张金龙，唐谟堂，等.碳化法制备碱式碳酸锌过程的热力学分析及其产物表征[J].湿法冶金，2005，24(4)：199－202

[11] 彭长宏.$Me^{2+}$－$NH_4^+$－$SO_4^{2-}$－$H_2O$ 体系相平衡及直接法制备锰锌软磁粉料研究[D].长沙：中南大学，2005

[12] 彭长宏，白本帅，唐谟堂.直接法制备锰锌铁氧体粉料的原理、工艺与性能[J].磁性材料及器件，2007，38(3)：39－42

[13] 唐谟堂，杨声海，彭长宏，等.矿物共沉法制取低功耗软磁铁氧体扩大试验研究[J].磁性材料及器件，2003，34(6)：23－25

[14] 唐谟堂，彭长宏，杨声海，等.钢铁厂烟尘直接制取低功耗软磁铁氧体[J].中南大学学报（自然科学版），2003，34(3)：242－244

[15] 彭长宏，慕思国，唐谟堂.利用钢铁厂烟尘制备锰锌铁氧体共沉粉[J].中南大学学报（自然科学版），2006，37(1)：31－35

[16] 彭长宏，唐谟堂，黄虹.复杂 $MeSO_4$ 体系初步除杂和深度净化[J].过程工程学报，2006，6(6)：894－898

[17] 慕思国.$Fe^{2+}$－$Mn^{2+}$－$Zn^{2+}$－$NH_4^+$－$SO_4^{2-}$－$H_2O$ 中三元子体系 298 K 相平衡及物化性质研究[D].长沙：中南大学，2005

[18] 慕思国，彭长宏，黄虹，等.298K 时三元体系 $MeSO_4$－$(NH_4)_2SO_4$－$H_2O$ 的相平衡[J].过程工程学报，2006，6(1)：32－36

[19] 唐谟堂，李仕庆，杨声海，等.一种无铁渣湿法炼锌方法[P].中国发明专利，ZL03118199.6，2004

[20] 李仕庆.高铁铟锌精矿无铁渣湿法炼锌提铟及铁源高值化利用工艺与原理研究[D].长

沙：中南大学，2006

[21] 唐谟堂，李仕庆，杨声海，等.无铁渣湿法炼锌提铟工艺[J].有色金属（冶炼部分），2004 (6)：27-29

[22] Li Shiqing, Tang Motang, He Jing, et al. Extraction of indium from indium–zinc concentrates[J]. Transactions of Nonferrous Metals Society of China, 2006, 16(6)：1448-1454

[23] 夏志华.广西大厂铟锌精矿无铁渣提取铟锌工艺和理论研究[D].长沙：中南大学，2004

[24] 夏志华，唐谟堂，李仕庆，等.锌焙砂中浸渣高温高酸浸出动力学研究[J].矿冶工程，2005，25(2)：53-57

[25] 何静，杨声海，唐朝波，等.一种铁–锌和锰–锌的分离方法[P].中国发明专利，ZL200510032417.7，2007

[26] 何静，唐谟堂，吴胜男，等.一种锌精矿无铁渣湿法炼锌提铟及制取氧化铁的方法[P].中国发明专利，ZL201010300159.7，2010

[27] 周存.铟锌焙烧矿低酸浸出–还原液中和提铟及铁资源利用方法研究[D].长沙：中南大学，2009

[28] 吴胜男.湿法炼锌过程中锌铁分离与铁资源利用[D].长沙：中南大学，2010

[29] 何静，吴胜男，唐谟堂，等.硫酸盐体系中水热法分离锌铁及制备软磁铁氧体用氧化铁粉[J].矿冶工程，2010，30(6)：85-89

[30] 周存，何静，唐谟堂，等.锌焙砂还原浸出液中和沉铟及净化工艺研究[J].化学工程与装备，2010(2)：5-8

[31] Caobo Tang, Yuehui He, Motang Tang, et al. Preparation of Mn–Zn compond oxide powder for soft magnetic with manganese carbonate ore and dust. Proceedings of SOHN International Symposium on Advanced Processing of Metals and Materials: Principls, Technologies and Industrail Practice, Sponsored by TMS. August 27-31, 2006, Catamaran Resort San Diego, California, USA

[32] 谢勤.Zn–Ni、Zn–Ni–P合金电镀工艺及其基础理论研究[D].长沙：中南大学，2001

[33] 徐光宪.稀土（上册）[M].北京：冶金工业出版社，2002